BEGEGNUNG MIT TIBER

BUZZ ALDRIN & JOHN BARNES

BEGEGNUNG MIT TIBER

Roman

Aus dem Amerikanischen von
Irene Holicki

Deutsche Erstausgabe

WILHELM HEYNE VERLAG
MÜNCHEN

Titel der amerikanischen Originalausgabe: *Encounter with Tiber*
Die Originalausgabe erschien bei Warner Books, Inc., New York

Umwelthinweis:
Dieses Buch wurde auf chlor- und säurefreiem Papier gedruckt.

Redaktion: Wolfgang Jeschke

Printed in Germany 1998
Umschlaggestaltung: Atelier Ingrid Schütz, München
Umschlagillustration: Bob Eggleton
Satz: Leingärtner, Nabburg
Druck und Bindung: Wiener Verlag, Himberg
Printed in Austria

ISBN 3-453-13850-3

Inhalt

Danksagungen

Dieses Buch wäre nie geschrieben worden, wenn wir nicht von zahllosen Experten umfassende fachliche Unterstützung und Informationen erhalten hätten. Insbesondere gilt unser Dank:

Neil Armstrong und **Mike Collins**, die uns die Erfahrungen eines ganzen Lebens zur Verfügung stellten.
Arthur C. Clarke, der uns stets aufmunterte, wenn wir es nötig hatten.
Andy Andres, der uns bei den Vorbereitungen und der künstlerischen Ausgestaltung half.
Dana Andrews, die uns fundierte Einblicke in die nächste – und weitere – Raumschiffgenerationen verschaffte.
Dr. Gregory Benford, der uns mit Ratschlägen und Spekulationen zur Seite stand, und mit dem wir unzählige Streitgespräche führten.
John Blaha, von dessen Sachkenntnis wir vor allem in bezug auf die Vorgehensweise bei der Evakuierung von Space-Shuttle-Besatzungen profitierten.
Professor Winberg Chai, der uns in die politischen Verhältnisse Chinas einführte.
Major John G. Cotter von der *California Air National Guard*, der uns mit Informationen über die *144th Fighter Wing* versorgte.
Dr. John Connolly, der die Planungsschemata für Mond- und Marsmissionen kritisch überprüfte.
Hubert Davis, der uns nicht nur seine Kenntnisse als Ingenieur, sondern auch seinen Namen zur Verfügung stellte.
Dr. Mike Duke, der uns einiges zur Physik des Weltraums und zur Planetenkunde zu sagen hatte.
Dr. Robert Forward, der uns mit vielen modernen physikalischen Theorien inspirierte.
Dr. Steve Gillett, der uns bestätigte, daß die Welt, die wir errichtet hatten, nicht unwahrscheinlich sei.
Dr. William K. Hartmann, der uns Beiträge zur Astronomie des Sonnensystems lieferte.
Dr. Robert Jastrow, der die astronomischen Grundlagen erschöpfend mit uns diskutierte.

Dr. Gene Mallove, der uns Informationen über die neuesten Forschungen auf dem Gebiet der kalten Fusion und möglicher Antriebssysteme für Raumschiffe lieferte.
Dr. Gregory Matloff, mit dem wir ausführlich das Thema Raumschiffantrieb erörtern konnten, und dem wir den ersten Hinweis auf den Casimir-Effekt verdanken.
Dr. Tom McDonough, der uns auf dem Gebiet von SETI und bei allen Fragen der Radioastronomie so großartig beriet.
Chris McKay, der uns über die Bedingungen auf der Marsoberfläche informierte.
Steve Merihew, der sich weit mehr mit der Himmelsmechanik beschäftigte, als es seine Pflicht gewesen wäre.
Story Musgrave, der uns als Vorbild für den Idealismus der Astronauten diente.
Paul Penzo vom *JPL*, der für uns die Flugbahnen zum Mars berechnete.
Dr. Carl Sagan, der sich nicht nur in *Contact* über viele Jahre aufopfernd für etwas einsetzte, das auch uns am Herzen liegt.
John Solie, der uns Entwürfe zur Xenobiologie lieferte, und mit dem wir viele Gespräche zu diesem Thema führten.
John Spencer, der uns als künstlerischer Berater unersetzlich war.
Robert Staehle, der uns zum Thema Sauerstoff auf dem Mond beriet.
Chauncy Uphoff, der uns bei der Himmelsmechanik der Pendlerschiffe behilflich war und uns Einblicke in die politischen Verhältnisse Chinas vermittelte.
Robert M. Zubrin, der ein so scharfes Auge für Einzelheiten hatte und uns viele Informationen über den Mars lieferte.

Personenverzeichnis

An Bord des Raumschiffs *Tenacity*, 2069 - 2081 n. Chr.
Clio Trigorin, Historikerin
Sanetomo Kawamura, Astronom
Kapitän Olschewski

Menschen, 1990 - 2010 n. Chr.
BESATZUNG DER RAUMFÄHRE *ENDEAVOUR*:
Lori Kirsten, Kommandant
Henry Janesh, Pilot
Sharon Goldman, Wissenschaftsastronautin
J. T. Murphy, Wissenschaftsastronaut
Dirk Rodriguez, Wissenschaftsastronaut
Harold Spearman, Wissenschaftsastronaut
Chris Terence, Wissenschaftsastronaut

AUF DER ERDE:
Amber Romany Terence, verh. mit Chris
Jason Terence; Ambers und Chris' Sohn
Sig Jarlsbourg, Geschäftsmann und Eigentümer der *ShareSpace Global*, in zweiter Ehe verh. mit Amber
Allison, Chris' Freundin nach dessen Scheidung
Vincente Auricchio, Astronom

AUF DER INTERNATIONALEN RAUMSTATION
Peter Michailowitsch Denisow, Kosmonaut und Ingenieur
Tatjana Haldin, Kosmonautin und Stationskommandant
Jiro Kawaguchi, Kosmonaut
François Raymond, Kosmonaut

BEIM ZWEITEN FLUG ZUM MONDSÜDPOL UND ZUR TIBER-KOLONIE:
Xiao Be; chin. Astronautin und Pilotin
Jian Wu, chin. Astronaut und Geheimpolizist

Auf Nisu*, 7200 v. Chr. und früher:
Tutretz, Meteorologe der Kahrekeif-Expedition
Verkisus, Professor und Wissenschaftler
Steraz und Baibarenes, Testflieger

Gurix Zowakou, General, Eroberer von Shulath
Rumaz, Gurix' Lehensherrin und Kaiserin von Palath
Wahkopem Zomos, Schiffskapitän, Entdecker von Palath
Fereg Yorock, Politiker

Besatzung des nisuanischen Raumschiffs *Wahkopem Zomos*, 73. Jh. v. Chr.
ERWACHSENENGENERATION:
Osepok Tarov, Kapitän, Palathierin
Kekox Hieretz, Kaiserlicher Gardist, Palathier
Poiparesis, Lehrer, Shulathier
Soikenn, Lehrerin, Shulathierin
ZWEITE GENERATION:
Mejox Roupox, Palathier
Otuz Kimnabex, Palathierin
Priekahm, Shulathierin
Zahmekoses, Shulathier

Die Wahren Menschen, 73. und 72. Jh. v. Chr.
Rar, zunächst Krieger, später Nim der Wahren Menschen
Inok, Rars erster Erbe
Messlah, Rars Enkel
Set, Rars Erbe nach Inoks Tod
Esser, Rars Enkelin

Nisuanische Sklaven der ›Wahren Menschen‹
Diehrenn, Otuz' und Zahmekoses' Tochter, Hybridin
Prirox, Kekox' und Osepoks Sohn, Palathier
Weruz, Mejox' und Priekahms Tochter, Hybridin
Monomoum, Weruz' Sohn, Hybride

Besatzung des nisuanischen Raumschiffs *Egalitäre Republik*, 72. Jh. v. Chr.
Depari, Astrogator, Hybridin
Bepemm, Astrogationsassistent, Hybridin
Baegess, Kapitän, Hybride
Thetakisus, Kapitänsassistent, Hybride,
Azir, Chefingenieur, Shulathier
Krurix, Ingenieursassistent, Palathier
Proyerin, Ingenieursmaat, Shulathierin
Beremahm, Erster Offizier, Hybridin
Tisix, Raumfahrer, Palathier
Streeyeptin, Politischer Offizier, Hybride

Lerimarsix, Schiffsarzt, Shulathierin

Menschen, 2020 - 2040 n. Chr.
AUF DER ERDE:
Bill Amundsen, Kommandeur der *First Aerospace Squadron* der NASA
Dean, Stimme im Kontrollzentrum
Mark Bene, Astronaut und Pilot

AUF DER MARS-FÜNF-EXPEDITION VON 2033 ZUM KOROLEW-KRATER:
Walter Gander, Kommandant
Jason Terence, Pilot und Zweiter Offizier
Olga Trigorin, Ingenieur und Erster Offizier
Ilsa Bierlein, Wissenschaftsastronautin
Wassili Chebutykin, Wissenschaftsastronaut
Tsen Chou-zung, Wissenschaftsastronautin
Paul Fleurant, Wissenschaftsastronaut
Kireiko Masachi, Wissenschaftsastronautin
Narihara Nigawa, Wissenschaftsastronaut
Dong Te-Hua, Wissenschaftsastronaut

WISSENSCHAFTLER AUF DER KOROLEW-STATION
Das Chalashajerian (gemeinhin Doc C. genannt)
Yvana Borges
Jim Flynn
Pete Johnson
Akira Yamada

AUF DEN MARSPENDLERN *ALDRIN* UND *COLLINS*:
Scotty Johnston, Pilot
Robert Prang, Wissenschaftler

Verzeichnis der Abbildungen

Vorwort
von Arthur C. Clarke

Es ist einfach nicht fair. Es gab eine Zeit, da hatten wir Science Fiction-Autoren den Weltraum ganz für uns allein und konnten daraus machen, was wir wollten. Das ist vorbei ... Inzwischen sind Leute wie Buzz dort gewesen und können uns ganz genau sagen, wo wir uns vergaloppiert hatten.

Und damit nicht genug. Jetzt *schreiben* sie auch noch selber Science Fiction. Schlimmer noch – verdammt gute Science Fiction. So schwer mir das Eingeständnis auch fällt, ich wäre stolz, wenn *Begegnung mit Tiber* aus meiner Feder stammte.

Gewiß, Buzz hat mit John Barnes zusammengearbeitet, einem Meister seines Fachs, aber seine Handschrift ist überall zu erkennen. Wer diesen Roman liest, wird viel über die künftigen Pläne zur Erforschung des Weltraums erfahren, und manches davon ist unglaublich phantasievoll. Mich hat besonders der Einsatz von Nullpunktenergie interessiert – jener nicht wahrnehmbaren und doch so gigantischen Hinterlassenschaft des Urknalls. Der verstorbene Nobelpreisträger Richard Feynman hat einmal gesagt, jeder Kubikmeter Raum – ganz gleich, wo – enthalte genügend Energie, um *alle Ozeane der Welt zum Kochen zu bringen*. Wenn es gelingen sollte, diese Quelle anzuzapfen – und es gibt Anzeichen dafür, daß dies in einigen Labors bereits geschieht –, würden Reisen zu anderen Planeten, ja, zu anderen Sternen, zu einem unkomplizierten und billigen Vergnügen.

Dennoch legt *Tiber* den Schwerpunkt nicht so sehr auf die Technik als auf die Beschäftigung mit zwischenmenschlichen Beziehungen und mit Fragen der Interstellarpolitik. Die Beschreibung fremder Gesellschaftsformen, ihrer Triumphe und ihrer Katastrophen ist überzeugend, ja oft sehr ergreifend. Dergleichen findet man auch bei Ursula Le Guin nicht besser.

Zum Beweis dafür, daß ich nicht der einzige bin, der dieses Buch mit Genuß gelesen hat, will ich zu guter Letzt aus einem Brief zitieren, der eben bei mir eingegangen ist: »Ich bin jetzt in der Mitte von *Begegnung mit Tiber* angelangt und finde, es ist ein großartiges Buch. Buzz hat viele seiner Raumfahrtstrategien in die Geschichte verwoben.

Absender ist übrigens ein gewisser Neil.

Clio Trigorin

20. Juli 2069

Das Raumschiff *Tenacity* mit seinen gewaltigen Trägerraketen war die größte technische Konstruktion, die man je im All zusammengebaut hatte; selbst ohne die Raketen, die in etwa zehn Stunden abgetrennt werden sollten, war sie noch riesig. Und das alles für nur dreißig Personen, dachte Clio Trigorin. Bei der ersten Mondlandung waren es drei, auf Phobos sieben, auf dem Mars fünf, auf Titan elf … Ob es sich wohl lohnte, eine Potenzreihe aufzustellen? Sie schnaubte verächtlich; wenn man lange genug weitermachte, müßte irgendwann die ganze menschliche Rasse zum Rand des Universums fliegen.

Das Taxischiff dockte automatisch an, und Clio und ihre sechs Mitreisenden stiegen aus und schwangen sich ins Innere der *Tenacity*. Auf dem Weg zur Schleuse warf Clio noch rasch einen Blick durch eins der Taxifenster. Von der fernen Erde waren nur Teile von Afrika, Antarktika und Südamerika zu erkennen. Durchaus möglich, daß dies vor dem Start die letzte Gelegenheit war, den Planeten direkt zu betrachten, aber für sie war das nicht in dem Sinne ein Herzensanliegen wie für andere Menschen. Sie hatte die Erde erst mit sechzehn Jahren, als sie aufs College kam, zum ersten Mal betreten, und obwohl sie ihre Wahlheimat inzwischen schätzen gelernt hatte, gehörte ihre Liebe immer noch den roten Ebenen, den schroff gezackten Kraterwänden und den riesigen Bergen des Mars, der Heimat ihrer Kindheit.

Dennoch nahm sie sich Zeit für diesen letzten Blick. Sie hatten eben eine Erdumkreisung beendet und waren auf dem Weg zum Apogäum, dem erdfernsten Punkt ihrer Umlaufbahn. Der südliche Teil des Indischen Ozeans, heute großenteils von Wolken verhüllt, blieb rasch hinter ihnen zurück. Noch einmal würden sie nun diesen Orbit abfliegen, der dicht am Nordpol vorbeiführte und sich über dem Südpol weit ins All hinausschwang; noch einmal würden Sibirien, das Nordmeer und Grönland riesengroß den gesamten Videoschirm ausfüllen, noch einmal würde die Erde unter ihnen wegsacken, wenn der Bogen südwärts ausholte – dann würden die großen Antimaterieraketen sie endlich aus der Bahn katapultieren, und sie würden, anstatt wieder zurückzufallen, hoch über dem Südpol in gerader Linie weiterfliegen und Kurs auf den dritthellsten Stern am Himmel nehmen, jenes flammende Licht im weit südlich gelegenen Sternbild Centaurus, das im Moment hoch über ihr stand, der leuchtend blauweißen, rasch kleiner werdenden Erde genau entgegengesetzt.

Clio sah sich um. Auch alle anderen hatten kurz innegehalten, um aus dem Fenster zu schauen. Als die Erde mit der langsamen Drehung des Schiffs aus dem Blickfeld verschwand und nur noch der ferne Halbmond vor dem unermeßlichen Sternenhimmel schwebte, wandte sich die Gruppe schweigend ab.

Alle zogen sich an Handgriffen den Korridor entlang zu ihren Kabinen. Clio stellte die kleine Tasche mit ihren persönlichen Sachen in den Spind und rief dann auf dem Bildschirm ihren Terminplan ab. Es gab keine Überraschungen. Als Historikerin der Expedition war sie eingeladen, zum Start und später auch zum Einschießen auf extrasolaren Kurs auf die Brücke zu kommen und das Manöver vom Gästesessel aus mitzuverfolgen, aber in den anderthalb Stunden bis dahin hatte sie frei.

Ein leises Klingelzeichen kündigte einen Anruf an; sie schaltete den Bildschirm ein. Als Tante Olga und Onkel Jason erschienen, lächelte sie erfreut – die beiden, ihre liebsten Verwandten, hatten die lange Reise vom Mars zur Erde nicht gescheut, um beim Abflug ihre Schiffs dabeisein zu können (auch wenn Jason steif und fest behauptete, er sei nur nach Hause gekommen, um im nächsten Jahr den hundertsten Geburtstag seiner Mutter mitzufeiern). »Wie schön, daß wir uns noch einmal sehen können«, sagte Clio.

Die *Tenacity* war der Erde immer noch so nahe, daß beim Funkverkehr keine spürbaren Verzögerungen entstanden; erst kurz vor dem Apogäum merkte man deutlich, daß das Funksignal für den Hin- und Rückweg einige Zeit benötigte. Das würde sich bald ändern, dachte Clio; irgendwann würden sie vier ein Drittel Lichtjahre von der Erde entfernt sein, und da Funkwellen sich mit Lichtgeschwindigkeit fortpflanzen, bedeutete das, daß zwischen dem Absetzen eines Funkspruchs und dem Eintreffen der Antwort im Minimum acht Jahre und acht Monate vergehen würden. Bisher hatte die Pause zwischen Signal und Gegensignal nie länger als fünfundvierzig Minuten gedauert, nicht einmal im extremsten Fall, als Mars und Erde so zueinander standen, daß sie die Sonne zwischen sich hatten, und der gesamte Funkverkehr über einen der Relais-Satelliten auf Sonnenumlaufbahn abgewickelt werden mußte. Schmerzlich durchzuckte sie der Gedanke, daß ihre Tante wie ihr Onkel bereits die Siebzig überschritten hatten und dies womöglich die letzte Gelegenheit war, sich direkt mit ihnen zu unterhalten. Von jetzt an würde man nur noch Videobriefe austauschen können.

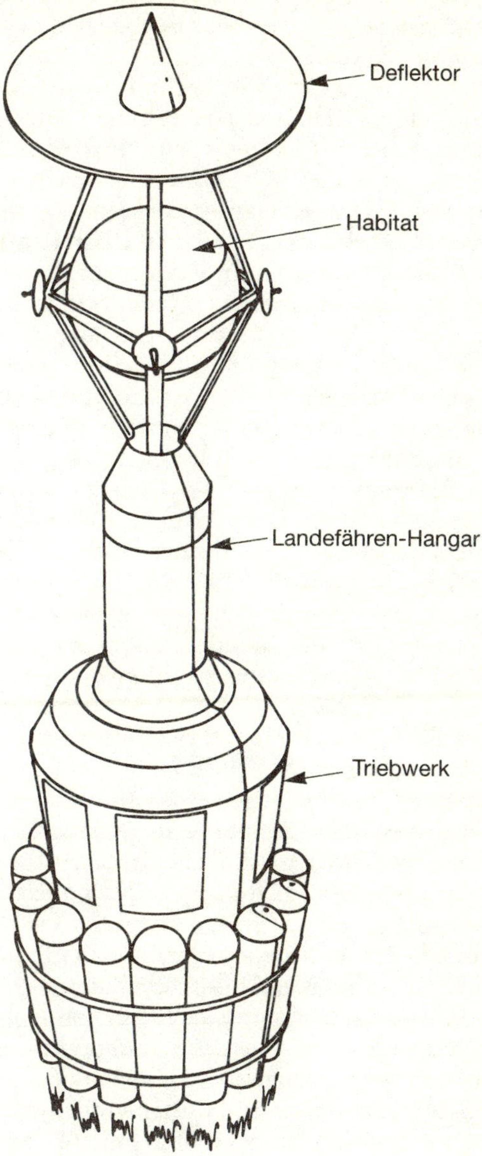

Das Sternenschiff *Tenacity*

Sie würde sie beide vermissen, aber ganz besonders Onkel Jason, denn seine Erinnerungen stellten ihre wichtigsten Quellen für *Vom Mond zu den Sternen* dar – das Buch, das dereinst einmal ihr Hauptwerk werden sollte.

»Wie fühlst du dich, Clio?« fragte Olga.

»Mir geht's gut. Ich mußte nur eben daran denken, wie weit ich wegfliege und wie lange es dauern wird, bis ich euch beide wiedersehe.«

»Aber wiedersehen wirst du uns auf jeden Fall«, versprach Jason. »Du bist höchstwahrscheinlich in knapp dreißig Jahren wieder da – und wenn ich mir Mom so ansehe, liegt die durchschnittliche Lebenserwartung in meiner Familie bei etwa zweihundert Jahren.«

»Gib Tante Amber einen Kuß von mir und entschuldige mich bei ihr«, sagte Clio. »Es tut mir sehr leid, ihren Hundertsten zu verpassen, aber die Missionsplaner haben es anders gewollt.«

»Mom wird das schon verstehen. Sie war immerhin einmal mit einem Astronauten verheiratet«, sagte Jason. Clio erschrak ein wenig. Jasons Vater, ihr Großonkel Chris Terence, war Jahrzehnte vor ihrer Geburt bei einer Weltraummission umgekommen. Sollte Clio irgendwo draußen zwischen den Sternen den Tod finden, dann würde der Rest der Familie sicher auch das verstehen.

»Wie auch immer, wir wollten dir nur viel Glück wünschen. Jetzt siehst du selbst, wie schwierig es ist, dem Familienschicksal zu entgehen«, sagte Jason.

Olga lächelte ihr zu. »Laß dich nicht von ihm ärgern«, sagte sie. »Wir sind sehr stolz auf dich. Und wenn du zurückkommst, mußt du uns unbedingt besuchen – bis dahin sind wir schließlich erst hundert, und der Mars scheint mit alten Leuten schonend umzugehen.«

»Der Mars?« fragte Clio. »Ihr wollt wieder zurück?«

»Aber natürlich«, sagte Olga. »Er ist doch unsere Heimat.«

Jason nickte. »Das Wiedersehen mit der Erde hat mir wieder sehr deutlich in Erinnerung gerufen, warum wir uns damals freiwillig auf die Station am Korolew-Krater hatten versetzen lassen. Du hast den Mars doch sicher auch nicht vergessen, Clio? Gewiß, die Erde hat einiges zu bieten, Museen, Bibliotheken Nachtleben ... aber wann bist du zum letzten Mal auf einen Berg gestiegen und hast in dem Bewußtsein über eine Ebene geschaut, in jede Richtung zweihundertsechzig Meilen weit über ein vollkommen menschenleeres Gebiet sehen zu können?«

Clio drückte möglichst diskret auf einige Tasten des Kommunikator-Terminals auf ihrem Schreibtisch, aber Jason durchschaute sie, bevor sie das Ergebnis hatte, und sagte lachend: »Vierhundertzwanzig Kilometer. Du mußt entschuldigen. Ich habe mein Leben lang mit Metern gerechnet, aber Fuß und Meilen sind mir immer noch geläufiger. Du bist mir hoffentlich nicht böse, wenn ich dich vorhin ein wenig aufgezogen habe, Clio, aber das Ganze entbehrt doch nicht einer gewissen Komik. Da beschließt du zuerst, den Rest deines Lebens in Museen und Bibliotheken zu verbringen und nicht, wie der Rest der Familie, ins Weltall zu fliegen, und dann …«

Clio zuckte die Achseln. »Die Datenspeicher des Schiffs enthalten praktisch das gesamte Wissen der Menschheit. Außerdem bin ich auf dieser Reise für niemanden telefonisch zu erreichen, ich brauche in keinem Ausschuß zu sitzen, und ich werde jede Menge Zeit und Muße zum Lesen und zum Nachdenken haben. Ein wahres Paradies für einen Historiker.«

Das Gespräch ging noch ein paar Minuten weiter, aber viel hatten sie sich im Grunde nicht mehr zu sagen. Sie bedauerten noch einmal, so lange nicht mehr miteinander sprechen zu können, weil sich das Raumschiff so weit von der Erde entfernen würde, daß die Funkwellen erst Monate und später Jahre brauchten, um Schiff und Heimat zu verbinden, wünschten sich gegenseitig Glück und Gesundheit und legten schließlich auf.

Danach hatte Clio immer noch eine Stunde totzuschlagen. Insgesamt hatte sie bei kürzeren Probeflügen bereits vier Monate auf dem Schiff verbracht; es gab also keinen Winkel, den sie noch nicht kannte. Zum Glück hatte man sich bereits vor dieser ersten Expedition in ein anderes Sternensystem überlegt, wie wichtig es sei, daß alle Teilnehmer sich mit Forschungsprojekten eindeckten. Auf diese Weise konnte Langeweile erst gar nicht aufkommen, und wenn doch, dann war ihr jederzeit leicht abzuhelfen.

Das Gespräch mit Onkel Jason und Tante Olga hatte ihre Gedanken wieder auf das ›Familienschicksal‹ gelenkt. Als sie, ein stilles, gewissenhaftes, sechzehnjähriges Mädchen, vor zwölf Jahren den Mars verließ, hatte sie es kaum erwarten können, die Wunder der Erde endlich mit eigenen Augen zu sehen. Zwei Jahre lang hatte sie mit dem Geld, das ihre Eltern seit Jahrzehnten auf irdischen Konten gehortet hatten, in vollen Zügen genossen, was der Planet ihr bot – Städte voller Menschen, Meere, wechselndes Wetter, Aufenthalte im Freien ohne Raumanzug, Museen, Konzerte und Theater. In Harvard hatte sie reichlich Gelegenheit gefunden, sich eingehend mit den Dingen zu beschäftigen, die sie den Sommer über hatte sehen dürfen, und sich die Bedeutung dieser überwältigenden Fülle an Erfahrungen, an Geräuschen, Gerüchen und Farben bewußtzumachen. Auf diese Weise war sie irgendwann wie von selbst beim Geschichtsstudium gelandet.

Nichts ist der Karriere eines Historikers förderlicher, als Zugang zu Materialien zu haben, an die niemand sonst herankommt. Was Jason ›Familienschicksal‹ nannte, reichte in Clios Familie schon sehr weit zurück; viele von ihren Verwandten hatten tatkräftig mitgewirkt, um die Menschheit bis an diesen Punkt der Entwicklung zu bringen. Jasons Vater war auf dem Mond umgekommen, als *South Pole City*, die Stadt am Südpol, noch vier Einwohner hatte und *Tiberkolonie* genannt wurde; Jasons und Olgas Sohn, Chris Terence II, war das erste Kind gewesen, das auf dem Mars geboren wurde. Clio selbst war nur sechzehn Tage nach Chris' Geburt als Tochter von Olgas Bruder Iwan zur Welt gekommen, war also das zweite Baby auf dem Mars gewesen, auch wenn sie davon irgendwann nichts mehr hören wollte. Auf dem College war es ihr manchmal so vorgekommen, als existiere Clio Trigorin nur als Witzfigur (die Witze drehten sich meist darum, wie schwierig es doch sei, einen Kavalier für den Studentenball zu finden, wenn der einzige gleichaltrige Junge auf dem Planeten ein Cousin ersten Grades war.)

Als sie dann in die höheren Semester kam und allmählich anfing, an ihre Dissertation zu denken, erhielten ihre berühmte Tante und ihr berühmter Onkel – über die sie auch mit den Familien Terence, Jarlsbourg, Trigorin und Romany verbunden war – einen ganz neuen Stellenwert. Jeder Professor, den sie wegen eines Themas ansprach, beugte sich über seinen Schreibtisch und sagte: »Sie haben Zugriff auf Informationen aus erster Hand über die wichtigsten Ereignisse des vergangenen Jahrhunderts. Warum arbeiten Sie nicht darüber? Eine Veröffentlichung wäre von vornherein so gut wie gesichert.«

Sie hatte sich nicht allzu sehr gesträubt; immerhin hatte sie damit einen Grund, ausgiebige Kontakte zu ihrer Familie zu pflegen. Wie sich herausstellte, hatte Onkel Jason das Naturell eines Hamsters und besaß Tagebücher und Briefe von zahlreichen Familienmitgliedern, Dokumente, die seit Jahren auf der Erde eingelagert waren. Sein Stiefvater Sig Jarlsbourg hatte sie, immer in der Hoffnung, Jason würde sich endlich doch einmal zur Rückkehr entschließen, für ihn aufbewahrt. Als Clio sich ernsthaft an die Recherchen machte, hatte Jason sofort seine Einwilligung gegeben, daß Sig ihr die Akten und anderen Artefakte zugänglich machte. Seither fragte sie sich oft, ob Jason überhaupt ahnte, wie aufschlußreich vieles davon war. Nun, wenn *Vom Mond zu den Sternen* erst veröffentlicht wurde, würde er es schon erfahren.

Immerhin wußte er ja bereits, was es bedeutete, ihr als Quelle zur

Verfügung zu stehen. Clios erstes Buch, die *Kleine Geschichte des Aufbruchs der Menschheit ins Weltall,* war nicht nur ein Kritiker-, sondern auch ein Publikumserfolg geworden und hatte ihr genügend Auftrieb gegeben, sich ein weiteres, größeres und bedeutenderes Werk vorzunehmen: *Vom Mond zu den Sternen.*

Und dann war ihr Studienberater auf sie zugekommen, hatte etwas von guten Beziehungen angedeutet und erwähnt, es bestünde eine gewisse Aussicht für sie, an der *Tenacity*-Mission, dem ersten bemannten Flug nach Alpha Centauri, teilzunehmen. Obwohl sie fast zehn Jahre lang nicht im Weltraum gewesen war, hatte die familiäre Veranlagung plötzlich doch durchgeschlagen, und sie hatte sich gesagt: »Ja, ich muß es wenigstens versuchen.« So hatte sie sich nach gründlicher Vorbereitung den Auswahltests unterzogen. Da in erster Linie ein Historiker gesucht wurde, der bereits anerkannte wissenschaftliche Veröffentlichungen vorzuweisen hatte, bei bester Gesundheit und weniger als dreißig Jahre alt war – es sollte wenigstens die Chance bestehen, daß der Kandidat nach seiner Rückkehr noch einige Jahre Dienst tun konnte –, war sie sehr zur Überraschung aller ihrer Bekannten (wenn auch vielleicht nicht ihrer Verwandten) angenommen worden.

Und da bin ich nun, dachte sie. *Etwas spät, um sich die Sache noch einmal zu überlegen, aber im Grunde bin ich mir ja ohnehin sicher.*

Nur so zum Zeitvertreib ging sie ihre Computerdateien durch. Von jedem Dokument, das sie in Sig Jarlsbourgs Sammlungen im Firmenmuseum der *ShareSpace Global* gefunden, von jedem Interview, das sie für dieses Projekt jemals geführt hatte – es waren mehr als vierhundert über einhundertundsechs verschiedene Themen gewesen –, war hier eine Kopie in ultrahoher Auflösung gespeichert. *Wieder ein Produkt unserer Beschäftigung mit der tiberianischen Technik,* dachte sie. *Damit können wir unsere Reise zu ihnen oder zumindest an den Ort, von dem sie einst kamen, besser dokumentieren. Eingeholt haben wir sie freilich immer noch nicht; sie hatten Materialien, von denen wir noch nicht einmal zu träumen wagen. Selbst dieses Schiff ist ein Kompromiß zwischen unseren wenig stabilen, minderwertigen Werkstoffen und ihrem überlegenen Antriebssystem.*

Die Aufnahmen von den merkwürdigen Funden auf dem Mond und den Film, in dem die Tiberianer vor Jahrtausenden ihren eigenen Aufbruch zu den Sternen festgehalten hatten, ließ sie rascher durchlaufen. *Seltsam, daß wir Menschen schon vor unserem ersten Sternenflug genau wissen, was wir im Orbit um unser Nachbargestirn finden werden. Insofern werden sich unsere Erfahrungen auf jeden Fall von den ihren unterscheiden. Seltsam auch …*

Sie klickte weiter und landete schließlich bei einem Bild von Chris Terence, das zu Beginn seiner Astronautenausbildung aufgenommen worden war. Jasons Vater, der Mann, nach dem ihr Cousin benannt war. Spontan gingen ihr ein paar Sätze durch den Sinn – vielleicht ein brauchbarer Anfang, ein erster Entwurf für *Vom Mond zu den Sternen*.

»Zwischen dem 20. Juli 1969 und dem 20. Juli 2069 legte die Menschheit einen weiten Weg zurück. Aus einem Haufen heillos zerstrittener Nationen entstand eine halbwegs geeinte globale Zivilisation. Damals erreichten wir mit Mühe den Mond, der nur anderthalb Lichtsekunden von der Erde entfernt ist, heute treten wir eine Reise über Vier-ein-drittel Lichtjahre an. Ich, die ich diese Worte schreibe, wurde auf dem Mars geboren, gehöre der ersten, menschlichen Besatzung an, die unser Sonnensystem verläßt, und war schon so oft auf dem Mond, daß ich es kaum noch zählen kann. Immer wieder vergleiche ich die Zahlen, um zu sehen, wie weit wir vorangekommen sind, doch etwas, das wesentlich wäre für den Sinn des Ganzen, entzieht sich mir nach wie vor.

Wenn wir unsere Spitzengeschwindigkeit erreichen, werden wir die gleiche Strecke, für die Armstrong, Aldrin und Collins im Jahre 1969 drei Tage brauchten, in 3,75 Sekunden zurücklegen. Wir können es auch mit den Maßen ausdrücken, die die Astronomen innerhalb unseres Sonnensystems verwenden: Die Entfernung zwischen Erde und Sonne wird als eine Astronomische Einheit, 1 AE, bezeichnet. Im Jahre 1962 brauchte *Mariner 2* – zu dieser Zeit das schnellste von Menschenhand gefertigte Flugobjekt – auf ihrem Weg zur Venus auf gekrümmter Bahn für die Hälfte einer solchen AE mehr als drei Monate; wenn wir mit Spitzengeschwindigkeiten auf dem Strahl eines Casimir-Lasers dahinrasen, werden wir die gleiche Strecke in zehn Minuten bewältigen. Der Mond ist ein Viertel Prozent einer AE entfernt, und Apollo brauchte drei Tage, um ihn zu erreichen; im Laufe eines jeden Jahres legt die Erde auf ihrem Weg um die Sonne etwa Sechs-ein-drittel AE zurück; wir werden in zwölf Jahren 275000 AE hinter uns bringen. Die Differenz der Geschwindigkeiten und der Entfernungen zwischen unserer *Tenacity* und Juri Gagarins *Wostok* ist sehr viel größer als die Differenz zwischen der *Santa Maria* des Kolumbus und der *Wostok*.

Die Zahlen sind beeindruckend, doch die Leistung unserer Spezies übertrifft sie noch. Wobei vielleicht am erstaunlichsten ist, daß in diesem Jahrhundert, an dessen Anfang die mühsam erkämpfte Mondlandung und an dessen Ende der erste Flug zu den Sternen steht, zunächst fast dreißig Jahre lang so gut wie nichts voranging …«

Erster Teil

KONTAKTLICHT* – NOCH EIN KLEINER SCHRITT

2002-2013

* »Contact Light« – das waren die ersten Worte, die von einem Menschen auf dem Mond gesprochen wurden. Buzz Aldrin meldete damit am 20. Juli 1969 an die Flugleitzentrale, daß ein Lämpchen anzeige, die Mondfähre *Eagle* habe auf der Mondoberfläche aufgesetzt.

1

Es gibt so vieles, woran ich mich zu erinnern glaube, aber ich habe kein rechtes Vertrauen zu meinem Bewußtsein. Bedenklich finde ich vor allem, daß ich mich in manchen Szenen von außen sehe, nicht so, als erlebte ich gewisse Dinge selbst, sondern als würde ich mich dabei beobachten. Ein Seelenklempner, der erst vor zwei Oppositionen zum Mars heraufkam, behauptet, das sei zwar kein untrüglicher, aber doch ein recht sicherer Hinweis darauf, daß ich mich an eine Geschichte nicht wirklich selbst erinnere. Wahrscheinlich habe man sie mir so oft erzählt, daß sie sich in meinem Kopf festgesetzt habe. Deshalb bilde ich mir jetzt ein, ich sähe mich als Vierjährigen in Großmutter Terences Haus auf dem Wohnzimmerteppich vor dem Fernseher sitzen und höre meine Mutter sagen, mein Vater schwebe genau in diesem Moment in höchster Lebensgefahr.

Die alten Hasen von der NASA, ich meine die Leute, die sich zur Ruhe setzten, als ich gerade anfing, nennen die Zeit nach der letzten Mondlandung im Jahre 1972 gern die schwarzen Jahre, aber auf genaue Daten wollen sie sich nicht festlegen lassen. Manche behaupten, zur Zeit von *Skylab*, den *Vikings* und dem *Sojus*-Rendezvous habe sich die NASA noch recht gut gehalten, in den späten Carter- und frühen Reagan-Jahren sei sie immer mehr zerfallen, und erst im Jahr 2000 habe sie sich mit der Einführung der *Starbooster* wieder aus dem Sumpf gezogen. In diesem Jahr kam Dad zum Astronautencorps, man könnte also sagen, er sei an der Wende beteiligt gewesen. Aber für die meisten dieser alten Hasen haben die schwarzen Jahre mit der *Endeavour*-Katastrophe ihren letzten Atemzug getan, und das hieße, daß mein Dad vielleicht doch eher noch der Zeit des Niedergangs zuzurechnen ist.

Mein Dad hieß Chris Terence, er war Astronaut und Astronom und wurde im Jahr der ersten Mondlandung geboren. Am *Cal Tech* trat er nur als sogenannter ›*do-looper*‹ in Erscheinung. Ein ›*do-loop*‹, eine Schleife, war in einer der alten Computersprachen ein Befehl, den der Computer immer und immer wieder ausführte, und ein ›*do-looper*‹ war ein Student, der seinen ersten akademischen Grad, den *Bachelor* erwarb, dann wiederkam, um die Prüfung für den *Master's Degree* abzulegen, und schließlich ein drittes Mal auftauchte, um seinen Doktor zu machen. Dad gehörte also dem Jahrgang '90, dem Jahrgang '93 und dem Jahrgang '97 an. Dazwischen hielt er sich möglichst oft in der *144th Fighter Wing* der *California Air National Guard* auf, um die erforderlichen Flugstunden für die Bewerbung beim Astronautencorps zusammenzubekommen.

Auf die Möglichkeit, am *Cal Tech* zu studieren und sich zugleich bei einem Luftwaffengeschwader zum Jagdflieger ausbilden zu lassen, war er schon lange vorher verfallen. Ich erinnere mich, daß wir Jahre später unter seinen Sachen eine Seite aus einem Collegeverzeichnis fanden, auf der die fünfzig besten naturwissenschaftlichen und technischen Universitäten aufgeführt waren. Daneben hatte er sich mit Bleistift die jeweils nächstgelegenen Luftwaffenstützpunkte notiert. Dem Datum nach mußte das im Oktober seines zweiten Jahres auf der High School gewesen sein. Ganz oben auf der Liste standen das *Cal Tech* und der Stützpunkt Fresno. Großmutter sagte damals, es wundere sie gar nicht, daß er schon mit sechzehn so weit vorausgeplant haben sollte; schließlich sei ›Astronaut‹ nach ›Mama‹ das zweite Wort gewesen, das er als kleiner Junge habe aussprechen können. »Ich habe noch niemanden erlebt, der so versessen auf einen bestimmten Beruf gewesen wäre. Der Junge wollte um jeden Preis Astronaut werden.«

Also hatte er für den *Bachelor of Science* in Luftfahrttechnik gebüffelt und zugleich bei der Luftwaffe als *crew chief* gearbeitet, kein schlechter Job für einen Studenten. Damit konnte er nicht nur seine Studiengebühren bezahlen, sondern ebnete sich auch den Weg für die nächsten Stufen – den *Master* in technischer Physik plus Pilotenausbildung und schließlich den Doktor in Astronomie in Verbindung mit einem Maximum an Flugpraxis.

Als er endlich auch den Doktor hatte, mußte er am eigenen Leibe erfahren, was in den neunziger Jahren des 20. Jahrhunderts schon zahllose US-amerikanische Wissenschaftler vor ihm herausgefunden hatten: Wenn man nicht gerade an einem Gerät arbeitete, das Xerox oder IBM noch diese Woche bauen wollten, oder unter den Fittichen eines einflußreichen Kongreßabgeordneten medizinische Forschung betrieb, wollte einen in den Staaten kein Mensch haben. Wir bildeten für die ganze Welt Naturwissenschaftler aus, die anschließend nach Hause zurückkehrten und tausend neue Forschungsgebiete erschlossen, aber unsere eigenen jungen Leute schickten wir – häufig noch im potentiell produktivsten Alter – als Lehrer an kleine Colleges, ließen sie Computerspiele entwickeln oder in irgendwelchen Krankenhäusern routinemäßige Labortests durchführen. Das beste Beispiel ist für mich die Frau, die in ihrer

Doktorarbeit den Weg für die Züchtung spezifischer Viren gegen spezifische Krebsarten gewiesen hatte und dafür den Nobelpreis für Medizin erhielt. Als der Anruf aus Stockholm kam, arbeitete sie als Fachärztin für Hautkrankheiten an einer Klinik in Beverly Hills. Ich weiß nicht, ob es gezielte Politik war, jedenfalls legte Amerika offenbar sehr viel mehr Wert darauf, gutaussehende, reiche Teenager zu haben, als seine Führungsrolle in Wissenschaft und Technik zu verteidigen. Kühn in Galaxien vorzudringen, wo nie zuvor ein Mensch gewesen, das hörte sich im Fernsehen gut an, wer dieses Ziel jedoch im wirklichen Leben anstrebte, für den war es ein teures Hobby.

Chris war ein Dickkopf, also zuckte er die Achseln und sagte sich, wenn er ein festes Einkommen haben wolle, müsse er eben etwas früher Astronaut werden als ursprünglich geplant. Mit dem Job bei der Luftwaffe, Lehraufträgen an drei verschiedenen Colleges in der Umgebung von Los Angeles, wo er Astronomie für Anfänger unterrichtete, und gelegentlichen Aushilfseinsätzen bei FedEx konnte er bis dahin immerhin sein Leben fristen und sich sogar eine eigene kleine Wohnung in Saugus leisten.

Außerdem hatte er mehrere wissenschaftliche Projekte laufen. Für eins davon besorgte er sich über Internet *deep-sky*-Bilder (Teleskopaufnahmen des Himmels abseits relativ nahegelegener Himmelskörper wie etwa der Planeten) von verschiedenen Observatorien. Ein Computerprogramm, das er selbst geschrieben hatte, hielt Datum und Zeit der jeweiligen Aufnahmen fest, kontrollierte, ob der gleiche Himmelsabschnitt auch zu einem anderen Zeitpunkt fotografiert worden war, und verglich die beiden Bilder miteinander. Wenn es so aussah, als habe sich ein Stern bewegt, markierte sein Computer diesen Fall, denn scheinbare Bewegungen deuteten darauf hin, daß es sich um einen Asteroiden oder einen Kometen handelte. Wenn er sich auf Bilder auf der Ebene der Erdumlaufbahn beschränkte, konnte er mit Hilfe des Programms ECOs, ›*earth crossing objects*‹, aussondern – Asteroiden oder Kometen also, die womöglich eines Tages mit der Erde kollidieren könnten. Es gab damals etliche kleinere Zeitschriften, die jeden Aufsatz veröffentlichten, in dem ein neues ECO identifiziert wurde, und Chris brauchte, um einen besseren Job zu finden oder gar ins Astronautencorps aufgenommen zu werden, noch ein paar Veröffentlichungen für sein *curriculum vitae*, die Publikationsliste, die jeder Wissenschaftler vorlegen muß, wenn er sich um eine Stelle oder ein Stipendium bewirbt.

Sein vierter Treffer, ein Teerklumpen von der Größe eines kleineren Berges auf der Erde, konnte weder der Erde jemals gefährlich werden, noch wäre er für irgendein Raumforschungsprogramm von Interesse gewesen. Aber nach den Regeln der *International Astronomical Union* erhielt er den Namen Terence 1995 BR, was nichts anderes bedeutete als ›der von Terence im Jahre 1995 entdeckte Asteroid‹. Das Kürzel ›BR‹ war per Zufallsgenerator erzeugt und lediglich für den Fall angefügt worden, daß Chris in diesem Jahr noch einmal fündig wurde.

Nun hatte, ein weiterer Zufall, eines der kleinen Colleges, an denen er unterrichtete, einen besonders rührigen Pressesprecher, und der faxte eine Meldung über den Fund an die örtlichen Fernsehstationen. Es war in der zweiten Augustwoche, der klassischen Saure-Gurken-Zeit, in der viele Programme am laufenden Band ›Geschichten‹ bringen, ›wie sie das Leben schreibt‹. Als man daher bei Channel 9 noch ein paar Filmmeter für die Abendnachrichten brauchte, schickte man Amber Romany, die jüngste Reporterin, und einen Kameramann mit dem Auftrag los, sich einen Kommentar zu besorgen.

Chris kam gerade aus seinem Seminar und war wie üblich von aufgeregten Studenten umringt, die sich um irgendwelche Leistungsnachweise herumdrücken oder in einen Kurs aufgenommen werden wollten, als eine junge Frau mit feuerrotem Haar, nicht viel älter als seine Schüler, auf ihn zutrat und ihm ein Mikrofon unter die Nase hielt. Hinter ihr ging ein junger, bärtiger Kameramann in farbverschmiertem T-Shirt, mit Pferdeschwanz und Nasenring, in die Hocke, drückte seine Kamera an die Schulter und nahm Chris ins Visier. Der wich erschrocken einen Schritt zurück.

Amber strich sich das rote Haar glatt, drehte sich nach dem Kameramann um, wartete, bis der ihr zunickte, und sagte dann: »Das ist Dr. Christopher Terence. Er hat einen neuen Asteroiden entdeckt, der auch nach ihm benannt wurde. Dr. Terence, könnten Sie uns etwas darüber erzählen?«

»Wer, zum Teufel, sind Sie?« wollte Dad wissen. Diplomatie war noch nie seine Stärke gewesen.

»Amber Romany von Channel 9. Ich bin beruflich hier; der Sender sagte, ich sollte Sie interviewen, und das College sagte, ich fände Sie hier. Also, wie ist das, wenn man einen neuen Asteroiden entdeckt?«

»Als ich nach Hause kam und meinen Computer einschaltete, hat mir das Programm erklärt, ich hätte es geschafft«, sagte Chris. »Nachdem ich die Ergebnisse noch einmal überprüft hatte und es so aussah, als sollte das Programm recht behalten, habe ich mich vergewissert, daß das Ding noch nicht bekannt war. Danach habe ich die *International Astronomical Union* benachrichtigt, die haben den Fund bestätigt, und das war's dann auch schon. Nicht spannender als Buchführung, nur leider nicht so gut bezahlt.« Damit drehte er sich um und wollte davonstürmen, um festzustellen, wer ihm das Fernsehen auf den Hals gehetzt hatte.

Doch Amber fragte weiter: »Sie haben nicht irgendwann vor, ihn sich anzusehen?«

»Was?«

»Ihr Vizepräsident sagt, Sie fliegen F15 für die *Air National Guard*. Die *144th Fighter Wing* in Fresno sagt, Sie fliegen sehr viel. Seit Ihrer Promotion veröffentlichen Sie tonnenweise wissenschaftliche Aufsätze. Das sind nur ein paar grundlegende Fakten, die ich mit ein paar Telefonaten und einer *online*-Recherche der wissenschaftlichen Publikationen in Erfahrung bringen konnte, aber ich glaube, ein Muster zu erkennen. So viele Stunden im Cockpit plus so viel Engagement im Dienst der Wissenschaft, das ergibt einen Mann, der sich für das Astronautencorps qualifizieren will.«

Chris sah sich um. Ein paar von seinen Studenten standen immer noch herum und beobachteten ihn oder versuchten, sich hinter ihn und Amber zu schleichen und in die Kamera zu winken. Jetzt wirkten sie leicht befremdet. Er zuckte die Achseln und hob beide Hände. »Na schön, ich bekenne mich schuldig. Ich kann mir nicht vorstellen, daß es irgendwo im All noch einen langweiligeren Felsbrocken gibt, aber ich würde nur zu gern hinfliegen, um ihn mir anzusehen.«

Sie lächelte. »Wollen Sie mir jetzt erzählen, was Sie empfanden, als Sie den Asteroiden entdeckten?«

»Na schön«, wiederholte er. »Man ist jedesmal wieder erstaunt; der Weltraum ist so groß, und alle Asteroiden, die man jemals registriert hat, machen zusammen nicht einmal ein Prozent der Mondmasse aus ...«

Das Interview auf dem Korridor dauerte fast eine Stunde. Während er anschließend die Referate seiner Studenten korrigierte, sagte er sich immer wieder vor, er habe sich nur deshalb aus der Reserve locken lassen, weil Amber so hübsch sei. Und natürlich würde sie alles so heillos verdrehen, daß kein Mensch, der etwas von Naturwissenschaften verstand, begreifen würde, wovon sie überhaupt sprach.

Trotzdem blieb er länger auf als gewohnt, sah sich die Spätnachrichten an und mußte zugeben, daß das Interview alle wesentlichen Punkte enthielt und sich halbwegs intelligent anhörte. Und auf dem Bildschirm war Amber genauso hübsch, wie er sie in Erinnerung hatte.

Am nächsten Tag nahm er all seinen Mut zusammen – er hatte nicht vergessen, wie er sie vor dem Seminarraum angefaucht hatte – und schrieb ihr ein paar Zeilen. Darin erkannte er nicht nur zögernd an, das Interview sei nicht schlecht gewesen, sondern ging sogar so weit zu sagen, er habe selten erlebt, daß eine wissenschaftliche Meldung so gut präsentiert worden sei. Am Ende entschuldigte er sich für seine Grobheit – und das war für Chris Terence eine ganze Menge.

Drei Tage später – er war inzwischen fest davon überzeugt, sich bis auf die Knochen blamiert zu haben, und hatte beschlossen, sich diese Frau ein für allemal aus dem Kopf zu schlagen – rief sie ihn an, und sie trafen sich zum Kaffee. Im Lauf der Unterhaltung kamen sie darauf, daß sie an einem Bericht über das *Jet Propulsion Laboratory* arbeitete, wo er eine Menge Leute kannte. Nach diesem Muster verlief nicht nur die erste Begegnung meiner Eltern, es sollte auch in Zukunft mehr oder weniger ihre Beziehung bestimmen: Zwei intelligente, hochbegabte Menschen trafen aufeinander, brüllten sich erst einmal an, entdeckten dann gemeinsame Interessen, kamen ins Gespräch und entschuldigten sich am Ende (manchmal) für ihre Unbeherrschtheit.

Wenige Monate später waren sie zur Verblüffung aller ihrer Freunde verheiratet. Der Hochzeit folgten ein paar magere Jahre. Sie verdiente dreimal soviel wie er, und sie hatten kein einziges Auto, das auch tatsächlich fuhr, sondern immer nur alte Schrottmühlen, die er für ein paar Wochen oder Monate zum Laufen brachte. Wenn sie später erzählten, was sie alles angestellt hatten, um ein Dach über dem Kopf und etwas zu essen auf dem Tisch zu haben, fragte ich mich manchmal, ob das nicht ihre glücklichste Zeit gewesen war.

Jedenfalls wurde es mit meiner Geburt im August 1998 wohl noch dringender, etwas Geld in die Haushaltskasse zu bekommen. Also nahmen sie einen Kredit auf und produzierten ›*Spacetour*‹, eine Dokumentarserie von zehn halbstündigen Sendungen über das Sonnensystem. Mom sprach die Zwischentexte, und Dad hielt vor der Kamera kleine Vorlesungen mit Filmmaterial aus staatlichen Archiven. Die Serie kam bei Kindern blendend an und wurde an viele Sender verkauft. Als ich zehn war, lief sie immer noch auf verschiedenen Kanälen. Ich erinnere mich deshalb daran, weil Dad die jahrzehntelangen Umlaufbahnen der äußeren Planeten gern mit Wendungen beschrieb wie: »Wenn mein Sohn Jason dreißig Jahre alt ist …« und meine Freunde mich gnadenlos verspotteten, wenn sie das hörten.

Das war das letzte wirklich magere Jahr. Als ich laufen lernte, hatten sie beide fast gleichzeitig einen rasanten Karriereschub. Eine Woche nachdem die Fernsehgesellschaft Mom die Moderation der Frühnachrichten übertragen hatte, wurde Dad ins Astronautencorps aufgenommen. Wir zogen nach Houston, weil Mom von dort nicht mehr so weit nach Washington hatte, und weil Dads Mutter in der Nähe wohnte. Das war eine große Erleichterung, denn von da an waren sie beide häufig und manchmal auch gleichzeitig unterwegs. Aus Erzählungen weiß ich, daß Dad Ende 2000 seine erste Mission flog und zu meinem zweiten Geburtstag im Weltraum war, während Mom irgendwo in Afrika über eine Hungersnot berichtete. Großmutter filmte mich und den Geburtstagskuchen mit der Videokamera; wenn ich mir heute ansehe, wie ich den Kuchen zugerichtet habe, kann ich den beiden nicht verdenken, daß sie nicht unbedingt dabeisein wollten.

Im Jahre 2002 war ich vier Jahre alt und konnte meine Eltern immerhin erkennen, wenn sie im Fernsehen auftraten, was bei meiner Mutter jeden Abend der Fall war. Mom hatte ein Jahr zuvor die Fernsehgesellschaft gewechselt und moderierte nun bei einem der vielen kleinen Sender, die um die Jahrhundertwende wie Pilze aus dem Boden schossen, die Abendnachrichten. Seither war diese Sendung für Großmutter ein fester Bestandteil des Tagesablaufs. Manchmal nahm Dad seine Mutter deshalb auf die Schippe und behauptete, es ginge ihr lediglich darum, wenigstens ein Mitglied ihrer Familie im Fernsehen zu sehen. Astronauten erschienen nämlich nie mehr auf dem Bildschirm.

Großmutter und ich hatten gerade Moms Sendung eingeschaltet, aber keiner von uns rechnete damit, etwas von Dads Shuttle-Flug auf der *Endeavour* zu hören. Das amerikanische Raumfahrtprogramm hatte seit 1999, genau in dem Moment, als der kalte Friede zwischen den USA und China so richtig in Fahrt kam, wieder ein wenig Auftrieb bekommen. Mit der Erklärung, zum fünfzigsten Jahrestag der Revolution einen Menschen in den Weltraum schießen zu wollen, hatte China alle Welt aufhorchen lassen. Obwohl die beiden ersten chinesischen Starts kläglich fehlgeschlagen waren, wurde das Programm der NASA beschleunigt. Es gab nun wieder mehr Starts, und, kaum zu fassen, es sah sogar so aus, als sollte die Internationale Raumstation mit nicht mehr als sechs Monaten Verspätung fertiggestellt werden. Trotzdem kamen bemannte amerikanische Raumflüge in den Nachrichten so gut wie nicht vor. Dazu war alles zu sehr Routine geworden, und wer interessierte sich schon für ein Ereignis ohne Sex und Gewalt?

Die Sendung begann, ohne daß die *Endeavour* auch nur erwähnt worden wäre, aber es war immerhin möglich, daß man, falls sonst nicht allzu viel passiert war, zum Start umschalten würde. Das meinte jedenfalls Großmutter, oder vielmehr glaube ich mich zu erinnern, daß sie etwas dergleichen sagte.

Ich besitze eine Kopie dieser Nachrichtensendung und habe sie mir mehrmals angesehen. Selbst im nachhinein ist es schwer zu begreifen, wie sehr China damals die ganze Welt in Atem hielt. Moms längster Beitrag berichtete von neuen Drohungen der Chinesen gegen die Republik Taiwan. Die Fallschirmjäger der *82nd Airborne* hätten sich sofort auf den Weg nach Taiwan gemacht, um die dortige Armee zu unterstützen. Es sehe ganz so aus, als stehe uns ein heißer Juni bevor; schon jetzt führten die amerikanische, die philippinische und die vietnamesische Marine vor den Spratley Islands gemeinsame Manöver durch, um Peking dahingehend unter Druck zu setzen, daß es auf seine Pläne verzichtete, dort eine Raketenkontrollstation zu errichten.

Mitten in ihrem Bericht stockte Mom plötzlich, blinzelte kurz, schaute auf den Teleprompter und sagte dann: »Soeben kommt eine Meldung herein. Wir schalten live nach Houston. Die Raumfähre *Endeavour* scheint in großen Schwierigkeiten zu sein.«

Ein kurzes Flimmern, dann erschien das Raumfahrtkontrollzentrum. Normalerweise hatte dort jeder die Füße auf dem Tisch, doch jetzt hing alles vor den Bildschirmen und schrie wild durcheinander. Besonders lebhaft ist mir in Erinnerung geblieben, daß Großmutter mir plötzlich die Hand auf die Schulter legte und so fest zudrückte, daß es weh tat. Aber ich beklagte mich nicht. In diesem Augenblick brauchte ich den körperlichen Kontakt.

Soweit die Nachrichtenredaktionen des Fernsehens sich überhaupt bemüßigt fühlten, auf ein so alltägliches und banales Ereignis einzugehen, war überall von dem Flug die Rede, mit dem die Internationale Raumstation (ISS) ›fertiggestellt‹ werden sollte. Dabei waren noch etliche Missionen erforderlich, um die Station voll funktionsfähig zu machen. Der Grund für die Unterstellung befand sich im Frachtraum: das *U.S. Hab Module*, der amerikanische Mannschaftscontainer für die Station. Fast vier Jahre lang war die Station mit einer turnusmäßig wechselnden, dreiköpfigen Sojus-Crew (jeweils ergänzt durch einen Amerikaner, Japaner oder Europäer) besetzt gewesen. Mit dem *U.S. Hab* wäre nun Platz für sechs Dauerbewohner, und Chris Terence war als einer der ersten ›richtigen‹ Wissenschaftler für einen längeren Aufenthalt vorgesehen.

Die *Endeavour* hatte den Auftrag, zu starten, den Orbit der ISS anzusteuern und ein Rendezvous durchzuführen. Das Shuttle sollte am vorderen Knoten andocken, einem zylinderförmigen Druckbehälter, der das *U.S. Lab Module,* die Laborkapsel der Amerikaner, die *Columbus,* die Laborkapsel der European Space Agency (ESA), und die japanische Versuchskapsel miteinander verband. Der Knoten befand sich in einer riesigen Gitterkonstruktion, die außen mit Solarzellen besetzt war und die Druckbehälter und weitere Solarzellenflügel umschloß. Alles zusammen nannte sich Internationale Raumstation. Nach dem Andocken sollten die Amerikaner zusammen mit der russischen Besatzung das *U.S. Hab* aus dem Frachtraum des Shuttle holen, die Einstiegsluke an den Zentralknoten anschließen und einrasten lassen, das Innere belüften und schließlich vom Knoten her die Tür öffnen. Damit wäre das Habitat zum festen Bestandteil des Wohndecks der Internationalen Raumstation geworden.

Der Start verlief völlig normal; sooft die NASA-Techniker hinterher die Bänder auch abspielten, sie konnten keinen Fehler entdecken. Die Bilder, jedem Amerikaner seit mittlerweile zwanzig Jahren wohlbekannt, sahen aus wie immer. Es war ein klarer, tiefblauer Spätnachmittag in Canaveral. Die *Endeavour* stand, eingerahmt von den beiden Feststoffstartraketen, auf ihrem Leitwerk und klammerte sich, klein wie ein Spielzeug, mit dem Bauch gegen den riesigen Außentank. Nebelfetzen, entstanden durch die extreme Kälte des flüssigen Wasserstoffs, schwebten durch die Luft. Der Countdown lief ab.

Ein tiefes Grollen erschütterte die Luft. Unter dem Shuttle erschien, hell wie die Flamme eines Schweißbrenners, ein weißglühender Feuerball, der sich rasch zu einer riesigen Feuersäule ausdehnte und es himmelwärts trug. Die Verbrennungsgase der Feststoffraketen stützten die Lichtkathedrale mit zwei glühenden Pfeilern. So raste die *Endeavour* in den Abendhimmel, ihrem Orbit entgegen. Die etwa hundert Zuschauer auf den Gästetribünen – zumeist ausländische Touristen – applaudierten begeistert, doch selbst in drei Meilen Entfernung von der Startrampe ging das Klatschen und Schreien noch im Getöse der Raketen unter. Die Besatzung erhielt über Funk die üblichen Routineinformationen, doch kaum jemand achtete zu diesem Zeitpunkt auf die Meldung, im Ostatlantik herrsche entlang der Flugbahn stürmische See. Wenn alles gutging, würde man die Information nicht benötigen, und in letzter Zeit waren eigentlich alle Flüge gutgegangen.

Die *Endeavour* drehte sich auf den Rücken und entfernte sich. Die Feststoffraketen wurden abgestoßen, die Triebwerke auf 106 Prozent hochgefahren. Normalerweise liefen die Haupttriebwerke des Shuttles beim Start auf 104 Prozent der Nennleistung, aber das Habitat im Frachtraum war besonders schwer, und so startete man mit 106 Prozent. Es war nicht das erste Mal; theoretisch konnte man gefahrlos bis 109 Prozent gehen.

Missionskommandant war diesmal Lori Kirsten, eine gute Freundin meines Vaters. Die beiden hatten sich beim Astronautentraining kennengelernt. Es war Loris zweite Mission. Sie hatte sich erstmals einen Namen gemacht, als sie als jüngste Frau aller Zeiten einer Kampffliegerstaffel zugeteilt wurde. Noch bekannter wurde sie, als sie bald darauf zu den Testpiloten wechselte, lange vor ihrem dreißigsten Geburtstag zur NASA kam und ihre erste Mission als jüngster Shuttle-Pilot aller Zeiten flog. Bei solchen Überfliegern setzt man aus irgendwelchen Gründen als selbstverständlich voraus, daß sie eine scharfe Zunge haben, und das war wohl politisch gesehen ihre Rettung, denn sie zeigte ein besonderes Talent dafür, anderen Leuten auf die Zehen zu treten (der sicherste Weg, um sich Dads Respekt zu erwerben.) Sie saß ganz vorne links im Flugdeck, dem obersten der drei Decks der *Endeavour*.

Chris saß rechts hinter ihr und schaute Henry Janesh aufmerksam über die Schulter. Janesh flog zum ersten Mal als Pilot, aber er hatte einen guten Ruf, und niemand rechnete mit Schwierigkeiten.

Die NASA kennt seit ihren Anfangszeiten zwei Arten von Astronauten: Piloten und Wissenschaftsastronauten. Jeder Astronaut kann fliegen, aber nicht jeder Astronaut ist auch Pilot – also jemand, der die Aufgabe hat, ein Raumschiff an ein bestimmtes Ziel und wieder zurück zu bringen. Die meisten sind Wissenschaftsastronauten, sie könnten das Schiff notfalls fliegen, wenn etwa der Pilot dazu nicht mehr imstande wäre, aber hauptsächlich sind sie mit wissenschaftlichen Experimenten beschäftigt oder führen im Weltraum irgendwelche technischen Arbeiten aus. Chris als Wissenschaftsastronaut Nummer eins stand in einer anderen Hierarchie als Henry, der Pilot; beide waren Lori direkt unterstellt, untereinander aber nicht weisungsgebunden. Chris schaute Henry also nicht über die Schulter, weil er dazu verpflichtet gewesen wäre, sondern nur, weil er sonst nichts zu tun hatte – für ihn begann die Arbeit eigentlich erst nach Erreichen des Orbits. So hörte er auch die Routineinformationen mit, die über Kopfhörer durchgegeben wurden. Nach vier Minuten und fünf Sekunden Flugzeit kam vom Kontrollzentrum die Standardwarnung *Negative Return* an Henry. Henry bestätigte, daß der Punkt für eine Rückkehr zur Landebahn überschritten sei. Die *Endeavour* konnte nun nicht mehr umdrehen und zum Cape zurückfliegen.

Von jetzt an war bei einem Abbruch TAL – *TransAtlantic Landing* – eine Landung jenseits des Atlantiks angesagt. Bei seiner derzeitigen Geschwindigkeit und Flughöhe hätte das Shuttle, solange in nächster Zeit nur ein Triebwerk versagte, den Notlandeplatz in der Nähe von Zaragoza in Spanien erreichen können. Da Geschwindigkeit und Höhe ständig weiter zunahmen, würde es fünfundzwanzig Sekunden später den Punkt erreichen, an dem auch bei Ausfall zweier Triebwerke noch genügend Bewegungsenergie vorhanden wäre, um es über den gesamten Atlantik zu tragen. Falls das erste Triebwerk allerdings in diesen kritischen fünfundzwanzig Sekunden ausfallen sollte, *brauchte* man die beiden anderen für den Rest des Flugs, denn mit nur einem Triebwerk würde man Zaragoza nicht erreichen. Arbeitete das erste Triebwerk jedoch bis *nach* dieser Spanne, dann war selbst bei einem zweiten Ausfall eine erfolgreiche Landung jenseits des Atlantiks denkbar. Eine knappe halbe Minute lang wäre damit schlimmstenfalls weder die Rückkehr nach Canaveral, noch eine Notlandung in Zaragoza möglich. Die Situation war brisant, weniger wegen ihrer Gefährlichkeit, als wegen des engen Spielraums, und das war für Chris Anlaß genug, Henry Janesh besonders genau auf die Finger zu sehen.

Außerdem hatte er ganz spezielle Gründe, über etwaige Schwierigkeiten sofort Bescheid wissen zu wollen: Er war bei dieser Mission nämlich als *Jumpmaster*, als Absetzer, eingeteilt. Die Funktion war nicht bei jedem Shuttleflug besetzt – in welcher Form der Notausstieg aus einem Shuttle organisiert wurde, war bis zu einem gewissen Grad Sache der jeweiligen Besatzung. Man orientierte sich zwar an der sogenannten *Egress Cue Card*, einer Liste von Standardmaßnahmen zur sicheren Evakuierung der Astronauten aus einer absturzgefährdeten Raumfähre, doch wer die Koordination übernahm, entschied der Kommandant. Lori war ein starker Befürworter eines *Jumpmasters*.

Als sie ihren turnusmäßigen Einsatz in der Verwaltung ableistete, hatte man ihr aufgetragen, ein Notfallprogramm für den Abbruch einer Mission zu entwickeln, sich also zu überlegen, was zu tun sei, falls ein Shuttle ernsthaft in Bedrängnis geriet – und sie hatte sich wie üblich mit Feuereifer in die Arbeit gestürzt. Schließlich war sie zu der Überzeugung gelangt, ein *Jumpmaster*, ein Crewmitglied also, das dafür verantwortlich war, die ganze Besatzung möglichst sicher aus dem Raumschiff zu befördern, garantiere am ehesten einen reibungslosen Ablauf der Evakuierung. Die Idee war nicht neu, es gab etliche Raumschiffbesatzungen, die einen *Jumpmaster* hatten. Ob er allerdings beim Absprung aus einem Shuttle viel nützen konnte, war eine offene Frage, der Fall war schließlich noch nie eingetreten. Trotzdem war Lori der Meinung, falls unvorhergesehene Probleme aufträten, sei es nicht schlecht, jemanden zur Hand zu haben, der speziell dafür da war, sie zu beheben. Raumfähren stürzen ziemlich schnell vom Himmel, und im Ernstfall konnte die Zeit knapp werden. Nachdem sie den Sitzplan der Crew und die Aufgabenverteilung genau studiert hatte, beschloß sie, den Ersten Wissenschaftsastronauten zum *Jumpmaster* zu bestimmen, denn der hatte nicht nur freie Bahn zur Tür, sondern auch freie Sicht auf alle anderen Besatzungsangehörigen – eine optimale Kombination.

Chris hätte wohl in jedem Fall getan, worum Lori ihn bat, aber sie hatte ihn für diese Aufgabe so rigoros gedrillt, daß sie ihn irgendwann von ihrer Bedeutung überzeugt hatte.

Als *Negative Return* überschritten war, atmete Chris ein wenig auf, denn das Shuttle zu wenden und wieder zurückzufliegen, wäre ein schwieriges und riskantes Manöver gewesen. Nun sollten alle drei Triebwerke wenigstens noch fünfundzwanzig Sekunden weiterarbeiten, um wenigstens eine gewisse Reserve zu haben, falls es Probleme gab, danach stand selbst bei Ausfall mehr als eines Triebwerks einer sicheren Transatlantiklandung nichts mehr im Wege, das Risiko wäre also nicht größer als normal. Soweit sah alles gut aus.

Die Feststoffstartraketen für die Raumfähre hatten nie so ganz gehalten, was sie versprochen hatten; zum Ausgleich für ihre ungenügende Schubkraft hatte die NASA daher entschieden, die großen Haupttriebwerke des Space Shuttles, die den Flüssigwasserstoff aus dem Außentank verbrannten, bei einer so schweren Fracht wie dem *U.S. Hab* auf 106 Prozent laufen zu lassen. Das war kaum mehr als die Leistung, die diese Triebwerke gefahrlos und ohne Schaden zu nehmen erbringen konnten, außerdem sind hochentwickelte Maschinen in Regierungsbesitz besonders im Bereich der Luft- und Raumfahrt oft drastisch übermotorisiert. Man ging also ein, wenn auch nur sehr geringes, Risiko ein, und das keineswegs zum ersten Mal. Falls ein Triebwerk ausfiel, würden die beiden anderen eben mit 109 Prozent arbeiten müssen, und bei Probeläufen mit 109 Prozent hatten sie in der Vergangenheit stets reibungslos funktioniert.

Man kann sich das Ganze wie eine Familie vorstellen, die ihre gesamten Einkünfte verbraucht, irgendwann beschließt, sich ein wenig Luxus zu gönnen, und mit Hilfe einer Kreditkarte etwas mehr ausgibt. Weil nun gerade Weihnachten ist, setzt man mit derselben Karte noch eins drauf und hat schließlich immer noch nicht allzu viel überzogen. So etwas geht eine Weile gut, aber wenn plötzlich Schluß ist, sind alle überrascht und fühlen sich ungerecht behandelt.

Solche Überlegungen stellten wahrscheinlich weder Henry noch Lori an, als Triebwerk Nummer eins kurz aufflammte und dann stillstand. Wie vorgeschrieben steigerte Henry die Leistung von Nummer zwei und drei auf 109 Prozent, um ein völliges Abschalten zu verhindern. Jetzt hing alles davon ab, daß sie für den Rest des Fluges weiterliefen.

»Houston«, meldete Lori. Ihre Stimme klang ruhig und fest. »Wir haben Alarmstufe Gelb; fahren zwei und drei auf eins null neun hoch.«

»Roger, *Endeavour*, Sie sind für TAL freigegeben.«

Chris war enttäuscht, daß er es nicht bis ins All schaffen würde, aber, dachte er bei sich, es war ja sicher nicht seine letzte Mission. Bisher bestand zwar Anlaß zur Besorgnis, aber noch nicht zur Beunruhigung. Die beiden noch arbeitenden Triebwerke würden eben etwas länger und gegen etwas größeren Widerstand laufen müssen, mit 109 anstatt 106 Prozent angenommener Belastung.

»Roger, Houston, fliegen mit zwei Triebwerken weiter nach Zaragoza.«

Alles hielt den Atem an. Selbst wer sich nicht so genau wie Chris und Lori überlegt hatte, was alles schiefgehen konnte, war sich bewußt, daß dies äußerst kritische Momente waren. Mit jeder Sekunde, die vorbeikroch, trugen die beiden Triebwerke das Shuttle weiter in die Höhe und bauten mehr von der Bewegungsenergie auf, die es brauchen würde, um den größten Teil der Iberischen Halbinsel zu überqueren und das im Nordosten Spaniens gelegene Zaragoza zu erreichen. Chris warf einen kurzen Blick zur Seite und nickte Dirk Rodriguez, dem Zweiten Wissenschaftsastronauten, zu. Der lächelte zurück. Wahrscheinlich wollten sie sich gegenseitig Mut machen. Chris hoffte, daß auch bei Sharon Goldman, Harold Spearman und J. T. Murphy, den Wissenschaftsastronauten auf dem Mitteldeck, alles in Ordnung war und sie notfalls schnell reagieren konnten, aber vergewissern konnte er sich nicht. Schließlich waren sie alle in ihren Sesseln festgeschnallt, und die Funkverbindungen mußten für wichtigere Zwecke freigehalten werden.

Plötzlich trat eine spürbare Veränderung im Verhalten des Shuttles ein; die Leistung von Triebwerk drei sank auf Null. In einer Höhe von 350 000 Fuß, bei einer Geschwindigkeit von Mach 17 hatte auch die zweite Antriebsquelle der *Endeavour* versagt.

»Scheiße«, murmelte Henry, aber seine Finger flogen bereits über die Tasten und riefen das Programm auf, das die Steuerung für diesen Notfall übernehmen sollte. »Houston«, meldete Lori, »hier *Endeavour*. Wir sind auf Alarmstufe Rot. Können Sie *TAL negativ* bestätigen – müssen wir aussteigen?«

Das Notfallprogramm griff ein und riß die *Endeavour* herum, so daß sie auf dem Leitwerk stand. Das einzige noch funktionierende Triebwerk feuerte nun senkrecht in Richtung Erde; der Computer hatte bereits errechnet, daß sie jeden Meter Höhe brauchten, um möglichst dicht an die nordportugiesische Küste heranzukommen. Das würde den Rettungsmannschaften die Arbeit erleichtern.

Sobald die *Endeavour* aufrecht stand, drehte sie langsam ›den Bauch in den Wind‹, brachte den riesigen Außentank unter sich und kippte in einen 50° steilen Anstellwinkel nach vorne – wie um sich vom Luftstrom tragen zu lassen.

Obwohl das Triebwerk weiterlief, sackte das Shuttle erschreckend schnell ab; Sekunden später war man bereits auf 280 000 Fuß. Die Dezeleration betrug jetzt 2,9 Ge*, jeder fühlte sich dreimal so schwer wie normal. Henry schaltete auf ›Vorwärtsneigung‹, um den Tank loszuwerden; der Bug senkte sich um vier Grad pro Sekunde – der Sekundenzeiger einer Uhr bewegt sich nur ein Drittel schneller –, und die *Endeavour* ging in Horizontalflug. Auch als das Schiff weit genug vorne lag, arbeitete das einzige Triebwerk weiter, solange noch ein Tropfen Treibstoff im Tank war, um das Letzte an Geschwindigkeit und Höhe herauszuholen. Als der Punkt erreicht war, an dem der Tank abgetrennt werden mußte, um für den Rest des Fluges den Luftwiderstand zu verringern, richtete sich das Shuttle ein wenig auf. Der Tank wurde vom Wind nach unten gedrückt, mit einem dumpfen Knall abgesprengt und stürzte hinab in den Atlantik.

Die nahezu horizontale Lage verringerte die Fallgeschwindigkeit; der Bremsdruck stieg immer noch an, aber nicht mehr so rasch wie zuvor. Auf 250 000 Fuß war das Maximum erreicht, die Insassen hatten das Gefühl, in ihren Sitzen zerquetscht zu werden. Lori drehte sich um und grinste verzerrt. »Gut«, sagte sie. »Damit ist das Schlimmste überstanden. Von nun an läuft alles wie bei einem normalen Wiedereintritt.«

---

* Ge = Gravity earth (Erdschwerkraft)

»Nur, daß wir die Landebahn um ein paar hundert Meilen verfehlen werden«, ergänzte Henry. »Jetzt können wir endlich testen, ob Ihr Notprogramm auch funktioniert.«

»Da habe ich keine Bedenken«, sagte Lori. »Schließlich habe ich unseren *Jumpmaster* ausgebildet.« Sie drehte sich noch etwas weiter und stieß Chris mit dem Finger in den Oberschenkel. Er spürte es kaum durch den dicken Stoff des Druckanzugs. »Bis zum Erreichen der Absetzhöhe haben wir noch fast zwanzig Minuten; jeder kontrolliert seine Seenotrettungsausrüstung. In zehn Minuten gebe ich Vorwarnung, fünf Minuten später gehen die Helmvisiere runter, und alles macht sich bereit.«

Die Zeit verging rasch. Chris überzeugte sich mehrmals davon, daß jeder genau wußte, was er zu tun hatte, und daß alle Ausrüstungen vollständig und in funktionsfähigem Zustand waren. Ehe er sich's versah, kam die Vorwarnung, und scheinbar im nächsten Moment gab Lori Befehl, die Visiere zu schließen. Nun wurde es ernst.

Inzwischen hatten sie so weit abgebremst, daß sie auf 45 000 Fuß mit Unterschallgeschwindigkeit flogen. Der Himmel war wieder blau, und unter ihnen glänzte der Ozean in der Sonne – aber das würde nicht lange so bleiben. »Sieht so aus, als kämen wir jenseits des Terminators runter«, drang Loris Stimme durch das Knistern in den Kopfhörern. »Kommt aber nicht weiter darauf an. Wasser ist Wasser, ob die Sonne drauf scheint oder nicht, und bis die C 130 eintrifft, um uns aufzufischen, ist es auf jeden Fall dunkel. Sie müssen eben mit Radar arbeiten.«

Sie flogen weiter von der Sonne weg. Jetzt kam ihnen die Dunkelheit doch erschreckend schnell über das Meer entgegengerast.

»Houston, wir beginnen mit den Vorbereitungen zum Absprung«, meldete Lori über Funk.

»Roger, *Endeavour*, wir begleiten Sie, die C 130 ist bereits von Zaragoza gestartet. Über dem Nordatlantik ist es ziemlich stürmisch, aber die Windstärken liegen noch innerhalb der vorgegebenen Grenzwerte für die Schlauchboote. Viel Glück!«

Lori wandte sich wieder an Henry Janesh und sagte: »Bei vierzigtausend Luft abpumpen, bei dreißigtausend Ausstiegsluke absprengen. Chris, du schließt dein langes Kabel an und gibst Hilfestellung, sobald die Klappe draußen ist. Nach meinem Programm kommt Henry vor Chris, ich steige als letzte aus.«

»Roger«, antworteten Chris und Henry wie aus einem Mund.

Während Chris darauf wartete, daß sie Höhe 40 000 Fuß erreichten, überzeugte er sich, daß die Leitung funktionierte; das lange

Kabel ermöglichte es ihm, auch wenn er sich unten auf dem Mitteldeck befand, mit allen Shuttle-Insassen zu sprechen. Story Musgrave, der Astronaut, der die Rolle des *Jumpmasters* entwickelt und vervollkommnet hatte, war auf dieses Mittel verfallen. So konnte der *Jumpmaster* zugleich kommunizieren und Hilfestellung geben. Chris schickte ein stummes Dankeschön an Story, der im Training einer seiner Ausbilder gewesen war.

Er hatte soeben die dritte Kontrolle beendet, als Lori: »Vierzigtausend Fuß« und Henry gleichzeitig: »Pumpe läuft« sagte. Die Luft entwich aus der Kabine. Bei geschlossenem Helm konnte man davon zwar nichts hören, aber der Sitz der Anzüge veränderte sich ein wenig, als sich der Kabinendruck an die Verhältnisse draußen anglich.

»Dreißigtausend«, sagte Lori, und Henry meldete: »Klappe wird abgesprengt.« Chris spürte einen scharfen Ruck, als Henry die Sprengladungen zündete; die Klappe flog in die Dämmerung hinaus und war vor dem dunklen Abendhimmel rasch verschwunden. »Absetzstange wird ausgefahren«, sagte Henry ruhig. Chris schaute nur kurz auf, als die viereinhalb Meter lange Stange am oberen Rand der klaffenden Luke erschien und sich in die Nacht hinausschob. Er war damit beschäftigt, sich abzuschnallen, um ins Mitteldeck hinunterzusteigen.

Nachdem er den Beckengurt geöffnet hatte, warf er sich das gesamte Gurtzeug nach hinten über den Kopf. Er löste das Röhrchen, das ihm den Sauerstoff zum Atmen zuführte, vom linken Hosenbein seines Druckanzugs. Er vergewisserte sich, daß das extralange Kabel noch da war, wo es hingehörte, und sich nicht in den Gurten verfangen hatte. Schließlich nahm er den Schlauch ab, der den Anzug mit Kühlwasser aus dem thermoelektrischen Kühlaggregat unter dem Sitz versorgte. Jetzt sollte er sich eigentlich frei bewegen können. Vorsichtig stand er auf. »Sprechkontrolle«, sagte er.

»Alles klar«, antwortete Lori. »Bring sie raus, Chris.«

Er stieg hinunter ins Mitteldeck und sagte möglichst zuversichtlich und unbefangen: »Schön, einer nach dem anderen und genau nach Vorschrift, Leute. Sharon ist die erste.«

Sie löste sofort den Beckengurt, warf das Gurtzeug nach hinten und zog Sauerstoff-, Kommunikations- und Kühlwasseranschlüsse heraus. Dann stand sie auf und trat neben Chris hinter die Absetzstange in die dunkle Luke.

Die gebogene Metallstange ragte viereinhalb Meter weit in den tobenden Sturm hinaus. Sinn und Zweck dieser Vorrichtung war es, die Besatzung vor dem Ausklinken aus dem Sog des Raumschiffs zu bringen. Die *Endeavour* flog immer noch mit fast zweihundert Meilen pro Stunde; wenn man sich einfach aus der Luke fallen ließe, würde man unweigerlich vom Sog erfaßt und gegen Rumpf, Flügel oder Seitenruder geschleudert.

Chris faßte nach dem Klettband an der rechten Schulter von Sharons Druckanzug und riß es auf. Darunter wurde ein Ring sichtbar. Nun führte er sie zu einer Reihe von Haken, die an kurzen Riemen am Stangenende hingen, und schob den Ring an ihrem Anzug auf den vordersten. »Festhalten«, sagte er über Helmfunk, und Sharon streckte beide Arme nach oben – sie war ziemlich klein, nur ein Kilo über Minimalgewicht und keinen Zentimeter über der vorgeschriebenen Mindestgröße – und umfaßte den Riemen. »Beine fest anziehen und angewinkelt lassen!« fügte er hinzu. »Ich stoße jetzt ab!«

Sharon gehorchte. Jetzt hing sie nur noch mit der rechten Schulter an der Stange. Chris versetzte ihr einen Stoß, der Haken rutschte durch die Sicherung; noch ein Stoß, und sie glitt an der Stange entlang nach draußen. Der Wind riß sie mit 200 Meilen pro Stunde herum, so daß der Kopf zum Schiffsbug zeigte und sie mit dem Gesicht nach unten über der kalten, schwarzen, mehr als fünf Meilen entfernten See hing. Die Stange war so gekrümmt, daß der Wind sie zunächst sanft weiterschob; zum Ende hin wurde sie immer schneller, und schließlich schoß sie in die Dunkelheit hinein. Sobald der Haken nicht mehr unter Spannung

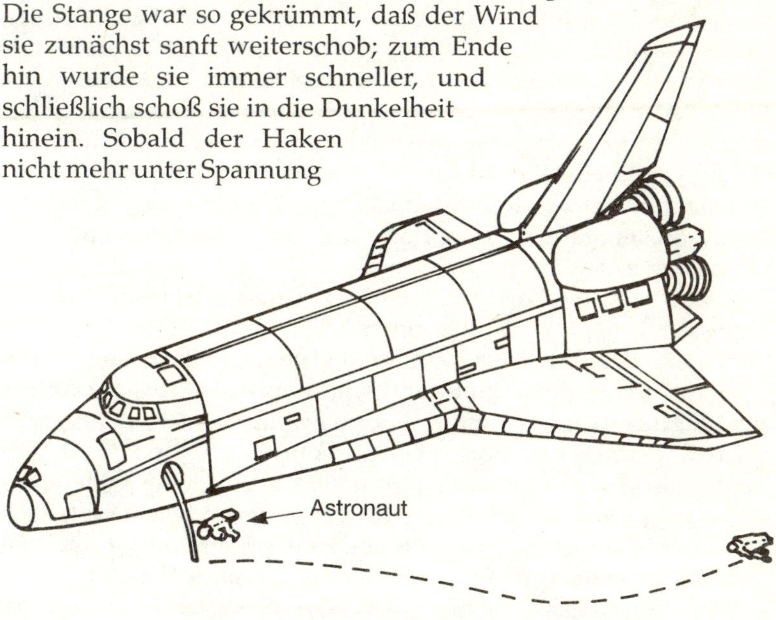

Notausstieg aus einem Space Shuttle

stand, wurde automatisch ihr Fallschirm bereitgemacht und mittels eines automatischen Höhenmessers auf sicherer Höhe geöffnet; danach brauchte sie nur noch die Verhaltensregeln bis zum Eintreffen der Rettungsmannschaft zu befolgen.

Nun holte Chris rasch hintereinander J. T. und Harold an die Stange und beförderte sie nach dem gleichen Verfahren durch die Luke. Beide verschwanden in der Nacht. Als Dirk an die Reihe kam, war es ganz dunkel geworden; wieder glitt ein Raumschiffinsasse, zur Kugel zusammengerollt, Gesicht nach unten, Kopf nach vorne, die lange Stange entlang und entschwebte in den Himmel. Chris konnte durch die Lukenöffnung die ersten Sterne sehen. Die ganze Zeit gab er einen ›endlosen Strom von blöden Sprüchen‹ von sich, wie er sich später ausdrückte, als alle Welt so viel Wesens darum machte und er nichts mehr davon hören wollte. In Wirklichkeit redete er jedem Besatzungsmitglied gut zu und kontrollierte jede Kleinigkeit, um seine Schutzbefohlenen möglichst perfekt und vorschriftsmäßig abzusetzen und ihnen ein Gefühl der Sicherheit zu vermitteln.

Wie Lori angeordnet hatte, kam Henry als nächster. Das Schiff wurde jetzt vom Autopiloten gesteuert; schließlich brauchte es höchstens noch zweihundert Sekunden lang geradeaus weiterzufliegen, und die Autopiloten der Raumfähren waren wahre Wunderwerke der Technik und konnten theoretisch sogar landen, wenn die ganze Besatzung außer Gefecht gesetzt war. Chris fand es also nicht weiter aufregend, daß es offiziell keinen Piloten mehr gab. Er riß das Klettband ab, zog den Ring heraus und sagte zu Henry: »Okay, genau wie die anderen. Bisher hat jeder eine perfekte Kugel gemacht. Etwas weiter links – so. »Dann schob er den Ring auf den Haken an der Stange. »Beine hoch und ab mit Ihnen, wir sehen uns in Spanien – okay, alles klar.«

Henry hatte die Knie fest gegen die Brust gedrückt. Chris versetzte ihm mit der Schulter einen kräftigen Stoß, Henrys Haken löste sich aus der Sicherung und glitt auf die Stange. Henry schwang einen Moment hin und her, drehte sich abrupt in Windrichtung, sauste in die Tiefe und verschwand zwischen den Sternen.

Chris wartete auf Lori, aber sie kam nicht. Erst als er sich umdrehte, sah er sie. Bevor sie vom Flugdeck zum Mitteldeck heruntersteigen konnte, hatte sich ihr Gurtzeug am Sessel verfangen, und bisher war es ihr nicht gelungen, sich zu befreien. Chris kletterte zu ihr hinauf, griff nach dem eingeklemmten Schlauchstück und riß mit aller Kraft daran, aber es war vergeblich. »Du mußt dich über den Sessel beugen«, sagte er. »Es ist schon fast draußen.«

Sie gehorchte und verschaffte ihm damit ein wenig mehr Spielraum. Vorsichtig drückte er den steifen Schlauch tiefer in den Spalt hinein. Mit den dicken Handschuhen spürte er kaum, was er tat, und konnte nur nach Sicht arbeiten. Außerdem versperrte ihm der Druckanzug den Blick nach unten, und wie es Murphys Gesetz wollte, hatte sich der Schlauch genau auf der Höhe seiner Taille verfangen. Er mußte sich also nach jedem Versuch, das eingeklemmte Stück zu bewegen, erst vorbeugen, um zu sehen, was er erreicht hatte. Schließlich drückte er den Schlauch flach zusammen und zog ganz vorsichtig. Er rutschte ein Stück weiter, dann blieb er abermals stecken. Noch ein Druck, noch eine Drehung, dann war Lori frei und konnte endlich ins Mitteldeck hinuntersteigen. »Nicht schlecht, *Jumpmaster*. Ich wußte schon, warum ich dich angeheuert hatte«, sagte sie.

Mit einem Satz waren sie an der Luke. Chris legte hastig den Ring frei und schob ihn auf den zweiten Haken an der Stange. »Beine anziehen nicht vergessen!« sagte er.

»Danke«, war ihre Antwort. »Und jetzt häng dich selber dran. Der Kapitän verläßt als letzter das Schiff.«

Er stellte sich vor sie, spürte, wie sie das Klettband abriß, den Ring an seiner rechten Schulter nach oben zog und sich mit einem kräftigen Ruck vergewisserte, daß er auch richtig auf dem Haken saß. »Daß du mir auch die Beine gut anziehst«, mahnte sie. »Wie wir's geübt haben, Chris; bis heute abend an der Bar.«

Er stieß sich kräftig ab und spürte, wie sich der Haken ausklinkte und ihn freigab. Dann glitt er, den Riemen fest in beiden Händen, die Knie gegen die Brust gedrückt, die Armmuskeln gespannt, die Stange entlang.

Wie eine riesige Faust packte der Wind seinen Körper und wollte ihn von der Stange und hinter die *Endeavour* reißen. Dann wurde er jäh nach vorne geschleudert und raste, mit dem Kopf voran, senkrecht zur Stange, das Gesicht dem Meer zugewandt, wie auf einer steilen Achterbahn dahin. Das Rasseln des Hakens drang wie Donnergetöse durch seinen Helm.

Auf einmal verstummte der Lärm, der Zug an seiner Schulter war plötzlich weg, und er flog schwerelos im Sternenschein auf die kleinen Lichter zu, die drei Meilen unter ihm auf dem schwarzen Wasser tanzten. Aus dem Augenwinkel sah er die *Endeavour* an sich vorbeischießen. Er hatte dank des größeren Luftwiderstands abrupt abgebremst, während das Schiff weiterflog.

Chris holte ein paarmal tief Atem, dann bestimmte sein Höhenmesser, nun sei er tief genug, und öffnete mit einem kurzen, heftigen Ruck den Fallschirm. Chris schwebte langsam abwärts. Als ihm zu Bewußtsein kam, daß er ziemlich durchgeschüttelt wurde, knurrte er ärgerlich. Der Wind war ganz schön stark. Nicht genug damit, daß die sieben Besatzungsmitglieder, die über einen Zeitraum von etwa vier Minuten abgesprungen waren, schätzungsweise zwölf Meilen entlang der *Endeavour*-Flugbahn verteilt waren. Jetzt würden sie noch weiter auseinandergetrieben. Immerhin sah Chris mehrere Sterne, es war also wenigstens klar genug, daß die Schwimmer zu erkennen sein würden, selbst wenn der Wellengang höher und der Wind heftiger war, als ihm lieb sein konnte. In diesem Augenblick stieg im Osten majestätisch der Vollmond aus dem Meer. Als Chris sich drehte, um sich das Schauspiel anzusehen, entdeckte er Loris Fallschirm. Damit waren wenigstens alle heil aus dem Shuttle gekommen.

Der große, strahlende Mond stand knapp über dem Horizont und starrte wie ein Riesenauge über das Wasser, als Chris den Auslöser seiner Schwimmweste drückte, um sie voll aufzublasen, bevor er auf dem Wasser aufschlug.

Seltsam war unter anderem, daß er keine Nässe spürte; der Druckanzug hatte dichtgehalten, und der Luftvorrat reichte noch für etwa zehn Minuten, was in diesem Fall mehr als genug war. Chris spürte einen Stoß im Rücken und sah sich um. Sein Schlauchboot pumpte sich automatisch auf. Als es weit genug angeschwollen war und wie eine kleine Plattform auf dem Meer lag, packte er den Seitenwulst mit beiden Händen, drückte ihn nach unten und hievte sich mit Schwung hinein. Jetzt konnte er das Helmvisier öffnen, die kühle Luft genießen und endlich frei atmen. Er schaltete den Notsender ein, um der Rettungsmannschaft die Suche zu erleichtern; sein persönlicher Signalgeber war aktiviert, seit er das Shuttle verlassen hatte. Er konnte also davon ausgehen, daß man wußte, wo er war.

Wieder schaute er zum Mond hinüber; Vollmond bedeutet Flut, wenn er direkt über einen hinwegzieht, aber hier, mitten auf dem Meer, war das für ihn wohl kaum von Bedeutung. In diesem Moment schlug Lori genau östlich von ihm auf. Sie zeichnete sich deutlich vor der Mondscheibe ab. Wenn die Rettungsmannschaften früh genug eintrafen, konnte er sie ihnen möglicherweise zeigen; noch sah er ihr Schlauchboot auf den Wellen schaukeln.

Weit weg hörte er das Dröhnen eines Düsenflugzeugs, aber es flog wohl nicht in seine Richtung. Zwei Stunden lag er wartend in seinem Schlauchboot, bis sich ein Hubschrauber näherte und ein spezielles Rettungsfloß – groß genug, um ihn damit hochzuziehen – und einen Rettungstaucher herunterließ, der ihm beim Einsteigen

Raumanzug für Space-Shuttle-Piloten

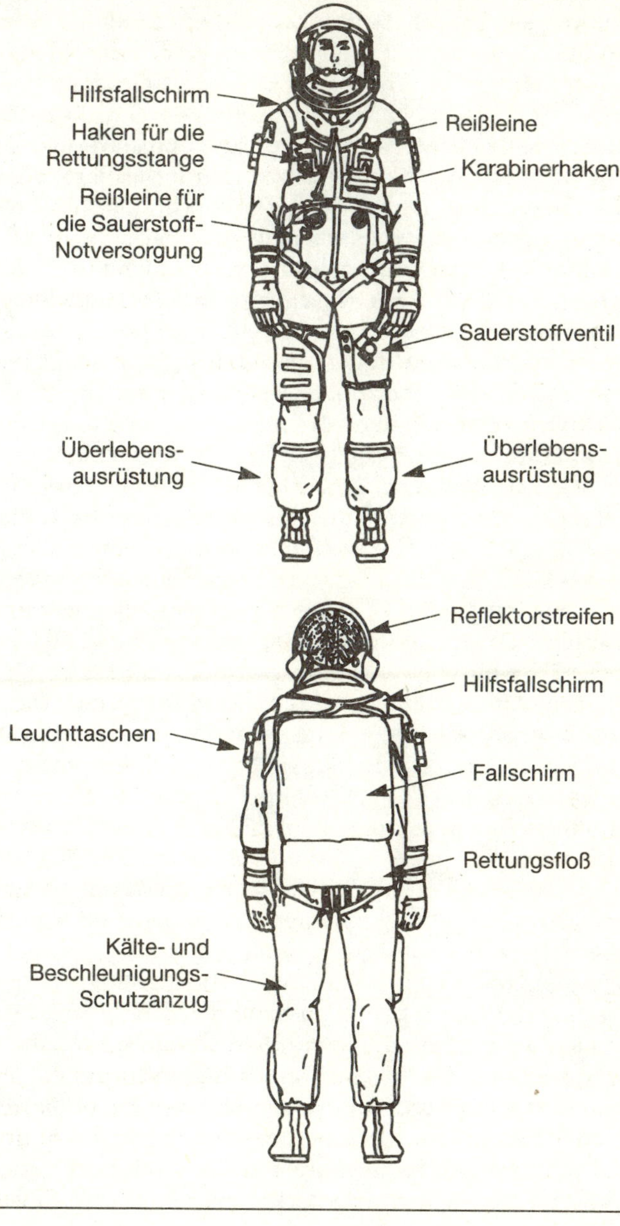

helfen sollte. Mit tatkräftiger Unterstützung des Tauchers in seinem nassen Anzug kletterte Chris auf das Floß. Sein Retter folgte ihm. Dann strafften sich die Taue, und sie schwebten dem Rumpf des Helikopters entgegen. Seit dem Start waren knapp drei Stunden vergangen.

Zwei Dinge, die das Ereignis zur Sensation machen sollten, waren in diesem Moment bereits geschehen, ohne daß jemand davon wußte. Ein Kamerateam von CNN, das von London aus in einem Learjet nach Afrika unterwegs war, um vor Ort über einen Bürgerkrieg zu berichten, hatte die Meldung aufgefangen, mit Scannern den Funkverkehr der NASA abgehört und sich ausgerechnet, auf welche Position die *Endeavour* zusteuerte. Die CNN-Reporter schwenkten sofort ab und flogen die Absturzstelle an. Dabei stellten sie fest, daß einer ihrer Scanner das Funkfeuer des Shuttles auffing. Nun konnten sie sich nach dem stärker werdenden Signal orientieren und hatten mit Hilfe weiterer Positionsmeldungen die *Endeavour* bald ausgemacht.

Während sie dem Shuttle hinterherrasten, telefonierte die Zentrale von Atlanta aus in alle Welt, um Filmrechte anzubieten und Geld aufzutreiben. Als die *Endeavour* schließlich auf dem Atlantik aufschlug, wurden die Bilder außer von CNN noch von vier weiteren Sendern gleich zu Beginn der Hauptsendezeit gebracht. Schätzungsweise 128 Millionen Zuschauer waren live dabei.

Das Shuttle war nicht darauf eingerichtet, im Wasser zu landen. Als es Anfang der siebziger Jahre entwickelt wurde, war man ohnehin bis an die Grenzen des technisch Machbaren gegangen und hatte auf viele an sich wünschenswerte Dinge verzichten müssen.

Außerdem hatte es mit den Worten seiner ersten Piloten ›die Gleitrelation eines Ziegelsteins‹, das hieß, im Vergleich zu anderen Flugzeugen war im Gleitflug das Verhältnis zwischen Vorwärtsbewegung und Sinkbewegung in einem gegebenen Zeitraum äußerst ungünstig.

Solange sich die *Endeavour* ziemlich hoch über dem Wasser befand, war davon noch nichts zu bemerken. Wenn man von der offenen Luke und der herausragenden Absetzstange absah, flog sie mit dem Autopiloten fast so flach und ruhig wie normal.

Doch als sie weiter herunterkam, verriet ihre Relativbewegung, daß sie sehr schnell war. Millionen erlebten mit, wie sie absackte wie ein Stein und rasend schnell auf das Meer zustürzte.

Vom Aufprall selbst war wegen der riesigen, weißen Gischtfontäne nicht viel zu sehen. Die *Endeavour* brach auseinander. Das Vorderteil mit der Besatzungskabine versank sofort, der Rest mit Flügeln, Frachtraum und Triebwerken wurde ein Stück weggetragen, drehte sich auf den Rücken und tauchte mit dem Seitenruder voran ins Wasser. Erst dann glitt er inmitten einer riesigen Luftblasenwolke in die dunkelgrünen Fluten und blieb in einer Tiefe von einer Meile im Schlamm stecken. Das *U.S. Hab* nahm er mit. Der Mond schien so hell, daß CNN das ganze, schaurige Spektakel einfangen konnte. Der Film zeigte deutlich, wie die *Endeavour* führerlos dem Meer entgegenraste, in einer riesigen Gischtsäule entzweibrach und im dunklen, aufgewühlten Wasser versank. Innerhalb eines Tages hatte jeder sechste Mensch auf der Erde – mehr als eine Milliarde – diese aufsehenerregende Katastrophe über dem mondhellen Meer mitverfolgt und irgendeinen Fernsehansager klagen hören, damit hätten die Vereinigten Staaten nicht nur eine Raumfähre, sondern auch ihr Quartier auf der Internationalen Raumstation verloren.

Der zweite Vorfall, der sich einprägte, war noch schlimmer; niemand wußte, wie es zugegangen war, aber als man Sharon Goldman fand, hatte sie einen gebrochenen Arm. Nun sind Armbrüche selbst bei Sportsprüngen und bei Schleudersitzrettungen aus Militärmaschinen nichts Ungewöhnliches – schon beim Absetzen aus einem Flugzeug ist der Wind oft so stark, daß er den Springer nur ungünstig zu erwischen braucht, um ihm den Ellbogen zu brechen oder die Schulter auszurenken. Und sie war bei sehr viel höherer Geschwindigkeit ausgestiegen. Jedenfalls hatte sie es mit dem gebrochenen Arm nicht geschafft, sich ins Schlauchboot zu ziehen. Als man sie fand, war eine von den Halteleinen um ihr Handgelenk geknotet, und sie hing ertrunken an dem umgekippten Boot. Nur ihre Hand ragte noch aus dem Wasser.

Hinterher ließ sich nicht mehr genau rekonstruieren, wie es zu dem Unglück gekommen war. Sie hatte wohl noch den Helm geöffnet, um atmen zu können, aber das hatten auch alle anderen getan. Soweit man feststellen konnte, war die Rettungsweste in Ordnung gewesen, seltsam war nur, daß nach dem Aufblasen die Luft zu irgendeinem Zeitpunkt wieder entwichen sein mußte. An Erklärungsversuchen herrschte kein Mangel – sie sei ganz einfach in Panik geraten; als sie mit dem gebrochenen Arm durchs Wasser gerissen wurde, seien die Schmerzen irgendwann unerträglich geworden, und sie habe die Luft selbst abgelassen, um sich in eine stabilere Lage zu bringen; infolge von Unterkühlung sei sie nicht mehr bei klarem Verstand gewesen; sie habe zum ersten Mal einen der neuen, verbesserten Anzüge getragen, und damit sei irgend etwas schiefgegangen; ihre Rettungsweste habe versagt, ohne daß man den Fehler hinterher noch habe feststellen können.

Ich fand das Ganze zwar traurig, aber ein Vierjähriger kann sich unter dem Tod noch nicht allzu viel vorstellen. Ich wußte, daß Weltraumflüge tödlich enden können, und ich wußte, daß etwas Schlimmes passiert war, aber das Ausmaß der Katastrophe erfaßte ich nicht. Ich war nur froh, daß Dad mit heiler Haut davongekommen war, und daß er sehr viel früher als geplant wieder zu Hause sein würde. Wenn er die ISS erreicht hätte, wäre er sechs Monate obengeblieben, jetzt würde ich ihn wahrscheinlich in ein bis zwei Tagen wiedersehen. Meine Großmutter dagegen hatte ein besseres Gespür für die politische Dimension der Raumfahrt und ahnte, daß noch eine Menge Ärger bevorstand. Immerhin hatte das Raumfahrtprogramm bei diesem Unfall einen seiner größten Aktivposten verloren. Und so warnte sie mich: »Es kann sein, daß dein Vater traurig und verstört ist, wenn er nach Hause kommt, also wundere dich nicht. Und du mußt auch verstehen, wenn er nicht viel Zeit für dich hat und nichts mit dir unternehmen will. Er hat einen sehr, sehr schlimmen Tag hinter sich.«

2

Nachrichtenredaktionen entscheiden meist schon ein bis zwei Stunden nach einem Ereignis, was daran wesentlich ist und wie man es dem Publikum verkaufen will. Nach dem ersten Bericht waren den Zuschauern vier Bilder im Gedächtnis geblieben, und die Fernsehreporter hatten rasch eine einfache Möglichkeit gefunden, sie miteinander zu verknüpfen.

Das erste Bild zeigte den eigentlichen Absturz der *Endeavour*. Die krasse Brutalität, mit der hier ein Symbol amerikanischer Schaffenskraft in Stücke gerissen wurde, garantierte dafür, daß die Medien von der Szene gar nicht mehr genug bekamen. Sie leben schließlich von starken Bildern, und dies war nun einmal eins von besonderer Ausdruckskraft. Auf dem zweiten Bild sah man das im Meer treibende Schlauchboot mit der Hand der armen toten Sharon Goldman, für die jede Hilfe zu spät gekommen war.

Zu diesen erschütternden Szenen des Grauens und der Hoffnungslosigkeit, die noch tagelang andauernd über die Bildschirme gingen, gab es zwei, die eine genau entgegengesetzte Botschaft vermittelten. Zum einen hatte man Lori Kirsten gefilmt, wie sie verzückt grinsend aus dem Wasser gezogen wurde. (Tante Lori sollte sich noch jahrelang über dieses Bild ärgern – wenn Dad und später auch Sig sie auf die Palme bringen wollten, brauchten sie nur zu fragen, was ihr die Rettungsmannschaften denn für einen Witz erzählt hätten. Man könne doch einen Menschen, der eben dem Tod entronnen sei, nicht für seinen Gesichtsausdruck verantwortlich machen, sagte sie dann. Sie habe aus purer Erleichterung gelacht, nicht, weil sie sich amüsiert habe.)

Nummer zwei war eine Tonbandaufzeichnung von Chris Terences Stimme. Darauf war nicht nur festgehalten, wie er einen Astronauten nach dem anderen ruhig und mit aller Sorgfalt an der Stange festmachte und aus der Luke absetzte, sondern auch, wie er mit der gleichen Besonnenheit Loris verklemmten Anzugschlauch aus dem Sessel befreite.

Darüber konnte sich nun wieder Dad entsetzlich aufregen. »Verdammt, ich habe doch nur getan, was in den Vorschriften steht. Genau wie Lori. Das war das Standardprogramm für diese Situation. Wenn man davon schon zum Helden wird, dann ist auch jeder Postbeamte ein Held, der dir eine Briefmarke zum richtigen Preis verkauft. Ich sehe wirklich nicht ein …«

Sehr viel weiter kam er meist nicht, denn diese Diskussion führte er nur mit Großmutter, Mom oder den PR-Leuten von der NASA. Großmutter pflegte ihn jedesmal daran zu erinnern, daß es ihn immerhin in seiner Karriere vorangebracht habe, was ja auch höchste Zeit gewesen sei. Mom setzte sich zu ihm und erklärte ihm geduldig zum hundertsten Mal, daß niemand in dieser Branche, sie selbst vielleicht ausgenommen, sich für seine Einwände interessierte. Fernsehnachrichten seien nun einmal nicht dazu da, die Öffentlichkeit zu informieren, sondern um Shampoo zu verkaufen, und dem Shampooumsatz sei es nun einmal sehr viel förderlicher, einen Helden einfach zu präsentieren, als lange darüber zu spekulieren, ob der Betreffende denn auch wirklich das Zeug zum Helden habe.

Der jeweilige Beauftragte für Öffentlichkeitsarbeit – mein Vater sprach immer nur von ›PR-Clowns‹ – befand sich normalerweise am anderen Ende der Telefonleitung, weshalb ich seine Meinung damals nie zu hören bekam. Ich fragte Dad einmal, was PR eigentlich sei, und er murmelte etwas von Vergewaltigung der Privatsphäre. Weder Großmutter noch Mom wollten mir erklären, was damit gemeint war. Sie sagten nur, Dad sei etwas durcheinander, und ich dürfe solche Bemerkungen nicht allzu ernst nehmen.

Jahre später, als ich mit solchen Dingen etwas mehr Erfahrung hatte, verstand ich besser, was damals gelaufen war. Die NASA steckte bis über beide Ohren in Schwierigkeiten. Bei allen Etatkürzungen, die die Regierung in den vergangenen Jahren verhängt hatte, war immer wieder beteuert worden, die Raumstation würde auf jeden Fall gebaut. Man müsse sich ja zu Tode schämen, wenn man jetzt, nachdem man das russische Raumfahrtprogramm, die japanische NASDA und Europas ESA dafür geködert habe, einen Rückzieher machte. So hatte die Raumfahrtbehörde bei der Verteilung ihrer Mittel nicht viel zu sagen gehabt: Die ISS hatte an erster Stelle zu stehen. Andere Missionen hatten sich auf das zu beschränken, was mit der alten, schweren *Columbia* noch möglich war, also meist kleinere, wissenschaftliche Projekte. Die *Atlantis*, die *Discovery* und die *Endeavour* flogen fast ausschließlich für die ISS.

So sah einerseits auf Anhieb niemand eine Möglichkeit, die *Endeavour* zu ersetzen. Das Gesetz zur Haushaltskonsolidierung von

1996 machte eine Erhöhung der Staatsverschuldung im Jahre 2002 unmöglich, zusätzliche Mittel mußten also aus einer anderen Quelle kommen. Damit bestand wenig Aussicht, daß man, wie fünfzehn Jahre zuvor nach der *Challenger*-Katastrophe, kurzerhand eine neue Raumfähre bauen würde. Damals war die *Endeavour* das Ersatzschiff gewesen. Doch das Modell war inzwischen fast dreißig Jahre alt.

Andererseits war es ausgeschlossen, mit den drei verbliebenen Orbitern *Discovery, Atlantis* und *Columbia* den Verkehr mit der Station aufrechtzuerhalten, besonders, da nur die *Discovery* und die *Atlantis* dort andocken konnten. Die *Columbia* war zu alt und zu schwer und mußte daher viele von den anderen NASA-Missionen übernehmen, für die ein Shuttle erforderlich war.

Man hatte sich zwar durchaus bemüht, einen Ersatz für das Space Shuttle zu beschaffen, aber dieses Projekt war nun wahrhaftig vom Pech verfolgt gewesen. Anfang der neunziger Jahre hatte man im Rahmen von SDI, der Strategischen Verteidigungsinitiative, mit Experimenten für ein *single-stage-to-orbit* (SSTO) begonnen – ein Raumschiff also, das sich wie eine Verkehrsmaschine fliegen ließ, keinen mehrstufigen Antrieb brauchte, um in den Weltraum zu gelangen, Astronauten und Fracht abzusetzen und wieder zurückzukehren, und außerdem jederzeit wenden konnte – im Grunde genau das, was sich die meisten Menschen unter einem ›Raumschiff‹ oder einem ›Raketenschiff‹ vorstellten. Das erste Testflugzeug, die DC-X, hatte gezeigt, daß die gewünschten Manövriereigenschaften tatsächlich im Bereich des Möglichen lagen. Die Maschine konnte starten, schweben, nach vorwärts und nach rückwärts abkippen und mit Restgasschub erfolgreich landen.

Beim nächsten Prototyp, der X-33, hatte sich herausgestellt, wo das Hauptproblem lag, dennoch sah es so aus, als ließe sich das Ziel mit den Werk- und Treibstoffen der neunziger Jahre knapp erreichen. Die DC-X-Experimente zwischen 1993 und 1995 waren auch tatsächlich ermutigend – nur war im Verhältnis zum Treibstoffgewicht das tote Gewicht (also der Nichttreibstoffanteil) um achtzig Prozent zu hoch, und die Maschine war trotzdem nicht stabil genug, um den Kräften standzuhalten, die bei den Testmanövern auf sie wirkten. Und das war nur ein kleiner Bruchteil dessen, was bei einem realen Weltraumflug zu erwarten war.

Bei den Tests von 2001 zeichnete sich deutlicher ab, wo der eigentliche Schwachpunkt lag. Um ein einstufiges Raumschiff in die Umlaufbahn zu bringen, mußte man etwa 90 Prozent des

Gewichts in Treibstoff mitführen, und Treibstoff und Triebwerk zusammen mußten einen sehr hohen spezifischen Impuls ergeben. Der spezifische Impuls ist die Anzahl der Sekunden, über die ein Kilogramm Treibstoffmasse ein Kilopond Schub aufrechterhalten kann.

Eine von vielen verwirrenden Tatsachen, mit denen man sich auseinandersetzen muß, wenn sich die Phantasie in die Lüfte schwingt, um in den Himmel zu fliegen, ist der Umstand, daß Masse und Gewicht nicht mehr dasselbe sind. Die Masse eines Objekts bleibt immer gleich, wo es sich auch befindet; man kann sich darunter die Materiemenge eines Objekts vorstellen oder das, was diesem Objekt seine Trägheit verleiht. Das Gewicht hängt dagegen vom Standort ab. Es ist die nach unten wirkende Schwerkraft, und die kann (etwa bei einem Neutronenstern) so hoch sein, daß sie die Atome zusammendrückt, sie kann aber auch (wie im Orbit) fast gegen Null gehen. Man stelle sich eine fünfundzwanzig Kilopond schwere Kugel auf einem Tisch vor, der keine Reibung bietet. Auf der Erde müßte man sich ziemlich anstrengen, um diese Kugel hochzuheben; auf dem Mond ginge es ganz leicht, und auf dem Jupiter wahrscheinlich gar nicht. Gäbe man der Kugel aber einen Stoß, der sie ins Rollen brächte, dann würde dieser Stoß, ganz gleich wo, immer die gleiche Geschwindigkeit erzeugen; und der gleiche Kraftaufwand wäre erforderlich, um die Kugel wieder anzuhalten.

Ein Kilogramm Masse ist also einfach die Masse, die auf der Erdoberfläche mit der Kraft ›ein Kilopond‹ nach unten gezogen wird. Folglich entspricht der spezifische Impuls auf der Erde der Anzahl der Sekunden, in denen ein Kilogramm Treibstoff genügend Energie abgeben würde, um ein Kilopond Gewicht in der Luft zu halten. Auf diese Weise mißt man, wieviel Energie noch übrig ist, nachdem der Raketentreibstoff sein eigenes Gewicht nach oben bewegt hat, wieviel Energie man also noch zur Verfügung hat, um irgend etwas Nützliches zu tun.

Die höchsten spezifischen Impulse, die mit gewöhnlichem Treibstoff zu erreichen waren, wurden mit flüssigem Wasserstoff erzielt – doch der war nicht nur sehr voluminös (d.h., man brauchte sehr große Tanks), sondern hatte obendrein einen sehr kleinen molekularen Radius (d.h., er konnte durch die kleinsten Poren im Material entweichen). Ein Flüssigwasserstofftank für ein SSTO mußte also sehr groß, äußerst robust, extrem kältestabil (bei normalem Luftdruck muß flüssiger Wasserstoff auf einer Temperatur von unter –254 °C gehalten werden), aus sehr kleinporigem und dazu außerordentlich leichtem Material sein. Ein solches Material gab es damals nicht, und es war auch in absehbarer Zeit nicht mit seiner Entwicklung zu rechnen. Für die Tanks der X-33 hatte man die besten Werkstoffe verwendet, die zur Verfügung standen, trotzdem waren sie viel zu schwer und häufig undicht, und bei Vibrationstests im Tieftemperaturbereich stellte sich heraus, daß auf längere Sicht das Risiko der Rißbildung bestand. Eines Tages würde es sicher ein Einstufenraumschiff geben wie in *Buck Rogers* – aber noch war es nicht soweit. Somit war der aussichtsreichste Versuch, einen Ersatz für die Raumfähre zu finden, im Sande verlaufen, und einen neuen Anlauf würde man in den nächsten zehn Jahren voraussichtlich nicht wagen.

Der Verlust des *U.S. Hab* machte alles noch viel schlimmer. Erstens hatte es einen großen Brocken der amerikanischen Gesamtinvestitionen in die Internationale Raumstation verschlungen, das Geld war unwiederbringlich verloren, und neue Mittel waren nirgendwo in Sicht. Für den Bau eines neuen Habitats hätte der Kongreß irgend etwas streichen müssen, das man gewissen Wählergruppen irgendwo im Land bereits versprochen hatte: zwei Bomber, einen größeren Staudamm, eine Bahnverbindung, ein Dutzend Provinzkrankenhäuser. Die Aussichten dafür waren gleich Null; möglich, daß man noch ein paar Dollar zusammenkratzte, aber bestimmt nicht soviel, wie man brauchte, um das Habitat zu ersetzen.

Für einige Kongreßmitglieder lag die Lösung auf der Hand: Man beendete das Raumfahrtprogramm, verkaufte die drei verbliebenen Shuttles an einen privaten Unternehmer und machte den Europäern, Japanern und Russen das Angebot, den US-Anteil an der ISS zu übernehmen – obwohl jedermann wußte, daß sie das Geld dafür nicht hatten. Der Vorschlag klang noch dümmer, wenn man bedachte, daß wir auf dem besten Weg in einen Kalten Frieden waren und zumindest Japan und Rußland dringend als Verbündete brauchten.

Dem Präsidenten war das natürlich alles bekannt – wie denn auch nicht? –, und er wußte auch, daß ein großer Teil des Kongresses die Kunst, Regierungsprogramme zu Fall zu bringen, zur Perfektion getrieben hatte. Noch vor fünfzig Jahren hatten sich Kongreßabgeordnete, die wiedergewählt werden wollten, mit den Projekten gebrüstet, für die sie gestimmt hatten. Heutzutage redeten sie nur noch davon, was mit ihrer Hilfe blockiert, verhindert, durchkreuzt, vor einen Untersuchungsausschuß gebracht oder zusammengestrichen worden war. Seit man das Raumfahrtprogramm auf internationale Zusammenarbeit umgestellt hatte, war es erst recht zur Zielscheibe geworden. Kein Abgeordneter hatte jemals seinen Sitz verloren, wenn er nur gehörig gegen die Russen oder die Japaner vom Leder zog. Eine beliebte Forderung lautete, die Belastung sei ›gerecht zu verteilen‹ (obwohl die anderen einen größeren Teil ihres Haushaltsvolumens zur Verfügung stellten als die Vereinigten Staaten) und ›die Schwarzfahrerei auf Kosten der USA müsse endlich aufhören‹ (obwohl die anderen Nationen schon seit drei Jahren immer wieder amerikanische Frachten übernahmen, weil die Shuttles der NASA nur noch für die ISS flogen, die von jeher das ureigenste Projekt der Amerikaner war).

Dagegen standen zwei Faktoren, die für die Raumfahrt günstig waren: Erstens hatte der Präsident eine Vision, in der das Raumfahrtprogramm ein fester Bestandteil der nationalen Ziele war, und zweitens *mußten* die Amerikaner handeln, ob sie nun wollten oder nicht. Es gab dafür mehrere Gründe, doch der wichtigste war wohl der sich abzeichnende Kalte Frieden mit China. In den neunziger Jahren war Chinas Verhältnis zu den übrigen Großmächten von einem Extrem ins andere gefallen, doch nun war schon seit längerem jeder Versuch zur Verbesserung der Beziehungen an einigen großen Problemen gescheitert. Der Kalte Frieden war nicht mehr abzuwenden, und Amerika konnte sich nicht heraushalten, so gerne es das auch getan hätte. In Anbetracht der katastrophalen Menschenrechtssituation, die dem Staat einen großen Teil der gebildeten Jugend entfremdet hatte, und einer radikalen Bevölkerungskontrolle, die bei der Mehrzahl der Bauern auf Widerstand stieß, sah Peking sich gezwungen, wenigstens die wirtschaftliche Lage in den ländlichen Gebieten zu verbessern. Dazu hatte man ein Programm zur ›Industrialisierung des ländlichen Raumes‹ entwickelt, dessen Hauptziel es war, jedermann möglichst bald und ohne Rücksicht auf die Kosten mit elektrischem Strom und fließend kaltem und warmem Wasser zu versorgen. Als nächstes sollten Kühlschränke und Motorräder folgen. Dafür brauchte man Energie, und da die Volksrepublik über so gut wie kein ausländisches Kapital verfügte, bestand die Energiegewinnung darin, daß man in unverantwortlichem Ausmaß seine riesigen Kohlereserven verfeuerte.

Im Jahre 2000 stellten Japaner und Koreaner, die schon zehn Jahre früher für eine saubere Umwelt im eigenen Land gesorgt hatten, verärgert fest, daß ihnen mit dem Wind Unmengen übelriechender Gase zugetragen wurden. Die in Seoul und Tokio akkreditierten chinesischen Diplomaten wagten sich nur noch unter Polizeischutz aus ihren Botschaftsgebäuden und wurden trotzdem oft genug von gasmaskentragenden Demonstranten mit Steinen und Flaschen beworfen. Im Südchinesischen Meer und im Nordpazifik starben unter dem sauren Regen die für die maritime Nahrungskette unverzichtbaren Mikroorganismen an der Meeresoberfläche ab. Der Schaden für die ohnehin schon dezimierten Fischbestände war verheerend und gefährdete die Eiweißversorgung der asiatischen Pazifik-Anrainer. Vom südlichen Alaska über Britisch-Kolumbien bis hinunter nach Eureka zeigten sich unverkennbar die Vorboten eines riesigen Waldsterbens, und landeinwärts wurden bis Banff, Helena und Pocatella meßbare Schädigungen festgestellt. Die wissenschaftlichen Grundlagen hatte man schon Jahrzehnte zuvor erarbeitet, als die Kraftwerke im amerikanischen Mittelwesten schottische und norwegische Wälder vernichteten. Heute hatte man bessere Satelliten und Fernsensoren, so daß die Welt nicht mehr zu warten brauchte, bis die Bäume quadratmeilenweise starben, bevor man den Schaden wie den Verursacher dingfest machen konnte.

Schon damit hatte China den heftigen Unwillen seiner Nachbarn erregt, doch eine lange Reihe von ›Zwischenfällen‹ (ein diplomatisches Codewort für ›kleinere Menschenrechtsverletzungen‹) im Zusammenhang mit der Rückgabe Hongkongs an China durch die Briten im Juni 1997 verschärfte die Situation. Objektiv gesehen war die chinesische Übernahme Hongkongs und seine ›Politik der starken Hand‹ wohl sehr viel glimpflicher verlaufen als die Besetzung Prags durch die alte Sowjetunion dreißig Jahre zuvor. Aber Hongkong war eine moderne, bestens ausgerüstete Stadt, fest eingebunden ins globale Informationssystem – gerade deshalb war es ja für China so interessant. Man konnte also nicht alle Modems, Telefonanlagen und Faxgeräte abschalten, wenn man nicht zerstören wollte, was man errungen hatte. Berichte über willkürliche Verhaftungen, brutale Polizeimaßnahmen und sporadische Unruhen erreichten die Welt also nicht, wie früher bei den kommunistischen Einmärschen, erst Wochen oder Monate später, wenn Journalisten die Flüchtlinge interviewten, sondern strömten live vom Schauplatz des Geschehens in die Sender und Computernetze.

Mehrere Fehlschläge im Weltraum brachten China noch weiter in Verlegenheit. Der Start der ersten chinesischen Astronauten in einer Lizenzversion der alten Sojus-Kapsel auf einer käuflich erworbenen russischen Sojus-Anlage war für 1999 geplant, verzögerte sich aber bis zum Jahre 2001. Dann wurde das Startgelände auf der Insel Hainan rasant erweitert, und die Chinesen traten mit immer neuen Forderungen an Vietnam und die Philippinen heran. Man wollte nicht nur auf den Spratleys entlang der Flugbahn Raketenkontrollstationen und auf philippinischem Hoheitsgebiet eine Notlandebahn bauen, sondern hatte für den Betrieb des riesigen Startgeländes an der Küste noch ein Dutzend weiterer Wünsche, die für die Nachbarstaaten ausnahmslos beunruhigend waren. Auf Drängen der Vereinigten Staaten und Rußlands wurde China mit einem Öl- und Uranembargo belegt. Daraufhin verbrannten die Chinesen noch mehr Kohle und versuchten, Satellitenübertragungen nach China zu stören. Als dann auch noch chinesische ›Test‹-Raketen vor Kalifornien ins Meer stürzten, sahen sich die Planungsteams, die über Jahrzehnte in aller Stille und mit knappsten Mitteln an weltraumgestützten Raketenabwehrbasen gearbeitet hatten, unverhofft mit Unmengen an Geld und Aufmerksamkeit überschüttet.

Chinas Versuch, den Olympischen Spielen im Jahr 2000 (man hatte sich bemüht, die Spiele nach Peking zu holen, aber aus Menschenrechtsgründen hatte Sydney den Zuschlag erhalten) die Schau zu stehlen, hatte die Lage noch einmal verschlimmert. Der zweite Start einer bemannten Sojus war kläglich gescheitert. Die chinesischen Astronauten hatten vor den Augen der ausländischen Journalisten aus dem Südchinesischen Meer geborgen werden müssen.

Auch der erste geglückte Start im darauffolgenden Jahr konnte die Lage nicht entschärfen. Im Anschluß an diesen Erfolg tat China seine Absicht kund, eine feste Mondbasis einzurichten. Die erste Landung sei für 2011 geplant, zum hundertsten Jahrestag des Ausbruchs der Großen Chinesischen Revolution. Seither erfolgten die Starts mit, milde ausgedrückt, aggressiver Regelmäßigkeit. Man legte es offenbar darauf an, möglichst schnell Erfahrungen zu sammeln. Obwohl es nicht zu weiteren großen Fehlschlägen gekommen war, wirkten die Pressesprecher immer noch überaus empfindlich, und es war der Stimmung sicher nicht gerade förderlich, daß die meisten globalen Nachrichtensender nach wie vor jeden chinesischen Start zum Anlaß nahmen, den Atem anzuhalten und fest die Daumen zu drücken.

China war also wild entschlossen, zu einer erfolgreichen Weltraumnation zu werden, blieb in Fragen des Umweltschutzes und der Menschenrechte verstockt und reagierte zusehends feindseliger auf Vorwürfe im Zusammenhang mit der Kohleverbrennung und der anhaltend peinlichen Situation in Hongkong.

Die außenpolitischen Experten beider Parteien hielten es nicht für opportun, ausgerechnet zu diesem Zeitpunkt an der Raumfahrt zu sparen; die Chinesen hatten überdeutlich zu erkennen gegeben, daß sie auf diesem Gebiet in Wettbewerb zu treten gedachten, und die Führer beider politischer Parteien hielten es für unumgänglich, die Herausforderung anzunehmen. Außerdem hatte die *Endeavour / U.S.-Hab*-Katastrophe gleich mehrere neue Helden geschaffen und damit der Regierung ideale Argumente geliefert, um der amerikanischen Öffentlichkeit – und damit dem Kongreß – ein neues und verstärktes Engagement im Weltraum schmackhaft zu machen.

Somit waren alle Voraussetzungen für ein neues Raumfahrtprogramm gegeben, das sich auch verkaufen ließ. Nach so gut wie jeder größeren Katastrophe in den USA wird von politischer Seite zumindest die Absicht geäußert, eine Untersuchungskommission einzusetzen. Schließlich soll das Volk den Eindruck haben, man ginge den Dingen auf den Grund, und die Regierung mache sich Gedanken über das Problem. Im Lauf der Geschichte haben solche Ausschüsse ihre Kompetenzen immer wieder einmal drastisch überschritten – auf diese Weise kam es etwa nach der Wirtschaftskrise von 1907 zur Bildung des *Federal Reserve Board*, oder Ende der vierziger Jahre zur amerikanischen Grundsatzentscheidung in bezug auf die Nichtweitergabe von Atomwaffen.

›Tante Lori‹ erzählte mir später oft, wie der Präsident sie angerufen und ihr mitgeteilt habe, sie sei in die Kommission zur Untersuchung der *Endeavour*-Katastrophe berufen, um dann fortzufahren: »Ich wollte Sie unter anderem deshalb in der Kommission haben, weil Sie und Chris Terence seit dem Unfall in der Öffentlichkeit die höchste Glaubwürdigkeit seit Story Musgrave genießen; die Leute wissen, daß Sie Ihr Handwerk verstehen. Und Terence ist vom Wesen her kein Politiker, während ich bei Ihnen den Eindruck habe, Sie könnten sich mit der Politik durchaus anfreunden, wenn Sie nur wollten. Und nun zu Ihrer eigentlichen Aufgabe, Ihrer Mission im Untersuchungsausschuß. Eigentlich sollen Sie nur herausfinden, was passiert ist, und uns sagen, was wir tun müssen, damit sich so etwas nicht wiederholt. Wenn Sie allerdings weitere Verbesserungsvorschläge anbringen könnten... vielleicht sind Sie ja sogar der Ansicht, daß nicht nur das Shuttle überholungsbedürftig wäre... nun, ich hätte nichts dagegen, Ihren Bericht zu lesen. Ich lese nämlich im Moment viel zu viele Berichte, die behaupten, es handle sich nur um ein kleines Problem.«

Jedesmal, wenn sie diese Geschichte erzählte, zwinkerte sie

vergnügt und sagte: »Jason, wenn du als Astronaut weiterkommen willst, dann mußt du begreifen lernen, wann dir jemand einen Befehl gibt. Besonders wenn es der Befehl ist, über die Befehle hinauszugehen.«

Acht Monate nach dem Unfall hatte die Kommission ihren Bericht fertig. Der Unfall und seine Folgen wurden auf weniger als zwanzig Seiten abgehandelt; dazu hieß es nur, die Haupttriebwerke seien allmählich zu alt geworden und hätten mit sehr hoher Leistung gefahren werden müssen, außerdem sei es nicht unbedingt verwunderlich, wenn eine Technik, die schon 1975 an ihre Grenzen gestoßen sei, siebenundzwanzig Jahre später den Anforderungen nicht mehr voll entspreche. Man brauche ein neues Programm – zunächst müsse man einen Weg finden, den Betrieb mit serienmäßiger Ausrüstung fortzusetzen, denn eine totale Einstellung des Betriebs wie nach der *Challenger*-Katastrophe sei heute nicht mehr zu vertreten; mittelfristig müsse eine konservative Konstruktion mit bewährter Technik als Ersatz für die Shuttles entwickelt werden; und schließlich gelte es, auf lange Sicht systematisch nach einer besseren Lösung zu suchen.

Zum Glück für die Kommission, den Präsidenten und die NASA waren alle Teile für ein solches Programm bereits vorhanden, aber das war wirklich nur Glück und nichts weiter. Die weltweite Flaute der Raumfahrt in den neunziger Jahren des 20. Jahrhunderts hatte einen regelrechten Stau an niemals realisierten Plänen und Ideen wie auch an ungenügend ausgelasteter Technik zur Folge gehabt, und dank der ständigen Geldnot der Russen, die außerdem in Zusammenarbeit mit amerikanischen Firmen zehn Jahre lang Erfahrungen sammeln konnten, besaß einiges von dieser Technik inzwischen einen hohen Grad an Zuverlässigkeit. Man konnte also einen neuen Plan vorlegen, der ein Maximum an serienmäßiger Ausrüstung verwendete und relativ wenige neue Risiken enthielt.

Besonders warm empfohlen wurde die *Zenit*, ein Arbeitspferd von einer Rakete. Boeing baute sie unter Lizenz von der russisch-ukrainischen Firmengruppe, die das Patent vom Staat erworben hatte. Ursprünglich war die *Zenit* als Zusatzbeschleuniger für die Energija, die riesige, russische Trägerrakete, vorgesehen gewesen. Boeing hatte eine andere Verwendung dafür gefunden und benützte sie für Seestarts von einer schwimmenden Ölbohrplattform aus. Auch dort hatte sie sich bewährt.

Die *Zenit* war eine robuste, einfache Konstruktion, und besonders ihre Triebwerke waren, als Pratt und Whitney sie erst einmal mit hochwertigeren westlichen Materialien bauten, einfach, leistungsfähig, stark und billig. Boeing hatte die *Zenit* noch weiter verwertet und damit die ›*Starbooster*‹ entwickelt – sie bestand aus der ersten Stufe einer normalen *Zenit*, umgeben von einem Mantel mit starren Flügeln, Seitenleitwerk, einziehbarem Fahrwerk und zwei serienmäßigen, hochgradig zuverlässigen Gebläsetriebwerken (ein Modell, mit dem die 737 schon seit Jahrzehnten flog) im Bug. Die *Starbooster* war das erste, vollständig wiederverwendbare Raketenflugzeug; wenn die erste Stufe ausgebrannt war, konnte sie dank ihres im Mantel integrierten Hitzeschilds in die tieferen Atmosphäreschichten eintreten, ohne zu verglühen, um dann mit ihren Gebläsetriebwerken und den Flügeln per Robotsteuerung zum Stützpunkt zurückzufliegen. Während die einzelnen Stufen der Space Shuttles an Fallschirmen ins Meer fielen, herausgefischt und nach dem Salzwasserbad generalüberholt werden mußten, flog die *Starbooster* zur nächsten Landebahn zurück und wurde geradewegs zu den Mechanikern gerollt. Die Abfertigungszeiten von der Generalüberholung bis zum Neustart einer Feststoffrakete bemaßen sich nach Monaten; bei der *Starbooster* waren es nur wenige Tage.

Zunächst hatte die Kommission in Betracht gezogen, das Space Shuttle zu modernisieren, indem man die beiden Feststoffraketen durch einen ›*Zwillingsstarbooster*‹ – zwei *Zenits* in einem Mantel – ersetzte und dem Flugzeug sogenannte ›Scherenflügel‹ mit veränderlicher Pfeilung verpaßte, die bei Start und Wiedereintritt wie eine sich schließende Schere an den Rumpf angelegt und für den Rückflug wieder ausgeklappt wurden. Damit konnten die Strömungswerte und das Startverhalten verbessert und dank der größeren Flughöhen, wie sie durch die Zwillingstriebwerke ermöglicht wurden, der Wiedereintritt erleichtert werden. Vor allem hätte dieses System jedoch die Aufgaben übernehmen können, die bislang von Amerikas altersschwacher Flotte nichtwiederverwendbarer Titan und Atlas-Raketen erfüllt wurden – einer Technik aus den frühen sechziger Jahren, die vierzig Jahre später immer noch in Gebrauch war. Außerdem wäre es sehr viel billiger gewesen als das EELV (*Evolved Expendable Launch Vehicle*), ein damals von der Air Force vorgeschlagenes Alternativmodell, das der Konzern für den gleichen Zweck anbot.

Boeing wies außerdem darauf hin, daß die *Zwillingsstarbooster* die gefährlichen Feststoffraketen *mehr* als ersetzen würden – sie gäben nämlich so viel Schub, daß man die Haupttriebwerke weit unter 100 Prozent laufen lassen könne. Damit verbessere sich nicht nur die Leistung, auch Katastrophen der *Challenger*- wie der *Endeavour*-Klasse würden künftig vermieden.

Die Kommission befand jedoch nicht ohne Bedauern, daß dies schon vor einigen Jahren hätte geschehen müssen; die Shuttles würden allmählich zu alt für weitere Missionen, und mit besseren Raketentriebwerken würde das System nur etwas schneller hinken als zuvor. Zehn Jahre früher, als vier Shuttles im Einsatz waren und die Aussicht bestand, daß sie noch lange fliegen würden, hätten zwei *Zwillingsstarbooster* an jeder Fähre die Leistung enorm erhöht und die Kosten verringert; jetzt sei die Zeit darüber hinweggegangen. Für die *Starbooster* gebe es viele Verwendungsmöglichkeiten, und man könne nur empfehlen, sie auch zu nützen; die Idee der *Zwillingsstarbooster* aber gehöre, wie so viele andere, die auf dem Weg in die Zukunft unbeachtet am Straßenrand liegenblieben, ins Museum.

Statt dessen empfahl die Kommission, sich auf drei Fragen zu konzentrieren:

Wie lassen sich Menschen und Versorgungsgüter möglichst schnell zu annehmbaren Kosten und mit vertretbarem Risiko in den Orbit befördern?

Wie schafft man mit bewährter Technik aus den letzten dreißig Jahren einen zuverlässigen, preisgünstigen Ersatz für das Space Shuttle?

Wie kommt man im Laufe der Zeit zu einem sinnvollen Raumfahrtprogramm, das den finanziellen Mitteln wie den gestellten Anforderungen bestmöglich entspricht?

Mit dem EELV war Boeing nicht zum Zug gekommen, dennoch war das Management der festen Überzeugung, daß für seine einfachen, lang erprobten Raketen Bedarf bestehe. Man setze ein oder zwei SSMEs, die seit mehr als zwanzig Jahren bewährten Haupttriebwerke der Space Shuttles, direkt unter einen großen Wasserstoff/Sauerstoff-Tank (das gleiche Modell wie der Außentank des Shuttles, nur mit minimalen Verbesserungen), versehe das Ganze mit rudimentären Leitsystemen und kröne es mit einem Frachtraum. Dahinter stand die Vorstellung, daß sich eine so leichte Maschine – sie bestand ja praktisch nur aus Triebwerken und Treibstoff – mit einer guten Trägerrakete fast mühelos ins All erheben müßte. Die wiederverwendbaren Triebwerke brauche man für den Rücktransport zur Erde nur in den Frachtraum eines Shuttles zu verladen oder mit einem eigenen Hitzeschild zu umgeben; der Tank könne oben bleiben und als Bauelement dienen. Dieses einfache, aber zweckmäßige System trug den Namen *Centurion*.

Die Aussicht, große, leere Druckbehälter als Trägerraketen in den Weltraum zu schicken, um sie dort weiterzuverwenden, bewog die Kommission, ein Konzept zu unterstützen, das die NASA und die Luft und Raumfahrtkonzerne als ›*HT Option*‹ – HT für *hydrogen tank*, Wasserstofftank – bezeichneten. Überall sonst sprach man nur von der *Big Can*, der Großen Büchse.

Man hatte sich überlegt, wie sich ein Umstand, der von jeher ein gewisses Problem darstellte, eventuell in einen Vorteil ummünzen ließe. Flüssiger Wasserstoff ergibt in Verbindung mit flüssigem Sauerstoff bei der Verbrennung von allen gewöhnlichen chemischen Raketentreibstoffen den höchsten spezifischen Impuls. Je höher der spezifische Impuls, desto größer der Schub pro Kilopond zu befördernder Last (und desto schneller ist die Rakete auf Brennschlußgeschwindigkeit, also auf dem Tempo, mit dem sie sich fortbewegt, nachdem aller Treibstoff verbraucht ist). Flüssiger Wasserstoff ist also der optimale Treibstoff für Weltraumstarts.

Leider ist er auch eine der am wenigsten dichten Flüssigkeiten, die man kennt; das heißt, er nimmt bei geringem Gewicht sehr viel Raum ein. Flüssiger Sauerstoff ist dagegen dichter als Wasser; ein Liter wiegt etwas mehr als ein Kilogramm. Ein Liter flüssiger Wasserstoff – der ebenso viel Platz einnimmt – wiegt dagegen kaum dreißig Gramm. Die Kapazität der Treibstofftanks wurde also größtenteils vom Wasserstoff ausgelastet; der riesige Tank an der Seite der Raumfähre enthielt zum Beispiel fast ausschließlich Flüssigwasserstoff.

Der Raumbedarf des Wasserstoffs war für die Planer immer ein Ärgernis gewesen – bis man erkannte, daß ein leerer Wasserstofftank sich ohne weiteres als Druckbehälter verwenden ließ. Wenn er erst einmal entleert war, brauchte man ihn nur mit Einbauten zu versehen, an die sich Lebenserhaltungssysteme und andere Geräte anschließen ließen, und ihn mit Luft neu zu befüllen, schon hatte man ein bezugsfertiges Habitat für eine menschliche Besatzung. Es war nicht einmal besonders umständlich, den Wasserstoff restlos zu entfernen – man brauchte den Tank nur zu öffnen, während die Sonne darauf schien. Der Flüssigwasserstoff verdampfte sofort und ließ den Tank vollkommen sauber zurück (flüssiger Wasserstoff ist nicht klebrig und verflüchtigt sich schon bei sehr niedrigen Temperaturen). Bei vielen Missionen ging der Tank ohnehin mit in die Umlaufbahn; um ihn als Habitat zu nützen, brauchte man ihm nur einen Extraschub zu verpassen und ihn in einen bestimmten Orbit zu bringen. Und was das beste war, sobald man sich einmal für dieses Verfahren entschieden hatte, konnte man beliebig viele Habitats im Weltraum haben; die Stückkosten für den Transport des Tanks und die Ausstattung mit Einbauten und Vorräten lägen weit niedriger als für eine spezialgefertigte Raumstation. Außerdem war die Idee, etwas wiederzuverwenden, das ohnehin ins All geschossen wurde, nicht neu – Amerikas erste Raumstation, das *Skylab* der späten siebziger Jahre des 20. Jahrhunderts, war die oberste Stufe einer Saturn 1B gewesen.

Die Kommission kam zu dem Schluß, wenn die *Centurion-* Tanks ohnehin in die Fertigung gingen, hätte man damit auch gleich einen schnellen Ersatz für das *U.S. Hab.* Man brauche nur einen von diesen Tanks zu nehmen und ihn so umzubauen, daß er an den Knoten der ISS andocken konnte. Einbauten und Ausrüstung würden am besten schon auf der Erde angebracht, wo die Arbeitsbedingungen sehr viel besser seien. Schließlich könne man das neue Habitat von einer *Centurion* und mit einer *Starbooster* als Zusatzbeschleuniger zum Rendezvous mit der ISS ins All bringen lassen.

Sogar die Kritiker der NASA im Kongreß und all jene, die ohnehin für eine Einstellung des Raumfahrtprogramms waren, räumten ein, daß *Starbooster, Centurion* und *Big Can* vernünftige Konzepte seien, die durchaus in Frage kämen, wenn das Raumfahrtprogramm überhaupt fortgesetzt werden solle. Sie würden die Sache wenigstens verbilligen. Diese Teile des Kommissionsberichts waren damit ebensowenig umstritten wie der nächste Abschnitt, der sich mit der Suche nach einer geeigneten Besatzungskabine für die *Centurion/Starbooster*-Kombination beschäftigte. Wie die Kommission betonte, wäre es bei der von ihr vorgeschlagenen Lösung nicht erforderlich, amerikanisches Geld für die Entwicklung neuer Techniken auszugeben, man brauche nur ein bereits eingeführtes und erprobtes Produkt zu erwerben – obendrein eins, das sicher viele Amerikaner mit Freuden wieder im Einsatz sähen.

Mehr Sympathien als mit der Verwendung der vergrößerten *Apollo-II*-Kapsel, die so eindrucksvoll an die ruhmreichen Tage der amerikanischen Raumfahrt erinnerte, konnte die NASA derzeit in der Öffentlichkeit nicht gewinnen. Und aus heutiger Sicht, der Sicht eines Mannes am Ende seiner Tage, sei gesagt, daß die Entscheidung für diesen Kauf zu diesem Zeitpunkt auch für mich von großer Bedeutung war. Die *Apollo II* – ihre Piloten lernten sie bald lieben und nannten sie *Pigeon*, Täubchen – war eines der besten Arbeitspferde des Weltalls. Sie erwies sich als so nützlich, daß man sich heute kaum noch vorstellen kann, wie die Raumfahrt ohne sie hätte weiterbestehen sollen.

Die *Apollo II* war zwar auf durchaus ehrlichem, aber nicht unbedingt geradem und direktem Wege zu ihrem offiziellen Namen gekommen. Bevor noch allgemein klar wurde, daß die Nixon-Regierung definitiv die Absicht hatte, das Mondlandeprogramm einzustellen, sobald sie irgendwie konnte, hatte Rockwell, der Hauptlieferant der Apollo-Kapsel, eine größere, leistungsfähigere Sechs-Personen-Ausführung entworfen. Nachdem sich die NASA für das Space Shuttle entschieden hatte, landete das Projekt in irgendeiner Schublade, ohne jemals vollends aufgegeben zu werden.

Dabei blieb es viele Jahre lang, denn für die amerikanische Raumstation gab es eine Vielzahl von Plänen, und eine politische Forderung stand an oberster Stelle: Für den Fall, daß es an Bord der Raumstation ein Malheur gab, brauchte man eine halbwegs zuverlässige Möglichkeit, die Besatzung auf die Erde zurückzubringen. Es bestand also Bedarf für ein ACRV (*Assured Crew Return Vehicle*), ein vertrauenswürdiges Raumfahrzeug für den Rücktransport zur Erde, das ständig an die Raumstation angedockt blieb, so daß die Besatzung im Notfall nur einzusteigen brauchte, um sicher zur Erde zu gelangen. Für diesen Zweck war die *Apollo II* im Gespräch; ein einfaches, robustes Stück Technik, das bereits bewiesen hatte, daß es Menschen aus dem Weltraum auf die Erde zurückbringen konnte.

Nur mit knapper Not überlebte die *Apollo II* das Angebot der ESA, der Europäischen Raumfahrtbehörde, ein solches Rettungsschiff in eigener Regie zu bauen. Ihre Version – sie wurde eilends in CTV (*Crew Transfer Vehicle*), Mannschaftstransporter, umbenannt, um den Gedanken an den Ernstfall etwas in den Hintergrund zu drängen, dafür aber die Rolle als ›Europas Raumschiff‹ zu betonen – wäre eine modernisierte Sojus gewesen, und fast zwei Jahre lang sah es so aus, als würde die *Apollo II* zu all den vielen tausend brauchbaren Ideen, die zwar vorgetragen und entwickelt, aber nie verwirklicht werden, ins Wolkenkuckucksheim der Technik entschwinden.

Doch im August 1995 trat die wirtschaftliche Realität auf den Plan und löste eine Kettenreaktion aus, die der *Apollo II* endgültig das Leben rettete. Die ESA mußte noch sparsamer wirtschaften als die NASA. Sie hatte sich zwar anfangs erboten, für die ISS nicht nur den Mannschaftstransporter, sondern auch das Labormodul *Columbus* zu bauen, nun wurde jedoch überdeutlich, daß sie sich nicht beides leisten konnte, es sei denn, sie erhöhte ihre Ausgaben. Und von den europäischen Staaten, die an der ESA beteiligt waren, zeigte sich nur Frankreich zu Mehraufwendungen bereit (vielleicht, weil man sich einen großen Teil der anfallenden Aufträge versprach – vielleicht auch, weil von allen europäischen Mächten nur die Franzosen noch nationale Träume hatten und sich nicht mit materiellem Wohlstand und einen ständig wachsenden Handelsüberschuß begnügen wollten). Die ESA verpflichtete sich also, die *Columbus* zu bauen, und damit war stillschweigend entschieden, daß der Mannschaftstransporter für die Internationale Raumstation eine schlichte Sojus russischer Bauart werden sollte.

Doch mit dummen und feigen Beschlüssen schaufelt man sich nur allzu oft sein eigenes Grab. Die Franzosen hatten das CTV bauen wollen, und nun waren sie von den Zauderern und Pfennigfuchsern innerhalb der ESA ein paarmal zu oft überstimmt worden. Da die Sojus außerdem nur maximal drei Personen befördern konnte, hätten die ganze Zeit über zwei davon in der ISS bereitstehen müssen, und bei einer Evakuierung hätte jede einen russischen Kommandanten gebraucht... was zur Folge hatte, daß auf der ISS unter den ranghöheren Offizieren stets zwei Russen hätten sein müssen. Nun hatten die stolzen, sensiblen Franzosen eines allmählich begriffen: Solange sie in die ESA eingebunden waren und dort die knausrigen Deutschen und die ängstlichen Briten das große Wort führten, würden sie als Weltraumnation immer das Schlußlicht bilden – und letzter zu sein, ganz gleich, auf welchem Gebiet, ist den Franzosen schon seit den Tagen der heiligen Johanna ein Greuel.

Im Dezember 1998 gab Jacques Chirac, nachdem er sich insgeheim mit Rockwell geeinigt hatte, ganz plötzlich bekannt, Frankreich kündige seine aktive Mitgliedschaft bei der ESA und werde der Europäischen Behörde zwar künftig Arianestarts, Dienstleistungen und Satelliten verkaufen, oberste Priorität habe jedoch das nationale Raumfahrtprogramm. In seiner Ansprache verglich er diesen Überraschungscoup mit de Gaulles Rückzug aus der NATO; beides sei eine Frage der nationalen Souveränität und bedeute nichts weiter, als daß sich eben nur die Franzosen zuverlässig um französische Interessen kümmern könnten.

Wie beiläufig verkündete er sodann, die neugeschaffene französische Weltraumbehörde und die im Regierungsbesitz befindliche Firma Aerospatiale, die kurz zuvor mit Dassault fusioniert hatte, werde in Zusammenarbeit mit Rockwell die *Apollo II* wiedererstehen lassen. Er glaube fest daran, daß sie der geeignete Mannschaftstransporter für die ISS sei und damit, wie schon die Ariane, allen raumfahrenden Nationen gute Dienste leisten würde. Wie immer wurde Frankreich wegen seines Alleingangs im Europaparlament wie in den Hohen Häusern der einzelnen Nationen heftig kritisiert – und wie immer tat es genau das, was es wollte.

Im Jahre 2003, als im amerikanischen Kongreß noch große Redeschlachten um den Bericht der Untersuchungskommission tobten, waren bereits mehr als ein Dutzend französischer Besatzungen, darunter mehrere Sechserteams, mit der Ariane in der *Apollo II* gestartet. Und bei Rockwell war die französische Außenstelle der Raumfahrtabteilung der Stolz des Unternehmens. So konnte man der Öffentlichkeit den dritten Teil des Kommissionsberichts, in dem als Übergangslösung der Ankauf von *Apollo-II*-Kapseln für zusätzliche Missionen empfohlen wurde, als ›Heimholung der Apollo‹ verkaufen – was man prompt auch tat.

Ich erinnere mich, daß Dad zu diesem Thema ein längeres Streitgespräch mit der NASA-Beauftragten für Öffentlichkeitsarbeit führte. Sie war doch tatsächlich zu uns ins Haus gekommen, um ihm einzubleuen, was er zu sagen habe. Immer und immer wieder bekniete sie ihn, auf jeden Fall zu betonen, ›daß er es kaum erwarten könne, mit der Apollo zu fliegen, die schließlich ein bewährtes Produkt amerikanischer Technik sei‹.

»Aber ich kenne sie doch gar nicht. Ich habe noch nicht einmal das Cockpit gesehen. Und außerdem bin ich kein Pilot.« Er redete wie immer, wenn er jemandem etwas begreiflich machen wollte, was er für selbstverständlich hielt.

»Sie wollen doch ein Raumfahrtprogramm? Falls wir überhaupt eins bekommen, dann wird die *Apollo II* in den nächsten zwei bis drei Jahren das Kernstück sein, und das heißt, Sie müssen sagen, daß Sie gern mit dem Ding fliegen würden. Das ist doch keine Lüge, Dr. Terence. Sie streichen nur diejenigen Teile der Wahrheit heraus, die uns am meisten nützen. Also, was werden Sie sagen?«

»Daß die *Apollo II* bisher noch keinen Franzosen umgebracht hat. Daß ich nichts dagegen hätte, eine zu fliegen, und daß sie tatsächlich ein amerikanisches Schiff ist, schließlich wird sie von einer amerikanischen Firma gebaut – nur mit französischen Arbeitskräften und nach französischen Plänen.«

Seufzend schob sie sich die Brille ins Haar. »Sie machen es uns wirklich nicht leicht. Wollen Sie denn *nicht* mit einem von diesen Schiffen in den Weltraum fliegen?«

»Ich würde mit jedem Schiff in den Weltraum fliegen, notfalls auch mit einer Badewanne. Die Sache ist nur die, wenn ich mich für das Ding stark machen soll, dann will ich es mir wenigstens vorher ansehen.«

Dad erreichte, was er wollte; er durfte für drei Wochen nach

Paris fliegen, mit den Simulatoren herumspielen und sich mit den französischen Astro-F's, den *astropilots de France,* unterhalten. (Nachdem die Russen auf ›Kosmonaut‹ und die Amerikaner auf ›Astronaut‹ beharrten, kam für die Raumfahrer der patriotischen Franzosen natürlich nur eine französische Bezeichnung in Frage.) Als Mom und ich ihn während seines Aufenthalts besuchten, schleppte er uns, meist in Begleitung mehrerer Astro-F's, mit denen er sich angefreundet hatte, in tausend kleine Straßencafés und zu allen historischen Sehenswürdigkeiten. Nachdem ihn die NASA endlich in die Staaten zurückgelockt hatte, war er zum glühenden Verteidiger der *Apollo II* geworden. Die NASA hatte aus diesem Vorfall offenbar gelernt, wie sie Chris Terence anzupacken hatte. In Zukunft bekam Dad jedesmal eine Reise spendiert und durfte jede Menge interessanter Leute kennenlernen, bevor man ihn offiziell darum bat, der Öffentlichkeit dieses oder jenes nahezubringen.

Dafür stellte sich Dad hinterher auch tage- oder wochenlang für jede Talkshow zur Verfügung, redete mit jedem Reporter und setzte sich so lange mit nicht nachlassender Begeisterung für die jeweilige Idee ein, bis er alle davon überzeugt hatte. Er revanchierte sich also für die großartigen Reisen, indem er sich als großartiger Reiseführer betätigte. Die NASA war mit dem Arrangement vollauf zufrieden, und Dad meuterte zwar unentwegt, er sei doch eigentlich Wissenschaftler und kein dämlicher Medienstar, spielte aber doch immer wieder mit. Vielleicht gefielen ihm die Besuche bei anderen Raumfahrtprogrammen und Spezialprojekten so gut, daß er dafür alles andere in Kauf nahm, vielleicht genoß er es auch insgeheim, im Rampenlicht zu stehen. Ich bin mir gar nicht sicher, ob er sich über seine Motive selbst so ganz im klaren war.

3

Wenn der Kommissionsbericht tatsächlich nur die Empfehlung ausgesprochen hätte, gute, serienmäßige Technik – *Starbooster, Centurion*, eine *Big Can* als Ersatz für das *U.S. Hab* und die *Apollo II* – zu kaufen und einzusetzen, hätte er gewiß nicht so viel Unruhe gestiftet. Aber es gab auch Abschnitte, die sich nicht mit der nächsten Zukunft befaßten, und sie waren der Grund dafür, daß die Wogen hochgingen.

Wie bei allem, was vor 2010 passierte – damals war ich schließlich noch ein Kind –, sind viele meiner ›Erinnerungen‹ zusammengesetzt aus dem, was mir andere Leute erzählten, aus den Geschichten, die ich von Sig und von meiner Mutter hörte, und aus Videoaufzeichnungen der Ereignisse, die ich mir erst Jahre später ansah. Und weil ich meinen Beruf – ja, meinen ganzen Lebenslauf – den Entscheidungen verdanke, die damals getroffen wurden, bin ich nicht objektiv, kann es nicht sein und werde es auch gar nicht erst versuchen.

Selbst wenn mit *Starbooster/Centurion* und *Apollo II* etwas Entlastung geschaffen werden konnte, würde es in den nächsten Jahren immer noch zuwenig Möglichkeiten geben, Menschen ins All zu transportieren. Aber es bestand kaum Hoffnung, im Regierungshaushalt zusätzliche Mittel lockerzumachen, um den logischen nächsten Schritt zu finanzieren: den Bau eines Nachfolgemodells für das Space Shuttle, ein Raumschiff, das mit der rückflugfähigen *Zenit* als erster Stufe eine Besatzung in die Umlaufbahn bringen konnte.

Die X-33 war auf halbem Weg zu einem richtigen SSTO – einem Einstufenraumschiff – steckengeblieben, weil man kein geeignetes Material für die Wasserstofftanks gefunden hatte und in absehbarer Zeit wohl auch nicht finden würde. Aber mit der Zeit, so die Kommission, würde es SSTOs geben, und deshalb empfehle man ein langfristig angelegtes Forschungsprogramm zur Lösung des Tankmaterialproblems. Um die enttäuschten Anhänger der Einstufenraumschiffe nicht ganz zu vergrämen, empfahl man den Vereinigten Staaten, sich zu verpflichten, bis in zehn Jahren, also bis 2013, das Material zu entwickeln und mit der Planung für ein SSTO zu beginnen. Das Programm solle unter dem Namen Projekt *Yankee*

Clipper laufen, nach den großen Handelsschiffen, die einst unter amerikanischer Flagge um den ganzen Globus gefahren waren. Auch sie seien von der Bauweise her überragend gewesen und hätten dem verfügbaren Material das Äußerste an Leistungsfähigkeit abverlangt – Lori bemerkte dazu, man hätte aus den alten Clippern noch sehr viel mehr herausholen können, wenn es damals schon Nylon und Fiberglas gegeben hätte. ›*Yankee Clipper*‹ sei somit genau der richtige Name für ein Schiff, das alle anderen überbieten würde – sofern es gelang, das Materialproblem zu lösen.

Vorerst mußte man sich für die Beförderung von Menschen ins All freilich noch mit dem konservativen und risikoarmen Transportmittel begnügen, das man auch bisher verwendet hatte: der mehrstufigen Rakete. Wenn man nicht vom Boden, sondern von der Spitze einer anderen Rakete aus startete, brauchte man nicht – bislang ein Ding der Unmöglichkeit – neunzig Prozent des Gewichts an Treibstoff mitzuführen. Deshalb hatten seit sechzig Jahren – so alt war inzwischen die Raumfahrt auf der Erde – alle Raketen mehrere Stufen: Entweder brachte eine große Trägerrakete (der *Booster*) eine kleinere Rakete auf eine hohe, schnelle Flugbahn, oder eine Gruppe von Raketen startete gemeinsam, und die zuerst ausgebrannten wurden zuerst abgestoßen. Die Saturn V, mit der die Apollo zum Mond gelangt war, arbeitete nach dem ersten Prinzip (die zweite und dritte Stufe bekamen ihren Startschub von der ersten, die dritte Stufe wurde von der zweiten fast bis zur Umlaufbahn getragen und war dann bereits hoch und schnell genug, um den Mond anzusteuern.) Die Space Shuttles funktionierten nach dem zweiten Verfahren: beim Start wurden alle drei Haupttriebwerke und die beiden Feststoffraketen gezündet, die Fähre gewann durch den starken Schub sehr rasch an Höhe, und die Feststoffraketen wurden nach Brennschluß abgeworfen.

Im Grunde hatte auch das Space Shuttle noch eine weitere Stufe, nämlich den Außentank. Wenn der Treibstoff in diesem riesigen Behälter verbrannt war, wurde der Tank abgeworfen. Der Verzicht darauf, ihn im Inneren des Raumschiffs unterzubringen, hatte Vorteile. Unter anderem hatte man für die Rückkehr aus dem Orbit einen sehr viel kompakteren (und damit leichter zu steuernden) Flugkörper und brauchte bei Operationen im All weniger Masse mit sich herumzuschleppen.

Letztlich war die Leistung nur durch eine Verbesserung der höheren Stufen zu steigern. Solange zwei Stufen erforderlich waren, um ins All zu kommen, brauchte man nicht gleich ein vollkommen neues System zu bauen, man konnte auch hin und her wechseln – zuerst verbesserte man die Trägerraketen, die eindeutig den größten Schwachpunkt darstellten, dann baute man eine neue zweite Stufe, um schließlich wieder an die Booster zu gehen – wer jemals mit wenig Geld ein Haus renoviert oder ein altes Auto restauriert hat, kennt das Verfahren. Man beseitigt zunächst die gröbsten Schäden und verschiebt andere Dinge auf später, muß aber dazwischen immer wieder an den Ausgangspunkt zurückkehren.

Es dauerte allerdings Jahre, ein neues Schiff zu entwickeln, und wenn man in ein paar Jahren eine neue oberste Stufe haben wollte, mußte man sofort mit der Arbeit beginnen – doch dafür war bei der angespannten finanziellen Situation des Jahres 2002 praktisch kein Geld vorhanden.

Auch für dieses Problem gab es eine Lösung, nur hielten viele diese Lösung für schlimmer als das Problem selbst. In ihren Augen war es ein Pakt mit dem Teufel – auch wenn der Teufel so liebenswürdig und charmant auftrat wie Sig Jarlsbourg, mein späterer Stiefvater.

Er war damals erst zweiunddreißig, aber in seinem rötlichblonden Haar zeigte sich bereits das erste Grau, und obwohl er durchtrainiert und körperlich fit war, bewegte er sich so ruhig und bedächtig, daß er zwanzig Jahre älter wirkte. Ich lernte ihn vier Jahre später kennen und war völlig überrascht, als ich ihn zum ersten Mal auf dem Tennisplatz erlebte. Mit dem ersten Aufschlag warf er sozusagen seine Jahre ab und spielte wie ein Teenager.

Als er vor dem Paritätischen Kongreßausschuß auftrat, erschien sein Bild bereits zum fünften Mal auf der Titelseite von *Business Week* – diesmal mit der Schlagzeile: »KÖNNEN SIE IHN AUFHALTEN? WOLLEN SIE ES DENN?«

Er war der lebende Beweis dafür, daß man am leichtesten dann reich wird, wenn man es bereits ist. Sein Vater hatte bei einer Reihe von Ölbohrungen kräftig mitgemischt, und so war Sig schon als Kind auf der ganzen Welt herumgekommen. Da er nicht nur einen Hang zum Abenteuer hatte, sondern auch über die nötigen Mittel verfügte, um ihn auszuleben, war er schon mit fünfzehn ein leidenschaftlicher Taucher und hatte mehr als zwanzig Gerätetauchgänge hinter sich, bevor er sich in Stanford einschrieb. Seine Segelfluglizenz hatte er wenige Monate nach seinem vierzehnten Geburtstag in der Tasche, und noch bevor er zwanzig war, ging er ernsthaft daran, neue Rekorde aufzustellen.

Bemerkenswert gutaussehend und elegant, wie er war, hätte er auch als Playboy durchaus Chancen gehabt, aber ihm stand der

Sinn nach anderen Dingen. In den ersten zwei Jahren auf dem College schloß er sich verschiedenen ›grünen‹ Umweltschutzgruppen an, gelangte jedoch schon bald zu einer Erkenntnis, die er später so formulierte: »Es gibt nur einen Weg, Luft und Wasser sauberzuhalten und die schönsten Plätze der Erde zu bewahren: Man muß es so hindrehen, daß es sich auszahlt. Sonst hetzt man nur ständig hinter den Ölgesellschaften her.«

Sein Vater hatte ihn in einem kurzen Brief darauf hingewiesen, daß seine Ausbildung in Stanford nicht billig sei und das Geld dafür von den geschmähten Ölgesellschaften stamme. Daraufhin trommelte Sig im folgenden Sommer eine Gruppe von Freunden zusammen, die nicht nur in den verschiedensten Abenteuersportarten versiert waren, sondern auch Erfahrung mit Reisen in unberührte Gebiete hatten, beschaffte sich mit Hilfe eines Kredits ein gewisses Startkapital, annoncierte in den exklusivsten Reisezeitschriften unter dem Namen *Planet Vision Adventure Tours* und schwänzte eine Woche den Unterricht, um eine Reiseveranstaltertagung zu besuchen und persönliche Kontakte zu knüpfen. Mit dem Angebot: ›In zwei Monaten rund um den Planeten für $29000‹ konnte er eine kleine Gruppe von Superreichen gewinnen und brachte 250 Buchungen zusammen. Die Reise führte über verschiedene Stationen. Es gab Klettertouren in den Anden, Angeln in Patagonien, eine Kamerasafari im Krüger-Nationalpark oder Tauchen vor Sri Lanka, und so ging es weiter um die ganze Welt. Die einzelnen Aktivitäten wurden von seinen Freunden betreut, die damit ihrerseits Gelegenheit hatten, den ganzen Sommer über ihren jeweiligen Hobbies nachzugehen. Ganz nebenbei gelang es Sig auch noch, etlichen Teilnehmern Spenden für verschiedene Umweltschutzprojekte abzuknöpfen.

Am Ende dieses Sommers entrichtete er in bar seine Studiengebühren für die nächsten beiden Jahre in Stanford, schickte seinem Vater einen Scheck über die Gebühren der vergangenen zwei Jahre und hatte, nachdem er den Kredit abgelöst und seine Steuern bezahlt hatte, noch einen Überschuß von $8500.

Im nächsten Sommer überredete er eine private Stiftung zu einem ganz und gar ungewöhnlichen Stipendium, das es ihm ermöglichte, drei Monate lang in der Welt herumzureisen. Seine *Planet Vision Adventure Tours* führte er über Modem weiter. Über seine Streifzüge verfaßte er einen Bericht mit dem Titel ›Ein erhaltenswerter Planet‹. Das Buch war in einem so klaren, gut lesbaren Stil geschrieben, daß er es an einen Verlag verkaufen konnte. (Die Stiftung war ziemlich verdutzt, als sie im nachhinein feststellte, daß sie mit Sig einen Vertrag geschlossen hatte, der diesem sämtliche Einkünfte aus dem Buch sicherte. Damit hatte sie zwar den Bericht, aber nicht das Recht, ihn zu veröffentlichen.) Einige Leser stellten das Werk auf die gleiche Stufe wie Paines *Common Sense;* andere verglichen es eher mit Lenins *Was ist zu tun?* oder mit Hitlers *Mein Kampf.*

Die Wirtschaftsmagazine faßten den Inhalt folgendermaßen zusammen: Sig Jarlsbourg sei zu dem Schluß gekommen, mindestens die Hälfte der renommiertesten Industrieunternehmen, deren Aktien in jedem Portefeuille zu finden seien, müßten im Lauf des nächsten Jahrhunderts geschlossen werden, und er habe einen radikalen Plan vorgelegt, sie aus dem Geschäft zu drängen. Zugleich habe er den Umweltschützern empfohlen, alle unberührten Naturschönheiten der Erde, das Erbe der gesamten Menschheit, als Spielwiese für die Reichen zu reservieren. Mir selbst gestand er viele Jahre später: »Damals wollte ich eigentlich nur vor einem einzigen Menschen bestehen, und das war der, den ich im Spiegel sah. Aber es hat natürlich nicht geschadet, daß mir auch Leute wie Ted Turner und Richard Branson Sympathien entgegenbrachten.«

Ein etwas objektiveres Resümee sähe wohl so aus: Die Erdbevölkerung sei so zahlreich und der Prozentsatz der Menschen, die sich noch oder noch nicht im fortpflanzungsfähigen Alter befänden, sei so hoch, daß nur mit modernster Technik genügend Nahrung, Medikamente, Unterkünfte und Wärme produziert werden könnten, um das Überleben zu sichern (wobei Hungersnöte trotzdem nicht auszuschließen seien). Nun erfordere diese Technik ihrerseits einen enormen Energieaufwand, und alle bekannten Verfahren zur Energieerzeugung in großem Stil hätten wiederum gravierende, ökologische Nachteile: Entweder benötigten sie seltene und chemisch aktive Metalle, deren Auswirkung auf die Biosphäre schwer zu kontrollieren sei; oder sie beruhten auf Molekülkomplexen, die gewissen anderen, in lebenden Organismen vorkommenden so ähnlich seien, daß man auch hier mit katastrophalen Folgen rechnen müsse; und so weiter.

Obendrein seien die Wechselwirkungen zu bedenken: Um die starke Umweltbelastung bei der Kohleverbrennung zu vermeiden, könne man sich zwar dem Uran zuwenden, werde dabei jedoch rasch auf das weit vielschichtigere Problem der radioaktiven Strahlung stoßen. Flüchte man sich daraufhin in die Solarenergie, so zeige sich, daß mit der Produktion von Solarzellen die industrielle Verarbeitung mit einer wahren Giftbrühe von Schwermetallen verbunden sei.

Wer auf den technischen Stand des neunzehnten Jahrhunderts oder noch weiter zurückgehen wolle, nehme Hungersnöte und Seuchen in Kauf; wer auf der Erdoberfläche mit moderner Technik weiterarbeiten wolle, provoziere eine Serie von immer schlimmeren Umweltkatastrophen. Damit bleibe nur noch eine Lösung: Man müsse die Erde verlassen.

Schon die Quadrillionen Kubikmeilen Weltraum innerhalb der Mondumlaufbahn ließen sich beim besten Willen nicht verseuchen, und das sei nur der nächste und lagemäßig günstigste Teil des Weltalls. In einhundertzwanzig Meilen Höhe gebe es Solarenergie in unerschöpflichen Mengen, und wenn man die Solarzellen nicht auf der Erde und mit deren Rohstoffen herstelle, erübrigten sich alle Bedenken wegen der Auswirkung chemisch aktiver Metalle auf die Biosphäre. Auf den Asteroiden und auf dem Mond fänden sich alle erforderlichen Rohmaterialien, und wenn man mit der Aufbereitung fertig sei, könne die Schlacke einfach liegenbleiben, ohne jemandem zu schaden. Irgendwann ließen sich da oben auch Nahrungsmittel anbauen – ganz ohne Pestizide. Man brauche nur die Schädlinge zu Hause zu lassen, und sollten versehentlich doch einmal welche eingeschleppt werden, dann würden eben die befallenen Pflanzen isoliert und die Tür zum Weltall aufgemacht. Den Rest erledigten das Vakuum und die Strahlung. Grundsätzlich könne man die ganze Erde vom Weltraum aus versorgen, ohne einen einzigen Schornstein, ohne einen einzigen Bottich mit Chemikalien auf der Oberfläche, und theoretisch sei auch grenzenloser materieller Wohlstand für alle ein durchaus erreichbares Ziel.

In kurzen Worten: Mit irdischen Ressourcen sei die Erdbevölkerung allenfalls noch zwei Generationen lang zu ernähren, es sei denn, man zerstöre weitgehend auch die Schönheiten der Erde oder verurteile einen noch sehr viel höheren Prozentsatz der Bevölkerung schon in jungen Jahren zum Tode. Beides sei untragbar. Folglich werde man in etwa fünfzig Jahren – wenn Sigs Leben sich dem Ende zuneigte – dringend eine neue Energiequelle und neue Mineralvorräte erschließen müssen. In Frage kämen entweder der Meeresboden oder der Weltraum. Der Grund der Meere stehe in einem engen, aber bislang nur ungenügend erforschten Zusammenhang mit der globalen Ökologie, außerdem sei es nicht unbedingt sinnvoll, anstelle des Landes nun das Meer zu zerstören. Damit bleibe nur der Weltraum, doch um den Weltraum als Rohstoffquelle interessant zu machen, müsse er billiger sein als die Erde. Nur dann würden nämlich große Teile der Erde zu kostbar, um sie für Landwirtschaft und Industrie zu ›vergeuden‹, nur dann könne der Planet, in Sigs Worten, ›neu ergrünen‹.

Der Schlüssel waren billige und leicht abzubauende Rohstoffe aus dem Weltraum. Doch wenn Sig sich die damaligen Zahlen ansah, erschien ihm das Wort ›billig‹ in diesem Zusammenhang doch eher fehl am Platze. Mit der Technik jener Zeit wäre es tausendmal so teuer gewesen, Elektrizität in einer erdnahen Umlaufbahn zu erzeugen wie auf der Erde selbst, zehntausendmal so teuer, einen Fahrgast in eine erdnahe Umlaufbahn zu bringen, wie ihn über den Atlantik zu fliegen, und hunderttausend mal so teuer, einen Arbeitsplatz oder Wohnraum für eine Person in einer erdnahen Umlaufbahn zu schaffen, wie in Chicago.

Von Zahlen allein ließ Sig sich allerdings nicht abschrecken. Zwei Jahre nach seinem Collegeabschluß hatte er seine *Planetary Vision Adventure Tours* durch Zukauf und durch Fusionen mit anderen Firmen stark vergrößert. Sie hieß nun *Share-the-Planet-Tours* und war auf dem neuen Marktsektor ›umweltschonender Ökotourismus der gehobenen Preisklasse‹ bereits zum Giganten geworden. Sig hatte ein Dutzend Spezialunternehmen aufgekauft, die ihm Unterwasserhotels vor der Küste bauten, per Flugzeug komfortable Unterkünfte in die Antarktis und wieder zurücktransportierten und auf Korallenriffen im Pazifik autarke, mit Solarenergie betriebene Gebäude errichteten. Für jedes dieser Angebote hatten sich genügend Kunden gefunden, die eine – möglichst unberührte – Naturlandschaft genießen wollten, ohne sich in ihrer Bequemlichkeit irgendwie einschränken zu müssen. Sig hatte gelernt, daß sich gerade da, wo der Aufwand besonders hoch war, gute Gewinne herauswirtschaften ließen.

Touristen sind unschwer zu bewegen, auch für die ausgefallensten Leistungen zu bezahlen – man denke nur an die vielen Skihütten in unwegsamem Gelände, wo der Beton das Sechsfache kostet und die Löhne doppelt so hoch sind wie normal –, dennoch können der Tourismus und andere Luxusbranchen nur der Anfang sein. Die ersten westlichen und chinesischen Händler kamen nach Borneo, um Gewürze zu kaufen, die buchstäblich mit Gold aufgewogen wurden, aber der Handel hielt sich in Grenzen, bis dort ein Markt für Zinn und Gummi entstand, Produkte, die Pfennige pro Kilo kosteten, und so richtig kam die Entwicklung erst in Schwung, als es möglich wurde, Computerbauteile für ein paar Pfennige pro Tonne herzustellen. Aus wirtschaftlicher Sicht konnte die Erschließung des Weltraums mit dem Tourismus beginnen, aber der Tourismus mußte die Forschung und den technischen Fortschritt finanzieren, die es mit der Zeit möglich machen sollten, die Energieerzeugung, den Bergbau und schließlich die gesamte, industrielle Produktion in die Umlaufbahn zu verlegen.

Durchaus denkbar, daß darüber ein Menschenleben verging, doch das störte Sig nicht weiter. »Ich hatte ja mein ganzes Leben noch vor mir«, erklärte er mir Jahre später, »und was hätte ich sonst schon damit anfangen sollen?«

Wichtig war natürlich auch, daß ihm sein Ökotourismus vom Feinsten eine ganze Reihe von ungemein wertvollen Beziehungen bescherte. Die Kunden seines Unternehmens waren in erster Linie Personen, die es sich leisten konnten, für einen Urlaub von einem Monat Tausende oder Zehntausende von Dollar auszugeben. Und obwohl er mit seinem Vater nicht auf bestem Fuß stand, waren ihm auch die Kontakte nützlich, die über seine Familie liefen. Außerdem lag es in der Natur der Sache, daß viele von seinen Angestellten und Beratern verschiedene Risikosportarten unter extremen Bedingungen ausübten, und über sie lernte er wieder neue Abenteurer kennen.

Im Alter von neunundzwanzig Jahren hatte Sig Jarlsbourg also mit einem Dutzend der reichsten Leute der Erde und ihren Urlaubsgewohnheiten Bekanntschaft geschlossen und verfügte über Kontakte zu Hunderten von Freunden ausgefallener Sportarten – von Ballonfahrern über Gerätetaucher bis zu Extremskiläufern. Nun konnte er eine der bemerkenswertesten Versammlungen des zwanzigsten Jahrhunderts einberufen. Dazu lud er eine Reihe führender Persönlichkeiten – Ted Turner, Bill Gates, Michael Eisner und Steve Forbes, um nur einige zu nennen – zu einem ›Gratisurlaub‹ in seine neue Grönlandgletscherhütte ein. Der äußere Anlaß war einmal die Eröffnung dieses Feriendomizils, daneben sollte – die Konferenz begann am Freitag, 16. Juli 1999, und sollte bis Dienstag, 20. Juli, dauern – der dreißigste Jahrestag der Landung von Apollo 11 auf dem Mond begangen werden. Unter den Gästen war auch J. F. K jr., angeblich zu Ehren seines Vaters, in Wirklichkeit aber, weil Sig, seit Kennedy an seiner U-Boot-Expedition zum Großen Barriereriff teilgenommen hatte, diesen Kontakt behutsam weitergepflegt hatte. Kennedy hatte einige andere, berühmte Namen angelockt. Perot selbst fehlte, aber vier Angehörige seiner Organisation – sie bezeichneten sich diskret als ›Angehörige eines großen, staatlichen Unternehmens und Freunde von Mr. Jarlsbourg‹ – waren gekommen. Mit von der Partie waren außerdem mehrere Vertreter der kleinen Elite wohlhabender Abenteurer, darunter Richard Branson, der eben von seiner letzten Ballonexpedition zurückgekehrt war.

Das größte Gewicht hatten vielleicht die Bankiers, aber sie würden sich an den Unternehmern und Abenteurern orientieren; die Vertreter politischer Kreise waren wichtig, aber den höchsten Einfluß verkörperte wohl eine etwa zehnköpfige Gruppe, hauptsächlich Männer, überwiegend Ende Fünfzig bis Anfang Sechzig, die selbständig über große Vermögen verfügten, ohne einem Aufsichtsrat oder anderen konservativen Kräften Rechenschaft ablegen zu müssen.

Sigs Erfahrungen als Reiseunternehmer hatten ihn vieles gelehrt, aber eines ganz besonders:Er wußte, wie man Gäste unterhielt, wie man sie in Ferienstimmung versetzte, wie man erreichte, daß sie sich wohl fühlten und zugleich wach und aufnahmefähig wurden. In den ersten drei Tagen hatte die Gruppe vor allem Gelegenheit, sich kennenzulernen. Man probierte verschiedene Formen des Skilaufens in der Wildnis aus, fuhr an die Küste, um seltene Tiere zu beobachten, oder unternahm sorgfältig vorbereitete, naturschonende Exkursionen in verschiedene Gebirgstäler. Immer wieder wurde daran erinnert, welche Bedeutung die Erschließung des Weltraums mittlerweile für den Umweltschutz gewonnen habe, wie empfindlich die Erde sei, und wie viele Menschen sie inzwischen versorgen müsse. Außerdem, und das war ungewöhnlich für einen der Großen im Tourismusgeschäft, wiederholte sich ein Hinweis: Auf der Erde könne man zwar nach wie vor jede Menge Abenteuer erleben, aber mit genügend Geld und Entschlossenheit sei es machbar, bis zum dreißigsten Lebensjahr alle Möglichkeiten auszuschöpfen.

Beim letzten gemeinsamen Dinner am Montag abend – alles hatte sich versammelt, um das ›Spezialprogramm‹ nicht zu versäumen, über das schon seit Tagen getuschelt wurde – war jeder froh, daß er gekommen war, die Stimmung war gelöst, man fand die anderen Anwesenden und Sig sympathisch – und spürte doch ein leises Unbehagen, als stehe es nicht unbedingt zum besten mit der Welt.

Dann gingen langsam die Lichter aus, Sig holte tief Atem und stieg auf das Podium. Hinter ihm erwachte ein großer Bildschirm zum Leben.

»Ich glaube«, begann Sig Jarlsbourg, »wir liegen hier alle auf einer Linie. Wir wissen, wie schön das Leben sein kann, und wir sind daran gewöhnt, für die Zukunft zu planen, ein paar Generationen vorauszudenken. Wir sind uns darüber im klaren, daß unser Wohlstand nur so lange gesichert ist, wie es auch den anderen halbwegs gutgeht, und wir geben uns nicht der törichten Illusion hin, unsere beneidenswerte Position werde von der Tradition garantiert oder ließe sich mit roher Gewalt verteidigen. Nein, wir haben hier wohl alle begriffen, daß wir, um die Früchte unseres Erfolgs zu bewahren, nicht stehenbleiben dürfen – und daß wir den Rest der Menschheit auf unserem Weg mitnehmen müssen. Und jetzt möchte ich Sie bitten, sich mit mir etwas auszumalen.«

Auf dem Schirm wurde, zunächst noch in verschwommenen Umrissen, ein Bild sichtbar. »Es geht um folgendes. Allen Anwesenden ist klar, daß die Erde an ihre Grenzen stößt, und daß wir – ich nenne nur die Stichworte Erschöpfung der fossilen Brennstoffreserven, Treibhauseffekt, Ozonloch, Nuklearkatastrophe, ein Dutzend weiterer Szenarien wären denkbar – früher oder später mit einer Katastrophe rechnen müssen, gegen die uns aller Reichtum und alle Macht nicht schützen können.

Jedenfalls nicht mehr, wenn es erst soweit ist. Aber ich habe sozusagen eine langfristig wirksame Schutzimpfung anzubieten.«

Die Umrisse auf dem Schirm wurden scharf. Es war ein Flugzeug, lang und dünn, mit Deltaflossen am hinteren Rumpfteil und einem Entenflügel unmittelbar hinter dem Pilotencockpit.

»Sie haben mehr als andere die Freuden der Erde genossen. Können Sie sich vorstellen, daß es auch außerhalb der Erde Dinge gibt, die sich genießen lassen ...?«

In den nächsten Stunden sprang er ständig zwischen Gegenwart und Zukunft hin und her, zeigte seinen Gästen auf, was morgen denk- und machbar war und wie das Leben hundert Jahre später aussehen könnte, wenn ihre Enkel vom Mons Olympus auf dem Mars aus drachenfliegen und Bergtouren auf der Rückseite des Mondes unternehmen würden. Er beschrieb Freizeiterlebnisse, auf die sie selbst nie gekommen wären – und betonte zugleich, daß es für jeden Schritt auf diesem Weg viele gute und handfeste Gründe gebe. Ohne die Höhe der Kosten wie der Risiken zu verschweigen, gab er seinen Zuhörern doch das Gefühl, zu den wenigen Auserwählten zu gehören, die solche Risiken eingehen konnten und womöglich gar dazu berufen waren, der Menschheit ins Raumfahrtzeitalter voranzugehen.

Dann wurde er konkreter. Auf lange Sicht – und superreiche Familien hätten nun einmal langfristig zu denken – könne der Weltraumtourismus zur Industrialisierung des Weltraums und damit zu einer saubereren, reicheren, sichereren Welt für alle führen. Man brauche der Privatindustrie nur freie Hand zu lassen, dann komme alles andere rasch von selbst. Auf dem Mond und auf den Asteroiden gebe es die verschiedensten Rohstoffe im Überfluß.

Von sich aus werde freilich niemand darangehen, diese Schätze auszubeuten, die auf der Erde ohne Ausnahme billiger zu haben seien. »Es sei denn«, fuhr Sig fort, »Tausende von Menschen wären bereits mit einem bekannten, benutzerfreundlichen Transportmittel im All gewesen. Das ist der springende Punkt. Wenn Sie diese bessere Welt haben wollen, müssen wir den Weltraumtourismus unverzüglich aus der Taufe heben, und er darf kein Spielzeug für eine kleine Gruppe von Superreichen werden. Er braucht von Anfang an die Unterstützung und die Anteilnahme einer breiten Öffentlichkeit. Und deshalb, meine Damen und Herren, lautet mein Vorschlag – *ShareSpace Global*.«

Sig hatte zehn Jahre daran gearbeitet, sich zu einem erstklassigen Verkäufer zu entwickeln, und kaum weniger lange, um die Wirkungsweise des Geldes zu durchschauen. Er wußte, wie er seinem Publikum schmeicheln, welchen Köder er ihm hinwerfen mußte. Der Zeitpunkt war sorgfältig geplant: Er hatte den Namen seiner neuen Firma genau in dem Moment verkündet, als die Uhr Mitternacht schlug und der dreißigste Jahrestag der ersten Mondlandung offiziell angebrochen war.

Sein Plan war von atemberaubender Schlichtheit. Um das Interesse an Reisen ins Weltall zu wecken, begann man mit einfachen Aktivitäten auf der Erde wie Fahrten zu Raumschiffstarts, Führungen durch wissenschaftliche Labors oder Flügen in die oberen Atmosphäreschichten, um dort unter Anleitung von Ex-Astronauten erste Erfahrungen in der Schwerelosigkeit zu sammeln. Dann folgten Schlag auf Schlag ballistische Suborbitalflüge außerhalb der Atmosphäre, Abenteuerreisen in die Umlaufbahn, Luxushotels Marke Hilton im Orbit, Mondumrundungen im Tiefflug – »und das läßt sich nach Bedarf immer weiter fortsetzen!«

»Wem wollen Sie das anbieten, und was sollen die Tickets kosten?« fragte jemand in schleppendem Südstaatenakzent aus dem Dunkel.

Sig erkannte die Stimme und wandte sich dem Sprecher zu: »Zwei Zielgruppen. Für die eine haben wir Tickets vorrätig und verkaufen sie zu gesalzenen Preisen. Für Sie oder Ihre Kinder könne es reizvoll sein, sich zu einem besonderen Anlaß eine solche Reise zu gönnen. Zweitens – und das ist der wichtigere Punkt –: Wir verkaufen Anteile.«

»Wie bei Ferienwohnungen nach dem Timesharing-Verfahren?« fragte eine Stimme aus einer anderen Ecke.

»Nicht ganz. Ich hatte eher an so etwas wie die Lose für die Tombola beim Kirchenbasar gedacht. Der Hauptgewinn ist eine Wucht, bei den anderen Preisen hat man den Eindruck, einen reellen Gegenwert zu bekommen, und die vielen Leute, die leer ausgehen, haben wenigstens das Gefühl, für einen guten Zweck gespendet zu haben. Nun können natürlich immer nur einige Käufer die Hauptgewinne einstreichen. Die werden im Lauf der Entwicklung unterschiedlich aussehen – aber irgendwann sind es natürlich Weltraumflüge. Tausend andere bekommen Trostpreise, die so gestaltet sind, daß sie Interesse wecken und die Leute weltraumsüchtig machen. Und wer gar nichts gewinnt, der bekommt ein paar Prozent von seinen Chancen abgezogen, und dann ist das abgewertete Los bei der nächsten Ziehung noch einmal dabei. Niemand verliert also alles auf einmal, aber es besteht immer ein starker Anreiz, weitere Lose zu kaufen.«

»Sie haben keinen Preis genannt, weder für ein reguläres Ticket, noch für einen Anteilsschein.«

»Wir werden nicht umhin können, ein Sachverständigengremium zu bestellen, das die Preise laufend anpaßt. Aber meiner Schätzung nach wird der Preis für die ersten Tickets in jeder neuen Klasse in die Zehntausende von Dollar gehen – wobei ich hinzufügen möchte, daß wir erst anfangen, wenn wir die Flugkosten pro Kilo auf weniger als fünf Prozent dessen gesenkt haben, was sie derzeit beim Shuttle betragen – und die Anteilscheine könnten irgendwo um die zehn Dollar liegen.«

Ein älterer Herr mit weißem Haar – er war ständig im Fernsehen zu sehen gewesen, bevor er dreißig Kilo zugelegt und nicht wieder verloren hatte – hob die Hand und fragte: »Äh … ich möchte den Teufel nicht an die Wand malen, aber ich glaube, für Leute wie mich können hohe Beschleunigungen tödlich sein. Und genau das erwartet mich doch bei Ihren Flügen.«

Sig grinste. »Nun ja, wir müßten Sie vorher zu einem Arzt schicken und gründlich untersuchen lassen. Manche Menschen vertragen keinerlei Aufregung. Es gibt natürlich auch Leute mit Bandscheibenschäden und spröden Knochen. Aber die Zahlen sehen folgendermaßen aus: Bei einem Suborbitalflug wären 1,6 Ge der Spitzenwert – meist sind es nur 1,4 Ge. Wenn Sie also 105 kg wiegen, wären Sie vielleicht fünf Minuten lang 40 kg schwerer, und wenn man flach auf einer Couch liegt, ist das nicht weiter schlimm. Das halten sogar viele Herzkranke aus, besonders, wenn sie durch einen Schlauch reinen Sauerstoff bekommen.

Bei Orbitalflügen müßten wir bis auf etwa 3 Ge hochgehen, und das ist, verglichen mit der Normalschwerkraft auf der Erdoberfläche, eine ganze Menge – unser 105-kg-Mann würde dabei über dreihundert Kilogramm wiegen –, wirklich gefährlich wäre es allerdings nur für Patienten mit schwerer Osteoporose, Arterienverkalkung oder einem Lungenemphysem.

Bei Leuten, die Risikosportarten ausüben, sind solche Leiden im allgemeinen nicht sehr verbreitet. Sicher, wir müßten all diejenigen ausschließen, die ihr Leben lang zuviel gegessen, stark geraucht und sich zu wenig bewegt haben, aber von denen kämen ohnehin die wenigsten auf die Idee, eine Abenteuerreise zu buchen – sonst wären sie auf der Erde schon Skiläufer, Mountainbiker oder Drachenflieger gewesen, und dann wären sie nicht in dieser Verfassung.«

Der ältere Herr lachte leise. »Dann bin ich wohl eher ein Grenzfall. Und ich hätte immerhin zehn Jahre Zeit zum Abnehmen. Sie haben nicht zufällig die Beschleunigungswerte für einen Flug zum Mond im Kopf? Eins haben Sie nämlich vergessen: Einige von Ihren Passagieren kämen nicht aus Abenteuerlust, sondern wegen der Aussicht.«

Sig nickte. »Natürlich. Aber solange Sie nicht direkt zum Mond wollen – solange Sie nur starten und ihn auf einer elliptischen Bahn in bis zu tausend Kilometer Entfernung ein paarmal umrunden –, liegt die Belastung nicht höher als bei einem einfachen Flug in erdnaher Umlaufbahn. Die höchste Beschleunigung tritt nämlich beim Wiedereintritt auf, nicht beim Start. Wenn Sie bis auf Monddistanz fliegen würden, kämen Sie auf etwa 6 Ge, und das ist hart – man kann nämlich nicht genug Treibstoff mitnehmen, um hin- und wieder zurückzufliegen, im erdnahen Orbit abzubremsen und dann runterzukommen. Bei der Rückkehr vom Mond müßten sie direkt in die Atmosphäre eintauchen und die Luft zum Abbremsen nützen, genau wie die alten Apollo-Kapseln. Aus diesem Grund werden wir noch sehr, sehr lange keine Mondflüge anbieten – erst, wenn wir eine Möglichkeit sehen, den Passagieren durch stufenweises Abbremsen die maximale Akzeleration zu ersparen.«

Der korpulente Mann nickte. Die Frau neben ihm hob zaghaft die Hand und fragte: »Sie meinten nicht zufällig Dezeleration? Schließlich werden Sie doch langsamer ...«

Sig lächelte. »Dezeleration ist ein Wort, das nur Englischlehrer verwenden.«

»Ich war Englischlehrerin. Bis mich dieser Schauspieler hier vom rechten Wege abgebracht hat.«

»Nun, wenn Sie einmal nebenan bei den Naturwissenschaftlern reingehört hätten, dann wüßten Sie, daß die Physiker unter Akzeleration oder Beschleunigung eine Veränderung der Geschwindigkeit oder der Bewegungsrichtung verstehen. Die Wirkung ist nämlich in beiden Fällen die gleiche. Ihrem Körper ist es egal, ob er 1 Ge spürt, weil er in einer Zentrifuge steckt und unentwegt die Bewegungsrichtung ändert, weil er beschleunigt oder abgebremst wird oder weil er sich in einem 1 Ge starken Gravitationsfeld befindet. Das ist alles eins und nennt sich Akzeleration.« Er streckte sich und lächelte. »Alle Freizeitspezialisten wissen natürlich schon seit vielen Jahren, daß Akzeleration zumindest in Maßen genau das ist, was Spaß macht – wie wäre sonst der Erfolg von Skyboarding, Extremskilauf, Achterbahnfahren oder Kunstfliegen zu erklären?«

Als ausgefuchster Verkäufer wußte er, daß nun der Moment gekommen war, die Schlinge zuzuziehen, und so stellte er die entscheidenden Fragen: Wollten seine Gäste diesen Schritt tun? Und wollten sie ihn jetzt tun?

Einige wehrten sich natürlich noch; keine Verkaufsstrategie ist hundertprozentig erfolgreich. Aber viele traten vor, um Sig die Hand zu schütteln und ein weiterführendes Gespräch zu vereinbaren. Innerhalb weniger Wochen wurden Verträge aufgesetzt, hohe, langfristige Kredite gewährt und ein Vorstand für die neue Firma bestimmt (obwohl Sig in Wirklichkeit alles in der Hand behielt). Zum 4. August 1999 nahm *ShareSpace Global* die Arbeit auf.

Das Unternehmen war von Anfang an den Angriffen der Regierung und der Medien ausgesetzt. *ShareSpace Global* hatte zwei Jahre lang Fahrten nach Canaveral, Baikonur, Hainan und zum JPL, ›kleine Diners mit Astronauten‹ und riesige Weltraumcamps organisiert und fing gerade an, Tickets und Anteile für Suborbitalflüge zu verkaufen, als jemand herausfand, daß es dafür noch gar kein Raumschiff gab.

Als die polizeilichen Ermittlungen anliefen, legte *ShareSpace Global* die Pläne für sein erstes Schiff auf den Tisch. Es hieß *Skygrazer*, Himmelskratzer. Der Mantel war, leicht abgewandelt, der einer *Starbooster*. Auch das vordere Triebwerk war das gleiche, doch wo die *Zenit*-Rakete sitzen sollte, hatte man Platz für ein Dutzend Passagiere samt Piloten, Copiloten und Flugbegleiter geschaffen. Die *Skygrazer* konnte Rumpf an Rumpf auf eine *Starbooster* aufgesetzt werden und senkrecht starten.

Der Schub, den sie damit bekam, reichte bei weitem nicht aus, um sie in eine Umlaufbahn zu bringen, aber das war auch nicht nötig. Für die Passagiere war es auch so der Flug ihres Lebens. Nachdem die *Zenit* den letzten Treibstoff verbrannt hatte und die

Stufen sich trennten, sollte die *Skygrazer* bis in etwas mehr als 50 000 Meter Höhe weiterfliegen. Am Wendepunkt machte sie mit einer Geschwindigkeit von fast Mach 4 (vierfache Schallgeschwindigkeit – im Orbit erreicht man etwa Mach 25) – kehrt und tauchte im Sturzflug wieder in die tieferen Atmosphäreschichten ein. Bei dieser ungeheuren Geschwindigkeit brachte der Pilot sie dann in die Beinahe-Horizontale, und so würde sie, weit höher und schneller als jedes Verkehrsflugzeug, über viele hundert Meilen dahingleiten. Ein solcher Suborbitalflug umfaßte also knapp zehn Minuten Schwerelosigkeit, einen Blick auf die Erde von außerhalb der Atmosphäre und natürlich den erstaunlich schnellen und lautlosen Gleitflug über große Teile eines Kontinents. Als Ziele standen verschiedene Ferienorte zur Auswahl, wo Sig Grundstücke besaß und man extralange Landebahnen für die *Skygrazer* bauen wollte. Sofort nach der Landung traten die Passagiere auf großen, komfortablen Schiffen eine Kreuzfahrt zu den interessantesten Punkten an, die sie aus der Luft gesehen hatten. Am Ende der Reise wurden sie erster Klasse nach Hause geflogen. Alternativ konnten sie auch einen längeren Erholungsurlaub auf dem Schiff verbringen, irgendwann an einem von Sigs abgelegeneren Ferienzielen aussteigen und sich mit einer *Skygrazer* in weniger als einer Stunde nach Hause bringen lassen. Sig bot seinen Kunden also nicht nur das Abenteuer eines Weltraumflugs, sondern auch die Möglichkeit, ihren Urlaub bis zur letzten Minute auszukosten, um dann rasch und mit allem Komfort zurückbefördert zu werden.

Auf die Frage, wann die *Skygrazer* denn tatsächlich gebaut würde, hatte er eine einfache Antwort parat: Mit vierzig ausgebuchten Flügen seien die Kosten für eine *Skygrazer* plus die dazugehörigen *Zenit*-Raketen hereinzubringen; sobald genügend Interessenten entweder reguläre Tickets oder Anteilsscheine erworben hätten, würde *ShareSpace Global* die Firma Boeing (die bereits in den Startlöchern stehe) mit dem Bau der *Skygrazer* und den erforderlichen Tests beauftragen. Sechs Monate nach Erreichen der magischen Zahl könnten die ersten Passagiere starten.

Die staatliche Sicherheitsbehörde war über die Vorstellung, nach einer so kurzen Testphase mit einem Suborbitalschiff menschliche Fracht zu befördern – darunter viele einflußreiche Persönlichkeiten aus höheren Kreisen, deren Erben sich die besten Rechtsanwälte der Erde leisten konnten –, schlichtweg schockiert. Das Finanzamt hatte etwas gegen die Finanzierung einzuwenden, konnte sich aber nicht entscheiden, ob es sich dabei um hohe, zinslose Darlehen von künftigen Kunden, um legales Glücksspiel oder um ein betrügerisches Schneeballsystem handelte. Tickets für die ersten Flüge wurden inzwischen für mehr als $60 000 gehandelt.

Doch keine der beiden Behörden konnte das Projekt verhindern; Sig hatte seinen Firmensitz in Brasilien, und die brasilianischen Behörden schien das ungewöhnliche Geschäftsgebaren nicht weiter zu stören. Brasilien besaß seit zehn Jahren ein mittelgroßes Startgelände und war nur zu gern bereit, die erforderlichen Grundstücke für lange Start- und Landebahnen zur Verfügung zu stellen. Besonders günstig war, wie Sig immer wieder betonte, daß diese Grundstücke am Äquator lagen, wo der zusätzliche Auftrieb infolge der Erdrotation den Start erleichterte. Natürlich war man, ohne dies besonders zu erwähnen, auch sehr angetan davon, daß die Brasilianer kaum jemals Inspektionen durchführten oder peinliche Fragen stellten.

Bis zum Jahre 2002 hatte *ShareSpace Global* sechsunddreißig Flüge verkauft. Acht von den regulären Tickets waren inzwischen in den Besitz der Erben der ursprünglichen Käufer übergegangen. Es sah ganz danach aus, als würde sich bis zum Jahresende definitiv entscheiden, ob Sig ein Visionär oder ein Hochstapler war. Im ersten Fall würden 2004 die ersten Flüge stattfinden, wobei etwa jeder dritte Passagier sein Ticket bei der Tombola ›Begegnung mit dem Weltall‹ gewonnen hätte.

Und während noch alles in der Schwebe war und niemand zu entscheiden wagte, ob Sig nun ›die Unternehmerpersönlichkeit des einundzwanzigsten Jahrhunderts‹ (ein Ausdruck von *Forbes*) oder ein ›guter, alter Hochstapler aus dem neunzehnten Jahrhundert‹ sei (wie *The Wall Street Journal* behauptete), trat er vor den Kongreß und erklärte, die *Skygrazer* sei lediglich der erste Schritt in einem – ob man ihm nun glaube oder nicht – sehr viel umfassenderen Programm. Der nächste Schritt hieß *Starbird,* hatte rein äußerlich eine bemerkenswerte Ähnlichkeit mit dem eleganten Raumschiff, das bei der Gründungsversammlung von *ShareSpace Global* auf der großen Leinwand erschienen war, und sollte mit Trägerraketen der nächsten Generation tatsächlich in den Weltraum fliegen.

Wieder war Sigs Konzept ganz einfach: Die Pläne waren im wesentlichen komplett. Er hatte sie Hubert Davis, einem pensionierten Ingenieur, nicht nur abgekauft, sondern ihm auch ausreichend qualifiziertes Personal und leistungsstarke Computer zur Verfügung gestellt, so daß die *Starbird* schon im August 2005 startbereit sein konnte. Bis dahin hätte *ShareSpace Global* mindestens ein Jahr Erfahrung mit der *Skygrazer*. Außerdem hätte man sich soweit das Vertrauen der Öffentlichkeit erworben, daß man es wagen könne, die Tombola ›Begegnung mit dem Weltall‹ auch auf Orbitalflüge auszudehnen.

Bei den Plänen für die *Starbird* hatte man, wo immer es möglich war, bereits vorhandene technische Möglichkeiten genützt. Sie war ein einfaches Raketenflugzeug mit der zuverlässigen *Starbooster* als erster Stufe. Auf ihren stark abgeschrägten Deltaflügeln saßen zwei Abwurftanks – von der gleichen Art, die sich beim Space Shuttle so ausgezeichnet bewährt hatte. Außerdem waren, eine Idee von Sig, an diesen Tanks Segmente für den Einbau von Luken vorgesehen. Damit wären sie ohne weiteres als Habitate oder für andere Zwecke im Orbit zu verwenden.

Und Sig verlangte weder für den Bau noch für den Betrieb des *Starbird / Starbooster*-Systems direkte staatliche Unterstützung. Der Staat brauchte also aus seinem Sparhaushalt des Jahres 2003 keinen Pfennig lockerzumachen.

Alles, was Sig wollte, war eine gewisse Abnahmegarantie, um die *Starbird* sofort bauen zu können, ›ohne unliebsame Verzögerungen, wie sie sich bei der *Skygrazer*, als man so vorsichtig taktieren mußte, nicht hatten vermeiden lassen‹. Dazu machte er folgenden Vorschlag: Die *Starbird* sei durchaus imstande, die Internationale Raumstation zu erreichen, und sie solle auch standardmäßig für Andockmanöver ausgerüstet werden. Die NASA brauche *ShareSpace Global* lediglich zuzusichern, im Jahr 100 Plätze für Flüge in die Umlaufbahn oder auf die ISS zu Vorzugspreisen abzunehmen, und schon würde er die nötigen Kredite bekommen, um die *Starbird* sehr viel früher in die Produktion zu bringen. Die Idee war nicht neu – die Vorstellung, mit Hilfe einer Marktgarantie einen bestimmten Dienstleistungssektor ins Leben zu rufen, war als *anchor tenancy* bekannt. Das berühmteste Beispiel dafür stammte aus den zwanziger und dreißiger Jahren des zwanzigsten Jahrhunderts. Damals hatte der Staat, um der Luftfahrt auf die Beine zu helfen, die Fluggesellschaften dafür bezahlt, daß sie die Post beförderten. Es war ein großer Erfolg gewesen.

Man könne die Bedingungen sogar noch verbessern, ließ Sig einfließen, wenn man das Geschäft nicht auf *ShareSpace Global* beschränke, sondern weltweit auf jedes Unternehmen, sei es privat oder öffentlich, ausdehne. Die NASA brauche sich lediglich zu verpflichten, zu einem von ihr selbst festzusetzenden Preis jedem Anbieter pro Jahr 100 Plätze bei Weltraumflügen abzunehmen. »Als Gegenleistung«, setzte er seine vorbereitete Aussage fort, »stelle ich nur eine einzige Bedingung: Die NASA hat Anspruch darauf, daß ihre Ingenieure sich von der Sicherheit und Zuverlässigkeit der Flugeinrichtungen überzeugen. Aber sie hat nicht das geringste Mitspracherecht, wenn es darum geht, wie das jeweilige Raumfahrzeug sein Ziel erreicht, wer welche Teile baut, woher Bauteile oder Treibstoff bezogen werden oder wie der normale Flugbetrieb zu koordinieren ist.« Hier hielt er inne und schaute über den Rand seiner Brille hinweg. »Meine Herren Senatoren und Kongreßabgeordneten, damit wir uns recht verstehen: Für die großen Planwagen, mit denen wir einst dieses Land besiedelten, gab es keinerlei bautechnische Vorschriften, sie mußten nur weite Strecken zurücklegen können, ohne zusammenzubrechen. Die bautechnischen Vorschriften für die ersten Verkehrsflugzeuge umfaßten weniger als zehn Seiten – und darin stand nur ganz allgemein, die Maschine habe eine bestimmte Anzahl von Personen in einer bestimmten Zeit über eine vorgegebene Strecke zu befördern und lebend wieder abzusetzen. Auch jetzt gilt es, Neuland zu erobern, und was wir dabei dringend brauchen, ist Flexibilität. Wenn Sie diese Gelegenheit nützen, um Boston, Südkalifornien, Texas, Seattle oder Georgia mit Wahlgeschenken zu beglücken, wachsen Ihnen Kosten und Bauzeit im Handumdrehen über den Kopf, und Sie müssen das gesamte Programm selbst finanzieren, weil sich kein Geschäftsmann, der seine fünf Sinne beisammen hat, auf ein Projekt einläßt, bei dem er weder die Preise noch die Kosten kontrollieren kann. Wenn Sie aber bereit sind, ein fertiges Produkt zu kaufen, dann wird sich jemand finden, der es Ihnen zu Ihrem Preis verkauft, falls das irgendwie möglich ist. Sie haben die Wahl.«

Der Vorschlag löste heftige Kontroversen aus. Sig wurde zunächst vor den Paritätischen Kongreßausschuß zitiert – und der empfahl schließlich der Bundesregierung, das Angebot ohne Einschränkungen und Veränderungen anzunehmen.

Daraufhin erhob sich ein Aufschrei der Empörung, der alle anderen Reaktionen auf den Kommissionsbericht in den Schatten stellte. Kongreßabgeordnete aus den Staaten mit großer Luft- und Raumfahrtindustrie (den Staat Washington natürlich ausgenommen) waren entsetzt darüber, daß die Bundesregierung auch nur in Betracht zog, Flüge in den Weltraum zu kaufen, ohne die Ausgaben dafür auf die jeweiligen Gebiete zu verteilen. Anhänger der freien Marktwirtschaft erklärten, man stehe am Beginn eines neuen Jahrtausends, und bald könne jedermann ins All fliegen, sooft er nur wolle. Die Sicherheitsbehörde und die Versicherungsgesellschaften verlangten, sämtliche Vorschriften unverändert beizubehalten und die Kontrolle in Sicherheitsfragen auf keinen Fall aus der Hand zu geben. Der längst pensionierte Newt Gingrich gab ein Interview und behauptete, die Idee stamme ursprünglich von ihm, aber heute gebe es in Washington niemanden mehr, der sie vernünftig realisieren könne.

Rockwell und Aerospatiale verkündeten in einer gemeinsamen Erklärung, sie seien gerne bereit, zu diesen Bedingungen jährlich sieben weitere *Ariane/Apollo-II*-Systeme zu bauen und auch zu starten, und wurden sofort als Preistreiber beschimpft, obwohl sie beteuerten, als derzeit einziger Vertragspartner der NASA pro Start mehr zu verdienen.

Lockheed-Martin trat mit einem großartigen Entwurf von Bert Rutan für ein Riesenflugzeug an die Öffentlichkeit. Die *Condor* war als Träger für die *Peregrine,* einen Orbiter, gedacht. Beim Start waren die Treibstofftanks der *Peregrine* noch leer, weil beim aerodynamischen Flug (mit Tragflächen) sehr viel mehr Energie aufgewendet werden muß, um ein Gewicht zu heben, als es in der Luft zu halten. Erst beim Rendezvous der beiden noch aneinandergekoppelten Maschinen mit einem Tanker wurden die Tanks der *Peregrine* in der Luft befüllt. Dann brachte die *Condor* die *Peregrine* auf eine aufsteigende Flugbahn und koppelte sie ab. Schließlich zündete die *Peregrine* ihre Triebwerke und flog allein weiter ins All.

Starbird / Starbooster, Condor / Peregrine und das verbesserte *Apollo-II / Starbooster / Centurion*-System stellten drei durchaus brauchbare Alternativen dar. Doch der Kongreß hatte nicht zu wählen, was ihn sehr verwirrte, er hatte nur zuzustimmen.

In diesem Durcheinander gelang es meinem Vater, sich auf einen Standpunkt zu stellen, an den sonst niemand gedacht hatte. Als ihn ein Reporter nach seiner Meinung fragte, erklärte er kategorisch, er sei dagegen. Sobald sich die Raumfahrt selbst finanziere, würden »kommerzielle und nicht wissenschaftliche Erwägungen die Art und den Charakter unserer Weltraumflüge bestimmen. Es ist die große Tragik der Weltraumfahrt, daß im Grunde nur eines zählt, nämlich die Chance, die Geheimnisse des Universums zu ergründen, daß aber kein Mensch deshalb ins All fliegt. Die Naturwissenschaftler haben uns die Möglichkeit eröffnet, da hinauszukommen, und sie haben die Fragen aufgeworfen, die nur da draußen zu beantworten sind, aber sie wurden immer wieder beiseite gedrängt, erst von den Militärs und nun von den Geschäftsleuten. Der Weltraum ist zum Spielfeld der Gewalt und der Habgier geworden. Mir würde ein halb so teures Raumfahrtprogramm genügen, solange kein Blut daran klebt und die Händler ihre schmutzigen Finger davon lassen.«

Das ging über alle Sender. Mom saß neben mir auf der Couch, als das Interview im Fernsehen kam, und sagte: »Damit ist dein Vater gleich zweimal ins Fettnäpfchen getreten.«

»Dad ist in Schwierigkeiten?« fragte ich. Seit dem Unfall vor einem Jahr war ich ständig in Sorge um ihn.

»Und wie. Er kriegt mit Sicherheit Ärger mit seinen Vorgesetzten, weil er ohne vorherige Absprache eine solche Position vertreten hat. Und noch mehr Ärger bekommt er mit mir. Was fällt ihm eigentlich eigentlich, so etwas in einer anderen Sendung zu sagen?«

Ich weiß nicht, ob ihm meine Mutter wirklich die Hölle heiß machte, weil er einem anderen Moderator diese Einschaltquoten beschert hatte, die Schwierigkeiten mit seinen Vorgesetzten bei der NASA hatte sie jedenfalls ganz richtig eingeschätzt.

Es war das größte Fiasko, seit ein Talk-Show-Moderator Tante Lori aufgefordert hatte, vor der Kamera ganz offen über die Ängste und den Streß eines Raumschiffkommandanten zu sprechen, und Tante Lori sagte: »Angst hatte ich nicht, dafür war ich zu beschäftigt. Und einen gewissen Streß bringt jeder interessante und anspruchsvolle Beruf mit sich. Wer Angst und Streß nicht bewältigen kann, sollte sich am besten nicht weitervermehren und es der Gemeinschaft ersparen, sich um seine nichtsnutzigen Nachkommen zu kümmern.« Danach hatte sie nur noch vor sorgfältig ausgewähltem Publikum sprechen dürfen, und meist bei Anlässen, zu denen keine Journalisten erwartet wurden.

Vielleicht wollte Dad Tante Lori ganz einfach ausstechen – er war immer schon ehrgeizig gewesen. Jedenfalls bekam er beim ›Showprogramm für die Untersuchungskommission‹ zwei Wochen lang Auftrittsverbot, stapfte wütend durchs ganze Haus und rief mehrmals am Tag die NASA an oder wurde angerufen. Was man ihm sagte, gefiel ihm nicht, und was er sagte, gefiel der NASA nicht. Seine Wut und Empörung richteten sich besonders gegen Sig Jarlsbourg. Als ich ihn einmal fragte, was Sig denn eigentlich Schlimmes angestellt habe, daß er so böse auf ihn sei, sagte er: »Der verdammte Scheißkerl legt es darauf an, daß es im Weltall so zugeht wie auf der Erde, wo es immer nur auf das Geld ankommt. Dabei könnte es ein Ort sein, wo man in Ruhe wissenschaftlich arbeiten kann, ohne daß die Geldsäcke alles in den Dreck ziehen.«

Wenn ich mich recht erinnere, hatten meine Eltern nur wenige Tage später ihren ersten großen Streit. Mom kam nach Hause und sagte: »Ich muß etwas tun, was für meine Karriere ungeheuer wichtig ist. Es wird dir nicht passen, aber ich werde es trotzdem tun, weil man eine solche Chance nicht jeden Tag bekommt.« Einfach so, ohne Pause, als habe sie die Sätze auf der Heimfahrt über die Autobahn eine Stunde lang geprobt.

Dad tat sich viel darauf zugute, jederzeit für alles Verständnis zu haben, also setzte er sich, sah Mom verständnisvoll an und sagte: »Na schön, Amber, sprechen wir darüber.«

»Sig Jarlsbourg gibt mir morgen ein Interview und zeigt mir seinen Betrieb.«

»Du brauchst ihm nur vernünftige Fragen zu stellen und zu berichten, was er sagt«, meinte Dad.

»Ich fürchte, du wirst meine Fragen nicht für vernünftig halten«, gab sie traurig zurück. »Ich kann nicht einfach reinstürmen und ihn anfauchen, wie er dazu kommt, der reinen Wissenschaft den Weltraum zu vergällen.«

»Warum nicht?«

»Ich muß ihm die Chance geben, seine Seite der Geschichte mit seinen eigenen Worten zu erzählen, Chris, das ist mein Job. Und das heißt, ich muß ihm Fragen stellen, die er auch auf diese Weise beantworten *kann*.«

Etwa an dieser Stelle kam Großmutter plötzlich herein und nahm mich mit ins Kino. Ich wußte, daß etwas nicht stimmte, aber ich wußte auch, daß mir bestimmt keiner sagen würde, was es war. Jedenfalls noch nicht gleich.

Moms Interview mit Sig trug dazu bei, ihren Ruf zu festigen. Man hielt es allgemein für ein Meisterwerk, das die menschliche Seite dieses interessanten, vielschichtigen und hochintelligenten Mannes zum Vorschein brachte. Sig verschaffte der Auftritt eine ungeheure Popularität, und wahrscheinlich half er auch mit, daß die ›Weltrauminitiative‹ des Präsidenten (der Gesetzesantrag, der die Empfehlungen der Kommission zum Inhalt hatte) noch in der gleichen Woche gebilligt wurde – im Senat mit zwei, und im Repräsentantenhaus mit etwa zwanzig Stimmen Mehrheit.

Ich spürte weiterhin, daß etwas nicht stimmte. Wir feierten die Verabschiedung des Gesetzes zu Hause mit einer Party. Dad war umringt von Astronauten und Wissenschaftlern, aber von den NASA-Vertretern sagte keiner mehr als ›Hi‹ zu ihm. Und selbst mir mit meinen fünf Jahren fiel auf, daß er, der sich so sehr für dieses Gesetz eingesetzt hatte, alles andere als glücklich aussah. Zuerst war er nicht von der Bowle wegzubekommen, ohne daß er dadurch fröhlicher geworden wäre, und als ich später hinausging, saß er auf einer Gartenliege und schaute in den Mond. Ich setzte mich neben ihn. Er sah mich nicht an, legte mir aber den Arm um die Schultern. Wir blieben draußen, bis fast alle Gäste gegangen waren. Ich hörte, wie meine Mutter mit nervösem Lachen immer und immer wieder erklärte, sie bedauere sehr, daß ihr Mann plötzlich unauffindbar sei, jedenfalls habe er sich aufrichtig gefreut, daß der oder jener gekommen sei. Dad nickte irgendwann ein, und ich legte mich neben ihn und schlief ebenfalls. Als Mom und Großmutter herauskamen, um uns zu holen, wachte ich noch einmal kurz auf. Doch da war der Vollmond schon fast untergegangen.

4

Die nächsten Jahre vergingen sozusagen wie im Fluge. Ich habe kaum Erinnerungen daran, und das ist wohl auch ganz gut so.

Natürlich weiß ich noch, daß es zwischen meinen Eltern oft Streit gab, aber solche Erlebnisse haben wohl viele von uns bewahrt. Die eine oder andere Geschichte kam mir wiederum erst später zu Ohren. Mom erwähnte zum Beispiel, sie habe die Kameraaufzeichnung des Interviews mit Sig eigentlich schon vormittags um elf Uhr im Kasten gehabt – er arbeite sehr rationell und habe schnell erfaßt, worum es ging. Anschließend sei sie mit ihm zum Essen gegangen. Damals waren bei solchen Gelegenheiten kaum noch Kameramänner dabei; für Interviews wurde der *Doubletrack* verwendet, ein digitales Aufzeichnungsgerät, das die Beteiligten ständig im Bild hatte, während es das Gespräch auf Band aufnahm. Beim Mittagessen ergab es sich dann, daß er alle weiteren Termine für diesen Tag absagte, und sie beim Sender anrief und ausrichten ließ, sie sei für längere Zeit nicht erreichbar.

Ich besitze auch eine Kopie des Gesprächs, das sie am Nachmittag führten. Sig erläuterte ausführlich seine Zukunftsvision und zitierte unter anderem das Brautigan-Gedicht über Maschinen voll Zärtlichkeit und Anmut. Dann ging er auf die Aussichten ein, die sich einer Welt eröffneten, wenn sie alle schmutzigen oder gefährlichen Tätigkeiten ›draußen im sicheren Vakuum‹ erledigen ließe. Und schließlich beschrieb er seinen ›Gartenplaneten‹.

Mom sagte immer, sie habe sich wohl schon an diesem Nachmittag in ihn verliebt. Auf dem Band fällt kein einziges, romantisches Wort, auch von Liebe, einem Zuhause oder einer Familie ist nicht die Rede, das einzige Thema ist die Industrialisierung des Weltraums. Ich habe es nie gewagt, Mom zu fragen, wie sie sich eigentlich in ihn verlieben konnte; das ist wohl eins von den großen Rätseln des Lebens.

Und Mom behauptet bis heute, sie hätte, außer bei drei weiteren Interviews – die alle genauso abliefen – bis zu dem Tag, an dem sie und Dad ihre Scheidung bekanntgaben und eine entsprechende Meldung in der Presse erschien, keinen weiteren Kontakt mit ihm gehabt. Danach wartete Sig noch einmal *genau* sechs Monate, bis er sie anrief. Sie trafen sich zum Kaffee, dann fuhren sie über das

Wochenende weg, und schließlich heirateten sie – kaum ein Jahr nachdem Mom von Dad geschieden war. Die Ehe hielt bis zu Sigs Tod 2058, also dreiundfünfzig Jahre. Ich verstehe bis heute nicht so recht, wie so etwas zugeht. Sie waren wohl einfach füreinander bestimmt, seit sie sich zum ersten Mal gesehen hatten. Nach allem, was man hört, soll es so etwas auch in unserer Zeit noch geben.

Wahrscheinlich war es letzten Endes am besten so. Dad war nicht für die Ehe geschaffen. Damit kein Mißverständnis aufkommt, ich liebte meinen Vater, und er hat mir einiges gegeben, was mir sehr teuer ist, aber die Wahrheit ist nun einmal, daß er kein besonders guter Ehemann war. Und Einfühlungsvermögen war nicht unbedingt seine Stärke.

Damals begriff ich nicht so recht, weshalb sie sich ständig anbrüllten, aber später, als ich zwölf war und nach seinem Tod ein Skandal nach dem anderen ans Licht kam, wurde mir doch so manches klar. Je berühmter Dad wurde, desto mehr wurde er umschwärmt, und da er im Grunde ein Ausbund an Arroganz war, bildete er sich ein, das stehe ihm auch zu. Meine Mutter hat ihn wohl immer respektiert – jedenfalls hat sie seine Fähigkeiten und seine Intelligenz anerkannt –, aber was er wollte, oder woran er sich zumindest gewöhnt hatte, war die Art von Bewunderung, für die man prominent sein muß, und die einem nur von Fremden entgegenschlägt. Besonders von jungen Mädchen.

Irgendwann war Dad über seine Rolle als Sprachrohr der NASA hinausgewachsen; er war und blieb aktiver Astronaut und bereitete sich auf Missionen vor, aber er brauchte nicht mehr mit der NASA-Politik hausieren zu gehen. Ein Grund dafür war sicher, daß die Weltrauminitiative des Präsidenten inzwischen verabschiedet war, aber entscheidend war wohl doch, daß er mit seinen Attacken gegen die Kommerzialisierung und das Militär zu viele Leute vor den Kopf gestoßen hatte. Die NASA wußte nur zu gut, wer ihre Geldgeber waren und warum sie sich engagierten, und seine leidenschaftlichen Plädoyers für die ›Reinheit der Wissenschaft‹ wurden als peinlich empfunden.

Wahrscheinlich wurde er genau aus diesem Grund von so vielen Colleges eingeladen. Wenn er auftrat, waren heiße Diskussionen so gut wie garantiert, und das hieß, daß die Presse darüber berichten würde – was bei wissenschaftlichen Vortragsreihen immer erwünscht ist. Außerdem bot er wirklich für jeden etwas. Zunächst pflegte er in leuchtenden Farben die wissenschaftlichen Sensationen zu schildern, die es da draußen zu entdecken gebe, dann führte er wütende Attacken gegen die Pläne zur Kommerzialisierung und

Privatisierung, und schließlich – es fand sich immer ein Student, der die entsprechende Frage stellte – erklärte er, warum er trotz tiefgreifender Meinungsverschiedenheiten immer noch bei der NASA ausharre, und wie stolz er sei, Astronaut zu sein – ein Treuebekenntnis, mit dem er gehörig auf die Tränendrüsen drückte. Wobei ich nicht daran zweifle, daß ihm jedes Wort von Herzen kam. Ich glaube, Chris Terence hat nie einen Satz gesagt, den er nicht ehrlich meinte.

Diese Mischung aus altmodischer Loyalität plus vollkommener Aufrichtigkeit sprach fast jeden Zuhörer an, und Collegestudenten ganz besonders.

Auf die Vorträge, für die er übrigens gut bezahlt wurde, folgten die Empfänge. Unter den Anwesenden waren fast immer ein paar hübsche, junge Mädchen, die höflich mit Chris plauderten – oder vielmehr zuhörten, wenn er mit ihnen plauderte – und ihn dabei mit seelenvollen Blicken anschmachteten. Wenn er ihnen eine persönliche Frage stellte, begannen sie zu stottern, und behaupteten, sie seien nun wirklich nicht so interessant. Irgendwann war nur noch eine davon übrig, und sie blieb bei ihm, während er weiter die Runde machte, mit dem Lehrpersonal plauderte und sich ›tief beeindruckt‹ (wie hinterher behauptet wurde) die Ansichten der Collegeleitung anhörte. Wenn bis auf eine Handvoll Unentwegter alle gegangen waren, zog man auf ein paar Gläser in die nächste Bar, und dann nahm Dad das Mädchen, das die Prozedur bis zum Ende durchgehalten hatte, mit auf sein Hotelzimmer.

Als die Scheidung perfekt war, hatte Dad bereits eine ziemliche Berühmtheit erlangt (er gab allerdings niemals zu, daß er den Rummel um seine Person genoß, sondern beteuerte Mom und mir immer wieder, wie gern er mehr Zeit mit uns verbringen würde). Die Medien hatten also ihren großen Tag, um so mehr, als schon vor längerem jemandem aufgefallen war, daß die jungen Mädchen, die er mit auf sein Zimmer schleppte, den Collegefotos von seiner Frau zum Verwechseln ähnlich sahen. Ich bin bis heute froh darüber, daß ich damals noch nicht begreifen konnte, wie demütigend die ganze Sache für Mom gewesen sein muß. Und eines rechne ich ihr und Sig hoch an: Keiner von beiden hat in meiner Gegenwart je ein abfälliges Wort über Dad verloren.

Die Frage des Sorgerechts war nicht ganz einfach zu klären, aber niemand drängte mich, mich für eine Seite zu entscheiden. Beide wollten mich haben, keiner konnte sich so intensiv um mich kümmern, wie er es gern getan hätte, und so war jeder bemüht, dem anderen ausreichend Gelegenheit zu geben, mit mir zusammenzusein. Trotzdem durchlebte ich eine Phase der Verwirrung und

Unsicherheit. Am Ende landete ich zunächst bei Dad, weil Mom mit Sig auf Hochzeitsreise ging.

Dad machte kein Hehl daraus, daß er Sig verabscheute, aber er ließ nicht zu, daß ich etwas gegen den Fremden sagte, der – in meinen Augen – meine Mutter betört und sie mir weggenommen hatte. Dad saß oft lange draußen und starrte in den Himmel hinauf. Hin und wieder ging er mit einem Mädchen aus, das unweigerlich viel zu jung war, um als Mutter für mich in Frage zu kommen, und das mich mit meinen knapp acht Jahren wie einen Dreijährigen behandelte. Ich haßte diese Abende aus tiefster Seele und dachte oft, wenn Dad nur einen Funken Verstand besäße, dann würde er mit dem Babysitter – das war meistens Tante Lori – ausgehen und das Mädchen als Aufpasserin für mich zu Hause lassen.

Einmal wagte ich es sogar, ihm diesen Vorschlag zu unterbreiten, aber er entgegnete nur, mit ihm und Lori könne es nie etwas werden. Dabei wußte ich, daß er von seinen Verabredungen oft sehr niedergeschlagen und manchmal auch wütend zurückkam, sich in den Garten setzte und den Himmel anstarrte, während ich mich mit Lori meistens prächtig amüsierte. Sie spielte mit mir und las mir Geschichten vor, bis es Zeit war, zu Bett zu gehen. Ich glaube, ich begriff schon damals, daß das Leben mit zunehmendem Alter immer komplizierter wird.

Irgendwann kamen Mom und Sig von ihrer Reise zurück, wollten aber in etwa einem Jahr nach Washington D. C. übersiedeln. Also blieb ich weiter bei Dad und war bei den beiden nur regelmäßig zu Besuch. Immerhin bekam ich mit, daß alles in heller Aufregung war, weil die *Skygrazer* inzwischen regelmäßig starteten und die Leute in Scharen herbeiströmten, um sich Lose für diese Flüge und für die geplanten *Starbird-* und *Starbird/Luna-*Reisen zu kaufen.

Weihnachten 2005 war fast wieder alles o.k. Ich hatte mich inzwischen mit der Situation abgefunden und mich in meinem Zimmer in Dads Wohnung gut eingewöhnt. Im Grunde hatte ich drei Familien: Bei Dad war ich während der Woche, bei Mom und Sig am Wochenende, und falls es mit der Übergabe Schwierigkeiten gab, was oft genug vorkam, wenn Dad etwa am Freitag weg mußte und Mom erst am Samstag zurückkam, blieb ich einfach bei Tante Lori. Es war nicht ganz das gleiche, als wenn alle gut miteinander ausgekommen wären, aber ich konnte mich darauf verlassen, daß immer jemand dasein würde, wenn ich etwas brauchte.

Den Morgen des ersten Weihnachtsfeiertags verbrachte ich bei Dad, und Tante Lori kam mit zwei Freunden herüber. Das versöhnte mich ein wenig damit, daß Dad Allison eingeladen hatte (ein Mädchen vom College mit flammendrotem Haar, das immer viel zuviel Lippenstift auflegte und jeden Satz mit ›ich meine‹ anfing; weiter ist mir von ihr nichts im Gedächtnis geblieben). Von Allison bekam ich ein Stofftier, das besser für ein Mädchen oder einen sehr viel kleineren Jungen gepaßt hätte, Dad schenkte mir ein paar Bücher und einen Experimentierkasten, und Tante Lori brachte einen Modellbausatz für eine maßstabsgetreue *Starbird* mit Fernsteuerung mit. Es war ein großartiges Geschenk. Dad wirkte im ersten Moment ziemlich überrascht, aber als er sah, wie begeistert ich war, freute er sich auch. Tante Lori versprach mir, das Raumschiff schon bald mit mir zusammenzubauen, und hinter ihrem Haus gab es einen großen, freien Platz, wo wir es auch fliegen lassen konnten.

Am Nachmittag ging ich zu Mom und Sig hinüber, und als Dad mich ablieferte, lud Sig ihn noch auf einen Drink ein. Ich war froh, daß sie beide so höflich miteinander umgingen. Dad verabschiedete sich nach einer Weile, und dann rückten sie mit den Geschenken heraus.

Von Mom bekam ich jede Menge Kleidung, ein paar Platten und ein paar Videos mit klassischen Filmen; sie wollte wohl etwas für meine Bildung tun.

Als ich Sigs Paket aufmachte, erschrak ich im ersten Moment – der Kasten sah genauso aus wie der für das *Starbird*-Modell von Tante Lori, und ich überlegte verzweifelt, wie ich ihm das schonend beibringen sollte. Doch dann sah ich, daß es gar keine *Starbird* war, sondern eine *Starbooster / Skygrazer*-Kombination. Und das Beste daran: Die *Starbooster* paßte auch auf die *Starbird*, die ich bereits hatte, ich konnte die Rakete also abwechselnd mit der *Starbird* oder mit der *Skygrazer* verwenden.

Ich sah Sig an, und er zwinkerte mir zu. »Es sollte etwas wirklich Tolles sein«, sagte er. »Deshalb habe ich deine Tante Lori angerufen und sie gefragt. Was meinst du, hatte ich recht?«

»Klar doch. Und Tante Lori auch. Ich glaube, sie hat immer recht.«

»Das werde ich mir merken«, sagte Sig ernst.

Zwischen Weihnachten und Neujahr fuhren Mom und Sig zum Skilaufen, und Dad mußte bei irgendeiner Konferenz einen Vortrag halten, also blieb ich bei Lori. Wir bauten die Modelle zusammen – sie war eine von den seltenen Erwachsenen, die einen machen lassen, aber irgendwie doch dafür sorgen, daß nichts schiefgeht. Die *Skygrazer* wie die *Starbird* flogen mit der *Starbooster* einwandfrei.

Jetzt hatte ich etwas, womit ich angeben konnte, wenn ich in ein paar Tagen wieder zur Schule ging.

Tante Lori und ich sahen uns gerade die Nachrichten an, als das Telefon klingelte. Ihrem Tonfall nach wußte ich sofort, daß Dad am Apparat war und daß er nicht unbedingt gute Nachrichten hatte. Sie kam wieder zu mir, setzte sich und legte mir den Arm um die Schultern. Es mußte wohl etwas ziemlich Schlimmes sein, und es würde mich hart treffen, obwohl sie bei mir war. »Was ist los?« fragte ich. »Warum wollte Dad denn nicht mit mir sprechen?«

»Er hatte nur einen Moment Zeit«, sagte sie, »er will morgen mit dir reden, und er hat gemeint, ich soll dir bis dahin nichts sagen, weil es noch nicht ganz sicher ist. Aber ich finde, du solltest Bescheid wissen, und zwar gleich. Wenn ich es dir verrate, versprichst du mir dann, daß du deinem Dad nichts davon erzählst?«

Ich nickte feierlich und rückte näher an sie heran.

»Paß auf«, begann sie. »Es sieht so aus, als ob dein Dad und wahrscheinlich auch ich für eine neue Mission vorgesehen sind. Er war auf einer großen Versammlung der *University Space Research Associates*, und die Leute möchten, daß er ein ganz spezielles Experiment für sie durchführt. Wenn die NASA einverstanden ist, wird dein Dad zur ISS hinauffliegen. Das heißt, du wirst, zumindest für die nächste Zeit, bei Sig und deiner Mutter in Washington leben müssen. Sie ziehen ja schon sehr bald um. Wenn dein Dad tatsächlich fliegt, dauert die Mission drei Monate, dazu kommt noch das Training und so weiter, er wird also vor Ende des Schuljahres nicht zurück sein.«

»Kommst du denn früher wieder?«

»Mhm. Ich nehme wahrscheinlich nur am Training teil, ungefähr so lange wie dein Dad, und bin etwa zehn Tage nach dem Start wieder da. Dann besuche ich dich sofort in Washington, wenn du möchtest.«

»Klar.« Ich hatte mich richtiggehend an ihr festgekrallt, aber sie versuchte nicht, sich loszumachen. »Finde ich toll, wenn du mich besuchst.«

Wie gesagt, Weihnachten war *fast* wieder alles o.k.

Es ist schon seltsam, je mehr ich mich mit den Familienpapieren beschäftige, um sie für Clio zu sortieren, desto mehr geraten mir manche Dinge durcheinander. Da gibt es etwa den Chris Terence, den ich als ›Dad‹ kannte, unbeständig, launenhaft und immer ein wenig schusselig; der Chris Terence, mit dem Mom in erster Ehe verheiratet war, ist ein hochintelligenter, faszinierender Mann, aber auch arrogant und manchmal einfach ein altes Ekel; der Chris Terence der Abendnachrichten und der zahllosen, akademischen Konferenzen präsentiert sich als überzeugter, sprachgewaltiger Befürworter der wissenschaftlichen Nutzung des Weltalls; und in den NASA-Unterlagen, die ich zum fünfzigsten Jahrestag seines Todes endlich in die Finger bekam, erscheint derselbe Chris Terence als tüchtiger, angesehener Mitarbeiter, Astronaut mit Leib und Seele, ein guter Kollege, mit dem jeder gern zusammenarbeitete. Aber wie er selbst sich fühlte ... nun ja, das ist eine alte Frage, die viele Söhne an ihre Väter stellen, ohne je eine Antwort zu bekommen.

Er war bei den *University Space Research Associates* schon lange aktiv gewesen. Die Organisation war aus einem halben Dutzend älterer Projekte und Vereinigungen hervorgegangen, bei denen er sich ebenfalls engagiert hatte. Jedermann wußte, wenn sich überhaupt eine Stimme fand, die sich für die Reinheit der Wissenschaft im Weltall einsetzte, dann mußte sie aus den Forschungsabteilungen der Universitäten kommen. Der Grundgedanke war ganz einfach: Die großen Fachbereiche Kosmologie, Astronautik, Raumfahrttechnik, Planetenkunde und Astronomie – in denen ein erheblicher Teil der Grundlagenforschung für alle kosmischen Themen geleistet wurde, die man sich nur denken konnte – sollten sich zu einem Konsortium zusammenschließen, einen Teil ihrer finanziellen Mittel in einen Topf werfen, eigene Gelder auftreiben und ein langfristig angelegtes, rein wissenschaftlich ausgerichtetes Forschungsprogramm entwickeln, um es dann in Zusammenarbeit mit der NASA, der ESA und jeder anderen Raumfahrtbehörde durchzuziehen, die sich dazu bereitfand. Eine der ersten Früchte dieser Kooperation war das FSRT (*Far Side Radio Telescope*), ein Radioteleskop, das auf der Rückseite des Mondes installiert werden sollte. Wegen dieses Teleskops sollte Dad zur ISS hinauffliegen.

Das FSRT basierte auf einer simplen Idee. Alle Informationen über Objekte im Weltraum gelangen in Form von elektromagnetischer Strahlung zu uns: als Radiowellen, Mikrowellen, infrarotes, sichtbares und ultraviolettes Licht, als Röntgen- und als kosmische Strahlen. Einen Teil davon konnte man erst untersuchen, seit es dafür Plattformen im Weltraum gab – ultraviolettes und infrarotes Licht durchdringt die Atmosphäre nur unzureichend, und bei Röntgen- und kosmischen Strahlen ist die Streuung so stark, daß sich von einer Bodenstation aus praktisch nicht feststellen läßt, woher sie kommen. So konnte man sich erst durch Satelliten, die außerhalb der Atmosphäre die Erde umkreisten, einen ersten Überblick verschaffen, woher diese Strahlungsarten größtenteils stammten, beziehungsweise, wieviel ein bestimmter Himmelskörper davon ausschickte.

Seit die Menschen anfingen, den Nachthimmel zu beobachten, und besonders seit der Erfindung des Teleskops im 17. Jahrhundert ist das sichtbare Licht natürlich eins der wichtigsten Instrumente bei der Erforschung des Kosmos. Aber auch hier hatte der Weltraum entscheidende Verbesserungen gebracht, denn die Luft verzerrt das eindringende Licht (nur deshalb sehen wir die Sterne funkeln) und dämpft es obendrein; aus diesem Grund hatte das Weltraumteleskop Hubble nur einen sehr viel kleineren Spiegel gebraucht als die großen Spiegelteleskope der Erde, um sehr weit, sehr tief und sehr genau ins Universum hineinsehen zu können.

Radiowellen können dagegen gewöhnliche Luft relativ unbehelligt passieren, deshalb hat es auf den ersten Blick den Anschein, als würde die Radioastronomie durch die Lufthülle der Erde sehr viel weniger beeinträchtigt und könne damit von der Erforschung des Weltraums längst nicht so viel profitieren wie andere Formen der Astronomie. Bislang war das auch richtig gewesen, aber mit dem ersten großen Gemeinschaftsprojekt der *University Space Research Associates* sollte es sich ändern.

Das Problem war nicht, daß die Luft die Radiowellen abgeschirmt, gestreut oder verzerrt hätte; das ist ja nur in geringem Maß der Fall. Aber als sich in den zwanziger Jahren des 20. Jahrhunderts die Radioastronomie entwickelte – und die Wissenschaftler allmählich erkannten, daß das ›statische‹ Zischen und Rauschen, das in jedem Radiogerät zu hören war, teilweise von Objekten stammte, die sich nicht auf diesem Planeten befanden –, überzog man nach und nach die ganze Welt mit Radiosendestationen. (Im Grunde ein ganz natürlicher Vorgang: Bevor an ein Radioteleskop auch nur zu denken war, mußte erst das Radio erfunden werden, aber sobald das Radio erfunden war, wollten die Stationen auch senden.) Die Heaviside-Schicht in der oberen Atmosphäre reflektiert Radiowellen um die ganze Welt herum; ein Astronom, der sich auf die Frequenz eines bestimmten Sterns einhören wollte, konnte seine Antenne noch so sorgfältig auf diesen und keinen anderen Stern ausrichten, je empfindlicher sein Detektor war, um so eher bekam er den Collegesender von Fargo oder den Landwirtschaftsbericht für Chile herein. Außerdem toben in der Erdatmosphäre zahllose elektrische Stürme, und unser starkes Magnetfeld läßt an den Polen die schönsten Polarlichter entstehen. Stürme wie Polarlichter sind bedeutende Emissionsquellen für Radiowellen und sorgen für eine dichte Geräuschkulisse, neben der ein Astronom die schwachen Signale von außerhalb nur mit Mühe unterscheiden kann. Die Erde ist nach der Sonne (einem nuklearen Fusionsreaktor erster Güte) und dem riesigen Jupiter (der von allen Planeten das stärkste Magnetfeld besitzt) der drittgrößte Funkstörer im Sonnensystem.

Es hätte allerdings nicht viel genützt, einfach ein Radioteleskop in eine Umlaufbahn zu schießen. Dort wäre es nicht nur den Störgeräuschen der Erde insgesamt zu nahe gewesen, sondern hätte sich auch in direkter Linie zu vielen einzelnen Geräuschquellen befunden. Damit wäre als einziger Vorteil übriggeblieben, daß die Richtantenne so weit über der Heaviside-Schicht sehr viel weniger reflektierte Signale aufgefangen hätte. Man hatte infolgedessen bisher relativ wenig mit Radioteleskopie außerhalb der Atmosphäre gearbeitet, denn verglichen mit dem, was man in anderen Bereichen des elektromagnetischen Spektrums erreichen konnte, war der Nutzen zu gering.

Inzwischen waren jedoch bessere Raketen und bessere Instrumente entwickelt worden, und damit hatte sich eine Möglichkeit eröffnet, die sich die *University Space Research Associates* zunutze machen wollten. Der Mond hat ein sehr schwaches Magnetfeld und sendet nicht viele Radiowellen aus. Eine Seite bleibt der Erde ständig abgewandt, die Hälfte der Zeit schaut diese Seite auch weg von der Sonne. Und weil schließlich der Jupiter einmal in etwa zwölf Jahren die Sonne umkreist, kann man sich ausrechnen, daß ein auf dieser Mondhälfte stationiertes Radioteleskop über mehr als ein Fünftel der Zeit – 5/12 von fünfzig Prozent, also 5/24 – auch vor dem Jupiter abgeschirmt wäre.

In diesen Phasen wäre das Teleskop also vor den meisten Störgeräuschen des Sonnensystems geschützt, und man könnte einen sehr empfindlichen Detektor benützen. Damit hätte man eine reale Chance, im Radiospektrum tiefer in das Universum vorzudringen und sehr viel gesichertere Ergebnisse zu erhalten, als das bisher möglich gewesen war.

Aber wie sollte man ein ganzes Radioteleskop so ohne weiteres auf den Mond bekommen? Hier unten sehen Radioteleskope aus wie riesige Schüsseln, ähnlich den Radarantennen oder den Satellitenempfängern für Fernsehgeräte, nur sehr viel größer. Es gibt auch ein paar kleinere, die man bewegen kann, sie sind auf riesigen Fahrgestellen montiert und brauchen große Bedienungsmannschaften. Ein Teleskop in dieser Größenordnung auf dem Mond – und schon gar auf der Rückseite – aufzustellen, hätte unsere Fähigkeiten im Jahre 2006 bei weitem überstiegen, und daran war auch gar nicht gedacht.

Statt dessen machten wir uns ein Naturphänomen zunutze. Auf dem Mond gibt es zahllose Krater in allen Größen, auch auf der Rückseite, obwohl sich die allergrößten aus unbekannten Gründen auf der Vorderseite befinden. Die Krater selbst sind natürlich nicht vollkommen parabolisch gekrümmt wie eine ideale Antenne, gäben aber dank ihrer Größe ganz passable Reflektoren ab. Wenn es gelang, sie soweit umzugestalten, daß sie Wellen von einem bestimmten Punkt zu einer Zentralantenne reflektierten, ließe sich das Radioteleskop sogar leidlich präzise ausrichten. Der natürliche Mondboden ist ein schwacher Radioreflektor; an einem Punkt etwa fünfzig Meter über dem Grund eines Kraters von einem halben Kilometer Durchmesser müßte man ein ziemlich starkes Signal bekommen.

Das *Far Side Radio Telescope* war ein ultrasensitiver Radioempfänger mit genügend Speicherkapazität für eine präzise digitale Aufzeichnung jedes empfangenen Signals. Vorgesehen war, daß eine kleine, robotgesteuerte Kapsel damit zu einem vorher ausgewählten Krater auf der Rückseite des Mondes flog, möglichst im Zentrum landete und eine Antenne aus dünnem Aluminiumrohr ausfuhr. Dann wurden automatisch drei Robotfahrzeuge abgesetzt, die sich in einem Winkel von 120° voneinander ungefähr hundert Meter vom Landeplatz entfernten und jeweils mehrere lange, an verschiedenen Punkten der Antenne befestigte Drähte hinter sich herzogen. Sobald die Fahrzeuge ihre Position erreicht hatten, wurde die Teleskopantenne von innen her mit Helium aus einem kleinen Tank unter Druck gesetzt und langsam auseinandergeschoben; die Roboter mit den Haltedrähten standen miteinander in Funkkontakt und korrigierten laufend die Spannung der Drähte, damit der schmale Aluminiumstab auch exakt in der Senkrechten blieb. Jedesmal, wenn ein Antennenabschnitt unter dem Druck des Heliums voll ausgefahren war, rastete er ein. Nach mehreren Stunden ragte das Aluminiumrohr schließlich senkrecht und gut befestigt irgendwo in der Nähe des Kraters, der als Radiowellenreflektor dienen sollte, fünfzig Meter hoch in den leeren Himmel auf der Nachtseite des Mondes. Nun konnte ein eingebauter Computer die ›stillen Phasen‹ errechnen, jene Perioden also, in denen sich Erde, Jupiter und Sonne außerhalb der Visierlinie befanden, so daß zweitausend Kilometer Mondgestein die Radiosignale aus diesen starken Quellen abblockten und schwächten – und das FSRT auch schwächere und entferntere Signale genauer hören und aufzeichnen konnte als je ein Instrument zuvor.

Vor Inbetriebnahme galt es noch zwei Voraussetzungen zu erfüllen, wobei die erste zugleich die wichtigste war. Eine robotgesteuerte Forschungsstation in einem Gebiet, das gegen Radiowellen von der Erde abgeschirmt ist, kann von dort leider auch keine Anweisungen erhalten, sich irgend etwas anzusehen, und sie kann auch keine Daten dorthin zurückschicken. Also brauchte man eine Relaisstation, und nachdem die Relaisstation selbst eine potentielle Geräuschquelle war, mußte sie möglichst leise sein.

Die Lösung war der Halo-Satellit, der sich eine Besonderheit der Himmelsmechanik zunutze machte. Es handelte sich um einen jener Fälle, bei denen ein mathematisches Modell etwas vorhersagt, das sich dann in der realen Welt tatsächlich bestätigt. Vor der Einführung des Computers waren die meisten Vielkörperprobleme in der Himmelsmechanik – das heißt die Berechnung der Bewegungen von mehr als zwei sich gegenseitig anziehenden Körpern – mit den zur Verfügung stehenden Mitteln nicht lösbar gewesen; man mußte sie hilfsweise in mehrere Zweikörperprobleme unterteilen und sich mit Näherungslösungen begnügen.

Um die Wende vom 18. zum 19. Jahrhundert hatte Lagrange gezeigt, daß es in der Bahnebene eines Zwei-Körper-Systems (wie Erde und Mond, Mars und Phobos, Sonne und Jupiter – eben jedes Systems, in dem man die anderen Körper vorübergehend außer acht lassen konnte) einige wenige Punkte gibt, für die doch Lösungen existieren, stabile Orte, die sich verhalten, als befände sich dort ein weiterer Körper, obwohl der Raum vollkommen leer ist. An diesen fünf Stellen, er nannte sie ›Librationspunkte‹, weil sich dort die Schwerkraft und die Bewegung des Systems ausgleichen, kann ein Satellit auf unbestimmte Zeit ›stationär bleiben‹, ohne seine Position mit Hilfe von Treibstoff oder anderer Energie aufrechterhalten zu müssen.

Eine solche Stelle liegt zwischen den beiden Körpern, da, wo die Anziehungskraft im Gleichgewicht ist und keiner den Satelliten in seine Richtung ziehen kann; zwei befinden sich in einer Linie mit den beiden Körpern, aber außerhalb davon, so daß der Satellit ihren gemeinsamen Massenschwerpunkt mit genau derselben Geschwindigkeit umkreist, mit der sie sich umeinander bewegen; die anderen bilden ein gleichseitiges Dreieck mit den beiden Körpern, wobei sich der eine vor, der andere hinter dem kleineren Körper auf dessen Bahn befindet, so daß der Satellit jedesmal, wenn er sich auf einen Körper zubewegt, vom anderen stärker angezogen wird und damit wieder an der alten Stelle landet.

Das Erde-Mond-System hat (wie jedes andere System, in dem ein Körper um den anderen kreist) nach Lagrange fünf Librationspunkte, Stellen also, an denen ein Raumschiff ohne Treibstoffverbrauch in konstantem Abstand zur Erde wie zum Mond verharren kann. Diese Punkte werden fast ausnahmslos mit einem L und einer Ziffer bezeichnet. L1, L2 und L3 liegen auf einer Linie mit dem Mond und der Erde; L1 liegt zwischen den beiden, L2 jenseits des Mondes, und L3 vom Mond aus gesehen auf der gegenüberliegenden Seite der Erde. L4 ist dem Mond auf seiner Umlaufbahn um 60° voraus, L5 hinkt um 60° hinterher. Die Lagrange-Punkte waren seit Ende der sechziger Jahre des 20. Jahrhunderts stark in den Blickpunkt des Interesses gerückt, weil sie aus energiewirtschaftlicher Sicht die günstigsten Standorte für eine Raumstation sind, und solange es $200 000 kostete, ein Kilo Treibstoff in den Weltraum zu befördern, war Energiesparen dringend nötig.

Die Lagrange-Punkte weisen noch eine weitere Besonderheit auf. Da sie selbst Attraktoren sind (d. h., alles anziehen, was sich in ihrer Nähe befindet), kann ein Satellit sie umkreisen, obwohl sie eigentlich nichts anderes sind als gedachte Punkte im leeren Raum.

Aus dieser Erkenntnis entstand die Idee des Halo-Satelliten. Ein Satellit, der auf einer Bahn von etwa zwei Wochen Dauer L2 umkreist, hat sowohl die Rückseite des Mondes wie auch die mondzugewandte Seite der Erde ständig im Visier. Der Name Halo-Satellit ging darauf zurück, daß man von der Erde aus den Eindruck hatte, als würde er einen Kreis um den Mond beschreiben – weshalb man ihn weder von da noch von der Mondrückseite aus jemals aus den Augen verlor. Wenn das FSRT in Betrieb war, konnte die Sende- und Empfangseinrichtung des Satelliten vollkommen abgeschaltet werden. Das einzige, was dann noch lief, war eine kleine Schaltuhr, die ihn zu einer bestimmten Zeit wieder in Betrieb setzte, damit er die vom Teleskop übermittelten Daten empfangen und während der ›lauten Phasen‹ zur Erde weitersenden konnte. Technisch klappte das mit zwei Halo-Satelliten noch etwas besser, weil sie die Mondrückseite lückenlos abdecken konnten. Ein weiterer Vorteil wurde nicht groß herausgestellt: Sollten sich jemals Menschen auf die Rückseite des Mondes wagen, dann könnten sie über diese Halo-Satelliten Funkkontakt mit zu Hause aufnehmen – ein entscheidender Fortschritt gegenüber den Apollo-Zeiten.

Die zweite Voraussetzung war nichts anderes als ein Gerät zur Steigerung der Leistungsfähigkeit, ein Instrument, mit dessen

Hilfe das FSRT in den kommenden Jahrzehnten ständig bessere Ergebnisse liefern sollte. Die SPUM (*Self-Propelled Ultralight Microantenna*), eine ultraleichte, mobile Mikroantenne, konnte mit jedem geeigneten System auf den Mond geschossen werden. Dort ortete sie das FSRT in einer ›lauten Phase‹ mittels eines Funkleitsenders und begab sich in den Krater hinab. Die Haltedrahtroboter und andere, vorher eingetroffene SPUMS umging sie mit Hilfe von Informationen aus dem FSRT-Computer. Unten angekommen, fuhr sie eine einfache Rahmenantenne von fünfzehn Metern Durchmesser aus, die an einen altmodischen Regenschirm erinnerte – die Größe war bei der geringen Mondschwerkraft kein Problem.

Nun gab die SPUM, vom Teleskop aus gesteuert, eine Reihe von Testfunksignalen ab, die dem FSRT nicht nur mitteilten, wo sie sich genau befand, sondern es auch befähigten, die Positionsdaten in sein generalisiertes Koordinatensystem zu übersetzen. Mit jeder neuen SPUM steigerte sich also die Signalstärke wie die Fokussierungsfähigkeit des Teleskops, und ein paar hundert dieser Leichtantennen machten es zu einem außerordentlich starken und leistungsfähigen Instrument.

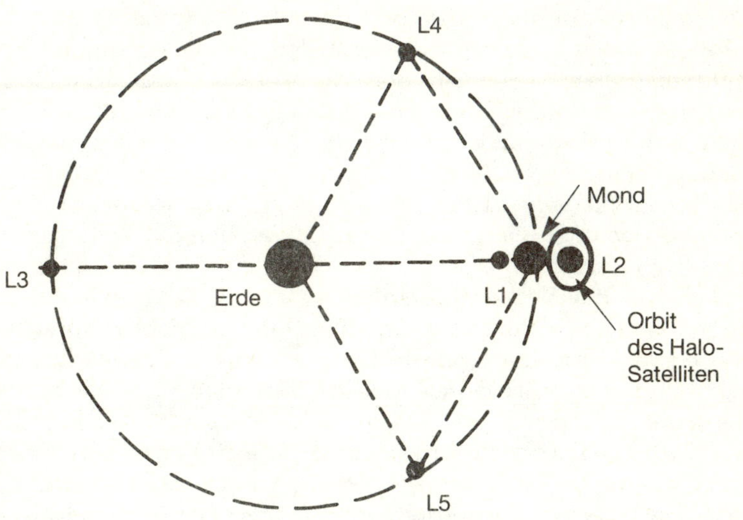

Die Librationspunkte im Erde-Mond-System

FSRT, Halo-Satellit und SPUM sollten mit Batterien betrieben werden, die mit Solarzellen wieder aufgeladen werden konnten. Nachdem Sonnenscheinphasen *per definitionem* auch ›laute Phasen‹ waren, würde die Aufladung die Funktion des Teleskops nicht allzu sehr beeinträchtigen.

Es war ein elegantes und zugleich billiges System, nützte es doch die gewaltigen Fortschritte in der Computertechnik dazu, den Transport von teuren Massen an ein schwieriges Ziel auf ein Minimum zu beschränken.

Aber man hatte die bitteren Erfahrungen mit dem Hubble-Teleskop nicht vergessen, das mit einem fehlerhaften Spiegel abgesetzt worden war und deshalb das Licht nicht richtig bündeln konnte. Obwohl die Reparatur geglückt war, hatte das Ansehen der NASA in der Öffentlichkeit unermeßlichen Schaden gelitten. Die *University Space Research Associates* hatten ein wesentlich kleineres Budget und waren sehr viel weniger bekannt als die NASA, also mußte dieses erste, kühne Projekt unbedingt ein durchschlagender Erfolg werden. Man hatte sich daher entschlossen, jedes Bauteil auf Herz und Nieren zu prüfen, bevor man es ins All schickte. Ende 2005 hatte der Halo-Satellit alle Tests einwandfrei bestanden, wurde von einer *Centurion / Starbooster* in den Orbit gebracht und sendete bislang ohne Beanstandungen.

Als nächstes mußte der Empfänger des FSRT in der Erdumlaufbahn getestet werden, um sicherzustellen, daß er auch im Vakuum funktionierte und den drastischen Wechsel von Hitze und Kälte bei Sonnenschein und Schatten im All unbeschadet überstand. Chris war mit den erforderlichen Tauglichkeitstests auf der Internationalen Raumstation betraut. Wenn daneben noch Zeit blieb, konnte er astronomische Beobachtungen für eigene Projekte durchführen und dem Rest der Besatzung bei Aufträgen von der Bodenstation behilflich zu sein.

Dies war der siebente amerikanische Flug einer *Apollo II* auf einer *Centurion / Starbooster*-Kombination, jener provisorischen Zwischenlösung zur Komplettierung einer Shuttle-Flotte, die gegen Ende des Jahrzehnts endgültig durch *Starbirds* ersetzt werden sollte.

Lori Kirsten war als Pilotin für den Hinflug vorgesehen; sie hatte in Frankreich mit den Astro-F's trainiert und die *Apollo II* dabei gründlich kennengelernt, aber bisher noch keine geflogen. Die Hauptziele der Mission waren Chris' Teleskop-Projekt und die Lieferung einer weiteren Rettungskapsel (diesmal, noch ein Fortschritt, weder russischer noch französischer Bauart) an die ISS.

Es war ein Glück, daß Chris und Lori als Besatzung genügten; das Teleskop nahm so viel Platz ein, daß man die übrigen vier Sitze der *Apollo II* ausgebaut hatte.

»Hast du je das Gefühl gehabt, in einem Historienschinken mitzuspielen?« murmelte Chris, als er und Lori sich für den Start anschnallten.

»Magst du die *Pigeon* nicht?«

»Wie bitte?«

»Drüben, beim Training mit den Astro-F's, haben wir die Kapsel immer *Pigeon*, Täubchen, genannt, wenn wir die Franzosen ärgern wollten. Täubchen deshalb, weil sie wie eine Brieftaube davonfliegt, sich irgendwo ein Weilchen niederläßt, aber immer wieder nach Hause zurückfindet.«

»Immer noch besser als *Apollo II*. Klingt nicht ganz so kitschig. Ich finde, die Dinger sehen sowieso ganz anders aus als die alten Kapseln – viel größer und mit steileren Seitenwänden.«

»Richtig, ich habe die ursprünglichen Apollos im *Smithsonian* gesehen. Sie sind wirklich winzig. Dagegen ist die *Pigeon* ein wahrer Riese.« Sie reckte und streckte sich, soweit es die Gurte auf der Beschleunigungsliege zuließen. »Mann, unsere erste Mission, seit wir die *Endeavour* verloren haben. Hoffentlich haben wir diesmal mehr Glück – das Ding gleitet sicher nicht sehr weit.«

»Hm, aber diese, hm, diese *Pigeons* sollen dafür schwimmen können.«

»*Apollo II*, hier Kontrollzentrum«, meldete sich eine Stimme aus den Kopfhörern.

»Roger, Startkontrolle, *Pigeon* startbereit«, antwortete Lori.

»Ausgezeichnet, *Apollo II*, wir rechnen mit keinerlei Verzögerungen. Countdown beginnt in Kürze. Bitte bestätigen Sie folgende Checkliste ...«

Alles war völlig normal. Anschließend konnten die beiden nur noch warten, während der Countdown ablief. Tante Lori behauptete immer, die *Pigeons* seien für ›richtige‹ Piloten der Anfang vom Ende gewesen. Erstmals sei wirklich alles per Fernsteuerung oder mit Robotertechnik erledigt worden; nicht einmal das Andocken sollte noch manuell vor sich gehen. Seit der *Pigeon*, so nörgelte sie, müsse man die amerikanischen Astronauten ›eher als Passagiere denn als Piloten‹ betrachten.

Als ich selbst Jahre später meine ersten *Pigeons* flog, haßte ich sie wie die Pest, weil ich fand, daß ihr Computersystem viel zu oft manuell überbrückt werden mußte. Die Kapitäne künftiger Raumschiffe werden sich wohl eines Tages wundern, wie man jemals mit lebenden menschlichen Raumschiffpiloten zurechtkommen konnte.

Nun mußten Chris und Lori die hohe Anfangsbeschleunigung überstehen, während das *Starbooster*-Triebwerk und die oberste Raketenstufe das ganze System vom Boden abhoben. Dann löste sich die *Starbooster* und flog zum Cape zurück. Kurze Zeit später schaltete sich die oberste Stufe ab.

»Diesmal sind wir immerhin hochgekommen«, sagte Lori. »Wäre ja auch zu peinlich gewesen.«

Zwei weitere Schubstöße brachten sie auf Kurs zur ISS. Als die Raumstation in Sicht kam, pfiff Chris anerkennend durch die Zähne. »Seit ich vor sechs Jahren zum letzten Mal hier war, hat sich an der alten Klapperkiste eine ganze Menge getan. Das Gitter ist fertig, die Solarflügel sind ausgeklappt ... und das ist also die *Big Can*.«

»Offiziell heißt das HT, Wasserstofftank.

»Offiziell heißt deine *Pigeon* doch sicher auch *Apollo II*.«

»Schon möglich, aber stell dir mal vor, du wärst eine Frau. Möchtest du dir von irgendwelchen Männern im Kontrollzentrum ständig sagen lassen, daß sich deine große Büchse etwas merkwürdig verhält, daß zwei Kerle in Kürze an deine große Büchse andocken werden oder daß du deine große Büchse doch bitte weiter nach oben bringen möchtest, damit sie auch jeder sehen kann?«

Chris prustete los. »Es gibt wahrscheinlich Witze, die man irgendwann nicht mehr hören kann.«

»Du sagst es. Wenn die Gerüchte stimmen, soll es da drin übrigens recht gemütlich sein.«

Die *Pigeon* schob sich vorsichtig in das Docking-Modul, ohne daß Lori auch nur ein einziges Mal die Bedienungselemente zu berühren brauchte. »Tolles System, aber den Gewerkschaften wird's nicht so gut gefallen«, brummte sie. »Komm, wir gehen rein.«

Sie hatten das FSRT ausgeladen und waren gerade dabei, sich mit dem Rest der Besatzung – zwei Kosmonauten, einem japanischen Astronauten und einem Astro-F – bekannt zu machen, als mit einem Klingelsignal ein Funkspruch von höchster Dringlichkeitsstufe angekündigt wurde.

»Wahrscheinlich irgendwas, das uns vom Essen abhält«, brummte Peter Denisow und ging ans Funkgerät. »Uns vom Essen abzuhalten hat da unten offenbar höchste Priorität.« Denisow hatte insgesamt fast vier Jahre im All verbracht, zuerst auf der Mir und dann auf der ISS. Ständig klopften irgendwelche Ärzte an dem rundlichen Rotschopf herum, um herauszufinden, inwiefern er sich vom Rest der Menschheit unterschied.

Nun setzte er sich die Kopfhörer auf und führte ein langes Gespräch mit dem Kontrollzentrum, wobei er meistens nur »Nein«, »Kann nicht sein« oder »Glaube ich nicht« sagte. Einmal fragte er, ob das ein dummer Scherz sei. Was immer man ihm mitteilte, er wollte es nicht wahrhaben, bis er schließlich auflegte.

Inzwischen waren alle verstummt. Nach einer Weile fragte Tatjana Haldin, ranghöchster Offizier an Bord: »Peter Michailowitsch, worum ging es bei dem Funkspruch?«

»Es ist ein Scherz. Es muß ein Scherz sein.«

Sie zuckte die Achseln. »Solange man uns nicht befiehlt, uns in Gefahr zu begeben, sollten wir uns wohl fügen.«

Er antwortete nicht, schwebte nur reglos in der Luft und starrte die Wand an. Wie Chris später erfuhr, hatte ihn noch niemand von den Anwesenden derart außer Fassung erlebt.

Jiro sagte leise: »Du mußt uns aufklären. Selbst wenn es ein Scherz sein sollte, gilt er bestimmt nicht nur dir persönlich.«

Peter Denisow schaute auf und sah, daß alle – Chris, Lori, Jiro, Tatjana und François – nickten. Endlich platzte er heraus: »Die behaupten, sie fangen Funksignale von Alpha Centauri auf.«

5

Wie Dad mir später erzählte, wurde es auf Denisows Eröffnung hin ›unglaublich still‹. Endlich strich sich Tatjana Haldin, die am anderen Ende der *Big Can* schwebte, das hellblonde Haar aus der Stirn, ordnete den kurzen Pferdeschwanz und sagte, sichtlich um Fassung bemüht: »Peter Michailowitsch, Sie bringen uns in ziemliche Verlegenheit. Wenn die Nachricht echt ist, müssen wir sie bestätigen. Wenn sich aber jemand einen Scherz mit uns erlaubt, müssen wir es melden.«

Denisow nickte kläglich. François sagte: »Wenn ihr wollt, kann ich das CNRS direkt anrufen – wir haben Frankreich in der Visierlinie – und mich erkundigen, was die darüber wissen. Damit kämen wir durch die Hintertür, und wenn es doch ein Scherz ist, braucht niemand zu erfahren, daß wir ihn ernst genommen haben.«

»Was ist das CNRS?« fragte Chris. Er kam sich ziemlich dumm vor.

»*Centre nationale pour la recherche scientifique*«, erklärte François. »Unsere wissenschaftliche Dachorganisation, bei der alle unspezifischen Probleme zuallererst landen. Und da mir noch nie ein unspezifischeres Problem begegnet ist, weiß mein Freund dort sicher besser darüber Bescheid als irgend jemand sonst. Soll ich ihn nun anrufen?«

»Nur zu.« Haldin wandte sich an Chris und Lori. »Sie werden Ihren ersten Tag auf der Station wohl nicht so schnell vergessen. Wie war eigentlich der Flug? Eine amerikanische Crew in einer französischen Raumkapsel über einer russischen Rakete, das muß doch ziemlich kompliziert sein.«

»Immerhin werden die *Starbooster*-Triebwerke seit mittlerweile drei Jahren in den USA gebaut, und Software und und Steuerungssysteme sind gottlob amerikanisch«, sagte Lori. »Sonst brauche ich ja mit niemandem zu reden.« Sie hatte Haldins Spitze wohl bemerkt, hielt sich aber an die Anweisung, eventuelle Streitigkeiten nicht eskalieren zu lassen; Amerika mochte es als störend empfinden, momentan auf der Raumstation wie im Weltraum an letzter Stelle zu stehen, aber das hatte es sich schließlich selbst zuzuschreiben. Außerdem verschlechterten sich die Beziehungen zu

China zusehends, und wenn es hart auf hart ging, wären wir auf Rußland, Japan und Frankreich, unsere traditionellen Bündnispartner, noch angewiesen. Wir taten also gut daran, auch dann nett zu sein, wenn die anderen es nicht waren.

Haldin nickte. »Jeder hofft auf einen Flug ohne Zwischenfälle.«

Inzwischen hatte François eine Bodenstation erreicht und stand über das Internet in Sprechverbindung mit seinem Freund bei CNRS. Der kleine, drahtige Astro-F bedeutete den anderen mit einem Winken, leise zu sein, und murmelte: »Die Verbindung ist wie immer miserabel – *Allô, Michel?*«

Chris beherrschte gerade so viel Französisch, daß er sich bei Konferenzen allein in die Stadt wagen konnte; bis vor kurzem hatte es für amerikanische Astronauten kaum einen Anreiz gegeben, die Sprache zu erlernen. Die bei weitem häufigste Zweitsprache im Astronautencorps war nach wie vor Russisch.

Aber Lori hatte im vergangenen Jahr mehrere Monate bei den Astro-F's in Toulouse trainiert, und sie war ohnehin ein Sprachentalent. So versuchte Chris, ihren Reaktionen zu entnehmen, worum es ging. Anfangs hörte sie geduldig zu; François plauderte etwa eine Minute lang mit seinem Freund, lachte immer wieder höflich und arbeitete sich auf Umwegen zu seinem eigentlichen Anliegen vor. Plötzlich verstummte er, um gleich darauf in einen lauten, schnellen, aufgeregten Wortschwall auszubrechen. Dann legte er das Gespräch auf Lautsprecher, damit alle mithören konnten. Lori beugte sich gespannt vor, um kein Wort zu verpassen. Langsam sank ihr die Kinnlade herunter, ihr Atem ging in keuchenden Stößen. Als François auflegte, waren alle in der *Big Can* im Bilde, ob sie nun Französisch sprachen oder nicht. Die Erregung in den Stimmen hatte Bände gesprochen.

»Es ist kein Scherz«, sagte Jiro sehr ruhig. »Zumindest im Moment sieht alles echt aus.«

François nickte und schluckte trocken. »Peter, ich glaube, du wirst dich bei deinem Anrufer von vorhin entschuldigen müssen.« Er strich sich das widerspenstige, schwarze Haar aus der Stirn und streckte sich. »Praktisch jede Antenne auf der südlichen Hemisphäre hat das Signal empfangen.«

»Ich nehme an, daß jeder von Ihnen den Wunsch hat, Kontakt mit seinem Heimatland und seiner nationalen Institution aufzunehmen«, sagte Tatjana. »Man hat uns für die Ankunft der *Pigeon* eine gewisse Ausfallzeit bewilligt, in den nächsten siebzig Minuten steht also nichts Bestimmtes an. Wenn niemand etwas dagegen hat, die Begrüßungsfeier etwas abzukürzen, könnten wir uns an die

Funkgeräte setzen und versuchen, möglichst viel über die Situation in Erfahrung zu bringen.«

»Ich fühle mich ausreichend begrüßt«, sagte Lori. »Und wenn Chris hier sitzen und Konversation machen muß, während Dinge von solcher Tragweite passieren, fährt er ohnehin aus der Haut. Also los!«

Haldin grinste. »Chris ist nicht der einzige, der aus der Haut fahren würde. Nun gut, wir genehmigen uns so viel Zeit, daß jeder mit zu Hause sprechen kann. Als nächstes stehen Abendessen und Ruhephase auf dem Programm. Beim Essen halten wir eine Generalversammlung ab und tauschen Informationen aus.«

Chris stellte fest, daß sich genügend Leute finden ließen, die in groben Zügen Bescheid wußten, aber er bekam niemanden ans Gerät, der genauer informiert war. Die Ausbeute war also nicht sehr groß. Irgendwann in den letzten vierundzwanzig Stunden war auf einer Wellenlänge von etwa 96 Metern ein starkes Signal aus der Richtung von Alpha Centauri gekommen, jenem Dreifachgestirn, das der Erde am nächsten ist. Einzelne Passagen des Signals wirkten merkwürdig geordnet – es handelte sich um ungeheuer schnelle Folgen zwei verschieden hoher Töne –, aber leider ist die Erdatmosphäre nahezu undurchlässig für Radiowellen dieser Länge, weil sie die Ionosphäre nicht durchdringen können. So war es selbst den empfindlichsten Radioteleskopen auf der Erde nicht möglich, mehr als einige Fetzen aufzufangen.

Theorien gab es dafür im Überfluß. Die Medien schwärmten natürlich bereits von einer Botschaft von Außerirdischen, aber das war nicht die einzige Spekulation. Von anderer Seite wurde behauptet, Störungen in der stellaren Atmosphäre von Alpha Centauri A oder Alpha Centauri B hätten dazu geführt, daß sich nun einer der beiden Sterne auf dieser Wellenlänge wie ein riesiger Laser verhalte. Auch von einem elektrischen Sturm in der Atmosphäre eines der dortigen Planeten war die Rede. Die Schwerkraft von Alpha Centauri A sollte wie eine Linse wirken und Radiowellen dieser Länge aus einer sehr viel weiter entfernten Quelle bündeln, und so weiter. Daß es sich um Außerirdische handeln könnte, wurde nahezu einmütig bestritten. Es wäre nicht nur höchst unwahrscheinlich gewesen, man sah auch nicht ein, wieso eine intelligente Spezies ausgerechnet mit Radiowellen einer Länge, die von der wasserdampfgesättigten Atmosphäre jedes bewohnten Planeten zum größten Teil blockiert werden mußte, Kontakt suchen sollte.

Alle diese Hypothesen krankten in erster Linie daran, daß man über Alpha Centauri im Grunde kaum direkte Informationen hatte. Es ist zwar von uns aus gesehen das nächste Sonnensystem, aber ›Nähe‹ ist ein relativer Begriff; man könnte schließlich auch sagen, vom Südpol aus gesehen sei Key West der nächste Teil der Vereinigten Staaten. Bei der Geschwindigkeit, mit der die Apollo-Astronauten zum Mond flogen, bräuchte ein Raumschiff knapp 110000 Jahre – so lange wie die vier letzten Eiszeiten zusammen –, um von der Erde nach Alpha Centauri zu gelangen. Ein Funksignal, das 26500 mal schneller ist, schafft die Strecke in ungefähr vier Jahren.

Aus physikalischer Sicht besteht Alpha Centauri nicht aus einem, sondern aus drei Sternen: Alpha Centauri A ist ein klein wenig größer als unsere Sonne; Alpha Centauri B ist kleiner und nur ein paar astronomische Einheiten von A entfernt; und Proxima Centauri, eine relativ kühle, matte, kleine Sonne, befindet sich so weit abseits von A und B, daß sich die Astronomen immer noch streiten, ob sie nun um die beiden kreist oder sich nur auf einer fast identischen Bahn um das galaktische Zentrum bewegt.

A und B umkreisen alle achtzig Jahre einmal ihren gemeinsamen Massenschwerpunkt – den Punkt im Weltraum, wo sich ihre Durchschnittsmasse befände, wenn sie ein einziger Körper wären. Bei diesem endlosen, langsamen Walzer kommen sie sich manchmal bis auf elf AE (nur zehn Prozent mehr als die Entfernung zwischen Sonne und Saturn) nahe, um sich dann wieder auf bis zu fünfunddreißig AE (sechzehn Prozent mehr als die Distanz zwischen Sonne und Neptun) voneinander zu entfernen.

Bis zum gemeinsamen Abendessen auf der ISS rief Chris ein Dutzend Kollegen an, doch die meisten wußten nicht mehr als er selbst. Nach einer Stunde hatte er sich lediglich eine Liste von Personen zusammengestellt, die er am nächsten Tag kontaktieren wollte.

Andere hatten mehr Glück. Als man sich zu Sandwiches und einer Tube Suppe wiedertraf, gab es immerhin einige neue Informationen.

Die wichtigste war, daß sich gelegentlich lange Sequenzen des Signals wiederholten, manchmal mit leichten Abwandlungen, manchmal ohne jede Veränderung. Man vermutete, daß die gesamte Folge in einem Zyklus von Stunden oder gar Tagen immer wieder von vorn anfing, aber die Störungen waren so stark, daß es Monate dauern konnte, bis man eine vollständige Kopie beisammen hatte – immer vorausgesetzt, die Sendung dauerte so lange, und das Signal wiederholte sich auch tatsächlich. Sicher war, daß es sich nicht um statische Entladungen in irgendeiner Atmosphäre handelte -- es sei denn, ein Gasriese in diesem System hätte eine laseraktivierbare Atmosphäre, die sich spontan auf diese Frequenz eingestellt hatte. Nach allen Messungen kam das Signal auffallend schwankungsfrei herein.

Die ganze Astronautenrunde erging sich eifrig in eigenen Theorien, als das Klingelsignal einen Funkspruch ankündigte. Tatjana in ihrer Eigenschaft als Stationskommandant nahm ihn entgegen, schaltete aber sogleich auf Lautsprecher um.

»Sie haben ohne Zweifel ...«, ertönte eine Stimme mit ausgeprägt mittelwestlichem Akzent, die Chris sofort erkannte; es war der Vorsitzende der *University Space Research Associates,* »... von dem Signal von Alpha Centauri gehört. Ist Dr. Terence zu sprechen?«

»Hier bin ich, Bob.«

»Im Lauf der letzten Stunden hat sich eine Menge getan. Als das Funkgeräusch von Alpha Centauri einsetzte, nahmen mehrere Observatorien auf der südlichen Hemisphäre Kontakt zum *Center for Short-Lived Phenomena* auf, das sich mit plötzlich auftretenden, ungewöhnlichen Naturerscheinungen beschäftigt, und diese Organisation ist wiederum mit einem Vorschlag an die USRA und die NASA herangetreten. Sie haben da oben das FSRT, den empfindlichsten Radiodetektor, der jemals gebaut wurde. Außerdem befinden Sie sich außerhalb der Erdatmosphäre, das heißt, Sie können das Signal von Alpha Centauri störungsfrei empfangen. Nun wäre es natürlich noch besser, wenn das FSRT bereits auf dem Mond installiert wäre, aber auch so sind die Bedingungen auf der ISS für radioastronomische Beobachungen im Millimeterband immer noch besser als irgendwo auf der Erde. Und wir wissen nicht, wie lange das Signal anhält. Deshalb hat uns die NASA eine Änderung der geplanten FSRT-Tests genehmigt. Ihr Auftrag lautet nunmehr, unverzüglich über die gesamte Länge des Gitters eine Rahmenantenne anzubringen und sie mit dem Radioteleskop zu verbinden, um damit das Signal von Alpha Centauri aufzuzeichnen. Alle erforderlichen Angaben sowie die Direktiven der einzelnen Nationalregierungen folgen unverzüglich per Datentransfer. Also, gehen Sie hinaus, und beschaffen Sie uns eine gute Kopie dieses Signals.«

»Ich – danke Ihnen«, sagte Chris. »Ich freue mich schon darauf.«

»Es ist wirklich ein Glücksfall, daß Sie gerade jetzt da oben sind und das passende Gerät dabeihaben«, schloß der Vorsitzende. »Also bis auf weiteres, und viel Glück.« Ein scharfes Klicken, dann war die Verbindung unterbrochen.

»Ganz einfach«, sagte Lori. »Wir brauchen nur aus dem, was wir mitgebracht haben, eine 90 Meter lange Rahmenantenne zu basteln.«

»Und sie über Nacht anzubringen«, fügte Chris hinzu. »Und dafür zu sorgen, daß das Mondteleskop schon in der Erprobungsphase einwandfrei arbeitet.«

»Außerdem«, schaltete sich Denisow ein, »haben wir noch ein weiteres Problem. Sie haben es vielleicht vergessen, aber nachdem Ihr Land vor mehreren Jahren den Etat für die Station gekürzt hatte, gibt es auf der Außenseite des Gitters keine Möglichkeit, Instrumente irgendwelcher Art zu befestigen – eigentlich kann hier kein Astronom vernünftig arbeiten.«

»Ich hatte tatsächlich vergessen, daß es auf dieser Seite keinerlei Stützen oder Anschlüsse gibt«, gestand Chris.

Haldin überlegte kurz, dann zuckte sie die Achseln: »Was soll's? Wenn es funktioniert, tut es unserer Karriere sicher gut, und wenn nicht, kann es ihr nicht schaden.«

Denisow nickte. »Außerdem haben wir ja ein kleines Materiallager. Es enthält nicht nur ein paar große Schraubzwingen, sondern auch einen Vorrat an isoliertem Draht, der für die gesamte Außenseite des Gitters reichen sollte. Haben Sie schon eine Idee, wie Sie die Antenne mit dem Teleskop verbinden wollen?«

»Ein Teil der Testschleifen hat Standardstecker«, sagte Chris. »Damit müßte es gehen.«

»Dann an die Arbeit«, mahnte Haldin. »Die technischen Einzelheiten müssen schleunigst geklärt werden.«

Nach einer sechsstündigen Schlafphase war Chris für einen Weltraumspaziergang mit Peter Denisow eingeteilt. Der bullige Russe gab sich immer etwas brummig, aber Chris fand ihn zunehmend sympathisch. Der Kosmonaut legte großen Wert auf Sachlichkeit und war sehr von sich überzeugt, zeigte sich aber durchaus bereit, eine gute Idee zu übernehmen, wenn er ihren Wert eingesehen hatte. (Ich denke noch oft an ihn. Jedesmal, wenn er meinen Vater besuchte, machten die beiden die Stadt unsicher, meistens mit ein paar Mädchen, die mein Vater irgendwo aufgetrieben hatte – meine Mutter bezeichnete ihn oft als Stütze des Vereins ›Flittchen des Monats‹. Am nächsten Tag stand Peter dann entweder bei mir unten im Keller an der Werkbank und half mir, ein Modellflugzeug zusammenzubauen, oder wir fuhren mit den Minirädern in den Wald hinaus oder unternahmen tausend andere Dinge – Peter Denisow war ein alter Griesgram, aber er konnte auch so albern sein wie ein Teenager.)

Die Luftschleuse war winzig, nicht mehr als eine Erweiterung der Luke. Die beiden Männer mußten sie einzeln passieren. Jeder kauerte in seinem Raumanzug so lange in der Kammer, die nicht größer war als ein Kleiderschrank, bis die Luft in die *Big Can* zurückgepumpt war, dann öffnete er die Außenluke, kletterte mit seinem Werkzeugbeutel hinaus und schob die Luke hinter sich zu. Denisow als der Erfahrenere machte den Anfang, und als Chris auftauchte und die Luke schloß, war er schon einsatzbereit. »Eine Frage, bevor wir loslegen«, übertönte seine Stimme das Knacken in Chris' Helmlautsprecher, »ist das Ihr erster Weltraumspaziergang?«

»Der erste«, gab Chris zu. »Wir haben zwar alle das Training durchlaufen, und ich bin sicher ...«

»Ich bin auch sicher, daß alles gutgeht«, antwortete Peter. »Tatjana, Scheinwerfer aus, bitte.«

»Roger«, krächzte es aus den Kopfhörern.

»Und jetzt folgendes, Chris«, sagte Peter. »Ich schlage vor, Sie schauen für einen Moment von der Erde weg nach oben. Die Aussicht sollte sich jeder Astronom einmal zu Gemüte führen.«

Inzwischen habe ich solche Augenblicke selbst erlebt und kann mich in die Gefühle meines Vaters hineinversetzen. Damals war ich noch ein Kind, und als Dad mir beschrieb, wie er zum ersten Mal draußen im Weltall stand, begriff ich nicht, was an den ›vielen Sternen‹ so aufregend sein sollte, schließlich war er doch Astronom und hätte wissen müssen, wie viele es gab. Heute weiß ich, wie es ist, wenn man zum ersten Mal etwas sieht, das man sich sein ganzes Leben lang nur in der Phantasie ausgemalt hat. Es kann einem buchstäblich die Sprache verschlagen.

Die beiden mußten zehn Minuten lang warten, bis sie die Tagseite der Umlaufbahn erreichten, und sie taten die ganze Zeit nichts anderes, als in die Sterne zu schauen. Es sind da draußen ungeheuer viele, sehr viel mehr, als man von der Erde aus sieht, und sie leuchten auch weit heller, als irdische Augen es gewöhnt sind. Besonders auffallend war Alpha Centauris grelles Feuer. Es sorgte sicher auch dafür, daß die beiden ihre wichtige Aufgabe nicht vergaßen. Unser Nachbar ist ein ganz gewöhnliches Doppelgestirn, beide Sterne zusammen haben nur anderthalbmal so viel Leuchtkraft wie unsere Sonne, aber sie sind uns so nahe, daß sie trotzdem als dritthellster Punkt an unserem Himmel zu sehen sind.

Chris schwebte im All, hielt sich mit einer Hand fest und wartete, bis die Sonne hinter der Erde auftauchte und auf seine Helmscheibe schien. Kaum eine Minute später war der Sternenschwarm ausgelöscht. Der Himmel war schwarz. Was sie zu tun hatten, war einfach – jedenfalls wäre es auf der Erde einfach gewesen. Im Weltall, wo alle Regeln, die uns die Evolution über fünfhundert Millionen Jahre in unser Nervensystem gewebt hat, außer Kraft gesetzt sind und man obendrein von einem dicken, schweren Druckanzug behindert wird, ist nichts einfach. Das HT-Habitat hing am Zentralknoten im hinteren Teil des Gitters (einer langgestreckten, filigranen Konstruktion, an der die riesigen Solarflügel für die Energieversorgung der Station befestigt waren.) Das Gitter war im Querschnitt sechseckig, sein Durchmesser entsprach der Breite eines Korridors in einem normalen Haus. Um von einem Ende zum anderen zu gelangen, kletterte man im Innern von Strebe zu Strebe. Für Erdbeobachtungen oder kosmologische Experimente seilte man sich an einem Bauelement an und kroch auf allen vieren über den ›Boden‹ (die erdzugewandte Seite).

Wie die Russen bereits angedeutet hatten, war nach einer der vielen Etatkürzungen, die der Amerikanische Kongreß der ISS zugemutet hatte, ein Gitter geplant worden, das insofern ›nur zur Hälfte verwendungsfähig‹ war, als man auf der weltraumzugewandten Seite keinerlei Vorrichtungen zur Anbringung von Versuchsgeräten oder wissenschaftlichen Instrumenten vorsah. Die Vereinigten Staaten hatten sich benommen wie ein Gebrauchtwagenhändler, der einem Kunden erst einen Wagen zeigt, der zu schön ist, um wahr zu sein, und dann versucht, ihm zum gleichen Preis eine alte Schrottmühle anzudrehen. Nachdem es ihnen gelungen war, genügend Nationen für das Gemeinschaftsprojekt zu ködern, hatten sie sofort begonnen, an allen Ecken und Enden Abstriche zu machen. Ich kann mich gut erinnern, wie Dad nach seiner Rückkehr knurrte, in Washington hätten ein paar hundert ehemalige Rechtsanwälte offenbar beschlossen, alles, was am Universum von Interesse sei, habe gefälligst in ein- und derselben Richtung zu liegen. Dann könnten die Astronauten bei ihrer Weltraummission auch gleich den heimatlichen Wahlkreis fotografieren.

Infolgedessen war Chris' erster Weltraumspaziergang auch gleich ein Test für sein Improvisationstalent. Im Materiallager der Station hatten sich ein paar Dutzend Clancy-Zwingen – zwei mit Zähnen versehene Backen an einem Griff, die sich durch Drehen einer kleinen Scheibe feststellen ließen – sowie eine große Rolle vakuumsicheren silbernen Klingeldrahts gefunden. (Gewöhnliche Plastikisolierungen sind für den Einsatz im Weltraum nicht geeignet, denn viele Plastikstoffe gasen im Vakuum die ätherischen

Stoffe aus, die für ihre Geschmeidigkeit sorgen. Deshalb war der Draht mit einem speziellen Fiberglas ummantelt. Und da die Kosten für den Transport ins All und die Spezialisolierung ohnehin immens hoch waren, erhöhte sich der Aufwand nur unbedeutend, wenn man den Draht aus hochwertigem Silber herstellte, das nicht nur leitfähiger, sondern auch elastischer war als Kupfer oder Aluminium.) Ein kleines Team aus erfahrenen Technikern und Mechanikern hatte sich intensiv Gedanken darüber gemacht, wie eine optimale Grundausstattung mit Werkzeugen und Material aussehen sollte. Bisher hatten sich ihre Überlegungen bewährt.

Auf der Erde hätte Chris den Klingeldrahtrahmen ohne Hilfe in ein paar Minuten mit den Clancy-Zwingen an der erdabgewandten Seite des Gitters befestigen können – es war ja nicht mehr zu tun, als ein Stück Draht an einem Träger entlangzuführen, eine Zwinge zu setzen, die Scheibe festzudrehen und das Ganze nach ein paar Metern zu wiederholen.

Auf der ISS war dazu noch eine ganze Reihe weiterer Schritte nötig. Erstens waren Chris und Denisow am Gitter angeleint und drehten sich im Grunde mit der Station mit – das heißt, sie waren Himmelskörper mit eigener Bahn um die Erde, wobei diese Bahn zum größten Teil mit der Bahn der Raumstation identisch war. Da es jedoch keinen hundertprozentigen Coorbit gibt, neigten alle Gegenstände dazu, langsam in eine andere Richtung zu entschweben, und mußten deshalb – das galt auch für Chris und Peter – ständig angeleint bleiben. So konnten sie sich höchstens bis zum Ende der Leine entfernen oder stießen irgendwann gegen einen Träger.

Zweitens brauchte man etwas, wogegen man drücken konnte. Auf der Erde läßt sich die Scheibe einer Clancy-Zwinge mühelos drehen, bis die Backen festsitzen, weil die Hand, die die Schraube bewegt, auf sehr wenig Widerstand stößt, und die gleich große, aber entgegengesetzt wirkende Kraft, die die Fußsohlen in die andere Richtung zieht, sich durch die Reibung der Schuhe leicht überwinden läßt. Im Weltraum gibt es dagegen nichts, was diese Kraft kompensieren könnte; wenn man an der Scheibe dreht, dreht sie einen mit, es sei denn, man hält sich mit der anderen Hand fest.

Daher hatten Chris und Denisow auf ihrem Weg zum einen, dann zum anderen Ende des Gitters und schließlich zurück zum Habitat sehr viel mehr Arbeitsgänge zu verrichten als bei der gleichen Aufgabe auf der Erde. Zuerst zog man sich ein Stück vorwärts und leinte sich selbst, den Beutel mit den Zwingen und die Rolle mit dem Klingeldraht an. Dann griff man hinter sich und machte die Leinen da los, wo man sie zuletzt befestigt hatte. Danach schwebte man wieder nach vorne und war nach mehreren Minuten endlich soweit, daß man die eigentliche Arbeit fortsetzen konnte.

Nun nahm Denisow die Drahtrolle, führte von der zuletzt befestigten Zwinge aus etwa fünf Meter Draht am Träger entlang, stützte sich mit den in Schulterhöhe ausgebreiteten Armen auf und drückte beide Hände ›von oben‹ auf den Draht, wo die nächste Zwinge gesetzt werden sollte. Chris angelte sich den Beutel mit den Zwingen, fischte eine heraus (mit einer Hand, die andere brauchte er, um sich festzuhalten), klammerte sie zunächst an seinen Anzug, schloß den Beutel und ließ ihn los. Dann zog er die Zwinge aus dem Clip, setzte sie über den Draht, den Denisow festhielt, stützte sich mit der anderen Hand ab und drehte an der Scheibe, bis die Backen faßten.

Von da an ging alles wieder von vorne los. Insgesamt brauchten sie etwa sechs Stunden – plus zwanzig Minuten, um neues Material zu holen.

Als Chris wieder hineinkletterte, hatte er an den unmöglichsten Stellen einen deftigen Muskelkater, und sein Overall unter dem Druckanzug war vollkommen durchgeschwitzt. Die Besatzung faßte den einstimmigen Beschluß, ihm und Peter eine zweite Dusche zu genehmigen. Eigentlich hätte jetzt eine Schlafphase auf dem Plan gestanden, aber Chris schlüpfte nur in einen frischen Overall, schluckte gefriergetrockneten Kaffee und ein Aspirin und ging wenige Minuten später daran, das Mondteleskop an die Außenkontakte anzuschließen, die Tatjana Haldin für die große Rahmenantenne vorbereitet hatte. Anschließend suchte er zusammen mit François eine knappe Stunde lang in mühevoller Kleinarbeit die Frequenzen ab, bis sie das Signal von Alpha Centauri gefunden hatten.

Als sie sicher waren, daß es störungsfrei hereinkam, daß die Daten aufgezeichnet wurden, der Datentransfer zur Erde klappte und das FSRT alles tat, was es sollte, streckte sich Chris und sagte: »Mal sehen, ob wir wirklich so flexibel sind, wie immer behauptet wird. Ich lege mich jetzt jedenfalls aufs Ohr.«

Als er wieder aufstand, war die Hypothese, es handle sich um ein außerirdisches Signal, nach Ansicht gutunterrichteter, naturwissenschaftlich gebildeter Kreise nicht mehr ›Äußerst Unwahrscheinlich‹, sondern ›Höchst Wahrscheinlich‹ geworden. Während er sein Frühstück hinunterschlang, informierte ihn François über die neuesten Erkenntnisse.

»Es kommt in einem bestimmten Muster: hoher Ton/tiefer Ton/Pause; wenn wir die Pausen als Leerstellen ansehen, haben wir also Dreiergruppen, und es sieht ganz nach einem Code auf der Basis Acht aus.«

Basis Acht, dachte Chris; der erste, greifbare Hinweis, daß es sich wirklich um Außerirdische handelt – oder, falls es ein Schwindel ist, daß sich jemand ernsthaft Gedanken gemacht hat. Das verbreitetste Zahlensystem auf der Erde beruht auf der Basis Zehn. Das heißt, es gibt zehn Ziffern, Null bis Neun, und jede Stelle einer Zahl (links vom Komma) stellt eine Zehnerpotenz dar – 5280 ist $5 \times 10^3 + 2 \times 10^2 + 8 \times 10^1 + 0 \times 10^0$ oder, in Worten, ›fünftausendzweihundertachtzig‹. Laut ausgesprochen, klingt das ganz selbstverständlich, und wir vergessen gern, daß es sich um fünf Tausender *plus* zwei Hunderter *plus* achtzig (was ursprünglich acht Zehner hieß und nur verschliffen wurde) handelt und wir also multiplizieren und addieren. In neuerer Zeit haben viele Menschen dank der Computerindustrie gelernt, ›hexadezimal‹ – also auf der Basis Sechzehn, mit sechzehn Ziffern (1-9 und den Buchstaben A-E, die für die Zahlen von 10-15 stehen) – oder mit Bytes zu arbeiten, Zahlen, die aus praktischen Gründen auf eine Basis von 256 bezogen sind. (16 und 256 sind beides Potenzen von Zwei, und nachdem Computer auf der untersten, allerkleinsten Ebene mit Binärzahlen [Basis Zwei] arbeiten, lassen sich Informationen damit sehr dicht speichern; wären es keine Vielfachen von Zwei, dann hätten einige Kombinationen im System keine Bedeutung, und ein Teil seines Potentials als Informationsträger wäre ›verschwendet‹.

Fast jedes Schulkind hat schon einmal den einfachen Code A = 1, B = 2 usw. ausprobiert, und die meisten Menschen wissen, daß Zeitungs- und Computerbilder in Pixel übertragen werden: Dabei bezeichnen zwei Zahlen eine bestimmte Position auf dem Bildschirm oder auf dem Bild, und eine dritte gibt den Helligkeitswert an (bei Farbbildern bestimmen drei Zahlen den Helligkeitswert der roten, blauen und grünen Komponenten, aus denen sämtliche anderen Farbtöne zusammengesetzt sind.) Bereits in den dreißiger Jahren des 20. Jahrhunderts konnten Kurt Gödel und Alan Turing nachweisen, daß es möglich ist, jede verständliche Information in Form einer Zahlenfolge zu übertragen. Demnach müßte auch eine Botschaft von einer anderen Zivilisation – immer vorausgesetzt, darum handelte es sich tatsächlich – als Zahlenfolge bei uns ankommen. Aber da die Basis eines Zahlensystems willkürlich ist (es gibt keinen bestimmten Grund, warum es eine Zehn anstelle einer Zwölf oder einer Fünf sein sollte), wäre es äußerst unwahrscheinlich, wenn sie uns in Zahlen auf der Basis Zehn erreichen würde.

Was man auf der ISS hereinbekam, waren Dreiergruppen aus

hohen und tiefen Tönen oder, wie die Wissenschaftler auf der Erde schon bald sagen sollten, aus *Beeps* und *Honks*. Eine aus drei *Beeps* und *Honks* bestehende Gruppe konnte in acht verschiedenen Kombinationen auftreten:

beep beep beep
beep beep honk
beep honk beep
beep honk honk
honk beep beep
honk beep honk
honk honk beep
honk honk honk

Diese Kombinationen repräsentierten in irgendeinem System wahrscheinlich die Ziffern 0-7, und das waren die Ziffern eines Zahlensystems auf der Basis Acht. Demnach standen die Ziffernfolgen stellvertretend für Bilder oder Texte irgendwelcher Art.

»Basis Acht«, sagte Chris. »Vielleicht haben sie nur einen Daumen und drei Finger?«

»Oder acht Fangarme«, meinte François. »Vielleicht auch vier Arme mit jeweils einem Daumen und einem Finger. Oder sie sind Buddhisten, und es ist ihnen entsetzlich wichtig, die Welt in den Kategorien des Achtfachen Pfades zu erklären. Womöglich haben sie drei Köpfe, und das sind alle möglichen Kombinationen aus Nicken und Schütteln. Solange wir keine Fakten haben, stehen unsere Theorien wohl mehr oder weniger im luftleeren Raum.«

»Spekulieren kann auch Spaß machen, wenn die nötigen Fakten noch fehlen«, meinte Chris. »Ob die *University Space Research Associates* wohl Neuigkeiten für mich haben? Ich könnte eine Sprechverbindung über das Internet herstellen.«

Aber dazu sollte es in den nächsten drei Tage nicht kommen. Die Zeit ist im Weltraum ein Gut von unschätzbarem Wert, sie darf nicht vergeudet werden, und was verlorengeht, ist zu ersetzen. Jede Sekunde ist verplant, und der einzelne kann nur über das unumgängliche Minimum an Ruhepausen selbst bestimmen. Normalerweise werden von einer Besatzung im Weltraum kaum Entscheidungen getroffen, sondern nur ausgeführt, denn Computer sind teuer, und die Hilfsmittel zur Entscheidungsfindung sind unhandlich und schwer und auf festem Boden besser aufgehoben. Sogar (oder gerade) in Notfällen wird auf der Erde festgelegt, was als nächstes zu geschehen hat, das geht so weit, daß man der Mannschaft vorschreibt, wie oft eine Schraube umgedreht werden muß.

Die Astronauten führen, per Funk ständig überwacht, nur die Anweisungen aus. Das heißt nicht, daß nie jemand selbst die Initiative ergreifen würde, aber es geschieht nicht oft, es ist nicht vorgesehen, und wenn es doch passiert, handelt es sich allenfalls um eine kurzfristige Aktion.

Das liegt unter anderem daran, daß jede Sekunde im Weltraum so immens teuer ist. Nicht genug, daß man einen Astronauten, Kosmonauten oder Astro-F mit ungeheurem Aufwand in die Umlaufbahn bringt, anschließend muß auch alles, was er oder sie für die Dauer der Mission zum Leben braucht, ins All geschossen werden. Und das gilt, ob die Besatzung nun an einem Projekt arbeitet, sich ausruht, ißt oder Karten spielt. Folglich muß man aus jeder Besatzung ein Maximum an Leistung herauspressen, und mit sorgfältiger Planung auf der Erde lassen sich die Abläufe zumeist rationeller organisieren, als wenn der Astronaut lediglich nach Lust und Laune vorgeht.

Diesmal lagen die Dinge freilich anders. Das rätselhafte Signal von Alpha Centauri hatte alle Prinzipien über den Haufen geworfen, vor allem, weil anfangs niemand wußte, was es überhaupt war oder wie lange es anhalten würde. Doch seit das Mondteleskop automatisch aufzeichnete, konnte das Signal so faszinierend sein, wie es wollte, die Besatzung der ISS mußte vorrangig Dutzende von versäumten Arbeitsstunden an Dutzenden von anderen wichtigen Projekten nachholen. Jeder wurde dazu herangezogen, und erst wenn die Arbeit getan war, würde man wieder die Muße haben, sich den Zufallsfund genauer anzusehen.

Lori hatte sich erboten, eine Woche länger zu bleiben und einzuspringen, wo Not am Mann war, trotzdem gab es einfach nicht genügend Hände. Immerhin weiß die NASA, daß jeder Mensch gelegentlich eine Atempause braucht, und so hatte Chris nach drei Tagen vier kostbare Stunden, die nicht als Schlafenszeit verplant waren, zur freien Verfügung.

Er stürzte sich prompt wieder in die Arbeit. »Jiro«, fragte er, »gibt es irgendeine Möglichkeit, die Aufzeichnung der Alpha Centauri-Übertragung abzurufen?«

»Aber ja doch«, versicherte Jiro grinsend. »Willkommen im Club. Jeder von uns verbringt seine Freistunden damit, sie zu analysieren. Was haben Sie denn vor?«

»Na ja.« Chris zögerte. »Ich habe mir überlegt, daß der Sender vermutlich nicht auf einer der Sonnen steht. Das wäre irrsinnig unwahrscheinlich. Also befindet er sich wohl irgendwo im Orbit; und da es inzwischen Aufzeichnungen über mehrere Tage gibt, möchte ich sie mir auf Doppler-Verschiebungen hin ansehen.

Damit müßte ich zumindest herausfinden können, um welche der beiden Sonnen er kreist, und vielleicht gelingt es mir sogar, den Orbit ungefähr zu berechnen.«

Die Doppler-Verschiebung ist die Frequenzänderung bei Wellen, die von einem sich bewegenden Objekt ausgehen; das bekannteste Beispiel ist das Sirenengeheul eines vorbeifahrenden Krankenwagens. Zuerst scheint es an Höhe zuzunehmen, dann klingt es so, als würde es tiefer. Die Erklärung dafür lautet, daß bei einem Objekt, das sich auf einen festen Punkt zubewegt, jede neue Welle etwas näher an diesem Punkt beginnt, folglich eine geringere Entfernung zurückzulegen hat und früher ankommt. Und je mehr Wellen sich in einem gegebenen Zeitraum ›stauen‹, desto mehr treffen auch am Ziel ein – und die Zahl der Wellen, die in einem gegebenen Zeitraum ein Ziel erreichen, nennt man Frequenz. Sie bestimmt die Tonhöhe.

Umgekehrt gilt das gleiche, wenn das Objekt, das die Wellen aussendet, sich von einem Punkt wegbewegt. Dann beginnt jede Welle weiter entfernt als ihre Vorgängerin und braucht länger, um ihr Ziel zu erreichen; folglich treffen pro Sekunde immer weniger Wellen ein, die Frequenz verringert sich scheinbar. Hochfrequente Töne klingen hoch; niederfrequente Töne klingen tief; wenn also der Wagen vorbeifährt, scheint das Geheul zunächst anzusteigen und dann abzufallen.

Das gleiche Phänomen kann man bei Licht, Radiowellen, Röntgenstrahlen, kurz, bei elektromagnetischer Strahlung in jeder Form beobachten; hochfrequentes Licht ist violett, niederfrequentes Licht ist rot. Mißt man also die scheinbaren Veränderungen in der Frequenz der Licht- oder Radiowellen, die ein bestimmtes Objekt aussendet, so kann man feststellen, ob und wie schnell sich dieses Objekt nähert oder entfernt.

Bei einem Körper, der um einen anderen kreist, läßt sich mit dieser Methode eine ganze Menge über seine Bahn herausfinden. Die Frequenz wird steigen, wenn sich der Körper auf der Seite seiner Bahn befindet, die ihn auf den Betrachter zuführt; auf der anderen Seite wird sie fallen. Da die Geschwindigkeit, mit der sich ein Körper auf einer Umlaufbahn bewegt, nur von der Form dieser Bahn und von der Entfernung vom Zentralkörper abhängt, genügt es, die Geschwindigkeit an irgendeinem Punkt oder besser noch auf einem Teil der Bahn zu kennen. Aus dem Muster der Frequenzänderungen läßt sich dann ungefähr die Form der Bahn ableiten, und danach läßt sich wiederum die Entfernung schätzen. (Da Alpha Centauri ein Doppelgestirn ist, konnte Chris sogar feststellen, um *welche* der beiden Sonnen der Körper kreisen mußte: Aus den Bahnen, auf denen die beiden Sterne umeinander kreisten, ließ sich ihre Masse errechnen. Das Verhältnis zwischen Orbitalgeschwindigkeit, Bahnform und Entfernung ist abhängig von der Masse des jeweiligen Sterns; die errechnete Bahn konnte also nur zu *einem* der beiden Sterne passen.)

Gerade die Vielschichtigkeit der Aufgabe reizte Chris. Bevor er den Doppler-Effekt in der Frequenz der 96-Meter-Signale von Alpha Centauri studieren konnte, mußte er einige bekannte Doppler-Effekt-Quellen ausklammern: die Bewegung der ISS um die Erde (in einem Zyklus von 90 Minuten), die Bewegung der Erde um die Sonne und die Bewegungen von Alpha Centauri A und Alpha Centauri B im Verhältnis zur Sonne. Bis er die ersten zufriedenstellenden Ergebnisse bekam, waren seine vier Freistunden nahezu um.

Inzwischen hatte er die jüngsten Erkenntnisse über das rätselhafte Signal nachgelesen. Die Botschaft wiederholte sich alle 11 Stunden und zwanzig Minuten und bestand aus 16 769 021 Zahlen auf der Basis Acht. Die Zahlengruppen kamen in Abständen von zweieinhalb Sekunden herein, es gab also insgesamt 16 384 solcher Gruppen. Weiter wollte sich in der Öffentlichkeit niemand äußern.

Die Situation war in vieler Hinsicht grotesk. Jahrzehntelang hatten Astronomen – begeisterte Amateure mit eigenen Radioteleskopen und interessierte Fachleute, die zu diesem Zweck etwas von der Nutzungszeit der großen Antennenschüsseln abzweigten – unermüdlich den Himmel nach dem leisesten Lebenszeichen einer anderen Zivilisation abgesucht. Dabei lautete die herrschende Meinung, selbst wenn man etwas entdeckte, wäre es wohl kaum ein gezielter Versuch, mit uns in Kontakt zu treten, sondern eher eine allgemeine Botschaft an das Universum, vielleicht in Form eines Funkfeuers, das auf aussichtsreiche Sterne ausgerichtet war. Da also alle Astronomen, die sich mit der Frage beschäftigt hatten, davon ausgingen, daß sich niemand direkt an uns wenden würde, sahen sie ohne hochempfindliche Detektoren und riesige Antennen erst gar keine Chance, Signale einer außerirdischen Zivilisation empfangen zu können.

Die meisten SETI-Projekte* waren schon vor Jahren wegen leerer Kassen eingestellt worden, und der klägliche Rest strampelte sich ab, um mit den empfindlichsten Geräten, die irgendwo aufzutreiben waren, schwache Signale von womöglich Hunderte von Lichtjahren entfernten Planeten aufzufangen. Und plötzlich kam da laut und deutlich ein Signal von unserem Nachbarstern, ein Signal, das

---

* SETI = *Search for ExtraTerrestrial Intelligence – Suche nach außerirdischer Intelligenz*

jeder Bastler mit dem primitivsten Radioempfänger hätte empfangen können – aber es wurde unbegreiflicherweise auf der ungünstigsten, störungsanfälligsten Wellenlänge gesendet, die man sich nur denken konnte.

Endlich hatte das Analyseprogramm alle Funktionsprüfungen durchlaufen, und Chris gab Anweisung, auf die Daten zuzugreifen. Die Datei mit Signalstärken und Antennenpositionen wurde geöffnet, die Werte wurden in die entsprechende Systemmatrix geladen und weiterverarbeitet. Jedesmal, wenn ein Schritt abgeschlossen war, erschien eine kurze Meldung auf dem Bildschirm; das Programm lief einwandfrei.

Schließlich zeigte der Bildschirm eine Reihe von Gleichungen und dazu die Meldung: »EINDEUTIGE LÖSUNG; WAHRSCHEINLICHKEIT 95%« – das bedeutete, daß die Datenlage mathematisch nur ein Ergebnis zuließ und daß die Chancen für die Richtigkeit der Lösung neunzehn zu eins oder noch besser standen.

»Das ist eigenartig«, sagte François. Er hatte Chris über die Schulter geschaut. »Sieht aus wie ... äh ...«

»Sieht so aus, als führe der Orbit weder um einen der beiden Sterne noch um den gemeinsamen Massenschwerpunkt, noch um einen der dortigen Lagrange-Punkte«, ergänzte Chris. »Ich weiß.«

»Aber die Kurve ist wunderbar regelmäßig«, konstatierte François. »Sieht nicht nach Datenmüll oder nach einem Rechenfehler aus, sondern eher ...«

Auch Jiro hatte die Neugier hergetrieben. »Hmm. Wenn man nun nicht von einer Masse ausginge, sondern von zweien«, überlegte er. »Nehmen wir mal an, ein kleiner Körper umkreist einen größeren Körper, der sich wiederum im Orbit um eine der beiden Sonnen befindet. Unter dieser Voraussetzung –«

»Sie haben recht.« Chris hämmerte einen Testbefehl in die Tasten. Minutenlang überprüfte und verwarf das Programm Dutzende von Alternativen. Dann zeigte der Schirm eine Computeranimation: Zwei Punkte, A und B, umkreisten sich wie zwei Boxer vor dem Kampf – und um B führte eine extrem langgezogene Spirale herum.

»Treffer«, sagte Chris. »Ein Körper bewegt sich auf stark elliptischer Bahn um einen zweiten, sehr viel größeren, der wiederum um B kreist. Merkwürdig, daß gerade dort Leben entstanden sein soll, aber das Bild ist zu schön, um falsch zu sein.« Wieder glitten seine Finger über die Tasten. Dann sagte er: »Schön. Man könnte sich vorstellen, daß der Planet ein Gasriese ist wie unser Jupiter oder wie der Saturn. Dann wäre ein erdähnlicher Mond auf einer Umlaufbahn wie dieser zur Not bewohnbar – jedenfalls die meiste

Zeit. An den Extrempunkten der Bahn wäre es natürlich unangenehm kalt, dafür würde es bei der Annäherung an Alpha Centauri B um so heißer. Aber wenn ich mich nicht irre, wäre das größte Problem, daß ein Mond um einen Gasriesen sich nicht über Jahrmilliarden auf seiner Bahn halten könnte.«

Jetzt griff Jiro in die Tasten. »Soll ich versuchen, das Programm so zu erweitern, daß es Position und Masse des Gasriesen schätzt und dann die langfristige Stabilität dieses elliptischen Orbits überprüft?«

»Unbedingt«, sagte Chris. »Die Schwerkraft hat wahrhaftig ihre Tücken – wir können die Masse des Planeten genau berechnen, aber wir können nicht ermitteln, ob der Körper, der ihn umkreist, so klein ist wie ein Auto oder so groß wie die Erde. Die Umlaufdauer wird nur von der Masse des Zentralkörpers bestimmt, der Satellit spielt dabei keine Rolle.«

Jiro zuckte die Achseln. »So ist es eben. Immerhin, unsere Ergebnisse sind in sich stimmig. Der Zentralkörper hat demnach etwa einhundertvierzig Mal die Masse der Erde – und ist anderthalbmal so groß wie der Saturn oder knapp halb so groß wie der Jupiter. Sprechen wir nun von einem Super-Saturn oder einem Mini-Jupiter?«

Im Kontrollzentrum hatte man die Bedeutung dieser Ergebnisse rasch erkannt. Jiro, François und Chris bekamen die Erlaubnis, sich noch weitere zwei Stunden mit dem Problem der Bahnstabilität des Satelliten zu beschäftigen, von dem das Funksignal kam.

Früher wurde angenommen, alle Planeten im Sonnensystem müßten sich Jahr für Jahr exakt auf der gleichen Bahn bewegen, weil selbst geringfügige Veränderungen sich addieren und den Orbit schließlich drastisch verändern würden. Dann müßte der Planet früher oder später in die Sonne stürzen oder sich so weit von ihr entfernen, daß er auf Nimmerwiedersehen ins All entschwand oder irgendwann in einen neuen Orbit gezogen wurde, der sich im Lauf der Zeit wiederholte.

Doch Ende der achtziger Jahre des 20. Jahrhunderts führte die Chaostheorie – ein Zweig der Mathematik, der sich mit Situationen befaßt, bei denen eine kleine Differenz am Anfang zu unüberschaubar großen Auswirkungen am Ende führen kann – die Astronomen zu der Erkenntnis, daß die Bahn eines Planeten zwar *im allgemeinen* der vom Vorjahr glich, daß aber einige Planeten und Monde – besonders bei exzentrischen oder sonnenfernen Bahnen (wie der des Pluto) – chaotische Orbits hatten, die sich niemals hundertprozentig wiederholten, den Körper aber doch über Hunderte von Millionen von Jahren auf seiner Bahn hielten. Von da an galt ein Orbit als ›stabil‹, wenn die Gleichungen, mit denen er zu beschreiben war, in regelmäßigen Abständen die gleichen Wertsequenzen ergaben, wenn sich also die Bewegung des Körpers dann und wann wiederholte. ›Instabil‹ bedeutete dagegen, daß das niemals der Fall war. Und je instabiler eine Bahn war (d. h., je weiter ein Körper davon entfernt war, sich jemals wieder mit der gleichen Geschwindigkeit auf der gleichen Linie in die gleiche Richtung zu bewegen), desto geringer war die Wahrscheinlichkeit, daß sich der Körper schon sehr lange auf ihr bewegte.

Das Ergebnis stimmte, war aber sehr unbefriedigend. »Tja«, seufzte Chris, »damit haben wir sozusagen die Hälfte des Rätsels gelöst. Sehr viel länger als vierzig Millionen Jahre kann er sich dort noch nicht befinden. Also kann sich auch kein Leben entwickelt haben. Wer oder was die Sender des Signals auch sein mögen, sie stammen jedenfalls nicht von diesem Mond. Ich finde das fast beruhigend, denn ein Körper mit diesem Orbit wäre als Lebensraum auf Dauer die reine Hölle. Was wir empfangen, ist ein automatisches Signal. Vielleicht ein Hilferuf von einem außerirdischen Schiff, das dort notlanden mußte, oder eine wissenschaftliche Sonde, die ihre Funde meldet, oder …«

François schaute vom Nachbarbildschirm auf und sagte: »Unwahrscheinlich.«

Chris brach ab. »Weshalb?«

»Wenn ihr euch erinnert, mußten wir von der Voraussetzung ausgehen, daß es sich um ein Signal von gleichbleibender Stärke handelt; diese Voraussetzung habe ich nun mit dem errechneten Orbit verglichen. Und in einer Hinsicht ist es tatsächlich von gleichbleibender Stärke – es hat nämlich immer die gleiche Ausgangsleistung. Aber über Jahrhunderte kommt es zu einem langsamen, aber stetigen Anstieg der Signalstärke, der sich hinreichend erklären läßt, wenn man annimmt, daß wir uns ins Zentrum eines Strahls bewegen. Das leuchtet ein – selbst bei einer sehr großen Öffnung und einem stark kollimierten Strahl beliefe sich die Streuung bei dieser Wellenlänge zu beiden Seiten der Sonne auf sechs bis sieben Astronomische Einheiten. Vielleicht konnte man ihn nicht direkt auf die Erde richten, vielleicht hielt man das auch nicht für sinnvoll – aber wenn er nun auf die Sonne gerichtet wäre, hätte die Erde den Sendebereich nie verlassen.«

Jiro und Chris starrten ihn mit offenem Mund an, und dann sprach Chris aus, was ohnehin auf der Hand lag. »Sie senden also nicht an das ganze Universum. Wer oder was sie auch sein mögen, die Botschaft ist direkt für uns bestimmt.«

6

Am Ende der nächsten Arbeitsphase stand eine gemeinsame Mahlzeit auf dem Plan, und Tatjana Haldin verkündete: »Meinen Glückwunsch; dank der Veröffentlichung im Internet sind drei von uns jetzt berühmt und können den anderen Autogramme geben. Es interessiert Sie vielleicht, daß die *International Astronomical Union* bereits eine Versammlung einberufen hat, um dem von Dr. Terence im Orbit um Alpha Centauri B entdeckten Gasriesen einen Namen zu geben.«

»Wir sind doch noch nicht einmal sicher, ob es sich tatsächlich um einen Gasriesen handelt«, sagte Chris. »Übrigens können Sie mich ruhig Chris nennen. Wir wissen nur, daß seine Masse ungefähr das Hundertundvierzigfache der Erdmasse beträgt. Das besagt noch nicht allzu viel.«

Denisow schnaubte. »Was sollte ein Planet von dieser Größe denn sonst sein? Er ist so groß, daß er Wasserstoff und Helium aus der Entstehungsphase fast vollständig zurückbehalten haben muß, und die Materie des Universums setzt sich zum überwiegenden Teil aus diesen beiden Stoffen zusammen. Woraus könnte er also bestehen? Aus Schokoladeneis vielleicht? Außerdem solltest du ihm von der Kampagne in seiner Heimat erzählen, Tatjana.«

»Ich wollte ihn nicht in Verlegenheit bringen«, sagte Tatjana Haldin nachsichtig.

»Also mir macht es immer einen Heidenspaß, ihn in Verlegenheit zu bringen«, erklärte Lori grinsend. »Chris, zu Hause schreibt ein Haufen von Verrückten Briefe an den Kongreß und verlangt, daß man diesen Gasriesen nach dir benennt. Sie bezeichnen sich als *Beta-Centauri-Terence-Gesellschaft*.«

Chris stöhnte. »Kennt die Dummheit der Menschen eigentlich gar keine Grenzen? Erstens waren wir alle an dieser Entdeckung beteiligt. Und zweitens heißt die Sonne Alpha Centauri B – der zweitgrößte Stern im Doppelgestirn Alpha Centauri. Beta Centauri ist ein ganz anderer Stern in einem ganz anderen Teil des Sternbilds Centaurus, sehr viel weiter entfernt, nur annähernd in der gleichen Richtung. Und überhaupt ist es Sache der *International Astronomical Union*, diesem Planeten, oder was immer es sein mag, einen Namen zu geben. Mein Gott, wenn man darüber auch noch die

Mehrheit entscheiden läßt, heißen die Planeten eines Tages Elvis oder Cher.«

Alles lachte. Tatjana sagte: »Ich denke, der neue Planet wird noch lange auf einen Namen warten müssen. Die IAU wird genauso von politischen Kräften dominiert wie jede andere wissenschaftliche Organisation; zunächst muß man ausdiskutieren, ob die Planeten weiterhin nach Göttern benannt werden sollen, und wenn ja, nach wessen Göttern, und in diesem Fall nach welchen und so weiter. Das kann Jahrzehnte dauern.«

François nickte. »Wenn man mich fragen sollte, schlage ich ›Marianne‹ vor.«

»Was ist an einem Gasriesen um Alpha Centauri B so besonders französisch?« wollte Lori wissen.

»Nichts, ich dachte auch gar nicht an den Geist der Republik. Der Name gefällt mir, weil meine Tochter so heißt, und diese Begründung ist ebenso gut oder schlecht wie jede andere. Im übrigen glaube ich, daß unser Stationskommandant recht hat; wenn wir nicht auf einen Schlag Tausende oder Millionen von neuen Planeten entdecken, werden alle möglichen Gruppen verlangen, daß der neue Planet nach ihrem speziellen Gott oder ihren speziellen Zielen benannt wird, und die IAU kommt so lange zu keiner vernünftigen Arbeit mehr, bis die Frage – wann auch immer – geklärt ist. Aber wenn ich mich nicht irre, möchte Jiro uns etwas zeigen.«

Der Japaner lächelte schüchtern. »Es ist besser, wenn François anfängt. Er hatte die Idee, die mich zu meinen Ergebnissen geführt hat.«

François, der die betreffenden Informationen von seinen Freunden beim CNRS bekommen hatte, ließ sich nicht lange bitten. »Erstens, dieser Schwung von Zahlen auf der Basis Acht zerfällt in Gruppen zu je 16769021 Zeichen mit einer längeren Pause nach jeder Gruppe. Interessant daran ist folgendes: Ein paar kluge Köpfe haben diese Zahl von einem einfachen Rechenprogramm in ihre Faktoren zerlegen lassen, und dabei kam 4093 mal 4097 heraus – zwei Primzahlen.«

»Hm, wahrscheinlich stehe ich auf der Leitung, aber was heißt das ...?« fragte Lori

»Eine Primzahl ist durch keine andere Zahl teilbar. Wenn man also ein Rasterschema – ein Bild oder eine Graphik – übertragen will, dessen Größe das Produkt zweier Primzahlen ist, gibt es für die Anordnung der Zahlen nur zwei Möglichkeiten. Wenn eine der beiden Zahlen keine Primzahl wäre, hätten wir dagegen eine sehr große Zahl von Möglichkeiten und könnten nicht feststellen, was das Bild darstellen soll.«

Chris sprang in die Bresche. »Stell dir vor, du bekommst eine Liste der Zellen eines bestimmten Rasters, weißt aber nicht, welche Form das Raster hat – bekannt ist nur, daß es aus sechzig Zellen besteht. Diese sechzig Zellen ließen sich auf ein Format von fünf mal zwölf, von sechs mal zehn, von fünfzehn mal vier, ja sogar von zwei mal dreißig oder von drei mal zwanzig verteilen. Wenn nun die Zahl noch sehr viel größer und in sehr viele verschiedene Faktoren zerlegbar wäre, könntest du sehr lange nach einem Rasterformat suchen, in dem ein Bild erkennbar wird. Aber nehmen wir an, man hätte dir siebenundsiebzig Zellen geschickt; dann kann das Format nur sieben mal elf oder elf mal sieben sein, beide Male das gleiche Raster, nur einmal auf der Seite liegend. Das heißt also, das Signal übermittelt Bilder, Tabellen, Graphiken, irgend etwas in dieser Art – und jedes Bild hat viertausendunddreiundneunzig mal viertausendundsiebenundneunzig Punkte, Pixel oder was auch immer.«

Denisow nickte. »Mit dieser Zahl haben wir außerdem ein weiteres Indiz dafür, daß es sich um Außerirdische handelt. Sie ist nämlich das Produkt aus der ersten Primzahl nach viertausendsechsundneunzig und der ersten Primzahl vor viertausendsechsundneunzig – und wenn man viertausendsechsundneunzig auf ein Achtersystem umschreibt, ergibt sich eine Eins mit vier Nullen. Das läßt darauf schließen, daß sie sich bei der Anlage ihres Rasters bemüht haben, möglichst nahe an eine für sie ›runde Zahl‹ heranzukommen.«

»Hat mal jemand versucht, die Zahlen in Bilder umzusetzen?« fragte Lori.

»Ich dachte schon, die Frage kommt überhaupt nicht mehr«, sagte Jiro. »Ich werde das Gefühl nicht los, daß überall auf der Erde die gleichen Schlüsse gezogen werden, aber niemand den Mut hat, damit an die Öffentlichkeit zu gehen. Meiner Schätzung nach sind mindestens hundert Personen genauso verfahren wie ich. Schließlich haben *wir* nur deshalb Zugriff auf eine Kopie des Signals, weil wir direkt neben der Empfangsantenne sitzen und zufällig diejenigen sind, die es aufzeichnen; die Bodenstationen, an die wir es übermitteln, haben dagegen nicht nur die Kopien, sondern bezahlen auch Scharen von Leuten dafür, daß sie sie analysieren – während ich mich nur in meiner Freizeit damit beschäftige. Also müssen doch wohl auch andere auf meine Lösung verfallen sein. Die sieht übrigens folgendermaßen aus. Wir nehmen an, die *Beeps* und *Honks*, wie wir sie nennen, repräsentieren tatsächlich die binären Zahlen Eins und Null, und die Dreiergruppen seien folglich Zahlen auf der Basis Acht. Dann gibt es, soweit ich sehe, nur vier Möglichkeiten: Man liest die Dreiergruppe von links nach rechts oder von rechts nach links, und man liest *Beep* als Null und *Honk* als Eins oder umgekehrt. Unter dieser Voraussetzung könnte zum Beispiel ›*Beep Beep Honk*‹ Eins, Vier, Sechs oder Drei bedeuten. Jetzt gehen wir einen Schritt weiter und unterstellen, daß die Zahlen für Helligkeitswerte auf einem Raster von 4093 mal 4097 Feldern stehen. Dann gibt es eigentlich nur acht mögliche Bilder für jeden Rahmen, und die eine Hälfte davon sind Schwarz-Weiß-Negative der anderen. Nun war es nicht allzu schwierig, ein Programm zu schreiben, das für jeden der 16384 Rahmen acht verschiedene Erscheinungsformen errechnete – die neuen *Virtual-Reality*-Spiele in den Vergnügungsparks bewältigen sehr viel umfangreichere Vorgänge in wenigen Minuten, und wir haben sehr viel mehr Computerkapazität zur Verfügung. Und dann hatte ich noch eine Idee – ich hatte einen Satz Rahmen mit jeweils acht Möglichkeiten... Was könnten sie darstellen? Fotos? Fotografische Abbildungen von Buchseiten vielleicht?

Das erste, was mir auffiel, war diese Gruppe.« Er holte sie mit einem Tastendruck in ein Bildschirmfenster. »Einige von den Bildern erinnern an eine Sternkarte, unbekannt sind nur die Symbole.«

»Ganz richtig«, bestätigte Chris. »Das sind die wichtigsten und nächstgelegenen Pulsare. Die Länge dieser Linien ist proportional zur Entfernung von uns – oder wahrscheinlich eher von Alpha Centauri. Solange wir die Linien auf dem Bildschirm nicht exakt messen können, fällt der Unterschied bei diesem Maßstab nicht weiter ins Gewicht.«

Alle sahen ihn an, und er erklärte: »Ich hatte so etwas als Kind in meinem Zimmer hängen – ein Poster der Platte, die damals, in den siebziger Jahren, mit der *Pioneer* ins All geschickt wurde. Ich habe es mir oft genug vor dem Einschlafen angesehen. Die Darstellung hier ist im Prinzip ganz ähnlich, und nachdem wir astronomisch gesehen von Alpha Centauri nicht sehr weit entfernt sind...«

»Ich verstehe«, sagte Jiro. »Nun, auch darauf sind gewiß schon eine ganze Menge Leute gekommen. Vielleicht hilft uns das, ihr Zahlen- und Maßsystem zu entschlüsseln. Die Symbole gleich neben diesen Linien, die eine Art Maßstab darstellen könnten, sehen mir nämlich verdächtig nach Schriftzeichen aus. Und noch etwas ist mir eingefallen: Mehrere aufeinanderfolgende Bilder haben sehr viel Ähnlichkeit miteinander, und für diese scheinbare

Redundanz könnte es eine einfache Erklärung geben – ich glaube, es ist ein Film.«

»Ein Film?« fragte Lori. »Dann wäre jede dieser mehr als sechzehn Millionen Zahlengruppen die Beschreibung eines Einzelbilds?«

»Das war meine Überlegung«, erwiderte Jiro und nickte. »Und das ist dabei herausgekommen. Die intendierte Projektionsgeschwindigkeit können wir freilich nur schätzen, solange wir über ihre Schrift nicht mehr in Erfahrung gebracht haben, aber ich finde, es sieht recht überzeugend aus.«

Das Bild auf dem Schirm wechselte und wurde scharf: Acht Gestalten, die im Begriff waren, so etwas wie ein Raumschiff zu besteigen. Zwei waren sehr groß und dünn, ihr Körper war mit feinem Haar bedeckt, und sie hatten große Fledermausohren. Zwei andere waren von ähnlicher Statur, aber kleiner. Zwei wirkten so stämmig und kräftig wie Gorillas, hatten merkwürdig steil aufragende Schulterwülste und auf dem Kopf einen hohen Mähnenkamm wie die Mohawk-Indianer. Ihr Fell war nicht nur dichter, länger und gröber als das der großen Wesen, sondern auch sehr dunkel; unter dem Kinn trugen sie dichte, struppige Bärte. Die letzten beiden hatten das gleiche grobe, dunkle Fell und wirkten ebenfalls gedrungen wie die Affen, hielten sich aber vollkommen aufrecht; sie waren ziemlich klein und hatten weder Mähnenkamm noch Bart.

Die Geschöpfe stiegen winkend in ein auffallend plumpes, raketenbetriebenes Raumschiff, das auf der Seite lag. Dann schwebte die Rakete ziemlich lange senkrecht nach oben, und schließlich zündeten die Triebwerke.

Die Szene wechselte. Die ISS-Besatzung sah ein Rendezvous mit einem Gebilde, das an eine Raumstation im All erinnerte: ein Torus, aufgespießt auf eine Säule, die durch sein Zentrum führte. Das kleine Schiff dockte unweit des Torus an der Säulenspitze an, mit ein paar kurzen Innenaufnahmen wurde gezeigt, wie die Außerirdischen in das größere Schiff umstiegen, dann löste sich das kleine Schiff und verschwand. Unmittelbar darauf schoß gegenüber dem Torus ein mächtiger, weißglühender Feuerstrahl aus dem Säulenende.

Tatjana Haldin fand als erste die Sprache wieder. »Ich muß schon sagen, Jiro«, bemerkte sie, »wenn Ihre Interpretation nicht stimmt, ist dies der unglaublichste Zufall, den die Welt je erlebt hat.«

Am Ende der ersten vierzig Filmsekunden spannte die Besatzung ein Lichtsegel auf, das Schiff entfernte sich mit zwei Gravitationsschüben von Alpha Centauri, steuerte auf unser Sonnensystem zu und sank der Erde entgegen. »Die Karte zeigt Suez und das östliche Mittelmeer«, rief Lori. »Sie steht zwar auf dem Kopf, aber das sieht man auf einen Blick!«

»Stimmt«, sagte Jiro, »und wenn der blinkende Punkt der Landeplatz ist, dann müssen sie irgendwo im Jordantal runtergekommen sein.«

Nach einem abrupten Szenenwechsel sah man ein zweites Raumschiff, das Alpha Centauri verließ. »Was mag das wohl gewesen sein?« fragte François. »Es ist ja richtiggehend über den Schirm geflitzt.«

Wieder erschien die Karte mit dem Landeplatz; dann hoben Raumschiffe eines dritten Typs von der Erde ab, und plötzlich waren da nur noch drei Pfeile: Einer wies senkrecht nach unten auf den Mond; der zweite auf eine Stelle auf der unteren Marshälfte; und der letzte auf Phobos, den schnellen, inneren Marstrabanten.

»Was wollen sie wohl damit sagen?« fragte Lori. »Der Mond hing kopfüber am Himmel, und Phobos bewegte sich rückwärts, daraus schließe ich, daß Norden am unteren Kartenrand ist und Süden oben. Soll das heißen, daß sie am Südpol des Mondes gelandet sind, auf Phobos und irgendwo in der Nähe des Marsnordpols?«

»Falls ein Pfeil die gleiche Bedeutung hat wie für uns«, schränkte Chris ein. »Vielleicht wollen sie uns auch zeigen, daß irgend etwas von dort kam, daß sie an diesen Stellen ihre Toten begraben, ihre größte Kathedrale errichtet oder den Nullmeridian angesetzt haben.«

Wieder ein Schnitt. Nun erschien ein schlichter, kompakter Kasten mit einem runden Stöpsel an einer Seite und einem viereckigen in der Mitte der nächsten. Dann füllte sich der Bildschirm mit Text. »Das sieht nun wirklich aus wie eine fremde Schrift«, sagte Peter. »Vielleicht ist es die Gebrauchsanweisung für alles, was aussieht wie dieser Kasten?«

»Oder die Gebete, die vor der heiligen Kiste zu verrichten sind, vielleicht auch die Bauanleitung für die neueste außerirdische Waschmaschine?« spekulierte Lori. »Die Anthropologen und Linguisten haben ein bis zwei arbeitsreiche Jahrhunderte vor sich.«

Nach einem neuerlichen Schnitt erschienen zwei Pfeile, der eine auf den Mars, der andere vermutlich auf den Mondsüdpol gerichtet. Dann folgte eine Serie von insgesamt neun Raumschiffstarts. Nach jedem Start wurde anhand von Pulsarpositionen eine Sonne identifiziert und ein Schema des jeweiligen Planetensystems eingeblendet, wobei immer ein Planet mit einem unbekannten Symbol markiert war und ein Pfeil auf eine bestimmte Stelle wies. Als nächstes sah man Tausende von Aliens – einige sahen aus wie die auf dem ersten Bild – durch riesige Korridore kommen. Und schließlich verließ ein Schwarm von Raumschiffen den Orbit, und das Bild der Kiste wurde wiederholt.

»Habt ihr bemerkt, daß ihre Welt einen Gasriesen umkreist?« fragte Jiro. »Ich hatte gleich den Eindruck, daß wir hier eine Bestätigung hätten, aber seht euch die letzte Einstellung genau an.«

Die letzte Einstellung zeigte zehn Sonnensysteme, die sich um ein elftes scharten. Das unsere war dabei, und das System im Zentrum hatte zwei Sonnen, die beide von Gasriesen umkreist wurden.

Der größere Gasriese drehte sich um die größere Sonne, und hatte einen Mond, der mit einem blinkenden Symbol gekennzeichnet war. Der kleinere Gasriese um die kleinere Sonne hatte drei Monde, zwei bewegten sich auf einer halbwegs kreisförmigen, der dritte auf einer stark elliptischen Bahn; neben diesem dritten blinkte ein zweites, etwas anderes Symbol.

»Sieht ganz so aus, als hätten Sie richtig getippt, Chris«, sagte François. »Ein Mond auf einer stark elliptischen Bahn um einen Gasriesen, der Alpha Centauri B umkreist.«

An dieser Stelle endete der Film so abrupt, wie er begonnen hatte.

»Durchaus einleuchtend«, sagte Lori. »Sie haben ihr Heimatsystem ins Zentrum gestellt.«

»Damit sind zumindest die Astronomen zunächst beschäftigt«, sagte Chris. »Die hier dargestellten Systeme haben zusammen sicher mehr als hundert Planeten und Monde. Wenn wir erst einmal die Symbole lesen können, kann alle Welt nach Herzenslust Namen vergeben.«

»Ha!« rief Haldin sarkastisch. »Jede Menge Leute da unten könnten Ihnen auf Anhieb hundert Dinge nennen, die sie einer Ehrung für würdig erachten. Ihre Landsleute, ihre Götter, wahrscheinlich auch noch das Getreide, das sie anbauen. Ich möchte meine Schätzung von vorhin korrigieren. Die IAU wird nicht Jahrzehnte brauchen, um sich zu entscheiden, sondern Jahrhunderte.«

»Warum geht dieser, hm, außerirdische Cartoon wohl nicht schon überall durch den Äther?« fragte François.

»Weil sich wahrscheinlich jeder Wissenschaftler, der auf die gleiche Idee gekommen ist wie ich – und davon gibt es mit Sicherheit genug –, in der Hoffnung wiegt, den Code knacken zu können, bevor er damit an die Öffentlichkeit geht«, sagte Jiro. »Die Entdeckung daß es sich um einen Film handelt, beschert dir zwanzig

Minuten Sendezeit. Wenn du aber herausfindest, worum es in dem Film geht – nun, dann ist dir ein Platz in den Geschichtsbüchern auf lange Zeit sicher.

Die letzte Arbeitsschicht ging ohne besondere Vorkommnisse zu Ende, doch als die Besatzung am nächsten Morgen aufstand, lag von der Erde bereits ein Sammelsurium von Meldungen vor, die teils erstaunlich, teils einfach albern waren.

Mit einem Mal waren sämtliche Fernsehjournalisten geradezu versessen darauf, einen Astronomen vor die Kamera zu zerren. Und da die ersten Ergebnisse so viele festgefügte Vorstellungen über den Haufen geworfen hatten, schnappten die Astronomen, die obendrein oft zum ersten Mal in ihrem Leben im Rampenlicht standen, nur erschrocken nach Luft, stotterten irgend etwas zusammen oder sagten gar nichts.

Schon die Erkenntnis, daß es im Alpha-Centauri-System überhaupt Planeten gab, mußte für viele ein Schock gewesen sein, dachte Chris. Die Entfernungen zwischen den beiden Sonnen variierten um den Faktor drei und die Gezeitenkräfte damit um den Faktor Siebenundzwanzig; seit Jahrzehnten redete man sich die Köpfe heiß, ob bei solchen Bedingungen sämtliche Kleinstmeteore, die Urbausteine der Planeten, einfach weggefegt würden (so daß nichts mehr da wäre), ob sie nur nicht verschmelzen könnten (so daß Tausende von winzigen Körpern durchs All schwebten) oder ob die Verschmelzung gar erleichtert würde (so daß eine kleine Zahl sehr großer Planeten entstünde.) *Schön,* dachte Chris. *Jetzt werden die Astronomen und Planetenkundler endlich erfahren, wer den Haupttreffer gezogen hat.* Für die beiden ›Keine Planeten‹-Theorien sah es jedenfalls nicht gut aus.

Der ganze Berufsstand war so sehr in den Mittelpunkt des Interesses gerückt, daß kein Astronom mehr einen Schritt tun konnte, ohne daß alle Welt davon erfuhr. Vincente Auricchio, ein italienischer Astronom, hatte die Gunst der Stunde genützt, seine Erkenntnisse via Internet veröffentlicht und nur zwanzig Minuten später eine Pressekonferenz einberufen. Dieses Spektakel ließ man sich auch auf der ISS nicht entgehen. Auricchio sprach Englisch (die Sprache der Internationalen Medien, seit *BBC Overseas TV* und *CNN* die Welt unter sich aufgeteilt hatten) mit einem ganz leichten Akzent und gab sich so routiniert, als habe er sich sein ganzes Leben lang auf diesen Auftritt vorbereitet.

»Meine Damen und Herren«, begann er, »ich sehe keinen Anlaß

zu falscher Bescheidenheit und will auch nicht, wie man bei Ihnen sagt, wie die Katze um den heißen Brei herumgehen. Die westliche Zivilisation ist die größte, die die Erde je hervorgebracht hat, der Westen wurde von Italien zivilisiert und Italien von Rom. So ist es kein Zufall, daß gerade ich, als Bürger der Ewigen Stadt geboren, den Schlüssel zur Botschaft der Außerirdischen gefunden habe. Ich verglich die Bahnen, die von der Besatzung der Internationalen Raumstation errechnet wurden, mit den Bahnen in der Computeranimation der Tiberianer-Botschaft, unterstellte, daß das eine die Übersetzung des anderen sei, und kam auf diese Weise hinter das Symbolsystem der Außerirdischen. Danach wandte ich mich ...«

»Verzeihung«, unterbrach ihn der Reporter der *New York Times*. »Sie sprachen von der Botschaft der ...«

»Der Tiberianer. Der Bewohner Tibers. So heißt der bewohnte Mond um Juno, die wiederum Alpha Centauri A umkreist. Wie gesagt, durch einen Vergleich mit den von Terence, Raymond und Kawaguchi errechneten Bahnen – wobei ich darauf hinweisen möchte, daß sowohl Terence wie Raymond ihrem Lebenslauf zufolge italienische Vorfahren hatten ...«

»Und ich esse gern italienisch«, sagte Jiro. Alles zischte ihn nieder.

»... konnte ich das Zeichensystem dechiffrieren und weiß nun, wo diese neuen Planeten sind und schon seit Tausenden von Jahren sein müssen. Nun hat unsere Universität von Rom ein sehr gutes System – das beste der Welt, wenn Sie mich fragen – zur digitalen Archivierung praktisch aller astronomischen Aufnahmen entwickelt, die in den letzten einhundertundfünfzig Jahren gemacht wurden. So war es nicht weiter schwierig, alle Fotos, die bei ausreichend hoher Auflösung diese Planeten und ihre Monde zeigen müßten, in meinen Computer zu laden und diejenigen auszusondern, deren Auflösung hoch genug war. Es waren mehrere tausend. Indem ich sie, besonders die Aufnahmen des amerikanischen Weltraumteleskops Hubble, miteinander kombinierte, konnte ich zeigen, daß sich diese matten, weißen Flecken, die man bis dahin fälschlicherweise für sehr blasse, sehr weit entfernte Sterne gehalten hatte, genau an den richtigen Stellen für die fraglichen Planeten und Monde befinden. Hier nun meine Aufstellung der gesichteten Objekte, soweit ich sie den Archivunterlagen entnehmen konnte, meine Damen und Herren, die ersten, gesicherten Zeugnisse für die Existenz von Planeten um Alpha Centauri A und B.

Juno – der Planet von Alpha Centauri A – hat eine Masse, die schätzungsweise dem Zweihundertundfünfzigfachen der Erd-

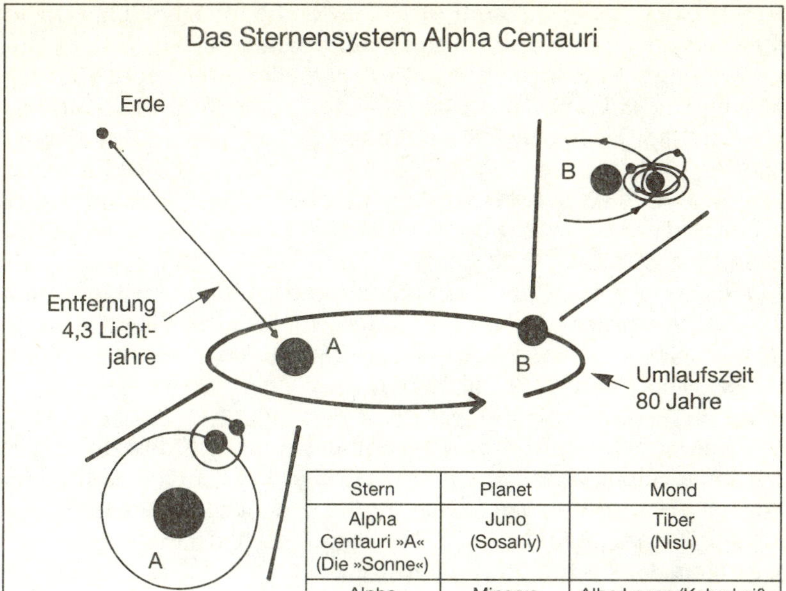

Stern	Planet	Mond
Alpha Centauri »A« (Die »Sonne«)	Juno (Sosahy)	Tiber (Nisu)
Alpha Centauri »B« (Zoiroy)	Minerva (Sahmahkouy)	Alba Longa (Kahrekeif) Hercules (Toupox) Caesar (Poumox)

masse oder drei Vierteln des Jupiter entspricht, und umkreist ihren Primärstern in einer Entfernung von etwas mehr als einer Astronomischen Einheit.

Junos Mond Tiber umkreist den Riesenplaneten in einem Zyklus von sechsundzwanzig Stunden und ist von der Masse her ein klein wenig größer als die Erde. In der Botschaft ist er eindeutig als der Ort gekennzeichnet, von dem unsere außerirdischen Besucher einst kamen oder zu kommen gedenken.

Minerva, ein weiterer Gasriese, umkreist Alpha Centauri B in einer Entfernung von knapp einer astronomischen Einheit; ihre Masse beträgt das Einundertachtunddreißigfache der Erdmasse.

Alba Longa, der Minerva-Mond, auf dem der Sender steht, ist anderthalbmal so groß wie der Mars und bewegt sich auf einer stark elliptischen Bahn.

Hercules, ein weiterer Minerva-Mond, ist etwa so groß wie Io in unserem Sonnensystem und folgt einer ziemlich weit ausholenden, aber nahezu kreisförmigen Bahn.

Und schließlich der Mond, der Minerva am nächsten und am schwersten zu erkennen ist. Von ihm habe ich nur etwa ein Dutzend Bilder – aber das sind mehr als genug, um seine Existenz zu beweisen. Diesen Mond habe ich Caesar genannt.

Ausführliche Informationsunterlagen über diese neuen Welten – die wieder einmal, wie schon so viele andere, von einem stolzen Italiener entdeckt wurden – erhalten Sie von meinen Assistenten. Sollten Sie Fragen zur Entschlüsselung der Botschaft der Außerirdischen oder zu den neuen Welten haben – über die uns derzeit freilich noch sehr wenig bekannt ist –, so stehe ich Ihnen selbstverständlich gerne zur Verfügung.«

Der Reporter der *Times*, ein kleines, dürres Männchen, trat noch einmal vor und hob den Arm. Auricchio erteilte ihm mit einem gereizten Seufzer das Wort. »Wenn Sie gestatten«, begann der Journalist, »möchte ich auf die Namen eingehen, die Sie diesen Himmelskörpern ...«

»Das ist mein gutes Recht als Entdecker. Ich werde nicht in den gleichen Fehler verfallen wie mein großer Landsmann Kolumbus, der es bekanntermaßen versäumte, die neuen Länder nach sich benennen zu lassen. Nur dank eines glücklichen Zufalls geht auch der Name ›Amerika‹ auf einen Italiener zurück. Ich habe große Namen aus der italienischen und besonders aus der römischen Tradition gewählt, und das halte ich wahrhaftig für angebracht. Die wissenschaftliche Potenz des Westens hat diese Entdeckung ermöglicht, und die geistige Führung des Westens liegt seit eh und je in der Hand Italiens. Wenn andere Nationen ihre eigenen Planeten haben wollen, dann sollen sie zusehen, daß sie welche entdecken – aber ich warne Sie, meine Assistenten und ich sind bereits eifrig dabei, die Planeten in den anderen in der tiberianischen Botschaft angegebenen Sonnensystemen ausfindig zu machen. Nächste Frage bitte?«

Ein anderer Mann stand auf. »Es sieht so aus, als würden zwei, wenn nicht gar drei verschiedene Spezies in dieses Raketenschiff steigen. Sind Sie sicher, daß es sich bei allen um Tiberianer handelt?«

»Es ist nicht auszuschließen, daß ein Geschlecht von Weltraumeroberern bereits Bekanntschaft mit anderen raumfahrenden Intelligenzen gemacht hat«, erklärte Auricchio. »Aber soweit sind wir nun wirklich noch nicht. Tiber könnte auch von anderswoher besiedelt worden sein, dann wären beide Spezies Kolonisten. Aber warum sollten sie nicht der gleichen Gattung angehören – ein Außerirdischer würde einen Chihuahua und einen Bernhardiner wohl kaum derselben Gattung zuordnen. Vielleicht handelt es sich nur um verschiedene tiberianische Rassen. Nächste Frage?«

Der *Times*-Reporter rief ziemlich laut: »Was sagen Sie zu der gestrigen IAU-Erklärung, nach der ...«

»Die IAU kann meinethalben zum Teufel gehen, sie wird schon wissen, wo er zu finden ist«, sagte Auricchio. »Was ich entdeckt habe, benenne ich auch. Ich werde nicht zulassen, daß diese internationalistischen Wirrköpfe meine Himmelskörper mit den Namen irgendwelcher Götzen oder aufgeblasener Diktatoren verunstalten. Und jetzt bitte eine interessante Frage.«

So ging es weiter. Als deutlich wurde, daß mit echten Neuigkeiten nicht mehr zu rechnen war, schaltete man auf der ISS den Apparat aus, und jeder ging wieder an seine Arbeit. Doch Chris und François, die gemeinsam gravimetrische Präzisionsmessungen durchführten, sahen sich immer wieder einmal an und seufzten: »Hätten wir ihn doch Marianne genannt, als es noch möglich war ...«

»Oder Nero oder Caligula«, fügte Peter dann hinzu. »Um ein etwas ausgewogeneres Bild von Rom zu vermitteln.«

Doch Auricchios Namen hielten sich; sie waren leicht zu merken und leicht auszusprechen, sie existierten in irgendeiner Form bereits in den meisten größeren Weltsprachen und – wie Amerikaner und Europäer bei Umfragen meist erklärten – »sie hörten sich wie richtige Planetennamen an.«

Die IAU erinnerte in zahllosen Presseerklärungen daran, daß die neuen Namen nicht offiziell anerkannt waren, doch nur die *New York Times* blieb bei der vorläufigen IAU-Nomenklatur und nannte die neuen Welten Alpha Centauri A-I, Alpha Centauri A-I-1, Alpha Centauri B-I, Alpha Centauri B-I-1, Alpha Centauri B-I-2 und Alpha Centauri B-I-3; alle anderen sprachen genau wie Auricchio von Juno, Tiber, Minerva, Alba Longa, Hercules und Caesar, und die Außerirdischen firmierten umgehend als ›Tiberianer‹.

Für Auricchio lief freilich doch nicht alles nach Wunsch. Etwa ein Jahr später wies ein fleißiger japanischer Astronom in Tsukuba nach, daß es Bilder vom Hubble-Teleskop, die an den von Auricchio bezeichneten Stellen kleine weiße Flecken aufwiesen, gar nicht gab. Bei eingehenderen Ermittlungen wurde nachgewiesen, daß der Italiener, als er selbst beim leistungsstarken Hubble-Teleskop an Präzisionsgrenzen stieß, die Bilder manipuliert und die Flecken selbst eingefügt hatte, um auch ›Caesar‹ in seine Liste der Entdeckungen aufnehmen zu können. Er verlor seinen Lehrstuhl an der Universität und trat im Fernsehen nur noch in Sendungen vom Typ ›Was ist aus ihnen geworden?‹ auf. Das einzige Mal, als eine solche Sendung etliche Jahre später auch in den USA über den Bildschirm lief, sagte mein Vater Dinge, für die er mir den Mund mit Seife ausgewaschen hätte, und schaltete den Apparat aus. Doch auch er verwendete Auricchios Namen für die neuen Welten. Sie paßten einfach zu gut, und alle anderen taten es schließlich auch.

Das Signal wurde noch sieben Monate lang weiter ausgestrahlt, dann verstummte es für immer. Sooft es in dieser Zeit auch aufgezeichnet wurde, es waren und blieben 16384 Bilder – eine Zahl, die gleich 2^{14} oder 4×8^4 war, wie man bald feststellte, also vielleicht unseren 50000 entsprach. Expertenteams bestätigten Dads Vermutung, daß die Positionsbestimmungen in bezug auf die Pulsare vorgenommen worden waren. Auch die Fotografien von den Außerirdischen wurden ausgiebig studiert. Vieles blieb rätselhaft, doch allmählich entstand Einigkeit darüber, was die Botschaft zu bedeuten hatte.

Die eigentlichen Adressaten waren wohl tiberianische Kolonien. Das neue Symbol für Alba Longa (den Mond um Alpha Centauri B) in der Computeranimation bezeichnete offenbar die Stelle im Orbit, an der die Übertragung einsetzte. Untersuchungen ergaben, daß dies auch der Punkt war, an dem sich die vier größten Radiostörer im Alpha-Centauri-System – die beiden Sonnen und die zwei Gasriesen – (jedenfalls von der Erde aus gesehen) in maximaler Entfernung von Alba Longa befanden. Ein Symbol am unteren Bildschirmrand wurde als Zählwerk erkannt. Es sprang (vorausgesetzt, wir hatten die Zahlen richtig gelesen), von 112 auf 113, als das Symbol erschien; das gleiche Zählwerk stand auf Null, als die Animation den Start der Rätselkisten demonstrierte. Das wurde meist so verstanden, daß die Botschaft seit dem Start der Boxen zu den Kolonien 112 Mal übertragen worden sei, und daß es sich hier um die 113. Wiederholung handle.

Phasen maximaler Entfernung gab es nur in unregelmäßigen Abständen, und manche waren für Radioübertragungen günstiger als andere, doch der wichtigste Faktor war dabei die achtzigjährige elliptische Bahn von A um B, und der zweitwichtigste der stark elliptische zweieinhalbjährige Orbit von Alba Longa um Minerva. Wenn man beides berücksichtigte, errechneten sich Phasen maximaler Entfernung in Abständen von zweiundsiebzig bis einundneunzig Jahren, aber im Durchschnitt kam man ziemlich genau auf achtzig Jahre. Wenn diese Übertragung also die 113. war, mußten seit der ersten 112 Mal 80 Jahre vergangen sein, der Sender wäre also etwa 7000 v. Chr. in Betrieb gegangen. Mit neuen Informationen würde auch eine exaktere Datierung möglich werden, aber ›vor neuntausend Jahren‹ klang zunächst nicht schlecht. Die Ereignisse, auf die in der Botschaft Bezug genommen wurde, lagen offenbar noch ein bis zwei Jahrhunderte vor der ersten Ausstrahlung.

Die Außerirdischen waren hier auf der Erde gewesen, mit mehr als einem Schiff, wahrscheinlich mehr als einmal. Anschließend waren sie aus unbekannten Gründen nicht etwa nach Hause zurückgekehrt, sondern zum Südpol des Mondes und zum Korolew-Krater auf dem Mars geflogen. Der auf den Mars gerichtete Pfeil wies eindeutig auf 73° nördlicher Breite; danach huschte kurz ein Bild über den Schirm, das einen großen Krater zeigte. Korolew war der einzige große Krater auf diesem Breitengrad, allerdings schien er, nach der Aufnahme zu schließen, beim Besuch der Tiberianer weniger hoch mit Eis gefüllt gewesen zu sein als heute – ein weiteres Rätsel in der geheimnisvollen Geschichte des Mars.

Besonders stand freilich der mysteriöse Container, den sich schon Chris und die anderen Astronauten auf der ISS nicht hatten erklären können, im Brennpunkt des Interesses. Der erste Hinweis auf seine Bedeutung war eine merkwürdige Illustration in der linken unteren Ecke gewesen: ein spiralförmiges Knäuel aus zehn schwarzen und zehn weißen Punkten, umgeben von zehn Kreisen, und ein Pfeil, der auf einen Kreis zeigte. Kurz darauf war jemand auf die Idee gekommen, es handle sich womöglich um die Darstellung eines Atoms; das Neonatom hat in seiner häufigsten Form einen Kern aus zehn Neutronen und zehn Protonen und ist von zehn Elektronen umgeben. Markiert war eins von den äußeren Elektronen, und wieder dauerte es nicht lange, bis jemand begriff, daß es sich um die Definition einer bestimmten Lichtwellenlänge handelte. Elektronenbahnen sind gequantelt, das heißt, sie sind an ein bestimmtes Energieniveau gebunden. Wenn ein Elektron auf eine Bahn mit einem höheren Niveau geschleudert wird, kehrt es irgendwann auf sein eigenes Ausgangsniveau zurück, indem es genau die Energiedifferenz zwischen den beiden Bahnen abgibt; das gilt für alle Elektronen im ganzen Universum, die auf der gleichen Bahn um den gleichen Kerntyp kreisen. Und weil die Energie des Photons, das abgestrahlt wird, um Energie abzubauen, seiner Frequenz direkt proportional ist, gibt man mit der Spezifizierung eines gegebenen Elektronentransfers innerhalb der Elektronenschalen eines gegebenen Atoms genau an, welche Art von Licht dabei erzeugt wird (und wie es zu erzeugen ist).

Die Pfeile waren eindeutig eine Aufforderung an den Betrachter, Licht dieser Wellenlänge zu erzeugen und nach bestimmten, ebenfalls vorhandenen Anweisungen impulsweise auszusenden. Die Grundeinheit für den Impuls war die Zeit, die 4096 Wellenlängen dieses Lichts brauchten, um einen festen Punkt in einem Vakuum zu passieren. Wenn man dieses Licht auf den viereckigen Stöpsel des Containers richtete, würden aus dem runden Stöpsel Lichtimpulse auf 128 verschiedenen, durch weitere Atomsymbole beschriebenen Frequenzen dringen, wobei die Einzelimpulse Zahlenketten auf der Basis acht ergaben. (Im Grunde war es wie ein Fernsehgerät, das 128 Kanäle gleichzeitig empfangen konnte; wir mußten uns aussuchen, welche Sendung wir als erste ›sehen‹ und welche wir ›aufzeichnen‹ wollten.) Der erste winzige Bruchteil davon war – offenbar zu Justierungszwecken – eine Kopie dieser ersten Botschaft (so wurde es jedenfalls allgemein interpretiert); dann sollten sechzehn Tage lang auf allen Kanälen mit einer Geschwindigkeit von zehn Gigabaud Daten abgegeben werden.

Diese Rekonstruktion wurde durch ein Zeichen bestätigt, das besagte, die Botschaft aus dem Container enthalte die zehnmillionenfache Informationsmenge der Botschaft, die wir über Funk empfangen hatten. Nachdem wir diese nun soweit entschlüsselt hatten, daß wir die richtige Abspielgeschwindigkeit kannten, wußten wir, daß sie eine Länge von sieben Minuten und vierzig Sekunden hatte; ergo entsprach die Information in dem Container einem Film von einhundertsechsundvierzigtausendundzwölf Jahren Länge – oder einer halben Million von durchschnittlich dicken Büchern, etwa einer kleinen Collegebibliothek.

Der Container stellte demnach das Gesamtarchiv – Lyrik, Malerei, Musik, Literatur, Naturwissenschaften, Technik, Witze, was auch immer – einer Zivilisation dar, die uns etwa zweihundert Jahre voraus war, wenn man unterstellte, daß der technische Fortschritt annähernd die gleiche Richtung genommen hatte. Wenige Tage nach Entschlüsselung der Botschaft sprach alle Welt auf einmal nur noch von der *Enzyklopädie*. Der Begriff war wie von selbst entstanden.

Die Botschaft war vermutlich gar nicht für uns bestimmt, sondern sollte den tiberianischen Kolonien auf dem Mondsüdpol und im Korolew-Krater auf dem Mars mitteilen, wo der Speicher mit den Informationen zu finden war. Warum man Phobos nicht bedacht hatte, obwohl der kleinen Karte zufolge auch dort ein Stützpunkt gewesen sein mußte, war ein weiteres Rätsel – ich kann mich noch gut erinnern, wie mich die leidenschaftlichen Diskussionen zwischen Dad, Peter Denisow und Tante Lori auf unserer Veranda vom

Einschlafen abhielten. Hatten die Tiberianer ihre Kolonie auf Phobos verloren oder aufgegeben? War Phobos nur eine Zwischenstation auf dem Weg zum Mars gewesen? Manchmal behauptete Peter, um die beiden anderen zu ärgern, die Kolonie auf Phobos sei unartig gewesen und habe zur Strafe keine *Enzyklopädie* bekommen.

Die Bezeichnung *Enzyklopädie* für den Container, der soviel an Information über die Tiberianer enthielt, hatte sich wie ein Lauffeuer verbreitet. Mit ihr setzte sich eine elementare Überzeugung in den Köpfen fest: Die Menschheit mußte diese *Enzyklopädie* in die Hand bekommen, und dazu mußte sie, mehr als dreißig Jahre nach Apollo 17, auf den Mond zurückkehren.

Die Frage war nur, welcher Teil der Menschheit, und wie. Die Chinesen, die als einzige Nation tatsächlich planten, in absehbarer Zeit zum Mond zu fliegen, hatten prompt erklärt, sie würden ihre Bemühungen verstärken, die *Enzyklopädie* zur Erde bringen, und die Ausbeute ›je nach Bedarf‹ mit anderen Nationen ›teilen‹. Daraufhin trafen sich die ›Vier Weltraummächte‹, bestehend aus den Vereinigten Staaten, Rußland, Japan und Frankreich, eilends zu einer Krisensitzung. (Im letzten Moment kehrte auch die ESA reumütig in den Kreis zurück, die anderen europäischen Staaten hatten mit Schrecken erkannt, daß sie Gefahr liefen, außen vor zu bleiben.) Man kam zu dem Ergebnis, daß es mit einer Kombination aus bewährter russischer und europäischer Technik und den Produktionskapazitäten sowie den Materialien der Amerikaner und Japaner möglich sein sollte, »die Chinesen aus dem Stand zu schlagen«, wie sich der Präsident der Vereinigten Staaten ausdrückte.

Das wurde um so dringender, als der Kalte Frieden jeden Moment in eine heiße Phase einzutreten drohte. Von Pusan bis Haiphong wurden amerikanische Schiffe von chinesischen U-Booten beschattet, alle paar Wochen machten russische Streitkräfte wegen irgendwelcher ›Grenzzwischenfälle‹ mobil, und von chinesischer Seite kam ziemlich unverhohlen die Drohung, man würde anfangen, Nachrichtensatelliten abzuschießen, wenn die Direktübertragungen nach China nicht eingestellt würden. Da viele dieser Satelliten inzwischen von Privatfirmen in Billigflaggenländern betrieben wurden und die beanstandeten Propagandasendungen zum größten Teil von chinesischen Emigrantengruppen in eigener Regie produziert wurden, konnten die Vier Mächte gar nichts dagegen tun, selbst wenn sie gewollt hätten. Inzwischen verfeuerten die Chinesen von Jahr zu Jahr mehr Kohle pro Kopf, und als die schwarzen Rußwolken über Japan, Korea, Formosa und den Philippinen immer dichter wurden, setzten die Pazifikanrainer mit japanischem Geld und koreanischen Militärberatern eine rasante Wiederaufrüstung in Gang. Rußland und die Vereinigten Staaten sahen sich nach einer Generation erstmals wieder mit der Möglichkeit eines atomaren Angriffs konfrontiert und begannen, ein Novum in der Geschichte der beiden Weltmächte, allen Ernstes mit der Planung und dem Bau von Raketenabwehrsystemen. China besaß bislang erst wenige Interkontinentalraketen, noch konnte es also Eindruck machen, wenn man in der Lage war, einige davon abzuschießen.

In diesem Klima des Wettrüstens konnte man natürlich keinesfalls zulassen, daß die Chinesen die *Enzyklopädie* in ihren Besitz brachten und womöglich mit einem Satz zweihundert Jahre technischer Entwicklung einfach übersprangen. Der Sprecher des Repräsentantenhauses traf den Nagel auf den Kopf: »Es kann nicht angehen, daß sie als einzige im Sonnensystem einen Bibliotheksausweis kriegen.«

Andererseits war ein Wettlauf um die *Enzyklopädie* für beide Parteien ein gefährliches Unterfangen. Erstens konnte man auch verlieren; zweitens war nicht auszuschließen, daß eine Seite aus Ungeduld zu viel riskierte und die *Enzyklopädie* zerstörte; und drittens war – die schlimmste Möglichkeit – zu befürchten, daß die neugewonnenen Erkenntnisse überstürzt und unüberlegt in die Praxis umgesetzt wurden. ›Man stelle sich vor, Napoleon hätte die Atombombe gehabt! Man hätte im amerikanischen Bürgerkrieg mit Flugzeugen gekämpft und Giftgas auf die Städte gesprüht!‹ Viele Entscheidungsträger vertraten die Ansicht, die *Enzyklopädie* müsse nicht nur allen zur Verfügung stehen, es gelte auch, sie mit Umsicht auszuwerten und stets abzuwägen, wofür wir beim gegenwärtigen Stand unserer Entwicklung schon reif seien und wofür noch nicht.

Letzten Endes war es jedoch den Staaten der dritten Welt zu verdanken, daß China sich mit an den Verhandlungstisch setzte. Wie einst im kalten Krieg mußte die militärisch und wirtschaftlich schwächere Macht nach Möglichkeiten suchen, den Gegner mit möglichst geringem Aufwand zu piesacken, und da bot es sich geradezu an, revolutionäre Bewegungen in allen Teilen der Welt, hauptsächlich aber in rohstoffreichen Gebieten finanziell zu unterstützen. Doch die Führer der dritten Welt hatten aus dem Hickhack um den *Law of the Sea Treaty** und den *Moon Treaty* ihre Lehre gezo-

---

* Abkommen zur Nutzung der Meere

gen. Wenn sie die großen, wirtschaftlich starken Nationen sich selbst überließen, lief die Ausbeutung schwer zugänglicher Bodenschätze nach dem Grundsatz ›Wer's findet, dem gehört's‹ ab – und damit würden die reichen Nationen immer noch reicher, während die Armen Märkte für ihre Rohstoffe einbüßten. Und das wäre wohl kaum im Sinne der armen Nationen.

Die dritte Welt war mit dem Viermächteplan nicht uneingeschränkt zufrieden, aber er sah immerhin vor, daß der Inhalt der *Enzyklopädie* in eine allgemein verständliche Form gebracht und jedermann zur Verfügung gestellt werden sollte. Der chinesische Plan – wonach China darüber entschied, was alle anderen wissen durften – war sehr viel bedrohlicher. Und nachdem die Chinesen für ihre Geschäfte mit der dritten Welt auf das Wohlwollen möglichst vieler dortiger Regierungen angewiesen waren, blieb der Volksrepublik, als sich zehn im Grunde prochinesische Staatsführer über die chinesische Haltung beklagten, gar nichts anderes übrig, als diesen Klagen Gehör zu schenken.

So gesellte sich denn, wenn auch mit großen Vorbehalten und sehr auf ihre Rechte bedacht, eine chinesische Delegation zum Planungsausschuß der Viermächtekonferenz. Binnen eines Jahres wurde ein Programm für eine Mission erstellt, die einen Flug zum Südpol des Mondes sowie die Bergung der *Enzyklopädie* umfaßte. Sich der *Enzyklopädie* zu bemächtigen stand offenbar für alle Beteiligten an erster Stelle. Eine Spezialeinheit zum Mond zu schicken und die Informationen an Ort und Stelle auf andere Medien überspielen zu lassen, ohne das Gerät selbst zu verlagern, wäre natürlich sehr viel zeitaufwendiger gewesen und wurde als unzweckmäßig abgelehnt. Das Ziel war, den Container mit der *Enzyklopädie* zu finden und damit zur Erde zu fliegen.

Der gesamte Missionsablauf entwickelte sich also aus einer einfachen Fragestellung: Wie bringen wir die *Enzyklopädie* vom Mondsüdpol auf die Erde, damit unsere Experten sie studieren können? Als erstes sollten Robotsonden das Gebiet nach dem Standort der *Enzyklopädie* absuchen. Wenn sie ihn ausfindig gemacht hatten, wurde mit einem Transponderfunkfeuer der nächstgelegene Landeplatz markiert. Dort landete dann eine unbemannte Mondfähre, die zur Beförderung schwerer Lasten eingerichtet war – die Beschreibung der *Enzyklopädie* hatte keine Angaben zu ihrer Masse enthalten, sie konnte also auch aus Blei, aus Gold oder aus reduziertem Uran bestehen. Auf einer zweiten Landefähre mit einem Zusatzvorrat an Treibstoff flog ein vierköpfiges Astronautenteam ein und setzte daneben auf; die Besatzung lud die *Enzyklopädie* in das erste Fahrzeug und tankte es voll. Zwei Mann flogen die beladene Fähre auf direktem Weg zur Erde zurück und setzten wie bei den ersten Mondmissionen auf dem Wasser auf; die beiden anderen starteten entweder mit der zweiten Fähre oder setzten, falls das als sinnvoll erachtet wurde, ihren Aufenthalt fort.

Dieser Plan hatte nur so lange Bestand, bis die ersten Roboter den Südpol erreichten und dort zwar keine *Enzyklopädie*, aber einen kompletten tiberianischen Stützpunkt vorfanden. Es war alles vorhanden, ein Raumschiff in einem tiefen Krater, riesige Solarzellentafeln am oberen Teil der Innenwand eines zweiten Kraters, eindeutige Überreste tiberianischer Wohnstätten und ein Platz mit vielen, schnurgerade ausgerichteten Steinmalen, jedes etwa so lang wie ein menschlicher Körper – zweifellos ein Friedhof. Es dauerte nur wenige Tage, bis jedermann die Bilder gesehen hatte. Die Reaktionen fielen unterschiedlich aus.

Einerseits war man von der sogenannten *Tiberkolonie* fasziniert und wollte mehr darüber wissen. Andererseits wurde die Suche nach der *Enzyklopädie* durch die Entdeckung ganz erheblich kompliziert, denn nun gab es zwei Möglichkeiten: Entweder hatten die Tiberianer die *Enzyklopädie* in irgendeinen Teil ihrer Kolonie gebracht – in diesem Fall müßten Wissenschaftler von der Erde sich dorthin begeben, alle Türen aufmachen und jeden Winkel danach absuchen. Oder die *Enzyklopädie* war erst eingetroffen, nachdem der Stützpunkt bereits tot und verlassen war, dann lag sie womöglich in beträchtlicher Entfernung davon. Logisches Denken war noch nie eine Stärke der breiten Öffentlichkeit gewesen, und so kam man zu folgendem Schluß: Nachdem die *Tiberkolonie* der bisher schlagendste Beweis für die Echtheit der tiberianischen Botschaft sei, müsse man auch dort mit der Suche beginnen. Und zumindest in demokratischen Nationen wie Rußland, den Vereinigten Staaten, Japan und Frankreich hatte die Stimme des Volkes großes Gewicht.

Also wurde der Ablauf in aller Eile geändert und zeitlich neu gefaßt. Nun flog zuerst eine unbemannte Landefähre, die aber darauf eingerichtet war, mit Besatzung zur Erde zurückzukehren, die *Tiberkolonie* an. Danach landete eine erste bemannte Mission, um nach der *Enzyklopädie* zu suchen; währenddessen hielten die Robotsonden in der näheren Umgebung des Stützpunkts danach Ausschau. Die erste Gruppe führte außerdem einige einfache Baumaßnahmen durch, um bessere Voraussetzungen für die zweite Expedition zu schaffen, die etwas später eintreffen und erstmals

›Station machen‹ sollte (d.h., nur zwei Astronauten kehrten zur Erde zurück; zwei andere blieben, um nach Ankunft einer dritten Mission mit dieser zusammenzuarbeiten). Unter anderem hatte die zweite Expedition ein Kraftwerk zu errichten, um das Eis in den tiefen Kratern am Südpol (in die seit ihrer Entstehung kein Sonnenstrahl gefallen war) zu schmelzen.

Das Vorhandensein von Eislagerstätten auf dem Mond, wo es niemals fließende Gewässer und praktisch auch keine Luft gab, mag zunächst verwundern, aber der lunare Südpol ist ein Sonderfall. Der größte Teil des Mondes hat zwei Wochen lang Tag und zwei Wochen lang Nacht, denn während der Mond der Erde immer die gleiche Seite zuwendet, rotiert er in bezug auf die Sonne durchaus. (Stellen Sie sich vor, Sie seien die Sonne, ein Baum in einiger Entfernung sei die Erde, und ein Freund stelle den Mond dar. Wenn der Freund um den Baum herumgeht und ihm dabei ständig das Gesicht zuwendet, sehen Sie seinen Rücken, wenn er Ihnen am nächsten ist, aber sein Gesicht, wenn er am weitesten von Ihnen entfernt ist. So richtet sich auch jeder Punkt am Mondäquator irgendwann einmal auf die Sonne.)

Während der zweiwöchigen Nacht kühlt das Mondgestein so stark ab, daß jedes Wassermolekül, von dem es getroffen wird, daran hängenbleibt; alles vorhandene Wasser friert also an den Felsen fest und bildet eine Rauhreifschicht. In den zwei Wochen Tag werden dieselben Felsen so heiß, daß sie unser Wassermolekül mit großer Wucht von sich schleudern, nicht ganz bis ins All, aber bis in eine Höhe von Hunderten von Kilometern. Trifft nun das Molekül beim Herunterkommen abermals auf einen hellen, heißen Stein, dann bekommt es einen neuerlichen Energieschub und springt beim nächsten Mal noch höher. Wenn sich dieser Vorgang vier- bis zehnmal wiederholt hat, fliegt es so hoch, daß es nicht mehr zurückkommt.

Trifft es jedoch auf einen dunklen Felsen, dann klebt es fest, aber normalerweise nur so lange, bis die Sonne die jeweilige Mondregion erreicht. Dann geht das Auf und Ab von neuem los, bis es entweder wieder auf der dunklen Seite landet und haften bleibt oder auf der hellen Seite endgültig ins All geschleudert wird. So geht an jedem Mondtag etwas Wasser verloren, und im ständigen Wechsel von Tag und Nacht wird der Mond im Lauf der Jahre schließlich pulvertrocken.

Aber das ist nur die generelle Situation. Die tiefen Krater am Südpol bekommen niemals Sonnenlicht; das Gestein in ihrem Innern bleibt ständig dunkel. Wird also ein Wassermolekül in einen

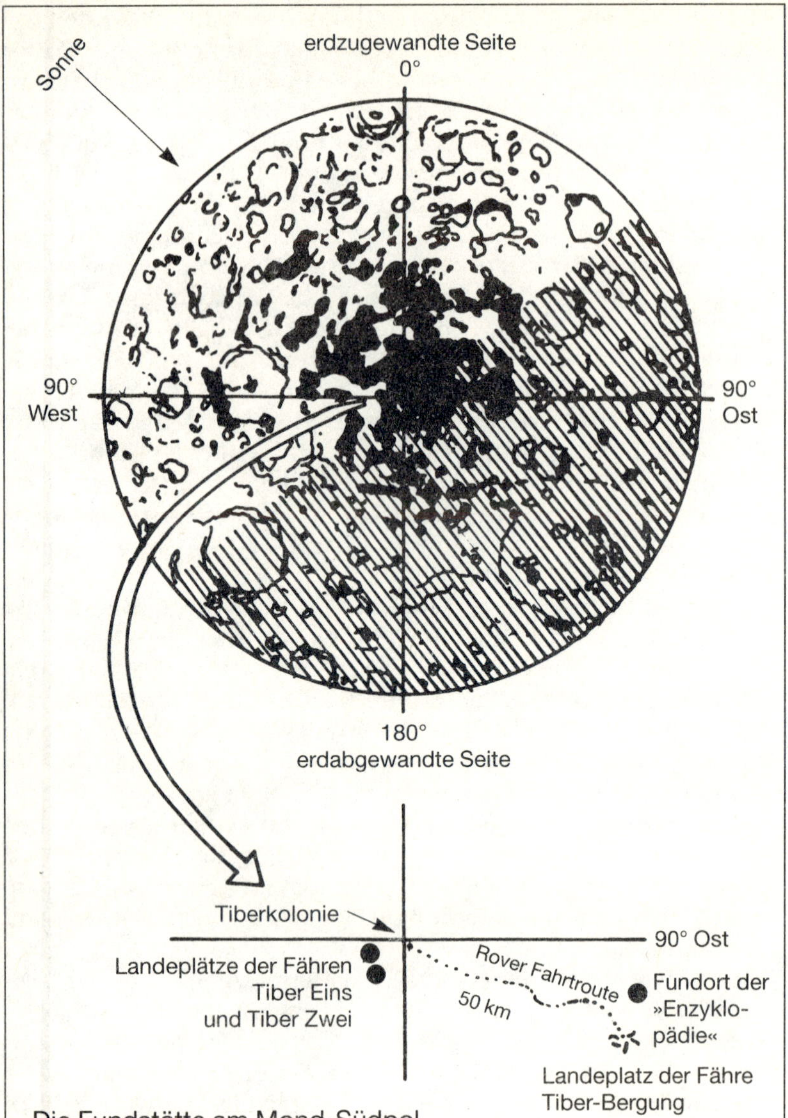

Die Fundstätte am Mond-Südpol

dieser Krater geschleudert, dann landet es, klebt fest und bleibt – für immer.

Und der Mond bekommt, wenn auch selten, immer wieder einmal Wasser – meistens durch einen Kometen. Kometen sind nach

Fred Hoyles unvergeßlicher Beschreibung ›schmutzige Schneebälle‹ – Wassereiskugeln von der Größe eines Berges, durchsetzt mit einzelnen großen Felsbrocken. Im Abstand von Jahrtausenden schlägt dann und wann ein Komet auf dem Mond ein, reißt einen neuen Krater, bricht auseinander und entläßt Millionen und Abermillionen Tonnen Wasser auf die Oberfläche. Das meiste verflüchtigt sich rasch im ewigen Wechsel von Frost und Hitze – aber ein Teil verirrt sich doch in die Krater am Südpol und bleibt dort erhalten. Über Jahrmillionen kommen auf diese Weise ganz beachtliche Mengen zusammen.

Somit standen viele Tonnen Eis zur Verfügung. Eis besteht aus Wasserstoff und Sauerstoff – und Sauerstoff ist schwer, er macht bei Wasser neunzig Prozent des Gewichts aus. Man konnte aus dem Mondeis also nicht nur Wasser für die verschiedensten Zwecke gewinnen, sondern hatte auch einen Sauerstoffvorat, den man nicht erst zweihundertfünfzigtausend Meilen weit in den Himmel zu schießen brauchte. Sauerstoff aus Mondeis wurde übrigens im Unterschied zu dem Treibstoff, den man von der Erde mitgebracht hatte, als ›Lunox‹ bezeichnet. Später ließe sich aus dem Eis vielleicht sogar Flüssigsauerstoff und Flüssigwasserstoff für die Triebwerke der *Pigeons* gewinnen.

Wenn genügend ›stationäre Mannschaften‹ eingetroffen waren und man den Stützpunkt hinreichend ausgebaut hatte, konnte man darangehen, mit dem *Rover* – einem großen, langsam dahinkriechenden Mondmobil mit Druckkabine, das eine gewisse Ähnlichkeit mit einem Milchwagen hatte und der Besatzung genügend Platz zum Essen und Schlafen bot – die Gegend zu erkunden.

Sobald die *Enzyklopädie* gefunden war, flog die nächste Landefähre unbemannt zum Fundort, und vom Stützpunkt an der *Tiberkolonie* rückte (natürlich nur, sofern sich die *Enzyklopädie* nicht bereits dort befand), eine Crew aus, um das kostbare Stück zu bergen und nach Hause zu bringen.

Als Kommandokapsel für diese Missionen war die *Pigeon* von Aerospatiale/Rockwell vorgesehen. (Der Name hatte sich inzwischen eingebürgert; von *Apollo II* war nur noch in der amtlichen Firmenkorrespondenz die Rede.) Habitate und andere Bauten basierten auf *Big Cans* und *Starbird*-Abwurftanks, die sich beide als Druckkabinen bereits bewährt hatten. Die Entwicklung des *Rover* übernahmen die Japaner. Außerdem war es inzwischen Tradition geworden, den erforderlichen Schub für den Mondflug von großen russischen Trägerraketen, in erster Linie von der *Energija,* liefern zu lassen.

Der chinesische Beitrag bestand hauptsächlich darin, daß China darauf verzichtete, die *Enzyklopädie* im Alleingang bergen zu wollen. Als Gegenleistung durfte es die Hälfte der Besatzung stellen; die Vier Mächte wußten zwar, wohin der Hase lief, gingen aber auf das Spiel ein, obwohl die Mannschaften murrten.

»Es gibt noch eine weitere Vertragsklausel«, sagte Dad, als wir an einem warmen Spätsommerabend des Jahres 2008 draußen saßen und Eis aßen, »die aber noch nicht publik gemacht wurde. Dein ... äh ... der Mann deiner Mutter ... »– so pflegte er Sig mir gegenüber zu bezeichnen – » ... tja, er hatte eine Idee. Eigentlich eine ziemlich alte Idee, aber er will versuchen, sie zu realisieren. Wenn er das schafft, könnten sich unsere Beziehungen zu den Chinesen verbessern. Das war einer der Gründe, warum sie bereit waren, auf den Handel einzugehen.«

»Und was ist das für eine Idee?« fragte ich.

»Paß auf, das ist so. Wenn China eine saubere und billige Energiequelle hätte, wären viele von seinen Problemen gelöst, denn dann bräuchte es keine Kohle mehr zu verbrennen, die über Japan die Luft verschmutzt, und es könnte auch den Lebensstandard seines Volkes beträchtlich anheben. Die Idee, die seit den sechziger Jahren des 20. Jahrhunderts durch die Köpfe geistert, ist nun folgende: Wenn man im Weltall – wo die Sonne ständig scheint und es niemals Wolken gibt – ein Solarkraftwerk errichten würde, könnte man die Energie in Form von scharf gebündelten Mikrowellen zur Erde abstrahlen. Man fängt die Mikrowellen mit einer Antenne ein, die sie in Elektrizität zurückverwandelt, und schon hat man billige Energie in Hülle und Fülle. Ein sehr viel effizienteres Verfahren, als wenn man die Solaranlagen auf der Erde postiert.«

»Was passiert, wenn der Strahl in die falsche Richtung geht?« fragte ich.

»Wenn die Antenne feststellt, daß sich der Strahl bewegt, schickt sie ein Signal nach oben, das den Satelliten abschaltet, bis der Fehler behoben ist. Wie auch immer ... äh ... Sig hat von den Chinesen den Auftrag für ein solches Kraftwerk erhalten, weil seine *Starbirds* die Raumfahrt verbilligen werden und er verschiedene Unternehmer an der Hand hat, die bereits über Erfahrung mit Weltraumprojekten verfügen. Im Grunde bietet er weit unter den Selbstkosten an, wir und die Japaner legen die Differenz drauf und nennen es Forschung – in Wirklichkeit ist es nichts anderes als eine verkappte Bestechung, um die Chinesen in das *Enzyklopädie*-Projekt einzubinden. Und nachdem die Bestechungsgelder durch Sigs Hände gehen, verdient er wohl nicht schlecht bei der Sache.

Zum zweiten läßt sich auf diese Weise die Frage der Helium^5-Gewinnung auf dem Mond hinauszögern. Die *Enzyklopädie* allein schafft schon genügend Probleme.«

»Helium^5 ist doch das Zeug, mit dem die neuen Fusionsreaktoren laufen?« fragte ich. Ich hatte mich zwar längst darüber informiert, aber ich hatte Dad in letzter Zeit wenig zu Gesicht bekommen und wollte ihn bei der Stange halten.

Er schaute in den wolkenlosen Abendhimmel, stellte seine leere Eisschale ab und sagte: »Ja. Sobald man erst einmal dahintergekommen war, daß die Sache nur mit der Kollisionstechnik funktionierte – die für die Verschmelzung erforderlichen, hohen Temperaturen waren nur zu erreichen, wenn man die jeweiligen Atome mit voller Wucht aufeinanderprallen ließ –, konnte man sich die maximal erreichbare Kollisionsgeschwindigkeit ausrechnen, und dabei stellte sich heraus, daß nur das leichte Heliumisotop geeignet war. Wenn du dich erinnerst, war es Sigs Forschungsabteilung, die herausgefunden hat, daß in tiefen Spalten auf dem Meeresgrund genügend von dem Zeug vorhanden ist und es deshalb nicht rentabel wäre, zum Mond zu fliegen, um es dort aus dem Boden zu gewinnen. Aber nachdem jetzt zumindest für die nächste Zeit so etwas wie eine Linienverbindung zwischen Mond und Erde eingerichtet wird …« Er seufzte. »Wir erschließen wieder einmal Neuland, und schon rechnen sich die Leute aus, wie sie möglichst schnell möglichst viel davon kaputtmachen können. Wir haben nichts dazugelernt.«

Ich hatte keine Ahnung, wovon er sprach, aber ich war froh, daß er endlich wieder da war, und so sagte ich: »Das verstehe ich nicht ganz.«

»Denk mal an den amerikanischen Westen, so um 1848, nachdem wir ihn Mexiko abgejagt hatten. Weder die Spanier noch die Mexikaner hatten etwas damit anfangen können, außer mit Texas und Kalifornien. Nun hatten wir also das ganze Große Becken und seine Grenzgebirge für uns, ein riesiges Gebiet mit einer unglaublichen Vielfalt an Tier- und Pflanzenarten, mit den verschiedensten Menschentypen als Studienobjekten für die Anthropologen und allen möglichen interessanten Erscheinungen für die Geologen – und was haben wir daraus gemacht? Wir haben die Flüsse gestaut, die Grasflächen mit Rinderherden vollgestellt, die meisten großen Raubtiere abgeschossen, alle Kulturen vernichtet, die anders waren als die unsere, und vulgäre Städte für vulgäre Leute gebaut – ich erinnere nur an Gangsterstädte wie Tombstone und Deadwood, an Glücksritterorte wie Bozeman und Cripple Creek, wo sich die arbeitsscheuen Träumer zusammenfanden, und später natürlich an die Touristenfallen wie Vegas und Aspen. Wir hatten die Gelegenheit, ein riesiges Paradies zu entdecken, und uns ist nichts Besseres eingefallen, als alles auszurotten, was des Entdeckens wert gewesen wäre.

Wenn ich mir nun ansehe, was mit dem Weltraum passiert, dann befürchte ich, daß es ganz ähnlich laufen wird. Mehr als die Hälfte der *Starbirds*, die bisher geflogen sind, gehören dem Mann deiner Mutter bzw. der *ShareSpace Global*, und die bietet Vergnügungsreisen ins Weltall an. Echte Forschungsarbeit wird so gut wie nicht geleistet. Jetzt wollen wir im Weltraum Strom erzeugen, aber niemand macht einen Pfennig für Hubble III oder Hubble IV locker, damit wir tiefer ins Universum hineinschauen könnten. Wir fliegen zum Mond, aber nur als Schatzsucher, und wenn wir erst dort sind, dauert es vermutlich nicht lange, bis wir das vier Milliarden Jahre alte Regolith aufwühlen, waggonweise abtransportieren und durch Heliumgewinnungsanlagen jagen. Ich warte nur darauf, daß da oben das erste Kasino eröffnet wird. Wahrscheinlich werde ich es noch erleben.«

Dann saß er so lange schweigend im Dunkeln, daß ich anfing, mir den Sommerhimmel anzusehen. Er hatte mir beigebracht, die Sternbilder zu erkennen. Die Wega schien heute besonders hell. Nicht zum ersten Mal malte ich mir aus, ich sei auf dem Weg zu ihr und hätte bereits den größten Teil der Streckte zurückgelegt... Gleich würde das Lichtpünktchen anschwellen, zu einer Scheibe werden, sich immer weiter vergrößern, und ich würde in ein neues Sonnensystem stürzen...

Mein Vater riß mich aus meinen Träumen. »Kein Mensch will aus einem wirklich wichtigen Grund ins All reisen«, sagte er. »Aber darüber wollte ich eigentlich nicht mit dir reden. Ich bin für eine neue Mission eingeteilt, Jason.«

»Wo bleibe ich diesmal, bei Mom oder bei Tante Lori?«

»Bei deiner Mutter. Das wird ein langer Einsatz, noch länger als damals vor drei Jahren, als ich auf der ISS war und wir die Botschaft auffingen.« Er streckte sich, dann schlug er sich klatschend ins Gesicht. »Für Moskitos ist Houston der ideale Urlaubsort. Aber in Washington sind es auch nicht weniger. Die Sache ist die: Ich bin für den zweiten bemannten Flug vorgesehen, zusammen mit einer chinesischen Pilotin, einer richtigen Kanone, nach allem, was man hört. Sie heißt X-I-A-O B-E, das wird wie ›Schau Bei‹ ausgesprochen. Ich habe gestern mit ihr telefoniert, sie scheint ganz okay zu sein. Peter Denisow fliegt ebenfalls mit, damit habe ich wenigstens einen Freund auf dem Schiff, und François Raymond ist bei der Reservemannschaft. Lori wird als Pilot bei Mission Neun eingesetzt, falls wir jemals soweit kommen.«

»Gibt es bei deiner Mission keinen vierten Mann?«

»Noch ein Chinese. Jiang Wu. Er scheint kein besonderes Spezialgebiet zu haben, vermutlich ist er bei der Geheimpolizei und hat deshalb einen Freifahrschein, damit es auch auf dem Mond immer jemanden gibt, der ein wachsames Auge auf die Bürger der Volksrepublik China hat.« Er gähnte. »Hoffentlich lenkt er mir Xiao Be nicht zu sehr ab; wir haben alle Hände voll zu tun, und nachdem von ihm nicht viel zu erwarten ist, wird sie sich doppelt reinhängen müssen. Ansonsten freue ich mich darauf, wieder mit diesem russischen Brummbären zu fliegen. Aber was das wichtigste ist: Xiao Be und ich werden Station machen – das heißt, es kann Monate dauern, bis ich zurückkomme, vielleicht erst, nachdem Lori gestartet ist. Du mußt dich also auf einen längeren Aufenthalt bei Sig und deiner Mutter einrichten. Und jetzt ist wohl die übliche Ermahnung fällig: Benimm dich anständig, wehe dir, wenn mir Klagen kommen.«

7

Mom und Sig hatten ein großes Haus, in dem man sich wohl fühlen konnte, und es stand auch schon ein Zimmer für mich bereit. So war dieser Umzug nach Washington für die Dauer der sechsten und siebten Klasse vor allem deshalb schmerzlich für mich, weil ich auf meine alten Sportkameraden in der *Little League* und im *Pop-Warner*-Team verzichten mußte. Ich war schon früher in Reston zur Schule gegangen, wenn ich für längere Zeit bei Mom und Sig war, von daher kannte ich ein paar Jungs aus der *Aldrin Elementary* und kam auch ganz gut mit ihnen zurecht. Andererseits verließ man in Texas nach sieben Jahren die *Elementary School* und kam in die *Junior High*. In Washington gab es eine Mittelstufe, dort sollte ich die sechste Klasse besuchen. Ich mußte also darauf verzichten, für ein Jahr zu den ›Großen‹ zu gehören.

Wie ich bald feststellte, bestand der größte Unterschied zwischen Houston und Washington darin, daß ganz andere Dinge ›cool‹ bzw. ›passé‹ waren. In Houston und Umgebung gab es jede Menge Kinder von Astronauten und anderen NASA-Angehörigen. Deshalb konnte ich mit meinem Dad nicht viel Staat machen. In Sigs Nachbarschaft wohnten dagegen jede Menge Sprößlinge von Kongreßabgeordneten und reichen Leuten, aber ein Astronautensohn war eine einmalige Rarität. Für mich bedeutete das etliche Sticheleien, aber auch ein gewisses Maß an indirekter Heldenverehrung. Ich ignorierte beides. Ich hatte bereits gelernt, daß es in vielen Fällen ratsam war, den Mund zu halten und einfach besser zu sein als die anderen.

Das kam mir jetzt zugute, denn während sich die Klatschbasen in Houston hauptsächlich mit dem Privatleben der Angehörigen des Astronautencorps beschäftigen, interessiert man sich in Washington vor allem für die Macht – Wer hat sie? Wer kann sie auch halten? – und für die hohe Kunst der Diplomatie – Wer verzichtet worauf, und was bekommt er dafür? Folglich fiel überraschend vielen Kindern, die Kontakt zu mir suchten, nichts Besseres ein, als mir brühwarm weiterzuerzählen, was sie von ihren Eltern – meist Kongreßangehörigen, Anwälten und hochrangigen Regierungsbeamten – gehört hatten.

Ein Lieblingsthema waren offenbar die Reibereien mit den Chinesen in Zusammenhang mit der Expedition zur Bergung der *Enzyklopädie*. Die Chinesen standen in dem Ruf, schwierig zu sein und ständig neue Forderungen zu stellen, und immer wieder tauchte das Gerücht auf, diese oder jene chinesische Bedingung gehe auf Kosten der Sicherheit.

Ich hätte darüber sehr viel mehr zu sagen gehabt; Sig steckte bis zum Hals in Verhandlungen mit den Chinesen, und er war alles andere als zufrieden. Seinen Geschäftspartnern fiel immer wieder eine hübsche kleine Zusatzleistung ein, die angeblich im Vertrag ›enthalten‹ und deshalb kostenlos war. Da die Regierung der Vereinigten Staaten für die Verluste aufkam, die Sig beim Bau der Solarkraftwerke für China gegenüber einem normalen Auftrag in Kauf nehmen mußte, beteiligte sich auch die NASA eifrig an den Diskussionen um die Berechtigung der jeweiligen Forderung. Schließlich wollte man mitentscheiden, wofür man bezahlte und wofür nicht. Die Schwierigkeit war nur, daß die Chinesen, wenn sie ihren Kopf nicht durchsetzen konnten, sich vermutlich eher (natürlich ganz diskret) an Sigs Leuten und seinen Maschinen vergreifen würden als an den Angehörigen der NASA. So hörte ich Sig so etwa alle zwei Tage ins Telefon fauchen, weil wieder ein neues Problem aufgetaucht war, das die Fertigstellung des Projekts verzögerte.

Ich brauchte eine Weile, um mich an die veränderten Lebensumstände zu gewöhnen; Sig war fast jeden Abend zu Hause, und auch Mom hatte regelmäßige Arbeitszeiten. Das bedeutete zwangsläufig, daß ich sehr viel mehr unter Aufsicht stand als bisher; außerdem war der nächste Wald sehr weit entfernt, und die Parks waren mir nicht recht geheuer. So wurde ich aus reiner Langeweile zu einem besseren Schüler.

Einmal im Monat hatte Dad so lange frei, daß er nach Washington kommen und mich besuchen konnte. Er hätte ohne weiteres bei Sig und Mom übernachten können, zog es aber vor, in einem Hotel abzusteigen. An solchen Wochenenden gingen wir zu irgendeinem Ballspiel, machten lange Spaziergänge oder unternahmen sonst etwas. Hin und wieder brachte er Großmutter mit, und auch darüber freute ich mich.

Trotzdem ging ich montags wieder gern zur Schule. Ich hatte von anderen Kindern wahre Schauergeschichten über ihre geschiedenen Eltern gehört, und ich wußte auch, daß Dad und Sig nicht unbedingt voneinander begeistert waren. Aber ich mußte zugeben, daß ich von allen Beteiligten durchaus anständig behandelt wurde und mir kaum Sorgen zu machen brauchte, wer sich notfalls um mich kümmern würde. Damit hatte ich den Kopf für wichtigere Dinge frei, zum Beispiel für meine Raumschiffmodelle und für den Sport. Außerdem wurde mir zunehmend bewußt, daß es auf der Welt zwei Geschlechter gab, und daß ich das sehr erfreulich fand. Wenn ich mich recht erinnere, plagten mich in dieser Zeit, als Dad im Training war (er wurde zuerst auf Sigs Startgelände in der Nähe des Luftwaffenstützpunkts Edwards für die *Starbird* ausgebildet, dann für die Mondlandefähre, eine umgebaute *Pigeon*, und schließlich flog er nach China zum Gemeinschaftstraining mit Xiao Be, Peter und Jiang Wu), vor allem zwei Probleme: Ich brachte nicht den Mut auf, ein Mädchen zum Valentinsball der siebten Klasse einzuladen, und es gelang mir nicht, im Basketball in die erste Schülermannschaft aufgenommen zu werden – weil ich mir mit dem Wachsen mehr Zeit ließ als die meisten anderen. Alles in allem war es ein ruhiger Lebensabschnitt – und diese Art von Ruhe schätze ich bis heute.

Ich weiß nicht, wann das Gespräch stattfand – es muß einer von den Besuchen gewesen sein, bei denen mein Vater in Washington eintraf, während ich noch in der Schule war, und deshalb den Nachmittag in der Stadt verbrachte –, ich weiß nur, daß es stattfand, weil es nämlich gewisse Folgen hatte. Außerdem hat Sig mir später, als ich sehr viel älter war, davon erzählt. Er dachte wohl, es würde mich trösten, und wahrscheinlich hatte er recht.

Jedenfalls stieg mein Vater aus dem Flugzeug, fuhr zu Sig ins Büro und holte ihn zum Essen ab, eine ›spezielle Verabredung‹, von der damals weder Mom noch ich erfuhren. Sie gingen in ein teures Lokal mit Sonnenbalkon, wo prominente Persönlichkeiten taktvollerweise unerkannt blieben, und machten höflich Konversation, bis das Essen serviert wurde. Nachdem sie eine Weile schweigend gekaut hatten, sagte mein Vater unvermittelt: »Das klingt jetzt bestimmt komisch, aber ich habe bei diesem Flug kein gutes Gefühl.«

»Ach?« Sig legte die Gabel nieder und sah Dad aufmerksam an. Es war eine seiner Stärken, zu warten, bis der andere aussprach, was ihm im Kopf herumging.

»Es ist mein fünfter Raumflug. Sicher, es ist der erste auf einer von Ihren *Starbirds*, aber ich glaube nicht, daß es das ist, was mich nervös macht. Xiao Be ist ein prima Kerl, ich habe volles Vertrauen zu ihr. Außerdem fliegen wir mit einer zuverlässigen, altbewährten *Pigeon*. Ich habe also keinen triftigen Grund für mein Unbehagen, aber ich werde es einfach nicht los. Ich bin fest davon überzeugt, daß ich nicht zurückkomme. Es ist dumm, und hinterher werde ich gern darüber lachen, aber so ist es nun mal. Ich hatte noch nie Vorahnungen, ganz bestimmt nicht vor der *Endeavour*-Mission, ich hoffe also, daß es nicht mehr ist als eine vorübergehende Spinnerei.«

Sig nickte. »Sprechen Sie weiter.«

»Es geht um Jason. Ich habe eine zweite Lebensversicherung abgeschlossen – über einen kleinen Betrag, nur so viel, daß er im Fall meines Todes mit einer *Starbird* ins All fliegen und sich selbst ein Bild machen kann. Damit er den Weltraum nicht nur als ein Schwarzes Loch sieht, das seinen Alten Herrn verschlungen hat, verstehen Sie? Ich will nicht, daß er vor irgend etwas unnötig Angst hat, und wenn ich auf diesem Flug umkommen sollte... nun ja. Kinder steigern sich manchmal in etwas rein. Vielleicht ist er noch zu jung, um zu begreifen, daß es auch gefährlich ist, über die Straße zu gehen, und daß man sein Leben nicht von Angst beherrschen lassen darf. Deshalb möchte ich ihm diesen Flug ermöglichen... Die Police ist bezahlt, und ich habe auch alles testamentarisch festgelegt, aber ich wollte, daß Sie Bescheid wissen, damit Sie mit Jason reden und ihm alles erklären können, falls tatsächlich etwas passiert.« Chris schaute auf seinen Teller und nahm rasch hintereinander zwei große Bissen; es muß einer der peinlichsten Augenblicke seines ganzen Lebens gewesen sein.

Sig nickte. »Ich werde mich selbstverständlich nach Ihren Wünschen richten. Sie wissen hoffentlich, daß für Jasons Ausbildung und so weiter gesorgt ist – das ist einer der Vorteile, wenn man soviel Geld hat wie ich, man kann es für solche Dinge ausgeben. Aber wir wollen Sie nicht begraben, bevor Sie nicht wirklich tot sind; vielleicht sind Ihre Befürchtungen ja tatsächlich vollkommen unbegründet.«

»Das kann ich nur hoffen«, sagte Chris. »Ich will ganz ehrlich sein: Ich finde die Erfahrung unheimlich; ich habe so etwas noch nie erlebt, und ich war immer sehr stolz darauf, ein durch und durch rationaler Mensch zu sein.«

Sig nickte, füllte beide Weingläser nach und sagte: »Wenn ich eine Vermutung äußern dürfte...?«

»Klar doch.«

»Sie kennen mich als eiskalten Geschäftsmann, und das muß ich auch sein – wenn man sich auf Visionen wie die wirtschaftliche Nutzung des Weltraums einläßt, muß man auch den kleinsten Schritt bis ins letzte kalkulieren. Viele ehrgeizige Unternehmer sind schon daran gescheitert, daß sie auf Anhieb so etwas wie eine ›Universalgesellschaft für Weltraumreisen mit täglichen Flügen zu sechs Planeten‹ aus dem Boden stampfen wollten. Andere hatten sich irgend etwas aus den Fingern gesogen und glaubten, sie brauchten es nur anzubieten, die Leute würden schon dafür bezahlen. Aber wenn man erst einmal zuverlässige Lieferanten und einen ausreichenden Kundenstamm hat, ist es ein Kinderspiel, sich auszurechnen, wie man im Geschäft bleibt. Sobald ein Betrieb mehr einbringt, als man Woche für Woche oder Jahr für Jahr dafür aufwenden muß, braucht man ihn nur noch zu erhalten. Das schwierige ist, soweit zu kommen.

Und ich sollte jetzt allmählich zur Sache kommen, ich wollte nämlich auf etwas ganz anderes hinaus. Bei Entscheidungen auf der Mikroebene – Was müssen wir diese Woche tun, um in einem Jahr da zu sein, wo wir hinwollen? – muß ich sehr rational und hart kalkulieren. Dabei habe ich unentwegt irgendwelche Vorahnungen, und ich ignoriere sie nie. Das heißt nicht, daß ich mich immer danach richten würde – im Gegenteil, ich verwerfe sie oft genug –, aber ich ignoriere sie nie von vornherein. Ich ziehe sie sorgsam in Erwägung, und dann *entscheide* ich bewußt, ob ich ihnen folgen soll oder nicht. Vielleicht könnte man es so betrachten, Dr. Terence: Ein Mensch weiß sehr viel, aber er kann sich nicht immer an alles erinnern. Vielleicht spuken im Unterbewußtsein ein paar Dinge herum, die man sich nicht eingestehen kann oder will. Und wenn einen das Unterbewußtsein verbal nicht erreichen kann, schickt es eine Ahnung. Das ist so etwas wie ein Insidertip, den man sich zumindest ansehen muß. Deshalb halte ich es absolut nicht für lächerlich, wenn jemand seine Ahnungen ernst nimmt.«

Chris trank einen Schluck Wein und sagte: »Hm – und Ihre Ahnungen – wie oft sind sie richtig?«

»Ach, das geht nach dem Zufallsprinzip«, erwiderte Sig grinsend. »Aber die, nach denen ich mich richte, treffen häufiger ein. Ganz im Ernst, ich glaube, Sie haben recht, sich damit zu beschäftigen. Und wenn es Ihnen ein Anliegen ist, dann schwöre ich Ihnen, dafür zu sorgen, daß Jason diese Chance bekommt. Übrigens hätte ein Wort von Ihnen genügt, und er hätte den Flug auch kostenlos haben können. Wenn ein Sohn einer meiner Ehefrauen ins All fliegen muß, um sein Selbstvertrauen zurückzugewinnen …«

Chris sah zu Boden. »Hm, Sie können sich wahrscheinlich denken, daß ich nicht gern mit dem Hut in der Hand bei Ihnen aufkreuzen wollte. Außerdem war es gar nicht *so* teuer – eine Police über fünfzigtausend mit zwei Jahren Laufzeit als Vorsorge für einen nicht sehr wahrscheinlichen Unfall im Weltraum ist erschwinglich. Noch billiger wäre es wahrscheinlich gewesen, bei einem Buchmacher darauf zu wetten, daß ich umkommen werde.«

»Buchmacher sind nicht so umständlich wie Versicherungsgesellschaften«, pflichtete Sig ihm bei. »Ganz zu schweigen davon, daß sie – anders als Versicherungsunternehmen – Kunden verlieren, wenn sie nicht bezahlen. Trotz alledem muß ich sagen … hmm. Wissen Sie was, wir beide schließen eine Wette ab: Wenn Sie lebend zurückkommen, darf ich auch dann, wenn Jason wieder bei Ihnen lebt, etwas zu seinem Unterhalt beisteuern. Das war immer schon mein Wunsch. Ich will ihn nicht verwöhnen, aber wenn er mal eine neue Sportart ausprobieren oder irgendwelche Stunden nehmen möchte, die kleinen Extras eben, dann schlägt das bei Ihren Lebenshaltungskosten nicht zu Buche. Und wenn Sie nicht wiederkommen, dann schicke ich nicht nur Jason ins All, damit er einen Vorgeschmack bekommt, wie es da draußen ist, sondern versichere alle unsere Astronauten zu den gleichen Bedingungen: Wer da draußen sein Leben läßt, dessen Kinder erhalten einen Freiflug.«

Chris lachte. »Klingt mir verdächtig nach einer Gomez-Addams-Wette. Wenn Sie gewinnen, bezahlen Sie, und wenn Sie verlieren, bezahlen Sie auch.«

»Trotzdem ist es eine reelle Wette, weil ich Jason nämlich viel lieber einen Hockeyschläger oder Klavierstunden bezahlen würde, als ihm zu helfen, über Ihren Tod hinwegzukommen. Damit habe ich eine echte Gewinnchance.«

Chris nickte. »Nun gut, die Wette gilt. Ich nehme die Bedingungen an. Wie macht er sich eigentlich, seit er hier ist? Seine Noten sind jedenfalls besser geworden.«

»Bei uns gibt es nicht so viele Zerstreuungen – jedenfalls keine, die wir ihm so ohne weiteres erlauben könnten. Ich fürchte, der arme Junge langweilt sich. Was es hier an Aufregungen gibt, ist nicht das, was ich mir für ihn wünsche.«

»Ganz meine Meinung«, stimmte Chris zu. »Hat er schon Freunde gefunden?«

»Auf seine Weise. Nicht gleich drei an jedem Finger wie Sie oder seine Mutter. Aber für Jason reicht's.«

Sie hätten sich noch zwei Stunden lang über mich unterhalten, sagte Sig, aber er ging nicht ins Detail. Mir sind in meinem Leben viele Wunder widerfahren, aber dies betrachte ich als eins der größten, auch wenn das kaum jemand verstehen wird: Mein Vater, für den Geschäfte immer etwas Schmutziges und Anrüchiges, wenn nicht gar etwas ausgesprochen Kriminelles waren, und der Mann meiner Mutter, der die Wissenschaft als amüsanten Zeitvertreib für Menschen betrachtete, die nicht ernsthaft arbeiten wollten, konnten sich ganz selbstverständlich zum Essen und auf ein paar Drinks zusammensetzen, um sicherzustellen, daß ich bekam, was ich brauchte. Das ist für mich Liebe, auch wenn es die meisten Leute wohl nicht so bezeichnen würden.

Im Zeitalter der Raumfahrt gibt es ein Kuriosum: Sobald zwei bemannte Starts hintereinander erfolgreich verlaufen, ist alle Welt überzeugt davon, daß Weltraumflüge eine vollkommen harmlose Routineangelegenheit sind – bis die nächste Katastrophe passiert. Dabei schwebten die Teilnehmer der Expedition zur *Tiberkolonie* (offiziell ›*Tiber Zwei*‹ genannt) schon lange, bevor das Unglück passierte, einfach deshalb in Lebensgefahr, weil sie sich von einer Rakete ins Weltall schießen ließen. Aber nachdem alles glatt lief, nahmen die Medien kaum Notiz von der Mission. Ich habe das Stückchen Film gesehen, auf dem mein Vater als Missionskommandant lächelnd an Bord der *Starbird* geht; ich habe gesehen, wie er und Xiao Be zusammenarbeiteten, und ich kann keine Schwächen entdecken.

Wie immer die Realität aussehen mochte, die *Starbird* flog, mit einer *Starbooster* als Beschleuniger, ohne Zwischenfälle zunächst zur Internationalen Raumstation, weil es von deren stark geneigter Umlaufbahn aus relativ einfach war, die Polarregion des Mondes anzusteuern.

Die *Pigeons* für diese Mission wurden allgemein als *Käfig-Pigeons* bezeichnet, weil sie seitlich in einem Stahlrahmen mit eingebauten Korrekturtriebwerken lagen. Unmittelbar hinter ihnen befand sich, ebenfalls innerhalb des Rahmens, ein *Starbird*-Abwurftank mit Flüssigwasserstoff. Die Konstruktion sah ziemlich plump aus, hatte aber gerade für diese Mission einen großen Vorteil: Die unbemannten Versionen konnten auf der Mondoberfläche abgestellt und, sobald der Wasserstoff abgelassen war, problemlos zu Habitaten, Wohncontainern auf dem Mond, umgerüstet werden. Im Flug wirkten sie unbeholfen und schwerfällig – wie Metalltintenfische, die rückwärts durchs All schossen –, aber sie erfüllten ihren Zweck.

Der Transfer zur *Käfig-Pigeon* auf der ISS dauerte nur wenige Stunden; anschließend sollte die *Starbird* von einem Piloten, dessen Einsatz auf der Raumstation zu Ende ging, zum Stützpunkt zurückgeflogen werden. Weniger als zehn Stunden nach dem Start von der Erde wurde die *Tiber-Zwei*-Besatzung zum Einschießen auf translunaren Kurs freigegeben, ein Feuerstrahl schoß aus dem Haupttriebwerk, das neben dem Wasserstofftank zwischen den

Stahlbeinen der Rampe hockte, und dann war die *Käfig-Pigeon* auf dem Weg zum Mond.

Die Reise dauerte immer noch drei Tage; solange wir Raketen mit chemischem Antrieb verwendeten, gab es nur eine effiziente Methode: Man katapultierte sich, anstatt weiter in erdnahem Orbit der Krümmung folgend auf die Erde zuzufallen, mit einem kräftigen Schub auf eine steile Bahn und ließ sich, immer gebremst durch die Erdschwerkraft, so lange von der Erde wegtragen, bis man den Punkt erreichte, von dem aus man auf den Mond zustürzte. Dann bremste man mit einem zweiten Schub soweit ab, daß man in eine Umlaufbahn um den Trabanten geriet. Diese langen Phasen ohne Antrieb nahmen insgesamt drei Tage in Anspruch, und solange man kein Triebwerk hatte, das für die ganze Strecke Schub geben konnte – etwa eine solar- oder nuklearelektrische Rakete –, wurde der Zeitplan durch ihre Länge bestimmt.

Gelegentlich kam in den Nachrichten ein Interview mit der Besatzung der *Käfig-Pigeon*, aber nicht oft, und immer nur auf den unbekannteren Kanälen. Als *Tiber Eins* die Kolonie am Südpol erkundete, war natürlich alles in heller Aufregung gewesen, aber nachdem die Zuschauer erst sämtliche Aufnahmen der toten Tiberianer und ihrer stummen, seit Jahrtausenden reglos auf dem Mond liegenden Gerätschaften und dann die Bilder der überall herumkriechenden und nach der *Enzyklopädie* suchenden Astronauten gesehen hatten, entschieden sie wie üblich, nun sei es aber genug. Wir könnten uns wieder melden, wenn wir die *Enzyklopädie* gefunden hätten und im Triumph nach Hause brächten.

Deshalb weiß ich nicht allzu viel darüber, wie Dad diese Zeit verbrachte; die offiziellen Berichte waren knapp und trocken gehalten, die Meldungen in den Nachrichten spärlich und ziemlich nichtssagend. Peter zufolge war die Stimmung in der Crew recht gut, »so gut, wie man erwarten kann, wenn die Pilotin zwar ein großartiger Mensch ist, aber ständig von einem Kerl belauert wird, der von sich aus nie ein Wort sagt«, schränkte er ein. »Chris und ich hatten uns mit Xiao Be angefreundet, als wir in China waren – ihre Art, an die Dinge heranzugehen, sagte uns sehr zu –, aber sobald Jiang in die Nähe kam, war kein Wort mehr aus ihr herauszukriegen.«

Ich nehme also an, daß sie sich auf dem langen Hinflug hauptsächlich mit den Aufgaben beschäftigten, die der Missonsplan vorsah: ein paar kleinere Experimente, die sich irgendeine Behörde für sie ausgedacht hatte, Katastrophendrills und die Simulatorprogramme für die erforderlichen Manöver.

Chris und Xiao Be sollten mehrere Monate auf dem Mond bleiben.

Peter und Jiang würden mit dem nächsten Schiff zurückfliegen, auf dem allerdings schon der nächste chinesische Astronaut mit verdächtig wenigen Spezialkenntnissen und einem verdächtig mageren Arbeitspensum im Anmarsch war. Sosehr die anderen Mächte auch mit den Zähnen knirschten, sie hatten darauf eingehen müssen. Offenbar lag es den Chinesen vor allem am Herzen, ständig einen politischen Offizier auf dem Mond zu haben, der ihre Staatsbürger im Auge behielt und darauf achtete, daß ihre Verbündeten nichts klauten. Wenn man die Sache so betrachtete, würde sich zumindest der Prozentsatz der Trittbrettfahrer im Lauf der Zeit verringern.

Endlich, nach einer Probeumkreisung, bei der sie beide Pole des Mondes überflogen hatten, zündete Xiao Be das Haupttriebwerk, und die *Käfig-Pigeon* sank langsam auf den Landeplatz, einen zerklüfteten, zwei Kilometer von der *Tiberkolonie* entfernten Krater, zu. Auf einer Welt ohne Atmosphäre war der Sinkflug bis zur Triebwerkszündung lediglich ein Sturz, dann glitt man langsam gegen den Raketenschub tiefer und schwebte schließlich für einen winzigen Moment reglos auf dem Restgas, bevor die Federbeine – nur etwa sechzig Meter von der verbrannten Stelle, auf der die erste Expedition gelandet und wieder gestartet war – auf dem Mondboden aufsetzten.

Mit der Landung brach schlagartig hektische Betriebsamkeit aus. Die Besatzung legte die Druckanzüge an, pumpte die Luft aus der *Pigeon*-Kapsel in die Tanks und öffnete die Ausstiegsluke im oberen Teil. Dann kletterte einer nach dem anderen auf das Stahlgerüst, in dem das Schiff hing, und von dort hinunter auf die Mondoberfläche.

Bei einem seiner Anrufe sagte Dad, in diesem Moment habe ihn das merkwürdige Gefühl überkommen, er habe sein Ziel erreicht. Der Landeplatz lag tief unten im Krater und war von der Erde aus nicht zu sehen, und auch die Astronauten hatten keine Aussicht auf die Erde. Zum ersten Mal war das eingetroffen, wovon er schon als kleiner Junge geträumt hatte: Seine Stiefel berührten den Boden einer anderen Welt, und wenn er den Kopf hob, sah er nicht die Heimat, sondern nur Sterne. In diesem Moment hätte er überall im Universum sein können – sicher wimmelt es in jeder Galaxis von kleinen, atmosphärelosen Steinbrocken –, und das war ihm wichtig, auch wenn ich nie so ganz begreifen konnte, warum.

Sie stellten fest, daß die anderen vier Stahlgerüste auf der kleinen Ebene genau nach Plan gelandet waren, und daß ihre Frachtmagazine – nichts anderes als *Pigeons*, aus denen man die Lebenserhaltungssysteme ausgebaut hatte, um mehr Platz für die Ladung zu schaffen – alles Nötige enthielten. (Da diese Konstruktionen nicht dafür gedacht waren, wieder zur Erde zurückzufliegen, waren sie als ›Doppelkäfige‹ angelegt – jeder Stahlrahmen enthielt zwei *Pigeons* mit einem Abwurftank dazwischen.) Der fünfte, etwas weiter entfernt stehende Rahmen, die Rettungsfähre, die man mit Robotsteuerung als allererstes hierhergebracht hatte, entsprach ebenfalls allen Anforderungen, aber davon hatte sich bereits die erste Expedition überzeugt. »Schön«, sagte Chris, »wir haben für unseren Mondspaziergang noch zwei Stunden Zeit, aber unser Auftrag ist bereits ausgeführt – wir haben festgestellt, daß alles da ist, wo es hingehört. Hat jemand Lust zu einem Umweg über die *Tiberkolonie*, bevor wir zur *Pigeon* zurückkehren?«

Jiang meldete sich, und das war so ungewöhnlich, daß alle zusammenzuckten, als seine Stimme durch den Helmlautsprecher kam. »Für eine solche Expedition haben wir keine Genehmigung.«

»Die Genehmigung kann ich in zehn Minuten besorgen«, erklärte Chris. »Wir bringen das Projekt wieder in die Medien, das hat es ohnehin bitter nötig, und können dafür ein wenig auf Entdeckungsreise gehen, bevor der Alltag beginnt.«

»Ich würde mir die *Tiberkolonie* auch gerne ansehen«, sprang ihm Peter bei.

»Wenn ich protestiere, bekommen Sie keine Genehmigung, und ich werde protestieren« sagte Jiang. »Wir sind hier, um die *Enzyklopädie* zu finden, und dann werden wir diesen gottverlassenen Felsbrocken so schnell wie möglich wieder räumen. Wenn wir momentan dem Zeitplan voraus sind, sollten wir die Zeit nützen, um den Tank von Robotfähre Zwei zu entleeren, die Einbauten hineinzuschaffen und das Habitat fertigzustellen. In der Dienstanweisung steht ausdrücklich, daß jede Zeitersparnis zu nützen ist, um den Arbeitsprozeß voranzutreiben – von Besichtigungstouren ist nicht die Rede.«

Chris zuckte die Achseln – er wußte zwar, daß das unter dem Raumanzug niemand sehen konnte, aber alte Gewohnheiten sind eben zäh – und schaute von einem seiner Kollegen zum anderen. Peter hatte die Arme vor der Brust verschränkt, Xiao Be hielt sich aus der Debatte heraus, und Jiang hatte trotzig die Hände in die Hüften gestemmt und die Beine gespreizt, als sei er für jede Herausforderung bereit.

Die Internationale Kommission hatte Anweisung gegeben, sich kooperativ zu verhalten. Von der NASA hatte Chris Anweisung erhalten, sich von den Chinesen nicht das Heft aus der Hand nehmen zu lassen. Und er war sich seit langem darüber im klaren, daß er Jiang nicht ausstehen konnte. So sagte er ganz ruhig: »Wenn wir denn schon so streng nach Dienstvorschrift verfahren wollen, dann erkläre ich den Weltraumspaziergang hiermit für beendet. In diesem Fall müssen wir über Funk neue Instruktionen anfordern. Außerdem sind die Ruhepausen strikt einzuhalten. Damit bleibt uns nur eines übrig: Wir kehren zur *Pigeon* zurück, essen, waschen uns und warten, bis wir vom Kontrollzentrum neue Direktiven erhalten.«

»Aber ...« Jiangs Protestschrei verklang, als Chris sich umdrehte, um zur Landefähre zurückzukehren. Er zögerte nicht lange, sondern setzte in großen Sprüngen leichtfüßig wie ein Känguruh oder wie ein Eichhörnchen über den mattgrauen Mondboden, der nur von den Sternen und vom Widerschein des Erd- und des Sonnenlichts auf den fernen Gipfeln erhellt wurde. Daß Peter dicht hinter ihm war, wußte er, ohne sich umsehen zu müssen, aber zufrieden war er erst, als Xiao Be zu seiner Rechten auftauchte. Nun hatte Jiang keine andere Wahl mehr, als ihnen zu folgen.

Die nächste Arbeitsschicht verbrachten sie zum größten Teil draußen. Sie öffneten den Tank, ließen die kleine Wasserstoffwolke abdampfen und warteten, bis das Innere sauber und trocken war. Dann luden sie das Mondmobil aus, den sogenannten *Rover* mit seiner Druckkabine und dem unförmigen Kran am hinteren Ende, der für Bauarbeiten und verschiedene andere Tätigkeiten vorgesehen war (vor allem aber, um die *Enzyklopädie* in eine Landefähre zu befördern). Der *Rover* mußte in mehreren großen Einzelelementen durch die Bugklappe einer der Fracht-*Pigeons* ins Freie gebracht und dort zusammengebaut werden. Die dicken Handschuhe erschwerten den Umgang mit den Werkzeugen, und die Astronauten hatten trotz aller Routine oft Mühe, jedes Teil an die richtige Stelle zu bringen.

Nun konnten sie anfangen, mit dem Kran die Einbauten für die Inneneinrichtung in den Tank zu bringen, der während ihres Aufenthalts auf dem Mond ihr Domizil werden sollte. Während sie eine Ladung durch die Seitenluke beförderten, sagte Peter zu Chris: »Allmählich fragt man sich, ob das ganze Universum mit Abwurftanks zugepflastert werden soll. Neben dem hier stehen vier weitere auf den Robotfähren, einer auf unserer Fähre, einer auf der Internationalen Raumstation, dein Land will nächstes Jahr einen im Orbit stationieren, danach noch einen am L1-Punkt und ... Ich finde, das ist doch eine ganze Menge.«

»Der Wohnwagen des Weltalls«, erwiderte Chris und nickte. »Der Tank hat sogar in etwa die Größe eines einfach breiten Zweizimmerwohnwagens. Nicht die eleganteste Lösung, aber erschwinglich – auch wenn es mit den Dingern früher oder später überall gleich aussehen wird.«

»Immerhin«, gab Xiao Be zu bedenken, »bekommen wir hier ein richtiges Bad. Ich nehme doch nicht an, daß die Herren aus ästhetischen Gründen darauf verzichten wollen?«

Mit jedem Bauteil, das ins Innere gebracht und festgeschraubt wurde, sah es weniger aus wie in einem alten Druckbehälter und mehr wie in einem Zuhause. Als alles an Ort und Stelle war und sie auch alle noch ungeöffneten Frachtstücke hineingeschafft hatten, wurden die drei Luken durch Plexiglasfenster ersetzt, die Luftschleuse montiert und das Ganze mit Luft gefüllt. Nach zehn Minuten hatte der Druck den Sollwert erreicht, und als nach zwanzig Minuten immer noch kein Druckabfall festzustellen war, zogen die Astronauten vorsichtig ihre Raumanzüge aus und machten sich ans Auspacken. Nach fünf Stunden im Freien waren das erste die Lebensmittel, und gleich danach sollte das Bad gebrauchsfähig gemacht werden. Als definitiv feststand, daß sie für die Dauer ihres Aufenthalts in diesem neueingerichteten Habitat würden bleiben können, war die Schicht fast zu Ende. Trotz wiederholter Ermahnungen von Jiang kam Peter erst jetzt dazu, das Funkgerät aufzubauen und Verbindung zum Kontrollzentrum herzustellen.

Erstaunlich schnell bekam er eine klare, deutliche Stimme herein. »*Tiber-Station*, wir haben gute Nachrichten. Eine unserer Robotsonden hat den Landeplatz der *Enzyklopädie* entdeckt. Und die Entdeckung wurde durch die Kamera eines Satelliten auf Polarorbit bestätigt. In wenigen Tagen startet die Landefähre *Tiber-Bergung* mit Robotsteuerung; sobald sie eintrifft, brechen Sie auf und holen die *Enzyklopädie*.« Dann fügte die Stimme aus dem Kontrollzentrum – ein alter Freund, der wegen einer kleinen Operation vorübergehend von Astronauteneinsätzen freigestellt war – hinzu: »Du solltest dich lieber nicht allzu sehr für den Mond begeistern, Chris. Wie es im Moment aussieht, bist du womöglich in zwei Wochen schon wieder hier.«

Chris schaute aus einem der neueingebauten Fenster auf die scharfgezackte Kraterkante im strahlendhellen Sonnenlicht. Es war eine harte Kontur, unberührt von Luft oder Wasser, sehr viel steiler, als es auf der Erde jemals möglich gewesen wäre, und dank des ungefilterten Sonnenlichts im Vakuum fast überdeutlich gezeichnet. Die Wand sah aus, als sei sie soeben erst entstanden, dabei war sie Milliarden Jahre alt. Dahinter leuchteten die Sterne so ruhig, wie man sie von der Erde aus niemals sehen konnte. »Um ehrlich zu sein, ich war tatsächlich schon dabei, mich in die Gegend zu verlieben«, sagte Chris. »Hoffentlich haben wir wenigstens schönes Wetter für die Fahrt, wenn die Landefähre hier eintrifft.«

8

Am nächsten Tag schoben sich langsam die Karten aus dem kleinen Faxgerät im Mond-Habitat, und Chris und Xiao Be setzten sich zusammen, um sie zu studieren. »Jetzt bekommen wir die *Tiberkolonie* doch noch zu sehen«, bemerkte Chris. »Wir fahren nämlich mitten durch. Danach … ich weiß nicht, mir ist es nicht so ganz geheuer, nur nach Radar- und optischer Registrierung zu fahren.«

»Mir auch nicht«, sagte Xiao Be. »Aber wo sollen wir denn weitere Informationen herbekommen?«

»Ich habe da noch einen nützlichen Hinweis.« Peter schaute von seinem Bildschirm auf. »Ihr sollt langsam fahren.«

»Das hat mir noch gefehlt«, murmelte Chris.

Jiang hob den Kopf, senkte ihn aber gleich wieder. Er war an seinem Terminal beschäftigt, äußerte sich jedoch nicht weiter zu seiner Arbeit.

Die Landefähre war erst in einer knappen Woche am Fundort der *Enzyklopädie* zu erwarten, also bauten sie einstweilen an ihrer Station weiter, packten die Sachen im Habitat und in den unbemannten Transportern aus und stellten die Beobachtungsinstrumente auf. Jeden Tag beschien die Sonne ein anderes Stück des Kraterrandes über ihnen, während sie dem Ende des 656 Stunden dauernden Mondtages entgegenwanderte. »Und wenn sie ganz herum ist, fängt sie wieder von vorne an«, erklärte Chris. »Man denkt nicht daran, daß es auch auf dem Mond so etwas wie Sommer und Winter geben könnte, aber es ist so, weil seine Bahn schräg zur Erdbahn steht, und weil ihn die Erde mit sich um die Sonne trägt; in sechs Monaten sieht man die Sonne vom Kraterinneren aus überhaupt nicht mehr.«

Peter seufzte. »Ich bezweifle, daß sich die Menschen überhaupt über den Mond Gedanken machen. Und aus ihrer begrenzten Sicht haben sie wahrscheinlich sogar recht; die meiste Zeit ist er ja nicht mehr als eine hübsche Himmelsbeleuchtung. Aber ich bin doch froh, daß *Tiber Eins* die *Enzyklopädie* nicht sofort gefunden hat. Sonst hätte man unsere Mission womöglich ersatzlos gestrichen und die Erkundung der *Tiberkolonie* einfach auf später verschoben. Manchmal kommt es mir vor, als hätte sich in den letzten fünfzig Jahren kaum etwas geändert; wir sind immer noch unentwegt auf der Suche nach einem Grund, um einfach aufzugeben.«

Chris zuckte die Achseln und reichte seinem Freund ein Sandwich; sie saßen auf der ›Aussichtsterrasse‹, dem einzigen Winkel im Habitat, wo es zwei Plätze gab, auf denen man sitzen, eine Fläche, von der man essen, und ein Fenster, durch das man hinausschauen konnte. »Natürlich hat sich daran nichts geändert. Andererseits gibt es unzählige Menschen auf der Welt, die nur zu gerne mit uns tauschen würden, aber nie die Chance dazu bekommen werden, ganz zu schweigen von denen, die immer noch nicht glauben, daß man auf einem Licht am Himmel überhaupt landen kann. Was meinst du, sollen wir bald aufbrechen, damit wir sie auch nicht verpassen?«

»Wenn wir schon mal hier sind, sollten wir möglichst alle Sehenswürdigkeiten mitnehmen«, stimmte Peter zu. »Außerdem gibt es noch eine Menge zu tun, bevor du und Xiao mit dem armen Kran davonfahrt, um ihn im Wald auszusetzen. Hoffentlich findet er auch wieder allein zurück.«

»Er ist schließlich schon ein großer Roboter. Höchste Zeit, daß er selbständig wird.« Chris lachte. »Also in die Anzüge mit uns.«

Zwanzig Minuten später – Chris und Peter waren gerade dabei, einen Satz Solarzellentafeln auf den *Rover* zu laden – ertönte Xiao Bes Stimme aus dem Helmlautsprecher. »Jetzt müßte es soweit sein.«

»Schön«, antwortete Chris. »Dann gehen wir dahin, wo wir auch etwas sehen können.«

Die beiden überquerten in weiten Sprüngen die staubige Ebene und strebten einer freien Fläche zu, die sie sich ausgesucht hatten; Xiao Be kam von der anderen Seite. In der ewigen Finsternis des Kraters, die nur vom Widerschein des Sonnenlichts auf den Wänden ein wenig gemildert wurde, sahen sie aus wie fahle Gespenster. Unter ihren Füßen flog der Staub in schnurgerader Linie, ohne Wirbel und Wolken auf, funkelte kurz im matten Licht, verteilte sich und sank wieder zurück auf die Oberfläche, wo er seit Jahrmilliarden gelegen hatte.

Im Zentrum des Kraters trafen sie zusammen. Von dort aus hatte man den besten Blick auf den Himmel. »Jiang wollte das Habitat nicht verlassen«, erklärte Xiao Be. »Ich glaube, er hat einen langes Schreiben von zu Hause bekommen, vielleicht muß er auch einen Bericht abliefern, oder er will einfach ein wenig für sich sein.« Peter und Chris äußerten sich nicht. Sie hatten beschlossen, möglichst nichts zu sagen, was Xiao Be in Schwierigkeiten bringen konnte. Es lag ja auf der Hand, daß niemand merken sollte, wie wenig qualifiziert und wie wenig ausgelastet Jiang im Grunde war. Sehr viel später hörte ich Peter immer wieder spotten, das einzige, was ein Geheimpolizist nicht ertragen könne, seien Leute, die sich verhielten, als hätten sie sein Geheimnis durchschaut.

Hoch über ihnen erstrahlte inmitten eines Sternenmeers das Kreuz des Südens.

»Wie viele Sterne sind da oben?« fragte Peter, während sie dastanden und emporschauten. »Wie viele mehr, als wir von der Erde aus sehen könnten, meine ich?«

Chris lachte. »Das wäre eine gute Frage für den Kurs Astronomie für Anfänger. Und ich dachte, so was brauche ich nie mehr zu unterrichten. Nun, das hängt unter anderem davon ab, was du mit ›von der Erde aus‹ meinst, denn in einer sehr klaren Nacht in großer Höhe und bei trockener Luft siehst du auch dort sehr viel mehr Sterne als in den feuchteren Niederungen. Aber eine ungefähre Schätzung kann ich dir geben: Die hellsten Sterne gehören der Klasse Eins an, die nächsthelleren der Klasse Zwei und so weiter, und jede Klasse ist ein Zehntel so hell wie die nächsthöhere ... Weiterhin sind die matten Sterne immer zahlreicher als die hellen, das Verhältnis entspricht ungefähr ... verdammt, ich weiß es nicht. Aber ich würde sagen, wir sehen trotz der Helmvisiere mindestens drei Klassen mehr, und wenn du bedenkst, daß es pro Klasse etwa zehnmal so viele Sterne mehr gibt, kämen wir etwa auf das Tausendfache.«

»Alpha Centauri sticht immer noch hervor«, sagte Xiao Be. »Ist ja auch kein Wunder, schließlich gehört es schon fast zur Helligkeitsklasse Null. Warum sie wohl den weiten Weg gemacht haben, um dann nie mehr wiederzukommen?«

»In ein paar Wochen – oder Jahren, je nachdem, wie lange die Linguisten brauchen, um den Code der *Enzyklopädie* zu knacken – wissen wir mehr«, sagte Chris. »Aber es ist wirklich ein sehr heller Stern«, fügte er noch hinzu.

Dann wußte niemand mehr etwas zu sagen. Chris hatte es schon als Kind die Sprache verschlagen, wenn er den nächtlichen Himmel betrachtete. Die hellen Sterne verbreiteten einen gediegenen Glanz, wie man ihn auf der Erde niemals erlebte, und über der weiten, luftleeren Ebene lag eine Stille, wie es sie auf der Erde nirgendwo gab. Das einzige Geräusch, das er hörte, waren seine eigenen Atemzüge; die tragbaren Lebenserhaltungssysteme waren inzwischen soweit verbessert worden, daß sie die Luft geräuschlos in den Anzug bliesen.

Das ist eins von den besten Dingen des Lebens, dachte er. *Hin und wieder ein Moment vollkommener Stille, ohne Musikgedudel von irgendwoher, ohne Maschinenlärm in den Ohren. Nicht einmal ein Windhauch oder ein Wellenschlag; nur diese Stille, die seit dem letzten schweren Kometeneinschlag anhält und höchstens alle paar tausend Jahre einmal gebrochen wird. Und von oben dieses weiche Licht, das den Weg hierher vor Hunderten oder gar Tausenden von Jahren angetreten hat.* Die drei standen nicht mehr als einen Meter voneinander entfernt, aber in dieser kurzen Zeit des Wartens war jeder mit der Ewigkeit allein.

Dann bewegte sich über dem Kraterrand ein matter Stern, und die Funkgeräte erwachten knisternd zum Leben. »Da ist sie!«

»Wo? – ach ja, ich sehe sie!«

»Da kommt sie!«

Eine *Käfig-Pigeon* schoß, einen Feuerstrahl hinter sich herziehend, über den Horizont und direkt in das Kreuz des Südens hinein. Sie flog so hoch, daß sie im Sonnenlicht aufblitzte. Die Landefähre *Tiber-Bergung* absolvierte unter Robotsteuerung das letzte Drittel ihres Landeanflugs.

»Vielleicht besteht Interesse«, kam Jiangs Stimme aus den Kopfhörern. Die drei zuckten zusammen. »Alle Werte auf der Landefähre sind normal.«

Das glühende Oval überquerte den mittleren Himmelsabschnitt, wurde länger und langsamer und näherte sich dem Horizont.

Ein etwas hellerer Funken, kaum größer als ein gedruckter Punkt, sank langsam auf einer weißglühenden, in sich gedrehten Säule von zehnfacher Größe herab – die Landefähre hatte ihren Tank abgestoßen. Wie ein umgedrehtes weißes Ausrufungszeichen stand er vor dem schwarzen Nachthimmel. Sie sahen ihm nach, bis er hinter den dunkelgrauen Schattengipfeln auf der anderen Kraterseite verschwand.

»Könnt ihr euch vorstellen, daß die Menschen eines Tages nicht einmal mehr aufschauen, wenn so etwas über ihre Köpfe wegfliegt?« fragte Peter.

»Meine Schuld ist das nicht«, verwahrte sich Chris. »Ich hebe immer noch den Kopf, wenn ich nur ein Flugzeug höre.«

»Wenn ich hier eins hörte, würde ich ganz bestimmt aufsehen«, fügte Xiao hinzu. »Jiang wird uns hoffentlich wissen lassen, ob die Landung glattgeht oder ...«

Jiangs Stimme unterbrach sie. »Von der Erde wird gemeldet, daß der Landeanflug problemlos verläuft. Aufsetzen wird in Kürze erwartet. *Mission Control* sagt, sie haben die *Enzyklopädie* auf dem Bildschirm und sind ganz sicher, die Fähre landen zu können, ohne das Objekt zu treffen.«

»Das wäre vielleicht eine Enttäuschung!« sagte Peter.

Den Rest des Tages waren sie damit beschäftigt, die Solarzellentafeln so hoch oben an der Kraterwand zu befestigen, daß sie Sonne bekamen; das verschaffte Xiao Be und Chris auch die Gelegenheit, sich im Erklettern von Mondfelsen zu üben, es war nicht auszuschließen, daß sie auf der Fahrt mit dem *Rover* in die Lage kamen, diese Fähigkeit anzuwenden. Es war schwieriger, als es aussah, denn obwohl man sich bei der niedrigeren Schwerkraft sehr viel leichter hochziehen konnte, waren viele von den Zacken und Spitzen brüchig. Die wichtigsten Sicherheitsvorkehrungen stellten sich sehr rasch heraus: Man durfte nie direkt über sich einen Griff oder einen Halt für das Seil suchen, und man durfte nicht in einer Linie übereinander klettern. Für die erste Klippe brauchten sie eine volle Stunde, obwohl sie daran kleben konnten wie die Fliegen, doch irgendwann hatten sie einen sicheren Platz gefunden, um den Flaschenzug aufzubauen. Sobald die Seile eingezogen waren, konnte Peter die Kranwinde einsetzen, und von da an ging es flotter voran. Zwei Stunden später hing eine ganze Reihe Solarzellentafeln an der Felswand, und die Kabel schlängelten sich hinunter zum Mondmobil. Chris und Xiao Be stellten fest, daß bei Bergtouren auf dem Mond der Abstieg das eigentliche Vergnügen war. Sprünge von mehr als fünf Metern waren weiter kein Problem, und so kamen sie schneller als erwartet unten an. »Alles klar«, sagte Peter, »wenigstens bis hierher haben wir Strom; mal sehen, ob wir das Kabel bis zum Habitat ziehen können.«

Bald darauf hatte man im Habitat sehr viel mehr Energie als zuvor, weil man nicht mehr auf die Brennstoffzellen allein angewiesen war. Peter und Jiang fuhren mit dem Mondmobil zu einem tiefen Loch in der Kraterwand, das eine Robotsonde entdeckt hatte; tatsächlich fand sich darin ein Eislager von der Größe eines Hauses. Der *Rover* faßte nicht mehr als vier Tonnen, aber da sie jetzt genügend Strom hatten, konnten sie das Eis schmelzen, das gewonnene Wasser durch eine Filteranlage laufen lassen und dann erhitzen – so kam es, daß die Besatzung nach der nächsten Arbeitsschicht mit Wasser, das seit mehr als drei Milliarden Jahren unbehelligt auf dem Mond gelegen hatte, ihre erste Dusche nahm. »Es ist nicht die größte Sensation in der Raumfahrttechnik«, schrieb Chris später in sein Tagebuch, »es ist nicht einmal besonders revolutionär, aber es tut gut zu wissen, daß wir von jetzt an sehr viel angenehmer werden leben können.«

* * *

Am nächsten Tag machte sich das Mondmobil mit Xiao Be am Steuer auf den Weg zur *Enzyklopädie*. Sein Elektromotor wurde mit Brennstoffzellen und später zusätzlich mit Solarzellen betrieben, und es erreichte auf dem Mondboden eine Durchschnittsgeschwindigkeit von acht Stundenkilometern. Als sicherster Weg zum Fundort der *Enzyklopädie* war eine sehr kurvenreiche, neunzig Kilometer lange Strecke errechnet worden, das bedeutete, Chris und Xiao Be hatten mehr als elf Stunden Fahrzeit vor sich. Der *Rover* hatte Energie für zwanzig Stunden, sie konnten also ziemlich nahe an die *Enzyklopädie* herankommen, bevor sie keine Möglichkeit zum Umkehren mehr hatten. Dennoch, wenn auf den letzten zwölf Kilometern irgend etwas schiefging, *mußten* sie die Landefähre am Fundort erreichen – dann war es nicht mehr möglich, zur Station zurückzufahren.

Auf dem letzten Flug der *Endeavour* hatte Chris am eigenen Leibe erfahren, was alles passieren konnte, wenn es zwischen dem letzten Punkt, an dem man gefahrlos umkehren, und dem ersten Punkt, von dem aus man sicher ans Ziel gelangen kann, eine Lücke gibt, und so war er von dieser Situation nicht sehr erbaut. Sein Vorschlag, die Fahrt um ein paar Wochen zu verschieben, bis *Tiber Drei* irgendwo auf halber Strecke stationiert werden und ihnen als Notstützpunkt, Vorratslager und Alternativstartplatz dienen konnte, war auf taube Ohren gestoßen; weder das Vier-Mächte-Konsortium noch die Chinesen wollten noch länger auf die *Enzyklopädie* warten. Wozu auch, wenn man Chris und Xiao Be nur zu sagen brauchte, sie sollten hinfahren und sie holen? Und wenn alles nach Plan ging, sollten die Sicherheitsreserven doch nun wahrhaftig ausreichen.

In der ersten Stunde der Fahrt kamen sie an der *Tiberkolonie* vorbei. Sie hatten in den Nachrichten wie in den Trainingsfilmen natürlich schon viele Bilder davon gesehen. Doch als sie nun über das Geröllfeld zwischen ihrem älteren Krater und dem neueren holperten, in dem sich die *Tiberkolonie* befand, erwartete sie ein Anblick, auf den sie nicht gefaßt waren. Die Gebäude waren so unübersehbar außerirdischen Ursprungs, daß sie im ersten Moment Verwirrung auslösten. Die Landefähre mutete von der Form und den Proportionen her fremdartig an, war aber deutlich auf Windschnittigkeit ausgelegt. Sie stand auf Federbeinen, genau wie unsere Raumschiffe, doch wuchsen die Stützen hier so merkwürdig aus dem Rumpf heraus, daß man sich an eine Spinne erinnert fühlte.

Die *Tiber-Eins*-Mannschaft hatte mit Ultraschall festgestellt, daß die Landefähre zum größten Teil hohl war; offenbar hatte man bei Starts und Landungen alle Luft aus den Tanks gepumpt. Die Tanks bestanden übrigens aus einem Material, das große Ähnlichkeit mit den auf der Erde erst zwanzig Jahre zuvor entwickelten Aerogels hatte, den meisten davon allerdings an Stabilität und Dauerhaftigkeit weit überlegen war. Diese neuen Werkstoffe wogen fast nichts, waren vollkommen durchsichtig und wiesen sagenhaft günstige Gewicht-Festigkeits-Relationen auf. Die SSTO-Planer waren begeistert davon – sie schienen ihnen wie geschaffen für ihre Wasserstofftanks. Allem Anschein nach war diese Landefähre ursprünglich für eine Welt mit Atmosphäre bestimmt gewesen, wahrscheinlich für die Erde. Gelandet war sie wohl mit Raketenschub, ein Bauteil sah so aus, als müsse es das Triebwerk sein. Dicht über dem Boden konnte dieses Raumschiff mit seinen leergepumpten Tanks und der niedrigen Dichte wahrscheinlich nahezu antriebslos in der Luft schwimmen, eine geräuscharme und sehr wirtschaftliche Art der Fortbewegung. Rein äußerlich vermittelte es den Eindruck, als habe der Konstrukteur mit Hilfe eines Computerprogramms eine Rakete, ein Luftschiff und ein Unterseeboot miteinander verschmelzen wollen, aber mittendrin aufgegeben, so daß nun hier und dort noch Elemente von allen dreien zu erkennen waren.

Hinter der Landefähre lag wie ein umgepflügter Acker voller Risse und Löcher der Friedhof. Hier hatten die Tiberianer ihre Toten begraben und Steine über sie gehäuft. Niemand wußte, ob die Leichen nackt waren, weil das so der Brauch war oder weil man kein Material für Totenhemden oder Särge gehabt hatte. Doch da auf dem Mond kein Tier die Ruhe der Toten stören konnte und sie auch nicht verwesten (genaugenommen lagen sie gefriergetrocknet auf ihrem Totenacker) durfte man wohl davon ausgehen, daß eine Bestattung unter einem Hügel aus losen Steinen tiberianischer Brauch war oder zumindest unter Berücksichtigung der lunaren Verhältnisse auf einen solchen zurückging.

Jenseits des Friedhofs, vom *Rover* aus aber nicht zu erkennen, verdeckten Hügel aus geschmolzenem Gestein wie Glaspfropfen mit kleinen, runden Türen die Lavaröhren, die von den Tiberianern mit Luft gefüllt und offensichtlich als Habitate verwendet worden waren. Niemand konnte sich bisher vorstellen, wie man diese Gesteinsmengen hatte verflüssigen können. Der gängigen, auf der Untersuchung der Schmelzspuren beruhenden Theorie zufolge mußten die Tiberianer einen Laser von einer Leistungsfähigkeit gehabt haben, von der wir nur träumen konnten. Aber selbst wenn das stimmte, dann hatte man bisher nicht herausgefunden, welche von den vielen unbekannten Maschinen dieser Laser war.

Das kleine Mondmobil ließ den Stützpunkt der Außerirdischen hinter sich und tastete sich weiter über die Mondoberfläche. Auf der Erde wäre es kaum vorangekommen, aber hier überwand es selbst die steilsten Hügel fast mühelos; Xiao Be mußte nur aufpassen, daß sie nicht zu weit in Schräglage gerieten, denn mit dem langen Kranausleger bestand immer die Gefahr, daß das Vehikel umkippte.

Chris sollte den zweiten Teil der Strecke fahren, also legte er sich hin und versuchte, ein wenig zu schlafen. Schließlich wollten sie einigermaßen frisch und ausgeruht am Ziel eintreffen. Doch es fiel ihm nicht leicht, die Augen zu schließen, zu sehr faszinierte ihn die wilde Mondlandschaft vor dem Fenster – die scharfkantigen Steilhänge, die hohen Säulen, die zerklüfteten Geröllfelder. Und bei den vielen meterhohen Felsblöcken, die Xiao Be umfahren mußte, den Miniaturlawinen unter den Rädern und den Schlaglöchern, die immer wieder einmal den ganzen Wagen durchschüttelten, war der Liegesitz nicht unbedingt das bequemste Lager. Trotzdem gelang es ihm, zwei oder drei Stunden der fünfstündigen Ruhepause zu verschlafen.

Als Xiao Be ihn offiziell aufforderte, das Steuer zu übernehmen, kontrollierte er als erstes den Kilometerzähler. Sie hatten erst vierzig Kilometer zurückgelegt, nicht fünfundfünfzig wie geplant. »Verdammt, was ist passiert?«

»Kann man sich doch denken.« Sie zuckte die Achseln. »Man muß ständig steuern und ausweichen, damit man nirgendwo dagegenprallt oder umkippt. Aber es reicht immer noch, um mit einer gewissen Energiereserve anzukommen.«

»Ich hasse es, wenn es so knapp wird.«

»Kann ich verstehen, aber mehr Energie steht nun mal nicht zur Verfügung, Chris. Und jetzt fahr vorsichtig und weck mich möglichst nicht auf. Die Fahrt war ziemlich anstrengend.« Damit übertrug sie die Kontrolle über die Fahrzeugfunktionen von ihrer Konsole auf die seine; sobald er übernommen hatte und den Statusbericht abrief, klappte sie ihren Sitz nach hinten, streckte sich aus, und zog das Helmvisier so weit herunter, daß es automatisch zuschnappen würde, falls es zu einem Druckabfall kam und ihr Anzug die Sauerstoffversorgung übernehmen mußte.

Chris stieß einen kurzen Seufzer aus. Die Luft in der Kabine roch abgestanden. Nach der Karte, die er vor sich hatte, befanden sie sich fünf Meter abseits der vom Computer errechneten Route; er schaute nach rechts; in fünf Metern Entfernung ragte ein Felsblock von der Größe eines Hauses auf. Dem Computer hatte er wahrscheinlich gefallen, weil er oben flach war, und daß er höher war als der *Rover*, hatte offenbar weder die Radarortung noch die optische Registrierung begriffen.

Chris startete und tastete sich vorwärts. Anfangs fuhr er sehr langsam, aber mit wachsender Übung gewann er mehr Selbstvertrauen und wurde schneller. Nach einer Weile sah er auf den Geschwindigkeitsmesser. Er war immer noch langsamer als Xiao Be. Wütend biß er die Zähne zusammen und legte noch einmal zu.

Der Zeitplan hatte ursprünglich recht vernünftig ausgesehen: Er sollte nach sieben Stunden Schlaf und vier Stunden Fahrt am Ziel sein und mit Xiao Be in die Landefähre umsteigen. Dort konnte sie weiterschlafen, während er sich einen ersten Überblick verschaffte. Schließlich würden sie gemeinsam die *Enzyklopädie* einladen, starten und auf schnellstem Weg zur Erde zurückkehren. Doch beim jetzigen Tempo würde er knapp neun Stunden brauchen (womit dem *Rover* noch Energiereserven für vier Betriebsstunden blieben), und das machte einschneidende Änderungen erforderlich. Während er sich weiter zwischen den Felsblöcken hindurchschlängelte, hörte er Xiao Bes Sprechfunkprotokoll ab und stellte fest, daß sie das Kontrollzentrum über die Polarsatellitenstation ständig auf dem laufenden gehalten hatte.

Wenn Xiao Be Bericht erstattet hatte, mußte er das wohl auch tun. Vor ihm lag ein Stück mehr oder weniger glatten Felsbodens, wo er etwas schneller fahren konnte, eine gute Gelegenheit, die Meldung aufzuzeichnen. Er faßte sich kurz – bestätigte zunächst, daß Xiao Be in allen Fällen korrekt entschieden habe und niemand anders hätte handeln können, versicherte dann, sie rechneten weiterhin mit einem erfolgreichen Abschluß der Mission, und erklärte schließlich, er habe nichts weiter zu berichten, außer daß die mit Radar und optischer Ortung erstellten Karten einiges zu wünschen übrigließen.

Damit verabschiedete er sich, beauftragte den Computer, den Funkspruch bei passender Gelegenheit abzusetzen, und konzentrierte sich wieder auf die schwierige Strecke. Es war ähnlich, als würde man zu Hause mit einem Geländewagen durch die Wüste schaukeln, nur lief hier alles in Zeitlupe ab. Und wenn man einen Achsenbruch hatte oder irgendwo steckenblieb, war man rettungslos verloren.

Er war so sehr damit beschäftigt, über ein Geröllfeld in den nächsten Krater hinunterzuschlittern, daß ihn das Knacken in seinem Kopfhörer heftig zusammenfahren ließ. »*Tiber-Zwei-Mobil,* hier *Mission Control.*«

»Bitte sprechen, *Mission Control*«, sagte er.

Nun folgte eine lange Pause. Es dauerte fast anderthalb Sekunden, bis Funkwellen von der Erde zum Mond gelangten, und natürlich noch einmal so lang, bis die Antwort eintraf; zusammen mit der Reaktionszeit war die Verzögerung ziemlich deutlich. »*Tiber-Zwei-Mobil,* wir haben Ihre Angaben überprüft und sind ebenfalls der Ansicht, daß Sie den Fundort der *Enzyklopädie* mit ausreichenden Reserven erreichen können. Die Radarkarte wurde korrigiert. Wir haben die Informationen aus dem ersten Teil Ihrer Expedition in unser Interpretationsprogramm integriert und die Streckenführung entsprechend angepaßt. Nun können wir Ihnen eine hoffentlich bessere Alternativroute anbieten. Übertragung per Datenkanal ist unterwegs. Sie sind hiermit freigegeben, die Fahrt zum Fundort *Enzyklopädie* fortzusetzen.«

»Danke, *Mission Control,* wird erledigt. Aber beim nächsten Mal stellen Sie gefälligst eine Tankstelle an die Autobahn, verdammt noch mal.«

Wieder dauerte es lange Sekunden, bis die Antwort kam. »Roger, *Tiber-Zwei-Mobil,* beim nächsten Kontakt mit Außerirdischen denken wir dran. Viel Glück!«

»Danke, *Mission Control.*« Er schaltete das Head-up-Display ein, das einen gespenstisch grünen Computerbildschirm auf die Windschutzscheibe projizierte. Nun konnte er sehen, was an Daten übertragen worden war. Er setzte den Cursor auf ›VERBESSERTE KARTE – INSTALLIEREN‹ und klickte die Option an. Einen Augenblick später leuchtete ›INSTALLIERT – VERWENDEN?‹ auf. Er wählte Y, und als die neue Karte erschien, zeigte sie eine etwas höhere Stelle auf dem Hang an. Er steuerte etwas nach links und fuhr darauf zu. Zunächst konnte er keinen großen Unterschied festellen, aber das kam vielleicht noch. »Danke, *Mission Control,* fahre jetzt nach der neuen Karte.«

Sonst gab es nicht viel Neues; ein kurzer Gruß von Jason, nicht mehr als ›Hallo‹ und ›Ich liebe dich‹; eine ebenso knappe Nachricht von Lori Kirsten mit der Ermahnung, die Geschwindigkeitsbegrenzung einzuhalten und den Sicherheitsgurt nicht zu vergessen; und eine Mitteilung seiner Mutter, sie sei sehr stolz auf ihn. Was soll man auch jemandem erzählen, der von mehreren Millionen Menschen beobachtet wird und sich in einer Umgebung befindet, wo die kleinste Panne sofort tödlich sein kann? Schon gar, wenn es normalerweise keine Pannen gibt und niemand so morbide sein will, die Gefahr womöglich noch herbeizureden. Außerdem verbringt man im Weltraum die meiste Zeit mit langweiligen Routinetätigkeiten, und alles, was man dazu sagen kann, klingt hoffnungslos theatralisch.

Chris versicherte den dreien in kurzen Antwortbotschaften, er denke an sie und habe sich gefreut, von ihnen zu hören. Das war immerhin die Wahrheit, und sollte tatsächlich etwas schiefgehen, wäre es auch kein schlechter Abschiedsgruß …

Wieder überlegte er, woher diese sonderbare Gemütsverfassung wohl kommen mochte. Zuerst die düsteren Vorahnungen vor dem Einsatz, und jetzt machte er sich Gedanken über seine letzten Worte. Vielleicht war es einfach Müdigkeit, vielleicht zermürbte ihn auch das anstrengende, unbefriedigende Geschaukel durch dieses unwegsame Gelände. Wie auch immer, er durfte sich nicht hängenlassen. Er schob eine Tube Kaffee in das kleine Heizelement und wartete, bis sie heiß war, während er sich die nächste Felswand emporquälte.

Oben angekommen, stellte er fest, daß die Route über den hohen Kraterrand führte, eine flache Geröllpiste, wie sie manche Felskessel umgab. Er würde also Sonne haben. Schön, dann konnte er wenigstens ein paar Akkus aufladen und die Brennstoffzellen eine Zeitlang schonen. Außerdem kam ihm das Gelände etwas ebener vor. Aber vielleicht war es gar nicht so gut, mehr Zeit zum Nachdenken zu haben.

Mit einer Energiereserve von nur drei Stunden und fünfzehn Minuten rollte der *Rover* auf die Landefähre *Tiber-Bergung* zu. »Xiao, aufwachen, wir sind da«, sagte Chris.

Sie richtete sich auf, schob das Helmvisier hoch und blinzelte ins grelle Licht. Dieser Krater lag fast zur Hälfte in der Sonne. »Großartig«, sagte sie. »Wo ist das Hotel? Bestell mir doch beim Zimmerservice einen Salade César und eine große Portion Spaghetti.«

Chris schnaubte. »Das war vielleicht eine Fahrt. Ich bin inzwischen länger am Steuer dieser elenden Karre gesessen als du. Aber wir sind am Ziel. Was hältst du davon, wenn wir erst mal reingehen, uns ein wenig ausruhen und unter etwas angenehmeren Umständen die Toilette benützen? Das Kontrollzentrum hat mir ein paar Stunden Schlaf genehmigt, bevor wir weitermachen, und ich möchte bald anfangen.«

»Nichts dagegen«, sagte sie und wollte das Helmvisier schließen, aber er war noch nicht fertig. »Wahrscheinlich«, fuhr er fort, »lassen wir das Vehikel besser im Tageslicht stehen und holen es hinterher ab. Mit der Elektrolyseanlage ist es in ein paar Stunden aufgeladen.«

»Klar.« Sie fuhren den *Rover* in den breiten Sonnenlichtstreifen; bis der Kraterschatten hierher wanderte, würde es Tage dauern. Nachdem sie das Brennstoffzellensystem abgeschaltet, das Wasser abgelassen und in die Elektrolyseanlage gefüllt hatten, klappten sie die Solarflügel vollständig aus. Der mit Hilfe des Sonnenlichts erzeugte Strom würde nun das Wasser, das beim Betrieb der Brennstoffzellen angefallen war, in Wasserstoff und Sauerstoff zerlegen und damit wiederverwendbar machen. Zugleich würden sich auch die vielen Akkumulatoren des Mondmobils aufladen.

Sie klappten die Helmvisiere herunter, ließen sie einrasten, schlossen das Verdeck des *Rover* und traten auf die Mondoberfläche. Mit fünfzig langen Sätzen hatten sie etwa die Hälfte der Strecke zur *Käfig-Pigeon* zurückgelegt, als Xiao Be plötzlich über Helmfunk rief: »He – da ist sie ja!«

Sie hielten an und traten langsam näher. Der rechteckige Kasten hatte etwa die Ausmaße eines großen Schreibtischs und stand auf einer etwa einen Meter hohen Metallkonstruktion, die nach allen Seiten mehr als einen Meter weit über ihn hinausragte. An der Unterseite dieses Gestells befand sich ein kleines Gerät, das einer billigen Lampe zum Verwechseln ähnlich sah, und unmittelbar darunter war das Mondgestein so glänzend schwarz, als sei es geschmolzen.

»Erzähl mir jetzt nicht, daß das die gesamte Triebwerksanlage ist.« Chris war beeindruckt. »Wo, zum Teufel, sind die Treibstofftanks?«

Xiao Be hob, so gut das im Raumanzug möglich war, die Arme und ließ sie wieder fallen. »Wenn du erst soweit bist, daß du Flüge zu den Sternen planst, hast du wohl auch die primitive Vorstellung überwunden, daß man dazu Treibstoff braucht. Vielleicht kommt dieses Triebwerk für die Strecke von Alpha Centauri bis hierher auch mit einem Liter Sprit aus. Oder es ist der magische Bodenschmelzer zur Erzeugung des heiligen Flüssiggesteins, und sie haben ihn nur hier vergessen. Wir sollen das Ding lediglich nach Hause bringen; was sie dort damit anfangen, ist Sache der Wissenschaftler.«

Als erstes probierten sie, ob sich der Kasten von seiner Tragwerkskonstruktion lösen ließ, denn die hätte niemals in die *Pigeon* gepaßt, mit der sie zur Erde fliegen sollten. Er war nur mit einfachen Flügelschrauben befestigt, und die drehten sich auch willig, allerdings nach rechts anstatt wie gewohnt nach links. Dann versuchten sie, das ganze Gebilde anzuheben; Chris schätzte, daß es mindestens so schwer war wie ein Mittelklassewagen. Sie brachten es jedenfalls nicht von der Stelle. »Es wird also nicht ganz so einfach werden«, meinte er, »wie wir es uns gewünscht hätten. Aber ich kann mich kaum noch auf den Beinen halten; sehen wir zu, daß wir in die *Käfig-Pigeon* kommen, damit ich mich langlegen kann.«

Diese *Käfig-Pigeon* unterschied sich von allen anderen, die Chris und Xiao Be bisher kennengelernt hatten. Eigentlich hatte jede *Pigeon* drei Türen, bei der *Käfig-Pigeon* waren jedoch normalerweise nur zwei zu öffnen – durch die Bugklappe für die Andockmanöver stieg die Besatzung im All ein und aus, und durch die Luke an der Unterseite, die in den unteren Frachtraum führte, gelangte sie mit einer Leiter auf die Mondoberfläche. Die sogenannte EVA-Klappe, die bei den meisten *Pigeons* vor dem Start und bei Weltraumspaziergängen benützt wurde, um direkt in den Besatzungsraum zu kommen, befand sich ganz oben, wenn die *Pigeon* in einem Käfig lag, und war deshalb bei dieser Version gewöhnlich nicht zu öffnen. Für diesen Transport hatte man jedoch die meisten Sitze ausgebaut, um Platz zu schaffen, und die Planung sah vor, die *Enzyklopädie* mit Hilfe eines Krans durch die obere Luke ins Innere zu heben. Auf dem schrägen unteren Deck waren Spezialhalterungen angebracht, um die *Enzyklopädie* festzurren zu können; beim Wiedereintritt würde sie in dieser Position direkt über Chris' und Xiao Bes Köpfen hängen, und Chris konnte nur hoffen, daß die Gurte der Belastung auch gewachsen waren.

Bis auf die Sitze, die Gurte, das Steuersystem und das notwendige Minimum an Versorgungseinrichtungen, um die Besatzung auf dem Rückflug am Leben zu erhalten, hatte man aus dieser Kapsel alles ausgebaut, um möglichst viel Platz für die *Enzyklopädie* und eine Massenreserve für einen größeren Treibstofftank zu schaffen. Man konnte in dem Ding notfalls schlafen, aber man kam nicht in Versuchung, es sich gemütlich zu machen, denn von Gemütlichkeit konnte wahrhaftig nicht die Rede sein.

Als Chris Stunden später aufstand und sich rasch wusch, wartete Xiao Be schon mit einer kurzen Liste von Arbeiten, die sie bereits erledigt hatte, und einer etwas längeren mit Anweisungen vom Kontrollzentrum. Sie hatte die Schrauben gelöst, mit denen die *Enzyklopädie* an ihrem Tragwerk befestigt war, und war nach sorgfältiger Prüfung zu der Überzeugung gelangt, daß es keine weitere Verbindung gab; der Kasten müßte sich jetzt ohne weiteres abnehmen lassen. Dann hatte sie mit dem Haken eines Kraftmeßgeräts die einzelnen Beine des Gerüsts angehoben und die *Enzyklopädie* demnach auf eine Masse von mindestens sechs metrischen Tonnen taxiert. »Sie hat also etwa die Dichte von massivem Aluminium«, sagte sie. »Schwierig, aber nicht unmöglich, würde ich meinen. Vom Gewicht her nicht mehr als eine metrische Tonne auf der Erde, also etwa soviel wie ein Kleinwagen, aber bei dieser Masse müssen wir uns sehr in acht nehmen. Wir müssen immer daran denken, daß sie sehr schwer aufzuhalten ist, wenn sie einmal am Kran hängt und ins Schwingen kommt – besonders, weil hier bei großen Gegenständen der Kontrast zwischen dem Gewicht und der Masse, die man erwartet, besonders groß ist und man sich deshalb besonders leicht verschätzt. Jedenfalls ist die *Pigeon* durchaus imstande, damit zur Erde zu fliegen.«

Weiterhin hatte sie bereits die Hebegurte ausgelegt, so daß sie, sobald Chris mithelfen konnte, den Kasten mit einer Brechstange anzuheben, nur noch zwischen die *Enzyklopädie* und die Tragekonstruktion geschoben zu werden brauchten. »Eins ist besonders ärgerlich. Ich habe sie ausgemessen und dabei festgestellt, daß selbst die kleinste Diagonale nicht ganz durch die obere Luke unserer *Pigeon* paßt. Aber durch den Bug kriegen wir sie, wir müssen nur sehr vorsichtig sein. Anstatt sie von oben abzusenken, schwingen wir sie hinein. Die Hafenarbeiter haben es früher genauso gemacht.«

Im Kontrollzentrum hatte man immerhin anderthalb Minuten lang überlegt, ehe man Anweisung gab, die Mission fortzuführen. Bevor die beiden ihre Helme aufsetzten und womöglich jemand mithörte, vertraute die kleine Chinesin ihrem Kollegen noch leise an, sie habe eine Geheimbotschaft von ihrer Regierung erhalten. Darin habe man ihr mitgeteilt, man werde die Vier Mächte mit allen Mitteln unter Druck setzen, um die *Enzyklopädie* bald in die Hand zu bekommen; in wenigen Monaten stehe der hundertste Jahrestag des Ausbruchs der Chinesischen Revolution bevor, und bis dahin wolle man wenigstens einen Teil der Informationen entziffert haben, um sie bei den Gedenkfeiern verwenden zu können.

»Na schön«, sagte Chris, »dann machen wir uns wohl besser an die Arbeit.«

Die erste Phase war noch kein Problem: Chris hob jede Ecke der *Enzyklopädie* mit einer Brechstange an, und Xiao Be schob einen Hebegurt darunter und führte ihn außen herum. Danach wurden die Gurte oben zusammengebunden – dazu mußte Xiao Be zwar mit Chris' Hilfe auf den Container steigen, aber er wirkte recht stabil, außerdem vertrat sie die Ansicht, wenn die Außerirdischen das Gebilde auf eine so weite Reise geschickt hätten, müsse es schon einen Stoß vertragen. Jedenfalls hatte die *Enzyklopädie* keinen sichtbaren Schaden genommen, und als Xiao Be fertig war, sprang sie leichtfüßig herunter und schwebte auf die Mondoberfläche zu. »Zeit zum Mittagessen«, sagte sie. »Ich habe herausgeschunden, daß das im Zeitplan berücksichtigt wird.«

Nachdem sie sich eine Ruhepause in der *Pigeon* gegönnt hatten, kam der eigentliche Ladevorgang. Dazu zogen sie die Raumanzüge wieder an, pumpten die Luft aus der *Pigeon* in den Vorratstank, öffneten die Bugklappe und machten sie fest. Dann kletterten sie durch die EVA-Luke hinaus und rannten in langen Sätzen um die Wette über den Kraterboden zum Mondmobil. Xiao Be blieb Sieger, beide lachten über ihre eigene Albernheit, und während sie kontrollierten, wieweit sich die Akkus aufgeladen hatten – es war sogar etwas schneller gegangen als gedacht –, sagte Chris: »Ich freue mich schon darauf, wenn wir hier fertig sind und wieder nach Hause fliegen können.«

Sie schaltete ihr Funkgerät aus; er bemerkte es und folgte ihrem Beispiel. Nun konnten die Geräte in der *Pigeon* ihr Gespräch nicht mehr mitschneiden. Sie drückten die Helmvisiere aneinander, so daß der Schall direkt übertragen wurde (obwohl sie dazu ziemlich laut schreien mußten). »Noch besser wird es nach der Landung«, sagte sie. »Wir wassern direkt vor eurem Staat Hawaii, und wenn uns, wie ich annehme, ein amerikanisches Schiff auffischt, werde ich politisches Asyl beantragen. Die Vorstellung, noch einen Flug zu machen, bei dem mir jemand die ganze Zeit über die Schulter schaut, ist mir unerträglich. Willst du mir helfen, wenn es soweit ist?«

Chris schluckte hart und sagte: »Klar. Du kannst dich drauf verlassen. Und jetzt bringen wir die Sache hinter uns.« Damit schalteten sie die Funkgeräte wieder ein.

Als er sich wieder an die Arbeit machte, fiel ihm plötzlich auf, wie eins zum anderen gekommen war. Normalerweise landete die *Pigeon* mit dem sogenannten *Parafoil*, einer Kreuzung aus Tragfläche und Fallschirm, auf dem sie einigermaßen ruhig zu Boden gleiten konnte. Aber diesmal war die Fracht so schwer, daß das System an seine Grenzen stieß. Man hatte nicht genügend Treibstoff, um auf die Bahnebene des *Star Cluster* zu wechseln, deshalb konnte die *Enzyklopädie* auch nicht im Orbit umgeladen und von einer *Starbird* oder einem Shuttle zur Erde befördert werden. Die

Pigeon mußte sie schon selbst hinunterbringen. Und für den Einsatz des *Parafoil* war die Masse zu groß. Chris und Xiao Be mußten also mit einem übergroßen Fallschirm vorliebnehmen und, den Winden hilflos ausgeliefert, wie die ersten Astronauten auf dem Ozean niedergehen, ein teures und auch nicht ganz ungefährliches Verfahren.

Das Problem hätte sich natürlich umgehen lassen. Man hätte mit der Bergung der *Enzyklopädie* nur ein Jahr zu warten brauchen, bis geeignetere Transportmittel auf dem Markt waren, mit denen man das Vorhaben auf die herkömmliche und damit weniger riskante Art und Weise durchführen konnte, aber kein Politiker wollte seinen Wählern sagen, sie müßten sich noch ein Jahr gedulden, man wolle Nägel mit Köpfen machen. Und deshalb, dachte Chris, weil niemand die Courage hat, den Wählern die Lage zu erklären, nehmen wir die wertvollste Fracht aller Zeiten an Bord und setzen sie einer Belastung von sechs Ge aus, um sie anschließend im Meer zu versenken.

Na schön, es war nicht seine Sache, sich darüber den Kopf zu zerbrechen. Er wandte sich wieder seiner Arbeit zu. Der *Rover* war vollends wiederaufgeladen und das Wasser restlos rekonvertiert, also klappten sie die Solarflügel wieder ein, schalteten auf Fahrtbetrieb und steuerten die *Enzyklopädie* an. Der Kranarm wurde ausgefahren, der Haken erfaßte den Ring an den Gurten, und dann wurde das jahrtausendealte Objekt von einer Lichtjahre entfernten Welt angehoben, herumgeschwenkt und einfach auf die Ladepritsche gesetzt wie eine Kiste auf ein irdisches Schiff. »Geschafft.« Xiao Be nickte.

Das schwere Gewicht auf der Hinterachse beeinträchtigte das Fahrverhalten des *Rover*, trotzdem hatten sie die *Pigeon* in zwei Minuten erreicht. »Wenn sie nur zwanzig Zentimeter kürzer gewesen wäre, hätten wir sie durch die obere Luke reingebracht – wir hätten sie bloß abzulassen brauchen«, bemerkte Chris.

»Es wäre trotzdem umständlich geworden«, gab Xiao Be zurück. »Die Stelle, an der wir sie festzurren müssen, ist von keiner der Luken aus direkt zu erreichen. Ich nehme an, daß keiner von den Konstrukteuren jemals seine Möbel über eine schmale Treppe in eine kleine Wohnung schaffen mußte. Wir müssen sie also wohl oder übel durch die Bugluke schwingen.«

»Hineinziehen können wir sie nicht?«

»Nicht dran zu denken«, sagte sie. »Wir haben nur eine Chance, wenn wir den Schwung ausnützen. Es wird schon gutgehen. Hauptsache, du steuerst den Kran mit leichter Hand.«

»*Ich* soll steuern?«

Xiao Be seufzte. »Ich weiß, daß ich mehr Übung habe und deshalb auch besser damit umgehen kann, aber falls du es noch nicht bemerkt haben solltest, du bist einen Kopf größer als ich und einiges dicker. Wenn die *Enzyklopädie* durch die Bugöffnung kommt, muß jemand dastehen und sie kräftig zur Seite schubsen, damit sie wenigstens ungefähr da landet, wo wir sie festmachen sollen. Und dieser Jemand muß gleich neben der Klappe stehen.«

»Und wenn die *Enzyklopädie* nun auf dich zuschwingt?«

»Kein Problem – das Seil trägt sie schon nach oben, und wenn du richtig triffst, kommt sie sowieso schnurgerade herein. Etwas anderes belastet mich viel mehr: Nachdem ich sie in die richtige Richtung gestoßen habe, mußt du sofort auf den Auslöser für das Seil drücken, sonst schwingt sie uns gleich wieder nach rückwärts hinaus. Du drückst auf den Knopf, wenn ich ›jetzt‹ schreie – aber keinen Augenblick vorher. Wenn du zu früh auslöst, fliegt sie geradeaus weiter, und dann zertrümmert sie uns womöglich ein lebenswichtiges Teil der *Pigeon*, zerbricht selbst oder trifft am Ende noch mich. Wenn du andererseits zu spät oder gar nicht auslöst – dann passiert nichts weiter, als daß sie wieder hinausschwingt, und dann beginnt das Spiel eben von vorn. Also löse aus, wenn ich ›jetzt‹ schreie, aber ja nicht zu früh. Kapiert?«

»Kapiert. Und du bist ganz sicher, daß ich da drin nicht genug Platz habe?«

»Leider ja. Mir wäre es auch lieber, wenn jemand von deiner Statur das Ding zur Seite stoßen könnte. Aber ich bin kleiner und kann mich deshalb schneller ducken, wenn wirklich etwas schiefgeht. Und jetzt gehe ich auf Position. Wir machen ein paar Probeschwünge, damit wir genau wissen, wie es läuft.«

Sie stieg aus dem Mondmobil – sie hatten für die kurze Fahrt darauf verzichtet, das Verdeck zu schließen – kletterte am Gerüst der *Käfig-Pigeon* hinauf und verschwand durch die offene EVA-Luke im Innern. »Okay«, ertönte ihre Stimme über Funk, sobald Chris sie nicht mehr sehen konnte. »Heb sie an und bring sie ganz langsam vor die Öffnung.«

Die Kransteuerung war ihm vertraut – er hatte sie zuerst in Houston, dann in Edwards und schließlich in China unzählige Male bedient. Er hob die *Enzyklopädie* an, drehte den Kran und fuhr ihn so weit aus, bis sie sich vor der Bugluke befand. Dann kurbelte er den mattschwarzen Container mit der Winde auf die richtige Höhe. »Großartig«, lobte Xiao Be. »Du bist genau auf dem Punkt. Und nun ganz langsam rückwärts schwingen.«

Er gehorchte.

»Okay, jetzt mit einem raschen Schwung durch die Öffnung«, sagte sie. »Ich versuche diesmal noch nicht, sie zu erwischen. Ich will nur sehen, wie sie reinkommt, das heißt, sie schwingt sofort wieder zurück. Du läßt sie auspendeln, und wenn dann immer noch alles gut aussieht, machen wir ernst. Okay?«

»Roger«, sagte Chris. »Bist du bereit?«

»Alles in den Startlöchern. Fang an.«

Chris hoffte, daß die Zentrifugalkraft den Kran nicht gegen die Seitenwand der *Pigeon* schleudern würde, als er ihn nun ein Stück weit drehte. Die *Enzyklopädie* blitzte und funkelte im Widerschein der sonnenhellen Kraterwand, als sie am straffgespannten Seil auf die Landefähre zuflog. Er setzte schon zu einem Seufzer der Erleichterung an, als sie exakt und ohne anzustreifen durch die Bugöffnung ging. In diesem Augenblick verfing sich das Seil am Rand der Klappe.

Ein Zittern durchlief das Mondmobil, der Kran war am oberen Drehkranz gebrochen. Aus dem Kopfhörer unter seinem Helm gellte ein gräßlicher Schrei.

Mit einem einzigen Satz war er auf dem Gerüst und schwang sich durch die EVA-Luke ins Innere der *Pigeon*.

Die *Enzyklopädie* war seitlich weggerutscht, als der brechende Kran sie fallen ließ, und hing nun schräg in der Bugöffnung. Eine Ecke lag auf Xiao Bes linkem Bein, eine Kante hatte sich so tief in ihren Unterleib gedrückt, daß ihr Brustkorb praktisch darüberhing. Ihr Raumanzug war zum Zerreißen gespannt – Chris hatte so etwas noch nie gesehen. Aus seinem Kopfhörer drang rauh und gequält das Rasseln ihres Atems.

9

Ohne zu überlegen, stürmte Chris nach vorne und warf sich mit der Schulter gegen die *Enzyklopädie*, um sie wieder aus der Luke zu schieben. Doch sie bewegte sich keinen Millimeter von der Stelle. Jetzt sah er, daß sie sich verkeilt hatte und daß Xiao Be ein Punkt des Keils war. Wieder stemmte er sich mit aller Kraft dagegen. Doch es half alles nichts.

»Schneide sie los, stoße sie rein, und bring mich nach Hause«, keuchte sie plötzlich.

»Was?«

»Der Kran ist gebrochen, ja? Ich hab's gesehen.«

»Stimmt.«

»Mach das Seil ab. Versuch gar nicht erst, sie rauszukriegen. Heb sie mit den Brechstangen an, zieh mich raus, zieh sie rein, schließ die Klappe. Flieg nach Hause.« Sie atmete schwer, und ihrer Stimme war anzuhören, daß sie starke Schmerzen hatte. »Weiß nicht, was passiert ist, fühlt sich nicht gut an. Innere Verletzungen. Jiang ist Mediziner, aber er kann nicht operieren, und gegen ein gebrochenes Rückgrat ist er machtlos. Dazu muß ich nach Hause. Ohne Kran kriegst du sie nicht raus. Also hol sie rein, und dann bring mich heim – schnell.«

Chris stand auf. Was sie sagte, klang vernünftig, aber es würde nicht einfach werden. Er sprang wieder aus der EVA-Luke und kroch an der Oberseite des Raumschiffs entlang zum Bug. Mit dem Messer, das zur Notausrüstung seines Raumanzugs gehörte, durchschnitt er die Gurte. Der Kranhaken fiel herunter. Chris warf sich fluchend zur Seite, denn jetzt fiel der Kranturm, der zur Seite gekippt und nur noch vom Seil gehalten worden war, endgültig um, stürzte dicht an ihm vorbei und krachte mit einem markerschütternden Schlag, der durch das ganze Schiff ging und eine Staubwolke aufwirbelte, zu Boden. Xiao Bes Atemzüge waren noch schwerer geworden.

Chris sprang zum Mondmobil hinunter. Der Kran war im Fallen gegen den großen Treibstofftank geprallt und hatte eine Delle verursacht. Chris hatte keine Zeit, den Schaden genauer zu untersuchen, er hätte ohnehin nichts mehr daran ändern können, also schnappte er sich nur die Brechstangen und war mit drei kurzen Sprüngen wieder in der *Pigeon*.

Zuerst fand er keine Stelle, wo er ansetzen konnte, ohne daß sich das Riesending noch fester in Xiao Bes Körper preßte. Dann machte er sich klar, daß es am vordringlichsten war, ihren Unterleib freizubekommen, um den verheerenden Druck auf die inneren Organe zu mindern und ihr das Atmen zu erleichtern, selbst wenn dabei die Ecke über ihr Bein gezogen wurde und es noch mehr verletzte. So schob er die Stange unter den Klotz und legte sich mit seinem ganzen Gewicht darauf. Die *Enzyklopädie* wurde nach oben gedrückt und rutschte etwa dreißig Zentimeter weiter ins Innere. Chris holte Xiao Bes Körper mit dem Fuß zu sich heran. Mit einem Donnerschlag, den er zwar nicht hörte, aber durch die Stiefelsohlen spürte, schlug der Kasten fünf Zentimeter von seiner Fußspitze entfernt auf dem Deck auf. Prüfend sah er sich an, wie er gelandet war; der Winkel war noch steiler geworden, und die eine Ecke ragte noch weiter nach draußen.

Er hörte Xiao Bes Flüstern im Kopfhörer und wandte sich um. »Schließ die Klappe und flieg nach Hause. Schließ die Klappe und flieg nach Hause.«

Wirbelsäulenverletzung hin oder her, wenn er sie auf dem blanken Deck liegen ließ, würde sie den Start nicht überleben. Er trug sie zur Beschleunigungsliege – ein Kinderspiel in der niedrigen Schwerkraft – schnallte sie fest, schloß sie an sämtliche Versorgungsleitungen an und schaltete das Lebenserhaltungssystem ein. Dann kümmerte er sich weiter um die *Enzyklopädie*.

Zehn Minuten später mußte er sich die bittere Wahrheit eingestehen: Sie ließ sich kein zweites Mal mehr bewegen. Beim ersten Versuch hatte sich eine Ecke in die Decke gebohrt und eine tiefe Delle geschlagen. Nun steckte sie endgültig fest. Seine Kräfte reichten nicht aus, um sie da herauszubringen. Und eine zweite Ecke ragte immer noch aus der Klappe ins Freie.

In diesem Augenblick knackte das Funkgerät in seinem Raumanzug, und eine Stimme sagte betont ruhig: »*Tiber-Bergung,* hier *Mission Control*. Erbitten Statusbericht. Können Sie uns erklären, was passiert ist?«

Rasch schilderte Chris die Situation. Er war darauf gefaßt, drei Sekunden auf Antwort warten zu müssen, aber eine andere Stimme meldete sich sofort. »Chris, hier spricht Peter. Flieg das Schiff hierher. Das ist nur ein kurzer ballistischer Hüpfer. Zu dritt müßten wir imstande sein, es startklar zu machen, und ich denke, unser Treibstoffvorrat reicht gerade so weit, daß du zur Erde zurückfliegen kannst. Schließlich hatte gerade diese *Käfig-Pigeon* besonders große Treibstoffreserven an Bord. Ich schicke dir die

Flugkoordinaten sofort rüber – müßten schon in deinem Computer sein. Während du den Hüpfer machst, rechnen wir das Ganze noch mal durch. Du gibst jetzt einfach den Kurs ein und fliegst mit offener Klappe; dein Anzug hat doch noch genügend Energie?«

Chris sah auf die Anzeige. »Eine knappe Stunde. Wenn ich fliegen soll, muß es gleich sein.«

Er setzte sich an die Steuerkonsole und ließ die Triebwerke warmlaufen. Alle weiteren Startvorbereitungen erledigte er so schnell wie nie zuvor, verkürzte und modifizierte, wo immer es möglich war, und nahm sich kaum Zeit zu kontrollieren, ob auch alle Systeme mitspielten. Dann hatte er wieder die Stimme vom Kontrollzentrum im Ohr: »*Tiber-Bergung*, Sie brechen ab und kehren zur *Tiber-Station* zurück – wir haben im Moment auch keinen besseren Plan, Chris. Viel Glück. Wir melden uns wieder, sobald Sie gestartet sind.«

»Klar.« Chris hämmerte weiter auf die Computertastatur ein, mit den dicken Handschuhen mußte er im Zweifingersystem tippen. Die Koordinaten vom Stützpunkt waren wie versprochen durchgekommen; er speiste sie ein, dann gab er den Startbefehl. »Ich bin kein Pilot«, murmelte er vor sich hin, »jedenfalls nicht für diese Maschinen. Ich kann nur hoffen, daß die Software ihr Handwerk versteht.«

Der Computer fragte sechsmal an, ob er wisse, daß die Türen offenstünden; sechsmal gab er ›Übergehen‹ ein, es handle sich um einen Notfall. Endlich meldete das System Bereitschaft für Notstart, und er lehnte sich auf seiner Beschleunigungsliege zurück und schloß sich an das Lebenserhaltungs- und das Kommunikationssystem an, um die Energiereserven in seinem Anzug zu schonen.

Ein mächtiges Zittern durchlief das Schiff, und als Chris mit seinem Helm die Liege berührte, hörte er einen leisen Widerhall. Auf einem Feuerstrahl, der das *Rover*-Wrack noch einmal umwarf, schoß die *Käfig-Pigeon* mit voller Triebwerksleistung und 1/2 Ge Beschleunigung in den Mondhimmel. Chris hörte Xiao Be aufschreien, als die Wucht des Andrucks auf ihre verletzten Organe wirkte; gleich darauf meldete sich wieder das Kontrollzentrum. »Wir haben Ihren Flugplan überspielt«, sagte eine Stimme, »und ermittelt, daß Sie genügend Treibstoff für den Flug zur Station und für die Rückkehr zur Erde haben. Sie sind für beides freigegeben. Glückliche Reise.«

»Vielen Dank, *Mission Control*.« Mehr wußte Chris nicht zu sagen. Einen Augenblick später schaltete das Triebwerk ab; die

Käfig-Pigeon schwebte wie eine Kanonenkugel auf einer ballistischen Kurve weiter nach oben, kippte ab und sank der Station entgegen, wo Peter und Jiang sie erwarteten. Der freie Fall schien kein Ende nehmen zu wollen.

»Xiao?«

»Im Moment halbwegs da. Verliere immer wieder das Bewußtsein. Bring mich nach Hause, Chris. Ich habe Angst.«

»Ich bringe dich nach Hause«, versprach er.

»Laß mich nicht allein auf dem Mond zurück.«

»Natürlich nicht. Soll ich dir ein Schmerzmittel injizieren? Ich habe alles zur Hand.«

Sie antwortete nicht, er hörte nur ihr gurgelndes Stöhnen. Laut Erste-Hilfe-Ausbildung durfte man einem Bewußtlosen kein Schmerzmittel verabreichen. Er konnte nur hoffen, daß sie im Moment nichts spürte.

Die Düsen zur Lagekorrektur sprangen an, das Schiff vollführte eine langsame Drehung und fiel, als das Triebwerk wieder nach unten zeigte, auf den Mond zu. Als das Triebwerk zündete, kam Xiao Be zu Bewußtsein und schrie laut vor Schmerz; der Bremsdruck stieg weiter an, und Chris bekam über Kopfhörer mit, wie ihre Atemzüge mit jedem Keuchen rauher und rasselnder wurden. Noch ein letzter Schub, dann schaltete der Antrieb ab, und er spürte wieder die normale Mondschwerkraft.

Peter kam, dicht gefolgt von Jiang, durch die EVA-Luke ins Innere geklettert. Chris schnallte sich ab und kroch mit Peter nach vorne, um mit vereinten Kräften zu versuchen, die *Enzyklopädie* freizubekommen. Jiang blieb hinten bei Xiao Be und nahm, soweit das durch den Raumanzug möglich war, eine erste, hastige Untersuchung vor.

Nachdem Chris und Peter nun zu zweit waren und ihre Kraft gezielt einsetzen konnten, genügten ein paar kräftige Stöße, um die *Enzyklopädie* durch die Bugöffnung zu wuchten und dahin zu schieben, wo die Halterungen saßen. In kürzester Zeit war sie festgezurrt – das hatten Chris und Peter oft genug geübt. Hinter ihnen schloß Jiang die Bugklappe und sagte: »Alles bereit zur Belüftung.«

Rasch strömte die Luft in die Kabine. Chris löste sein Helmvisier und klappte es auf. Das Lebenserhaltungssystem seines Anzugs hatte noch für fünfzehn Minuten Energie.

Ein ekelerregender Geruch verbreitete sich. Die beiden sahen sich um. Jiang war dabei, Xiao Be den Helm abzunehmen. »Sie blutet, sie hat erbrochen, und wahrscheinlich ist auch Kot abgegangen«, sagte er. Dann griff er zum Mikrophon.

»*Mission Control*, hier spricht Jiang Wu. Ich habe Xiao Be untersucht. Blutdruck möglicherweise infolge eines Blutsturzes stark abgefallen, aber derzeit stabil. Atmung kräftig, aber unregelmäßig. Sie ringt nach Luft. Brustwand scheint äußerlich unverletzt, auch die Pleura ist offenbar intakt, Rippenbrüche an der Stelle, wo sie getroffen wurde, sind allerdings nicht auszuschließen. *Tiber-Bergung* Ende.«

»Ich kann meine Füße bewegen«, sagte Xiao Be ganz leise. »Und mit den Zehen wackeln.«

»Die erste gute Nachricht bisher«, knurrte Jiang. »Also wohl keine ernsthafte Rückgratverletzung.« Er sah sich die Graphen an und stellte fest: »Sie hat einen sehr schweren Schlag gegen den Unterleib bekommen. Wir müssen mit entsprechenden Schäden an den inneren Organen rechnen. Eine genauere Diagnose ist unter diesen Umständen unmöglich. Sie muß zurück zur Erde. Hier kann sie nicht behandelt werden, und ich halte es für ausgeschlossen, daß sie ohne Behandlung genesen kann. Das wäre soweit geklärt. Besteht die Möglichkeit, die *Enzyklopädie* auf die zweite Landefähre umzuladen?«

»Aussichtslos«, sagte Peter. »Genausogut könnten wir auf der Erde versuchen, zu dritt ein Kleinauto von einer Wohnung im dritten Stock in eine andere schaffen.«

Jiang seufzte. »Das hatte ich befürchtet. Schön. Ich werde meiner Regierung folgenden Vorschlag unterbreiten: Wir bringen Xiao Be mit der zweiten Landefähre so schnell wie möglich nach Hause und lassen die *Enzyklopädie* hier, bis eine größere Besatzung sie gefahrlos in eine andere Landefähre verfrachten und zur Erde zurückfliegen kann. Ich weiß nicht, ob es Ihnen aufgefallen ist, der große Treibstofftank hat nicht nur eine Delle, es ist auch ein wenig Wasserstoffschnee ausgetreten – Sie haben also ein kleines Leck. Ich halte dieses Schiff nicht für flugtauglich.« Während er sprach, flogen seine Finger bereits über die Tasten, er gab den Bericht ein.

»Ich stimme zu«, sagte Chris, »und da ich der Missionskommandant bin, liegt die letzte Entscheidung wohl bei mir. Wir schicken den Bericht in dieser Form ab.«

Ein Knacken im Funkgerät. »Bericht abgesetzt«, meldete Jiang.

Sie warteten drei Sekunden, dann meldete sich das Kontrollzentrum. »Sie sind freigegeben für den Rückflug zur Erde mit dem verletzten Besatzungsmitglied und der *Enzyklopädie*.«

»Negativ, *Mission Control*«, widersprach Chris. »Wir haben Anlaß, an der Funktionsfähigkeit der Landefähre zu zweifeln, wir sind nicht imstande, die *Enzyklopädie* umzuladen, und Xiao Be muß sofort zurückgebracht werden. Ich verweise auf Jiangs medizinischen Bericht.«

Die obligatorische Drei-Sekunden-Pause verging, dann kam eine neue Stimme aus dem Lautsprecher, eine Stimme, die sie noch nie gehört hatten. »Hier Liu Wan Xi, Vertreter der Volksrepublik China. Wir können die Analyse so nicht akzeptieren. Wir verlangen mit aller Entschiedenheit nicht nur den Rücktransport unserer Volksheldin, sondern auch sofortigen Zugang zur *Enzyklopädie*. Der Druckabfall im Haupttank ist nicht der Rede wert, wir halten diese Verzögerung für eine unnötige Provokation mit dem Ziel, die Leiden unserer Bürgerin zu verlängern und China, das Land mit der ältesten und höchstentwickelten Zivilisation, um seinen Anspruch zu bringen, als erste Nation an die in der *Enzyklopädie* enthaltenen Informationen zu kommen. Falls Ihr Antrag angenommen wird, werden wir fordern, daß die Volksheldin Xiao Be und die *Enzyklopädie* von der ersten rein chinesischen Besatzung, die sich finden läßt, auf direktem Wege nach China gebracht werden.«

»Schweine«, sagte Jiang sehr leise. »Liu ist ein politischer Scharlatan, der glaubt, aus der Situation Kapital schlagen zu können ...«

Das Kontrollzentrum schaltete sich ein. »Wir sind über diese Lösung nicht gerade glücklich, Chris, aber wir halten eine sofortige Rückkehr für das beste. Auch wenn Sie ein Leck haben sollten, sind Ihre Treibstoffreserven ausreichend, außerdem zeigt das Protokoll nur einen kurzzeitigen Druckabfall für den Augenblick an, als der Kran gegen den Tank schlug; wahrscheinlich haben Sie gar kein Leck, sondern es wurde lediglich ein wenig Wasserstoff durch ein Überdruckventil gepreßt ...«

»*Idioten!*« schrie Denisow. »Man sieht doch den Wasserstoffschnee ...«

Die Stimme unterbrach ihn. »Das ist ein Befehl; Sie sind freigegeben für den sofortigen Rückflug zur Erde mit Xiao Be und der *Enzyklopädie*. Unsere besten Wünsche begleiten Sie.«

»*Mission Control*, wir haben erhebliche Bedenken«, sagte Chris. »*Mission Control*, ich wiederhole, es steht zu befürchten, daß wir ein Risiko eingehen, das nicht zu verantworten ist.«

Aus den drei Sekunden wurden zehn. Denisow schüttelte den Kopf. »Und jetzt? Setzen wir die Diskussion fort, befolgen wir den Befehl, oder tun wir, was wir für das Beste halten?«

Jiang stöhnte. Er hatte in der letzten halben Stunde mehr gesprochen als in der ganzen Zeit, seit er bei der Besatzung war. Chris empfand zum ersten Mal so etwas wie Sympathie und Respekt für den chinesischen Astronauten. »Es war ein ausdrücklicher Befehl.

Vielleicht haben sie ja recht. Und falls sie recht haben, ist es für Xiao Be tatsächlich das beste. Das ist alles wahr. Aber ich habe trotzdem ein flaues Gefühl in der Magengrube. Ich glaube, wir machen einen schrecklichen Fehler … andererseits … nun ja, ich bin einfach nicht fähig, einen Befehl zu verweigern.«

Chris nickte zögernd. »Dem Kontrollzentrum widersetzt man sich nicht. Ob es uns paßt oder nicht, sie haben nun einmal mehr Informationen als wir.«

»Aber zu dem Wasserstoffschnee haben sie sich mit keinem Wort geäußert!« rief Peter. »Woher willst du also wissen, ob sie alle Fakten kennen? Sie haben nur die komplette Telemetrie …«

»Und das sind sehr viel mehr Instrumente, als wir in der Zeit, die uns zur Verfügung steht, überhaupt ablesen könnten«, erklärte Chris entschieden. »Peter, sie haben wirklich mehr Informationen. Und Ihr Liu mag ein Schwein sein, aber ich kann mir nicht vorstellen, daß alle so ohne weiteres nach seiner Pfeife tanzen«, wandte er sich an Jiang. »Wie soll er denn so viel Einfluß haben, wenn er eben erst dazugestoßen ist? Von ihm dürfen wir uns nicht beirren lassen. Wenn das Kontrollzentrum sagt, ihr fliegt, dann müssen wir fliegen – wir wissen einfach nicht genug, um seine Entscheidungen in Frage zu stellen. Ihr beiden seid für einen Aufenthalt hier vorgesehen, und ich bin der Missionskommandant. Das heißt, Xiao Be, ich und die *Enzyklopädie* fliegen zur Erde. Ihr bleibt hier. Und ich starte, sobald ich die Flugbahndaten bekomme und ihr beiden dieses Schiff verlassen habt.«

»Aber …«

»Tut mir leid, Peter, ich sehe keine andere Möglichkeit. Selbst wenn ich ein kleines Leck habe, wird die Situation mit jeder Sekunde schlimmer, also nichts wie weg hier, bevor ich noch mehr Treibstoff verliere.«

Jiang und Denisow sahen sich an, dann legten sie ihre Raumanzüge an und stiegen aus. Chris schaute aus dem Fenster, sah sie im gespenstischen Licht des Mondes zum Habitat zurückstapfen und dachte sehnsüchtig an seine Koje, eine Dusche, eine warme Mahlzeit. Er wünschte, er hätte sie nicht wegschicken müssen.

Er gab dem Computer Anweisung, den schnellsten Kurs für den Rückflug zur Erde zu errechnen und den Start vorzubereiten. Er wußte zwar, daß er Xiao Be damit eine womöglich noch höhere Andruckbelastung zumutete, aber die Zeit war im Augenblick das größte Problem. Als der Computer mit dem Countdown begann, legte er sich auf die Beschleunigungsliege, schloß sich an das Lebenserhaltungssystem an und sah zu Xiao Be hinüber. Nur die

Anzeigen der Meßgeräte verrieten, daß sie noch am Leben war. »Ich bin bei dir«, sagte er, für den Fall, daß sie ihn hören konnte. »Ich lasse dich nicht allein auf dem Mond zurück.«

Dann zündete das Triebwerk, und sie hoben von der Mondoberfläche ab. Ein kurzer Blick auf die *Tiberkolonie* mit ihrer stummen Landefähre und ihren Gräberreihen war ihm vergönnt, dann schoß die Fähre in hohem Bogen über den Mond hinweg. Der Lärm war ohrenbetäubend. Chris atmete in tiefen Zügen die Luft seines Raumanzugs ein. Die Brennphase dauerte acht Minuten, das Schiff sollte direkt, ohne vorherige Mondumkreisung auf Erdkurs gebracht werden. Der Rücksturz zur guten alten Mutter Erde dauerte zwar auch diesmal drei Tage, aber jede Sekunde Verzögerung hier würde ihnen auf der anderen Seite fehlen, und niemand wußte, wie viele Sekunden Xiao noch blieben. Er konnte nur hoffen, daß sie die Beschleunigungsphase überstand; für die Dauer der Schwerelosigkeit war wenigstens nicht mehr mit neuen Blutungen zu rechnen. Allerdings konnte sich das Blut an den unmöglichsten Stellen sammeln, und auch das wäre für die Chirurgen zu Hause ein Alptraum.

Zwei Minuten nach der Zündung waren sie bereits weit von der Oberfläche entfernt; im Funkgerät knisterte es, und das Kontrollzentrum meldete sich: »*Tiber-Bergung*, wir haben sie klar und deutlich in der Ortung. Sie sind planmäßig zum Einschießen freigegeben. Sieht alles ...«

Chris spürte einen dumpfen Schlag und war plötzlich schwerelos. Bevor der Alarm einsetzte, wußte er bereits, was geschehen sein mußte; ein Tank war geborsten, und der Computer hatte die Triebwerke abgeschaltet. Anstatt also auf die Instrumente zu sehen, drehte er sich zur Seite und spähte aus dem Fenster. Aus dem Abwurftank quoll genau da, wo die Delle gewesen war, eine große, weiße Wolke.

Im Kontrollzentrum hatte man infolge der Drei-Sekunden-Verzögerung nichts mitbekommen. Die Stimme redete munter weiter von einem »erfolgreichen Abschluß trotz einiger Schwierigkeiten und ...« Dann wurde es plötzlich still.

Auf dem Bildschirm blinkte eine Meldung: UNGENÜGENDE TREIBSTOFFRESERVEN. NOTLANDUNG (Y/N)? Chris drückte mit behandschuhtem Zeigefinger auf Y. Damit hatte er dem Computer eine einfache Anweisung gegeben – fliege uns zurück auf den Mond und lande weich, wo immer du kannst. Er aktivierte die Schnellaufladung an den beiden tragbaren Lebenserhaltungssystemen. Das schadete zwar den Batterien, aber falls er zu Fuß zur Station zurückkehren und Xiao Be tragen mußte, sollten sie wenigstens beide atmen können.

Er vermied es, sich auszurechnen, wie weit er möglicherweise laufen mußte oder konnte.

Der Computer ließ das Schiff auf seiner ballistischen Bahn weiterfliegen und zum Mond zurückstürzen. Die Stimme aus dem Kontrollzentrum sagte: »Chris, wir sind momentan nicht imstande, eine zuverlässige Schätzung Ihres Treibstoffvorrats abzugeben.«

Wieder schaute Chris aus dem Fenster; weiße Nebelfetzen umflatterten das Schiff. »Das wundert mich nicht« sagte er leise.

»Die Chancen für eine weiche Landung stehen etwa fünfzig zu fünfzig. Wir können auch nicht vorhersagen, ob Sie eine geeignete Stelle zum Landen finden«, fuhr die Stimme fort. »Und Sie haben nicht genügend Treibstoff, um über der Oberfläche zu schweben und nach einem Platz zu suchen. Es wird wohl eine Blindlandung werden.«

Chris schaute aus dem Fenster. Der Mond verwandelte sich mit jeder Sekunde mehr von einer Kugel in einen flachen Geländestreifen, dem er mit ständig wachsender Geschwindigkeit entgegenstürzte. »Viel Glück, Chris, wir hoffen, daß alles gutgeht. Schalten Sie Ihr Funkfeuer ein, sobald Sie unten sind. Hier ist übrigens noch jemand, der mit Ihnen sprechen möchte.«

Dann hörte er Jasons Stimme: »Dad, ich bin bei der NASA. Sie haben mich aus der Schule geholt, als es brenzlig wurde. Ich bin wirklich sehr stolz auf dich. Ich liebe dich. Komm zurück, wenn du kannst. Ich liebe dich.«

Nach einer langen Pause sagte Chris mit fester Stimme: »Jason, ich liebe dich auch. Ich weiß nicht, wie die Sache ausgeht, aber ich werde bis zum letzten Moment kämpfen, auch wenn es vergeblich ist. Und noch etwas: Ich möchte, daß du das Weltall selbst entdeckst; ich habe ein Geschenk für dich hinterlegt. Sig wird es dir erklären, wenn ...«

Unter ihm zündete die Rakete; Chris schaute aus dem Fenster auf die rasiermesserscharfen Konturen der Berge, die dunklen Krateröffnungen. Der Mond war jetzt sehr nahe, der Höhenmesser zeigte einen sehr niedrigen, der Geschwindigkeitsmesser einen erschreckend hohen Wert an.

Donnernd wirkten die Triebwerke dem Sturz entgegen, das Schiff sank etwas langsamer auf die zerklüftete Gebirgs- und Kraterlandschaft zu. Chris konnte nur warten; auf dem Radar fiel die relative Fluggeschwindigkeit weiter und immer weiter bis unter die Fünfzig-Stundenkilometer-Marke. Schon war er niedriger als die höchsten Gipfel, die er sehen konnte, die Mondoberfläche war keine fünfhundert Meter mehr entfernt. Noch etwa eine Minute bis zur Landung – er konnte nur hoffen, daß das Schiff nicht auf einer Felskante oder einem riesigen Felsbrocken aufsetzte.

Ein heftiges Zittern schüttelte die *Käfig-Pigeon*, das Triebwerk hustete die letzten Treibstoffreste aus. Chris spürte, wie der Boden unter seinen Füßen schwankte, noch einmal sickerten ein paar Tropfen in die Brennkammer. Dann wurde es totenstill, und er schwebte im freien Fall.

Die Zeit wurde knapp. »Äh… verdammt, Jason, ich wollte dir nur sagen, ich liebe dich, und ich wünsche dir ein wundervolles Leben.«

Er drehte die Lautstärke seiner Kopfhörer voll auf, damit ihm nichts entging, was von der Erde noch kam, und wartete, den Blick auf Höhen- und Geschwindigkeitsmesser gerichtet, auf die ersten Worte nach der Drei-Sekunden-Pause. Das Triebwerk war in einer Höhe von 470 Metern und bei einer relativen Fluggeschwindigkeit von fünfzig Stundenkilometern, etwa 14 Metern pro Sekunde, ausgefallen. Während die Höhenanzeige der Null entgegenraste, verdreifachte sich die Geschwindigkeit. Die Abschiedsworte von Verwandten und Freunden waren über eine Viertelmillion Meilen zu ihm unterwegs. Ruhig erwartete er die Null auf allen Anzeigen, wohl wissend, daß er sie nicht mehr sehen würde. Tatsächlich zeigte der digitale Geschwindigkeitsmesser ›152,8‹, als vor dem Fenster die Klippen vorüberrasten. Dann streifte der Rahmen der *Käfig-Pigeon* eine uralte Steinlawine, das Raumschiff raste den Hang hinab und pflügte eine Schneise in die Oberfläche des Mondes. Chris sah, wie sich die Welt auf den Kopf stellte, wie sich ein Riß in der Rumpfwand auftat und eine Flut von Geröll sich ins Innere ergoß. Auch ein letzter Blick auf die ewigen, unverändert stetig leuchtenden Sterne war ihm noch vergönnt, bevor das Schiff gegen eine Felswand krachte, seitlich in den Krater kippte und auseinanderbrach. Als sich die *Enzyklopädie* aus ihrer Verankerung riß, auf den Hang hinausfiel und allein ihrer letzten Ruhestätte entgegenrollte, war er mit ziemlicher Sicherheit bereits tot.

Ich hatte wohl immer noch geglaubt, Dad könnte es schaffen, bis er zum zweiten Mal ›Ich liebe dich‹ sagte. Sein Tonfall verriet mir, daß jetzt alles vorbei war, endgültig. Eine oder zwei Sekunden später riß der Funkkontakt ab, er hörte also mein: »Du wirst mir so sehr fehlen!« und Tante Loris: »Geh mit Gott, Chris!« wahrscheinlich nicht mehr. Und selbst wenn er das noch hörte, bekam er doch auf keinen Fall mit, daß ich anschließend eine halbe Stunde lang an Tante Lori hing und mir die Seele aus dem Leib weinte. Als Sig und Mom endlich ins NASA-Gebäude kamen, um mich abzuholen, wartete zu Hause bereits ein Therapeut, um sich meiner anzunehmen. Aber das nützte nicht viel; ein Therapeut kann einem nur helfen, wenn man redet, und aus mir war tagelang kein Wort herauszubringen.

Fast zwei Monate später – ich hatte wieder zu essen begonnen und ging auch zur Schule – setzten sich Sig und Tante Lori eines Tages zu mir und erzählten mir von Dads Lebensversicherung. Ich durfte ins All fliegen – wenn ich wollte, sobald ich dazu bereit war.

In dieser Nacht saß ich lange am Fenster meines Zimmers. Es war für Washingtoner Verhältnisse eine klare Nacht, der Mond strahlte sehr hell. Die Zeitungen hatten des langen und breiten erklärt, wo genau man die Absturzstelle zu suchen hätte, obwohl die Trümmer von der Erde aus selbst mit dem besten Teleskop nicht zu erkennen waren. Jedenfalls gab es ganz unten auf dem Mond an der betreffenden Stelle einen kleinen, dunklen Fleck, der natürlich mit dem Unfall nichts zu tun hatte, sondern schon immer dort gewesen war. Nun sah ich mir nicht nur diesen Fleck an, sondern auch die funkelnden Sterne, und ab und zu Dads Bild. Dabei stiegen mir immer wieder die Tränen in die Augen, so daß ich gar nichts mehr sehen konnte. Ich glaube, ich saß die halbe Nacht an diesem Fenster, und als ich schließlich doch zu Bett ging, schlief ich nicht gut.

Am nächsten Morgen erklärte ich Sig, ich sei bereit. Er erkundigte sich, ob ich auch ganz sicher sei, und ich bejahte. Als ich an diesem Nachmittag aus der Schule kam, war er bereits zu Hause und hing am Telefon, um irgend etwas auszuhandeln. Ich kümmerte mich damals nicht weiter darum.

Wenige Monate später steckte ich im ersten ›extrakleinen‹ Raumanzug der Welt – ich war immer noch zu klein für mein Alter, und es sah ganz danach aus, als hätte ich auch in der achten Klasse keine Chance, in die Football-Mannschaft zu kommen. Tante Lori stand neben mir, hatte mir die Hand auf die Schulter gelegt und sagte: »Wenn du weiter an deinem Helmvisier herumspielst, verärgerst du die Leute von der Telemetrie.«

»Ja, Tante Lori.«

»Und wenn du weiterhin so entsetzlich höflich bist, verärgerst du mich.«

Damit hatte sie mich zum Lächeln gebracht. »Weißt du«, sagte ich, »man möchte doch einen guten Eindruck machen. Ich will mir nicht nachsagen lassen, ich wäre der erste Flegel im Weltall gewesen.«

Ich konnte durch die dicken Schichten des Raumanzugs nicht spüren, wie sie mich an sich drückte, aber ich wußte es auch so. »Darüber brauchst du dir wohl kaum Gedanken zu machen. Ehrlich. Außerdem spielst du ja bloß den Fahrgast, während ich zum ersten Mal eins von diesen Dingern fliegen muß.«

Das neue Schiff hieß *Peregrine* und war so etwas wie eine Weiterentwicklung der luftgestarteten Rakete von *Orbital Science*, die wiederum dem X-34-Programm entstammte, einem Verfahren zum Aussetzen kleiner Satelliten, das man Mitte der neunziger Jahre des 20. Jahrhunderts erarbeitet hatte. Durch die *Starbird* und den Run auf die *Enzyklopädie* war eine so gewaltige Nachfrage nach bemannten Starts entstanden, daß Lockheed-Martin dieses schöne Schiff entworfen und Burt Rutan aus dem Ruhestand geholt hatte, damit er als Träger dafür die *Condor* baute, ein riesiges Unterschalltriebwerk. Nun hatte die Welt endlich ein Raumschiff, das überall – oder fast überall – starten konnte. Man brauchte nämlich immer noch Startbahnen wie für einen Tanker oder einen schweren Bomber.

Darüber hinaus hatte die Welt mit diesem Privatprojekt erstmals ein Raumschiff, das eine echte Augenweide war. Langgestreckt und windschnittig, wirkte die *Peregrine* mit ihrem Deltaflügel und dem schlanken Rumpf wie eine sanft geschwungene Nadel. Als sie nun in der Sonne blitzend vor mir stand, glaubte ich, nie etwas Schöneres gesehen zu haben. »Freust du dich, daß du sie fliegen darfst?« fragte ich Lori.

»Soll das ein Witz sein? Sieh sie dir an, sie ist einfach hinreißend«, rief sie. »Ich kann deinen Stiefvater gut verstehen, wenn er eine ganze Flotte davon bauen will; Mann, ich würde mir ja sogar eine Fahrkarte *kaufen*, um in so einer Maschine sitzen zu dürfen. Die Vorstellung, sie selbst zu steuern – bisher sind erst sechs Leute damit geflogen, und hinterher hat jeder geschwärmt, es sei das einzige Schiff, mit dem es sich lohne, ins All zu fliegen. Ich weiß nicht, ob das *Yankee-Clipper*-Projekt jemals verwirklicht wird, solange die Politiker das Sagen haben, aber eines kannst du mir glauben, der *Yankee Clipper* wird sich gewaltig anstrengen müssen, wenn er diesem Schiff Konkurrenz machen will. Besonders eines kann ich noch gar nicht fassen: Es ist so zuverlässig, daß man damit planmäßige Flüge anbieten kann. Das heißt, daß eine Fahrkarte ins Weltall mehr bedeutet als ›wir probieren's irgendwann mal, aber nicht heute.‹ Das ist wirklich ein Wunder, Jason.«

Dann wurden wir aufgerufen, und das Spießrutenlaufen durch die Reihen der Videokameras begann. Wir waren zu acht auf diesem Flug, und jeder kam aus anderen Gründen mit. Ich war nur deshalb dabei, weil es eine Möglichkeit für einen frühen Rückflug gab – ein Kind hat auf einer Raumstation nichts verloren, und selbst ein ruhiges Kind wie ich war für die Verwaltung eine Belastung. Peter Denisow sollte mit dieser *Peregrine* ohnehin schon ein paar Stunden nach der Ankunft wieder zurückfliegen. Auf diese Weise konnte man das Versprechen einlösen, das mein Vater und Sig mir gegeben hatten, und wurde mich doch rasch wieder los.

Auf Tante Lori wartete eine ganz andere Aufgabe. Als Denisow und Jiang mit *Tiber Zwei* vom Südpol des Mondes gestartet waren, hatten sie dieselbe Fähre benützt wie beim Hinflug. Durch das Mehr an Fracht hatte das Schiff auch mehr Treibstoff verbraucht, an einen kurzen Abstecher zur Absturzstelle – die noch dazu an einem Berghang lag – war daher nicht zu denken. Immerhin hatten sie bei mehreren Mondumkreisungen die Stelle fünfmal überflogen. Doch Radar, Videokameras und Fernglas hatten stets das gleiche Bild gezeigt: unzählige Trümmer, weit über eine Geröllhalde verstreut. Keines der Trümmer hatte die charakteristische Form der *Enzyklopädie*, aber das war bei all dem Schutt kein gesicherter Befund.

Lori leitete nun eine Expedition, die etwa zwanzig Kilometer von der Absturzstelle entfernt landen sollte und aus drei *Käfig-Pigeons* bestand: eine für die Besatzung, eine für ein Mondmobil mit Druckkabine und eine, die – so hoffte man – mit den Leichen und der *Enzyklopädie* zur Erde zurückfliegen sollte. Vom Erfolg dieser Mission hing viel ab: Falls die *Enzyklopädie* den Aufprall überstanden haben sollte (und es gebe viele Dinge, die einen Aufprall bei 150 km/h überstünden, hieß es. Das seien nicht einmal hundert Meilen pro Stunde, bei Autounfällen mit dieser Geschwindigkeit sei schon alles mögliche heil geblieben) und doch noch geborgen werden konnte, wäre man für die nächsten Jahrzehnte mit der Auswertung beschäftigt. Viele Stimmen wollten dies zum Anlaß nehmen, bei der Erforschung des Weltraums innezuhalten, um die Sache sicherer und rentabler zu machen. Nun stehe uns schließlich auch der Mond offen mit seinen Bodenschätzen, seinen verlockenden archäologischen Fundstätten und natürlich den riesigen Wasservorräten in den Polarkratern, wo man mit der Zeit große Stützpunkte errichten könne. War die *Enzyklopädie* jedoch verloren, dann richteten sich unsere Hoffnungen auf den Mars – der Botschaft zufolge konnten wir entweder auf dem Mond Phobos oder

Das Condor-Peregrine-Abkopplungsmanöver

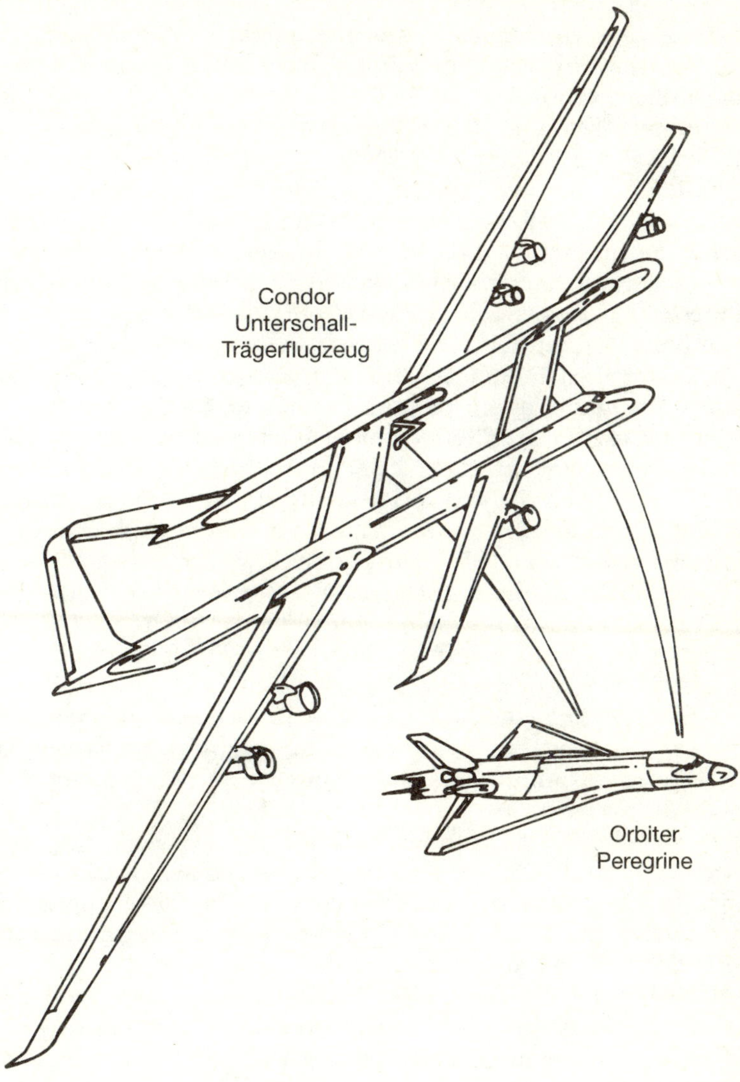

im Korolew-Krater in der Arktis nach einem weiteren Exemplar suchen. Aber der Mars war mindestens 140mal so weit entfernt wie der Mond. Niemand, der seine fünf Sinne noch beisammen hatte, würde eine so lange Reise auf sich nehmen, um nach einem Tag wieder abzufliegen. Vielmehr war damit zu rechnen, daß die Besatzungen sich monate-, wenn nicht gar jahrelang dort aufhalten würden. Das Unternehmen wäre also mit nicht geringen Kosten und Mühen verbunden.

Pfennigfuchser und Kleingeister bestürmten daher den Himmel, die *Enzyklopädie* möge heil geblieben sein und gefunden werden. Dann könnte man die Früchte ernten und auf weitere Abenteuer verzichten. Wagemutigere Seelen hofften insgeheim, wir müßten vorher noch zum Korolew-Krater fliegen. Die Entscheidung konnte erst fallen, wenn die *Enzyklopädie* geborgen war, aber das hinderte den Kongreß, das russische Parlament, das japanische Unterhaus, die französische Deputiertenkammer und viele andere nicht, sich in lautstarken Debatten darüber zu ereifern.

Ich hatte genug damit zu tun, um meinen Dad zu trauern. Ich hoffte, daß es ihm gutging, wo immer er auch sein mochte, und daß ein Begräbnis so etwas wie einen Schlußpunkt unter diese schreckliche Phase meines Lebens setzen würde. Ob die *Enzyklopädie* nun gefunden wurde oder ob man zum Mars flog, war mir egal, ich hatte nicht das Gefühl, als ginge es mich etwas an.

Wir schnallten uns in den Sesseln der *Peregrine* fest – Lori behauptete zwar, verglichen mit *Pigeons*, *Starbirds* und Raumfähren biete sie reichlich Platz, aber es ging doch sehr viel enger zu als in einem Verkehrsflugzeug. Lori führte einen kurzen Systemcheck durch, und dann passierte etwas, das mich unglaublich beeindruckte. Ich schaute gerade aus dem Fenster, als sich ein großer Schatten auf unser Schiff senkte: Die *Condor* kam von oben, um an die *Peregrine* anzukoppeln.

Die *Condor* hatte eine ungeheure Flügelspannweite und zwei getrennte Rümpfe. Nun hockte sie sich auf unsere *Peregrine* und umfaßte mit einer in der Mitte der riesigen Tragfläche angebrachten Spezialzwinge das Anschlußstück. Die *Peregrine* fuhr ihr Fahrwerk ein, nun hingen wir frei unter dem großen Schiff.

Noch bei den Space Shuttles hatte sich ein Countdown über mehrere Tage erstreckt; der *Starbird* war es gelungen, ihn auf etwa einen Tag zu verkürzen. Doch die *Peregrine/Condor* war das erste, echte System für schnelle und regelmäßige Flüge: Sobald die Verbindung hergestellt war, sprach der *Condor*-Pilot über Funk zuerst mit Lori und dann mit dem Tower, und kaum war die Startfreigabe erteilt, da rasten wir auch schon über die Landebahn und schwangen uns in die klare Wüstenluft empor.

Zuerst ging es kaum anders zu als bei einem gewöhnlichen Flug – außer, daß nach einer Weile ein zweites Flugzeug auftauchte, ein plumper Riesentanker. Ich war fasziniert, als er über uns heranschwebte; das Anschließen der Treibstoffleitung konnte ich nicht verfolgen, aber ich hatte Bilder davon gesehen und konnte es mir ungefähr vorstellen.

Fast eine Stunde lang wurden Treibstoff und Oxidator in die Tanks der *Peregrine* gepumpt, dann flog der Tanker wieder ab, und die *Condor* beschleunigte abermals und schleppte die schwerer gewordene Last weiter in die Höhe. Das klare Blau des Himmels vertiefte sich.

Irgendwann war die *Condor* am Ende. Ihre schmalen Linien trogen, sie war so riesig, daß sie kaum weniger Treibstoff mitführte als ein Großtanker, aber das meiste davon wurde beim Steigflug verbrannt. Zum Stützpunkt segelte sie in sanftem Gleitflug zurück. Am höchsten Punkt und bei maximaler Geschwindigkeit wechselte Lori ein paar Worte mit dem *Condor*-Piloten und zündete dann das Triebwerk der *Peregrine*. Wir lösten uns, die *Condor* machte kehrt und trat den Rückflug an. Die Strahltriebwerke der *Peregrine* gaben soviel Schub, daß ich in meinen Sessel gepreßt wurde. Wir beschleunigten auf Über-, dann auf Hyperschallgeschwindigkeit und schossen durch die Tropopause in die Stratosphäre. Der Himmel wurde zusehends dunkler. Die Sonne erzeugte unerträglich grelle Reflexe auf den Tragflächen der *Peregrine*, und wenn ich nach unten schaute, sah ich ganz Florida liegen. Und wir flogen immer noch höher. Als die Luft für die Strahltriebwerke schließlich zu dünn wurde, zündete Lori die Raketentriebwerke, und sie trugen uns mit lautem Dröhnen dem Weltall entgegen. Mit jedem Herzschlag schienen die Krümmung der Erde stärker und die Schwärze des Himmels tiefer zu werden.

10

Wieviel es über diesen außergewöhnlichen Tag wenige Wochen vor meinem dreizehnten Geburtstag tatsächlich zu sagen gibt, kann ich nicht beurteilen. Eins wurde mir jedoch immer klarer, während wir der Umlaufbahn entgegenrasten: Dies war ein Höhepunkt in meinem Leben, den ich unter allen Umständen im Gedächtnis behalten mußte. Irgendwie war es mir so wichtig, mich an alles zu erinnern, daß es nur kurze Phasen gab, in denen ich einfach da war und schaute. Die meiste Zeit war ich geradezu krampfhaft bemüht, mir auch nicht die kleinste Einzelheit entgehen zu lassen.

Trotz alledem war es ein überwältigendes Erlebnis, und ich sollte noch Jahrzehnte später davon träumen. Die *Peregrine* schoß mit lautem Getöse dahin, der Himmel wurde samtschwarz, und unter uns verwandelte sich die Erde in ein riesiges rundes Gesicht. Als das Triebwerk sich abschaltete, waren wir plötzlich schwerelos, ich spürte es, obwohl ich angeschnallt bleiben mußte – noch waren einige Kurskorrekturen erforderlich.

Der erste Blick auf den *Star Cluster* war die nächste Sensation. Die Familie der Raumstationen hatte sich in den letzten Jahren, seit wir die Botschaft der Außerirdischen aufgefangen hatten, ständig vergrößert. Inzwischen hatte im Umkreis von wenigen Meilen jede größere Raumfahrtnation außer China ein Gitter mit ein oder zwei *Big Cans* und den erforderlichen Solarzellen im Coorbit mit der alten ISS. Oft hingen auch noch mehrere *Starbird*-Tanks daran. Insgesamt waren es neun Stationen. Neben der alten ISS gab es Frankreichs *De Gaulle* und *Verne*, Rußlands zwei *SuperMirs*, die chinesische *Geist Maos*, Japans *Himmelsblüte*, die neue amerikanische *John Glenn Station* und den *Star Port* (unser Ziel). Die Bevölkerung war auf alles in allem fünfunddreißig Köpfe angewachsen – bei Dads erstem Besuch waren sie noch zu sechst gewesen.

Im Weltraum gibt es keinen Rost, und mittlerweile hatte man Farben, die kaum noch abblätterten oder verblaßten, deshalb war auf den ersten Blick nicht zu erkennen, welche Teile des *Star Cluster* neu und welche alt waren. Wenn man jedoch genauer hinsah, wurde man das Gefühl nicht los, als sei die ganze Anlage hastig und vollkommen planlos zusammengestückelt worden.

Der *Star Cluster* wurde oft als ›fliegender Schrottplatz‹ oder als ›Barackensiedlung im Weltraum‹ bezeichnet, doch trotz aller ästhetischen Mängel war der erste Eindruck überwältigend, besonders, wenn man aus dem Fenster der *Peregrine* schaute. Drei Gestalten in Raumanzügen arbeiteten draußen und nahmen sich die Zeit, uns zuzuwinken. Das riesige Gebilde aus Metall und Glas, das im strahlenden Sonnenschein außerhalb der Atmosphäre so herrlich glänzte, ist mir vor allem von diesem ersten Besuch aufs lebhafteste in Erinnerung geblieben, obwohl ich seither noch viele Male oben war, unter anderem an dem Tag, an dem man die Ankunft des hundertsten ständigen Bewohners feierte.

Die *Peregrine* schwebte langsam seitwärts, Lori bugsierte sie mit den Korrekturdüsen gegen das Dockingfenster und ließ sie mit einem leichten Stoß einrasten. Nun folgte eine Reihe von Schlägen und anderen mechanischen Geräuschen, die für die Astronauten aufschlußreich sein mochten, aber nicht für mich. Schließlich drehte Lori sich um und rief: »Okay, Leute, Sie können sich losschnallen. Wir können reingehen.«

Anfangs kam ich mir auf dem *Star Port,* dem neuen, internationalen Weltraumbahnhof, wie ein kleiner Junge auf einem Flughafen vor (und ich hatte als kleiner Junge viele Flughäfen kennengelernt) – mehrere rührend besorgte Leute stürzten sich auf mich, um sich zu erkundigen, ob ich hier auch richtig sei und mich einigermaßen wohl fühle. Ich bekam nicht einmal alle Namen mit, aber das war zum Glück nicht weiter schlimm, denn plötzlich hörte ich eine Stimme »Jason?« rufen.

Ich drehte mich um und sah einen großen, schwarzhaarigen Mann auf mich zuschweben. »François Raymond, Stationskommandant des Monats«, stellte er sich vor. Er hatte einen ganz leichten Akzent. »Ich bin einmal mit deinem Vater geflogen.« Er reichte mir die Hand, und ich schüttelte sie, aber er hatte sich schon an die anderen Anwesenden gewandt. »Kleine Änderung, Leute. Ich habe zwei Freiwillige gefunden, die sich bereit erklärt haben, anstelle von Peter Denisow die *Peregrine* für den Rückflug startklar zu machen. Peter hat also bis dahin frei, und ich erteile ihm hiermit die Genehmigung, Jason durch die Station zu führen.«

Und da kam Peter auch schon um die Ecke. Er bewegte sich immer noch wie ein Riesenbaby. Wir umarmten uns ganz fest, und er flüsterte mir ins Ohr: »Tut mir schrecklich leid, was mit deinem Vater passiert ist, Jason, aber er wollte, daß du das erlebst. Komm mit, ich möchte dir einiges zeigen.«

Ich hatte Peter seit Dads Tod überhaupt noch nicht und Lori nur ganz kurz gesehen. Alle Raumfahrtnationen bemühten sich inzwischen verstärkt um die *Tiberkolonie*, um über die Ausgrabungen möglichst viel in Erfahrung zu bringen. Aber wenn die Wissenschaftler am Südpol des Mondes arbeiten sollten, brauchte man Piloten, um sie dorthin zu fliegen, und Techniker, um die nötigen Maschinen am Laufen zu halten. Folglich waren Lori, Peter und alle anderen einsatzfähigen Astronauten, Kosmonauten und Astro-F's in den letzten Monaten häufiger im Weltraum gewesen als zuvor in mehreren Jahren.

Peter beendete soeben seinen Einsatz als leitender Ingenieur auf dem *Star Port*, wo er dafür verantwortlich gewesen war, daß die Raumschiffe für den Rückflug startklar gemacht wurden. Nach seiner Rückkehr blieben ihm nur ein paar Tage bei seiner Familie, dann mußte er im Rahmen einer Erkundungsmission für den neuen russischen Stützpunkt am Ziolkowski-Krater auf der Rückseite schon wieder zum Mond fliegen.

Als ich erklärte, ich wolle den Flug ins All antreten, den Dad mir mit seiner Lebensversicherung ermöglicht hatte, war Sig alle Dienstpläne durchgegangen und hatte den einzigen Tag im ganzen Jahr ermittelt, an dem Lori und Peter gleichzeitig auf dem *Star Port* sein würden. Er wollte, daß mir die beiden besten Freunde meines Vaters das Weltall zeigten und mir begreiflich machten, wofür mein Vater sein Leben aufs Spiel gesetzt – und verloren hatte.

Peter brachte mich zuerst in eine Kabine, wo ich den Druckanzug ausziehen und in einen bequemen Overall schlüpfen konnte – sich im Weltraum umzuziehen ist gar nicht so einfach und macht beim ersten Mal einen Heidenspaß, die Kleider haben nämlich den Drang, die Kabine allein zu verlassen. Fünf Minuten später schwebten wir, jeder mit einer Tube heißer Schokolade in der Hand, zum nächsten Fenster, von dem aus man auf die riesige Erde hinabsehen konnte.

»Sie ist … gewaltig«, hörte ich mich sagen.

»Und dabei ist sie nur einer von vielen Planeten.« Peter grinste mich an. »Mindestens einen von den anderen könnten wir schon heute erreichen, wenn wir nur den Mut und die Willenskraft dazu aufbrächten.«

»Den Mars«, sagte ich. »Und danach den Merkur und vielleicht einige von den Jupitermonden. Dad hat mir erzählt, in welcher Reihenfolge es weitergehen könnte, daß an die Venus vorerst nicht zu denken ist, weil es so schwierig wäre, die Maschinen zu entwickeln, die man dort zum Überleben bräuchte. Er hat mir das ganze Sonnensystem erklärt wie ein Fremdenführer.«

Inzwischen waren wir über der Nachtseite, und ich sah die Städte wie Edelsteinketten durch graublaue Wolken blitzen, auf die von oben her das strahlende Licht des Mondes fiel. »Wenn man hier steht, möchte man kaum glauben«, sagte ich, »daß die Erde eigentlich nur ein sehr kleiner Planet ist, der eine ganz gewöhnliche Sonne am Rand einer durchschnittlichen Galaxis umkreist.«

»Das hat Chris auch immer gesagt«, meinte Peter.

»Ich weiß. Ich wollte nur wissen, wie es sich anhört, wenn man sie dabei vor sich sieht.«

»Und wie war es?«

»Ich bin mir jedenfalls nicht vorgekommen wie mein Vater.« Ich nahm einen Schluck Schokolade. »Peter, darf ich dir etwas sagen?«

»Klar doch.«

»Es ist nämlich so, ich habe immer gewußt, daß so etwas passieren kann. Die Raumfahrt ist nun einmal gefährlich. Dad hat mir schon vor Jahren gesagt, daß er irgendwann vielleicht nicht mehr zurückkommen würde. Ich war, glaube ich, noch nicht einmal sechs, aber sobald ich halbwegs begreifen konnte, worum es ging, hat er mich aufgeklärt. Er fehlt mir sehr, aber ich bin eigentlich nicht allzu überrascht. Verstehst du, es war ein Schock für mich, aber keine Überraschung. Aber alle tun so, als ob ich jetzt sterben würde, in Wirklichkeit werde ich eben eine Weile trauern, um dann drüber wegzukommen. Ich kann das nicht begreifen, ich bin doch gar nicht so labil. Schließlich kümmern sich Mom und Sig um mich, und Dads Freude schauen immer mal wieder vorbei, du und Tante Lori und alle anderen … Also warum benehmen sich alle so, als müßte ich zusammenbrechen?«

Peter lächelte traurig. »Vielleicht bist du uns anderen nur weit voraus«, sagte er. »Aber damit ist deine Frage wahrscheinlich nicht beantwortet. Jetzt ist die Sonne untergegangen. Wollen wir an ein anderes Fenster gehen und uns ansehen, wie es draußen ist?«

»Klar.«

Ich fand es toll, durch die Luft zu schwimmen, und Peter versprach mir, daß wir das noch öfter machen würden. Am anderen Fenster angelangt, setzte ich mich und schaute hinaus. Er zog den Vorhang hinter uns zu, damit die Innenbeleuchtung sich nicht im Glas spiegelte, und dann betrachteten wir das riesige Sternenfeld. »Auf dem Mond habe ich deinen Vater einmal gefragt, wie viele Sterne man hier oben mehr sehen kann als auf der Erde«, sagte Peter, und dann erzählte er mir, wie er mit meinem Vater und Xiao Be im Krater gestanden und auf die Ankunft der Landefähre gewartet hatte.

Das interessierte mich sehr, und in den nächsten Stunden löcherte ich ihn ununterbrochen mit meinen Fragen. Er zeigte mir das dritte amerikanische *Big-Can*-Habitat, das erst kürzlich angebaut worden war, führte mich hinunter in die Tunnel, in die Labors und hinüber ins europäische Habitat, wo wir ein paar Astro-F's besuchten. Unterwegs spielten wir Pingpong in einem Plexiglaszylinder, eine Erfindung der Japaner, die den Zylinder aus irgendeinem längst vergessenen Grund mit heraufgebracht hatten (der Ball wurde nicht über ein Netz, sondern durch ein Loch im Zentrum geschlagen), ließen uns einige Experimente erklären und betrachteten durch das neue Terence-Teleskop ausgiebig den Mars. Er befand sich gerade in der Phase der Staubstürme, es gab also nicht allzu viel zu sehen, aber die Pole waren deutlich zu erkennen, und das *Valles Marineris* zog sich als schwarzer Strich quer darüber.

Und wir redeten die ganze Zeit von Dad. Mom und Sig hatten bisher nicht gewagt, ihn zu erwähnen, die Leute von der NASA hatten sich nicht äußern wollen, und die teuren Therapeuten hatten einen großen Bogen um das Thema gemacht. Jeder hatte Angst, etwas Falsches zu sagen oder zu tun. Sogar Tante Lori war mir immer wieder ausgewichen. Der gute, alte Peter Denisow aber war eine ehrliche Haut und kannte solche Bedenken nicht; als ich ihm sagte, ich sei bereit, über Dad zu reden, hatte er mich einfach beim Wort genommen, und nun schwelgten wir in Erinnerungen. Manchmal war es ein wenig schmerzhaft, aber die meiste Zeit tat es mir gut. Es war fast, als sei er zurückgekommen, als könnte ich es jetzt riskieren, meine Erinnerungen an ihn zu pflegen.

Lori trafen wir zum Essen wieder, und sie zeigte mir ein paar Tricks, um in der Schwerelosigkeit zurechtzukommen. »Wenn ihr hier oben erst mal genügend Platz habt«, sagte ich, »werden die Touristen in Scharen kommen. Das ist lustiger als Skilaufen und Fallschirmspringen zusammen. Was meint ihr, was man hier alles anfangen könnte!«

Lori grinste. »Jetzt redest du schon wie Sig. Übrigens könnte sich dein Wunsch früher erfüllen, als du meinst. Wie ich höre, hat man endlich Standardeinbauten für die *Big Cans* entwickelt, damit ist eine Raumstation im Handumdrehen fertig. Du brauchst die Tanks nur auszurüsten und in die Umlaufbahn zu schießen. Dein Stiefvater hat schon angefangen, jeweils vier von den Dingern zu kaufen und sie zu einem ›Weltraumhotel‹ zusammenfügen zu lassen – eine *Big Can* bleibt leer und wird nur ausgepolstert, damit sie als Sporthalle benützt werden kann. Vielleicht hast du in den alten *Skylab*-Filmen gesehen, wie sich die Astronauten in der Schwerelosigkeit amüsieren – die Möglichkeit steht schon bald vielen Menschen offen. Bevor du Astronaut wirst, bist du wahrscheinlich schon zehnmal ins All geflogen.«

Ich sah sie überrascht an. »Ich und Astronaut? Ich meine, sicher, ich habe daran gedacht, aber ... na ja, woher weißt du das denn?«

Sie zählte an den Fingern ab: »Helles Köpfchen. Sportlich. Nicht zu groß. Beste Beziehungen. Du *mußt* natürlich nicht Astronaut werden, aber ist dir eigentlich bewußt, wie viele Kinder davon träumen, die nicht ein Zehntel deiner Chancen haben? Warum willst du diese Chancen nicht nützen?«

Ich zuckte die Achseln. »Wahrscheinlich hat mir das noch nie jemand so deutlich gesagt. Aber weißt du was, Dad war, glaube ich, nur zwei Jahre älter als ich, als er sich dafür entschieden hat – oder noch jünger.« Und dann erzählte ich den beiden von dem Collegeverzeichnis, in dem er sich so sorgfältig mit Bleistift die nächstgelegenen Luftwaffenstützpunkte notiert hatte.

Sie hörten mir kopfschüttelnd zu. »Das war Chris, wie er leibte und lebte«, sagte Lori und wischte sich verstohlen eine Träne aus dem Augenwinkel. »Wir haben uns nur kennengelernt, weil wir beide mitten in der Nacht noch über unseren Büchern saßen. Ich brauchte dringend einen Kaffee und hatte gerochen, daß er welchen gekocht hatte. Ich war noch auf, weil ich Probleme mit Mathe hatte; er war noch auf, weil er unbedingt als Bester abschneiden wollte.«

Wir tauschten noch eine Weile alte Geschichten aus, dann fragte Peter: »Hast du die Genehmigung bekommen?«

»François sagt, wenn wir ihn verlieren, sperrt er alle Türen zu, und wir können zu Fuß nach Hause gehen, aber ansonsten, ja.«

So erfuhr ich, daß ich nicht nur ›der erste Junge im Weltall‹ sein würde (ein Etikett, das mir einer dieser lästigen Kabelkanäle verpaßt hatte), sondern auch der erste Junge, der einen Weltraumspaziergang unternahm. Keine große Sache – sie nahmen mich nur mit hinaus, leinten mich am Gitter an und ließen mich ein paar Minuten lang im Weltraum schweben. Ich schaute hinab auf die große, dunkle Erde mit ihren Städten, betrachtete die zahllosen, fernen Sterne und warf hin und wieder einen Blick zum Mond hinauf, der fast voll war und ein klares, kaltes Licht verbreitete, wie man es auf der Erde niemals sieht.

Ich glaube, es passierte in diesem Augenblick, noch bevor ich mit Peter wieder zur Erde flog. Tief in mir sagte eine Stimme: *Davor kannst du einfach nicht weglaufen, Jason.* Ich wußte, daß sich von den Erwachsenen, die mich kannten, viele über meinen Entschluß freuen würden, aber das hatte keinen Einfluß. Nein, ich hatte nur etwas begriffen: Wenn ich hierher zurückkommen wollte, wenn ich hier draußen zwischen den Sternen leben, wenn ich mit meinen Stiefeln über Welten gehen wollte, die niemand betreten hatte, seit die Sonne ihre ersten Strahlen ausschickte, dann hatte ich die Möglichkeit dazu, und ich würde jede Unterstützung erhalten, die ich brauchte. Zugleich spürte ich, daß ich jetzt die Kraft hatte, über Dads Tod hinwegzukommen. Ich hatte erkannt, daß jeder Mensch einmal sterben muß, und mancher eben in der Ausübung seines Berufs, daß kein tieferer Sinn darin lag, wo und wie er gestorben war, sondern daß es nur darauf ankam, wie er gelebt hatte.

Als wir wieder hineingingen, entschuldigte sich Peter, der Weltraumspaziergang hätte uns etwas zu viel Zeit gekostet, jetzt müßten wir uns beeilen, um das Startfenster für die *Peregrine* nicht zu verpassen. »Das stört mich nicht«, sagte ich. »Dann beeile ich mich eben.«

»Viel hast du wirklich nicht gesehen«, bedauerte mich Lori.

»Das macht nichts«, sagte ich. »Ich komme ja wieder.«

Die Art, wie die Freunde meines Vaters sich zulächelten, gefiel mir.

Auch der Rückflug hatte seine Höhepunkte; die ersten zwei Drittel der Strecke legten wir ja noch im Weltraum zurück, und jeder Flug durch den Weltraum ist ein überwältigendes Erlebnis. An Bord der *Peregrine* befanden sich nur Peter, der Pilot und ich; ich saß ganz vorne und konnte alles aus der Sicht des Piloten beobachten, aber ich sah gar nicht so oft aus dem Fenster, wie ich gedacht hatte – was Peter alles anstellte, um das Schiff zu steuern, interessierte mich viel mehr.

Eine Woche nach meiner Rückkehr traf Loris Expedition an der Absturzstelle ein und durchsuchte die Trümmer der Landefähre. Xiao Be lag noch auf ihrer Liege, ihr Helmvisier stand merkwürdigerweise offen. Eine Theorie lautete, sie habe es kurz vor dem Aufprall entriegelt, um sich nicht, schwer verletzt, wie sie war, Minuten oder Stunden allein auf dem Mond quälen zu müssen. Dads Körper war von einem Metallstück aus dem Rumpf durchbohrt; der Mondboden war mit gefriergetrockneten Blutspritzern bedeckt. Der Blutverlust und die jähe Dekompression hatten ihn wohl auf der Stelle getötet. Lori erzählte mir sehr viel später, er habe ein wenig gelächelt, wie über einen Witz, den niemand außer ihm verstand.

Und die *Enzyklopädie* war beim Sturz über den Abhang in ein Dutzend Teile zerbrochen, und jeder Teil war, als er endlich gegen einen Felsen prallte oder unten aufschlug, noch einmal in viele kleinere Stücke zerschellt. Die silbrig glänzenden Metall- und Glassplitter mit den schwarzgoldenen Flecken sahen wunderschön aus, waren aber zu nichts mehr zu gebrauchen. Im Lauf der nächsten Jahre fand man bei mikroskopischen Untersuchungen heraus, daß es sich um Elemente eines hochkomplexen optischen Verteilersystems handelte. Die *Enzyklopädie* hatte ohne Zweifel die versprochene Menge an Informationen enthalten, und – vorausgesetzt, sie wäre heil geblieben oder hätte sich wieder zusammensetzen lassen – man hätte diese Informationen auch abrufen können. Noch die Einzelteile vermittelten den Physikern eine Unzahl von neuen Erkenntnissen über optische Mikroschaltungen, regulierbare Laser und vieles andere mehr.

Aber letztlich war es doch so, als würde man das Gehirn eines toten Genies in Scheiben schneiden, um es zu untersuchen; man kann dabei eine Menge über die Funktionsweise eines Gehirns erfahren, aber die Gedanken, die einst zwischen den Neuronen hin und her wanderten, sind unwiederbringlich verloren.

Oder vielleicht doch nicht ganz? Wenige Monate später war ich auf dem Weg ins Weiße Haus – ich fuhr mit dem Bus, weil Sig geschäftlich in New York war, um zwei ehemalige Teilhaber auszuzahlen, und Mom auf Celebes über einen Vulkanausbruch berichtete. Im Rosengarten hatten sich viele Gäste versammelt. Ich war natürlich der jüngste; anwesend waren zur allgemeinen Überraschung auch alle drei Astronauten von Apollo 11, inzwischen hoch in den Achtzigern. Die Präsidentin kam schnell zur Sache: China habe sich den Vier Mächten angeschlossen, und nun seien die Fünf Mächte mit aller Kraft um die Erforschung und Bergung der tiberianischen Funde bemüht. Von nun an solle es Schlag auf Schlag gehen. Vorgesehen sei, die Mondstation bei der *Tiberkolonie* auszubauen, eine eigene amerikanische Station im ›Meer der Ruhe‹ zu errichten, die *John-Glenn*-Station im *Star Cluster* zu erweitern und im erdnahen Orbit eine weitere Station, die *Shepherd*, zu bauen. Am lunaren Librationspunkt L1 sei ein neuer Weltraumbahnhof mit Namen *Armstrong* geplant – und, das wichtigste überhaupt, an den Plänen für die Marsschiffe und den *Yankee Clipper*, das neue Einstufenraumschiff, werde mit Hochdruck gearbeitet. »Wir haben immer wieder bewiesen, daß wir bei der Entwicklung von Raumfahrzeugen aller Art weltweit führend sind; wir werden uns auch weiterhin bemühen, diese Position zu halten«, sagte sie wörtlich.

Zu guter Letzt versprach sie feierlich, wir würden noch vor Ende dieses Jahrzehnts – fünfzig Jahre nach den ersten amerikanischen Mondflügen – auf Phobos landen.

Die Rede gefiel mir, aber das war für jemanden, der die Raumfahrt zum Beruf machen wollte, auch nicht anders zu erwarten. Hinterher beim Empfang schüttelte sie mir die Hand, versicherte mir, wie sehr alle Welt meinen Dad bewundert habe (eine Aussage, zu der sich offenbar jedermann verpflichtet fühlte), und sagte dann: »Wie ich von den zuständigen *Secret-Service*-Leuten erfahre, bist du mit dem Bus gekommen. Dann bist du einfach zum Tor marschiert und hast deine Einladung vorgezeigt. Wir hätten schon jemanden finden können, der dich abholt ...«

Wenn man erst dreizehn ist, fällt es einem allgemein schwer, sich mit Erwachsenen zu unterhalten. Bei prominenten Erwachsenen, die man überhaupt nicht kennt, ist es natürlich noch schlimmer. Ich stand also möglichst stramm und sagte: »Schon gut, Frau Präsidentin. Ich gehe gern an Orte, wo ich noch nie gewesen bin. Es macht mir Spaß zu sehen, wie weit ich komme.«

Clio Trigorin

April 2075

Der Weltraum kennt natürlich keine Grenzen, nicht einmal Straßenschilder, die einem sagen würden, wo man von einem imaginären Reich ins andere hinüberwechselt. Nirgendwo steht: ›Hier verlassen Sie das Sonnensystem‹ oder ›Hier betreten Sie das System Alpha Centauri.‹ Aber den Astrogatoren zufolge konnte man die äußere Grenze des Sonnensystems bei 100 000 AE festsetzen, und deshalb hatte die Besatzung der *Tenacity* beschlossen, an dem Tag, an dem diese Grenze überschritten wurde, eine Party abzuhalten. Einhunderttausend AE, etwas mehr als anderthalb Lichtjahre, war der äußerste Rand der Oort'schen Wolke entfernt, jener großen Anhäufung von Kometoiden (gefrorenen Eis- und Gaskugeln, die, sollten sie jemals ins Zentrum stürzen, zu Kometen werden würden), die das gesamte Sonnensystem umgab. Die Wolke war der Sonne so fern, daß sie wie ein, allerdings sehr heller, Stern erschien, und die äußersten Kometoiden hatten seit dem Aussterben der Dinosaurier nicht mehr als zwei Umläufe um das Zentralgestirn zurückgelegt.

Hier draußen in der eisigen Finsternis hatte man nun auch die letzten Kometoiden hinter sich gelassen – was nicht heißen soll, daß die *Tenacity* auch nur einem davon gefährlich nahe gekommen wäre. Das Weltall ist so riesig, daß auch die größte Zahl von Himmelskörpern die Leere nicht zu füllen vermag. Hollywood hat immer gern ›Asteroidengürtel‹ mit Felsen gezeigt, die vielleicht eine Meile voneinander entfernt durch den Raum schweben, aber jede Gruppe von dieser Dichte wäre längst zu einem einzigen Körper verschmolzen. Tatsache ist, daß man ein Schiff auf den ›dichtesten‹ Teil des Asteroidengürtels richten und mit Spitzengeschwindigkeit hindurchjagen könnte, ohne eine Kollision befürchten zu müssen. Und die Oort'sche Wolke ist sehr viel dünner – sie enthält nur so viele Kometoiden, weil sie so ungeheuer groß ist. Der Raum, in dem alle Planeten um die Sonne kreisen, hat insgesamt nur etwa ein Trillionstel des Volumens, das die Oort'sche Wolke einnimmt.

So ist die Grenze zwischen der Oort'schen Wolke und dem leeren All im Grunde nur ein philosophisches Konstrukt. Aber das Schiff brauchte einen Anlaß für ein Fest, und außerdem hatte man mit dem Verlassen der Oort'schen Wolke knapp ein Drittel der Strecke zwischen der Sonne und Alpha Centauri zurückgelegt und fast die Hälfte der Reisedauer hinter sich gebracht. So hatte Captain Olschewski für diese Schicht eine Party angesetzt und alle eingeladen, die etwas zu feiern hatten.

Clio hatte sofort etwas gefunden, was sie feiern konnte: Sie hatte endlich den ersten Teil von *Vom Mond zu den Sternen* beendet, den Teil, der sich mit Chris Terence und seinem Werdegang beschäftigte, und wollte nun mit diesem Projekt ein Jahr pausieren, um an etwas anderem zu arbeiten: einer Übersetzung von *Zahmekoses' Bericht* und *Diehrenns Bericht* für Collegestudenten. Genau betrachtet, war es schon sonderbar; Onkel Jason war persönlich dabeigewesen, als es der Menschheit nach jenem katastrophal mißglückten ersten Versuch, bei dem sein Vater ums Leben gekommen war, endlich gelang, die *Enzyklopädie* zu bergen und damit Anschluß an die tiberianische Kultur zu bekommen. Sie selbst und Chris II. waren nur knapp fünf Jahre später geboren worden.

Dennoch hatte das Wissen, das dieses technische Wunderwerk enthielt, quasi über Nacht alle Bereiche des Lebens durchdrungen. Für Clio war die *Enzyklopädie* schon immer dagewesen, im College hatte sie vom ersten Semester an Tiberianisch belegt. Inzwischen hatte in Harvard schon jeder Dozent, der diese Sprache unterrichtete, darüber promoviert, und die Liste der Standardwerke, die man gelesen haben mußte, wenn man von sich behaupten wollte, sich ernsthaft mit der Kultur der Tiberianer auseinandergesetzt zu haben, wurde immer länger. Nur wenige Jahre nach ihrer Entdeckung waren die Außerirdischen zu einem integralen Bestandteil unserer Kultur geworden.

Clio ging also zu der Party, lächelte und nickte den anderen Gästen zu – den gleichen Leuten, die sie jeden Abend beim Essen sah, und die sie auch in den nächsten sieben Jahren noch jeden Abend sehen würde –, ohne sie weiter zu beachten. Statt dessen dachte sie über die Anforderungen an eine Übersetzung für den Collegegebrauch nach; sie mußte einerseits präzise genug sein, um vom Lehrstuhl anerkannt zu werden, und andererseits so interessant, daß sie von den Studenten auch gelesen wurde. Keine einfache Aufgabe bei einer Sprache, die mit der Zielsprache so wenig gemeinsam hatte. Ihr Verleger hatte sehr deutlich gemacht, daß es ein Buch für untere Semester werden sollte, die niemals Tiberianisch belegen würden; folglich mußte es die Studenten in die beiden großen Berichte über die tiberianischen Reisen zur Erde einführen, ohne sie durch allzu große Fremdartigkeit abzuschrecken. Vergeblich hatte ihm Clio begreiflich zu machen versucht, daß bei der Übertragung eines Texts außerirdischer Herkunft ein gewisses Maß an Fremdartigkeit unvermeidlich war.

Ihre Aufgabe war es also, etwas von der Atmosphäre wiederzugeben, die Zahmekoses' und Diehrenns Erzählungen anhaftete, zugleich aber dafür zu sorgen, daß Wesen, die vollkommen fremd *waren*, nicht vollkommen fremd *erschienen*. Wie fing man es zum Beispiel an, Heranwachsenden die Anschauungen einer Spezies nahezubringen, in der es keine Pubertät in unserem Sinne gab? Die geistige Entwicklung der Tiberianer war schon sehr früh abgeschlossen, aber die Geschlechtsreife kam sehr spät, so daß sie über Jahrzehnte wie Neutren lebten, rational und emotional voll erwachsen, aber ohne sexuelle Empfindungen irgendwelcher Art. Und wie ging man mit der Verschiedenheit der Subspezies um? Die menschlichen Rassen gleichen sich in allen wichtigen Punkten. Sie sind untereinander fortpflanzungsfähig, und die Unterschiede im Erbgut sind kaum größer als etwa bei Vettern fünfzigsten Grades. Inuit und Bantu, Anden-Indianer und Ainu, Schweden und Maori stehen sich genetisch sehr viel näher als zwei Hunde-, Pferde- oder Katzenrassen, obwohl sie über Jahrtausende in genetischer Isolation lebten. Wie machte man eine Spezies begreiflich, in der die Rassen so weit voneinander entfernt waren wie Hunde und Schakale oder wie Pferde und Esel, so daß gewöhnliche Vernunft und natürliche Höflichkeit einfach nicht genügten, um den starren Dogmatismus zu überwinden? Wie stellte man die nun einmal vorhandenen Unterschiede zwischen Shulathiern, Palathiern und Hybriden dar, ohne die alten Vorurteile mitzutransportieren? Ganz zu schweigen davon, daß in dieser Kultur jeder Satz Signale enthielt, die auf das Geschlecht, die soziale Stellung und das Alter des Sprechers hinwiesen? Wie den Studenten vermitteln, daß die Tiberianer auch ungezwungen und fröhlich sein konnten, daß sie sich amüsierten und ihrem Forschertrieb freien Lauf ließen, obwohl sie an einen Verhaltenskodex gebunden waren, der …

»Verzeihung«, hörte sie eine Stimme neben sich. »Sind Sie mir böse, wenn ich mich betrinke und irgendwelche Dummheiten mache, während Sie Ihren Gedanken nachhängen?«

Sie sah überrascht auf. Sanetomo Kawamura, der Astronom der Expedition, grinste sie an. »Hier«, sagte er und reichte ihr ein Glas Wein. »Das hilft beim Grübeln. Was haben Sie denn heute zu feiern?«

»Ach, ich habe den ersten Teil eines größeren Buches fertiggestellt. Und mein nächstes Projekt wird mir vermutlich viel Freude machen; ich habe den Auftrag, eine Übersetzung von *Zahmekoses* und *Diehrenn* anzufertigen. Als leichte und unterhaltsame Lektüre für Studienanfänger gedacht.«

Er schüttelte sich. »Tiberianisch war das Fach, das ich als Schüler am meisten gehaßt habe. Hoffentlich holen wir die Burschen bald ein, damit ich mir nicht mehr alles aus ihren Büchern anzulernen brauche.«

Clio grinste sadistisch. »Soll das heißen, Sie können die vier Formen der Subjekt-Verb-Kongruenz noch immer nicht aufzählen?«

»Sogar im Schlaf, ich weiß nur nicht, was ich damit anfangen soll.« Er lächelte. »Trotzdem habe ich den Leutchen einiges zu verdanken, und das ist auch der Grund, warum ich heute hier bin. Mit Hilfe ihres Verfahrens der verzögerten Abbildung und unserer *Very Long Baseline Interferometry*, der elektronischen Verkoppelung von Radioteleskopen, konnte ich aufzeigen, daß von einem Punkt, der um Tau Ceti kreist und innerhalb der bewohnbaren Zone liegt, Spektrallinien ausgehen, die freiem Sauerstoff zuzuordnen sind.«

Clio hätte fast ihr Glas fallen lassen. »Also könnte es doch noch lebende Tiberianer geben?«

»Jedenfalls lebende Wesen in der Richtung, in die die Tiberianer gezogen sind. Spektrallinien freier Sauerstoffatome, die nicht von der Sonne selbst ausgehen, sondern aus einer Umlaufbahn kommen, weisen auf eine Planetenatmosphäre mit freiem Sauerstoff hin. Und freier Sauerstoff dürfte sich, jedenfalls über geologische Zeiträume, nur dort halten können, wo auch Leben existiert. Also ja, es gibt Leben irgendwo im Universum und in der Gegenwart. Jedenfalls mehr oder weniger in der Gegenwart. In vierzehneinhalb Lichtjahren Entfernung, das heißt, mindestens bis vor vierzehneinhalb Jahren. Für das, was seither passiert ist, kann ich mich nicht verbürgen.«

Erst jetzt wurde ihr bewußt, daß sie langsam auf die Sitzreihe zugeschlendert waren. Wenn man auf der *Tenacity* ein Glas in der Hand hatte, ging man immer langsam, denn in ungefähr zweiwöchigen Abständen pflegte einer der dreißig NPE-Laser, die das Schiff antrieben, unerwartet zu blockieren, oder einer, der blockiert hatte, sprang wieder an, so daß die von der Schiffsbeschleunigung erzeugte nominale Seitwärtskraft von 0,06 Ge ständigen, unberechenbaren Schwankungen zwischen 0,052 und 0.062 Ge unterworfen war. Auch die Hauptgravitation, die durch die Rotation des zylindrischen Wohnbereichs zwischen dem knollenförmigen Lebenserhaltungssystem und den NPE-Laser-'Triebwerken' erzeugt wurde, enthielt eine starke Coriolis-Komponente.

Infolgedessen hatten auf der *Tenacity* alle Flüssigkeiten in offenen Behältern die Tendenz, außer Kontrolle zu geraten. Vielleicht wäre es sinnvoller gewesen, den Wein, wie bei Getränken sonst üblich, in Tuben zu servieren, aber das hätte die Besatzung niemals akzeptiert. Wenn man schon eine Party feierte, dann gehörten dazu auch ›richtige‹ Weingläser, selbst wenn der Wein synthetisch hergestellt und die Gläser aus Plastik waren. Als die beiden – fast ohne etwas zu verschütten, Platz genommen hatten, bat Sanetomo: »Und jetzt würde ich gerne wissen, was Sie an den beiden Berichten so faszinierend finden. Als ich noch zur Schule ging, waren sie der Schrecken aller Schüler.«

Sie trank einen Schluck Wein, bevor sie mit ihren Erklärungen begann, und dann vergingen die nächsten Stunden wie im Flug. Schließlich waren sie unter den letzten, die die Party verließen. Das würde zwar einiges Gerede geben, aber sie waren sich einig, daß ihnen Klatsch und Tratsch egal seien. Als Clio sich das Haar bürstete, erinnerte sie sich, daß sie sich mit ihm zum Frühstück verabredet hatte. Sie griff nach ihrem tragbaren Terminal und trug den Termin sorgfältig in den Kalender ein.

Auch der Wein und die Aufregung konnten nicht verhindern, daß sie beim Einschlafen wieder an Zahmekoses dachte. Und dann erschien er ihr sogar im Traum: gut zwei Meter groß, mit riesigen Fledermausohren, einem länglichen Hundegesicht, schwarzen, feuchten Pferdeaugen und weichem, bernsteinfarbenem Fell… und sagte: *Wie willst du so etwas wie mich erklären?*

Am nächsten Morgen trank sie noch vor dem Frühstück eine erste Tasse Kaffee und tippte dabei den Anfang ihrer Einleitung in den Computer:

»Über die Reise der Tiberianer zur Erde gibt es kaum ein Dokument, das von größerer Bedeutung wäre als *Zahmekoses' Bericht*. Erstens, und schon das ist erstaunlich, hat er die Erkundung des Sonnensystems durch die Tiberianer von Anfang bis Ende miterlebt. Er kam als Kind mit dem ersten Raumschiff, war in späteren Jahren an den Ereignissen um das zweite Schiff beteiligt und lebte, als er endlich seinen Bericht verfaßte, als Greis auf dem Mond…«

Zweiter Teil

LICHT IN DER DÄMMERUNG

7328 - 7299 v. Chr.

1

»He, Spitzohr!« rief Mejox und hämmerte gegen meine Tür. »Bist du fertig?«

»Selber he, du altes Fossil.« Ich öffnete die Tür. »Ich bin längst fertig. Sitze nur hier und denke nach.«

Mejox war mein bester Freund, war *immer* mein bester Freund gewesen. Inzwischen waren wir fünf Jahre alt, und unsere geistige Entwicklung war abgeschlossen. Kennengelernt hatten wir uns mit drei Jahren, als unverständige, kaum der Sprache mächtige Kleinkinder. An das Staatliche Waisenhaus von Atherebof hatte ich kaum noch Erinnerungen; es war, als hätten wir immer hier gelebt, im Trainingslager auf den Inseln Unter dem Wind. Mejox sagte, auch er könne sich sein Elternhaus nicht mehr so recht vorstellen.

Mejox war Palathier und daher kleiner als ich und von gedrungenerem Körperbau, mit flacher Nase, runden Ohren und dichter Körperbehaarung. Ich war Shulathier – hochgewachsen und dünn, mit langer Nase, langen Ohren und nahezu unbehaart. Uns war das völlig egal, aber auf Nisu waren wir mit dieser Einstellung vermutlich eine große Ausnahme, auch wenn wir uns dessen kaum bewußt waren. Wir kamen ja kaum mit anderen Leuten zusammen. Mejox und die beiden Mädchen, Priekahm und Otuz, waren die einzigen Kinder, die ich jemals näher kennengelernt hatte.

Mejox hielt stolz seinen Beutel hoch. »Ich hab alle meine Kleider und mein Zeug in einen Sack gekriegt, genau wie Kekox es verlangt hat. Und du, Zahmekoses?«

»Auch in einen, aber nur knapp«, sagte ich. In Wirklichkeit hatte ich keinerlei Schwierigkeiten gehabt, aber Mejox machte gern aus allem einen Wettbewerb, und er war ein schlechter Verlierer.

»He! Kekox und Poiparesis sagen, ihr sollt euch beeilen!« rief Otuz vom Korridor her. »Wenn ihr nicht sofort kommt, müßt ihr draußen auf dem Tragsegel mitfliegen!«

Wir waren es gewöhnt, daß die Erwachsenen schreckliche Drohungen ausstießen, die sie auch noch für komisch hielten, trotzdem schnappten wir uns beide unsere Kleidersäcke und rannten den Gang entlang. Schließlich konnten wir es selber kaum erwarten.

Wie üblich hatten die Erwachsenen die Fenstersitze für die palathischen Kinder reserviert, und Otuz oder Mejox hätten nicht im

Traum daran gedacht, ihren Platz etwa mit Priekahm oder mit mir zu teilen. Zum Glück hatte mir Soikenn, meine Lieblingslehrerin, den Sitz neben sich freigehalten, und ich quetschte mich mit Priekahm zusammen hinein, so daß wir beide etwas von der Aussicht mitbekamen. Soweit das möglich war.

Der Flug von den Inseln Unter dem Wind nach Palath war weit und führte meistens über Wasser. Priekahm und ich drückten uns dennoch die Nasen am Fenster platt. Immer weiter flog die Maschine nach Westen. Hinter und über uns schwebten, ständig in Bereitschaft, um uns beim ersten Anzeichen von Schwierigkeiten zu Hilfe zu kommen, ein Dutzend Begleitflugzeuge. Das war immer so, wenn wir mit dem Flugzeug unterwegs waren.

Vor uns ging die Sonne unter, und eine Stunde später verschwand auch Zoiroy hinter dem Horizont. »Bald wird es das letzte Mal sein, daß wir einen so hellen Stern zu sehen bekommen«, sagte ich plötzlich. Seit mehreren Achttagen legte man uns immer wieder ans Herz, uns alles wirklich ganz genau anzusehen, denn wenn wir von der großen Reise zurückkehrten, hätten wir zwei Drittel unseres Lebens hinter uns und wären alt. »Im neuen System gibt es keinen zweiten Stern, also wird es auch keinen Stern von dieser Helligkeit geben.«

Soikenn umarmte mich. »Jedenfalls keinen wie Zoiroy, bei dessen Licht man lesen kann, aber dafür gibt es andere Dinge zu sehen. Am Nachthimmel von Setepos kann man viel mehr Planeten beobachten als hier, und einige strahlen sehr hell. Was euch wirklich fehlen wird, ist Sosahy. Die neue Welt hat zwar einen großen Mond, der auch ein wenig Licht spendet, aber am dortigen Himmel gibt es nichts, was sich mit Sosahy messen könnte.«

»Was ist ein Mond?« fragte Priekahm. Mir war nie ganz klar, ob sie so viele Fragen stellte, weil sie nicht aufpaßte, oder ob sie die Antworten längst kannte und nur Aufmerksamkeit erregen wollte. Wie auch immer, sie kam damit durch. Sie war hübsch und hatte Temperament, und sooft man auch nicht übel Lust gehabt hätte, sie zu erwürgen, irgendwann brachte sie einen immer zum Lachen, und dann war es vorbei.

»Ein Mond ist das, was wir für Sosahy sind«, erklärte Soikenn. »Ein kleiner Körper, der einen großen umkreist. Der Mond unseres neuen Planeten wird also nicht so groß sein wie Sosahy – nur eine

Shulatier

kleine Scheibe am Himmel, nicht viel größer als die Sonne und sehr viel weniger hell. Aber jetzt paß auf, gleich überfliegen wir Die Linie, und dann siehst du Sosahy – das darfst du nicht versäumen.«

Wir mußten lange warten, doch dann schob sich ein großer, fahler Keil über den Horizont und schwoll immer weiter an, bis er ein Sechstel des Himmels bedeckte. Der Planet hing ständig über Palath. Die Wissenschaftler behaupten, alle Menschen, Palathier wie Shulathier, seien direkt unter ihm entstanden, in den Gebirgstälern im Herzen von Palath, und manche Leute meinten, das sei der Grund, warum Sosahys Anblick uns stets neuen Mut einflöße.

Ich fand Sosahy einfach schön.

Einmal hatte ich auf der Straße einen alten Shulathier gesehen, der vor einer Menschenmenge redete. Er schrie, die Shulathier habe Mutter See geschaffen, die Palathier stammten dagegen von den Tieren Palaths ab, und deshalb sähen sie auch aus wie die Tiere. Mehr konnte ich nicht hören, weil Poiparesis mich aufhob und einfach wegtrug. Im letzten Augenblick sah ich noch, wie die Kaiserliche Garde anrückte, um die Menge auseinanderzutreiben.

Poiparesis hatte hinterher mit mir über den Vorfall gesprochen. »Wir sind alle von einer Art«, sagte er, »da können die alten Fanatiker sagen, was sie wollen. Es gibt Unterschiede im Erscheinungsbild – Behaarung, Nasenform und so weiter –, aber wir sind alle von einer Art, Zahmekoses, und das darfst du nie vergessen. Du bist Shulathier, aber du bist genauso gut wie jeder Palathier – und genauso schlecht. In Mejox' Gegenwart würde ich das allerdings nicht sagen – er ist sehr empfindlich. Was immer in der Vergangenheit geschehen sein mag, heute gibt es jedenfalls sehr viele anständige Palathier – du weißt, daß wir innerhalb der Besatzung alle gut Freund miteinander sind, und vergiß nicht, was die Palathier nach dem Ersten Trümmerregen für uns getan haben. Ohne sie hätten wir niemals überlebt.«

Ich versicherte ihm, das sei mir klar, außerdem sei Mejox mein bester Freund, und er sei schließlich Palathier. Daraufhin sah mich Poiparesis für einen Moment recht merkwürdig an. Damals begriff ich nicht so ganz, warum. Ich wußte natürlich, daß manche Shulathier die Palathier haßten und umgekehrt, und daß man darüber nicht sprach. Und wenn es auch hieß, innerhalb der Besatzung seien alle gleich, so hatten Priekahm und ich doch gelernt, uns vorzusehen, besonders wenn die älteren Palathier in der Nähe waren.

Vielleicht war mir dieses Gespräch vor so vielen Achttagen deshalb in Erinnerung geblieben, weil es mir so deutlich vor Augen geführt hatte, wie sehr sich Priekahms und meine Situation von der

der Palathier unterschied. Wir waren das Beste, was Shulaths Waisenhäuser zu bieten hatten – die vermutlich intelligentesten, ›stabilsten‹ (was immer das heißen mochte) und ›begabtesten‹ Kinder, die man hatte finden können. Otuz und Mejox hatte man aus dynastischen Gründen ausgewählt, das war in Palath die Regel – ihre Eltern waren aktive, wichtige Angehörige zweier der fünf höchsten Familien Palaths. Es war durchaus möglich, daß Mejox und Otuz nach unserer Rückkehr die Kaiserwürde oder eines der erblichen Ministerien winkte. Immerhin stand Mejox in seiner Generation weit oben auf der Liste der Roupox-Familie, und die letzten drei Kaiser waren aus dem Hause Roupox gekommen.

Bis dahin konnte natürlich noch viel passieren. Wenn wir wiederkamen, waren wir längst erwachsen. Im Augenblick interessierte es mich viel mehr, mich mit Priekahm um den einen Sitz zu balgen, während vor uns die gewaltige Sosahy aus dem Meer stieg und wie ein Gebäude, dem man sich von weitem nähert, immer größer wurde. Wenn das Flugzeug an den Blutigen Schluchten landete, würde sie genau über uns stehen.

Priekahm drängelte noch eine Weile, dann wurde es ihr zu bunt, sie verzichtete auf den Fensterplatz und begann – wie immer mit Erfolg – bei Soikenn um Zuwendung zu betteln. Damit hatte ich das Fenster für mich und konnte die schwarzen Wellen betrachten, die sich im warmen Schein des Riesenplaneten tief unter uns dahinwälzten, bis ich einschlief.

Als man mich weckte, waren wir im Anflug auf Palath, und der ganze Himmel wimmelte von Flugzeugen: Große Passagiermaschinen zogen langsam hoch über uns hinweg; riesige Frachter schossen dicht über dem Wasser dahin, kleine Flitzer von der Art des unseren huschten blitzschnell an uns vorbei, und natürlich schwebten an sämtlichen Einflugschneisen bedächtig die schwarzen Polizeistreifen und die blauen Rettungsflieger entlang.

Mejox und Otuz hatten zum Spaß angefangen, die Polizeiflugzeuge mit dem Wappen ihrer jeweiligen Familie zu zählen, und Otuz war offenbar am Gewinnen – die Schärfe in Mejox' Stimme war kaum noch zu überhören. Otuz störte das nicht weiter – sie war die einzige, die sich von ihm nicht einschüchtern ließ. Ja, sie hatte geradezu ein Talent dafür, einen wunden Punkt zu finden und ihn damit zu necken – jetzt behauptete sie zum Beispiel immer wieder, in Wirklichkeit halte ein anderes Familienwappen – weder ihres noch seines – die Spitze, womöglich müsse ihre Mutter noch in diese Familie einheiraten, um ihre, Otuz', Chancen auf die Kaiserwürde zu wahren.

Otuz' Sticheleien wurden immer lauter, und Mejox' Gequengel klang zunehmend bedrohlicher. Ich spürte, wie Priekahm neben mir den Atem anhielt. Wenn es laut wurde, waren wir beide diejenigen, die dafür büßen mußten, ganz gleich, woher der Lärm tatsächlich kam.

»Ich finde, die Zowakou-Wappen sollten für mich zählen, es sind schließlich Verbündete meiner Familie. Am besten fangen wir noch einmal von vorne an, sonst ist es ungerecht.«

»Was für ein Unsinn«, rief Otuz. »Du weißt genau, daß wir im Moment das Herrschaftsgebiet der Zowakou überfliegen. Klar, daß wir im Moment fast nur Polizeiflieger mit ihrem Wappen sehen. Und unter ›gerecht‹ verstehst du sowieso nur, ›Mejox gewinnt‹.«

Mejox sprang auf und wollte sich auf sie stürzen, aber er kam nicht weit. Schon hatte ihn Osepok Tarov, der Kapitän, am Rückenfell gepackt und brüllte: »Hinsetzen!«

Mejox gehorchte. Offiziell stand Osepok im Moment nicht höher als die anderen Lehrer, aber jeder betrachtete sie als ›den Kapitän‹, obwohl bis zu unserer Abreise noch einige Zeit vergehen würde. Osepok war die einzige, die Mejox zuverlässig dazu bringen konnte, sich anständig zu benehmen, auch wenn er nicht wollte. Leider sah sie über seine Unarten meistens hinweg.

»Etwas Ruhe zu halten kann uns allen nicht schaden«, sagte der Kapitän. »Denkt daran, daß ihr eure Heimat für viele Jahre zum letzten Mal seht. Ist das klar, Zahmekoses, Priekahm?«

»Ja, Kapitän, es tut uns leid«, sagten wir. Wir entschuldigten uns immer, besonders dann, wenn wir eigentlich nichts angestellt hatten.

»Otuz?«

»Ja, Kapitän.«

»Mejox?«

»Jeder hat doch gesagt, daß es klar ist«, trotzte er.

»Ist es auch *dir* klar, Mejox?«

»Ja, Kapitän.« Sein Tonfall war gerade noch respektvoll genug, um nicht direkt unverschämt zu sein, aber der Kapitän tat so, als habe sie es nicht bemerkt.

Die Stille hielt an, bis wir fast über den Blutigen Schluchten tief im Innern von Palath waren. Als der Flughafen in Sicht kam, ließ die Pilotin die Flügelräder mit voller Kraft laufen – ich beobachtete mit Vergnügen die Luftwirbel, die an der Rückseite entstanden – dann fuhr sie das Tragsegel aus, um den Luftwiderstand zu vergrößern, schaltete den Kompressor ein und füllte die Ballasttanks, um den Auftrieb des Flugzeugs zu verringern. In aerodynamischem Flug glitten wir sanft auf das Landefeld zu.

Soikenn hatte mir vor zwei Achttagen die Aufgabe gestellt, einen Aufsatz über Flugzeuge und ihre Funktionsweise zu verfassen, und ich war stolz darauf, daß ich so viel behalten hatte. Wir flogen ohnehin nicht mehr sehr schnell, doch als die Landebahn unter uns auftauchte, schaltete die Pilotin die Kompressoren auf Gegenschub und pumpte etwas Luft aus den Ballasttanks, damit wir mehr Auftrieb bekamen und der Luftwiderstand sich stärker auswirken konnte. Das Flugzeug stieg mit einem kleinen Satz in die Höhe, dann sank es langsam tiefer, schwebte kurz über dem Boden und setzte auf seinen Metallbeinen auf. Sofort kamen Leute vom Bodenpersonal herbeigelaufen, um das Tragsegel zu bergen und die Landebeine festzuzurren, während die Pilotin noch einmal die Kompressoren aufheulen ließ und alle Tanks mit Preßluft füllte. Nun standen wir sicher auf dem Boden.

Wir waren auf einem privaten Flugplatz gelandet, der Otuz' Familie gehörte, aber niemand war gekommen, um sie zu begrüßen. Priekahm hatte mir einmal im Vertrauen erzählt, Otuz' Verwandte seien sehr altmodisch und wollten nichts mehr mit ihr zu tun haben, weil sie sich zu oft mit Shulathiern in der Öffentlichkeit gezeigt habe. Ich wußte allerdings nicht, ob das stimmte. Priekahm dramatisierte gern.

Aber selbst wenn es eine bewußte Brüskierung gewesen sein sollte, war Otuz' darüber wohl nicht weiter gekränkt. Wie in palathischen Fürstenhäusern üblich, war sie von Geburt an in der Obhut von Ammen und Erzieherinnen gewesen. Wenn sie zu Hause geblieben wäre, hätte sie ihre Eltern erst nach der Pubertät richtig kennengelernt, sobald sie alt genug war, um verlobt zu werden – und in die Pubertät kam man frühestens mit sechsundzwanzig Jahren. Viele Kinder aus vornehmen Familien bekamen ihre Eltern gar erst zu sehen, wenn sie schon über dreißig und verheiratet waren und eigene Kinder hatten – wobei die Ehe meist von den Eltern vermittelt worden war.

Der Flug hatte fast den ganzen Tag gedauert, die offizielle Besichtigung würde also erst morgen stattfinden. Man servierte uns ein Abendessen. Anschließend erzählte uns Soikenn von den Blutigen Schluchten, die wir morgen besuchen würden, und Kekox unterhielt uns mit Geschichten über die Expedition nach Kahrekeif, an der er teilgenommen hatte – es war der bisher längste Raumflug gewesen, wenn auch natürlich nicht mit der Reise zu vergleichen, die wir bald antreten wollten.

»Kahrekeif ist wirklich zum Fürchten«, begann er. »Es hat nur den einzigen Vorteil, daß die anderen Monde noch schlimmer sind.« Auf Toupox und Poumox, den beiden anderen Sahmahkouy-Trabanten, gab es Vulkane, die dem Wechsel der Gezeiten unterworfen waren, beide Welten waren unter einer dichten, giftigen Atmosphäre verborgen, und der Treibhauseffekt war so stark, daß sich das flüssige Blei in Pfützen auf dem Boden sammelte und Stahl oder Aluminium im Freien zu brennen und zu rauchen begannen. Ich hatte Bilder davon gesehen.

»Aber du hattest keine Angst«, erklärte Mejox im Brustton der Überzeugung, »auch wenn Kahrekeif noch so gefährlich war.« In seinen Augen war Kekox ein Held.

Kekox lachte. Ich mochte es, wenn er lachte. Obwohl er ein Soldat vom alten Schlag war und der Kaiserlichen Garde angehört hatte, strahlten seine Augen Wärme und Herzlichkeit aus. »Ich war fast außer mir vor Angst, Mejox. Jeder normale Mensch hätte sich gefürchtet. Auf dieser Welt schwebte man fortwährend in Lebensgefahr; vier von uns sind umgekommen, und wen es traf, war reiner Zufall. Wir hatten keine Ahnung, wie schrecklich die Verhältnisse tatsächlich waren, dazu mußten wir erst hinfliegen und uns umsehen.«

»Und wie weit mußtet ihr fliegen?« fragte Priekahm atemlos. Sie probierte es auch bei Kekox mit ihrer üblichen Masche, große Augen und ein unschuldsvoller Blick.

Und es wirkte wie immer. »Paß auf«, sagte er und seine Stimme wurde warm. Dann redete er weiter, als wären wir alle noch im Stadium des Unverstands. »Zoiroy ist ein kleinerer Stern, der in einundsiebzig Jahren einmal um unsere Sonne herumwandert. Sahmahkouy ist ein Planet und umkreist Zoiroy, so wie Sosahy unsere Sonne umkreist. Und Toupox, Poumox und Kahrekeif drehen sich um Sahmahkouy, so wie wir um Sosahy. Aber wie weit Kahrekeif weg ist … nun, das ist verschieden. Zu manchen Zeiten ist es dreimal so weit entfernt wie zu anderen Zeiten. Jedenfalls dauerte die Hin- und Rückreise sogar in der Phase der größten Annäherung mehrere Jahre.«

Allmählich begann er sich für sein Thema zu erwärmen und redete wieder wie ein erwachsener Mensch. Jetzt wandte er sich eher an Otuz und mich. »Wir hatten keine Zeit, bis zur nächsten Annäherungsphase zu warten, außerdem wäre sie ohnehin nicht so günstig gewesen wie diese. Es war also kaum möglich, längere Zeit vor unserer eigenen Abreise eine Sonde loszuschicken. Wir hätten in jedem Fall starten müssen, bevor eine ausreichende Datenmenge eingegangen wäre. So hatten wir nur ein paar Flieger abgesetzt, Sonden, die so schnell an Sahmahkouy und Kahrekeif vorbeirasten, daß sie nicht in eine Umlaufbahn gelangten – und damit auch zu schnell, um sich gründlich umzusehen. Die Bahn für eine Satellitensonde hätte so viel Energie verschlungen, daß wir beschlossen, lieber auf gut Glück loszufliegen.«

»Die Sache mit der Energie kapiert sowieso keiner«, sagte Mejox. »Wir wollen die Abenteuergeschichte hören.«

»*Ich* verstehe sie schon«, sagte Otuz, »und Zahmekoses auch, er traut sich nur nicht, es zuzugeben.«

Kekox setzte sich zwischen Otuz und mich und sagte freundlich: »Nun, Otuz, wenn dir das Energieproblem so klar ist, kannst du es mir doch sicher erklären?«

Sie stieß, wie üblich, wenn sie einem Erwachsenen demonstrieren sollte, daß sie etwas verstanden hatte, einen theatralischen Seufzer aus. »Unsere Welt und Kahrekeif umkreisen Planeten, die ihrerseits um zwei Sterne kreisen, die sich auch gegenseitig umkreisen. Da kommt einiges an Bewegungen zusammen. Um von hier nach Kahrekeif zu fliegen, muß man Geschwindigkeit, Richtung – und Position – soweit verändern, daß man die eigene Bahn verläßt und sich so bewegt wie der andere Himmelskörper. Die Geschwindigkeitsdifferenz ist sehr groß, die Entfernung ebenfalls, und für eine so drastische Geschwindigkeits-, Positions- und Richtungsänderung braucht man eben sehr viel Energie.«

»Gar nicht schlecht«, entgegnete Kekox grinsend, und dann kam genau das, was ich befürchtet hatte. Er sah mich an und sagte: »Und wie berechnet man den Energieaufwand im Zusammenhang mit einer Flugbahn?«

»Um von einem Ort zum anderen zu gelangen, muß man manchmal am einen oder am anderen Ende mehr beschleunigen oder mehr abbremsen und so weiter«, sagte ich. Ich suchte Zeit zu gewinnen; wenn ich behauptete, die Frage nicht beantworten zu können, würde Kekox auf mir herumhacken, und Poiparesis und Soikenn müßten sich schämen, gab ich andererseits zu, daß ich es wußte, dann war Mejox womöglich böse auf mich und verprügelte mich hinterher. Zunächst überwog mein Vertrauen zu Kekox noch meine Angst vor Mejox, und so plapperte ich einfach weiter. »Wenn Zoiroy und die Sonne dicht beieinander sind *und* Sosahy und Sahmahkouy sich zwischen ihnen befinden, spricht man von einer großen Annäherung, und in diesen Phasen gibt es eine Reihe von energiesparenden Flugbahnen, weil die beiden Gasriesenplaneten sich sehr nahe sind und sich mit mehr oder weniger gleicher Geschwindigkeit in die gleiche Richtung bewegen. Doch auf dem größten Teil der Umlaufbahn sind Richtung und Geschwindigkeit sehr verschieden, und die Entfernungen sind sehr viel größer.«

In Kekox' Augen stand so viel Herzlichkeit und Wärme, daß ich mich lange nicht so unbehaglich fühlte wie sonst, wenn ich Mejox in aller Öffentlichkeit übertrumpfte. Nun wandte er sich an Mejox. »Siehst du«, sagte er, »jetzt begreifst du, was es mit dem Energieverbrauch von Flugbahnen auf sich hat, und du siehst auch ein, daß dies für die Geschichte von Bedeutung ist, richtig?«

»Na ja, klar«, sagte Mejox und sah zu Boden.

»Nun, wie gesagt«, nahm Kekox den Faden wieder auf, »wir hatten keine Ahnung, was wir vorfinden würden, und wir erkannten auch nicht, daß Kahrekeifs geneigte, stark elliptische Umlaufbahn nichts Gutes verhieß. Die Ergebnisse der letzten, schnellen Flieger gingen erst ein, als wir schon unterwegs waren. Ihnen entnahmen wir, daß Kahrekeif erst vor kurzem von Sahmahkouy eingefangen worden war und sich immer noch um sich selbst drehte.«

»Erst vor kurzem?« fragte Priekahm. »Ein Jahr vorher oder wie?«

»Eher zehn Millionen Jahre.« Kekox lächelte sie an, als wolle er ihr gleich über den Kopf streichen. »Für astronomische und geologische Verhältnisse eine kurze Zeitspanne.«

»Wenn es sich immer noch drehte, muß es doch sehr schwierig gewesen sein, darauf zu landen?« fragte sie weiter. Es juckte mich wieder einmal in den Fingern, sie zu kneifen oder ihr eine Ohrfeige zu geben; sie war lange nicht so dumm, wie sie sich stellte, aber mit dem Getue gewann sie immer wieder die Gunst unserer Lehrer.

»Die Eigenrotation erschwert die Landung nicht weiter – wenn man aus dem Orbit kommt, ist man so viel schneller als die Oberfläche, daß deren Bewegung kaum noch ins Gewicht fällt. Und das ist auch gut so, Priekahm, denn Setepos rotiert ebenfalls.« Setepos war die neue Welt, zu der wir fliegen sollten; wir beugten uns alle vor, damit uns ja nichts entging, denn wenn schon einmal ein Erwachsener von Setepos sprach, war das für uns interessanter als alles andere.

Aber Kekox reagierte nicht, sondern fuhr mit seiner Geschichte fort. »Als wir nahe dem Äquator auf Kahrekeif landeten, waren wir immer noch ahnungslos. Wir fanden deutliche Anzeichen, daß es irgendwann einmal flüssiges Wasser gegeben hatte – Kanäle, ausgetrocknete Flußbetten und Seen voller Eisschlamm. Kahrekeif hatte immer noch gewaltige Eisvorkommen, einige befanden sich dicht unter der Oberfläche oder waren nur mit Staub bedeckt. An den Polen gab es viel gefrorenes Kohlendioxid, aber die Luft war sehr dünn, nur etwa fünf Prozent der Dichte, die wir zum Atmen brauchen, aber da sie fast ausschließlich aus Kohlendioxid bestand, wäre sie ohnehin nicht atembar gewesen. Am seltsamsten war jedoch, daß Kahrekeif – man nimmt an, wegen seiner Eigendrehung – ein einziger riesiger Magnet war.«

»Und warum ist das Schiff dann nicht daran klebengeblieben?« fragte Priekahm.

»Ein riesiger, *nicht sehr starker* Magnet«, erklärte Kekox lächelnd. Ich hätte mir mit einer solchen Frage einen empörten Blick eingehandelt; Otuz hätte er vorgehalten, er sei enttäuscht von ihr.

»Das waren alles Warnzeichen, und es gab noch ein weiteres, das wir nun wirklich nicht hätten übersehen dürfen: Obwohl die Luft so dünn war, gab es nirgends Aufschlagstellen; das hätte uns sagen müssen, daß Kahrekeifs Oberfläche in regelmäßigen Abständen eingeebnet wurde. Mit Hilfe einer Satellitensonde wären wir vielleicht darauf gekommen.

Aber wir hatten nun einmal keine vorausschicken können, und so gelang es uns erst sehr viel später, alle diese Hinweise zu einem Bild zusammenzusetzen. Wir waren dabei, etwa einen Tagesmarsch von der Landefähre entfernt eine Basalteskarpe zu erklettern ...«

»Was ist eine Eskarpe?« fragte Otuz.

»Eine lange Steilwand zwischen zwei Ebenen«, antwortete er. »Wie das große Barrierekliff von Palath, das allerdings sehr viel verwitterter ist. Eskarpen entstehen, wenn eine Welt sich abkühlt und dabei schrumpft – man kann sich das vorstellen wie die Risse in einem abkühlenden Kuchen –, und die Eskarpen dort sahen noch ziemlich neu und glatt aus, ein deutliches Zeichen, daß Kahrekeif eine relativ neue Welt war. Jedenfalls hatten wir die Felswand etwa zur Hälfte erstiegen und schlugen nun auf einem breiten, flachen Sims ein Lager auf. Am nächsten Tag wollten wir weiterklettern, um von der höheren Ebene aus zu beobachten, wie Kahrekeif sich auf den Punkt der größten Annäherung an Sahmahkouy zubewegte.

Kahrekeifs Orbit um Sahmahkouy war so stark elliptisch, daß er sehr an die Bahn eines Kometen erinnerte – der Mond kommt dem Planeten viel näher, als wir jemals an Sosahy herankommen, und entfernt sich dafür auch fünfzig Mal so weit. Ihr wißt ja, daß die Umlaufgeschwindigkeit von der Masse des Zentralkörpers abhängig ist, deshalb braucht Kahrekeif tatsächlich länger, um Sahmahkouy zu umrunden, als Sahmahkouy, um einen Umlauf um Zoiroy zu vollenden; der Planet umkreist die Sonne in zwei Jahren, aber der Mond den Planeten in etwa zwei vier Fünftel Jahren. Auf diese Weise kommt Kahrekeif alle vierzehn Jahre einmal ganz dicht an Sahmahkouy heran – so dicht, als wolle es die Wolkenköpfe streifen – und nähert sich danach ganz extrem der Sonne Zoiroy.

Wir wußten leider nicht, daß die ungeheure Menge an elektrischer Energie in Sahmahkouys Wolkenköpfen sich tatsächlich auf Kahrekeif zu entladen pflegte; bei größter Annäherung gehen etwa einen Halbtag lang ununterbrochen Gewitter nieder. Zum Glück für uns – nur deshalb kann ich euch die Geschichte erzählen – leitet Kahrekeifs Magnetfeld die tödlichen Blitze zu den Polen hin ab, so daß keiner in unserer Nähe oder auf der Bahn unseres Schiffes einschlug. Trotzdem schwebten wir in großer Gefahr.

Der erste Teil des Dramas dauerte nicht einmal einen Zwanzigsteltag. Wir hatten da oben auf dem Sims auf halber Höhe der Eskarpe biwakiert, ohne uns etwas dabei zu denken, und wollten uns gerade schlafen legen. Am nächsten Tag hatten wir vor, die Sonnenfinsternis zu beobachten, die an dieser Stelle der Umlaufbahn zu erwarten ist.

Bei Sonnenuntergang sahen wir im Norden immer und immer wieder grelle Blitze über den Himmel zucken. Alle Funkgeräte fielen aus. Wir konnten weder das Schiff noch das Basislager erreichen. Sogar die Helmfunkgeräte versagten, wenn wir weiter als ein paar Armlängen voneinander entfernt waren. Wir hatten also keine Ahnung, was eigentlich vorging. Der Boden unter unseren Füßen gab Stromstöße ab, nicht so stark, daß man sich verbrannt hätte, aber doch stark genug, daß unsere Beine zuckten und blanke Metallteile zu einer Gefahrenquelle wurden.

Wir tauschten noch Vermutungen aus, wodurch diese Erscheinungen wohl bedingt sein könnten, als der Luftdruck rasant anstieg. In diesem Moment hatte Tutretz, unser Meteorologe, einen jähen Geistesblitz, der uns das Leben retten sollte. Er erkannte, daß die Blitze, die an den Polen einschlugen, starke, elektrische Ströme durch den Brei aus Wassereis und gefrorenem Kohlendioxid leiteten und ihn bei dem niedrigen Druck damit so rasch aufheizten, daß er verdunstete. Dadurch veränderte sich die gesamte Atmosphäre, und da Kahrekeif sich im kommenden halben Jahr der Sonne immer weiter nähern würde, war mit einem Treibhauseffekt von ungeheuren Ausmaßen zu rechnen, d. h., es würde sehr viel mehr Luft und flüssiges Wasser geben, und die Temperaturen würden steigen. Obwohl also der Sturm mit jedem Atemzug stärker wurde, bestand Tutretz darauf, daß wir das Lager auf dem Sims abbrachen, so viel in unsere Rucksäcke packten, wie nur hineinging, die Atemgeräte anschnallten, uns alle an ein Seil banden und bis zu einer Stelle weiterkletterten, die er einige Zeit zuvor entdeckt hatte.

Mittlerweile hatte der Wind so viel Staub aufgewirbelt, daß die Luft schwarz war wie die Nacht in Shulath und wir im schwachen Schein unserer Helmlampen immer wieder über unsere eigenen Füße stolperten und uns gegenseitig zu Boden rissen. Aber, beim Schöpfer, Tutretz ließ nicht locker, und so kletterten wir die Wand empor, obwohl der Wind allmählich Hurrikanstärke erreichte. Die Stelle, die er meinte, befand sich hoch über unseren Köpfen, und die Kletterei wäre selbst bei Tageslicht mühsam genug gewesen. Eigentlich handelte es sich nur um einen stark überhängenden Felsen, und ich weiß bis heute nicht, wie wir es bei der pechschwarzen Finsternis und im Geheul des Windes überhaupt schafften, ihn zu finden. Irgendwann waren wir jedenfalls am Ziel.

Wir stellten unsere Zelte auf und dichteten sie ab. In den Funkgeräten war so viel durchgebrannt, daß wir uns keine Hoffnungen machten, noch in dieser Nacht Verbindung zum Basislager oder gar zum Schiff aufnehmen zu können – wir wußten ja nicht einmal, ob wir aus den fünfzehn Einzelgeräten genügend Bauteile für einen einzigen, funktionsfähigen Apparat zusammenbekommen würden. Jeder war zu Tode erschöpft, und so legten wir uns schlafen, als alle Zelte standen – damit verstießen wir zwar gegen eine ganze Reihe von Traditionen und gingen auch ein gewisses Risiko ein, aber wir sahen nicht viel Sinn darin, eine Wache aufzustellen. Wenn etwas schiefging, würden uns die Alarmeinrichtungen wecken, und außerdem hätte ohnehin niemand mehr die Augen offenhalten können. Wir waren ja schon den ganzen Tag geklettert, bevor der Sturm losbrach, und hinterher war es bei Nacht und Wind noch mehr als einen Halbtag lang weitergegangen.

Wir hatten den Überhang in tiefer Nacht erreicht, und der Sturm war so heftig, daß er sogar die grellen Blitze zum größten Teil verhüllte. Nur ein schwacher Lichtschein drang immer wieder durch die dichten Staub- und Wasserwolken und huschte über unsere Zeltwände. Falls irgendwann der Morgen graute, bemerkte es niemand von uns; kurz darauf setzte nämlich die Sonnenfinsternis ein und hielt über viele Stunden an, es blieb also sehr lange dunkel und stürmisch. Ich kann mich erinnern, wie ich aus dem Sichtfenster meines Schlafsacks spähte – wir lagen zwar in den Zelten, konnten aber nicht sicher sein, daß sie dichthalten würden, und hatten deshalb die Schlafsäcke mit Druckluft befüllt. Das Zelt schwankte auch unter dem schützenden Überhang im heulenden Wind, und immer wieder zuckten Lichter – wahrscheinlich der Widerschein der Blitzeinschläge in den oberen Atmosphäreschichten über den Polen, eine halbe Welt weit entfernt – über die Wände. Wenigstens hatten wir jetzt eine hinreichend dicke Felsschicht unter uns, die uns gegen die Bodenströme abschirmte.

Wir alle schliefen mehr als einen Halbtag durch.

Die meisten erwachten am späten Nachmittag fast gleichzeitig, vielleicht machten auch die ersten beim Aufstehen soviel Lärm, als sie die Helligkeit durch die Wände dringen sahen, daß sie die anderen weckten. Die Zelte hatten dicht gehalten, so daß wir aus den Schlafsäcken steigen und die Druckanzüge anlegen konnten. Dann stürmten wir sofort aus den Luftschleusen, um uns umzusehen.

Wir stellten uns an die Kante des Überhangs und schauten hinab auf das breite Sims, auf dem wir biwakiert hatten, bevor das Chaos ausbrach. Nun stürzte auf dieses Sims der größte Wasserfall hinab, den ich je gesehen hatte, und wo unser Lager gewesen war, glitzerte ein großer, kalter Bergsee im Sonnenlicht – jawohl, im Sonnenlicht. Der Himmel war blau, dicke, weiche Wolken zogen darüber hin, und jenseits der Eskarpe sahen wir viele Flüsse und Seen. Tutretz las seine Instrumente ab und stellte fest, daß der Luftdruck von ursprünglich fünf Prozent auf ziemlich genau das Doppelte des Normalwerts hier auf unserer Welt angestiegen war – das heißt, er war vierzig Mal so hoch wie am Tag zuvor. Die Luft bestand fast ausschließlich aus Kohlendioxid und Wasserdampf – Treibhausgasen also –, und da Kahrekeif sich noch etwa zehn Achttage sonnenwärts bewegte, würden Druck und Temperatur weiterhin rapide zunehmen.

Wir mußten vier Funkgeräte zerlegen, um ein gebrauchsfertiges zu erhalten, doch dann konnten wir das Schiff ohne weiteres erreichen; die Elektronik hatte tags zuvor ein paar Treffer abbekommen, aber sonst war nichts passiert. Das Basislager war wie vom Erdboden verschluckt. Von den vier Besatzungsmitgliedern, die dort ihr Leben gelassen hatten, fanden wir keine Spur.

Wir erkundeten einen Achttag lang das Plateau, während die Schiffsbesatzung die nötigen Umbauten an der unbemannten Transportlandefähre vornahm, um uns damit zurückholen zu können. Die plötzliche Zuführung so großer CO_2-Mengen hatte zu einer überschießenden Treibhausreaktion geführt, außerdem war das Eis so instabil, daß es vielerorts zu explosiven Schmelz- und Sublimationsvorgängen gekommen war. Auf dem Schiff hatte man unzählige Aufnahmen von Kaltschlammeruptionen gemacht, Fontänen nasser Erde, die hoch in den Himmel geschleudert wurden.

Später reimte sich Tutretz die Vorgänge folgendermaßen zusammen: Solange sich Kahrekeif von Sahmahkouy und von seiner Sonne entfernt, ist der Treibhauseffekt nicht stark genug, um zu verhindern, daß die Atmosphäre ausfriert und sich niederschlägt. So entsteht langsam ein Brei aus Wasser- und CO_2-Eis, der sich mit Staub vermischt – wir hatten dafür den Ausdruck ›Eisschlammcocktail‹ geprägt und ihn so oft verwendet, daß ihn auch die Wissenschaftler übernahmen. Alle zwei vier Fünftel Jahre kommt Kahrekeif auf Minimaldistanz an Sahmahkouy heran und wird mit Blitzen beschossen. Wo sich der Boden elektrisch auflädt, verdunstet dieser Eisschlammcocktail explosionsartig. Normalerweise dauern die Kaltschlammeruptionen nur einen Achttag lang an, dann gefriert alles wieder, und der größte Teil des Schlamms hat sich ohnehin nicht verändert. Doch alle vierzehn Jahre einmal addieren sich die Orbitalpositionen, Kahrekeif erlebt eine längere Wärmephase, bekommt den obligatorischen Stromstoß und durchläuft eine zweite Wärmephase – die Eisbestände sind also schon aufgeweicht, wenn die Blitze einschlagen, die Atmosphäre verdichtet sich in kürzester Zeit, und der Treibhauseffekt sprengt alle Grenzen. Fünf Jahre später folgt eine längere Kälteperiode, und alles beginnt wieder von vorne. Es war also kein Wunder, daß die Oberfläche so neu aussah; sie wurde ja alle vierzehn Jahre einmal eingeebnet.

Die Expedition hatte sich trotzdem gelohnt. Wir lernten sehr viel über Geologie – aber wir erlebten auch, daß Kahrekeif nicht nur voller schrecklicher Gefahren steckt, sondern daß die Gefahren sich auch noch unentwegt verändern. Wahrscheinlich wird irgend jemand früher oder später versuchen, sich dort anzusiedeln, aber es ist wohl nicht die Welt, die unsere Zivilisation retten wird.« Er seufzte. »Eigentlich wollte ich euch nur von unserem Abenteuer auf der Eskarpe erzählen. Jetzt ist aber Schlafenszeit, morgen fängt eure große Reise durch die Geschichte an.«

2

Als ich an diesem Abend meine Kleider in meine Kiste räumte, hörte ich von nebenan aus Mejox' Zimmer Stimmen. Ich drückte das Ohr an die Wand und lauschte.

»Mejox«, sagte Kekox. »Ich warne dich zum letzten Mal. Wenn ich noch einmal höre, daß du Zahmekoses das Leben schwermachst, besonders wenn er irgend etwas besser kann als du, wirst du es bereuen. Er ist der treueste Freund, den du dir wünschen kannst. So viel Anhänglichkeit hast du nicht verdient. Hast du mich verstanden? Seine Freundschaft sollte dir tausendmal mehr wert sein als die Genugtuung, bei irgendeinem deiner albernen Spiele gegen ihn zu gewinnen. Er wird sich nicht beklagen, aber ich werde es merken, und dann kannst du etwas erleben.«

Mejox' Stimme hatte diesen weinerlichen Tonfall, den ich haßte. »Ich möchte nur, daß es gerecht zugeht. Und ich liebe es eben, wenn ich gewinne.«

»Du solltest lernen, die *Menschen* zu lieben«, gab Kekox schroff zurück. »Ein Kaiser hat die Pflicht, die Menschen zu kennen und zu lieben. Nehmen wir einmal an, wir kommen von dieser Reise lebend nach Hause, und du wirst reich und mächtig, dann kannst du nur denjenigen Freunden vertrauen, die du dir heute geschaffen hast. Und um einen hochintelligenten Burschen wie Zahmekoses solltest du dich besonders bemühen. Behandle ihn wie deinesgleichen und merke dir: Jeder Erfolg deines Freundes ist auch dein Erfolg – oder du bekommst es mit mir zu tun.«

Was Mejox darauf sagte, konnte ich nicht verstehen, es klang quengelig und zugleich drohend. Dann hörte ich ein sattes Klatschen und einen unterdrückten Aufschrei. Der alte Gardist hatte ihn geohrfeigt. Mir blieb vor Schreck fast das Herz stehen.

»Und jetzt paß gut auf«, sagte Kekox. »Ich weiß, du bist ein Roupox, und deine Familie hat das Imperium im Würgegriff. Aber in den nächsten vierundzwanzig Jahren bin ich für dich verantwortlich, und ich werde einen anständigen Menschen aus dir machen. Du sollst andere *führen*, Mejox, und es ist nicht das gleiche, ob du führst oder nur den großen Mann markierst, ob du dir die Loyalität deiner Mitmenschen erwirbst oder sie dir mit Gewalt gefügig machst. Und wenn du den Unterschied nicht kennst, dann wirst du ihn eben *lernen*. Und wenn ich ihn in dich hineinprügeln muß.« Seine Stimme wurde etwas freundlicher. »Das mußt du doch einsehen! Zahmekoses ist dein bester Freund, nicht wahr? Willst du denn nicht, daß er glücklich ist?«

Jetzt weinte Mejox – ich kannte dieses leise Wimmern. Aber er hatte die Frage wohl bejaht, denn Kekox fuhr fort: »Dann benimm dich auch wie ein Freund. Er vergöttert dich, Mejox, er würde alles für dich tun. Aber das wird sich rasch ändern, wenn du ihn ständig zwingst, hinter dir zurückzustehen. Beim Schöpfer, er ist ein Shulathier, und die sind nun einmal klug, kreativ und künstlerisch veranlagt, aber natürlich auch flatterhaft und unzuverlässig. Das ist ihr Naturell. Im übrigen kenne ich viele wirklich großartige Shulathier, ein paar davon sind gute Freunde von mir, und ich freue mich immer, wenn ich sie sehe. Drei Shulathier waren mit auf Kahrekeif, und ich kann nur Gutes über sie berichten. Nebenbei bemerkt bin ich seit Jahren der Ansicht, sie sollten zur Kaiserlichen Garde zugelassen werden. Ein Shulathier kann aus Freundschaft Dinge tun, auf die wir Palathier niemals kämen. Wir denken eben praktischer. Wenn du dir Zahmekoses' Freundschaft erhältst, hast du für alle Zeiten einen klugen, loyalen Verbündeten, der notfalls für dich in den Tod geht. Aber wenn du nicht aufhörst, auf ihm herumzutrampeln und seine Gefühle zu verletzen, wird er sich irgendwann verschließen und zu grübeln anfangen, und dann hast du nichts mehr von ihm zu erwarten. Vergiß nicht, bevor wir Shulath unterwarfen, hatte es sich jahrtausendelang selbst regiert – wenn auch nicht besonders gut. Sie brauchen uns, gewiß, aber wir müssen uns ihre Loyalität *verdienen*.«

»Zahmekoses *ist* mein bester Freund«, sagte Mejox, und mir wurde ganz warm ums Herz. Dann fragte er: »Aber warum sagst du so etwas über die Shulathier? Wenn sie so minderwertig sind …«

»Sie sind nicht minderwertig!« widersprach Kekox mit Nachdruck. »So etwas darfst du nicht einmal denken. Es gibt schon mehr als genug intolerante Dogmatiker auf der Welt. Aber sie sind nun einmal unstet, leicht erregbar und unzuverlässig. Deshalb geben sie geniale Wissenschaftler, aber miserable Ingenieure ab, großartige Rechtsanwälte, aber unfähige Herrscher. Wir brauchen jedoch sämtliche Stärken, Mejox. Auf dieser Expedition werden zum Beispiel zwei exzellente Wissenschaftler benötigt, deshalb sind Soikenn und Poiparesis dabei. Außerdem … nun, du bist alt genug, um zu wissen, daß auch politischer Druck eine Rolle gespielt hat. Seit der Onkel deines Großvaters Shulath in die Selbstbestimmung entließ, geht überhaupt nichts mehr ohne politischen

Druck. Alle Seiten werden von diesen fanatischen Egalitaristen erpreßt.

Aber das tut nichts zur Sache. Du mußt die Menschen nehmen, wie sie sind, und Zahmekoses ist der beste Freund, den du jemals haben wirst. Ich will dir nur sagen, wie du es erreichen kannst, daß er auch dein bester Freund *bleibt* – auch wenn ich dich vermutlich nicht zwingen kann, auf mich zu hören. Aber eines verspreche ich dir: Wenn du den Jungen noch einmal mißhandelst oder ausbeutest oder verlangst, daß er auf einem Gebiet zurücksteckt, auf dem er besser ist als du – dann knallt es. Dann setzt es Prügel. Ein Herrscher muß unter anderem auch Schmerzen ertragen können, und das ist offenbar etwas, das ich dir erst noch beibringen muß.«

»Zahmekoses *ist* mein bester Freund, ich mag niemanden so gern wie ihn«, beteuerte Mejox.

»Gut, dann wird es dir ja nicht schwerfallen. Und jetzt geh schlafen. Wir haben morgen einen langen Tag vor uns.« Als ich hörte, wie Mejox' Zimmertür geschlossen wurde, schlüpfte ich leise in mein Bett und bemühte mich, so entspannt dazuliegen, als ob nichts gewesen wäre.

Kekox trat ein, um nachzusehen, ob ich auch gut zugedeckt war. Dann legte er mir ganz leicht zwei Finger auf die Stirn, wie es die Mütter tun, um ihre Kinder zum Einschlafen zu bringen. Ich weiß nicht, woher er als Kaiserlicher Gardist den Trick kannte, jedenfalls hätte die Hand einer Mutter nicht beruhigender wirken können. Ich schlief sofort ein.

Am nächsten Morgen fuhr man uns hinaus zu den Blutigen Schluchten, einem Geflecht öder Felsspalten, das von den Schöpfungsbergen im Herzen Palaths hinab in die Ebenen und weiter zum tief eingeschnittenen Bett des Alpiax führte, um schließlich in einen breiten Gebirgspaß zu münden. Damit waren sie nichts anderes als ein Netz von natürlichen Verkehrswegen, das die trockenen Ebenen im Osten mit dem mit dichtem Gestrüpp bewachsenen Hügelland im Westen verband und es jedem Feind erlaubte, mühelos ins Zentrum von Palath zu gelangen. Über Jahrtausende, bis zurück in prähistorische Zeiten, hatten hier immer wieder Schlachten getobt. Angeblich konnte man hier graben, wo immer man wollte, man stieß überall auf die Gebeine von Gefallenen.

In neuerer Zeit waren die Blutigen Schluchten freilich noch aus einem anderen Grund berühmt geworden. Nach altem palathischem Glauben hatte Sosahy die Welt erschaffen, und der gleichen Überlieferung zufolge waren hier, direkt unter ihr, auch die ersten Menschen entstanden. Vor einem Jahrhundert hatten Wissenschaftler in den Schluchten nun tatsächlich lehmversiegelte Höhlen mit den bis dahin ältesten, menschlichen Überresten überhaupt entdeckt, hundertmal älter als alles, was man bisher gefunden hatte, wahre Fenster, durch die man einen Blick auf das Leben vor einer Million Jahren werfen konnte.

Die mumifizierten Leichen, die man unter der kalten, schützenden Lehmschicht zutage gefördert hatte, sahen nicht ganz wie Palathier aus, hatten aber doch mehr Ähnlichkeit mit ihnen als mit uns – die Höhlenmenschen waren noch kleiner und behaarter gewesen, hatten allerdings lange, spitze Ohren und shulathische Gesichter. »Hier hat es angefangen«, sagte Soikenn. »Für uns alle.«

Die Sonne schien hell – sie hatte fast den höchsten Punkt des Himmels erreicht und näherte sich nun Sosahy, die sich ihr wie ein gewaltiger Lichtbogen entgegenwölbte. Zwischen den Enden des Bogens lag groß und schwarz die Masse des Riesenplaneten, die derzeit nicht beleuchtet wurde. Ich blinzelte ins helle Licht, während ich mir ausmalte, wie die Menschen da oben in den Höhlen gelebt hatten... bevor die Gesellschaft in Shulathier und Palathier zerfiel... wie sie sich ihre Speere schnitzten, das Fleisch ihrer Beutetiere über dem offenen Feuer brieten, wie die Kinder herumliefen und spielten. Ob sie den Ort wohl wiedererkennen würden, wenn sie ihn jetzt sähen? War alles noch genauso wie damals, oder würden sie sich völlig fremd fühlen?

Mejox stand neben mir und hörte Soikenns Erklärungen ebenso gebannt zu wie ich. Auch Otuz war fasziniert. Die Wissenschaftler hatten an den Wänden Zeichnungen entdeckt und auf dem Fußboden kunstvoll aus Steinen gelegte geometrische Muster. Die Urmenschen hatten regelrecht Buch geführt über die verschiedenen Tierarten, die zu den einzelnen Jahreszeiten zu beobachten waren.

»Was hat sie wohl gerade hierher getrieben?« fragte Otuz.

»Irgendwo mußten sie doch sein«, sagte Mejox.

»Das ist richtig«, gab Soikenn zu. »Vielleicht hat hier alles angefangen, und sie sind einfach geblieben. Wenn sie aber zugewandert sind, dann haben sie sich wahrscheinlich wegen der Höhlen hier niedergelassen – Wohnungen, die man nicht erst zu bauen brauchte – und aus den gleichen Gründen, aus denen diese Gegend später so heiß umkämpft war. Hier treffen verschiedene Ökosysteme aufeinander, deshalb gab es eine große Vielfalt von eßbaren Dingen. Natürlich waren auch die Bedingungen für die Konservierung der Leichen ideal, schon deshalb mußten wir sie zwangsläufig hier finden, ob genau diese Stelle nun wichtig für sie war oder nicht. Und vielleicht sind sie ja wirklich hier entstanden. In den Fossilienverzeichnissen sind unzählige Knochenfunde aufgeführt, alle hier in der Nähe, und alle könnten sie Vorfahren oder gar Vettern von uns gewesen sein. Vielleicht sind die alten Legenden tatsächlich wahr. Vielleicht spricht man nicht umsonst von den Schöpfungsbergen.«

Kapitän Osepok war normalerweise eher wortkarg, außer wenn sie Mathematik oder Naturwissenschaften unterrichtete, und so waren wir alle überrascht, als sie hinzufügte: »Der Ort hat uns noch mehr zu sagen. Man hat Asche von Holzfeuern gefunden, Spuren verheerender Erdbeben, Schichten von Vulkanasche, alles in der näheren Umgebung. Selbst wenn die Menschheit hier entstanden sein sollte, hatte sie es wohl nicht leicht, hier auch zu überleben. Deshalb zog sie immer weiter – die Flüsse hinunter, in die Berge hinauf, über die Ebenen, schließlich über das Meer nach Shulath – und nun hinaus ins All. Im ganzen Universum gibt es keinen Ort, wo man für immer sicher wäre; das Universum selbst lehrt uns: ›Zieht weiter, denn wenn ihr bleibt, geht ihr zugrunde.‹«

Osepok hatte uns so sehr verblüfft, daß wir zunächst alle schwiegen. Sie lächelte. »Verzeiht. Es war wohl nicht unbedingt nötig, darauf gerade jetzt herumzureiten. Seht mal, die Finsternis fängt gerade an.«

Die Mittagsfinsternis war in Palath die einzige Gelegenheit, die Sterne zu sehen, denn Sosahy leuchtete so hell, daß sie den Himmel fast immer blau färbte. Nur während der täglichen Verfinsterung verdeckte sie die Sonne, und wir sahen lediglich den Teil von ihr, der gerade Nacht hatte. Dann kamen die Sterne hervor.

Wir blickten auf. Die Sonne war Sosahy so nahe gekommen, daß sie die riesige Scheibe fast berührte – Sosahy nimmt etwa fünfundfünfzig Mal so viel Himmelsfläche ein wie die Sonne, jedes Kind kennt diese Zahl. Zwei tiefe Atemzüge später war die Sonne hinter unserem großen Mutterplaneten verschwunden, und wir standen im Dunkeln. »Da ist er«, sagte Kapitän Osepok leise und zeigte auf den Westhimmel. »Wir stehen da, wo alles anfing, und dort kommt er, der allem ein Ende machen wird. Zumindest wird er es versuchen, aber wir werden es nicht zulassen.«

Der kleine Fleck im All sah aus wie ein Wölkchen oder ein Rauchschwaden, aber wir hatten ihn sofort erkannt. Schließlich hatte man ihn uns von Kindheit an fast jeden Abend gezeigt. Als ich ihn zum ersten Mal sah, hatte ich ihn, wenn ich den Arm ausstreckte, mit der Spitze meines kleinsten Fingers verdecken können; jetzt brauchte ich schon fast zwei Finger dazu. »Der *Eindringling*«, sagte Mejox leise.

»Der *Eindringling*«, bestätigte der Kapitän. »Deshalb haben wir euch zu dieser Zeit an diesen Ort gebracht. Nun steht ihr da, wo unsere Spezies den Weg zu den Sternen antrat, und habt die größte Bedrohung unserer Existenz vor Augen.«

Fünfundneunzig Jahre war es her, daß die schwarze Materiekugel, ein Drittel so groß wie unsere Welt, von unserem Doppelgestirn eingefangen worden war und so nahe an der Sonne vorbeizog, daß sie von den Gezeitenkräften in Milliarden von Teilen gerissen wurde, die kleinsten nicht größer als eine Faust, die größten riesig wie ein Berg. Der *Eindringling* hatte eine Spur der Verwüstung gelegt und einen langen Überlebenskampf eingeleitet, der schließlich zum Bau der *Wahkopem Zomos* führte. Mit ihr, dem ersten Sternenschiff, sollten ich, die drei anderen Kinder und unsere vier Lehrer bald zu einem fernen Stern aufbrechen, um eine neue Heimat für unser Volk zu suchen.

»Wir können ihn nur sehen, weil er inzwischen etwa halb so lang ist wie der Abstand von hier zur Sonne, und deshalb so viel Licht reflektiert. Wenn er in einem Stück geblieben wäre, könnten wir ihn erst erkennen, wenn er schon fast über uns stünde«, sagte Soikenn. »So wie beim letzten Mal.«

»Wird er uns diesmal verfehlen?« fragte Priekahm. Es klang etwas ängstlich – aber wir waren wohl alle nicht ganz frei von Furcht, gerade weil wir so genau wußten, was da auf uns zukam. Vom Trainingslager auf den Inseln Unter dem Wind konnte man an klaren Tagen die *Ringinsel* erkennen, einen Kreis von hohen Bergen, der durch einen Meteoriteneinschlag im Meer entstanden war und eine Fläche umschloß, die größer war als die größte Stadt unserer Welt.

»Natürlich wird er uns verfehlen«, sagte Soikenn. »Außerdem sind wir bis dahin längst nicht mehr da, sondern haben die Reise nach Setepos schon zur Hälfte hinter uns.«

Wir beobachteten den *Eindringling* noch eine Weile, aber im Moment war er schließlich nur ein Fleck am Himmel, der auch in den nächsten fünfzehn Jahren noch keinen Schaden anrichten konnte. Irgenwann schaute ich mich um. Gegenüber stand die ferne Zoiroy knapp über dem Horizont. Was Kekox wohl empfinden mochte, wenn er sie jetzt am Himmel sah? Er war schließlich dort gewesen. Unsere Sonne und Zoiroy umkreisten einander; wenn der *Eindringling* beim nächsten Mal unsere Bahn kreuzte, befanden wir uns auf der anderen Seite. Dann blieb Nisu wahrscheinlich völlig verschont, und Sosahy brauchte nur mit wenigen größeren Treffern zu rechnen.

Doch beim übernächsten Mal würde es uns erwischen. Dann würde Sosahy und mit ihr Nisu das Zentrum der Steinwolke passieren, in die der *Eindringling* zerfallen war. Der Zweite Trümmerregen sollte allen Voraussagen nach noch sehr viel schlimmer ausfallen als der Erste.

Wir blieben so lange, bis die Sonne wieder hinter dem Planeten hervorkam und die Blutigen Schluchten mit ihrem Licht überflutete. Dann war es Zeit für die offizielle Begrüßung. Wir hatten solche Empfänge inzwischen schon so oft erlebt, daß sie uns nur noch langweilten. Zunächst hielten verschiedene hochgestellte Persönlichkeiten, zumeist Palathier, Ansprachen mehr oder weniger des gleichen Inhalts: Wenn es uns nicht gelinge, eine neue Welt zu finden und dort eine Zivilisation zu gründen, sei unsere Spezies dem Untergang geweiht. Dann stand noch ein Shulathier auf und betonte, wie wichtig es sei, daß Palathier und Shulathier zusammenarbeiteten.

Wir standen die ganze Zeit in der Sonne und machten möglichst würdevolle Gesichter. Ich blieb immer so weit hinter Mejox, daß sich die älteren Palathier, die nichts von Gleichheit hielten, einreden konnten, ich sei sein Diener, während mich die Shulathier dennoch sahen und das Gefühl hatten, gleichberechtigt zu sein. Priekahm und Otuz verfuhren genauso. Wir hatten alle längst gelernt, an irgend etwas zu denken und automatisch zu lächeln, wenn die Menge Beifall klatschte.

Am nächsten Tag flogen wir zur *Ostinsel*, dem östlichsten Ausläufer von Palath, mit dem Segelschiff fast vier Tagesreisen vom Festland entfernt. Niemand wußte es mit Sicherheit, aber man vermutete, daß die Vorfahren der Shulathier einst hier in einen Sturm geraten, vom Kurs abgekommen und mit ihren Kanus oder Flößen bis zu den Inseln Unter dem Wind getrieben worden waren. Dort hatte man nämlich die ältesten Reste shulathischer Siedlungen entdeckt, und die Funde wurden immer jünger, je weiter man nach Osten kam. Die Wanderbewegung hatte eine längere Unterbrechung erfahren, als die Shulathier auf den langen, schmalen Kontinent stießen, der sich von Pol zu Pol schlängelte; jahrhundertelang hatten sie gezögert, ihn zu erkunden oder gar zu besiedeln. Es war aber auch ein allzu feindseliges Land, das hohe Küstengebirge war schwer zu überwinden, die große Wüste östlich davon machte es nahezu unmöglich, das Meer zu erreichen, und wenn man es endlich geschafft hatte, fand sich an der Küste kein Material für den Schiffsbau.

Irgendwann hatten die großen Handelsimperien auf den Inseln den Sprung aber doch gewagt. Sie hatten große Kolonien errichtet, Straßen durch die Wüste gebaut und über die ganze Breite zwei Kanäle gegraben. Mittlerweile war man auch dazu übergegangen, Geschichtsschreibung zu betreiben, und so war das östliche Meer bis hinaus zu den kleinen, felsigen Inseln Hinter dem Wind nicht nur recht schnell erkundet worden, wir kannten auch die Namen aller großen Entdecker, die es befahren hatten.

Unsere Reise durch die Geschichte verlief nicht chronologisch, sonst wären wir als nächstes auf die Inseln Unter dem Wind geflogen, aber dort lag unser Trainingslager, und wir hatten den Dämmerstein, den großen Felsen, auf den nach der shulathischen Sage Mutter See die ersten Menschen gesetzt hatte, fast täglich zu Gesicht bekommen. So besuchten wir statt dessen Palath, und zwar vor allem die Ruinenstädte im Zentrum und die blühenden Häfen an den Grenzen des Landes. Palath war wie ein großes, unregelmäßiges Oval geformt und wurde durch eine von Ost nach West führende Gebirgskette und eine nord-südliche Serie von Eskarpen in vier Teile geteilt. In der Mitte befand sich eine bogenförmige Tiefebene mit vielen Seen.

Die historische Entwicklung war in den beiden Teilen unserer Welt sehr unterschiedich verlaufen. Die Shulathier betätigten sich jahrhundertelang als Kaufleute und Entdecker und nebenbei auch als Freibeuter und Eroberer. Der Bund der Seestädte war im Grunde keine Regierung, und sein Allgemeiner Gerichtshof, nicht mehr als ein Gremium von Vertretern aller größeren Handelsstädte, war in erster Linie daran interessiert, die Freibeuterei in Grenzen zu halten, über Hafenstädte, die sich geschäftsschädigend verhielten, Blockaden zu verhängen, und religiöse und philosophische Streitgespräche zu führen. Die Bundesrichter hatten es nie besonders eilig, sondern pflegten sich erst nach ausführlichen Debatten und reiflicher Überlegung zu einer Entscheidung durchzuringen.

Zur gleichen Zeit wurden in Palath große, blühende Reiche in schwindelerregendem Tempo errichtet, zerschlagen, wiederaufgebaut, verloren und zurückerobert. Das Kaisertum brauchte lange, um Fuß zu fassen. Ein volles Jahrtausend tobten die Kämpfe, dann hatte es ganz Palath so fest im Griff, daß kein Widerstand mehr möglich war. Danach faßte man den Beschluß ›endlich die Früchte des Friedens zu ernten‹, wie unser Geschichtsbuch sich ausdrückte.

Man baute Straßen und Tempel, errichtete Denkmäler und Statuen, schleifte die alten, baufälligen Städte und ersetzte sie durch prächtige neue. Unter den ersten neunzehn Kaisern bildete sich eine Regierung heraus, die stark genug war, aus Palath einen funktionierenden Staat zu machen.

Natürlich gab es auch in dieser Zeit noch Unruhen. Die Kaiserliche Garde mußte in regelmäßigen Abständen ausrücken, um Aufstände niederzuschlagen. Viele Palathier sahen offenbar nicht ein, warum sie Steuern bezahlen sollten, wenn die Ernte schlecht ausfiel, oder warum sie mit ihrer Hände Arbeit zum Bau von Tempeln beitragen sollten. Unserem Geschichtsbuch zufolge war das eine ganz natürliche Reaktion.

Mir war die Sache insgeheim nie recht geheuer gewesen. Es fiel mir sehr schwer, die Teile des Buches zu verstehen, die sich mit ›Staatsmacht‹ und ›Herrschertum‹ befaßten. Ich malte mir viel lieber aus, als shulathischer Freibeuter aus alter Zeit auf den Meeren Angst und Schrecken zu verbreiten. (Obwohl mir auch das nicht so ganz logisch erschien – das Geld hatten doch die Hafenstädte, wozu also verbreitete man Angst und Schrecken auf den Meeren?) Ich wollte ja gar nicht bestreiten, daß die Palathier gut daran getan hatten, nachdem sie Shulath erobert und ihm eine Regierung und eine starke Führung gegeben hatten, mit der Freibeuterei aufzuräumen; aber in meinen Träumen sah ich mich trotzdem gern als Pirat. Wahrscheinlich reizte mich nicht zuletzt die Vorstellung, ein richtiger Bösewicht zu sein. Jedes Kind, das normalerweise artig und fleißig ist, spielt wohl hin und wieder mit solchen Gedanken.

Einen vollen Achttag lang schleppte man uns in Palath von einem berühmten Schlachtfeld und von einer Ruine zur anderen, bis wir all die verschiedenen Könige und Republiken irgendwann kaum noch auseinanderhalten konnten. Vor jeder Statue, vor jedem Kriegerdenkmal und vor jeder Ruine wurden statische und bewegte Bilder von Mejox gemacht, jedenfalls kam es Priekahm und mir so vor. Auch Otuz wurde immer wieder von den Bildermachern bedrängt, aber sie runzelte nur die Stirn oder schnitt Grimassen, bis man sie schließlich in Ruhe ließ.

An unserem letzten Tag in Palath fuhren wir nach Kaleps. Die Stadt war inzwischen riesengroß geworden, aber als erstes besuchten wir nicht etwa das Behördenviertel, das prächtige Städtische Museum oder irgendeine der Kunsthallen oder wissenschaftlichen Ausstellungen. Statt dessen wurden alle Bildermacher und Berichterstatter weggescheucht, und die acht Besatzungsmitglieder begaben sich ganz allein in einen kleinen, stillen Park am Meeresufer.

Wenn es irgendwo auf dieser runden Welt einen heiligen Ort gab, dann war es vermutlich dieser kleine Park. Er existierte seit mehr als vierhundert Jahren und hatte in dieser Zeit viele verschiedene Monumente gesehen: Ganz zu Anfang, aber das war lange her, führten palathische Soldaten eine Reihe shulathischer Gefangener in Ketten und mit gesenkten Köpfen zu General Gurix, der den Fuß auf Kapitän Wahkopems Kehle gesetzt hatte. Jetzt standen die beiden Männer einander auf einem gemeinsamen Sockel gegenüber und streckten sich die leeren Hände entgegen. Und darunter konnte man folgende Inschrift lesen:

IM ACHTEN JAHR DER REGIERUNG
DER KAISERIN RUMAZ AUS DER ROUPOX-DYNASTIE
UND IM 28. JAHR DES 92. ALLGEMEINEN GERICHTSHOFS DES
BUNDES DER HAFENSTÄDTE TRAF
KAPITÄN WAHKOPEM ZOMOS
NACH EINER SEEREISE VON SECHS ACHTTAGEN HIER EIN
UND UNTERWARF SICH
DEM GENERAL GURIX ZOWAKOU.
DER MUT UND DIE KÜHNHEIT DIESER BEIDEN MÄNNER
BESCHERTEN DER GANZEN WELT FRIEDEN UND ORDNUNG.

Die Stille war geradezu unheimlich. General Gurix hatte ein noch sehr viel härteres, flacheres Gesicht als Kekox. Er schien nichts zu denken und nichts zu tun, sondern einfach zu warten. Wahkopems Blick wirkte seltsam entrückt, fast als lächle er in sich hinein. So sieht man wohl aus, nachdem man auf See fünfzig Tage lang den leeren Horizont angestarrt hat.

Man ließ uns lange Zeit, das Denkmal schweigend zu betrachten, bevor man einen einzigen Bildermacher und zwei Beamte holte. Dann wurde jeder von uns mehrfach dabei abgelichtet, wie er einen Blumenstrauß und einen Obstkorb vor dem Standbild niederlegte. Und schließlich mußten Mejox und ich auf den Sockel klettern, um uns neben die Statuen stellen, die Hände der beiden Führer ergreifen, zwischen sie treten und uns umarmen und so weiter. Was ich dabei zu suchen hatte, wußte ich nicht. Normalerweise wollten alle immer nur Bilder von Mejox.

An diesem Abend setzte sich Kekox zu uns, um uns in aller Ruhe die wahre Geschichte zu erzählen. Zumindest behauptete er, es sei die Wahrheit, und damals war mein Vertrauen in die vier Erwachsenen noch ungebrochen. Doch zunächst wandte er sich an Mejox und Otuz. »Ich habe mich entschlossen, euch persönlich aufzuklären, damit ihr begreift, daß es sich weder um egalitaristische Propaganda noch um ein shulathisches Lügenmärchen handelt. Nach allem, was wir wissen, ist es so und nicht anders geschehen. Ist das klar?«

Die beiden nickten.

Dann sah er uns beide an und sagte: »Priekahm, Zahmekoses, die Kehrseite der Medaille ist folgende: Den Shulathiern ist vor langer Zeit großes Unrecht widerfahren, und auch heute wird ihnen noch vielfach Unrecht getan, aber das gibt euch weder das Recht, persönlich gekränkt zu sein, noch, euch überlegen zu fühlen. Habt ihr das verstanden?«

Wir bejahten beide.

»Schön, und jetzt eine Frage an euch alle: Seid ihr euch bewußt, daß ihr heute abend, morgen früh und auch in Zukunft noch die gleichen sein werdet wie in diesem Moment? Daß das, was ich euch jetzt erzählen werde, keinen Einfluß auf euer Wesen oder auf unseren Auftrag hat?«

Die Art, wie wir ihn ansahen, beruhigte ihn wohl, denn er fragte nicht weiter, sondern begann mit der Geschichte. Kekox war ein guter Erzähler, und bald lauschten wir ihm so gebannt wie bei seinen Abenteuergeschichten vor dem Schlafengehen.

Wahkopem war schon jahrelang der berühmteste Seefahrer von ganz Shulath gewesen und hatte Dutzende von Inseln entdeckt und kartiert, bis er bei einem vollen Dutzend Banken endlich genügend Geld zusammengekratzt hatte, um sich seinen großen Traum zu erfüllen – eine Reise mit dem Ziel, den alten Streit zwischen Großwelt- und Kleinweltanhängern endgültig beizulegen.

Die eine Gruppe behauptete, man könne aus der Stellung der Sonne und der Bewegung der Schatten auf dem Boden die Größe des Bogens errechnen, den die Welt bei ihrer Drehung um sich selbst beschreibe. Das Ergebnis war eine gigantische Zahl, und daraus leitete man ab, daß es ungeheure Wasserflächen gebe, die die Größe der bekannten Welt um ein Hunderttausendfaches überstiegen, vielleicht auch viele, viele Inselgruppen und Kontinente. Soweit der Standpunkt der Großweltanhänger.

Doch es gab auch Geometer, die die Krümmung der Welt aus der Entfernung der Horizonte zu ermitteln suchten, und sie kamen zu dem Ergebnis, der Rest der Welt könne nicht viel größer sein als Shulath selbst. Das war der Standpunkt der Kleinweltanhänger, und wie sich herausstellte, hatten sie recht – wenn auch nicht ganz. Sie behaupteten nämlich, bis auf Shulath sei der Ozean leer. Falls nämlich auf der anderen Hälfte ebenfalls Menschen lebten, hätten wir einander längst finden müssen.

Heute wissen wir natürlich, daß die Großweltanhänger in Wirklichkeit die Länge von Nisus Umlaufbahn um Sosahy gemessen hatten – aber Sosahy ist von Shulath aus nicht zu sehen, deshalb hatten die shulathischen Astronomen keine Ahnung, daß sie einen Gasriesen umkreisten. Wenn es ihnen gelungen wäre, einen der Pole zu erreichen, wären sie vielleicht dahintergekommen, aber die Gletscher, die hohen Berge und die bittere Kälte bildeten eine unüberwindliche Barriere – außerdem waren die Gletscher so dick und die Luft darüber so dünn, daß man dort nicht atmen konnte.

Der Streit hatte schon jahrhundertelang getobt und wäre womöglich in alle Ewigkeit weitergegangen. Kekox bemühte sich um eine völlig neutrale Darstellung, aber ich wußte, was er dachte: typisch Shulath, über eine solche Frage endlose Debatten zu führen. Mir dagegen ging ein ganz anderer Gedanke durch den Kopf: Typisch Palath, gar nicht zu merken, daß es überhaupt eine Frage gab.

Schließlich hatte Wahkopem das Geld und die erforderlichen Genehmigungen für seine Reise beisammen; es hatte lange gedauert, denn der Allgemeine Gerichtshof von Shulath hatte es nicht eilig und diskutierte jeden Antrag aufs gründlichste durch. Doch endlich konnte die *Sonnensucher* – ein Schiff von geradezu revolutionärer Bauart, das er mit Hilfe der neuen, kurz zuvor von seiner Halbschwester entwickelten Methode der Infinitesimalrechnung selbst entworfen hatte – die Segel setzen und von den Inseln Hinter dem Wind ostwärts ins Ungewisse aufbrechen. Die *Sonnensucher* sollte notfalls imstande sein, die ganze Welt zu umfahren und von der anderen Seite wieder zu den Inseln Unter dem Wind zurückzukehren. Zu diesem Zweck hatte Wahkopem sein Schiff auf größte Schnelligkeit und maximales Fassungsvermögen ausgelegt, aber die Besatzung sehr klein gehalten, um möglichst lange mit den Proviant- und Wasservorräten auszukommen.

Die Kleinweltanhänger hatten immer behauptet, wenn es irgendwo im Ozean noch andere Bewohner gäbe, hätten sie Shulath längst entdeckt oder wären ihrerseits entdeckt worden, denn schließlich wehten die Winde von Westen nach Osten, so daß jedes Schiff früher oder später um die ganze Welt getragen werden müsse. Die Großweltanhänger hielten dagegen, die Entfernungen seien so unvorstellbar groß, daß man vielleicht zweimal so weit segeln könne, wie Shulath breit sei, ohne auf Land zu stoßen, deshalb könnten vierzig Kontinente von der Größe Shulaths im Ozean verstreut sein. Daß noch nie ein nach Osten abgetriebenes Schiff zurückgekehrt war, erklärten sich die Kleinweltanhänger damit, daß keine Besatzung je genügend Proviant gehabt hätte, um so viele Achttage in den Weiten des Ozeans zu überleben und von Osten nach Shulath zurückzukehren; die Großweltanhänger sahen darin den Beweis, daß die Entfernung zu den nächsten Inseln, so vorhanden, einfach zu groß war.

Man verstand zu wenig von Meteorologie, um zu erkennen, daß die Ausläufer der Polarkontinente ein paar Tagereisen westlich von Shulath für unglaublich stürmische See sorgten. Auch konnte sich niemand vorstellen, daß Palath, eine riesige Landmasse mit vereinzelten, vorgelagerten Inseln, keinen Grund sah, sich auf das Meer hinauszuwagen. Deshalb war auch noch niemand auf die Idee gekommen, die ruhigeren Regionen östlich der *Ostinsel* zu erkunden, obwohl das sogar mit den plumpen Küstenfrachtern, die man immerhin schon hatte, durchaus möglich gewesen wäre.

Doch vor allem ahnte niemand, daß innerhalb eines Jahrhunderts etwa ein Dutzend Schiffe bei den Inseln Hinter dem Wind vom Kurs abgekommen und tatsächlich an Palaths Küsten gestrandet waren.

Jedenfalls ahnte das niemand in Shulath. General Gurix, das schwarze Schaf der Familie Zowakou, war einer der unbeliebtesten Adeligen Palaths, aber er hatte zu gute Beziehungen, als daß man ihn so ohne weiteres hätte hinrichten können, und er hatte auf Grund seiner Herkunft Anspruch auf ein Regierungsamt. Die Westregion, in der schließlich der Posten des Statthalters frei wurde, war eine armselige Provinz. Sie hatte noch nie nennenswerte Steuereinnahmen gebracht, und ihre Bevölkerung hatte nicht genügend überschüssige Kraft, um einen Aufstand zu wagen. Dem General blieb also nichts übrig, als sich irgendwie die Zeit zu vertreiben, und so las er oft in alten Dokumenten und durchstöberte das Museum.

Mit der Zeit gelangte er zu der Überzeugung, daß es auch jenseits des Meeres Land geben müsse. Seine Vorgänger hatten fremde Schiffe kurzerhand beschlagnahmt, die überlebenden Besatzungsmitglieder als Sklaven verkauft und alles, was sonst von Interesse war, als Andenken behalten. Jedesmal, wenn wieder ein ›Geisterschiff‹ an Land gespült wurde, hatten sie verkündet, es sei schließlich nicht der erste derartige Fall, und deshalb könne man verfahren wie gehabt. Dann schrieben sie einen Bericht, legten ihn zu den Akten, und die Sache war für sie erledigt.

General Gurix war aus anderem Holz geschnitzt. Er war nicht deshalb so unbeliebt, weil er unfähig gewesen wäre. Vielmehr tat er gern, was er für richtig hielt, sagte offen seine Meinung und behielt damit meistens auch noch recht. Am schlimmsten war freilich, daß er hinterher zu bemerken pflegte: »Ich habe es ja gleich gesagt.«

Nun setzte er seinen ganzen Scharfsinn ein, um zu ergründen, woher diese Schiffe gekommen waren und wie dieses Land wohl beschaffen sein mochte. Einige Fakten hatte er bereits zusammengetragen: Die meisten der Schiffe hatten kaum Waffen an Bord, und den Zeichnungen und den noch erhaltenen Teilen nach zu schließen, waren sie nicht für einen Angriff gebaut. Daraus folgte: Das Volk im Westen war nicht sehr kriegerisch.

Er brauchte sehr lange, um hinter die Funktionsweise der neun Uhren im Statthaltermuseum zu kommen, und noch etwas länger, um sich den Zweck der vier Sextanten zusammenzureimen. Und es dauerte volle zehn Jahre, bis ihm die entscheidende Erleuchtung kam: *Die ältesten Geräte waren den neuesten unterlegen.* Nachdem er das erkannt hatte, studierte er abermals die Zeichnungen und entdeckte auch an den Schiffen selbst Verbesserungen. Dieses unbekannte Volk im Westen hatte schon einhundertundzwanzig Jahre vor seiner Zeit Dinge hergestellt, wie sie Palaths geschickteste Handwerker nicht besser machen konnten, und seither war eine stetige Weiterentwicklung festzustellen. In Palath hatte es dagegen unter den letzten Kaisern kaum noch Veränderungen oder gar Fortschritte gegeben; man war in weiten Kreisen der Ansicht, alles Wichtige sei in der Zeit der Großen Kriege erfunden worden, nun gebe es nichts mehr zu entdecken, was die Mühe lohne. Daraus folgte: Palath geriet gegenüber diesem Volk zusehends ins Hintertreffen.

Nun schrieb Gurix einen langen Brief an die Kaiserin, in dem er wie üblich mit seiner Meinung nicht hinter dem Berg hielt. Irgendwo im Westen lebe ein Volk, das über mehr und bessere Geräte verfüge als irgend jemand in Palath, aber militärisch nicht viel tauge. Wenn man es – je früher, desto besser – aufspüre und sich untertan mache, wäre das ein Gewinn für ganz Palath. Fahre man aber fort, die Dinge schleifen zu lassen, so würde diese Zivilisation jenseits des Meeres Palath irgendwann weit überflügeln und es – kriegerisch oder nicht – ihrerseits eines Tages unterwerfen. Bei den kontinuierlichen Verbesserungen im Schiffsbau sei ein Kontakt unvermeidlich.

Fast ein Jahr verging, dann erhielt der General von einem kleinen Beamten am Hof der Kaiserin ein kurzes Schreiben. Darin wurde ihm lediglich unterstellt, er habe nicht genug zu tun (was richtig

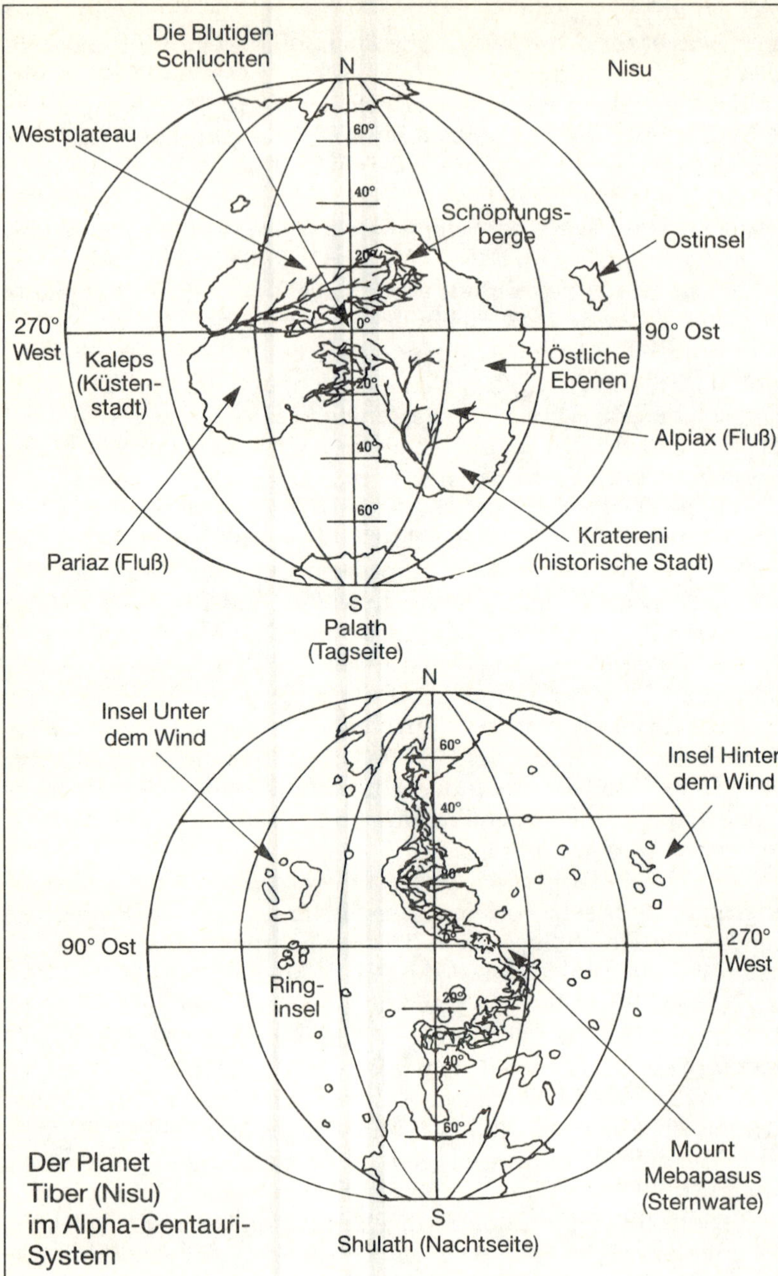
Die Blutigen
Schluchten
N
Nisu
Westplateau
60°
40°
Schöpfungs-
berge
Ostinsel
20°
270°
West
0°
90° Ost
Kaleps
(Küsten-
stadt)
20°
Östliche
Ebenen
Alpiax (Fluß)
40°
60°
Kratereni
(historische Stadt)
Pariaz (Fluß)
S
Palath
(Tagseite)
N
Insel Unter
dem Wind
60°
Insel Hinter
dem Wind
40°
90° Ost
270°
West
Ring-
insel
20°
40°
60°
Mount
Mebapasus
(Sternwarte)
S
Shulath (Nachtseite)
Der Planet
Tiber (Nisu)
im Alpha-Centauri-
System

war), und er habe den Verstand verloren (was nicht den Tatsachen entsprach). Gurix schenkte den Zeilen kaum Beachtung; er hatte endlich zwei Überlebende des letzten Schiffbruchs vor zweiundzwanzig Jahren ausfindig gemacht, die beide als Sklaven verkauft worden waren. Nachdem er sie kurzerhand beschlagnahmt hatte, unterhielt er sich so lange mit ihnen, bis er allmählich anfing, ihre Sprache zu verstehen, und eine gewisse Vorstellung davon bekam, wie dieses Shulath aussehen mußte. Zunächst gab es vieles, was ihn ratlos machte. So sprachen die beiden Sklaven mit unterschiedlichem Akzent – sie stammten nämlich von verschiedenen Inseln; dann kannte dieses Shulath offenbar keine Regierung (es hörte sich an, als würde das Land von Rechtsanwälten geführt); mit dem Begriff ›Astronomie‹ konnte er schon gar nichts anfangen, und daß die ›Finsternis‹ auf der anderen Seite der Welt einen Halbtag dauern sollte, war ihm unbegreiflich. Aber Rätsel aller Art hatten ihn schon immer fasziniert, und er war bereit zu lernen.

Und während er noch lernte, verlegte er sein Hauptquartier nach Kaleps, denn die Stadt hatte den besten Hafen an der ganzen Küste (auch wenn dort nur eine Fischerflotte und ein paar Küstenfrachter lagen). Wenn das nächste Geisterschiff kam, würde es dort landen und nirgendwo sonst. Er gab genaue Anweisungen, wie in diesem Fall zu verfahren sei, und dann wartete er ab.

Vier Jahre später lief die *Sonnensucher*, das beste Schiff der Welt – nach dem schlimmsten Sturm, den die Besatzung je erlebt hatte –, unter dem Kommando von Wahkopem Zomos in den Hafen von Kaleps ein, wurde mit den üblichen Signalen begrüßt und an einen Ankerplatz geleitet. Währenddessen ließ General Gurix seine Leibwache antreten, erteilte ihr entsprechende Instruktionen und rief schließlich die beiden shulathischen Sklaven, damit sie für ihn dolmetschten.

Die meisten Shulathier begriffen erst, wie ihnen geschah, als der Kampf schon vorüber war und Gurix das Schiff in seiner Gewalt hatte. Was nun kam, war Kekox sichtlich peinlich, aber er überwand sich und erzählte uns in aller Offenheit, ohne sich auf Details einzulassen, aber auch ohne zu beschönigen, was Gurix getan hatte. Die Besatzung wurde gefoltert und in die Sklaverei verkauft, Wahkopem Zomos in Ketten gelegt und als Gefangener vor die Kaiserin gebracht.

Gurix' Aufstieg bei Hofe stand nun nichts mehr im Wege. Er hatte nicht nur recht behalten, sondern auch ein Programm entworfen, das Palath – vor allem natürlich seinen hohen und höchsten Adeligen – zu beispiellosem Wohlstand zu verhelfen versprach. Damit hatte er sich die dringend benötigte Popularität verschafft, nun sammelten sich Menschenmassen, wo immer er sich zeigte, und jubelten ihm zu. Das Volk von Palath war für seinen Wankelmut berüchtigt; seit Gurix die Herzen gewonnen hatte, galt seine schroffe, abweisende Art mit einem Mal als vertrauenswürdig, als Beweis für seine Aufrichtigkeit. Binnen eines Jahres hatte er in die Kaiserliche Familie eingeheiratet, und damit war der Bund zwischen Roupox und Zowakou geschlossen. Drei Kaiserinnen und vier Kaiser waren unter seinen Nachkommen – Mejox nicht mitgerechnet.

In einer Hinsicht hatte Gurix die Shulathier heillos überschätzt; er hätte nie für möglich gehalten, daß sie tatsächlich keinerlei Organisation kannten und ihr Rechtswesen von nicht zu überbietender Umständlichkeit war. Er rechnete also mit einer raschen Gegenoffensive und stellte sich auf einen harten Kampf ein. Es gab schließlich eine Menge zu erobern – auf den Karten, die Wahkopem mitgebracht hatte, waren Dutzende von Städten verzeichnet. So traf er umfangreichere Vorbereitungen als nötig, ließ nach dem Vorbild von Wahkopems *Sonnensucher* hundert Kriegsschiffe und tausend Truppentransporter bauen und rüstete sein neues Heer mit einer verbesserten Version der Gewehre aus, die er an Bord des shulathischen Schiffes gefunden hatte.

Mit dieser Riesenflotte fiel er ohne Vorwarnung über die Inseln Unter dem Wind her. In knapp einem Tag war das ganze Archipel in Feindeshand, und kein einziges Schiff war entkommen. Weniger als ein Jahr später hatte Gurix ganz Shulath überrannt. Zum ersten Mal war die ganze Welt unter kaiserlicher Herrschaft vereint. Zwischen den Kontinenten herrschte reger Verkehr, manchmal hatte es den Anschein, als würden sämtliche Schiffe Shulaths nicht ausreichen, um das Beutegut nach Palath zu schaffen: erlesene Kunstwerke, wie man sie bis dahin nie gesehen hatte, herrliche Möbel aus tausend Palästen, Sklaven, ganze Bibliotheken und Massen von Juwelen und Edelmetallen.

Wahkopem Zomos starb vierundzwanzig Jahre später, immer noch in Ketten, in einem Verlies drei Stockwerke unter dem Kaiserlichen Palast. Dem Vernehmen nach hatte er sich nie vor einer Kaiserin oder einem Kaiser verneigt, hatte sich geweigert, den Kaiserlichen Fahneneid zu leisten, und war dem Allgemeinen Gerichtshof, der ihn einst entsandt hatte, treu geblieben bis in den Tod – obwohl der längst einem anderen, von der Kaiserin eingesetzten Allgemeinen Gerichtshof hatte weichen müssen.

»Und deshalb ist unser Schiff nach ihm benannt«, schloß Kekox.

»Er ist der wahre Gründer unserer Weltzivilisation und wird wegen seiner Kühnheit wie auch wegen seiner Standhaftigkeit von beiden Völkern als Held verehrt. Ihr dürft niemals vergessen, daß wir heute keine weltumspannende Zivilisation hätten, wenn er nicht mutig und tüchtig genug gewesen wäre, diese Reise zu wagen, und daß er, als alle anderen sich der neuen Ordnung unterworfen hatten oder zum Schweigen gebracht worden waren, der einzige war, der unbeirrt Gerechtigkeit forderte. Aber bedenkt auch, daß dies alles nur geschehen konnte, weil er nicht wußte, was ihn erwartete. Sosehr wir seinen Mut, seine Treue, seine Tüchtigkeit preisen mögen, wir müssen erkennen, daß niemand vor Überraschungen sicher ist. Vielleicht hätte Kapitän Wahkopems Unternehmen einen glücklicheren Verlauf genommen, wenn er weitblickender und vorsichtiger gewesen wäre, vielleicht wären sich Shulathier und Palathier dann als Gleichgestellte begegnet. Aber das muß nicht sein – als der Allgemeine Gerichtshof besetzt wurde, acht Monate nach der Eroberung der Inseln Unter dem Wind –, tobte dort noch immer der Streit zwischen Großwelt- und Kleinweltanhängern, und niemand hatte es geschafft, die Frage der Verteidigung auch nur vors Plenum zu bringen. Wir werden nie erfahren, was Shulath hätte erreichen können, wenn es vorausschauender gewesen wäre – wir wissen nur eines: Man hatte sich nicht einmal darum bemüht. Wenn wir nun unsere große Reise antreten, müßt ihr euch daher immer wieder fragen: *Was übersehen wir? Wofür sind wir blind? Was halten wir für selbstverständlich, obwohl es da, wo wir hingehen, keine Gültigkeit hat?* Ich will euch auch noch einmal an das Schicksal der Expedition nach Kahrekeif erinnern. Man kann nie genug planen, nie genug Informationen sammeln.

Nur eines möchte ich noch anmerken. Wir sind verantwortlich für euch Kinder und werden es auch noch lange bleiben. Doch in den kommenden Jahren werdet ihr früher oder später direkt in Verbindung zur Heimatbasis treten. Und dann wird mit Sicherheit irgend jemand, sei es ein shulathischer Agitator oder ein palathischer Fanatiker, versuchen, euch gegeneinander auszuspielen. Deshalb liegt es uns allen so sehr am Herzen, euch über das Verhältnis zwischen den Rassen und über die Vergangenheit nicht im unklaren zu lassen. Nun, da ihr die Wahrheit kennt, könnte ein Teil von euch in Versuchung geraten, sich für etwas Besonderes zu halten – oder sich gar gekränkt zu fühlen. Dazu möchte ich euch folgendes sagen… seht euch um in diesem Raum, seht euren Freunden ins Gesicht. *Das* ist euer Volk. Eines Tages richtet sich vielleicht die ganze Welt danach, wie ihr Kinder miteinander umgeht. Soweit ist es leider noch nicht. Aber ihr seid unsere Hoffnung für die Zukunft – nicht nur, was diese Expedition betrifft. Wir können euch nur wünschen, daß ihr bei eurer Rückkehr eine bessere Welt vorfindet – eine Welt, die nicht nur von unseren Erkenntnissen profitiert, sondern sich euch zum Vorbild nimmt. Denkt immer daran, die Augen der Welt ruhen auf euch. Ihr müßt stets die besten Eigenschaften unseres Volkes verkörpern, unseres *ganzen* Volkes.«

3

Da wir am nächsten Morgen nicht so früh aufzustehen brauchten – man gönnte uns ein paar Tage Pause vor dem zweiten Teil unserer Weltreise, der uns durch Shulath führen sollte –, saß ich am Abend noch lange mit Mejox in seinem Zimmer beisammen. Wir hatten deshalb noch nie Ärger bekommen, nicht einmal, wenn einer von uns im Zimmer des anderen eingeschlafen war. Den Erwachsenen lag es wohl vor allem am Herzen, daß wir wirklich Freunde wurden.

Nachdem Poiparesis durch alle Zimmer gegangen war, um uns gute Nacht zu sagen, schlüpfte ich aus dem Bett, öffnete vorsichtig die Tür, huschte geräuschlos in den Korridor hinaus und zog die Tür behutsam hinter mir zu. Gleich darauf empfing mich Mejox in seinem Zimmer.

Kinder, vor allem glückliche Kinder, haben sich immer eine Menge zu erzählen, auch wenn sie nicht allzu viel erleben. Zunächst redeten wir nur über die vielen Paraden, an denen wir schon hatten teilnehmen müssen. Die Zuschauer waren immer die gleichen, weil die Roupox, Mejox' Familie, genügend Macht und Einfluß besaßen, um jederzeit jubelnde Menschenmassen mobilisieren zu können. Außerdem kontrollierten sie etliche große Nachrichtenorganisationen, so daß auch von dieser Seite nur positive Darstellungen über uns verbreitet wurden.

»Es ist doch immer das gleiche«, sagte Mejox. »Die Berichterstatter loben uns nur, weil sie nicht anders können. Nächste Woche schwärmen sie womöglich von einem Sänger, einem Sportler, einem Polizisten mit besonders vielen Verhaftungen oder einem Verkäufer mit einem Umsatzrekord. Wichtig ist immer nur der Jubel, nie das, was man tut.«

»Genau. Ich sehe mir gern die Uniformen an, aber wir müssen ja immer so stocksteif dastehen, daß wir nur die Hälfte mitbekommen.«

Mejox pflichtete mir bei. »Manchmal würde ich mir die Parade auch lieber ansehen, als mitzumarschieren.

In diesem Augenblick wurde leise an die Tür geklopft. »Kommt schon, Jungs, laßt uns rein«, flüsterte Otuz. »Wir wissen doch, daß ihr da seid.«

Bevor ich mich aufrappeln konnte, hatte Mejox schon mit einer schwungvollen Verbeugung die Tür geöffnet. »Nur herein, die Damen. Wir haben soeben beschlossen, in den ›Club der Schlaflosen‹ auch weibliche Mitglieder aufzunehmen.«

»Ha. Wir wollten euch fragen, ob ihr nicht dem ›Verein gegen viel zu frühe Schlafenszeiten‹ beitreten wollt«, sagte Otuz.

Es gab nur einen Stuhl und ein Bett im Zimmer. Den Stuhl belegte Mejox mit Beschlag, mir blieb also nichts anderes übrig, als mich zwischen die beiden Mädchen auf das Bett zu setzen.

»Und«, sagte Mejox, »was verschafft uns die Ehre?«

»Es geht uns wie euch«, sagte Otuz. »Nehme ich jedenfalls an. Wir konnten nicht schlafen. Was Kekox erzählt hat, läßt uns keine Ruhe. Es ist zum Weinen, ich hatte nicht gewußt, was aus Wahkopem geworden ist – komisch, im Geschichtsunterricht wurde er nach Ende seiner Reise einfach nicht mehr erwähnt –, und jetzt bin ich vollkommen durcheinander.«

»Er ist schon lange tot«, beruhigte ich sie.

»Das habe ich ihr auch gesagt«, flüsterte Priekahm. »Ihr beiden habt uns nichts weggenommen. Ihr seid unsere Freunde. Und Zahmekoses und ich hätten niemals diese Chance bekommen …«

Mejox seufzte tief. »Ich habe mir auch so meine Gedanken gemacht«, sagte er. »Das Problem ist, ich bin nun mal ein Roupox. Was General Gurix gestohlen hat – immerhin eine halbe Welt! –, ist heute ein großer Teil meines Erbes – immer vorausgesetzt, ich erbe tatsächlich, was nicht sicher ist. Schließlich muß der Senat meine Familie erst auffordern, einen Kandidaten zu benennen, dann muß die Familie mich auswählen, und dann müssen alle anderen Vettern und Cousinen, die ebenfalls in Frage gekommen wären, ihre Einwilligung geben. Jedenfalls wünschte ich, man würde in mir nicht ständig den künftigen Kaiser sehen, es wäre mir lieber, ich hätte von der Sache nie etwas gehört. Es bringt mich nur auf dumme Gedanken, und dann will ich mich wichtig machen …« So bedrückt hatte ich ihn noch nie erlebt. »Dabei hasse ich mich selbst, wenn ich mich so benehme, glaubt mir, aber immer, wenn ich etwas will … bricht es irgendwie aus mir raus, und dann kann ich nicht anders. Und das wird sicher noch schlimmer, falls ich tatsächlich einmal Kaiser werden sollte …«

Ich beugte mich vor und ergriff seine Hände. »Du bist gar nicht so schlimm, wie du glaubst.«

»Du bist nicht einmal so schlimm, wie *ich* glaube«, versicherte ihm Otuz. »Ich meine, wir selber haben ja eigentlich nichts Böses getan, mir ist nur so vieles wieder eingefallen, was ich irgendwann gesehen oder gehört habe, zum Beispiel, wie manche Leute über Shulathier reden, wenn keine in der Nähe sind ...«

»Kekox aber nicht«, unterbrach Mejox, loyal wie immer.

»Nein, er wohl nicht. Und ich behaupte auch nicht, daß es alle tun. Ich hatte nur bis heute nicht begriffen, wie schrecklich das alles war. Wahrscheinlich habe ich mir nie klargemacht, wie sehr unsere ganze Gesellschaftsordnung auf diesem Großen Sieg aufbaut.«

Ich setzte zum Sprechen an, aber Priekahm, die die ganze Zeit reglos neben mir gesessen hatte, kam mir zuvor. »Wie auch immer«, sagte sie, »wir sind deshalb nicht böse auf euch. Wirklich nicht. Und ihr könntet es nicht wiedergutmachen, selbst wenn ihr das wolltet und wir auch. Aber wir wollen es nicht. Richtig?«

»Richtig«, bestätigte ich.

»Wir werden also tun, was Kekox gesagt hat. Wir werden anders leben als die Erwachsenen bisher. Wir werden auf unsere Art eine neue Gesellschaft aufbauen, eine Gesellschaft, in der alle gleich sind. Insofern sind wir uns einig.«

Es war inzwischen ziemlich dämmrig geworden. Otuz streckte die Hand aus. Priekahm ergriff sie, und ehe ich mich versah, hatte ich meine Hand auf ihre beiden gelegt, und Mejox war meinem Beispiel gefolgt. Nun wußten wir nicht so recht weiter, bis Otuz leise sagte: »Wir geloben, eine neue Welt zu errichten, eine Welt, in der Palathier und Shulathier gleich sind und jeder eine faire Chance bekommt. Wir werden tun, was uns möglich ist, um die Welt zu verbessern.«

Dem schlossen wir uns alle an. Ich schaute im Halbdunkel von einem zum anderen und dachte mir: Du hättest keine besseren Freunde finden können. Dann räusperte ich mich und sagte: »Und wir vier werden immer zusammenstehen, egal, was kommt.«

»Egal, was kommt«, wiederholten alle.

»Wir werden leben, wie wir es für richtig halten, und uns nicht nach irgendwelchen dummen Vorschriften richten, nur weil sie Tradition sind«, sagte Priekahm, und auch damit waren wir alle einverstanden.

Wir hatten eigentlich nicht vorgehabt, an diesem Abend ein Gelübde abzulegen, schon gar nicht jeder ein eigenes. Jetzt tat mir mein Freund plötzlich leid. Was konnte er noch sagen, was für uns alle galt? Die einfachen Dinge hatten wir ihm irgendwie schon weggenommen.

Ich spürte, wie seine Hand zitterte. Dann sagte er: »Wißt ihr, was mir wichtig ist? Ihr habt doch mitbekommen, daß Otuz und ich manchmal ein paar Tage mit anderen Kindern aus dem Hochadel verbringen müssen.«

Priekahm und ich nickten.

Er sah Otuz an. »Bist du nicht jedesmal froh, wenn du wieder hier bist? Oder fühlst du dich ›aristokratisch‹?«

»Wenn du mich so fragst, nein. Ich habe nicht das Gefühl, wirklich zu meiner Familie zu gehören, und natürlich bin ich immer froh, wieder bei euch zu sein. Bisher dachte ich, das liegt daran, daß ich nur so selten mit meinen Verwandten zusammenkomme. Sie haben offenbar nicht so oft Sehnsucht nach mir wie die Roupox nach dir, Mejox. Ich dachte, daß ich deshalb nicht viel für sie empfinde – aber wenn ich dich so reden höre, ist es wohl weniger die Schuld meiner Familie. Es ist einfach so, daß ich mich bei euch geborgen fühle. Ihr seid meine Familie, ihr alle.«

»Genau das meinte ich«, sagte Mejox, »und jetzt ist mir auch ein Gelübde eingefallen, dem ihr sicher eure Zustimmung geben könnt. Von nun an soll unsere Gruppe immer an erster Stelle stehen; die Gruppe ist unsere Familie, unser Zuhause, sie ist alles für uns. Es gibt nichts, was wichtiger wäre, nicht einmal, ob jemand Kaiser wird oder nicht. Ob Palathier oder Shulathier, wir sind vor allem Freunde. Die Gruppe soll uns Heimat und Familie sein, jetzt und immerdar, was auch geschieht.«

»Jetzt und immerdar, was auch geschieht«, wiederholte ich und drückte seine Hand. Auch Otuz und Priekahm sprachen die Worte leise nach, dann verharrten wir noch eine Weile stumm in dieser Stellung, wie um den Bann nicht zu brechen. Sosahys klares, helles Licht fiel durch das Fenster – sie war fast voll, denn es ging auf Mitternacht. Der ganze Himmel schien zu leuchten; nur Zoiroy war im tiefen Blau als glitzernder Punkt zu erkennen. Irgendwann standen wir alle auf, traten ans Fenster und schauten hinaus.

Ich stand zwischen Priekahm und Mejox, Otuz war nur einen Schritt entfernt. Ich dachte: *Das sind meine Freunde. Jetzt habe ich wirklich eine Familie.* Und dann stellte ich mir vor, wie wir bis nach Setepos reisen und wieder zurückkommen, wie wir Kinder aufziehen und zusammen alt werden würden. Und nichts würde je zwischen uns treten. Nichts.

In Shulath war alles ganz anders. Die geographischen und historischen Unterschiede fielen weniger ins Gewicht – die Monumente zum Andenken an irgendwelche Schlachten, ›Erstbesiedlungen‹, ›unbekannte Kolonisten‹ und so weiter sahen alle mehr oder weniger gleich aus.

Ganz anders waren jedoch die Volksmengen, denen wir vorgeführt wurden. Palathier rissen die Augen weit auf, riefen Oh und Ah und spendeten frenetischen Beifall, wenn Otuz oder Mejox ein paar Sätze sagten. Palathier taten sich viel darauf zugute, zur Einigkeit im Denken und Handeln fähig zu sein; für sie war dies eine vernünftige Einstellung. Shulathier schienen dagegen eine angeborene Abneigung gegen jede Form von Einigkeit zu haben.

Wo immer wir in Shulath auftauchten, gab es Proteste, von Egalitaristen, von religiösen Organisationen und oft auch von weltanschaulichen Gruppierungen, deren Position ohnehin niemand verstand. Im allgemeinen wurde so lange herumkrakeelt, bis die Kaiserliche Garde gemessenen Schrittes vorrückte, dann wurden einige Rädelsführer verhaftet, und die anderen verstummten.

Wir standen wie immer ruhig da, nickten, wenn es angebracht war, und beschränkten uns darauf, die Fragen zu beantworten, die unsere Lehrer für uns wiederholten. Wir wurden nämlich von allen Seiten mit Fragen und Kommentaren bestürmt, aber wenn wir darauf eingegangen wären, hätte das womöglich politische Auswirkungen gehabt, die wir nicht übersehen konnten, am Ende hätten wir noch ein Gerichtsverfahren heraufbeschworen. Ich weiß noch, wie Kekox einmal beim Einsteigen ins Flugzeug vor sich hinbrummte, es sei doch unglaublich, wie viele Leute es darauf anlegten, die Kinder zu einer falschen Äußerung zu provozieren. Worauf Poiparesis antwortete: »Vergiß nicht, hier leben nur siebenundzwanzig Prozent der Bevölkerung, aber achtundneunzig Prozent aller Rechtsanwälte.«

Die letzten drei Tage in Shulath brachten Abwechslung in das tägliche Einerlei. Wir hatten endlich alles besichtigt, was irgendwie mit der Entdeckung und Besiedlung des Kontinents und mit dem Großen Sieg in Zusammenhang stand; jetzt flogen wir zum Mebapasus, einem hohen Berg nahe dem Äquator, um dort das Observatorium zu besuchen. In einem riesigen, klimatisierten Gebäude waren die Computer und die Steuerung für das Radioteleskop untergebracht. Hier arbeiteten Hunderte von Astronomen. Die meisten beobachteten jene Himmelskörper, die der *Eindringling* aus ihrer Bahn gedrängt hatte; wir dagegen sollten von einer ganz speziellen Gruppe empfangen werden – ein Treffen, auf das wir uns alle freuten.

Zunächst legten wir Druckanzüge und Sauerstoffmasken an und stiegen über die lange Steintreppe hinauf zur Alten Sternwarte, einem vor 220 Jahren errichteten Bauwerk mit einer mächtigen Beobachtungskuppel. Ein altmodisches Fernrohr stand blitzblank und stumm auf seinem Sockel, überwölbt von einer Sauerstoffglocke, die es den Astronomen gestattete, ohne Maske zu arbeiten. Das Fernrohr war längst nicht mehr in Gebrauch, aber sein Messinggehäuse wurde stets sorgsam poliert, und die Lager waren so einwandfrei geschmiert, daß man es jederzeit wieder in Betrieb hätte nehmen können. Wir drängten uns unter der Sauerstoffglocke zusammen. »Hier hat alles begonnen«, sagte Poiparesis. »An dieser Stelle, vor diesem Okular. Geplant hatte man die Sternwarte schon Jahrhunderte zuvor, zur Zeit der Erfindung des Fernrohrs. Schon damals war nämlich jedem klar, daß man hoch oben, über den dichteren Luftschichten, sehr viel weiter sehen konnte. Bis man allerdings tatsächlich ans Bauen ging, verging noch eine Ewigkeit – erst gab es viele wissenschaftliche Probleme, dann konnte man sich nicht einigen, wer wieviel beisteuern sollte, und natürlich machte auch die Technik laufend Fortschritte, und jede neue Errungenschaft warf die gesamte Planung für die Sternwarte über den Haufen.

Doch irgendwann war es soweit. Obwohl man den Packtieren, die das Material heraufschleppten, Sauerstoffmasken anlegen mußte, wurde die Sternwarte gebaut. Anfangs wurde der erforderliche Sauerstoff hier oben noch mit Elektrolyseanlagen erzeugt – man zog mit Seilen Eis herauf, taute es auf und zerlegte das Wasser mit elektrischem Strom in seine Bestandteile. Die Energie dafür lieferte die große Windmühle, die ihr da unten sehen könnt.«

Neben mir stöhnte Mejox vor Ungeduld. »Aber das wissen wir doch alles längst.«

Poiparesis lachte. »Sicher. Ich bin nur selbst immer wieder erstaunt, wie man sich ohne ordentliche Flugzeuge und leistungsfähige Motoren an ein solches Projekt wagen konnte. Aber viel wichtiger ist natürlich etwas anderes: Vor fast genau hundert Jahren verkündeten drei Astronomen – ein Palathier und zwei Shulathier –, sie hätten einen Himmelsvagabunden entdeckt, der geradewegs auf uns zukomme. Er sei so groß wie Sosahy und würde Zoiroy ihren Berechnungen nach nur knapp verfehlen.«

Ich hörte nur mit halbem Ohr zu, denn auch diese Geschichte kannte ich schon aus unseren Lehrbüchern. Statt dessen suchte ich mir vorzustellen, was für eine Stimmung damals hier geherrscht haben mochte. Die Sternwarte hatte kurz vor der Schließung gestanden; das alte Fernrohr war einfach nicht stark genug für spektakuläre Entdeckungen. Nachdem man in den hundert Jahren seit dem Bau Zoiroy, seinen Planeten Sahmahkouy und die Monde Poumox, Toupox und Kahrekeif gründlich studiert hatte, gab es in der näheren Umgebung kaum noch etwas von Interesse. Zweimal hatte man große Kometen beobachtet, und natürlich hatte man festgestellt, daß es viele Doppelgestirne wie das unsere gab, und daß Kousapex, unser Nachbarstern, fast ein Zwilling unserer Sonne war. Damals hielt man es allerdings noch für ausgeschlossen, daß dort Leben möglich wäre. Den meisten Theorien zufolge hatten Einzelsterne niemals große Planeten, auf denen sich Leben entwickeln konnte. Aber das war alles noch in den ersten Jahrzehnten gewesen. Seither hatte sich zunehmend die Überzeugung durchgesetzt, bei der geringen Ausbeute seien die immensen Kosten für den Unterhalt einer Sternwarte oberhalb von fünfundneunzig Prozent der Atmosphäre die reine Geldverschwendung. Der Allgemeine Gerichtshof wurde mit einer Flut von Anträgen überschüttet, die verlangten, die dafür aufgewandten Mittel anderen Zwecken zuzuführen.

In der entscheidenden Nacht standen dann drei Astronomen in ihren plumpen, schweren, altmodischen Druckanzügen unter der Sauerstoffglocke, wo der Druck gerade so hoch war, daß sie den reinen Sauerstoff ohne Maske einatmen konnten. Die drei untersuchten den breiten Gürtel weit außerhalb unseres Doppelgestirns auf Kometoiden, Eiskugeln, die eines Tages in unser Sonnensystem stürzen und zu Kometen werden könnten. Bis dahin hatten sie nur zwei gefunden. Im Allgemeinen Gerichtshof lästerte man bereits, ›zwei Schneebälle in den ungeheuren Weiten des Raumes‹ seien doch etwas dürftig. Einer der Astronomen hatte in sein Tagebuch geschrieben, zwei weitere Erfolge dieser Art würden das Schicksal der Sternwarte auf dem Mebapasus endgültig besiegeln.

Ich hatte mich schon oft gefragt, wie oft sie ihre Ergebnisse wohl verifiziert hatten, bevor sie Meldung machten. Die Geschichtsbücher gaben darüber keine Auskunft. Schon als sie das Fernrohr zum ersten Mal auf den entsprechenden Himmelsabschnitt richteten, mußten die Vergleichsaufnahmen für sich gesprochen haben; also wie oft hatten sie sich vergewissert, bevor sie den Mut aufbrachten, mit ihrer Entdeckung an die Öffentlichkeit zu treten? Hatten sie sich abgesprochen, wie man die Meldung am besten formulierte, wie man seine Behauptung möglichst bescheiden vortrug, ohne andererseits Gefahr zu laufen, daß sie unbeachtet blieb?

Sie hatten sicher gewußt, daß sie einen Sturm der Entrüstung auslösen würden, wie oft sie auch kontrollierten, wie vorsichtig sie sich auch ausdrückten. Und so kam es auch. Drei Jahre lang tobten die Debatten im Allgemeinen Gerichtshof. Erst als der herannahende Himmelskörper bereits mit bloßem Auge zu erkennen war, stellte man den drei Astronomen auf kaiserlichen Befehl die Mittel zum Bau einer zweiten Sternwarte auf dem Gipfel zur Verfügung, damit sie das Verhalten des ›*Eindringlings*‹, wie er inzwischen genannt wurde, genauer erforschen könnten.

Und wieder kam es zu Verzögerungen. Es gab damals noch keine Flugzeuge, mit denen man den Gipfel des Berges hätte anfliegen können, also mußte man zuerst eine elektrische Einschienenbahn bauen, aber auch die dafür erforderlichen starken Generatoren und Motoren mußten erst noch konstruiert werden. Als die zweite Sternwarte endlich fertig war, hatte man nur noch knapp ein halbes Jahr Zeit bis zum Rendezvous des *Eindringlings* mit Zoiroy.

Schon mit ihrer Entdeckung hatten die Astronomen die ganze Welt in Aufregung versetzt, doch der Aufruhr brach erst richtig los, als sie nun ihre Schlüsse zogen: Der *Eindringling* würde im Verlauf seiner Interaktion mit Zoiroy zweimal dicht an die Sonne herangetragen werden, jedesmal an Energie verlieren und schließlich auf einer festen Bahn um das Doppelgestirn enden. Außerdem würde er auf dem Weg zum Aphelion auf Minimaldistanz an Sosahy – und damit auch an unsere Welt – herankommen.

Wie gesagt, der Aufruhr war groß, aber inzwischen waren viele andere Astronomen und Sternwarten zu den gleichen Ergebnissen gekommen. Zunächst dachte man noch, man habe nur ein spektakuläres Himmelsschauspiel zu erwarten, dann vermutete man, der *Eindringling* würde in die Sonne stürzen, und für kurze Zeit hegte man sogar die Befürchtung, er könnte mit Sosahy kollidieren.

Nichts von alledem traf ein.

Als der *Eindringling* das Perihel erreichte, geschah etwas, womit niemand gerechnet hatte. Die mathematische Begründung dafür wurde erst Jahre später nachgeliefert, als wir schon mitten im Wiederaufbau waren. Je näher ein Körper einer großen Masse wie der Sonne kommt, desto stärker werden die Gezeitenkräfte – und desto größer wird die Differenz der Kräfte, die unterschiedlich auf die Bereiche seines Körpers einwirken. Im Perihel war der *Eindringling* gewaltigen, sehr unterschiedlich wirkenden Kräften ausgesetzt. Außerdem war er in interstellarer Kälte und Finsternis entstanden, also bei niedrigen Temperaturen und ohne größere Zentripetalkräfte, die ihn verdichtet hätten. Er hatte also keinen Metallkern wie etwa Sosahy, sondern bestand aus vielen einzelnen Stein- und Nickeleisenbrocken, die nur sehr lose von Wasser- und Ammoniakeis zusammengehalten wurden. Sobald die äußeren Schichten abzublättern begannen, stand der Auflösung nichts mehr im Wege.

Der *Eindringling* zerfiel in eine große Wolke aus Milliarden von Teilen verschiedenster Größe. Und obwohl das dichte Zentrum unsere Welt weit verfehlte, richtete auch der Rand noch genug Schaden an. Ein Hagel von Fragmenten – die dicksten Brocken groß wie Berge, die meisten mit mehr oder weniger großen Felsblöcken zu vergleichen – ging auf uns und auf Sosahy nieder. Die Geschichtsbücher sprachen vom Ersten Trümmerregen.

Der Erste Trümmerregen war eine Katastrophe gewesen. Jeder achte Mensch auf unserer Welt kam dabei ums Leben, und Shulath wurde völlig zerstört. Den Zweiten Trümmerregen würde Nisu nicht überstehen. In etwa einhundertundvierzig Jahren würde nichts mehr von uns übrig sein – es sei denn, einige von uns schafften es irgendwie, sich an einen sicheren Ort zu retten.

Als wir nun wie einst jene Astronomen in unseren Druckanzügen in der Alten Sternwarte unter der Sauerstoffglocke standen, fragte ich mich unwillkürlich, ob die Wissenschaftler, die in jener Schicksalsnacht hier heraufgestiegen waren, nicht wenigstens leise geahnt hatten, daß sie das Ende der Welt sehen würden. Ich hatte für ein Referat alles über diese Männer nachgelesen und mir auch die alten Bewegungsbilder von ihnen angesehen – körnig und verblaßt wie sie waren –, aber von derartigen Befürchtungen stand nirgendwo ein Wort. Vielleicht waren sie ja tatsächlich völlig arglos gewesen, obwohl ich mir das kaum vorstellen konnte.

In den kommenden drei Tagen wollte man uns all die Krater zeigen, die der Erste Trümmerregen in unsere Welt gerissen hatte. Zwar hatte Sosahy mit seiner größeren Fläche und seiner sehr viel größeren Anziehungskraft die meisten Treffer abbekommen – innerhalb weniger Stunden hatten palathische Astronomen fünftausend gewaltige Explosionen auf dem Gasriesen registriert – aber für Nisu waren noch genug übriggeblieben, und nahezu alle waren auf seiner Rückseite und damit auf Shulath niedergegangen. Der Kontinent hatte mehr als hundert große Einschläge aufzuweisen, manche hatten Trichter in der Größe von Atollen hinterlassen.

Eine zweite Eroberung hätte Shulath nicht schlimmer verwüsten können. Neunzehn bewohnte Inseln verschwanden völlig von der Bildfläche, teils wurden sie direkt getroffen, teils wurden sie ein Opfer der Vulkanausbrüche, die auf manche Einschläge folgten, teils wurden sie von riesigen Flutwellen hinweggefegt. Nicht weniger als hundert Inseln blieben zwar (zumindest teilweise) über Wasser, aber die gesamte Bevölkerung kam ums Leben. Sieben neue Inseln – einschließlich der riesigen *Ringinsel* südlich der Inseln Unter dem Wind – waren durch Einschläge neu entstanden.

Dabei hatte der Erste Trümmerregen Nisu nur gestreift. Der größte Teil des *Eindringlings* war noch vorhanden und bewegte sich, aufgebläht zu einer riesigen Wolke aus Steinen, Staub, Eisklumpen und verschiedenen anderen Stoffen, um die Sonne. Mittlerweile hatten wir die Umlaufbahn exakt berechnet: Sie dauerte 108 Jahre.

Der Zweite Trümmerregen würde ein Volltreffer werden. Die Positionen der Sonne, Sosahys und unserer Welt auf ihren Bahnen würden sich so addieren, daß das dichte Zentrum des *Eindringlings* genau über uns hinwegzog. Unsere Welt würde schätzungsweise die siebenhundertfache Treffermenge abbekommen wie beim ersten Mal – sieben- bis achttausend Einschläge. Mindestens zwanzig davon würden noch schlimmer ausfallen als der, durch den die *Ringinsel* entstanden war. Außerdem hatte der Gasriese, den wir umkreisten, etwa 40 000 Treffer zu erwarten. Die würden soviel Masse aus Sosahy herausreißen, daß womöglich neue Ringe und Monde entstanden, und auch davon könnten früher oder später einige mit unserer Welt kollidieren.

Selbst wenn es auch nur die leiseste Hoffnung gegeben hätte, daß Nisu den katastrophalen Zweiten Trümmerregen überlebte, der *Eindringling* würde weiter zuschlagen: Alle 216 Jahre, noch mindestens fünftausend Jahre lang. Das war das Todesurteil für unsere Zivilisation; die Eiswolken, die gewaltigen Vulkanausbrüche, die die Atmosphäre vergifteten und die tausend anderen möglichen Folgen konnte auf Dauer nicht einmal Palath überleben.

Der Erste Trümmerregen hatte den größten gesellschaftlichen Umbruch seit Wahkopems Reise ausgelöst. Millionen von Palathiern hatten freiwillig an der Großen Rettung und anschließend am Großen Wiederaufbau mitgearbeitet und sich über Jahre hinweg redlich bemüht, von Shulath zu retten, was noch zu retten war. Man könnte sagen, Shulath hatte der Katastrophe nicht nur die Abschaffung der Sklaverei, sondern auch seine Selbstverwaltung und die Einführung eines Minimums an Gleichberechtigung zu verdanken. Weiterhin hatte der dringende Wunsch, das Geschehen zu begreifen und etwas dagegen zu unternehmen, zu einer neuen Blüte der Naturwissenschaften geführt, die es uns wiederum ermöglichte, in verhältnismäßig kurzer Zeit den Sprung von primitiven Flugmaschinen, ersten, einfachen Elektronenrechnern, Funkgeräten und elektrischen Einschienenbahnen zur interstellaren Raumfahrt und zur Energiegewinnung aus Antimaterie zu schaffen.

Ein Geschehen von ungeheurer Tragweite also, und dennoch mußte es neben der Zukunft verblassen. Der Erste Trümmerregen war nicht mehr gewesen als eine kleine Warnung, um uns sozusagen aus dem Schlaf zu rütteln. Der *Eindringling* hatte ganze Länder im Meer versenkt, neue Inselketten aufgefaltet, riesige Vulkane entstehen lassen, die noch hundert Jahre später brüllend Feuer spuckten, Städte in Trümmer gelegt und Küstenstriche kahlgefegt – und doch hatte er noch gar nicht richtig zugeschlagen, sondern uns nur mit dem Finger angetippt.

Freilich war es Nisus Zukunft, nicht die meine. Ich würde den Zweiten Trümmerregen nicht erleben. Und deshalb interessierte mich viel mehr, was uns am Nachmittag des gleichen Tages im Filmraum des Mebapasus-Observatoriums erwartete – die ersten Großaufnahmen einer Sonde nämlich, die ganz dicht an Setepos, der neuen Welt, zu der wir bald aufbrechen sollten, vorbeigeflogen war.

Ich weiß nicht, ob die Erwachsenen auch so empfanden, ob sie nur sahen, daß wir uns langweilten, oder ob das Programm ohnehin so ablaufen sollte. Nachdem wir jedenfalls alle eine Weile um das alte Fernrohr herumgestanden und von einem Fuß auf den anderen getreten waren, durften wir die vielen Stufen wieder hinuntersteigen, im Hauptgebäude die Druckanzüge ausziehen und uns hinsetzen, um auf die Vorführung zu warten.

Die Wissenschaftler brauchten eine Ewigkeit, bis sie zur Sache kamen. Zunächst erzählten sie uns ausführlich, wie sie die Sonde auf die erforderliche Geschwindigkeit gebracht hätten, wie schlecht die Qualität einiger Aufnahmen sei und so weiter – während wir doch nur Bilder von unserem Reiseziel sehen wollten. Ich rutschte ständig auf meinem Stuhl hin und her, gab mir aber immerhin noch Mühe, mich ordentlich zu benehmen, Mejox dagegen sah dazu keinerlei Anlaß und hüpfte vor Aufregung richtiggehend auf und ab.

Die Erwachsenen machten keine Anstalten, uns zu bändigen, was eigentlich nur bedeuten konnte, daß sie genauso ungeduldig waren wie wir.

Endlich meinten die Astronomen, sie seien möglicherweise soweit, löschten das Licht und rückten mit den Bildern heraus. Die ersten waren uns bereits vertraut, sie stammten von den schnellen Langstreckensonden, die das System vor wenigen Jahren durchflogen hatten, und lieferten die grundlegenden Informationen: acht Planeten, ein Doppel-Kometoid und ein Asteroidengürtel umkreisten eine einzelne Sonne. Bei zwei Planeten, dem dritten und dem vierten von der Sonne aus gesehen, bestand eine gewisse Aussicht, daß man dort überleben konnte. Der dritte, den man Setepos getauft hatte, war Kousapex um ein Fünftel näher als wir unserer eigenen Sonne, bekam aber, da diese Sonne kühler war, um vierzehn Prozent weniger Licht als Shulath bzw. um zwei Prozent weniger als Palath.

Setepos hatte bei einer etwas geringeren Oberflächenschwerkraft sehr viel mehr Festland als wir. Die Sensoren zur Bestimmung der Atmosphäre hatten Wasserdampf festgestellt, Temperaturen, die von den unseren nicht allzu verschieden waren, ähnliche Luftdruckverhältnisse und – was das wichtigste war – freien Stickstoff und Sauerstoff. »Bei diesen Temperaturen müßten sich Stickstoff und Sauerstoff in Gegenwart von Wasser normalerweise mit allen möglichen anderen Stoffen im Gestein und in der Erde verbinden und rasch aus der Atmosphäre entweichen ...« Der Dozent hätte sich seine Ausführungen sparen können, wir hatten das alles schon oft genug gehört. Otuz war drauf und dran, ihm das auch mitzuteilen, aber Osepok legte ihr gerade noch rechtzeitig die Hand auf die Schulter, und so konnte der Mann ungehindert fortfahren:

»... das läßt nur einen Schluß zu: Irgend etwas setzt unentwegt neuen Sauerstoff und Stickstoff frei, und dieses Etwas sind mit ziemlicher Sicherheit Lebewesen. Es ist eine lebende Welt, und sie hat zumindest eine gewisse Ähnlichkeit mit der unseren.

Dagegen weist der vierte Planet eine zumeist sehr dünne Kohlendioxidatmosphäre auf und hat wenig Wasser; in mancher Hinsicht erinnert er an Kahrekeif, nur daß dort natürlich nichts passiert, was ihn immer wieder auftauen würde. Einige von uns würden vielleicht auch auf dieser Welt überleben und wären, falls sie die erforderlichen Anlagen zur Verarbeitung der vorhandenen Rohstoffe mitnehmen könnten, sogar imstande, über mehrere Generationen so etwas wie eine Zivilisation aufzubauen. Ein solcher Plan wäre freilich ebenso aus der Verzweiflung geboren wie etwa die exzentrische Idee, sich auf Fragmenten des zerschellten *Eindringlings* anzusiedeln und eine reine Weltraumzivilisation zu errichten. Darf ich meinem verehrten Kollegen, der zu derart gewagten Spekulationen ...«

»Nun machen Sie aber mal halblang«, rief ein großer, hagerer, schon etwas älterer Shulathier, der in der vordersten Reihe saß. »Ich gebe doch nur folgendes zu bedenken: Wenn wir schon Stützpunkte im Weltraum errichten müssen, warum dann nicht dort, wo es kostenlose Solarenergie und Bodenschätze im Überfluß gibt? Niemand behauptet, daß das Leben im All dem auf einem Planeten vorzuziehen sei, und ich hoffe aufrichtig, der dritte Planet möge sich als geeignet herausstellen. Sollten wir allerdings zu der

Erkenntnis gelangen, daß dem nicht so ist, dann könnten wir uns genauso gut auf den Fels- und Eisenbrocken im Orbit unserer Welt ansiedeln, anstatt uns mit großem Aufwand auf einer Planetenoberfläche niederzulassen, wo uns Sandstürme, Winde und Hagelschauer das Leben schwermachen. Wenn man schon die Luft zum Atmen selbst erzeugen muß, wo liegen dann noch die Vorteile eines Planeten?«

Drei weitere Shulathier wollten sich sofort in die Debatte einschalten, aber da wurde Osepok energisch: »Ihr wissenschaftlicher Eifer in allen Ehren, meine Herren, aber ich habe hier vier Kinder, die Ihnen ohnehin schon sehr lange geduldig zuhören. Wir interessieren uns nur für den dritten Planeten. Ist er – soweit Sie bisher sagen können – als Lebensraum geeignet oder nicht?«

Alle bis auf den Vortragenden machten betretene Gesichter und nahmen wieder Platz. Der warf einen strengen Blick in die Runde, dann sagte er: »Na schön ... der Kinder wegen ... könnten wir ja einen Teil der Erkenntnisse über den vierten Planeten zunächst beiseite lassen, so übermäßig einladend ist er nun wirklich nicht. Und die Werte für den dritten Planeten sehen tatsächlich recht verheißungsvoll aus. Wir haben insgesamt einhundert optische Aufnahmen, eine Radarkarte des gesamten Planeten bis auf die Polarregionen und eine große Anzahl von Meßwerten einschließlich der Ergebnisse von zwanzig Mikroaufschlagsonden. Doch darüber wird Professor Verkisus berichten.«

Verkisus war natürlich Shulathier, eine auffallend elegante Erscheinung. Er strich sich bedächtig die Flaumbüschel unter den spitzen Ohren glatt, rieb sich die lange Nase und meinte schließlich: »Vielleicht sollte ich meinen Vortrag besser in Form einer Führung gestalten, anstatt auf sämtliche Feinheiten der Theorie und der Beweisführung einzugehen?«

»Das wäre sehr viel besser«, erklärte Kekox entschieden.

»Nicht nur für die Kinder, sondern auch für uns Erwachsene«, fügte Soikenn hinzu. »Wir sind schließlich diejenigen, die unser Leben auf diesem Planeten beenden werden. Was ich über den Druckgradienten und die Viskosität der Atmosphäre wissen muß, kann ich mir aneignen, wenn es wichtig ist. Jetzt möchte ich etwas über den Ort hören, an dem ich meine letzten Jahre verbringen soll.«

Verkisus strahlte. »Am liebsten würde ich meine Vorlesungen immer auf diese Weise halten«, sagte er. »Es gibt doch nichts Schöneres als eine gute Geschichte. Zieht eure Stühle ganz nahe an die Leinwand heran, dann kann ich euch alles in der Reihenfolge zeigen, wie es in meiner Geschichte vorkommt.«

Und dann schlug er uns bis zum Abendessen in seinen Bann. Professor Verkisus war der geborene Geschichtenerzähler, und als er so richtig warm geworden war, vermittelte er uns das Gefühl, selbst auf der winzigen Sonde zu stehen, die vor erst viereinhalb Jahren (so lange hatte das Funksignal gebraucht, um zu uns zurückzukommen) durch das ferne Sonnensystem gerast war.

Seither konnte kein Zweifel mehr daran bestehen, daß es auf Setepos Leben gab, obwohl die Sonde so schnell zwischen dem Planeten und seinem Mond hindurchgeschossen war, daß sie die gesamte Mondbahnebene in weniger als einem Tag durchquerte. Sie hatte ihre fünfzig Jahre dauernde Reise nämlich nur unternommen, um sich nach einem Achttag Annäherung und einem Achttag Abflug einen – einen einzigen – Tag lang in unmittelbarer Nähe von Setepos aufzuhalten.

Doch das war ein Tag voller Wunder.

Uns kam die neue Welt doch sehr viel anders vor als die unsere. Nisu hatte knapp ein Fünftel trockenes Land – davon lag fast die Hälfte unter dem Polareis –, während Setepos zu einem vollen Drittel aus Festland bestand. Auf den ersten Blick schien es noch viel mehr zu sein, weil so viele Meeresflächen mit Eis bedeckt waren. Wir waren alle ein wenig erschrocken über diese Eismengen, doch Verkisus beeilte sich, uns zu versichern, um den Äquator herum gebe es reichlich Land mit angenehm warmem Klima. »Vieles weist darauf hin, daß der Planet einen sehr langen Zyklus von Eis- und Warmzeiten hat – mehr als 30 000 Jahre – und im Moment geht offenbar gerade eine Eiszeit ihrem Ende entgegen. Der Südpol hat viel Ähnlichkeit mit einem unserer Polarkontinente, nur wäre die Luft dort wegen des geringeren Druckgradienten atembar – wenn auch immer noch entsetzlich kalt. Und während wir mehrere Vulkane haben, die fast bis ins All reichen, gibt es auf Setepos keinen Berg, der auch nur über die Troposphäre hinausragt. Die Schwerkraft beträgt acht Neuntel der unseren, und der Planet ist fast ein Drittel größer als Nisu, aber der überwiegende Teil ist mit Wasser bedeckt – die Meeresfläche ist demnach fast genauso groß wie die gesamte Oberfläche unserer Welt. Trotzdem bleibt noch fast das Dreifache unserer Landfläche übrig. Diese hakenförmige Landmasse ist etwa so groß wie Palath – und wie ihr seht, ist sie sehr viel kleiner als die große Landmasse nordöstlich davon. Wir haben den Kontinenten vorläufige Namen gegeben, aber das soll euch nicht davon abhalten, euch mit der Zeit eigene Bezeichnungen auszudenken. Den riesigen, der fast die ganze nördliche Hemisphäre bedeckt, nennen wir einfach den *Großen*. Südlich davon – die beiden sind sich so nahe, daß sie sich unterhalb dieser großen, unregelmäßig geformten Halbinsel fast berühren, befindet sich der *Haken*, so genannt wegen der großen Ausbuchtungen, die ihm das Aussehen eines Hakens verleihen. Westlich davon, jenseits des schmalen Ozeans, findet ihr das *Dreieck*. Für den Kontinent nördlich davon wollte uns lange nichts einfallen, doch irgendwann hat jemand behauptet, er fühle sich durch die vielen Halbinseln, Landzungen und so weiter an ein plattgedrücktes Insekt erinnerte – ihr wißt schon, mit Beinen auf allen Seiten – und so haben wir ihn die *Wanze* genannt. Und schließlich gibt es südöstlich des *Großen* noch diese flache Landmasse. Sie liegt als einzige, den Pol ausgenommen, ausschließlich auf der südlichen Hemisphäre, und deshalb heißt sie bei uns *Südland*. Aber wie gesagt, ihr könnt sie jederzeit umtaufen.«

Nachdem er uns so die Grundzüge der Geographie nahegebracht hatte, rückte er mit den zehn wichtigsten Bildern heraus. Die winzige Sonde war selbst nicht schwerer als ein erwachsener Mensch, aber ihr Fusionsantrieb hatte für den Flug nach Setepos das Hundertfache ihres Gewichts an Treibstoff gebraucht. Ein wenig hatte sie mit dem Verfahren der Magnetbremsung, das auch unser Schiff anwenden würde, in der Anflugphase ihre Geschwindigkeit verringert, aber nachdem sie unbedingt so rechtzeitig eintreffen sollte, daß wir vor dem Start wenigstens einen ersten Eindruck von dem Planeten bekamen, war sie immer noch unglaublich schnell gewesen.

Als sie an Setepos vorbeiraste, hatte sie an langen Kabeln Hunderte von Optiksensoren ausgefahren. Jede Kamera schoß zwanzig Bilder pro Sekunde und hielt außerdem ihren Winkel und ihre Position im Verhältnis zur Sonde genauestens fest. Außerdem waren zwanzig Mikrosonden auf den Planeten zugejagt und hatten so lange Aufnahmen gemacht, bis sie in den oberen Atmosphäreschichten verglühten. Anschließend waren die so gewonnenen Daten mit verschiedenen Programmen bearbeitet und in möglichst viele, möglichst exakte Bilder umgesetzt worden.

Und es hatte sich gelohnt. Die Bilder brannten sich ins Gedächtnis ein. Eine Herde aus Millionen von Tieren, die über die Ebenen der *Wanze* streifte. Ein Waldgebiet auf dem *Großen*, so groß wie ganz Palath. Mindestens zwanzig Inseln, die größer waren als alles, was unsere Welt zu bieten hatte. Dafür hatte Setepos keine so hohen Berge wie wir. Auch schien es, verglichen mit unserer Welt, nur sehr wenige Vulkane zu geben, und wo sich die unseren auf der Shulath-Seite in langen Ketten über den Ozean zogen, ballten sie sich dort meist am Rand der riesigen Kontinente zusammen. »Außerdem führt ein Gürtel von ›Heißen Stellen‹ mitten durch die Ozeane«, sagte Verkisus. »Rätsel über Rätsel, wohin man auch schaut. Aber dreiundzwanzig Jahre sind eine lange Zeit, und auch die Sonden, die jetzt starten, werden lange vor euch dort ankommen. Bis ihr landet, sind viele der Rätsel sicher bereits gelöst – was nach den Gesetzen der Wissenschaft freilich nur bedeutet, daß ihr euch mit *neuen* Rätseln herumzuschlagen haben werdet.«

Auf einer Mikrosondenaufnahme waren riesige Meerestiere zu sehen, die mit dem Rücken über Wasser in den warmen Fluten vor der Küste des *Hakens* schwammen; eine Infrarotaufnahme zeigte einen exotischen Wald, überaus feucht und sehr dicht, wie man ihn auf unserer Welt nicht kannte. Er schien auf dem *Dreieck*, dem *Haken* und im südlichen Teil des *Großen* vorzukommen – also auf allen Landmassen in Äquatornähe. Auf dem *Haken* gab es eine riesige Wüste, trockener als der Osten von Palath. Sämtliche Landmassen waren von tiefen Schluchten und von langen, vielfach gewundenen Gebirgsketten durchzogen, die ganz anders aussahen als die quaderförmigen Massive von Shulath oder die nahezu parallel verlaufenden Höhenzüge von Palath. »Es gibt sogar schon eine Theorie«, sagte Verkisus. »Wenn man sich zum Beispiel ansieht, wie gut das *Dreieck* in den *Haken* paßt, könnte man annehmen, daß die Landmassen sehr langsam über die Oberfläche driften. In unserem System findet sich eine ähnliche Erscheinung auf Toupox; vielleicht ist Setepos nur ein extremerer Fall.«

Setepos war eine unglaublich abwechslungsreiche Welt – große Eisfelder, warme Meere, weite Wüsten, riesige Wälder und Ebenen, gewaltige Flüsse, viele, wenn auch niedrige Berge –, und alles strotzte vor Leben.

Ich weiß nicht, wie es den anderen erging, ich war jedenfalls so aufgewühlt, daß ich die ganze Nacht kein Auge zutat. Ich lag in meinem Bett und stellte mir die vielen, langen Flüsse vor – es gab mehr als hundert, die länger waren als unser Alpiax – versetzte mich im Geist unter die hohen Bäume dieser heißen, feuchten Wälder oder rief mir die langen, trägen Wellen in Erinnerung, die sich über die Ozeane wälzten.

Verkisus hatte uns auch erzählt, daß der ferne Mond am dortigen Himmel für Unterschiede zwischen Ebbe und Flut sorgte, die mindestens sechsmal so groß waren, wie wir sie kannten. »Wenn es dort Seeleute gäbe«, sagte er, »müßten sie sehr genau auf die Gezeiten achten. Seht euch nur die Bilder dieser Flußmündungen an, diese weiten Regionen von besonders sattem Grün; das kommt vermutlich daher, daß die großen Flüsse vor dem Eintritt ins Meer große Mengen an abgetragenen Böden ablagern, die durch die Gezeiten immer wieder überflutet und damit fruchtbar gemacht werden. Dort muß es von Leben geradezu wimmeln.«

Die Wendung ›wimmelndes Leben‹ ging mir nicht mehr aus dem Kopf. Als ich mir noch einmal vor Augen führte, wie riesengroß diese Welt war, um wieviel vielfältiger als die unsere, gaukelte mir meine Phantasie plötzlich die fremdartigsten Wälder und Felder vor und bevölkerte sie mit Hunderten von exotischen Tierarten.

Als die Sonne aufging, war ich sehr müde, aber die Begeisterung strahlte mir wohl immer noch aus den Augen. Bis zu dieser Nacht war mir Setepos sehr fern gewesen, ein Ort, an dem ich sein würde, ›wenn ich einmal groß war‹, ähnlich wie Mejox' Kaiserpalast, ein Sitz im Allgemeinen Gerichtshof oder was sich ein Kind sonst so erträumt. Aber jetzt – obwohl der Start noch fünfzehn Achttage, ein volles Vierteljahr, entfernt war, obwohl ich bis zur Landung längst erwachsen sein würde – konnte ich es kaum noch erwarten, diese neue Welt zu sehen.

Soikenn bemerkte meine Erregung und fragte, ob ich Fieber hätte. Ich stammelte eine Erklärung daher, die ihre Besorgnis noch verschärfte, doch dann sagte Kekox: »Mir ist es genauso ergangen, damals, vor Kahrekeif.« Und dabei sah er sehr traurig aus.

In späteren Jahren, nachdem alles ganz anders gekommen war, sollte ich mich immer wieder fragen, ob mich denn nichts gewarnt hatte. Doch die Antwort war jedesmal die gleiche. Keine böse Ahnung hatte meine Vorfreude getrübt.

4

Wir Kinder waren bereits viermal gemeinsam im All gewesen, die Schwerelosigkeit war uns also nicht fremd. Auch auf der *Wahkopem Zomos* waren wir nicht zum ersten Mal – erst vor wenigen Monaten hatten wir an einem drei Achttage dauernden Probeflug teilgenommen, bei dem das Schiff in einem weiten, elliptischen Orbit Sosahy umkreiste, um die Reaktivtriebwerke zu testen. Wir kannten uns also aus auf dem Schiff und hatten bereits eine Vorstellung vom Leben an Bord.

Wir hatten allerdings nicht gewußt, daß wir uns am Tag des Starts aus der Umlaufbahn um Nisu genügend *langweilen* würden, um im Großen Speisesaal herumzusitzen und uns über die unmöglichsten Dinge zu streiten.

»Ich möchte hinten hinausschauen«, sagte Mejox entschieden. »Am Anfang sind die Verbrennungsgase das einzig Sehenswerte, und danach die Abtrennung der ersten Stufe …«

»Ich will auch nach hinten«, sagte Priekahm. »Ist das nicht der beste Platz, um einen letzten Blick auf unsere Heimat zu werfen?«

»Es sind keine Erwachsenen in der Nähe, du brauchst also nicht das Dummchen zu spielen«, nörgelte Otuz. In letzter Zeit war sie ständig gereizt. »Wem willst du denn hier schöne Augen machen?«

Priekahm zuckte zusammen, doch dann sagte sie leise: »Otuz, ich weiß natürlich, daß Nisu bis zum sechsten Tag nach dem Start als Scheibe zu sehen ist, und daß wir Sosahy noch mehr als ein Jahr mit bloßem Auge erkennen können und so weiter. Das meine ich nicht. Aber es ist doch das letzte Mal, bevor wir alt sind, daß Nisu den ganzen Himmel erfüllt, daß es mehr ist als nur ein helles Licht im Dunkel. Und davon möchte ich mich verabschieden.«

Bevor Otuz sie noch einmal anfauchen konnte, trat ich dazwischen, um Frieden zu stiften. »Mit den Umlaufbahnen ist das so eine Sache. Daß wir von Nisu wegfliegen, bedeutet noch lange nicht, daß es die ganze oder auch nur die meiste Zeit hinter uns zurückbleibt. Wir werden uns in weiten Schlingen bewegen und können Nisu deshalb immer wieder von einer anderen Schiffsseite sehen. Außerdem wird das Schiff nach der Absprengung der Trägerrakete in Drehung versetzt, damit wir Schwerkraft bekommen. Wenn Nisu also nicht genau vor oder hinter uns ist, siehst du es nur kurz am Bullauge vorüberflitzen.«

Priekahm schenkte mir ihr breites, strahlendes Lächeln, und mir wurde wieder einmal klar, wie sie die Erwachsenen so mühelos um den kleinen Finger wickelte. »Danke, Zahmekoses. Genau das wollte ich wissen.«

»Entschuldige, Priekahm«, murmelte Otuz und seufzte. »Was ich eben sagte, war nicht sehr nett. Ich habe nur meine schlechte Laune an dir ausgelassen. Wahrscheinlich sind wir alle nervös. Was ist eigentlich los? Hat man uns nicht immer prophezeit, wenn wir erst an Bord wären, hätten wir ›alle Hände voll zu tun‹?«

Wir schwebten im sogenannten Speisesaal herum, jenem Bereich des Außendecks, der für gemeinsame Mahlzeiten, zu Unterrichtszwecken und als Treffpunkt für die Freizeit vorgesehen war – wenn das Schiff erst rotierte und wir Schwerkraft hatten. Es war ein ziemlich großer Raum, sechs Körperlängen lang, breit und hoch, aber zu den inneren wie zu den äußeren Decks hin offen. Die Zugänge zu den Innendecks waren über Wendeltreppen zu erreichen, dadurch war die Decke doppelt so hoch wie normal. Vermutlich hatten die Konstrukteure verhindern wollen, daß wir Platzangst bekamen.

Unten standen Stühle auf dem Fußboden, doch solange noch keine Schwerkraft herrschte, hatte es wenig Sinn, sich hinzusetzen. Was hätten wir am Boden auch anfangen sollen? Lieber schwebten wir dicht beieinander in Höhe der Eingänge zu den Innendecks. Dort konnten wir wenigstens in die Korridore hineinsehen, wenn auch nur bis zur ersten Biegung.

An sich hätten wir bereits gestartet sein müssen, aber zuvor mußte noch alles, was unter den fünf höchsten palathischen Adelsfamilien Rang und Namen hatte, unter den Augen der Öffentlichkeit ein letztes Grußwort an die Besatzung richten, wobei die wichtigsten Persönlichkeiten als letzte an die Reihe kamen und ihre Bedeutung wie üblich noch damit unterstrichen, daß sie sich verspäteten. Viele Shulathier nützten wiederum die Gelegenheit, um beim Allgemeinen Gerichtshof noch rasch Widerspruch einzulegen und irgendwelche Gesetzesvorlagen und Petitionen einzureichen. Nur ein Teil der Antragsteller hatte sich zum Ziel gesetzt, den Start der *Wahkopem Zomos* völlig zu verhindern, den meisten ging es lediglich darum, ihn bis zum nächsten Startfenster in zweiunddreißig Achttagen zu verschieben, damit irgend jemand dem offiziellen Missionsprogramm noch einen ungemein wichtigen Satz hinzufügen konnte. Und bei mindestens der Hälfte der Eingaben bestand gar nicht die Absicht, sie durchzubringen, sie sollten nur die eine oder andere Wählergruppe beeindrucken.

Und wir saßen unterdessen auf dem Schiff herum und mußten

tatenlos zusehen, wie die Zeit für unser Startfenster ablief. Im Konferenzraum verhandelten Kekox und Soikenn mit der Bodenkontrolle, um einen politisch und juristisch unbedenklichen Augenblick für unseren Start zu finden. Im Cockpit und im Observatorium sorgten Kapitän Osepok bzw. Poiparesis dafür, daß die Computer mit den aktuellen Daten gefüttert wurden und alles in Startbereitschaft war, damit wir bei erster Gelegenheit sofort die Triebwerke zünden konnten. Nichts von dem, was da unten geschah, konnte an unserer Mission irgend etwas ändern, außerdem würden wir noch viele Jahre lang in ständigem Funkkontakt mit der Heimat stehen. Aber jeder wollte noch mit einer letzten Botschaft oder einem Antrag im Zusammenhang mit dem Start der *Wahkopem Zomos* in die Geschichtsbücher eingehen.

»Trotzdem sind wir noch besser dran als die Erwachsenen«, sagte Mejox. »Sie müssen gleichzeitig das Schiff fliegen, auf dumme Fragen und Anweisungen von unten antworten und miteinander diskutieren. Für uns bleibt da nicht viel Zeit.«

Wir hatten nirgendwo Zutritt, wo etwas Interessantes passierte, denn wir ›könnten‹ ja Lärm oder irgendwelchen Unfug machen oder uns womöglich gar vor irgendeinem Aufzeichnungsgerät ungebührlich benehmen. (Als ob wir nicht schon seit Jahren ständig von Aufzeichnungsgeräten verfolgt würden!) Also hatte man uns in den Speisesaal verbannt, wo garantiert nichts los war, und da sollten wir uns beschäftigen, obwohl wir eigentlich nichts zu tun hatten. Man sehnte sich geradezu nach Hausaufgaben.

»An welches Fenster möchtest *du* denn eigentlich, Zahmekoses?« fragte Otuz. »Du bist der einzige, der bisher keine Meinung geäußert hat.«

»Das liegt daran, daß ich eigentlich keine Meinung habe«, sagte ich. »Ich habe mich noch nicht entschieden. Wahrscheinlich werde ich einfach das nächstbeste Bullauge nehmen. Ich bin da nicht heikel.«

»Ich weiß«, sagte Otuz, schwebte zu mir herüber und kraulte mir sanft den Rücken. Das tat sie oft, wenn ich zärtliche Gefühle in ihr geweckt hatte. »Zahmekoses, du würdest immer allen anderen den Vortritt lassen, auch wenn es zum Abendessen drei Schalen mit Eintopf und eine mit Steinen gäbe.«

»Zahmekoses ist eben unser allerbester Freund!« protestierte Mejox.

»Sicher«, sagte Otuz und kraulte weiter unten, wo es besonders angenehm war. »Trotzdem hätte er am Ende die Schale mit den Steinen.«

»Kann schon sein«, sagte ich. Wahrscheinlich gab ich ihr nur recht, damit sie nicht zu kraulen aufhörte. »Aber in diesem Fall ist es mir wirklich egal. Ich kann mir nicht vorstellen, daß man sich an irgendeinem der Fenster langweilt.«

Eine Klingel schrillte, dann ertönte Kekox' Stimme: »Kinder, seid ihr alle im Großen Speisesaal?«

»Jawohl«, antworteten wir im Chor.

»Gut. Es sieht so aus, als wollten uns die klugen Leute da unten endlich weglassen. Kapitän Osepok sagte mir soeben, die Zündung steht unmittelbar bevor. Jeder sucht sich ein Beschleunigungsnetz, schnallt sich fest und rührt sich nicht mehr von der Stelle. Wer noch etwas trinken oder die Toilette benützen will, tut das *jetzt sofort*. Abmarsch.«

Wieder sagten wir alle »Jawohl«, dann schaltete sich das Interkom ab.

»Hinteres Studierzimmer, Außendeck?« fragte Mejox.

»Klar«, antwortete Priekahm, und die große, schlanke Shulathierin und der gedrungene Palathier schossen nebeneinander durch die Tür in den Korridor.

»Hattest du dir schon ein Bullauge ausgesucht?« fragte ich Otuz. »Ich hatte mich nämlich wirklich noch nicht entschieden.«

»Gehen wir in den Computerraum.«

Ich lachte. »Der zweite Raum, von dem aus man einen guten Blick nach hinten hat. Du hast Mejox also nur widersprochen, um ihn zu ärgern?«

»Kennst du einen besseren Grund, Mejox zu widersprechen? Außerdem hat er ja Priekahm, wenn er jemanden braucht, der ihm recht gibt. Komm jetzt, wir schnallen uns an – ich möchte nicht schon beim Start gegen ein Schott geschmettert werden.«

Die anderen waren nach rechts verschwunden, über das Außendeck, wir hielten uns links und nahmen den Weg über das Innendeck.

Zwar hatte auch jede unserer Schlafkabinen ein Bullauge, aber das war nur sehr klein, außerdem verstand es sich von selbst, daß wir den Start – der schließlich den wichtigsten Abschnitt unseres Lebens einleitete – gemeinsam mit unseren Freunden erleben wollten.

Otuz und ich schwebten durch das Innendeck in den schmalen Korridor, der zum Computerraum führte. Dort gab es alles, was wir momentan brauchten: Beschleunigungsnetze und ein großes Bullauge nach hinten.

Die *Wahkopem Zomos* bestand aus einem kurzen Zylinder, der breiter als lang war und etwa die Höhe eines vierstöckigen Gebäudes hatte, und einem breiten Ring, der den Fuß des Zylinders umschloß und etwa ein Viertel von dessen Höhe erreichte. In diesem Ring lebten wir – um seine Achse würde sich das ganze Schiff drehen, sobald wir unterwegs waren. Dann würde seine Außenseite zum Außendeck mit normaler Schwerkraft werden, während an der Innenseite, dem Innendeck, etwa vier Fünftel nisuanischer Schwerkraft herrschten, was ungefähr den Bedingungen auf Setepos entsprach.

So groß das Schiff von außen auch wirkte, die Räumlichkeiten waren doch sehr beengt. Der Zylinder war mit der Schiffsfarm, der Segelkammer, dem Antriebssystem und dem Hangar für die Landefähren belegt. Lebenserhaltungssysteme, Wiederaufbereitungsanlagen, verschiedene Vorratsräume und so weiter nahmen mehr als die Hälfte des Rings ein. Wir bewohnten also nur den äußersten Teil, ein Doppeldeck, das so niedrig war, daß Poiparesis kaum aufrecht darin stehen konnte. Und davon ging noch ein großer Teil für das Cockpit und das Biolabor ab, Räume also, die man nicht zweckentfremden konnte, obwohl sie die meiste Zeit nicht genutzt werden würden. Obwohl das Schiff also wahrhaft riesig war, konnte ich schon damals, als Kind, mit ausgestreckten Armen die jeweils gegenüberliegenden Wände meiner Kabine berühren.

Im Innern des Zylinders befanden sich der Generator, die Reaktivtriebwerke, das Wiederaufbereitungssystem, die Schiffsfarm und, zwei plumpe, schwarze Klötze, die beiden Landefähren *Gurix* und *Rumaz*. Sie würden erst in knapp vierundzwanzig Jahren zum Einsatz kommen, waren aber doch eine ständige Mahnung an den Zweck unserer Reise. Hinter ihnen, im vorderen Drittel waren das Segel, die Bremsschleife und die Fangleinen sowie die Winschen zum Aufspannen und Einholen untergebracht.

Otuz und ich kletterten in das Beschleunigungsnetz, kontrollierten uns gegenseitig, ob wir auch gut festgeschnallt waren, und richteten uns auf eine längere Wartezeit ein. Wahrscheinlich würde der Start noch ein- bis zweimal verschoben werden.

Beschleunigungsnetze gab es fast überall auf dem Schiff. Die leichten, oben geschlossenen Hängematten aus starken Gurten, die die Last gut verteilten, waren mit einer drehbaren Manschette an einer Stange befestigt, so daß sie bei Beschleunigung frei schwingen konnten. Man hatte sie eingebaut, als sich bei den ersten Kursberechnungen herausstellte, daß unterwegs mehrfach schnelle Korrekturmanöver erforderlich sein würden – bei voller Fahrt mit einem Drittel Lichtgeschwindigkeit konnte schon ein auftreffendes Sandkorn katastrophale Folgen haben, wäre aber andererseits selbst mit Radar erst Minuten vor dem Aufprall zu entdecken. Wir mußten also die Möglichkeit haben, uns rasch irgendwo festzuschnallen, wenn der Kollisionsalarm ertönte.

Für uns Kinder bedeutete das, daß wir für die erste Startphase zwischen vielen Zufluchtsorten wählen konnten.

Wir hatten uns mit dem Gesicht nach unten in die Netze gelegt. Da der Schub von hinten kam, würden die Hängematten nach vorne schwingen, und dann sah man durch die Maschen auf dem Netzboden genau aufs hintere Bullauge. So schwebten wir nun nebeneinander, blinzelten durch die Löcher und warteten auf den ersten Feuerstoß aus der großen Rakete.

»Du wärst übrigens nicht gegen das Schott geschmettert worden«, sagte ich zu Otuz. »So hoch ist die Beschleunigung nun auch wieder nicht. Man will nur vermeiden, daß wir uns den Fuß verstauchen oder von herumfliegenden Sachen getroffen werden, die irgend jemand nicht richtig verstaut hat. Bis auf die letzte halbe Stunde geht es über eine Schwerkrafteinheit nicht hinaus. Wir sitzen schließlich nicht in einer richtigen Rakete.«

Otuz nickte. »Ich weiß. Ich hatte übertrieben, Zahmekoses, reine Effekthascherei. Du nimmst immer alles gleich ernst.«

»Das ist nun einmal meine Art.«

Das hatte wohl ziemlich abweisend geklungen, denn sie griff durch die Maschen und nahm meine Hand. »Ich mag dich so, wie du bist. Nicht wahr, dir macht der Unterricht Spaß, du lernst gerne?«

»Ja, genau wie du.«

»Mejox und Priekahm dagegen ...« Sie zögerte.

»Ich weiß, den beiden wäre es am liebsten, wenn sie nie wieder ein Buch in die Hand zu nehmen bräuchten. Keine Sorge, ich sehe durchaus, was um mich herum vorgeht; aber ich bin mir auch bewußt, wie schwierig meine Position ist, und wie sehr ich mich in acht nehmen muß, deshalb halte ich meistens den Mund«, erklärte ich.

»Ich finde das nicht fair«, sagte Otuz. »Nur weil ich Prinzessin bin, kann ich über alle anderen reden, wie ich will. Aber du mußt dich vor Mejox in acht nehmen, weil er ein Roupox ist, darfst nur mit Priekahm zusammensein, weil sie außer dir die einzige Shulathierin ist, und ...«

»So schlimm ist es nun wirklich nicht«, unterbrach ich sie. »Immerhin könnte ich ja auch noch im Waisenhaus sitzen und hoffen, mich eines Tages für eine Stelle als Mechaniker oder Zahnarzt zu qualifizieren. Außerdem mag ich euch alle wirklich gut leiden, deshalb fällt es mir nicht schwer, höflich zu sein und mir zu überlegen, was ich sage. Zerbrich dir meinethalben nicht weiter den Kopf.«

»Fair ist es trotzdem nicht«, beharrte sie.

»Zündung steht unmittelbar bevor«, ertönte Osepoks Stimme aus dem Interkom.

Wir wandten uns dem großen Bullauge zu. Am Heck des Schiffs war mit einer langen, dünnen Stange eine komplizierte Konstruktion aus Tanks und Verstrebungen befestigt, ein Drittel so breit und fünfmal so lang wie das Schiff: die Startrakete. Sie nahm fast die ganze Fensterfläche ein und glänzte im grellen Licht da draußen wie Silber. Ein, zwei Atemzüge lang geschah gar nichts. Dann entstand hinter der Rakete ein Lichtschein und breitete sich immer weiter aus, bis er das Bullauge füllte.

Zu hören war natürlich nichts, es gab ja keine Luft, die den Schall übertragen hätte. So sah man nur dieses violett-weiße Glühen. Wir sanken tiefer in die Maschen, die Hängematten schwangen herum, so daß wir mit dem Gesicht zum Bullauge schauten, das Schiff begann zu beschleunigen. Wir spürten, wie wir mit jedem Augenblick schwerer wurden, wie sich der Druck der Gurte verstärkte.

Gewöhnliche Raumschiffe mußten von Nisus Oberfläche aus starten und die Schwerkraft aus der Ruhelage überwinden. Die dazu erforderliche Beschleunigung von etwa anderthalb Schwerkrafteinheiten wurde auf dem Weg zum Orbit mehrfach bis zu einem Zweiunddreißigsteltag lang auf drei Einheiten gesteigert. Die *Wahkopem Zomos* befand sich jedoch bereits im Orbit um Nisu, und Nisu befand sich im Orbit um Sosahy; so konnten wir uns mit einem geringeren Schub begnügen, der über einen Dritteltag gehalten wurde.

Zunächst gewann die *Wahkopem Zomos* plus der Startrakete mit ihren Tanks und Streben *plus* der ungeheuren Treibstoffmenge, die dreizehn Mal soviel wog wie das Schiff selbst, nur sehr langsam an Fahrt. Aber da mit jedem Moment mehr Treibstoff verbrannt wurde, ohne daß die Leistung der Triebwerke zurückgegangen wäre, nahm die Beschleunigung zu, und unsere Gesichter wurden immer fester in die Netzmaschen gepreßt.

Der Lichtschein, der durch das Bullauge drang, war glühendes Wasserstoffplasma, das man so stark erhitzt hatte, daß es in seine Elektronen und Protonen zerfallen war und nun in dünnen Teilchenschwaden durchs All schoß. Der Flüssigwasserstoff machte den Löwenanteil des Gewichts der Startrakete aus. Für den Rest war die Konstruktion aus Trägern, Tanks und Röhren verantwortlich, die ihn beisammenhielt. Das Kernstück des Antriebs umfaßte nur einen verschwindend geringen Bruchteil der Gesamtmasse und befand sich in einem kleinen Behälter, den jeder von uns mit einer Hand hätte tragen können: die Antimaterie. Wenn man Flüssigwasserstoff bei einer Temperatur knapp über dem absoluten Nullpunkt mit einem Millionstel seines Gewichts an Antimaterie

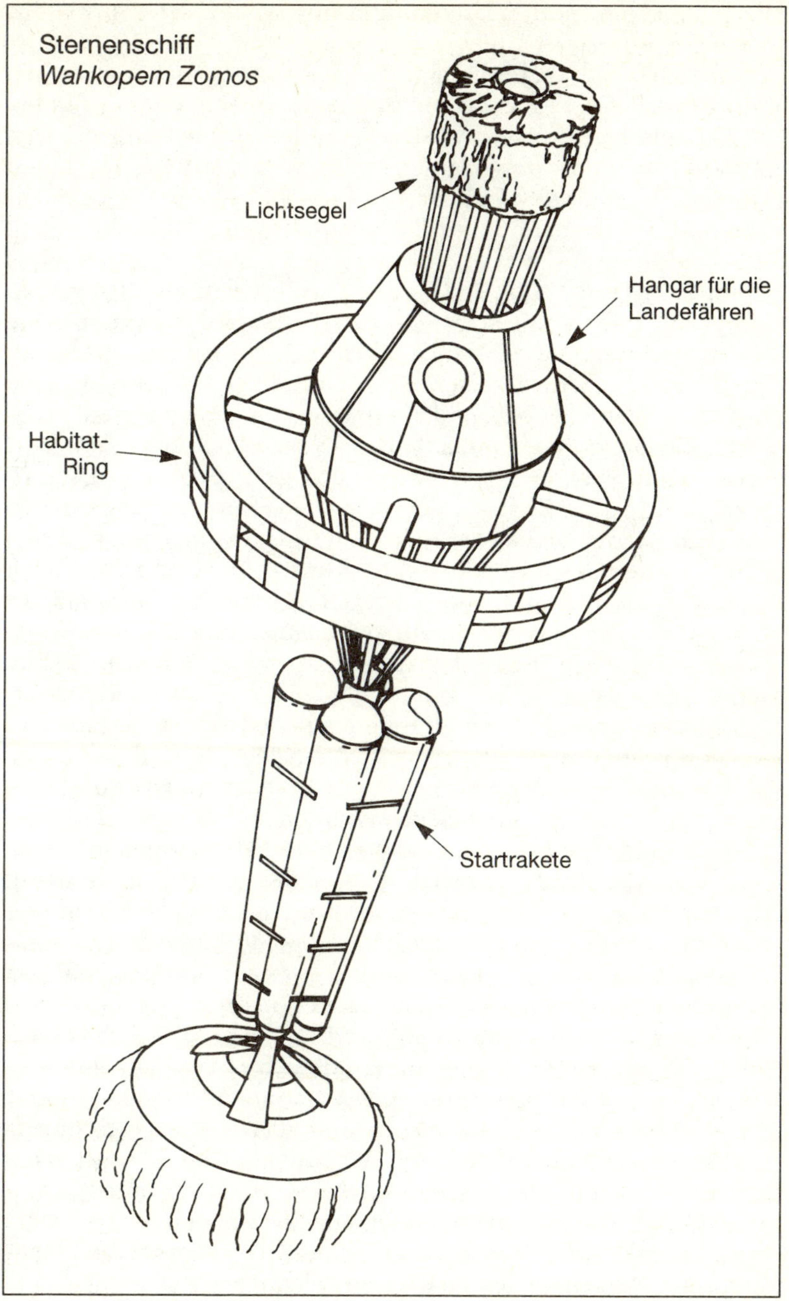
Sternenschiff
Wahkopem Zomos
Lichtsegel
Hangar für die
Landefähren
Habitat-
Ring
Startrakete

mischte, bekam man Wasserstoffplasma, das heißer war als das Innere der Sonne.

Hätten wir uns das Schauspiel von draußen direkt angesehen anstatt durch das abgedunkelte Bullauge, so wären wir erblindet. Die nisuanische Bevölkerung war davor gewarnt worden, unseren Start aus dem Orbit ohne Augenschutz zu beobachten. Für kurze Zeit war der Himmel so hell, daß die Nachttiere in ihren Bau flüchteten und die Pflanzen ihre Blätter entfalteten, weil sie glaubten, die Sonne ginge auf.

Lange hingen wir so in den Gurten, die Beschleunigung nahm zu und machte uns ständig schwerer. Das Plasmaglühen umtanzte die Rakete in flimmernden, bunten Farbwellen – ein faszinierender Anblick vor der Schwärze des Alls. Gelegentlich funkelte ein Stern durch das Lichtergewoge, und hin und wieder kamen wir auf unserer ständig länger werdenden Bahn an Nisu oder Sosahy vorbei.

Das Lichterspektakel wechselte ständig, ohne jemals zu erlöschen. Es war, als säße man mit einem alten Freund am Lagerfeuer. Man schaut lange in die Flammen, und irgendwann entspinnt sich ein ernsthaftes Gespräch. So erging es auch Otuz und mir. »Vielen Dank, daß du mich mitgenommen hast«, sagte ich. »Ich finde es schön, dieses Erlebnis mit jemandem teilen zu können.«

»Ich wollte eben nicht, daß du allein und verlassen in deiner Kabine sitzt«, sagte sie. Sie hielt immer noch meine Hand. Ihr kräftiger Arm war mit dichtem, braunem Fell bedeckt, der meine war lang und schmal und hatte nur einen weichen, lohgelben Flaum. »Mejox und Priekahm sind seit zwei Achttagen ein Herz und eine Seele, während du mir ein bißchen verloren vorkommst. Ich meine, seit du angefangen hast, dich auf die Hinterbeine zu stellen ...«

Ich war überrascht. »Davon habe ich ja gar nichts gemerkt. Beziehungsweise, habe ich das denn früher nicht getan?« In diesem Moment wallte eine rosafarbene Kaskade durch den Plasmaausstoß, und wir beobachteten stumm, wie sie in Stücke zerriß und sich mit kleinen dunkelblauen Blitzen verflüchtigte.

»Wirklich nicht?« fragte Otuz. »Ist dir nicht aufgefallen, wie du dich verändert hast? Für Priekahm und mich war es ganz deutlich. Vor ein paar Achttagen, kurz vor der Shulath-Etappe unserer großen Nisu-Reise, hast du mit einem Mal aufgehört, dich immer zurückzuhalten und Mejox den Vortritt zu lassen. Seither bestimmst du für uns alle das Tempo. Deine Angst vor ihm war wie weggeblasen. Er war davon wohl nicht sehr angetan – er verträgt es nicht gut, wenn jemand anderer Meinung ist als er oder ihn bloßstellt. Das soll nicht heißen, daß er nicht loyal wäre, und er möchte auch bestimmt nicht gehässig sein, aber er kann es nun einmal nicht ertragen, der Zweite zu sein. Und dich hat das plötzlich nicht mehr gestört, du hast ihn einfach schmollen lassen. Ich fand das großartig.«

»Mir war es völlig entgangen«, sagte ich. »Vielleicht ist mein Selbstvertrauen gewachsen. Glaubst du, er ist immer noch sauer auf mich? Immerhin ist er mein Freund, und ich will nicht, daß irgend etwas zwischen uns steht.«

»Wenn er wirklich dein Freund ist, wird er schon drüber wegkommen. Es wundert mich jedenfalls nicht, daß er jetzt die ganze Zeit mit Priekahm zusammensteckt. Er liebt es, wenn man ihm schöntut, und sie ist nicht glücklich, wenn sie sich nicht bei jemandem einschmeicheln kann.«

»Das ist häßlich«, wies ich sie zurecht. Ein breites orangegelbes Band schwebte am Bullauge vorbei und schien sich um Sosahys Sichel schlingen zu wollen.

»Aber es ist die Wahrheit. Ich mag die beiden, ob du es glaubst oder nicht. Aber ich finde nicht, daß ich mir – oder dir – in bezug auf meine Freunde etwas vormachen muß.«

Ich antwortete nicht, weil ich fasziniert zusah, wie sich ein breites grünes Flimmerband durch das All schlängelte. Außerdem war mir inzwischen klargeworden, worauf meine ›plötzliche Veränderung‹ zurückzuführen war. Nachdem ich gehört hatte, wie Mejox von Kekox ermahnt wurde, mich nicht mehr zu verprügeln, wenn ich etwas besser konnte als er, hatte ich verhindern wollen, daß mein Freund meinetwegen noch einmal bestraft wurde. Nur deshalb hatte ich es darauf angelegt, ihn möglichst auf jedem Gebiet zu schlagen. Zur Sicherheit hatte ich ihn sogar ein paarmal vor den Erwachsenen bloßgestellt.

Ich hatte gedacht, er wäre mir dankbar dafür, daß ich ihn vor Unannehmlichkeiten bewahrte. Auf die Idee, er könnte womöglich nicht wissen, daß ich dieses Gespräch mitbekommen hatte, wäre ich …

Waren wir überhaupt noch Freunde? Ich konnte es nur hoffen. Schließlich hatten wir noch fast unser ganzes Leben vor uns.

Aus den Verbrennungsgasen löste sich, lautlos wie alle anderen Gebilde, eine gewaltige orangerote Kugel und verschwand so plötzlich, als habe jemand sie ausgeknipst. Otuz schluckte ergriffen.

»Schön«, sagte auch ich. »Was für ein Abschied.«

Wir starrten weiter ins Dunkel und spürten, wie wir zunehmend stärker in die Gurte gedrückt wurden. Sie sagte nichts mehr, und ich hing weiter meinen Gedanken nach. Im Rückblick fiel auch mir auf, daß Mejox sich in letzter Zeit sehr an Priekahm angeschlossen hatte. Aber zwischen uns vieren herrschte ein ständiges Auf und Ab. Wir waren seit Erreichen unserer geistigen und sprachlichen Reife im Alter von etwa vier Jahren ständig zusammen. Seither hatte man sich immer wieder einmal neu entdeckt, war in Streit geraten, hatte sich einen anderen Verbündeten gesucht. Mejox und ich hatten uns fast ein Jahr lang sehr nahegestanden, doch als wir damals ins Trainingslager kamen, war Priekahm meine beste Freundin gewesen. Jetzt trat Mejox etwas in den Hintergrund, dafür hatten Otuz und ich mehr gemeinsam, weil uns beiden die Schule besser lag als den anderen. Wir hatten noch so viele Jahre Zeit, dachte ich, und die Beziehungen würden sicher noch oft wechseln, ohne daß wir deshalb aufhörten, Freunde zu sein.

Hoffentlich. Mejox war sehr nachtragend, daran war nicht zu rütteln.

Hatte ich ihn gekränkt, weil ich nicht mehr so leicht zurücksteckte wie früher? Aber wenn alles beim alten geblieben wäre, hätte ihn Kekox wieder geschlagen.

Vielleicht hatte Otuz sich das alles auch nur eingebildet. Priekahm unterstellte den Menschen oft Dinge – meist sehr dramatische Dinge –, die gar nicht existierten ... Ob Otuz in dieser Hinsicht wohl genauso war? Waren am Ende alle Mädchen so? Plötzlich bedauerte ich, daß Mejox und ich uns entfremdet hatten. Er hatte aufgetrumpft und mich herumgeschubst, aber ich hatte wenigstens gewußt, woran ich war. Bei den Mädchen mußte ich womöglich noch zwanzig Jahre warten, bis nach der Pubertät, um sie zu verstehen.

Otuz sah mich unverwandt an. »Ich wollte dich nicht erschrekken«, sagte sie. »Alles in Ordnung?«

»Ich denke nur nach.«

Allmählich zog sich die Beschleunigungsphase doch sehr in die Länge; das Spiel der Farben und Formen dauerte zwar immer noch an, aber da der Treibstoff jetzt zum größten Teil verbrannt war, beschleunigte das Schiff sehr viel mehr, und wir wurden tiefer in die Netze gepreßt. Es ließ sich aushalten, die Maschen waren groß genug, daß wir trotzdem noch atmen konnten und auch etwas sahen, aber der Reiz der Neuheit war eben vorbei.

Und dann waren wir mit einem Schlag schwerelos. »Niemand verläßt sein Netz«, mahnte Osepok über Interkom. »Die Triebwerke sind abgeschaltet, aber die Startrakete muß noch abgesprengt werden.«

Eine Minute kroch vorbei, dann war am Ende der langen Stange, die uns mit der Startrakete verband, ein greller Blitz zu sehen. Die

Sprengladung am Haltering war explodiert, der Komplex aus Tanks und Triebwerken hatte seinen Zweck erfüllt und blieb hinter uns zurück. Ein kleines Raketentriebwerk sprang kurz an, um das Gebilde sicher auf eine Bahn zu bringen, auf der es in die Sonne stürzen mußte – für die nächsten hundert Jahre waren so viele Raumschiffstarts geplant, daß man den Weltraummüll auf ein Minimum reduzieren mußte. Dann wurde mit einem dumpfen Schlag die Stange aus ihrer Halterung gestoßen und entschwebte ebenfalls ins All.

Die Sprengung, die Abtrennung der ersten Stufe und die Zündung des kleinen Triebwerks gingen vollkommen lautlos vor sich. Ich hörte nur Otuz' leise Atemzüge. Das Beschleunigungsnetz hing lose von der Decke, wir schwebten frei an den Halteleinen.

Die Startrakete war rasch verschwunden, nun hing nur noch Sosahy am Himmel, vom Terminator sauber in eine Tag- und eine Nachthälfte unterteilt. Der Gasriese wirkte seltsam geschrumpft, ähnlich wie damals, auf unserem ersten Probeflug. Dann schob sich plötzlich ein sichelförmiger Keil über die Wölbung des großen Lichtbogens von Sosahys Tagseite und wuchs sich rasch zu einem Halbkreis aus. Wenn wir die Augen zusammenkniffen, konnten wir hinter den Wolken auf dem Wasser ein paar schwarze Pünktchen ausmachen – ein Teil der Inseln Unter dem Wind, vielleicht auch die *Ringinsel*, das war auf diese Entfernung mit bloßem Auge schwer zu erkennen.

»Priekahm wird unausstehlich sein«, seufzte Otuz. »Es ist genau so, wie sie gesagt hat.«

Wieder knackte es in den Lautsprechern. »Einen Augenblick müßt ihr euch noch gedulden.«

Ein schwaches Poltern durchlief die *Wahkopem Zomos*, wir spürten die Vibration sogar in den Netzen. Vor dem Bullauge begannen sich Sosahy und Nisu immer schneller zu drehen. Kapitän Osepok hatte das Schiff mit Hilfe der Korrekturdüsen in Rotation versetzt. Die Beschleunigungsnetze senkten sich dem Deck entgegen. Bald darauf gab der Kapitän Entwarnung, wir schnallten uns ab, glitten aus den Netzen, stellten die Füße auf das innere Deck und richteten uns vorsichtig auf. Vor dem Bullauge sausten Sosahy und Nisu wie verrückt umeinander herum, aber das Schiff war so groß, daß wir das Gefühl hatten, stillzustehen, während der Himmel draußen an uns vorbeiwirbelte.

Die Reise hatte begonnen.

5

Bis zur größten Annäherung an die Sonne dauerte es achtundzwanzig Tage. Es waren in gewissem Sinne die bisher ersten ›normalen‹ Tage unseres Lebens – wenn man unter ›normal‹ die Art und Weise versteht, wie man den größten Teil seines Daseins verbringt. Insgesamt siebzig Jahre – vierundzwanzig auf der Hinreise, fünf auf Setepos und einundvierzig auf der Rückreise – würden wir nun ständig in der gleichen Gesellschaft sein. Dies war der erste Vorgeschmack auf unseren künftigen Alltag.

Wie nicht anders zu erwarten, fanden Otuz und ich uns leichter hinein als Mejox und Priekahm. Wir hatten schon immer gern gelernt und gelesen. Seit wir unsere Zeit nicht mehr damit zu vergeuden brauchten, vor irgendwelchen Menschenmengen oder Kameras zu posieren, sondern uns den ganzen Tag auf unsere Arbeit konzentrieren konnten, war Langeweile für uns ein Fremdwort geworden. Oft verständigten wir uns nur kurz mit dem jeweils zuständigen Erwachsenen über das Thema, das wir bearbeiten wollten, um dann für den Rest des Tages in einträchtigem Schweigen nebeneinander in einem der Labors zu sitzen, uns mit Computersimulationen zu beschäftigen oder uns Literatur zusammenzustellen und uns selbständig einzulesen. Darüber vergaßen wir oft die Zeit, so daß Kekox uns irgendwann daran erinnern mußte, unser Sportprogramm zu absolvieren und uns anschließend für die kurze Aufzeichnung umzuziehen, die jeden Tag nach Nisu gefunkt wurde.

Währenddessen legten Mejox und Priekahm Sonderschichten in der Sporthalle ein, versuchten sich mit tausend Ausflüchten um jede ernsthafte Arbeit zu drücken und erledigten nicht einmal ihr Pensum an Hausaufgaben, wenn sie nicht von einem oder gar mehreren Erwachsenen beaufsichtigt wurden. Sie waren offenbar nicht imstande, sich auch nur einen einzigen Tag lang von sich aus mit einer Frage auseinanderzusetzen, die sie interessierte. Mejox verlegte sich mit Kekox' Hilfe zunehmend auf Geschichte, während er in Naturwissenschaften, Mathematik und Geisteswissenschaften nur das Nötigste tat. Das konnte ich ihm kaum verdenken, schließlich befaßte ich mich in erster Linie mit Mathematik und Naturwissenschaften und lernte nur so viel Geschichte, wie ich mußte, um keinen Ärger zu bekommen. Einmal hörte ich, wie

Kekox und Soikenn sich darüber unterhielten. Ich spielte wie immer den Lauscher an der Wand – mit größter Vorsicht, weil sich die Erwachsenen immer so schrecklich aufregten, wenn sie einen dabei ertappten –, aber schließlich waren diese vier die Herrscher über unser Universum, und deshalb wollten wir natürlich gern erfahren, was sie dachten.

Ich verstand nicht ganz, was eigentlich so schlimm daran war, daß wir uns unsere Schwerpunkte selbst gesucht hatten, aber nachdem sie sich ein paar Minuten lang darüber ereifert hatten, kamen sie offenbar zu dem Schluß, es sei eine Phase, über die wir erst hinauswachsen müßten, um dann mit ›mehr Ausgeglichenheit‹ an die Sache heranzugehen. »Die Reihenfolge ist nicht so wichtig, solange sie überhaupt lernen«, sagte Soikenn.

Kekox seufzte. »Die Überbewertung einzelner Fächer an sich finde ich weniger bedenklich als die Gründe dafür«, sagte er. »Für Mejox ist lediglich wichtig, was er braucht, wenn er erst Kaiser ist, ansonsten interessieren ihn nur die Abenteuer, die er auf Setepos erleben will, und wie man ihn zu Hause dafür bewundern wird. Ich weiß nicht, wie ich ihn davon abbringen soll. Bei der Kaiserlichen Garde gab es ein Sprichwort, das davor warnte, die Siegesparade zu planen, bevor die Schlacht geschlagen sei. Mir scheint, das trifft in diesem Fall den Nagel auf den Kopf.«

Soikenn lachte. »Wo ich herkomme, soll man sich hüten, ›den Preis entgegenzunehmen, bevor man das Experiment begonnen hat‹. Er ist noch jung, Kekox; bis er in die Pubertät kommt, dauert es noch mehr als zwanzig Jahre. In dieser Zeit kann er noch viele unangenehme Marotten entwickeln und auch wieder ablegen. Man soll die Kinder auch Kinder sein lassen.«

»Schön und gut«, knurrte Kekox. »Nur leider sind die beiden letzten Kaiser ihr Leben lang Kinder geblieben. Ich müßte lachen, wenn schließlich Otuz auf dem Kaiserthron enden würde.«

»Sie ist hochintelligent«, bemerkte Soikenn, »und sie macht ihre Arbeit. Wahrscheinlich wäre sie als Kaiserin ebenso brillant wie auf jedem anderen Gebiet.«

»Sie würde alle anstehenden Entscheidungen vor dem Mittagessen treffen, um den Nachmittag zum Lesen frei zu haben. Und es wären gute Entscheidungen. Wie auch immer, keiner von uns wird es mehr erleben.«

»Was für ein erhebender Gedanke«, bemerkte Poiparesis, der soeben dazugetreten war.

»Kekox möchte den Zerfall der Zivilisation aufhalten«, erklärte Soikenn. »Praktisch im Alleingang.«

»Es geht also um Mejox«, sagte Poiparesis.

Die beiden lachten und wechselten das Thema. Nachdem sie eine Weile irgendwelche Banalitäten ausgetauscht hatten, fingen sie mit diesen rätselhaften sexuellen Anspielungen an, die alle Erwachsenen liebten. Offenbar kam nichts mehr, was mich interessierte, also stand ich auf und schlenderte wie zufällig an der Tür vorbei. Kekox murmelte etwas, das ich nicht verstand.

Ich war gerade noch in Hörweite, als Poiparesis antwortete: »Nun, das ist ein Risiko, an das bisher niemand gedacht hat. Aber bis zur Paarungsreife haben sie alle noch zwanzig Jahre Zeit. Im Moment kann es nicht schaden, wenn sie alle gute Freunde sind. Otuz und Zahmekoses sind nun einmal die eifrigen Schüler, was bleibt den beiden anderen also übrig?«

Ich lehnte mich an die Wand und wagte kaum zu atmen. Von selbst wäre ich nie auf die Idee gekommen, daß Mejox sich von Otuz und mir zurückgesetzt fühlen könnte, aber jetzt fielen mir plötzlich ein Dutzend Beispiele ein: Ich interessierte mich für Dinge, die ihn langweilten, ich machte in den wissenschaftlichen Fächern schnellere Fortschritte als er, und ich zog mich oft zurück, um allein zu sein.

Nun, manches davon ließ sich ändern. Inzwischen hatte ich es schätzen gelernt, meinem eigenen Lerntempo folgen zu dürfen, und ich war nicht mehr bereit, so zu tun, als sei er der Intelligentere – das hätte er mir auch nicht abgenommen –, aber ich konnte mir mehr Zeit für ihn nehmen, konnte ihm ein besserer Freund sein … Ich machte auf dem Absatz kehrt, marschierte davon und wäre fast mit dem Kapitän zusammengestoßen.

Sie fragte leise: »Worum geht es denn da drin?«

»Um Mejox«, antwortete ich. Ich hätte den Kapitän nicht anlügen können, und wenn mein Leben auf dem Spiel gestanden hätte – was ich in diesem Augenblick übrigens durchaus für möglich hielt.

Sie sah mich mit einem sonderbaren Lächeln an. »Natürlich. Wie denn auch nicht? Du weißt doch hoffentlich, daß du dein Verhalten jetzt nicht ändern kannst, weil sonst jeder weiß, daß du gelauscht hast?«

Ich schluckte. »Ich wollte nicht …«

»Ganz recht, und du wirst auch nicht. Mejox Roupox ist dein Freund, aber du bist nicht für ihn verantwortlich. Er muß seinen Weg selbst finden. Du hast nichts Böses getan, und du warst ihm immer ein guter Freund, ein besserer, als er es verdient. Sein Freund kannst du auch weiterhin bleiben – aber wehe, du machst dich zu seinem Sklaven, dann könnt ihr alle beide was erleben.«

Ich war so wütend, daß ich sogar gegen den Kapitän aufbegehrte. »Ich mache mich für *niemanden* zum Sklaven.«

Sie legte mir beide Hände auf die Schultern und holte tief Atem. »Nein«, sagte sie, »du hast recht. Es gibt keine Sklaven mehr.« Dann lächelte sie und fügte hinzu: »Allmählich sieht man, daß du durch Poiparesis' Schule gegangen bist.«

Ich wußte nicht, wie das gemeint war, aber dann ließ sie mich laufen, und so schlug ich mir die Sache aus dem Kopf – ich hatte auch ohnedies genug Sorgen.

Alles Training der Welt hätte uns nicht auf die Umrundung der Sonne vorbereiten können. Diesmal hatten wir nicht die Wahl, wo wir uns aufhalten wollten – vor diesem Druck hätte uns kein Beschleunigungsnetz schützen können. Solange sich das Schiff so dicht an der Sonne befand, waren die meisten Bereiche ohnehin nicht zu betreten; man konnte nur die Lebenserhaltungssysteme, die Schiffsfarm, einige besonders empfindliche wissenschaftliche Instrumente und den Besatzungsraum auf dem Innendeck auf erträglichen Temperaturen halten. Alle anderen Räume würden so glühend heiß werden, daß man sie mit Edelgas vollpumpte, um zu verhindern, daß brennbare Objekte Feuer fingen.

Als Poiparesis uns der Reihe nach anschnallte, erklärte er uns alles noch einmal von vorn. »Ihr müßt euch darüber im klaren sein, daß ihr nie wieder in so großer Gefahr schweben werdet, zumindest nicht bis zum Rückflug. Und ...« –, er sah Priekahm an und sprach weiter, bevor sie abermals zu lamentieren anfangen konnte, »... wir *müssen* so dicht an der Sonne und später auch an Zoiroy vorbeifliegen. Sie geben uns fast ein Fünftel unseres Gesamtschubs, und das ist nur möglich, wenn wir so nahe herangehen, daß das Lichtsegel auch voll zum Einsatz kommt. Es muß also sein, es wird sehr ungemütlich werden, und bei der kleinsten Panne im Kühlsystem oder bei der Energiedissipation müssen wir kläglich verbrennen. So und nicht anders sieht es aus.«

Ich konnte mir gut vorstellen, daß Priekahm immer noch schmollte, aber sehen konnte ich sie nicht. Meine Beschleunigungsliege stand nämlich ganz vorn, und ich hatte es mir schon bequem gemacht.

Die Liegen waren unseren Körperformen so exakt angepaßt, daß sie bestimmte Knochen und Organe stützten. Soeben hatten wir eine äußerst unangenehme Prozedur über uns ergehen lassen müssen. Nun waren unsere Eingeweide und alle Körperhöhlungen mit einem widerlich zähflüssigen Schleim gefüllt, der sogenannten Stabilisierungsflüssigkeit. Soikenn hatte die Behandlung so sanft und rücksichtsvoll wie möglich durchgeführt, aber auch sie konnte nichts daran ändern, daß man den Brei mit einer Nadel eingespritzt bekam, während gleichzeitig mit einer zweiten Nadel die Luft abgesaugt wurde.

Nachdem alle ihre Plätze auf den Liegen eingenommen hatten, wurden die Mundstücke zum Schutz der Zähne und der Zunge eingesetzt. Wer sich jetzt noch beklagen wollte, hatte die letzte Chance verpaßt.

»Fest zubeißen«, sagte Soikenn. Ich gehorchte. Der Mechanismus wurde ausgelöst, winzige Klammern legten sich um meine Zähne, ein Hebel schob sich über meine Zunge und drückte sie flach gegen den Mundboden. Soikenn kontrollierte die Anzeigen, dann stellte sie mich mit einem Knopfdruck auf intravenöse Versorgung um. Ich spürte, wie die Nadel zwischen meine Rippen glitt und in das dichte Venengeflecht im Rücken hinter meinem Blutmischer eindrang.

»Sieht gut aus«, sagte Poiparesis. Er war zu Soikenn an den Monitor getreten und setzte das System in Gang; von jetzt an wurde durch die Nadel so lange Sauerstoff und Zucker in meinen Kreislauf eingeleitet und Kohlendioxid abtransportiert, bis man mich erlöste. Ich brauchte nicht mehr durch die Lungen zu atmen.

Vor dem nächsten Schritt beobachteten die beiden die Skala ziemlich lange. Endlich waren sie zufrieden.

Wer es nicht selbst erlebt hat, kann sich nicht vorstellen, wie es ist, wenn einem die Lungen mit Flüssigkeit gefüllt werden. Als mir abrupt die Luft abgesaugt wurde, wollte sich mein Körper unwillkürlich wehren. Doch dann schaltete sich der Suppressor ein, eine winzige, mit meinem Gehirn verbundene Elektrode, und unterdrückte alle Tauchreflexe und Erstickungsängste.

Damit war ich zwar nicht mehr in Panik, was aber noch lange nicht hieß, daß ich mich wohl fühlte. Durch eine Röhre strömte eine kühle Gallertmasse in meine Lungen und verdrängte langsam die Luft. Es fühlte sich an, als hätte ich eine schwere Bronchitis.

Dann lag ich da und wartete, während die anderen an die Reihe kamen. Von Priekahm war sekundenlang ein merkwürdiger Laut irgendwo zwischen Kreischen und Schluchzen zu hören; offenbar war ihr Suppressor nicht sofort angesprungen, als die Flüssigkeit in ihre Lungen strömte, nun war sie in Panik geraten und hatte zu würgen begonnen. Ich vernahm hastige Schritte, Poiparesis redete beruhigend auf Priekahm ein, Soikenn flüsterte etwas, schließlich sagte sie laut: »Ich glaube, jetzt funktioniert er«, und Poiparesis fügte hinzu: »Sieht gut aus. Alles in Ordnung.«

Nun lagen wir alle flach. »Schlußbesprechung«, sagte Poiparesis. »Das Schiff fliegt etwa einen Fünfteltag mit Robotsteuerung. Nach einem Zwölfteltag ist das Schlimmste überstanden, aber ihr dürft *auf keinen Fall* versuchen, eure Liegen zu verlassen, bevor wir es euch sagen. Nur eure Schenkel- und Hüftmuskeln sind robust genug, um ein Mehrfaches eures Körpergewichts zu tragen, ansonsten ist euer Körper solchen Kräften nicht gewachsen.

Viel Zerstreuung können wir euch leider nicht bieten. Über jeder Liege ist ein Bildschirm angebracht, auf den Außenaufnahmen überspielt werden. Die dramatischsten Szenen bekommt ihr sowieso nicht mit, erstens verliert ihr wahrscheinlich das Bewußtsein – ich wünsche es euch jedenfalls, es ist das Beste, was euch passieren kann – und zweitens ist der Druck so stark, daß euch alles vor den Augen verschwimmt, selbst wenn ihr wach bleiben solltet.

In der Phase der stärksten Beschleunigung seid ihr so einsam wie noch nie – wir anderen sind zwar nur eine Körperlänge von euch entfernt, aber niemand kann euch erreichen.

Ihr werdet alle sehr tapfer sein, davon bin ich überzeugt. Vielleicht tröstet euch der Gedanke, daß die Annäherung an Zoiroy sehr viel sanfter verlaufen wird. Und denkt daran, ganz Nisu hält jetzt den Atem an; Milliarden von Gebeten an den Schöpfer und an Mutter See steigen zum Himmel. Vielleicht helfen sie uns. Ich muß mich jetzt um die Erwachsenen und zum Schluß auch um mich selbst kümmern. Leider kann ich nicht bei euch bleiben, bis die Beschleunigung einsetzt. Ich kann euch nur einen Rat geben: Versucht, die ganze Sache zu verschlafen. Drückt den Narkoseknopf! Zur nächsten Mahlzeit sehen wir uns wieder.«

Damit verschwand er aus meinem Blickfeld. Die Stabilisierungsflüssigkeit drückte auf meine Gedärme, als hätte ich die schlimmste Verstopfung meines Lebens. Ich konnte mir lebhaft vorstellen, was Poiparesis auszustehen hatte, er mußte mit dem Zeug im Leib noch hin und her gehen, bis die anderen Erwachsenen versorgt waren.

Er hatte uns oftmals geraten, das Ganze zu verschlafen. Ich brauchte den Narkoseknopf links neben mir nur mit dem Finger zu berühren und würde eine Minute später nichts mehr spüren. Bei Maximalbeschleunigung, in jener kurzen Phase mit mehr als zwanzigfacher Schwerkraft, würde ich den Finger allerdings nicht mehr bewegen können. Wenn ich dann feststellte, daß ich es nicht ertragen konnte, wäre es zu spät.

Aber keiner von uns dachte daran, den gefährlichsten Teil unserer Reise – jene Phase, die erst zwei Menschen, die Testflieger Steraz und Baibarenes, erlebt hatten – schlafend im Bett zu verbringen. Zumindest hatten wir das alle beteuert. Plötzlich fiel mir auf, wie geschickt Poiparesis die Liegen verteilt hatte: Sollte einer von uns sich doch für die Narkose entscheiden, dann brauchte es keiner von den anderen zu erfahren.

Das Gleichgewichtsorgan in meiner Stirn schmerzte, also schnaubte ich kräftig durch die Nase, um den Druck zu lindern. Dadurch gelangte aber noch mehr Flüssigkeit in meine Lungen, und das löste, obwohl die intravenöse Sauerstoffversorgung einwandfrei funktionierte, einen Brustkrampf aus. Meine Herzen begannen dumpf zu pochen, und mein Blutmischer gab ein häßliches Gluckern von sich. Ich schüttelte mich, und das Geplätscher verstummte. Jetzt hörte ich auch die anderen schnauben und glucksen, und es klang so komisch, daß ich zu kichern anfing und so laut wie möglich mitmachte. Bald führten wir mit unseren inneren Organen ein richtiges Konzert auf, bis Poiparesis irgendwann sagte: »Schön, wir haben alle gehört, was ihr an Geräuschen produzieren könnt, nun reicht es wieder!«

Wir nahmen uns zusammen und kicherten nur noch leise vor uns hin. Dann kam ein leises Schnarchen von Mejox, und schon prusteten wir alle wieder los – je höher die Flüssigkeit in unseren Lungen stieg, desto schriller klang das Gelächter. Vielleicht war Poiparesis zu beschäftigt, um uns zur Ordnung zu rufen, vielleicht war es ihm auch ganz recht, daß wir uns auf diese Weise abreagierten.

Kapitän Osepok war die letzte, die von ihrer Liege her zu uns sprach. »Alle mal herhören: Ich erwarte natürlich, daß ihr tapfer seid, aber es geht hier nicht darum, Mut zu beweisen – es geht nicht darum, etwas zu erreichen –, wir müssen nur überleben. Ich bin überzeugt, ihr werdet alles geduldig ertragen. Ich habe volles Vertrauen zu euch, und ganz Nisu ebenso. Und jetzt lege ich meinen Mundschutz ein, bevor Poiparesis kommt und es für mich tut. Viel Glück!« Bevor sie ihr Mikrophon ausschaltete, hörten wir die Flüssigkeit in ihren Lungen gluckern und fingen erneut zu kichern – oder vielmehr zu gurgeln – an.

Eine Ewigkeit verging. Ich starrte auf den Bildschirm. Es juckte mich an mehreren Stellen, und ich kratzte mich schnell, ohne die Uhr auf dem Schirm aus den Augen zu lassen. Ich durfte den Zeitpunkt des Segelsetzens nicht verpassen. Poiparesis hatte gesagt, wenn wir in diesem Moment die Hand unter dem Körper hätten, würden wir uns wahrscheinlich sämtliche Finger sowie das Handgelenk brechen. Auch der Körperteil, der mit der Hand in Berührung kam, würde schwere Blutergüsse davontragen.

Die Zeit kroch im Schneckentempo dahin. Auf dem Schirm war eine grotesk aufgeschwollene Sonne zu sehen, so groß wie Sosahy am Himmel von Nisu. Die Filter vor den Kameras ließen nur knapp ein Zehnmillionstel der tatsächlichen Helligkeit durch, dennoch wurde das Bild allmählich unangenehm grell.

Um mit einer Rakete nach Setepos und noch zu Lebzeiten wieder zurückzukommen, hätten wir ein sehr viel größeres Schiff gebraucht und fast ausschließlich mit Antimaterie fliegen müssen. Unsere Trägerrakete hatte schon beim Start eine nisuanische Neunjahresproduktion an Antimaterie verbrannt, und trotzdem wären wir mit dem Schub, den sie uns mitgegeben hatte, erst nach Zehntausenden von Jahren an unser Ziel gelangt. Wir brauchten mehr Energie, als ganz Nisu in einem Jahr erzeugte, und wir brauchten sie im Anfangsstadium der Reise, um so lange wie möglich mit hoher Geschwindigkeit fliegen zu können.

Die Lösung war ein Lichtsegel: ein riesiger flacher Fallschirm aus einem superdünnen, nur etwa 300 Atome dicken Beryll-Bor-Gewebe.

Licht übt Druck aus. Normalerweise ist dieser Druck so schwach, daß wir ihn nicht wahrnehmen, aber wenn sehr helles Licht auf eine sehr große Oberfläche trifft, kommt einiges zusammen.

Das Segel der *Wahkopem Zomos* war vom Durchmesser her größer als die *Ringinsel*, und Nisus gesamte Bevölkerung, mehrere Millarden Leute, hätte nicht mehr als ein Zwanzigstel seiner Oberfläche bedeckt. Ich hatte kleine Stücke Segelmaterial in der Hand gehalten, sie waren so leicht, daß man sie gar nicht spürte. Im Grunde war das ganze Segel ein einziges, riesiges Beryll-Bor-Molekül, wobei die einzelnen Atome ein komplexes Gitter bildeten, die das Gewebe, obwohl es so unvorstellbar dünn war, haltbarer machten als jedes andere Material (mit Ausnahme der Fangleinen aus Diamantfasern, die es an unserem Schiff befestigten). Wenn man ein Stück von der Größe eines Bettlakens in einem normalen Raum von der Decke fallen ließ, war der Luftwiderstand so viel größer als das Gewicht, daß es einen vollen Achttag brauchte, um zu Boden zu sinken.

Mit diesem Hauch von einem Segel würden wir zunächst die Glut unserer Sonne einfangen und damit unsere derzeitige Geschwindigkeit vervierzehnfachen. Einen zweiten Schubs würde uns Zoiroy mitgeben, so daß wir beim Verlassen des Systems mehr als zwanzigmal so schnell sein würden wie nach dem Start. Wenn uns dann der Strahl des Riesenlasers erfaßte, den man im Solarorbit ausgesetzt hatte, wurden wir noch weiter beschleunigt, bis wir in etwa achtzehn Jahren das Maximum von zwei Fünfteln Lichtgeschwindigkeit erreichten. Alles, was an Energie erforderlich war – das Neunzigfache des nisuanischen Gesamtverbrauchs in einem Jahr – um dieses Tempo zu erreichen, sollte von diesem feinen Atomgespinst eingefangen und festgehalten werden.

Der Uhr kroch weiter rückwärts. Die Außentemperatur des Schiffes war so hoch, daß es jederzeit aufglühen konnte wie eine Kirsche. Die Antenne der Abstrahlungsanlage, die die Wärme von der Schiffshülle in einen Hochtemperatursammler leitete, um sie dort in kurzwellige elektromagnetische Strahlung umzuwandeln und abzuführen, erstrahlte in einem ungewöhnlich satten Violett, wenn sie von der Kamera erfaßt wurde; der größte Teil der Energie ging momentan in Form von ultraviolettem Licht ab.

Auch in der Kabine wurde es spürbar wärmer, obwohl wir uns in einem der kühlsten Teile des Schiffs befanden.

Mein Bein juckte entsetzlich, aber ich wagte nicht mehr, mich zu kratzen. Auf der Uhr verschwand der letzte dünne Zeitkeil, der noch geblieben war, ein Tausendsteltag, nicht mehr.

Das Bild wechselte auf die vordere Kamera. Ein Blitz löste sich vom Bug des Schiffes – die Rakete, die das Segel aus der Kammer zog. Ihr folgte eine lange, schnurgerade Silbersträhne – das Segel selbst, allerdings noch nicht entfaltet, schoß wie ein ultrafeiner Draht in die Unendlichkeit hinaus. Ein Achtundvierzigsteltag verging, bis es sich vollends abgewickelt hatte. Der Feuerstrahl der kleinen Rakete war längst in der Ferne verschwunden, und immer noch raste der dünne Streifen weiter.

Endlich schnellte eine große, weiße Kugel – die Fusionsladung am Segelanfang – hinaus ins All. Sie brauchte nur den 8192. Teil eines Tages, um unseren Blicken zu entschwinden, und zeigte uns damit, wie schnell die Rakete am Segelende immer noch war. Dem Treibsatz folgten die Fangleinen – Hunderte von durchsichtigen Schnüren aus feinsten Diamantfasern, die in der Sonne blitzten und funkelten – ins All. Sie waren unglaublich dünn, aber dabei so stark, daß sie Stahl durchschneiden konnten, als wäre er Butter – deshalb mußten die Winschen, an denen sie aufgewickelt waren, mit Diamantgewebe verkleidet sein. Das alles brauchte seine Zeit. Ich hätte mich ruhig noch kratzen können, dachte ich, wenn ich gewußt hätte, daß das Segelsetzen so lange dauern würde, aber jetzt war es auf jeden Fall zu spät.

Ich glaubte, es keinen Augenblick länger ertragen zu können. Immer weiter ergoß sich der glänzende Strom in die Schwärze des Alls. Sobald er den Schiffsschatten verließ und ins Sonnenlicht eintrat, das hier drei Millionen Mal stärker war als normal, loderte er auf wie weißes Feuer, ein schmaler, blitzender Pfad in die Unendlichkeit. Die Zeit kroch unaufhaltsam weiter. Endlich zuckte, einer Sternschnuppe gleich, ein grellweißer Blitz über den Himmel. Der kleine Treibsatz am Segelanfang war gezündet worden.

Der helle Stern auf dem Bildschirm wurde zu einem Kreis und schwoll rasch weiter an. Die Explosion des Fusionstreibsatzes war von der verspiegelten Innenseite des Segels reflektiert worden, und unter dem Lichtdruck entfaltete sich nun die Hülle außerordentlich schnell. Ich konnte auf dem Bildschirm zusehen, wie das Segel immer größer wurde. Innerhalb eines Atemzugs hatte sich die Fläche verzwölffacht, die Kamera hatte Mühe, die Entfernungseinstellung so rasch anzupassen, daß sie alles erfaßte. Bei jedem Umschalten verdunkelte sich der Schirm, bis die Filter die wachsende Intensität des reflektierten Lichts kompensiert hatten.

Die Liege schwenkte um ihre eigene Achse, und als sie zur Ruhe kam, lag ich mit dem Rücken zum Heck des Schiffes. ›Unten‹ war plötzlich von außen nach hinten gewandert. Noch zweimal wechselte die Kameraeinstellung, dann stabilisierte sich das Bild. Ein Zittern durchlief meinen Rücken, als das Sonnenlicht wie ein Windstoß in das geöffnete Segel fuhr und es so stark blähte, daß die Fangleinen das Schiff näher heranzogen.

Ich überlegte, ob ich den Narkoseknopf drücken sollte, aber ich wollte doch miterleben ...

Wie ein Faustschlag rammte mich die Beschleunigung in die Liege. Der Druck verstärkte sich weiter. Zu spät. Ich konnte die Hand nicht mehr heben. Meine Gesichtshaut wurde nach hinten gezogen, die Lippen klafften über dem Mundschutz auseinander. Die Flüssigkeit in meinen Lungen war nicht mehr unangenehm, sondern wohltuend, sie half meinem Brustkorb, dem brutalen Druck standzuhalten.

Ich kam mir vor wie zwischen zwei Felsblöcken eingeklemmt. Ich rang nach Luft; trotz des erhöhten Innendrucks schaffte ich es kaum, meinen Brustkorb zu weiten. Meine Augen begannen zu schmerzen, ich versuchte zu blinzeln, um das trockene Brennen zu lindern, sah nur noch wie durch einen schwarzen Tunnel. Der Mundschutz lag wie ein großes Stück Blei zwischen meinen Kiefern. Ich überlegte noch, wie fest ich wohl gegen die Liege gedrückt würde – und dann konnte ich mich nicht einmal mehr darauf konzentrieren.

Die Welt wurde erst dunkelgrau, dann schwarz, und schließlich bekam ich nichts mehr mit.

* * *

Das erste, womit sich mein Bewußtsein zurückmeldete, war ein Traum. Ich träumte, ich läge auf dem Rücken und Mejox häufe mir Steine auf die Brust. Ich konnte nicht atmen, ich konnte nicht schreien, er solle doch aufhören, ich konnte ihn nur ansehen. Er schien selbst Höllenqualen zu leiden, er wollte mir das nicht antun, alles war ein schrecklicher Irrtum …

Ein grauer Schleier. Die ersten Umrisse. Ich fing wieder an zu denken, und obwohl meine Augen schmerzten und ich immer wieder grelle Lichtblitze sah (man hatte uns gesagt, das sei eine Folge der Überlastung des Sehzentrums im Gehirn), konnte ich den Bildschirm und die Uhr erkennen. Mehr als einen Sechzehnteltag war ich ohne Bewußtsein gewesen. Ich war immer noch neunmal so schwer wie normal, und jede Bewegung war gefährlich, aber offenbar hatte ich alles gut überstanden, obwohl ich mich fühlte, als habe mich jemand mit einem Knüppel verprügelt, um dann mit einem großen Rad mehrmals über mich hinwegzufahren.

Endlich leuchteten die Kontrollämpchen auf. Ich durfte die Flüssigkeit aus meinen Lungen entfernen lassen. Rasch drückte ich den entsprechenden Knopf. Ich konnte es kaum erwarten, bis die Maschinen ansprangen.

Durch den Mundschutz hindurch begann der Sauger, meine Lungen zu entleeren. Der nachlassende Innendruck verursachte schmerzhafte Brustkrämpfe, aber ich war froh, daß ich die Flüssigkeit loswurde. Dann entriegelten sich Zungenplatte und Zahnklammern, der Mundschutz lag lose auf meinem Gesicht, immer noch störend, aber lange nicht mehr so unangenehm.

Der Sauger hatte die Stabilisierungsubstanz nicht völlig entfernt. Der Rest wurde mit quälend harten Hustenstößen hinausbefördert, dazwischen rang ich mühsam nach Atem und sog die heiße, übelriechende Luft in tiefen Zügen in mich hinein. Obwohl ich zu ersticken glaubte, war es ein herrliches Gefühl.

Endlich wurden die Anfälle seltener, und ich konnte mich etwas mehr meiner Umgebung widmen. Die anderen waren noch vollauf mit Husten beschäftigt.

In meiner Brust stach es, als hätte ich eben eine schwere Lungenentzündung überstanden oder wäre fast ertrunken. Doch selbst diese Schmerzen empfand ich wie eine Erlösung. Wenigstens konnte ich wieder atmen und denken.

Die Anzeige sagte mir, daß sich unsere Geschwindigkeit inzwischen verzehnfacht hatte und weiter anstieg. Ich legte mich zurück und dachte: *Das Schimmste ist vorbei. Jetzt brauchst du dich nur noch zu gedulden.*

Meine Geduld wurde auf eine harte Probe gestellt. Einen vollen Zwölfteltag lang gab es nur Bilder vom Segel vor und von der Sonne hinter uns zu sehen. Zum Glück wurde die Sonne zusehends kleiner, und das Segel strahlte nicht mehr ganz so hell, doch das reichte auf die Dauer nicht aus, um mich vor Langeweile zu bewahren. Aber ich war immer noch zu schwer, um mich gefahrlos bewegen zu können, und so blieb ich auch weiterhin an diese Liege gefesselt.

Als der Beschleunigungsdruck auf das Vierfache der Normalschwerkraft gesunken war, hörte ich Poiparesis' Stimme: »Kommt *nicht* auf die Idee, euch aufzusetzen, aber wenn ihr wollt, könnt ihr den Mundschutz wegnehmen.«

Mein Arm wog viermal soviel wie normal und wollte sich zunächst nicht heben lassen, doch dann holte ich Schwung, ertastete den Mundschutz und schob ihn nach oben weg.

»Vergeßt nicht«, fügte Poiparesis hinzu, »das Verhältnis zwischen Gewicht und Trägheit hat sich verändert. Die Dinge lassen sich schwerer heben, aber sie haben noch das gleiche Trägheitsmoment wie früher.«

Ich ließ meinen Arm wieder sinken und atmete tief ein. In der Kabine war es angenehm kühl geworden; die Außentemperaturen waren fast wieder auf normale Werte gefallen, nun kam die Klimaanlage zur Wirkung. Die Zahlen, die jetzt über den Bildschirm krochen, zeigten an, daß das Schiff alles unbeschadet überstanden hatte. »Schön«, sagte Poiparesis. »Nachdem wir alle tief Luft geholt haben – wie geht es euch?«

»Gut«, sagte der Kapitän.

»Gut«, sagte auch Kekox.

Soikenn meinte: »Mir tut alles weh, aber es ist nichts Ernstes.«

»Bei mir alles in Ordnung«, sagte ich.

»Bei mir auch«, kam es von Priekahm, und dann fragte Otuz: »Kann man eigentlich auch an Langeweile sterben?«

Poiparesis lachte. »Dann wären wir sicher schon alle tot. Mejox, wie steht's mit dir?«

Die Antwort dauerte so lange, daß ich Angst bekam. »Äh … na ja …«

»Alles in Ordnung?« drängte Poiparesis.

Mejox' Stimme klang heiser und ziemlich kleinlaut. »Ich … äh … wollte mich noch rasch kratzen, als der Treibsatz zündete, und dann habe ich die Hand nicht mehr herausgebracht. Ich dachte, ich schaffe es noch, und mein Bein hat so entsetzlich gejuckt …«

»Beim Blut von Mutter See«, flüsterte Poiparesis. Ich hatte ihn noch nie fluchen hören. »Blutest du?«

»Ich weiß es nicht. Kann ich den Kopf heben, um nachzusehen?«

»*Ganz* langsam«, sagte Poiparesis. »Richte dich ganz langsam auf, wirf einen Blick auf die Stelle, lege den Kopf *vorsichtig* wieder zurück, und sag uns dann, was du gesehen hast.«

Lange hörten wir gar nichts. Wir waren tief beunruhigt. Dann sagte Mejox: »Ich sehe kein Blut, aber an meinem Schenkel ist seitlich eine große Schwellung, und ich kann die Hand nicht herausziehen, es tut viel zu weh. Es tut mir leid, Poiparesis, ich wollte mich wirklich an die Anweisungen halten, aber ich dachte ...«

Poiparesis seufzte. »Die Anweisungen kümmern mich im Moment weniger als dein Zustand. Du hast doch sicher große Schmerzen?«

»Ja«, gestand Mejox. Seine Stimme zitterte ein wenig.

»Ich gehe zu ihm«, sagte Kekox.

»Kommt nicht in Frage.« Kapitän Osepoks Stimme ließ keinen Widerspruch zu. »Du könntest dir das Rückgrat brechen.«

»Aber ...«

»Kein Aber«, sagte Soikenn. »Mejox ist schon ein großer Junge, und er ist zwar verletzt, aber er liegt nicht im Sterben. Mejox, es dauert noch mindestens einen Vierundzwanzigsteltag, bis wir zu dir kommen, und noch sehr viel länger, bis wir dir wirklich helfen können. So lange solltest du dich wirklich nicht quälen müssen. Am besten setzt du dich selbst unter Narkose. Kannst du den Knopf erreichen?«

»Ja. Es ist die andere Hand, die verletzt ist.« Wieder trat eine lange Pause ein, dann sagte er etwas undeutlich: »Ich ... ich wollte mich ganz bestimmt an die Anweisungen halten ...«

»Das ist im Moment nicht von Bedeutung«, beruhigte ihn Poiparesis. »Wirkt das Betäubungsmittel?«

»Etwas. Es tut aber immer noch weh.«

»Du kannst dir auch eine zweite Dosis geben, das Kontrollsystem verhindert, daß du zuviel bekommst. Nun mach schon. Es ist das einzig Vernünftige.«

Mejox seufzte. »Ich weiß, aber ich habe Angst, und ich möchte lieber mit euch allen reden, als wieder ganz allein zu sein. Bevor ich den Mundschutz rausnehmen konnte, war es ziemlich unheimlich.«

»Das kann ich mir denken«, sagte Poiparesis mitfühlend. »Trotzdem, drücke zweimal fest auf den Knopf. Ich spreche mit dir, bis du eingeschlafen bist. Wenn du dann aufwachst, ist deine Hand geschient, der Bluterguß in deinem Bein ist punktiert, und die Stabilisierungflüssigkeit ist abgepumpt. Du brauchst nur noch zweimal zu drücken und weiter mit uns zu reden, und dann schläfst du einfach ein, als hätten wir dich zugedeckt.«

»Mit einer Ladung Steine auf deiner Brust«, fügte Otuz hinzu.

Mejox japste ein wenig, vielleicht war es ein Lachen. »Schön, ihr habt wahrscheinlich recht. Ich drücke jetzt auf den Knopf ... es tut wirklich sehr weh.«

»Klar tut das weh«, sagte Poiparesis. »Das ist normal, wenn man sich die Hand zerquetscht. Und ein Bluterguß ist auch kein Vergnügen. Dafür hältst du dich ganz ausgezeichnet.«

»Ja«, sagte Mejox. »Kekox, was macht man in einem solchen Fall in der Kaiserlichen Garde?«

»Man sägt dem Verletzten das Bein ab und prügelt ihn damit zu Tode«, sagte Kekox.

Das kam so unerwartet, daß wir alle lachen mußten, auch Mejox. Der alte Gardist fügte hinzu: »Mejox, du brauchst uns nicht zu beweisen, wie tapfer du bist. Spar deine Kräfte, du wirst sie noch brauchen. Jetzt machst du es dir so bequem wie möglich, und bis du aufwachst, haben wir dich schon wieder zusammengeflickt.«

»Wie soll ich die Annäherung an Zoiroy überstehen?« fragte Mejox.

»Der Gips wird stabiler sein als deine Knochen, da sehe ich kein Problem«, beruhigte ihn Poiparesis.

»Solange du dir nicht einbildest, du könntest aufstehen und rumlaufen.« Das war wieder Otuz.

»Sicher nicht.« Ein langer Seufzer. »Jetzt fallen mir allmählich die Augen zu. Als ich vorhin zu mir kam und die Schmerzen spürte, da hatte ich wirklich schreckliche Angst. Und es tut mir sehr leid, daß ich ungehorsam war.«

»Jeder hätte Angst gehabt«, tröstete ihn Poiparesis. »Und wegen deines Ungehorsams brauchst du dir keine Gedanken mehr zu machen. Schlaf jetzt.«

Mejox antwortete nicht mehr. Wir mußten noch einen weiteren Dritteltag auf unseren Liegen verbringen. Kekox erzählte uns Geschichten, Poiparesis sang uns etwas vor, und wir dachten uns Spiele aus, aber wir langweilten uns trotzdem, außerdem machten wir uns Sorgen um Mejox.

Als die Beschleunigung schließlich auf etwas mehr als die doppelte Normalschwerkraft gesunken und die Sonne auf den Bildschirmen zwar immer noch riesig, aber kein allesverschlingender Feuerball mehr war, stiegen Soikenn und Kekox vorsichtig von ihren Liegen und gingen zu Mejox hinüber. »Die Hand ist zerquetscht, und er hat ein Hämatom, genau wie erwartet«, stellte Soikenn fest.

»Kommt er wieder in Ordnung?« fragte Kekox.

»Es wird schon werden. Der Junge ist wirklich tapfer. Die Schmerzen müssen sehr viel schlimmer gewesen sein, als er sich hat anmerken lassen.«

»Er hat genau das Gegenteil von dem getan, was wir ihm gesagt hatten.«

»Ja, das ist typisch für Mejox. Aber jetzt hat er sicher etwas mehr Respekt vor Anweisungen und Ratschlägen.«

Als die Beschleunigungswerte noch weiter gefallen waren, hoben sie ihn auf einen Wagen und fuhren ihn auf das Außendeck hinunter. Da wir nur acht Personen waren und man nicht mit häufigen Krankheitsfällen rechnete, hatten wir keine ausgesprochene Krankenstation, aber drei der Kabinen ließen sich so umbauen, daß im Notfall chirurgische Eingriffe durchgeführt werden konnten. Die Schwerkraft war immer noch so hoch, daß Soikenn Mejox auf keinen Fall operieren durfte, aber man konnte immerhin schon einmal den Raum herrichten.

Wir anderen blieben mit unseren Gedanken allein zurück. »Ihr könnt euch jetzt aufsetzen«, sagte Poiparesis, »aber an weiteren Verletzten sind wir nicht interessiert, deshalb empfehle ich euch, es dabei zu belassen. Die tragbaren Terminals stehen gleich neben euren Liegen, ihr könnt also lesen, euch mit Hausaufgaben beschäftigen oder Spiele machen. Ich möchte nur nicht, daß jemand aufsteht und herumläuft, wenn es nicht unbedingt sein muß. Ich gehe jetzt auch aufs Außendeck hinunter, vielleicht kann ich helfen. Ich fürchte allerdings, die Beschleunigungswerte müssen noch sehr viel weiter zurückgehen, bevor wir wirklich etwas für Mejox tun können. Wieder ein Fehler in der Planung – niemand hatte damit gerechnet, daß während der Beschleunigungsphase eine Operation nötig werden könnte. Nur gut, daß der Bluterguß nicht schlimmer war. Wie auch immer, macht uns das Leben bitte nicht noch schwerer, indem ihr jetzt aufsteht und euch irgendwo herumtreibt.«

»Ich kann auf sie aufpassen«, erbot sich Kapitän Osepok. »Im Cockpit gibt es bis zur nächsten Kurskorrektur und zum Einholen des Segels eigentlich nichts für mich zu tun.«

»Danke«, sagte Poiparesis. Dann stieg er langsam und vorsichtig zur Tür hinauf – ›unten‹ war immer noch um fast neunzig Grad verschoben – und verließ den Raum.

»Wird Mejox wirklich wieder gesund?« fragte Priekahm.

»Nun, Soikenn ist die beste nebenberufliche Ärztin, die ich kenne«, sagte der Kapitän. »Und Kekox hat mit Verletzungen eine Menge Erfahrung. So, wie sie sich geäußert haben, halten sie die

Sache zwar für ernst, aber nicht für so ernst, daß sie nicht damit fertig werden könnten. An sich müßte alles klargehen. Soll ich jetzt diesen Schaum aus euch rausholen? Ihr braucht ihn erst wieder, wenn wir Zoiroy anfliegen.«

Sie war nicht so behutsam wie Soikenn, vielleicht lag es auch an der hohen Schwerkraft, jedenfalls war es schmerzhafter, als sie die Nadeln und Röhren einführte, aber wenigstens ging es schnell, und es war ein herrliches Gefühl, von all dem Füllmaterial befreit zu werden. Als die Prozedur beendet war, merkten wir, wie erschöpft wir waren. Wir streckten uns wieder auf den Liegen aus und schliefen ein. Priekahm und ich verschliefen einen vollen Dreiachteltag und damit auch Mejox' Operation. Erst als wir wieder aufstehen durften und die anderen zur ersten Mahlzeit trafen, erfuhren wir davon. Otuz erzählte, sie sei zwar wach gewesen, aber die Erwachsenen hätten sie nicht zusehen lassen. »Sie meinten, es könnte mir einen Schock versetzen, worauf ich sagte, was soll so schockierend daran sein, wenn jemand Mejox mit einem Messer traktiert?«

»Ich finde das nicht komisch«, sagte ich. »Es hatte ihn wirklich schlimm erwischt.« Wir saßen im Großen Speisesaal und kämpften uns durch eine Riesenmahlzeit. Nach einem vollen Tag Fasten hat man Appetit.

»Das hat Soikenn auch gesagt. Wieso versteht hier eigentlich niemand mehr einen Spaß? Immerhin habe ich ihm eine Menge Blut gespendet, um seinen Blutverlust auszugleichen, vielleicht hat er dadurch auch etwas von meinem Humor mitbekommen.«

»Ich hoffe nur, daß alles wieder gut wird.« Priekahm seufzte.

»Das hoffe ich auch«, sagte Otuz, »aber alle Erwachsenen schwören …«

Poiparesis steckte den Kopf zur Tür herein und sagte: »Ein Freund von euch hat nach euch gefragt.« Wenige Atemzüge später standen wir alle im provisorischen Operationsraum um Mejox herum.

»Hallo«, sagte er. »Hoffentlich hab ich euch keinen allzu großen Schrecken eingejagt. Ich schäme mich wirklich, aber ich bin froh, daß ich noch da bin. Und vielen Dank für die Blutspende, Otuz.«

Seine Höflichkeit traf sie so überraschend, daß sie kaum ein ›Gern geschehen‹ herausbrachte.

Fünf Tage später drängten wir uns alle am Eingang zum Cockpit zusammen und sahen zu, wie Kapitän Osepok das Segel einholte. Inzwischen waren wir fast viermal so weit von der Sonne entfernt wie Sosahy und Nisu und stürzten weiter auf Zoiroy zu. Die

Beschleunigung, die uns das Segel lieferte, verringerte sich im Kubik zur Entfernung von der Sonne und war inzwischen auf ein Tausendstel Normalschwerkraft abgesunken; wenn wir die kleinere Sonne passierten, mußte das Segel eingerollt sein, um es wieder aufspannen zu können, wenn wir uns von ihr entfernten. Auf diese Weise bekamen wir noch einmal einen kräftigen Schubs in Richtung Setepos.

Wir hatten noch nie ein langweiligeres Manöver erlebt. Das Tau wurde gemächlich mit Robotwinschen eingeholt, und da das zugehörige Segel die Fläche einer großen Insel in Shulath oder einer Provinz in Palath hatte, dauerte das sehr lange. Aber für uns gab es kein Entrinnen, Kapitän Osepok bestand darauf, daß wir bis zum Ende zusahen. Die nächste Gelegenheit dazu hätten wir erst in mehreren Jahren, erklärte sie, danach noch einmal viele Jahre später, und irgendwann müßten wir es allein können. »Der Erfolg der ganzen Mission hängt davon ab«, sagte sie, »daß ihr es in nicht weniger als siebzig Jahren richtig macht, und deshalb solltet ihr keine Chance versäumen, dabeizusein.«

So lasen wir denn brav die Spannung des Taus von der Anzeige ab, beobachteten am Radarschirm, wie das Segel sich immer mehr zusammenfaltete, und vertrödelten auf diese Weise einen endlosen Tag. Dann folgte das Schiff endlich wieder seiner ballistischen Bahn und steuerte auf Zoiroy zu. Kurz vor dem Schlafengehen flüsterte Otuz: »Hast du Mejox gesehen?«

»Was ist mit ihm?«

»Wann hast du je erlebt, daß er bei einer so langweiligen Aktion still sitzengeblieben ist?«

»Er kann doch gar nicht anders – seine Hand ist in Gips, und sein Bein tut noch weh.«

»Du weißt doch, was ich meine. Er hat nicht protestiert.«

»Ich hätte gedacht, du freust dich darüber.«

»Tue ich ja auch. Ich habe heute abend die Erwachsenen belauscht, und sie waren alle überglücklich. Aber es paßt einfach nicht zu ihm. Verletzt und hilflos zu sein hat offenbar einen starken Eindruck auf ihn gemacht.«

Der Unfall hatte Mejox tatsächlich zu seinem Vorteil verändert. Auf jeden Fall wurde er ruhiger und benahm sich besser. Ich gab mir große Mühe, ihm über seine Schwierigkeiten in Mathematik hinwegzuhelfen, und nach ein paar Tagen hatte ich das Gefühl, daß unser Verhältnis wieder so gut war wie früher.

Etwa fünfzig Tage später waren wir im letzten Stadium des Anflugs auf Zoiroy. Was die anderen taten, weiß ich nicht, ich drückte jedenfalls den Narkoseknopf. Zoiroy war sehr viel kleiner als die Sonne, wir brauchten also nicht mehr als acht Schwerkrafteinheiten zu ertragen und konnten auf die Stabilisierungflüssigkeit in den Lungen verzichten. Trotzdem hatte ich vorerst genug von solchen Erfahrungen.

Als ich aus der Narkose erwachte, hatte Kapitän Osepok den Teil des Segels, den wir nicht mehr brauchen würden, bereits abgestoßen und uns in den Laserstrahl gesteuert, auf dem wir in den nächsten Jahren fliegen würden. Wir waren unterwegs in die Finsternis des interstellaren Raums. In nur sechzig Tagen waren wir quer durch unser Sonnensystem gerast, von der Sonne bis Zoiroy – die erste Expedition nach Kahrekeif, von der uns Kekox erzählte, hatte dazu zwei Jahre oder knapp tausend Tage gebraucht.

Dank des Laserstrahls, der uns sozusagen von hinten anschob, würden wir in gut einem Jahr die große Kometoidenwolke erreichen, die äußere Grenze unseres Sonnensystems – und dann hatten wir immer noch mehr als zwanzig Jahre an Bord vor uns.

Ich setzte das Ganze in ein Spiel um: Nisus Äquator war eine lange Strecke – für unsere letzte Weltreise hatten wir mehrere Tage gebraucht. Und Nisus Bahn um Sosahy war vierzig Mal so lang. Wenn man das Hundertfache *davon* nahm, hatte man die Entfernung von Nisu zur Sonne. Die wiederum mit dreizehn multipliziert, und man bekam – bei der derzeitigen Konstellation – die Distanz zwischen der Sonne und Zoiroy. Wir hatten also einen Weg zurückgelegt, der 52000 Nisu-Umrundungen entsprach, und das in nur sechzig Tagen. Mit dem Laserstrahl würden wir uns irgendwann siebenmal schneller bewegen als jetzt ...

Und trotzdem würde es vom Start an gerechnet insgesamt dreiundzwanzig ein Viertel Jahre, neun Achttage, drei Tage und einen Zweifünfteltag dauern, bis wir im Orbit um Setepos waren. Wenn ich allzu lange darüber nachdachte, wie unermeßlich die Entfernungen selbst für ein so schnelles Schiff wie das unsere waren, endete ich unweigerlich irgendwann vor einem Bullauge und starrte hinaus in die ewige Finsternis zwischen den Sternen, bis sich eins von den anderen Kindern an mich heranschlich und mich erschreckte. Nach einer Weile gewöhnte ich es mir ab, überhaupt noch aus Bullaugen zu schauen und vergaß sogar, daß wir uns bewegten. Der kleine Metalltorus, der inmitten einer immensen, schwarzen Leere hinter einer großen, schwach leuchtenden Scheibe herjagte, war unsere Welt geworden.

6

Sehr viel später, als ich viel zuviel Muße hatte, um über die Vergangenheit nachzudenken, gab ich diesen ersten zwanzig Jahren der Reise, bevor wir Kinder in die Pubertät kamen, solange noch alles nach Plan lief, den Namen ›die glückliche Zeit‹. Das Glück war natürlich nicht vollkommen. Es gab oft Streitigkeiten mit den anderen Kindern, man kränkte einander und mußte sich entschuldigen. Einmal brach ich mir in der Sporthalle das Handgelenk und mußte einen Gipsverband tragen, und einmal wurde Otuz so wütend auf Priekahm, daß sie sie regelrecht verprügelte. Soikenn und Osepok redeten über ein Jahr lang kein Wort miteinander, ohne daß eins von uns Kindern gewußt hätte, warum.

Trotz alledem war es eine schöne Zeit. Das Schiff lief auf Automatik, und die Steuerung war so zuverlässig, daß Kapitän Osepok nach den ersten Achtwochen nur noch einmal täglich ins Cockpit ging, um sich zu vergewissern, daß alles so lief, wie es sollte. Alle paar Achttage setzte sie sich für zwei Tage an die Simulatoren, um nicht aus der Übung zu kommen, und hin und wieder ließ sie mich oder Otuz die gleichen Manöver durchführen. In Wirklichkeit war das Schiff jedoch sehr viel leichter zu bedienen als die Landefähren, mit denen wir alle paar Tage am Simulator übten, und im Vergleich zu einem gewöhnlichen Flugzeug waren Steuerung und Navigation der *Wahkopem Zomos* geradezu ein Kinderspiel.

Damit blieb uns sehr viel freie Zeit, und da uns eine riesige Bibliothek mit allen nur erdenklichen visuellen und akustischen Aufzeichnungen zur Verfügung stand, waren wir acht irgendwann wahrscheinlich die gebildetsten Leute aller Zeiten. Wir beschäftigten uns nicht nur intensiv mit Literatur und Musik, mit Geschichte, toten Sprachen und sämtlichen Naturwissenschaften, sondern auch mit einem Dutzend verschiedener Geschicklichkeits- und Strategiespiele. Und alle trainierten wir regelmäßig in der Sporthalle.

Natürlich gab es auch Unmengen an Forschungsarbeiten zu erledigen. Obwohl uns Dutzende von unbemannten Sonden durch den interstellaren Raum voranflogen, konnten sie nur das melden, worauf sie programmiert waren; wenn die Werte irgendwelche Unregelmäßigkeiten aufwiesen, dauerte es zunächst einmal Jahre, bis die Daten nach Nisu gelangten, und dann noch einmal genauso lange, bis ein Funksignal die Sonde erreichte und das Programm entsprechend änderte. Inzwischen war die Sonde, die ja mit mehr als halber Lichtgeschwindigkeit flog, schon weit von der Anomalie entfernt. Man mußte also eine neue ausschicken und konnte nur hoffen, daß sie genau dieselbe Stelle in den Weiten des leeren Raums wiederfinden und daß das Phänomen nach mehr als einem Jahrzehnt immer noch vorhanden sein würde.

Wir dagegen waren mit unseren Instrumenten an Ort und Stelle. Wenn uns bei den Tausenden von Werten, die wir pro Sekunde empfingen, irgend etwas auffiel, konnten einer oder mehrere von uns eine weitergehende Überprüfung einleiten, Untersuchungen mit Laser-, Radar- oder Teilchenstrahlsonden durchführen und die Ergebnisse mit allen bisher eingelaufenen Daten vergleichen – kurzum, wir konnten in einer Weise wissenschaftlich arbeiten und direkt auf unsere Umgebung reagieren, wie es den Leuten zu Hause nicht möglich war. Dieser Umstand sowie die Tatsache, daß wir soviel freie Zeit hatten, machten unsere Forschungsarbeit ungeheuer produktiv.

Traditionell wird es sehr guten Schülern gestattet, in den letzten zwei Jahren vor Einsetzen der Pubertät wissenschaftliche Arbeiten unter ihrem eigenen Namen zu veröffentlichen, aber Otuz und ich hatten die ersten Anrechnungspunkte für einen akademischen Grad bereits erworben, bevor wir zehn Jahre alt waren, und hatten jeweils mehr als hundert dieser Punkte aufzuweisen, ehe wir das zwanzigste Lebensjahr erreichten.

Doch je mehr wir uns mit unserer derzeitigen Umgebung und mit unserem Ziel vertraut machten, desto schwerer fiel es uns, aus den Berichten von zu Hause klug zu werden. Über Satellit konnten wir zwar ständig alle größeren Rundfunk- und Fernsehsender empfangen, und wir bekamen auch alle Bücher und Aufzeichnungen, die wir anforderten, trotzdem stellten wir zwischen uns und Nisu eine zunehmende Entfremdung fest.

Zum Teil lag das an der ständig wachsenden Entfernung und der dadurch bedingten Zeitverzögerung. Viereinhalb Jahre nach unserer Abreise dauerte es schon ein volles Jahr, bis wir nach Absetzen eines Funkspruchs von Nisu Antwort erhielten. Als uns nach zwölfeinhalb Jahren die Nachricht vom Tod des alten Kaisers erreichte, war das traurige Ereignis bereits zweieinhalb Jahre vorher eingetreten, und obwohl Mejox das ein Vierteljahr dauernde Auswahlverfahren mit einer Spannung verfolgte, als sei er mitten im Geschehen, erfuhren wir den Namen der neuen Kaiserin dank dieser Verzögerung wiederum erst zweieinhalb Jahre nach ihrer Thronbesteigung. »Es macht mich wahnsinnig«, gestand mir Mejox einmal. »Irgendwo weit hinter uns kommt langsam ein Funksignal angeschlichen, das mir sagen kann, was ich wissen will. Es ist verrückt: Man weiß, daß alles entschieden ist, aber man hat keine Möglichkeit, an die Entscheidung heranzukommen.«

»Du kannst ja aussteigen und darauf warten«, sagte Otuz.

Im nachhinein wäre er wahrscheinlich froh gewesen, wenn das Signal nie eingetroffen wäre. Die neue Kaiserin war nämlich keine Roupox, und sie hatte bereits ein Kind. Damit war Mejox zwar nicht aus dem Rennen – der Rat der höchsten Familien konnte aus seinen Reihen wählen, wen immer er wollte –, aber er war auch längst nicht mehr der aussichtsreiche Kandidat, der er einmal gewesen war.

Als wir im achtzehnten Jahr der Reise unsere Maximalgeschwindigkeit erreichten, hatten wir etwa neunzig Prozent der Strecke nach Setepos zurückgelegt, würden aber für das letzte Zehntel ein Viertel der gesamten Reisedauer brauchen, denn da wir jetzt mit zwei Fünftel Lichtgeschwindigkeit flogen, brauchten wir Jahre, um diese Geschwindigkeit möglichst behutsam wieder zu reduzieren. Wir Kinder waren inzwischen alt und erfahren genug, um die Dezeleration mit einleiten zu können. Otuz saß auf dem zweiten Sessel im Cockpit, Priekahm kontrollierte mit Poiparesis im Observatorium die Instrumente, und wir übrigen saßen im Computerraum an den Terminals und sorgten dafür, daß das Segel gespannt und heil blieb.

Der erste Teil des Manövers beanspruchte fast einen vollen Tag. Es galt, das Segel an seinem Diamanttau langsam einzuholen, wobei man ständig darauf achten mußte, daß sich das Tau weder verdrehte noch Schlingen bildete, noch – die schlimmste Möglichkeit – gegen einen anderen Teil des Segels oder gar gegen das Schiff schlug: Die aus mikroskopisch feinen Diamantfasern gesponnene Schnur hätte jedes Material sofort durchschnitten. Es war nicht uninteressant, hatte aber natürlich sehr viel Ähnlichkeit mit den Übungsmanövern, die wir in den vergangenen zwanzig Achttagen absolviert hatten.

Endlich füllte das mächtige, kreisrunde Segel – das so viele Jahre wie Sosahy vor uns am Himmel gehangen hatte – die Schirme vollkommen aus. Vereinzelt zeigten sich schwarze Flecken, dort hatte irgendwann in den letzten achtzehn Jahren ein Teilchen von der Größe einer Schneeflocke die riesige Stofffläche getroffen und ein winziges Loch hineingebrannt. Dann begann sich der Riesenkreis ganz langsam zu verformen. Die letzten Meter des Taus wickelten sich auf.

Als nächstes kam das Segel selbst an die Reihe. Alle atmeten auf, als alle Rollen sich einwandfrei drehten. Wir hatten sie tagelang überprüft und, wenn nötig, gängig gemacht, aber wenn ein Mechanismus nach achtzehn Jahren zum ersten Mal wieder benützt wird, hat man immer seine Bedenken, wie schonend man damit auch umgegangen sein mag. Hin und wieder wurde es noch spannend, wenn sich Knitter im Stoff zeigten. Kollisionsalarm hatte es zwar seit dem Aufbruch nur sechsmal – und in den letzten fünf Jahren überhaupt nicht mehr – gegeben, aber ich kam von dem Gedanken nicht los, daß ein Schwenk, um einem Steinchen von der Größe meines Daumens auszuweichen, die ganze Arbeit zunichte machen konnte. Womöglich würden wir einen vollen Achttag brauchen, um das Segel abermals korrekt zusammenzufalten.

Es wurde jedoch ohne Zwischenfälle geborgen, und dann bereiteten wir das Rückstoßmanöver vor. Die kleinen Raketen der *Wahkopem Zomos* für Lage- und Kurskorrekturen arbeiteten wie die Startrakete, die uns aus dem Orbit um Nisu katapultiert hatte, mit einer Mischung aus Flüssigwasserstoff und Antimaterie. Nun flackerte wieder ein lautloser Feuerstrahl aus den Düsen, und bunte Lichter huschten über den Himmel, aber diesmal hatten wir keine Zeit, uns das Spektakel anzusehen. Nach weniger als einem Fünfteltag hatten wir die Bahn des Laserstrahls verlassen.

Kapitän Osepoks Stimme drang aus dem Interkom. »Alle mal herhören: Die Umstellung wird euch ziemlich merkwürdig vorkommen.«

Nach Jahren an Bord hatten wir uns daran gewöhnt, daß ›unten‹ nach außen hin lag, zum Rand des Torus, während ›oben‹ nach innen bedeutete, wo sich der Zentralzylinder befand. Die Wirkung des Lasers auf das Segel beeinflußte die durch Rotation erzeugte ›Schwerkraft‹ nur so unwesentlich, daß wir nie etwas davon bemerkt hatten.

Doch als jetzt die kleinen Korrekturdüsen gezündet wurden, drehte sich das ganze Schiff langsam um sich selbst, bis es in die entgegengesetzte Richtung schaute. Es war verwirrend, weil wir so sehr daran gewöhnt waren, daß die Zentrifugal-›Schwerkraft‹ des Schiffes immer gleichblieb; so empfanden wir selbst diese geringfügige Veränderung irgendwie als störend.

Dann schalteten sich die Düsen ab, und der rotierende Torus konnte sich wie ein Gyroskop in der neuen Position stabilisieren. ›Unten‹ war wieder da, wo es immer gewesen war.

»Position?« rief Osepok durch das Interkom.

Einen Augenblick später hörten wir Priekahms Stimme: »Alles korrekt. Lage stimmt genau, und wir liegen auf Kurs. Gute Arbeit, Kapitän.«

»Bedanke dich bei Otuz. Ich bin nur danebengesessen und habe zugesehen.«

Zunächst waren wir alle überrascht, doch dann dachte ich: *Im Namen des Schöpfers, warum denn nicht? Früher oder später muß es doch sein.*

Otuz fragte über Interkom: »Alles bereit zum Segelsetzen in Magnetvariante?«

»Observatorium bereit«, antwortete Poiparesis.

»Computerraum bereit«, meldete auch Kekox, fügte aber dann hinzu: »Wenn der Pilot nichts dagegen hat, könnten wir zuvor vielleicht etwas essen und ein wenig schlafen. Die Sache dauert schließlich einen Dritteltag.«

»Gute Idee«, sagte Otuz. »Hole Zustimmung des Kapitäns ein.«

Wir hörten Osepok lachen. »Wenn ihr so weitermacht, glaube ich noch, ich bin auf einem richtigen Schiff. Na schön, zwei Stunden zum Essen und Schlafen.«

Nach der Ruhepause wurde die Bremsschleife ausgefahren. Physikalisch gesehen war sie ein sehr einfaches Gebilde – ein Faden, kaum dick genug, um ihn mit bloßem Auge zu erkennen. Um ihn abzuwickeln, brauchten wir einen Achteltag, bei den Fangleinen aus Diamantfasern dauerte es noch etwas länger.

Den nächsten Schritt konnten wir nicht mitverfolgen, was ziemlich nervenaufreibend, aber nicht zu ändern war. Um etwas zu ›sehen‹, hätten wir ein Elektronenmikroskop mit sehr hoher Auflösung gebraucht, doch dafür spielte sich das Ganze über eine zu gewaltige Distanz ab.

Der ›Faden‹ bestand im Grunde aus fest zusammengedrehten, hauchdünnen, für das bloße Auge unsichtbaren Fasern. Sobald das Knäuel im All war, luden wir die Leinen, die durch eine spezielle Oberflächenbehandlung leitfähig gemacht worden waren, vorsichtig elektrisch auf. Dadurch kam es zur Selbstabstoßung, die Windungen wurden auseinandergedrückt. Bald zogen wir eine riesige Schlinge hinter uns her, vom Umfang größer als die *Ostinsel* auf Nisu. Während die Leinen noch unter Strom standen, brachten wir das Schiff allmählich wieder auf seine alte Rotationsgeschwindigkeit, so daß wir bald wieder Schwerkraft hatten.

Jetzt wurde die Schleife entladen – die Zentrifugalkraft allein genügte, um sie offenzuhalten –, und Otuz und Osepok schickten Strom durch zwei von den leitfähigen Fangleinen.

Wie die Fangleinen aus Diamantfasern oder das Lichtsegel, so war auch die Bremsschleife im Grunde nichts anderes als ein einziges Riesenmolekül, eine Röhre, die zu einem gewaltigen Ring zusammengebogen war. Im Innern der Röhre befand sich ein mikroskopisch feines Supraleiterband – oder vielmehr ein Band aus einem Material, das zum Supraleiter wurde, wenn man es weit genug herunterkühlte. Die Röhre selbst wurde unter Schwachstrom innen kalt und außen heiß, führte also ständig Wärme ab, um die Supraleitfähigkeit zu erhalten. Otuz verfolgte im Cockpit, wie die Temperatur im Innern immer weiter fiel, bis sie schließlich im gewünschten Bereich angelangt war.

Sobald das dünne Innenband zum Supraleiter geworden war, setzten wir es seinerseits unter Strom, und binnen kurzem war der hauchdünne Draht zu einem Stromkreis von ungeheurer Länge geworden.

»Schaut durch das Bullauge, es lohnt sich«, sagte Osepok.

Ein leises Summen ging durch den Schiffsrumpf. In den vergangenen achtzehn Jahren hatten wir einen kleinen Bruchteil der Laserenergie abgezweigt, um damit die Antimateriekonverter zu betreiben. Die so gewonnene Antimaterie – die Menge war so gering, daß man sie in einem Klümpchen auf die Fingerspitze hätte legen können – sollte uns nun für den Rest der Reise mit Energie versorgen.

Und Energie brauchten nicht nur die Lebenserhaltungssysteme und die elektrischen Anlagen des Schiffs. Im Zentralzylinder stand, in sicherer Entfernung von uns in einer hermetisch abgedichteten Kammer, ein großer Generator. Die Vibration, die wir in den Beinen spürten, rührte daher, daß dieser Generator nun die Schleife unter Starkstrom setzte.

Schon im Lauf des nächsten Zwanzigsteltages machte sich die Wirkung bemerkbar. Alle Gewichte verlagerten sich ein wenig, richteten sich nicht mehr senkrecht auf den ›Fußboden‹, wie wir es gewöhnt waren, sondern mehr auf das ehemalige ›Heckfenster‹, das sich nun an der Vorderseite des Schiffs befand. Das Vakuum im interstellaren Raum ist härter, als man es jemals im Labor erzeugen könnte, aber es ist nicht absolut. Eine Volumeneinheit im Weltraum enthält etwa 50 000 Wasserstoffatome, das klingt nach sehr viel, aber man muß bedenken, daß eine Volumeneinheit normaler Luft etwa 500 000 000 000 000 000 000 000 000 Atome enthält. Als die Schleife nun mit dieser hohen Stromstärke und unserer enormen Geschwindigkeit durch die dünne Wasserstoffkonzentration fegte, wurden die einzelnen Atome sogar auf große Distanz einfach entzweigerissen. Das ist folgendermaßen zu erklären: Wenn durch einen Leiter Strom fließt, entsteht ein Magnetfeld, je stärker der Strom, desto stärker auch das Feld. Ein Magnetfeld übt auf jedes geladene Teilchen eine Kraft aus, wobei die Richtung der Kraft von der Ladung des Teilchens abhängt. Da ein Wasserstoffatom aus einem einzigen Elektron (mit Ladung 1^-) besteht, das um ein einzelnes Proton (mit Ladung 1^+) kreist, konnte das Magnetfeld der Schleife alle Atome, die ihm in die Quere kamen, dadurch auseinanderreißen, daß es das Elektron in die eine und das Proton in die andere Richtung schleuderte.

Doch um die Bewegungsrichtung eines Objekts zu verändern, ist Energie erforderlich; das Elektron und das Proton voneinander zu trennen erforderte ebenfalls Energie, und wenn die geladenen Teilchen im Magnetfeld herumgeschleudert wurden, absorbierten sie noch mehr Energie. Und die Quelle dieser Energie war die Bewegung der Schleife. Wenn sich die kinetische Energie der Schleife in die thermale Energie des dünnen interstellaren Gases umwandelte, wurde die Schleife langsamer, und da wir mit ihr verbunden waren, auch wir. Man kann es auch anders sehen: Jedesmal, wenn die Schleife ein geladenes Teilchen anzog oder abstieß, wirkten, das verlangten die Gesetze der Mechanik, gleich starke, aber entgegengesetzte Anziehungs- bzw. Abstoßungskräfte auf sie selbst. Über die Länge der Riesenschleife summierten sich diese kleinen Reaktionen zu einer Kraft, die stark genug war, um uns zu bremsen.

»Nachdem jetzt wieder alles normal läuft«, sagte Poiparesis über Interkom, »möchte ich euch etwas auf dem Bildschirm zeigen.«

Hinter uns stand ein riesiger, tiefblauer, fast schon violetter Lichtkreis am Himmel. »Was ...?« begann ich, konnte aber die Frage nicht formulieren.

»Bremsphotonen«, sagte Soikenn. »Das gleiche Phänomen kann man in einem Zyklotron beobachten. Wenn man ein geladenes Teilchen beschleunigt, gibt es Photonen ab – deshalb entsteht auch ein Magnetfeld, wenn man elektrischen Strom durch eine Spule schickt, denn Photonen sind unter anderem Träger von Magnetismus. Und hier verändern zahllose Protonen und Elektronen innerhalb von winzigen Sekundenbruchteilen ihre Richtung und ihre Geschwindigkeit. Da kommt einiges an Beschleunigung zusammen, und dabei werden viele relativ hochenergetische Photonen abgegeben. Die Energie ist so stark, daß sie als sichtbares und ultraviolettes Licht auftritt.«

»Schild steht«, sagte Poiparesis.

Er schaltete den Bildschirm auf Vorderansicht, doch da gab es nichts mehr zu sehen. Im interstellaren Raum war Wasserstoff dünn gesät, man brauchte schon ein Areal von der Fläche einer großen Insel, um so viele Atome einzufangen, daß man damit ein Schiff von der Größe eines mittleren Hauses abbremsen konnte. Dennoch prallte unser Schiff ständig gegen Wasserstoffatome und zerschmetterte sie in ihre Protonen und Elektronen, erzeugte also hochenergetische Strahlung, die im Lauf der Zeit tödlich sein konnte. Solange wir beschleunigten, hatte uns das Segel davor geschützt. Nun war das Segel eingeholt, und die Bremsschleife zogen wir hinter uns her. Deshalb hatte Poiparesis je ein kegelförmiges Segeltuchstück vor und hinter dem Schiff angebracht und stark positiv aufgeladen. Diese Schilde fingen nun die von vorne kommenden Elektronen ein und leiteten die Protonen um das Schiff herum.

Leider versperrten sie auch die Sicht, aber man konnte nicht alles haben. Mit Kameras an langen Stangen konnten wir über die Bildschirme hinweg weiterhin ins All schauen, auch wenn durch die Bullaugen nur noch die dunklen Innenseiten der Schilde zu sehen waren. Hinter uns bildeten die beschleunigten Photonen einen schwachblau leuchtenden Ring um das Schiff, durch den die Sterne funkelten.

So rasten wir unserer neuen Heimat entgegen. Die Schleife zerrte unentwegt an uns, die Berichte von Nisu wurden immer älter und kamen uns von Tag zu Tag fremdartiger und banaler vor. Dafür richtete sich unser Interesse auf neue Dinge. Wir ahnten es noch nicht, aber die glückliche Zeit ging ihrem Ende entgegen.

7

Zwei Jahre später hatten wir auf etwa ein Sechzigstel Lichtgeschwindigkeit abgebremst. Kousapex war mit bloßem Auge auch weiterhin nur als Stern erkennbar, doch Setepos erschien in unseren Teleskopen immer mehr als Scheibe. Über sechseinhalb Jahre lagen unterdessen zwischen Frage und Antwort, alle Berichte von zu Hause waren mehr als drei Jahre alt. Auf Nisu war – soweit es uns betraf – die wichtigste Neuigkeit, daß sich die Arbeiten an der *Hoffnung des Reiches*, jenem riesigen Schiff, das in hundert Jahren mehrere Millionen Menschen nach Setepos befördern sollte, verzögerten. Der *Eindringling* hatte bei seiner letzten Annäherung vor nur fünf Jahren Nisu zwar verfehlt, wie es die Astronomen prophezeit hatten, aber alle Welt hätte doch sehen müssen, daß er wie ein weißglühender Fleck, hundertmal so breit wie die Sonne, am Himmel stand. Wer zu dieser Zeit geistig halbwegs reif war, der brauchte bloß in den Nachthimmel zu schauen, um sich ausrechnen zu können, daß hundert Jahre für diese gewaltige Aufgabe eigentlich bei weitem nicht genug waren.

Der Grund, warum die *Hoffnung des Reiches* nicht termingemäß fertiggestellt wurde, war uns Kindern unbegreiflich, die Erwachsenen auf der *Wahkopem Zomos* erfüllte er mit Empörung. Angefangen hatte es kurz vor dem Tod des Kaisers – in seiner letzten Botschaft, bevor wir von seinem Ableben erfuhren, hatte er uns noch zum Erreichen der äußeren Grenze des Sonnensystems gratuliert und uns alles Gute gewünscht. Seither waren wir längst daran gewöhnt, daß wir oder die *Wahkopem Zomos* in Nachrichten- und Informationssendungen so gut wie nicht mehr vorkamen. Wir hatten in den letzten Jahren schließlich auch nichts getan, was für das gewöhnliche Volk von Interesse gewesen wäre – unsere wissenschaftliche Arbeit war zwar wichtig, aber wie hätte der Durchschnittsnisuaner sie schätzen sollen? Immerhin wurde mindestens einmal im Monat über die Fortschritte beim Bau der *Hoffnung des Reiches* berichtet.

Das riesige Schiff sollte Millionen von Menschen befördern, und der *Eindringling* würde mit Sicherheit nicht nur sämtliche Laserkanonen, sondern auch die Paralinsen zur Bündelung der Strahlen zerstören. Es würde also eine Reise über mehrere Generationen werden. Die *Hoffnung* sollte genau wie wir dicht an der Sonne und an Zoiroy vorbeifliegen, und sie würde auch ein paar Jahre Laserschub mitbekommen, bevor der Regen aus Fels- und Eisbrocken die Laserstellungen zerstörte, aber sie durfte sich der Sonne nicht ganz so weit nähern, weil die Gezeitenkräfte auf ein großes Schiff stärker wirkten als auf einen Winzling wie das unsere, und außerdem konnten die Laser eine so viel größere Masse bei weitem nicht so stark beschleunigen. Das Maximum würde also weit unter unseren zwei Fünftel Lichtgeschwindigkeit liegen. Die *Hoffnung des Reiches* würde mehrere hundert Jahre unterwegs sein, und in dieser Zeit würde unser Volk keine andere Welt haben als sie.

Wenn ein Kaiser starb, hatte sein Nachfolger das Recht, den Allgemeinen Gerichtshof von Shulath aufzulösen und neu zu besetzen. Dabei war es Tradition, daß der neue Kaiser oder die Kaiserin in Shulath Wahlen ausschrieb, um die Mitglieder bestimmen zu lassen. Außerdem wurden von den Kaiserlichen Hofämtern, die den Palathiern vorbehalten waren, viele an Günstlinge des neuen Herrschers vergeben. So hatte man auf beiden Kontinenten herrlich Gelegenheit zu hitzigen Redeschlachten.

Die Politiker sagten den Menschen, was sie hören wollten. Das war die große Veränderung seit den letzten allgemeinen Wahlen vor siebenundzwanzig Jahren. Von der alten Generation, die sich noch an den Ersten Trümmerregen erinnerte, war inzwischen niemand mehr am Leben, und auch jene, die in ihrer Jugend mit Feuereifer am Großen Wiederaufbau mitgearbeitet hatten, waren tot.

Heutzutage ging die Tendenz offenbar überall dahin, die Arbeiten an der *Hoffnung des Reiches* zurückzufahren. Dafür gab es im Grunde nur ein Argument: Wer heute lebte, war selbst längst nicht mehr auf der Welt, wenn der katastrophale Zweite Trümmerregen einsetzte, und da von den Milliarden Menschen auf Nisu nur wenige Millionen mitfliegen konnten, durfte niemand damit rechnen, daß ausgerechnet seine Nachkommen nach Setepos reisen würden.

Mit einer derart radikalen Einstellung wollte sich bei Meinungsumfragen und Volksentscheiden zwar kaum jemand identifizieren. Die *Hoffnung des Reiches* sollte weitergebaut, auch das *Projekt Exodus* sollte fortgesetzt werden. Aber wenn man vom ›goldenen Mittelweg‹ oder von ›kalkulierter Zurücknahme‹ sprach, hatte *Projekt Exodus* bereits verloren, denn die Nisuaner wollten selbst mehr Lebensstandard und zwar hier und jetzt. Es konnte doch nicht so schwierig sein, ›einen Kompromiß zu finden‹, wie sich der Oberste Richter des Allgemeinen Gerichtshofs ausdrückte, ›zwischen den Anforderungen der Zukunft und den Bedürfnissen der Gegenwart‹. Und die neue Kaiserin stand voll und ganz auf seiner Seite.

Eine weitere Begründung lautete, wenn man sich etwas mehr Zeit lasse, kämen der *Hoffnung des Reiches* auch die neuesten Errungenschaften der Technik zugute. Und man habe doch noch so viele Jahrzehnte Zeit, warum also nicht etwas bremsen, den technischen Fortschritt abwarten, alles in Ruhe überlegen – und nebenbei ein wenig von dem Wohlstand profitieren, den der Wiederaufbau für ganz Nisu gebracht hatte?

»Warum traue ich bloß niemandem mehr, der vor eine Kamera tritt?« fragte Osepok eines Abends. Wir sahen uns gerade eine dreieinhalb Jahre alte Debatte im Allgemeinen Gerichtshof an.

»Weil es nicht mehr die Leute sind, die uns auf die Reise geschickt haben«, sagte Kekox. »Das gilt besonders für die neue Kaiserin. Trotzdem, wenn wir zu Hause wären, hätten wir dem einiges entgegenzusetzen – ich meine, es ist doch nur vernünftig ...«

Poiparesis stöhnte. »Ja, wenn wir zu Hause wären. Aber wir sind nicht nur nicht zu Hause, auch unsere Berichte sind mehrere Jahre alt, wenn sie dort eintreffen. Die jetzigen stammen aus einer Zeit, in der wir nur nichtssagende Phrasen aufgezeichnet haben. Damals betrachteten wir das Ganze nur als lästige Pflicht, der wir uns hin und wieder unterziehen mußten. Sie haben noch nicht einmal die Volldrehung und die Bremsschleife gesehen. Wir können unsere Sicht der Dinge im Moment noch so überzeugend vortragen, es dauert Jahre, bis das Plädoyer seine Adressaten erreicht.«

»Es gibt immer noch genügend Politiker, die auf unserer Seite stehen«, tröstete Kekox. »Und soviel man gegen die Kaiserin auch einwenden kann, auch sie sagt immerhin, das Projekt muß weitergeführt werden. Außerdem ist wirklich noch genug Zeit, man müßte sie allerdings nicht unbedingt mit unzähligen Planänderungen vergeuden. Der Zeitplan sah ursprünglich vor, daß die Projektierung abgeschlossen und die Bauphase eingeleitet sein sollte, bis wir auf Setepos landen. Jetzt bin ich längst tot, und die Kinder haben die Rückreise zur Hälfte hinter sich, bis es soweit ist.«

»Scht«, zischte Soikenn. »Das scheint wichtig zu sein.« Wir beugten uns alle vor.

Wir konnten uns nicht erinnern, von diesem Sprecher schon einmal gehört zu haben. Er hieß Fereg Yorock und war einer von den zehn Palathiern, die dem Allgemeinen Gerichtshof angehörten – zu Zeiten der Gleichheitsbewegung hatte man dort zehn Sitze für Palathier geschaffen und im Gegenzug zehn Posten in der Kaiserlichen Beamtenschaft für Shulathier reserviert. Heutzutage spielte die Rassenzugehörigkeit bei der Besetzung von Ämtern – mit Ausnahme des Kaisers – zumindest theoretisch keine Rolle mehr. Die Praxis sah freilich anders aus.

»Eine Familie Yorock kenne ich nicht«, murmelte Osepok.

»Sehr bedeutend kann sie nicht sein, sonst hätte man ihn nicht mit diesem Alibipöstchen abgespeist«, fügte Kekox hinzu. »Normalerweise gilt es als schlechter Stil, wenn sich einer von uns im Allgemeinen Gerichtshof überhaupt zu Wort meldet. Was will er denn eigentlich?«

Soikenn verlangte abermals Ruhe; der Debattenleiter war endlich am Ende der Liste von Feregs Ämtern und Würden angekommen. Es handelte sich zumeist um untergeordnete Positionen in irgendwelchen Provinzbehörden.

»Freunde und Gleichgestellte«, begann Fereg. Kekox ließ ein Knurren hören. Diese Anrede war das Markenzeichen der Egalitaristen. Soikenn zischte wieder, während der Redner bereits weitersprach. »... kann niemand bestreiten, daß die Wiederaufbaubehörden und das *Projekt Exodus* heroische Anstrengungen unternommen und ihre Ziele mit einem Höchstmaß an Intelligenz und Kooperationsbereitschaft verfolgt haben. Nisu ist durch sie eine bessere Welt geworden, unsere Zivilisation genießt heute nicht nur mehr Wohlstand, sondern auch sehr viel mehr Gleichberechtigung und Freiheit als noch vor einhundertundfünfzig Jahren.

Ich gebe jedoch zu bedenken, daß es jetzt an der Zeit ist, nicht mehr nur an die Pflichten gegenüber unseren ehrenwerten Vorfahren und an die Sorge für künftige Generationen, sondern auch an uns, die Lebenden, zu denken. Wissenschaft und Technik haben unglaubliche Fortschritte gemacht – sie haben uns in einem einzigen Jahrhundert den Sprung von primitiven Flugmaschinen und Dampfschiffen zum ersten Weltraumflug ermöglicht –, das ist an sich schon ein reiches Erbe, von dem wir, wie ich glaube, zum Wohl der Allgemeinheit auch zehren dürfen, ohne das Erreichte in irgendeiner Weise zu gefährden.«

»Worte, nichts als Worte«, sagte Poiparesis. »Nun komm schon, sag uns, was du tun willst.«

Auf dem Bildschirm lächelte Fereg: »Ich habe mir im letzten halben Jahr unsere Finanzlage wie unsere Pläne gründlich angesehen und dabei festgestellt, daß wir genügend Spielraum haben, um auch etwas für die Lebensbedingungen dieser Generation hier auf Nisu zu tun. Mein Vorhaben trägt den Namen *Programm zur Planetenverbesserung* und sieht folgendes vor ...«

Es war eine lange Liste. Öffentliche Parks, freien Zugang zu den Stränden für jedermann, zwei Achttage bezahlten Urlaub mehr pro

Jahr, eine Verkürzung der Lebensarbeitszeit um zwei Jahre für einen Großteil der Bevölkerung, ein kompletter Satz neuer, modernerer Schiffe und Flugzeuge für die Kaiserliche Garde sowie zwei neue, mit Shulathiern zu besetzende Legionen …

»Für jeden etwas«, murmelte Osepok. »Schön. Und wovon will er das alles bezahlen?«

Es dauerte eine Weile, weil die Aufzählung seiner Versprechungen gar kein Ende nehmen wollte, aber irgendwann kam Fereg Yorock doch auf die Frage der Finanzierung zu sprechen. Sein Plan dafür setzte sich aus nur drei Schritten zusammen. Erstens: Man verlängerte die Planungsphase der *Hoffnung des Reiches* um elf Jahre, ›um den technischen Fortschritt besser nützen zu können und zu vermeiden, daß die Mittel für die ersten Jahre des *Programms zur Planetenverbesserung* und die Anschubfinanzierung für den Schiffsbau gleichzeitig aufgebracht werden müssen‹.

»So ist es recht, laß dir nur Zeit, damit es noch mehr kostet und möglichst viele ihren Rüssel in den Trog stecken können«, maulte Kekox.

Zweitens: Man legte die Missionen zu den anderen fünf Sonnensystemen mit bewohnbaren Planeten auf Eis. Setepos sehe ja sehr vielsprechend aus, und sollte sich doch zeigen, daß es zur Besiedelung nicht geeignet sei, dann könnte man die *Wahkopem Zomos* immer noch überholen und zum nächsten System schicken.

Soikenn stöhnte. »Wunderbar. Setzt nur eure ganze Zukunft auf dieses eine Schiff.«

Drittens: Man verschob die Inbetriebnahme der nächsten Lasergeneration um zwölf Jahre. Dann konnte man die dafür bestimmten Solarenergiesatelliten zweckentfremden, um billigere Energie für Nisu bereitzustellen und somit ›ein günstigeres Klima für die bislang schmählich vernachlässigte Privatwirtschaft zu schaffen‹.

»Was?« Kapitän Osepok sprang erschrocken auf.

Uns anderen hatte es die Sprache verschlagen. Wir waren auf diesen Laser angewiesen, um nach Hause zu kommen. Er sollte doppelt so stark sein wie der jetzige, der uns bisher angetrieben hatte, trotzdem würde der Rückflug einundvierzig Jahre dauern.

Die Gründe dafür waren einfach und zwingend. Auf Setepos hatten wir keine Startrakete, die uns mit Antimaterie plus Flüssigsauerstoff den ersten Schub in Richtung auf Kousapex, die dortige Sonne, geben konnte. Statt dessen würden wir schon mehr als ein Jahr brauchen, um uns in eine langgezogene elliptische Umlaufbahn zu manövrieren, die uns so dicht an Kousapex herantrug, daß uns die Sonne einen Stoß in Richtung Heimat geben konnte.

Auch dieser Stoß würde schwächer ausfallen; Kousapex war nur drei Viertel so hell wie unsere Sonne, und sie hatte keinen Begleitstern, der uns ein zweites Mal anschieben konnte. Wir würden das System mit weniger als einem Dreißigstel Lichtgeschwindigkeit verlassen – während wir die Grenze unseres Heimatsystems mit einem Zwanzigstel überschritten hatten.

Es gab also Verzögerungen beim Start, und wir würden langsamer fliegen. Doch das dritte Problem war zugleich das schwerwiegendste: Wir mußten im Laserstrahl ›stromaufwärts‹ schwimmen. Das war nur möglich, weil uns, seit wir auf dem ersten Strahl ein Stück weit in Richtung Setepos geflogen waren, ein riesiger, federleichter Spiegel – fünfmal so groß wie unser Segel und aus dem gleichen Material – auf demselben Strahl folgte. Wenn wir uns nach Abschluß der Setepos-Mission auf dem Heimweg befanden, sollte dieser Spiegel an uns vorbei und weiter ins All fliegen und dabei fast das gesamte Laserlicht zu unserem Heimatsystem reflektieren.

Unser Segel hatte eine Beryllseite, die uns zugewandt war, und eine Borseite, die ins All schaute. Das helle Beryll reflektierte, das dunkle Bor absorbierte das Licht. Reflektiertes Licht gibt doppelt soviel Druck wie absorbiertes Licht; das Licht, das der Spiegel zurückwarf, würde also doppelt so stark gegen die Berylloberfläche drücken wie das Licht, das direkt aus dem Laser kam, gegen die Borseite, so daß wir uns halb so schnell auf den Laser zubewegen würden, wie wir in der Gegenrichtung von ihm weggeflogen waren – allerdings nur mit einem idealen Spiegel und einem idealen Segel. Der Spiegel reflektierte jedoch, genau wie unser Segel, nur etwa neun Zehntel der eingefangenen Lichtmenge, außerdem absorbierte das schwarze Bor auf der ›Außenseite‹ des Segels nicht nur, sondern reflektierte auch etwa ein Zwanzigstel des auftreffenden Lichts. Unter Berücksichtigung sämtlicher Gegenkräfte würde der Schub auf dem Heimweg tatsächlich nur neun Zwanzigstel dessen betragen, was uns jetzt zur Verfügung gestanden hatte.

Der einzige Vorteil auf der Rückreise war, daß wir nicht auf die elektrostatische Dezeleration mittels interstellarer Protonen angewiesen waren, sondern mit dem Laser abbremsen konnten, indem wir das Schiff einfach drehten. Deshalb konnten wir unsere (wenn auch geringe) Beschleunigung fast über die ganze Strecke beibehalten. Trotzdem würden wir auch mit der neuen Laserkanone, die doppelt soviel leisten sollte wie die jetzige, für die Rückreise einundvierzig Jahre brauchen. Und nun war auch noch die Rede davon, daß diese neue Kanone nicht planmäßig fertiggestellt werden sollte – das hieß, wir mußten für den ersten Teil der Rückreise mit einer noch sehr viel geringeren Beschleunigung rechnen.

»Wie lange?« fragte Kekox.

»Bin gerade dabei«, sagte Soikenn, die schon vor einem Wandterminal stand. Poiparesis hatte sein tragbares Terminal herausgezogen. Wir konnten den beiden Shulathiern im Moment nur bei der Arbeit zusehen und hoffen, daß ihr Spruch anders ausfiel, als wir befürchten mußten.

»Bei mir sind es neunundsechzig Jahre«, sagte Soikenn.

»Gleichfalls. Beim Blut von Mutter See, ihr Kinder kommt gerade noch rechtzeitig nach Hause, um an Altersschwäche zu sterben«, sagte Poiparesis.

»Scht«, mahnte Osepok. »Ich glaube, darauf ist man dort eben auch gekommen. Jetzt muß sich Fereg rechtfertigen.«

Fereg war dabei, auf eine Frage zu antworten, die ihm ein Berichterstatter zugerufen hatte. »Nein, keineswegs«, sagte er. »Die Sache ist die: Indem wir die anderen Missionen streichen, können wir die dafür geplanten Laserstationen irgendwann der *Wahkopem-Zomos*-Mission zuschlagen, sie bekommt damit gegen Ende ihrer Reise eine sehr viel höhere Beschleunigung. Meine Experten können Ihnen beweisen, daß das Schiff unter diesen Umständen nur etwa zwanzig Prozent länger für die Rückkehr braucht als geplant. Und es kostet nichts extra ...«

»Zwanzig Prozent?« fragte Osepok. »Das sind selbst nach diesem Plan mehr als achtundvierzig Jahre. Vorausgesetzt, sie finden nicht irgendeinen Grund, auch diese Energiequellen zu streichen oder anderswohin umzuleiten. Worauf ich übrigens keine Wette abschließen würde.«

»Wißt ihr, wovor ich mich fürchte?« fragte Otuz. »Daß sie irgendwann ganz aufgeben und wir es nur daran merken, daß das Segel plötzlich zu leuchten aufhört, weil sie ein paar Jahre zuvor den Laser abgestellt haben. Und wenn kein Licht mehr auf das Segel fällt, sitzen wir plötzlich ganz allein irgendwo im Nichts.«

Soikenn fröstelte. »Du wirst dich mit deiner Angst noch einmal selbst umbringen«, sagte sie. »Hör zu, wir sind alle wütend und besorgt, aber zu solchen Befürchtungen besteht nun wirklich kein Anlaß. Genau betrachtet, haben Politiker meist gar keinen Einfluß. Schon bald wird jemand Zeter und mordio schreien, weil es mit der *Hoffnung des Reiches* nicht schnell genug vorangeht, man wird diese Leute beschuldigen, das *Projekt Exodus* zu untergraben, und schließlich werden die gleichen Wähler, die eben noch für einen

›goldenen Mittelweg‹ gestimmt haben, Fereg und seine Horde mit Schimpf und Schande davonjagen, um ›die Zukunft zu retten‹ oder was sonst gerade für ein Slogan aktuell ist.«

Die Sendung schien kein Ende nehmen zu wollen. In Shulath fanden offenbar unzählige Demonstrationen statt, und sogar in Palath rotteten sich die Massen zusammen. Allem Anschein nach erfreute sich das *Programm zur Planetenverbesserung* großer Beliebtheit.

Und während die Politiker peinlich darauf achteten, das Wort ›Kompromiß‹ zu verwenden, und immer wieder beteuerten, sie dächten nicht daran, ›hundert Jahre Fortschritt einfach in den Wind zu schreiben‹, sagten viele von den gewöhnlichen Leuten ganz offen, sie sähen keinen Grund, ihre Urenkel zu retten.

Ein alter Palathier erschien auf dem Bildschirm und erklärte: »Für mich waren das keine hundert Jahre Fortschritt. Wir haben lauter neue Sachen, aber niemand kann was damit anfangen, und jeder weiß doch, wo die Arbeitsplätze und das ganze Geld hingehen, oder nicht? Alles rüber nach Shulath, damit die großen, dürren Langohren was zum Spielen haben. Shulath wird von diesem ganzen ›Auf-nach-Setepos‹-Zirkus dick und fett, und wenn die Langohren erst mal Geld in der Tasche haben, bilden sie sich ein, daß sie gleichberechtigt sind, mehr noch, daß sie was Besonderes sind, und dann vergessen sie, wo sie eigentlich hingehören ...«

»Sofort ausschalten«, sagte Kekox. »Wenn jemand diese Aufzeichnung wirklich sehen will, können wir sie auch ein andermal abspielen.«

Doch die Berichte, die wir in den nächsten Achtwochen erhielten, waren jeden Tag gleich schlecht. Das *Programm zur Planetenverbesserung* passierte mühelos den Allgemeinen Gerichtshof, und die Kaiserin setzte sich höchstpersönlich dafür ein.

»Das Problem ist, daß unsere Wähler entweder schon tot oder noch nicht geboren sind«, sagte Otuz, als wir Kinder nach unseren Studien gemeinsam ein spätes Abendessen einnahmen. Wir saßen abends oft zusammen und plauderten über unsere Forschungen und unsere laufenden Projekte.

»Wenn man den Geschichtsbüchern glauben kann, hat das in Shulath noch nie jemanden vom Wählen abgehalten«, sagte Mejox.

Priekahm sah uns mit großen Augen an. »Wißt ihr ...«, begann sie. »Ich meine, ich finde es nicht richtig, aber ich kann die Leute verstehen. Natürlich, wenn man wie wir mitten im Vakuum hängt, Lichtjahre von allem entfernt, und auf Unterstützung angewiesen ist, dann ist einem klar, daß das Projekt vorangetrieben werden muß. Aber wenn man die Sache aus ihrer Sicht betrachtet ...«

»Das lasse ich lieber bleiben«, sagte ich. »Ich meine, ich kann begreifen, daß sich jemand nicht um die Zukunft schert und seinen Spaß lieber jetzt haben will. Aber mir ist auch klar, daß *wir* uns das nicht leisten können. Auch uns hat niemand gefragt, und wir müssen auf sehr viel mehr verzichten als der Steuerzahler zu Hause. Wir alle opfern diesem Plan den größten Teil unseres Lebens. Die Erwachsenen werden auf Setepos *sterben*. Wir werden alt sein, bevor wir Nisu wiedersehen, und wenn wir ein paar Jahre draußen gewesen sind und das große, schöne Setepos erkundet haben, müssen wir uns wieder in diese Metallkiste zwängen und knapp fünfzig Jahre lang zurückfliegen – immer vorausgesetzt, daß Fereg Yorock und die Kaiserin wenigstens soweit zu ihrem Wort stehen.«

Priekahm erschauerte und faßte nach Mejox' Arm. »Reden wir von etwas anderem.«

»Sicher, du hast ganz recht«, sagte Mejox. »Zahmekoses, mir ist da etwas eingefallen, über das ich mich später mit dir unterhalten möchte.«

Seit etwa einem Jahr fiel mir auf, wie Mejox sich gegenüber Priekahm in der Rolle des Beschützers fühlte und offenbar alles von ihr fernhalten wollte, was sie beunruhigen könnte. Noch merkwürdiger war, daß sie das nicht nur akzeptierte, sondern offenbar ganz angenehm fand. Ich war daher nicht weiter überrascht, als er am nächsten Tag zu Otuz und mir in den Computerraum kam – während Priekahm mit Osepok Mathematikaufgaben paukte.

»Ich muß mit euch beiden sprechen«, begann Mejox. »Ich halte es nämlich für Unsinn, Setepos wieder zu verlassen, wenn wir erst dort sind.«

Otuz seufzte. »Es wird uns allen schwerfallen, aber dir sicher am meisten. Im Geiste lebst du ja jetzt schon dort.«

Mejox war nie ein besonders eifriger Schüler gewesen, obwohl er wahrhaftig nicht dumm war, aber auf die Sondendaten hatte er sich mit unerwarteter Begeisterung gestürzt. Der Strom von Informationen war niemals abgerissen, denn Nisu hatte unentwegt neue Sondengenerationen mit ständig verbesserter Technik (und damit geringerem Gewicht) und immer mehr Schubkraft gestartet, und die Flugkörper waren auch immer schneller und zuverlässiger auf Setepos eingetroffen. Außerdem verringerte sich die Zeitverzögerung zu unseren Gunsten, je mehr wir uns Setepos näherten, jetzt empfingen wir die Sondensignale schon etliche Jahre vor den Wissenschaftlern zu Hause. Einige Kleinstsonden waren bereits auf der Oberfläche von Setepos gelandet und hatten Bilder übermittelt. Die Wände von Mejox' Kabine waren über und über mit Abzügen dieser Aufnahmen beklebt, besonders die drei Schnappschüsse von größeren Tieren kehrten immer wieder.

»Wenn es nur so wäre«, sagte er jetzt. »Es ist eine so herrliche Welt. Ich weiß gar nicht, wie ich es schaffen soll, mir auch nur die hundert Stellen anzusehen, die mich am meisten reizen: die Sumpfgebiete an den Flußmündungen, die großen Ebenen, die heißen, feuchten Wälder – es gibt so vieles, was uns fremd ist. Ich bräuchte allein ein Jahr, um mit einem Boot einen von diesen Flüssen hinunterzufahren … dabei sollen wir insgesamt nur fünf Jahre bleiben, um dann die Rückreise anzutreten. Und alt zu werden, bevor wir wieder frische Luft atmen dürfen!«

Auf einmal begann er zu keuchen, und bevor wir ihn fragen konnten, was denn mit ihm los sei, sprang er auf und rannte hinaus. Gleich darauf schlug seine Kabinentür hinter ihm zu.

»Was hat er denn? Habe ich etwas Falsches gesagt?« fragte Otuz.

»Keine Ahnung«, mußte ich zugeben.

»Ich auch nicht«, sagte Otuz.

Am nächsten Tag entschuldigte er sich, es tue ihm leid, er habe es nicht böse gemeint, und mittendrin fing er an zu weinen. Als wir ihn trösten wollten, rannte er wieder den Korridor entlang und knallte seine Tür zu. Wir machten uns auf die Suche nach einem Erwachsenen, den wir fragen konnten, was eigentlich vorging, und fanden Poiparesis im Observatorium.

»Es ist entweder eine neue Marotte oder eine Krankheit«, sagte Otuz.

»Fast getroffen, aber doch nicht ganz«, antwortete Poiparesis. »Er kommt in die Pubertät. Bald werdet ihr euch alle so benehmen, er ist euch nur ein wenig voraus.«

»Hast *du* dich auch so aufgeführt?« wollte ich wissen.

»Äh … ja.«

»Und ich war noch schlimmer«, sagte Kekox, der gerade hereinkam. »Ihr müßt jetzt besonders nett zu Mejox sein, und das wird euch nicht ganz leichtfallen, denn von ihm habt ihr nur Unfreundlichkeit und Ablehnung zu erwarten. Aber wenn euch die Pubertät erwischt, wird es genauso sein.«

Otuz war die nächstälteste von uns, aber Priekahm kam vor ihr an die Reihe, und sie benahm sich womöglich noch schlimmer als Mejox. Die beiden brachten es fertig, sich an einem einzigen Tag betont zu ignorieren, sich schluchzend in den Armen zu liegen, sich anzubrüllen und sich aneinanderzukuscheln und wie Kleinkinder zu plappern.

Otuz und ich fanden sie in jeder dieser Phasen unausstehlich und sonderten uns noch mehr ab als bisher. Inzwischen waren wir so enge Freunde, daß es oft schien, als führten wir mit jedem Wort nur die Gedanken des anderen zu Ende.

Auch die Erwachsenen beobachteten Priekahm und Mejox mit Mißfallen, aber wir waren noch soweit Kinder, daß wir lange nicht begriffen, *was* sie an den beiden eigentlich so störte. Doch dann saßen wir eines Tages, als Soikenn sich Priekahm im Computerraum vorknöpfte, zufällig im hinteren Studierzimmer, das gleich daneben lag. Als wir Soikenns erregtes Flüstern hörten, schlichen wir natürlich sofort zur Tür, um zu lauschen.

»Du bist noch nicht erwachsen«, zischte sie, »und hast nicht meine Erfahrung. Ich kann dir nur raten, vergiß nicht, wer du bist und wer er ist. Du bist Shulathierin, Priekahm. Du kannst ihn nicht heiraten, und wenn er dich zur Gefährtin nimmt, zerstört er sich seine Zukunft. Außerdem behandeln palathische Männer ihre Frauen ...«

»Mejox ist nicht so ...«

»Ich habe keine Vorurteile, außerdem habe ich mein Leben lang mit Palathiern zusammengearbeitet und kann viele von ihnen gut leiden, aber das alte Sprichwort, nach dem sie halbe Tiere sind, enthält ein Körnchen Wahrheit. Er wird sich holen, was er will, und danach hält er dich für eine Hure und glaubt, er kann dich haben, wann immer es ihm beliebt. Wir müssen uns schützen vor ...«

»So wie du?« So wütend, so angriffslustig hatte ich Priekahm noch nie reden hören; sie war immer eher sanft und schüchtern gewesen. Ihr Tonfall ließ mich regelrecht zusammenzucken.

Soikenn schnappte nach Luft, dann sagte sie mit erstickter Stimme: »Woher weißt du?«

»Mejox hat dich einmal gesehen, und er hat gehört, wie der Kapitän sagte ...«

»Das *reicht*.« In Soikenns Stimme klirrte der Zorn, aber sie beherrschte sich. »Ich bin doch das beste Beispiel, Priekahm. Poiparesis und ich waren schon so lange nur noch Kollegen gewesen, und Kekox hatte mir den Eindruck vermittelt, zwischen ihm und Osepok stehe es genauso. Ich konnte nichts Falsches darin sehen, und natürlich hat es die Spannung gelöst. Aber erstens hatte Kekox mich belogen – und obwohl *er* mich getäuscht hatte, war Osepok böse auf *mich*. Und seither ... nun, wie soll ich das erklären? Sagen wir so: Kekox wird mich wahrscheinlich nie wieder ernst nehmen, was ich auch denke, tue oder sage. *Und er ist so ungefähr der anständigste Palathier, den ich kenne.* Die meisten hätten es noch viel schlimmer getrieben; er nimmt wenigstens Rücksicht auf die Gefühle der anderen.

Die meinen natürlich ausgenommen. Und vor euch Kindern hat er nie ein Wort gesagt. Aber mehr kannst du dir auch von Mejox nicht erhoffen – wenn er hat, was er will, wird er mit dir umgehen wie mit einem Spielzeug, das ihn einmal interessiert hat. Ist dir das genug?«

Wir hörten ein Klatschen und ein leises Wimmern; ich begriff erst mit einiger Verzögerung, daß Priekahm Soikenn geohrfeigt hatte. Dann rannte Priekahm über das Innendeck zu ihrer Kabine und schlug die Tür hinter sich zu.

Im Computerraum blieb es lange still, dann hörten wir Soikenn seufzen. Die Tür wurde geöffnet und leise wieder geschlossen. Nun konnten wir uns endlich aus unserem Versteck wagen.

»Niemals«, sagte Otuz. »Auf gar keinen Fall.«

»Was meinst du?«

»Ich lasse mich niemals mit Mejox verheiraten. Er war schon immer gierig und despotisch, und ich bin kein dummes Schaf wie Priekahm. Sie werden ihn jetzt nicht auf mich loslassen.«

»Aber dann«, stammelte ich, »ich meine, auch wir kommen doch in die Pubertät ...«

»Zahmekoses, du bist mein bester Freund. Und auf Nisu ist es gewöhnlich so, daß man mit seinem besten Freund auch zusammenbleibt. Wenn sie nicht wollten, daß wir solche Gefühle entwickeln, dann hätten sie nicht zulassen dürfen, daß wir so viel beisammen sind!«

»Auf einem Raumschiff kann man sich seine Gesellschaft nicht aussuchen«, gab ich zu bedenken. »Hör mal, die ganze Sache erschreckt mich zu Tode. Ich sehe ja, wie verrückt sich Mejox benimmt, und ich sehne mich wahrhaftig nicht danach, so zu werden wie er. Aber er kann so dickköpfig und eigensinnig sein, wie er will, er ist und bleibt mein Freund.«

Ein Strom unbekannter Gefühle überschwemmte mich und schnürte mir die Kehle zu. Ich wollte Otuz schlagen. Ich wollte sie in die Arme nehmen. Ich wollte, daß sie den Mund hielt, und ich wollte, daß sie mir sagte ... ich weiß nicht, was.

»Er ist mein *Freund*!« schrie ich. »Er wird sich nicht so benehmen! Ich weiß ja nicht, was du dir vorstellst, aber eines weiß ich – zu Hause werden shulathische Männer für solche Vorstellungen *getötet*!« Meine Kehle fühlte sich an, als habe jemand dagegengetreten, und plötzlich trugen mich meine Füße wie von selbst aus der Tür und den Korridor hinunter.

Ich hörte, wie Otuz »Zahmekoses!« rief, aber ich achtete nicht darauf und rannte weiter. Meine Kabine hatte noch nie so viel Wärme und Geborgenheit ausgestrahlt. Ich stürzte hinein, knallte die Tür hinter mir zu, und dann wurde mir ganz flau vor Erleichterung. Ich warf mich auf mein Bett und weinte lange.

Nach einer Weile klopfte Poiparesis und rief ganz leise: »Zahmekoses!« Ich antwortete nicht. Er trat trotzdem ein, schloß die Tür und setzte sich zu mir auf das Bett.

»Ich habe dich nicht hereingebeten«, sagte ich.

»Ich habe dich nicht gebeten, in die Pubertät zu kommen«, sagte er. »Denn das erlebst du gerade, das ist dir doch klar?«

»Ja.« Ich blieb liegen, das Gesicht in die Kissen gedrückt, und versuchte, mich zu beruhigen. »Geht das zwei Jahre lang so?«

»Ungefähr. Vielleicht schaffst du es etwas schneller.«

Ich stöhnte. »Ich habe alles gelesen, was du uns empfohlen hast, und ich glaube, ich habe auch alles verstanden.« Hoffentlich würde er jetzt gehen.

Er ging nicht. »Aha. Weißt du, es fällt mir schwer, darüber zu reden. Wir – die Erwachsenen, meine ich – haben über ... äh ... alles gesprochen. Hm ...«

»Otuz hat es dir erzählt«, sagte ich.

»Sie ist wohl ein bißchen neidisch, weil sie die Zweitälteste ist, aber offenbar als letzte in die Pubertät kommt.«

»Sie kann jederzeit mit mir tauschen.«

Poiparesis schmunzelte. »Das schlimmste ist, daß der Humor erhalten bleibt. Man merkt immer noch ganz genau, wann man sich lächerlich macht.«

»Findest du ...«

»Jetzt gerade nicht. Und ich hoffe beim Schöpfer, daß *ich* dich niemals auslachen werde; ich weiß noch gut, wie man sich damals fühlte, wenn andere über einen lachten. Jedenfalls möchte ich dir jetzt sagen, warum ich gekommen bin. Otuz hat mir euer Gespräch wiedergegeben, soweit sie sich daran erinnern konnte, und ich dachte, dazu seien vielleicht ein paar Erklärungen angebracht. Einverstanden?«

»Ich höre.«

»Gut. Um ganz von vorne anzufangen, wir stehen hier nicht unter nisuanischem Gesetz. Wie es sein wird, wenn ihr zurückkommt, weiß der Schöpfer – vielleicht herrscht dann mehr Toleranz, vielleicht aber auch weniger. Es wäre wirklich für alle Beteiligten besser gewesen, wenn ihr Kinder euch so zusammengefunden hättet, wie es geplant war, aber daran läßt sich jetzt wohl nichts mehr ändern. Man kann höchstens hoffen, daß es sich noch verwächst.«

»Sicher, aber wenn *ich* zurückkomme ...«

»Du weißt, daß die Todesstrafe abgeschafft wurde?« fragte er, als habe er gar nicht zugehört.

»Ja, ich weiß, aber …«

»Dann will ich dir jetzt etwas sagen, was jeder Biologe lernt, obwohl es niemand öffentlich zugeben will. Die Shulathier waren jahrhundertelang Sklaven. Angeblich wurden alle gemischtrassigen Nachkommen abgetrieben oder sofort nach der Geburt getötet, richtig?«

Ich nickte. Plötzlich begriff ich, daß Poiparesis kaum weniger verstört war als ich, und ich wußte nicht, was ich davon halten sollte. Ich verstand die Welt nicht mehr.

»Nun«, sagte er. »Glaubst du wirklich, daß über diese lange Zeit jedes Baby mit dem Etikett ›hundert Prozent reinrassig‹ zur Welt gekommen ist? Natürlich unterscheiden sich die beiden Rassen vom Aussehen her, aber die Vermischung schreitet immer weiter fort. Du hast sicher schon gehört, wie Kekox erwähnte, sein älterer Bruder werde in der ganzen Familie ›Langohr‹ genannt, und es habe immer wieder dumme Witze über seine Mutter und den Hauslehrer gegeben? Nun kann es natürlich sein, daß er kein Mischling war – und ich würde in Kekox' Gegenwart auch niemals etwas dergleichen unterstellen –, aber es besteht doch eine gewisse Wahrscheinlichkeit, daß es in dieser Familie Rassenkreuzungen gab. Das gilt übrigens für die meisten Familien. Besonders bei alten palathischen Adelshäusern, die so lange so viele Sklaven hatten. Man weiß heute mit ziemlicher Sicherheit, daß ein Kaiser ein Austauschkind war.«

»Ich habe von Austauschkindern gehört, aber ich kann mir darunter nichts vorstellen«, sagte ich.

»Ganz einfach«, knurrte er. »Bisweilen konnte es geschehen, daß eine palathische Linie aus irgendeinem Grund keine Nachkommen hervorbrachte. Dann schwängerte der Mann eine Sklavin, vorzugsweise eine Sklavin, die bereits im Verdacht stand, ein Mischling zu sein. Die Ehefrau täuschte eine Schwangerschaft vor, behauptete, sie fühle sich zu elend, um Besucher zu empfangen, und zog sich für einige Zeit aus der Öffentlichkeit zurück. Wenn das Kind geboren war, gaben die beiden es als ihr eigenes aus.«

»Was passierte mit der Sklavin?«

Poiparesis' Züge hatten sich verhärtet. »Was meinst du wohl?«

Mich schauderte. »Deshalb habe ich ja solche Angst.«

»Mit Recht. Du wirst kaum je gütigere, anständigere, loyalere Leute kennenlernen als Kekox oder Osepok, aber vergiß nicht, nicht alle Palathier sind wie sie. Und sogar sie – nun, das tut jetzt nichts zur Sache. Was ich sagen wollte, ja, du mußt vorsichtig sein, und du mußt immer daran denken, in welcher Position du bist. Andererseits habt ihr bis zu eurer Rückkehr noch viel Zeit. Bis dahin kann eine Menge passieren. Und eure Sterilität wird erst aufgehoben, wenn ihr auf dem Rückflug seid. Nach langen und mehr als offenen Aussprachen – und auf dringende Empfehlung von Kapitän Osepok – haben wir Erwachsenen also beschlossen, unsere eigenen Anschauungen aus dem Spiel zu lassen und uns nicht mehr in eure Angelegenheiten einzumischen. Wir wollen nicht verhehlen, daß es uns lieber wäre, wenn alles sich so fügte wie geplant. Sollte es dazu kommen, dann wird auf Nisu niemand ein Wort von der jetzigen Situation erfahren. Es wird so sein, als wäre nichts geschehen. Aber wenn nicht… nun ja, ich finde, jeder muß handeln, wie er es für richtig hält. Allerdings wäre es leichter, wenn wir so tun könnten, als wüßten wir von nichts.« Er hatte die ganze Zeit auf meinem Bett gesessen, jetzt stand er auf, und ich rollte mich auf den Rücken und sah ihn an. Wenn er die Schultern so hängen ließ, sah er richtig alt aus. Er erwiderte meinen Blick. »Soweit alles klar?«

»Außer, daß ich zwei Jahre Verrücktheit vor mir habe und befürchten muß, gehängt zu werden, wenn ich nach Hause komme, sicher.« Ich rollte mich wieder auf den Bauch und vergrub mein Gesicht in den Kissen. Kurz darauf fiel die Tür ins Schloß, und ich wußte, daß er gegangen war.

8

Bei Otuz war es ein Achteljahr später soweit. Für mich war es eine große Erleichterung, als auch sie in die Pubertät kam; endlich gab es jemanden, den ich manchmal in meiner Nähe ertragen konnte, und sie schien für mich ganz ähnlich zu empfinden wie ich für sie.

Wenige Tage nach unserer ersten sexuellen Annäherung merkte ich, daß Kekox Haßgefühle gegen mich entwickelte, aber das störte mich nicht weiter. Ich genoß es sogar. In diesem Jahr lag ich ohnehin mit der ganzen Welt im Zwist. Aber ich dachte an Poiparesis' Warnung und vermied es, Otuz meine Zuneigung in Gegenwart des alten Kaiserlichen Gardisten allzu deutlich zu zeigen. Eines stand für mich nämlich fest: Wenn es an Bord jemals zu Gewalttätigkeiten kommen sollte, dann deshalb, weil Kekox über einen Shulathier herfiel. Er war im Nahkampf ausgebildet, und jedermann wußte, daß er nicht so aufgeschlossen war, wie er sich gerne gab.

Otuz dagegen hatte ein zwanghaftes Bedürfnis, Kekox *alles* unter die Nase zu reiben. Nach einer Weile nahm Osepok sie beiseite und machte ihr klar, daß das mein Tod sein könnte. Das nahmen wir dem Kapitän alle beide übel.

Mejox und ich waren inzwischen wieder gute Freunde geworden, obwohl jeder viel Zeit seinem Mädchen widmete. Aber wir hatten endlich ein gemeinsames Interesse gefunden: Setepos. Die Arbeitsphasen verbrachten wir zumeist im Computerraum, wo wir die Datenströme von all den Sonden, die uns vorausgeflogen waren, zu Bildern verarbeiteten.

Die Wahl eines Landeplatzes wurde immer mehr zum Problem; wenn man die unter Eis liegende Landmasse am Südpol nicht mitrechnete, hatte die neue Welt fünf Kontinente, Nisu dagegen nur zwei. Alle Kontinente waren größer, und neben dem größten – wir nannten ihn einfach den *Großen* – wirkte Palath wie ein Zwerg. Auch der *Haken* war noch etwas größer als unsere größte Landmasse, und die *Wanze* nicht viel kleiner. Außerdem gab es eine Unmenge von Inseln von einem ganz ungewohnten Formenreichtum – hier mußten mindestens ein Dutzend verschiedener Entstehungsprozesse am Werk sein, während man auf Nisu nur zwei kannte.

Dank seiner vielen, durch Wasser voneinander getrennten Landmassen, seiner zahlreichen großen Wüsten und seiner steilen (wenn auch für unsere Verhältnisse nicht sehr hohen) Gebirgsketten konnte Setepos auch mit einer viel größeren Anzahl mehr oder weniger separater ökologischer Zonen aufwarten und hatte damit sehr viel mehr Tierarten, als wir es gewöhnt waren.

Das machte die Entscheidung nicht einfacher, denn unsere auf weiche Landung programmierten Robotsonden waren nur an acht Stellen niedergegangen, und darunter war leider keine, an der viele Tiere vorbeigekommen wären. Die beiden, die im feuchtheißen Äquatorialwald aufgesetzt hatten, hingen an den Leinen ihrer Fallschirme hoch oben im dunklen Geäst und bekamen von den Lebewesen in ihrer Umgebung wenig zu sehen, wenn nicht gerade in unmittelbarer Nähe etwas auf einen Baum geklettert kam oder an einem Stamm entlangglitt oder wenn irgendwelche fliegenden Tiere sich auf ihnen niederlassen wollten. Die Sonden in den Wüsten und im Bergland waren einfach zu weit von allem entfernt, was Tiere interessierte. Die einzige Ausnahme war auf einer weiten Ebene nahe einem Flußufer im Zentrum der *Wanze* gelandet; so weit, so gut, nur schienen die mächtigen, braunschwarzen Kolosse mit Hörnern, die zweimal täglich zum Trinken an den Fluß kamen, die einzige in dieser Gegend verbreitete Lebensform zu sein.

»Es sind noch fünf Viererpakete unterwegs«, tröstete uns Soikenn. »Damit können wir uns weitere zwanzig Mal umsehen, bevor wir landen. Und wir haben noch mehr als ein Jahr an Bremsmanövern vor uns. Also immer mit der Ruhe.«

»Mag ja alles sein«, sagte Mejox. »Aber wenn ich noch einen einzigen dicken Pelz sehe …«

»Müßtest du dich doch wie zu Hause fühlen, altes Fossil«, sagte ich. Wir hatten nicht nur unsere Freundschaft aufgefrischt, sondern auch die alten Neckereien wiederaufgenommen.

»Irgendwo da draußen auf diesem Planeten«, sagte Mejox, »gibt es bestimmt ein Tier mit langen Ohren. Ich kann nur hoffen, daß es stinkt und möglichst unappetitliche Lebensgewohnheiten hat. Höchste Zeit, daß ich es finde, ich habe es satt, ständig im Nachteil zu sein.«

Ich lachte; Soikenn seufzte. »Versprecht mir doch bitte eins: Nehmt euch die letzten zehn Jahre des Rückflugs nach Nisu Zeit, um euch derartige Plänkeleien wieder abzugewöhnen. Ich weiß, es ist nur Spaß, ihr seid gleichberechtigt aufgewachsen, seid euer Leben lang so zwanglos miteinander umgegangen, aber …«

»›Zu Hause könnte es unser Tod sein‹«, riefen wir im Chor.

Sie lachte und umarmte uns beide. »Ich sage das wohl ziemlich oft, wie? Es tut mir leid. Wir hätten übrigens noch hundert Bilder zu extrahieren, wenn ihr nicht zu müde seid.«

»Niemals«, sagt Mejox. »Wahnsinnig ja, müde niemals.« Lange arbeiteten wir schweigend weiter; auch diesmal nichts als Wüste, Felsen, Eis und der Ast eines hohen Baumes. Auf einer Aufnahme von einem weiteren Baum war ein kleines Tier zu sehen, das soeben von einem langen, dünnen, beinlosen Geschöpf aufgefressen wurde. Wir hatten das dünne, beinlose Geschöpf zunächst für einen Ast gehalten. »So etwas wie diesen Keinbeiner habe ich noch nie gesehen, aber er ist mir unheimlich«, sagt Mejox. »Hoffentlich gibt es keine Exemplare, die groß genug sind, um mit uns so umzugehen.«

»Wenn aber doch, dann habt ihr vier alte Leute, die ihr ihm probeweise zum Fraß vorwerfen könnt«, sagte Soikenn.

Mejox schnaubte verächtlich. »Osepok ist viel zu zäh, Poiparesis hat nicht genügend Fleisch, Kekox ist bitter, und dich mag ich. Das sind jetzt die letzten ...«

Ich wollte schon gehen und den beiden den Rest überlassen – das tat ich oft, denn Soikenn und Mejox hatten für die knifflige Technik der Bildaufbereitung mehr Geduld als ich –, da sah ich, wie ein Bild Gestalt annahm, und blieb doch noch.

Das Bild kam von einer Sonde, die in der Wüste im nördlichen Teil des *Hakens* gelandet war. Wo wir tagelang nur Aufnahmen von Sand, Felsen und Himmel gesammelt hatten, zeigte sich auf einmal ein großes Tier – fast anderthalb Körperlängen lang, mit einer Schulterhöhe von mehr als einer Körperlänge, die häßlichste, plumpste Bestie, die je auf vier Beinen gelaufen war. Eine riesige Wölbung im Rückgrat, ein Hals, der haltlos hin- und herschwankte, ein langgestreckter Kopf mit dicken Lippen, und unglaublich lange, dünne Beine, die in lächerlich großen Füßen endeten. Es war über und über mit verfilztem braunem Fell bedeckt und starrte die Sonde mit einem so unglaublich dummen Gesichtsausdruck an, daß wir alle lachen mußten.

»Du hast Glück, Zahmekoses«, sagte Mejox. »Es hat kurze Ohren.«

Und wieder landeten Sonden auf Setepos. Noch mußte mehr als ein halbes Jahr vergehen, bis wir selbst dort eintrafen, wir drangen jetzt ins Innere der Kometoidenwolke um Kousapex vor. Einen der Kometoiden sahen wir uns mit Teleskop und Radar sogar genauer an, aber er unterschied sich in nichts von allen anderen: ein weicher Schneeball, mit Steinen und Eisenbrocken gespickt

Kurz danach ging eine der Sonden im Ostteil der *Wanze* auf einer Wiese inmitten eines Waldes nieder, durch den zu allem Überfluß ein Bach floß. Nun konnten wir in kürzester Zeit Dutzende von neuen Tierarten katalogisieren. Mejox war begeistert, als er ein kleineres Tier entdeckte, das auf seinen Hinterbeinen hoppelte und lange Ohren hatte, und nannte es zu meinen Ehren prompt ein ›Zahmekoses‹. Wenige Tage später schickte uns eine Sonde, deren Fallschirm sich im äquatorialen Teil des *Dreiecks* in einem Baum verfangen hatte, ein Bild von einer haarigen Kreatur mit flachen Gesichtszügen, die bis auf den langen Schwanz, an dem es von einem Ast hing, einem halblangen, gefriergetrockneten Palathier zum Verwechseln ähnlich sah; ich erwiderte das Kompliment und gab ihr den Namen ›Mejox‹. Die Mädchen warnten uns, wir sollten es ja nicht wagen, irgendwelche Tiere nach ihnen zu benennen, wir würden es bereuen.

Die schlimmste Phase der Pubertät hatten wir inzwischen überstanden; nur hin und wieder plagten uns noch Anfälle von Gereiztheit und Niedergeschlagenheit. Mejox und Otuz hatten ihr schwarzes Erwachsenenfell bekommen, und Mejox hatte einen prächtigen Mähnenkamm. Ich entwickelte Muskeln (soweit bei mir davon die Rede sein konnte – ich sollte selbst für einen Shulathier immer ziemlich schmächtig bleiben), und Priekahms Hüften hatten sich gerundet. Bis zur Landung würden wir vollends geschlechtsreif sein und könnten Kinder bekommen – wenn die reversible Sterilisation nicht gewesen wäre. Priekahm und Mejox ›übten‹ inzwischen schon fleißig und machten viel Aufhebens davon. Otuz und ich trieben die gleichen Spielchen in aller Stille.

Obwohl wir doch im Prinzip alle gleich waren, zeigten sich die beiden palathischen Erwachsenen über Otuz und mich zutiefst empört, während Priekahm und Mejox nur gelindes Kopfschütteln auslösten. Wenn Priekahm bereit war, sich zur Konkubine machen zu lassen (oder nicht einmal das, denn eine entsprechende Zeremonie würde es nicht geben), lag das eben ›im Wesen der shulathischen Frauen, sie kriegen nie genug Sex, und ihre eigenen Männer können dabei nicht mithalten‹, wie Osepok einmal bemerkte – so, daß auch Soikenn es hören konnte. So wäre es ihnen zwar sehr lieb gewesen, wenn Mejox endlich ›erwachsen geworden‹ und eine Bindung mit Otuz eingegangen wäre, aber im Grunde war es eine Standardsituation: ein junger Palathier, der seinen Spaß haben wollte, bevor der Ernst des Lebens begann. Ich glaube, sie dachten mit keinem Gedanken daran, was das für Priekahm bedeutete.

Poiparesis und Soikenn empfanden die Entwicklung natürlich als demütigend, denn auch aus ihrer Sicht verhielt sich Priekahm dem Klischee entsprechend. Und Mejox und Priekahm legten es geradezu darauf an, niemanden über ihre Zuneigung im unklaren zu lassen.

Bei Otuz und mir lag die Sache ganz anders. Ich weiß nicht, welche Argumente vorgebracht wurden oder wer auf wessen Seite stand, aber daß ein Shulathier und eine Palathierin ein Paar geworden waren, konnte keiner von den Erwachsenen so recht verwinden, und das war auch nicht zu übersehen. Kekox sprach kaum noch ein Wort mit mir. Osepok und Otuz standen sich weiterhin sehr nahe. Mir gegenüber wahrte der Kapitän stets höfliche Zurückhaltung, aber ich spürte ihren Groll.

Soikenn bemühte sich dafür so auffallend um Freundlichkeit und Toleranz, daß sie uns alle vier verlegen machte. Solange sie nur mit einem von uns oder nur mit den Jungen oder den Mädchen zusammen war, ging es meist noch ganz gut. Aber wenn wir – wie fast immer – als Pärchen auftraten, fanden wir sie fast noch unerträglicher als die anderen Erwachsenen, gerade *weil* sie sich soviel Mühe gab und uns dadurch nur um so deutlicher spüren ließ, wie sie wirklich dachte.

In Gegenwart von Otuz und Mejox vermied sie es, das Thema Rassenkreuzung überhaupt anzuschneiden, ein untrügliches Zeichen dafür, daß sie unsere palathischen Freunde nicht für vertrauenswürdig hielt. Das allein wäre für Priekahm und mich schon befremdlich gewesen, schlimmer war freilich noch, daß Soikenn auch nicht ehrlich war, wenn sie mit uns darüber sprach. Sie beteuerte zwar immer wieder, sie selbst habe gegen eine Paarung über die Rassengrenzen hinweg nichts einzuwenden (was ganz offensichtlich nicht stimmte), Sorgen bereite ihr nur, wie man bei unserer Rückkehr auf Nisu darauf reagieren würde – als ob es irgendeinen Sinn hätte, sich heute schon den Kopf darüber zu zerbrechen, was in siebenundfünfzig Jahren sein würde. Aber anstatt ›Auf Nisu wird es heißen …‹ hätte sie auch gleich ›Ich finde …‹ sagen können, denn genau so klang es in unseren Ohren. Es war immer die gleiche Litanei: Man würde Priekahm als Schlampe beschimpfen; indem sie sich zur Konkubine machen ließ, habe sie ganz Shulath enttäuscht; und ich – auch das bekam ich oft genug zu hören – müsse darauf gefaßt sein, schon bei der Ankunft von einer Horde aufgebrachter Palathier getötet zu werden.

Da war Kapitän Osepoks Verhalten noch leichter zu ertragen – sie stellte sich blind und taub, auch wenn sie hin und wieder dazukam, wenn ich mit Otuz im Computerraum herumalberte. Trotzdem wäre uns irgendeine Reaktion lieber gewesen. Sie hätte uns das Gefühl gegeben, nicht ganz in Ungnade gefallen zu sein. Aber Osepok nahm uns einfach nicht zur Kenntnis.

Kekox verfolgte uns über viele Achttage mit stummen, wütenden Blicken und sprach mit niemandem von der jüngeren Generation mehr ein Wort, so daß wir nach einer Weile fast vergaßen, daß er jemals mit uns gesprochen hatte. Wenn irgend möglich, verließ er den Raum, wenn einer von uns eintrat, ansonsten zog er sich so oft wie möglich in seine Kabine zurück.

Dann ging er einmal während der zweiten Arbeitsschicht in die Sporthalle, wo Priekahm allein trainierte. Sie war schon überrascht, ihn überhaupt zu sehen, erzählte sie später, wieviel mehr noch, als er sie ansprach. Zunächst vermutete sie noch, er wolle sich entschuldigen und sich mit ihr versöhnen.

Doch dann stieß er sie gegen die Wand, sagte: »Möchte doch mal wissen, was Mejox an dir findet«, und faßte ihr zwischen die Beine.

»Hör auf!«

»Ich weiß doch, daß dir das gefällt. Ich höre dich jeden Tag quietschen, wenn Mejox dich fickt. Jetzt will ich auch mal ran!«

»Mit *Mejox* gefällt es mir! Mit *dir* nicht! Hör sofort auf!«

»Nichts als romantische Flausen. Er ist dein erster Kerl, deshalb bildest du dir ein, es liegt an ihm, aber es ist nur das, was ihr miteinander treibt.« Kekox' Stimme habe ganz ruhig und freundlich, geradezu herzlich geklungen, sagte Priekahm später, sogar dann noch, als er ihr die Hände über dem Kopf festhielt und anfing, ihr Kopulationsorgan zu streicheln. »Wir wissen doch beide, daß du das magst. Jetzt entspann dich einfach und …«

Priekahm schrie aus Leibeskräften, hieb ihm die Zähne in die Schulter, bekam eine Hand frei und schlug ihn ins Gesicht. Er taumelte zurück, die Hand auf die Bißstelle gedrückt. »Daß dir der Schöpfer den Schoß ausbrenne, ich wollte doch nur ein bißchen Spaß haben!«

Soikenn kam hereingestürmt, erfaßte die Situation mit einem Blick und warf sich dazwischen. »Laß sie in Ruhe!« rief sie so laut, daß sie sogar Priekahms Geschrei übertönte. Jetzt kamen auch wir anderen dazu.

Kekox keuchte. Er war so wütend, daß ich dachte, er würde auf Soikenn losgehen. »Warum soll Mejox alles haben und ich gar nichts? Wenn dir so viel dran liegt, Soikenn, warum gibst *du* mir dann nicht mehr, was ich brauche?«

Soikenn hätte ihm fast ins Gesicht gespuckt. »Das sind wir also für dich? Sklaven? Zuchtvieh?« Sie drehte sich zu uns um. »Ihr habt es sicher schon erraten. Kekox hat eben versucht, Priekahm zu vergewaltigen. Anscheinend meint er, jede shulathische Frau müßte ihm jederzeit zu Willen sein.«

Kekox setzte zum Sprechen an, aber Poiparesis packte ihn am Arm. »Du sagst jetzt am besten gar nichts mehr.« Sein Tonfall – weder wütend noch aggressiv, aber sehr bestimmt – schien Kekox zu entwaffnen. Er ging widerstandslos mit in Poiparesis' Kabine. Einen vollen Zehnteltag kamen die beiden nicht wieder heraus. Gelegentlich hörten wir Kekox zornig aufbrausen, aber meistens drang nur Poiparesis' ruhige, etwas monotone Stimme durch die Tür. Es klang wie immer, wenn er versuchte, irgendwie Frieden zu stiften.

Doch das war erst später. Bevor wir übrigen so recht begriffen hatten, was eigentlich passiert war, schleppte Soikenn bereits Priekahm mit in ihre Kabine, und der Kapitän verschwand mit Mejox im Cockpit.

Hinterher erzählte Priekahm, Soikenn habe ihr eine endlose Predigt gehalten, ohne etwas Neues zu sagen – sie habe sich alles selbst zuzuschreiben, wie habe sie sich auch mit Mejox einlassen können, wenn sie aus Mejox' Benehmen noch nicht gelernt habe, daß palathische Männer nur Tiere seien, habe dieser Vorfall sie hoffentlich davon überzeugt. Das alles garniert mit vielen shulathischen Standardphrasen wie ›man muß sich die Freiheit erst verdienen‹, ›auf dem Weg zu einer besseren Welt sind Ungerechtigkeiten zu überwinden‹ und natürlich das alte ›in hundert Jahren vielleicht‹.

Als ihr nach einiger Zeit die Luft ausging, sagte Priekahm: »Ich möchte aber *jetzt* in Freiheit leben. Und das kann ich auch. Nur ihr vier steht mir dabei im Weg. Nichts und niemand sonst. Warum haltet ihr euch nicht raus und laßt mich das tun, woran ihr *angeblich* glaubt?«

Soikenns Stimme klang verbittert: »Du stehst auf den Schultern früherer Generationen – Shulathier, die besiegt, beraubt und versklavt wurden und sich die Gleichberechtigung erkämpft haben –, nur sie haben dich dahin gebracht, wo du heute bist. Du bist es deiner Rasse schuldig …«

»Und Kekox ist es wohl *seiner* Rasse schuldig, mich in meine Schranken zu weisen?«

Soikenn schwieg lange. Endlich sagte sie: »Hör zu, du darfst das nicht falsch verstehen. Wir wissen, daß alle gleiche Rechte haben.

Aber gleiche Rechte und Gleichheit sind nicht dasselbe. Die Palathier sind nicht wie wir. Es gibt da einen entscheidenden Unterschied: In allen geschlechtlichen Dingen sind sie Tiere, bösartige Tiere. Was du eben erlebt hast, war das typische Verhalten eines männlichen Palathiers.«

»Hat Kekox dich so genommen?« fragte Priekahm. Soikenn holte zu einer Ohrfeige aus, aber Priekahm fing ihren Arm ab und drückte ihn zur Seite. »Auch damit ist jetzt Schluß. Du mußt dich daran gewöhnen, daß ich erwachsen bin. Wenn du so wenig Respekt vor ihm hattest, wenn er nicht mehr für dich war als eine gefährliche Bestie, warum warst du dann so viele Jahre mit ihm intim?«

Soikenn schwieg. Später sagte Priekahm, in diesem Augenblick habe sie gewußt, daß, aber nicht, was sie gewonnen hatte. Trotzdem setzte sie nach. »Damit wir uns recht verstehen. Wenn wir nach Nisu zurückkehren – *falls* es jemals dazu kommt –, hat sich dort womöglich vieles geändert. Du wirst es nicht mehr erleben, und wir werden alt sein. Jedenfalls werden wir uns nicht unser ganzes Leben lang nach dem Urteil von Leuten richten, die wir erst kennenlernen, wenn dieses Leben nahezu vorüber ist. Und ganz bestimmt werden wir nicht unser ganzes Leben lang eure dummen, überholten Vorurteile über das Verhältnis der Rassen zueinander mit uns herumschleppen!«

»Es tut mir leid, daß ich dich schlagen wollte«, sagte Soikenn.

Priekahm wußte, daß Soikenn ihr überhaupt nicht zugehört hatte, aber sie schluckte ihren Zorn hinunter und sagte: »Es fällt mir schwer, es auszusprechen, Soikenn, aber ich kann nicht zulassen, daß du und die anderen Erwachsenen uns weiter so behandeln. Ihr wolltet neue, bessere Menschen heranbilden. Nun, das ist euch bei mir und meinen Freunden gelungen. Kekox' Reaktion ist wenigstens ehrlich – er haßt uns und will uns weh tun, und das bedeutet, daß er uns zur Kenntnis nimmt. Aber wir existieren nicht, um so zu sein, wie ihr uns haben wollt. Wir existieren – Punkt. Wir sind, wie wir sind. Ihr habt euch sehr bemüht, uns vorurteilsfrei zu erziehen – jetzt müßt ihr mit Menschen leben, die sich eure Vorurteile nicht mehr gefallen lassen. Ist das klar?«

Soikenn nickte stumm. Priekahm verließ die Kabine, bevor die Ältere in Tränen ausbrechen konnte. Als sie uns später davon erzählte, fragte Otuz, worüber Soikenn denn eigentlich geweint habe. Priekahm winkte nur gleichgültig ab. »Vermutlich über alles zugleich. Menschen weinen eben, wenn ihre ganze Welt auf den Kopf gestellt wird. Auch wenn sie auf den Kopf gestellt werden *muß*.«

Ich habe keine Ahnung, was Poiparesis währenddessen in seiner

Kabine zu Kekox sagte. Otuz und ich taten im Computerraum unsere Arbeit und vermieden jede Unterhaltung. Mejox machte mit Kapitän Osepok im Cockpit Flugübungen. Später sagte er: »Sie hat mich durch alle Standarddrills gejagt, die der Schiffscomputer zu bieten hatte, um meine Kursabweichung auf Null zu drücken, aber wenn etwas danebenging, sagte sie nur ›nächstes Mal wird's besser‹, oder ›schon gut, das war das Stolpern vor dem großen Sprung‹ oder etwas in dieser Richtung.«

Kurz vor Schluß, es war fast Zeit für die Abendmahlzeit, habe Osepok schließlich gesagt: »Wenn man über etwas nicht nachdenken will, weil man nichts dagegen tun kann und das Warten einfach unerträglich ist, dann nützt es oft, sich selbst zu fordern, mehr zu leisten oder zu lernen, als man sich selbst zugetraut hätte. Die Konzentration auf die Arbeit kann helfen, die Krise zu überstehen. Ich praktiziere das seit Jahren.« Und dann – als Mejox das erzählte, klang so etwas wie Andacht in seiner Stimme – habe sie auf dem Simulator eine perfekte Landung hingelegt, bis zum Aufsetzen mit Nullantrieb.

»Und sie sagte«, fuhr er fort: »›Da siehst du, was man alles fertigbringt, wenn man nur unglücklich genug ist – ich wünsche dir, daß du deine Fähigkeiten nie so weit zu entwickeln brauchst.‹ Ich glaube, sie hat sich über Jahre systematisch unter Leistungsdruck gesetzt, seit Kekox sich damals an Soikenn rangemacht hat. Kapitän Osepok ist wahrscheinlich der einzige Mensch im ganzen Universum, der eine perfekte Landung zustande bringt ...«

Wir hatten alle vier in Mejox' Kabine gesessen – es ging ziemlich eng her, aber man konnte wenigstens die Tür zumachen –, unsere Eindrücke ausgetauscht und uns überlegt, wie es jetzt weitergehen sollte. Nun rief die Glocke zur letzten Mahlzeit, und wir sahen uns beklommen an.

Jemand klopfte. Otuz öffnete – es war Poiparesis. Er trat unaufgefordert ein und schloß die Tür hinter sich. »Ich glaube nicht, daß so etwas noch einmal vorkommt«, sagte er ohne Einleitung. »Die Atmosphäre ist natürlich noch sehr gespannt. Priekahm, ich weiß, du warst im Recht, und Kekox war im Unrecht, aber ich fürchte, du kannst im Moment keine Entschuldigung von ihm erwarten. Ansonsten wollte ich euch nur sagen, daß alle Erwachsenen entschlossen sind, sich beim Essen wie zivilisierte Menschen zu benehmen.«

»Wir werden auch keinen Aufstand machen«, sagte ich. »Solange ganz klar ist, daß die Schuld einzig und allein bei Kekox liegt.«

»Ich bin mir darüber im klaren, und der Kapitän wohl auch«, sagte Poiparesis. »Vielleicht kommt sogar Kekox zur Einsicht, ich arbeite noch daran.« Soikenn erwähnte er nicht, aber niemand fragte nach. »Und wir *alle* sind uns einig, die Sache damit zu begraben. Ich hatte gehofft, daß auch ihr dazu bereit sein würdet.«

»Das hat Zahmekoses doch bereits gesagt«, meinte Mejox.

Poiparesis nickte. »Das stimmt. Na schön. Ich danke euch.«

Beim Essen waren die Erwachsenen sehr kleinlaut, und wir waren sehr nervös, aber wenigstens redeten wir miteinander.

Hinterher saß ich im kleinen Computerraum und sah mir die gravimetrischen Werte eines fernen Sterns an, als Kekox hereinkam. Er setzte sich, sah mich an und machte: »Hm.«

»Hallo«, sagte ich, ohne meine Arbeit zu unterbrechen. Wenn er etwas zu sagen hatte, mußte ich ihn wohl reden lassen, auch wenn ich mir nichts davon versprach.

Er schwieg lange. »Ich wollte dich nur etwas fragen«, begann er endlich. »Poiparesis hat mir zwar gesagt, daß es mich nichts angeht und daß du es mir übelnehmen wirst, aber ich muß es einfach wissen.« Seine Stimme klang allzu ruhig und vernünftig – er mußte vollkommen durcheinander sein. Im Computerraum war es totenstill. Das einzige, was sich bewegte, waren die blaßblauen Kurven auf dem Schirm, die anzeigten, wie sich die Schwerkraft des fernen Sterns im Verlauf unseres Fluges verändert hatte.

Die Kurven waren so gleichmäßig, wie es nach den Berechnungen zu erwarten war. Anstieg wie Abfall waren stetig. Die Zeit verrann, während sich die fernen Sonnen hinter dem blaßblauen Schleier der Bremsphotonen immer weiterdrehten. Kekox rutschte auf seinem Stuhl hin und her. Ich hoffte wahrscheinlich, daß er es dabei belassen würde.

Er schwieg so lange, daß ich regelrecht zusammenzuckte, als er doch weitersprach: »Ich wollte nur wissen … Diese … äh … diese Sache zwischen dir und Otuz. Ist es dir damit ernst? Ich meine, Priekahm und Mejox machen so ein Theater um ihre … als ob es was Besonderes wäre … Poiparesis besteht darauf, es ›Keuschheit‹ zu nennen … nun ja, hast du das, was du mit Otuz treibst, vielleicht nur deshalb angefangen, weil du deine Sexualität nicht normal mit deinesgleichen ausleben kannst? Oder willst du bewußt provozieren, mich vielleicht oder Mejox? Oder ist es … nun ja, so etwas wie eine perverse Neigung … hm, ich wollte es nur wissen.«

Ich speicherte einen Graphen, für den, wie ich glaubte, man sich auf Nisu interessieren würde. »Eigentlich sind wir uns einfach sympathisch, würde ich sagen. Und das war schon immer so. Wir haben die gleichen Interessen, wir tun die gleiche Arbeit, wir waren schon vor der Pubertät mehr als zehn Jahre lang sehr eng befreundet... wie hätte es da anders laufen können? Freunde sind wir Jüngeren natürlich alle, aber das ist nicht dasselbe. Otuz und ich haben mehr miteinander gemeinsam als mit den beiden anderen. Deshalb ... tja, für mich ist es ganz natürlich. Ich finde Otuz einfach sehr viel anziehender als Priekahm, und ...«

»Ihr geht es mit dir genauso«, ergänzte Kekox mit tonloser Stimme. »Ich habe vorher mit ihr gesprochen.« Er rieb sich stöhnend den steifen, buschigen Mähnenkamm, der schon ein wenig grau wurde. »Soweit kann ich ja mitgehen, aber warum mußte auch noch Sex ins Spiel kommen?«

»Du warst außer mit Otuz mit jeder Frau an Bord intim oder hast es zumindest versucht. Kannst du mir nicht erklären, warum es ohne Sex nicht geht?«

Sein Rückenfell sträubte sich, und ich war schon auf eine Tracht Prügel gefaßt, doch dann sagte er leise: »Wenn ich das nur wüßte. Mein Vater sagte immer, ich hätte wohl einen Schuß Shulathierblut in den Adern. Für mich hat sich mein ganzes Leben lang alles um Sex gedreht. Wenn ich nicht gerade auf einer Mission war, konnte ich an nichts anderes denken. Vor allem stellte ich mir immer gern vor, wer wohl die nächste sein könnte, die nächste, mit der ich kopulieren würde... es ist schwer zu erklären. Wir sind schon so lange unterwegs, zwanzig Jahre... und ich wäre allen Ernstes bereit, für eine neue Frau einen Mord zu begehen. Ich hätte nie gedacht, daß das zum Problem werden könnte, aber so ist es nun einmal. Wahrscheinlich kann ich es dir und Mejox gar nicht verdenken, daß ihr euch auch dafür interessiert... aber trotzdem. Was ihr hier vor aller Augen treibt, darüber hat man früher dreckige Witze gemacht, wenn man einen Streit vom Zaun brechen wollte. Es fällt mir einfach schwer ...« Er brach ab und rutschte wieder lange Zeit verlegen hin und her. Endlich sagte er: »Jetzt hältst du mich wohl für einen Idioten?«

»Das vielleicht nicht gerade, aber weißt du, was du mir da erzählst, hat eigentlich überhaupt nichts mit *uns* zu tun. Wir sind hier auf dem Schiff. Auf dem Schiff sind alle gleich. Warum sollten wir also nicht lieben dürfen, wen wir wollen?«

Kekox seufzte. »Das Seltsame ist, daß ich früher einmal ganz deiner Meinung gewesen wäre. Ich habe meine liberalen Ansichten immer dann vom Stapel gelassen, wenn ich mich mit irgendeinem Kerl prügeln wollte. Aber jetzt stelle ich fest... daß ich nicht so stark bin wie meine Grundsätze. Komisch.« Er schaute an mir vorbei auf den Bildschirm. »Irgend etwas Interessantes?«

Das war ein Friedensangebot, und ich ging darauf ein. »Ach, es sieht so aus, als gäbe es mehr Sterne mit unsichtbaren Begleitern, als wir dachten«, sagte ich. »Und die meisten Sonnen haben sehr viel mehr Planeten als angenommen. Schade, daß zu Hause niemand mehr begierig darauf ist, bewohnbare Welten zu finden, wir hätten inzwischen mindestens dreihundert Möglichkeiten auf der Liste – alles Systeme mit genügend Masse im richtigen Abstand von der Sonne. Ein paar schnelle Sonden, und alles wäre geklärt. Dann könnten wir unsere Leute auf tausend Welten verteilen, anstatt alles auf die gute, alte *Hoffnung des Reiches* zu setzen. Das heißt, wenn sie überhaupt jemals fertiggestellt wird.« Ich zeigte auf die Vergleichsgraphen. »Siehst du? Die Mikroschwerkraft wird alle vier Achttage einmal gemessen – schon seit Beginn der Reise –, dann zerlegen wir die Ergebnisse mathematisch in ihre Komponenten und grenzen die Ausgangspunkte ein. Mit einer Feinanalyse finden wir dann heraus, was sich bewegt hat, und das läßt sich in Massen und Positionen auflösen.

Die Schwerkraft liefert sehr viel schwächere Signale als das Licht, aber sie schwächen sich nicht so leicht ab oder werden blockiert, deshalb können wir die entscheidenden Stellen auch aus größerer Entfernung aufspüren. Das wesentlichste für diese Art von Astronomie ist die Möglichkeit, Punkte zu vermessen, die weit genug voneinander entfernt sind – und dazu hatten wir im Lauf der letzten zwanzig Jahre wahrhaftig ausreichend Gelegenheit.«

Kekox bat mich, ihm den elementaren Rechenweg zu zeigen, und dann arbeiteten wir noch einen Sechzehnteltag lang schweigend zusammen, bis Schlafenszeit war. Von da an waren wir fast wieder Freunde, jedenfalls redeten wir miteinander, aber hin und wieder ertappte ich ihn dabei, wie er mich und Otuz anstarrte, und dann wußte ich, daß er nie vollends darüber hinwegkommen würde. Und Priekahm hatte bis zu seinem Tod Angst vor ihm, obwohl er nie wieder versuchte, ihr zu nahe zu treten.

So flogen wir drei Jahre lang immer tiefer ins Kousapex-System hinein, während unsere Geschwindigkeit ständig abnahm. Kekox war höflich, aber reserviert, Soikenn wechselte zwischen verstocktem Schweigen und verlogener Herzlichkeit, und Osepok blieb, wenn sie nicht im Cockpit saß, in ihrer Kabine, hörte Musik, sah sich Aufzeichnungen an und las alte Bücher. Der einzige Erwachsene, mit dem wir von der jüngeren Generation noch offen sprechen konnten, war Poiparesis, und das war schon seltsam, denn er war auch der einzige, der sich nicht scheute, sich zu unserer Partnerwahl zu äußern. Er gab zu, daß Mejox Priekahm halbwegs anständig behandelte und sie wohl kaum so plötzlich fallenlassen würde, wie Soikenn befürchtete. Er räumte sogar ein, daß jeder sich so arrangiert hatte, wie es seiner Persönlichkeit am besten entsprach.

Aber, so gab er stets zu bedenken, Liebe und Ehe seien zwei verschiedene und sicher nicht einfache Dinge, und er könne nicht einsehen, warum wir uns das Leben noch schwerer machten, indem wir uns gegen die alten Sitten auflehnten. Und hin und wieder, wenn Mejox und Priekahm engumschlungen neben ihm saßen oder Otuz und ich uns kurz an den Händen faßten oder miteinander flüsterten, ertappten wir ihn dabei, wie er zusammenzuckte.

Trotz alledem hatte Poiparesis unsere Liebe und unser Vertrauen. Aber es gab noch einen weiteren Grund, warum wir so viel mit ihm zusammen waren: Er hatte von der ganzen Besatzung die interessanteste Aufgabe. Inzwischen waren viele Sonden auf Setepos gelandet, eine ganze Reihe von Satelliten kreisten um den Planeten, und Poiparesis war bemüht, aus all den Bildern und Daten, die sie uns lieferten, die eine, große Entscheidung abzuleiten: Wo sollten wir landen und unseren Stützpunkt errichten?

Die Frage war von entscheidender Bedeutung: Wir Kinder würden fünf Jahre (auf Setepos fünfeinhalb – aber wir hatten uns noch nicht auf den neuen Kalender umgestellt) dort leben. Und die Erwachsenen würden bis zu ihrem Lebensende dort bleiben und die Langzeitstudien für die Siedler der *Hoffnung des Reiches* zu Ende führen.

»Immer vorausgesetzt, die *Hoffnung des Reiches* wird jemals gebaut«, sagte Poiparesis wieder einmal. Zwei Tage zuvor waren die letzten Meldungen eingetroffen: Danach sollte die Planungsphase nicht mehr nur um elf, sondern um volle siebzehn Jahre verlängert werden. »Manchmal glaube ich, der Evolutionssprung, der uns befähigt, in die Zukunft zu denken, wird dadurch wieder rückgängig gemacht, daß wir uns vorstellen können, wie weit sie noch entfernt ist. Wir sind offenbar nicht imstande, die Erkenntnis, daß wir noch Zeit zum Handeln haben, mit der Tatsache in Einklang zu bringen, daß diese Zeit irgendwann abgelaufen ist.«

»Du hast wohl heute deinen philosophischen Tag«, neckte ihn Priekahm. »Das kommt davon, wenn man sich die Nachrichten ansieht.«

»Die würden selbst dich zum Philosophen machen«, sagte Otuz. »Oder zum Selbstmord treiben, je nachdem, wie ernst du sie nimmst. Hast du nicht nachgerechnet, Priekahm? Eine Verlängerung um siebzehn Jahre. Wenigstens wird die neue Laserstation wie vorgesehen gebaut, und der Spiegel ist unterwegs. He, seht euch diese Bilder an! Was sind denn das für Ungeheuer!«

Wir beugten uns alle über Otuz' Schirm; sie schaltete auf Vergrößerung und blendete eine Meßskala ein.

»Mindestens zwei Körperlängen Schulterhöhe«, hauchte Mejox. »Und seht euch diese Schnauze an – ist das etwa die Nase?«

»Sieht ganz so aus, aber wer weiß, vielleicht haben sie einen Knoten im Rückgrat, und es ist der Schwanz«, meinte Poiparesis. »Kann man erst mit Sicherheit sagen, wenn wir dort sind und eins aufschneiden können. Vielleicht sollten wir eine von den Bewegungsbildersonden in den Osten des *Hakens* dirigieren, daher stammt nämlich dieses Tier – aber die Gegend kommt kaum in Frage. Große Raubtiere, zu wenig Wasser, keine günstigen Transportwege ...«

»Natürlich, ich weiß ja«, sagte Otuz. »Aber sind sie nicht großartig?«

»Ein phantastischer Planet, auch wenn wir nur ein einziges Vergleichsobjekt haben«, pflichtete Poiparesis ihr bei.

»Du bist zu beneiden, Poiparesis«, sagte Mejox. »Du wirst genügend Zeit haben, Erkundungen durchzuführen –«

»Wenn es nach mir ginge«, sagte Poiparesis ruhig, »würden wir alle bleiben. Ich halte es für blühenden Unsinn, euch wieder zurückzuschicken.«

Es war totenstill geworden. Wir hatten noch nie erlebt, daß ein Erwachsener sich so äußerte, nicht einmal, wenn sie unter sich waren und glaubten, wir hörten nicht zu.

Er seufzte. »Wahrscheinlich hätte ich besser den Mund gehalten. Jedermann scheint mir übelzunehmen, daß ich nicht so denke, wie ich sollte. Aber man will euch doch einzig und allein deshalb zurückholen, damit ihr als lebendes Beispiel dienen könnt, als Verkörperung von *Projekt Exodus*, als Marionetten, die man zu Propagandazwecken vorführen kann. Wir wissen doch alle, daß Mejox und Otuz als Kandidaten auf den Kaiserthron so gut wie aus dem Rennen sind; soweit uns bisher bekannt ist, hat die Kaiserin vier Kinder, und ich möchte wetten, daß in den Funksprüchen, die uns durchs All hinterherrasen, schon wieder von zwei neuen berichtet wird. Auf Nisu wärt ihr prominent und hättet einigen Einfluß, aber wenn ihr hierbleiben würdet, hättet ihr noch Jahrzehnte Zeit, um den Planeten zu erkunden und alles vorzubereiten. Die Kolonisten brauchen so viele Informationen wie nur möglich ... ich finde, es ist Wahnsinn, erst so viel Zeit und Geld und so viele Jahre eures Lebens zu opfern, um euch hierherzubringen, nur damit ihr dann zurückfliegt, Hände schüttelt und Paraden anführt.« Er sah sich um. »Habe ich euch jetzt alle deprimiert?«

»Deprimiert war ich schon vorher«, sagte Mejox. »Ich kann mir kaum noch vorstellen, daß ich Paraden und Zeremonien und das ganze Theater früher einmal für das Wichtigste im Leben gehalten haben soll. Wahrscheinlich dachte ich, es dreht sich dabei alles nur um mich, sie zeigen, wie stark ich bin und daß alles so laufen muß, wie ich will. Heute dagegen ... nein, ich war schon vor dem Start dahintergekommen, daß derjenige, für den man die Parade hält, wie ein Gefangener ist. Er muß marschieren, und die anderen geben den Takt an.«

Ich hatte Mejox schon immer gern geneckt, wenn er in Selbstmitleid versank, und so sagte ich auch jetzt: »Das müßte natürlich erst wissenschaftlich bewiesen werden, indem man Paraden für Gefangene abhält und dann vielleicht ein paar Prominente ins Gefängnis steckt.«

Mejox schnitt eine Grimasse. »Na schön, ich übertreibe. Trotzdem bin ich nicht begeistert ...«

Priekahm schrie auf, als habe sie etwas gebissen.

»Seht euch das an!« Sie hackte wie wild auf die Tasten der Computersteuerung ein. »Ich lasse es noch mal zurücklaufen. Es ist eine Übertragung von einer der mobilen Sonden aus der letzten Welle ...«

»Welcher Teil von Setepos?«

»Die große Halbinsel vor der Südwestecke des *Großen*. Nahe der Stelle, wo sie sich an den *Haken* anschließt. Steht auf der Liste der hundert möglichen Standorte – schönes Wetter, Wälder, Berge.« Sie rief ein anderes Bildschirmfenster auf und zeigte uns den leuchtenden Punkt, dann suchte sie weiter nach der kurzen Sequenz, die sie so in Aufregung versetzt hatte. »Hier, jetzt paßt genau auf!«

Wir hatten bereits einige Hauptgruppen der seteposischen Tierwelt kennengelernt und wußten, daß es eine ganze Familie gab, die eine gewisse Ähnlichkeit mit uns aufwies – die Geschöpfe, die ich Mejoxe getauft hatte, sahen tatsächlich aus wie Miniatur-Palathier mit Greifschwänzen. Es gab sie in verschiedenen Größen, manche lebten auf Bäumen, einige auch im Grasland; der kleine Bildstreifen, den wir von ihnen hatten, ließ vermuten, daß sie für Tiere ungewöhnlich intelligent waren.

Die Horde, die jetzt vor der Kamera vorbeizog, sah uns bei weitem nicht so ähnlich wie die Mejoxe. Sie hatten noch weniger Körperfell als die Shulathier und waren kleiner als wir; die kleinen, runden Ohren und die flachen Gesichter erinnerten an Palathier, vom Körperbau lagen sie etwa in der Mitte zwischen beiden, sie hatten zwar breitere Schultern als die Shulathier, ließen aber die dicken, knotigen Rückenmuskelwülste der Palathier vermissen.

»Sie gehen aufrecht«, sagte ich. Ich war wie vor den Kopf geschlagen und hatte, noch während ich sprach, das Gefühl, etwas Wichtiges zu übersehen.

»Laß mich auf Vergrößerung schalten ...« begann Priekahm.

Von Otuz kam nur ein ersticktes Gurgeln, und Priekahm fuhr fort: »Dir ist es also auch aufgefallen? Mal sehen, ob wir alle beide verrückt sind.«

Der kurze Bildstreifen, nicht länger als drei Atemzüge, wurde zurückgespult, vergrößert, scharfgestellt – und lief wieder an. Wir gingen ganz nahe an den Bildschirm heran – und plötzlich schrien wir alle durcheinander, sehr viel lauter als Priekahm zuvor.

Die meisten Tiere hatten Stöcke mit Klingen aus behauenem Stein in den Händen – eindeutig Sicheln. Alle trugen sie Hemden aus gewebtem Stoff und darüber lange Westen aus Tierfell. Und auf der Wiese, wo sie sich in einer langen, krummen Reihe aufgestellt hatten, wuchs nur eine einzige Art von Gräsern – hohe, schlanke Stengel mit Samenbüscheln an der Spitze wie das *Retraphesis*, aus dem wir zu Hause Brot und Mehlbrei machten.

Die anderen Erwachsenen hatten unser Geschrei gehört und kamen angelaufen. Kekox war der erste. Mindestens einen Achtundvierzigsteltag lang redeten alle nur wild durcheinander, bis allmählich ein vernünftiges Gespräch zustande kam. Poiparesis' Kommentar war der erste, den wirklich alle hörten: »Zumindest einen Vorteil hat die Sache: Die Berichterstatter zu Hause werden endlich wieder einmal auf unsere Mission aufmerksam. Schade, daß die *Wahkopem Zomos* schon auf dem Rückflug sein wird, bis wir erfahren, wie sie darauf reagieren.«

»Faszinierend«, sagte Kekox. »Sieht aus wie auf den ersten Bildern, die Wahkopem unmittelbar nach der Entdeckung von den Inseln Hinter dem Wind aufgenommen hat.«

Wir drängten uns alle noch dichter an den Schirm und ließen den kurzen Streifen immer und immer wieder ablaufen. »Wenn ich mir vorstelle, was sie sagen werden, wenn wir uns begegnen«, seufzte Soikenn. »Sie sind so ganz anders und sehen sicher auch die Welt mit ganz anderen Augen. Ist das nicht wunderbar?«

Ich dagegen fand im stillen, es seien die häßlichsten Kreaturen, die ich je gesehen hätte; das Höckertier, das wir vor kurzem gefunden hatten, war gegen diese abstoßenden Gestalten in ihren derben

Lumpen geradezu eine Schönheit gewesen. Kein palathisches Gesicht war so flach; die Köpfe schienen unter den schmutzigen, verfilzten Fellbüscheln, die sich bisweilen bis in die Gesichter hineinzogen, kugelrund zu sein; die Körper waren weder kraftvoll und aufrecht wie bei den Palathiern noch grazil und elegant wie bei den Shulathiern, sondern standen, schwächlich und plump, irgendwo dazwischen. Man fühlte sich an das mißglückte Ergebnis eines verbotenen medizinischen Experiments erinnert.

Ich sah, daß auch Otuz schockiert war. Sie lehnte sich an mich, wie sie es oft tat, wenn wir im Computerraum allein waren, und wir faßten uns unwillkürlich an den Händen, während wir die traurigen Gestalten auf dem Bildschirm betrachteten.

Kekox konnte sich gar nicht beruhigen. »Unglaublich. Eine Welt, so nahe an der unseren, auf der es Leben gibt, war schon ein kleines Wunder, aber das sind ja richtige *Menschen*; sicher haben sie hier auch Poesie, Religion, Musik ...« In diesem Augenblick bemerkte er, daß Otuz und ich uns berührten und an den Händen hielten, und ich dachte schon, er würde sich umdrehen und mich schlagen, aber er schluckte nur hart und begnügte sich damit, mir einen strafenden Blick zuzuwerfen.

Er hatte so abrupt mitten im Satz abgebrochen, daß alle sich erstaunt umdrehten. Soikenn und Osepok schlugen peinlich berührt die Augen nieder. Poiparesis seufzte. Otuz lehnte sich noch weiter zurück, und ich legte den Arm noch fester um sie.

Auch Mejox wurde schließlich aufmerksam – er hatte sich mehr als wir alle auf den Bildschirm konzentriert. Sein Gesicht wurde hart; er funkelte Kekox wütend an. Priekahm glitt in seine Arme und warf uns ein dünnes Lächeln zu. Kekox kniff böse die Augen zusammen.

Poiparesis sagte – viel zu schnell und viel zu fröhlich –: »Es ist doch wirklich kaum zu fassen. Wir hatten befürchtet, auf dieser Expedition vor allem mit oktadenlanger Einsamkeit fertig werden zu müssen, und nun stellt sich heraus, daß wir eher zuviel Gesellschaft bekommen. Wie wird es erst sein, wenn wir anfangen, uns mit ihnen zu unterhalten!«

Kekox hatte sich wieder dem Bildschirm zugewandt. »Kaum zu fassen«, sagte auch er. Ich sah, wie er sich zur Ruhe zwang, sich bewußt auf die Bilder konzentrierte anstatt auf das, was hinter ihm vorging. »Das Großartigste, was uns bisher widerfahren ist.«

Währenddessen hatte Mejox an der Bildsteuerung herumhantiert und eine der Kreaturen in Großaufnahme herangeholt; aus der Nähe war sie noch häßlicher als in der Totale.

Wir sahen uns die Bilder noch eine Weile an, aber bald verließen wir von der jüngeren Generation unauffällig den Raum und verzogen uns in den Großen Speisesaal. Die Erwachsenen standen noch immer so begeistert um den Bildschirm herum, daß sie unser Verschwinden gar nicht bemerkten.

Ich stieß als letzter zu den anderen; sie saßen am Tisch, jeder hatte eine Tasse mit einem Heißgetränk unberührt vor sich stehen, und es sah so aus, als hätte schon lange keiner mehr ein Wort gesagt.

»Was meinst *du*, Zahmekoses?« fragte Priekahm, ohne mich anzusehen.

»Ich halte die Begeisterung für vollkommen verfehlt. Einer der besten Standorte für eine Kolonie ist wahrscheinlich mit gefährlichem Ungeziefer verseucht – und sie können es kaum erwarten, damit Freundschaft zu schließen –, aber wenn einer von ihnen ein Mischlingskind sähe, am Ende gar noch eins aus der Verwandtschaft, würde er es ohne Skrupel zertrampeln.«

»Ganz deiner Meinung«, sagt Mejox. »Ist es nicht komisch? Sie sind alle völlig aus dem Häuschen, weil sie eine zweite intelligente Spezies gefunden haben. Am liebsten würden sie sich diesen stinkenden Wilden in die Arme werfen und sie mit der ganzen Liebe der Schöpfung überschütten, aber Liebe zwischen Shulathiern und Palathiern ist etwas, das sie unmöglich akzeptieren können.«

»Es sei denn, die Shulathierin ist eine Hure, Verzeihung, ich meinte natürlich eine Gefährtin«, fügte Priekahm hinzu.

Ich setzte mich. In meinem Kopf ging alles drunter und drüber. »Wir wollen fair bleiben. Soikenn und Poiparesis sind Wissenschaftler. Für sie ist das zunächst eine sensationelle Entdeckung. Über die Konsequenzen haben sie noch nicht nachgedacht, und wenn man sie nicht dazu zwingt, werden sie das wohl auch niemals tun.«

Mejox stöhnte. »Ja, und die Folgen heißen: Da geht ein schöner Planet den Bach hinunter. Keine Rede mehr davon, daß wir einfach hierbleiben und Kinder bekommen können. Wer möchte schon, daß seine Kinder ständig vor diesen großen, schlauen und heimtückischen Tieren auf der Hut sein müssen? Wir wußten ja gar nicht, wie gut wir es hatten. Wir lebten auf einer Welt, wo die meisten gefährlichen Tiere schon seit langer, langer Zeit ausgerottet waren. Gibt es denn keinen Winkel auf Setepos, wo man halbwegs sicher wäre?«

Otuz zuckte die Achseln. »Wo bleibt deine Abenteuerlust? Hast du nicht immer davon geschwärmt, durch die Wildnis zu streifen?«

Mejox lachte selbstironisch. »Und wie ich das wollte. Durch eine schöne, sichere, *zahme* Wildnis.«

Ich hatte endlich einen Gedanken zu fassen bekommen, mit dem sich vielleicht etwas anfangen ließ. »Erinnert ihr euch an unser Gelübde damals auf Nisu?«

Alle nickten.

»Nun«, sagte ich, »ich schlage folgendes vor: Wir haben gelobt, einig zu sein. Wir haben gelobt, unsere Gruppe an die erste Stelle zu setzen, und Nisu an die zweite. Die Rassenzugehörigkeit sollte keine Rolle spielen. Mir scheint, jetzt ist der Zeitpunkt gekommen, wie eine Gruppe von Freunden – und wie Nisuaner zu denken. Was ist das größte Problem auf unserer Heimatwelt? Nicht antworten, das ist eine rhetorische Frage ... denkt nur daran, wie Kekox eben reagiert hat, und dabei gibt sich der alte Dreckskerl alle Mühe, *kein* Fanatiker zu sein. Und warum sitzt das Vorurteil so tief? Weil die beiden Rassen so verschieden sind, richtig? Nun haben wir im Moment keine – oder fast keine – Ahnung, wie die Verhältnisse in dieser Beziehung auf unserem neuen Planeten sind. Aber wir sind uns doch alle einig, daß wir diese Wesen häßlich finden? Und sie sind mit Sicherheit auch primitiv und dumm ... seht euch doch nur an, wie sie leben. Und ... Genug damit. Ich prophezeie euch: ein Zweihundertsechsundfünfzigsteltag näherer Bekanntschaft mit ihnen, und wir werden sie auf den Tod hassen. Den Erwachsenen wird es übrigens nicht anders ergehen. Die Seteposier sind alles andere als attraktiv, und wenn uns unsere eigene Geschichte irgend etwas lehrt, dann dies: Rassenhaß ist natürlich und normal. Sie werden uns ebensowenig ausstehen können. Deshalb sage ich ... wenn wir uns schon hassen, und wenn es heißt, wir oder sie, dann sollten wir ihnen wenigstens einen Schritt voraussein.«

Otuz pflichtete mir bei. »Ich gebe noch etwas zu bedenken: Vor dem Großen Sieg lagen die kleinen shulathischen Fürstentümer ständig im Streit miteinander, obwohl sie alle demselben Allgemeinen Gerichtshof die Treue geschworen hatten. Feindschaften zwischen verschiedenen Inseln und Städten und zwischen einzelnen Zweigen des Mutter-See-Kults waren Tradition und reichten so weit zurück, daß kein Mensch mehr wußte, wie sie überhaupt angefangen hatten. Doch nach dem Großen Sieg ... nun, da war es damit im Handumdrehen vorbei. Wer groß war, lange Ohren hatte und keinen Mähnenkamm, der lernte schnell, daß es nur einen Feind gab, den zu hassen sich lohnte – den Eroberer. Zwei Generationen später waren alle Shulathier Brüder. Und heute weiß keiner mehr, aus welchem der vielen alten Kleinstaaten er ursprünglich stammt.« Sie zeigte auf uns alle. »Wir könnten eineiige Zwillinge sein, wenn man bedenkt, wie sehr wir uns von diesen intelligenten seteposischen Tieren unterscheiden.«

Priekahm nickte eifrig. »Du hast recht«, sagte sie, »in beiden Punkten. Erstens würde es unsere Kultur entscheidend verändern, wenn wir unseren Haß auf richtige Außerirdische lenken könnten, und zweitens haben wir wirklich keinen Grund, diese Seteposier für Menschen zu halten. Auf Nisu gibt es Haustiere, denen man durchaus beibringen könnte, eine Hütte zu bauen oder den Garten zu bestellen. Solange wir keinen Beweis haben, daß sie etwas anderes sind als kluge Tiere, sollten wir nicht von Menschen sprechen.«

»Ihr redet hoffentlich nicht von uns Erwachsenen«, sagte Poiparesis und trat zu uns. »Da seid ihr ja alle. Es gibt ein neues Forschungsprojekt mit höchster Dringlichkeitsstufe, aber das habt ihr euch wahrscheinlich schon gedacht. Eßt ein paar Happen, wenn ihr hungrig seid, und kommt in einem Vierundsechzigsteltag in den hinteren Computerraum. Ich habe für jeden eine lange Liste von Aufgaben. Am Ende des Achttages findet eine Sitzung statt, auf der wir beschließen wollen, wie wir weiter vorgehen, und bis dahin brauchen wir so viele Informationen wie nur möglich.« Damit drehte er sich um und verschwand.

Ich war wohl immer noch wütend. Jedenfalls wandte ich mich an die anderen und sagte: »Da habt ihr es. Sobald es etwas Wichtiges gibt, fallen alle Masken, und niemand tut mehr so, als wären wir gleichberechtigt.« Das kam in einem gehässigen, zynischen Ton heraus, der mir selbst zuwider war, den anderen aber gar nicht aufzufallen schien. Sie nickten alle.

»Was meint ihr, sollten wir nicht eine eigene Sitzung abhalten?« fragte Mejox. »Und zwar schon bald. Vielleicht heute nach der Abendmahlzeit?«

9

Am Ende dieses Achttags traf sich die gesamte Besatzung der *Wahkopem* wie vereinbart im Großen Speisesaal. »Sehen wir den Tatsachen ins Auge«, sagte Osepok. »Es ist einzig und allein unsere Entscheidung. Denn was wir auch tun, es wird immer eine Menge Nisuaner geben, die nicht damit einverstanden sind. Richtig?«

Wir pflichteten ihr alle bei. »Schön«, sagte sie. »Wir gehen also folgendermaßen vor: Wir treffen eine Entscheidung, erarbeiten einen Plan und schicken ihn zusammen mit der Nachricht über unsere neueste Entdeckung per Funk nach Hause. Auf diese Weise hat man auf Nisu gar nicht die Chance, schon im Vorfeld lange Diskussionen über unser Vorgehen zu führen. Und keiner kann uns vorwerfen, wir hätten nicht auf ihn gehört.«

Wieder stimmten alle zu.

»Das war der einfachere Teil«, fuhr sie fort. »Jetzt geht es um die Entscheidung selbst. Ich übergebe an Mejox, er hat die beiden mobilen Sonden gesteuert, mit denen wir uns die Sache genauer angesehen haben.«

Mejox stand auf und dämpfte die Beleuchtung. »Ich habe den Bewegungsstreifen von Sonde Eins – ich hatte sie auf einen Hügel über einer Siedlung geschickt – auf die wichtigsten Szenen zusammengeschnitten.«

Schon das erste Bild machte auch die letzten Hoffnungen zunichte, alles könnte nur ein Mißverständnis sein. Das Dorf war mit einer Holzpalisade umgeben, die man mit Steinen befestigt hatte, und ringsum sah man Felder mit Getreide und verschiedenen anderen Pflanzen. »Ich möchte auf einige Besonderheiten hinweisen«, sagte Mejox. »Hier drüben ist ziemlich deutlich ein primitives Bewässerungssystem zu erkennen, und als wir diesen Ausschnitt vergrößerten und die Bildschärfe verbesserten, entdeckten wir diese Vorrichtung: Wie man sieht, zieht der Hebel einen Tierhautsack mit Wasser aus dem Fluß, schwenkte ihn herum und läßt ihn über dem Trog herunter. Der Sack entleert sich in den Trog, der Trog ergießt sich in den Graben, und durch den Graben gelangt das Wasser auf das Feld.«

»Ist das Rauch?« knurrte Poiparesis.

»Oh ja«, sagte Mejox. »Sie haben Feuer. Die Werkzeuge sind aus

Stein, aber von den Schmuckstücken, die sie am Hals und an den Handgelenken tragen, scheinen einige aus Metall zu sein, Gold oder Kupfer vielleicht, jedenfalls etwas, das sich in einem Zellulosefeuer leicht schmelzen läßt.«

»Zellulose?«

»Ja. Erstaunlich, nicht wahr? Was wir nur synthetisch herstellen können, ist hier ein Grundstoff des Lebens. Da sie die Angewohnheit haben, Bäume als Heizmaterial zu verwenden, konnten wir eine spektroskopische Aufnahme der Flammen machen, und dabei stellte sich heraus, daß die seteposischen Bäume aus Zellulose bestehen. Vermutlich werden sie deshalb auch so viel höher als bei uns – sie müssen sich nicht mit Wasserdruck allein aufrechthalten. Der Kern eines Baums besteht wahrscheinlich ausschließlich aus Zelluloseablagerungen und ist nicht einmal lebendig. Hier braucht man das Holz nicht erst zu dörren, bevor man es als Baumaterial verwenden kann. Wie auch immer, es hat den Anschein, als sei das Dorf von Tausenden dieser Wesen bewohnt. Hier ist nun der Streifen von Sonde Zwei. Ich hatte sie abgesetzt, nachdem die erste Sonde verschwunden war.«

»Verschwunden? Du meinst wohl, sie hat aufgehört zu senden …«, sagte Osepok.

»Nein. Sie ist verschwunden. Ein Satellit hatte sie auf einer Runde noch geortet, und beim nächsten Mal nicht mehr. Ich hatte gleich die Wesen im Dorf im Verdacht, deshalb habe ich die nächste Sonde auf einen etwas weiter entfernten Hügel geschickt und ihr, sobald ich die Bilder hatte, den Befehl gegeben, in die Wüste hinauszufliegen. Damit waren zwar die Batterien restlos erschöpft, und sie mußte erst zwei volle Tage in der Wüstensonne stehen und sie aufladen, bevor sie wieder einsatzfähig war. Aber ich hatte tatsächlich recht – ich kann es euch beweisen. Ihr habt im ersten Streifen sicher dieses Gebäude bemerkt …« Er holte eine Standaufnahme auf den Schirm. »Ich hatte es zunächst für einen Getreidespeicher gehalten, vielleicht auch für den Bau des ranghöchsten Männchens. Aber seht euch das an!«

Sie hatten aus einer Wand große Stücke herausgebrochen. Im Innern stand eine Statue, wahrscheinlich aus Stein. Sie stellte eins von ihren Weibchen dar, sitzend, mit untergeschlagenen Beinen. Vor dem Bildnis lagen die Reste der Sonde. Die Solarzellen waren abgeschlagen worden, einzelne Flügelabschnitte fehlten, die Triebwerke waren verschwunden, die Instrumentenkapsel aufgerissen. Ich sah genauer hin. »Wo kommt denn der viele Schlamm her?«

»Das ist kein Schlamm«, sagte Mejox. »Paß auf.«

Das Bild wechselte. Eine Gestalt in langem Gewand mit einer seltsamen Maske vor dem Gesicht schwenkte ein zappelndes kleines Tier – eine andere Spezies, denn es hatte ein dichtes Fell – hoch über dem Kopf, legte es dann auf die glatte Oberfläche des rechten Sondenflügels, schnitt ihm mit einem blanken Steinmesser die Kehle durch und ließ es über der Sonde ausbluten.

»Oh nein«, stöhnte Poiparesis. »Nein. Das wird ja immer schlimmer.«

»Genau«, sagte Osepok. »Würde mich überraschen, wenn es nicht das wäre, wofür ich es halte – ein religiöses Ritual. Nicht viel anders als die Opferkulte, die Wahkopem auf den Inseln vorfand, immer vorausgesetzt, seine Beschreibung stimmte. Entweder halten sie die Sonde für einen Gott, oder sie denken, sie sei von einem solchen geschickt worden, und suchen sie oder ihn nun mit Geschenken gnädig zu stimmen.«

»Ich würde sagen, sie denken überhaupt nicht«, sagte Mejox. »Es sind interessante Tiere, wir sollten uns nicht zu falschen Schlüssen hinreißen lassen.«

Nun schwenkte die Kamera langsam über das Dorf. Nahezu die Hälfte der primitiven, mit Lehm beworfenen Holzhütten hatte Flügelteile oder Scherben von Solarzellen über der Tür hängen, und Nahaufnahmen zeigten, daß viele der Bewohner Triebwerksfragmente oder einzelne Instrumente an Riemen um den Hals trugen.

»Bisher sind sie nicht nur vor uns da, sie tricksen uns auch noch aus«, bemerkte Kekox.

»Ich übergebe jetzt an Otuz. Sie hat sich mit der Frage der Verbreitung dieser Wesen befaßt«, sagte Mejox.

Otuz stand auf und stellte die Beleuchtung wieder heller. »Leider geht mir Mejox' dramatische Begabung ab«, begann sie. »Aber ich habe alles dokumentiert und kann jederzeit Aufnahmen zeigen, falls jemand Beweise wünscht. Um es kurz zu machen: Wir haben die Bilder von diesen Wesen einem Programm eingegeben, das sämtliche Satelliten- und Sondenaufnahmen daraufhin überprüft, ob sie auch noch anderswo auf dem Planeten vorkommen. Die Antwort lautet: Sie sind wie Ungeziefer. Nichts ist vor ihnen sicher. Wir haben sie auf sämtlichen großen Landmassen mit Ausnahme des Eiskontinents gefunden, sie leben in Wüsten und Steppen, auf den Bergen und in den Sümpfen. Wir müssen davon ausgehen, daß sie auch in den Waldgebieten zu finden sind, auch wenn wir sie durch die Bäume nicht sehen können. Die größten Flächen, auf denen sie sich unseres Wissens noch nicht breitgemacht haben, sind ein paar Inseln. Einige davon wären ganz annehmbar – die beiden im Südosten von *Südland* etwa, die hier neben dem *Haken* und viele von den kleinen Ketten mitten im Ozean. Das Klima ist überall recht angenehm, aber ganz gleich, welche Insel wir uns aussuchen, bis die Kolonisten in ein paar hundert Jahren hier eintreffen, könnte sie von diesen Kreaturen verseucht sein.« Sie kratzte sich heftig am Ohr, wie sie es immer tat, wenn sie schlechte Nachrichten hatte. »Wir wissen nicht genau, ob sie sich bereits aufs Meer hinausgewagt haben – möglicherweise sind sie vor zehntausend Jahren, als es noch sehr viel mehr Eis gab und die Ozeane flacher waren, über Landbrücken von einem Kontinent zum anderen gewandert –, aber seht euch dieses Satellitenbild an. Es ist ziemlich unscharf, aber man hat doch immerhin den Eindruck, als würde ein Holzfloß diese Meerenge überqueren. Noch wissen wir nicht alles, aber im Moment muß man wohl davon ausgehen, daß kein Teil des Planeten – außer vielleicht der Eiskontinent – vor ihnen sicher ist.«

»Damit sind Konflikte vorprogrammiert«, sagte Mejox.

»*Falls* wir uns dort niederlassen, sind Konflikte schlechterdings unvermeidlich«, stimmte Soikenn mit Nachdruck zu. »Sie haben bereits Städte errichtet, können möglicherweise Metall verarbeiten und betreiben Ackerbau. Und es ist zu vermuten, daß die Ausbreitung erst vor kurzem und sehr rasch erfolgt ist, denn die physischen Unterschiede sind bei weitem nicht so groß wie zwischen Shulathiern und Palathiern – bis auf kleinere Abweichungen in der Pigmentierung scheinen sie immer noch alle einer einzigen Rasse anzugehören.«

»Richtig«, bestätigte Otuz lebhaft. »Wir können diesen Wesen nicht aus dem Weg gehen. Ob wir wollen oder nicht, irgendwann werden sich unsere Wege kreuzen.«

Poiparesis war zusammengezuckt. »Nach allem, was wir bisher gesehen haben«, sagte er, »sind diese sogenannten ›Tiere‹ offenbar ebenso intelligent wie wir.«

»Und wo ist ihr Raumschiff?« fragte Mejox ungeduldig.

»Wo war das unsere vor hundert Jahren?« gab Soikenn zurück. »Soweit ich sehe, bleibt uns nur eine Möglichkeit: Wir landen so weit von ihren Siedlungen entfernt, wie wir nur können – am besten auf einer der Inseln im großen Ozean –, und lassen uns dann tunlichst nicht mehr blicken. Wir können hier Unmengen von wissenschaftlichen Erkenntnissen gewinnen – sei es über die unglaubliche Vielfalt der Ökosysteme, sei es über die Entwicklung und die Verbreitung dieser intelligenten Spezies –, die absolut unbezahlbar sind. Doch anschließend müssen wir unseren Stützpunkt so gründlich beseitigen, daß nichts davon übrigbleibt. Ich würde vorschlagen, ihn nahe an einer Küste zu errichten und einfach mit einem der Reservetreibsätze für das Segel in die Luft zu sprengen. Was danach noch übrigbleibt, wird ins Meer gespült. Die Reststrahlung wäre so gering, daß sie nach zwanzig Jahren nicht mehr meßbar sein dürfte.

Anschließend gehen wir *alle acht* mit unseren Daten an Bord und fliegen nach Nisu zurück. Wir Älteren werden die Reise nicht überleben, das ist mir klar, und wenn ich mir vorstelle, daß ich in der eisigen Finsternis zwischen den Sternen bestattet werden soll, überläuft es mich kalt, aber diese Wesen dürfen weder auf unsere Leichen noch auf unser Lager stoßen. Wir müssen ihnen die Freiheit lassen, ihren eigenen Weg zu einer zivilisierten Daseinsform zu finden, erstens ist das ihr gutes Recht – wir hatten die gleiche Chance – und zweitens können wir sie so am besten studieren. Wenn unsere Berichte auf Nisu eintreffen, wird man sicher ein kleineres Wissenschaftlerteam entsenden, das sich hier niederläßt, um die Entwicklung der Eingeborenen zu verfolgen – wahrscheinlich errichtet man das Basislager auf den Mond und richtet mehrere Standorte auf der Oberfläche ein, wo man niemanden stört. In ein paar tausend Jahren sind sie dann vielleicht soweit, daß ein Kontakt zu verantworten ist.

Immerhin müßte der Schock groß genug sein, um diese Idioten zu Hause aus ihrer Selbstzufriedenheit zu reißen. Die anderen fünf Erkundungsmissionen müssen schleunigst auf den Weg gebracht werden. Intelligentes Leben ist offenbar nicht so selten, wie wir dachten, aber es gibt genügend Welten, auf denen Leben möglich ist, wir werden eine geeignetere finden. Noch besser wäre es, mehrere zur Auswahl zu haben und zu jeder ein großes Schiff zu schicken. Versteht ihr, was das bedeutet? Wenn wir diese Wesen anständig behandeln, von ihnen lernen und sie studieren – nun, dann kann hier ein Modell für eine neue Zivilisation entstehen, für eine Zukunft, in der nisuanische Schiffe zwischen zehn verschiedenen Sonnensystemen verkehren. Und in zwanzigtausend Jahren sind die Bewohner dieses Planeten vielleicht soweit, daß wir sie als Partner in unsere Gemeinschaft aufnehmen können.«

Lange war es still, dann ergriff Kapitän Osepok das Wort. »Ich bin nicht so optimistisch, daß die Leute zu Hause auch tatsächlich das Richtige tun werden. Dieser Fereg Yorock ist doch an keinem Projekt interessiert, das sich nicht in zwei Achttagen auszahlt und möglichst noch zweihundert Prozent Gewinn abwirft. Zumindest wird man aber ein bis zwei weitere Erkundungsschiffe ausschicken und sich vielleicht ein paar Gedanken über die Zukunft machen.

Wir müssen hier so vorgehen, wie wir es für richtig halten ... und können nur hoffen, daß man zu Hause und in der nächsten Generation unsere Arbeit fortsetzt.« Sie überlegte kurz und fuhr dann etwas zuversichtlicher fort: »Aber ich glaube nicht, daß wir verantwortlich sind für das, was nach uns geschieht.« Sie lächelte Soikenn zu. »Ich finde deine Lösung ausgezeichnet.«

Soikenn atmete sichtlich auf.

Poiparesis hatte die Arme vor der Brust verschränkt. Jetzt holte er tief Luft. »Nun, ich weiß nicht so recht, ob das der beste Weg ist.«

Ich war sehr erleichtert und sah, daß es Otuz ebenso erging. Offenbar wollten doch nicht alle Erwachsenen in Sentimentalität versinken.

»Ich sehe eigentlich keinen Grund«, fuhr Poiparesis fort, »warum diese Wesen hier über die gleichen Steine stolpern sollten wie wir. Denken wir nur an das Naheliegendste: Früher oder später wird eine der hiesigen Zivilisationen die militärische Vorherrschaft erringen und alle anderen überfallen und versklaven wollen – und dann sind die Beziehungen zwischen den Rassen bald ebenso verdorben wie zwischen Shulathiern und Palathiern.

Ich meine, wir erziehen doch auch unsere Kinder nicht, indem wir sie an heiße Öfen fassen oder mit scharfen Messern spielen lassen. Wir zwingen sie nicht, jedes Experiment in der Geschichte der Physik oder der Chemie zu wiederholen, schon gar nicht, wenn sie sich dabei vergiften oder in die Luft sprengen könnten. Warum also sollten wir zusehen, wie diese jüngere Spezies unsere Fehler wiederholt, Fehler, für die wir alle bis auf den heutigen Tag teuer bezahlen? Ich empfehle, sie eine Weile zu studieren – um dann Kontakt aufzunehmen, ihnen zu sagen, wer wir sind und warum wir kommen, sie vielleicht sogar ausdrücklich um Erlaubnis zum Landen zu bitten.« Er lächelte freundlich in die Runde, sichtlich überzeugt, einen vertretbaren Kompromiß, vielleicht sogar die beste aller denkbaren Lösungen gefunden zu haben. Wenn er seine Argumente als erster vorgetragen hätte, wäre vielleicht alles anders gekommen – ein Gedanke, der mich viele Jahre später immer wieder verfolgen sollte. Aber ich glaube es nicht; Poiparesis hatte sich schon so oft für Güte und Großmut eingesetzt und war von den übrigen Erwachsenen einfach überstimmt worden. »Aber«, fügte er hinzu, »bisher haben nur wir Alten gesprochen. Vielleicht erteilen wir jetzt der jüngeren Generation das Wort.«

Wir hatten uns sorgfältig vorbereitet. Otuz, Priekahm und ich sahen Mejox an und machten damit deutlich, daß wir ihn als unseren Wortführer betrachteten.

Mejox holte tief Atem und sagte: »Nun gut. Ich werde mich bemühen, unsere Position so klar und einfach darzustellen wie nur möglich.

Wenn man zu Hause auf Nisu *Projekt Exodus* planmäßig weiterverfolgt hätte, wären wir jetzt in der Lage, diesen Planeten als wissenschaftliches Reservat zu behandeln und so lange Sonden zu anderen Welten zu schicken, bis wir eine gefunden hätten, die uns besser zusagt. Vielen Nisuanern, besonders den Wissenschaftlern, wäre diese Lösung sicher am liebsten. Und die Wesen da unten würden es wohl auch begrüßen, wenn wir einfach wieder abzögen.

Aber wir müssen auch an Nisu denken. Das ist schließlich der Zweck unserer Mission. Und aus dieser Sicht halte ich es nicht für einen Nachteil, auf Setepos intelligente Tiere entdeckt zu haben, sondern für einen ungeheuren Glücksfall. Ich schlage vor, genau da zu landen, wo die höchstentwickelten Verbände dieser Gattung leben, sie zu überfallen und zu unterjochen. Danach werden die Überlebenden domestiziert, und wir errichten eine Kolonie, deren wirtschaftliche Basis in der radikalen Ausbeutung dieser Tiere zum Nutzen unseres ganze Volkes besteht. Anschließend setzen wir einen Funkspruch nach Nisu ab, in dem wir erklären, was wir getan haben, und unsere Landsleute auffordern, zu uns zu stoßen. Wir machen unsere Sterilisation rückgängig, führen ein Leben als Plantagenbesitzer, und wenn die Kolonisten kommen, werden sie von unseren Urenkeln empfangen und finden eine Existenzgrundlage vor, die ihnen ein sorgenfreies Dasein ermöglicht.

Erstens ist diese Lösung natürlich besser für uns, denn auf diese Weise brauchen wir nicht den Rest unseres Lebens in dieser Metallkiste zu verbringen. Zweitens ist sie auch besser für die künftigen Siedler, denn sie kommen auf einen Planeten, wo alles für ihren Empfang bereit ist. Doch das wichtigste ...«

»Du willst doch hoffentlich nicht behaupten, sie sei auch besser für die Menschen hier?« unterbrach ihn Poiparesis sarkastisch.

»Was für Menschen?«

»Die hier auf Setepos.«

»Es gibt hier noch keine Menschen. Nur ungewöhnlich kluge Tiere«, erklärte Mejox entschieden. »Und darauf komme ich gleich. Was war die größte Katastrophe in Nisus Geschichte? Die Spaltung zwischen Palathiern und Shulathiern, die Unfähigkeit zu erkennen, daß wir einfach deshalb ein Volk sind, weil wir Nisuaner sind. Nun gibt es hier Tiere, die zwar genug Verstand besitzen, um sich eine primitive Religion und eine primitive Gesellschaftsform zu schaffen und alle möglichen Arbeiten auszuführen, aber nicht klug genug sind, um sich über die Lebensweise unser entferntesten Vorfahren zu erheben.

Sie sind keine Nisuaner und können auch nicht hoffen, es jemals zu werden. Und so wichtig ihre Arbeitskraft für uns sein mag, sie sollen noch einem weitaus wichtigeren Zweck dienen. Sie sollen deutlich machen, daß *wir alle Nisuaner sind.* Die Unterschiede zwischen unseren beiden Rassen sind nicht der Rede wert, verglichen mit den Unterschieden zwischen uns und diesen Tieren …«

»Wenn du sie als Tiere betrachtest …«, begann Poiparesis.

Otuz funkelte ihn an. »Was sind sie denn sonst? Ganz sicher keine Menschen. Oder glaubst du, wir hätten gemeinsame Vorfahren? Wir sind hierhergekommen, um Setepos in Besitz zu nehmen, der Planet gehört uns. Nur weil ein paar Tiere Feuer machen und angespitzte Stöcke verwenden …«

Poiparesis rang sichtlich um Fassung. Endlich preßte er heraus: »Nur um den Shulathiern zur Gleichberechtigung zu verhelfen, wollt ihr also eine andere intelligente Spezies versklaven? Erstens …«

»Ein Haustier ist kein Sklave«, erklärte Priekahm.

Die Erwachsenen sahen sich an. Nach einer langen Pause ergriff Osepok das Wort. »Das hört sich so an, als hättet ihr euch bereits entschieden und stellt uns nun vor vollendete Tatsachen.« Sie sah mir fest in die Augen. »Zahmekoses, bist du damit einverstanden?«

»Ja«, antwortete ich lakonisch. »Du hast recht, wir hatten uns abgesprochen. Einige von euch reden ja nicht mehr mit uns, hast du das vergessen? Also wundert euch nicht, wenn wir unsere Entscheidungen ohne euch treffen.«

Damit hatte ich sie alle verärgert; besonders Poiparesis. Er war geradezu außer sich. »Du als Shulathier müßtest die Sklaverei ganz besonders verabscheuen«, sagte er und starrte mich an. »Statt dessen willst du den Sklavenhalter spielen!«

Ich ignorierte diesen unqualifizierten Vorwurf und begann zu erklären. »Wenn wir diese Tiere …«

»Menschen«, verbesserte Soikenn.

»Tiere«, wiederholte ich unbeirrt. »Ich kann es nicht mehr hören, wie ihr euch ständig über ihre Rechte ereifert und verlangt, wir müßten sie als Menschen betrachten, während ihr uns wie die schlimmsten Verbrecher behandelt, nur weil wir uns mit Angehörigen einer anderen Rasse paaren.«

Kekox stand auf und starrte mich wütend an; ich dachte schon, er wolle sich auf mich stürzen, aber dann schritt er langsam durch den Saal und baute sich vor Mejox auf. Uns anderen wandte er den Rücken zu. »Ich weiß jetzt, was du vorhast. Ich hätte es längst merken müssen, du hattest schon als kleine Rotznase – die du übrigens immer noch bist – nichts anderes im Sinn. *Kaiser Mejox* willst du werden! Und wenn nicht Kaiser Mejox von Nisu, dann Kaiser Mejox von Setepos. Oder noch besser, Kaiser Mejox von Setepos, der erste Kaiser seit über hundert Jahren, der *Sklaven hält.* Oh ja. Wahrscheinlich kriegst du diese armen, abergläubischen Wilden sogar dazu, daß sie dich als Gott verehren. Deine shulathische Hure wird natürlich Kaiserin, und bis das Kolonistenschiff hier eintrifft, hast du deine ganze Brut von palathisch-shulathischen Mischlingen in den Adelsstand erhoben und gebietest über Millionen von Sklaven, so daß alle anständigen Menschen ...«

»Das reicht«, sagte Mejox. Ich hätte erwartet, daß er brüllen oder schreien würde, aber seltsamerweise sprach er ganz leise und fest. Doch ich hörte eine kalte Wut in seiner Stimme, die mich frösteln machte, obwohl ich wußte, daß er auf meiner Seite stand. So hatte ich ihn noch nie erlebt.

Kekox' Augen wurden schmal. »Ach, das hört der Kaiser über Drei Gören wohl nicht gern? Nun, dann paß gut auf, denn ich sage es nur einmal. Auch wir sind bis in die jüngste Vergangenheit mit angespitzten Stöcken und Feuer ausgekommen. Du hast *keinen* Beweis dafür, daß diese Eingeborenen weniger intelligent oder weniger tüchtig sind als wir. Nach allem, was ich bisher gesehen habe, glaube ich eher, daß ihr Grünschnäbel ihnen nicht das Wasser reichen könnt. Mag sein, daß ihr einer fortgeschritteneren Zivilisation angehört, aber ihr habt *keine* Kampferfahrung. *Keine.* Ihr habt drei Dampfgewehre, aber auf dem Schiff gibt es keine Möglichkeit, richtig schießen zu lernen. Das heißt, *ihr* müßt beim ersten Mal damit klarkommen. *Sie* dagegen haben von Kindesbeinen an Speereschleudern geübt. Und auf dieser Zivilisationsstufe führt man sicher jeden Sommer Krieg. Wahrscheinlich besteht der ganze Stamm aus bewährten Kämpfern. Sie wissen, wie es ist, ihre Freunde sterben zu sehen. Sie sind gewöhnt, nicht aufzugeben, auch wenn sie verletzt sind. Sie sind mit ihren Waffen so vertraut, als wären sie Teile ihres Körpers. Ihr mögt ihnen zwanzigtausend Jahre technischer Entwicklung voraushaben, aber sie verfügen über all die Fähigkeiten und Erfahrungen, auf die es ankommt. Bevor wir also davon sprechen, wie niederträchtig euer Plan ist – und wie niederträchtig *du* bist, Kaiser Mejox, Gefährte Ihrer Majestät der Langohrigen Hure –, wollen wir erst einmal klarstellen, daß er nicht funktionieren kann. Die Seteposier haben alle Vorteile auf ihrer Seite. Begreifst du das?« Damit stieß er Mejox mit dem Finger vor die Brust. Mejox' Augen sprühten Blitze, er schlug die Hand beiseite.

Poiparesis ging dazwischen und trennte die beiden. »Hört auf damit!«

»Ach ja, versteck dich nur hinter deinem Papi«, höhnte Kekox, beugte sich an Poiparesis vorbei und gab Mejox einen Nasenstüber.

»Hört sofort auf!« wiederholte Poiparesis. »Ihr könnt euch hier drin nicht prügeln, und das wißt ihr genau. Im Moment geht es nur darum, wo wir auf Setepos landen und wie wir weiter verfahren wollen. Es ist nicht nötig, alle ungelösten Fragen des Universums mit in die Debatte einzubeziehen.«

»Setz dich, Kekox«, sagte auch Osepok. »Bitte, setz dich. Wir werden in Ruhe über alles sprechen. Bitte.«

Kekox trat einen Schritt zurück. Auch Mejox trat zurück, und Poiparesis war bereits aus dem Weg gegangen, als Kekox ein Messer zog und blitzschnell und ohne Vorwarnung auf Mejox einstechen wollte. Aber Mejox hatte zwanzig Jahre Nahkampferfahrung, er hatte eifriger trainiert als wir alle, und meistens gegen Kekox. Ein rascher Schlag mit beiden Händen, ein Knirschen, und er hatte dem alten Gardisten das Handgelenk gebrochen. Das Messer fiel zu Boden.

Mejox riß es an sich, sah Kekox mit flammenden Augen an und stieß zu. Poiparesis drehte sich um und warf sich dazwischen. Wahrscheinlich wollte er Mejox aufhalten oder ihn hindern, das Messer zu gebrauchen. Was dann passierte, weiß ich nicht genau. Vielleicht rutschte er aus und fiel hin, vielleicht hatte er auch die Entfernung falsch eingeschätzt, jedenfalls drang die Klinge unterhalb der Rippen tief in seinen Brustkorb ein und durchstieß den Blutmischer. Ein dicker, dunkelvioletter Blutstrahl schoß über Mejox' Arm. Wie gelähmt vor Entsetzen sahen er und Kekox Poiparesis zu Boden stürzen.

Kekox starrte, die verletzte Hand an die Brust gedrückt, lange ins Leere, dann sagte er leise: »Was hast du getan?«

Wir anderen waren wie versteinert. Mejox drehte Poiparesis auf den Rücken, aber die ausgetretene Blutmenge sagte genug. Der Blutmischer ist durch den Brustkorb gut geschützt, aber über ihn fließt das gesamte Blut des Körpers zu den Herzen zurück, wenn er also tatsächlich verletzt wird, fällt der Blutdruck so jäh ab, daß in Sekundenschnelle der Tod eintritt. Poiparesis war wohl schon tot gewesen, bevor er auf dem Deck aufschlug.

Die schwarze Pfütze floß langsam über den Boden. Mejox stand mittendrin, mit triefendem Arm, über und über mit Blut bespritzt.

»Was hast du getan?« wiederholte Kekox.

Mejox sah auf. Sein Gesicht war schmerzverzerrt, er schien Kekox' Vorwurf gar nicht gehört zu haben. »Wir müssen ihn auf den Tisch legen.« Angewidert zog er das Messer aus Poiparesis' Unterleib und warf es in einen Abfallschlitz.

»Das ist Beweismaterial«, sagte Osepok tonlos.

»Keine Sorge, ich bekenne mich schuldig. Ihr alle seid Zeugen. Jetzt helft mir, ihn auf den Tisch zu heben. Ich möchte ihn ordentlich hinlegen und zudecken.« Mejox sprach sehr sanft und freundlich. In diesem Augenblick war allen klar, daß er die Schuld auf sich nehmen würde, um den Frieden zu bewahren, obwohl der Mörder, falls von Mord überhaupt die Rede sein konnte, eigentlich Kekox hieß.

Er hatte uns alle angesprochen, und so stand ich auf. Auch Kapitän Osepok trat mit heran. Gemeinsam hoben wir den schweren, noch warmen Körper auf den Tisch, kreuzten ihm die Arme vor der Brust und streckten die Beine aus. Ich drückte ihm – ich staunte über mich selbst – die Augen zu und schob ihm die Kiefer zusammen, obwohl mir alles vor den Augen verschwamm und mein Magen rebellierte. Der Flaum auf seinem Gesicht war immer noch so weich, wie ich ihn aus meiner Kindheit in Erinnerung hatte. Behutsam strich ich ihm auch die langen Ohren glatt, so daß sie flach auf dem Tisch auflagen. Doch plötzlich war es um meine Beherrschung geschehen. Ich wandte mich ab und warf mich dem Kapitän in die Arme. Auch sie hatte zu schluchzen begonnen.

Lange hielten wir uns blind umklammert, dann blickten wir auf. Mejox und Priekahm standen Hand in Hand neben dem Tisch und sahen auf Poiparesis' Leichnam nieder. Soikenn hatte sich nicht bewegt. Kekox stand reglos da, seine Hand hing haltlos von seinem gebrochenen Handgelenk herab.

Niemand hatte Otuz hinausgehen hören. Jetzt kam sie mit dem Sanitätkasten wieder und flüsterte Kekox etwas zu. Er setzte sich und überließ ihr seinen Arm. Nachdem sie das Gelenk notdürftig ruhiggestellt hatte, ging sie mit ihm den Gang hinunter. Sie hatte bereits eine der provisorischen Krankenstationen hergerichtet, nun würde sie ihm ein Beruhigungsmittel geben und den Bruch schienen.

Auch Mejox und Priekahm verschwanden bald, um sich anderswo zu trösten. Kapitän Osepok und ich standen noch lange vor dem Toten. Endlich sagte sie: »Ich möchte jetzt allein sein.«

»Ich auch«, sagte ich. Ich war wie betäubt, spürte einen dumpfen Schmerz, wußte nicht, ob ich weinen oder einfach dasitzen und stundenlang die Wand anstarren sollte. »Soikenn, willst du ...«

Sie hob nicht einmal den Kopf oder zuckte mit den Ohren.

»Soikenn«, sagte ich noch einmal. Sie saß da wie aus Stein gemeißelt.

»Laß sie in Ruhe«, sagte Osepok. »Sie hat jetzt über vieles nachzudenken. Soikenn, möchtest du alleine hierbleiben?«

Ihre Lippen begannen zu zucken, und endlich brachte sie ein »Ja« heraus.

»Nun gut«, sagte Osepok und holte eine Decke aus einem Spind. Zu zweit legten wir sie Soikenn um die Schultern. Dann verließen wir ohne ein weiteres Wort den Speisesaal, und jeder ging in seine Kabine. Ich sah mich noch einmal um. Soikenn starrte immer noch auf Poiparesis' Leichnam hinab. Sie hatte die Decke fest um sich gezogen und zitterte trotzdem, als friere sie entsetzlich.

Ich lag fast einen Fünfteltag lang in meiner Koje, starrte die Decke an und nickte immer wieder ein.

Drei Dinge gingen mir im Kopf herum. Erstens wünschte ich mir, Poiparesis könnte wiederauferstehen, obwohl ich mich dieses törichten Gedankens schämte. Daneben hoffte ich, jemand möge mir sagen, wie es jetzt weitergehen solle, ohne daß ich selbst etwas dazutun oder gar eine Entscheidung treffen müßte. Doch am stärksten war die Erinnerung, wie er mir früher, beim Gutenachtsagen, seine beiden Finger auf die Stirn gelegt hatte.

Mejox war sicher am Boden zerstört, aber wie ich ihn kannte, hatte er sich völlig in sich zurückgezogen und war im Moment nur für Priekahm ansprechbar. Der Kapitän war immer schon ein Einzelgänger gewesen; sie hatte wohl kaum etwas zu sagen. Kekox stand im Moment noch unter Narkose, aber wenn er aufwachte, war er vermutlich viel zu wütend, um mit einem von uns zu sprechen, sondern hatte nichts Eiligeres zu tun, als Mejox mit Vorwürfen zu überhäufen. Dann mußten sich der Kapitän oder Soikenn um ihn kümmern.

Soikenn. Schuldbewußtsein durchzuckte mich, als mir wieder einfiel, wie ich sie zurückgelassen hatte. Ich stand auf, wusch mir das Gesicht und eilte hinunter in den Großen Speisesaal, um nach ihr zu sehen.

Unterwegs fiel mir ein, daß mich dort auch die Leiche erwartete, und ich nahm meine ganze Kraft zusammen. Dann trat ich ein und sah mir den Körper, das blutverkrustete Gesicht noch einmal an. Diesmal war es nicht mehr ganz so schlimm; wahrscheinlich fand ich mich allmählich damit ab, daß Poiparesis tot war. Beklommen wandte ich mich Soikenn zu.

Sie hatte sich immerhin soweit aufgerafft, sich einen Stuhl heranzuziehen, um dicht neben Poiparesis sitzen zu können. Von meinem Eintreten hatte sie keine Notiz genommen. Am schlimmsten fand ich, daß sie nicht weinte, schluchzte oder klagte – sie starrte den Leichnam nur nachdenklich an, als überlege sie, ob sie ihn aufwecken sollte oder nicht.

Ich sah, daß sie erschauerte, trat zu ihr und zog die Decke höher hinauf. »Danke«, flüsterte sie.

»Ich bin hier, wenn du mich brauchst«, sagte ich, massierte ihr die schmalen, knochigen Schultern und versuchte, mit den Daumen die verkrampften Rückenmuskeln zu lockern. »Kann ich irgend etwas für dich tun?«

»Geh nicht weg«, bat sie. »Vielleicht brauche ich jemanden, mit dem ich reden kann.« Es war, als hätten wir die Rollen getauscht, als sei ich der Erwachsene und sie das Kind. Sie war kalt wie ein Eisblock. Und sie sagte kein Wort.

Poiparesis' Körper war über und über mit geronnenem Blut besudelt. Es sah abscheulich aus, und ich stellte mir vor, wie peinlich es ihm wäre, vor aller Augen in diesem Zustand daliegen zu müssen. Bei nächster Gelegenheit wollte ich ein nasses Tuch holen und alles saubermachen.

Endlich began Soikenn zu sprechen. »Poiparesis war anders als wir. Osepok gefällt es hier draußen, sie wäre mit diesem Schiff auch allein losgeflogen, ganz gleich, wohin, und hätte sich gefreut, es ganz für sich zu haben. Ich verfasse gern Referate und interessiere mich für die naturwissenschaftlichen Fragen. Und Kekox – du weißt doch, daß er aus einem kleineren Adelsgeschlecht stammt. Seine Familie hat in Palath nicht allzu viel mitzureden. Er hat sich für diese schwierige und doch auch langweilige Aufgabe gemeldet, um seinen Neffen und Nichten einen gewissen Aufstieg zu ermöglichen. Nur Poiparesis war wirklich begierig, eine neue Welt zu entdecken. Er wollte sehen, was es dort zu sehen gibt.

Nun ist alles anders gekommen! Dabei glaubten wir, uns in einem Punkt alle einig zu sein – wir wollten die tiefe Kluft zwischen den Rassen überbrücken, wollten die erste, wirklich gerechte Gesellschaft aufbauen, die Nisu je hervorgebracht hatte. Vielleicht gab es zu wenig Menschen, die das bisher versucht hatten, vielleicht hatten wir ihnen auch nur nicht richtig zugehört. Jedenfalls können acht Personen nicht innerhalb von zwanzig Jahren abschaffen, was über Jahrhunderte gewachsen ist. Nicht einmal bei sich selbst. Ich gebe mir soviel Mühe, mich damit abzufinden, daß ihr die Rassenschranken nicht mehr respektiert, und mache mich dabei nur lächerlich. Bei Kekox zeigt sich, daß seine Gefühle stärker sind als seine Grundsätze. Und Poiparesis … nun, er war auch in dieser Hinsicht eine Ausnahme.«

»Von ihm fühlten wir uns stets angenommen.« Ich knetete jetzt die verhärteten Muskeln hinter Soikenns Ohren. Sie mußte rasende Kopfschmerzen haben.

»Er hat sich immer für euch eingesetzt, euch gegen jeden von uns verteidigt. Es war ihm wichtig, euch Kindern das Gefühl zu geben, angenommen und anerkannt zu sein. Wir anderen hatten uns darüber weniger Gedanken gemacht.« Sie stöhnte auf, und ich dachte schon, sie würde weinen, aber sie sagte nur: »Ich glaube, ich brauche jetzt Schlaf.«

Ich begleitete sie zu ihrer Kabine. Wir sprachen nicht mehr miteinander. Sie schaute die ganze Zeit zu Boden.

Hinterher spürte ich, wie müde ich war. Am liebsten wäre ich selbst wieder zu Bett gegangen, aber dann fiel mir ein, daß ich ja Poiparesis säubern wollte. Ich holte mir alles, was ich brauchte, und kehrte in den Speisesaal zurück. Doch Otuz war schon da und hatte sich an die Arbeit gemacht. Ohne ein Wort wuschen wir gemeinsam die Leiche und bahrten sie dann sorgfältiger auf, als der Kapitän und ich es in der Eile getan hatten. Danach beseitigten wir das Blut auf dem Boden, und als wir fertig waren, sah es so aus, als habe Poiparesis sich einfach auf dem Eßtisch schlafen gelegt.

Schweigend nahm ich Otuz an der Hand und führte sie in meine Kabine. Eigentlich war die Koje zu klein für zwei, aber wir kuschelten uns fest aneinander. Es war das erste Mal, daß wir es wagten, eine ganze Nacht beisammenzubleiben.

10

Zur Beisetzung kamen wir zum ersten Mal seit Poiparesis' Tod alle wieder zusammen. Soikenn als Hauptbetroffene saß dem Leichnam am nächsten. Sie zitterte während der gesamten Zeremonie. Als es an der Zeit war, die erste Totenrede zu halten, stand sie auf, trat hinter den Leichnam, umfaßte seine Hand mit beiden Händen und stammelte, wir hätten ihn alle geliebt und würden ihn nie vergessen. Kapitän Osepok beherrschte sich immerhin soweit, daß sie stillstand; ihr Nachruf, ein kurzer Abriß von Poiparesis' Laufbahn, war in sachlichen, militärisch knappen Sätzen abgefaßt, doch als sie ihn vortrug, liefen ihr die Tränen über das Gesicht, und sie umklammerte krampfhaft Poiparesis' Hand.

Das Schicksal mag bisweilen weise sein, barmherzig ist es nicht. Nach altem Brauch wurde die Reihenfolge aller Redner nach dem Hauptbetroffenen und dem Kapitän durch das Los bestimmt, und wenn wir auch keinen Anlaß sahen, jede Tradition beizubehalten, so gab es doch keinen Grund, hieran etwas zu ändern. Als nächste hatte das Los die drei anderen Kinder getroffen, dann mich und schließlich Kekox. Mejox, Priekahm und Otuz sagten im Grunde alle das gleiche: Wir hätten uns stets auf Poiparesis verlassen und zu ihm aufgeschaut, und wir würden ihn schmerzlich vermissen.

Ich hatte fast den ganzen Tag damit verbracht, mir meine Ansprache zurechtzulegen, doch als ich jetzt vortrat und mit beiden Händen Poiparesis' tote Hand umfaßte, sank mir der Mut. Plötzlich fand ich meine Idee und die ganze Rede unmöglich, aber es war zu spät, um noch etwas zu ändern. Seine Hand war so kalt, sein totes Gesicht so leer ... Ich schluckte krampfhaft und begann: »Zum ersten Mal müssen wir Abschied nehmen. Als man uns ausschickte, dachte man, Familienprobleme würden uns erspart bleiben, da wir ja nicht durch Familienbande aneinandergekettet seien. Aber das war ein Irrtum.... Jetzt, da wir uns hier versammelt haben, um Poiparesis Lebewohl zu sagen, stellen wir fest, daß wir eine Familie *sind.*« Von da aus arbeitete ich mich zu der Frage vor, die mir vor allem am Herzen lag – daß wir alle irgendwie wieder zusammenfinden müßten, auch wenn das bedeutete, daß einige von uns in gewissen Dingen nachgaben. Das war natürlich vor allem an Mejox' und Kekox' Adresse gerichtet, aber ich bemühte mich, möglichst allgemein zu sprechen. An den Schluß stellte ich eine Aussage, von der ich völlig überzeugt war – Poiparesis hätte nicht gewollt, daß wir im Streit lägen.

Der Arm des Toten war mir schwer geworden, ich legte ihn zurück, sah ihm noch einmal ins Gesicht – dachte an zehntausend Kleinigkeiten aus meiner Kindheit und meiner Schulzeit – und setzte mich. Kekox erhob sich und nahm den Platz des Sprechers hinter der Leiche ein.

Bevor er mit seiner heilen Hand Poiparesis' Hand ergriff, sah er lange auf ihn hinab. Die andere Hand in ihrer Schiene war für uns alle eine Mahnung an das Geschehene. Endlich blickte er auf und sagte: »Ich glaubte zu wissen, was ich sagen wollte. Ich glaubte, notfalls drei Reden halten zu können. Und jetzt scheint mir keine mehr dem Anlaß zu entsprechen.« Wieder starrte er dem Toten ins Gesicht. »Denn was Zahmekoses gesagt hat, ist die bittere Wahrheit.

Wir sind eine Familie; wir sind enger miteinander verbunden als die meisten Familien in Palath oder Shulath, und nichts zählt mehr, nichts kann mehr zählen. Je weiter sich Nisu von uns entfernt, desto weniger weckt es Heimatgefühle in uns. Inzwischen ist es nur noch der Ort, von dem wir gekommen sind. Die uns ausgeschickt haben, stehen uns nicht mehr besonders nahe. Poiparesis war uns teurer als unser gesamter Heimatplanet und alle künftigen Generationen.« Er rang nach Atem, ein Schluchzen schüttelte ihn, er konnte nicht weitersprechen. Den Blick auf die kalte Hand gerichtet, die er in der seinen hielt, rang er um Fassung. Otuz wartete einen Moment, dann stand sie auf, stellte sich neben ihn und legte ihm die Hand auf den Arm.

Er atmete ein paarmal tief durch, dann hatte er sich gefangen und konnte fortfahren: »Bisher wollte ich das nicht wahrhaben. Ich habe mir eingeredet, als Kaiserlicher Gardist hätte ich mehr Loyalität im Leibe als jeder von euch. Doch ich lebe auf diesem Schiff schon ebenso lange wie ihr, und diese Katastrophe erschüttert mich mehr, als wenn ganz Nisu in die Luft gesprengt worden wäre.« Wieder holte er tief Atem. »Ich habe meinen teuersten Freund verloren, und ich habe ihm nie gesagt, was er für mich bedeutete. Jahrelang habe ich dafür gekämpft, daß alle sich nach Normen richteten, die selbst *mir* im Grunde nichts mehr bedeuteten. Einige von euch habe ich schändlich behandelt. Für Poiparesis kommt meine Reue zu spät, aber ich kann ihm wenigstens seinen letzten Wunsch erfüllen: Ich kann vergeben, vergessen, mich zu euch allen bekennen. Das will ich tun, zum Andenken an meinen besten Freund.« Behutsam legte er Poiparesis' Hand zurück und berührte sanft mit zwei Fingern seine Stirn, wie um ein Kind zum Einschlafen zu bringen. Es war eine Geste, die wir alle lebhaft in Erinnerung hatten. Dann schaute er auf. »Ich liebe euch alle. Ihr seid meine Familie.«

Bisher hatten wir uns streng an das Zeremoniell für eine Beisetzung auf hoher See gehalten, wie es unsere Befehle vorsahen. Was jetzt kam, war neu. Wir stellten uns im Kreis auf, faßten uns an den Händen und warteten stumm, während der kleine Frachtaufzug Poiparesis in den zentralen Maschinenraum hinauftrug. Dann durchlief ein Zittern das Schiff; unser Sondenkatapult hatte Poiparesis hinausgeschleudert in die Finsternis des Weltraums. Noch hatten wir mehr als die erforderliche Fluchtgeschwindigkeit für unsere neue Sonne. Er würde auf einem schnellen hyperbolischen Orbit an ihr vorbeigetragen werden, um dann auf ewig weiterzufliegen in die Tiefen des Alls.

Nach der Beisetzung wurde für zwei Tage ›Krankendienst‹ angeordnet, der Dienstplan für den Fall, daß die gesamte Besatzung gleichzeitig erkrankte. Niemand war nach Arbeit zumute, schon die kleinste Anstrengung war zuviel. Am dritten Tag trafen wir uns alle zu einer Besprechung, und zumindest ich hatte das Gefühl, daß Poiparesis dabei nur physisch abwesend war. Geistig war er geradezu überwältigend gegenwärtig.

Die erste Frage lautete, was man, wenn überhaupt, nach Nisu berichten wollte. Entgegen allen Anweisungen machten wir schon seit Jahren nicht mehr täglich Meldung. Wir hatten nämlich durch einen Vergleich der Antworten herausgefunden, daß unsere Funksprüche nur gespeichert und oft mehrere Achttage lang nicht gelesen wurden. So blieb uns noch mindestens ein Achttag Zeit, bis wir wieder senden *mußten*.

»Ihr wißt doch, was man daraus machen wird«, sagte Otuz. »Ein großes Spektakel. Wenn wir zurückkämen – immer vorausgesetzt, wir wären so töricht, das zu tun –, würde man uns als Wundertiere zur Schau stellen, als Überlebende des ›berühmtesten Mordfalls der Geschichte‹. Auf Antwort können wir ohnehin nicht warten, wir müssen die Sache lange vorher beilegen. Wozu also überhaupt etwas erwähnen? Wozu überhaupt noch mit ihnen reden?«

Wir hatten sie wohl alle ziemlich überrascht angesehen, denn sie funkelte so gereizt zurück, als könne sie unsere Begriffsstutzigkeit nicht begreifen. »Wenn wir nicht zurückkehren und nichts mehr mit Nisu zu tun haben wollen – und das ist jedenfalls die Position, die ich vertrete –, warum sollten wir uns dann vor den Daheimgebliebenen erniedrigen? Ihr alle wißt, daß sie uns nie verstehen werden, weil sie uns nämlich nicht verstehen *wollen*. Sie werden tun, was Nisuaner immer tun: Sie werden ein Riesentheater veranstalten und endlose Diskussionen führen, jeder wird seine Gefühle zum Ausdruck bringen, jede Gruppe wird sich Gehör verschaffen – so lange, bis alles in Aufruhr ist. Dann wird man zu dem Schluß kommen, wir hätten um Rat fragen sollen, und es sei eine ganz schreckliche Geschichte. Womöglich geben wir damit noch den letzten Anstoß, den Laser einfach abzuschalten, alle Zukunftsprojekte zu streichen und so lange zu feiern, bis die Steine fallen.«

Nach einer Pause sagte Soikenn: »Auch ich sehe nicht, wozu es gut sein könnte, den Vorfall zu melden. Wenn Poiparesis einfach von der Bildfläche verschwindet, fällt das früher oder später jemandem auf, und dann gibt es die wildesten Spekulationen. Wenn wir die Wahrheit sagen, enden wir als Stoff für Sensationsberichte. Eins ist sicher: Wir können nichts tun, um die Leute zu Hause zu bewegen, über die Erhaltung ihrer Art nachzudenken. Nisu hat uns ausgeschickt, um uns dann zu vergessen. Du schlägst also vor, den Funkkontakt einfach einzustellen?«

Otuz nickte. »Besser noch, wir melden, daß wir zur Landung ansetzen, und lassen die Verbindung mittendrin abreißen, so als wären wir abgestürzt. Wenn sie schon nicht bereit sind, sich auf den Weg zu machen, um ihre Zivilisation zu retten, rüstet vielleicht irgendeine Nachrichtenorganisation eine Expedition aus, um über unser Schicksal zu berichten. Und bis die hier eintrifft, gibt es nichts mehr, dessen sich unsere Urenkel zu schämen brauchen.«

»Ich sehe noch weitere Vorteile«, sagte Mejox. »Wenn Nisu von diesen intelligenten Tieren erfährt, bleiben Kontroversen nicht aus. Seht euch nur an, wie wir reagiert haben. Wie wir diese Frage auch lösen, bis die Nachricht nach Haus gelangt, sind – seit Generationen – Tatsachen geschaffen. Und ich vertraue uns und unseren Nachkommen sehr viel mehr als unseren nisuanischen Landsleuten.«

»Es gibt noch ein weiteres Argument«, schaltete Priekahm sich ein. »Wenn wir einfach verschwinden, müssen sie *zwei* neue Sternenschiffe bauen. Eins, um herauszufinden, was mit uns passiert ist, und eins, um eine Ersatzwelt zu suchen. Es könnte schließlich sein, daß wir ums Leben gekommen sind, weil Setepos sich zur Besiedlung nicht eignet. Damit bekommt Nisu zwei Emigrationsziele und zwei Überlebenschancen. Wenn es nicht anders geht, wird man sich den Aufwand leisten – vergeßt nicht, inzwischen müßte der große Laser fertiggestellt sein, und mit ihm kostet es kaum noch mehr, ein weiteres Schiff auf den Weg zu schicken, als ein großes Unterhaltungsprogramm zu produzieren.«

Kekox nickte. »Das heißt, wenn wir verstummen, sind wir womöglich nützlicher, als wenn wir in Verbindung bleiben.«

Ich überlegte und beschloß, mich nicht zu Wort zu melden. Schließlich wußten wir nicht, was auf Nisu im Moment vorging, und wir wußten erst recht nicht, wie die öffentliche Meinung auf die Sondendaten der letzten zwei Jahre reagiert hatte. Vielleicht hatte man Fereg Yorock und sein *Programm zur Planetenverbesserung* längst zum Teufel gejagt, vielleicht war die Kaiserin im Kindbett gestorben, und der neue Kaiser hatte angeordnet, *Projekt Exodus* mit Hochdruck weiterzuverfolgen. Vielleicht starteten in diesem Augenblick vier Schiffe von unserer Heimatwelt, und wir würden noch erleben, wie sie auf Setepos eintrafen. Es gab *eine Menge* offener Fragen.

Aber man hatte nur Argumente vorgebracht, die dafür sprachen, die Übertragungen einzustellen und Nisu zu verschweigen, was geschehen war. Unausgesprochen hatten wir wohl alle nur ein Motiv: Wir wollten uns eine entsetzliche Demütigung ersparen.

Um das nicht so deutlich aussprechen zu müssen, schwieg ich ganz. Später sollte ich mich jahrelang mit der Frage quälen, ob ich in diesem Moment wohl etwas hätte ändern können, doch ich gelangte immer wieder zu dem gleichen Schluß: Meine Bedenken zu äußern hätte nicht das geringste bewirkt.

Es gab nicht einmal eine richtige Abstimmung; alle waren dafür, in den nächsten zwanzig Achttagen vor Beginn der Bremsphase weiterhin Routineberichte abzusetzen – die ohnehin nicht viel Aufmerksamkeit finden würden. Wenn man sich auf Nisu überhaupt für etwas interessierte, dann wohl am ehesten für die Daten, die von den Sonden kamen. Die Schilderung des Anflugs auf die neue Sonne Kousapex konnte sehr technisch gehalten werden, das gleiche galt für die Manöver zum Einschießen in den Orbit um Setepos. Anschließend brauchten wir nur ganz normal zur Landung anzusetzen, um dann im richtigen Moment die Verbindung zu unterbrechen – das konnte ein automatischer Schaltkreis auf der *Wahkopem Zomos* übernehmen.

Noch einen zweiten Beschluß von großer Tragweite faßten wir ohne große Diskussionen. Soikenn sollte unsere Sterilisation rückgängig machen. Selbst wenn alle vier Frauen auf der Stelle schwanger werden sollten, wären wir längst gelandet und heimisch geworden, bis sie durch ihren Zustand ernsthaft behindert wurden.

So war niemand weiter verwundert, als sich noch lange vor unserer Sonnenumrundung herausstellte, daß Otuz und Priekahm empfangen hatten; überraschender war da schon die Nachricht, daß auch der Kapitän guter Hoffnung war. Immerhin hatten Mejox und ich jetzt etwas, womit wir Kekox necken konnten.

Jede Sonde, die wir zu den kleinen Siedlungen in der Südwestecke des *Großen* schickten, festigte unseren Plan, dort zu landen und uns niederzulassen. Wir hatten bereits eine Menge in Erfahrung gebracht, wußten aber immer noch nicht, ob wir es mit klugen Tieren oder dummen Menschen zu tun hatten, also trafen wir Vorkehrungen für beide Fälle. Unsere Konzepte waren so simpel, daß eigentlich kaum etwas schiefgehen konnte. Und wir sonnten uns in der Zuversicht, daß unser Entschluß, auf die Rückkehr zu verzichten und statt dessen eine eigene Kolonie zu gründen, sich für Nisu positiv auswirken würde, auch wenn unsere Gründe vielleicht nicht ganz so selbstlos waren, wie wir uns einzureden suchten.

Auf dem Weg in das neue Sonnensystem erwiesen wir Poiparesis so etwas wie eine letzte Ehre: Wir sammelten Tausende von Meßwerten und Untersuchungsergebnissen über die acht Planeten des Sonnensystems und arbeiteten wie besessen, um alle Daten noch unter seinem Namen nach Nisu auf den Weg zu bringen, bevor wir den Funkverkehr einstellen mußten. Natürlich ließ sich auf diese Weise auch leichter kaschieren, daß er nicht mehr bei uns war, aber zumindest für mich war das nicht der einzige Grund. Wir wußten ja, wie sehr Poiparesis seine wissenschaftliche Karriere am Herzen gelegen hatte, und so wollten wir damit wohl erreichen, daß sein Name nicht in Vergessenheit geriet. Auch Mejox und Priekahm, die zu dieser Zeit die Sonden zur Erkundung von Setepos steuerten, setzten mehrfach seinen Namen unter ihre Arbeit.

So erweiterte sich unser Wissen um dieses Sonnensystem um ein Vielfaches, während wir unaufhaltsam auf Kousapex zustürzten. Wir warfen die magnetische Bremsschleife ab – wir würden sie ja nicht mehr brauchen – und sie entschwebte uns voran durchs All. Höchstwahrscheinlich würde sie nahe genug an die Sonne herangetragen werden, um zu verbrennen, aber das Material war so dünn und verteilte sich über eine so gewaltige Distanz, daß es selbst mit unseren leistungsfähigsten Instrumenten kaum zu verfolgen war. Dann entfalteten wir vor dem immer heller erstrahlenden neuen Stern das Segel zu voller Größe.

Um mit dem Segel abzubremsen, mußten wir auf Minimaldistanz an Kousapex heranfliegen. Noch einmal stöhnten wir einen

Tag lang unter den Qualen des Beschleunigungsdrucks und fühlten uns nur allzu lebhaft an jenes erste Mal vor dreiundzwanzig Jahren erinnert, als Poiparesis uns betreut hatte. Diesmal kam es nicht zu Verletzungen, schließlich waren wir alle erwachsen und nicht mehr auf Hilfe angewiesen, trotzdem waren alle noch längere Zeit hinterher still und in sich gekehrt.

Auf einem stark elliptischen, rückläufigen Orbit verließen wir die Glut unserer neuen Sonne und flogen dicht an den zweiten Planeten des Systems heran, um uns von seiner Schwerkraft weiter abbremsen zu lassen. Optisch war dieser Planet der uninteressanteste von allen. Dank seiner dichten Kohlendioxidatmosphäre und einer nahezu homogenen Wolkendecke sah man nichts als eine helle Kugel. Dennoch drängten wir uns so oft wie möglich vor den Bullaugen, während er vorüberzog. Nach dreiundzwanzig Jahren im All war es ein sonderbares Gefühl, einen Planeten in Lebensgröße vor sich zu haben. Seine Schwerkraft verlangsamte uns noch weiter. Nun bewegten wir uns gerade so schnell durch Kousapex' Gravitationsfeld, daß wir – mehr oder weniger – in die richtige Umlaufbahn gezogen würden, wenn uns Setepos auf seinem Orbit entgegenkam. Natürlich ging es nicht ohne zahllose Feinkorrekturen ab.

Die Achttage vergingen, Setepos kam immer näher. Irgendwann waren wir so schnell gewesen, daß wir das ganze Sonnensystem in eineinviertel Tagen hätten durchqueren können; jetzt brauchten wir zehn Achttage, um zwischen zwei seiner inneren Planeten zu gelangen. Als die *Wahkopem Zomos* bis auf hundert Planetenradien an Setepos herangekommen war, holten wir einen vollen Tag lang das Segel ein, so sorgfältig, als wollten wir es noch einmal verwenden.

Sechs Tage später zündeten wir die Raketentriebwerke und steuerten das Schiff in eine Umlaufbahn um unsere neue Welt. Osepok vergewisserte sich, daß wir die wenigen erforderlichen Handgriffe auch allein bewältigten, dann zog sie sich in ihre Kabine zurück und kam den ganzen Tag nicht mehr zum Vorschein. Später wurde uns klar, daß sie diese für sie letzte Gelegenheit nützen wollte, bequem in ihrer Koje zu liegen und Musik zu hören. Kekox und Soikenn saßen stumm und reglos wie zwei Statuen nebeneinander am Bullauge und beobachteten, wie Setepos – bisher ein winziger Punkt – soweit anschwoll, bis es das Fenster ausfüllte. Otuz war am Steuer, Priekahm überwachte die Triebwerke, und Mejox und ich lasen die Instrumente ab und kontrollierten die Astrogation. So glitten wir in unseren neuen Orbit. Bei der letzten Mahlzeit am Abend wurden wir von allen Angehörigen der älteren Generation zu unserer sauberen Arbeit beglückwünscht.

Über das nächste Manöver hatte es einige Diskussionen gegeben. Das Segel, das zumindest theoretisch entbehrlich geworden war, nahm in zusammengefaltetem Zustand etwa ein Drittel des Zentralzylinders ein. Nachdem wir inzwischen keinerlei Geburtenkontrolle mehr praktizierten, wäre mit der Geburt der Kinder rasch der Punkt erreicht, an dem das Schiff uns nicht mehr alle zu fassen vermochte. Der vorgetäuschte Unfall war beschlossene Sache. Wir hatten uns entschieden, in diesem System zu bleiben, mit allen Konsequenzen, und das Segel wäre nur für den Rückflug benötigt worden. Der Platz dafür wurde gebraucht, denn wir hatten vor, die *Wahkopem Zomos* in eine Raumstation zur technischen Unterstützung unserer Kolonie auf der Oberfläche umzufunktionieren. Es war also nur vernünftig, sich des Segels zu entledigen.

Dennoch zögerten wir ein wenig, denn wenn es auf Setepos Probleme geben sollte, wäre es unsere letzte Möglichkeit gewesen, uns einen anderen Standort zu suchen. Wenn wir es erst abgestoßen hatten, blieben uns nur die Manövriertriebwerke der *Wahkopem Zomos*, und die waren so schwach, daß man damit nicht einmal den Orbit um Setepos verlassen konnte. Sie hatten ja auch in erster Linie die Aufgabe, das Schiff stationär zu halten. »Aber«, beruhigte uns Mejox, »wenn wir an der Rückseite eine von den Landefähren andocken – nun, dann kann sie uns immerhin auf Fluchtgeschwindigkeit bringen. Weiter müßten wir dann auf einer ballistischen Bahn fliegen, das könnte ein paar Jahre dauern, aber was ist daran so schlimm? Innerhalb dieses Sonnensystems gibt es ohnehin kein Ziel mehr, das sich lohnt, und wir sind inzwischen wahrhaftig daran gewöhnt, jahrelang in dieser Kiste zu sitzen. Ich bin dafür, das Segel abzustoßen.«

Er hatte sich als letzter zu diesem Thema geäußert. Bald hatten auch alle anderen ihre düsteren Vorahnungen überwunden, und am nächsten Tag richteten wir das Schiff so aus, daß das Segel hinter uns zurückblieb, und sprengten es mit einem Knopfdruck ab.

Das Segel samt Leinen war viele Tonnen schwer, doch das einmolekulare Material hatte sich auf kleinstem Raum aufbewahren lassen. Nun entfalteten sich die riesigen, schwarzsilbernen Stoffbahnen, sobald sie vom Sonnenlicht erfaßt wurden, und die Diamantleinen – sie maßen ein Achtzigstel des Planetenumfangs – spannten sich. Als sie in die Atmosphäre eintauchten, entstand ein wahres Feuerwerk von blitzenden, roten Linien, der Zug verstärkte sich und riß das Segel vollends auseinander. Für einen Moment hing es in seiner ganzen Größe am Himmel, dann bauschte es sich noch einmal, fiel in sich zusammen und stürzte erschreckend schnell auf Setepos' obere Atmosphäreschichten zu. Nicht mehr als dreihundert Atome dick, flammte es einmal kurz und heftig auf und war verschwunden, wie ein Zellstofftaschentuch, das ins Kaminfeuer geworfen wird. Von unten mußte es ein prachtvolles Schauspiel gewesen sein.

Den ganzen nächsten Tag hatten Soikenn und der Kapitän alle Hände voll zu tun, Nahaufnahmen von Setepos und seinem Mond zu schießen. Damit blieb es Kekox und der jüngeren Generation überlassen, die *Gurix*, die Landefähre, mit der wir zur Oberfläche gelangen sollten, startklar zu machen. Wir hatten sie nicht zuletzt ihres Namens wegen ausgewählt. Immerhin hatte General Gurix eine Welt erobert, während Rumaz, die Kaiserin, nach der die zweite Landefähre benannt war, lediglich auf dem Thron gesessen und dabei zugesehen hatte.

Es war ein langer, frustrierender, nervenaufreibender Tag. Energieversorgung und Computersysteme waren seit Jahrzehnten nicht benützt worden und ließen sich nicht so ohne weiteres reaktivieren. Immer wieder bissen wir uns auf die Zunge, um nicht laut auszusprechen, was wir dachten: *Soll die ganze Reise umsonst gewesen sein? Können wir es schaffen, wenigstens eine von den Fähren einsatzfähig zu machen? Oder werden wir die Welt vor unseren Bullaugen nie erreichen?*

Doch am Ende dieses schrecklichen Tages hatten wir überall elektrischen Strom, wo er gebraucht wurde, das Eindämmungsfeld um den Antimateriemischer hatte einen vollen Zehnteltag standgehalten, und alle Sensoren brachten immerhin verständliche Meldungen. Wir stellten die Fähre auf Selbsttest, stolperten durch die schmalen Gänge in den Wohnbereich der *Wahkopem Zomos* und fielen todmüde in unsere Kojen. Am nächsten Tag wollten wir die Endkontrolle durchführen, um uns dann die *Rumaz* vorzunehmen.

Nachdem wir aufgestanden waren und lange und ausgiebig gefrühstückt hatten, kehrten wir in den Zentralkern zurück. Die Kabine der Landefähre hatte nicht dichtgehalten, und der Computer hatte schließlich die Zufuhr gesperrt, bevor zuviel Luft ins All entweichen konnte.

Wir stellten fest, daß sämtliche Dichtungen der *Gurix* verrottet waren, sei es durch die Weltraumkälte, durch das Vakuum, durch interstellare Strahlung oder auch nur aus Altersgründen. Uns blieb nicht anderes übrig, als eine neue Partie Plastikmaterial herzustellen, die entsprechenden Teile zuzuschneiden und sie einzusetzen. Alle erforderlichen Angaben waren zwar im Schiffscomputer enthalten, aber der Austausch kostete uns mehrere Tage, und wir mußten vieles noch einmal machen, was wir bereits am ersten Tag erledigt hatten. Bei der *Rumaz* erging es uns natürlich nicht anders, doch irgendwann hatten wir tatsächlich zwei funktionierende Landefähren.

»Nur gut, daß wir Werkzeug und Material an Bord haben, um sämtliche Teile der Fähre zu ersetzen«, bemerkte Mejox an jenem Abend beim Essen. »Man möchte es nicht glauben, aber irgend jemand auf Nisu hat offenbar doch gewußt, was er tat.«

»Mir drängt sich allerdings die Frage auf, wie sich die *Wahkopem Zomos* gehalten hätte, wenn wir tatsächlich mit ihr nach Nisu zurückgeflogen wären«, sagte Priekahm. »Schließlich haben wir bisher erst etwa ein Drittel der ursprünglich geplanten Strecke zurückgelegt, nach Fereg Yorocks revidiertem Plan sogar erst ein Fünftel. Wenn schon die *Gurix* in so schlechtem Zustand ist, wer weiß, was uns dann auf der *Wahkopem Zomos* erwartet hätte?«

Der Gedanke ließ mich frösteln, aber ich beruhigte sie: »Das Hauptschiff war immerhin in Betrieb, wir haben es ständig überwacht und von Zeit zu Zeit Teile ausgetauscht. Außerdem haben wir Materiereplikatoren und genügend Motorwerkzeuge an Bord, um mit den entsprechenden Rohstoffen bis auf das Segel, die Fangleinen und die Bremsschlinge so gut wie alles herstellen zu können. Das ist doch etwas anderes, als nach so langer Zeit zwei eingelagerte Landefähren in Betrieb nehmen zu wollen.«

»Da du von einlagern sprichst«, sagte Kekox. »Wir haben uns noch keine Gedanken über die Logistik gemacht. Was nimmt die Fähre bei welchem Flug mit nach unten?«

Wir kramten alle Unterlagen über den Landeplatz hervor, und dann brach ein großer Streit darüber aus, was wir als erstes brauchten – abgesehen von den Dampfgewehren und den Flammenwerfern, mit denen wir uns als führende Spezies auf Setepos einzuführen gedachten. Nachdem wir uns nicht mehr auf eine ausgedehnte Erkundung mit nachfolgendem Abflug beschränken würden, mußten wir sämtliche Pläne ändern.

Auch nachdem alle Listen zusammengestellt waren, lagen noch mehrere Tage Arbeit vor uns. Die Ausrüstung war großenteils so verstaut worden, daß sie während der Reise möglichst wenig störte. Unterwegs hatte man einiges umgeräumt, ohne das irgendwo festzuhalten, und natürlich waren manche Dinge nach mehr als zwanzig Jahren verdorben oder zerbrochen und andere mußten repariert werden. Und obwohl es niemand zugegeben hätte, waren wir nicht mit größtem Eifer bei der Sache. Schließlich trafen wir all diese Vorbereitungen, um unsere Heimat für immer zu verlassen.

11

Dreimal hatten wir die Endkontrolle wiederholt, trotzdem hatten wir ein flaues Gefühl im Magen, als sich die *Gurix* von der *Wahkopem Zomos* löste und davonschlingerte. Wir hatten lange diskutiert, ob wir mit einer oder mit allen beiden Fähren landen sollten, aber Kekox' militärische Erfahrung war schließlich stärker gewesen als Soikenns und meine technischen Argumente. Wir würden unsere Kräfte also nicht aufspalten (sondern riskierten lieber, daß wir bei einem Maschinenschaden auf dieser ersten Mission gleich alle auf einmal ums Leben kamen). Später sollten sich natürlich beide Landefähren routinemäßig abwechseln.

Otuz war nach wie vor unsere weitaus beste Pilotin, sie hatte am Simulator noch kein einziges Mal eine Bruchlandung gebaut, also saß sie am Steuer. Ich las die Zahlen vom Navigationscomputer ab, und alle anderen hockten einfach herum und machten sich Sorgen.

Antimaterie ist ein sehr kompakter Treibstoff – ihr spezifischer Impuls ist so hoch, daß man mit sehr geringen Mengen sehr weit kommt. Als wir die Hauptrakete zündeten, um die *Gurix* abzubremsen und den Sturz durch die Atmosphäre einzuleiten, hatten wir laut Treibstoffanzeiger nur einen Bruchteil eines Prozents verbraucht. Der glühende Plasmastrom wurde vor uns hergepeitscht und vom Magnetfeld des Planeten zu bizarren Gebilden verformt. Gegen den Druck der Bremsverzögerung sanken wir unserem Ziel entgegen.

Es war alles ganz anders als auf den Weltraumflügen, die ich in meiner Kindheit erlebt hatte. Wir hatten genügend Energiereserven, um fast die ganze Zeit mit Triebwerksschub anstatt mit Luftwiderstand bremsen zu können, und tauchten deshalb mit relativ hoher Geschwindigkeit in die ersten, dünnen Atmosphäreschichten ein. Einige ungeschützte Teile der *Gurix* glühten kurz auf, aber sie kühlten auch rasch wieder ab, und das Leuchten verschwand. Bis der Himmel tiefblau wurde und die Sterne erloschen, war die ganze Außenhaut kühl. Unter uns verdichteten sich die hauchdünnen Luftschichten über dem Land zu einem dicken Brei, um schließlich mit der Umgebung zu verschmelzen. Unser Zielgebiet wurde vom Fleck auf einer Kugel zum Umriß auf einer Landkarte und schließlich zu einem plastischen Modell. Dann sahen wir richtiges Land unter uns und schwebten durch weiche, weiße Wolken. Das große Binnenmeer im Westen verschwand aus den Bullaugen, der Salzsee im Norden ebenso. Wir konnten in den dichten Wäldern einzelne Bäume unterscheiden.

Einen Augenblick schwebten wir reglos in der Luft, dann brachte uns Otuz mit geringfügigen Positionskorrekturen etwas weiter nach Süden und eine Spur nach Osten. Wir hatten beschlossen, in Sichtweite des größten Dorfes zu landen. Sollten diese Wesen doch intelligenter sein als angenommen, dann konnten wir sie sicher leichter unterwerfen, wenn wir auf einer Flammensäule vom Himmel herniedersanken und ihnen damit einen heiligen Schrecken einjagten.

Nun zeichneten sich einzelne Gebäude ab, wir sahen, wie die Eingeborenen hinter den Palisaden kopflos durcheinanderliefen. Ein Getreidefeld kam uns langsam entgegen. Die *Gurix* schwebte nur noch auf dem Restgas. Einzelne Gestalten rannten hin und her, fuchtelten hektisch mit den Armen, warfen sich zu Boden oder sprangen auf, um uns besser sehen zu können.

Unsere Triebwerksabgase berührten das regennasse Feld, ein Getreidegürtel begann zu qualmen, direkt unter uns entstand ein großer schwarzer Kreis. Otuz bremste noch weiter ab, und dann setzten die Landebeine der *Gurix* so sanft auf dem verkohlten Getreide auf wie die fliegenden Insekten von Setepos auf einer Blüte.

Sie drehte sich um. »Zufrieden?« fragte sie.

»Das war brillant«, lobte Kekox. »Aber das weißt du selbst am besten. Und jetzt macht euch bereit für unseren kleinen Auftritt.«

Wir hatten uns gut überlegt, wie wir uns beim Verlassen des Schiffes verhalten wollten. Die Schwierigkeit war natürlich, daß wir es mit Tieren (vielleicht sogar mit denkenden Wesen) einer Art zu tun hatten, der wir nie begegnet waren. Würden sie überhaupt begreifen, daß sie mit Waffen bedroht wurden? Wie würden sie reagieren, wenn wir einige von ihnen töteten? Und wie sollten wir vermeiden, daß sie sich einfach hinsetzten und auf Anweisungen warteten? Schließlich hatten wir nicht die Absicht, sie zu ernähren und für sie zu sorgen – das hatten wir uns eher umgekehrt gedacht.

Die drei Dampfgewehre, die zur Bordausrüstung gehörten, waren Jagdwaffen. Für militärische Zwecke waren sie ungeeignet, aber man konnte damit Wildbret schießen oder große Raubtiere abwehren. Jedes Magazin enthielt zweiunddreißig Schuß, und jeder Schuß konnte einen Vierbeiner vom bis zu Vierfachen unseres eigenen Gewichts von den Beinen reißen. Zum Nachladen der

Magazine gab es einen Apparat, der mit Strom vom Generator der *Gurix* betrieben wurde. Als Rohmaterial genügte einfacher Sand. Die Waffen waren also durchaus zweckmäßig, aber wir hatten nur drei davon, und es gab keine Möglichkeit, ihren Wirkungsgrad zu steigern, obwohl wir aus Beobachtungen der Tierwelt bereits erkannt hatten, daß sie für große Teile von Setepos wohl zu schwach waren. Soikenn vermutete, die Tiere würden hier infolge der niedrigeren Schwerkraft wohl insgesamt größer sein. Jedenfalls gab es Raubtiere, an die man bei der Entwicklung der Dampfgewehre ganz sicher nicht gedacht hatte. Wir konnten nur hoffen, daß unsere Vermutung stimmte und die klugen Tiere – sie waren etwa so groß wie wir – sich gerade deshalb in dieser Gegend angesiedelt hatten, weil hier die Gefahr nicht so groß war, getötet und aufgefressen zu werden.

Otuz, Kekox und Mejox hatten mit den Dampfgewehren auf dem Simulator viele Schießübungen gemacht. Wir durften also halbwegs sicher sein, daß sie auch im Ernstfall damit umgehen konnten. Wir hatten zwei Pläne entworfen – einen für den Fall, daß sich die Seteposier als kluge Tiere herausstellten, und einen zweiten, falls es sich um dumme Menschen handelte – aber die gingen über die ersten Schritte nicht hinaus. Danach mußten wir uns auf unser Improvisationstalent verlassen.

Zunächst lief alles reibungslos. Ein Blick aus dem Bullauge zeigte uns, daß die Tiere aus dem Dorf in hellen Scharen auf die *Gurix* zugelaufen kamen. »Richtig geraten«, stellte Mejox voller Genugtuung fest. »Sie kennen weder Ordnung noch Disziplin, und es gibt keine Führung.«

»Du darfst nicht vorschnell urteilen«, warnte Kekox. »Sie wurden völlig überrascht, deshalb kann immer noch jeder einzelne ein Genie sein.«

Wir bezogen vor der Luke Position. Ganz vorne stand Kekox, sein Dampfgewehr im Anschlag. Ich trat mit einem unserer selbstgebastelten Flammenwerfer hinter ihn. Das Ding bestand aus einem einfachen Rohr mit einer Wasserstoff-Sauerstoff-Kapsel am geschlossenen und einer dünnen Plastikbüchse mit Methanol am offenen Ende. Mit etwas Glück explodierte die Kapsel, wenn man auf den Knopf an der Seite drückte, schleuderte die Büchse aus der Röhre und entzündete einen Docht in ihrem Inneren. Wenn alles nach Wunsch lief, zerbrach die Büchse beim Aufprall, der Docht setzte das Methanol in Brand, und das Feuer erfaßte das Gebäude, auf das wir gezielt hatten.

Neben mir stand Priekahm mit einem zweiten Flammenwerfer.

Hinter uns schlossen sich Osepok und Soikenn mit Aufzeichnungsgeräten an, um den ersten Kontakt mit diesen Wesen festzuhalten – falls sie über eine rudimentäre Sprache verfügten, mußten wir bald anfangen, sie zu erlernen. Und Mejox und Otuz bildeten mit den beiden restlichen Dampfgewehren die Nachhut.

Sollte der schlimmste Fall eintreten und man uns sofort angreifen, dann hatten wir mit den bereits geladenen Dampfgewehren und den Magazinen drei Schuß für jeden Dorfbewohner. Ihre einzigen Waffen waren dagegen verschiedene spitze Stöcke – große, dicke zum Zustechen, und kleine, dünne, die mit einer gebogenen Stange durch die Luft geschleudert wurden, wobei wir aus den Bewegungsbildern allein bisher nicht begriffen hatten, wie das genau zuging. Natürlich konnten sie auch Steine schleudern und mit Knüppeln auf uns einschlagen.

Als wir diese erste Begegnung planten, waren wir mehr oder weniger überzeugt gewesen, daß es in diesem Stadium noch keine Probleme geben würde. Die Dichtungen und die Navigationsinstrumente der *Gurix* hatten uns mehr beschäftigt als die Kontaktaufnahme mit den Eingeborenen. Jetzt war die Lage anders: Die *Gurix* war sicher gelandet, aber wie dieses Treffen enden würde stand noch offen.

»Unser Publikum wartet«, sagte Mejox. »Gehen wir.« Kekox drückte auf den Knopf. Die Tür glitt auf; die Gangway senkte sich auf den feuchten Boden hinab.

Die Tiere hatten das Schiff fast erreicht, doch als die Treppe herunterkam, blieben sie erschrocken stehen. Kekox stieg, nach rechts und links schauend, um jede Gefahr möglichst früh zu entdecken, langsam die Stufen hinab. Wir folgten ihm, so schnell das ohne hinzufallen möglich war, um nicht alle auf einem Haufen zu sein, falls es Schwierigkeiten gab. Am Fuß der Treppe schwärmten wir aus und bildeten ein Dreieck mit Osepok und Soikenn an der Spitze und Mejox und Otuz an den hinteren Ecken. Dann gab Kekox den Befehl zum Vorrücken.

Ein Tier löste sich aus der Menge und kam auf Kekox zu. Die ganze Spezies war ungemein häßlich. Sie hatte flachere Gesichter als die Palathier und noch weniger Körperbehaarung als die Shulathier, aber dafür ein dichtes, verfilztes Kopffell, das keinen ordentlichen Mähnenkamm bildete wie bei den Palathiern, sondern den ganzen Oberkopf (und bei den Männchen auch noch das Gesicht überwucherte). Man glaubte sich vor einer leeren Wand mit einem Behang aus Haaren, hinter dem die Augen kaum zu erkennen waren.

Die Eingeborenen waren größer als Palathier und kleiner als Shulathier, hatten schmalere Schultern als die einen und breitere als die anderen. Ihre Ohren waren klein und rund wie bei den Palathiern, aber ihre Köpfe mähnenlos wie bei den Shulathiern.

Somit standen sie in vielen Dingen zwischen unseren beiden Rassen, ohne deshalb wie die nisuanischen Mischlinge auszusehen, die ich aus Biologiebüchern oder – entsprechend konserviert – aus den Museen kannte. Die hatten immer eine gewisse Anziehung auf mich ausgeübt, während ich diese Kreaturen nur abstoßend fand.

Das Männchen, das jetzt auf uns zutrat, war nur einen halben Kopf kleiner als ich, und ich war der größte von unserer Crew. Es trug einen langen Rock – im Grunde nur ein knielanges Hemd –, in den es Hunderte von weichen, raschelnden Gebilden gesteckt hatte. Später sollte ich erfahren, daß es sich dabei um ›Federn‹ – flexible Schuppen – von ›Vögeln‹ handelte, fliegenden Wesen, wie wir sie in großer Zahl auf den Sondenaufnahmen gesehen hatten.

Jetzt war der Eingeborene ganz nahe. Die Augen dieser Spezies waren anders als die unseren – nicht durchgängig rot, gelb oder grün, sondern nur um die Linse herum farbig und ansonsten weiß. Der weiße Teil erschien besonders groß, weil der Mann völlig verängstigt war, aber das wußte ich damals noch nicht.

Dann begann er zu sprechen. Was er von sich gab, waren Worte, daran bestand kein Zweifel.

»Hat jemand von euch eine Ahnung, was er sagt?« fragte Priekahm.

»Habe mein Wörterbuch vergessen«, antwortete ich.

Plötzlich erhob sich unter der Menge ein großes Geschnatter, worauf sich der Große umdrehte und laut etwas rief. Auch die Stimmen klangen ungewohnt; erst später reimten Otuz und ich uns zusammen, daß die Seteposier schon beim normalen Sprechen eine große Anzahl verschiedener Laute auf einmal produzierten, anstatt sich wie wir mit einem einzigen, reinen Ton zu begnügen. Sie hatten uns deshalb sofort die ›Singenden‹ genannt, was wir damals natürlich nicht ahnten.

»Menschen oder Tiere?« fragte Kekox. »Ich bitte um Wortmeldung.«

»Menschen«, sagte ich. »Wenn auch nicht allzu klug.«

»Menschen«, meinten auch Otuz und Priekahm.

»Einverstanden«, sagte Kekox. »Gegenstimmen?«

Eine lange Pause trat ein. Ich nützte die Gelegenheit, meine Umgebung mit meinen Sinnen in mich aufzunehmen: den Geruch des verbrannten Getreides, die Wärme der Luft, dahinter etwas schwächer den Duft des Waldes. So viele verschiedene Farben, so viele verschiedene Gerüche, so viele Geräusche, vielleicht hunderterlei verschiedene Lebewesen. Es könnte mir hier gefallen, ging es mir flüchtig durch den Kopf.

»Dann sind wir Götter«, sagte Kekox. »Plan Zwei tritt in Kraft. Vergeßt nicht, wir bleiben beisammen. Wer sich zwischen uns drängt, wird erschossen. Wir dürfen nicht getrennt werden.«

Je näher wir dem Dorf kamen, desto dichter wurde die Menge. Es waren mindestens einhundertfünfzig Bewohner, wenn ich nur die zählte, die schon allein gehen konnten. Daneben gab es viele Säuglinge, die von ihren Müttern getragen wurden. Offenbar herrschte ein rapides Bevölkerungswachstum.

Die Leute kamen uns so nahe, daß ich mir sogar ihre Werkzeuge ansehen konnte. »Behauener Stein, wie erwartet«, stellte ich fest. »Offenbar geschliffen oder poliert. Ziemlich schwer, erfüllen aber wahrscheinlich ihren Zweck. Schmuckstücke aus Kupfer, zum Teil auch aus Zinn und Silber. Und natürlich, was sie von der Sonde abgerissen haben.«

»Sie können auch weben«, bemerkte Priekahm neben mir. »Aber die Technik ist sehr primitiv. Wahrscheinlich wird der Faden mit der Hand gezwirbelt und dann nur kreuz und quer übereinandergelegt. Diese Art Kleidung schützt wahrscheinlich einigermaßen vor Nässe, und wenn die Genitalien bei den erwachsenen Männern genauso vorstehen wie bei den Jugendlichen dort, trägt sie sicher auch zur Bequemlichkeit bei.«

Auch Osepok hatte sich umgesehen. »Ich habe den Eindruck, als gebe es bei den Schmuckstücken irgendein System, ich durchschaue nur noch nicht, welches. Wahrscheinlich eine sehr komplizierte hierarchische Gliederung.«

Wir strebten weiter dem Dorf zu. An sich hatten wir nicht weit zu gehen, aber der Trubel war so groß, daß wir kaum vorankamen. Bisher hatte noch niemand von den Eingeborenen versucht, sich zwischen uns zu schieben, und darüber war ich sehr froh. Am ehesten bestand die Gefahr nämlich bei den Kindern, und Kekox' Befehle in allen Ehren, aber keiner von uns wäre imstande gewesen, auf ein Kind zu schießen.

Als wir die Öffnung in der Palisade passierten, bemerkte ich daneben eine Platte aus zusammengebundenen Balken, und hinter der Hauptwand zwei senkrecht in den Boden gerammte Baumstämme. »Wahrscheinlich wird der Durchgang bei Nacht auf diese Weise verschlossen«, sagte Priekahm. »Das heißt, es gibt entweder große Raubtiere, oder es herrscht Krieg.«

»Eins wäre so schlimm wie das andere«, sagte Soikenn. »Habt ihr bemerkt, wieviel sie reden und sich zanken? Brauchbare Sklaven macht ihr aus denen nicht so leicht.«

»Etwas spät für solche Vorbehalte«, sagte Kekox knapp. »Oder wollt ihr mitten im Gewühl eine Abstimmung durchführen?«

Das wollten wir natürlich nicht. Später sollte ich mich noch oft fragen, was in diesem Fall wohl geschehen wäre. Ich weiß nur, daß auch meine Bedenken immer größer wurden. Sondenaufnahmen zeigen eben doch nicht alles. So hatten wir zum Beispiel nicht gewußt, wie einen diese Ureinwohner ansehen konnten, und wie stark ihr Wunsch war, sich mit uns zu verständigen. Ich hätte dringend Zeit zum Nachdenken gebraucht, und genau die hatten wir nicht – es sei denn, wir blieben tatsächlich mitten auf diesem staubigen Platz stehen und eröffneten eine Diskussion. Was die Eingeborenen davon gehalten hätten, wußte nur der Schöpfer. – *Andererseits*, mahnte eine innere Stimme, *weiß auch nur der Schöpfer, was sie von dem halten werden, was jetzt kommt. Hoffentlich klappt alles so, wie wir es uns vorgestellt haben.*

Es war ohnehin zu spät. Kekox hatte das offene Tor bereits passiert und schritt auf den Tempel in der Mitte des Platzes zu. Wir folgten ihm.

Der Tempel, wenn man ihn so nennen konnte, hatte zwei Stockwerke und war aus Baumstämmen errichtet, die man mit Schlamm beworfen hatte. Das Erdgeschoß war sehr niedrig und hatte weder Fenster noch Türen; eine breite Treppe aus Schlammziegeln führte zu einer Empore hinauf, die dem zweiten Stockwerk vorgebaut und durch eine Tür zu betreten war. Auf der Empore selbst stand der primitive, aus Schlamm modellierte Tisch, auf dem sie, wie wir auf den Sondenbildern gesehen hatten, ihre Tieropfer darbrachten. Auf dem Tisch lagen die Überreste der ersten Sonde, die wir vorausgeschickt hatten, und dahinter erhob sich die tönerne Statue der seteposischen Frau mit den untergeschlagenen Beinen.

Wir blieben stehen. Niemand war zwischen uns und dem Tempel. Priekahm und ich nickten uns zu und hoben unsere Flammenwerfer, als plötzlich ein Seteposier aus der Tür auf die Empore trat.

Sein Kopf wurde von einer dichten, vollkommen grauen Mähne umrahmt, tiefe Falten durchzogen das braune Gesicht. Vielleicht war es die typische Farbveränderung – alle Tiere produzieren weniger Pigmente, wenn sie älter werden –, vielleicht auch sein langsamer, schlurfender Gang, irgend etwas verriet jedenfalls sofort, daß er alt war.

Er streckte beide Arme in die Höhe und schrie etwas auf uns herab, eine Begrüßung vielleicht, aber wohl eher ein Exorzismus.

»Irgendwelche Kommentare?« fragte Kekox.

»Das muß der Priester des alten Gottes sein«, sagte Mejox. »Den wir ja abschaffen wollten.«

»Wird er bekehrt oder zum Märtyrer gemacht?« fragte Otuz.

»Keine längeren Debatten«, warnte Kekox.

Alle Augen waren erwartungsvoll auf uns gerichtet. Es war also doch eine Herausforderung gewesen, und nun wollte man zumindest sehen, wie wir reagierten. Kein Lüftchen regte sich, und abgesehen von fernem Insektengesumm war kein Laut zu hören. Die Seteposier standen wie erstarrt. »Wir haben keine Ahnung, wie wir ihn bekehren sollen«, gab ich zu bedenken. »*Ich* glaube, der Mann hat soeben *uns* den Kampf angesagt. Wenn er also ein Priester des alten Gottes ist, dann mag er auch als Märtyrer für ihn sterben.«

»Leuchtet ein«, sagte Kekox, hob sein Gewehr und schoß.

Das Dampfgewehr machte nur ganz leise *Ffft*! Ein Blutstrahl, rot wie unser Blut, schoß aus dem Rücken des alten Seteposiers, er fiel vornüber und war tot. Die Waffen waren mit expandierenden Patronen geladen, unserer stärksten Munition, an sich dafür bestimmt, große, schnelle Raubtiere aufzuhalten. Der Schuß hatte den Seteposier in die Brust getroffen und alle umliegenden Organe rettungslos zerfetzt.

Die Menge wurde ungehalten und begann zu murren. Ich hob meinen Flammenwerfer und drückte auf den Auslöseknopf. Der kleine Brandsatz flog durch die Tür der Empore und traf, ein reiner Glücksfall, das Frauenbildnis. Es fing sofort Feuer. Die Seteposier schrien erschrocken auf und warfen sich zu Boden.

Priekahms Schuß war etwas höher gegangen. Der Kanister landete im dicken Dachstroh, zerschellte an einem Balken und setzte das ganze Dach in Brand. Zwei Atemzüge später schossen die Flammen schon zwei Körperlängen hoch empor.

Jetzt brüllte die Menge vor Entsetzen. Weiter hinten machten die ersten kehrt und ergriffen die Flucht.

»Die großen Männer, die uns empfangen haben, stehen gleich da drüben«, sagte Priekahm und zeigte sie uns. »Sie singen irgend etwas, und alle anderen nehmen es auf.«

»Noch ein paar Märtyrer für den alten Glauben«, konstatierte Otuz und erschoß die drei Anführer und noch ein paar umstehende Seteposier.

»Zielt auf die mit den Speeren«, sagte Kekox. »Aber verschont alle, die keine Waffe tragen.« Zusammen mit Mejox eröffnete er bedächtig das Feuer, und dann töteten die beiden mit jedem Atemzug einen Seteposier, der einen Speer oder eine Axt in der Hand hielt. Wieder zeigte sich, daß die Eingeborenen nicht dumm waren. Bevor noch zehn von ihnen gefallen waren, schleuderten die übrigen ihre Speere und Äxte von sich und warfen sich zu Boden.

Priekahm und ich hatten unterdessen nachgeladen und feuerten wieder. Diesmal trafen wir die Außenmauern des Tempels etwas weiter unten. Bald züngelten die Flammen empor. »Gib mir Deckung, damit ich die Sache zu Ende bringen kann«, sagte ich zu Kekox. Ich stellte meinen Flammenwerfer ab, zog den Bausprengsatz heraus, den ich in meinem Rucksack hatte, stellte die Schaltuhr auf einen Hundertachtundzwanzigsteltag ein und stürmte auf den Tempel zu. Einer der kleinen Speere, die mit der gebogenen Stange geschleudert wurden, zischte an mir vorbei. Hinter mir waren mehrere Dampfgewehrschüsse zu hören.

Dann war ich dem Tempel so nahe, daß mir die Hitze die Haut versengte, aber ich wollte sichergehen, daß der Sprengsatz auch weit genug im Innern landete. Ich machte ihn scharf, suchte nach einem geeigneten Ziel – entdeckte die Falltür mit der Leiter gleich hinter der Empore – und schleuderte ihn dort hinein. Wahrscheinlich hatte ich damit das Zentrum des Geheimkults getroffen. Für unsere Zwecke konnte das nur gut sein.

Ich drehte mich um und rannte im Zickzack zurück, um nur ja kein Risiko mehr einzugehen. Nachdem ich mein Vorhaben ausgeführt hatte, kam mir der böse zischende, kleine Speer wieder in den Sinn. Er hätte mir ein häßliches Loch reißen – er hätte mich sogar töten können, wenn er, während ich mich bückte, zwischen die dünnen Rippen im unteren Teil des Rückens gedrungen wäre und sich in meinen Blutmischer gebohrt hätte.

Als ich wieder bei meinen Gefährten war, griff ich nach meinem Flammenwerfer. Priekahm hatte ihn bereits nachgeladen. »Halten wir doch einmal auf die andere Seite des Dorfs«, sagte sie und zielte nach oben. Ich tat es ihr nach, wir schossen gleichzeitig, die Kanister flogen in hohem Bogen über den Tempel hinweg und landeten jenseits davon. Schrille Schreie waren zu hören. Offenbar hatten wir zumindest einen Eingeborenen mit brennendem Methanol bespritzt, und dem Rauch und den hochschießenden Flammen nach zu schließen, waren die Palisaden und die Häuser nicht feuersicherer als der Tempel.

»Das sollte reichen«, sagte Kekox. »Zurück zur *Gurix*. Schön langsam, aber nicht stehenbleiben. Ich rechne in einem Zweihundertundsechsundfünfzigstel mit der Detonation.«

Langsam rückwärtsgehend und ohne die Menge aus den Augen

zu lassen, verließen wir das Dorf. »Ein Mann mit einem Kleinspeerschleuderer kam eben aus einem Haus gerannt«, sagte Priekahm. »Er hatte schon wieder einen Kleinspeer auf der Sehne, als Mejox ihn erwischte. Zwei Männer mit großen Speeren waren dicht hinter ihm. Einige von denen sind wirklich tapfer.«

Wir hatten etwa 256 Körperlängen oder ein Drittel des Weges zur *Gurix* zurückgelegt, als der Sprengsatz hochging, den ich in den Tempel geworfen hatte. Brennendes Dachstroh und Balken kamen über die Wände der kleinen Siedlung geflogen, einiges landete weit außerhalb davon. Im nächsten Augenblick spürten wir auch schon die Druckwelle und hörten den Donnerknall der Explosion. Scharen von Seteposiern kamen aus dem Tor gerannt, bogen ab, um uns nicht in die Arme zu laufen, und flüchteten über die Felder. Mejox hob sein Dampfgewehr und gab drei Schüsse ab; zwei Frauen und ein kleines Kind stürzten zu Boden.

»Warum hast du ...«, begann Kekox.

»Vor launischen Göttern hat man mehr Respekt«, sagte Mejox. Sein Lächeln gefiel mir nicht. Ich hatte plötzlich das Gefühl, daß er das Ganze genoß.

Als wir sicher sein konnten, nicht mehr verfolgt zu werden, drehten wir uns um und gingen etwas schneller. Otuz mit Mejox übernahmen die Führung, und Kekox bildete die Nachhut. »Das wäre erledigt«, sagte Soikenn plötzlich. »Damit ist Freundschaft auf lange Zeit ein Ding der Unmöglichkeit. Habt ihr gesehen, wie aufgeregt sie waren, wie begierig, uns kennenzulernen? Und hinterher waren sie vollkommen verängstigt. Wir haben sie uns *mutwillig* zum Feind gemacht.«

»Ach, hör doch auf«, sagte Priekahm. »Die Moraldebatte können wir getrost unseren Enkeln überlassen. Jetzt müssen wir praktisch denken. Wenn hier erst einmal eine schöne große Stadt steht und Hunderte von uns eine neue Heimat für die nisuanischen Flüchtlinge schaffen, wirst du dich nicht mehr beklagen. Es gibt eine Menge zu tun, und das ist der beste Weg.«

»Mund halten, ihr beiden, bis wir auf der *Gurix* sind«, befahl Otuz. »Wir wissen nicht, ob nicht noch irgendwo sechs Eingeborene im Hinterhalt lauern. Du hast ganz recht, Priekahm, sie sind schlau, und sie sind tapfer.«

Sie hatte das sicher nur gesagt, um den sinnlosen Streit zu beenden, denn das hysterische Geschrei hinter uns verriet, daß die Seteposier ganz andere Dinge im Kopf hatten, als uns eine Falle zu stellen. Dann hatten wir endlich die *Gurix* erreicht und stiegen ein. Mejox und Kekox kamen als letzte. Die Tür glitt zu, und dann wurde erst einmal die Luft gefiltert, für den Fall, daß wir irgendwelche schädlichen Bestandteile mitgebracht hatten.

»Geh ans Fernrohr«, befahl Mejox, und ich gehorchte prompt.

»Sieht ganz so aus, als lägen an die fünfzig von ihnen immer noch im brennenden Dorf auf dem Bauch. Fünfzig von den Lebenden, meine ich. Die anderen rennen durch die Felder. Die meisten wollen wohl in die Wälder und auf die Berge flüchten.«

»Evolution in Reinkultur«, bemerkte Soikenn. »Die Klügsten sind da oben und haben überlebt. Vielleicht tüfteln sie gerade eine Kampftechnik aus, die besser geeignet ist als der Nahkampf.«

Kekox schnaubte. »Wir haben also die Klügsten der Rasse selektiert. Wahrscheinlich ist das der letzte Gefallen, den wir den armen Schweinen jemals erweisen werden. Selbst wenn sie uns jetzt noch für Götter halten sollten, in einer Generation wissen sie ganz genau, daß wir nicht ihre Freunde sind. Wir müssen uns von Anfang an daran gewöhnen, ständig auf der Hut sein. Das ist nun einmal der Lauf der Welt. Machen wir weiter.«

Mejox zündete das Triebwerk; ein Feuerstoß fegte über das verkohlte Feld, wir hoben sanft ab. Er gab etwas mehr Schub, und wir stiegen empor, bis unser Flammenschweif hoch über dem Boden war. Dann ging er in Schwebeflug und zündete für einen Moment die seitlichen Steuerdüsen, so daß wir langsam, nicht schneller als ein Fußgänger auf den Feldern, auf das brennende Dorf zuglitten.

Unser Plan sah folgendes vor: Wenn sich herausstellte, daß die Seteposier Menschen waren, sollten wir die alten Götter nicht nur entthronen, sondern sie auch physisch ersetzen, indem wir die *Gurix* genau auf dem Platz abstellten, an dem der Tempel gestanden hatte. Otuz und ich hatten weiter nichts zu tun, als auf die Bildschirme zu schauen. Aus dieser Höhe hatte man einen ausgezeichneten Überblick. Auf den Feldern hatten sich viele Eingeborene bäuchlings zu Boden geworfen und schauten zur *Gurix* auf. Einige rannten wie von Sinnen durch das Dorf, stürmten in brennende Häuser oder kamen, mit kleinen Körpern auf den Armen, wieder heraus. »Als wir die Häuser in Brand geschossen haben, sind wahrscheinlich viele Kinder umgekommen«, sagte Otuz. »Schlechte Voraussetzungen, wenn wir eine Zucht aufbauen wollen. Sie müssen mehr Angst haben, als wir uns überhaupt vorstellen können.«

»War das nicht der Zweck der Übung?« fragte ich.

»Gewiß doch«, antwortete sie. »Das soll keine Kritik sein. Ich behaupte auch nicht, wir hätten eine andere Wahl gehabt. Ich sage nur, sie müssen sehr verängstigt sein.«

Jetzt schwebte die *Gurix*, aus der Sicht der bedauernswerten

Geschöpfe zwischen den brennenden Ruinen immer noch unerreichbar hoch am Himmel, über die Mauern. Der Tempel lag direkt unter uns. Mehr als ein Haufen Asche und ein paar brennende Balken war nicht übriggeblieben. »Für die Fähre«, sagte Mejox, »besteht keinerlei Gefahr – sie hält sehr viel höhere Temperaturen aus, als momentan da unten herrschen –, aber wenn wir beim Aufsetzen einen brennenden Stamm oder so etwas unter die Füße bekämen, gäbe das einen unangenehmen Stoß. Ich gehe lieber auf Nummer Sicher und brenne die ganze Fläche großräumig aus.«

»Im Dorf halten sich noch eine ganze Menge Eingeborener auf«, hielt Otuz ihm entgegen.

»Pech gehabt«, fauchte Priekahm ungeduldig. »Wollten wir sie nicht ohnehin so gründlich erschrecken, daß sie nie mehr auf die Idee kämen, uns den Gehorsam zu verweigern?«

Mejox nickte. »Trotzdem«, sagte er, »kann ich schubweise tiefergehen. Dann können sich wenigstens einige retten. Wir brauchen Überlebende, je mehr, desto besser.«

Er betätigte dreimal das Drosselventil. Wir stürzten im freien Fall nach unten, wurden bis zum Stillstand abgebremst und schossen mit zwei Schwerkrafteinheiten wieder nach oben. Uns wurde dabei zwar schwindlig, und unsere Mägen rebellierten, aber Mejox hatte sein Ziel erreicht: Viele Dorfbewohner wurden durch die Bewegung des Raumschiffs, den ohrenbetäubenden Lärm und die mächtigen Feuerstöße aus ihrer Lethargie gerissen, sprangen auf, rannten aus dem Tor und überließen die brennenden Palisaden sich selbst. Einige wenige waren halsstarrig oder verängstigt genug, um sich auch jetzt nicht von der Stelle zu rühren. Vielleicht glaubten sie auch, die neuen Götter nur so besänftigen zu können.

Ein Eingeborener wollte offenbar das eine tun, ohne das andere zu lassen. Er sprang auf und rannte innerhalb der Umzäunung ziellos im Kreis herum. Soikenn stellte ihr Fernrohr auf Vergrößerung ein und sah ihn sich genauer an – es war eine Frau, und sie verfolgte ein Kind, das zu einem der brennenden Häuser zurücklaufen wollte. Obwohl der Vorsprung zusehends schwand, hatte sie wenig Aussicht, es noch rechtzeitig einzuholen.

»Es geht los«, sagte Mejox. Er ließ das Schiff tief absacken, gab noch einmal zwei Schwerkrafteinheiten Schub und setzte zur Landung an. Wir wurden heftig durchgeschüttelt, aber darauf waren wir gefaßt. Dann waren wir dem Boden so nahe, daß der Flammenstoß in die glimmenden Tempelreste fuhr, wie ein weißglühender Sturm über das Dorf hinwegraste und alle Häuser, die noch standen, sowie den größten Teil des Palisadenzauns flachlegte. Das

Flammenmeer mit seinem schwarzen Saum aus Asche und Staub erfaßte das Kind und wirbelte es davon wie ein Papierpüppchen. Die Mutter wollte sich noch darauf stürzen, wurde so heftig zu Boden geworfen, daß sie einen Salto schlug, und fing ebenfalls Feuer. Der schwarze Vorhang aus Ruß und Rauch fegte über sie hinweg, dann war sie im grellen Weiß des Plasmas verschwunden.

Wie in einem tobenden Orkan wurden die Reste der brennenden Häuser und des Palisadenzauns auf die Felder hinausgetragen. Mejox schaltete auf acht Neuntel einer Schwerkrafteinheit zurück, und wir sanken sanft zu Boden. Die Flammen hatten das Dorf verschlungen und zogen sich zurück. Dunkle Flecken kennzeichneten die Stelle, wo die Asche der Mutter nach ihrem verbrannten Kind griff. Ein Schauer überlief mich. Gewisse Dinge waren nicht zu vermeiden, aber …

Mir blieb keine Zeit, den Gedanken zu Ende zu führen. Die Landefähre setzte genau in der Mitte des kahlen, rußgeschwärzten Platzes auf, wo der Tempel gestanden hatte. Das Donnern unter unseren Füßen erstarb. Ringsum erstreckte sich auf mehr als fünfzig Körperlängen ein Ring aus schwelendem Schutt – die einzigen Überreste des seteposischen Dorfes. Das Außenthermometer zeigte an, daß die Luft heiß genug war, um Wasser zum Kochen zu bringen, aber mit dem Kühlsystem der *Gurix* hätten wir auch in flüssigem Blei landen und wieder starten können. Im Innern war nichts von der Hitze zu spüren.

»Wir sind zu Hause«, sagte Kapitän Osepok. »Wir sind vom Himmel gekommen, haben ihren Tempel zerstört und ihre Landsleute aus der Ferne getötet, und nun entsteigen wir auch noch lebend den Flammen. Ich würde sagen, wir haben unsere Göttlichkeit ausreichend demonstriert. Jetzt brauchen die kleinen Götter dringend etwas zu essen und danach ein paar Stunden Schlaf. Morgen haben wir einen anstrengenden Tag vor uns.«

12

Die *Gurix* war darauf eingerichtet, uns nach der Landung bis zu einem Jahr zu beherbergen. Die Kojen waren also schmal, aber durchaus bequem. Trotzdem verbrachte ich eine unruhige Nacht. Immerhin lag ich zum ersten Mal seit über zwanzig Jahren nicht in meiner Kabine auf der *Wahkopem Zomos*. Ich vermißte meine vertraute Koje, die Geräusche des normalen Schiffsbetriebs, die Sterne, die an meinem Bullauge vorüberrasten. Außerdem hatte ich schreckliche Sehnsucht nach Poiparesis und wünschte, die Kojen wären groß genug für zwei, und ich könnte mich mit Otuz zusammenkuscheln.

Irgendwann nickte ich zwar ein, aber ich schlief nicht gut. Auch die anderen warfen sich unruhig hin und her. Als ich aufwachte und auf dem Chronometerdisplay sah, daß es kurz vor Sonnenaufgang war, stand ich auf und kümmerte mich um das Frühstück. Priekahm und Otuz saßen schon vor einem Bullauge; sie waren einen Vierundzwanzigsteltag früher aus ihren Kojen gekrochen.

»Sie sind noch nicht zurückgekommen«, flüsterte Priekahm. »Ich hatte gedacht, ein paar von ihnen könnten es wagen. Ich habe mit dem Infrarotdetektor die Wälder abgesucht; oben in den Bergen brennen etliche Lagerfeuer, und um jedes Feuer sitzen ein paar Seteposier. Sehr viel mehr von ihnen haben sich im Dickicht versteckt.«

»Wenn wir ernsthaft Zuchtwahl betreiben wollten«, sagte Otuz, »müßten wir die Lagerfeuer beschießen. Dann blieben nur die übrig, die so schlau waren, bei Nacht kein Feuer zu machen.«

Der Witz kam nicht an. Ich weiß nicht, wie es Priekahm erging, ich hatte jedenfalls bis vor zwei Tagen sicher und geborgen in einer Welt gelebt, die mir vertraut war. Nun saß ich auf einem feindlichen Planeten, sollte mir ein neues Leben aufbauen und vermißte meine alte Umgebung aufs schmerzlichste. Die Ähnlichkeit mit den jüngsten Erfahrungen der Seteposier war so groß, daß ich mich unwillkürlich mit den verschreckten Wilden identifizierte. Wenn ich mir vorstellte, daß ich derjenige wäre, der außer sich vor Angst in der naßkalten Finsternis hockte, war mir klar, daß ich ganz bestimmt ein Feuer angezündet hätte, ohne mich um die Gefahr zu kümmern.

Priekahm sagte leise: »Ich habe eine Idee, ich weiß allerdings nicht, ob sie etwas taugt. Ich wollte nur sagen… nun ja, wir könnten den ganzen Plan auch einfach aufgeben. Falls uns das alles zuwider ist, meine ich. Wir bräuchten nur zu starten und zur *Wahkopem Zomos* zurückkehren. Die Eingeborenen würden glauben, sie hätten die Götter erzürnt, vielleicht mit der Zerstörung der Sonde, oder worüber seteposische Götter sonst in Wut geraten. In zwanzig Jahren wären wir nur noch eine Legende, und für sie wäre die ganze Sache erledigt. Wir könnten inzwischen die Pläne soweit wie nötig ändern und uns auf einer von den großen Inseln niederlassen, über die wir gesprochen hatten. Einige sind wunderschön und wahrscheinlich ökologisch harmlos – also ohne allzu große, aggressive oder giftige Lebewesen. Ich sehe eigentlich nicht, was dagegen spräche.«

»Bis auf die Tatsache, daß unsere Enkel dann so leben würden wie diese Wilden heute«, sagte Kekox, der eben aus seiner Schlafkabine kam. »Unter hygienischeren Bedingungen und mit einer größeren und besseren Bibliothek, gewiß, aber das ist auch alles. Bis zur Ankunft der *Hoffnung des Reiches* hätten sie vielleicht eine Stadt wie das Kratareni der Sechsten Dynastie errichtet – breite, gepflasterte Straßen, komfortable Gebäude, beheizt mit passiver Solarenergie, fließendes Wasser, Abwasserkanäle und eine gewisse Elektrifizierung. Aber wo sollten sie weitere zwei Millionen Menschen unterbringen? Und was glaubt ihr, wie groß die Kluft zu den Neuankömmlingen bis dahin wäre! Es wird schon genügend Probleme geben, wenn die Alt-Nisuaner feststellen, daß es zur Hybridisierung gekommen ist.« Er seufzte. »Ich weiß, ich hatte mich zunächst gegen die Versklavung der Eingeborenen ausgesprochen, aber seit ich weiß, wie sie leben – seit ich den Gestank in dieser Stadt gerochen, diese abstoßenden Kreaturen mit eigenen Augen gesehen habe …«

»Hältst *du* sie jetzt etwa für Tiere?« fragte ich. »Ich merke immer deutlicher, wie sehr es mich schockiert, daß es sich um Menschen handeln soll.«

Kekox winkte ungeduldig ab. »O nein, Zahmekoses, es sind Menschen, soviel ist sicher. Kein Tier würde sein Nest so verkommen lassen. Und sieh dir nur ihre Blutopfer an, das Festhalten an primitiven Methoden auch in Fällen, wo bessere Alternativen naheliegend wären. So wenig lernfähig, so blind für ihre Umwelt sind nur Menschen, die sich von ihrem Verstand leiten lassen, niemals Tiere, die sich an der Wirklichkeit orientieren. Wobei ich gerne zugeben will, daß du einige von diesen Seteposiern nur in andere Kleidung zu stecken bräuchtest, und schon würden sie zu Hause als Politiker durchgehen.

Ich will damit nur sagen, diese Eingeborenen haben mir gezeigt, worin der Unterschied zwischen Mensch und Tier besteht. Tiere schöpfen ihre Fähigkeiten stets aus, Menschen niemals. Die Seteposier sind in den Naturwissenschaften und in der Mathematik weit zurück, und auch auf technischem Gebiet gibt es hier noch eine Menge zu erfinden, aber dennoch... Warum existiert das Kratareni der Sechsten Dynastie denn nicht bereits? Kann man von intelligenten Lebewesen nicht erwarten, daß sie sich eine Umgebung schaffen, in der es sich angenehm leben läßt? Warum müssen sie unbedingt in ihrem eigenen Dreck hausen?«

Ich überlegte einen Moment lang, dann nickte ich. »Du glaubst also ...?«

»Ich glaube, wir tun ihnen auf lange Sicht eher einen Gefallen. Die Überlebenden dieses Dorfes werden in zwei Jahren reinlicher und gesünder sein als alle ihre Artgenossen. Sie werden die Oberschicht des größten und wohlhabendsten Imperiums stellen, das dieser Planet jemals gesehen hat. In zwanzig Jahren hat Setepos ein Dutzend richtiger Städte und das dazugehörige Straßennetz, und die *Hoffnung des Reiches* findet bei ihrer Ankunft eine reiche, friedliche und *zivilisierte* Welt vor. Und auf jeden Nisuaner, den sie mitbringt, wartet ein wunderschönes, tadellos bewirtschaftetes Anwesen.

Ich will nicht ausschließen, daß Seteposier und Nisuaner in ein paar tausend Jahren an einem Tisch sitzen, eine Sprache sprechen und gemeinsam hundert andere zivilisationsbedürftige Arten beherrschen. Denn wenn ich mir dieses schmutzige Dorf und seine stinkenden Bewohner betrachte und mir vorstelle, wie es hier aussehen könnte, wenn die Leute sich nur ein paar Gedanken gemacht und ein wenig Arbeit investiert hätten... nun, dann weiß ich, daß Poiparesis recht hatte. Wir dürfen dieser Welt die Zivilisation nicht einfach vorenthalten. Wir müssen ihr den Fortschritt bringen. Und man sieht – und riecht! – sofort, daß diese Menschen nicht von sich aus nach Verbesserung streben werden. Sie werden sich sogar dagegen sträuben. Also steuern wir ein paar Generationen lang Intelligenz, Disziplin und Sachkenntnis bei; sie investieren Blut und Schweiß, und auf diese Weise profitieren wir alle.«

Otuz seufzte. »Das hört sich alles sehr vernünftig an. Trotzdem tun sie mir unwillkürlich leid.«

»Natürlich, aber wir sollten doch sachlich bleiben.« Kekox sah einen nach dem anderen an und fand wohl in allen Gesichtern Zustimmung. »Ein paar Generationen Elend, und als Belohnung dafür eine strahlende Zukunft. Sicher wird es ihnen nicht gefallen, in Sklaverei zu leben – aber können wir sie denn wirklich in dem Zustand belassen, in dem wir sie vorgefunden haben?«

Priekahm zuckte nur die Achseln. »Jetzt jedenfalls nicht mehr. Die Erfahrung, die wir ihnen soeben vermittelt haben, wird sie ohnehin drastisch verändern. Und selbst wenn wir jetzt auf der Stelle starteten, könnten wir damit den Ausgangszustand nicht wiederherstellen. Also gilt es nur zu entscheiden, was auf lange Sicht das beste für sie ist. Und damit sollten wir allmählich anfangen. Zahmekoses, hast du das Frühstück fertig?«

Ich sah nach der Pfanne. »Ihr braucht nur zuzugreifen.«

»Dann sehen wir doch nach, ob die anderen inzwischen wach sind, und ...«

»Ich bin fertig.« Soikenn kam hereingestolpert. »Mejox zieht sich gerade an. Und nach allem, was man von Osepok hört, ist sie auch bald soweit.«

Für die Dauer des Frühstücks stellten wir die beiden großen Bildschirme auf volle Rundumsicht. Im Lauf der Nacht waren die Feuer im Dorf erloschen, wir waren von Schutt und Asche umgeben. Ein niedriger Lehmwall, aus dem ein paar verkohlte Stämme ragten, war das einzige, was von den Palisaden noch übrig war. Wo die Häuser direkt an die Mauer angebaut gewesen waren, hatten sich ihre Umrisse in den Lehm eingebrannt.

»Dumm«, bemerkte Kekox.

»Was meinst du?« fragte ich.

»Es war dumm von ihnen, die Hütten an die Wehrmauer anzubauen. Und noch dümmer, alle Dächer mit Grasbüscheln und Ästen zu decken. Zumindest hätte man das Reet mit flachen Steinen oder gespaltenen Baumstämmen beschweren müssen. Wie es jetzt ist, könnte ein Heer nur mit Speeren bewaffneter Eingeborener die Bewohner überwältigen – sie bräuchten lediglich Brandfackeln auf die Dächer zu werfen oder einen Teil der Palisaden niederzureißen und durch eine von den Hütten einzudringen.«

»Vielleicht kämpfen sie nicht auf diese Weise?« gab ich zu bedenken.

»Es sind Menschen, oder nicht?«

»Wenn man Wahkopems Berichten über die Bewohner der Inseln Hinter dem Wind glauben kann«, sagte Osepok, »und das war das letzte Mal, daß zivilisierte Menschen auf echte Wilde trafen, könnte der Krieg auch so etwas wie ein Ritual für sie sein. Sie ziehen jeden Sommer wieder auf dasselbe Schlachtfeld, bedrohen sich gegenseitig mit Zauberstäben, rennen den Hügel hinab, prügeln sich ein wenig, ziehen wieder nach Hause und prahlen mit ihren Heldentaten. Dabei gäbe es wahrscheinlich kaum Tote und keine Zerstörung wertvoller Gebäude oder Getreidevorräte.«

Kekox kaute lange an einem großen Bissen herum, dann sagte er: »Auch das ist nicht ausgeschlossen. Ernsthafte Kämpfe finden jedenfalls nicht statt. Sonst wäre jede dieser Ansiedlungen mit einem nächtlichen Überraschungsangriff und einem Blutbad zu erledigen – und wir wissen, daß es an den Fluß- und Seeufern in diesem Teil des *Großen* von kleinen Städten nur so wimmelt. Wenn es richtige Kriege gäbe, hätte der Ort entweder ordentliche Befestigungsanlagen, oder er wäre bereits einem Imperium eingegliedert – und dann wäre er ebenfalls befestigt, denn die Lage ist strategisch unübersehbar günstig.« Er nahm den nächsten Bissen und fuhr fort: »Das macht es uns noch einfacher. Wir bringen den Eingeborenen bei, ihre Nachbarn zu überfallen und zu Sklaven zu machen ... dadurch entsteht ein innerer Kreis von Vasallendörfern ... der innere Kreis erobert den äußeren Kreis ... und so weiter. Damit bringen wir einen großen Teil von Setepos in unsere Gewalt, ohne daß uns mehr als eine Handvoll Leute jemals zu Gesicht bekommen. Eine Art Schneeballsystem.«

Ich mußte lachen. »Und wie bei jedem Schneeballsystem empfiehlt es sich, möglichst früh einzusteigen. Am besten verdienen diejenigen, die das Ganze ins Rollen bringen.«

Kekox lachte ebenfalls. »Dann haben wir also die weite Reise nur unternommen, um wie kleine Gauner mit illegalen Methoden Geschäfte zu machen. Aber jetzt an die Arbeit. Sind schon irgendwelche Seteposier zurückgekommen?«

»Noch nicht«, sagte Otuz und schaltete eine von den Außenkameras ein. »Aber – ja. Die habe ich schon gesehen, bevor wir zu essen anfingen. Inzwischen haben sie mehr als die Hälfte des Wegs zurückgelegt. Sie sind zu acht, der Größe nach Erwachsene, und sie haben noch einen Warmblüter dabei, ein Kind vielleicht, oder ein Haustier. In einem Zweiunddreißigsteltag müßten sie etwa hier sein. Wir haben also noch ein bißchen Zeit.«

Wir fanden allerdings keine Ruhe. Zwar hatten wir keinen Anlaß, die Eingeborenen zu fürchten, aber wir wünschten uns doch, daß sie kämen, um die neuen Götter um Gnade zu bitten und nicht etwa, um Dämonen auszutreiben – in diesem Fall müßten die Dämonen nämlich *abermals* beweisen, daß die alte Magie ihnen nichts anhaben konnte. Das hieße neuerliches und diesmal völlig überflüssiges Blutvergießen, denn die Seteposier brauchten nur Ruhe zu bewahren und sich zu fügen. Hoffentlich waren sie so verständig.

Die Zeit schleppte sich dahin. Es gab nicht viel zu sagen, und so sahen wir uns an, betrachteten die Wände, die Bullaugen ...

Irgendwann schaute Otuz wohl zum hundertsten Mal durch das Objektiv der Außenkamera und sagte: »Jetzt sind sie immerhin in Sichtweite.« Dann legte sie das Bild auf einen der Hauptschirme.

Es waren tatsächlich acht Seteposier, und sie führten oder zogen ein kleines Tier an einem Strick um den Hals hinter sich her. Das Tier hatte ein schwarzweißes, unregelmäßig geflecktes Fell und ging auf vier harten Füßchen. Aus dem Kopf wuchsen ihm zwei kurze Hörner, und um den Hals trug es mehrere Blumengirlanden. Es beugte sich vor und versuchte, an den Blumen zu knabbern. Die Eingeborenen rissen ihm den Kopf in die Höhe. Daraufhin wurde es störrisch, spreizte die Füße ein und wollte nicht mehr weitergehen. Erst als vier Seteposier es mit Fußtritten traktierten und an ihm zerrten, setzte es sich, nicht ohne vorher etliche Blüten abgerissen und aufgefressen zu haben, wieder in Bewegung.

»Hoffentlich wird das Opfer an die neuen Götter auch wirklich getötet«, sagte Kekox. »Wenn sie es uns lebend schenken, ist es zu kostbar zum Schlachten, aber in der Landefähre möchte ich es auch nicht unbedingt haben.«

Einen Vierundsechzigsteltag später hatte die Gruppe das ausgebrannte Dorf erreicht. Das Tier mußte irgend etwas gewittert haben – den Geruch nach Asche und Tod vielleicht, oder die Angst der Seteposier –, denn es begann sich zu widersetzen und mit den Füßen auszuschlagen. Schließlich wurde es mit roher Gewalt an seinem Strick vor die Hauptluke der *Gurix* geschleift und dabei fast erdrosselt.

»Wieder ein Beweis für ihre Intelligenz«, bemerkte Soikenn. »Sie wissen noch genau, wo der Eingang ist. Von außen ist er nicht so ohne weiteres zu erkennen, schon gar nicht, wenn man noch nie ein Raumschiff gesehen hat. Aber solche Beweise sind inzwischen wohl bedeutungslos geworden.«

»Nicht bedeutungslos«, widersprach Otuz. »Wir müssen die Seteposier vorerst zu unseren Sklaven machen, aber wir sollten nie vergessen, daß sie Menschen sind und daß alles, was wir ihnen antun, nicht nur zu unserem, sondern auch zu ihrem Besten ist. Wenn wir ihrer Intelligenz stets eingedenk bleiben, sind unsere Urenkel womöglich eher bereit, sie als gleichberechtigte Partner anzuerkennen, wenn die Zeit dafür reif ist.«

»Ob das so schnell geht, weiß ich nicht«, sagte Kekox. »Im Moment sollten wir uns ihre Intelligenz wohl vor allem deshalb immer wieder vor Augen halten, um sie nicht zu unterschätzen.«

Otuz hatte sich wieder dem Bullauge zugewandt. Jetzt sagte sie: »Es sieht ganz danach aus, als wollten sie es töten.« Die Seteposier waren dabei, dem Tier die Füße zusammenzubinden und es auf den Rücken zu drehen. Es war jetzt fast wahnsinnig vor Angst, machte einen Buckel, warf den Kopf hin und her und riß das Maul weit auf. Otuz stellte die externen Akustikrezeptoren höher. Jetzt konnten wir sein Geschrei auch hören, ein unartikuliertes Blöken, immer wieder unterbrochen von durchdringendem Keuchen.

Daneben drang nun auch der monotone Singsang der Seteposier zu uns. Sie hatten einen Kreis gebildet und gingen langsam um das strampelnde, kläglich röchelnde Geschöpf herum, wobei sie rhythmisch mit den Füßen auf den Boden stampften und den Körper hin und her wiegten. »Was im Namen des Schöpfers soll das denn sein?« fragte Mejox.

Priekahm kratzte sich hinter dem Ohr. »Das könnten sie uns wahrscheinlich selbst nicht sagen. Ich meine, hast du schon einmal versucht, ein Ritual zu erklären? Und diese Leute sind in ihrer Entwicklung um mehr als zehntausend Jahre hinter uns zurück; wahrscheinlich glauben sie noch an die merkwürdigsten Dinge, ich meine, sie *glauben* wirklich daran.«

»Zumindest auf Nisu ist es so«, sagte Osepok. »Je weiter man in die Vergangenheit zurückgeht und je niedriger der Stand der Technik ist, desto komplexer wird die Religion, und desto weniger sind die Menschen fähig, Erklärungen dafür abzugeben.«

Der Kreis der Seteposier bewegte sich schneller, jetzt klatschten sie auch noch in die Hände, der Rhythmus steigerte sich immer mehr, doch plötzlich hielten sie inne und näherten sich dem Tier in ihrer Mitte. Alle knieten nieder und senkten die Gesichter zu Boden. Dann erhob sich direkt gegenüber dem Schiff ein Eingeborener, ein untersetzter Mann mit schwellenden Muskeln und dichtem Gesichtshaar, und wies mit einem Messer auf unsere Luke.

»Polierter Stein«, sagte Osepok. »Die ältesten Werkzeuge auf Nisu, beziehungsweise die ältesten Funde, die noch entfernt als Werkzeuge zu erkennen sind, sehen fast genauso aus. In den Museen von Palath liegen einige ganz ähnliche, nur die Griffe sind kürzer – wahrscheinlich deshalb, weil diese Spezies einen Finger mehr hat als wir.«

Der Seteposier reckte das Messer hoch über den Kopf. Sein Singsang war so laut geworden, daß wir ihn nicht nur über die Akustikrezeptoren, sondern ganz schwach auch direkt durch die Wände der *Gurix* hören konnten. Als er nach einer Weile verstummte, setzten die anderen ein, wiederholten immer wieder die gleichen Töne und stießen schließlich einen schrillen Schrei aus. Der seteposische Muskelmann ließ sein Messer mit voller Wucht herabsausen und schlug dem Tierchen fast den Kopf ab. Dann stieß er ein zweitesmal zu und weidete es mit einem einzigen, sauberen Schnitt aus. Blut und Eingeweide ergossen sich über den Boden, die Eingeborenen verteilten die eklige Masse und ordneten die Gedärme zu einem primitiven Muster.

»Wozu soll das gut sein?« fragte Otuz.

Osepok zuckte die Achseln. »Vielleicht will man den Göttern das Fleisch auf diese Weise schmackhaft machen. Oder man deutet daraus die Zukunft. Unter Umständen sieht man an den Eingeweiden, ob die Geister erzürnt sind. Es könnte auch ein heiliges Zeichen sein und ›Bitte, tötet uns nicht‹ oder ›Dämonen, zieht ab‹ bedeuten. Ohne ihre Sprache zu kennen, wissen wir nicht einmal, welche Fragen wir ihnen stellen sollen.«

Der kleine Trupp zog sich langsam zurück. »Was meint ihr? Ob wir hinausgehen und das Opfer annehmen?«

»Warum nicht?« sagte Kekox. Er warf mir einen Schutzanzug zu und zog sich auch selbst einen über. »Mal sehen, ob das Fleisch dem Geschmack der Götter entspricht.«

Das tote Tier war sehr viel schwerer, als wir gedacht hatten. Und da der Hals fast ganz durchtrennt war, wußte man kaum, wo man es anfassen sollte. Außerdem war der Boden vom Blut und den Gedärmen so glitschig, daß man leicht ausrutschen konnte. Soikenn erinnerte uns dankenswerterweise daran, daß sie auch die Eingeweide brauchte.

Schließlich stopften wir sie in die leere Bauchhöhle zurück, wobei wir unsere Schutzanzüge mit Blut und anderen Scheußlichkeiten besudelten, und schleppten das Vieh an den Beinen hinüber zur Luke für Biopräparate. Wenigstens war die Kapsel groß genug. Wir brauchten es also nur hineinzulegen, die Klappe zu schließen und auf einen Knopf zu drücken, um es ins Innere der *Gurix* zu befördern. Dann gingen wir nach hinten an den Dekontaminator und stellten uns zwei Minuten lang in den Anzügen unter den superheißen Dampfstrahl. Dadurch gerann allerdings das Blut zu einer höchst unappetitlichen Kruste, und der Stoff wurde so steif, daß wir uns kaum noch bewegen konnten. Außerdem überlastete die Hitze die Sauerstoffmasken und machte das Atmen schwer.

Als wir die Luftschleuse betraten, zeigte die Prüfautomatik an, daß wir nichts Lebendiges mehr an uns hatten. Also trennten wir vorsichtig die Ärmel von unseren Overalls, schlüpften in die bereithängenden Handschuhe, schälten uns damit den Rest des Anzugs vom Leib und warfen alles in den Trichter, wo es eingeschmolzen und wiederverarbeitet wurde. Als wir endlich eintreten durften, waren Soikenn und Otuz unten im Allzweckraum bereits dabei, das Geschöpf zu sezieren.

Während Kekox und ich uns den Schweiß vom Leibe wuschen, murmelte er: »Der neue Gott erläßt hiermit sein erstes Gebot: Bei Opferungen ist fortan auf äußerste Reinlichkeit zu achten.«

»Ganz in meinem Sinne«, sagte ich. »Ich habe jedenfalls absolut nichts dagegen, mit dem Mittagessen noch etwas zu warten.«

Aus dem Allzweckraum waren immer wieder Ausrufe des Erstaunens zu hören, aber er war viel zu klein, um uns alle fassen zu können. Also warteten wir, bis Soikenn und Otuz fertig waren, und vertrieben uns die Zeit, indem wir durch das Fernrohr schauten. Oben in den Bergen strömten die Dorfbewohner von allen Seiten auf einer großen Lichtung zusammen.

»Vielleicht sammeln sie sich zum Angriff«, meinte Kekox.

»Oder sie wollen alle den Rapport des Opfermetzgers hören«, sagte Priekahm. »Wenn sie sich bewaffnen und hierher auf den Weg machen, erfahren wir das früh genug. Aber ich denke, sie bekommen nur eine Kurzmeldung: Die neuen Götter haben das Geschenk angenommen. Was ja soweit der Wahrheit entspricht.«

Bis zur Mittagsmahlzeit hatte Soikenn ihren Bericht fertiggestellt, und auch unser Appetit war zurückgekehrt, nicht zuletzt deshalb, weil die Tage hier um ein Fünftel länger waren als nach nisuanischer Zeitrechnung. Die Abstände zwischen den Mahlzeiten waren daher größer, und man blieb auch länger wach. Natürlich war auch Langeweile schuld an unserer Eßlust. Wir hatten genug davon, in diesem Metallkäfig herumzusitzen, ohne etwas tun zu können.

»Also«, begann Soikenn. »Ich verzichte darauf, euch Fotos zu zeigen, und beschränke mich auf die wesentlichen Punkte. Erstens, das Tier ist im Grunde ganz ähnlich gebaut wie wir. Muskeln und Knochen gruppieren sich um ein Verdauungssystem, dem die Nahrung auf kürzestem Weg zugeführt wird und das die Muskeln gut versorgen kann. Das Gehirn liegt geschützt in einem knöchernen Schädel, und alle speziellen Sinnesorgane befinden sich in seiner unmittelbaren Nähe.

Die größten Unterschiede weist das Herz-Kreislauf-System auf. Sie haben zwei große Lungen und nicht Hunderte von kleinen wie wir, und ein riesiges Herz gegen unsere elf kleineren. Kein Blutmischer; dafür hat das Herz vier Kammern mit Ein- und Ausgängen zu den Lungen und zum Körperinneren. Die Eingangskammer auf der Körperseite hat mehr oder weniger die gleiche Funktion wie unser Blutmischer, aber sie ist ein Teil des Herzens und enthält immer nur eine kleine Menge Blut auf einmal.«

»Wenn wir also davon ausgehen, daß die Seteposier ähnlich gebaut sind wie dieses Tier, wären sie bei einem Kampf von Mann zu Mann sehr viel schwieriger zu töten als wir«, sagte Kekox.

Soikenn zuckte die Achseln. »Nicht unbedingt. Es mag ein Vorteil sein, kein weiches Ziel wie unseren Blutmischer zu haben, aber das wird durch den Mangel an Redundanz wieder aufgewogen. Vergeßt nicht, wir können auch dann weiterleben, wenn wir nur noch ein Herz haben und bis zu zwanzig unserer Lungen perforiert sind. Bei ihnen wäre wohl ein Loch in einer Lunge – und erst recht in diesem großen Herzen – bereits tödlich. Und die Brust ist mit einem Dampfgewehr nicht leicht zu verfehlen.«

»Gut zu wissen«, brummte Kekox.

»Ich habe noch bessere Neuigkeiten«, sagte Otuz. »Zumindest bei diesem Tier stimmt die Zusammensetzung der Aminosäuren zu sechsundneunzig Prozent mit der unseren überein. Unser Körper könnte das Fleisch als Nahrung verwerten. Die Toxikologiesimulation und die Zelluntersuchungen müßten in etwa zwei Stunden abgeschlossen sein; wenn keines der Ergebnisse dagegen spricht, können wir es heute abend grillen.«

Tatsächlich machten wir Eintopf daraus – wir hielten es für besser, das Fleisch gründlich durchzugaren –, und es schmeckte erstaunlich gut. Wir schlugen uns alle die Bäuche voll und waren uns einig: ein wahres Göttermahl. »Und es ist auch wirklich unschädlich?« fragte ich Soikenn. Auch alle anderen hatten die Frage schon mehrmals gestellt.

»Drei von uns sind schwanger«, erklärte Osepok. »Und wir haben alle den ausführlichen Bericht gelesen. Soweit sich so etwas überhaupt feststellen läßt, ist es harmlos.«

Otuz kam ihr zu Hilfe. »Es gibt viele lange Proteinketten, die mit unseren Proteinen überhaupt nicht reagieren«, erläuterte sie. »Zumeist werden sie beim Erhitzen so aufgespalten, daß Teile davon für uns verdaulich sind. Der Rest wird wohl unverdaut ausgeschieden. Aus diesem Grund dürfte es uns auch schwerfallen, uns mit lokalen Erregern zu infizieren – wir haben den meisten Keimen nicht viel zu bieten. Unsere Eiweißstrukturen divergieren gerade so weit, daß sie unserem Körper nichts anhaben können, aber andererseits unserem Immunsystem sofort auffallen müßten. Ich denke, es dauert noch Generationen, bevor jemand von uns mit einer Erkrankung rechnen muß.«

Am nächsten Morgen kniete derselbe Mann, der uns das Tier geopfert hatte, geduldig vor der Luke im Staub und berührte mit der Stirn den Boden.

13

Osepok wäre am liebsten sofort hinausgegangen, um mit der Kontaktaufnahme zu beginnen, aber sie mußte sich wie wir anderen und wie der Eingeborene noch eine Weile gedulden. Zunächst mußten wir wohl oder übel noch als Versuchstiere herhalten.

»Und du willst mich wirklich nicht obduzieren um festzustellen, warum ich noch lebe?« knurrte Kekox. »Ich habe dir mein Blut, meinen Schleim und meinen Urin gegeben. Was willst du denn noch?«

»Das gleiche von allen anderen«, antwortete Soikenn ungerührt. »Und nun seid schön artig und spielt mit. Ich brauche die Proben auf der Stelle, weil wir nicht wissen, wie lange die Unterhaltung mit diesem Seteposier dauert. Fühlt ihr euch auch wirklich wohl?«

»Ich habe mich nie wohler gefühlt«, sagte Osepok. »Können wir jetzt rausgehen?«

»Erst, wenn Mama euch Blut abgezapft hat.« Soikenn war unerbittlich. »Bislang behauptet der Analysator, ihr wärt alle vollkommen normal, was immer das heißen mag.«

»Dann muß er defekt sein«, behauptete Mejox.

Wir waren wohl alle ein wenig albern. Die Aussicht, das Schiff verlassen und unser Leben auf dieser neuen Welt beginnen zu können, hatte uns in Hochstimmung versetzt. Sämtliche Tests ergaben eine ideale Proteinkompatibilität – die Ähnlichkeit war hinreichend groß, daß wir das Fleisch einheimischer Tiere essen konnten (wenn es lange genug gekocht wurde), ging aber nicht so weit, daß uns die einheimischen Krankheitserreger etwas anhaben konnten. Natürlich mußte jedes neue Nahrungsmittel erst getestet werden, und einiges auf dieser Welt war sicher auch giftig für uns, aber es sah ganz so aus, als dürfen wir hier heimisch werden, und wir konnten es kaum erwarten, damit anzufangen.

Nachdem Soikenn uns alle nochmals untersucht und die Föten im Leib der anderen Frauen abgehört hatte, ließ sie es endlich genug sein. »Ihr könnt die Sache auch so sehen: Wir wissen jetzt, daß unser Besucher im Notfall wahrscheinlich genießbar wäre. Und jetzt gehen wir hinaus und fragen ihn, ob er nicht Lust hat, die neuen Götter sprechen zu lehren.«

Dieser Punkt hatte uns viel Kopfzerbrechen bereitet. Götter hatten eigentlich allwissend zu sein. Aber es war nicht zu ändern –

ohne persönlichen Kontakt kann man keine fremde Sprache richtig lernen, und Götter, die schwere Grammatikfehler machten und einen schauerlichen Akzent hatten, wären wohl erst recht unglaubwürdig gewesen. Außerdem wollten wir unsere eigene Sprache möglichst nur untereinander verwenden, um uns auch darin von den Sklaven abzuheben.

Sobald die Luke aufging, warf sich der Seteposier in voller Länge zu Boden. Auch als wir alle auf ihn zutraten, blieb er mit dem Gesicht nach unten reglos liegen. Einige Zeit geschah gar nichts, dann sagte Mejox: »So respektvoll die Stellung auch sein mag, einer Verständigung ist sie nicht gerade förderlich.«

Er beugte sich über den Seteposier, packte ihn an seinem langen Haupthaar und zog ihn zum Knien hoch. Der Eingeborene sah sich um, keuchte hörbar auf und kippte zur Seite.

»Glaubt ihr, der Schreck hat ihn umgebracht?« fragte Mejox ängstlich.

»Sein seltsames Herz und seine Lungen arbeiten jedenfalls noch«, sagte Soikenn und zeigte uns, wo sich seine Kehle bewegte. »Überlebt hat er es also. Vielleicht rauben ihnen starke Emotionen einfach das Bewußtsein. Die Evolution leistet sich öfter solche Spielereien. Wenn man nur ein Herz hat, kann der Blutdruck sehr rasch abfallen.«

»Selbst wenn du recht hättest«, sagte Osepok, »wie bekommen wir ihn wieder wach?«

»Nun, wenn die Ohnmacht durch einen Blutdruckabfall hervorgerufen wurde, hat sein Gehirn wahrscheinlich zuviel oder zuwenig Blut bekommen. Also müssen wir den Kreislauf in Bewegung bringen.«

»Schön«, sagte Mejox, drehte den Seteposier auf den Bauch, packte ihn unter den Armen, hob ihn so weit an, daß sein Kopf nach unten hing, und schüttelte ihn kräftig. »Mal sehen, ob ...«

Sein Opfer schnappte nach Luft und stieß ein gräßliches Geheul aus. Mejox ließ erschrocken los, worauf der Eingeborene abermals die respektvolle Bauchlage einnahm.

»Jetzt stehen wir also wieder am Anfang«, sagte Osepok. »Was nun?«

»Vielleicht sollten wir etwas schonender mit ihm umgehen«, sagte ich. Ich kauerte mich neben den Seteposier, schob ihm die Hände unter die Achseln und zog ihn behutsam in die Höhe. Er setzte sich auf. So nahe war ich bisher noch keinem Eingeborenen gekommen, doch mein Eindruck verbesserte sich auch aus dieser Distanz nicht.

Ich deutete auf mich und sagte: »Zahmekoses. Zahmekoses. Zahmekoses. Zah-mee-koo-sees.«

Dann deutete ich auf den Mund des Seteposiers. Er starrte mich unverwandt an.

»Zah«, sagte ich, den Finger weiter auf seinen Mund gerichtet.

Er holte Atem und sagte: »Schah.«

»Zahmekoses.«

»Schamekoschesch.«

»Nicht schlecht«, lobte ich.

Alle lachten, worauf er sich prompt wieder auf den Bauch warf. Es dauerte eine Weile, bis ich ihn abermals zum Sitzen bewegen konnte. Sehr viel später erfuhr ich, daß unser Lachen für die Eingeborenen wie eine Mischung aus Knurren und Schreien klang. (Sie dagegen geben ihrer Heiterkeit durch ein merkwürdiges Bellen oder Blöken Ausdruck.) Jedenfalls glaubte er, als er das Geräusch hörte, er habe wohl ein Wort ausgesprochen, das den Göttern vorbehalten sei, und müsse nun für seinen Frevel büßen.

Davon ahnte ich in diesem Augenblick natürlich nichts. Ich merkte nur, daß wir etwas zurückgefallen waren, und ließ ihn die ›Zahmekoses‹-Übung ein paarmal wiederholen. Dann machten wir mit »Mejoks« und »Otusch« weiter, bis er uns alle mit Namen kannte. Als ich ganz zuletzt auf ihn deutete, erfuhr ich, daß er »Rar« hieß.

Inzwischen war es fast Mittag geworden, und wir beschlossen, uns zum Essen zurückzuziehen. »Sollen wir ihm auch etwas abgeben?« fragte Priekahm.

»Es ist wohl besser, die Götternahrung für uns zu reservieren solange wir nicht wissen, ob sie ihr womöglich Zauberkräfte zuschreiben«, meinte Osepok. »In mancher Hinsicht haben sie sehr viel Ähnlichkeit mit den Bewohnern der Inseln Hinter dem Wind, obwohl es natürlich auch ganz drastische Unterschiede gibt. Jedenfalls ist man in allen unseren primitiven Kulturen überzeugt, daß die Nahrung höherer Wesen besondere Kräfte enthält. Wir sollten ihm also sicherheitshalber nichts anbieten. Wer weiß, wie er es auffassen würde.«

Ich hob einen Stock auf und steckte ihn in die Erde. Der Seteposier sah mich verständnislos an. Der Stock warf einen Schatten, und an dessen Ende steckte ich einen kürzeren Stock. Ein Stück daneben – natürlich ostwärts, wohin auch der Schatten wandern würde – bohrte ich schließlich ein drittes Stöckchen in die Erde. (Schließlich wollte ich ihn ja vor morgen früh wiedersehen.) Dann sagte ich »Rar«, zeigte auf den Boden, und dann auf den Stock, den der Schatten in etwa einem Zwanzigsteltag erreichen würde. Schließlich signalisierte ich – hoffentlich verständlich – für jeden kurzen Stock den Wunsch »Rar hier«, deutete auf die Fläche zwischen den beiden und machte eine weitausholende Handbewegung.

Er nickte eifrig, dann warf er sich zu Boden, rezitierte noch einmal unsere Namen und entfernte sich rückwärts auf allen vieren kriechend. Als er die Reste der Palisaden erreicht hatte, drehte er sich um, stand auf und rannte auf die Berge zu. »Glaubst du, das hat er tatsächlich begriffen?« fragte Otuz.

»Ich weiß nicht, aber es sah doch ganz danach aus. Ich würde sagen, wir essen jetzt und warten so lange, bis der Schatten den zweiten Stock erreicht hat. Dann werden wir ja sehen, ob er wieder auftaucht. Aber ich glaube schon. Ich hatte den Eindruck, er hat mich verstanden«, sagte ich. Meine Zuversicht war freilich nicht ganz echt.

»Immerhin«, sagte Osepok, »besitzt Rar die Fähigkeit, Bedeutungen zu erschließen. Er hat genickt, um sein Einverständnis kundzutun, und das haben wir ihm nicht beigebracht. Er muß es uns abgeguckt haben.«

Rar kam pünktlich zurück und warf sich neben der primitiven Sonnenuhr zu Boden. Wir gingen hinaus und hoben ihn auf. Dann verbrachten wir nicht nur diesen langen Nachmittag, sondern auch den folgenden Achttag damit, ein paar hundert Wörter seiner Sprache zu lernen und uns die Grundstrukturen der Grammatik zu erarbeiten.

Die Grammatik war äußerst schwierig und komplex, doch als wir das beim Abendessen erwähnten, sagte Osepok: »Das war nicht anders zu erwarten. Die Sprachen primitiver Völker sind meist besonders komplex und wortschatzreich, weil es noch nicht so viele verschiedene Dinge zu erörtern gibt wie in technisch fortgeschritteneren Zivilisationen. Also wird die erforderliche Spezifizierung direkt in die einzelnen Wörter eingebaut, anstatt sie auf Satzebene mit unterschiedlichen Konstruktionen auszudrücken. Es wird eine Weile dauern, die Sprache zu erlernen, und wir werden wahrscheinlich immer den Eindruck haben, uns nur über sehr wenige Themen und auch das nur in sehr steifen, unpersönlichen Formulierungen unterhalten zu können.

Wenn unser Imperium erst einmal steht, wird die Grammatik wahrscheinlich rasch einfacher, und es werden sich allgemeinere Begriffe entwickeln, aber das dauert ein paar Generationen.«

Sie verstummte und aß weiter. Nach einer Pause sagte Kekox: »Äh ... Kapitän, ich will ja nicht neugierig sein, aber du kennst dich mit den ... äh ... Sitten und Gebräuchen primitiver Völker erstaunlich gut aus. Wir sind natürlich sehr froh, jemanden wie dich unter uns zu haben – trotzdem wüßten wir gerne ... wo hast du das gelernt?«

Sie sah ihn traurig an. »Poiparesis«, sagte sie. »Nach seinem ... Tod ... ich habe ihn schrecklich vermißt. Ihr wißt wahrscheinlich, daß er und ich ... nun ja, wir haben uns oft gegenseitig in unseren Kabinen besucht.«

Davon hatte niemand von uns die geringste Ahnung gehabt.

»Wie auch immer«, fuhr sie fort. »Auf einmal war ich sehr viel allein. Zuerst habe ich oft Musik gehört und mir alte Bildaufzeichnungen angesehen, aber irgendwann braucht der Geist neue Anregungen. Und da ich – seid mir bitte nicht böse – von euch zunächst wirklich niemanden sehen oder sprechen wollte, mußte ich mich nach einem Betätigungsfeld umsehen, um mir die Zeit zu vertreiben und nicht den Verstand zu verlieren. Etwas Nützliches sollte es sein, und etwas, woran ich ganz allein arbeiten konnte. Irgendwann kam ich darauf, daß man vergessen hatte, einen Spezialisten für interkulturelle Beziehungen auf diese Reise mitzuschicken, und selbst wenn ... es ist schließlich sehr lange her, daß wir entsprechende Studien durchführen konnten, und so gibt es niemanden mit nennenswerten Erfahrungen. Die letzten Primitiven wurden zu Wahkopems Zeit entdeckt, und als Palath die Herrschaft übernahm, waren sie fast alle in die Sklaverei verschleppt worden. Deshalb hatte seit Jahrhunderten niemand mehr ›Feldforschung‹ betrieben, wie man das früher nannte.

Ich war von Anfang an davon überzeugt, daß wir hier Menschen gefunden hatten, und so hielt ich es für angebracht, mir gewisse Techniken zum Studium primitiver Völker anzueignen. Ich las alle Bücher, die es dazu gab, und das waren, wie sich herausstellte, gar nicht wenige. Daneben mußte ich Frühneushulathisch lernen und mich mit etwa zwanzig ausgestorbenen Sprachen beschäftigen. Aber es hat sich gelohnt. Es hat mich von meinem Kummer abgelenkt, und jetzt kommen uns diese Kenntnisse zugute. Jedenfalls mehr als das, was ich über Astrogation und subatomare Physik weiß.«

In den folgenden Tagen zeigte sich, daß ihre neuen Fähigkeiten von geradezu unschätzbarem Wert für uns waren, denn sie halfen uns, die Verhältnisse in kürzester Zeit zu durchschauen. Wir hatten sowohl das regierende Herrscherhaus wie das Priestergeschlecht ausgerottet und damit, ohne es eigentlich zu wollen, ein neues Amt geschaffen, nämlich das des Priesterkönigs. Da Rar der einzige war, der mit uns sprechen konnte, war er an die Spitze seiner Gesellschaft aufgerückt. Bis zu unserer Ankunft war er nur ein gewöhnlicher Jäger und Ackerbauer und obendrein Junggeselle gewesen, doch in den vergangenen zwei Achttagen hatte er sich vier Frauen (»drei Witwen und eine Unberührte«, wie er uns stolz berichtete) genommen. Außerdem hatte er eine Handvoll treuer Gefolgsleute um sich geschart, die sich ›die Wahren Menschen‹ nannten.

»Mag sein, daß wir nicht vorhatten, ihn zu unserem allmächtigen Stellvertreter einzusetzen«, bemerkte Otuz, »aber er macht sich ausgezeichnet.« Wir sahen zu, wie die Wahren Menschen ihre Felder pflügten, jäteten und bewässerten. Als wir bemerkten, daß die Pflanzen einzugehen drohten, hatten wir Rar erklärt, wir zürnten seinem Volk nicht länger, weil es die falsche Muttergöttin verehrt habe. Sie dürften ihre Ernte retten, und wir wollten ihnen auch zeigen, wie sie ihre Stadt wiederaufbauen und zum mächtigsten Volk der Welt werden könnten – natürlich nur unter der Bedingung, daß sie sich unsere Gunst nicht verscherzten, sich wie gehorsame Diener benahmen und sich von falschen Göttern fernhielten. Beim kleinsten Anzeichen von Untreue oder Ungehorsam würden wir sie alle vernichten.

Sie waren darauf eingegangen, was aber nicht weiter verwunderlich war. Im Augenblick arbeiteten sie schwer und schauten nur gelegentlich zu uns herüber. Wir hatten ihnen eine Rekordernte versprochen und gedachten, unser Wort zu halten. Soikenn hatte den Metabolismus von ›Weizen‹ studiert, dem Getreide, das sie anbauten, und dabei festgestellt, daß der Boden etwas zu sauer und ein klein wenig zu stickstoffarm war. Daraufhin hatten wir die nötigen Zusatzstoffe hergestellt und ihnen aufgetragen, sie auf ihren Äckern zu verteilen.

Ich hatte in letzter Zeit kaum Gelegenheit gefunden, mit Otuz allein zu sein. Sehr viel Privatleben hatten wir ohnehin nicht mehr, waren wir doch ständig den Blicken hundert Eingeborener – Rar eingeschlossen – ausgesetzt. Im Moment litten wir nicht allzu sehr darunter, denn ihre Schwangerschaft machte sich jetzt schon sehr deutlich bemerkbar, und sie wäre wohl ohnehin nicht in der richtigen Stimmung gewesen. Immerhin konnten wir nebeneinander auf dem Hügel stehen und uns auf Nisuanisch über alles unterhalten, was vorgefallen war. »Ich glaube, Kekox hat recht«, sagte sie. »Wir sollten mit den Eroberungen bis zum Frühjahr warten. Eins nach dem anderen, wie er so schön sagt.«

»Scheint ohnehin seine Devise zu sein«, bemerkte ich.

Sie gab mir einen Klaps auf den Arm. »Wenn Osepok und Soikenn nichts dagegen haben, warum sollen wir uns einmischen? Immerhin hat er Osepok als erste geschwängert.« Sie drehte sich um, blickte über das Feld und seufzte: »Irgendwie bewundere ich den alten Schurken.«

In der Ferne war ein leises Grollen zu hören, wir drehten uns um und sahen die *Gurix* einfliegen. Mejox setzte sie rasch und gekonnt auf der Landefläche vor dem großen, bequemen Blockhaus auf, das wir uns mit den Motorwerkzeugen vom Schiff gebaut hatten. »Möchtest du die letzten Neuigkeiten hören?«

»Klar.« Hand in Hand stiegen wir den Hügel hinab. Ich sah mich um. Die bernsteinfarbene Sonne Kousapex wärmte mir den Rücken, unter mir bearbeiteten unsere Sklaven unter Rars Aufsicht die Felder, und da stand auch unser Haus. »Die *Gurix* und die *Rumaz* müssen noch je einmal hinauffliegen, um die letzten Vorräte zu holen«, sagte ich. »Dann ist Schluß mit der Raumfahrt … bis auf eine kleine Spritztour hin und wieder.«

»Gelegentliche Vergnügungsreisen sind durchaus gestattet«, stimmte sie zu. »In den Tanks ist noch soviel Antimaterie, daß wir uns bis an unser Lebensende jeden Achttag einmal einen Flug leisten können. Aber du hast schon recht, eine Ära geht zu Ende. Von jetzt an müssen wir uns damit begnügen, die allmächtigen Götter zu spielen.«

»Und die Eltern«, erinnerte ich sie. »Was nach allem, was ich höre, nicht ganz das gleiche sein soll.«

Als wir das Haus erreichten, wurden wir nur von Mejox, Osepok und Kekox erwartet. Priekahm und Soikenn waren auf dem Schiff geblieben. Normalerweise kamen alle mit der Versorgungsfähre zurück. »Es gibt irgendwelche Probleme mit Priekahms Schwangerschaft«, erklärte Mejox, »und Soikenn wollte ihre Diagnose auf der *Wahkopem* stellen, weil sie dort die besseren Instrumente hat.«

Wir waren eben mit dem Ausladen fertig und wollten uns auf die Terrasse setzen und zusehen, wie die Sonne hinter den bewaldeten Hügeln unterging, als das Funkgerät auf sich aufmerksam machte. Wir drängten uns alle in die *Gurix* und schalteten den Bildschirm ein. »Ziemlich unappetitlich, aber heilbar«, sagte Soikenn. »Die Eiweißunverträglichkeit ist wohl doch kein reiner Segen. Es gibt gewisse Stoffe, die nicht ausgeschieden werden – ich habe bei mir und bei Priekahm eine Blutuntersuchung vorgenommen. Wir wimmeln beide nur so von Fremdproteinen. Ursprünglich hatten wir angenommen, sie seien funktionell inaktiv, doch jetzt stellt sich heraus, daß sie die Nieren von Priekahms Kind sehr stark belasten.«

»Gibt es eine Möglichkeit, sie aus dem Blutkreislauf zu entfernen?« fragte Mejox.

»Ja, sogar zwei. Ich kann zunächst eine Dialyse vornehmen und unser Blut sowie das Blut der Ungeborenen binnen eines Achttages reinigen. Der Laborversuch läuft bereits. Die Sache ist eigentlich nicht weiter kompliziert, weil das, was wir aussondern wollen, sich so deutlich unterscheidet. Aber das ist keine Dauerlösung. Ich kann keinen transportablen Dialysator zusammenbasteln, und selbst wenn ich es könnte, wären wir alle auf Dauer davon abhängig. Damit kommen wir zu Möglichkeit Nummer zwei ...«

»Und die wäre?« fragte Kekox.

»Ein künstliches Virus, das eine genetische Veränderung in Gang setzt. Solange der Prozeß nicht abgeschlossen ist, müßten wir die Dialyse etwa alle vier Achttage wiederholen. Nach einem Jahr hätten wir genügend regeneriertes Nierengewebe, um die fremden Eiweißverbindungen selbst verarbeiten zu können. Und diese Eigenschaft würde auch auf unsere Kinder übergehen.«

»Wo ist der Haken?« fragte Osepok. »Du hast doch irgendwelche Bedenken?«

»Es könnte eine Zeitbombe sein«, vermutete Otuz.

Soikenn nickte grimmig. »Solange sich das Virus in unserem Blutkreislauf befindet, übersetzt es sozusagen den genetischen Code. Es besteht die Möglichkeit, daß es sich an ein einheimisches Virus oder Bakterium anschließt. Bei solchen Organismen kommt es leicht zum DNA-Austausch. Das heißt, unser Virus könnte irgendeinem hiesigen Parasiten verraten, wie er sich in unsere Rezeptoren einklinken oder sich so tarnen kann, daß er unserem Immunsystem nicht mehr ganz so fremd erscheint. Wir gehen also das Risiko ein, unsere perfekte Immunität zu verlieren.«

»Aber wenn wir es nicht tun«, sagte Kekox, »sind wir ein paar Jahre nach dem Versagen des letzten Dialysators dem Tod geweiht.«

»Nun, man könnte sein Leben verlängern, wenn man sich ausschließlich auf nisuanische Nahrung beschränkte – was ich bis zum Abschluß der Genbehandlung ohnehin empfehlen würde –, aber im Grunde hast du recht. Sobald wir keine Dialysatoren mehr haben oder uns nicht mehr nur von nisuanischen Produkten ernähren können, stirbt unsere gesamte Spezies ohne die Modifikation binnen weniger Jahre aus. Voraussichtlich durch Nierenversagen, falls sich nicht irgendein anderes Organ noch vorher verabschiedet. Und ich sehe wirklich nicht, wie wir die Schiffsfarm, die *Gurix* oder einen Dialysator dreihundert Jahre lang zuverlässig weiterbetreiben wollen. Also bleibt uns wohl nur der genetische Eingriff.«

»Mich hast du überzeugt«, sagte Osepok. »Und ich glaube, das gilt auch für die anderen.«

»Ich hatte gehofft, einer von euch hätte eine geniale Idee, die uns das alles ersparen würde«, sagte sie traurig. »Setepos ist eben doch nicht das Paradies, für das wir es gehalten haben. Es ist keine schlechte Welt, gewiß nicht, aber leider nicht ganz vollkommen – wir sind nicht mehr gegen Krankheiten gefeit.«

Im Herbst stellte sich heraus, daß es uns Göttern nicht erspart bleiben würde, unserem getreuen Volk unter die Arme zu greifen. Wir hatten den Dorfbewohnern zwar gezeigt, wie man eine feste Mauer aus Schlamm und Steinen errichtete, doch sie mußten ja auch noch die Ernte einbringen. Wir hatten ihnen auch die Nützlichkeit eines steinernen Turms als Kornspeicher und Aussichtsplattform demonstriert, aber es gab noch eine Menge anderer Bauarbeiten zu erledigen, bevor die Regenfälle wieder einsetzten, und da sie unseretwegen einen großen Teil ihres Getreides verloren hatten, drohte nun eine Hungersnot. Wenn wir also für den Frühjahrsfeldzug eine gesunde Armee haben wollten, mußten wir unseren Teil dazu beitragen.

Wir flogen mit der *Rumaz* zu unserem Raumschiff und holten einen kleinen Raupenschlepper; damit hoben wir in einem Tag die Fundamente aus, eine Arbeit, für die sie mehrere Achttage gebraucht hätten. Wenn wir einen Holzschlitten an den Schlepper hängten, konnten wir mit Rar und ein paar Helfern an einem Tag zwanzigmal soviel Steine heranschaffen wie das ganze Dorf zusammen. Und die Menge an Baumaterial, die wir mit ein paar Sprengladungen aus einer nahegelegenen Felswand holten, hätte ein ganzes Heer von Eingeborenen nicht zusammengebracht.

Die neuen Mauern umschlossen einen großen Platz, auf dem sich unser Blockhaus und das Startfeld für die beiden Landefähren befanden. Dank unserer Motorwerkzeuge und mit Hilfe von Rar, der uns als Dolmetscher inzwischen gute Dienste leistete, saß unsere kleine Gemeinschaft lange vor den ersten Regenfällen sicher in ihrer Festung, und das Getreide lag im Turm. Kekox und Mejox gingen mit Rar und einem Trupp von Trägern ein paar Tage lang auf die Jagd und schossen eine stattliche Anzahl von wilden Ziegen, Rehen, Schweinen und Auerochsen – Tiere, die uns inzwischen kaum weniger vertraut waren als den Seteposiern. Anschließend brachten wir den Eingeborenen bei, das Fleisch durch Räuchern und Einsalzen haltbar zu machen.

Als dann die Regenzeit kam, feierten die Seteposier ein großes ›Dankesfest‹ und beschenkten uns mit Unmengen an Naturalien (Wir lagerten alles in dem Kühlgerät in unserem Haus). Von uns erhielten sie dafür ein paar tausend gebrannte Schlammziegel und eine Ladung Bretter, die wir mit unseren Motorwerkzeugen zugeschnitten hatten. Auf den ersten Blick mochte das Geschenk etwas armselig erscheinen, aber nach zwei Tagen harter Arbeit saßen sie damit alle in halbwegs trockenen Häusern und hatten ein Dach über dem Kopf, das man ihnen nicht so leicht anzünden konnte.

Als alle Häuser standen, führten sie einen ›Tanz‹ auf (die seltsamen rhythmischen Bewegungen, die wir schon während des Tieropfers beobachtet hatten). Später betranken sie sich mit einem vergorenen Brei aus einheimischen Früchten, und es kam zu einigen mehr oder weniger harmlosen Prügeleien, die Rar mit seinen getreuen Helfern aber rasch beendete. In der folgenden Zeit waren sie hauptsächlich damit beschäftigt, ihre Häuser schöner und bequemer zu gestalten.

Soikenn hatte inzwischen das Virus gezüchtet und alle Tests abgeschlossen. Kekox war der erste, den sie trotz erheblicher Bedenken damit behandelte. Doch als er sich auch nach zwei Achttagen noch wohl fühlte, seine Nieren sich zusehends erholten und lernten, die fremden Proteine zu verarbeiten, bekamen auch wir anderen unsere Dosis eingetrichtert.

Es regnete und regnete, die Felder verwandelten sich in Schlammwüsten, und der Fluß trat über die Ufer. Das Dorf lag hoch genug, um vor Überschwemmungen sicher zu sein, und wir und unsere Seteposier konnten es in unseren Häusern gut aushalten, aber das Wetter drückte entsetzlich auf die Stimmung. Wir waren noch nicht dazu gekommen, unser Haus mit Glasfenstern auszustatten, deshalb spielte sich fast alles, was wir taten, bei geschlossenen Fensterläden im grellen, künstlichen Licht ab. Wir vertrieben uns die Zeit mit Essen und Studieren. Außerdem trafen wir uns regelmäßig mit Rar. Es war nicht leicht, ihm klarzumachen, was für eine Art von Krieg wir im Frühling planten, und daß die Wahren Menschen, die jetzt unsere Sklaven waren, ihrerseits ihre sämtlichen Nachbarn zu versklaven hätten. Zuerst wollte es ihm nicht einleuchten, wozu es gut sein sollte, Dörfer niederzubrennen, nächtliche Überfälle zu führen oder die Götzenbilder in den Tempeln zu zerstören. Aber mit der Zeit konnten wir ihn überzeugen, und als Kekox anfing, alle wehrfähigen Männer in der neuen Kampftechnik auszubilden, erwies er sich als unersetzlicher Helfer.

Noch eine große Neuigkeit gab es in diesem Herbst. Otuz und ich machten schließlich das Rennen: Unsere Tochter Diehrenn wurde etwa eine Woche vor Mejox' und Priekahms Weruz geboren. Zwei Achttage später wurde Kapitän Osepok von Prirox entbunden. Damit erblickte der erste Sohn – und einzige Nichthybride – der zweiten Generation das Licht der Welt. Soikenn flog sicherheitshalber mit jeder werdenden Mutter zur *Wahkopem Zomos* hinauf, wenn ihre Zeit gekommen war, aber alle Geburten verliefen ohne Komplikationen. Die Babies waren gesund, sie waren imstande, seteposisches Eiweiß zu verarbeiten, und sie gediehen prächtig.

Der Winter war mild und wenigstens etwas trockener. Dafür war es so kühl, daß man sich nur ungern im Freien aufhielt. Wir hatten also nichts anderes zu tun, als mit den Babies zu spielen (Das Vergnügen hielt sich in Grenzen. Wir mochten kaum daran denken, daß auf diesem Planeten mit seinem schnelleren Orbit nicht nur fünf, sondern sechs Winter vergehen mußten, bis sie zu voller geistiger Reife gelangten.) und den Frühlingsfeldzug vorzubereiten (für den eigentlich so gut wie keine Vorbereitungen nötig waren; kämpfen sollten schließlich die vierzig seteposischen Männer mit ihren Äxten, Fackeln und Speeren).

Sooft sich die matte Sonne durch die Wolken kämpfte, saß ich daher mit Kekox oder Mejox draußen, nur um beschäftigt zu sein und nicht über Babies reden zu müssen. Soikenn hatte inzwischen Osekahm geboren und interessierte sich ebenfalls nur noch für Säuglingspflege. Natürlich brauchten kleine Kinder viel Aufmerksamkeit, aber unsere Frauen taten des Guten vielleicht doch ein wenig zu viel.

An einem ungewöhnlich schönen, wenn auch ziemlich kalten Tag saßen Kekox, Mejox und ich wieder vor dem Haus und sahen zu, wie Rar mit den Soldaten exerzierte. Bisher hatte man hier alle Schlachten in Form von Zweikämpfen ausgetragen, damit ließ sich zwar feststellen, wer der tapferste war, aber einen Sieg errang man nicht so leicht. Wir hatten nun empfohlen, die Speerkämpfer im Verband antreten zu lassen und so die Einzelkämpfer auf der Gegenseite zu überrennen. Heute wurde noch mit Speerschäften ohne Spitzen geübt, und die Männer hielten sich recht gut. »Ich habe sicher schon bessere Truppen gesehen«, sagte Kekox, »trotzdem müßten sie die Nachbarn ziemlich schnell niederwerfen. Wenn wir Glück haben, ist die erste Eroberungswelle noch vor der zweiten Weizenaussaat vorüber. Mir ist übrigens noch etwas eingefallen: Wenn wir Ziegen und Schweine nicht nur gelegentlich zusammentreiben wie jetzt, sondern sie ständig in Pferchen halten, wird die Fleischversorgung für unsere Seite enorm verbessert, und die nächste Generation wird größer und kräftiger.«

Mejox gähnte. »Was sollen wir für die nächste Generation denn noch alles tun? Ich finde ohnehin, daß wir als Götter längst nicht mehr so beeindruckend sind wie zu Anfang. Sie bekommen uns viel zu oft zu sehen, und wir waren ausgesprochen fair und freundlich zu ihnen. Ich glaube, wir flößen ihnen nicht mehr so viel ... äh ...«

»Angst ein«, half ich ihm. »Mir ist es lieber so.«

Mejox setzte zu einer Antwort an, doch plötzlich verzerrte sich sein Gesicht, er gab ein abscheuliches Geräusch von sich und spuckte Schleimklumpen auf den Boden, von denen mich einige nur um Haaresbreite verfehlten. Das wiederholte sich zweimal, ohne daß er sich wenigstens entschuldigt hätte. Als er sich wieder aufrichtete, stand in seinen Augen die helle Panik. »Was ...?«

Kekox stöhnte. »Soikenn hatte also recht. Mejox, was du eben hattest ...« Er produzierte das gleiche Geräusch, den gleichen, unappetitlichen Auswurf. »Na, großartig. Was ihr eben gehört habt, nennt man Husten, meine jungen Freunde, die ihr unter so hygienischen Bedingungen aufgewachsen seid. Ich verspreche euch, wir werden uns bald entsetzlich elend fühlen. Ich lege mich zu Bett – nicht ohne mir vorher ein Tuch umzubinden, um niemand anzustecken. Aber wahrscheinlich hat es uns schon alle erwischt.« Er stand auf und ging ins Haus.

Ich hatte das Ganze ziemlich erstaunt mit angesehen und wollte gerade fragen, was denn nun eigentlich los sei, als mir unvermittelt ein Stich durch den oberen Brustraum fuhr und mein Blutmischer sich heftig verkrampfte. Dann gab auch ich das gräßliche Geräusch mit den schon bekannten Begleiterscheinungen von mir. »Verzeihung, das war dein Fuß«, sagte ich zu Mejox.

Zwei Achttage später husteten wir alle, besonders die Babies. Außerdem litten wir unter Kopfschmerzen und Fieber. Auch Soikenn hatte meistens den Mund voll Schleim, bemühte sich aber verzweifelt, wenn auch mit sehr geringem Erfolg, ein Mittel gegen dieses neue Virus zu finden. Mejox pumpte sich mit Schmerzmitteln und Fiebersenkern voll und flog mit der *Rumaz* zur *Wahkopem Zomos* hinauf, um Medikamente zu holen. Den Babies schienen sie auch tatsächlich zu helfen, doch er legte sich nach seiner Rückkehr ins Bett und stand zwei volle Tage nicht wieder auf. Jeder von uns hatte bei der kleinsten Bewegung heftige Stiche in der Brust.

Es war ein Morgen wie jeder andere. Die Babies husteten leise, von den Erwachsenen hörte man hin und wieder ein Stöhnen. Kekox war aufgestanden, um uns Wasser zu holen. Da wir nicht wußten, was im hiesigen Wasser an Keimen herumschwamm, versorgten wir uns nach wie vor über die *Rumaz*, deren Aufbereitungsanlage alle schädlichen Lebewesen unter Garantie abtötete. Nach Ausbruch der Krankheit hatten Otuz und ich einen Schlauch von der Fähre in unsere Hütte gelegt. Nun brauchten nur noch alle zwei Tage die Nachttöpfe in das Aufbereitungssystem der *Rumaz* entleert zu werden.

Der Krug hätte sich über Nacht füllen müssen, aber Kekox stellte fest, daß er immer noch so leer war wie am Abend zuvor. Der alte Gardist taumelte vor Schwäche und mußte sich am Tisch festhalten. Ich wollte schon anbieten, hinauszugehen und den Schlauch wieder anzuschließen, aber als ich mich in meinem schweißdurchtränkten Bett aufzurichten versuchte, wurde mir so schwindlig, daß ich kein Wort herausbrachte.

Immerhin bekam ich mit, was weiter passierte. Kekox wollte eben aus dem Haus treten, um nach der Wasserleitung zu sehen, als plötzlich die Tür von außen aufgestoßen wurde. Rar trat ein, drängte Kekox zurück und hob eine kleine Axt. Jeder andere wäre tot gewesen, bevor er überhaupt wußte, wie ihm geschah, aber Kekox hatte immer noch die Reflexe eines Kaiserlichen Gardisten. Er wehrte den Arm mit der Axt ab, trat Rar den Fuß unter dem Körper weg und schob ihn rückwärts wieder hinaus. Dann schlug er die Tür mit der Schulter zu und verriegelte sie. Von draußen wurde wütend dagegengehämmert.

Mejox und Priekahm ließen sich aus ihren Betten fallen und krochen auf die Dampfgewehre zu, die neben der Tür an der Wand lehnten. Die Seteposier schlugen jetzt mit Äxten gegen die Tür. Mejox, Priekahm und Kekox schossen. Auf der anderen Seite waren einige Schreie zu hören, dann wurde es still.

Da wir kein Fenster hatten, konnten wir nicht sehen, was draußen vorging, doch das ohrenbetäubende Krachen, das nun zu uns drang, ließ darauf schließen, daß die Eingeborenen sich die *Rumaz* vorgenommen hatten. Wir hörten den rhythmischen Gesang, den sie immer anstimmten, wenn sie schwere Gegenstände bewegen mußten, dann verriet uns ein verheerendes Gepolter, daß sie die Fähre umgestürzt hatten, und schließlich wurde mit Steinäxten gegen die Luke geschlagen. »Dafür ist sie nicht gebaut«, sagte ich, und Osepok fügte hinzu: »Wenn sie die Luke aufbrechen, während die Fähre auf der Seite liegt, lösen sie wahrscheinlich den Notabwurf der Antimateriekapsel aus, und dann ...«

Ein wilder Donnerschlag ließ die Wände erzittern. Wir hatten kaum Zeit, uns klarzumachen, daß der Computer der *Rumaz* mehrere Hüllenbrüche und sonstige schwere Schäden diagnostiziert und die kleine Sprengladung gezündet hatte, die den Antimateriebehälter durch den Rumpf ins Weltall schleuderte, bevor die Eindämmung versagen konnte. Am Himmel gab es jetzt sicher ein großartiges Schauspiel zu bewundern. Beim Abschuß der Kapsel mußte ein Feuerstrahl das Haus getroffen und viele Seteposier getötet oder schwer verletzt haben. Draußen prasselte und knisterte es, dichter Rauch zog durch alle Ritzen. Wir hatten bestenfalls ein paar Minuten Zeit, um ins Freie zu gelangen.

Wir formierten uns, soweit das in unserem Zustand möglich war. Wir konnten uns kaum auf den Beinen halten, alle husteten, und jeder zweite hatte ein Baby auf dem Arm. Kekox stieß mit dem Fuß die Tür auf, wir stürmten hinaus und rannten, auf alles schießend, was sich zeigte, so schnell wir konnten über die Veranda und auf *Gurix* zu. Doch schon nach den ersten, stolpernden Schritten kam von hinten eine Axt geflogen und streckte Kekox nieder. Dann war die Menge über uns. Ich wollte schreien, doch die eisige Luft löste einen Hustenanfall aus, und dann raubte mir entweder der Husten oder der Faustschlag eines Soldaten das Bewußtsein, und ich stürzte, ohne Diehrenn loszulassen, zu Boden.

14

»Ich glaube, er kommt wieder zu sich«, sagte Otuz. »Na los, Zahmekoses, wach schon auf!«

Ich blinzelte ein paarmal, konnte aber nichts sehen. Dann begriff ich, daß es dunkel war, riß die Augen noch weiter auf und sank in die Ohnmacht zurück. Einige Zeit – ich weiß nicht, wieviel – später erwachte ich zum zweiten Mal und öffnete vorsichtig die Lider. Diesmal lag Soikenns Hand auf meinem Arm. »Zahmekoses? Zahmekoses, kannst du mich hören?«

»Ich ...« Meine Kehle war wie ausgedörrt. »Wasser«, krächzte ich.

»Wir haben im Augenblick kein Wasser«, flüsterte Soikenn. »Es tut mir leid. Sie haben uns alles weggenommen und uns bis jetzt weder zu essen noch zu trinken gebracht.«

Allmählich drang – obwohl ich das gar nicht wollte – eine Erinnerung durch den Schmerzensnebel. »Kekox?«

»Tot.«

»Das ... dachte ich mir.« Es war alles so mühsam – ich sah nur verschwommen, konnte kaum denken, und wenn ich etwas zu sagen versuchte, wollten mir Lippen und Kehle nicht gehorchen. »Die anderen ...?«

»Mejox hat sich ein Bein gebrochen, als sie ihn zu Boden geworfen haben. Ein offener Bruch; sieht ziemlich schlimm aus. Otuz und ich sind mit dem Schrecken davongekommen, wir haben nur ein paar Prellungen. Und ...« Trotz meiner Benommenheit spürte ich, daß Soikenn sich große Sorgen machte. »Priekahm hat hohes Fieber, es ist zu befürchten, daß sie einen Gehirnschaden davonträgt. Und Osepok ist zwar äußerlich unverletzt, aber sie weiß offenbar nicht mehr, wo sie ist und was vorgeht. Hoffentlich ist es nur der Schock – aber möglicherweise hat sie den Verstand verloren, Zahmekoses. Sie sitzt nur da und antwortet nicht, wenn wir mit ihr sprechen, nur einmal hat sie sich erkundigt, ob an Bord alles in Ordnung sei und wir die anstehenden Arbeiten erledigt hätten.«

»Mein Kopf ...«

»Du hast einen schweren Schlag auf den Hinterkopf bekommen – mit einer Keule. Ich denke, das ist alles. Oder hast du sonst noch irgendwo Schmerzen?«

»Nein. Aber mein Kopf tut weh.« Und schon war ich wieder eingeschlafen.

Als ich zum dritten Mal zu mir kam, war das Schwindelgefühl nicht mehr ganz so schlimm. Als erstes bemerkte ich, daß ich mich übergeben und auch uriniert hatte. Wahrscheinlich gab es immer noch kein Wasser, deshalb hatte mich auch niemand waschen können. Es war nicht mehr dunkel, richtig sehen konnte ich allerdings trotzdem nicht. Was ich wahrnahm, waren mehrere unerträglich grelle Lichtbalken, umgeben von tiefer Finsternis, durch die gelegentlich ein Schatten huschte. Noch etwas hatte sich verändert: Ich hatte kein Fieber mehr, und ich konnte frei atmen.

Wieder stieß ich ein Krächzen hervor – ich war immer noch entsetzlich durstig –, und nun war es wieder Otuz, die zu mir kam. »Zahmekoses? Bist du wach?«

»Mehr oder weniger.«

»Woran erinnerst du dich?«

»An alles, glaube ich. Wie lange war ich diesmal weg?«

»Die ganze Nacht. Jetzt ist es Morgen. Eben haben sie uns etwas zu essen und Wasser gebracht, vom Außenanschluß der *Gurix* – den Schlauch an der *Rumaz* hatten sie nur durchgeschnitten, um uns aus dem Haus zu locken, sie wissen genau, daß wir ihr Wasser nicht vertragen. Möchtest du etwas trinken?«

»Ja.«

Sie gab mir das Wasser nur langsam und in kleinen Schlucken. Es war warm und schmeckte schal, aber ich hätte alles auf einmal hinuntergeschüttet, wenn sie es zugelassen hätte.

»Die anderen?« fragte ich nach einer Weile.

»Soikenn schläft. Wir haben abwechselnd bei euch Wache gehalten. Priekahms Fieber ist gefallen. Soikenn ... es geht ihr nicht gut, Zahmekoses, obwohl sie es sich nicht anmerken läßt. Wir haben ihr Kind verloren; das Baby ist heute nacht gestorben, vielleicht am Husten oder an einer anderen Krankheit. Diehrenn und Weruz geht es offenbar besser, und Prirox wenigstens nicht schlechter. Für Mejox haben wir unser möglichstes getan – für nisuanische Verhältnisse natürlich genau das Falsche –, wir haben den Knochen in die Wunde zurückgeschoben und dann versucht, den Bruch einzurichten. Die beiden Enden sind irgendwie eingerastet. Erstaunlicherweise gibt es keinerlei Anzeichen für eine Infektion, möglicherweise haben die seteposischen Bakterien, die Wundinfektionen verursachen, bisher noch nichts dazugelernt. Hat Soikenn dir von Osepok erzählt?«

»Ja.«

»Sie wirkt inzwischen etwas munterer. Reden will sie immer noch nicht mit uns, aber sie behauptet zu wissen, was geschehen ist. Sie stillt Prirox und spielt auch mit ihm. Vielleicht kann sie den Schock über Kekox' Tod mit der Zeit doch überwinden.«

»Und Diehrenn ist auf dem Weg der Besserung?«

»Diehrenn ist soweit in Ordnung. Sie hat sogar zu husten aufgehört. Ich glaube, sie wird bald wieder gesund.«

»Dann geht es ihr wie mir.«

Otuz seufzte. »Warum mußte das bei uns allen nur so lange dauern? Na schön, nicht mehr zu ändern. Wir müssen wohl abwarten, was die Eingeborenen mit uns vorhaben. Leider haben wir ihnen schon so vieles beigebracht ... zum Beispiel, daß man durch Angst herrschen und andere Menschen versklaven kann.«

Ich seufzte ebenfalls und zuckte zusammen. Sobald ich meinen Atemrhythmus veränderte, war mir ein stechender Schmerz durch den Kopf gefahren. »Ich glaube, ich habe eine Gehirnerschütterung.«

»Und was für eine. Gestern abend waren deine Reflexe noch völlig durcheinander, aber heute sieht es schon viel besser aus. Ich bin sehr froh darüber.«

»Weißt du, was sie mit uns anfangen wollen?«

»Noch nicht, aber das erfahren wir sicher noch früh genug. Rar nennt sich jetzt übrigens Nim Rar. Nim scheint ein Titel zu sein – wie ein König oder ein Priester vielleicht, aber noch etwas mehr. Es wird eine Weile dauern, bis wir uns soweit verständigen können, aber dann wird er es sich gewiß nicht nehmen lassen, uns seine Pläne mitzuteilen. Wenn er sie bis dahin nicht bereits ausgeführt hat.«

»Töten wollen sie uns wahrscheinlich nicht, sonst hätten sie es sofort getan«, beruhigte ich sie. »Was hätten sie auch davon?« Ich hatte immer noch starke Kopfschmerzen, aber ich genoß es, wieder einen Gedanken formulieren zu können.

»Zumindest sollen wir nicht alle sterben, oder nicht alle auf einmal. Ich habe ein wenig durch die Tür gelugt, Zahmekoses – kannst du überhaupt schon sehen?«

»Es wird besser«, antwortete ich. Ich hatte mir zusammengereimt, daß die hellen Streifen Tageslicht sein mußten, das durch die Ritzen zwischen den Balken drang. Der Schatten, der sich über mich beugte, war natürlich Otuz. Ihr Gesicht konnte ich freilich noch immer nicht richtig erkennen, obwohl es in unserem kleinen Gefängnis hell genug gewesen wäre.

»Sie bauen den Tempel wieder auf. Sie haben den ausgebrannten Rumpf der *Rumaz* an die alte Stelle geschleppt, ihn wieder auf seine zwei Beine gestellt und die dritte Ecke mit einem Balken abgestützt. Das soll wohl die Rückwand sein. Davor errichten sie ein zweistöckiges Gebäude aus Balken und Steinen – eine Statue der Muttergöttin steht bereits drin. Sieht nicht viel anders aus als damals bei unserer Ankunft. Ich würde also sagen, im Moment betreiben die konservativen Kräfte die Rückkehr zu den traditionellen Werten ... Wenn du meine Meinung hören willst, ich schätze die Lage folgendermaßen ein: Sie werden uns bestenfalls zu Sklaven machen, und schlimmstenfalls ihrer Göttin opfern. Ob wir gute Sklaven abgeben, sei dahingestellt, aber irgendeine Verwendung werden sie schon für uns finden. Das Problem ist Mejox – er ist immer noch fast ständig bewußtlos. Könnte lange dauern, bis er sich erholt. Sein Schicksal hängt wohl davon ab, wie schnell sich sein Zustand bessert und wieviel Geduld sie haben.«

Damit war eigentlich alles gesagt. Otuz blieb bei mir sitzen und hielt meine Hand, bis ich wieder eingeschlafen war.

Als ich gegen Abend abermals erwachte, fühlte ich mich sehr viel besser. Man hatte uns neues Wasser gebracht, und ich versuchte auch ein wenig zu essen: Es gab einen Brei aus gekochten Getreidekörnern, Kleinkindernahrung, nicht gerade eine Delikatesse, aber immerhin genießbar. Otuz, Soikenn und den drei noch lebenden Babies war das Zeug gut bekommen, und mich würde es wohl nicht umbringen.

Nim Rar schaute kurz zu uns herein. Seine Haltung verriet eine Arroganz, die mir bisher nie aufgefallen war. Die Art, wie er mir ohne weiteres unter das Kinn faßte, mir in die Augen sah und mir den Finger in den Unterleib stieß, ließ keine Fragen offen: Es kümmerte ihn nicht im mindesten, wie ich zu der Sache stand – er würde tun, was aus seiner Sicht für ihn das Beste war, und es wäre sicher nicht ratsam, ihm dabei in die Quere zu kommen.

Er verabschiedete sich sehr abrupt. »Vielleicht hat er einen vollen Terminkalender«, sagte ich.

»Dir geht es sehr viel besser«, meinte Otuz. »Kannst du aufstehen?«

Ich versuchte es; etwas schwach in den Knien, aber kein Schwindelgefühl. »Scheint soweit in Ordnung zu sein.«

»Gut. Ich möchte, daß du dir Mejox' Bein ansiehst. Soikenn trauert immer noch um die arme, kleine Osekahm, und ich bin nicht sicher, ob sie so ganz bei der Sache ist.«

Soikenn war meine Lehrmeisterin gewesen, aber den Gedanken durfte ich im Augenblick nicht weiterverfolgen, also stellte ich lieber die nächstliegende Frage. »Haben sie das Diagnosegerät mitgenommen?«

»Sie haben alles mitgenommen. Und ich würde nicht damit rechnen, irgend etwas in brauchbarem Zustand zurückzubekommen. Einer von unseren Bewachern trägt einen von den Landnavigatoren um den Hals. Die Schnur geht genau durch die Mitte. Wahrscheinlich haben sie sämtliche Kommunikatoren zerlegt und zu Schmuck verarbeitet.«

»Schlechte Nachrichten«, sagte ich, »aber wahrscheinlich könnte ich die Anweisungen des Computers sowieso nicht befolgen, weil mir das nötige Material fehlt. Gehen wir zu Mejox. Ist er bei Bewußtsein?«

»Er murmelt hin und wieder vor sich hin. Meistens ruft er nach Soikenn oder nach Priekahm, obwohl sie beide bei ihm sind. Manchmal auch nach Kekox, und das ist am schlimmsten. Ich glaube, er weiß weder, wo er ist, noch, was geschehen ist.«

Ich konnte jetzt wieder normal sehen. Ansonsten war ich, abgesehen von ein paar lockeren Zähnen und einem gequetschten, blutenden Ohr in leidlich guter Verfassung. »Wo ist er denn?« Ich schaute mich um. Osepok saß in ihrer Ecke, Soikenn hatte sich auf dem Boden zusammengerollt und schlief.

Mejox lag auf dem Rücken. Priekahm – sie hustete immer noch ein wenig – saß neben ihm und hielt seine Hand. Mit dem anderen Arm wiegte sie Weruz in Schlaf.

Mejox atmete flach, und sein Puls ging sehr schnell. Er fühlte sich kühl an, seine Nase war trocken, und ich sah erschrocken, daß ein Teil seines Mähnenkamms eingedrückt war. »Er hat wohl irgendwann einen Schlag auf den Kopf bekommen«, sagte ich. »Hoffentlich hat sein Mähnenkamm das meiste abgefangen, sonst könnte sein Zustand noch kritischer werden. Er scheint viel Blut verloren zu haben, aber er wird nicht daran sterben, sonst wäre er jetzt schon tot.« Ich atmete langsam ein und wieder aus. Eine Flut von Erinnerungen brach über mich herein. Über Schlagverletzungen und offene Brüche hatte ich mir irgendwann einmal eine Menge angelesen.

Leider war das wenigste davon zu gebrauchen. Ich konnte keine Ultraschallaufnahme seines Gehirns anfertigen, ich konnte ihm auch keine Bluttransfusion geben. Ich konnte nicht einmal versuchen, ihn mit einem leichten Elektroschock zwischen Unterkiefer und Mähnenkamm zu Bewußtsein zu bringen. All das wären in diesem Fall Standardmaßnahmen gewesen. Ich hatte nicht einmal einen Stock, um sein Bein zu schienen.

Das Bein untersuchte ich als nächstes. »Das habt ihr gut gemacht«, sagte ich. Wenigstens lag der Knochen nicht länger frei, und die Leitmembran, ohne die kein neues Fleisch nachwachsen kann, hatte sich normal entwickelt – vorausgesetzt, ich hatte noch richtig in Erinnerung, was ›normal‹ war. Wie Otuz bereits bemerkt hatte, gab es keine Spuren einer Infektion; bei dem Geruch, der hier drin herrschte, war das ein gutes Zeichen. Offenbar konnten uns normale Sepsiserreger bislang nichts anhaben.

Ich legte eine Hand auf die Stelle, wo ich den Bruch vermutete.

»Ist es nicht zu riskant, die Wunde mit bloßen Händen zu berühren?« fragte Otuz.

»Normalerweise ja. Aber die Leitmembran hat sie schon abgedichtet. Und wir müssen feststellen, ob die Enden richtig aufeinanderliegen, bevor sich die permanente Matrix bildet. Ich hoffe es sehr, denn wenn wir die temporäre Matrix noch einmal brechen und den Knochen neu einrichten müßten, wäre das nicht nur unangenehm, sondern auch gefährlich.« Ich legte die andere Hand unter die Fußsohle und sagte: »Mejox, mein Freund, es ist gut, daß du nicht bei Bewußtsein bist, das erspart dir eine Menge Schmerzen.«

Vorsichtig tastete ich mit den Fingern durch die Leitmembran hindurch nach der Bruchstelle. Dann drückte ich von unten fest gegen den Fuß, jederzeit bereit, die Hand zurückzuziehen, falls der Knochen unter der Belastung nachgab. Er hielt stand. Als ich fester drückte, bog er sich kaum merklich durch. »Die temporäre Matrix bildet sich ziemlich rasch. Noch zwei Tage, dann ist sie hart, und wenn er dann aufwacht, kann er vielleicht sogar gehen, auch wenn das Bein nicht sehr kräftig sein wird. Soikenn hat gute Arbeit geleistet. Ein Knochensplitter ist abgegangen, und bis er resorbiert ist, wird es ein paar Jahre dauern. So lange wird Mejox wahrscheinlich hinken. Schnell laufen wird er nie wieder können, aber unter diesen Bedingungen hat sie ein medizinisches Wunder vollbracht.«

Ich zog ein äußeres Augenlid zurück und pfiff ihm scharf ins Ohr; das Innenlid klappte herunter und wieder hinauf, der Teravorsisreflex. »War das gut?« fragte Otuz.

»Soweit ja. Die höheren Funktionen des Gehirns sind noch aktiv. Sehen wir uns die andere Seite an.« Auch hier bekam ich den Teravorsisreflex. Behutsam tastete ich seinen Mähnenkamm ab; er war sicher druckempfindlich. Die dichten, derben Haarbüschel, aus denen sich der Mähnenkamm eines erwachsenen Palathiers zusammensetzt, münden in ein engmaschiges Netz von Blutgefäßen, die durch ein dickes, von Tausenden winziger Löcher durchsetztes knöchernes Band ins Gehirn und wieder herausführen. Diese sogenannte Urdebok-Brücke dient dem Temperaturausgleich. Wenn sie zu stark gequetscht wird, kann es auch dann zu inneren Blutungen kommen, wenn der Schädel selbst nicht gebrochen ist. Wenn dabei Blutgerinnsel entstehen und ins Gehirn geraten, sind die Folgen katastrophal.

Ich wollte nicht, daß sich womöglich etwas löste, was bereits entstanden war, um unkontrollierbar in seinem Schädel herumzuwandern, aber ich mußte unbedingt feststellen, ob die Urdebok-Brücke verletzt war oder ob die kurzen, steifen Haare an der Kammwurzel die Wucht abgefangen hatten. So tastete ich den Kopf zunächst nur sehr behutsam ab, dann erst kontrollierte ich systematisch. »Ich finde keine weichen Stellen«, sagte ich. »Er hat wirklich einen harten Schädel.«

»Das haben wir doch schon immer gewußt.«

»Hmhm. Wahrscheinlich nur eine schwere Gehirnerschütterung, verschärft durch Blutverlust und Schock. Wenn wir beide einen gleich starken Schlag abbekommen hätten, wäre er schlimmer betroffen – das ist einer der großen Unterschiede zwischen Palathiern und Shulathiern. Gerinnsel haben sich wahrscheinlich nicht gebildet, aber als die Urdebok zusammengepreßt wurde, ging eine Druckwelle durch das ganze Gehirn. Er hat tatsächlich Glück, daß er nicht bei Bewußtsein ist, sein Kopf und sein Bein würden ihm Höllenqualen bereiten. Habt ihr es geschafft, ihm Wasser zu geben?«

»Es ist nicht einfach, aber es geht. Man tropft es ihm so lange auf die Lippen, bis sie naß genug sind, dann leckt er sie unwillkürlich ab. Auf diese Weise haben wir ihm über einen Achteltag vielleicht zwei Handvoll eingeflößt.«

»Gut. Auf diese Weise können wir ihn am Leben erhalten. Und wenn uns das lange genug gelingt und die Eingeborenen nicht die Geduld verlieren oder ihn noch mehr verletzen, wird er wahrscheinlich auch wieder gesund.«

»Vollkommen gesund?«

»Jedenfalls wird es ihm sehr viel besser gehen als jetzt. Mehr kann dir nur der Schöpfer sagen.«

In diesem Augenblick erwachte Soikenn, und wir erörterten Mejox' Zustand. Es war ihr sehr peinlich, daß sie die Gehirnerschütterung übersehen hatte, aber da es auch gute Nachrichten gab – Mejox' Genesung war möglich und die meine sehr wahrscheinlich –, hielt sich der Jammer in Grenzen. Als ich mit meinem Bericht zu Ende war, fiel mir auf, daß ich zum ersten Mal seit langer Zeit keine Kopfschmerzen mehr hatte. Bald darauf brachten uns die Wachen wieder zu essen, diesmal eine dicke Paste mit gebratenen Tierfleischstücken darin. Sie schmeckte eigenartig, wir wußten nicht, ob es an der Fleischsorte lag oder ob man ein besonderes Gewürz verwendet hatte, aber wir hatten Hunger und ließen uns davon nicht abschrecken.

»Das Essen wird jedenfalls besser«, sagte Otuz, als wir fertig waren. »Vielleicht ist das auch die normale Abendmahlzeit. Wie auch immer, offenbar hat man nicht vor, uns verhungern oder verdursten zu lassen.«

Priekahm seufzte. »Das heißt wohl, daß es im Grunde nur noch aufwärts gehen kann.«

Aus der Ferne waren tiefe, rhythmische Schläge zu hören, die rasch lauter wurden. Wir standen auf und gingen zur Tür.

Von unserem kleinen Gefängnis sah man auf eine Wand des neuen Tempels, den die Eingeborenen fast über Nacht wiederaufgebaut hatten. Es war allerdings ein eher schlichtes Gebäude, und wir hatten ihnen auf diesem Gebiet eine Menge beigebracht. Die neue Statue der Muttergöttin war noch häßlicher als ihre Vorgängerin, und das wollte einiges heißen. Der Altar, auf dem im alten Tempel die Sonde gelegen hatte, war jetzt leer, und auf einem Podest, einer Art ›Terrasse‹ kniete eine lange Reihe von Seteposiern mit dem Rücken zur Wand.

Vor ihnen, zwischen der Tempelmauer und dem neuen, leeren Altar, stand ein hoher Stuhl, und auf diesem Stuhl saß Nim Rar. Er trug einen hohen, federgeschmückten Kopfputz und war über und über mit Schmuck behängt, zumeist mit Teilen der Sonde oder mit Gegenständen aus unserem persönlichen Besitz. Der Kopfputz hatte, wie ich rasch erkannte, die Form einer Landefähre und erinnerte entfernt an den ausgebrannten Rumpf der *Rumaz,* der die Rückseite des Tempels bildete.

In der rechten Hand hielt Rar eine Axt. Soikenn starrte sie lange an, dann schauerte sie zusammen und flüsterte: »Das ist bestimmt die Axt, mit der Kekox getötet wurde.«

Die tiefen Schläge wurden lauter, die Menge teilte sich, vor dem Podest wurde ein riesiger Scheiterhaufen sichtbar. Die rhythmischen Schläge kamen von einer Gruppe seteposischer Trommler, die nun einmarschierten und sich um das Podest herum aufstellten. Ihnen folgte eine Schar von Fackelträgern. Sie steckten ihre an langen Stangen befestigten Fackeln um die Trommler herum in die Erde. Der letzte senkte seine Fackel und setzte den Scheiterhaufen in Brand. Er fing sofort Feuer – ein erstickender Geruch stieg uns in die Nase.

Als die Flammen höher schlugen, steigerte sich der Rhythmus der Trommeln. Nim Rar stand auf. Um seine Schultern lag ein Umhang, den breitete er nun weit aus …

Bevor ich noch begriff, was Nim Rar sich umgehängt hatte, begann Otuz neben mir zu würgen.

Es war Kekox' Haut, und sein Kopf hing noch daran!

Soikenn weinte und stöhnte zum Steinerweichen, Priekahm flüsterte immer wieder: »Nein.« Ich konnte nur hoffen, daß Osepok noch zu teilnahmslos war, um hinzusehen.

Nun wurde, präpariert wie ein Stück Wild, Kekox' Körper hereingetragen. Ich wollte mich abwenden, aber ich war wie gelähmt vor Wut und Entsetzen.

Die Trommelschläge wurden schneller, und dann zerteilte Nim Rar, ohne Kekox' Haut abzulegen, den Leichnam. Seine Helfer brieten ihn, und alle versammelten Wahren Menschen aßen davon. Alles in allem dauerte die Zeremonie vielleicht einen Achteltag.

Ich konnte mich erst übergeben, als mir der Geruch nach gebratenem Fleisch in die Nase stieg. Dann kroch ich weinend in die Hütte zurück und fiel in Ohnmacht. Was sie mit den Knochen anfingen, weiß ich nicht, aber Kekox' Haut hing noch viele, lange Jahre in diesem grausigen Tempel.

»Steh auf, Zahmekoses, ich glaube, sie wollen uns wegbringen«, flüsterte mir Otuz ins Ohr. Ich war sofort wach. Die Schrecken der letzten Nacht waren mir in lebhafter Erinnerung. Draußen waren seteposische Stimmen zu hören. Unsere Wächter redeten aufgeregt durcheinander.

Soikenn erhob sich ächzend. »Wir sollten versuchen, Mejox wachzubekommen«, sagte sie. »Priekahm und Otuz können ihn notfalls tragen. Osepok, ich und Zahmekoses nehmen die Babies.«

Als Soikenn und Priekahm Mejox unter den Schultern packten, um ihn hochzuziehen, hustete er ein paarmal laut und sah dann zu mir auf. »Zahmekoses?«

»Hier bin ich, Mejox. Kannst du irgendeinen Teil deines Körpers bewegen?«

Unendlich langsam richtete er sich auf, soweit ihm das im Augenblick möglich war. »Scheint noch alles dazusein«, sagte er. »Mein Schienbein brennt wie Feuer.«

»Du hattest einen offenen Bruch, aber er verheilt bereits. Die Seteposier haben uns überwältigt«, sagte ich. »Wir sind ihre Gefangenen.«

»Weruz?«

»Es geht ihr gut, Mejox«, sagte Priekahm. »Und mir auch, seit du endlich aufgewacht bist. Weißt du noch, was mit Kekox geschehen ist?«

»Sie haben ihn getötet«, sagte Mejox. »Ich kann mich zwar nicht direkt daran erinnern, aber nur so konnten wir in diese Lage kommen. Haben wir sonst noch jemanden verloren?«

»Osekahm«, sagte Soikenn. Es war das erste Mal seit dem Tod des Kindes, daß sie den Namen ihrer Tochter aussprach.

Niemand wußte so recht, was er sagen sollte, doch dann kam Nim Rar mit einem halben Dutzend Leibwächtern hereinstolziert und sah sich mit sichtlicher Genugtuung um. »Ich sollte mich bei euch bedanken«, sagte er. Erst mit einiger Verzögerung ging mir auf, daß er gut verständliches Nisuanisch gesprochen hatte. Er mußte uns oft und lange belauscht haben. Wie oft wir wohl verraten haben mochten, daß wir keine echten Götter waren? Wie viele Schwächen er wohl entdeckt hatte? Vielleicht war es besser, wenn diese Fragen offen blieben.

»Ihr wollt sicher erfahren, wie es nun weitergeht«, fuhr der Nim jetzt auf Seteposisch fort. »Ich bin von euren *Imperiums*-Plänen sehr angetan. Und von euren Wundermaschinen ebenfalls. Beide hatten bisher nur den Fehler, in eurer Hand zu sein. Dem haben wir abgeholfen. Ich setze voraus, daß ihr ebenso freundliche und willfährige Sklaven sein werdet, wie ich es war.

Ich hatte euch nicht meine ganze Familie vorgestellt; ich hatte nämlich einen Sohn von einer Frau, die am ersten Tag im Feuer eurer *Gurix* bei lebendigem Leib verbrannt ist. Durch Zufall hat er überlebt. Da ihr ihm nun nicht mehr schaden könnt, will ich euch mit ihm bekannt machen.« Er klatschte in die Hände. »Inok!«

Ein junger, für sein Alter sehr kräftiger Seteposier trat ein. Er hatte wohl eben seine Geschlechtsreife erreicht. Rar mußte früh angefangen haben, dachte ich bei mir, doch dann fiel mir ein, daß die Lebensspanne der Eingeborenen ja sehr kurz war – der älteste Mann im Dorf hatte nicht mehr als vierzig von ihren oder sechsunddreißig von unseren Jahren gelebt. Wahrscheinlich fingen sie alle so früh an, wie sie nur konnten. »Ihr werdet ihn Nisuanisch lehren und auch alles andere«, befahl der stolze Vater. »Er soll nach mir der nächste Nim werden und über ein großes Imperium mit vielen Sklaven herrschen. Er hat Anspruch darauf, ebensoviel zu wissen wie ihr.« Nim Rar nickte uns kurz zu, dann ließ er uns mit dem Jungen allein.

Inok besaß nicht die Sprachbegabung seines Vaters, aber im Lauf der Zeit verbesserte sich seine Aussprache immer mehr. So verging ein Achttag nach dem anderen, bis es mir irgendwann so vorkam, als sei ich immer einer von Inoks Lehrern gewesen und habe immer in meiner Zelle neben dem großen Palast des Nim Rar gelebt – der ehemals unser Haus gewesen war. Es war doch nicht verbrannt, nur die Innenwände waren rußgeschwärzt, und jetzt gehörte es dem Nim. Er hatte es ebenso wie die *Gurix* den Himmelsgöttern abgenommen.

Als ich gegen Ende des Frühlings erfuhr, daß die Wahren Menschen ihre nächsten Nachbarn, die Rattenmenschen, die Schlangenfresser und das Volk der Häßlichen Frau überfallen und zu Sklaven gemacht hatten, war ich nur mäßig interessiert. »Wir brauchen uns wohl nicht vorzuwerfen, diese Kultur mit dogmatischen Tendenzen vergiftet zu haben«, murmelte Otuz, als Inok mit seiner Geschichte zu Ende war.

Im Sommer begann Diehrenn zu sprechen. Ihr erstes Wort war ›Mama‹ und entstammte nicht der nisuanischen, sondern der Sprache der Wahren Menschen. Wir waren trotzdem hingerissen.

15

Da wir sonst nicht viel zu tun hatten, verwendeten wir viel Mühe auf Inoks Erziehung. Er schien recht intelligent zu sein, und wir verstanden uns gut, wenn man davon absah, daß er von dem, was wir ihm beizubringen suchten, kein Wort glaubte. Er sah doch schließlich selbst, daß die Welt nicht rund war, daß sie sich nicht bewegte, und daß sich die Sonne um Setepos drehte. Natürlich gab es auch keine anderen Welten am Himmel, und die Sterne waren so winzig, daß die *Gurix* unmöglich von dort gekommen sein konnte. Die Ansichten seines Vaters überzeugten ihn sehr viel mehr: Danach waren wir einerseits Menschen aus Fleisch und Blut, aber es konnte nur zu seinem Vorteil sein, wenn die Wahren Menschen uns für Götter oder Dämonen hielten, die er bezwungen hatte.

Eine gewisse Vorbildung hatte Inok den Märchenerzählern zu verdanken, die ihre Geschichten von Menschen, die an einem großen Fluß südwestlich von hier lebten, von den Schlangenfressern übernommen hatten. Die hatten sie wiederum von ihren Nachbarn, den Hundemenschen gehört, und denen waren sie vermutlich ihrerseits von irgendwelchen Nachbarn zugetragen worden. Darüber hinaus gab es vage Gerüchte über ›ein Volk jenseits des großen Wassers‹, die zusammen mit Berichten über ›wandernde Stämme‹, die keinen festen Wohnsitz hätten, sondern von Ort zu Ort zogen, von Westen und Norden eingesickert waren.

Diese Erziehung – vielleicht die beste, die die Stadt der Wahren Menschen zu bieten hatte – befähigte Inok, was wir ihm auftischten, als Ammenmärchen zu durchschauen. Wenn es so viele Völker auf der Welt gab, waren wir eben eins von diesen vielen. Früher oder später würden wir unsere Lügen schon aufgeben und ihm gestehen, woher wir kamen, und dann würden er und sein Vater die *Gurix* nehmen und Nisu erobern. Denn so dumm und schwach unser Volk auch sein mochte, es stellte wunderbare Dinge her. Doch vorerst war es nicht weiter wichtig, woher wir nun tatsächlich stammten.

Während unser naturwissenschaftlicher Unterricht also auf taube Ohren stieß, lauschte Inok mit Begeisterung, wenn wir Episoden aus der Geschichte unseres Volkes erzählten. Der Rest der Wahren Menschen schien diese Vorliebe zu teilen, denn unser Schüler gab jeden Abend weiter, was er gehört hatte, und diese Darbietungen waren sehr populär. Wir brachten ihm auch Nisuanisch bei, sparten jedoch die drei großen altshulathischen Sprachen aus, die wir alle in der Schule gelernt hatten. Das gab uns die Möglichkeit, bei Nacht leise Gespräche zu führen, die niemand verstand.

So verging ein Jahr. Mejox wurde zusehends kräftiger, die drei Kinder, die uns geblieben waren, wuchsen und gediehen, und Priekahm und Otuz waren abermals guter Hoffnung. Der Nim machte sehr deutlich, daß auch Soikenn und Osepok baldigst zu schwängern seien, aber zu diesem Schritt waren Mejox und ich noch nicht bereit. Als wir Inok erklärten, sie seien unsere Mütter, erreichten wir jedoch nur, daß man (auf Grund der physischen Ähnlichkeit) mir den Befehl gab, Osepok zu befruchten, und Mejox an Soikenn verwies. Wir mußten immer neue Ausflüchte erfinden.

Vielleicht lag es daran, daß Mejox so lange gepflegt werden mußte, vielleicht hatte sich tatsächlich so etwas wie Freundschaft entwickelt, er und Inok konnten sich jedenfalls gut leiden. Wie ich befürchtet hatte, war Mejox auf Dauer gehbehindert. Er hatte zwar keine Schmerzen und meinte, wir bräuchten uns seinetwegen keine Sorgen zu machen. Doch obwohl er mit dem Stock halbwegs zurechtkam, würde er nie wieder laufen und springen können, es sei denn, wir flogen ihn zur *Wahkopem Zomos* hinauf, wo wir die notwendigen Einrichtungen hatten, um sein Bein noch einmal zu brechen und den Knochen richtig zusammenzufügen. Inok sprach seinen Vater darauf an, aber der Nim verweigerte die Erlaubnis, obwohl die meisten von uns als Geiseln zurückgeblieben wären.

Abends, wenn die Wächter nicht gar zu nahe waren, legten wir uns oft nebeneinander, steckten die Köpfe zusammen und unterhielten uns flüsternd im Shulathisch der Inseln Unter dem Wind. Eines stand nämlich für alle sechs Erwachsenen fest: Um unsere Freiheit wiederzugewinnen und uns in Sicherheit zu bringen, brauchten wir mit unseren Babies lediglich an Bord der *Gurix* zu gelangen. Die Seteposier hatten die Luke nicht aufbekommen, und so stand die Landefähre immer noch am alten Platz und wartete auf ihren nächsten Start.

Leider wußten auch die Eingeborenen nur zu gut, daß dies unser einziger Fluchtweg war, und so durften wir unser Gefängnis immer nur zu zweit auf einmal verlassen.

»Ich habe da eine Idee«, sagte Mejox eines Tages. »Was haltet ihr eigentlich von Inok?«

»Kluges Kerlchen«, sagte Soikenn.

»Wenn ich ihn unter anderen Umständen kennengelernt hätte, könnte er mir sogar sympathisch sein«, sagte Otuz.

Auch Priekahm stimmte zu. »Er ist sehr rücksichtsvoll und wirklich intelligent. Ist euch schon aufgefallen, wie gut er mit Weruz und Diehrenn umgehen kann? Natürlich ist das auch seine Art, die beiden an sich zu binden. Wenn sie erwachsen sind, hat er zwei treue Sklaven. Sehr schlau, muß ich sagen.«

Ich schlug in dieselbe Kerbe: »Nur eines möchte ich noch hinzufügen. Inoks Wißbegierde scheint mir aufrichtiger zu sein als die des Rar, er ist sehr viel mehr an der weiten Welt interessiert als die meisten Wahren Menschen. Es gibt nicht viel, was man dem Jungen nicht beibringen könnte.«

Mejox kratzte sich seinen Mähnenkamm, der nach der Gehirnerschütterung krumm und schief zusammengewachsen war. Da Mejox auch noch hinkte, hatte man stets den Eindruck, er würde gleich nach rechts umkippen. »Meine Frage ist folgende: Glaubt ihr, Inok würde gern das Weltall sehen?«

Wir starrten ihn mit offenem Mund an.

»Überlegt es euch«, sagte er. »Wenn wir ihn mitnehmen, können wir fliegen. Und er hat bereits gesagt, daß er es gerne lernen würde.«

»Man wird uns niemals alle gleichzeitig in die Fähre lassen«, gab Osepok zu bedenken. »Die Eingeborenen sind nicht dumm, ganz im Gegenteil, das haben wir doch zur Genüge erfahren.«

»Ganz deiner Meinung«, sagte Mejox. »Aber wenn wir nun anfingen, ihm Flugstunden zu geben – wir könnten ihm zum Beispiel beibringen, die Triebwerke anzulassen und die Fähre startklar zu machen ... Dann bringe ich sie in meine Gewalt, fliege das kurze Stück bis vor das Gefängnis – ihr müßtet allerdings noch einen Weg finden, die Tür aufzubekommen – und dann ...«

»Ich kann mir nicht vorstellen, daß Inok sich so ohne weiteres entführen oder die Fähre abnehmen lassen würde«, meinte Priekahm.

»Deshalb wollte ich ja wissen, wie ihr über ihn denkt. Wenn wir ihm nun versprächen, ihn mit nach Nisu zu nehmen? Glaubt ihr, er würde darauf eingehen?«

»Würden wir das denn tun?« fragte Otuz.

»Ich soll mit meiner Mischlingstochter nach Nisu zurückkehren? Bist du verrückt? Vielleicht sollten wir ihm nur anbieten, ihm die *Wahkopem Zomos* zu zeigen. Er kann uns auch begleiten, wenn wir unsere Kolonie auf einer der Inseln errichten – du hattest vollkommen recht, Soikenn, das hätten wir gleich tun sollen. Diese Möglichkeit sollten wir ihm lassen, obwohl ich bezweifle, daß er sich dafür entscheidet. Wie auch immer, nach dem Besuch auf der *Wahkopem Zomos* könnten wir ihn immer noch bei Nacht und in einiger Entfernung von hier irgendwo absetzen. Falls er bereit ist, uns zu helfen – und es wäre mir lieber, mit offenen Karten zu spielen –, ist es wohl das mindeste, daß wir ihm das Weltall zeigen und ihm eine Alternative bieten.«

»Du möchtest ihn also auf unsere Seite bringen, wenn du kannst?«

»Es wäre die beste Lösung. Wenn nicht, wäre auch eine kurzfristige Entführung denkbar, aber – nun ja, es liegt mir eigentlich nicht, einen Freund zu verraten.«

»Und wenn wir ihn nun töten müßten, um zu entkommen?« fragte ich.

Mejox seufzte. »Dann würden wir es natürlich tun.«

»Gut. Damit haben wir so etwas wie einen Plan.«

Von da an bemühten wir uns mehr denn je, Inok zum Freund zu gewinnen. Das war einfacher, als wir gedacht hatten, denn obwohl er als Sohn des Nim inzwischen allgemein geachtet wurde, hatte er nie viele Freunde gehabt, was ihn – noch ein Punkt für uns – sehr belastete.

»Ich finde das ganz natürlich«, sagte Otuz eines Morgens, während wir auf Inok warteten. Mejox hatte ihm noch irgend etwas zeigen wollen. »Rar war ein Niemand im Dorf, bis er mit viel Mut und Tatkraft – Eigenschaften, die ohne uns nie zum Vorschein gekommen wären – zum Nim aufstieg. Inok war jahrelang der Sohn eines Niemands, und er hatte auch keine andere Möglichkeit, sich Anerkennung zu verschaffen. Geschätzt wird hier vor allem, wer groß und stark ist und gut mit Waffen umgehen kann. Inok ist für sein Alter nicht gerade ein Riese und offenbar auch kein überragender Sportler. Seit Rar uns gefangengenommen und sich zum Nim ausgerufen hat, genießt auch Inok hohes Ansehen, aber das hat er einzig und allein seinem Vater zu verdanken. Er weiß selbst am besten, daß von seinen neuen Freunden keiner an ihm persönlich interessiert ist.«

Wie immer Inok zu uns anderen stehen mochte, Mejox war auf jeden Fall sein spezieller Freund. Otuz und ich warteten immer noch auf den Jungen, doch der ging jetzt mit Mejox zum Palast hinüber, um mit dem Nim zu sprechen. Mejox hatte sich inzwischen einen merkwürdig rollenden Gang angewöhnt, denn er konnte einen Fuß nur unter Schmerzen gerade aufsetzen, und ein Bein war ein klein wenig kürzer als das andere. Außerdem hatte er wenig Ausdauer und ermüdete rasch; eines Abends hatte er mir gestanden, er könne es kaum erwarten, sich auf der *Wahkopem Zomos* das Bein noch einmal brechen und neu einrichten zu lassen. Nun, vielleicht war es ja schon bald soweit.

Mejox und Inox sprachen ungewöhnlich lange mit Nim Rar, und als sie zu uns zurückkamen, wurden sie von ihm begleitet. Wir verneigten uns bis zum Boden, das war Vorschrift, wenn der Nim vorüberging, und er sprach uns auf Nisuanisch an: »Erhebt euch. Kommt mit mir zum Aussichtsberg. Wir haben viel zu besprechen.«

Es war ein weiter Weg bis zum Gipfel, und Mejox kam nur sehr langsam vorwärts, aber Rar hatte offenbar nichts gegen häufige Pausen einzuwenden. Unterwegs erkundigte er sich nach Dingen, die wir Inok erzählt hatten – z. B. nach der Entfernung Nisus von Setepos, nach der Regierungsform der kaiserlichen Monarchie und nach dem Verlauf unserer Geschichte. Seine Aussprache klang etwas merkwürdig, aber er drückte sich vollkommen verständlich aus und machte kaum Grammatikfehler. Manchmal wechselten wir auch über in die Sprache der Wahren Menschen.

Nim Rar hatte uns auf diesen Berg geführt, weil er als erster seit Menschengedenken alle Gebiete beherrschte, die von hier aus zu sehen waren. Unsere Erzählungen hatten seinen Ehrgeiz freilich noch weiter angefacht. »Euer Kaiser muß ein sehr kluger Mann sein, wie könnte er sonst über eine ganze Welt herrschen?« bemerkte er. »Erklärt mir doch, wie ...«

Gerade die Belanglosigkeiten schienen ihn besonders zu faszinieren, aber immerhin hatten wir auf diese Weise genügend Gesprächsstoff, und das löste ein wenig die Spannung.

Rings um den Berg war das Gelände schroff und unwegsam. In der Ferne waren weitere Gipfel zu erkennen. Dazwischen gab es viele kahle Felsen und einen Eichenwald mit zahlreichen Lücken. »In den Legenden heißt es, früher hätten die Eichen das ganze Gebiet bedeckt«, sagte Rar. »Heute wollen sie nicht einmal mehr wachsen, wenn wir sie pflanzen; die alten Bäume mit den tiefen Wurzeln können sich halten, aber ein Jungwald findet allenfalls in den Tälern genügend Wasser. Eines Tages wächst hier vermutlich gar nichts mehr. An den Felswänden kann man noch sehen, wie hoch das Wasser früher stand, aber an eine so große Überschwemmung kann sich bei uns niemand mehr erinnern. Die alten Priester behaupten, die Götter hätten einst nur deshalb den größten Teil der Welt überflutet, weil sie den Menschen zürnten. Aber ich glaube, es gibt heute einfach weniger Wasser als früher.«

»Das hat einiges für sich«, sagte Otuz. »Vor dreitausend Jahren ...«

»Was heißt Tausend?« fragte Inok.

Otuz überlegte lange, dann sagte sie: »Ich kenne euer Wort hundert. Tausend sind hundert mal zehn.

Inok und Rar wechselten einen Blick. »So weit kann niemand zählen«, sagte Inok dann. »Wir haben auch nichts, was so groß wäre.«

»Trotzdem«, beharrte Otuz, »spreche ich von einer Zeit, die seit dreitausend Jahren vergangen ist. Damals war alles Land nördlich des Großen Salzmeeres mit Eis bedeckt; wenn der Wind über das Eis wehte, nahm er Wasser mit, und wenn er hier unten gegen die Hügel stieß, ging das Wasser als Regen nieder und füllte die Flüsse, begoß die Bäume und floß auch in die … Aquifere. Ein Aquifer ist ein Fluß, der unter der Erde fließt und die Quellen speist«, beeilte sie sich zu erklären. »Heutzutage verliert dieses Gebiet langsam an Wasser, weil die Bäume und Aquifere nicht mehr so viel aufnehmen können, wie die Flüsse forttragen und die Luft mitnimmt. Du hast also ganz recht, Nim Rar. Es gibt sehr viel weniger Wasser als früher.«

Rar lehnte sich zurück. Der Ausdruck auf seinem Gesicht war uns inzwischen bekannt. So sah er aus, wenn er gehört hatte, was er hören wollte. Sein Sohn konnte sich natürlich noch nicht zufriedengeben. »Woher wollt ihr wissen, was vor so langer Zeit geschehen ist?«

»Von hoch oben«, sagte ich, »können wir die Narben sehen, die das Eis auf dem Land hinterlassen hat, und die kleinen Eisflecken, die sich bis heute erhalten haben. Von anderen Welten, die wir studiert haben, wissen wir, daß solche Narben durch Eis entstehen, und wenn wir sehen, wie weit die Heilung des Landes fortgeschritten ist, können wir schätzen, wann das Eis abgeschmolzen ist.«

Das leuchtete auch Inok ein. »Es ist gut, solche Dinge zu wissen«, sagte er.

Rar knurrte zustimmend. »Genug geschwatzt. Wir sind aus einem ganz bestimmten Grund auf diesen Berg gestiegen. Ich denke, in wenigen Sommern könnte ich alles Land zwischen dem Toten Meer auf der einen und dem Großen Salzmeer auf der anderen Seite, bis zu den Bergen im Norden und bis zur Wüste im Süden beherrschen. Dann wäre ich so mächtig wie euer Kaiser. Von hier oben haben wir freien Blick auf alle umliegenden Gebiete bis zum Horizont. Ich frage nun euch, meine teuersten Sklaven, wie wir dieses Ziel erreichen können.«

»Nun, dazu fällt mir etwas ein«, sagte ich und warf Mejox einen vielsagenden Blick zu. »Von diesem Berg aus kannst du zwar sehr weit sehen …«

Mejox begriff, worauf ich abzielte, und kam mir zu Hilfe. »Genau das wollte auch ich eben vorschlagen.« Ich fand, er übertrieb es ein wenig mit der Pose des loyalen Sklaven. »Aber mit der *Gurix* könntest du auskundschaften, wo sich dein Feind befindet, um ihn dann zu überraschen. Womöglich würde ihn schon der Anblick der Landefähre allein in die Flucht schlagen, dann bräuchtest du nur noch mit ihren Restgasen die feindlichen Dörfer in Brand zu setzen …«

»Ich will die Dörfer der Feinde gar nicht verbrennen. Ich will nur ihren Besitz und ihre schönen Frauen«, unterbrach Rar ungeduldig. »Euer Kekox war viel zu blutgierig. Ich habt noch eine Menge über richtige Kriegführung zu lernen; kaum zu glauben, daß euer Kaiser über so viel Land herrschen soll, wie ihr behauptet. Aber von diesen Albernheiten einmal abgesehen, ist dein Vorschlag nicht schlecht. Vielleicht könnte man – unter gewissen Umständen, wenn man die gegnerischen Krieger etwa auf einen Berg wie diesen getrieben hätte – sogar tiefergehen und die meisten von ihnen bei lebendigem Leibe verbrennen. Das würde uns die Mühe ersparen, sie hinterher zu töten. Einigen würden wir natürlich auch das Leben schenken, um sie für uns arbeiten zu lassen.«

»Vater«, sagte Inok, »ich finde die Idee ganz ausgezeichnet. Wenn wir nämlich den Feind rasch aufspüren können, sind wir frisch und ausgeruht, während er müde ist vom langen Marschieren. Außerdem könnten wir ihn unterwegs überraschen, anstatt ihm erst auf dem altbekannten Schlachtfeld gegenüberzutreten, und dann gäbe es ein gewaltiges Morden.«

Rar klopfte seinem Sohn auf die Schulter. Damals begriff ich wohl zum ersten Mal, daß die Seteposier mit dieser Geste freundliche Anerkennung zum Ausdruck bringen. »Ein ausgezeichneter Plan. Da ich wohl oder übel das Heer befehligen muß, wird mein Sohn die *Gurix* fliegen, und ihr alle werdet es ihn lehren. Nun weiß ich natürlich, daß jeder vernünftige Sklave die erste Gelegenheit zur Flucht nützen wird, deshalb sind während der Zeiten, in der mein Sohn fliegen lernt, all jene von euch, die ihm keinen Unterricht erteilen, meine Geiseln. Sie bleiben in ihrer Zelle oder halten sich da auf, wo ich sie sehen kann.«

In dieser Nacht teilten wir drei den andern die große Neuigkeit mit und beglückwünschten uns gegenseitig. Gewiß, noch waren wir nicht entkommen, aber von jetzt an würden wir regelmäßig am Schaltpult der Landefähre sitzen, und die Tanks enthielten genügend Antimaterie, um Tausende von Starts und Landungen zu ermöglichen. Je mehr Flüge wir mit Inok durchführten, desto wahrscheinlicher war es, daß die Wachsamkeit irgendwann nachließ – wir mußten nur den richtigen Augenblick abpassen und uns etwas einfallen lassen, dann waren wir bald wieder auf der *Wahkopem Zomos*.

Gerade als ich einschlafen wollte, kam Inok und holte mich, um mir weitere Fragen zu stellen. Wieder stieg er mit mir auf den Berg, angeblich, um mir etwas zu zeigen. Nach einer Weile erschien ein heller Stern am Horizont und kroch langsam über das Himmelsgewölbe.

»Ich kann mir denken, daß es dich erschreckt, einen neuen Wanderstern am Himmel zu sehen«, sagte ich.

»Kannst du mir erklären, was es damit auf sich hat?« fragte der Sohn des Nim.

»Was du siehst, ist das Schiff, mit dem wir von Nisu hierhergeflogen sind«, erklärte ich. »Es ist so groß, daß es die Landefähre in seinem Bauch mitbrachte. Im Laufe eines Tages umkreist es eure Welt achtmal, deshalb kannst du verfolgen, wie es sich bewegt. Und es leuchtet, weil es so hoch oben kreist, daß es sich nicht in Setepos' Schatten befindet und deshalb von der Sonne beschienen wird.«

»Meine Lieblingsklaven sind große Märchenerzähler«, sagte Inok, blieb aber brav sitzen, während ich ihm die *Wahkopem Zomos* in den schönsten Farben schilderte. Besonders ausführlich beschrieb ich ihm den Anblick des aufgespannten Segels (ohne zu erwähnen, daß wir es abgesprengt hatten), aber ich erzählte ihm auch von den Reisen, die man mit diesem Schiff unternehmen könne, und von den Wundern, die einen unterwegs erwarteten. Irgendwann war mein Vorrat an zündenden Bildern erschöpft, doch er saß immer noch schweigend neben mir und sah zu, wie die *Wahkopem Zomos* langsam hinter dem Horizont verschwand. Ich konnte nur hoffen, daß ich das Fernweh in ihm geweckt hatte.

Am nächsten Tag begannen wir mit dem Flugunterricht. Wir hatten beschlossen, Inok möglichst lange mit Nebensächlichkeiten zu beschäftigen. Da weder er noch sonst einer der Wahren Menschen die leiseste Ahnung hatte, wie lange es *normalerweise* dauerte, fliegen zu lernen, konnte man damit viel Zeit gewinnen. Fast einen ganzen Tag lang ›half‹ ich ihm, mit dem Kombinationsschloß für die Luke zurechtzukommen. (Wir hatten überlegt, das auf später zu verschieben, hielten ihn aber doch nicht für so töricht, daß er an den Kontrollen herumspielen würde, und mit dem Schloß allein konnte er die Fähre schließlich noch lange nicht starten.) Otuz brachte ihm bei, Unmengen von Instrumenten abzulesen, obwohl bei keinem eine andere Meldung als ›aktiviert‹ zu erwarten war. Soikenn drillte ihn im Aus- und Einfahren des Landegestells, was natürlich praktisch nicht möglich war, solange die Fähre am Boden stand. Und daneben ermunterten wir ihn unentwegt, uns von sich zu erzählen, von der Partnerin, die er sich wünschte, von den anderen Jungen, die ihn so schlecht behandelt hatten, oder von der Aussicht, eines Tages Nim zu werden, und seiner Einstellung dazu.

Kurzum, wir taten, was wir konnten, um ihn den Wahren Menschen abspenstig zu machen und auf unsere Seite zu ziehen.

Immer wieder schwärmten wir ihm von den Wundern Nisus und der *Wahkopem Zomos* vor, und er hörte uns mit nicht nachlassender Begeisterung zu. Das hatte verschiedene Gründe. Einerseits lauerte er ständig auf militärische und politische Informationen, die seinem Vater helfen konnten, das ersehnte Imperium zu errichten. Auch war ihm die Vorstellung, daß es Sitten und Gebräuche gab, die anders waren (anders, und nicht *falsch* wie die der Nachbarvölker), völlig neu. Und nicht zuletzt fand er unsere lebhaften Schilderungen vom Leben an Bord und vom Leben auf Nisu ganz einfach unterhaltsam. Unsere Sehnsucht nach der Heimat verlieh ihnen wohl auch eine besondere Überzeugungskraft.

Selbst die komplizierteste Maschine hat freilich nur eine begrenzte Anzahl von Hebeln und Schaltern, und Inok lernte rasch. Immer näher rückte der Tag, an dem wir nicht mehr umhin konnten, ihn tatsächlich fliegen zu lehren. Dann mußten wir zumindest einen von drei Komplexen in Angriff nehmen: das Anlassen der Triebwerke, den Umgang mit der Flugsteuerung oder die Eingabe einer geplanten Mission in den Schiffscomputer. Solange er nicht alle drei Fähigkeiten beherrschte, bestand noch keine Gefahr – dachten wir.

Beginnen wollten wir mit der Steuerung. Inok wurde zusehends ungeduldig, er wollte seinen Vater beeindrucken, es wurde also Zeit für einen sichtbaren Erfolg. Mit etwas Glück würden wir ihn mit diesem Erlebnis noch fester an uns binden.

Der Tag für Inoks ersten Flug war gekommen. Mejox sollte die Triebwerke bedienen. Die ›Mission‹ bestand lediglich darin, zu starten, bis zu einer Höhe aufzusteigen, in der die Abgase keine Gefahr mehr darstellten, die Stadt zu umkreisen und wieder an derselben Stelle zu landen. Die Luke sollte die ganze Zeit über offenstehen, damit die Häuptlinge der unterworfenen Dörfer sehen konnten, daß Inok das Schiff tatsächlich selbst steuerte.

Unsere Gruppe hielt sich in sicherem Abstand. Nim Rar stand bei uns. Wir hatten abgemacht, daß Mejox bei dieser Gelegenheit nichts unternehmen sollte. Noch hatten wir Inok nicht zuverlässig für uns gewonnen, außerdem wäre es uns sicher sehr schwergefallen, der Leibgarde des Nim zu entkommen. Der Flug sollte also planmäßig verlaufen.

Hinter uns hatte sich eine für hiesige Verhältnisse riesige Menschenmenge versammelt – Dorfhäuptlinge aus allen Teilen des ständig wachsenden Imperiums der Wahren Menschen, die gesamte Stadtbevölkerung und viele Neugierige aus anderen Städten hatten weder Zeit noch Mühe gescheut, um sich das Schauspiel anzusehen. Sogar wir wurden von der allgemeinen Aufregung angesteckt.

Ich sah, wie Inok zitterte. »Vor dem ersten Flug hat jeder Angst«, versicherte ich ihm. »Mach dir deshalb keine Sorgen.«

»Ich tue, was ich kann.«

Nim Rar nickte Inok und Mejox zu, und die beiden gingen gemeinsam über den freien Platz. Mejox humpelte stärker als sonst – er hatte erwähnt, er habe große Schmerzen in seinem Bein. Nach ein paar Schritten legte er dem jungen Seteposier die Hand auf die Schulter. Es war ein merkwürdiges Bild, wie der einstige Anwärter auf den Kaiserthron – und Erbe einer sechstausend Jahre alten Zivilisation – am Stock über den größten Platz der Stadt auf die blitzende Landefähre zuschritt und sich dabei auf einen jungen Barbaren stützte, der in Tierfelle und grobes Tuch gekleidet war.

Die beiden stiegen ein und führten alle vorgeschriebenen Kontrollen durch – Inok wußte nicht, daß jeder von uns diese Aufgabe sehr viel schneller hätte erledigen können –, und dann trat Inok ans Schaltpult und umfaßte die beiden Knüppel, als habe er nie etwas anderes getan.

Wir hatten uns sehr bemüht, Inok als Piloten groß herauszubringen. Jetzt drehte er sich um und befahl Mejox in herrischem Ton, die Triebwerke anzulassen. Es war ein nisuanisches Kommando, das außer uns und Nim Rar niemand verstand, dennoch brach die Menge in lauten Jubel aus – der Tonfall allein hatte schon genügt.

Mejox zündete die Triebwerke genau nach Vorschrift und damit so umständlich wie nur möglich – Nim Rar und seine Garde sollten den Eindruck bekommen, daß Starts sehr viel länger dauerten, als es tatsächlich der Fall war. Schließlich wollten wir sie eines Tages mit einem Schnellstart überrumpeln.

Ein tiefes Grollen ließ die Erde erzittern, unter den Hauptdüsen begann die Luft zu flimmern. Die Landefähre vibrierte deutlich sichtbar auf ihrem Fahrgestell.

Und dann drehte sich Inok unvermittelt um, packte Mejox am Kragen und stieß ihn aus der Luke. Er stürzte vier Körperlängen weit in die Tiefe, landete auf dem Rücken, rollte sich ab und stemmte sich mit beiden Händen hoch. Inzwischen wurde die Gangway eingezogen, und als letztes sahen wir, wie Inok nach der Lukenklappe griff und sie zuschlug.

»Was fällt ihm denn ein?« rief Otuz. Die Menge johlte. »Mejox!«

Unser Freund war aufgestanden und stolperte auf uns zu, so schnell es ihm ohne Stock möglich war. Er war sichtlich erschüttert.

»Er wird wahrscheinlich so lange warten, bis Mejox in sicherer Entfernung ist«, sagte Nim Rar. »Wir haben euch und euren Unterricht genau beobachtet. Ihr seid sehr langsam vorgegangen und habt viele unnötige Schritte gemacht. Mein Sohn Inok ist nicht dumm. Er hat schnell herausgefunden, daß es für die Triebwerke nur drei Schalter gibt. Nun hat er gesehen, wie Mejox sie bedient, und die Steuerung beherrscht er ohnehin. Damit kann er die Landefähre fliegen, und genau das wird er jetzt tun. Er fliegt zu eurer vielgepriesenen *Wahkopem Zomos*, die nach eurer eigenen Aussage im Süden als heller Stern am Horizont steht. Und er wird viele schöne Dinge mitbringen, mit denen ich meine Häuptlinge belohnen kann. Für Sklaven seid ihr nicht dumm, und ich bin euch auch nicht böse, aber ihr müßt lernen, daß ihr dem Nim und seinem Sohn noch lange nicht gewachsen seid.«

Wir starrten ihn entgeistert an; wie soll man so vieles in so kurzer Zeit erklären, wenn die Person, der die Erklärungen gelten, nicht einmal anwesend ist? Ich wußte, daß keine Aussicht bestand, Inok oder die Landefähre zu retten, aber ich wollte wenigstens sehen, ob Mejox es schaffte, und drehte mich um. Er hinkte immer noch in größter Eile über den Platz. Ohne mich darum zu kümmern, daß ich Gefahr lief, einen Pfeil in den Rücken zu bekommen, rannte ich ihm entgegen und nahm ihn auf meine Schultern, um ihn möglichst schnell zurück in die Menge und damit in Sicherheit zu bringen. Alle Nisuaner hatten sich bereits flach auf den Boden geworfen und schützten die Babies mit ihrem Körper.

Vielleicht war Inok zu ungeduldig, vielleicht war ihm auch nicht klar, daß der Feuerstrahl den ganzen Platz erfassen würde. Auf keinen Fall wußte er, daß er das Drosselventil nicht bis zum Anschlag öffnen durfte – und wenn der Computer in Betrieb gewesen wäre, hätte er das auch nicht zugelassen. Aber wir hatten den Computer überhaupt nicht erwähnt, weil wir glaubten, ohne ihn könne man die Landefähre nicht starten. Aber das war ein Irrtum. Man konnte die Landefähre durchaus ohne Computer fliegen, nur nicht *gezielt* an einen bestimmten Ort.

Mit ohrenbetäubenden Getöse hob die *Gurix* hinter mir ab. Sie mußte mit maximalem Triebwerksschub – sieben Schwerkrafteinheiten – beschleunigt haben. Wahrscheinlich wurde Inok in diesem Augenblick zu Boden geschleudert und konnte das Schaltpult nicht mehr erreichen. Ich hoffe bis heute, daß er sofort tot war, daß er an einem Schädelbruch oder irgendwelchen anderen Verletzungen starb, als ihm das Deck entgegensprang, um ihn zu zermalmen.

Im Augenblick des Geschehens hatte ich freilich keine Zeit, mir Gedanken um Inok zu machen. Mejox und ich wurden von den letzten Ausläufern der Druckwelle erfaßt und zu Boden geworfen. Sein Fell fing am Rücken Feuer. Wir rollten weiter. Die Schmerzen waren unbeschreiblich. Bevor ich das Bewußtsein verlor, bekam ich noch mit, wie Otuz mit beiden Händen auf mein glimmendes Fell einschlug, während mehrere Seteposier mich mit Erde bewarfen, um die Flammen zu ersticken. Mejox war wohl schon durch den Sturz ohnmächtig geworden und konnte sich an die gräßlichen Verbrennungen, die ihn einen Arm kosten sollten, nicht erinnern. Er merkte auch nicht mehr, daß Soikenn und Osepok ihn in einen Bewässerungsgraben warfen, um das Feuer zu löschen.

In gewisser Weise waren wir besser dran als die anderen Nisuaner. Sie nahmen sich die Zeit, den Kopf zu heben und der *Gurix* nachzusehen, bevor der winzige Punkt – wahrscheinlich immer noch mit sieben Schwerkrafteinheiten Beschleunigung – ihren Blicken entschwand. Falls Inok tatsächlich zu Boden geschmettert wurde und den Schub nicht mehr drosseln konnte, reichte die vorhandene Antimaterie aus, um die Triebwerke über mehrere Tage auf vollen Touren laufen zu lassen. Und die Lebenserhaltungssysteme würden in alle Ewigkeit weiterfunktionieren. Es gab auch Lebensmittelvorräte an Bord, er brauchte nur herauszufinden, wie man an sie herankam. Doch selbst wenn er die hohe Beschleunigung überlebte, würde er da draußen früher oder später verhungern oder aber an seinen Verletzungen elend zugrunde gehen, während die *Gurix* weit über der Fluchtgeschwindigkeit für dieses Sonnensystem durch das All schoß. Wenn sie nicht in die Sonne gestürzt oder mit einem der Planeten kollidiert ist, fliegt sie wahrscheinlich heute noch zwischen den Sternen umher – der Sarg des ersten Seteposiers, der sich jemals in den Weltraum wagte.

All das überlegte ich mir jedoch erst später. Zunächst war ich tagelang bewußtlos, und als ich zu mir kam, beschäftigten mich vor allem meine Verbrennungen und meine grausamen Schmerzen sowie die Frage, ob Mejox überleben würde. Doch irgendwann durchdachte ich das Geschehen und suchte mir auszumalen, was Inok widerfahren war. Sklaven haben sehr viel Zeit zum Nachdenken.

Clio Trigorin

Mai 2075 - Dezember 2076

Nachdem Clio sich einen Monat lang jeden Tag mit Sanetomo getroffen hatte, war ihr klar, daß er ihr einen Heiratsantrag machen würde. Und sie hielt es für sehr wahrscheinlich, daß er inzwischen zu der gleichen Erkenntnis gelangt war. Aber sie beschloß, das Thema zunächst mit keinem Wort zu berühren, um sich und ihm die Freude nicht zu verderben.

Wenn man ehrlich war, hatte ein solcher Antrag auch nicht das gleiche Gewicht wie etwa auf der Erde, obwohl die Ehe eine durchaus ernstzunehmende Sache war, überlegte sie. Sie knobelte gerade an dem Problem der unpersönlichen Beleidigung, einer Besonderheit, die sich in Zahmekoses' Privatnotizen so häufig fand. Die Kombination von unpersönlichen Nomen mit beleidigenden Verbformen konnte im Standardtiberianischen zweierlei bedeuten: Entweder brachte Zahmekoses seiner Heimatwelt eine gewisse Verachtung entgegen, oder er machte sich bewußt klein, damit man dort auf ihn herabsah. Der Leser war aufgefordert zu entscheiden, wer der Überlegene bzw. der Unterlegene war. Im Englischen gab es keine vergleichbare Form, und »im Japanischen«, sagte Sanetomo, »kann man zwar andeuten, ob man jemanden für über- oder unterlegen hält, aber man kann die Entscheidung nicht einem Dritten überlassen«.

Clio zuckte die Achseln, angelte sich mit ihren Eßstäbchen ein Stückchen Fisch aus der Tempura, tauchte es in die Sauce und ließ es in ihre Reisschale fallen. Sie waren an diesem Abend, wie jede Woche einmal, in Sanetomos Kabine zum Essen verabredet. Er war kein Meisterkoch, aber bei einer Tempura konnte man nicht viel verderben, und Clio kam schließlich auch nicht wegen des Essens. »Schön«, sagte sie endlich, »für jemanden, der Tiberianisch liest, mag es zweideutig sein, aber diesen idiotischen amerikanischen Studenten, die keine Lust haben, eine der grundlegenden Sprachen unserer Zivilisation zu erlernen, muß ich die Entscheidung abnehmen. Heute verstehe ich, was einer meiner verknöcherten, alten Lateinprofessoren meinte, als er vor vielen Jahren immer wieder sagte: Wer Seneca verstehen wolle, der müsse seine Sprache lernen und seine Werke lesen, anstatt dem Philosophen von jemand anderem Dinge in den Mund legen zu lassen, die er ohnehin versteht.«

»Bist du eigentlich immer gut mit deinen Lehrern ausgekommen?«

»Mit dem gerade nicht. Er war weder ein richtiger Historiker noch ein klassischer Linguist, sondern Jahre zuvor von irgendeiner anderen Fakultät gekommen. Sah aus wie ein fetter, kahlköpfiger Affe.«

»Für die Tiberianer«, bemerkte Sanetomo nachsichtig, »sahen wir doch wohl alle aus wie kahlköpfige Affen?«

»Auf jeden Fall wie ungekämmte Affen«, verbesserte Clio. »Um die Geschichte also noch etwas mehr zu straffen, werde ich bei der Übersetzung von *Zahmekoses' Bericht* davon ausgehen, daß er sehr bescheiden ist und es darauf anlegt, ein klein wenig verachtet zu werden. Blödsinnige Unterstellung, wenn man es recht bedenkt – schließlich tritt er in einigen Teilen seiner Erzählung unheimlich stolz und herrisch auf, und vor den Tiberianern zu Hause hatte er nun wahrhaftig nicht viel Respekt.«

Sanetomo nickte höflich. Das Schiff kippte ganz plötzlich zur Seite. »Laserausfall«, sagte er. »Gut, daß ich nicht Wartungsdienst habe – jetzt ist irgendein anderer armer Teufel eine Stunde lang damit beschäftigt, einen von den NPEs auszutauschen. Hoffentlich lernen wir bald, die Dinger so zu bauen wie die Tiberianer.«

»Finde ich nicht«, sagte Clio. »Mir gefällt die Lösung, wie sie ist. Ich möchte nicht so lange in einem Beschleunigungstank sitzen. So haben wir viele Jahre lang unbegrenzt Zeit zum Nachdenken – ohne Ausschußsitzungen! Für einen Historiker der Himmel auf Erden.«

»Für einen Astronomen ebenfalls«, stimmte Sanetomo zu. »Eigentlich für jeden Intellektuellen. Vielleicht ist dies sogar die wichtigste Auswirkung der interstellaren Raumfahrt auf das menschliche Leben. Aber das beten wir uns hier doch sowieso sechsmal am Tag gegenseitig vor. Noch etwas Fisch, oder soll ich ihn einfrieren?«

»Ich bin pappsatt«, seufzte sie. »Mag ja sein, daß ich ein Kulturbanause bin, aber mir steht Fisch allmählich bis oben hin.«

»Und wovon gedenkst du dich in den nächsten sieben Jahren zu ernähren?«

»Von Fisch«, räumte sie ein. »Aber nur ungern.«

An Bord gab es Tilapia, Karpfen und Barsche – Süßwasserarten, die für das Leben im vorderen Tank direkt hinter dem Schiffsbug geeignet waren. Die riesige Wassermenge schützte zugleich die dahinterliegende Schiffsfarm und die Unterkünfte vor Strahlung. Bei etwas mehr als einem Drittel Lichtgeschwindigkeit wurden interstellare Atome, die mit dem Raumschiff kollidierten, am Bug explosionsartig in Strahlungsenergie umgewandelt, doch hier unten befanden sich die Passagiere effektiv zehn Meter unter Wasser und, wenn man all die kleinen Beete in der Farm zusammenrechnete, unter einer mehr als fünf Meter dicken Erdschicht.

Sanetomo schlief an diesem Abend sofort ein, nachdem sie sich geliebt hatten, während Clio, rundum glücklich, noch eine Weile wachlag. Im Einschlafen dachte sie wieder an ihre Übersetzung. Es gab einen Unterschied zwischen der ersten Reise der Tiberianer durch die unermeßlichen, leeren Weiten des Alls, und dem ersten Interstellarflug der Menschheit ... aber sie konnte nicht genau festmachen, worin er bestand. In beiden Fällen hatten sich die Passagiere mit einer Unmenge Forschungsarbeit eingedeckt ... in beiden Fällen hatte man Menschen ausgewählt, die intelligent genug waren, um sich selbst beschäftigen zu können ... trotzdem waren die beiden Reisen nicht gleich.

Im Halbschlaf glaubte sie, Zahmekoses flüstern zu hören: »Wenn du *den* Unterschied entdeckst, dann hast du wirklich etwas begriffen.«

Die Wochen dehnten sich zu Monaten, und Clio und Sanetomo steckten immer öfter zusammen. Seltsam, erkannte sie irgendwann, aber hier auf der *Tenacity* wiederholte man im Grunde das dümmste amerikanische Experiment des zwanzigsten Jahrhunderts, die High School. Jedermann an Bord hatte mehr als genug Zeit, seine Arbeit zu erledigen, genaugenommen brauchten sie sich um ihren Lebensunterhalt nicht zu kümmern – kein monatliches Gehalt, aber auch keine Miete und keine Rechnungen –, und so hatten sie sehr viel Muße, sich den abwegigsten Interessen zu widmen und ihre persönlichen Beziehungen zu pflegen. Woran lag es also, daß sie sich nicht gegenseitig verrückt machten und die ganze freie Zeit auf ebendiese Verrücktheiten verschwendeten, wie es bei High-School-Studenten unweigerlich passiert war?

Dieser Überlegung hing sie auch nach, als sie den künstlichen Weihnachtsbaum aufstellte. Sie unterbrach sie nur für einen Moment, um zu entscheiden, ob sie den Stern oder den Engel an die Spitze stecken sollte, die einzige Wahl, die es jedes Jahr aufs neue zu treffen galt, denn der Baum paßte nur an eine einzige Stelle in der Kabine, und sie verwendete auch immer ihren gesamten selbstgebastelten Schmuck. Weihnachten 2075 würde nicht sehr viel anders verlaufen als 2069, 2070 und alle anderen seit ihrer Abreise.

Sie kannte Sanetomos Klopfen inzwischen so gut, daß sie »Herein« sagte, ohne sich umzusehen.

»Das ist der häßlichste Bonsai, den ich je gesehen habe«, sagte er.

Sie zuckte die Achseln. »He, ich bin Marsianerin. Wo ich aufgewachsen bin, gab es nichts anderes. Und ich brauchte ihn wenigstens nicht zu foltern, um ihn vom Wachsen abzuhalten. Nun komm schon rein und mach die Tür zu. Auf dem Ofen steht Suppe, und irgend jemand, nur nicht ich, sollte sie nachwürzen.«

Sie hatte sich eben für den Stern entschieden und ihn befestigt, als sie hörte, wie er ein paarmal schlürfte und dann sagte: »Etwas zuwenig Salz. Sonst ist alles in Ordnung. Du machst Fortschritte. Heute konnten wir übrigens wieder einen Nachweis führen – die Atmosphäre des fünften Planeten von Zeta Tucanae enthält freien Sauerstoff. Sieht so aus, als hätten sie von den neun Planeten, die sie sich vorgenommen hatten, alle bis auf zwei erfolgreich einer Terraformung unterzogen.«

»Von den zehn«, verbesserte Clio. »Auch der Mars ist als echter Terraformungsversuch zu werten, obwohl er nicht gut lief und sie nicht die richtige Ausrüstung dafür hatten. Aber schlagen wir deine Neuentdeckung doch einmal nach.« Sie holte sich die Liste der Kolonien auf den Bildschirm und sah sie durch. »Die Leute, die nach Zeta Tucanae auswanderten, wollten ihren Planeten Preka Retahrka nennen, was so etwas wie ›Neue Hoffnung‹ oder ›Noch eine Chance‹ oder ›Ein weiterer Versuch‹ bedeutet. Klingt so, als wäre es zumindest ein vielversprechender Versuch gewesen.«

»Uns haben sie jedenfalls ein wenig Hoffnung gemacht«, sagte Sanetomo. »Und immerhin wird die Liste damit um eine Position länger. Ich frage mich nur, was wohl bei den beiden Fehlschlägen schiefgelaufen sein mag.«

Clio zuckte die Achseln. »Vielleicht konnten sie gar nichts dafür. Vielleicht hat die Kollisionswarnung versagt, sie sind mit einem Stein zusammengestoßen und wurden in tausend Stücke zerrissen. Vielleicht hat ihr NPE endgültig blockiert, und ihre Nachkommen fliegen immer noch weiter, sind inzwischen Tausende von Lichtjahren entfernt und können nicht abbremsen. Es gibt tatsächlich so etwas wie Unternehmungen, die vom Pech verfolgt sind.«

»So spricht jemand, der Alt-Tiberianisch übersetzt. Wieweit bist du denn überhaupt?«

»Ach, ich habe sie fast bis nach Setepos gebracht, ich meine natürlich, auf die Erde. Ich habe mich entschlossen, die tiberianischen Ortsnamen beizubehalten, um den Gören am College wenigens einen Hauch von Atmosphäre zu vermitteln.« Sie nahm ihm Wein und Gläser ab und stellte sie neben das warme Brot und die Suppe auf den Tisch. »Essen ist fertig. Hör mal, mich läßt eine Frage nicht los – wie kommt es eigentlich, daß hier keine Cliquenwirtschaft eingerissen ist, kein komplexes System, wer mit wem schläft, wer mit wem befreundet oder verfeindet ist und so weiter? Dabei haben wir doch die klassischen Voraussetzungen: jede Menge Freizeit und keine materiellen Sorgen, weil wir an den Bedingungen ja doch nichts ändern können. Warum also spielen wir nicht alle ›High School für Erwachsene‹?«

Er zuckte die Achseln. »Die psychologischen Auswahltests vielleicht?«

»Diese albernen kleinen Spielchen? Ich kann mir nicht vorstellen, daß sie …«

»Nein, ich meine die Selbstprüfung. Erinnerst du dich, daß man für die Besatzung nur in Betracht kam, wenn man mit einem umfangreichen Forschungsvorhaben aufwarten konnte, dem man mehrere Jahre widmen wollte? Und es wurde streng kontrolliert, ob diese Vorhaben auch wirklich sinnvoll waren. Folglich haben alle hier etwas Besseres zu tun, als sich gegenseitig anzuschmachten. Normalerweise. Ich gedenke, dich nach dem Essen mindestens zehn Minuten lang anzuschmachten. Du bist nämlich in höchstem Maße anschmachtwürdig. Eigentlich bist du das anschmachtbarste Wesen, das ich kenne. Du …«

Sie stöhnte. »Nun hör schon auf, sonst sind wir ganz schnell im Stadium der Anti-nicht-an-schmacht-bar-keit. Hat dir eigentlich schon einmal jemand gesagt, daß dein Humor sehr berechenbar ist?«

»Aber du magst ihn.«

»In begrenzten Mengen. Genau wie du meine Kochkunst. Das Essen steht auf dem Tisch, also essen wir.«

Bei der Suppe sagte er: »Ganz im Ernst, ich glaube, wir werden mit dieser Methode bessere Ergebnisse erzielen als bei den frühen Forschungsmissionen.«

»Mit welcher Methode?«

»Mit der Methode, intelligente Menschen loszuschicken und ihnen ausreichend Zeit zu geben. Müßiggang ist nämlich nur bei denen aller Laster Anfang, die weder intelligent noch kreativ genug sind, sich zu beschäftigen. Für die wirklich hellen Köpfe war das Nichtstun schon immer der beste Nährboden. Diesmal hat man also von überallher gescheite Leute zusammengeholt und sie mit einem Raumschiff ins All geschossen, damit sie ein anderes Sonnensystem erkunden und sich die Überreste einer alten Kultur ansehen, die weit fortgeschrittener war als die unsere – und dank der Lichtgeschwindigkeitsgrenze und den ungeheuren Entfernungen wird es mehr als zehn Jahre dauern, bis wir ans Ziel gelangen. Ich meine, bei unserer derzeitigen Geschwindigkeit könnten wir die Strecke zwischen Erde und Mond in etwa vier Sekunden zurücklegen, und wir werden ständig schneller. Dennoch sind wir schon seit Jahren unterwegs und haben noch Jahre vor uns. Und alles, was wir bisher über Physik wissen, sagt uns, daß die Lichtgeschwindigkeit eine absolute Konstante ist; schneller werden wir niemals fliegen können, und das heißt, wir werden immer Jahre brauchen, um die Sterne zu erreichen.

Aber diese Jahre haben wir auch nötig, um uns zu entwickeln, uns kennenzulernen, reif zu werden. Das heißt, wir sind auch tatsächlich imstande, unsere Aufgabe zu erfüllen, wenn wir am Ziel sind – was man von Kolumbus', Magellans oder Kapitän Cooks Matrosen oder auch von vielen Astronauten nicht behaupten konnte. Früher nahmen Reisen nur einen so geringen Bruchteil eines Menschenlebens in Anspruch, daß man eigentlich jeden mitnehmen konnte, der den körperlichen und psychischen Strapazen gewachsen war. Jetzt *muß* man Leute suchen, die noch wachsen können.«

Sie lächelte. »Klar, du hast recht, keiner von uns ist noch so, wie er damals abgeflogen ist. Vor allem gelingt es uns immer besser, miteinander auszukommen, aber natürlich erwerben wir auch immer mehr Wissen und steigern unsere intellektuellen Fähigkeiten.«

»Wir werden weiser« sagte er. »Das ist das richtige Wort. Das einzige, was ich mir für einen solchen Flug noch wünschen würde, wäre die Erlaubnis, Kinder zu haben. Zu Hause scheint es den Leuten mehr Tiefgang zu geben, wenn sie Eltern werden, und ein Kind, das hier aufwächst, hätte der übrigen Welt doch bestimmt eine Menge voraus?«

Clio hätte dazu einiges zu sagen gehabt, aber sie dachte, Sanetomo steuere auf einen Heiratsantrag zu, und so hielt sie sich zurück. Er dagegen wartete nur auf eine Reaktion auf seine müßigen Spekulationen und ließ die Gelegenheit ungenützt verstreichen.

An diesem Abend dachte sie im Halbschlaf über diese Szene nach. Mit dem beschränkten Horizont eines High-School-Mädchens wäre sie zweifellos schrecklich enttäuscht gewesen, als Sanetomo es wider Erwarten versäumte, um ihre Hand anzuhalten. In Wirklichkeit war sie fast ebenso enttäuscht, weil sie es versäumt hatten, das Gespräch fortzusetzen – die Enttäuschung hielt sich also in Grenzen. Sie würde vielleicht bis nach den Feiertagen warten oder bis sie noch zwei weitere Kapitel von *Zahmekoses' Bericht* fertiggestellt hatte, und wenn er dann immer noch nicht gefragt hatte, würde sie es tun. »Es sei denn, mir fällt noch etwas Besseres ein«, murmelte sie und drehte sich in ihre Einschlafposition.

»Was soll dir denn Besseres einfallen?« nuschelte er verschlafen.

»Braucht dich nicht zu kümmern«, sagte sie und kuschelte sich an ihn. »Noch nicht.«

An Halloween 2076 klopfte Sanetomo an ihre Tür und sagte: »Geld oder Leben? Heirate mich.«

»Ich nehme lieber das Geld«, sagte sie, ohne eine Miene zu verziehen. Inzwischen hatte sie sich nicht nur an seinen Humor gewöhnt, sie konnte auch mit gleicher Münze zurückzahlen. Und inzwischen wußte er auch, daß die Antwort ›ja‹ lautete, auch wenn sie es nicht aussprach. Enttäuscht waren sie beide nur, als sie beim gemeinsamen Abendessen die große Neuigkeit verkündeten, alle verdutzt aufschauten und jeder sagte: »Ich dachte, ihr *seid* längst verlobt.«

»Möchtest du es wirklich bis zum bitteren Ende durchziehen?« fragte Sanetomo.

»Natürlich, abgesehen davon, daß es angeblich Unglück bringt, wenn du mich am Hochzeitsmorgen vor der Trauung zu sehen bekommst.« Clio rückte ein letztes Mal ihren Kopfputz zurecht.

»Das gilt nur für westliche Bräutigame«, erklärte Sanetomo entschieden. »Du heiratest einen Japaner, und deshalb betrifft dich nur der japanische Aberglaube. Das ist amtlich. Aber was soll das für eine Hochzeit sein, bei der die Braut in der Nacht zuvor kein Auge zutut, aber nicht etwa, um ihr Kleid fertigzumachen, sondern um ihr Buch zu beenden?«

»Das Kleid war fertig und das Buch eben nicht. Und was soll das für eine Hochzeit sein, bei der der Bräutigam über solche Dinge Bescheid weiß?«

»Auftritt in fünf Minuten!« Captain Olschewski steckte den Kopf zur Tür herein. »Wer von euch beiden bricht jetzt in Tränen aus und sagt die ganze Feier ab?«

»Sie haben sich wohl in der Hochzeit geirrt.« Sanetomo grinste breit. »Clio, habe ich dir schon gesagt, daß du phantastisch aussiehst?«

»Nicht oft genug. Aber dir steht die Paradeuniform auch nicht schlecht.«

»In diesem Fall«, sagte der Captain, »findet die Trauung wohl statt. Kommen Sie bitte in den Speisesaal, sobald Sie fertig sind.«

»Hast du die Übersetzung von *Zahmekoses' Bericht* tatsächlich noch abgeschlossen?« fragte Sanetomo.

»Hmhm. Oder glaubst du, ich bin zum Spaß aufgeblieben? Jedenfalls machen wir jetzt erst mal Flitterwochen, und dann fange ich mit *Diehrenns Bericht* an. Und irgendwann in nächster Zeit werde ich mich auch wieder ernsthaft mit Geschichte befassen. Aber vor die Flitterwochen haben die Götter wohl die Trauung gesetzt.«

Es war nur eine kurze Zeremonie. Da niemand das Schiff verlassen konnte, waren natürlich alle Gäste pünktlich zur Stelle, und das Brautpaar fand den Weg in die ›Hochzeitssuite‹ – Sanetomos Kabine, von seinem Trauzeugen entsprechend dekoriert – ohne Probleme. Die anderen feierten noch weiter – es hatte schon lange keine Party mehr gegeben, – aber Sanetomo und Clio schlichen sich, wie es sich gehörte, etwas früher davon.

Hinterher lagen sie dicht aneinandergeschmiegt in ihrer neuen Doppelkabine. Einer von Sanetomos Nachbarn war in Clios altes Zimmer gezogen, und sie hatten erst tags zuvor viel Zeit damit verbracht, die Trennwand zu entfernen. »Da sind wir nun«, sagte Sanetomo. »Olschewski sagte heute morgen, wir hätten inzwischen 142160 Astronomische Einheiten zurückgelegt. Kaum zu glauben, daß wir für die ersten hundert mehr als ein Jahr gebraucht haben; jetzt sind es fast hundert pro Tag. Wir könnten in nicht mehr als fünf Stunden von einer Seite des Saturnorbits zur anderen fliegen, und trotzdem sind wir immer noch fünf Jahre von unserem Ziel entfernt...« Seine Stimme war leiser geworden. Nun legte er den Arm um Clio und flüsterte: »Ob andere Pärchen in der Hochzeitsnacht auch nur darüber reden, wie allein sie sich in der unermeßlichen Leere des Weltalls fühlen?«

»Üblicherweise«, sagte Clio, »kommt das wohl erst später.«

»Immerhin haben wir inzwischen ein klein wenig mehr als die Hälfte der Strecke geschafft. Nur noch 132 000 AE liegen vor uns, sagt der Captain. Weck mich auf, wenn wir da sind«, murmelte er noch, dann war er eingeschlafen.

Clio legte sich zurück und dachte nach. Sie hatten sich mit der Verlobung viel Zeit gelassen, dann aber rasch geheiratet, denn in einer so kleinen Gemeinschaft und auf so engem Raum war der Entschluß, zusammenzuziehen, mit so vielen Konsequenzen befrachtet, daß man sich schon sehr sicher sein mußte. War die Entscheidung jedoch erst einmal gefallen, dann war es ein Leichtes, sie auszuführen.

Fast die ganze Zeit hatte sie sich um die Arbeit an *Vom Mond zu den Sternen* herumgedrückt, angeblich, um zunächst die Übersetzung von *Zahmekoses' Bericht* unter Dach und Fach zu bringen.

Nun überlegte sie, wo sie stand. Die *Tenacity* raste mit fünfundfünfzig Prozent Lichtgeschwindigkeit durchs All, schnell genug, um viermal pro Sekunde den Äquator der Erde zu umrunden. Doch trotz dieser ungeheuren Geschwindigkeit und obwohl sie mehr als die Hälfte des Wegs nach Alpha Centauri zurückgelegt hatten, war die Entfernung immer noch so groß, daß sie erst in weiteren zwei Jahren und einem Monat – bei bis dahin fast fünfundsiebzig Prozent Lichtgeschwindigkeit – mit dem Abbremsen beginnen würden. Dann würden sie im Selbstversuch feststellen, wie gut sie die Magnetbremsschleife der Tiberianer kopiert hatten. Man hatte die Schleife zwar schon mehr als fünfzig Mal getestet, aber bisher nur an unbemannten Sonden, und so wußte man nie, ob gerade dieses Exemplar auch tatsächlich funktionieren würde.

In nur zehneinhalb Monaten würden sie die imaginäre Grenze des Alpha-Centauri-Systems passieren: den Orbit von Proxima Centauri, des matten Begleitsterns, der weit entfernt von A und B, die für alle Zeiten umeinander kreisten, seine Bahnen durch das Weltall zog (Proxima selbst lag allerdings weitab von ihrem Kurs).

Und selbst wenn, schon weit im Innern des Alpha-Centauri-Systems, das Bremsmanöver begann, würde es immer noch zwei Jahre dauern, bis man für das Rendezvous mit Tiber tief genug eingedrungen war. Also nur noch etwa fünf Jahre bis zur Ankunft. Da sie und Sanetomo ihren Antrag auf Genehmigung eines Kindes von hier aus zur Erde gefunkt hatten, bedeutete das, daß sie schon mindestens ein Jahr auf Tiber leben würden, bevor die erwünschte Zusage – oder ein abschlägiger Bescheid – sie erreichte.

Ich weiß nicht so recht, ob dieser Brauch, bei allem und jedem zu Hause um Erlaubnis zu fragen, sich noch lange halten wird, dachte Clio, während sie darauf wartete, daß der Schlaf sie übermannte.

Sie schloß die Augen und stellte sich die *Tenacity* als winziges

Metallpünktchen vor, das mit kaum faßbarer Geschwindigkeit durch das schwarze Vakuum raste. Im Umkreis von Lichtjahren weit und breit kein Leben ... und doch wollten sie und Sanetomo hier in diesem kleinen Raum im Innern des Metallpünktchens ein gemeinsames Leben beginnen. Ein Sprung ins Ungewisse, der viel Vertrauen verlangte.

Nicht so groß wie der Sprung, den Diehrenn gewagt hatte, erinnerte sie sich. Und was Pläne anging, die nicht so liefen, wie gedacht ... und keine Möglichkeit, zu Hause neue Anweisungen zu erbitten ... ja, sie konnte es kaum erwarten, mit dem neuen Projekt zu beginnen.

Eigentlich hatte sie sich *Diehrenns Bericht* für zuletzt aufgespart, weil er der interessantere war ... geboren als Sklavin in der Steinzeit und begraben als Präsidentin des Mars ... und weil sie Diehrenns konservierten und eingefrorenen Körper im Marsmuseum gesehen hatte und sich deshalb ein Bild von ihr machen konnte. Kurz bevor Clio endlich hinüberdämmerte, hatte sie noch kurz das Gefühl, als stünde die Hybridin vor ihr und bitte sie um einen Gefallen – aber bevor sie herausgefunden hatte, ob sie sich die Geschichte nun anhören oder sie erzählen sollte, schlief sie bereits tief und fest.

Dritter Teil

DAS LICHT ERLISCHT

7254 - 7208 v. Chr

1

Ich war vierunddreißig seteposische Jahre alt und erzog bereits die dritte Generation der Nachkommen des Nim – damit gehörte ich unter den nisuanischen Sklaven auf jeden Fall zu den Älteren, auch wenn ich nicht mit dem Schiff von Nisu gekommen war.

Gegen einen warmen Frühlingstag hat man mit der Autorität des Alters freilich keine Chance. Ich konnte auf die Kinder einschreien, wie ich wollte, sie waren wie die Schmetterlinge, unfähig, sich auch nur einen Moment lang zu konzentrieren. Auch mein Einfluß auf die jüngeren Sklaven war an diesem Tag sehr begrenzt. Ich war ja nur ihre Mutter, ihre große Schwester oder ihre Tante, während die seteposischen Kinder, von denen sie wie Haustiere gehalten wurden, Prinzen und Prinzessinnen waren. Ich hatte oft genug mitbekommen, wie sie sich gegenseitig damit zu übertrumpfen suchten, daß sie diesem oder jenem Seteposier gehörten oder ihn betreuten. Wenn man ihnen morgen die Freiheit schenkte oder ihnen anböte, nach Nisu zurückzukehren, würden sie wahrscheinlich dankend ablehnen.

Ein bedrückender Gedanke – aus irgendeinem Grund stürzte mich der schöne Frühlingstag regelrecht in Verzweiflung. Aber seit Großmutter Soikenn und Onkel Mejox letzten Sommer gestorben waren und Mutter nun an der gleichen, rätselhaften Krankheit litt, hatte ich wirklich niemand mehr, mit dem ich hätte reden können, und fühlte mich sehr allein.

»Diehrenn!« rief Messlah. Der kleine Seteposier war einer meiner Lieblinge, denn er war meistens brav und etwas ruhiger als die anderen. »Da drüben! Was ist das?«

Ich rannte hinüber, um zu sehen, weshalb er so schrie. Was da flatternd im Dornbusch hing, verblüffte mich so sehr, daß ich es lange nur stumm anstarrte. Endlich sagte ich: »Ich dachte, man hätte diese Dinge längst alle aufgespürt, und jetzt hast du, keine vier Steinwürfe von der Stadt der Wahren Menschen entfernt, noch eins entdeckt. Du hast einen wichtigen Fund gemacht, Messlah, alle werden sehr stolz auf dich sein.«

»Aber was habe ich denn nun eigentlich gefunden?« fragte er.

Ich half ihm auf die Sprünge. »Hast du so etwas noch nie gesehen? Auch im Tempel nicht?« Die Seteposier unterschieden sich unter anderem darin von uns, daß sie oft erst nach Einsetzen der Geschlechtsreife erste Ansätze von Vernunft zeigten. Auch wenn sie schon ziemlich groß waren, neigten sie also zu haltlosen Vermutungen und kindlichen Begeisterungsausbrüchen.

Menomoum, der junge Vollblutpalathier, den man zu Messlahs Spielgefährten bestimmt hatte, meldete sich zu Wort. »Das ist ein … das ist ein … ein Ding von dem Ding, Diehrenn! Ein Stück von dem … wie nennt man es denn … es läßt das … das Sowieso langsam zu Boden sinken.« Er war genauso aufgeregt wie Messlah, aber mit weniger Berechtigung – in seinem Alter war man längst zu geistiger Reife gelangt, auch wenn die Pubertät noch einige Jahre auf sich warten ließ.

Doch ich stellte ihn nicht zur Rede. »Du hast recht«, sagte ich. »Es ist ein Stück von einem Fallschirm. Siehst du, zwei von den …« – jetzt hatte ich selbst Mühe, das richtige Wort zu finden – »Fangleinen sind noch dran. Damit sind die Sonden von der *Wahkopem Zomos* herabgekommen. Es ist sehr wichtig – man hat so etwas zum letzten Mal gefunden, als ich noch ein kleines Mädchen war. Wir sollten es sofort in den Palast bringen.«

»Aber wir sind doch eben erst herausgekommen und wollten jetzt spielen gehen!« protestierte Messlah.

Ich sah die Kinder, die im strahlenden Sonnenschein einen Kreis gebildet hatten, der Reihe nach an. Die anderen Seteposier waren kleiner als Messlah, aber alle hatten sie den gleichen sonderbaren Gesichtsausdruck – die Unterlippe vorgeschoben und die Augen verdreht –, den sie immer aufsetzten, wenn sie enttäuscht waren oder irgendwelche Ansprüche geltend machen wollten.

Wir Nisuaner regten uns nicht und verzogen keine Miene. Wenn sich die seteposischen Kinder hinterher bei unseren Herren beklagten, hatten *wir* den Ärger.

Wie auch immer, ich hatte die Verantwortung, und dieser Fund *mußte* unverzüglich dem Nim vorgelegt werden. Dafür konnte man eine kleine Unterbrechung der Spielstunde schon in Kauf nehmen.

Warum hatte das nicht ein paar Monde früher passieren können? Damals wäre ich noch Sets Spielgefährtin gewesen, und Set hätte dafür gesorgt, daß die anderen Seteposier mir gehorchten. Inzwischen war er jedoch für Kinderfrauen und Spielgefährten zu alt geworden – derzeit war er mit dem Heer seines Großvaters unterwegs –, und mich hatte man zur Kinderfrau für Esser bestellt, seine fünf Jahre alte Nichte, das verwöhnteste Balg aus der ganzen Sippe des Nim Rar.

Ich zögerte für einen Moment. Wie schön wäre es, Set hierzuhaben oder seinen erst in diesem Jahr geborenen Sohn betreuen zu dürfen, wie ich schon dessen Vater und seinen Großvater betreut hatte. Doch Wünsche halfen mir nicht weiter, ich mußte mein Problem schon selbst lösen.

Leider gab es keine gute Lösung. Alle Kinder wollten spielen, jetzt, sofort. Wenn ich also darauf bestand, daß wir mit dem kostbaren Fallschirmstück zum Palast zurückmarschierten, zog ich mir ihren Zorn zu, und dafür würde ich büßen müssen. Irgend etwas würde den älteren seteposischen Kindern schon einfallen, um mich auspeitschen zu lassen.

Brachte ich aber das Fundstück allein zurück und ließ die Kinder bis zu meiner Rückkehr in Menomoums Obhut, dann konnte das gutgehen oder auch nicht. Wenn nicht – was wahrscheinlicher war, weil er sich gegen Messlah nie durchsetzen konnte –, drohte mir ebenfalls die Peitsche.

Ging ich, die dritte Möglichkeit, mit den Kindern zum Spielen und nahm das Fallschirmstück auf dem Rückweg mit, dann würde Nim Rar früher oder später erfahren, daß ich es nicht auf der Stelle bei ihm abgeliefert hatte. Und er war sehr erpicht darauf, alle nisuanischen Funde sofort in die Hand zu bekommen. Für ein derartiges Versäumnis gab es nur eine Strafe: die Peitsche.

Die Auswahl war nicht gerade berückend.

»Diehrenn!« rief eine Stimme hinter mir. Ich drehte mich um. Set kam den Berg herab. Er trug ein weiches, wallendes Gewand, und sein dichtes, braunes Haar schwang in der Sonne hin und her. Ich war noch nie so froh gewesen, ihn zu sehen.

»Ich komme eben aus dem Krieg«, sagte er. »Wir haben Tausende von Gefangenen gemacht. Ein neuer, großer Sieg, der einhundertzwölfte des Nim Rar. Er hat mir den Titel Tapferer Krieger verliehen.« Als er näher kam, sah ich, daß er die Zähne fletschte. Auf diese Weise brachten die Seteposier ihre Freude zum Ausdruck. »Jetzt bist du sicher sehr stolz auf mich.«

»Gewiß, Herr«, sagte ich. Es war nur eine halbe Lüge. Wenn ich unter den Abkömmlingen des Nim einen Favoriten hatte, dann war es Set. Er war großzügig und freundlich, er hatte mich noch nie auspeitschen lassen und erst recht nicht selbst Hand an mich gelegt.

Doch seit ich denken konnte, hatte die ältere Generation mir eingehämmert, daß wir nur durch einen unglücklichen Zufall die Sklaven des Nim waren und nicht umgekehrt. Und mit seiner Freundlichkeit und seinen guten Manieren ließ Set mich nur noch mehr spüren, daß ich eine Fremde und eine Sklavin war.

Trotzdem kam er mir jetzt sehr gelegen. »Was für eine großartige Nachricht, Herr«, sagte ich. »Ich halte es für ein gutes Omen, daß wir sie gerade jetzt erfahren – sieh nur, was Messlah eben gefunden hat!« Und ich zeigte auf das Ding.

Set ging zwei Schritte darauf zu, dann sagte er: »Aber … aber das ist doch unmöglich!«

Auf diese Reaktion war ich nicht gefaßt. »Natürlich ist es möglich, Herr, du siehst es doch selbst.«

Set drehte sich nach mir um und sah mich merkwürdig an. »Oh, ich wollte damit nicht sagen, daß du lügst, Diehrenn. Das *ist* ein Stück Fallschirm, und ich weiß auch, daß es keins von den Stücken aus dem Tempel ist. Trotzdem ist es unmöglich. Wenn ich mit den anderen Jungen ›Wahre Menschen gegen Schneckenfresser‹ spielte, war dieser Dornbusch immer das ›Tor‹ der Schneckenfresser. Sieh her! Man kann noch erkennen, wo die Torhüter die Erde festgetreten hatten. Um diesen Busch haben sich jahrelang Dutzende von Jungen herumgetrieben. Unmöglich, daß das Ding so lange unbemerkt geblieben sein soll.«

»Herr, vielleicht hatte es sich in einem hohen Baum verfangen und wurde erst später losgerissen und hierhergeweht«, versuchte Menomoum zu erklären. Mein Neffe fürchtete sich sehr vor Set, schließlich war er einer der ersten Anwärter auf den Thron.

»Das könnte sein«, sagte Set. »Aber es ist kein bißchen ausgebleicht oder verschmutzt … oder ist dieses Material ganz unempfindlich gegen Wind und Wetter, Diehrenn?«

»Meines Wissens schon«, sagte ich, »obwohl ich gestehen muß, daß ich noch nie ein Stück in Händen hatte; ich habe sie immer nur im Tempel gesehen. *An der Wand neben Kekox' Haut,* hätte ich am liebsten hinzugefügt, aber damit hätte ich Set unrecht getan. Als man ihm Kekox' Haut und dessen Kopf zum ersten Mal gezeigt hatte, war er tatsächlich in Tränen ausgebrochen und hatte sich erst beruhigt, als ihm der Nim feierlich versprach, daß mir so etwas niemals widerfahren würde. »Und da drin waren sie dem Wetter ja nicht ausgesetzt. Manche nisuanischen Stoffe sind allerdings sehr widerstandsfähig und scheinen sich überhaupt nicht zu verändern.«

Set nickte, trat näher an den Dornbusch heran, streckte die Hand aus und befühlte das Stoffstück. »Es ist weich«, sagte er, »und sehr glatt. Man sieht, daß es ein Gewebe ist, aber die Fasern sind feiner als Spinnenfäden. Und …«

»Diehrenn! Set! Seht doch mal da drüben in den Bäumen!« rief Messlah.

Es klang so aufgeregt, daß wir erschrocken den Kopf hoben. Von einer der alten, knorrigen Zedern hing eine lange Stoffbahn herab, länger, als der Tempel hoch war. Ich spürte ein seltsames Kribbeln im Rücken, und mein kleiner Mähnenkamm richtete sich auf, als wolle er so groß werden wie der von Onkel Mejox.

»Menomoum, Messlah«, sagte ich möglichst ruhig. »Könntet ihr beiden wohl auf die anderen Kinder aufpassen? Set und ich müssen uns das erst genauer ansehen, bevor wir die Kleinen näher kommen lassen.« Wenn ich die älteren Jungen zu meinen Stellvertretern bestimmte und ihnen auftrug, die anderen zu beschützen, benahmen sie sich manchmal recht vernünftig.

»Traust du ihnen das wirklich zu?« fragte Set in einem Ton, der deutlich machte, wie sehr er daran zweifelte.

»Aber sicher«, sagte ich, und dann liefen wir den Hang hinab auf den Bach, die alte Zeder und den Fallschirm zu. Dank Sets Bemerkung wollten die beiden nun unbedingt beweisen, daß mein Vertrauen in sie gerechtfertigt war, und würden ihr Bestes tun, um die anderen – mit mehr oder weniger Erfolg – im Zaum zu halten.

»Danke«, sagte ich, sobald ich sicher sein konnte, außer Hörweite zu sein.

»Gern geschehen«, antwortete Set. »Auf Streife oder im Kampf habe ich mich oft dankbar daran erinnert, wie streng du mit mir warst. Den Kindern fehlt es an Disziplin. Ein Jammer, daß der alte Nim immer nachsichtiger wird.«

Seinen Enkeln und Urenkeln gegenüber vielleicht, dachte ich. Seine Sklaven hatten davon noch nichts bemerkt. »Wo kann denn auf einmal ein ganzer Fallschirm herkommen, Herr? Wäre es möglich, daß sich eine Sonde windaufwärts in einem Baum verfangen hat, bevor sie zu Boden schweben konnte? Und daß sie irgendwann heruntergeschüttelt und hierhergeweht wurde?«

»Aber windaufwärts gehört alles Land seit mehr als zehn Jahren zum Imperium des Nim und wird von seinen Soldaten überwacht – und jeder Soldat weiß, daß er reich belohnt wird, wenn er nisuanische Fundstücke abliefert. Die Sonde hätte sehr gut versteckt sein müssen – und wie könnte sie dann vom Wind erfaßt werden?«

Wir hatten die Zeder fast erreicht. Ihr würzig-erdiger Duft stieg mir bereits in die Nase, und die schattenkühle Luft strich über mein dünnes Fell. Mir fiel noch etwas ein. »Es hat seit Tagen keinen Sturm mehr gegeben. Sie konnte also gar nicht heruntergeschüttelt werden. Und so nahe an der Stadt sind immer Menschen unterwegs.«

»Außerdem ...« – er sah mich von der Seite an und senkte die Stimme – »blieb doch keine Sonde über längere Zeit in einem Baum hängen, nicht wahr? Ich meine, sie konnten sich selbst bewegen und ...«

»Großmutter Osepok sagt, es habe verschiedene Arten von Sonden gegeben, sie hätten sie zu Hunderten gestartet, Herr. Manche waren nicht viel mehr als eine Kamera an einem Fallschirm.«

Ich sah, daß er Mühe hatte, sich an das nisuanische Wort zu erinnern, und ich kam ihm zu Hilfe. »Eine Kamera ist eins von den Geräten, mit denen man in die Ferne sehen kann. Sie schickt ein Bild an einen Empfänger auf der *Wahkopem Zomos*.«

»Jetzt fällt es mir wieder ein«, sagte er. Wir standen jetzt so dicht vor der hohen Zeder, daß ihr Schatten unsere Füße berührte, und schauten zu der großen Stoffbahn hinauf. Die Sonne schien von hinten gegen das strahlendweiße Tuch und ließ es in allen Regenbogenfarben schillern. Bald brannte uns das Gesicht. Doch der Schatten unter den Ästen erschien uns so kalt und dunkel, daß wir einen Moment zögerten, bevor wir uns hineinwagten.

Endlich betraten wir die duftende Zedernhöhle doch. Ich blinzelte ein paarmal, dann hatten sich meine Augen an das grüne Halbdunkel gewöhnt.

Set keuchte erschrocken auf. Unter dem Baum hockte eine Sonde auf ihren zwölf Metallbeinchen – davor war die Erde versengt, sie hatte die Strecke von der Stelle, wo sie den Fallschirm abgestoßen hatte, bis hierher wohl im Flug zurückgelegt.

Ich hatte mir eben überlegt, daß der Geruch nach verbrannten Zedernnadeln nur bedeuten konnte, daß die Sonde noch aktiv war, als die runde Knolle, die wie ein Kopf ganz oben saß, zu uns herumschwenkte. Auf der Knolle war ein großer, schwarzer Kreis von der Größe meiner Hand angebracht, in dem wir unser Spiegelbild sehen konnten. Wir hörten ein leises Klicken, ein Summen, dann hob die Sonde drei von ihren sechs vorderen Beinen, klappte sie aus und kam mit einer langsamen, eleganten Bewegung auf uns zu. Das runde Ding – das *Auge*, dachte ich, aber das war nicht das richtige Wort – kippte schräg nach oben, bis es uns ins Gesicht schaute, und schwenkte dann ein paarmal von einem zum anderen, wie um sich einzuprägen, wie wir aussahen.

»Kamera«, sagte ich endlich. »Das runde Ding ganz oben, das aussieht wie ein Auge, ist eine Kamera, Set. Sie schickt Bilder von uns an irgend jemanden oder irgend etwas. Aber vermutlich nicht an die *Wahkopem Zomos*.«

* * *

Aus dem Bericht des Kapitänsassistenten Thetakisus vom Raumschiff *Egalitäre Republik*

Die Triebwerke unseres Raumschiffs *Egalitäre Republik* wurden zum ersten Mal mit voller Leistung gefahren, als wir von Nisu starteten. Daher hatten wir eigentlich keine Vorstellung davon, was es bedeutete, auf knapp unter Lichtgeschwindigkeit zu beschleunigen. Wir hatten zwar einige Flüge bei hoher Beschleunigung absolviert, aber sie waren nie über einen halben Tag bei zehn Schwerkrafteinheiten hinausgegangen.

Der erste Schub, der uns aus dem Sonnensystem katapultierte, bescherte uns vierzig Tage lang mehr als zehn Schwerkrafteinheiten. Die *Republikanische Genossenschaft zur Erforschung des Weltalls* hatte uns versichert, man habe diese Beschleunigungswerte in Zentrifugen über vergleichbare Zeiträume an Freiwilligen getestet, und die hätten ausnahmslos und ohne allzu große Schmerzen überlebt. Mehr noch, man hatte uns den Eindruck vermittelt, diese fünf Achttage seien wie ein langer Erholungsurlaub, wenn wir uns erst einmal an die hohe Beschleunigung gewöhnt hätten. Erst als wir tatsächlich in den Tanks saßen, fiel uns auf, daß keiner von uns eine dieser Testpersonen aus den Zentrifugen kennengelernt oder gar mit ihr gesprochen hatte.

Nisuanische Körper sind einfach nicht dafür geschaffen, fünf Achttage lang zehn Schwerkrafteinheiten zu ertragen. Die *Genossenschaft* konnte uns noch so oft predigen, viele von uns seien Hybriden und damit ungleich kräftiger – selbst wenn das stimmte, bedeutete es doch nur, daß wir kräftiger waren als vollblütige Palathier oder Shulathier. Garn ist stärker als Faden, doch aus keinem von beiden kann man eine Brücke bauen. Wir Hybriden waren trotz allem nur aus Fleisch und Blut, und unsere Körper waren der Belastung nicht gewachsen. Die palathischen und shulathischen Besatzungsmitglieder schienen mir übrigens nicht mehr und nicht weniger unter der hohen Beschleunigung zu leiden.

Wir verbrachten vierzig Tage in den Tanks. Eine Spezialflüssigkeit trug einen großen Teil unseres verzehnfachten Gewichts, und unsere Körperhöhlungen waren mit der gleichen Flüssigkeit gefüllt, um die Druckunterschiede auszugleichen. Wir mußten ständig Atemmasken tragen, die täglich gewechselt und gereinigt wurden.

Unterhalten konnten wir uns nur über handbetriebene Stimmsynthesizer und Ohrstöpsel; auf die Innenseite der Brillen, die unsere Augen vor dem ungeheuren Druck schützten, wurden auch Texte oder Bewegungsbilder projiziert. Abfallstoffe wurden mit

Kathetern abgeleitet, und ›gegessen‹, ›geatmet‹ und ›getrunken‹ wurde intravenös.

Wir überlebten, aber nachdem wir sechs Tage in den Tanks verbracht hatten, war uns klar, daß wahrhaftig nicht alles so lief wie vorgesehen. Leider saß der Politische Offizier mit uns in Tank Eins, daher konnten die anderen Tankinsassen nicht über die Mission diskutieren oder gar Veränderungen beschließen. Der Plan war schließlich auf höchster Ebene erarbeitet worden. Wir litten also stumm und fragten uns lediglich in Gedanken – hier kann ich nur für mich sprechen, ich wagte nämlich nicht, mich zu erkundigen, was die anderen dachten –, ob man uns diesen Qualen mit Absicht aussetzte oder nur keine Rücksicht auf uns nahm, und ob die Tests in der Zentrifuge auch tatsächlich stattgefunden hatten.

Ein vierzigtägiger Aufenthalt im Tank ist mit Leiden der verschiedensten Art verbunden. Vor allem kann man sich, wie jeder bestätigen wird, der über längere Zeit bettlägerig war, nicht unbegrenzt lange unterhalten, sich Bewegungsbilder ansehen oder lesen. Außerdem waren die Tanks sehr klein, wir hätten also nirgendwo hingehen können, selbst wenn es möglich gewesen wäre, die Liegen zu verlassen.

Man hatte uns wohl nicht zugetraut, das Schiff vom Tank aus zu bedienen, deshalb lief alles automatisch. Wir hatten in diesen fünf Achttagen also nichts zu tun, was *wirklich* wichtig gewesen wäre. Ich weiß noch gut, wie Kapitän Baegess sich beklagte, wenn alle wichtigen Manöver von Maschinen durchgeführt würden, hätte er ebensogut zu Hause bleiben können. Wir langweilten uns nicht nur, wir waren vorerst auch vollkommen überflüssig.

Und ständig tat einem alles weh. Keine unerträglichen Schmerzen, aber man fühlte sich auch niemals rundum wohl. Die Ingenieure und Biotechniker hatten unsere Körper und die wichtigsten inneren Organe so gepolstert und abgefedert, daß wir keine bleibenden Schäden davontragen oder gar ums Leben kommen würden. Aber sie konnten uns unmöglich bis in die letzte Hautfalte vor allen Kapriolen des Andrucks schützen, und sie hatten es auch gar nicht erst versucht. So ermüdeten die Gelenke unter der ungewohnten Belastung und begannen zu schmerzen. Kleinere Stellen – der Gaumen, die Ohren, die Fettpolster an den Hinterbacken – waren ständig wundgerieben oder gequetscht. Muskeln, von deren Existenz kaum jemand etwas ahnt – zum Beispiel jene, die unsere Nahrung durch den Verdauungstrakt befördern –, ächzten vor Überanstrengung. Die großen Muskelstränge, die schwere Lasten zu tragen hatten, ohne dabei aktiv werden zu können, erlahmten und verkrampften sich. Es gab keine schweren Verletzungen, die medizinischer Behandlung bedurft hätten, aber man war unablässig Qualen unterworfen.

Zum Ende dieser Phase war ein Feier- und Ruhetag angesetzt. Es wurde nur ein Ruhetag, und wir ließen ihm gleich einen zweiten folgen, senkten die Beschleunigung auf ein Zehntel einer Schwerkrafteinheit ab, so daß wir bequem liegen konnten, und blieben im Bett. Dies war die erste, aber beileibe nicht die letzte Abweichung vom offiziellen Flugplan, aber wenn Streeyeptin, unser Politischer Offizier, sich bei Kapitän Baegess darüber beschwerte, so erfuhr

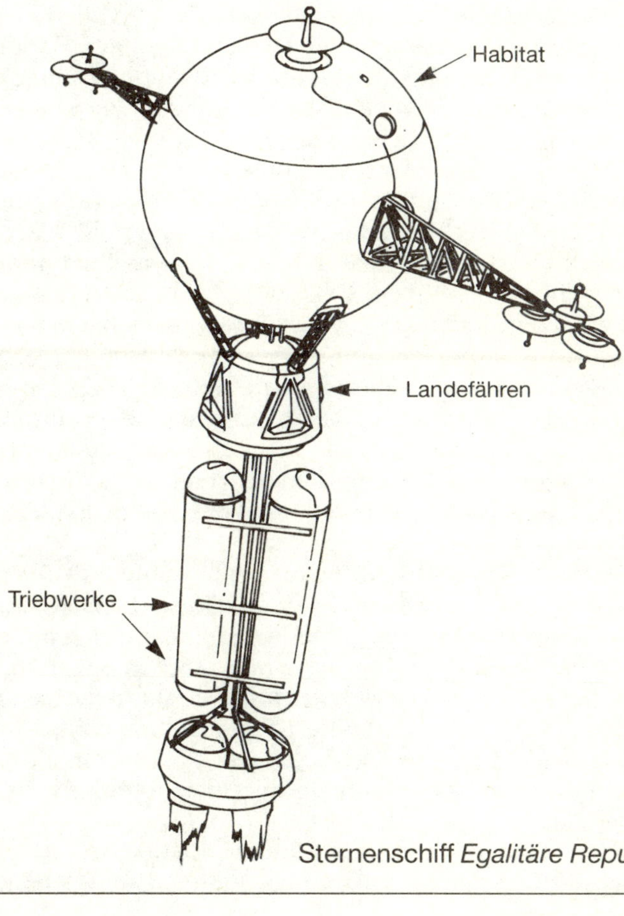

Sternenschiff *Egalitäre Republik*

jedenfalls ich nichts davon. Außerdem waren wir mittlerweile zweiundzwanzig Lichttage von der Heimat entfernt und näherten uns der Lichtgeschwindigkeit immer weiter an. Etwaige Ermahnungen, der Plan sei strikt einzuhalten, würden uns erst erreichen, wenn wir bereits auf Setepos eingetroffen waren.

Streeyeptin machte offenbar gute Miene zum bösen Spiel und akzeptierte, daß es auf dem Schiff politisch gesehen etwas lockerer zuging als zu Hause. Er blieb meist für sich und signalisierte damit, daß ihn subversive Äußerungen unsererseits nicht interessierten und er auch nicht vorhatte, uns unentwegt auf Abweichlertum oder prärevolutionäres Verhalten hin zu überwachen.

Dergleichen war bei der Besatzung eines Raumschiff auch kaum zu befürchten. Alle unter Dreißigjährigen – mehr als die Hälfte der zwanzigköpfigen Crew – waren Hybriden. In den alten Zeiten vor der Revolution hätte man uns bei der Geburt getötet. Von den älteren Offizieren hatten die meisten in der Revolution mitgekämpft. Wir waren in einem Maße politisch zuverlässig, wie Streeyeptin es bisher wohl nur selten erlebt hatte.

Außerdem war jeder, der ins All fliegen wollte, zwangsläufig ein Befürworter der Revolution. Die letzte Kaiserin hatte – eines ihrer schlimmsten Verbrechen – das Volk mit immensen Bestechungssummen immer wieder dazu gebracht, daß es ihr tyrannisches Regime weiter unterstützte. Damit war viel Zeit vergeudet worden, obwohl der *Eindringling* bereits zu seinem letzten, verheerenden Angriff auf unsere Welt unterwegs war. Den letzten Anstoß zur Revolution hatten zwei Meldungen gegeben: erstens, die Mission der *Wahkopem Zomos* sei gescheitert und damit sei unsere letzte Hoffnung dahin, und zweitens, die Kaiserliche Akademie habe schon seit langem eine bahnbrechende Erfindung in ihren Schubladen liegen, den Nullpunktenergielaser, das Triebwerk, das uns zu den Sternen bringen könne.

Wer also die Raumfahrt unterstützte, der unterstützte auch die Revolution – denn ohne die Revolution hätte es keine Raumschiffe gegeben. Jedes Mitglied unserer Besatzung hatte sich mindestens zehn Jahre lang um eine Koje auf einem solchen Schiff, insbesondere auf der *Egalitären Republik*, bemüht, die als erste eine wirklich interstellare Mission fliegen sollte. Ich glaube, wenn tatsächlich ein Konterrevolutionär an Bord gewesen wäre, hätten ihn die anderen bei erster Gelegenheit unaufgefordert dem Politischen Offizier ausgeliefert.

Nach den beiden Ruhetagen fuhr der Kapitän die Beschleunigung wieder auf achtzig Prozent der Standardschwerkraft hoch, ein angenehmer Wert, der gleiche, den wir auf Setepos zu erwarten hatten. Da wir bereits etwas mehr als achtundneunzig Prozent Lichtgeschwindigkeit erreicht hatten, konnten wir absolut gesehen nicht sehr viel mehr Zeit gewinnen, wenn wir das Tempo erhöhten. Bei solchen Geschwindigkeiten wird die Beschleunigung fast vollständig in Masse umgewandelt – das heißt, ein Körper nimmt an Masse zu, je mehr er sich der Lichtgeschwindigkeit annähert. Jede weitere Beschleunigung hätte uns also nur wenig schneller gemacht, aber die Masse des Schiffs ganz erheblich vergrößert. Auf dem Schiff spürten wir davon natürlich nichts. Für uns hatte es die gleiche Masse wie immer. Nur wer außerhalb des Bezugssystems stand – eine imaginäre Person, die zusah, wie wir knapp unter Lichtgeschwindigkeit durch die Finsternis zwischen den Sternen rasten – hätte den Zuwachs wahrnehmen können.

Im gleichen Maße, in dem sich unsere Masse mit der Annäherung an die Lichtgeschwindigkeit vergrößerte, dehnte sich andererseits die Zeit auf dem Schiff. Jede noch so geringfügige Erhöhung, jeder noch so winzige Schritt in Richtung auf die absolute Grenze der Lichtgeschwindigkeit ließ die Zeit im Schiffsinnern langsamer vergehen. Wenn wir also unter der möglichen Beschleunigung blieben, verkürzte sich unsere Reise.

Am Ende der Phase der größten Beschleunigung hatte ein Tag Schiffszeit etwa sechseinhalb Tagen heimischer Standardzeit entsprochen; jetzt, kurz vor Erreichen der Spitzengeschwindigkeit, entsprach ein Tag Schiffszeit acht Tagen zu Hause. Besonders eigenartig war, daß wir davon unmittelbar nichts mitbekamen. Nicht nur die Uhren wurden nämlich langsamer, sondern auch unser Körper, unser Herzschlag, jedes Blinzeln, die Bewegung aller Gegenstände, es gab also nichts, woran man die Zeit messen und sehen konnte, daß sie langsamer verging. Nur ein absolut künstliches Gebilde, eine kleine Uhr im Cockpit, die Datum und Zeit auf Nisu anzeigte, lief weiterhin schneller, ansonsten war alles wie auf einem ganz normalen Trainingsflug. Doch wenn wir zu Bett gingen und wie gewohnt nach sieben Zwanzigstel eines Tages wieder aufstanden, stellten wir fest, daß zu Hause drei drei Fünftel Tage vergangen waren. Wobei übrigens auch diese Uhr nicht die Zeit maß, die zu Hause verging, sondern nur die Ergebnisse eines Computerprogramms anzeigte, das den relativen Zeitablauf berechnete.

Noch in einem weiteren Punkt gereichte uns die Beschleunigung zum Vorteil; Beschleunigung wirkt wie Schwerkraft, und Schwerkraft ist sehr nützlich. Sie sorgt dafür, daß die Teller auf dem Tisch bleiben, daß Papierstapel sich nicht in alle Himmelsrichtungen zerstreuen, daß die Knochen kein Kalzium verlieren, daß der Körper bei Nacht das Bett nicht verläßt, und daß das Gewebe seine Flüssigkeit und der Magen das Essen behält. Unser Nullpunktenergieantrieb lieferte, besonders bei einem kleinen Schiff wie der *Egalitären Republik,* so viel überschüssige Energie, daß es einfacher war, die Triebwerke ständig auf achtundachtzig Prozent einer Schwerkrafteinheit laufen zu lassen, als das Schiff in Rotation zu versetzen wie damals vor Jahrzehnten die *Wahkopem Zomos.*

Die Achtwochen flogen dahin. Uns schien kaum ein halbes Jahr vergangen, während die Uhr im Cockpit anzeigte, daß wir uns bereits Jahre in der Zukunft befanden. Es gab so viel zu tun, daß ich mir manchmal etwas mehr Zeitdilatation auf unserer Seite gewünscht hätte. Wie sollten wir es jemals schaffen, alle Sonden einsatzbereit zu machen? In den letzten zwei Tagen, bevor wir wieder in den Tank mußten, hätte ich am liebsten alle Eß- und Schlafenspausen gestrichen.

Kapitän Baegess bemerkte es. »Assistent Thetakisus, Sie brauchen Ruhe.«

»Das stimmt«, gab ich zu. »Ich werde den Schlaf im Tank nachholen. Aber wenn die Sonden nicht fliegen können …«

»Dann müssen wir eine andere Lösung finden«, sagte er entschieden. »Wie viele haben Sie denn fertig?«

»Alle bis auf elf, aber davon sind vier mobile …«

»Dann sehen Sie zu, daß Sie zwei von den mobilen in Gang bekommen. Morgen. Nachdem Sie eine volle Nacht geschlafen haben. Das ist ein Befehl.«

Befehl ist Befehl, also legte ich mich schlafen, arbeitete danach weiter und brachte die beiden mobilen Sonden auch tatsächlich in Gang.

Diesmal fiel es uns noch schwerer, uns wieder in den Tank zu begeben. Erstens wußten wir, was uns bevorstand, und zweitens würde es noch länger dauern, weil wir mehr Geschwindigkeit verlieren mußten, als wir beim Start aufgebaut hatten. Es ging zwar nur um anderthalb Tage, aber selbst das war schon zuviel.

Aus Erfahrung klug geworden, verhielten wir uns diesmal möglichst ruhig und bewegten uns nur so viel wie nötig, um Druckstellen oder ähnliches zu vermeiden. Während wir noch in den Tanks waren, setzte das Schiff automatisch die ersten Sonden ab; sie konnten mehr Bremsdruck vertragen als wir und würden daher vor uns ins Kousapex-System eintauchen. Abbremsen würden sie zunächst mit ›Wegwerfraketen‹ nach dem Nullpunktenergieprinzip und dann, ähnlich wie vor vierundvierzig Jahren die *Wahkopem Zomos,* mit magnetischer Bremsstrahlung.

Über das Schicksal der *Wahkopem – Zomos*-Besatzung kursierten tausend verschiedene Theorien, und es war nicht leicht, die unwahrscheinlichste auszusondern. Nisu hatte im Lauf der Zeit ein wenig den Anschluß verloren – die Kaiserliche Behörde, die den Auftrag gehabt hatte, Verbindung mit dem Schiff zu halten, hatte immer und immer wieder Mittelkürzungen hinnehmen müssen und war zunehmend unter den Einfluß politischer Scharlatane geraten. So hatte man es manchmal achtwochenlang versäumt, die eingehenden Daten zu speichern. Zum Zeitpunkt des Unglücks (eigentlich Jahre später, so lange ein Funksignal eben brauchte, um von Setepos nach Nisu zu gelangen) klafften in den Aufzeichnungen riesige Lücken.

Bekannt war, daß die *Wahkopem Zomos* die errechnete Umlaufbahn um Setepos erreicht und an einer bestimmten Stelle auf dem Planeten zu landen versucht hatte. Davon abgesehen hatten wir nur bruchstückhafte Informationen, mit denen nicht viel anzufangen war. Lediglich drei Aufnahmen des Landeplatzes hatten den Weg in die Datenbank gefunden, obwohl aus den Dateiverzeichnissen deutlich erkennbar war, daß die Besatzung der *Wahkopem Zomos* ausreichend Informationen abgesetzt hatte. Die Bilder zeigten aus großer Entfernung ein primitives Dorf – aber bei den Datums- und Zeitangaben mußten Fehler unterlaufen sein, denn danach wären die Aufnahmen noch vor der Landung des Forschungsteams entstanden. Außerdem hätten unsere Leute ohnehin nicht so gebaut – sie hatten Fertigbaracken in ausreichender Zahl an Bord. Warum hätten sie also ein Dorf für hundert Menschen und aus einheimischen Materialien errichten sollen?

Die Theorie einiger Spinner, das Dorf sei von seteposischen Ureinwohnern gebaut worden, und die hätten die *Gurix* bei der Landung abgeschossen, verwies man wohl am besten ins Reich der Sage. Die bislang einleuchtendste Erklärung lautete, es handle sich um eine architektonische Simulation, vermutlich einen Entwurf für eine Kolonie der ersten Siedler. Als Urheberin vermutete man Priekahm, deren künstlerische Veranlagung ja allgemein bekannt war. Nach dem Absturz der *Gurix* habe die *Wahkopem Zomos* natürlich wahllos alle Informationen aus deren Computer übernommen, transkribiert und nach Nisu weitergeleitet. Auf diese Weise seien auch diese drei rätselhaften Bilder zu uns gelangt.

Diese Theorie hatte nur einen Haken. Die *Wahkopem Zomos* hatte auch weiterhin Sondendaten gesendet, und einige Sonden hatten noch jahrelang funktioniert. Nur eine einzige war in unmittelbarer

Nähe des Landeplatzes niedergegangen und am Rand des Berglandes weitergewandert, in dem die unglückselige *Gurix* hatte aufsetzen wollen; doch ihre Aufnahmen zeigten lediglich Wüstenlandschaften, Flüsse oder Wälder.

Mit einer Ausnahme: Auf einem Bild waren vier mit langen Stöcken bewaffnete Gestalten zu sehen, die mitten in der Wüste kauerten, als wollten sie sich an die Sonde heranpirschen. Auf der Computervergrößerung war eine der Gestalten angeblich als Shulathier mit einem Dampfgewehr zu identifizieren – ich persönlich sah nur verschwommene Umrisse. Es war das letzte Bild dieser Sonde gewesen, und das hatten einige Spinner natürlich zum Anlaß genommen zu behaupten, die Besatzung habe sich mit den Eingeborenen verbündet und aus unerfindlichen Gründen mit ihren Dampfgewehren Jagd auf die Sonden gemacht.

Für mich war auf der Vergrößerung nicht einmal mit Sicherheit zu erkennen, daß die Gestalten Nisuaner und keine Sträucher waren.

Noch eine Information fiel aus dem Rahmen. Das Logbuch der *Wahkopem Zomos* hatte die verschiedenen Positionen der *Gurix* festgehalten. Demnach hätte die Fähre den Landeplatz wohlbehalten erreicht und wäre anschließend im Verlauf eines knappen Jahres dortiger Zeitrechnung insgesamt sechsmal zwischen dem Schiff und der Oberfläche hin und her geflogen, um dann plötzlich ins All zu entschwinden. Bei der Rekonstruktion dieses letzten Fluges ergab sich eine Geschwindigkeit, die durch nichts zu erklären war. Im Grunde war dies nur ein weiterer Beweis dafür, daß das Datierungssystem nicht mehr zuverlässig gearbeitet hatte.

Unsere Expedition war nur die erste von vielen; die *Republikanische Genossenschaft zur Erforschung des Weltalls* plante noch neun weitere Forschungsschiffe. Das letzte sollte genau dann starten, wenn wir, nach nisuanischer Zeitrechnung zehn, nach Schiffszeit weniger als zwei Jahre nach unserer Abreise wieder auf Nisu eintrafen. Wir hatten nicht mehr viel Zeit, um mögliche Standorte für Kolonien zu erkunden. Bald würde der *Eindringling* zurückkehren und mit einem Zweiten Trümmerregen unsere Zivilisation zerstören. Die Kaiser hatten viele Jahre vergeudet, nun war Eile geboten. So seltsam es klang, die *Wahkopem – Zomos*-Expedition hatte möglicherweise trotz allem unsere Zivilisation gerettet. Sie hatte nämlich auf ihrem Flug die großen Entfernungen in den Tiefen des Weltraums genützt, um eine Reihe von gravimetrischen Experimenten durchzuführen, und dabei drei weitere bewohnbare Welten in erreichbarer Entfernung entdeckt.

Als wir die Tanks verlassen durften, waren wir nur noch wenige Achttage von Setepos entfernt, und unsere Sonden befanden sich bereits in der Umlaufbahn oder waren gelandet. Mir fiel die Aufgabe zu, die Aufnahmen durchzusehen und mir daraus ein Bild zu machen.

Von der spontanen Idee, mir einen ersten Überblick zu verschaffen, indem ich meinen Bildschirm direkt an eine der Sonden koppelte, kam ich rasch wieder ab. Statt dessen startete ich ein Anwendungsprotokoll, das ich zuvor geschrieben hatte. Es durchsuchte die übermittelten Sondendaten nach den unwahrscheinlichsten, d.h. nach den Aufnahmen, die dem Material von den Sonden der alten *Wahkopem Zomos* am wenigsten entsprachen.

Als das erste Bild auf dem Schirm erschien, mußte ich lachen, obwohl ich am liebsten mit den Zähnen geknirscht hätte. Ein Stück Himmel, umrahmt von Bäumen, durchkreuzt von mehreren Ästen. Die kleine Kamerasonde war natürlich in einem Baum hängengeblieben, und das Objektiv zeigte in die falsche Richtung. Ich schaltete weiter.

Diesmal bekam ich eine weite Ebene mit Bergen am Horizont. Das Bild war aus geringer Höhe aufgenommen, und es war das einzige von dieser Sonde, bevor sie in einer Wolkendecke verschwand. Ich begriff sehr schnell, daß sie in einen Bergsee gefallen sein mußte. Es handelte sich um eine billige Kamerasonde, sie war also wohl bis auf den Grund gesunken und zeichnete nun geduldig alles auf, was dort vorüberschwamm. Nur senden konnte sie nicht mehr, denn das Wasser schirmte alle Signale ab.

Damit blieb nur noch eine signifikante Anomalie übrig, die stammte allerdings von einer der beiden Mobilsonden, die ich noch rechtzeitig fertiggestellt hatte. Ich holte sie mir auf den Schirm.

Zunächst war ich starr vor Schreck. Dann überzeugte ich mich, ob mir nicht jemand einen Streich gespielt und diese Aufnahme in die bereits interpretierten Daten eingeschmuggelt hatte. Endlich nahm ich meinen Mut zusammen und schaltete den Kommunikator ein. »Hier Assistent Thetakisus. Kapitän Baegess und der Politische Offizier Streeyeptin werden gebeten, an meine Konsole zu kommen; ich möchte, daß Sie sich etwas ansehen.«

Sie kamen sofort. »Meine Herren«, sagte ich und wies auf den Schirm. »Das ist eine der Anomalien, die ich aus den Sondenaufnahmen ausgesondert habe. Über die Echtheit habe ich mich bereits vergewissert. Nun möchte ich meine Vorgesetzten bitten, mir zu bestätigen, was ich hier sehe.«

Ein kurzer Bewegungsbilderstreifen lief über den Schirm. Zunächst waren nur zwei Gestalten zu erkennen. Die Mobilsonde hatte offensichtlich im Schatten eines Baumes gewartet. Etwa in der Mitte der Aufzeichnung gab es eine deutliche Unterbrechung, als die Belichtung umgestellt wurde. Dann wurden die schemenhaften Umrisse unvermittelt scharf.

Die rechte Gestalt war eindeutig weiblichen Geschlechts, nisuanischer Herkunft – und Hybridin. Außerdem war sie für ein Besatzungsmitglied der *Wahkopem Zomos* viel zu jung. Noch etwas fiel mir auf, und mir wurde ganz sonderbar zumute. Es dauerte nicht lange, bis ich dahinterkam, woran das lag: Sie war ausnehmend hübsch.

Für die Gestalt auf der linken Seite fehlten mir die Worte. Ein stark verkrüppelter Nisuaner vielleicht – ein einheimisches Tier? Aber was es da an einem Lederriemen um den Hals trug, sah aus wie ein alter Kommunikator – auf der *Gurix* hatte man diese Geräte vielleicht noch verwendet, auf Nisu standen sie bereits im Museum. Die beiden schwatzten miteinander und starrten dabei die Sonde an. Ein paar Worte waren zu verstehen.

Die Frau sagte ganz deutlich ›Sonde‹, ›Kamera‹ und ›*Wahkopem Zomos*‹. Ansonsten war mir ihre Sprache völlig unbekannt. Die Antwort ihres seltsamen Begleiters hörte sich jedoch ganz ähnlich an.

»Ich glaube«, sagte Kapitän Baegess, »damit ist Ihnen ein Platz in den Geschichtsbüchern sicher.«

Streeyeptin nickte. »Nach unserer Rückkehr steht Ihnen zumindest eine außerordentliche Beförderung zu. Gibt es von dieser Sonde noch mehr Bilder?«

Das war nicht der Fall. Unsere Mobilsonde hatte sich wie die Sonde von der *Wahkopem* verhalten und unwiderruflich abgeschaltet, nachdem sie uns mit einer einzigen Aufnahme den Mund wäßrig gemacht hatte. »Kapitän«, sagte ich mit todernstem Gesicht. »Ich bitte um Erlaubnis, länger aufbleiben und die anderen Mobilsonden einsatzbereit machen zu dürfen.«

Diese Bitte wurde mir widerspruchslos gewährt.

2

Nun galt es, die *Egalitäre Republik* über Setepos in einen stationären Orbit zu bringen. Die Ausrichtung des Abwärmestrahls war dabei das größte Problem.

Als Kapitänsassistent stand ich eine Stufe über den beiden anderen Assistenten an Bord und führte daher beim ersten Schritt das Kommando. Diese Ehre hätte mir sicher mehr geschmeichelt, wenn die Sache nicht so riskant gewesen wäre.

Während wir, immer noch mit einem Vielfachen der Fluchtgeschwindigkeit für diese Sonne und einer Bremsverzögerung von achtundachtzig Prozent normaler Schwerkraft, ins Kousapex-System stürzten, gingen wir also ans Werk und holten den Diffusor aus dem Lagerraum. Ohne ihn war es nicht möglich, die *Egalitäre Republik* über Setepos zu parken, und unsere Landefähren konnten zwar notfalls Orbitalgeschwindigkeit erreichen, aber es würde uns die Arbeit sehr erschweren, wenn wir sie bei jedem Flug nach unten erst in die Umlaufbahn bringen und von da aus landen mußten. Da unsere Triebwerke über Jahre hinweg ein Vielfaches des Schubs erzeugen konnten, der benötigt wurde, um die Schwerkraft von Setepos zu überwinden – was sie ja eben erst bewiesen hatten –, würden wir also mit Schubkraft über der Oberfläche des Planeten schweben. Wir würden jedoch außerhalb der Atmosphäre bleiben, um Turbulenzen durch Überhitzung der Luft zu vermeiden.

Doch selbst bei ausreichendem Sicherheitsabstand stellte die Hitze ein großes Problem dar. Unser Triebwerk war ein Nullpunktenergielaser, und wenn wir es einfach auf die Atmosphäre richteten und zündeten, um den benötigten Schub zu erhalten, würde es soviel Energie abgeben, daß selbst Felsgestein explosionsartig verdampfte. (Schließlich ruhten wir im wahrsten Sinne des Wortes auf einem Lichtstrahl.) Dabei war es gleichgültig, wo wir uns befanden, wenn unter uns Festland war, würde ein riesiger Vulkan entstehen.

Mit dem Diffusor ließ sich der Strahl so weit streuen, daß wir ihn gefahrlos auf die Meeresfläche richten konnten. Die überschüssige Energie wurde über das kochende Wasser und den heißen Dampf in die Atmosphäre abgeleitet.

Um den Diffusor in Position zu bringen, brauchten wir drei volle Arbeitstage. Die *Republikanische Genossenschaft zur Erforschung des*

Weltalls hatte es natürlich nicht für nötig gehalten, eine Luke vorzusehen, die groß genug war für das komplette Gerät, oder einen Diffusor zu konstruieren, der in einem Stück durch eine unserer Luken paßte, also mußten wir erst die einzelnen Elemente ausladen und zu drei montagefertigen Teilstücken zusammenfügen, um diese dann außerhalb des Schiffes zu verbinden. Natürlich ohne Murren, schließlich wußte man nie, ob sich Streeyeptin nach unserer Rückkehr nicht an jedes abfällige Wort erinnern würde.

Als wir endlich sicher sein konnten, daß jedes Teilstück funktionierte und sich problemlos an die beiden anderen anschließen ließ, waren wir nur noch fünf Tage von Setepos entfernt. Nun schaltete der Kapitän den Antiprotonenzerstäuber an und stellte die Nullpunktenergielaser ab, die das Schiff von Nisu bis hierher getragen hatten und uns nun beim Eintritt ins Setepos-System abbremsen sollten. Mit einem Schlag ging die Beschleunigung auf Null zurück, und wir waren schwerelos.

Wir drei Assistenten trafen uns zu einer letzten Besprechung mit dem Kapitän, bevor wir hinausgingen, um den Diffusor zu montieren. Man hatte uns mit diesem Teil der Mission betraut, damit wir ›einen neuen Rekord für den schnellsten Weltraumspaziergang aller Zeiten aufstellten‹, wie Kapitän Baegess sich ausdrückte. »Wir *glauben* zwar, daß unsere Schutzvorrichtungen funktionieren, aber mit Sicherheit werden wir es erst wissen, wenn Sie wieder hier sind. Zumindest während des letzten Zehnteltages wurde das Schiff jedenfalls von keinem größeren Objekt getroffen, das Ihnen gefährlich werden könnte.«

»Bis auf die Gammastrahlung«, bemerkte Krurix und sprach damit aus, was Bepemm und ich gedacht hatten.

»Bis auf die Gammastrahlung«, stimmte Kapitän Baegess zu. »Aber zerfetzt zu werden ist eine weit größere Gefahr.«

Obwohl wir inzwischen weit unter Lichtgeschwindigkeit flogen, bewegte sich unser Schiff immer noch etwa zehntausendmal so schnell wie ein Geschoß aus einem modernen Dampfgewehr. Ein einziges Staubkorn würde genügen, um jeden von uns in Stücke zu reißen, und innerhalb des neuen Sonnensystems wurde der Staub zusehends dichter.

Im Innern hatte uns bisher die bei der Dezeleration entstehende Abwärme geschützt; jedes Staubteilchen, das in die Bahn des Nullpunktenergielasers geriet, wurde entweder verdampft (wenn es dunkel war) oder mit großer Geschwindigkeit von uns weggestoßen (wenn es reflektierte). Und die wegströmenden Teilchen räumten dem Schiff zugleich den Weg nach vorne frei.

Doch solange der Laser eingeschaltet war, konnten wir draußen nicht arbeiten, und wenn er abgeschaltet war, konnte er uns nicht vor dem Staub schützen, der uns entgegenkam. Deshalb hatte der Kapitän das Schiff gedreht, so daß der Bug jetzt wieder in die Flugrichtung wies, und wir setzten den Antiprotonenzerstäuber ein, der schon während der langen Jahre der Beschleunigung für die Sicherheit des Schiffs gesorgt hatte.

Der Antiprotonenzerstäuber war eigentlich nur ein langes Rohr, das durch eine Magnetspule verlief und vor uns ins All hinausragte. Das schiffswärtige Ende des Rohrs war stark negativ, das andere stark positiv geladen.

Da Antiprotonen negativ geladen sind, wurde ein feiner Antiprotonennebel, den man ins Rohr sprühte, von der negativen Ladung abgestoßen, folgte den Linien des Magnetfelds durch das Rohr zu der positiven Ladung am vorderen Ende und schoß schließlich fast mit Lichtgeschwindigkeit ins All hinaus. Wenn eines der Antiprotonen auf ein Stäubchen traf, kam es zu einer Antimaterie/Materie-Reaktion. Dabei übertrug sich (wie bei einer Bombe, die neben einem Felsen hochgeht) ein kleiner Teil der freigesetzten Energie auf das Stäubchen und schnellte es von uns weg (die ›Explosion‹ fand nämlich stets auf der uns zugewandten Seite statt).

Die Sache hatte freilich einen Haken: Zwar wurde das Stäubchen mit einem geringen Prozentsatz der Energie ins All geschossen, der weitaus größere Teil wurde jedoch in harte Gammastrahlung umgewandelt. Wer sich von uns im All aufhielt, bekam damit, obwohl wir durch den gesamten Schiffskörper vom Antiprotonennebel abgeschirmt waren, eine erheblich höhere Strahlendosis ab als bei Raumschiffbesatzungen üblich. »Deshalb sollen Sie sich ja so beeilen«, erinnerte uns Kapitän Baegess zum hundertsten Mal. »Die Anzüge gewähren einen gewissen Schutz, aber längst nicht so viel, als wenn Sie sich im Innern des Schiffes aufhielten. Also machen Sie schnell; wir sind nicht darauf erpicht, auf dem Rückflug einen Krebspatienten versorgen zu müssen, und wir wollen, daß alle lebend wiederkommen.«

»Jawohl, Kapitän«, sagten ich und Bepemm, Astrogationsassistentin, wie aus einem Munde.

Und Ingenieursassistent Krurix fügte hinzu: »Das ist auch ganz in unserem Sinne.«

Krurix war dem Kapitän ein ständiger Stachel im Fleisch, weil er offenbar nicht einmal den einfachsten Befehl bestätigen konnte, ohne den Witzbold zu spielen. Bepemm verdrehte die Augen, als wollte sie sagen: *Jetzt hat uns dieser Krurix schon wieder eine Strafe eingebracht.* Aber der Kapitän war entweder guter Laune, oder er empfand die Situation selbst als komisch, jedenfalls sagte er: »Dann sind wir uns ja einig. Gut. An die Arbeit.«

Die Diffusionsspule war nichts anderes als ein plumper Torus aus supraleitenden Elektromagneten. Jeder von uns sollte ein Drittel davon nach draußen schaffen. Dann wurden die Teile zusammengesetzt und das Ganze um die Laseröffnung herum angebracht – wobei ein gewisses Quantum an harter Gammastrahlung nicht zu vermeiden war, denn manche Antiprotonen-Reaktionen spielten sich so weit seitlich vom Schiff ab, daß es uns nicht dagegen abschirmen konnte.

Krurix ging einem zwar gelegentlich auf die Nerven, aber er fand sich in der Schwerelosigkeit gut zurecht, und er war flink. Bepemm und ich waren froh, ihn bei uns zu haben. Die Teile waren schneller zusammengebaut als erwartet, dann montierten wir den Diffusor und gingen rasch die Checkliste durch. Alles funktionierte einwandfrei.

»Thetakisus, sieh dir den Himmel an, in Schiffsrichtung!« drang Krurix' Stimme knisternd aus meinem Helmfunkgerät.

Ich hob den Kopf. Im ersten Moment sah ich nur Sterne. Kousapex, die dicht neben dem Schiff stand, leuchtete inzwischen am hellsten. Dann blitzte es ein paarmal kurz auf – und als mir klar wurde, wonach ich eigentlich suchte, entdeckte auch ich die Krone aus tanzenden Funken, die über dem Schiffsbug schwebte.

Bepemms Stimme kam aus dem Lautsprecher: »Offenbar ein Nebeneffekt, wenn der Staub auf die Antiprotonen trifft. Die Staubflocken werden durch die Antimateriereaktion so stark aufgeheizt, daß sie glühen.«

Ich beobachtete die Erscheinung noch einen Augenblick länger und sagte dann: »Ich glaube, du hast recht. Die Streifen sind an einem Ende blauweiß und am anderen orangerot.« Nachdem meine Augen sich an die Dunkelheit gewöhnt hatten, konnte ich Hunderte von Lichtspuren unterscheiden. »Die hellen sind uns wohl am nächsten und die matten sind am weitesten entfernt. Und wenn man die ganze Gruppe betrachtet, sieht man, daß die blauweißen Enden zur Mitte hin gerichtet sind und die roten nach außen. Wie es sich gehört.«

»Ich finde es einfach schön«, sagte Krurix leise.

»Du hast recht«, bestätigte Bepemm, »und ich freue mich, daß wir es sehen durften … aber jeder dieser Streifen geht auf ein Ereignis zurück, bei dem eine Menge harter Strahlung frei wurde. Und diese Ereignisse sind sehr zahlreich, man sieht eine ganze Menge blauer Enden – und was wir sehen, kann uns auch verstrahlen. Ganz zu schweigen davon, daß vermutlich nur die Staubkollisionen sichtbar werden – auf jeden sichtbaren Staubstrich kommen Millionen von Kollisionen mit freien Atomen – und auch die geben harte Gammastrahlung ab. So schön es auch ist, ich finde, wir sollten wieder hineingehen.«

»Ja«, sagte Krurix, und man hörte ihm die Enttäuschung an.

Zum ersten Mal auf dieser Reise hatte ich ein gewisses Verständnis für ihn. Es war wirklich ein wunderschönes Bild, besonders jetzt, wo ich es deutlich sehen konnte: wie eine Blüte mit Tausenden von haarfeinen Blütenblättern, blauweiß im Zentrum, und außen rot gesäumt. Wir vergewisserten uns, daß wir keine Werkzeuge vergessen hatten, betraten die äußere Luftschleuse und schlossen die Luke hinter uns. Die einströmende Luft drückte gegen unsere Schutzanzüge, dann glitt die innere Luke auf. Bevor wir uns noch ganz ausgezogen hatten, gab es einen scharfen Ruck, das Schiff drehte sich, und die Bremsverzögerung setzte wieder ein. Als wir das Cockpit betraten, um Meldung zu machen, hatte der Kapitän den Diffusor bereits getestet und festgestellt, daß er tadellos arbeitete.

Wir waren nur noch einen Tag von Setepos entfernt, als wir alle entsetzlich seekrank wurden. Normalerweise verläuft der orbitale Transfer ziemlich glatt, aber wir gingen ja nicht in den Orbit um Setepos – sondern begleiteten den Planeten auf seiner Bahn um Kousapex, wobei wir ihm so nahe kamen, daß seine Schwerkraft unsere Eigenbewegung fühlbar störte. Bei dieser Interaktion mit der Schwerkraft von Setepos (und seines Mondes) wurde die Beschleunigung nicht sanft und gemächlich angepaßt, wobei das Schiff passiv blieb (und wir uns im freien Fall befanden und von alledem nichts wahrnahmen). Statt dessen standen wir selbst noch unter Beschleunigung und hüpften ständig vor und zurück, damit die Abwärme unseres Lasers nicht auf eine Oberfläche traf und eine Explosion auslöste. Die Beschleunigung schwankte rasch und unregelmäßig zwischen Null und fast einer vollen Schwerkrafteinheit hin und her, und wir wurden durchgeschüttelt wie auf einem Segelboot bei schwerer See.

So abrupt, wie es begonnen hatte, war es auch wieder vorbei. Gerade waren wir noch herumgeschleudert worden, die *Egalitäre Republik* warf sich von einer Seite auf die andere, gab Schub und nahm ihn wieder weg, gab Schub und nahm ihn wieder weg – und im nächsten Augenblick war es, als stünden wir bereits auf der Planetenoberfläche. Ich hatte noch die Spucktüte vor dem Gesicht, nun hob ich den Kopf und sah auf einem Bildschirm Setepos' breites Antlitz unter uns liegen. Bepemm und ich wischten uns hastig den Mund ab und hasteten die Leiter zur großen Beobachtungsstation hinauf. Den Endanflug besorgten der Kapitän, der Erste Offizier, der Ingenieur und der Ingenieursmaat, wir hatten dabei nichts zu tun. Krurix hatte beschlossen, sich die Sache vom Maschinenraum aus anzusehen, so daß wir auch durch seine Anwesenheit nicht gestört wurden.

Außer uns war nur der Politische Offizier Streeyeptin in der Beobachtungsstation; er saß vor den großen Bildschirmen und wirkte halbwegs gut gelaunt. Aber in dieser Situation war ohnehin nicht mit kontroversen Äußerungen zu rechnen. Er war sogar so freundlich, uns die Plätze neben sich anzubieten.

Wir konnten es kaum fassen, daß es eine Welt mit so viel Festland gab. Im Moment hatten wir zudem die landreichere Hälfte unter uns und schwebten über dem Gebiet, wo die beiden größten Kontinente, der *Große* und der *Haken*, zusammenkamen.

Streeyeptin deutete auf einen der Schirme. »Wie man sieht, leistet Ihr Diffusor gute Arbeit.«

Wir hatten uns bemüht, möglichst nahe an das mysteriöse Dorf heranzukommen, bei dem die *Gurix* gelandet war, (immer vorausgesetzt, unsere lückenhaften Aufzeichnungen waren soweit zutreffend). Auf diese Weise konnten wir eine der Mobilsonden vom Schiff aus per Direktfunk steuern und uns einen gründlichen Überblick verschaffen, bevor wir unsere Landefähren hinunterschickten. Zum Glück befand sich genau östlich unseres Zielgebiets ein ziemlich großes Meer mit so viel Wassertiefe, daß wir unseren Nullpunktenergielaser bedenkenlos darauf richten konnten. Schon wallten dicke, weiße Wolken auf, die selbst jetzt, bei Tag, von unserem starken Laser strahlend hell erleuchtet wurden. Eine dichte Wolkensäule löste sich langsam aus dem Strahl und schwebte ostwärts auf das Festland zu.

»In ein paar Tagen wird es da unten zu heftigen Regenfällen kommen«, sagte ich.

Streeyeptin nickte. »Hoffentlich entfesseln wir keine größeren Überschwemmungen oberhalb von etwaigen nisuanischen Kolonien. Auf jeden Fall werden wir ein paar Seen auffüllen, die Schneefelder auf den Bergen vergrößern und die Flüße reißender machen.«

Als der Nullpunktenergielaser zum ersten Mal – auf der Fläche einer nisuanischen Großstadt – das Meer berührte, hatte das Wasser bis in mehr als sechzig Körperlängen Tiefe zu kochen begonnen, doch jetzt wurde ein Teil der Hitze schon vorher durch die dichten Wolken verteilt. An der Oberfläche brodelte das Meer noch immer, aber die große Dampfsäule, die weit in die Atmosphäre hineinragte und vom Laserlicht beständig weiter aufgeheizt wurde, leitete den größten Teil der Wärme ab.

»Was wir da unten mit dem Klima anstellen, weiß der Schöpfer.« Bepemm zuckte erschrocken zusammen. Sie hatte gedankenloserweise einen Ausdruck aus der Alten Religion verwendet, und das in Gegenwart des Politischen Offiziers!

Streeyeptin tat so, als habe er nichts gehört. »Ob man die Wolken wohl von der Kolonie aus sehen kann – bei Nacht doch wohl auf jeden Fall?« sagte er. »Wer – oder was – immer da unten ist, muß inzwischen gemerkt haben, daß etwas Ungewöhnliches vorgeht. Aber deshalb weiß er noch nicht unbedingt, was es ist.«

»Assistent Thetakisus, bitte im Cockpit melden«, ertönte Kapitän Baegess' Stimme aus dem Kommunikator. »Wir wollen baldmöglichst eine Mobilsonde absetzen.«

»Bin schon unterwegs«, antwortete ich und eilte davon.

Als ich ins Cockpit kam, war dort ein Streit im Gange. Die eine Partei war natürlich Krurix, doch sein Gegner, und das war die Überraschung, war Chefingenieurin Azir. Ich hätte nie gedacht, daß Krurix sich in Gegenwart des Kapitäns so weit vorwagen würde. Normalerweise vergötterte er Azir, sie war der einzige Offizier, dem er widerspruchslos gehorchte.

Ich war unbemerkt eingetreten. Notfalls hatten hier acht Personen Platz, und im Moment waren wir nur zu fünft, also setzte ich mich einfach vor eine der Konsolen und wartete ab.

»... nicht mehr als einen Tag«, sagte Krurix. Er bemühte sich, die Erregung in seiner Stimme zu unterdrücken, aber so ganz wollte es ihm nicht gelingen. »Wenn wir das Schiff in eine Parkbahn einschießen – was nicht weiter schwierig ist – und einen Tag im freien Fall verbringen, können wir die Überholung vornehmen. So groß wären die Umstände wirklich nicht. Nicht zu vergleichen mit einem Schiffbruch.«

»Das alles sollen wir auf uns nehmen, nur weil Ihnen die Reaktionskurve nicht gefällt, obwohl sie durchaus innerhalb der Toleranz liegt?« fragte Azir sanft. Man hörte ihr an, wie fassungslos sie war.

Beremahm, der Erste Offizier, war von der Auseinandersetzung sichtlich angetan und dachte nicht daran, sich einzuschalten. Mir gab sie mit einer abfälligen Handbewegung zu verstehen, daß sie

Krurix wie üblich grotesk fand und mit Vergnügen zusehen würde, wie er sich blamierte. Ich war wie immer innerlich gespalten. Als ranghöchster Assistent an Bord vertrat ich die Ansicht, das Verhalten jedes einzelnen von uns falle auf alle drei zurück, und deshalb schämte ich mich für Krurix, der ständig Streitigkeiten vom Zaun brach und jeder noch so abwegigen Idee nachjagte. Andererseits war Krurix eben doch einer von uns, und wenn er (wie grundlos auch immer) befürchtete, das Schiff könnte abstürzen, dann wollte ich, daß man seinen Bedenken nachging.

Da saß ich nun und wußte nicht, ob und wie ich mich einmischen sollte.

Zum Glück war Kapitän Baegess ein Mann, der kein Risiko einging, auch wenn er nicht viel von Krurix hielt. Ich brauchte mir also nicht lange zu überlegen, wie ich ihn aus der Reserve locken konnte. »Erklären Sie uns doch bitte, Krurix, wo Sie einen Anlaß zur Besorgnis sehen.«

»Die Sache ist ziemlich einfach«, sagte er. »Nullpunktenergie wird erzeugt, indem man Kondensatorplatten mit einem Abstand von nur zwanzig Atomradien bis auf wenige Atomradien zusammendrückt. Der Zwischenraum ist laseraktivierbar, die auf diese Weise erzeugte Energie wird also restlos in Laserlicht umgewandelt und treibt so das Schiff an.«

»Vielen Dank für die Führung, sie war sehr aufschlußreich«, sagte Beremahm so sarkastisch, daß Krurix zusammenzuckte.

Doch Azir kam ihm zu Hilfe. »Ich glaube, das war nur die Einleitung zur eigentlichen Erklärung«, sagte sie. »Krurix kommt sicher gleich zur Sache.«

Krurix schluckte und fuhr fort: »Um eine konstante Energiezufuhr zu gewährleisten, müssen die Kondensatorplatten sehr schnell schwingen. Je schneller die Vibration, desto größer die Annäherung und desto mehr Laserimpulse pro Schwingung. Wenn wir mehr Schub haben wollen, müssen wir die Geschwindigkeit der Platten erhöhen. Bei den letzten Manövern habe ich die üblichen Routinekontrollen durchgeführt, doch als wir die Vibrationsgeschwindigkeit veränderten, entsprach die Kurve überraschenderweise nicht meinen Erwartungen. Es sah so aus, als würden die Platten etwas zu lange mit der alten Geschwindigkeit schwingen, um dann unvermittelt auf die neue zu fallen oder zu springen. Dazwischen herrschte einen Moment lang Chaos. Vielleicht darf ich es Ihnen auf dem Schirm zeigen?«

»Ich bitte darum«, erwiderte Kapitän Baegess und nickte.

Krurix wandte sich seiner Konsole zu und drückte ein paar

Tasten. Auf dem großen Schirm erschienen zwei Kurven. »Sehen Sie?« sagte er. »Die glatte Kurve links stellt eine ganz gewöhnliche exponentielle Dämpfung dar und war bisher immer der Normalfall. Die zweite, die wie eine unregelmäßige Intervallfunktion aussieht und unmittelbar, bevor sie sich abflacht, dieses kleine ›Schwirren‹ aufweist, ist die Kurve von heute.«

Beremahm, dem Ersten Offizier, war das Lächeln vergangen. Krurix hatte ihr Interesse geweckt. »Und woran liegt das Ihrer Meinung nach?«

»Von jetzt an kann ich nur noch mit Vergleichen arbeiten. Die Vibration der Kondensatorplatten hat Ähnlichkeit mit einem einfachen harmonischen Oszillator wie etwa einem Pendel, einer Wasserwelle oder einem Gewicht, das an einer Feder auf und ab hüpft. Das Verhalten einfacher harmonischer Oszillatoren wird beeinflußt von Schwankungen in der *Dämpfung* – vom Reibungskoeffizienten der Pendelachse, von der Dichte der Atmosphäre, in der das Pendel schwingt, von der Viskosität des Wassers, der Elastizität der Feder und dem Anteil der aufgewandten Energie, den sie als kinetische Energie zurückgibt. Ich würde also annehmen, daß sich irgend etwas an den Kondensatorplatten oder, was wahrscheinlicher ist, an dem supraleitenden Magnetschwebefeld verändert hat, das sie hält. Wenn sich nun in diesem Bereich Veränderungen zeigen – nachdem jahrelang bei höchster Beschleunigung alles konstant geblieben ist und wir im Labor noch nie getestet haben, wie solche Triebwerke reagieren, wenn sie so lange auf Hochtouren arbeiten –, können wir wohl die Möglichkeit nicht ausschließen, daß die Platten irgendwann zusammenfallen oder auseinanderspringen und zu schwingen *aufhören*. Und wenn sie blockieren ...«

»Ach, das ist weiter kein Problem!« Azirs Erleichterung war nicht zu überhören. »Wir haben ein Notsystem, das die Kondensatorplatten wieder trennt und erneut in Schwingung versetzt. Möglicherweise sacken wir ein wenig ab, das mag ziemlich beängstigend sein, aber sobald das Triebwerk wieder anspringt, ist alles in Ordnung.«

Krurix seufzte. »So weit, so gut, aber ich habe die Situation in der Computersimulation durchgespielt. Es dauert nämlich eine Weile, bis der Notseparator eingreift. Und in dieser Zeit könnten wir bis in die äußeren Atmosphäreschichten von Setepos stürzen. Wenn das passiert, müssen wir mit etwas mehr als einer Schwerkrafteinheit beschleunigen, um nicht auf der Oberfläche aufzuschlagen – aber wenn wir das Triebwerk soweit hochfahren ...« – wieder drückte er einige Tasten auf seiner Konsole ... »Als wir genau die gleiche Energiemenge zum ersten Mal in die Atmosphäre gepumpt haben, war dies die Folge – hier die Infrarotaufnahme.«

Wir sahen eine riesige Säule überhitzter Luft von der Oberfläche emporschießen. Kapitän Baegess schnalzte mit der Zunge. »Wie stark ist die Explosionswirkung?«

»Wie bei einer großen Wasserstoff-Fusionsbombe«, sagte Krurix. »Und wie nahe wir dran sind, ist der Explosion egal. Von hier oben, in sicherer Entfernung, ist es ein interessantes Schauspiel. Aber da unten in der Atmosphäre wären wir mittendrin im Geschehen. Und für solche Temperatur-, Druck- und Beschleunigungswerte ist unser Schiff natürlich nicht gebaut.«

»Wir würden in tausend Stücke gerissen«, sagte Beremahm und legte nachdenklich ihre langen Shulathierohren zurück. »Jetzt begreife ich, Krurix. Ja, Sie hatten recht, uns darauf aufmerksam zu machen.«

»Sie schlagen also vor, das Schiff in einen ballistischen Orbit zu bringen, alle Triebwerke abzuschalten und sämtliche Separatoren und Kondensatoren zu überholen? Ich muß ihnen recht geben. Damit wäre das Problem beseitigt.«

»Es wäre der sicherste Weg«, meinte auch Azir.

Krurix ließ erleichtert die knochigen Schulterplatten sinken, und sein Mähnenkamm glättete sich. Er mußte Todesängste ausgestanden haben. Es gehörte einiges dazu, sich ausgerechnet in diesem Moment gegen seine Vorgesetzten zu behaupten. Ich war nicht sicher, ob ich an seiner Stelle ebensoviel Mut und Weitsicht bewiesen hätte. Vielleicht war er doch ganz brauchbar, auch wenn er mir nicht sympathisch war. Ich beschloß, in Zukunft besser auf ihn zu hören.

Zumindest solange er nicht wieder jeden Befehl ins Lächerliche zog.

Streeyeptin kam hereingeklettert und fragte: »Warum die Verzögerung? Da unten möchten alle gern wissen, was hier geschieht.«

Kapitän Baegess blickte auf. »Assistent Krurix hat entdeckt, daß Gefahr für das Schiff besteht, und eine Lösung vorgeschlagen. Wir bemühen uns gerade, zu einer Entscheidung zu kommen.«

Der Politische Offizier machte eine ungeduldige Handbewegung. »Wir stürzen nicht zufällig ab, oder?«

»Noch nicht«, gab Baegess tonlos zu. »Aber die Sache ist ernst.«

»Wir müssen an unsere Mission denken«, mahnte Streeyeptin. »Haben wir mit der Erkundung schon begonnen?«

»Sobald ich sicher bin, daß unser Leben nicht bedroht ist, können wir anfangen«, erklärte Baegess. »Selbsterhaltung und eine sichere

Rückkehr haben oberste Priorität – so steht es auch in den Befehlen. Und hier geht es um Leben und Tod.«

Natürlich mußte man Streeyeptin nun alles noch einmal und in wesentlich einfacheren Worten erklären. Schließlich nickte er. »Ja, ich verstehe. Trotzdem halten wir an unserem ursprünglichen Plan fest. Das ganze Gefasel konnte mich nicht überzeugen, daß Sie der Sache zu Recht soviel Gewicht beimessen – Assistent Krurix hat glänzend argumentiert, und es spricht für ihn, daß er sich unentwegt Gedanken macht –, aber zwei Einwände liegen doch auf der Hand: Erstens hat die *Republikanische Genossenschaft zur Erforschung des Weltalls* das Schiff für die Reise nach Setepos und wieder zurück gebaut und große Fehlertoleranzen einkalkuliert. Wir haben noch nicht einmal die Hälfte der vorgesehenen Strecke zurückgelegt, und schon deshalb ist es äußerst unwahrscheinlich, daß ernsthafte Probleme auftreten. Zweitens sind wir nach einem sehr langen Flug soeben wohlbehalten hier eingetroffen, und Sie sagen ja selbst, daß die Schwankungen aufgehört haben und die Triebwerke wieder normal laufen.

Es besteht also nur eine minimale Chance, daß es sich um einen größeren Schaden handelt. Für diesen Fall sind unsere Befehle unmißverständlich. Wir haben unverzüglich zu klären, was mit der Besatzung der *Wahkopem Zomos* geschehen ist. Sobald das feststeht, werden wir eine kurze Stellungnahme darüber abgeben, ob wir die Errichtung einer Kolonie durch die Nisuanische Republik auf diesem Planeten empfehlen können. Danach treten wir die Rückreise an. Weiter reichen unsere Vollmachten nicht. Die ordnungsgemäße Funktion der Triebwerke ist vor allem für die Rückreise von Bedeutung, folglich werden wir die von Ihnen vorgeschlagene Überholung kurz vor dem Aufbruch durchführen, oder auch früher, falls sich zeigen sollte, daß das Schiff über einen längeren Zeitraum nicht benötigt wird.

Wie Sie sehen, steht alles in den Befehlen, man braucht sich nur daran zu halten.« Voller Genugtuung sah er sich um. Mir sank der Mut. Er hatte das Problem soeben auf seine Weise aus der Welt geschafft.

Kapitän Baegess seufzte. »Auch Selbsterhaltung und eine sichere Rückkehr sind in den Befehlen festgeschrieben. Mit einem Totalausfall eines Nullpunktenergielasers haben wir keinerlei Erfahrung. Und dazu könnte es nach derzeitigem Erkenntnisstand jederzeit kommen. Wenn dies der Moment wäre, hätte Krurix vermutlich recht – dann müßten wir alle sterben.«

Streeyeptin lächelte, aber es war kein angenehmes Lächeln. »Ich habe den Eindruck, daß Sie sich eben zum ersten Mal seit langem für die ursprünglichen Befehle interessiert haben.«

Kapitän Baegess hatte die Drohung sicher verstanden, aber er ließ sich nichts anmerken, sondern sagte nur: »Die Loyalität der *Egalitären Republik* steht außer Zweifel.«

Jetzt war Streeyeptin endlich zufrieden. »Selbstverständlich.« Leute seines Schlages verlangten offenbar nicht mehr, als daß alle sich widerstandslos fügten, ihn ausdruckslos ansahen, ja und amen sagten und mit ihrer Meinung hinter dem Berg hielten.

3

Bepemms Stimme kam aus dem Lautsprecher. »Kapitän, ich habe Kontakt mit der *Wahkopem Zomos.* Sie befindet sich genau da, wo sie sein sollte. Auch alle Zugriffscodes waren noch gültig. Ich kann jederzeit anfangen, den Speicherinhalt ihres Zentralcomputers zu überspielen.«

Ehe Kapitän Baegess antworten konnte, hatte Streeyeptin schon nach der Sprechmuschel gegriffen. »Nur zu«, sagte er. »Anschließend sehen Sie alle Aufzeichnungen ab der Landung durch und gehen so weit zurück wie nötig. Vielleicht können Sie so die Geschehnisse rekonstruieren.« Theoretisch war er nicht berechtigt, Bepemm oder einem anderen Besatzungsmitglied direkte Befehle zu erteilen, aber er hatte wohl das Gefühl, nach der letzten Auseinandersetzung auf seine Autorität pochen zu müssen.

Jeder Bürger der Republik lernt schon sehr früh, daß man einem Politischen Offizier niemals widerspricht. »Wird sofort erledigt«, bestätigte Bepemm knapp.

»Und während wir auf Bepemms Meldung warten, Kapitän, möchte ich dringend empfehlen, daß Ihr Assistent die Mobilsonden auf die Oberfläche bringt und in Betrieb setzt. Es gilt, ein Rätsel aufzuklären, unsere Auftraggeber sind keine Freunde offener Fragen.«

Kapitän Baegess nickte mir zu, und ich drehte mich zur Konsole um, schaltete sie ein und konfigurierte sie so, daß ich damit die Sonde steuern konnte. »Krurix«, sagte ich, »Sie könnten mir helfen, falls Azir Sie nicht mehr braucht – ziehen Sie sich einen Sitz heran.«

»Ich kann ihn im Moment entbehren«, sagte Azir. »Ich möchte ein paar Routinetests an den Triebwerken durchführen.«

»Aber nur Routine«, mahnte Streeyeptin.

»Selbstverständlich.« Sie hatte es auffallend eilig, das Cockpit zu verlassen.

Krurix zog den Sitz an der Nebenkonsole heraus und drehte ihn so, daß wir parallel zueinander saßen. Streeyeptin und Kapitän Baegess begaben sich zu einer Besprechung in Streeyeptins Kabine – ich hatte zum Glück zuviel zu tun, um mich darum zu kümmern, was da drüben wohl vorging. Damit waren außer uns beiden nur noch Beremahm als diensthabender Offizier und Tisix als Steuerwache im Cockpit.

Krurix und ich hatten schon, wenn auch nur zur Übung, zu zweit eine Robotsonde ferngesteuert. Solange ich voll beschäftigt war, pflegte er mich mit seinem Gerede in Ruhe zu lassen, also machte ich mich an die erfreuliche Aufgabe, die Sonde so rasch wie möglich zu testen und einsatzbereit zu machen. Dieses Exemplar hatte ich mit einem besonders starken Antriebssystem – bestehend aus einer Antimateriezelle mit Heißgasrakete – ausgestattet, damit es notfalls schnell und weit laufen konnte.

Das hatte den willkommenen Nebeneffekt, daß sie keinen Fallschirm brauchte; ich konnte sie per Fernsteuerung mit ihrem eigenen Triebwerk bis zum Boden fliegen lassen. Krurix hielt sich in Bereitschaft, um die Steuerung zu übernehmen, wenn ich abgelenkt wurde oder ihn darum bat. Wenigstens war er klug genug, in solchen Momenten nichts zu tun, was mich reizte.

»Bereit zum Start?« fragte er.

»Start auf mein Zeichen«, antwortete ich. »Drei. Zwei. Eins. Start.«

Wir spürten ein leises Zittern unter den Füßen, als das Heckkatapult die Sonde ausstieß und auf den Planeten zuschleuderte. Als sie sich ein Stück entfernt hatte, probierte ich die Steuerung aus. Sie reagierte ausgezeichnet, fast so gut, als säßen wir selbst drin.

Es war nicht etwa so, als müßte ich eine Landung aus dem Orbit fliegen; die *Egalitäre Republik* schwebte auf der Abwärme ihres Lasers hoch über der Atmosphäre von Setepos, stationär zur Oberfläche, aber nicht in der Entfernung des geostationären Orbits – Tisix bewegte sie mit Hilfe der Positionsdüsen gerade so schnell seitwärts, daß wir über einem Punkt im Meer zwischen dem *Großen* und dem *Haken* verharrten. Die Sonde, die ich steuerte, hatte also parallel zur Oberfläche von Setepos praktisch keine Geschwindigkeit mitbekommen – es war wie ein Sturz von einem unglaublich hohen Gebäude.

Ich hatte die Sonde so eingestellt, daß sie jedesmal, wenn das Tempo zu hoch wurde, das Triebwerk zündete und sich damit fast zum Stillstand brachte. Beim Blick durch die Kamera entstand so der Eindruck, als nähere sie sich dem Boden in einer Reihe von gemessenen Sprüngen. Auf diese Weise kam sie fast bis zur Troposphäre, ohne je so schnell zu werden, daß sich ihre Außenhaut aufgeheizt hätte. »Wie Fahrstuhlfahren«, sagte ich.

»Fliegt sehr schön«, bestätigte Krurix. »Wollen wir die Wüste im Nordwesten des Dorfes ansteuern? Ich hätte da eine Position.«

»Geben Sie sie mir«, sagte ich und hielt die kleine Sonde noch über dem Boden, aber schon tief in der Atmosphäre an. Sofort zeigte sich im Sucher meiner seitlich angebrachten Kamera ein grüner Punkt. »Hab sie«, sagte ich. »Ich gehe fast senkrecht hinunter, sonst wird noch jemand auf uns aufmerksam, weil wir ihm über den Kopf hinwegfliegen.« Ich veränderte den Sinkwinkel um eine Winzigkeit, gab etwas Schub und steuerte die Sonde auf den grünen Punkt zu. Ganz langsam kroch sie über der Landschaft dahin. Ich drehte sie einmal, so daß der Schub in die Gegenrichtung wirkte, wartete, bis sie zum Stillstand kam, und hielt sie im Schwebeflug. Soweit das bei dem Maßstab zu bestimmen war, lag der Punkt genau unter mir.

»Fliegt wirklich sehr schön«, wiederholte Krurix. »Sie haben's auf Anhieb geschafft.« Etwas leiser fügte er hinzu: »Vielen Dank, daß du mich da rausgeholt hast. Ich dachte schon, der Politische Offizier macht mir die Hölle heiß und beschuldigt mich, die Mission zu sabotieren.«

»Er hat dich sogar belobigt«, erinnerte ich ihn.

Krurix schaute zu Boden und murmelte: »Jeder weiß, wie gefährlich das ist.«

Ich konnte ihm nicht widersprechen, ich wußte ja, daß er recht hatte. »Jedenfalls ging es mir weniger um dich, ich wollte uns alle aus der Schußlinie bringen.«

»Ich ergreife jede rettende Hand, die man mir entgegenstreckt«, sagte er. »Wenn Sie bereit sind, können wir die Sonde aufsetzen und in die nächste Phase eintreten.«

»Klar«, sagte ich und reduzierte den Schub ein wenig. Die Sonde schwebte nach unten, doch bevor sie zu schnell werden konnte, gab ich wieder mehr Schub, bis sie schließlich einen Fingerbreit über dem kiesigen Wüstenboden schwebte. Dann nahm ich den Schub auf Null zurück, und schon war die Sonde auf Setepos gelandet.

Ein schneller Kameraschwenk zeigte fast überall flache Hügel und Sanddünen, nur im Osten erhob sich ein hohes, bewaldetes Felsmassiv. »Schön«, sagte Krurix neben mir. »Ich habe die Landefähre und das Dorf angepeilt und bekomme ein recht ordentliches Radartopogramm von der Gegend dazwischen. Wenn Sie auf die Berge zusteuern, stoßen Sie auf eine Reihe von flachen Höhenrücken, und dazwischen finden Sie etliche Flächen, die aussehen wie Felder mit kleinen Bewässerungsrinnen. Dort arbeiten wahrscheinlich Leute, wir müssen also möglichst dicht an den Hügeln entlangfliegen, um uns nicht davon abzuheben, und immer erst Deckung suchen, bevor wir von einem zum anderen wechseln. Irgendwann erreichen wir dann eine Kuppe am Fluß, und von dort aus können wir in die Stadt hineinsehen.«

»Der Plan ist gut«, sagte ich, und das war aufrichtig gemeint.

»Wenn Sie die Außenkameras und die Instrumente übernehmen, habe ich die Hände frei, um so niedrig wie möglich zu fliegen.« Wir änderten die Konfiguration entsprechend. Ich hielt die Sonde auf einer Höhe von einer Körperlänge über dem Wüstenboden, damit sie mit ihrer kleinen Düse nichts in Brand setzen konnte, und ließ sie auf die Berge zurasen. Krurix sagte laufend die angezeigten Werte an. »Temperatur, Druck, Schwerkraft, Feuchtigkeit, alles genauso, wie es nach den anderen Sonden zu erwarten war. Der Biotester meldet hauptsächlich Pollen und Bakterien und ein paar Insekten. Auch das kennen wir bereits von den anderen Sonden. Sieht ganz so aus, als könnten wir uns ohne Spezialanzüge frei bewegen. Müßte unsere Vorgesetzten eigentlich freuen – wir können sofort die nächste Phase anschließen.«

»Sie haben auch ihre Befehle«, erinnerte ich ihn, »und nach ihrer Rückkehr wird es sich auszahlen, wenn sie sich daran halten.«

»Was gibt es da drüben zu tuscheln?« fragte Beremahm. Vielleicht hatte sie mitbekommen, daß unser Gespräch – besonders jetzt, wo der Politische Offizier verrückt spielte – etwas fragwürdig war, vielleicht wurde sie auch immer mißtrauisch, wenn zwei Assistenten sich allzu leise miteinander unterhielten.

»Es ging nur um technische Details«, sagte ich. »Wir fliegen dicht über dem Boden, und das macht die Steuerung ziemlich knifflig, außerdem bekommen wir in dieser Höhe eine Unmenge an brauchbaren Daten.«

Als die Sonde den ersten Hang hinaufschwebte, überquerte sie zwei Fußwege, aber ich vermied es, ihnen zu folgen. Abseits davon war das Gelände so zerklüftet und mit Gestrüpp bewachsen, daß ich höhergehen mußte, aber Krurix versicherte mir, es sei niemand da, der uns sehen könne, die Kameras zeigten jedenfalls nichts an. Daraufhin zog ich die Sonde kurz hoch, und nun entdeckte Krurix mit einer Fernlinse zwei Seteposier, die mit ihren Hacken ein Feld bearbeiteten. Ich ging also wieder tiefer und glitt weiter bis zu einem lichten Wäldchen, wo wir unbeobachtet waren. Zwischen den Bäumen hindurch arbeiteten wir uns bis zum nächsten Höhenrücken vor, stiegen durch eine Rinne in seiner Flanke nach oben und schoben uns wieder hinter dem Grat entlang, bis wir eine Stelle zum Überqueren gefunden hatten. Das Spielchen wiederholten wir noch mehrmals.

Mehr als einen Sechzehnteltag später konnte Krurix mir endlich verkünden, daß nur noch ein Höhenrücken zwischen uns und der Ansiedlung lag. »Jetzt wird es allmählich riskant«, sagte ich. Im Augenblick kauerte die Sonde in einer flachen Senke neben einer

Rinne, und wir hofften, daß sie dort unbemerkt blieb, aber da in diese Senke drei Fußpfade führten, war auf Dauer nicht damit zu rechnen. »Trotzdem möchte ich mich einmal gründlich umsehen. Ich steige über der Kammlinie kurz nach oben – Sie halten alle Kameras und Instrumente bereit für möglichst viele Schnappschüsse in hoher Auflösung. Ich bin nicht sicher, ob wir mehr schaffen. Anschließend müssen wir ohnehin improvisieren.«

Ich ließ die Sonde eine Viertel Körperlänge über dem Boden weiterkriechen bis zu einem Waldstreifen, der fast bis zur Kuppe hinaufreichte. Dann zog ich sie durch eine Lücke zwischen den Bäumen hoch, überflog die Kuppe und ging auf der anderen Seite in zwei Körperlängen Höhe in Schwebeflug. Krurix saß an der zweiten Konsole und schoß in kürzester Zeit mehr Bilder, als wir bei den Übungen je geschafft hatten. Ich hörte ihn vor Anstrengung ächzen.

Es hatte gerade für einen kurzen Rundblick gereicht, als sich auf dem Schirm etwas bewegte. Ein Seteposier – er war gerade im Begriff, einen Speer auf die Sonde zu schleudern. Ich zündete die Seitendüse, die Sonde wich taumelnd aus; der Seteposier machte kehrt und rannte davon.

»Hinterher!« sagte Krurix. »Entdeckt hat man uns sowieso, und wir haben genügend Saft, um notfalls schnell zu verschwinden. Und es könnte doch interessant sein, zu sehen, wem er seinen Fund eventuell meldet.«

Das hörte sich nicht schlecht an. Ich schwenkte in die neue Richtung, und wir segelten über dem holprigen Fußpfad hinter dem hangabwärts flüchtenden Seteposier her. Aus dem Augenwinkel bemerkte ich, daß Krurix viele gute Aufnahmen schoß: Die Innenstadt mit ihren großen Gebäuden und dem Turm wurde von einer Steinmauer geschützt, dahinter schloß sich ein Ring von Hütten an, die mit Holzpalisaden umgeben waren. Die Siedlung war in den vierzig Jahren, seit jene rätselhafte Einzelaufnahme entstanden war, erheblich gewachsen. Das bemerkenswerteste Detail befand sich genau im Zentrum, an der Rückseite des größten Gebäudes überhaupt: der ausgebrannte Rumpf einer Landefähre der *Wahkopem Zomos*.

Die Gestalt vor uns rannte weiter bergab, und ich verfolgte sie, bemühte mich aber, auch die seitlichen und hinteren Kameras im Auge zu behalten, falls Freunde von ihm auftauchten, um ihm zu Hilfe zu kommen. Der Eingeborene trug mehr Kleidung als wir, stellte ich fest – er hatte den ganzen Körper in ein Stück Stoff gewickelt, das beim Laufen wild hin und her flatterte. Wahrscheinlich war er im Leben noch nie so schnell gerannt. Ich konnte es ihm nicht verdenken.

»Ich will Sie nicht ablenken, Thetakisus«, sagte Krurix, »aber das ist wirklich eine Sensation. Was wir da vor uns haben, ist eine richtiggehende Steinzeitsiedlung, ganz ähnlich wie das Kratareni der Ersten Dynastie, das man vor zwanzig Jahren auf Nisu ausgegraben hat.«

Unser einsamer Speerwerfer lief gerade über ein ziemlich ebenes, bestelltes Feld, so daß ich mich für einen Moment auf die Ausweichautomatik verlassen konnte. Ich riskierte einen kurzen Blick hinüber auf seinen Bildschirm. Was ich dort sah, hätte aus einem nisuanischen Historienstreifen stammen können. Ich wandte mich wieder meinem Seteposier zu.

Er erkletterte jetzt eine kleine Holzpalisade neben dem Weg. Was dahinter war, konnte ich nicht sehen, aber wahrscheinlich ...

Das interne Alarmsystem der Sonde stieß einen schrillen Schrei aus. Um den Schaden zu orten, stellte ich die Kameras so um, daß sie die Außenseite der Sonde erfaßten; aus einem Außensensor ragte ein verzierter Stab. Ich begriff erst mit einiger Verzögerung, daß es sich wohl um ein Projektil aus einer mir unbekannten seteposischen Waffe handelte.

Zwei weitere Stäbe flitzten vorbei – jetzt sah ich, daß es Miniaturspeere mit Steinspitzen waren. Am hinteren Ende war etwas festgebunden, damit sie die Richtung hielten. Ich ließ die Sonde Haken schlagen, um die Schützen zu verwirren. Nun kam eine ganze Reihe von Seteposiern über das Feld marschiert, das wir eben überquert hatten. Sie legten die kleinen Speere auf gebogene Stöcke, das war wohl die Abschußvorrichtung. Weitere zwanzig Mann stürmten aus der kleinen Festung, in die unser erster Seteposier verschwunden war. Sie hielten lange Speere in den Händen.

»Wir sollten die Sonde rausholen, sonst verlieren wir sie noch«, sagte Krurix.

Ich drückte auf die Taste für den entsprechenden Befehl, und die Sonde beschleunigte mit vier Schwerkrafteinheiten. Die Kameras schwenkten nach unten. Ein Schwarm von großen und kleinen Speeren flog ihr nach, fiel aber rasch wieder zurück. Feld und Festung verschmolzen mit ihrer Umgebung zu einem grünen Fleck, auch Stadt und Hügel waren bald nicht mehr zu unterscheiden.

»Nicht unbedingt ein freundlicher Empfang«, bemerkte Krurix. »Ich glaube, beim Erstkontakt ist Vorsicht geboten. Es gefällt mir übrigens gar nicht, daß aus dieser Festung nur Seteposier gekommen sind. Wenn die Besatzung der *Wahkopem* gesiegt hätte, wäre doch zumindest ein nisuanischer Offizier dabeigewesen.«

Ich schaltete die Fernsteuerung aus. Von hier aus konnte die Sonde ohne weiteres allein zur *Egalitären Republik* zurückfinden. Jetzt hatte ich Zeit für einen kleinen Schwatz und grinste meinen Kollegen an. »Ob wir uns jetzt wohl erklären können, was mit den Robotsonden passiert ist?«

Er nickte. »Ich denke schon. Dieser Zusammenstoß ist zwar noch kein Beweis, aber ich hatte den Eindruck, die Leute wußten, was sie taten. Haben Sie bemerkt, wie schnell sie die Sonde umzingelt hatten? Die Roboter sind darauf programmiert, sich zu entfernen, wenn etwas Großes auf sie zukommt. Mir scheint, unsere Freunde haben einen Weg gefunden, die Programmierung so zu verwirren, daß sie sich nicht mehr zu helfen weiß.«

Ich trug das in unseren Bericht ein und sagte: »Gut. Wir müssen bald einen neuen Versuch unternehmen. Aber wenn wir nur Wachposten jagen, kommen wir nie zu unserem Überblick.«

Krurix kratzte sich hinter dem Ohr und rieb sich kräftig den Mähnenkamm. »Die nächste Sonde sollten wir bei Nacht absetzen. Alle Kameras auf Infrarot stellen, kein Licht anmachen, uns auf kleine Sprünge mit minimalem Feuerstrahl beschränken und möglichst viel mit den Akustiksensoren arbeiten. Etwa so, als wären wir selbst unten und wollten uns anpirschen. Am besten kommt die Sonde senkrecht von oben, damit sie gar nicht erst an den Wächtern vorbei muß, und wir sollten eine Nacht wählen, in der kein Mond am Himmel steht.«

Wir hatten gerade ausgerechnet, daß bald Neumond war, die günstigste Gelegenheit überhaupt, als Beremahm herüberkam und jedem von uns eine Hand auf die Schulter legte. »Der Kapitän hat alle Offiziere in den großen Konferenzsaal bestellt – mich eingeschlossen. Das Schiff ist also vorübergehend in der Hand der Mannschaft. Tisix«, wandte sie sich an den Mann am Steuer, »kann ich mich darauf verlassen, daß Sie keinen Absturz bauen?«

»Wenn das Schiff hochgeht, können Sie es mir vom Sold abziehen«, gab Tisix zurück.

»Was ich Ihnen jetzt sage«, fuhr Beremahm fort, »verstößt gegen alle geltenden Vorschriften. Es scheint, als gingen große Dinge vor. Ihre Freundin Bepemm wird Bericht erstatten, und der Kapitän und der Politische Offizier wären Ihnen sehr verbunden, wenn auch Sie das eine oder andere beizutragen hätten – es braucht kein ausgearbeiteter Vortrag zu sein, aber Sie sollten nicht völlig vom Stuhl fallen, wenn er Sie darum bittet. Deshalb möchte ich Ihnen ganz inoffiziell raten, sich ein paar Minuten Zeit zu nehmen und ein paar Aufnahmen zusammenzustellen, bevor Sie hinuntergehen.«

Im großen Konferenzsaal wurden auch die Mahlzeiten serviert, Freizeitaktivitäten veranstaltet und Vorträge zur Politischen Erziehung gehalten. Er konnte die gesamte Besatzung fassen, und da nur etwa die Hälfte davon Offiziere waren, hätten wir eigentlich genügend Platz gehabt. Statt dessen drängte sich alles in den zwei vordersten Reihen zusammen. Wir waren sehr gespannt auf Bepemms Bericht. Wenn Kapitän Baegess und der Politische Offizier Streeyeptin deshalb ein außerordentliches Treffen anberaumten, mußte es sich um eine Sensation handeln.

Als letzte kamen Proyerin, der Ingenieursmaat, und Depari, der Astrogator. Sie hatten beide geschlafen. Kapitän Baegess begann, sobald die beiden sich gesetzt hatten. »Von heute an werde ich mich hüten, irgend etwas als abwegige Spekulation zu bezeichnen. Es dürfte Ihnen bekannt sein, daß sich einige der wildesten Vermutungen über das Schicksal der *Wahkopem – Zomos*-Expedition bestätigt haben. Wir wußten schon seit längerem, daß die Besatzung damals in der Nähe eines Dorfes mit intelligenten Seteposiern gelandet war, und daß zumindest einige von ihren Nachkommen noch immer dort leben. Damit haben wir den größten Schock bereits hinter uns. Doch was Astrogationsassistentin Bepemm jetzt zutage gefördert hat, ist nicht nur überraschend – sondern im wahrsten Sinne des Wortes schockierend. Die meisten von Ihnen werden tief betroffen sein, und deshalb bitte ich Sie schon jetzt, Bepemm Ihre *volle* Aufmerksamkeit zu schenken und sie *nicht* zu unterbrechen, auch wenn Ihnen das schwerer fallen sollte, als Sie jetzt denken. Ich möchte mich erst äußern, wenn alle die Fakten kennen – mit einer Ausnahme. Als Kapitän lege ich Wert darauf zu betonen, daß Bepemm ausgezeichnete Arbeit geleistet hat. Sie hat die entscheidenden Aufzeichnungen erstaunlich schnell aufgespürt und sie mit großem Scharfsinn zu dieser außergewöhnlichen Geschichte – einem wahren Schauerroman – zusammengefügt, die Sie gleich hören werden. Das verdient höchste Anerkennung. Und jetzt widmen Sie ihr bitte Ihre volle Aufmerksamkeit. Bepemm?«

Es war noch nie vorgekommen, daß einer von uns Assistenten vor der Offiziersversammlung eine Rede hielt; normalerweise wurden Vollversammlungen dieser Art nur vor und nach einer Reise, aber niemals zwischendrin abgehalten. Und von uns Assistenten nahm ohnehin nie jemand Notiz, man hetzte uns nur von einer Aufgabe zur anderen. So war es kein Wunder, daß Bepemm ein wenig verschüchtert wirkte. Als sie zu mir und Krurix herübersah, nickten wir ihr aufmunternd zu. Das schien sie etwas zu beruhigen.

Der Kapitän hatte bei seiner Einführung nicht übertrieben. Es *war* ein Schauerroman. Am Anfang stand der Mord an dem einzigen charakterlich einwandfreien Mitglied der Besatzung, dem einen Nisuaner, der dafür plädiert hatte, die Seteposier als gleichberechtigt anzuerkennen, und der in bezug auf Mischehen keine rassistischen Vorurteile hegte. Vieles deutete darauf hin, daß er sich gegen den Plan gewandt hatte, auf Setepos ein Sklavenimperium zu errichten – doch dazu mußte Bepemm erst noch hieb- und stichfeste Beweise finden.

Der Absturz, einer der beiden Auslöser der nisuanischen Revolution, hatte gar nicht stattgefunden. Die Falschmeldung sollte nur verhindern, daß jemand aus der Heimat nach Setepos reiste, um zu sehen, was hier vorging. Für uns, die Kinder der Revolution – und für die älteren Offiziere, die mitgekämpft hatten –, war dies vielleicht der schwerste Schlag.

Aber es kam noch schlimmer. Den Informationen aus dem Computer der *Gurix* war zu entnehmen, daß die Nisuaner tatsächlich ein Sklavenreich errichtet und etwa zwanzig benachbarte Siedlungen überrannt hatten.

Schließlich kam Bepemm auf die Seuche zu sprechen, die unter den Nisuanern ausgebrochen war. Nachdem Mejox zum letzten Mal zur *Wahkopem Zomos* geflogen war, um Medikamente zu holen, brachen die Aufzeichnungen unvermittelt ab. Erst drei Jahre später setzten sie wieder ein. Zu diesem Zeitpunkt war die *Gurix* mit Maximalschub gestartet und hatte mir nichts, dir nichts das Sonnensystem verlassen. Kein Funkspruch konnte sie mehr erreichen. Irgendwann, etwa zu der Zeit, als ihr Berechnungen zufolge der Treibstoff ausgegangen sein mußte, hatten die Triebwerke versagt. »Die *Gurix* hatte kein festes Ziel«, stellte Bepemm fest. »Der nächste Stern, den sie hätte ansteuern können, ist mehr als zwanzig Lichtjahre entfernt, ein roter Zwerg, den sie noch jahrzehntelang nicht erreichen wird – bei einer Beschleunigung von sieben Schwerkrafteinheiten über einen Zeitraum von einem Achttag kam sie nur auf etwa dreizehn Prozent Lichtgeschwindigkeit. Andererseits besaß sie nicht die nötigen Einrichtungen, um das Überleben der Besatzung bei dieser Beschleunigung zu sichern. Ich halte es für ausgeschlossen, daß dieser Flug geplant war.«

Kapitän Baegess wartete noch einen Augenblick, dann sagte er: »Sie sollten uns auch mitteilen, wie Sie sich die Sache erklären,

Bepemm. Der Politische Offizier Streeyeptin und ich halten Ihre Hypothese für sehr einleuchtend.«

Bepemm sah nervös in die Runde. »Äh ... ja, es ist nur leider so, daß es keinen eindeutigen Beweis dafür gibt. Ich habe mir nur gedacht, die Nisuaner hätten wahrscheinlich in dem Moment aufgehört, von der Oberfläche zur *Wahkopem Zomos* zu fliegen, als ihr Imperium soweit gediehen war, daß sie nichts mehr vom Schiff brauchten. Aus den zu Anfang aufgestellten Plänen und Listen geht hervor, daß die *Gurix* einen Flug mehr unternahm, als ursprünglich vorgesehen – um die Medikamente zu holen. Daraus schließe ich, daß sie mit ihrem kleinen Imperium nicht auf das Raumschiff angewiesen sein wollten. Wenn die Krankheit nicht gewesen wäre, hätte Mejox Roupox auf diesen letzten Flug verzichten können.

Und was die Ereignisse drei Jahre später angeht – hier halte ich folgende Erklärung für die wahrscheinlichste: Soikenn hatte Poiparesis, der häufig abweichende Meinungen vertrat, sehr nahegestanden, und ihr Kind – das jüngste von allen – war sehr krank und hätte womöglich nicht überlebt. Deshalb, aber auch, um dem nisuanischen Imperium auf Setepos seine Grundlage zu entziehen, plante sie diesen Flug als eine Form des Selbstmords. Nachdem sie gesehen hatte, wie sich die Dinge entwickelten, faßte sie den Entschluß, gleichzeitig ihrem Leben ein Ende zu setzen und den anderen den Weg zur *Wahkopem Zomos* für immer zu versperren. Wenn sie es richtig angestellt hatte, konnte sie den Start nicht überleben und ersparte sich einen qualvollen Todeskampf.«

Lange war alles still.

Dann sagte Streeyeptin: »Ich würde gern die Sondenergebnisse hören.«

Krurix und ich faßten uns möglichst kurz. Wir beschrieben nur, was wir gesehen hatten, legten aber großen Wert auf die Feststellung, daß es allem Anschein nach keine Nisuaner in gehobener Stellung gab.

Streeyeptin nickte. »Fragen?« Niemand meldete sich. Alle waren wie vor den Kopf geschlagen. »Nun gut«, fuhr er fort. »Dann sollte ich vielleicht ein paar Worte dazu sagen. Die beiden Berichte zeigen Ihnen das wahre Gesicht des prärevolutionären Regimes und demonstrieren seine verheerenden Auswirkungen auf das Bewußtsein. Man findet eine neue Welt, eine neue, intelligente Spezies, und hat nichts Eiligeres zu tun, als die alte Welt in ihrer schlimmsten Form zu reproduzieren – Sklaverei, Monarchie, Rassismus, Imperialismus, Eroberungskriege, man hat wirklich nichts ausgelassen. Aber darauf brauche ich wohl nicht weiter einzugehen. Immerhin haben wir jetzt eine Vorstellung davon, was uns dort unten erwartet. Selbst wenn die Seteposier die Herrschaft übernommen haben sollten – es sollte Krurix und Thetakisus nicht schwerfallen, dies mit zwei weiteren, mit der von ihnen selbst empfohlenen Diskretion durchzuführenden Sondenmissionen zu belegen – es ist und bleibt ein Sklavenimperium, wenn auch mittlerweile unter seteposischer Führung. Damit stehen wir vor zwei großen Aufgaben: der Umerziehung der hier lebenden Nisuaner, seien es Sklaven oder Herren, und der Abschaffung des derzeitigen Regimes. Wir müssen es den Seteposiern ermöglichen, zu einer auf den Prinzipien der Freiheit und Gleichheit beruhenden republikanischen Gesellschaftsform zu finden. Gelingt uns das, so haben wir uns im Universum neue und zuverlässige Freunde geschaffen. Scheitern wir aber, nun, dann brauchen Sie sich nur anzusehen, was bereits geschehen ist.« Er wandte sich an Kapitän Baegess und fügte hinzu: »Wir fangen an, sobald uns alle Informationen zur Verfügung stehen. Wenn Ihre tüchtigen Assistenten gegessen und sich etwas ausgeruht haben, sollen sie unverzüglich wieder an die Arbeit gehen. Ich finde übrigens, sie haben sich alle drei den Beifall der versammelten Offiziere verdient.«

Nachdem der Applaus verklungen war, verließen alle den Raum und kehrten auf ihren Posten zurück oder legten sich in die Kojen – jedermann wußte ja, daß es viel zu tun geben würde. Streeyeptin beugte sich im Vorbeigehen zu Krurix hinab und sagte leise: »Sie haben sich rehabilitiert.« Dann verschwand er durch die Tür, bevor Krurix reagieren konnte. Ich sah den Ingenieursassistenten an. Er war vor Schreck ganz blaß geworden.

4

Seit zehn Tagen lagen Regen und Dunkelheit nun schon wie eine kalte Decke über dem Imperium des Nim, und so hatte man allen nisuanischen Sklaven, die in eigenen Behausungen lebten, ein Feuer zugestanden. Mein Vater hatte das seine so dicht vor der aus einem einzigen Raum bestehenden Hütte angezündet, die er mit meiner Mutter teilte, daß wir halbwegs trocken unter dem Dachvorsprung sitzen und in die lodernden Flammen schauen konnten, während die Tropfen zischend in die Glut fielen.

Ich hatte Esser zu Bett gebracht – sie hatte sich nicht gewehrt, denn ich hatte sie den ganzen Tag im Schlamm herumtollen lassen, damit sie müde wurde – und mir dann die Erlaubnis geholt, den Abend hier bei Vater und Mutter zu verbringen. Ich hatte bisher noch keine Gelegenheit gefunden, mit Vater allein über die sogenannte Feuersäule zu sprechen, jene leuchtende, senkrecht aufragende Wolkenmasse, die genau eine Nacht vor dem ungewöhnlichen Regen im Westen aufgetaucht war. Normalerweise hätte man mir den Abend wohl nicht freigegeben – die nisuanischen Sonden, die bei Nacht durch die Stadt und bei Tag an ihrem Rand entlangschlichen und inzwischen von Dutzenden von Leuten gesichtet worden waren, hatten die Wahren Menschen gehörig in Unruhe versetzt. Doch die Oberschicht war nicht nur durch die grauen, trüben Tage und die Säule, die jedesmal sichtbar wurde, wenn sich in der Wolkendecke eine Lücke auftat, gründlich demoralisiert, die vielen Gerüchte, die in der ganzen Stadt kursierten, taten ein Übriges: Es hieß, die Nisuaner seien hierher unterwegs, um Rache zu nehmen, Inok sei aus seinem Himmelsexil zurückgekehrt, um seinen Vater zu bestrafen, und diese neuen Sonden seien geradezu unheimlich, wie lebende Wesen, die selbständig denken könnten. Als ich daher meine Herrin um besagte Erlaubnis bat, wies sie nur stumm mit der Hand auf die Tür. Ich machte, daß ich wegkam, bevor sie mich noch in ein Gespräch verwickelte.

Mutter ging es auch an diesem Abend nicht besser; ein- bis zweimal am Tag hatte sie weiterhin ihre lichten Momente, aber davon abgesehen schlief sie entweder oder redete wirres Zeug. Sie war unglaublich schwach und wurde von Tag zu Tag dünner. Bisher hustete sie zwar noch nicht, aber soweit wir festgestellt hatten, waren Soikenn wie auch Mejox schließlich an Lungenentzündung gestorben, hervorgerufen durch die lange Bettlägerigkeit und vielleicht auch durch den Muskelschwund. Vater und ich drehten Mutter um und wechselten das Stroh aus, damit sie sich nicht wundlag. Sie war offenbar nicht bei Bewußtsein, also betteten wir sie nur möglichst bequem und ließen sie dann allein.

»Jaja«, sagte Vater auf nisuanisch, als wir draußen waren. »Sieht ganz so aus, als hätte man nun doch noch eine Expedition ausgeschickt. Der arme alte Mejox – das hätte er gerne noch erlebt. Warum konnte er nicht ein klein wenig länger durchhalten? Na schön, auch ich freue mich, wenn dem Nim nun doch die Stunde schlägt, und Osepok wird vor Begeisterung außer sich sein. Vielleicht können sie auch für Otuz etwas tun.«

»Und du bist sicher, daß *sie* es sind und nicht jemand anders?« fragte ich.

Er hätte mich fast ausgelacht, fing sich aber gleich wieder. »Du bist hier aufgewachsen, und wir konnten dich, wenn überhaupt, nur heimlich unterrichten, deshalb ist es für dich nicht leicht zu verstehen. Es gibt auf Setepos jedenfalls keine Zivilisation, die weit genug entwickelt wäre, um solche Erscheinungen hervorzurufen, und die Chancen, daß in erreichbarer Nähe eine zweite Zivilisation existiert – und ausgerechnet hierher kommt –, sind verschwindend gering. Nein, es ist schon ein nisuanisches Raumschiff. Ein weiterer Hinweis ist, daß es offenbar einen Nullpunktenergielaser verwendet, um über der Planetenoberfläche schweben zu können ...«

»Ist das diese Säule?«

»Bringt es dich weiter, wenn du den Namen eines Dings kennst?«

»Manchmal. Zumindest gibt es mir das Gefühl, nicht ganz so primitiv zu sein wie unsere Herren«, sagte ich. »Aber woher weißt du denn, was es ist?«

»Otuz und ich, deine Großmutter Soikenn und der arme Poiparesis, den du nie kennengelernt hast, wir alle haben auf dem Weg hierher intensiv wissenschaftliche Forschung betrieben und auch viele Arbeiten von anderen gelesen, aber das haben wir dir ja oft genug erzählt.«

»Mir kam es immer so vor, als hättet ihr nur das getan und nichts sonst.«

»Damit hast du nicht ganz unrecht. Jedenfalls kam einmal ein Bericht von Nisu über eine Energiequelle, die Nullpunktenergie genannt wurde. Sie baut im Grunde darauf auf, daß im ganzen Universum ständig Energie entsteht und wieder entschwindet, und die Technik hat zum Ziel, die Energie einzufangen, solange sie sich im Stadium der Existenz befindet. Praktisch gesehen sind es zwei in sehr geringer Entfernung voneinander vibrierende Platten. Wenn sie getrennt sind, kann die Energie entstehen, und wenn sie zusammenkommen, wird sie eingefangen, bevor sie Zeit hat, sich wieder zu verflüchtigen.«

»Sehr viel Sinn ergibt das für mich nicht«, gestand ich.

»Mir geht es ähnlich«, sagte Vater, »aber meine mathematischen Fähigkeiten sind auch längst nicht mehr das, was sie einmal waren. Wenn du dich jedoch auf die Ebene der Atome begibst – wo alles so klein ist, daß du es dir kaum vorstellen kannst –, ist nichts mehr so, wie du es aus der Alltagswelt kennst. Du mußt einfach akzeptieren, was die Mathematik dir sagt, und versuchen, darin einen Sinn zu erkennen – verstehst du, du mußt der Mathematik folgen und nicht deiner Vernunft. Jedenfalls war diese Energiequelle ungeheuer stark, und kurz darauf bekamen wir einen weiteren Bericht, in dem stand, sie sei laseraktivierbar – das heißt, man konnte damit Laserlicht erzeugen, das gleiche Licht, auf dem auch die *Wahkopem Zomos* hierhergesegelt ist, nur sehr viel stärker. Damals hofften wir noch, Nisus Laser könne uns dank dieses Verfahrens mehr Energie für die Rückreise schicken und uns so den Heimweg verkürzen. Dabei war längst abzusehen, daß die Gelder für Wissenschaft, Forschung und Erkundungsmissionen zunehmend knapper wurden. Irgendwann in den letzten vierzig Jahren haben die Quellen nun wohl doch wieder zu sprudeln begonnen. Jedenfalls haben die Neuankömmlinge einen enorm leistungsstarken Laser – sehr viel stärker als der, mit dem die *Wahkopem Zomos* angetrieben wurde –, der noch dazu ins Innere ihres Schiffs paßt. Das heißt also, Nisuaner sind nicht nur die einzigen, die für eine Reise hierher in Frage kommen, auch das Schiff hat eine Technik, die es als nisuanisch ausweist. Verstehst du, was ich meine?«

»Einigermaßen«, sagte ich, obwohl ich nur etwa die Hälfte mitbekommen hatte. Aber ich wollte ihn nicht wieder daran erinnern, daß er und Mutter selbst den ältesten der hier geborenen nisuanischen Kinder nur so erbärmlich wenig hatten beibringen können – das machte ihn immer so traurig.

»Wie auch immer«, sagte er, »über dieser Säule befindet sich ein nisuanisches Schiff, und es hat auch die Sonden geschickt. Sie wollen erst einmal die Lage auskundschaften, bevor sie Menschen herunterschicken. Sehr schlau, vor allem im Hinblick auf das, was uns widerfahren ist. Die Sonden sind übrigens deshalb so schwer einzufangen, weil sie keine einfachen Roboter mit einer begrenzten Anzahl von Fertigkeiten sind, sondern vom Schiff aus ferngesteuert werden. Also keine Sorge – die Invasion kommt, und wenn du mich fragst, kommt sie schon bald.«

»Mir scheint«, antwortete ich, »der Nim befürchtet das auch. Es heißt, er hat sich in seinen Palast zurückgezogen, will mit niemandem sprechen, erteilt völlig kopflos irgendwelche Befehle, nur um sie ein paar Stunden später zu widerrufen ...«

»Er spürt, daß etwas in der Luft liegt«, sagte Vater. »Vergiß nicht, bei unserer ersten Begegnung hat er uns als Götter verehrt, und es war ihm vollkommen ernst damit. Wir hatten nur das Pech, daß er einerseits klug genug war, unsere Schwäche zur Zeit unserer Krankheit zu erkennen, und andererseits tapfer genug, um entsprechend zu handeln. Er ist ein grausamer und sehr gefährlicher Gegner, das hat inzwischen jedes Dorf im Umkreis von sechs Tagereisen zu spüren bekommen. Trotzdem verfügt er lediglich über ein Heer von zweitausend Seteposiern mit angespitzten Stöcken verschiedener Art. Er ist einer der wenigen Wahren Menschen, die noch ein Dampfgewehr in Aktion gesehen haben, und der einzige, der selbst miterlebt hat, wie wir die erste Stadt der Wahren Menschen zerstörten. Es hat nicht länger gedauert, als wenn er sein Bad nimmt. Deshalb hat er jetzt Angst und sucht verzweifelt nach einer Möglichkeit, auch diesmal wieder die Oberhand zu gewinnen, obwohl er weiß, daß er so gut wie keine Chance hat. Beides zusammen könnte jeden in den Wahnsinn treiben.«

»Du glaubst also, er ist ebenso überzeugt wie du, daß es sich um Nisuaner handelt, und daß sie landen werden?«

»Ist dein Vater davon denn immer noch überzeugt, Diehrenn?« fragte eine leise Stimme aus Dunkelheit und Regen. Tante Priekahm trat in den Feuerschein. Sie sah aus wie eine schlechte Kopie eines Seteposiers, denn da sie seit Jahren ständig über Kälte klagte, trug sie ebenso viele Umschlagtücher und Röcke wie die Eingeborenen.

»Es ist die einzige Erklärung«, sagte Vater.

»Zahmekoses, alles, was bisher geschehen ist, ließe sich auch mit Robotern erklären, die von einer künstlichen Intelligenz gesteuert werden«, sagte Priekahm. »Bis jemand, der imstande ist, uns nach Hause zu bringen, hier nachsieht, ob es uns überhaupt noch gibt, kann es noch Jahre dauern. Es ist töricht, sich Hoffnungen zu machen, wenn ...«

Das klang verdächtig nach einer der endlosen Diskussionen, in die sich die beiden mit zunehmendem Alter immer häufiger verbissen – noch schlimmer war, daß sie ein neues Thema gefunden hatten und sich deshalb neue Argumente überlegen mußten. Das konnte die ganze Nacht so weitergehen. Ich schaltete mich ein:

»Aber wenn nun doch Menschen auf dem Schiff sein sollten, wie werden sie sich dann wohl verhalten?«

Priekahm überlegte kurz, dann lachte sie. »Nun, eins hat sich sicher nicht geändert: Wir sind und bleiben eine streitsüchtige Spezies, Diehrenn. Ich kann dir nur garantieren, daß ihnen nichts gefallen wird, was sie hier vorfinden. Was ihnen im einzelnen mißfällt und warum, ist eine ganz andere Frage. Und zweitens kannst du dich darauf verlassen, daß sie erst ›Ordnung schaffen‹ und dann Fragen stellen werden. Immer vorausgesetzt, es sind tatsächlich Nisuaner.«

Vater nickte. »Ein makabrer Scherz, aber du hast recht. Vermutlich würde eine Spezies, deren Angehörige immer bestens miteinander auskommen, nie ein Raumschiff bauen, weil niemand lange genug über neue Ideen diskutieren würde, um sie zur Reife zu bringen. Und eine Spezies, die von Anfang an jede Einzelheit berücksichtigte, käme nie so weit, ihre Ideen in die Tat umzusetzen. Also wird die Galaxis letzten Endes von impulsiven Streithähnen beherrscht werden.«

Priekahm lachte wieder. »Das kommt davon, wenn man logische Folgerungen allzu rigoros fortsetzt.« Es tat gut, den Alten einfach zuzuhören. Außerdem wurden wir von den Seteposiern kaum noch ernsthaft bewacht. Zum ersten Mal, seit ich denken konnte, hätten wir ohne weiteres fliehen können. Nur hätten wir leider nicht gewußt, wohin – und außerdem wollten wir natürlich sehen, wie es hier weiterging.

»Sie werden also nicht begeistert sein«, sagte ich. »Ich bin auch nicht von allem begeistert. Vielleicht ...«

»Diehrenn?« rief meine Mutter leise aus der kleinen Hütte. Ich verstummte und ging sofort hinein. Sie war jetzt so selten bei klarem Verstand, daß wir keinen dieser Augenblicke zu vergeuden wagten.

In der kleinen Hütte war es sehr dunkel. »Hier bin ich, Mutter.«

»Ist das neue Schiff eingetroffen?« fragte sie leise. Ihre Stimme klang sehr schwach.

»Es ist immer noch da, aber heruntergekommen ist bisher niemand.« Ich setzte mich zu ihr und nahm ihre Hand. Etwas vom Widerschein des Feuers fiel durch die Tür. Ich konnte gerade ihre Umrisse erkennen. »Woher weißt du ...«

»Zahmekoses erzählt mir immer davon, wenn ich wach bin. Er ist ganz aufgeregt, sagt, sie müssen eine bessere Technik entwickelt haben.« Mit leisem Zischen strich der Atem durch ihre Kehle; ich beugte mich über sie, um sie besser verstehen zu können. »Er hat die Zeiten zusammengerechnet und sagt, sie müssen ... Ich glaube, er ist zu optimistisch ... ich wollte mit dir sprechen, weil ... ach, sieh nur, das Wasser ist wieder ganz rosa.« Sie verfiel in einen leisen, monotonen Singsang, unterbrochen von einzelnen Worten, ein Zeichen, daß der lichte Moment vorüber war. Ich legte kurz meine Wange an die ihre, dann ging ich wieder zu Vater und Tante Priekahm hinaus. »Genau wie immer«, sagte ich, bevor sie fragen konnten. »Eine Weile klar, wenn auch sehr schwach, und dann nichts mehr.«

»Ich wünschte, Soikenn hätte länger gelebt – oder ich hätte mich mehr auf meine medizinischen Studien konzentriert«, seufzte Vater. »Es muß etwas mit dem modifizierten Eiweißstoffwechsel zu tun haben. Vermutlich bauen sich dabei langsam wirkende Giftstoffe auf, die das Gehirn schädigen und Muskelschwund hervorrufen. Möglicherweise eine Nebenwirkung des Prozesses, der es uns ermöglicht, die Nahrung der Eingeborenen zu essen. Wenn es nur nicht gerade Soikenn als erste getroffen hätte, wenn die Lungenentzündung nicht so rasch eingetreten wäre, oder wenn sie wenigstens daran gedacht hätte …«

Tante Priekahm unterbrach ihn mit dem Hinweis, ohne die Instrumente auf der *Wahkopem Zomos* oder der *Gurix* hätte uns wahrscheinlich auch Soikenns Wissen nichts genützt. Seit Soikenns Tod vor anderthalb Jahren hatte ich diese Diskussion mit den gleichen Argumenten schon unzählige Male gehört. Ein Frösteln überlief mich bei dem Gedanken, daß sich zu Anfang auch Mutter und Onkel Mejox noch lebhaft daran beteiligt hatten.

Hin und wieder hatte ich die Frage auch mit Prirox und Weruz erörtert, den Nisuanern, die im gleichen Jahr geboren waren wie ich. (Besonders mit Prirox kam ich öfter zusammen, denn die Seteposier verlangten alle paar Monate wieder, daß wir einen Paarungsversuch unternahmen. Sie konnten es wohl nicht glauben, daß ich seit der Geburt meines sechsten Kindes steril war.) Wir sahen alle nur zwei Möglichkeiten: Entweder, man bekam die Krankheit, weil man auf Setepos alt wurde, oder man bekam sie, weil man lange auf Setepos gelebt hatte. Die Tatsache, daß Osepok sehr viel älter war als meine Mutter oder Onkel Mejox, war für uns ein deutlicher Hinweis, daß es das Leben auf Setepos war, was uns krank machte – und das hieß wiederum, daß uns Jüngere früher oder später das gleiche Schicksal ereilen würde.

Diejenigen von uns, die noch eine gewisse Bindung an Nisu hatten, wurden ohnedies zusehends weniger – in knapp zwei Jahren waren drei gestorben, und natürlich lief immer wieder einer weg, wurde von einem grausamen Herrn getötet oder fiel einem Unfall zum Opfer. Perfektes Nisuanisch sprachen schätzungsweise noch allenfalls zehn von uns, weniger als zwanzig waren des Nisuanischen überhaupt noch mächtig, und die waren alle über fünfunddreißig. Nur die Generation, die mit der *Wahkopem Zomos* gekommen war, hatte ihren Kindern wenigstens noch etwas nisuanische Kultur vermitteln können; von meinen vier noch lebenden Kindern beherrschte keines mehr die Sprache unseres Volkes.

Ich hatte mich in diesen trüben Gedanken verloren und darüber fast vergessen, daß vom Himmel neue Hoffnung winkte, als plötzlich Schreie die Luft zerrissen.

Ich schaute auf, spitzte die Ohren und versuchte, die Richtung festzustellen. Wir waren uns rasch einig: Der Lärm kam vom Palastplatz, der Stelle vor dem Palast, wo einst die *Gurix* gelandet war. Die verbrannte Erde war so steinhart, daß man weder ein Fundament graben noch einen Baum pflanzen konnte, und so hatte man die Fläche wohl oder übel kahl gelassen. Priekahm und Vater waren mit mir aufgestanden. Ich sah noch kurz nach Mutter, aber soweit war alles in Ordnung. Viel konnten wir ohnehin nicht für sie tun, und der Palastplatz war nicht weit entfernt, also eilten wir dorthin.

Mit jedem Schritt zeigte sich deutlicher, was die Aufmerksamkeit der Leute erregt hatte: Vom Himmel senkte sich ein Lichtschein herab. Zuerst war es nur ein blauer Schimmer; dann hörten wir ein leises Grollen, der Schein breitete sich aus und wurde heller.

Bald löste er sich in einzelne Lichter auf: ein großes, blaues auf der Unterseite und viele kleine, die darüber schwebten. Der Donner wurde lauter und lauter, und die Landefähre – es *mußte* eine Landefähre sein, obwohl ich noch nie eine gesehen hatte – kam näher und näher. Bald wurden die Seitenwände als verschwommene grauweiße Flecken sichtbar; dann gab sich das Schiff als riesiger aufrechtstehender Kegel zu erkennen, und schließlich sah ich sogar die Schrift auf einer Seite.

Wir hatten den Seteposiern das Geheimnis des Lesens und Schreibens vorenthalten, doch das hatte seinen Preis. Diejenigen von uns, die es noch lernten, hatten wenig Übung, und auch meine Fähigkeiten waren ziemlich eingerostet. Ich war noch am Buchstabieren, als Vater bereits laut vorlas: »›Beiboot der *Egalitären Republik*, des Ersten Raumschiffs der *Republikanischen Genossenschaft zur Erforschung des Weltalls*.‹ Es ist also nur eine von den Landefähren. Erstaunlich – sie ist größer als die ganze *Wahkopem Zomos*. Wie muß dann erst das Schiff selbst aussehen? Und wenn man es auf den Namen *Egalitäre Republik* getauft hat …«

»Dann hat sich zu Hause wohl eine Menge getan«, ergänzte Tante Priekahm. »Wir werden sicher gleich mehr darüber erfahren. Vielleicht sind sogar ein paar *gute* Nachrichten darunter.«

Jetzt war die Landefähre so nahe, daß die blaßblaue Flamme an ihrer Unterseite genau im Zentrum des schwarzen Flecks, den die *Gurix* vierzig Jahre vorher ausgebrannt hatte, den Boden berührte. Plötzlich erstrahlte die gesamte Grundfläche in grellweißem Licht, ein durchdringend schrilles Pfeifen erhob sich über das Dröhnen der Triebwerke, und die blaue Flamme erlosch. Die Fähre ging noch tiefer, das Pfeifen hielt an.

»Sie brauchen also nicht bis zum Schluß mit der Düse zu fliegen – vielleicht haben sie so etwas wie einen integrierten Ballon oder Aerostat?« vermutete Priekahm.

»Wahrscheinlich«, sagte Vater. »Sieh dir nur an, wie *riesig* das Ding ist. Und wenn sie es *in ihrem Schiff* mitgebracht haben – dann hat sich wirklich eine Menge getan.«

»Wie lange mögen sie wohl unterwegs gewesen sein?« überlegte Priekahm.

»Wenn sie – anders als wir – den geraden Weg nehmen konnten, liegt das Minimum bei Lichtgeschwindigkeit um die vier Jahre. Und die Grenze der Lichtgeschwindigkeit konnte wohl auch die moderne Physik nicht überwinden. Aber wir hatten mit einem Laser, der nicht einmal ein Tausendstel so stark war wie der ihre, immerhin vierzig Prozent davon erreicht. Durchaus möglich, daß sie nur knapp unter Lichtgeschwindigkeit geflogen sind ...«

»Weißt du was, Zahmekoses«, sagte Tante Priekahm. »Wir gehen einfach hinüber und fragen sie.«

Vater und ich mußten lachen. So war es schon immer gewesen, er neigte dazu, sich in theoretischen Erörterungen zu verlieren – während sie in solchen Momenten die Dinge energisch in die Hand nahm.

»Na schön, gehen wir. Wenn wir Glück haben, ist Osepok bereits da und übernimmt die Repräsentationspflichten, dann brauchen wir nur noch die Augen aufzureißen.«

Wir näherten uns dem Palastplatz. Die Menge bestand zum größten Teil aus frei geborenen Wahren Menschen, die uns normalerweise beiseite gedrängt hätten. Nun machten sie uns Platz. Sie waren zwar aus ihren Häusern geströmt, um nichts zu verpassen, wagten sich aber doch nicht allzu nahe heran. Schon jetzt hatte die Ankunft der Landefähre unser Leben gewaltig verändert.

Das war auch Tante Priekahm nicht entgangen. »Man ist auf einmal sehr darauf bedacht, uns nicht zu verärgern. Wie erfreulich.«

»Das finde ich auch«, sagte Vater, »aber schrauben wir unsere Erwartungen lieber nicht allzu hoch. Es hat zwar den Anschein, als habe eine Revolution stattgefunden und als sei Nisu jetzt eine Republik. Aber es hat auch den Anschein, als hätten die Egalitaristen das Heft in der Hand, und in ihren Augen sind wir Diener des verhaßten alten Regimes. Nicht auszuschließen, daß man uns nur aus der Sklaverei der Wahren Menschen befreit, um uns sofort zu Staatsfeinden zu erklären.«

»Diehrenn, hast du manchmal nicht auch den Verdacht, daß dein Vater ein unverbesserlicher Pessimist ist?«

»Andauernd«, sagte ich.

Wir hatten nun den eigentlichen Palastplatz erreicht. Der Palast lag rechts von uns, der Tempel links. Der Palast war das Haus, das meine Eltern und die anderen Nisuaner damals für sich gebaut hatten. Der Nim hatte es übernommen, nachdem er Kekox getötet hatte. Doch heutzutage erzählte man den seteposischen Kindern, Rar habe sich zunächst unserer Seelen bemächtigt und uns dann mit seiner Zauberkraft gezwungen, ihm in einer einzigen Nacht diesen Palast zu errichten. Obwohl ich oft ein dutzendmal am Tag hier vorbeikam, konnte ich das Gebäude nie ohne heimlichen Groll betrachten: Es war unser Eigentum, und man hatte uns darum betrogen.

Und selbst die Ankunft der Nisuaner, dachte ich plötzlich, bedeutete noch lange nicht, daß wir den Palast zurückbekommen würden.

Als wir sahen, wie groß die Landefähre tatsächlich war, blieben uns die Neckereien im Halse stecken. Der Tempel selbst umfaßte zwei Stockwerke, sein Dach war so hoch wie ein drittes und wurde vom ausgebrannten Rumpf der *Rumaz* um ein weiteres Stockwerk überragt. Dieses Schiff war mindestens dreimal so hoch wie die *Rumaz*. Die mächtigen Landebeine näherten sich sachte dem harten Boden. Einen Augenblick schien der gewaltige Koloß fast schwerelos im leichten Abendwind zu schweben. Dann verstummte das schrille Pfeifen, ein lautes Zischen trat an seine Stelle. Die Fähre setzte auf, die Landebeine wurden ein wenig zusammengeschoben, und dann stand sie.

Der Palastplatz war nahezu leer – die Seteposier waren an den Rand zurückgewichen. Offenbar wollten sie sich nichts entgehen lassen, aber zugleich in sicherer Entfernung bleiben. In der Mitte stand ein kleines Häuflein Nisuaner. Darauf eilten wir zu. Auch Prirox war dabei, und ich rief ihn an.

Er drehte sich um. »Diehrenn. Jetzt wird sich die ganze Welt verändern. Bist du bereit?«

»Und wie! Vielleicht verbessert sie sich ja sogar.«

Osepok stand mit Weruz und einer Handvoll anderer Nisuaner zusammen. Alle Älteren, etwa die Hälfte von uns, waren gekommen. »Der Rest der nisuanischen Bevölkerung ist entweder in der Kinderkrippe, oder die Wahren Menschen, denen sie gehören, halten sie aus irgendeinem Grund zurück«, erklärte Weruz. »Ich kenne einige, die sicher nicht weniger verängstigt sind als die Seteposier. Ich denke aber, hier ist alles versammelt, was Nisuanisch spricht.«

»Seht mal zum Palast hinüber«, sagte Vater lachend. »Das nennt man schnelle Reaktion.«

Etwa fünfundzwanzig Seteposier kamen im Laufschritt hinter dem Gebäude hervor. Die Leibgarde des Nim, und ihr Anführer ...

»Set!« rief ich erstaunt.

»Natürlich«, sagte Tante Priekahm. »Der alte Nim war schon immer ein gewiefter Taktiker. Unglück über ihr Haupt, mögen sie alle eines qualvollen Todes sterben.«

Vater hatte mir wohl angesehen, wie schockiert ich war, denn er wandte sich mir zu und beschwor mich: »Nein, keine Sentimentalitäten. Rar wird versuchen, die Landefähre zu stürmen, sobald die Tür aufgeht. Er hat nicht vergessen, was moderne Waffen anrichten können, ein Überraschungsangriff ist also seine einzige Hoffnung. Er ist nicht dumm. Soviel Angst wie in diesem Moment hatte er sicher schon lange nicht mehr. Aber er sieht eine Chance, und er wird sie ergreifen. Um mit Speeren gegen Dampfgewehre – oder was man heute hat – zu gewinnen, gibt es nur eine Möglichkeit. Man darf die Dampfgewehre erst gar nicht zum Einsatz kommen lassen. Er wird also versuchen, ins Schiff zu gelangen, bevor die Besatzung merkt, daß sie angegriffen wird. Bei Mutter See, die Taktik hat schon einmal funktioniert.«

»Aber Set ...«

»Wird wie ein toller Hund gegen unsere Leute anrennen, bis sie ihn töten oder er sie besiegt«, sagte Priekahm. »Du müßtest am besten wissen, daß jetzt nicht mit ihm zu reden ist. Und bevor du dich von deinen Gefühlen überwältigen läßt, bedenke eines: Wenn Nim Rar und Set siegen, bleiben wir alle Sklaven. Tut mir leid, daß dein Lieblings-Seteposier dem Tod geweiht ist, aber ich würde ihn mit eigenen Händen töten, wenn mir das die Freiheit brächte.«

Um ihr nicht weiter zuhören zu müssen, wandte ich mich wieder der Landefähre zu. Ich war vollkommen verwirrt, die Tränen stiegen mir in die Augen, ich wußte selbst nicht mehr, was ich empfand. Weit über dem Boden – in Höhe des Tempeldachs – ging eine Tür auf, und eine lange Treppe wurde herabgelassen. Ein Nisuaner mit einer riesigen Maske vor dem Gesicht trat heraus.

Set löste sich aus der Leibgarde, stürmte nach vorne und schleuderte mit aller Kraft einen Speer auf die Gestalt. Dann schrie er seinen Männern zu, sie sollten ihm folgen, und der ganze Trupp rannte auf die Treppe zu.

Der Nisuaner stand mehrere Körperlängen über Set und wartete in aller Ruhe ab. Als der Speer nahe genug war, wich er ihm leichtfüßig aus und schlug ihn mit einer Hand beiseite, so daß er von der Schiffswand abprallte und zu Boden fiel.

Inzwischen hatte die Palastgarde mit Set an der Spitze fast den Fuß der Treppe erreicht. Der Nisuaner mit der Maske drehte sich um und ließ sich aus dem Innern des Schiffs einen schweren Gegenstand reichen, einen Zylinder mit zwei kurzen, dicken Stangen an den Seiten. Diese Griffe umfaßte er mit beiden Händen, dann richtete er den Zylinder auf Set, der nun mit den Soldaten des Nim die Stufen emporgerannt kam.

Ein lautes Knattern zerriß die Luft. Sets Körper zerbarst vom Hals bis zu den Hüften und überschüttete die nachfolgenden Seteposier mit Blut und Fleischstücken. Was von ihm noch übrig war, kippte seitlich von der Treppe.

›Nein‹, hauchte ich, zu mehr war keine Zeit. Das kleine Insektenwesen trat einen Schritt vor und blickte auf die Gardisten hinab, die wie angewurzelt stehengeblieben waren. Dann hob es abermals den Zylinder, richtete ihn aber diesmal mehr zur Seite. Wieder setzte das Geknatter ein. Diesmal hielt es sehr viel länger an. Der Nisuaner schwenkte seine Waffe hin und her.

Wie auf ein Stichwort schrien sämtliche Gardisten auf und stürzten, die Hände auf Gesicht, Oberkörper oder Bauch gedrückt, zu Boden. Die meisten blieben reglos liegen. Wenn sich noch etwas bewegte, hob der Nisuaner seinen Zylinder und ließ ihn kurz knattern, ein Körper schnellte hoch, fiel blutspritzend zurück – und lag endgültig still. Augenblicke später waren fast alle tot.

Die ganze Szene hatte nur wenige Atemzüge gedauert. Für einen Moment war alles wie erstarrt, dann flohen die ersten Seteposier schreiend vom Palastplatz.

Vater und Priekahm gingen mit erhobenen Händen langsam auf die nisuanische Landefähre zu. Osepok folgte ihnen trotz ihres hohen Alters hochaufgerichtet und mit festen Schritten.

Ich wäre vielleicht stehengeblieben, aber nun hoben auch Weruz und Prirox die Hände und setzten sich in Bewegung, und so folgte ich ihrem Beispiel. Der Rest unserer Gruppe hielt es ebenso.

Der Kampf war vorüber. Nun kamen viele Nisuaner, alle mit diesen riesigen Masken vor dem Gesicht, rasch die Stufen herab. Der mit dem Zylinder schob sich die Maske auf die Stirn hoch und sah sich um. Er wirkte so ruhig, so völlig unerschütterlich – *Er hat nie einen Herrn gehabt,* dachte ich unwillkürlich. Jetzt erst fiel mir auf, daß er ein Mischling war. Vaters Befürchtung, wir könnten alle wegen Rassenschande hingerichtet werden, war damit wohl gegenstandslos.

Daß er auffallend gut aussah, bemerkte ich erst etwas später.

Nun winkte er uns zu und rief auf Nisuanisch: »Kommen Sie doch bitte näher.«

Wir beschleunigten unsere Schritte; selbst wer nicht Nisuanisch verstand, mußte sich von dieser warmen, freundlichen Stimme angezogen fühlen.

Als die ersten vor ihm standen, kniff er kurz die Augen zusammen und sagte dann: »Sie müssen Kapitän Osepok Tarov von der Kaiserlichen Setepos-Expedition sein.«

»Nie von ihr gehört«, gab Osepok trocken zurück, und beide Gruppen lachten. »Ja, natürlich bin ich das. Darf ich Ihnen Zahmekoses und Priekahm von derselben Expedition vorstellen? Auch Otuz Kimnabex hat überlebt, aber sie ist in sehr schlechter Verfassung und kann leider ihr Haus nicht verlassen. Und Sie sind ...?«

»Thetakisus Gereg, Kapitänsassistent auf der *Egalitären Republik*. Sobald unsere Streitkräfte das Gelände gesichert haben, werde ich Sie mit unserem Kapitän und unserem Politischen Offizier bekannt machen. Aber zunächst habe ich folgende Botschaft ... »Er hob einen kleinen, schwarzen Würfel an den Mund, und plötzlich dröhnte seine Stimme viel lauter über den Platz, als wenn er geschrien hätte. »Der Politische Offizier Streeyeptin schickt Ihnen seine Grüße und verkündet hiermit für alle Personen nisuanischer Abstammung eine Generalamnestie. Sie umfaßt alle Verstöße gegen die Gesetze der Republik, die bis zum heutigen Tag wissentlich oder unwissentlich begangen wurden, einschließlich der Vergehen gegen die Immanenten Gebote.«

Wir schwiegen so lange, bis Thetakisus sich räusperte: »Äh ... normalerweise müßten Sie jetzt erklären, daß Sie die Amnestie annehmen.«

»Nach allem, was ich sehe, sind unsere neuen Freunde bei klarem Verstand. Betrachten wir die Amnestie daher als angenommen«, kam es von der Tür über uns, eine kühle, trockene Stimme mit leicht spöttischem Unterton. »Sie können ihre Einwilligung ja immer noch widerrufen«, fügte sie hinzu. Ein schlanker, aber athletisch wirkender Shulathier trat aus der Luke und kam die Treppe herunter auf uns zu. »Ich könnte mir vorstellen, daß Sklaven wenig Gelegenheit hatten, ihre Sprache an ihre Kinder weiterzugeben, die meisten haben also wahrscheinlich nichts verstanden. Dem Protokoll wurde zwar Genüge getan, die Amnestie gilt für alle, aber auf den gebührenden Dank werden wir wohl noch etwas warten müssen.« Sein Tonfall verriet wohlberechnete Freundlichkeit, aber man hatte nicht den Eindruck, als komme sie von Herzen.

Thetakisus war ein wenig verlegen geworden. »Politischer Offizier Streeyeptin, darf ich vorstellen …« Ich fand es erstaunlich, daß er alle Namen richtig behalten hatte.

»Ich bin Streeyeptin«, sagte der Shulathier, als Thetakisus geendet hatte. »Kein Familienname, ich bin Waise wie Priekahm oder Zahmekoses. Zu Ihrer Zeit gab es noch keine Politischen Offiziere, deshalb werden Sie sich fragen, was ich eigentlich mache. Aber solche Erklärungen können warten. Zunächst wollen wir etwas für Ihre Situation tun.« Er sah sich um. »Kapitän Osepok, könnten Sie mir eine Botschaft in die Eingeborenensprache übersetzen? Sie muß alle, Nisuaner wie Seteposier, baldmöglichst erreichen.«

»Gewiß«, sagte Osepok. »Aber Diehrenn ist unsere beste Schülerin, und sie spricht Wahrmensch ohne jeden Akzent.« Sie zeigte auf mich, und ich trat nervös vor den Politischen Offizier. Schon jetzt fand ich den Titel genauso erschreckend wie den eines Nim.

»Sie ist meine und Otuz' Tochter«, erklärte Vater.

Streeyeptin nickte. »Ich weiß. Diehrenn wird gegen Ende der Aufzeichnungen erwähnt, die im Zentralcomputer der *Wahkopem Zomos* gespeichert sind.«

»Ach, Sie wissen also …«

»Eine ganze Menge. Deshalb haben wir sofort nach unserer Landung eine Generalamnestie ausgerufen. Ich wollte vermeiden, daß irgendwelche Dummheiten begangen werden, um etwas zu verbergen. Am Ende hätte ich noch jemanden verhaften müssen.«

Vater atmete sichtlich auf.

Streeyeptin wandte sich mir zu und musterte mich von Kopf bis Fuß, nicht aus persönlichem Interesse, sondern nur, um sich mein Aussehen einzuprägen und es bei Bedarf abrufen zu können. »Sie sind eine historische Figur«, sagte er. »Die erste Nisuanerin, die außerhalb unserer Welt geboren wurde. Geradezu ideal, daß Sie Hybridin sind! Das wird zu Hause großen Anklang finden.«

Ich schwieg, weil ich nicht wußte, was ich sagen sollte. Er zeigte mir die Botschaft. »Können Sie das laut verlesen?«

»Ich bin nicht sehr geübt, aber ich werde mich bemühen«, sagte ich, nahm ihm die Seite ab und hielt sie ins Licht der Landefähre. Zu meiner Erleichterung war der Text nicht allzu schwierig. »›Alle Personen nisuanischer Abstammung sind zu dieser Landefähre zu bringen. Niemand soll ihnen Schaden zufügen. Bringt alle Nisuaner sofort zur Landefähre‹«, las ich auf Nisuanisch. »Äh, es gibt in Wahrmensch kein Wort für ›Landefähre‹ – kann ich vielleicht ›Palastplatz‹ sagen? So heißt nämlich die Stelle, wo Ihre Landefähre steht«

»Ausgezeichnet«, sagte er. »Thetakisus, geben Sie ihr einen Lautsprecher. Dann holen Sie sich die anderen Assistenten und ein paar Leute von der Mannschaft, drücken jedem eine Waffe in die Hand und verkünden diese Botschaft in der ganzen Stadt. Schießen Sie nur, wenn Sie provoziert werden, aber wenn das geschieht, dann statuieren Sie ein Exempel, das nicht so leicht in Vergessenheit gerät. Die Seteposier müssen begreifen, daß sie zu tun haben, was wir ihnen sagen, und daß sie alles zu unterlassen haben, was nicht in unserem Sinne ist.«

»Jawohl.« Thetakisus drehte sich um und rief einen Befehl ins Innere des Schiffs. Sofort kamen vier Nisuaner die Stufen heruntergelaufen. Er sagte sehr höflich: »Darf ich Diehrenn vorstellen? Sie wird heute für uns dolmetschen. Diehrenn, das ist Bepemm, Astrogationsassistentin.« Eine große Frau mit einem freundlichen Lächeln. »Das ist Krurix, Ingenieursassistent.« Ein untersetzter, muskulöser Mann, der ebenso gewinnend lächelte wie Bepemm. »Und das sind Itenn und Sereterses, beides Mannschaftsdienstgrade, wie man so sagt.« Die beiden lächelten ebenfalls. Itenn war Palathierin, schon älter, mit grauen Stellen im Fell und einem riesigen Mähnenkamm; Sereterses war Mischling (Wie hatte Streeyeptin noch gesagt? Hybride, richtig) und etwa in meinem Alter.

Ich nickte ihnen allen artig zu, weil ich keine Ahnung hatte, was ich sonst tun sollte. Selbst wenn ich mich falsch verhielt, ließ man es mich nicht spüren.

Wir kehrten der Landefähre den Rücken und überquerten in Regen und Dunkelheit den Palastplatz. Ich wußte nicht so recht, wo wir eigentlich hingingen und was wir tun sollten. Allmählich machte sich der Schock über das Massaker bemerkbar, das ich mit angesehen hatte, doch zugleich durchflutete mich ein heißes Glücksgefühl: *Keine Herren mehr.*

Trotzdem zuckte ich zusammen, als ich an den Leichen der Palastgardisten vorüberkam. Es war so dunkel, daß ich die grausigen Verletzungen aus der Entfernung nicht so genau gesehen hatte. Die Körper wiesen Löcher von der Größe meines Daumens auf, und der Boden war von einer Schicht Blut bedeckt.

»Die Löcher entstehen beim Austritt der Mikrogeschosse«, erklärte Krurix. »Die Kugeln sind so klein und dringen so rasch ein, daß man zunächst gar nichts sieht. Erst wenn sie auf der gegenüberliegenden Seite wieder hinausrasen, reißen sie Wunden ...«

»Krurix«, mahnte Bepemm. »Wir wissen zu wenig über die Situation. Es könnte doch sein, daß Diehrenn Freunde unter den Toten hatte, vielleicht sogar viele Freunde.«

»Aber …«

»Bepemm hat soeben auf höfliche Weise ›Mund halten, Krurix‹ gesagt«, schaltete sich Thetakisus ein. »Vielleicht war es ein Fehler, daß sie höflich sein wollte.«

Krurix seufzte. »Wahrscheinlich. Verzeihen Sie mir, Diehrenn. Das war sehr gedankenlos von mir.«

Ich wußte nicht, wie ich reagieren sollte. Es war ungewohnt, so ernst genommen zu werden. Ich fand es nicht richtig, so sehr im Zentrum der Aufmerksamkeit zu stehen. »Einige davon kannte ich tatsächlich sehr gut«, sagte ich und dachte an Set – erst am Tag zuvor hatten wir zusammen die Sonde gefunden, und jahrelang war er mein Beschützer gewesen.

Als wir an den Rand des Platzes kamen, wurde die Dunkelheit noch dichter, und als ich den glitschigen Lehm unter meinen Füßen spürte, nahm ich auch den kühlen Regen wieder deutlicher wahr. Plötzlich schämte ich mich, weil meine Trauer um Set nicht größer war. Doch sooft er mich auch beschützt hatte, ich war doch immer seine Sklavin gewesen, und nur deshalb hatte er es getan. Manchmal war er allerdings auch eingeschritten, wenn ich mich vor einem Seteposier besonders fürchtete. Aber ich hatte immer arbeiten müssen, auch wenn ich müde war, wenn ich Schmerzen hatte und von Übelkeit gequält wurde. Ich hatte in der Sonne geschwitzt und in der Kälte gezittert, während Set irgendwelchen banalen Vergnügungen nachjagte oder sich ein albernes Spielzeug in den Kopf gesetzt hatte. Stets hatte ich getan, was er mir sagte, nie hatte ich ihm einen Wunsch abgeschlagen, einerseits, weil ich das gar nicht über mich gebracht hätte, aber auch, weil ich befürchten mußte, an einen schlechteren Herrn abgegeben zu werden.

Es war ein merkwürdiges Gefühl, daß er nun vor meinen Augen gestorben war. Da hatte ich nun zwanzig Jahre dem besten Herrn gedient, den man sich denken konnte – und brauchte jetzt auch keinen schlimmeren mehr zu fürchten –, doch sein Tod war ganz in meinem Sinne. Was nicht hieß, daß ich gern zugesehen hatte, wie er in Stücke gerissen wurde.

Wer Sklaven hält, kann vermutlich nichts anderes erwarten. Viele von uns hatten unter ihren Herren sehr viel mehr zu leiden gehabt als ich unter Set, sagte ich mir. Ob uns die neuangekommenen Nisuaner wohl diese todbringenden Zylinder in die Hand geben würden? Ich hoffte es sehr, wir wußten schließlich am besten, welche von den Seteposiern den Tod verdient hatten.

Unter solchen Gedanken verließ ich gesenkten Hauptes den Palastplatz und ging in die Finsternis hinein. Rings um die Landefähre war es jetzt vollends dunkel geworden, und die Wolken hatten sich noch weiter verdichtet. Ich hatte also mehrere Gründe, den Blick zu Boden zu richten: Ich wollte nicht stolpern, ich wollte mir über meine Gefühle klarwerden, aber vor allem wollte ich nicht darüber nachdenken, daß ich mit Wesen, wie ich sie nur aus den Erzählungen meiner Eltern kannte, durch die Straßen der Stadt der Wahren Menschen ging.

5

Wir standen am Rand des Palastplatzes an der Einmündung der Straße, die am steinernen Turm vorbei zum Haupttor in der inneren Stadtmauer führte. Thetakisus legte mir die Hand auf die Schulter und sagte leise: »Sie sollten sich mit dem Lautsprecher vertraut machen. Zuerst bekommen Sie eine Lampe, damit Sie auch sehen können, was Sie lesen.«

Er zog einen schmalen Reif aus einem mir unbekannten Material hervor und legte ihn mir so um die Stirn, daß er fest saß, ohne mich zu beengen. Dann drückte er auf eine Stelle, und schon ging von meiner Stirn ein Lichtstrahl aus und richtete sich wie von selbst auf jeden Punkt, den ich gerade anschaute. »Sehen können Sie jetzt«, sagte er. »Nun wollen wir Ihnen das Sprechen erleichtern.« Er reichte mir den kleinen Würfel, mit dessen Hilfe er uns die Amnestie verkündet hatte – was immer das auch sein mochte –, und sagte: »Sehen Sie sich die Oberfläche an. Eine Seite hat schmale Schlitze, da sprechen Sie hinein. Um lauter zu werden, brauchen Sie nur auf diesen Stift hier zu drücken. Der Schall kommt aus den runden Löchern auf der anderen Seite. Probieren Sie es doch einmal.« Er nahm mir das Gerät noch einmal ab, drückte auf den Stift und sprach in die schmalen Schlitze. »Einfach so.« Seine Stimme schallte über den ganzen Palastplatz.

Dann gab er mir den Würfel zurück, und ich tat es ihm zaghaft nach. Als ich »Einfach …?« sagte, war meine Stimme so laut, daß ich den Würfel vor Schreck beinahe fallen gelassen hätte.

Ich sah, daß Krurix und Bepemm ein Lächeln unterdrückten, und schämte mich. Aber Thetakisus sah mich freundlich an. »Der Verstärker macht Ihre Worte von sich aus lauter«, sagte er. »Sie brauchen nicht zu schreien. Versuchen Sie's noch einmal.«

»Einfach so?« fragte ich schüchtern, und diesmal war meine Stimme laut, aber nicht ohrenbetäubend.

»Genau richtig. Schön, lesen Sie jetzt den Text immer und immer wieder laut vor, so wie Sie es mit Streeyeptin vereinbart hatten, und sprechen Sie dabei in den Verstärker. Wir gehen mit Ihnen durch die ganze Stadt, um Sie zu beschützen und vielleicht schon die ersten Flüchtlinge einzusammeln.«

Diese Nacht sollte mich noch viele Jahre lang in meinen Träumen verfolgen. Ich gewöhnte mich rasch daran, die kurze Botschaft zu verkünden, und schon nach wenigen Malen kannte ich die Wahrmensch-Übersetzung auswendig und brauchte das Blatt nicht mehr. Nun hatte ich Gelegenheit, mich umzusehen.

Die Stadt der Wahren Menschen drohte im Chaos zu versinken. Nur eines schien noch sicher zu sein: Alle Nisuaner wurden auf dem Palastplatz erwartet. Schon wanderte ein langer Zug aus nisuanischen Kindern und Haussklaven, um den alle anderen einen weiten Bogen machten, durch die Straßen. Hin und wieder eilte ein Seteposier mit einem nisuanischen Baby herbei, das Rar der Familie gegeben hatte, um es zum Sklaven erziehen zu lassen. Eine Frau rief mir zu: »Diehrenn, wärst du bitte so freundlich, ihnen zu erklären, daß ich das Kind auf schnellstem Wege zum Platz bringe und daß wir es gut behandelt haben?«

Ich wiederholte ihre Bitte auf Nisuanisch, worauf Bepemm erklärte: »Sie können ihr sagen, wenn das die Wahrheit ist, wird ihr und ihrer Familie nichts geschehen.« Das übersetzte ich der Frau. Sie konnte sich vor Angst kaum noch auf den Beinen halten, aber sie strebte weiter auf die riesige, hellerleuchtete Landefähre zu, die von jedem Punkt der Stadt aus zu sehen war.

»Sie waren so überrascht«, bemerkte Thetakisus, »als man Sie ansprach. Was war denn daran so ungewöhnlich?«

Ich schlug die Augen nieder. »Das ist so«, sagte ich, »normalerweise erteilt man mir einen Befehl, wenn man etwas von mir will, und sie hat ›bitte‹ gesagt, wie im Nisuanischen eine Form der höflichen Frage – doch hier wird sie nur unter Gleichgestellten verwendet. So hat noch nie ein Seteposier mit mir gesprochen. Obwohl sie mich also beim Namen nannte, war ich nicht sicher, ob sie mich überhaupt gemeint hatte.«

Die Nisuaner wechselten einen Blick, den ich nicht recht zu deuten wußte. Irgend etwas schien sie zu stören, aber ihr Mißfallen war nicht gegen mich gerichtet.

»Wir haben sicher noch einen weiten Weg vor uns«, sagte Thetakisus schließlich. »Machen wir weiter. Streeyeptin will, daß die Nachricht überall bekannt wird, bevor jemand auf die Idee kommt, sich an den Nisuanern zu vergreifen oder sie als Geiseln zu nehmen.«

Wir hatten den Platz bereits auf dem inneren und dann auf dem äußeren Straßenring umkreist. Damit waren wir innerhalb der Stadtmauer überall gewesen. Ich erklärte Thetakisus, wir hätten nun fast alle in der Stadt der Wahren Menschen ansässigen Nisuaner und ihre Herren erreicht. Wer vor der Mauer in den äußeren Stadtbezirken wohne, sei im allgemeinen zu arm, um sich einen nisuanischen Sklaven halten zu können. »Von uns leben nur ein paar vor dem Tor«, fügte ich hinzu. »Ganz nahe an der Mauer. Es geht am schnellsten, wenn wir die Hütten einzeln aufsuchen.«

Der Nim war nicht völlig herzlos, und er war Realist; etliche nisuanische Sklaven waren durch Unfälle arbeitsunfähig geworden; ein paar, wie Kapitän Osepok oder mein Vater, waren nun wirklich zu alt für die Arbeit; und schließlich gab es eine Reihe von ›Zuchtsklavinnen‹, besonders fruchtbare Frauen, die ständig entweder schwanger waren oder stillten. Insgesamt lebten, zwei Säuglinge eingeschlossen, nicht mehr als zehn Nisuaner in der äußeren Stadt, und die meisten davon in unmittelbarer Nähe des Tors. Jede Hütte war mit wenigen Schritten zu erreichen.

Trotzdem hielt uns dieser Abstecher ziemlich lange auf, weil nämlich viele von den Leuten, mit denen wir sprachen, sich nicht allein bewegen konnten. Unsere Gruppe wurde immer größer: Für zwei Nisuaner, die von grausamen Herren zum Krüppel gemacht worden waren, stellte sich Krurix sozusagen als Krücke zur Verfügung; meine jüngere Schwester Geremm, von einer Lungenentzündung geschwächt, hängte sich an mich; Itenn trug zwei Säuglinge; ihr folgten etliche Mütter mit ihren Säuglingen und einige Nisuaner, die zwar hinterherschlurfen, selbst aber nichts tragen konnten. Die Hütte meines Vaters war unsere letzte Station. Erleichtert stellte ich fest, daß meine Mutter nicht mehr da war. An der Tür hing ein Zettel in der Handschrift meines Vaters, und darauf stand, er und Priekahm hätten sie bereits zum Palastplatz gebracht.

Während unsere kleine Invalidenprozession durch die Straßen zum hellerleuchteten Koloß der Landefähre zurückstrebte, wiederholte ich meine Ansage noch mehrmals für etwaige Nachzügler und für alle, die vielleicht zögerten oder sich gar versteckten. Kurz bevor wir den Palastplatz erreichten, zischte etwas so dicht an meiner Wange vorüber, daß ich einen kühlen Luftzug spürte. Ich begriff erst mit einiger Verspätung, daß es ein Pfeil gewesen war.

Thetakisus und Sereterses reagierten schneller; später erfuhr ich, daß sie mit ihren riesigen Gesichtsmasken auch im Dunkeln sehen konnten. Damals hielt ich noch alles für möglich; es hätte mich auch nicht weiter überrascht, wenn sie sich plötzlich in Wölfe verwandelt hätten oder senkrecht an einer Hauswand hinaufmarschiert wären. Statt dessen zog jeder aus seinem Brustgurt einen Zylinder, der so klein war, daß er in seine Handfläche paßte. Dann faßten sie sich kurz ins Gesicht, schwenkten blitzschnell herum und drückten mit dem Daumen auf den Zylinder. Es klickte leise. Ganz in der Nähe schrie jemand auf. Die beiden Nisuaner stürmten gemeinsam in die Dunkelheit hinein. Wieder waren Schreie zu hören, dann flehten zwei seteposische Stimmen um ihr Leben, jemand rief: ›Nicht meine Kinder‹, und das Geschrei fing wieder an. Im nächsten Augenblick züngelten auch schon Flammen an einer Hauswand empor, und im Schein des Feuers konnte ich sehen, wie Thetakisus und Sereterses reglose Körper aus der Tür zogen und der Reihe nach vor dem Haus ablegten.

Als sie zu uns zurückkehrten, sagte Thetakisus zu mir: »Sie müssen jetzt leider für mich dolmetschen. Was nun kommt, ist sicher nicht erfreulich, aber es ist sehr wichtig.« Dann wandte er sich an Bepemm und befahl: »Sie bringen die Leute zum Platz zurück. Wenn Sie angegriffen werden, verhalten Sie sich so wie ich – die Angreifer, alle Umstehenden und alle, die sich in dem Gebäude aufhalten, aus dem sie kamen oder in das sie sich flüchten, werden getötet. Alle Gebäude, die in irgendeiner Beziehung zu dem Angriff stehen, werden niedergebrannt. Die Leichen werden offen zur Schau gestellt.«

Krurix wirkte trotz seiner Maske so, als sei ihm übel. Thetakisus fragte ihn scharf, ob er Einwände habe. »Nein, die Befehle werden selbstverständlich befolgt«, sagte er.

Ich bat drei von den gehfähigen Müttern, Geremm zum Palastplatz zu führen, und ging mit den beiden Männern zu dem brennenden Haus zurück. Um die Leichen hatte sich bereits eine Menge von Schaulustigen versammelt. Thetakisus und Sereterses hatten ihre Zylinder in der Hand behalten, so daß alle sie sehen konnten. »Das ist ein Handmaser«, erklärte Thetakisus, während wir auf die Menge zugingen. »Der Strahl ist unsichtbar, aber wenn er auf Fleisch trifft, verschmort es sofort. Holz oder Stoff fangen zu brennen an.« Er wies auf einen Teil des Hausdachs, den das Feuer noch nicht erfaßt hatte, und ließ den Handmaser erneut klicken. Ein leises Zischen war zu hören, und schon stand die bezeichnete Stelle in hellen Flammen. Die Menge wimmerte vor Angst.

»Nehmen Sie jetzt den Verstärker, und übersetzen Sie, was ich Ihnen sage«, verlangte er.

Ich hielt das Gerät an den Mund und dolmetschte Thetakisus' Erklärung. Diesen ›Haufen Dreck‹ (er deutete auf einen Leichnam, der noch einen Köcher voller Pfeile umhängen hatte) habe er getötet, weil er einen Schuß auf uns abgegeben habe, vier andere, weil sie bei ihm gewesen seien, und die übrigen, weil sie ihm erlaubt hätten, sich in ihrem Haus zu verstecken. »So wird es jedem ergehen, der die Hand gegen uns erhebt, und jedem, der dem Schurken, bewußt oder nicht, in irgendeiner Weise behilflich ist«, fuhr er fort, und ich übersetzte es den Seteposiern. »Weiterhin ist es verboten, sich um diese Dreckhaufen zu versammeln oder sie zu betrauern; sie werden kein feierliches Begräbnis erhalten, und es finden keinerlei Zusammenkünfte statt, die zu ihrem Tod in irgendeiner Beziehung stehen. Schon dieser Auflauf verstößt gegen den Befehl, doch wir wollen Gnade vor Recht ergehen lassen und diesmal nur einige wenige bestrafen. Die übrigen sollen den anderen Tieren erkären, wie die neuen Gesetze lauten.«

Alle standen wie betäubt da. Niemand ahnte, was jetzt kam. Sereterses ging auf die Menge zu, packte drei Zuschauer und zerrte sie in den Schein des brennenden Hauses.

Ich hatte etwas entdeckt und stürzte mich in die Menge. Ich hörte Thetakisus' überraschten Ausruf, hielt mich aber nicht mit langen Erklärungen auf, sondern packte einfach zu und bekam sie an den Haaren zu fassen – Esser, die Fünfjährige, deren Kinderfrau ich gewesen war. Das kleine Biest hatte mich oft genug auspeitschen lassen, nur weil ich einer ihrer Launen nicht nachgegeben hatte. Jetzt krallte ich meine Finger in ihr Haar und zerrte sie zu den drei anderen hinüber. Sie schrie aus Leibeskräften. Damit sie mir auch ja nicht wieder entwischte, warf ich sie mit voller Wucht auf das Pflaster. Dann gönnte ich mir das Vergnügen, ihr einen Tritt gegen den Kopf zu versetzen. Sie heulte vor Angst und Schmerz wie ein Tier. Es war wundervoll. »Sie auch«, sagte ich zu Thetakisus.

Er nickte, wirkte jedoch unter seiner Maske ein wenig ratlos. Dann hielt er wieder eine Ansprache, und ich übersetzte. Diese vier Personen würden dafür bestraft, daß sie sich am Schauplatz einer Hinrichtung zusammengerottet hätten. Die anderen sollten sich ein Beispiel daran nehmen. Dann richteten er und Sereterses ihre Zylinder auf die Köpfe der Verurteilten und ließen sie klicken. Alle vier waren auf der Stelle tot. Ein durchdringender Geruch nach verbranntem Fleisch verbreitete sich.

Thetakisus hob seinen Maser, und ich gab auf sein Geheiß durch den Verstärker bekannt, er werde jetzt bis fünf zählen und dann die Waffe gegen jeden gebrauchen, der noch in Sichtweite sei. Die Menge stob entsetzt auseinander. Er wandte sich an mich, wies auf Essers Leichnam und fragte: »Warum?«

»Weil sie meine schlimmste Herrin war«, sagte ich. »Außerdem ist sie eine Verwandte des Nim. Nun wissen alle, was sie erwartet und daß sie gehorchen müssen.« Noch einmal trat ich mit dem Fuß gegen den kleinen Leichnam. »Was soll daran eigentlich unerfreulich gewesen sein?«

***

Wir hatten sieben Tage hiesiger Zeitrechnung auf dem Planeten verbracht und waren nun zum ersten Mal wieder auf der *Republik*. Bepemm und ich hatten eben geduscht und uns umgezogen und überlegten nun, was wir uns zu essen bestellen sollten. Wir beschlossen, nichts auszulassen.

»Was sind das für Arbeitsbedingungen«, sagte ich, nachdem wir uns eine Weile stumm die Bäuche vollgeschlagen hatten. »Seit wir da unten gelandet sind, habe ich keinen Achteltag mehr ohne Unterbrechung geschlafen.«

Sie gähnte. »Das steht als nächstes auf meinem Programm. Ausreichend lange schlafen. Es ist so viel passiert... wer hätte damit gerechnet?«

In diesen sieben Tagen hatten wir zwei Erkenntnisse gewonnen: Jeder Nisuaner in der Stadt der Wahren Menschen war geradezu besessen von dem Wunsch, sich für Jahrzehnte der Sklaverei zu rächen, und die einheimischen Bewohner der Stadt der Wahren Menschen waren einerseits darauf gefaßt, abgeschlachtet zu werden, und verließen sich andererseits darauf, daß wir sie versorgten. Wenn die Götter kommen, kann man getrost jede Verantwortung abgeben. Auf Empfehlung von Prirox, der schon seit Jahren mit der Organisation des Ackerbaus betraut war, hatten wir die Eingeborenen zunächst nur gezwungen, die Bewässerungskanäle zu säubern, Wasser herbeizuschleppen, Unkraut zu jäten, die Erde zu lockern und all die vielen anderen Dinge zu tun, die für eine gute Ernte nötig waren. Dann hatten wir festgestellt, daß sie sich auch nicht mehr um ihre Getreidespeicher kümmerten und keine Feuer mehr löschten. Kurzum, sie hatten fast alle Tätigkeiten eingestellt, die sie vor unserer Ankunft selbständig erledigt hatten. Kurz bevor wir in die Landefähre stiegen, um uns hier oben etwas auszuruhen und endlich wieder einmal normal zu essen, hatte eine Gruppe von Seteposiern verlangt, wir sollten einen Grenzstreit schlichten, und eine zweite Gruppe hatte sich beklagt, daß verschiedene umliegende Dörfer die Steuern nicht bezahlten, die sie den Wahren Menschen ›schuldeten‹.

Den größten Erfolg erzielten wir – zumindest bei den geretteten Nisuanern – damit, daß wir Nim Rar und seine sämtlichen Nachkommen töteten. Um ganz deutlich zu machen, daß wir es ernst meinten, sprengten wir auch den Steinturm in die Luft und schleiften die Mauern. Damit war die Stadt der Wahren Menschen als Hauptstadt des Imperiums erledigt. Bisweilen hatte ich Mitleid mit den verängstigten Seteposiern; doch das legte sich rasch, wenn ich an die Greuel dachte, von denen Diehrenn und ihr Vater mir erzählt hatten.

»Du willst also deine Eingeborenenprinzessin mit nach Hause nehmen?« fragte Bepemm und sah mich mit funkelnden Augen an.

»Wie?« fragte ich mit vollem Mund.

»Was soll denn sonst aus Diehrenn werden?«

Ich war überrascht. »Ich glaube nicht, daß das in meiner Hand ...«

Bepemm schnaubte verächtlich. »Natürlich nicht. Sie läuft dir nach wie ein Hündchen, ihr führt stundenlange Gespräche, du lernst sogar Wahrmensch von ihr, außerdem hat sie noch einen prachtvollen Körper und ein hübsches Gesicht. Aber das ist alles reiner Zufall.«

Ich hatte fast den Eindruck, als sei Bepemm ein wenig eifersüchtig, aber da wir uns nie so richtig nahegekommen waren, wußte ich nicht, wie ich das elegant zur Sprache bringen sollte, und so sagte ich nur: »Dummes Zeug. Sie ist eine unserer besten Dolmetscherinnen. Sie arbeitet gerne mit mir zusammen, und ich will nicht leugnen, daß sie hübsch ist. Aber keiner von uns hat je etwas in dieser Richtung erwähnt.«

»Und warum ist sie ausgerechnet diesmal auf der Landefähre mitgeflogen, um sich der Dialyse zu unterziehen?« fragte Bepemm.

»Nun ja, ihre Mutter ist wieder bei Bewußtsein – es war höchste Zeit für einen Besuch. Sie hatte sich Sorgen gemacht.«

Ausgehend von den Erkenntnissen, die Soikenn Jahrzehnte zuvor gewonnen hatte, konnte Dr. Lerimarsix in nur zwei Tagen die Giftstoffe aufspüren, die das nisuanische Immunsystem produzierte, wenn es versuchte, mit den allgegenwärtigen, aber nicht assimilierbaren seteposischen Eiweißverbindungen fertig zu werden. Weiterhin hatte sie nachgewiesen, daß diese Toxine sich allmählich anreicherten und langsam, aber sicher zu Nieren- und Lungenversagen führten, aber auch für frühe Sterilität und ein halbes Dutzend anderer Beschwerden verantwortlich waren, von denen die Nisuaner in der Stadt der Wahren Menschen bis dahin noch gar nichts gewußt hatten. Nachdem sie die Ursachen kannte, hatte sie provisorische Dialysatoren konstruiert, um die Toxine auszuwaschen, und eine medikamentöse Therapie zur Regeneration der Organe entworfen. Für die meisten Nisuaner war das die reine Verjüngungskur. Als erste hatte sie sich die Generation vorgenommen, die mit der *Wahkopem Zomos* gekommen war, denn bei ihr hatten sich die meisten Giftstoffe angesammelt. Schließlich hatte sie vom Tag ihrer Ankunft an seteposische Lebensmittel in Erwachsenenportionen zu sich genommen. Nun waren diejenigen an der Reihe, die als erste auf Setepos geboren wurden.

»Nur wenige Jahre später«, sagte ich, »und wir hätten womöglich niemanden mehr gefunden, der noch Nisuanisch spricht. Von der älteren ›Eingeborenen‹-Generation waren viele schon hart an der Grenze, sagt jedenfalls Dr. Lerimarsix.«

»Glaubst du, sie wären weniger rachsüchtig gewesen, wenn sie sich nicht an die Zeit vor der Sklaverei erinnert hätten, und wenn keine Erwachsenen dagewesen wären, die ihnen davon erzählten?« fragte Bepemm.

»Ein Sklave ist und bleibt ein Sklave«, sagte ich. »Ganz gleich, woher er kommt. Von uns wird wohl keiner je verstehen können, wie sehr sie alle die Seteposier hassen. Und ich möchte es auch gar nicht verstehen.«

Bepemm hatte den Mund voll und kaute eifrig. »Ich auch nicht«, sagte sie dann. »Aber ganz im Ernst, Thetakisus, selbst wenn du nichts für Diehrenn empfinden solltest, sie ist eindeutig fasziniert von dir.«

Das brachte mich noch mehr in Verlegenheit, denn wenn ich ehrlich war, hatte Diehrenn mich bis in meine Träume verfolgt – wenn ich Zeit zum Schlafen fand, was allerdings nur selten und nie für längere Zeit der Fall gewesen war. Ich war schockiert über ihre Grausamkeit und entsetzt über ihre Erfahrungen (seit ihrer Pubertät hatte sie sich auf Befehl von jedem besteigen lassen müssen, den man ihr zuwies – und das offenbar noch als den angenehmeren Teil ihres Daseins betrachtet), und doch … irgend etwas an ihr zog mich wie magisch an. Schon möglich, daß ich nur von ihrer abenteuerlichen Vergangenheit beeindruckt war oder von ihrer leidenschaftlichen Neugier, die sie nicht ruhen ließ, solange es noch etwas zu entdecken gab. Vielleicht hatte Bepemm auch recht, und es lag nur daran, daß Diehrenn so wunderschön war.

Bepemm sah mich böse an. Wahrscheinlich hatte ich verträumt ins Leere gestarrt, und das ausgerechnet beim Thema Diehrenn – nicht gerade sehr geschickt. Ich überlegte noch, wie ich den Fehler wiedergutmachen sollte, als Krurix mit einem Stück Kuchen, vermutlich dem letzten Rest *seines* großen Festschmauses, hereinkam. »Habt ihr beiden einen Moment Zeit?«

Bepemm war sichtlich erleichtert. Vielleicht war auch sie nicht an einem Streit interessiert. »Am besten wäre es, wenn *du* redest und uns weiterschlemmen läßt.«

Er setzte sich, biß von seinem Kuchen ab, schluckte und sagte dann: »Um gleich mit dem Unangenehmsten anzufangen, es geht wieder um den Nullpunktenergielaser und die Kondensatorplatten. Als ich zurückkam, habe ich mir die Kurven angesehen, die bei jeder Veränderung der Oszillationsgeschwindigkeit aufgezeichnet wurden – und die Modulationen müssen sein, denn jedes Mal, wenn eine von den Landefähren andockt oder startet, und jedesmal, wenn wir eine Sonde absetzen, müssen wir die Frequenz ein klein wenig verändern, um stationär zu bleiben – nun, die Reaktionskurven sind noch unregelmäßiger geworden. Die Chaosperioden dauern immer länger, und immer weniger Kurven zeigen einen stetigen Verlauf. Ich muß befürchten, daß sich der Zustand weiter verschlechtert.«

»Äh ... solltest du das nicht lieber mit Azir besprechen?« fragte ich. Seine Feststellungen waren beunruhigend, aber wir beide konnten wirklich nichts unternehmen.

»Deshalb komme ich ja zu euch. Azir hat solche Angst vor Streeyeptin, daß sie nicht wagt, das Thema noch einmal anzuschneiden. Es wäre ja auch wirklich ein größerer Eingriff in den Zeitplan. Die Überholung im ballistischen Orbit würde etwa zehn Tage dauern, und wenn wir Rendezvousmanöver fliegen müßten, anstatt wie mit dem Fahrstuhl rauf- und runterzukommen, könnte jede Fähre nur noch einen Flug pro Tag schaffen anstatt zwei wie im Moment. Streeyeptin könnte seine Vorgaben also tatsächlich nicht einhalten. Aber ich glaube, man müßte ihm die Gefahr nur begreiflich machen, dann wäre er schon zur Einsicht zu bringen. Schließlich will er ja auch nichts anderes, als die Mission baldmöglichst abschließen und nach Hause zurückkehren. Also sollte er wissen, daß es Probleme gibt und wie schwerwiegend sie sind. Ich wollte euch nun fragen, ob ihr vielleicht eine Idee hättet, wie man ihn darauf ansprechen soll.« Er nahm einen großen Bissen, kaute hastig und fuhr fort: »Die Sache ist die: Sobald mit dem Schiff alles in Ordnung ist, kann er ruhig sauer auf mich sein, aber ich weiß, daß meine Art manchmal ziemlich irritierend ist, und ich möchte nicht, daß er mir gleich über den Mund fährt. Genau das ist freilich zu befürchten. Aber wenn nun ...«

»Darf ich?« Streeyeptin trat ein. Wir waren starr vor Schreck. Er sah uns an und seufzte. »Nein, Sie haben nichts zu befürchten. Krurix, ich wollte Sie nicht belauschen, ich kam nur zufällig gleich zu Anfang Ihres Gesprächs vorbei. Nach neueren Schätzungen könnte der Hauptantrieb also noch früher versagen, als Sie ursprünglich dachten? Und wenn ich mich recht erinnere, könnte dabei das Schiff zerstört werden?«

»Nur, wenn es passiert, solange wir über dem Planeten schweben«, verbesserte Krurix. »Im Orbit oder auf dem Heimflug hätten wir genügend Zeit, um die Reparatur durchzuführen, und sie ist auch nicht weiter schwierig. Problematisch wäre es nur, wenn wir in der Zeit, in der die Platten blockieren, in die Atmosphäre stürzen würden. Dann könnte es zur Explosion kommen, wenn sich der Separator einschaltet, und das ... nun ja, das wäre wohl das Ende für unser Schiff. Deshalb ginge ich lieber in eine Umlaufbahn, um die Triebwerke in aller Ruhe zu überholen.«

Streeyeptin überlegte eine Weile, und endlich sagte er: »Es gäbe einen Kompromiß, der aber für uns vier nicht angenehm wäre.« Damit hatte er unsere Aufmerksamkeit gewonnen. »Die Situation ist folgende«, fuhr er fort. »Haben Sie sich schon einmal überlegt, daß uns das Zuchtprogramm des Nim in ziemliche Bedrängnis bringt? Wir hatten mit der ursprünglichen Besatzung und zwei Kindern gerechnet und zehn Plätze im Raumschiff vorgesehen. Zwölf zusätzliche Passagiere wären gerade noch möglich, wenn wir sehr eng zusammenrücken. Das heißt, die *Egalitäre Republik* kann nicht einmal ein Drittel der seteposischen Nisuaner mit nach Hause nehmen.

Das wäre schon schlimm genug. Ich habe bereits eine entsprechende Meldung nach Nisu geschickt, und wenn sie in vier Jahren eintrifft und die Schiffe nicht sehr dringend für Dutzende von anderen Projekten benötigt werden, was wahrscheinlich der Fall sein wird, dann könnte man in schätzungsweise zwei Jahren eine Rettungsexpedition zusammenstellen, die weitere viereinhalb Jahre später hier einträfe – Hilfe wäre also frühestens in einem Jahrzehnt zu erwarten.

Ein weiteres Problem, an das bisher wohl noch keiner von Ihnen gedacht hat, ist folgendes: Alle hiesigen Nisuaner waren Sklaven, und sie sind von einem geradezu mörderischen Haß auf die Seteposier erfüllt. Was geschieht also, wenn wir ihnen Waffen geben und sagen, sie sollen hier auf uns warten? Nichts anderes, als daß das Imperium des Nim wiederersteht, nur mit einer nisuanischen Herrscherfamilie. Wenn Gleichheit irgendeinen Sinn haben soll, dann muß sie für jeden gelten – auch für Seteposier, die in der Steinzeit leben –, und wir brauchen jemanden, der hier an Ort und Stelle dafür sorgt, daß sich eine freie und gerechte Gesellschaft entwickelt, und der alle, die früheren Sklaven wie die früheren Herren lehrt, wenigstens soweit miteinander auszukommen, wie es uns auf Nisu gelungen ist. Das ist natürlich eine Aufgabe für einen Politischen Offizier, und deshalb werde ich mich freiwillig melden.«

»Sie meinen – Sie wollen noch zehn Jahre länger hier bleiben?« fragte Krurix ungläubig.

»Man kann sich seine Pflichten nicht immer aussuchen«, erwiderte Streeyeptin und nickte. »Aber ich bin noch nicht fertig.

Erstens ist es mit zehn Jahren wohl nicht getan. So lange braucht das Rettungsschiff schon bis hierher, der Rückflug nach Nisu dauert noch einmal viereinhalb Jahre. Ich werde die Heimat also wohl erst in etwa fünfzehn Jahren wiedersehen. Zweitens besteht, auch wenn wir hier ein festes Team stationieren, keine Notwendigkeit, daß auch die *Egalitäre Republik* hierbleibt. Sie braucht nur die erforderlichen Geräte abzusetzen, dann kann sie nach Hause fliegen. Für alle, die an Bord bleiben, verkürzt sich die Mission damit um fast ein Jahr.«

»Die Glücklichen«, sagte Krurix und schaute zu Boden. »Sie sprachen von einem festen Team?«

»Nun, ich brauche ein paar jüngere Offiziere mit verschiedenen Fachkenntnissen«, sagte Streeyeptin. »Wie Sie ja wissen, sind meine Spezialgebiete Gesellschaftsplanung und Polizeiarbeit. Damit bin ich durchaus qualifiziert, aber nicht imstande, den Posten alleine auszufüllen. Wenn ich hier eine funktionsfähige Gesellschaft errichten soll, brauche ich Leute mit militärischer und technischer Vorbildung. Die älteren Offiziere müssen das Schiff fliegen, den Mannschaften fehlen die erforderlichen Qualifikationen ...«

Ich sah bereits, wie der Hase lief. Nun waren Vernunft und Pragmatismus gefragt, die Eigenschaften, die mir auch den Posten des Kapitänsassistenten eingebracht hatten. »Ich bleibe«, sagte ich. Wenn eine freiwillige Meldung so demonstrativ erwartet wird, empfiehlt es sich, nicht allzu lange zu zögern. Schließlich weiß jeder, daß es keinen Sinn hat, sich gegen einen Politischen Offizier aufzulehnen. Hätte ich versucht, mich irgendwie herauszuwinden, so hätte man mir das übelgenommen, und letztlich wäre ich doch auf Setepos gelandet. Wenn ich mich freiwillig zum Hierbleiben entschloß, würde man das höheren Orts wenigstens anerkennen. Kapitän konnte ich damit zwar nicht gleich werden, aber ich würde eine wichtige Funktion in einem bedeutenden wissenschaftlichen Projekt bekleiden und könnte genau dann, wenn auf Nisu die Führungspositionen für *Projekt Exodus* vergeben wurden, mit umfassenderen Erfahrungen auf Neulandwelten aufwarten als jeder andere. Außerdem tat ich Streeyeptin einen großen Gefallen, und das würde sich sicher auch politisch für mich auszahlen. Es gibt nicht nur einen Weg an die Spitze der Machtpyramide.

Und, flüsterte eine innere Stimme, Dichrenn ist schließlich auch noch da.

Ich habe Bepemm nie gefragt, welche Gründe sie für ihre Meldung hatte; wahrscheinlich mehr oder weniger die gleichen wie ich. Überrascht war ich eher, als Krurix sich kurz schüttelte und dann unserem Beispiel folgte. Vielleicht waren Bepemm und ich die einzigen, denen er sich irgendwie verbunden fühlte, vielleicht hatte er auch in etwa die gleichen Überlegungen angestellt. Es ist wohl besser, wenn man nicht alles voneinander weiß.

Damit hatten wir uns verpflichtet, ein weiteres Jahrzehnt auf Setepos auszuharren, um die früheren Herren und die früheren Sklaven zu versöhnen und sie im Rekordtempo durch eine zehntausendjährige Entwicklung zu führen. Als ich endlich in meine Koje kam, schlief ich lange und tief, denn ich hatte den Verdacht, daß diese Gelegenheit nicht so schnell wiederkehren würde.

6

Zwei Achttage später standen Krurix und ich schwitzend vor der vierten Kiste Labormaterial, die wir an diesem Morgen in unser Hauptquartier – den ehemaligen Palast – geschleppt hatten. »Gib mir mal die neuesten Zahlen«, sagte ich.

Er hob die Kiste ächzend auf der einen Seite an; ich packte sie auf der anderen Seite, und dann hievten wir sie mit Schwung auf den Tisch, wo sie hingehörte. »Schön«, seufzte er. »Im Moment sind noch siebzehn Flüge zur *Egalitären Republik* und zurück vorgesehen. Der Dialysator kommt mit den letzten drei Flügen. Wir beide müssen ihn allein ausladen, weil Bepemm soviel Medizin wie nur möglich pauken muß, um unsere ärztliche Betreuung übernehmen zu können. Dann geht's noch einmal rauf zum Abschiedsessen, dabei bringen wir auch Otuz, Priekahm, Osepok und Zahmekoses auf die *Egalitäre Republik*. Achtzehn Flüge mit zwei Landefähren bei je einem Flug pro Tag, das macht neun Tage, aber sie brauchen jedesmal länger, bis sie eine Fähre startklar bekommen. Meine derzeitige Schätzung geht auf drei Schiffsbesuche vor dem Abflug. Du kannst dir schon einmal drei Leibspeisen aussuchen und dir drei besonders angenehme Duschvarianten überlegen.«

Ich seufzte. »Es hat sich also nichts geändert.«

»Nachfragen lohnt sich immer«, sagte er. »Das ist alles, was sie diesmal auf der Veranda abgestellt haben. Bis die nächste Fähre runterkommt, haben wir einen halben Tag Zeit, und Bepemm möchte keinen von uns dabeihaben, wenn sie ihre Anlagen aufbaut. Was meinst du, machen wir eine kleine Pause und essen einen Happen?«

»Ganz in meinem Sinne.« Ich wischte mir das Gesicht mit dem Eingeborenentuch ab, das ich mir über den Kopf gelegt hatte; wir hatten uns angewöhnt, wie die Seteposier und die hier geborenen Nisuaner den Kopf bedeckt zu halten. Es war nicht das einzige, was Bepemm uns übelnahm. »Ich glaube, die Köche haben heute morgen zwei Ziegen gebraten. Wir können ja mal nachsehen, ob sie schon gar sind.«

Wir gingen durch das Lager, die ehemalige Stadt der Wahren Menschen. Wenn uns jemand zuwinkte oder uns einen guten Tag wünschte, grüßten wir zurück. Meistens waren es Nisuaner, aber auch einige Seteposier hatten bereits gelernt, daß mit uns durchaus auszukommen war, solange sie die neue Ordnung akzeptierten. Miteinander redeten wir nicht viel, meistens wahrten wir ein freundschaftliches Schweigen.

Plötzlich fiel mir auf, wie seltsam das eigentlich war. Vielleicht hatte ich mich verändert, Krurix war jedenfalls nicht wiederzuerkennen. Wir hatten vierundvierzig Achtwochen subjektiver Zeit gemeinsam auf dem Schiff verbracht, aber Freunde waren wir erst seit kurzem, seit wir auf Setepos zusammenarbeiteten. Er hatte wohl das Gefühl, endlich akzeptiert zu sein, und verzichtete deshalb auf seine ständigen Witzeleien, was es mir leichter machte, an ihn heranzukommen. Er war ein kluger Kopf, und wenn man ihn gut behandelte, war er der zuverlässigste Kamerad, den man sich denken konnte.

Natürlich war ich auch deshalb viel mit ihm zusammen, weil Bepemm sich offenbar auf Dauer in den Schmollwinkel zurückgezogen hatte. Womöglich war meine frühere Abneigung gegen ihn vor allem dadurch bedingt gewesen, daß ich ihn mit ihren Augen sah.

Und drittens, ich wollte es mir selbst kaum eingestehen, uns beiden gefiel es hier, ganz im Gegensatz zu Bepemm und Streeyeptin. Nicht daß wir gerade mit Begeisterung auf unsere Leibspeisen, regelmäßiges Duschen, Unterhaltungsbänder und bequeme Kojen verzichtet hätten, aber wenn wieder einmal ›Schnell, schnell, wir müssen warten‹ angesagt war, unternahmen wir gern Streifzüge durch die Stadt und die nähere Umgebung, und sei es auch nur, um ein neues seteposisches Gericht zu probieren oder auf einen Berg zu steigen und die Aussicht zu genießen.

»Streeyeptin macht sich große Sorgen«, bemerkte Krurix, als wir uns, jeder einen Spieß mit gebratenen Ziegenfleischstücken und Zwiebeln in der Hand, zum Essen setzten. »Nicht nur, weil es so viel zu tun gibt und die Zeit so knapp ist. Ich glaube, es belastet ihn, daß er mit seinem politischen Unterricht bei den jüngeren Nisuanern nicht ganz den Erfolg hat, den er sich wünschen würde. Und das liegt nicht etwa daran, daß er nicht sehr gut Wahrmensch spricht oder daß sie bisher kaum Nisuanisch gelernt haben.«

Ich kaute nachdenklich auf einem Stück Fleisch herum. »Weißt du noch«, sagte ich schließlich, »wie lange wir gebraucht haben, um dahinterzukommen, daß er im Grunde gar nicht so übel ist? Sein Problem ist, daß er immer so starr an irgendwelchen Regeln festhält. Wenn dazu noch die Sprachbarriere kommt – und wenn man bedenkt, daß er die Leute zu etwas überreden will, das sie nun überhaupt nicht wollen, nämlich eine vernünftige Beziehung zu den Seteposiern aufbauen –, nun, du hast ganz recht, das muß zu Konflikten führen. Warum suchst du da noch nach anderen Ursachen?«

Krurix seufzte. »Ich habe nur so ein Gefühl, daß das nicht alles ist«, sagte er. »Schon möglich, daß sie bis vor wenigen Achttagen in der Steinzeit gelebt haben, aber sie sind nicht dumm. Und intelligente Tiere lernen im allgemeinen sehr schnell, anderen intelligenten Tieren, besonders, wenn es Vorgesetzte sind, genau das zu sagen, was sie hören wollen.«

Ich hätte mich fast an meinem Ziegenfleisch verschluckt. »Ganz richtig«, erwiderte ich lachend. »Wann will er denn seine politischen Erziehungsbemühungen wiederaufnehmen? Er wollte doch mit dem letzten Flug kommen – hat er nicht geschrieben, wann er wieder hier ist?«

»Er hat wohl ziemlich viel zu tun, um auf der *Egalitären Republik* alles soweit zu ordnen, daß Itenn ihn als Politischen Offizier vertreten kann, und dabei bräuchte er die Zeit dringend, um seine Berichte zu verfassen und abzuschicken«, sagte Krurix. »Er fürchtet, wenn der Sender hier kaputtgeht oder nicht richtig funktioniert, könnte es sehr lange dauern, bis Nisu davon unterrichtet wird, wie brisant die Lage ist. Aber es ist schon ärgerlich, daß er nie da ist. Schließlich hat er nicht nur die Pläne, sondern auch alle Kompetenzen …«

Ein tiefes Grollen erfüllte die Luft. Zunächst dachte ich an ein Gewitter, aber dafür war es zu laut und dauerte zu lange. Dann drang ein intensiver Lichtschein durch die Wolkendecke.

Krurix sprang auf, ließ sein Essen achtlos zu Boden fallen und rannte zum Palast. Ich folgte ihm. Der Donner wurde lauter, das Licht am Himmel wurde heller, und unter unseren Füßen bebte die Erde. Ein jäher, heißer Windstoß riß uns zu Boden; wir rollten uns ab, standen wieder auf und rannten weiter. Noch zweimal wurden wir von Böen umgeworfen.

Bepemm war bereits da, als wir das Hauptquartier erreichten. »*Egalitäre Republik*, bitte melden«, schrie sie immer wieder aufgeregt ins Funkgerät. »*Egalitäre Republik*, bitte melden.« Sie stöhnte vor Ungeduld, dann bat sie, ohne den Blick von Schaltpult zu wenden: »Könntest du bitte die Aufzeichnungen abhören, Krurix? Ich möchte ganz sichergehen, daß wir nichts verpassen, was …«

Krurix war sofort am zweiten Schaltpult und schlug in rasendem Tempo auf die Tasten ein. »Eine Nachricht, ganz kurz«, sagte er, »das heißt wahrscheinlich …«

Der Apparat schaltete knisternd auf Wiedergabe. Eine monotone, ausdruckslose Stimme. »Hier Baegess, *Egalitäre Republik*. Kondensatorplatten für Nullpunktenergie im Laser des Haupttriebwerks blockiert. Schiff stürzt im freien Fall auf Setepos zu. Notseparator kann nicht außer Kraft gesetzt werden, Triebwerke werden also wieder anspringen. Mit katastrophalen Folgen ist zu rechnen. Wir versuchen ...«

Damit brach die Verbindung ab.

Der Boden unter unseren Füßen hatte sich beruhigt. Ich schaute aus der Tür. Auch das grelle Licht hinter der Wolkendecke war erloschen. Dafür wurde es schnell finster, und ein heftiger Wind wirbelte den Staub auf und riß das Stroh von den Dächern. Bepemm und Krurix traten hinter mich. Ich spürte es mehr, als daß ich es sah. »Du hattest recht«, sagte Bepemm leise. »Du hattest vollkommen recht.«

»Das nützt jetzt auch nichts mehr«, antwortete Krurix. »Was wollen wir tun?«

»Das hängt in erster Linie davon ab«, sagte ich, »was da draußen passiert. Ich würde sagen, wir versuchen, es zu rekonstruieren, dann machen wir einen Plan, und dann werden wir schon sehen, wie viele Leute bereit sind, sich danach zu richten.«

»Fangen wir von vorne an«, sagte Bepemm. »Als erstes ist also der große Laser ausgefallen. Wie geht es nun weiter?«

»Das Meer hat aufgehört zu kochen, die aufsteigende Dampfsäule hat sich nicht weiter erhitzt«, sagte Krurix. »Sie ist sogar erstaunlich rasch abgekühlt. Wahrscheinlich ist im Zentrum schlagartig ein starkes Vakuum entstanden – das erklärt vielleicht das Dröhnen, das wir vorhin hörten. Wie nach einem Blitzschlag, wenn die verdrängte Luft zurückschießt. Dann hat sich der Notseparator eingeschaltet, und der Laser ist wieder angesprungen ...«

»Moment mal«, unterbrach ich. »Dazwischen gab es eine Pause – die Zeit, in der er nicht lief –, und in dieser Zeit hat sich Setepos weitergedreht. Als der Laser dann wieder ansprang, war das Schiff nicht nur viel tiefer gesunken, sondern befand sich auch ein Stück weiter im Westen.«

Bepemm wurde bleich. »Damit ist eins fast sicher: Der Laser hat nicht in die bereits entstandenen Wolken hinein gezündet, sondern aus klarem Himmel auf das Meer hinunter. Und das aus sehr viel geringerer Höhe ...«

»Wahrscheinlich war das Schiff schon mehr als die Hälfte der Strecke abgestürzt«, ergänzte Krurix. »Also bekam die Oberfläche das Vierfache an Energie ab. Eine Riesenmenge Seewasser verdampfte und schoß nach oben. Diese Säule aus überhitzter Luft hat das Schiff zerstört. Damit haben wir an einer Stelle ein riesiges Vakuum und etwas westlich davon eine ungeheure, unter Überdruck stehende Menge Dampf.«

»Ein Hurrikan«, sagte ich. »In höchstens einem Achteltag ergibt das einen gewaltigen Hurrikan mit enormen Windgeschwindigkeiten und sintflutartigen Regenfällen. Und wir befinden uns in einem Flußtal inmitten von Höhenzügen, und die meisten Häuser, in denen unsere Leute sitzen, sind so leicht gebaut, daß der Wind sie einfach wegpusten kann. Wir müssen schnellstens auf höheres Gelände und wenn möglich unter ein festes Dach kommen.«

»Ich kenne hoch oben in den Bergen eine trockene Höhle«, rief Diehrenn keuchend, die eben durch den Regen auf uns zugelaufen kam. »Was ist eigentlich los? Es hat so schrecklich gedonnert. Heißt das, daß eurem Schiff etwas zugestoßen ist? Und was bedeutet das Wort ›Hurrikan‹?«

»Ein Hurrikan ist ein schwerer Sturm«, antwortete ich. »So etwas habt ihr hier wahrscheinlich noch nie erlebt.« Und dann umriß ich mit wenigen Sätzen die Lage.

»Wahrscheinlich bleibt uns allenfalls ein Achteltag Zeit«, ergänzte Krurix. »Können in dieser Höhle alle unterkommen?«

»Jedenfalls alle Nisuaner«, sagte Diehrenn, »und sonst nehmen wir niemanden mit. Das Schiff war euer einziger Rückhalt. Wenn es nicht mehr da ist, können wir uns auch um die Seteposier nicht mehr kümmern. Sie werden sich sowieso besser zu helfen wissen; schließlich sind sie die Eingeborenen, während wir hier fremd sind. Und nachdem euer Politischer Offizier nun auch nicht wiederkommt, will ich kein Wort mehr von den ›Pflichten gegenüber unseren seteposischen Brüdern‹ hören.«

Um einem Streit, der sinnlos gewesen wäre, aus dem Weg zu gehen, sagte ich: »Wir müssen so bald aufbrechen wie irgend möglich. Kannst du alle zusammenholen?«

»Ich bringe sie hierher, so schnell ich kann. Es dauert nicht lange.« Damit verschwand Diehrenn wieder im Regen.

Jeder von uns dreien schnappte sich einen Rucksack und warf alles hinein, was ihm gerade in den Sinn kam; bevor wir noch fertig waren, trafen die ersten Nisuaner ein. Wir füllten alle weiteren Rucksäcke und Taschen mit Notproviant. Wo im Gepäck der Neuankömmlinge noch Platz war, stopften wir irgendwelche wichtigen Dinge oder Lebensmittel hinein. Für mehr Organisation war keine Zeit.

Draußen waren Wind und Regen bereits stärker geworden. »Wenn wir uns nicht bald in Marsch setzen, kommen wir nicht mehr raus«, mahnte Krurix, als Diehrenn mit Prirox zurückkehrte.

»Wir haben alle zusammengetrommelt, die selbst laufen oder von den anderen getragen werden können«, sagte sie. »Prirox, ich dachte an die Höhle, in der die Kinder des Nim immer spielten. Wir müssen wohl den Pfad nehmen, der senkrecht bergauf geht, der bequemere führt über zwei Bäche, und das wird heute nicht mehr möglich sein.«

»Gut«, sagte Prirox. »Können wir gehen?«

Niemand widersprach. Diehrenn und Prirox übernahmen die Führung, und wir drei Assistenten bildeten, die Waffen im Anschlag, die Nachhut. Als wir aus dem Haus traten, fuhr uns heulend der Wind ins Gesicht, der kalte Regen prasselte in Strömen vom Himmel. Zum Glück lagen die Berge in Windrichtung, so daß die meisten der etwa zweihundertfünfzig Flüchtlinge das Unwetter im Rücken hatten. Nur wir, die Nachhut, mußten rückwärts gehen, obwohl uns der Regen fast blind machte.

Handmaser sind bei Regen nicht zu gebrauchen – der scharf gebündelte Mikrowellenstrahl wird von den Wassertropfen gestreut und teilweise absorbiert – also hatten wir die Mikrogewehre mitgenommen. Bevor wir uns noch vierzig Schritt vom Hauptquartier entfernt hatten, kamen schon die ersten Seteposier darauf zugestürmt. Als wir allen Nisuanern mitteilten, daß wir die Stadt verlassen müßten, hatten wir zwangsläufig auch die Seteposier von unserem Abzug unterrichtet – Diehrenn hatte die Nachricht auf Wahrmensch verbreiten müssen, weil kaum noch jemand von unseren Leuten der eigenen Sprache mächtig war. Nun hätte man annehmen können, daß auch die Seteposier in die Berge fliehen würden, und einige taten das wahrscheinlich auch. Aber den meisten war es wichtiger, unser leerstehendes Haus zu plündern.

Wir hatten die Türen hinter uns abgeschlossen, aber das würde das Gesindel nicht lange draußenhalten; die Eingeborenen waren durchaus imstande, das Gebäude mit bloßen Händen niederzureißen. Und wir konnten sie nicht einfach gewähren lassen, dafür befanden sich noch zu viele Geräte darin, die wir dringend brauchen würden, falls wir das Unwetter überlebten. Vielleicht würden Wind oder Hochwasser das Gebäude zerstören – dagegen waren wir machtlos –, aber wir konnten wenigstens dafür sorgen, daß es vor Plünderern und Brandstiftern sicher war.

Wir feuerten ein paarmal in die Menge; die vorderste Reihe geriet ins Wanken, und bald suchte der ganze Haufen sein Heil in der Flucht. Der Regen war so dicht, daß wir kaum sahen, worauf wir schossen, aber solange sich noch etwas bewegte, feuerten wir weiter. Krurix wagte einen Schuß mit seinem Handmaser; er konnte den Regen zwar nicht durchdringen, aber als das Wasser unter den auftreffenden Mikrowellen explosionsartig verdampfte und wieder kondensierte, gab es einen beeindruckenden Donnerschlag.

»Nicht schlecht!« schrie ich über den Regen hinweg. »Das bringt ihnen Respekt bei!« Wir feuerten beide mehrmals unsere Maser ab, und als das Hauptquartier im Regen verschwand, blieben wir kurz stehen, ließen den Flüchtlingen einen kleinen Vorsprung und bestrichen das ganze Gelände mit Mikrogeschossen. Schreie gellten. »Manche Leute begreifen einfach nicht, wann es ernst wird«, sagte ich. »Und bei diesem Wetter richten sie mit ihren Pfeil-und-Bogen-Dingern auch nicht viel aus. Ich glaube, wir haben unser Soll erfüllt. Sehen wir zu, daß wir die anderen einholen.«

Auf dem ersten Höhenrücken vor der Stadt schauten wir noch einmal zurück, bevor Wind und Regen uns weiter voranpeitschen konnten, und glaubten, über der Stadt der Wahren Menschen Flammen emporzüngeln zu sehen. »Jetzt hat sie wohl die Weltuntergangsstimmung gepackt«, rief Bepemm. »Aber dagegen können wir momentan nichts tun!«

»Wie weit bis zur Höhle?« rief ich Krurix zu.

»Soviel ich weiß, noch über einen Höhenzug und dann den nächsten Hang hinauf«, antwortete er. »Wenn wir das Tal hinter uns haben, sind wir wenigstens vor der Flut sicher – hoffe ich.«

Wir hatten die Talsohle rasch erreicht, doch dort lief uns das Wasser bereits über die Füße, und wir mußten höllisch aufpassen. Das ausgetrocknete Bachbett war im Begriff, sich in einen reißenden Strom zu verwandeln, der jeden Moment das ganze Tal überschwemmen konnte. Trotzdem erstiegen wir auch den zweiten Höhenrücken ohne weitere Zwischenfälle. Natürlich waren fast alle müde und durchgefroren, und da wir jetzt dem Bergkamm folgten, waren wir auch nicht mehr vor dem Wind geschützt. Der Regen war so heftig, daß ich nicht bemerkte, wo der Grat in den nächsten Hang überging. Ich stieg nur immer weiter aufwärts, und schließlich stolperte ich keuchend in ein schwarzes Loch hinein. Hier regnete es nicht mehr. »Wir sind da«, hörte ich Diehrenn neben mir sagen. Sehen konnte ich sie nicht, dazu war es zu dunkel. »Ich glaube, wir haben es alle geschafft.«

Ich drehte mich um; durch einen Vorhang aus windgepeitschtem Regen drang mattgraues Licht in die Höhle. Es roch nach nassem Lehm und nassen Menschen.

»Ich denke, ich kann unter dem Überhang ein Feuer in Gang bringen«, sagte Krurix. »Falls wir Brennmaterial haben.«

Prirox und Diehrenn waren mit den Kindern und Enkeln des

Nim oft hiergewesen und hatten für künftige Ausflüge einen großen Vorrat an Holz zusammengetragen. Nun wurden die Scheite einzeln an Krurix weitergereicht, der stapelte sie ordentlich auf, dann trat er zurück und schoß mehrmals mit dem Handmaser darauf. Wo der Strahl traf, züngelten Flammen empor, und nach etwa zwanzig Schüssen sah es so aus, als könnten wir uns auf ein schönes Feuer freuen. Wenn der Wind aus der falschen Richtung wehte, wurde der stechende Rauch zwar hin und wieder in die Höhle hineingetragen und reizte zum Husten, aber trotzdem drängten wir uns alle möglichst dicht heran, um die Wärme (die wohl eher wir selbst ausstrahlten als das Feuer), das Licht und das Gefühl zu genießen, der unmittelbaren Gefahr entronnen zu sein.

Als sich der Tag dem Ende zuneigte, häuften wir Asche auf die Glut und zogen uns grüppchenweise zum Schlafen ins Höhleninnere zurück. Draußen heulte der Sturm immer lauter, der Regen wurde noch heftiger. Der Hurrikan war da.

Es war ein anstrengender Tag gewesen, und so schlief ich ein, kaum daß ich mich hingelegt hatte. Als ich am nächsten Morgen erwachte, war mir bereits klar, daß wir diesen Planeten wahrscheinlich nie wieder verlassen würden. Die beste Methode, sich mit unangenehmen Tatsachen abzufinden, ist immer noch, eine Nacht darüber zu schlafen.

Zweihundertfünfzig Schläfer in etwa zwanzig Gruppen an einem kühlen Sommermorgen im Freien sind rasch geweckt; so gern man auch weiterschlafen möchte, wenn die ›Decken‹ aufstehen und weggehen und die ›Kissen‹ unter einem davonkriechen, ist es vorbei. So waren alle ungefähr zur gleichen Zeit auf den Beinen. Über unseren Hang waren so viele Schlammlawinen niedergegangen, daß er bei Tageslicht kaum wiederzuerkennen war, und darunter hatte eine dicke, nahezu homogene Lehmschicht alles unter sich begraben.

So wild der künstliche Hurrikan auch gewesen war, er war rasch vorübergezogen und hätte normalerweise keinen allzu großen Schaden angerichtet. Aber bereits die erste von der *Egalitären Republik* erzeugte Dampfsäule hatte für vierzig Tage Regen gesorgt, und nun war der Boden so mit Feuchtigkeit gesättigt, daß er kein Wasser mehr aufnehmen konnte. Was jetzt vom Himmel kam, lief einfach ab. Wahre Sturzbäche ergossen sich über die Hänge, und das morsche, durch Wurzelnässe und Sonnenmangel geschwächte und vom Wind gelockerte Buschwerk konnte das Erdreich nicht halten. Das Wasser spülte Schlamm und Gestrüpp zwischen den Höhenzügen hindurch und weiter in die Flüsse. Stellenweise hatten sich künstliche Dämme gebildet. Dahinter waren binnen eines Sechzehnteltages Seen entstanden und über die Ufer getreten, so daß ungeheure Wassermassen auf die ohnehin schon überfluteten Ebenen niedergingen.

Wir ließen uns auf dem Rückweg viel Zeit. Zur Vorsicht sicherten wir unseren Zug vorn und hinten, wir wußten zwar nicht, wie viele Seteposier überlebt hatten, aber dafür konnten wir gewiß sein, wem sie die Schuld an der Katastrophe geben würden. Und vielleicht dachten sie ja, daß wir ohne unser Schiff keine Macht mehr über sie hätten. Tatsächlich begegneten uns nur drei Eingeborene, und die gaben bei unserem Anblick sofort Fersengeld. Diehrenn hielt sie nicht für Wahre Menschen, sondern für entlaufene Sklaven. Sie hatten wahrscheinlich befürchtet, daß wir immer noch für die Wahren Menschen arbeiteten.

Kurz nach Mittag erreichten wir die Stadt. Für die vielen Alten, Schwachen, Kranken und Kinder war der Weg durch Schlamm und Hochwasser doch sehr beschwerlich gewesen. Doch das Glück war uns hold. Soweit wir es übersehen konnten, war es uns gelungen, alle überlebenden Nisuaner von Setepos aus der Stadt der Wahren Menschen heraus- und wieder zurückzubringen. Es hatte weder Tote noch Schwerverletzte gegeben. Als ich Krurix gegenüber eine entsprechende Bemerkung machte, grinste er mich an. »Wenn ich die Prüfungskommission wäre, bekämen wir alle einen Orden«, sagte er. »Aber wir hätten ohnehin nichts davon und können auf diese Ehrung, die man uns wahrscheinlich sowieso vorenthalten hätte, gut verzichten.«

Ich mußte lachen. Vielleicht gewöhnte ich mich allmählich an seine Art von Humor. »Im Moment könnte ich durchaus eine Aufmunterung gebrauchen«, sagte ich. »Aber die Aussichten dafür sind sehr gering.«

Wir hatten zwischen einem großen Stein und einem abgebrochenen Baum am anderen Ufer ein Seil gespannt, an dem unser kleiner Trupp nun den Fluß überquerte. Wer zu schwach war, um sich festzuhalten, wurde vorn und hinten von Kräftigeren gestützt. Den Erwachsenen reichte das Wasser ohnehin nur bis zu den Hüften, die Gefahr war also nicht sehr groß, man mußte nur achtgeben, wohin man trat. Als die letzten der Gruppe, begleitet von Prirox und Weruz, die Uferböschung heraufkamen, sammelten wir uns und näherten uns vorsichtig der Stadt der Wahren Menschen. Den Schlamm- und Geröllmassen nach zu urteilen, war eine Flutwelle darüber hinweggerast, aber sie war nicht hoch genug gewesen, um alles zuzudecken. Von den Bergen aus hatte es so ausgesehen, als würden viele Gebäude noch stehen, aber wir hatten weit und breit kein Lebewesen entdeckt.

Der Hauptweg zum vorderen Tor war nicht wiederzuerkennen. Er war kreuz und quer von Rinnen durchzogen und immer wieder von Sand und Kies verschüttet. Der Schlamm hatte alle Unebenheiten ausgefüllt.

Wir tasteten uns vorsichtig an ertrunkenen Ziegen und angeschwemmtem Gestrüpp vorbei, bis wir die Überreste der Holzpalisaden erreichten. Wir hatten große Löcher hineingeschlagen, nur deshalb stand wahrscheinlich noch so viel, und was sich erhalten hatte, war in überraschend gutem Zustand. Hier hatte sich alles verfangen, was das Wasser aus der Stadt mitgerissen hatte: Balken, Dachstroh, Kleidungsstücke. In einem Haufen lag sogar ein toter, seteposischer Säugling.

»Nichts, was wir gebrauchen könnten, aber dafür ein potentieller Seuchenherd«, stellte Bepemm fest. »Wenn wir alles durchgesehen haben, sollten wir die größten Haufen verbrennen.«

»Auf die Idee ist offenbar schon jemand anders gekommen«, sagte Krurix. »Alle Hüttenwände, die noch stehen, weisen Brandspuren auf.«

Er hatte recht; ein Stück weiter zeigte sich, daß ein großer Teil der Schäden durch Feuer entstanden war. Wir fanden Leichen von sehr jungen und sehr alten Seteposiern, und zumindest eine junge Frau zeigte Spuren schwerer Verletzungen – ob durch andere Seteposier oder durch Sturm und Wasser, ließ sich im nachhinein nicht mehr feststellen.

»Es gab kaum Blitze, die ein Feuer hätten entfachen können – oben auf dem Berg war jedenfalls nichts davon zu sehen –, und selbst wenn, kann ich mir nicht vorstellen, wie es sich bei all dem Regen hätte ausbreiten sollen«, überlegte ich. »Die meisten Hütten sind auch nicht stark verbrannt. Wahrscheinlich haben die Bewohner jedes erreichbare Gebäude angezündet. Und mindestens einer von den Alten scheint an Messerstichen gestorben und nicht ertrunken zu sein. Was mag sich hier wohl abgespielt haben?«

Diehrenn hob die Schultern und ließ sie wieder fallen, eine Geste, die die hier geborenen Nisuaner den Seteposiern abgeschaut hatten und die alles mögliche bedeuten konnte: vollkommene Gleichgültigkeit, Unwissenheit, Verachtung oder auch nur, daß sich die Antwort von selbst verstand. Selbst Bepemm, die von uns allen am besten Wahrmensch sprach, hatte sie sich schon angewöhnt. Als einige Schritte später immer noch niemand etwas sagte, hakte ich nach: »Äh ... die Frage war ernst gemeint. Ihr glaubt also zu wissen, was geschehen ist?«

Bepemm erbarmte sich. »Ich schätze, es ist eine Panik ausgebrochen. Es war etwas Schlimmes passiert, aber nur die Götter wußten, was es war. Die Leute haben wahrscheinlich mitbekommen, wie Diehrenn und Prirox alle Nisuaner im Palast versammelt haben, und sich ausgerechnet, daß sie das, was uns bedrohte, ebenfalls zu fürchten hätten.«

»Aber warum sollten sie vor lauter Panik ihre eigene Stadt niederbrennen?« fragte Krurix.

»Weil es Wilde sind«, gab Diehrenn zurück. »Die Bevölkerung bestand zum größten Teil aus Sklaven, die nichts anderes im Sinn hatten, als in ihre Dörfer zurückzukehren. Der Nim war mit seinem Heer über sie hergefallen, hatte sie kurzerhand hierher verschleppt und zur Arbeit gezwungen. Bei der erstbesten Gelegenheit ergriffen sie daher die Flucht, und einige legten noch Feuer, um ihre Spuren zu verwischen. Auch unter den Wahren Menschen gab es Kinder von Müttern, die einst im Krieg gefangengenommen worden waren, und auch sie konnten sich nicht erklären, was vorging. Der Nim war nicht daran interessiert, allzu viel Wissen zu verbreiten. Als wir die Macht übernahmen, trieben sie sich weiter hier herum, weil wir ihnen zu essen gaben und ihnen beim Wiederaufbau halfen und weil sie sowieso nicht wußten, wo sie hin sollten. Als es dann so aussah, als würde alles auseinanderfallen, gab es kein Halten mehr. Die erste Erklärung lautete wohl, daß ihnen ein höheres Wesen zürnte, das sehr viel mächtiger war als sie. Dann kam jemand auf die Idee, es könnte ja die *Stadt* sein, die den Abscheu der Götter hervorgerufen habe. Nun ja, fast alle Religionen hier vertreten die Vorstellung von der reinigenden Kraft des Feuers. Also mußte die verruchte Stadt brennen. Die Klügeren rannten in die Berge – sie rennen wahrscheinlich immer noch. Die Dummen rannten irgendwohin, bis sie von der Flut erfaßt wurden. Jetzt ist es endgültig aus mit den Wahren Menschen, und wenn ihr mich fragt, ich weine ihnen keine Träne nach.«

Wir hatten die Ruine des alten Steintors in der inneren Stadtmauer erreicht: eine primitive Konstruktion, kein Bogen, sondern ein einfacher Türsturz, auf den man Steine gehäuft hatte. Das alte Tor hatten wir zusammen mit dem Turm gesprengt, weil es ein Symbol für die Macht des alten Nim darstellte. Jetzt war der Eingang blockiert, und an der Steinbarriere hatte sich Treibgut aller Art gesammelt. Obwohl so viele Hände mithalfen, dauerte es lange, bis wir die Öffnung freigeräumt hatten.

Auch im steinernen Teil der Stadt hatten die Flammen gewütet, besonders im Innern der Häuser; dieses Viertel lag höher als die anderen, und so hatten die Fluten es wohl erst später erreicht. An den Wänden war zu erkennen, daß das Wasser etwa eine Körperlänge hoch gestanden hatte.

In unserem Hauptquartier hatte man Feuer gelegt und die meisten Möbel zerschlagen. Es fehlten viele kleine Dinge, wobei nicht ersichtlich war, ob Feuer oder Wasser sie zerstört oder Diebe sie mitgenommen hatten. Das alte Bretterdach war an zwei Stellen eingebrochen.

Zunächst sah es aus, als sei alles verloren, doch als wir etwas gründlicher suchten, zeigte sich, daß sich niemand die Mühe gemacht hatte, die Kisten zu öffnen. Außerdem lag vieles im Schlamm verstreut, was lediglich schmutzig geworden war. Die Diebe hatten es wohl sehr eilig gehabt. Außerdem hatten Regen und Hochwasser das Feuer gelöscht, bevor es alles zerstören konnte. »Einiges läßt sich noch retten«, sagte ich. »Als erstes sollten wir uns wohl um ein Behelfslager kümmern. Dann holen wir hier alles heraus, was noch zu finden ist und gehen … irgendwohin. Oder wir lassen uns hier nieder. Oder …«

»Die Arbeit der Planungsabteilung läßt doch sehr zu wünschen übrig«, bemerkte Krurix.

Bepemm ging wie eine Rasende auf ihn los. »Ja, natürlich! Du hast dir sicher schon genauestens zurechtgelegt, wie alles weiterlaufen soll. In zwei Generationen leben wir wieder in der Steinzeit und sind von den Wilden hier nicht mehr zu unterscheiden, es sei denn …«

Krurix hob die Hand; ich hatte ihn nicht verteidigen, sondern vielmehr zu einer Entschuldigung mahnen wollen, und so war ich froh, als er sagte: »Das sollte ein Scherz sein, aber er ist leider mißglückt. Wir sind seit gestern nachmittag ununterbrochen auf der Flucht. Alles in allem haben wir wahrscheinlich Lebensmittel für zwei Tage. Nach der Überschwemmung müssen wir so etwas wie eine Destillieranlage aufbauen, vorher können wir das Wasser hier nicht trinken. Alle sind müde, und es gibt viel zu viel zu tun. Ich wollte Thetakisus nur ein wenig necken. Ihm haben wir es hauptsächlich zu verdanken, daß wir alle dieser Hölle wohlbehalten entronnen sind, und er war schon wieder im Begriff, sich schuldig zu fühlen, weil er nicht ganz genau wußte, wie es weitergehen soll. Es war ein Scherz unter Freunden. Es tut mir leid, wenn ich dich damit gekränkt habe.«

Bepemm ließ sich schwer auf einen Balken fallen. »Mir tut es ebenfalls leid. Und ich bin todmüde. Wenn also jemand einen Vorschlag hat …«

Ich zuckte die Achseln. »Wir müssen eine Wache aufstellen, ein paar Feuer anzünden und heute nacht im Freien schlafen, am besten auf dem Palastplatz, denn der sieht halbwegs trocken aus. Wir haben Glück, daß gerade Sommer ist. Wir könnten aus dem Treibholz ein paar Plattformen bauen, damit wir nicht im Schlamm versinken – das dürfte nicht allzu lang dauern. Danach ist vor allem Essen und Schlafen angesagt. Morgen früh können wir anfangen, den Schlamm aus den Gebäuden herauszuschaffen, die noch bewohnbar sind. Kein besonderer Plan, aber im Moment wohl ausreichend.«

Zumindest hatten alle etwas zu tun. Nachdem unser kleines Lager stand, teilten wir ein paar von den jüngeren Männern als Wachen ein und unterwiesen sie im Umgang mit den Masern und den Mikrogewehren. Wir konnten nur hoffen, daß sie ihre Aufgabe ernst nahmen oder daß die Seteposier sich nicht in unsere Nähe wagten.

Welche Hoffnung sich erfüllte, kann ich nicht sagen, denn ich schlief sofort ein und sah und hörte nichts mehr, bis Diehrenn mich am nächsten Morgen weckte. Zum Frühstück gab es einen Konzentratriegel und einen Schluck Wasser. Das war nicht weniger als vor einigen Jahren im Trainingslager, außerdem war bereits ein Jagdtrupp unterwegs, um nach Ziegen, Rehen oder Schweinen Ausschau zu halten. Damit bestand die Aussicht, daß die Abendmahlzeit reichlicher ausfiel. »Ich schlage vor«, sagte ich, »wir suchen uns diejenigen Gebäude aus, in denen Schlamm und Trümmer nicht allzu hoch liegen, und machen uns ans Werk. Wenn wir zwei Tage richtig zupacken, müßte jeder ein Dach über dem Kopf haben, und dann …«

Und dann ertönte das schönste Geräusch, das ich jemals gehört hatte: ein schrilles Pfeifduett, das gar nicht mehr aufhören wollte. Alle Augen richteten sich gen Himmel, und da kamen sie auch schon. Zunächst klein wie die Spitze meines kleinen Fingers, dann immer größer werdend, sanken sie langsam, nur mit dem Aerostaten herab – die beiden Landefähren der *Egalitären Republik*.

7

Die nächsten Augenblicke erschienen uns wie eine Ewigkeit; da man nicht hoffen durfte, daß die restliche Besatzung vollzählig auf der Landefähre gewesen war, konnten wir nicht nur mit guten, sondern mußten auch mit schlechten Nachrichten rechnen. Nachdem eine Antwort von uns ausgeblieben war, wußte man wohl bereits, daß wir kein Funkgerät hatten.

Warum sie wohl schon so weit oben auf Aerostat umgestellt haben?« fragte Bepemm. »Das macht die Landung schwieriger – sie müssen draußen über den Feldern runtergehen.«

»Hmmm.« Krurix sah sich die beiden Raumschiffe genau an. »Könnte sein, daß sie gar nicht unterwegs waren, als das Schiff abstürzte. Und bei einem Notstart haben sie womöglich eine Menge Treibstoff verbrannt, ohne zuvor noch etwas aufnehmen zu können – wenn sie erst sehr spät weggekommen sind, könnten sie sogar noch etwas von der Schockwelle der atmosphärischen Explosion mitbekommen haben.«

»Dann sind sie am Ende genauso hilflos wie wir?«

»Nicht ganz. Sie haben immer noch ihre Antimaterie. Angetrieben werden sie mit gutem, altem Flüssigwasserstoff, und der läßt sich aus dem hiesigen Wasser gewinnen. Die Anlage dafür ist integriert. Sie könnten in vierundzwanzig Stunden so gut wie neu sein.« Er seufzte. »Wenn das wahr wäre, bräuchten wir nur noch ein Ziel, zu dem wir fliegen könnten.«

Nachdem wir keine offizielle Führung mehr hatten, kann man wohl auch nicht sagen, daß die Disziplin zusammenbrach, je weiter die Landefähren herunterkamen. Jedenfalls stürmte alles auf das Feld vor der zerstörten Holzpalisade, um die Landung der ersten nicht zu versäumen. »Ich glaube, du hast recht«, bemerkte ich zu Krurix. Wir waren ebenfalls mitgerannt. »Sieh nur, er setzt die Steuerdüsen kaum ein – nur so viel, um nicht auf Felsen, Bäumen oder in dem großen Schlammloch da drüben aufzukommen. Kein Zweifel, er will Treibstoff sparen.«

Mitten im Schlamm blieben wir stehen, und Bepemm fragte: »Er?«

»Kapitän Baegess«, sagte ich.

Lange blieb es still. Meine beiden Freunde sahen sich an. Dann sagte Krurix sanft: »Thetakisus, er hätte das Schiff als letzter verlassen. Soviel Zeit hatten sie nicht. Wer immer es ist ...«

Die Fähre glitt herab, bewegte sich mit der leichten Brise langsam seitwärts und ging dann auf der schlammbedeckten Ebene nieder. Einen schrecklichen Augenblick lang fürchtete ich, eins von den Beinen könnte einsinken und das ganze Schiff umkippen, aber es setzte fast senkrecht auf, und nur eine kleine Schlammsäule schoß in die Höhe. Ein lautes Zischen zeigte an, daß sich die Ballasttanks mit Preßluft füllten, dann stand die Fähre.

Die zweite wartete nicht ab, sondern landete unmittelbar darauf. Ihr Flug wirkte noch unbeholfener, und plötzlich ging mir ein Licht auf. »Sie ist leer, jemand fliegt sie mit Fernsteuerung«, rief ich. Die Fähre setzte hart auf und verspritzte dabei riesige Wasserfontänen, aber sie blieb aufrecht, und als die Luft in die Tanks zischte, stand sie fest auf ihren Beinen.

Die Treppe der ersten Fähre wurde ausgefahren, und unser Erster Offizier Beremahm stieg herab. Ich freute mich, sie zu sehen – und war zugleich traurig, denn das gab mir die Gewißheit, daß Kapitän Baegess nicht überlebt hatte. Langsam traten wir näher. Als nächste kam Itenn die Stufen herunter, dann Tisix. Ihm folgte Proyerin, er hielt noch immer die provisorische Fernsteuerung in der Hand, mit der er die zweite Fähre gelandet hatte. Und das waren alle.

Ich trat vor, die anderen Assistenten blieben hinter mir. Beremahm sah uns entgegen, als befürchte sie, wir würden sie schlagen. »Mehr konnten wir nicht retten«, sagte sie. »Wir waren an Bord mit Reparaturarbeiten beschäftigt, als das Schiff plötzlich abstürzte. Der Kapitän hat die Luken mit manueller Steuerung geschlossen, dann hat er auf Notstart gedrückt und uns ins All katapultiert, bevor wir wußten, wie uns geschah. Die zweite Fähre kam gleich hinterher, sie war leer, und auf einmal hat der Robotpilot von uns ein Signal verlangt – den entsprechenden Befehl muß der Kapitän noch unmittelbar vor seinem Tod gegeben haben. Ich ...« Sie fiel schluchzend vornüber, und ich fing sie auf.

»Sie ist seitdem ... nicht ganz auf der Höhe«, flüsterte Proyerin. Ich nickte, und wir führten Beremahm zurück in die Landefähre und drängten sie, sich auf eine von den Kojen zu legen. Bepemm hatte die beste medizinische Ausbildung von uns allen, deshalb überließen wir es ihr, sich um Beremahm zu kümmern. Krurix und Proyerin begannen sofort ein lebhaftes Gespräch über den Zustand der beiden Landefähren und das Ausmaß der erforderlichen Reparaturen – ich hörte nur mit halbem Ohr zu, aber die Schäden schienen sich in Grenzen zu halten. Dann wandte ich mich an Itenn und

Tisix, die zwar keine Offiziere waren, aber zu unseren besten Leuten zählten, und sagte: »Sie müssen mich ins Bild setzen. Wenn der Erste Offizier… dienstunfähig ist, dann hat jetzt wohl Proyerin das Kommando, und ich bin zumindest theoretisch sein Stellvertreter. Was ist denn nun genau passiert?«

Itenn seufzte. Sie wirkte so erschöpft, als habe sie sich schon den ganzen Tag mit dieser Frage herumgeschlagen. »Eigentlich nur das, was Beremahm sagte. Wir waren gerade dabei, die Fähre nach dem letzten Flug mit der Absauganlage des Schiffes zu säubern um dann alles abzuwaschen, zu ölen und die Schrauben nachzuziehen, Sie wissen ja, was eine Maschine eben so braucht. Proyerin war im Heck. Er hatte eben den Flüssigwasserstofftank ausgespült und ihn zu etwa fünf Prozent neu befüllt. Beremahm kontrollierte anhand der Checkliste das Astrogationssystem der Fähre… und dann waren wir mit einem Mal schwerelos. Einfach so.«

Tisix übernahm es, den Bericht fortzusetzen. »Bei mir und Beremahm hat es gleichzeitig gefunkt. Wir waren mit im Cockpit gewesen, als Krurix von den Platten sprach, die zusammenkleben könnten, und was dann passieren würde, deshalb haben wir beide Bescheid gewußt. Als erstes wollten wir zu den Luken – sie waren geschlossen, aber nicht verriegelt –, warum, weiß ich auch nicht, vielleicht, um auf die Brücke zu kommen –, aber wenn man plötzlich schwerelos ist, na ja, da ist nicht viel zu machen. Wir fanden keinen Halt für die Füße, keine Griffe, an denen wir uns hätten weiterziehen können, und wie wir noch suchen, hören wir plötzlich einen dumpfen Schlag, ein Zischen, und da wissen wir, daß die Luken von außen dichtgemacht worden sind. Dann gibt's 'nen Riesenknall, und wir werden seitlich gegen ein Schott geschleudert. Bis wir uns wieder hochrappeln, sind wir schon im Weltraum, und vor dem Bullauge drehen sich der Himmel und Setepos wie verrückt umeinander. Ich stoße mich mit den Füßen ab, schwebe zur Steuerkonsole und drücke mit einer Hand auf den Startknopf und mit der anderen auf den Autopiloten. Eine Sekunde später hat sich das Leitwerk nach unten gedreht, die seitlichen Steuerdüsen sind angesprungen, und die Fähre hat sich aufgerichtet. Dann verlangt der Autopilot eine Kursangabe von mir. Die *Republik* ist immer weiter abgesackt und glüht schon orangerot. Die Fähre schwankt und zittert. Ich mußte mich ganz schnell entscheiden, sonst hätte ich es wohl nicht riskiert. Ich klicke also die erste Position an, die überhaupt möglich ist, und die heißt ›niedrige ballistische Umlaufbahn‹. Das Haupttriebwerk zündet so plötzlich, daß wir alle umfallen und fast das Bewußtsein verlieren – wir haben wohl sofort auf fünf Schwerkrafteinheiten beschleunigt, und keiner von uns hatte sich gesichert. Aber damit wurden wir weit genug weggeschleudert – es hat uns allerdings die Hälfte unseres Treibstoffs gekostet.«

Itenn löste ihn ab: »Es war eine glänzende Leistung in der kurzen Zeit – noch bewundernswerter war natürlich, daß der Kapitän in dieser Situation daran dachte, wenigstens uns und die zweite Fähre zu retten. Ich wünschte nur, sie wäre ebenfalls bemannt gewesen; die Besatzung muß gerade in diesem Moment Pause gemacht haben.

Mit unseren Kameras konnten wir verfolgen, was mit der *Egalitären Republik* geschah. Es war entsetzlich. Sie muß schon ziemlich tief in die Stratosphäre eingedrungen sein, denn einzelne Teile waren bereits weggebrannt – vielleicht waren die Insassen bis dahin vor Hitze umgekommen, es wäre ein Segen –, bevor der Notseparator ansprang und der Schiffscomputer auf volle Triebwerksleistung ging. Die Explosion hat das Schiff augenblicklich verschlungen. Wir konnten mit bloßem Auge sehen, wie sich Wellen von mehr als hundert Körperlängen Höhe um die Unglücksstelle herum ausbreiteten. Bis in die Ionosphäre wurden Luft und Dampf zur Weißglut erhitzt. Wenn Tisix zwei Atemzüge später reagiert hätte, wären wir vielleicht auch auf dem Weg nach oben gewesen, aber diese weißglühende Schockwelle hätte uns garantiert erwischt.«

Tisix nickte. »Proyerin hatte wohl recht. Er hat sich die Bewegungsbilder vom Ende der *Egalitären Republik* angesehen, und er meint, der Diffusor war bereits weggebrannt – dieses Schiff war nicht für die Atmosphäre gebaut, und der dünne Torus mußte genau wie all die kleinen Streben, die Triebwerksverkleidungen und die Antennenkörbe sofort verglühen. Als dann der Nullpunktenergielaser ansprang, ging der volle Strahl gebündelt und nicht gestreut auf Setepos nieder. Er ist wohl sofort bis auf den Meeresboden gefahren und hat das Gestein verdampft; die Wucht der Explosion war noch verheerender, als Krurix geschätzt hatte.« Er schlang beide Arme um seinen Körper, als ob er friere. »Wie auch immer«, fuhr er fort, »wir waren im Orbit, konnten nur etwa jeden Vierzehnteltag einmal etwas sehen und hatten so gut wie keinen Treibstoff mehr. Proyerin wurde fast wahnsinnig – das Triebwerk war erst zur Hälfte gewartet und sollte nun dieser Belastung standhalten –, ständig kroch er fluchend und schimpfend im Maschinenraum herum. Dabei wußte er noch gar nicht, daß auch die zweite Landefähre im All war und per Telemetrie geflogen werden mußte. Sie war in einen sehr hohen, elliptischen Orbit katapultiert worden, der zu unserer Bahn fast senkrecht stand. Und Beremahm … Beremahm …«

»Saß da und weinte«, kam ihm Itenn zu Hilfe. »Sie konnte nichts dafür«, fügte sie rasch hinzu. »Sie wußten doch sicher, daß sie und der Kapitän ein Liebespaar waren?« Sie sah mich fragend an.

»Ich war sein Assistent und mußte ihn jederzeit finden können«, sagte ich. »Ja, ich wußte Bescheid. Und dann war ja auch alles sehr plötzlich gekommen ... dazu noch die Schwerelosigkeit – sie muß sich vollkommen hilflos gefühlt haben.«

Tisix nickte. »Sogar ich fühlte mich hilflos, obwohl ich etwas gefunden hatte, um mich zu beschäftigen. Erst dachte ich, wir würden jeden Moment in die Luft fliegen. Und dann stand zu befürchten, daß wir für einen erfolgreichen Wiedereintritt zu wenig Treibstoff hätten und auf ewig in dieser Umlaufbahn bleiben müßten. Um wieder hinunterzukommen, hätten wir höchstens ein Rendezvous- und Andockmanöver mit der zweiten Fähre versuchen können, sie hatte nämlich etwas mehr Treibstoff. Doch dann hatten wir zwei glückliche Einfälle, und damit haben wir es gerade so geschafft. Haben Sie schon einmal von ›aerodynamischer Bremsung‹ gehört?«

»Läßt man dabei das Schiff mehrfach von der Atmosphäre abprallen, um Geschwindigkeit zu verlieren? Mit solchen Manövern habe ich mich während meines Offizierslehrgangs beschäftigt«, sagte ich. »So hat man vor Jahrhunderten, in der Anfangszeit der Raumfahrt, den Wiedereintritt gesteuert. Theoretisch kann man damit auch Treibstoff sparen. Soll das etwa heißen, Sie hätten das *gemacht*? Obwohl Sie das Manöver nur aus dem Archiv im Computer der Fähre kannten?«

»Einen halben Tag lang habe ich Simulationen geflogen«, gestand Tisix. »Ich habe mir nicht zugetraut, es ganz ohne Übung gleich beim ersten Mal richtig hinzubekommen. Proyerin hatte eine vage Erinnerung, daß es so etwas gibt, daraufhin haben wir den Computer befragt, und tatsächlich, es war gespeichert. Aber wenn Proyerin nicht noch eine brillante Idee gehabt hätte, wäre alles umsonst gewesen. Er kam nämlich darauf, daß man aus dem Trinkwasser der Landefähre und dem Wasser in der Wiederaufbereitung mit dem Treibstoffgenerator Wasserstoff für die Tanks gewinnen kann. Das Verfahren ist das gleiche, wie wir es hier unten anwenden. Um auf eine annehmbare Geschwindigkeit herunterzukommen, brauchten wir Wasserstoff aus nicht mehr als neunzehn Wassereinheiten, und vierzehn hatten wir bereits.«

»Sie meinen, vierzehn waren bereits im Tank, so daß Sie nur fünf Einheiten Trinkwasser zu opfern brauchten?«

Tisix grinste, und Itenn ebenfalls. »Sie sollten sich das wirklich von Proyerin erklären lassen«, meinte Itenn. »Wenn wir jemals wieder nach Nisu zurückkommen, wird er mit der Geschichte bei seinen Ingenieursfreunden bis an sein Lebensende hausieren gehen.«

»Wir hatten vierzehn Einheiten Wasser«, sagte Tisix. »Acht stammten aus dem Trinkwasserreservoir – es war nicht nachgefüllt worden. Eine Einheit war noch in meinem Eimer, ich hatte nämlich gerade den Fußboden aufgewischt, als die Katastrophe passierte. Fünf bekamen wir aus dem Abwassersystem. Damit fehlten uns noch fünf. Und da fiel Proyerin ein, daß der Prozessor aus jeder Flüssigkeit Wasser und andere Wasserstoffverbindungen extrahieren kann. Deshalb ...« Er hob stolz den Arm und zeigte mir den Verband; auch Itenn hatte eine Wunde vorzuweisen.

»Ohne mich loben zu wollen, es war kein schlechter Flug«, fuhr Tisix fort. »Ein Verfahren, das ich noch nie zuvor erprobt hatte, mit einem Schiff, für das die Aerobremsung nur ein letzter Ausweg war ... und unmittelbar nachdem ich mehr als eine Einheit Blut gespendet hatte. Ich bin nur froh, daß die Fähre, die wir wie einen Roboter steuerten, nicht auch noch Blut von mir brauchte; sie hatte von Anfang an mehr Treibstoff und einen vollen Abwassertank, und die Aufbereitung konnten wir von unserem Schiff aus direkt einleiten.«

Mir war vor Staunen der Mund offenstehen geblieben. Nur mit Mühe stammelte ich, ja, das sei wirklich eine ausgezeichnete Leistung gewesen. Bevor mir noch mehr einfallen mußte, betrat Bepemm den kleinen Raum, wo wir uns unterhalten hatten. »Beremahm ist vor allem erschöpft«, sagte sie. »Der Rest ist schlichte Trauer, die wird auch über uns schon bald hereinbrechen. Der äußere Anlaß für ihre Symptome ist jedoch eine Gehirnerschütterung. Sie ist gegen die Wand geprallt, als die Fähre ins All geschleudert wurde. Den Ultraschallaufnahmen des Gehirns nach war der Schlag so hart, daß sie zunächst benommen und stark desorientiert gewesen sein muß, und dann kamen in dieser ersten Phase noch die fünf Schwerkrafteinheiten Beschleunigung dazu. Das hätte jeden mattgesetzt. Am meisten quält sie wohl das Gefühl, versagt zu haben. Sie hatte sich bisher nicht das geringste zuschulden kommen lassen und sicher schon tausend Gefahrensituationen gemeistert. Jetzt kann sie es einfach nicht fassen, daß ausgerechnet sie im kritischen Moment handlungsunfähig gewesen sein soll.«

»Das hätte auch niemand von ihr erwartet«, sagte Tisix. »Aber nach einem solchen Schlag auf den Kopf wäre es jedem von uns genauso ergangen.«

»Ich habe ihr ein Beruhigungsmittel und eine Infusion gegeben, damit der Blutzuckerspiegel wieder steigt. In einem Halbtag können wir mit Antidepressiva anfangen, aber ich möchte sie mindestens einen vollen Tag beziehungsweise so lange schlafen lassen, bis wir sicher sein können, daß sie nicht in eine tiefe Depression fällt. Darauf wären wir nämlich nicht eingerichtet. Ich glaube, auf diese Weise hat sie gute Chancen auf vollständige Genesung – das sagt auch das medizinische Beratungsprogramm im Computer.«

Proyerin und Krurix hatten an der Tür gestanden und die Diagnose ebenfalls mitbekommen. Nun sagte Proyerin: »Damit bin ich im Moment der ranghöchste Offizier, obwohl ich auf die Ehre gern verzichten würde. Wir verfahren genau so, wie Sie eben sagten. Außerdem sollten wir versuchen, den Bestand an Personen und Material zu erfassen und so viele Maschinen wie möglich zum Laufen zu bringen.«

»Gesprochen wie ein Ingenieur von echtem Schrot und Korn«, sagte Krurix lächelnd.

»Natürlich«, stimmte Proyerin zu. »Dinge zum Laufen zu bringen ist etwas, worauf ich mich verstehe. Und jeder bleibt am besten bei dem, was er versteht.«

Da wir nun das Funkgerät der Landefähre benützen konnten, durften wir halbwegs sicher sein, daß unsere Meldungen Nisu auch erreichten und man dort zumindest erfuhr – oder in etwas mehr als vier Jahren erfahren würde –, daß wir hier waren und was uns zugestoßen war. Das war freilich nur ein schwacher Trost – bis wir auch nur eine Bestätigung erhielten, würde mindestens doppelt so viel Zeit vergehen –, aber man hatte doch nicht mehr ganz so sehr das Gefühl, völlig von der Heimat abgeschnitten zu sein.

Zwei Tage lang trugen wir unsere Sachen zusammen und hofften, daß Beremahm sich erholen würde. Proyerin war fast ununterbrochen wach, grub im Palast alle möglichen Geräte aus dem Schlamm und versuchte, sie in Gang zu bringen. Krurix arbeitete die meiste Zeit mit ihm zusammen. Soweit man das in Anbetracht der Umstände sagen konnte, waren die beiden glücklich, denn sie fanden immer wieder etwas Neues, das sie ausprobieren und reparieren konnten. Aus den jüngeren, auf Setepos geborenen Nisuanern stellten wir einen Suchtrupp zusammen, der den Schutt durchwühlen und alles bergen sollte, was vielleicht aus dem Palast gespült worden und im Schlamm steckengeblieben oder von seteposischen Plünderern weggeschleppt und fallen gelassen worden war. Auf diese Weise kam eine Unmenge von kleinen Dingen zusammen, und da man bei der gesamten Ausrüstung großen Wert auf Stabilität gelegt hatte, waren überraschend viele noch zu gebrauchen.

Die Steinhäuser wurden von Schlamm und Schutt befreit und in zwei Fällen neu gedeckt. Auch dazu war die Arbeitskraft vieler Nisuaner vonnöten. Die Aufsicht führte Tisix, aber er gestand mir, die anderen wüßten sehr viel besser mit Holzspaten und Steinäxten umzugehen. Wenn nicht gerade unsere wenigen Motorwerkzeuge zum Einsatz kämen, stehe er im wesentlichen nur herum und sehe zu, wie sie sich abrackerten. Für die Jäger herrschten geradezu ideale Bedingungen: nachdem das Unwetter so viele Büsche und Bäume zerstört hatte, fanden die Tiere kaum noch Deckung, wenn sie zum Fluß kamen. Wir hatten also reichlich zu essen. Man durfte sich nur nicht daran stören, zu jeder Mahlzeit nichts als gebratenes Fleisch vorgesetzt zu bekommen.

Itenn übernahm den Bereich Sauberkeit und Hygiene; damit war sie nach eigener Aussage für die einzige Tätigkeit verantwortlich, die noch weniger Verstand erforderte als Tisix' Ressort. Was wir von den Überresten der Stadt der Wahren Menschen nicht selbst benützen oder als Brennmaterial verwenden konnten, wurde zu großen Haufen zusammengetragen und mit Handmasern in Brand gesetzt. Auf diese Weise entledigten wir uns aller menschlichen und tierischen Leichen. Das Aas, das reichlich in den Tälern herumlag, wurde von den wilden Hunden aus den Bergen gefressen, aber wir wollten nicht, daß sie auch in unser Lager eindrangen.

Bepemm und ich und unsere Assistenten Diehrenn und Weruz waren in all dem Trubel ständig unterwegs, um zu zählen, Listen anzufertigen und Berechnungen aufzustellen. Nur Bepemm nahm sich hin und wieder die Zeit, um nach Beremahm zu sehen. Deren Genesung schritt erfreulich rasch voran. Früher oder später würde sie uns Fragen stellen, und dann wollten wir die Antworten parat haben, soweit das möglich war. Wir waren mit solchem Eifer dabei, uns schnellstens ein Bild der Lage zu machen, daß uns gar nicht zu Bewußtsein kam, wie düster dieses Bild im Grunde war.

Zwei Tage später setzte Bepemm die Beruhigungsmittel ab, und als Beremahm erwachte, fühlte sie sich wohl, hatte einen Bärenhunger und war natürlich wie wir alle sehr unglücklich darüber, zumindest für die nächsten zehn Jahre hier gestrandet zu sein. Drei Tage lang unterzog Bepemm sie allen erdenklichen, medizinischen Tests. In dieser Zeit blieb ihr nichts anderes übrig, als die technische Bibliothek der Landefähre zu durchstöbern. Endlich sagte sie: »Jetzt reicht es. Schluß damit. Mag sein, daß ich nicht gesund bin, Bepemm, aber Sie werden die Ursache nicht finden und die letzten drei Untersuchungen, die Sie durchgeführt haben, bezogen sich auf Krankheiten, die Sie sowieso nicht behandeln könnten. Kommen wir endlich zum Wesentlichen.«

Wir gingen mit ihr ins Zentrum der ehemaligen Stadt der Wahren Menschen – viel war nicht mehr davon übrig, das meiste war verbrannt oder für andere Zwecke wiederverwendet worden – und betraten eine von den besseren Hütten hinter den Überresten der alten Mauer. Da es unmöglich war, alle am Entscheidungsprozeß zu beteiligen, hatten wir vereinbart, daß die auf Setepos geborenen Nisuaner vier Vertreter wählen sollten. Diehrenn, Prirox, Osepok und Zahmekoses warteten schon auf uns. »Die Vertreter mußten schließlich Nisuanisch sprechen«, erklärte Osepok mit spöttischem Lächeln. »Weruz ist zu schüchtern, und Otuz ist erst seit kurzem wieder bei klarem Verstand. Und wer sonst versteht schon, was ihr hier besprechen wollt?«

»Wie es der Zufall wollte ...« – Beremahm lächelte zurück – »wurden genau diejenigen eure Vertreter, die ich auch ernannt hätte, wenn ich ein Diktator wäre. Nachdem jetzt alle versammelt sind, sollten wir anfangen, uns Klarheit über unsere Situation zu verschaffen.«

Als erstes machten wir eine ausführliche Bestandsaufnahme. Die Landefähre war soweit in guter Verfassung; voll aufgetankt und verproviantiert, konnte sie bis zu sechzig Personen auf einmal an jeden beliebigen Ort auf Setepos bringen. Damit hatten wir die Möglichkeit, uns in eine der Gegenden zurückzuziehen, die von den Seteposiern bislang verschont geblieben waren. »Wenn wir die große Insel vor dem *Haken* oder noch besser die Inseln im Südosten von *Südland* wählen, bleiben wir dort aller Voraussicht nach für die nächsten Jahrtausende oder jedenfalls so lange ungestört, bis die Seteposier anfangen, ihre Weltmeere zu befahren. Daneben gibt es eine ganze Reihe von kleineren Inseln, zum Teil mit geradezu idealen klimatischen Bedingungen und frei von großen Raubtieren oder giftigem Ungeziefer«, faßte ich zusammen. »Die Landefähren bräuchten nur viermal zu fliegen, um uns alle dorthin zu bringen, und ein weiteres Mal, um unsere Fracht zu befördern. Mit den Mikroschmelzen auf der Fähre könnten wir bei Bedarf sogar Eisen oder andere Metalle in begrenzten Mengen herstellen.«

»Meines Wissens lassen sich die Anlagen auch auf Glasproduktion umstellen«, sagte Krurix, »außerdem haben wir alle erforderlichen Chemikalien für die Fabrikation einiger Plastiksorten an Bord. Damit wäre zumindest für einige Zeit so etwas wie eine Industrie möglich.«

»Für wie lange?« fragte Beremahm.

»Das ist eine andere Frage«, sagte Krurix. »Die Antimateriereserven der beiden Fähren sind noch kaum angegriffen – bei den Flügen zum und vom Raumschiff wurde so gut wie nichts verbraucht –, damit wäre die Elektrizitätsversorung auf fünf Jahre optimal gesichert. Wir *könnten* sogar Antimaterie herstellen; die Landefähre ist darauf eingerichtet –, aber der Wirkungsgrad des Verfahrens ist lächerlich niedrig, und die Energiezufuhr müßte mit der auf der *Egalitären Republik* vergleichbar sein, um in einer halbwegs vernünftigen Zeit zu einem Ergebnis zu kommen.«

»Wir könnten aber doch die Solartafeln verwenden«, bemerkte ich, »die noch heil geblieben sind. Solange wir nicht alles mit Strom betreiben wollen, können sie genügend Elektrizität für unsere kleine Kolonie liefern. Warum verwenden wir diese Energie nicht auch zur Herstellung von Antimaterie?«

»Weil alle Tafeln zusammen nicht einmal das Minimum bereitstellen könnten, das wir zur Herstellung von Antimaterie bräuchten«, sagte Krurix. »Wie auch immer, eine Lösung ließe sich wahrscheinlich finden. Ich wollte nur nicht versäumen, ein echtes Problem anzusprechen: Wenn die Landefähre bis zum Eintreffen einer Rettungsmission durchhalten soll, brauchen wir eine wirklich starke Energiequelle. Etwas in der Größenordnung eines Fusionsreaktors oder eines größeren Wasserkraftwerks.«

»Zugegeben«, sagte ich, »eine starke Energiequelle ist nahezu unverzichtbar. Andernfalls läßt sich in wenigen Jahren keine moderne industrielle Produktion mehr aufrechterhalten, und falls wir länger hier ausharren müssen als erwartet – oder falls in der Zwischenzeit irgendein Notfall eintritt –, könnten wir ernsthaft in Schwierigkeiten kommen. Bepemm, ich glaube, dein Beitrag ist der besorgniserregendste. Könntest du referieren?«

Sie seufzte. »Ich wünschte, Dr. Lerimarsix wäre hier. Aber wir müssen uns wohl mit dem begnügen, was ich feststellen konnte. Allem Anschein sind auch viele der hier geborenen Nisuaner von der Stoffwechselkrankheit bedroht, die denen aus der ersten Generation so schwer zu schaffen machte. Weruz schwebte in großer Gefahr – die Symptome waren im Anfangsstadium bereits vorhanden, nur hatte es niemand bemerkt –, und ob Prirox und Diehrenn dieses Jahr überlebt hätten, möchte ich bezweifeln. Im Moment sind alle in Sicherheit, denn die Dialyse wirkt für die nächsten zwanzig bis dreißig Jahre hiesiger Zeitrechnung. Aber wenn wir davon ausgehen, daß die Krankheit im vierundvierzigsten Jahr Ortszeit auftritt, plus oder minus ein Jahr, dann verlieren wir in der

*Minimal*zeit, die ein Rettungsschiff braucht, um hierherzugelangen, mehr als dreißig Nisuaner. So viele nicht dialysierte, über vierunddreißig Jahre alte Personen haben wir gezählt. Inzwischen weiß man allerdings, daß sich bei den auf Setepos Geborenen der zweiten Generation die Toxine sehr viel schneller bilden, wahrscheinlich, weil sie ihnen schon im Mutterleib ausgesetzt waren – das heißt, man muß bei ihnen eine kürzere Lebensdauer ansetzen. Und selbst wenn, sie sind statistisch gesehen die sehr viel stärkere Gruppe. Wenn sich die Rettung nur um wenige Jahre verzögert, verlieren wir womöglich fünfzig oder hundert Personen, vielleicht auch noch mehr. Die dreißig ältesten, die ich vorhin erwähnte, sind nur die, bei denen ich sicher bin; es könnten ohne weiteres dreimal so viele werden.«

»Bei einer Kopfzahl von knapp zweihundertfünfzig«, sagte Beremahm. »Die Besatzung der *Egalitären Republik* würde natürlich übrigbleiben – für die nächsten vierundvierzig Jahre, von Unfällen einmal abgesehen –, aber eines steht wohl fest: Wenn wir hier eine Kolonie errichten und es uns nicht gelingt, den Kontakt mit der Heimat wiederherzustellen, beträgt die maximale Lebenserwartung immer um die vierundvierzig Seteposjahre oder knapp vierzig nisuanische Jahre. Damit sind unsere Frauen nur knapp ein Drittel der normalen Zeit fruchtbar … das kann nicht gutgehen.«

»Noch dazu kommt es infolge der Toxine schon ziemlich früh zur Sterilität«, ergänzte Bepemm. »Sogar dem Nim ist aufgefallen, daß die meisten Nisuaner zehn Jahre nach der Pubertät infertil geworden waren. Wir müßten die Fortpflanzung so betreiben, wie der Nim es verordnet hatte: mit Einsetzen der Pubertät so lange wie möglich ein Kind nach dem anderen. Nicht unbedingt erstrebenswert.«

Beremahm seufzte. »Sie hatten von einem Ausweg gesprochen, Krurix?« fragte sie.

Ich sagte rasch: »Der Vorschlag kommt eigentlich von Zahmekoses«, und erteilte ihm mit einer Handbewegung das Wort. An diesem Punkt konnte Beremahm durchaus den Eindruck gewinnen, wir hätten alle miteinander den Verstand verloren.

»Es gibt eine Möglichkeit, an nisuanische Nahrungsmittel zu kommen«, begann Zahmekoses. »Zumindest besteht eine gute Chance. Man darf nicht vergessen, schon winzige Mengen seteposischer Proteine genügen, um den Krankheitsprozeß in Gang zu setzen. Wenn wir also keine Dialyse durchführen können und trotzdem überleben wollen, gibt es nur einen Weg: wir müssen ausschließlich nisuanische Nahrung zu uns nehmen. Ich schlage also vor ...« – seine Greisenstimme schwankte, und er holte tief Atem –, »daß wir uns auf die *Wahkopem Zomos* begeben, die sich noch immer im Orbit befindet.«

»Die Schiffsfarm!« rief Beremahm. »Das ist die Lösung, nicht wahr?«

»Nicht ganz«, sagte Zahmekoses. »Nisuanische Pflanzen, Tiere und Gewebekulturen sind zweifellos ebenso anfällig für Immunreaktionen, die zur langsamen Vergiftung führen, wie wir. Und wenn wir sie hier unten züchten, nehmen sie unweigerlich seteposische Proteine auf. Das heißt einerseits, daß wir den Ausbruch der Krankheit zwar verzögern, aber nicht verhindern würden, und zweitens kann uns niemand garantieren, daß es uns gelingt, auf diesem Planeten auf lange Sicht nisuanische Nahrung zu erzeugen. Wir brauchen einen sterilen Standort, auf dem wir eine sehr viel größere, hermetisch abgedichtete Farm errichten können.«

»Das wird ja immer schlimmer«, stöhnte Beremahm.

»Oder besser«, sagte Krurix. »Das ist nämlich noch nicht alles. Ich sagte vorhin, wir bräuchten eine große Energiequelle, so etwas wie einen Fusionsreaktor, wissen Sie noch? Nun, Proyerin und ich haben ein wenig herumgebastelt, und wir trauen uns zu, ein solches Ding zu bauen. Es wäre zwar einigermaßen primitiv, und mit natürlichem Deuterium, wie es hier vorkommt, würde es leider nicht laufen – aber dafür mit dem Heliumisotop ^{5}He.«

»Und das kommt auf Setepos vor?«

»Nicht *direkt* auf Setepos«, erwiderte Proyerin lächelnd.

Beremahm sah verständnislos in die lächelnden Gesichter und seufzte. »Jetzt weiß ich, warum Kapitän Baegess immer behauptete, der Kommandierende erfahre stets als letzter, was gespielt werde. Schön, Sie haben alle zusammen eine Lösung erarbeitet und befürchten nun, ich würde sie für abwegig oder vielleicht auch für zu gefährlich halten. Wenn ich Ihnen jetzt sage, daß ich nicht mehr ein noch aus weiß, würden Sie mir dann in des Schöpfers Namen bitte verraten, was Ihnen eingefallen ist?«

Ich erbarmte mich. »Wir brauchen eine sterile Umgebung mit viel freiem ^{5}He. Und wir haben den idealen Ort dafür gefunden; ich hatte mich nämlich an die nuklearmagnetische Resonanzkarte erinnert, die unser Scannersatellit in seteposnahem Orbit vom Mond erstellt hatte. Dort gibt es ^{5}He in rauhen Mengen, es stammt aus dem Sonnenwind und hat sich angesammelt, seit sich das Magma des Mondes abgekühlt hat. Nun liegt es überall auf der Oberfläche herum und wartet nur darauf, daß man es aufhebt. Die Solarzellen würden genügend Energie liefern, um einen Extraktor und einen

Isotopenseparator zu betreiben. Der fertige Fusionsreaktor würde wiederum genügend Energie für unbegrenzt viele Landefährenflüge liefern. Und mit dem Überschuß...« Ich gestattete mir ein Grinsen. »Nun, der Mondboden besteht aus minderwertigem Aluminiumerz, und es ist auch genügend Kieselerde vorhanden. Man kann also Glas herstellen. Aber was das wichtigste ist, die tiefen Krater am Südpol enthalten in Form von Eis große Vorkommen an Wasser, Ammoniak und Kohlendioxid. Wir können auf dem Mond nicht nur unsere Farm bauen – wir können dort auch leben.«

»Wie sieht das zeitlich aus?« fragte Beremahm leise.

»Für den Bau des Fusionsreaktors brauchen wir zwei Achttage; etwa die gleiche Zeit ist erforderlich, um die Farm auf der *Wahkopem Zomos* wieder in Betrieb zu nehmen«, sagte Bepemm. »Wir bringen die sechs noch nicht dialysierten Personen, die am meisten gefährdet sind, auf die *Wahkopem Zomos,* und dort zeigen ihnen Otuz und Zahmekoses, wie man die Farm betreibt. Wenige Achttage, nachdem der Reaktor läuft, müßten wir unserer Schätzung nach die ersten druckfesten Gebäude auf den Mond transportieren können. Wenn die Habitate aufgestellt sind, bringen wir die Kolonistengruppe von der *Wahkopem Zomos* auf den Mond, schaffen die nächste Gruppe auf die *Wahkopem Zomos* und so weiter. Keine Gruppe hat mehr als zwanzig Mann – der Flaschenhals ist die *Wahkopem Zomos.* In einem halben Jahr haben wir nicht nur einen Stamm von ausgebildeten Farmern und Arbeitern auf dem Mond, sondern auch genügend Platz für alle anderen. Die beiden Landefahrzeuge operieren als Fähren; die restlichen einhundertachtzig Mann werden rasch hintereinander in drei Etappen verlegt. Damit haben wir einen Stützpunkt, auf dem wir notfalls Jahrhunderte überdauern können, besonders, weil wir mit dem Archiv und den Produktionseinrichtungen der *Wahkopem Zomos* und mit den Computern und Mikroanlagen der Landefähren so gut wie alles fabrizieren können, was wir brauchen – außer Glück natürlich. Und wir wären vollkommen unabhängig von diesem Planeten und seinen Giften.«

»Und wenn es uns nun ausgeht?«

»Was soll uns ausgehen?« fragte ich verdutzt.

»Wieviel Eis gibt es auf dem Südpol?«

»Genug für ein paar Jahrhunderte, vielleicht noch mehr, wobei ein Prozent Schwund pro Jahr mit eingerechnet ist«, sagte Proyerin. »Das sollte bis zum Eintreffen der Rettungsmission reichen.«

»Meinen Sie?« fragte Beremahm. »Als Ihr Befehlshaber habe auch ich mir meine Gedanken gemacht. Während Bepemm ihre sämtlichen Tests an mir ausprobierte, hatte ich viel Zeit, in der Landefähre zu sitzen und zu lesen. Meine Überlegungen gingen übrigens mehr oder weniger in die gleiche Richtung wie die Ihren, wenn auch mit einigen nicht uninteressanten Abweichungen. Lassen Sie mich meine Ergebnisse vortragen.

Ich dachte in erster Linie an die Situation zu Hause. Die durch Fremdproteine hervorgerufene Immunkrankheit, die wir hier entdeckt haben, ist sicher nicht auf Setepos beschränkt. Sie wird überall da auftreten, wo wir mit einem fremden Ökosystem in Berührung kommen, und sie wird sich mindestens so lange halten, bis wir die nötigen genetischen Manipulationen vorgenommen haben. Je nach Lage der Dinge kann es Jahrzehnte dauern, bis wir die richtige Therapie gefunden haben und bis wir Nisuaner hervorbringen, die außerhalb einer nisuanischen Biosphäre lebensfähig sind, vergehen womöglich Jahrhunderte. Vielleicht gelingt das auch nie; vielleicht müssen wir immer in ständiger ärztlicher Behandlung bleiben, wenn wir in einer anderen Biosphäre leben wollen. Auf einigen Welten wird die Krankheit schneller fortschreiten als hier, auf anderen langsamer, aber auftreten wird sie in jedem Fall.

Was folgt nun daraus? Bis zum Zweiten Trümmerregen bleiben nur noch etwa sechzig nisuanische Jahre. Und wir haben unseren Landsleuten soeben bewiesen, *daß keine lebende Welt geeignet ist, auf lange Sicht unser Überleben zu sichern*. Verstehen Sie, was das heißt? Fast hundert Jahre lang haben wir uns die falschen Planeten für eine Emigration ausgesucht! Schlimmer noch, auch die schnellen Erkundungsschiffe mit den Nullpunktenergielasertriebwerken, die in den letzten vier Jahren gestartet sind – es sind mindestens vier außer uns – hatten samt und sonders die falschen Ziele.

Wenn unsere Botschaft endlich eintrifft, wird man sich sehr anstrengen müssen, um überhaupt noch geeignete Welten ausfindig zu machen. Benötigt werden Planeten, die sich zum ›Nisuformen‹ eignen, um ein neues Wort zu prägen – Himmelskörper also, auf denen es kein Leben gibt, die sich aber so verändern lassen, daß irgendwann Nisuaner darauf leben können. Wenn man solche Planeten findet, muß man zunächst niedere nisuanische Lebensformen ansiedeln, die dann ganz allmählich für die richtigen Lebensbedingungen sorgen. Das kann Jahrhunderte dauern, aber die großen Schiffe des *Projekts Exodus* sind ohnehin darauf angelegt, Millionen von uns über Jahrhunderte als Heimat zu dienen. Sie können die neue Welt ja von der Umlaufbahn aus bearbeiten. Wenn unsere Nachricht nun auf Nisu eintrifft, wird man rasch begreifen, daß diese neuen nisuformbaren Welten sofort gesucht und erforscht werden müssen. Man wird jedes verfügbare Erkundungsschiff dafür abstellen, man wird sogar einige Schiffe umdirigieren, die bereits unterwegs sind.

Bedenken Sie weiterhin, daß wir viel zu viele sind, um in einem einzelnen Erkundungsschiff Platz zu finden; man müßte ein eigenes Rettungsschiff bauen oder sechs bis sieben umgebaute Erkundungschiffe hierherschicken. Dazu wird keine Zeit mehr sein. Einige der Systeme, in denen man nisuformbare Welten vermuten könnte, sind sicher zwanzig Lichtjahre und mehr entfernt. Das bedeutet zwanzig Jahre bis zum Eintreffen des Erkundungsschiffs und, falls der Planet geeignet ist, weitere zwanzig Jahre, bis der Funkspruch nach Nisu zurückkommt. Damit bleiben nur noch zwanzig, um eine Stadt im All zu bauen und zu starten ... nein, Nisu kann es sich einfach nicht leisten, hierherzufliegen und uns abzuholen. Alle Mittel müssen in Erkundungs- und Kolonistenschiffe gesteckt werden, und alles muß auf Hochtouren weiterarbeiten, bis zum letzten Moment, bis die Steine fallen.

Wir werden hierbleiben müssen.«

Wir brauchten lange, um uns mit diesem Gedanken vertraut zu machen. Endlich sagte Krurix: »Mich haben Sie überzeugt. Ich finde immer noch, wir sollten uns zunächst auf dem Mond ansiedeln. Irgend etwas wird uns schon einfallen, bevor das Eis knapp wird. Vielleicht läßt sich die Wiederaufbereitungstechnik verbessern, oder wir finden eine Möglichkeit, auf Setepos Ersatz zu beschaffen ...«

Beremahm schenkte uns allen ein geheimnisvolles Lächeln – das war ihre Revanche – und sagte: »Sie geben alle viel zu rasch auf. Aber ich habe den gleichen Fehler gemacht. Sie haben die eine Hälfte der Lösung gefunden – damit kann unser Volk vielleicht hundert Jahre überleben. Und ich habe die andere Hälfte – denken Sie an den vierten Planeten von Kousapex aus gesehen, unseren äußeren Nachbarn.«

»Den Kriegsstern?« fragte Diehrenn auf Wahrmensch.

»Den meine ich«, sagte Beremahm. »Dort gibt es alles, was zur Entstehung von Leben erforderlich ist, in riesigen Mengen, aber die Sonden haben kein Leben gefunden. Der Planet hat zwei kleine, rohstoffreiche Monde – als Stützpunkte bestens geeignet. Ich bin fest davon überzeugt, daß es möglich ist, sich dort binnen eines Jahrhunderts ein passables Refugium zu schaffen. Mag sein, daß wir niemals ohne Helm atmen können, mag sein, daß wir niemals einen See zustande bringen, um darin schwimmen zu gehen, aber wir werden lange überleben. Ich denke, wir können dreihundert Jahre ausharren, bis das Schiff von *Projekt Exodus* eintrifft und mit besseren Mitteln, als sie uns und unseren Nachkommen zur Verfügung stehen, das Nisuformen vorantreibt.

Was mir fehlte, war eine Idee, um jenes erste Jahrhundert zu überbrücken. Ich hatte nicht mehr an die *Wahkopem Zomos* gedacht und war deshalb auch nicht darauf gekommen, daß uns die Schiffsfarm verträgliches Pflanzen- und Tiergewebe liefern kann. Natürlich wäre auch das Lebenserhaltungssystem unserer armen, kleinen Landefähren viel zu schwach, um bis zum Kriegsstern durchzuhalten. Der Name gefällt mir übrigens gut. Was bedeutet er?«

Ich erklärte es ihr, und sie lachte. »Und wie würde das Wahrmensch-Wort für ›Friedensstern‹ lauten?«

»Die Seteposier haben kein Wort für Frieden«, sagte Diehrenn.

»Dann wird es höchste Zeit, diesen Planeten zu verlassen«, erklärte Beremahm. »Wir behalten den seteposischen Namen für den vierten Planeten bei, aber wir vergessen schleunigst, was er bedeutet.« Sie schaute von einem zum anderen, und allmählich erschien auf jedem Gesicht ein Lächeln.

»Zweimal«, sagte sie, »ist hier auf Setepos eine Expedition gescheitert. Dieser Planet bringt unserem Volk offenbar nur Unglück, und deshalb sage ich, kehren wir ihm für immer den Rücken. Aber vergessen wir auch nicht, daß wir zwei Katastrophen überstanden haben, ohne daran zu zerbrechen. Was wir erlebt haben, übertrifft selbst die kühnsten Vorstellungen derer, die uns ausgeschickt haben. Und dennoch sage ich euch, wir sind noch nicht am Ende. Machen wir uns auf den Weg – es gilt, zwei Welten zu erobern, bevor uns der Tod ereilt.«

Von: Diehrenn Zahtuz
An: Den Hohen Rat auf Nisu:

Trotz allem, was mir mein Gefährte Thetakisus und sein Freund Krurix von Nisu erzählt hatten, war ich sehr erstaunt, als über Funk tatsächlich eine Botschaft von dort eintraf. Seit vor mehr als zehn Erdenjahren zum ersten Mal die Feuersäule am Himmel über der Stadt der Wahren Menschen erschien, habe ich gelernt, mich an drastische Veränderungen meiner Lebensumstände zu gewöhnen, und immerhin bin ich als Zahmekoses' und Otuz' Tochter mit Geschichten über Nisu groß geworden. Dennoch war ich zutiefst beeindruckt, als ich mit eigenen Augen die Botschaft von Nisu – offenbar die erste von vielen – sah, die hierher zu uns gekommen war.

Gern erfülle ich eure Bitte und schicke euch meinen Bericht samt den Ergänzungen meines Gefährten Thetakisus, um euch deutlich zu machen, wie wir zu unserer Entscheidung gelangten. Hoffentlich findet die Schilderung noch Platz im *Großen Buch des Wissens*, das ihr den Schiffen des *Projekts Exodus* auf ihrer Reise zu den neun neuen Welten hinterherschicken wollt.

Zehn Welten, das ist eine große Zahl; ich habe nur auf dreien gelebt. Aber auch drei sind wohl eine ganze Menge, vor allem, wenn man den ersten Teil seines Lebens in einem Königreich der Steinzeit verbracht hat, ich will mich also nicht beklagen.

Von wie vielen Wundern kann ich euch berichten? Wären es überhaupt Wunder für euch, die ihr damit aufgewachsen seid und jetzt gar die Reise zu den Sternen angetreten habt? Innerhalb eines Jahres wurde ich – die ich kaum lesen und schreiben konnte, als die *Egalitäre Republik* ihre Flammensäule in unseren Himmel stellte – zur Hilfsmaschinistin eines Fusionsreaktors auf dem Mond bestellt. Ich muß gestehen, daß mir erst vier Jahre später vollends klar wurde, was ein Fusionsreaktor eigentlich ist und wie er funktioniert, aber ich war noch voller Schaffensdrang, und so habe ich die Aufgabe bewältigt – und ohne mich rühmen zu wollen, ich habe meine Sache gut gemacht.

Zehn Jahre später half ich mit, die *Wahkopem Zomos* zum Kriegsstern zu steuern, und wir errichteten einen Stützpunkt auf dem inneren Mond – von hier aus schreibe ich jetzt. Wenn ich aufschaue, sehe ich nicht weit über mir das treue, alte Schiff, das vor fast hundert nisuanischen Jahren gebaut wurde und nun darauf wartet, noch einmal den Weg zum Mond anzutreten. Dahinter grüßt mich das rote Antlitz des Kriegssterns. Es hat inzwischen grüne Flecken von den Flechten, die wir dort angesiedelt haben.

Die Genetiker sagen, die Flechten seien am Absterben, nach dem ersten Wachstumsschub würden die Flecken immer kleiner, der Versuch sei gescheitert. Aber Geduld und Willenskraft waren schon immer unsere Stärken. Wir werden so lange nicht aufgeben, bis wir Erfolg haben, oder bis wir zugrunde gehen.

Beim nächsten Versuch werden wir uns den Staub vornehmen, der den Südpol des Kriegssterns bedeckt. Es ist ein dunkler und sehr feiner Staub, und wir wollen ihn mit sehr viel Schwung aufwirbeln, um das Eis damit zu schwärzen. Wenn der Sommer kommt, müßten die dunklen Flächen soviel Wärme absorbieren, daß sie gefrorenes Kohlendioxid in die Atmosphäre entlassen. Dadurch wird wiederum der Rest des Planeten aufgeheizt, was unserer Flechte eine neue Chance geben und zur Entstehung von Flüssen und Seen führen könnte. Falls auch das mißlingt, haben wir noch genügend andere Ideen. Irgendwie und irgendwann werden wir es schon schaffen, den Kriegsstern zu erwärmen und seine Atmosphäre zu verdichten.

Und selbst wenn auf seinem Antlitz nichts wachsen will, werde ich es noch erleben, daß wir dort wohnen. Schon in wenigen Jahren will ich übersiedeln. Unweit des Nordpols gibt es einen kreisförmigen Krater, der genügend Platz für eine Stadt bietet. Die Bauarbeiten haben bereits begonnen.

Auf dem Mond hat man mehr Eis gefunden als ursprünglich gedacht, das hat unserer Kolonie dort eine Gnadenfrist verschafft, nun hat es nicht mehr solche Eile, alle Bewohner hierher zu verlegen. Auf dem Mond denkt man sogar daran, Raumschiffe zu bauen, damit wir nicht länger ausschließlich auf unsere einzige noch einsatzfähige Landefähre und die *Wahkopem Zomos* angewiesen sind.

Das ist und bleibt unsere größte Sorge. Im Augenblick ist eine der Landefähren der *Egalitären Republik* nicht als Raumschiff zu gebrauchen, weil sie die Lebenserhaltungssysteme unseres Stützpunkts am Südpol des Mondes mit Energie versorgen und mit ihrem Computer steuern muß. Die zweite Fähre kann nur im Verbund mit der alten *Wahkopem Zomos* fliegen, denn ihr Lebenserhaltungssystem hält die Reise von Setepos zum Kriegsstern allein nicht durch, andererseits sind die Triebwerke der *Wahkopem Zomos* nicht stark genug, um das Schiff aus dem Orbit des einen oder anderen Planeten zu bringen. Außerdem kann das Sternenschiff weder auf dem Kriegsstern noch auf dem Mond von Setepos landen. Die Landefähre liefert also den Schub und ermöglicht die Landung, und die *Wahkopem Zomos* erhält die Besatzung am Leben. Wenn wir die Landefähre auf dem Stützpunkt am Mondsüdpol, die im Einsatz befindliche Landefähre oder die *Wahkopem Zomos* verlieren, ist alles verloren – doch nun sind schon so viele Jahre vergangen, wir sind immer noch da, und alle drei Schiffe werden allein deshalb weiter funktionieren, weil sie weiter funktionieren müssen.

Und vom Raumschiff zum Sternenschiff ist es nur ein kleiner Schritt im großen Weltenplan. Wenn wir im Umkreis von dreißig Lichtjahren ein geeignetes Ziel finden und uns in ein- bis zweihundert Jahren noch niemand besucht hat oder zu uns gestoßen ist, werden wir vielleicht unsere Koffer packen und zu *euch* kommen, wo immer ihr dann auch sein mögt.

Ich gebe diesen Bericht und den Bericht meines Vaters von der ersten Mission vertrauensvoll in eure Hände. Fügt sie beide ein in das *Große Buch des Wissens*, das ihr an alle Welten senden wollt. Ich kann nur hoffen, daß wir nicht darauf angewiesen sein werden, wenn es uns erreicht, sondern es eher als reizvolle historische Kuriosität betrachten können. Eurer Entscheidung stimme ich zu; da wir schon bald auf den Planeten selbst umziehen werden, in den eisgefüllten Krater, der bislang so vielversprechend aussieht, ist es sehr viel besser, das *Große Buch* dorthin zu schicken und nicht hierher. Und es empfiehlt sich, zur Sicherheit auch ein Exemplar für den Mond vorzusehen, falls jemand von unseren Leuten am dortigen Südpol sich zum Bleiben entschließt oder gar von den Umständen dazu gezwungen wird. Aber keine Sorge: Obwohl es, wenn ich recht verstehe, noch einige Jahrhunderte dauern kann, werden unsere Nachkommen hier sein, um das *Buch* bei seinem Eintreffen in Empfang zu nehmen, und sie werden sich in Dankbarkeit an euch erinnern. Es schmeichelt mir, daß ihr die Geschichte der beiden Setepos-Expeditionen mit aufnehmen wollt; mit dieser Bitte habt ihr unserer Familie eine große Ehre erwiesen.

Den Plan, auf Kahrekeif einen automatischen Sender einzurichten und jedesmal, wenn eure Sonne und Zoiroy aus der Sicht der Betreffenden im größten Abstand zueinander stehen, an alle bekannten Schiffe und Kolonien eine aufgezeichnete Botschaft abzustrahlen, halte ich für überflüssig. Ihr wollt damit sicherstellen, daß die weit verstreuten Teile unseres Volkes jederzeit wiedergefunden werden können. Aber ich kann mir nicht vorstellen, daß unsere Geschichte, die Ergebnisse unserer wissenschaftlichen Forschungen oder gar die Liste der Planeten, auf denen sich unsere Stützpunkte befinden, jemals in Vergessenheit geraten könnten. Ich glaube, der Sieg ist bereits unser, auch wenn unsere Kolonie schon morgen aussterben sollte, auch wenn kein Schiff des *Projekts Exodus* mit seinen Millionen von Passagieren jemals ein anderes Sonnensystem erreicht. Der Sieg ist unser, weil wir in unseren Augen – den einzigen, die jemals über uns richten können – seiner würdig sind, weil unsere Zivilisation es verdient hat, weiterzubestehen und sich auszubreiten. Zu Hause wären wir womöglich verweichlicht, wären immer ängstlicher und gieriger geworden, um schließlich sang- und klanglos in unseren Betten zu sterben. Wir haben uns anders entschieden. Wir wollen zwischen den Sternen sterben – oder vielleicht überleben.

Aber ich hatte nicht vor, euch oder gar denen, die diese Zeilen in ferner Zukunft lesen werden, einen Vortrag über unsere Bestimmung zu halten. Falls jemand sie tatsächlich liest, haben wir diese Bestimmung erfüllt, und dann weiß die Zukunft mehr darüber als ich heute.

Ich will euch auch nicht vorhalten, ihr träfet allzu umfangreiche Vorkehrungen, um das *Große Buch des Wissens* auch wirklich zu allen Teilen unsres Volkes zu bringen. Selbst wenn sich die vielen Kopien und der Sender auf Kahrekeif als überflüssig herausstellen sollten, weil beides nicht gebraucht wird, hätte sich die Mühe doch gelohnt. Wenn es etwas gibt, das uns allen in diesem und jedem anderen Sonnensystem, das unsere Spezies noch erobern wird, gemeinsam ist, dann ist es die Erkenntnis, daß es nach wie vor kaum einen gefährlicheren Ort gibt als das Universum.

Wir selbst sind das beste Beispiel dafür: Sollte das Antimaterietriebwerk der Landefähre, das unsere Kolonie auf dem Setepos-Mond derzeit mit Energie versorgt, plötzlich versagen, dann wären die meisten unserer Landsleute innerhalb weniger Stunden tot, ohne daß wir irgend etwas zu ihrer Rettung tun könnten. Denn bis wir dort einträfen, wäre niemand mehr am Leben. Und sollte der Landefähre oder der *Wahkopem Zomos* hier im Orbit um den Kriegsstern etwas zustoßen – nun, dann könnten wir nicht mehr zum Setepos-Mond zurückfliegen, und beide Kolonien wären wohl früher oder später dem Untergang geweiht. Solche Gedanken werden mich in den kommenden Jahren immer wieder einmal heimsuchen. Aber wir gehen diese Risiken ein, weil wir sie eingehen müssen – es nicht zu tun wäre der sichere Tod. Bauen wir aber darauf, daß diese alten, unersetzlichen Maschinen so lange weiterlaufen, bis wir sie endlich nicht mehr brauchen, dann haben wir wenigstens eine Chance zu überleben. Diese Chance haben wir ergriffen, und bislang hat es sich ausgezahlt. Alles Wenn und Aber bringt uns nicht weiter, solange wir an der Situation selbst nichts ändern können.

Du meine Güte, was rede ich denn? Ich habe mich wohl von unseren jüngeren Leuten anstecken lassen, die nicht genug darüber klagen können, wie knapp unsere Reserven sind, wie leicht wir scheitern können und wie verheerend die Folgen wären. Aber das ist seit Anbeginn des Lebens niemals anders gewesen, und solange es noch irgendwo Lebewesen gibt, wird es ihnen ebenso ergehen. Wir alle, vom einfachsten Bakterium bis hinauf zu den Menschen von Nisu, machen einfach weiter, solange es geht, denn nur das macht uns zu dem, was wir sind.

Mit freundschaftlichen Grüßen aus dem Kousapex-System,
Diehrenn, Otuz' und Zahmekoses' Tochter.

Clio Trigorin

Oktober 2077

Wieder einmal überquerte man eine gedachte Linie im Weltraum, und auch diesmal nahm man dies zum Anlaß für eine Feier. In einer Entfernung von etwa 100 000 AE von Alpha Centauri umkreiste die mattrote Sonne Proxima Centauri den Doppelstern alle 22 000 Jahre einmal. Seit der Entstehung des Dreiersystems riß Proxima immer wieder Kometen aus der Oort'schen Wolke ins Innere, einer der Hauptgründe für den ersten schweren Trümmerregen, der Tibers Geologie so stark geprägt hatte.

Bei der Querung des Orbits von Proxima Centauri kam das Schiff der matten Sonne so nahe, daß man sie gerade noch mit bloßem Auge als leuchtenden Fleck erkennen konnte. Alle Insassen hatten sich im Gemeinschaftsraum versammelt, um sich auf dem Bildschirm die Aufnahmen der Sonden anzusehen, die schon vor Monaten abgesetzt worden waren und seither auf Proxima zustürzten. Clio hielt die Bilder an sich für eindrucksvoll, aber Proxima war eben nur ein ganz gewöhnlicher roter Zwerg, obwohl, wie Sanetomo sich ausdrückte »jeder Stern nach menschlichen Maßstäben riesig ist.«

Vor fünf Jahren, im dritten Jahr der Reise, hatte man eine kleine Rakete gestartet, die von einem Ring von NPE-Lasern angetrieben wurde und in der Spitze ein Bündel Sonden mitführte. Dieser sogenannte Sondenträger sollte seitlich von der Flugbahn der *Tenacity* abschwenken und auf Proxima zufliegen. Seither rasten er und das Schiff nebeneinander durchs Weltall wie zwei Autos nach einer Straßengabelung.

Der Sondenträger hatte zu Anfang stärker beschleunigt, weil er im Verhältnis zum Triebwerksschub sehr viel weniger wog als die *Tenacity*, aber da er keine Besatzung hatte, die ihm die defekten NPE-Laser austauschen konnte, war er, nachdem ein Aggregat nach dem anderen ausgefallen war, irgendwann in ballistischen Flug übergegangen. Unterwegs hatte er wie einst die alte *Wahkopem Zomos* eine Magnetschleife ausgefahren und war sehr viel langsamer geworden. Als er nahe genug an den roten Zwerg herangekommen war, schoß er seine Sondenfamilie ab. Die Sonden waren mit eigenen Lichtsegeln versehen und nützten das schwache Licht der kleinen, kühlen Sonne (klein und kühl natürlich nur im Vergleich zu anderen Sternen; Proxima Centauri war immer noch sehr viel größer als der riesige Jupiter und heiß genug, um Eisen zu verdampfen), um ihrerseits abzubremsen. Nun flatterten sie alle, viele Lichttage von der *Tenacity* entfernt, um Proxima Centauri herum wie ein Schwarm metallener Eichelhäher, der eine leuchtendrote Rieseneule attackierte. Sie schossen an dem roten Zwerg vorbei, stießen über den Polen auf ihn herab, stürzten sich in sein feuriges Herz und übermittelten dabei riesige Datenmengen. Die Besatzung der *Tenacity* hatte sich versammelt, um sich die Höhepunkte dieses historischen Vorbeiflugs anzusehen; es waren die ersten Informationen, die jemals von einem anderen Stern als Sol an die Menschheit gegangen waren.

Die *Tenacity* flog nun auch selbst ins Alpha-Centauri-System ein, trotzdem sollte es noch einmal 15 Monate dauern, bis die Magnetschleife zum Abbremsen ausgefahren wurde. Die Abstände zwischen den Sternen sind natürlich noch gewaltiger, aber auch innerhalb von Sonnensystemen sind die Entfernungen riesig, und obwohl die *Tenacity* im Augenblick alle einundzwanzig Minuten eine astronomische Einheit zurücklegte, hatte sie immer noch mehr als eineinhalb Lichtjahre oder 100 000 AE vor sich. Erst weit im Inneren des Systems würde sie mit dem Bremsmanöver beginnen können, und wenn (immer noch fünfunddreißig AE von Juno und Tiber entfernt, weiter als Neptun von der Erde) die Magnetschleife erst einmal ausgefahren und der Vorgang damit eingeleitet war, würde es noch einmal zwei lange Jahre dauern, bis sie ihre Umlaufbahn um Tiber erreichte.

Über ein Jahr war Clio nun schon mit Sanetomo verheiratet, und beide fühlten sich von Tag zu Tag wohler dabei. Beruflich lief alles glatt. Ein zwölfjähriger Aufenthalt an Bord eines Sternenschiffs, das in seinen Datenspeichern sämtliche Bibliotheken der Erde und Tibers mitführte, hatte einen großen Vorteil: Es gab kein Telefon, und niemand verlangte, daß man an irgendwelchen Ausschußsitzungen teilnahm. Man konnte also ungestört und ergiebig arbeiten, hatte viel Muße zum Nachdenken und fand trotzdem noch genügend Zeit füreinander.

Und so war die Arbeit bei beiden insgesamt gut vorangegangen. Sanetomos Untersuchungen über das Auftreten von freiem Sauerstoff in fernen Atmosphären hatten zu Hause viel Beifall gefunden (das besagten jedenfalls die mehr als drei Jahre alten Funksprüche). Clios Übersetzung von *Zahmekoses' Bericht* raste im Augenblick noch in Form von Funksignalen durch das Nichts und würde die Erde erst in knapp zwei Jahren erreichen. Just vor zwei Tagen hatte sie nun die Übersetzung von *Diehrenns Bericht* hinterhergeschickt. Bis sie die ersten Kritiken zu lesen bekam, hatte sie sicher einen gewissen Abstand gewonnen.

Sie stand auf, trank einen Schluck Wein und dachte über die Bedeutung dieser langen Verzögerungen nach. Es war jetzt wirklich an der Zeit, *Vom Mond zu den Sternen* zu Ende zu führen. Noch einen Aufschub konnte sie nicht mehr verantworten.

Die Sonde war weiter im Anflug. Auf dem Bildschirm blähte sich Proxima Centauri auf wie ein orangefarbenes Sternengespenst. Wo gewaltige Wirbelstürme über die Glutflächen fegten, wurde die Oberfläche des roten Zwergs von riesigen, schwarzen Wirbeln verdunkelt, die weit größer waren als die Sonnenflecken der Sonne der Erde. Sanetomo und drei Kollegen saßen dicht vor dem Schirm, verfolgten gespannt den Aufmarsch von Graphen und Symbolen am unteren Rand und diskutierten aufgeregt, was dieses oder jenes zu bedeuten habe und wessen Theorien es bestätige oder widerlege. Proxima war auf dieser Reise nur das Beiprogramm, aber als solches doch die größte Sensation, die auf Monate hinaus geboten werden sollte.

Clio trank einen weiteren Schluck Wein und begann zu analysieren, warum es ihr eigentlich so schwerfiel, zu *Vom Mond zu den Sternen* zurückzufinden. Vielleicht nur, weil sie sich bewußt war, daß Onkel Jason und Tante Olga das Buch eventuell noch würden lesen können; unter Berücksichtigung der Zeitdifferenz waren die beiden zumindest vor drei Jahren noch quicklebendig gewesen. Erst vor wenigen Wochen war eine lange Videobotschaft vom Mars eingetroffen. Nachdem sie alle bürokratischen Hürden, die man zwei älteren Leuten nur in den Weg legen konnte, überwunden und die Genehmigung erhalten hätten, in die neue, wilde Welt des Mars zurückzukehren, seien sie nun endlich angekommen. Aber die Mühe habe sich gelohnt. Bei der geringeren Schwerkraft und umgeben von vertrauten Gesichtern fühlten sie sich um Jahre verjüngt. Clio hielt es allmählich nicht mehr für ausgeschlossen, daß Onkel Jason bei ihrer Rückkehr tatsächlich noch dasein würde, um sie zu begrüßen.

Und das war eine gewisse Barriere. Wenn sie den beiden nun nicht gerecht wurde bei der Darstellung der großen Ereignisse, die sie selbst miterlebt hatten? Wenn sie bei all dem, was Onkel Jason auf Band gesprochen hatte, irgend etwas Wichtiges mißverstanden hatte? Bis sie herausfand, daß etwas nicht stimmte, konnte das Buch bereits in der fünften Auflage sein.

Clio lachte lautlos in sich hinein. Sie war im allgemeinen schüchtern und in sich gekehrt, und jeder kannte hier jeden, also würde niemand fragen, worüber sie lachte, und das war gut so. Sie hätte wirklich nicht gern eingestanden, daß sie davor zitterte, ein geschichtliches Werk beenden zu müssen. Noch dazu in Anbetracht ihrer derzeitigen Situation. Bei der Geschwindigkeit, mit der sie jetzt flogen, würde ohne das Deflektorsystem jedes Sandkorn mit der Wucht einer Tonne TNT einschlagen. Und überhaupt, was war schon die Angst vor der Fertigstellung eines Buches, verglichen mit der erschreckenden Erkenntnis, wie absolut *allein* sie waren – angenommen, die Erde würde plötzlich von einem Asteroiden getroffen wie damals, als die Dinosaurier ausgerottet wurden? Auf der *Tenacity* würde man wohl erst vier Jahre später von dieser Katastrophe erfahren, wenn nämlich das Funksignal einfach aufhörte. Wenn andererseits ihnen selbst etwas zustieß, würden die Stationen auf der Erde in vier Jahren einfach keine Nachricht mehr empfangen.

Genau wie damals bei der Ersten Tiberianischen Expedition, von der Zahmekoses' Bericht handelte.

Der Gedanke beschäftigte sie eine ganze Weile. Gab es letztendlich überhaupt einen Unterschied zwischen Menschen und Tiberianern? Die Außerirdischen hatten alle menschlichen Wesenszüge an den Tag gelegt – Mut und Feigheit, Gier und Großzügigkeit, Grausamkeit und Mitgefühl –, und am Ende waren sie gescheitert. Zurückgeblieben waren nur ein paar gefrorene Leichen auf dem Mars und auf dem Mond, vereinzelte Spuren ihrer Technik und natürlich die *Enzyklopädie* ...

Waren sie wirklich gescheitert? Auch das war eine bislang ungelöste Frage. Bei der Entschlüsselung der *Enzyklopädie* hatte sich wenigstens in groben Zügen herausgestellt, was tatsächlich geschehen war. Das katastrophale Ende der Ersten Tiberianischen Expedition und die hektischen Evakuierungsbemühungen, nachdem man zwischen der ersten und der zweiten Mission fast fünfzig Jahre vergeudet hatte, waren den tiberianischen Planern eine Lehre gewesen: Eine Zivilisation war ein zartes Pflänzchen, vielerlei konnte fehlschlagen, und so manches an Wissen und Fertigkeiten konnte abhanden kommen. So hatten sie als letzte Sicherheit in jedes System, zu dem ihre Schiffe aufgebrochen waren, ein Reservearchiv ihres gesamten Wissens geschickt, die *Enzyklopädie*. Und auf Minervas exzentrischem Mond Alba Longa (von den Tiberianern Kahrekeif genannt) hatten sie einen Sender stationiert, der jeweils die Phasen im Orbit der drei Sterne abwartete, zu denen er freie Bahn auf eines dieser Systeme hatte, um dann immer und immer wieder auszustrahlen, wo diese *Enzyklopädie* zu finden sei.

Infolgedessen mochte es zwar im Universum keine Tiberianer mehr geben, aber sie würden im Gedächtnis der Menschen weiterleben, solange es Menschen gab. Außerdem hatte Sanetomo inzwischen in acht von den neun Systemen, die die Tiberianer nach eigener Aussage besucht hatten, freien Sauerstoff entdeckt, auch wenn das Phänomen auf der Welt, die sie ›Mut‹ genannt hatten, nur saisonal bedingt zu sein schien. Sobald die Tiberianer hinter das Problem der Eiweißunverträglichkeit gekommen waren, hatten sie sich Welten ausgesucht, die nicht völlig wild, sondern leicht zu nisuformen waren, und das deutete stark darauf hin, daß es zumindest da, wo sie Kolonien errichtet hatten, lebensfähige Ökosysteme gab. Durchaus möglich, daß sie an einem dieser Orte überdauert hatten.

Einzelne Tiberianer waren bei allem Mut, aller Charakterstärke, aller Intelligenz gescheitert, das stand außer Frage. Aber sicher war auch, daß sie insgesamt, als Zivilisation zumindest, eine Möglichkeit gefunden hatten, etwas weiterzugeben, dem kosmischen Vergessen zu trotzen. Was als Spezies aus ihnen geworden war, wußte man noch nicht. Es würde noch mindestens Jahrzehnte dauern, bis man auf die Funksprüche zu den Welten, die sie besucht hatten, eine Antwort erhielt, und vielleicht ein volles Jahrhundert, bis man mit Forschungsschiffen alle diese Welten angeflogen hatte.

Gescheitert? Was für ein dummes Wort. Alle Angehörigen einer intelligenten Spezies müssen einmal sterben, und die meisten haben nie etwas wahrhaft Neues dazugelernt, aber jede Generation kann die Unwissenheit ein Stück weiter zurückdrängen.

Der Satz ging ihr nicht mehr aus dem Kopf, und plötzlich ertappte sie sich dabei, wie sie sich in Gedanken mit Onkel Jason unterhielt. Sie glaubte zu hören, wie er ihr empfahl, seine Geschichte einfach aufzuschreiben, sie zu veröffentlichen und sie damit zum Teil der Menschheitsgeschichte zu machen. Diese Vorstellung gab den Ausschlag. Jetzt spürte sie endlich den Drang, ans Werk zu gehen, sich hinzusetzen und Onkel Jasons Geschichte zu erzählen. Sie stellte ihr Weinglas ab und wollte in die Kabine zurückkehren, die sie mit Sanetomo teilte.

Doch bevor sie noch die Tür erreichte, brach wilder Jubel aus. Sie drehte sich um, sah, daß die Hochgeschwindigkeitssonde soeben ganz tief über Proximas glühende Oberfläche hinwegflog, und blieb noch einen Augenblick stehen. Die sattrote, von schwarzen Wirbelstürmen gezeichnete Fläche raste, größer als die Erde, über den Bildschirm, oft reckten sich mächtige Gipfel gen Himmel, oder rötlichgelbe Fontänen spritzten auf. Dann entfernte sich die Sonde auf ihrer hyperbolischen Bahn wieder von der matten, kleinen, roten Sonne. Die ewigen Sterne leuchteten auf. Die Sonde hatte in weniger als einer halben Stunde ihren Zweck erfüllt, nun verschwand sie in der ewigen, eisigen Finsternis, um vielleicht jahrtausendelang zu fliegen, wohin sie wollte. Noch einmal drehte sie sich um 180 °, um so lange wie möglich zurückzuschauen, aber ihre Geschwindigkeit war so groß, daß sie schon bald nur noch Schwärze sah, und kurz darauf verlor sich auch das Funksignal.

Es war eine Maschine, wie nur eine intelligente Spezies sie bauen konnte, dachte Clio. Und dann kehrte sie endgültig an ihren Schreibtisch zurück, um Onkel Jasons Bänder noch einmal abzuspielen.

Vierter Teil

LICHT AM HORIZONT

2017 - 2035

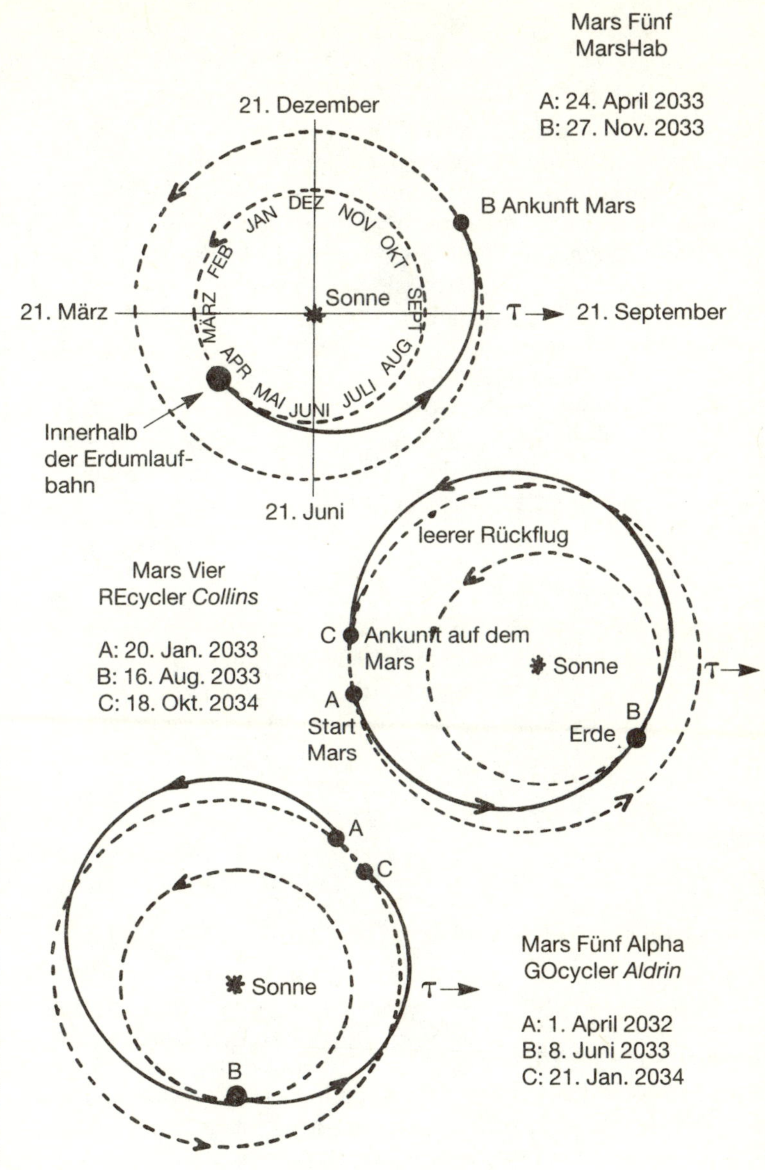

Der Pendelverkehr Erde – Mars

1

Ich kannte Lori Kirsten, solange ich denken konnte; meine Mutter und Sig hatten mich sogar überredet, sie ›Tante Lori‹ zu nennen. Das Schicksal, das offenbar gern seine Spielchen mit mir trieb, hatte es gewollt, daß sie nur drei Tage nachdem ich zum Astronautentraining zugelassen worden war, den Oberbefehl über das Astronautencorps übernahm. Sie hatte keinerlei Einfluß auf meine Einstellung, aber sie war immerhin die beste Freundin meines Vaters gewesen, und meinen Vater kannte jeder. Als ich daher zugleich mit ihr in die Organisation kam, galt das natürlich sofort als Beweis für meine sagenhaften ›Beziehungen‹, und ich hatte den üblichen Ärger. Und ich ging wie üblich damit um – ich gab mein Bestes, um möglichst alle davon zu überzeugen, daß ich die Chance auf jeden Fall verdient hatte.

Es klappte nicht. Es hatte noch nie geklappt. Doch als ich Astronaut wurde und Lori die Leitung des Corps übernahm, war ich immerhin achtundzwanzig und hatte begriffen, wie die Dinge liefen. Es gab genügend Leute, die mich so nahmen, wie ich war: kein extrovertiertes Genie wie mein Dad, sondern ein junger Mann, der nicht nur gern ins Weltall flog, sondern auch die Befähigung dazu hatte. Ich hatte überall Freunde gefunden, in der *Air Force Academy*, beim Flugtraining, bei meinen verschiedenen Einsätzen und schließlich auch beim Astronautencorps, obwohl es anfangs immer schwierig gewesen war, weil ich Jason Terence hieß und eine kleine Rolle in einer berühmten Geschichte gespielt hatte.

In einer Hinsicht mußte ich mich freilich vorsehen: Ich durfte mich nicht allzu oft in Tante Loris Gesellschaft blicken lassen. Im Corps gab es mehr als tausend Astronauten, und da hätte es nicht gut ausgesehen, wenn ich als kleiner ›Raketenjockey‹ mit der Chefin zum Lunch gegangen wäre. So liefen wir uns meistens zu Hause bei meiner Mutter und Sig ›rein zufällig‹ über den Weg und tauschten Neuigkeiten aus. Jahrelang bekam ich Tante Lori nur bei solchen Anlässen zu sehen oder wenn sie, was allerdings selten vorkam, meiner Staffel einen Besuch abstattete. Inzwischen war ich vierunddreißig geworden, und Tante Lori mochte nominell meine Vorgesetzte sein, für mich war und blieb sie eine alte Freundin der Familie, mit der ich eher losen Kontakt pflegte.

Ich bastelte also eifrig an meiner Karriere und absolvierte viele Flüge mit dem *Yankee Clipper,* dem ersten richtigen Einstufenraumschiff. Meistens brachte ich Wissenschaftlerteams zu den Orbitalstationen *Glenn* und *Shepherd* oder holte sie dort ab, manchmal ging es auch hinaus zum alten *Star Cluster,* diesem Konglomerat aus Habitaten und Gitterkonstruktionen, oder nach Canaveral und Edwards.

Lori Kirsten war für mich *Tante Lori,* wenn wir uns gesellschaftlich begegneten, und *Chief Kirsten* in ihrer Eigenschaft als Kommandeur des Astronautencorps. Deshalb war ich ziemlich verdutzt, als ich im Oktober 2032 wie aus heiterem Himmel den Befehl bekam, mich am nächsten Morgen in ihrem Büro im *Johnson Spacecraft Center* außerhalb von Houston zu melden. Sie hatte sogar veranlaßt, daß ich zu diesem Zweck von einem bereits geplanten Clipperflug abgezogen wurde, und das, obwohl ausgebildete Clipper-Piloten bei der NASA nach wie vor Mangelware waren.

Bill Amundsen, mein Vorgesetzter, wußte nicht mehr als ich; er brachte mich zum Flugplatz, und während wir auf den Frühflug warteten, fragte er noch einmal: »Und du hast wirklich keine Ahnung, worum es geht?«

»Überhaupt keine«, sagte ich. »Wenn sie gewollt hätte, daß ich es erfahre, hätte sie mich angerufen. Du kennst sie doch; für sie ist unsere Organisation immer noch so klein, daß sie einen regulären Dienstweg für überflüssig hält.«

»Na klar.« Er lachte leise. »Dich hat sie zwar nicht angerufen, aber dafür mich. Nur zur Sicherheit, damit ich mich nicht querlege.«

»Wogegen solltest du dich denn querlegen?«

»Na, erstens gegen die Umbesetzung deines Fluges. Du hast wahrscheinlich recht, sie vergißt manchmal, wie lebhaft der Verkehr in den Weltraum inzwischen geworden ist. Wenn du früh genug zurückkommst, fliegst du immer noch – wie oft? – achtmal in diesem Jahr ins All. Bei ihr war es noch so, daß man womöglich jahrelang auf die nächste Chance warten mußte, wenn man von einer Mission abgelöst wurde.« Er hielt inne und betrachtete blinzelnd das Transportflugzeug, das in der strahlenden Sonne Floridas auf uns zugerollt kam.

Ich bezähmte meine Neugier eine Minute lang, dann fragte ich: »Du sagtest ›erstens‹. Was hätte dich denn noch stören können?«

»Hmm.« Seine Stimme wurde ganz leise. »Ich will nichts gesagt haben, Jason. Aber sie hat mir freie Wahl aus der Ersatzmannschaft versprochen, wenn ich brav mitspiele.«

Ich spürte, wie sich meine Nackenhaare sträubten. Was immer sie mit mir vorhatte, bedeutete meine Versetzung aus der *First*

Aerospace Squadron. Dabei gefiel es mir hier. Ich flog nun schon seit vier Jahren in dieser Einheit, nicht nur die Strecken in den Orbit, sondern auch zwischen den Orbitalstationen (meistens von *Glenn* nach *Shepherd* und zurück, aber oft genug auch zum L1-Bahnhof *Armstrong*). Und ich hatte genügend Mondflüge abgeleistet, um auch meine Qualifikation für die *Pigeon*, das Arbeitspferd bei allen Einsätzen im Orbit, nicht zu verlieren. Ich war fleißig und lehnte nie einen Einsatz ab, deshalb wurde ich oft eingeteilt, und das war ganz in meinem Sinne. Außerdem kannte ich die anderen Astronauten in der *First*, und wir konnten uns alle gut leiden.

Was mochte Tante Lori nur geritten haben, sich derart ungeniert auf den untersten Ebenen der Organisation zu bedienen? Wenn ich in einer anderen Einheit gebraucht worden wäre, hätten Bill und deren Kommandeur das normalerweise unter sich ausgemacht.

»Schön«, sagte ich, »selbst wenn es ganz dick kommt, ich muß zumindest noch packen. Dann trinken wir alle miteinander zum Abschied ein Bier. Nur zur Sicherheit – falls ich ablehnen sollte, was immer man mir anbietet, du hast doch nichts dagegen, wenn ich hierbleibe?«

Er schüttelte lachend den Kopf. »Du fliegst mehr Stunden pro Jahr und hast bessere Beurteilungen als jeder andere. Meinetwegen brauchst du wirklich nicht zu gehen. Aber wenn Lori Kirsten mir zu verstehen gibt, daß sie im Moment keine Scherereien wünscht, dann halte ich lieber den Mund.«

Ich nickte. »Okay. Wollte nur wissen, ob ich zurückkommen kann, wenn ich will – für den Fall, daß ich mich gegen sie durchsetzen kann.«

Dann kam die Aufforderung, an Bord der Transportmaschine zu gehen, also schüttelte ich Bill die Hand, stellte mich in die Schlange und stieg ein. Der Flug war ziemlich langweilig, und ich verbrachte die meiste Zeit mit Lesen.

Aber ich ließ das Buch immer wieder sinken und ging ging im Geiste alle Möglichkeiten durch. Was, zum Teufel, hatte sie mit mir im Sinn? Ich hatte hervorragende Leistungen aufzuweisen, wenn ich ehrlich war, eine Beförderung oder die Berufung zu einer besonderen Mission waren also keineswegs ausgeschlossen. Die NASA hatte drei Luft- und Raumfahrtstaffeln, die hauptsätzlich Missionen von der Erde in den Orbit und wieder zurück flogen, und zwei Orbitalstaffeln, die mit *Pigeons* zwischen Raumstationen, Mondstützpunkten und verschiedenen anderen Zielen im Weltraum hin und her pendelten. Ich war für *Peregrines, Starbird II, Yankee Clippers* und *Pigeons* ausgebildet und konnte zumindest theoretisch in allen diesen fünf Staffeln eingesetzt werden – während es keinen vernünftigen Grund gab, mich einer der beiden Technischen Staffeln zuzuteilen. Wenn ich, da es sich ja um eine Versetzung handelte, die *First Aerospace* von der Liste strich, blieben Vandenberg und die *Second Aerospace* (*Yankee Clipper* in der kalifornischen Wüste), Malmstrom (Great Falls, Montana) und die *Sixth Aerospace* (die flogen immer noch die alte *Peregrine*, zu ihrer Zeit ein wunderschönes Schiff, jetzt aber völlig veraltet); *Armstrong* (der L1-Weltraumbahnhof auf *Big-Can*-Basis, den die NASA als Ausgangspunkt für weitere Mondaktivitäten gebaut hatte) und die *Fourth Orbital* (*Pigeons*, wiederverwendbare Landefähren und was sonst an fliegenden Kisten für Weltraumeinsätze verwendet wurde); und schließlich die *Eighth Orbital* in New Tranquillity auf dem Mond. Das Klima war nirgends so angenehm wie in Florida, und überall wäre ich sehr viel weiter von meiner Familie entfernt. Die Aussichten waren also alles andere als erfreulich.

Als wir in Houston landeten und zum Gate rollten, merkte ich, daß ich das Buch an sich zwar ausgelesen, aber kein Wort davon behalten hatte. Als ich es mir daraufhin noch einmal ansah, hatte ich den Titel zwei Sekunden später schon wieder vergessen. Immerhin nahm ich meine Tasche mit, als ich das Flugzeug verließ und in den Bus zum *Johnson Spacecraft Center* stieg, dem JSC, wie wir es meistens nannten. Nur für etwa zwei Minuten konnte ich den angenehm kühlen, sonnigen Tag genießen – der Herbst ist die einzige Jahreszeit, zu der Houston wirklich erträglich ist –, dann ging es ab zur sogenannten *Blauen Pyramide*, dem neuen, erst vor wenigen Jahren errichteten Hauptquartier. Es hatte an der Weltabgeschiedenheit des JSC nichts ändern können – das Raumfahrtzentrum lag immer noch gut fünfundzwanzig Meilen von der Stadt entfernt – und es auch nicht reizvoller gemacht, aber wenigstens war es jetzt von einem kleinen Flugzeug aus leichter zu entdecken.

Ich kam eine halbe Stunde zu früh in Tante Loris Büro, wurde aber trotzdem sofort empfangen. Die Sache wurde immer mysteriöser. Sie wartete, bis die Tür ins Schloß gefallen war, dann grinste sie und fiel mir um den Hals. Ich konnte nicht leugnen, daß mich das sehr beruhigte. Sie trat einen Schritt zurück und begutachtete mich, und auch ich sah sie mir genauer an.

Das streichholzkurz geschnittene Haar war inzwischen eisengrau geworden, und von den Augen- und Mundwinkeln gingen sichtbare Fältchen aus, aber sie vermittelte immer noch den Eindruck, als könne sie es bei jeder Prügelei mit drei Durchschnittsmännern aufnehmen, die halb so alt waren wie sie. In den blauen Augen blitzte es wie eh und je. »Du siehst gut aus«, sagte sie.

»Gleichfalls.«

»Setz dich. Wir bringen zuerst den gesellschaftlichen Teil hinter uns, und dann erfährst du, was mir ein bestimmtes Computerprogramm verraten hat.«

Ich nahm auf einem der beiden Stühle vor ihrem Schreibtisch Platz. Sie zog sich den zweiten ganz nahe heran. »Wie geht's deiner Mutter und Sig?«

»Mom ist ganz die alte«, sagte ich. »Hat immer noch zehn Projekte gleichzeitig laufen und ruft mich aus allen Teilen der Welt an, um zu fragen, ob ich auch ordentlich esse und wann ich endlich ein nettes Mädchen finde, das mir hilft, sie zur Großmutter zu machen. Klingt ziemlich komisch, wenn sie am Amazonas ist und ich im Orbit, aber so ist sie eben. Und Sig ... nun ja, er ist auch der alte geblieben.«

Tante Lori sah mich verständnisinnig an. »Immer noch das gleiche Angebot?«

»Immer noch das gleiche Angebot. Das Vierfache meines Solds, wenn ich einen von seinen neuen *Starlinern* fliege.

»Von dem Gehalt könntest du dir jedenfalls eine Familie leisten«, sagte sie, »und für mich besteht kein Zweifel daran, daß die *Starliner* sicherer sein werden als die meisten unserer Maschinen – sie haben die modernere Technik und profitieren von den Erfahrungen aller anderen. Reizt dich die Vorstellung?«

Ich schüttelte den Kopf. »Nein, überhaupt nicht. Es wäre so, als würde ich die Rennen von Indianapolis aufgeben, um einen Stadtbus zu fahren. Das eine ist so anspruchsvoll wie das andere, aber jeder Zehnjährige kann sich ausrechnen, was interessanter ist.« Das war natürlich übertrieben, aber nicht allzu sehr. Der *Starliner* war die kommerzielle Version des *Yankee Clippers*, und er beförderte keine Raumschiffbesatzungen und auch keine Frachten, sondern Passagiere. Folglich hatte man alles getan, um den Flug möglichst ruhig, angenehm und sicher zu machen. Die Leistung eines *Clippers* brachte der *Starliner* freilich nicht.

Sie lachte. »Braver Junge. Ich habe mich doch nicht in dir getäuscht. Und bei der *First Aerospace* gefällt es dir? Deine Beurteilungen sind ja erstklassig, und Bill Amundsen hält große Stücke auf dich.«

»Ich fühle mich da sehr wohl«, sagte ich, »und hätte nichts dagegen, noch lange zu bleiben.«

»Auch das ist gut«, erklärte sie lächelnd. »Du sollst die Aufgabe, die ich dir anbieten will, nämlich nur übernehmen, weil sie dich lockt, nicht um anderswo wegzukommen oder weil du dich langweilst.« Ihr Lächeln wurde breiter, und sie fuhr fort: »Wie gesagt, wir haben uns mit dem Computer beraten. Wir haben bei einer wichtigen Mission eine wichtige Stelle zu besetzen, und als ich wissen wollte, wer von den Piloten im Astronautencorps sich dafür am besten eigne, hat er deinen Namen ausgespuckt.«

Ich muß wohl ein ziemlich erschrockenes Gesicht gemacht haben, denn bevor ich etwas sagen konnte, drohte sie mir mit dem Zeigefinger und mahnte: »Nun tu nicht so erstaunt. Du bist bestens ausgebildet und hast dich bei uns glänzend bewährt, und das müßtest du, verdammt noch mal, auch wissen. Nur deshalb biete ich dir diese Chance an, damit das ganz klar ist. Außerdem hat der Kommandant der Mission, als wir ihm die ersten fünf Namen vorlegten, ausdrücklich dich zu seinem Favoriten erklärt.« Jetzt wirkte ihr Lächeln geradezu verschmitzt, genau wie früher zu High-School-Zeiten, wenn sie mich auf die Schippe nahm, oder wenn sie unerwartet in Colorado Springs auftauchte, um mich zu besuchen.

»Äh ... darf man erfahren, wer als Kommandant für die Mission vorgesehen ist?«

»Klar«, sagte sie. »Walter Gander.«

Es war wie ein elektrischer Schlag. Walter Gander war Oberbefehlshaber der *Seventh Interplanetary* und der erste Amerikaner, der bei der Phobos-Eins-Mission den inneren Marsmond Phobos betreten hatte. An die Siebente hatte ich im Traum nicht gedacht; sie war eine kleine Eliteeinheit, die bemannte Marsmissionen und Einsätze in der Marsumlaufbahn flog. »Er kommt *persönlich* mit?« fragte ich.

»Wie alle anderen Kommandanten auch«, erinnerte sie mich. »Er war schon öfter draußen, das ist wichtig, außerdem handelt es sich um eine Mission von höchster Bedeutung. Du warst während deiner Ausbildung in seinem Lehrgang, daher kennt er dich. Es gefällt ihm, daß du nie zu ängstlich warst um etwas zu probieren, was du noch nie gemacht hattest. *Und* er sagt, du bist nicht nur ein ausgezeichneter Pilot, sondern besitzt auch eine weitere Eigenschaft, die in diesem Fall ungemein wichtig ist.«

Ich sah sie verständnislos an. Sie hob einen Finger und sagte nachdrücklich: »Ich meine Diskretion. Du kannst den Mund halten. Wenn er offen mit dir spricht, braucht er nicht zu befürchten, daß du jedes Wort weitererzählst. Das ist sehr wesentlich, weil ihr beiden bei dieser Mission die einzigen Amerikaner sein werdet.« Sie strahlte mich an. »Ich freue mich für dich, Jason, mehr noch, ich beneide dich. Wenn ich irgendeine Aussicht sähe, den Einsatz selbst zu fliegen, würde ich es tun. Was ich sagen will, ist folgendes: du bist als Pilot für die Mission vorgesehen, die den nächsten Wohncontainer auf die Marsoberfläche bringt. Alles Weitere fällt unter strengste Geheimhaltung, das ist dir doch hoffentlich klar?«

»Klar.« Ich war ein wenig benommen. Transporte von Personal und Wohncontainern zum Korolew-Krater waren derzeit die wichtigsten Mars-Missionen. Ich sollte also mich selbst, Gander, einen Ingenieur und ein Team von Wissenschaftlern bis zu diesem in der nördlichen Polarzone gelegenen Krater bringen, wo unter meterdicken Eisschichten die größere Tiberianersiedlung – und hoffentlich auch das zweite Exemplar der *Enzyklopädie* – begraben war. »Wieso sind wir die einzigen Amerikaner? Ich dachte ...«

»Politik, was sonst?« sagte sie. »Wir haben uns immer ausgebeten, daß amerikanisches Gerät auch von Amerikanern bedient wird – was bedeutet, daß der Missionskommandant und der Pilot Amerikaner sein *müssen*. Und diese Mission wird streng paritätisch besetzt. Wir brauchten die volle Unterstützung der anderen vier Mitglieder des Internationalen Marskonsortiums, und da im MarsHab zehn Personen Platz haben, sind das jeweils zwei Sitze für die Japaner, die Chinesen, die Russen und die ESA.«

»Aber – gehört nicht auch der Ingenieur zum aktiven Flugpersonal?«

Sie nickte. »Das ist unser größtes Zugeständnis. Der Ingenieur bei dieser Mission – und damit natürlich der Erste Offizier, sie steht also im Rang über dir – ist Olga Trigorin, eine Kosmonautin mit jeder Menge Flüge auf dem Buckel. Sie bleibt mit den Wissenschaftlern oben, wenn also der Marspendler *Collins* zwei Jahre später zurückfliegt, sind von dieser Expedition nur noch Walter und du dabei. Sie ist schon seit über einem Jahr im Training, weil man sie für alles mögliche einsetzen will und sie sich deshalb sehr viele Spezialkenntnisse aneignen mußte. Es war übrigens gar nicht so einfach, ihr alles zu beschaffen, was sie brauchte, weil wir die Mission bis jetzt geheimhalten mußten. Wir setzen uns erst heute mit den anderen Wissenschaftlern in Verbindung; nur Olga und Walter wußten schon vorher, was im Busch war.«

»Und was *war* denn nun ...?« wollte ich fragen, doch dann fügten sich die Einzelteile plötzlich zu einem Bild zusammen. Walter Gander flog persönlich mit. Der politische Druck war so stark, daß sich die NASA breitschlagen ließ, eine Russin als Ersten Offizier auf einer Marsmission zu akzeptieren. Das konnte nur eines bedeuten. »Mein Gott«, sagte ich. »Sie müssen die *Enzyklopädie* gefunden haben, und jetzt soll sie ausgegraben werden.«

»Kurz und bündig, Jason«, erklärte sie lächelnd. »Das ständige Team auf Korolew hat seine seismischen und hydrographischen Untersuchungen beendet. Jetzt weiß man ziemlich genau, wo sich die einzelnen Objekte in der Siedlung befinden und was für eine

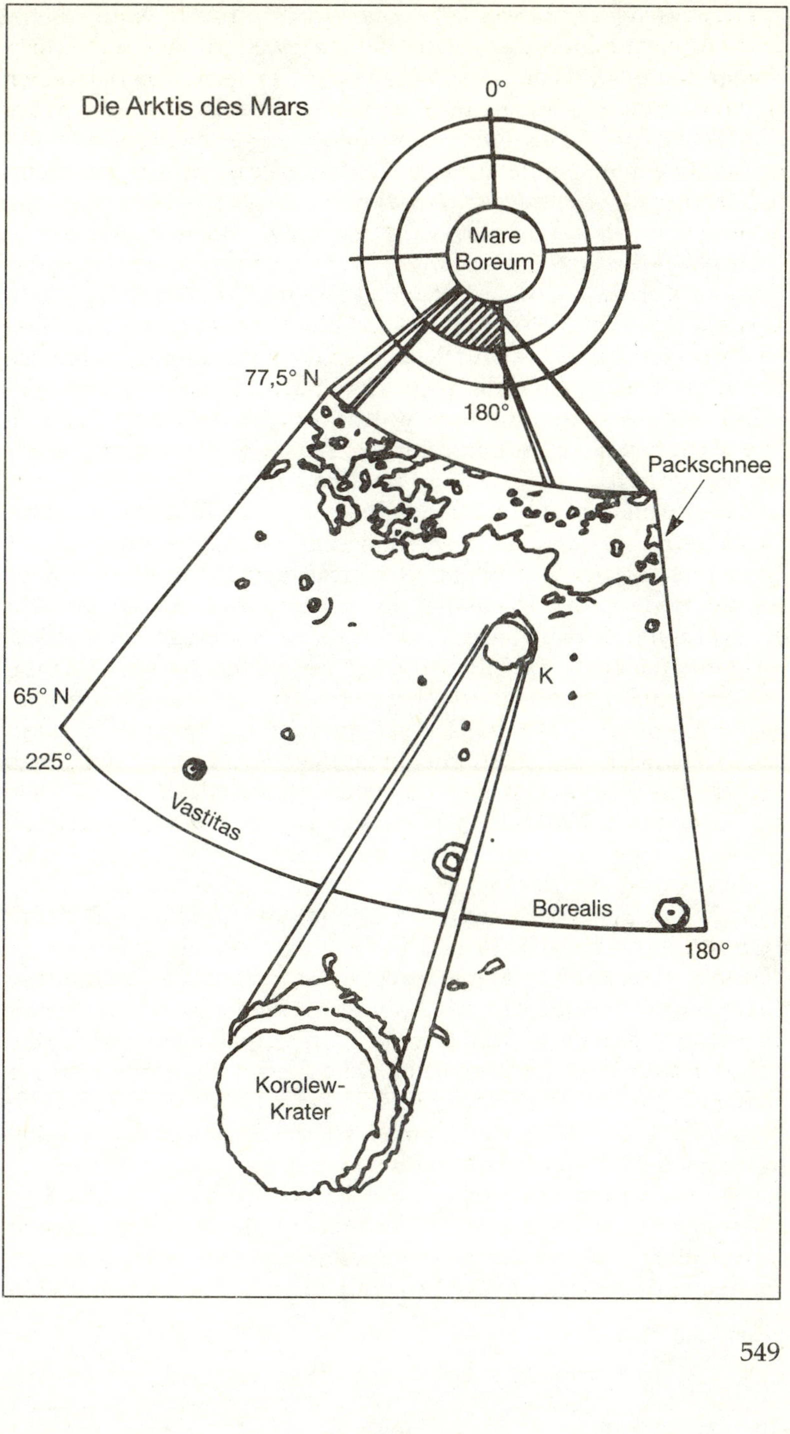
Die Arktis des Mars
0°
Mare
Boreum
77,5° N
180°
Packschnee
K
65° N
225°
Vastitas
Borealis
180°
Korolew-
Krater

Form sie haben. Eines ist von Form und Größe her genau richtig, und es liegt nur einen Kilometer entfernt zwei Meter höher im Eis – was darauf schließen läßt, daß es erst längere Zeit nach dem Untergang der Siedlung eintraf – wir vermuten ja, daß sie versunken ist. Eine unbemannte Frachtkapsel bringt die Spezialwerkzeuge hinauf, und sobald die Archäologen eingetroffen sind, können wir anfangen, das Eis aufzuschneiden.«

»Das ständige Team rührt also nichts an, bis wir kommen?« fragte ich. »Finde ich ...«

»Natürlich muß das Warten eine Qual sein.« Lori zuckte die Achseln. »Aber so ist das nun einmal bei den Archäologen – man will nicht riskieren, wieder zu verlieren, was man gerade erst gefunden hat. Also macht man sich einen Plan, bevor man gräbt, hält sich bereit, um alles zu konservieren, was auftaucht, und hat für den Fall, daß das Objekt zerfällt oder zerbricht, immer einen Experten zur Stelle, damit wenigstens ein Mensch weiß, was er gesehen hat, und sich vielleicht an wichtige Einzelheiten erinnert. Nach diesen Grundsätzen verfährt die Archäologie auf der Erde seit Anfang des 20. Jahrhunderts.« Ihr Blick bekam etwas Entrücktes, als sie hinzufügte: »Und wenn wir uns bei den ersten tiberianischen Funden daran gehalten hätten, könntest du dieses Gespräch womöglich noch mit deinem Vater führen. Das ist unsere letzte Chance, an die *Enzyklopädie* zu kommen, Jason, wir gehen also ganz auf Nummer Sicher. Unter den Wissenschaftlern sind etliche Marsveteranen und einige Leute, die jahrelang bei den Ausgrabungen am Südpol des Mondes mitgearbeitet haben, du bist also auf jeden Fall das Küken im Team. Aber du bist ein erstklassiger Pilot, Walter will dich haben, und ich habe volles Vertrauen zu dir.

Noch etwas solltest du wissen. Wenn du den Job annimmst, dann hast du zwar das Recht auf einen Rückflug bei der nächsten Opposition, aber die NASA hat die Hoffnung, daß du *nicht* zurückkommst – jemanden da hinaufzubefördern, kostet eine Menge Geld, und wenn du erst Marserfahrung gesammelt hast, ist es ihnen lieber, wenn du bleibst, denn dann kannst du wertvolle Arbeit leisten. Was ist – ich kann doch davon ausgehen, daß du annimmst?«

Ich merkte natürlich, daß sie mich auf den Arm nahm, aber diesmal machte mir das gar nichts aus. »Jawohl«, sagte ich. »Ich nehme an. Wo und wann muß ich mich melden?«

»Zuerst müssen wir dich mal versetzen«, sagte sie. »Die Siebente hat ihr Hauptquartier hier im JSC, und dein Marschbefehl geht hinaus, sobald ich meiner Sekretärin grünes Licht gebe. Ich hatte deine

Zustimmung vorausgesetzt und bereits vereinbart, daß dir jemand ein paar möblierte Wohnungen drüben in Nassau Bay zeigt. Sobald du eine Bleibe gefunden hast, in der du es aushältst, fliegst du zurück, nimmst dir zwei Tage Zeit zum Packen und kommst wieder hierher. Das Training mit Olga und Walter beginnt in etwa einer Woche. Ihr startet natürlich fünf Monate vor der nächsten Opposition von der Erde, und das heißt, du wirst Mitte April 2033 die Erdumlaufbahn verlassen. Von jetzt an, Jason, sind es noch einhundertundvierundvierzig Tage bis zu deinem Aufbruch zum Mars.«

Sie stand auf, zum Zeichen, daß die Unterredung zu Ende war, und grinste. »Jason, ab jetzt sprichst du mit Tante Lori und nicht mehr mit Chief Kirsten. Ich kann dir nur eines sagen, du bist ein verdammter Glückspilz. Und das wirst du noch oft zu hören bekommen. Ich hätte es dir gern verschwiegen, aber als der Beauftragte für Öffentlichkeitsarbeit herausfand, daß *du* an erster Stelle der Kandidatenliste stehst, hat er einen Freudentanz aufgeführt.«

»Das kann ich mir denken«, sagte ich. »Schon gut. Ich habe wirklich nichts dagegen, der Sohn von Chris Terence zu sein, und du würdest diese Aufgabe sicher nicht jedem Idioten anvertrauen, nur weil er berühmte Verwandte hat. Die Reporter können allerdings ziemlich lästig werden.«

»Noch ein Grund, warum du ein verdammter Glückspilz bist«, sagte sie. »In hundertundvierundvierzig Tagen läufst du der Presse Millionen Meilen weit davon.

Die dritte möblierte Wohnung, die man mir zeigte, war annehmbar; das Problem war nicht allzu groß, weil ich mit niemandem zusammenlebte und auch keine Haustiere hatte, also nahm ich das erste Appartement, das halbwegs sauber und ordentlich aussah, auf monatliche Kündigung lief und nahe genug an meinem Arbeitsplatz lag. Dann rief ich meine Mutter in Washington an und teilte ihr mit, ich sei versetzt worden und meine Adresse würde sich bald ändern.

»Weißt du, Jason, du wirst deinem Vater wirklich immer ähnlicher. Du beschwerst dich nicht einmal darüber, daß man dich ständig von einem Ort zum anderen hetzt. Ich glaube, es gefällt dir sogar.«

»Ich habe tatsächlich nichts gegen einen Tapetenwechsel«, bemerkte ich unverbindlich. Wir führten dieses Gespräch bei jeder neuen Versetzung wieder.

»Du bleibst nirgends lange genug, um jemanden kennenzulernen oder Wurzeln zu schlagen«, sagte sie. »Das ist bestimmt nicht gut für dich.«

Im Hintergrund war Sigs Stimme zu hören: »Amber, nun laß den armen Jungen doch in Gottes Namen in Frieden, er ist schließlich erwachsen.« Ich mußte mir das Lachen verkneifen und setzte mich auf das Fensterbrett, um über die Stadt zu schauen. So ganz war ich nie dahinterkommen, wieso dieser Mann, der so völlig anders war als ich, immer so genau verstanden hatte, was ich gerade brauchte, aber je älter ich wurde, desto mehr lernte ich schätzen, was Sig in meinen Teenagerjahren für mich getan hatte.

»Hoffentlich«, sagte sie, »ist deine neue Wohnung anständig ausgestattet und liegt nicht mitten in einem Verbrecherviertel.«

»Die Wände sind braun-orange«, sagte ich. »Das JSC liegt ziemlich weit außerhalb, aber es gibt auch in den Städten keine Verbrecherviertel mehr.«

»Trotzdem braucht man da nicht zu wohnen«, erklärte sie kategorisch. Dann plauderten wir noch ein Weilchen über Belanglosigkeiten. Sie wollte mit Sig im nächsten Monat nach Texas kommen, um sich mit Lori zu treffen, jetzt ließ sich das auch gleich mit einem Besuch bei mir verbinden. Sigs Nichte hatte ihr Arztstudium abgeschlossen und überlegte nun, sich auf Mikroschwerkraftmedizin zu spezialisieren. In Washington regnete es mehr als gewöhnlich.

Nachdem wir uns verabschiedet hatten, schlenderte ich durch meine neue Wohnung und schaute flüchtig aus jedem Fenster, während ich über das Gespräch nachdachte. Ältere Leute wie meine Mutter konnten sich noch daran erinnern, daß man sich früher in weiten Teilen der Großstädte nach Einbruch der Dunkelheit nicht mehr auf die Straße wagte. Auch heute gab es noch Stadtviertel, von denen ich nicht gerade begeistert war, aber es war doch alles anders geworden, und die Gefängnisse leerten sich zusehends.

Das sollte nicht heißen, daß sich die Menschen gebessert hätten, es gab nicht weniger Dreckskerle als früher. Aber heute hatten die Dreckskerle Arbeit, im allgemeinen gut bezahlte Arbeit, und damit auch ein Haus und einen Wagen. Und weil sie etwas zu verlieren hatten, führten sie sich anständig auf. Seit der Katastrophe auf dem Mond hatte sich vieles verändert. Die Welt hatte einen weiten Weg zurückgelegt bis zu diesem Moment. Nun war sie bereit, ihre zweite Chance zu nützen. Ich saß in meinem dämmrigen Wohnzimmer, schaute hinaus auf die Autobahn mit den vielen vorbeirasenden Lichtern und überlegte, was die Veränderungen nun eigentlich ausgelöst hatte. Es war so viel geschehen, und im

Moment stand ich an einem echten Wendepunkt der menschlichen Geschichte, doch seltsamerweise waren mir die Dinge, die jeder tut, die ganz normalen Wechselfälle des Lebens, das Heranwachsen und Älterwerden am lebhaftesten in Erinnerung geblieben.

Nach der Rückkehr von meinem *ShareSpace*-Flug hatte ich noch ungefähr ein Jahr gebraucht, um den Tod meines Vaters wirklich zu verarbeiten und mich damit abzufinden, und deshalb kaum darauf geachtet, was um mich herum geschah. Aber in diesem Jahr hob ein Politiker, ein Experte nach dem anderen mahnend den Zeigefinger und verlangte, daß etwas geschehen müsse. Klar waren dabei nur zwei Dinge: erstens, wenn man gegen den Verlust des riesigen Archivs, das nun in tausend Metall- und Silikonscherben über die erdabgewandte Seite des Mondes verstreut lag, überhaupt etwas unternehmen wollte, dann ging das nur mit Hilfe der Raumfahrt. Zweitens, nachdem wir nun von der Existenz dieses Archivs wußten, *mußten* wir es haben. Aus den Materialien, die man in der *Tiberkolonie* am Südpol des Mondes gefunden hatte, ging hervor, daß uns die Tiberianer auf dem Gebiet der Werkstoffentwicklung buchstäblich um Jahrhunderte voraus gewesen waren; fast alle ihre Produkte, von der vier Stockwerke hohen Landefähre bis hinunter zu Hämmern und Schraubenziehern, waren dauerhafter, leichter und strapazierfähiger, als wir sie herzustellen verstanden. Viele der Geräte auf ihrer kleinen Krankenstation waren leistungsfähige Kompaktversionen von Dingen, die bei uns erst im Laborversuch getestet wurden. Für den optischen Computer in der Landefähre (er ließ sich leider nicht mehr zum Leben erwecken) und die *Enzyklopädie*, die ja nichts anderes war als ein Speicher für optische Informationen, waren technische Probleme, die wir eben erst zu formulieren lernten, ohne an eine Lösung auch nur denken zu können, offensichtlich reine Routine gewesen. Und natürlich war – das hatten bereits Chris und Xiao Be festgestellt – das Antriebssystem, das die *Enzyklopädie* (wenn man dem Funkspruch glauben konnte) binnen weniger Jahrzehnte zu uns gebracht hatte, nur etwa halb so groß wie eine normale Mülltonne, und von einem Treibstofftank war nichts zu sehen. Wir dagegen hätten, um ein Paket der gleichen Masse in tausend Jahren nach Alpha Centauri zu bekommen, den geballten Schub von etwa 100 000 Energijas gebraucht, den derzeit größten im Gebrauch befindlichen Raketen.

Das Verhältnis war geradezu ideal; sie waren uns (jedenfalls zu der Zeit, als sie ihre Besuche einstellten) nur so weit voraus gewesen, daß wir die Tragweite ihres Tuns, die Leistungen und die Möglichkeiten ihrer Technik erfassen konnten, aber doch Hoffnung hatten, sie irgendwann zu begreifen – vorausgesetzt, wir schafften es, die *Enzyklopädie* in unseren Besitz zu bringen. Sie bot uns nicht nur die Chance, die Naturwissenschaften auf allen Gebieten um Jahrhunderte voranzutreiben; mit ihr hätten wir auch erstmals Gelegenheit, unsere Kunst, unsere Religion, unsere Geschichte und alles andere an den kulturellen Leistungen einer anderen Spezies zu messen. Endlich wäre es möglich zu unterscheiden, was typisch menschlich war und was wir mit allen intelligenten Lebewesen gemeinsam hatten.

Jedenfalls hatten wir diese Chance gehabt. Nachdem die erste *Enzyklopädie* auf dem Mond zerschellt war, blieb uns nur noch eines übrig – wir mußten zum Mars zu fliegen, um die zweite zu bergen. Und diesmal konnten wir uns keinen Fehler mehr erlauben.

Mit einem Mal hatten die fünf großen Raumfahrtprogramme immer genügend Mittel zur Verfügung, aber das war auch dringend nötig, denn jetzt standen zehn verschiedene Projekte auf einmal an. Man mußte die Flüge zum Marsmond Phobos und zum Korolew-Krater vorbereiten, um zu bergen, was immer man dort fand; man mußte zur *Tiberkolonie* auf dem Mond zurückkehren, um dort – eine Viertelmillion Meilen von der Erde entfernt, im Vakuum, an einem Ort, an den seit Milliarden von Jahren kein Sonnenstrahl gefallen war – die wichtigsten archäologischen Grabungen der Geschichte durchzuführen; man mußte die technische Literatur nach den unerfüllten Träumen von Hunderten von Ingenieuren durchforsten und sie verwirklichen; und man mußte Leute mit den nötigen Fähigkeiten finden, ausbilden und an Ort und Stelle bringen.

Das letzte war zugleich das wichtigste. Wir mußten mehr Menschen besser und schneller ausbilden als je zuvor, denn für jede einzelne dieser gewaltigen Aufgaben wurden Millionen von ideenreichen, gut geschulten Wissenschaftlern und Technikern gebraucht. Solange wir nicht jedes fähige Gehirn optimal trainiert hatten, brauchten wir erst gar nicht anzufangen.

Zum ersten Mal kam mir diese Wende zwei Jahre nach dem Unfall zu Bewußtsein, als promovierte Naturwissenschaftler in den Schulen auftauchten und uns Neuntkläßler mit Mathematiktests traktierten. Wer gut abschnitt, hatte auf einmal ein Stipendium für eine erstklassige Schule in der Tasche, an der genau diese promovierten Naturwissenschaftler als Lehrer tätig waren. Ich war erleichtert, als sich herausstellte, daß meine Geistesgaben dafür nicht ganz ausreichten, aber Sig war enttäuscht.

Ich hatte übrigens nichts verpaßt, denn schon bald fing man an, alle Schulen mit Geld und pädagogischen Begabungen vollzupumpen. Eine Zeitlang waren gute Lehrer so gefragt, daß viele von ihnen zwölf Stunden am Tag arbeiteten und mehr verdienten als das mittlere Management in der freien Wirtschaft. Man rief ein ›Freiwilligenprogramm‹ ins Leben, das so attraktiv war, daß sich viele Ingenieure und Professoren ›zur Ruhe setzten‹, um gegen bessere Bezahlung an den staatlichen Schulen zu unterrichten.

Als ich ins College kam, hatten sich durch die verstärkten Ausbildungsbemühungen die Berufschancen so vergrößert, daß der Wirtschaft, obwohl sich das Angebot seit 2010 vervierfacht hatte, mehr Ingenieure und Naturwissenschaftler fehlten denn je. Wenn man die ersten naturwissenschaftlichen Seminare mit Erfolg abschloß, rannten einem die Kopfjäger der Firmen schon am Ende des zweiten Studienjahres die Tür ein – zumindest an zivilen Institutionen. Ich hatte mich für die *Air Force Academy* entschieden.

Und nicht nur der Arbeitsmarkt veränderte sich. Nachdem jahrzehntelang jedes Großprojekt sehr viel länger gedauert und sehr viel mehr gekostet hatte als geplant, wurden die Aufträge plötzlich vorzeitig und unter Preis abgewickelt. Während meines ersten Semesters waren suborbitale Verkehrsflugzeuge erstmals im Gespräch, Weihnachten vor meinem Examen flog ich in einer solchen Maschine nach Hause. Sechs Jahre nach dem Bau der ersten Magnetschwebebahn zwischen Los Angeles und San José gab es allein in den Vereinigten Staaten 15000 Meilen solcher Strecken. Ein Jahr, nachdem bei einem japanischen Pilotprojekt die ersten vorgeformten Holzteile in einem Tank gezüchtet worden waren, produzierte Mitsubishi nach diesem Verfahren ganze Fertighäuser und lieferte sie in alle Welt. Schwimmende Aquafarmen räumten mit dem Hunger auf; die Medizin hatte AIDS und die Alzheimersche Krankheit besiegt, nun war die Rede davon, die menschliche Lebenserwartung auf 150 Jahre zu steigern.

Dies alles war lediglich eine Folge des Überangebots an fähigen Leuten – wer auf irgendeinem Gebiet tausend Spitzenkönner finden und ausbilden will, sucht sich am besten eine Million und behält nur das oberste Zehntelprozent. Um also genügend von den Allerbesten zu bekommen, mußten die *University Space Research Associates* ein Vielfaches dieser Zahl an ›nur‹ ausgezeichneten Wissenschaftlern hervorbringen, so daß sich ein Strom von hochbegabten und bestens ausgebildeten Kräften über die ganze Welt ergoß.

So kam es, daß Wissenschaft und Technik weltweit einen Aufschwung erlebten wie seit der Renaissance nicht mehr. Jeden Tag wurde ein neuer wissenschaftlicher Durchbruch in den Medien verkündet, doch die Ausgrabungsstätte auf dem Mondsüdpol stellte alles in den Schatten.

Es war wirklich kaum zu fassen. Vor gar nicht allzu langer Zeit hatten mein Dad und Xiao Be als Nummer Siebzehn und Achtzehn der Menschheit den Mond betreten, und jetzt, im Jahre 2032, hatte sich die Station Südpol zu einer Kleinstadt mit über zweihundert mehr oder weniger festen Bewohnern entwickelt. Zwei Archäologen und das Stationspersonal lebten schon seit über fünf Jahren dort, und vergangenes Jahr war sogar ein kleines Mädchen auf dem Mond geboren worden.

Ich stand auf, holte mir eine Diätcola aus dem Kühlschrank und trank gleich aus der Flasche. Draußen wurde es allmählich dunkel, die elektrische Straßenbeleuchtung erwachte zum Leben. Zur Zeit des Unfalls war ich in der siebten Klasse gewesen. Man hatte die Pläne rasch darauf abgestellt, insgesamt Jahrhunderte an Arbeitsstunden mit dem Studium der Funde zu verbringen. Wenige Wochen bevor ich meinen High-School-Abschluß machte, hatten sich die ersten Gruppen, die auf dem Mond bleiben wollten, anstatt mit demselben Schiff wieder zurückzufliegen, dort niedergelassen, und einige Oppositionen zuvor hatte man begonnen, unbemannte Sonden und die ersten Transportschiffe zum Mars zu entsenden. Seither befand sich ein nicht abreißender Strom von Material auf dem Weg zu unserem Nachbarplaneten, und ständig kamen Informationen zurück. Der erste bemannte Flug stand noch aus.

Im Sommerlager nach meinem dritten Jahr in Colorado Springs wurden wir plötzlich alle in Busse verladen und zu einem riesigen Fernsehbildschirm gefahren, um zuzusehen, wie Walter Gander – ich konnte es noch immer nicht fassen, daß er mein direkter Vorgesetzter werden sollte – aus der Landefähre der Phobos-Eins-Mission stieg, einer leicht abgewandelten *Pigeon*, die der Marspendler *Aldrin* aus dem Orbit abgesetzt hatte. Er stellte seine Stiefel sehr behutsam in den Staub der neuen Welt, schaute zum Mars auf, der als riesengroße, rötliche Kugel über ihm hing und sagte: »Wir sind von weither gekommen, und wir sind gekommen, um zu bleiben. Und …« – jetzt klang seine Stimme tief bewegt. Das war keine würdevolle Ansprache mehr, sondern eine persönliche Erklärung, die von Herzen kam – »und bis zum nächsten Mal wird es nicht wieder fünfzig Jahre dauern! Wir danken Frank Borman, Jim Lovell und Bill Anders, die Neil, Buzz, Mike und allen anderen den Weg geebnet haben.« Die NASA hatte die Landung bewußt auf den 25. Dezember 2018 gelegt, auf den Tag genau fünfzig Jahre, nachdem Apollo 8 zum ersten Mal den Mond erreicht hatte.

Wir wußten inzwischen sehr viel mehr über die Tiberianer, auch wenn es alle zwei Jahre neue Erkenntnisse gab, die alle bisherigen radikal in Frage stellten. In meinem letzten Jahr auf der *Air Force Academy* hatte ich bei einem Geschichtsprofessor, der soeben von den Ausgrabungen auf dem Mond zurückkehrt war, ein Seminar besucht. Der Mann vertrat, gestützt auf die Unterkünfte und Gerätschaften, die man gefunden hatte, die Auffassung, die Tiberianer hätten ihren Hauptstützpunkt auf Phobos errichtet, um dann auf dem Erdmond eine Art Zweigstelle zu gründen. Die Gander-Expedition hatte auf ganz Phobos verstreut unzählige Trümmer und Scherben gefunden, die diese Theorie zu bestätigen schienen; möglicherweise war der Stützpunkt dort explodiert, und damit hatte die Vorhut auf dem Mond auf dem trockenen gesessen. Aber warum gab es dann im näheren Umkreis des Höhlenhabitats auf Phobos nirgendwo Spuren einer Explosion oder eines Meteoriteneinschlags? Und warum befand sich niemand im Innern? Hatte etwa die gesamte Mannschaft in einem Kraftwerk auf der anderen Seite von Phobos gearbeitet, als es zur Explosion kam? Warum hatte man dann unter den Trümmern weder Leichen noch Leichenteile gefunden? Und warum hatte sich niemand zum Korolew-Krater retten oder von dort aus Hilfe leisten können?

Was immer die Tiberianer auf Phobos davon abgehalten hatte, die Mondkolonie weiter zu versorgen, mußte nach Meinung der Archäologen ziemlich früh passiert sein, denn die dortige Basis wirkte unfertig und provisorisch, als seien die Tiberianer ganz auf sich allein gestellt gewesen. Und was immer sie am Mondsüdpol gewollt hatten, sie waren kläglich gescheitert. Die Landefähre, ein seltsames Konglomerat aus aerostatischer, aerodynamischer und Raumflugtechnik wäre sicher imstande gewesen, die Erde zu erreichen, und die Botschaft besagte ja auch, daß die Tiberianer dort gewesen, aber wieder abgezogen seien. Warum waren sie nicht zurückgekehrt auf eine Welt, wo sie wenigstens atmen konnten? Die Kolonie war offenbar auch niemals voll besetzt gewesen, denn die Zahl der Betten war doppelt so hoch wie die der gefundenen Leichen.

Rätselhaft war auch, wie sie gestorben waren. Vielleicht waren sie verhungert, denn die kleine automatische Farm war eine der wenigen tiberianischen Anlagen, die man nicht in funktionsfähigem Zustand vorgefunden hatte. Und warum hatten sie kleine Kinder mitgenommen – noch dazu so viele? Hatten sie etwa vorgehabt, die Erde zu kolonisieren? »Es ist und bleibt ein Geheimnis«, hatte der Professor pathetisch ausgerufen, »warum sie, obwohl im Besitz eines flugfähigen Raumschiffs und nur wenige Stunden von der Erdoberfläche entfernt, nicht einfach dahin geflogen sind, wo es Nahrung im Überfluß gab – oder vielmehr, warum sie ihren Wohnsitz nicht gleich auf unseren Planeten verlegten. Aus dem Staub auf den Behausungen läßt sich errechnen, daß sie etwa aus dem Jahre 7000 v. Chr. stammen, ein Datum, das durch das Zählwerk auf den Bildern der Botschaft bestätigt wird. Bei ihrer technischen Überlegenheit wäre es ihnen ein leichtes gewesen, die Erde zu beherrschen. Warum sie das nicht wollten … oder nicht konnten … nun, diese Fragen müssen wohl warten, bis wir den Korolew-Krater erreichen. Vielleicht hilft uns auch die Analyse der Trümmer von Phobos weiter, die wir mit dem nächsten Frachtraumschiff erwarten.«

Im Januar 2021 – ich war gerade in der Fliegerausbildung – landete die Phobos-Zwei-Expedition und errichtete die Phobos-Station. Viele von uns saßen bis tief in die Nacht hinein in einem durchgehend geöffneten Café in der Stadt, um die Landung mitzuerleben, aber es gab Übertragungsprobleme, und so bekamen wir nicht viel davon zu sehen, sondern durften uns nur anhören, wie alle möglichen Leute erzählten, wie wichtig dieses Ereignis sei. Wie keinem von uns entging, führten die Mondarchäologen bereits Klage darüber, daß zuwenig Archäologen mit nach Phobos genommen wurden. Wer Pilot werden will, muß offenbar schon sehr früh lernen, sich mit den Klagen der Spezialisten auseinanderzusetzen. Umgekehrt ist es wahrscheinlich genauso.

Inzwischen war alles fraglich geworden, was uns besagter Professor zwei Jahre zuvor in seinen Vorlesungen erzählt hatte. Die Xenobiologen – ein Wissenschaftszweig, der seit genau vier Jahren existierte, aber bereits mit stolzen vier Monatszeitschriften aufwarten konnte – hatten herausgefunden, daß alle toten Tiberianer signifikante Gewebeschäden aufwiesen, ausgelöst durch die Reaktion ihres Immunsystems auf den Langzeitkontakt mit irdischen Eiweißverbindungen. Demnach waren sie nicht nur auf der Erde gewesen, sondern hatten viele Jahre hier verbracht und sich auch ernährt. Von da an galt der Mond als eine Art Flüchtlingslager oder Quarantänestation für kranke Tiberianer, die man von der Erde gerettet hatte, als die dortige Kolonie aufgegeben wurde. Aber warum hatte man den Stützpunkt dann nicht vollendet? Und wieso hatte eine Rasse, die interstellare Entfernungen überwinden konnte, kein Raumschiff, das groß genug war, um alle Kolonisten von der Erde aufzunehmen und an Bord unter Quarantäne zu stellen?

Einen Teil der Antwort lieferte Walter Gander persönlich. Schon damals gab es Stimmen, die ihn als Dinosaurier bezeichneten; er war im gleichen Jahr Astronaut geworden, in dem mein Vater ums

Leben kam, ein Mann der alten Schule, der in Himmelsmechanik promoviert und einige Jahre als Testpilot für das Militär gearbeitet hatte. Immer wieder wurde unterstellt, die NASA habe ihn nicht zuletzt deshalb zum Missionskommandanten bestimmt, weil sie an ihre Glanzzeiten vor fünfzig Jahren erinnern wollte.

Auf dem Rückflug mit der *Aldrin*, bei dem die Crew etwa sechs Monate lang nichts anderes zu tun hatte, als einfache Kurskorrekturen und Wartungsarbeiten am Lebenserhaltungssystem durchzuführen, hatte Gander sich in ein Problem der Himmelsmechanik verbissen. Später sagte er, zunächst hätten nur die komplexen Umlaufbahnen um Phobos sein Interesse geweckt; die L1- und L2-Punkte befanden sich etwa siebzehn Kilometer vom Schwerkraftzentrum des Marsmondes entfernt. Nachdem er einen großen Teil seiner Freizeit und eine Menge Computerzeit mit der Berechnung dieser Umlaufbahnen verbracht hatte, kam er auf folgende Idee: Nachdem der Fundort jedes einzelnen Objekts auf Phobos genau registriert worden war, müßte man doch mit einem genetischen Algorithmus der Himmelsmechanik errechnen können, aus wie vielen verschiedenen Quellen die vielen tausend als tiberianisch identifizierten Scherben mindestens stammten.

Die Lösung war eins – ein Körper, der den Mond umkreiste und bei größter Annäherung nur zehn Kilometer von der Oberfläche entfernt war –, und plötzlich war alle Welt Feuer und Flamme für die neue Theorie, die Tiberianer hätten im Orbit um den winzigen Mond ein Raumschiff zurückgelassen. Da Umlaufbahnen um Phobos naturgemäß instabil sind, habe das Schiff früher oder später die Mondoberfläche gestreift und sei zunächst in große Teile zerbrochen. Die meisten davon seien wohl zunächst in eine ungleichmäßige Bahn um Phobos geschleudert und dann vom Mars eingefangen worden, um schließlich in die Atmosphäre zu stürzen und zu verbrennen; einige seien jedoch mit Phobos kollidiert und dabei noch weiter zerkleinert worden, bis zu guter Letzt nur noch diese breite Trümmerspur geblieben sei.

Zwei Jahre später war ich als Lieutenant für einige Zeit in Washington stationiert und kam deshalb oft mit meiner Mutter und mit Sig zusammen. Das bedeutete, daß ich mich ständig gegen Sigs unverblümte Aufforderungen zur Wehr setzen mußte, früher oder später als Pilot für *ShareSpace* zu fliegen. Der *Starliner* näherte sich seiner Testphase, und Sig betonte immer wieder, er könne mich jederzeit einstellen, während mich die NASA womöglich ewig hinhalten würde. Inzwischen waren sich die Archäologen dahingehend einig, daß sie zwar immer noch nicht allzu viel über die Tiberianer herausgefunden hätten, aber wenigstens wüßten, welche Fragen sie stellen wollten, sobald wir den Korolew-Krater erreichten, das heißt, es existierte eine Liste von Rätseln, die es zu lösen galt.

Die Dissertation von Narihara Nigawa, *Anomalien in der Matrix der tiberianischen Technik,* löste hitzige Kontroversen aus. Nigawa stellte nämlich eine Reihe von angeblich bereits gelösten Fragen erneut in den Raum und behauptete, es gebe noch sehr viel mehr zu erklären als bisher gedacht. So habe man in der tiberianischen Mondkolonie etliche Geräte in doppelter Ausführung gefunden, bei denen die eine Version als Weiterentwicklung der anderen zu betrachten sei – ›Wie eine *Sopwith Camel* neben einer *Starbird* oder ein Kurbeltelefon neben einem Mobiltelefon‹, wie er sich ausdrückte. Und wenn man die kleinen Anzeigen in der rechten oberen Ecke einiger Aufnahmen der tiberianischen Botschaft als Datum lese, seien zwischen dem Eintreffen des ersten und des zweiten tiberianischen Schiffs Jahrzehnte vergangen.

Ein Jahr später – ich war soeben im Rahmen des rasch ausgeweiteten Raumfahrtprogramms zum Astronauten- und Pilotentraining zugelassen worden – hatten die Wissenschaftler endlich die Funktionsweise der tiberianischen Solaranlagen entschlüsselt, und innerhalb weniger Monate verringerte sich der Strompreis auf der Erde um die Hälfte. Ein Teil der Besatzung hatte bereits ein volles Jahr auf dem Mondsüdpol verbracht.

Ich war schon ein Jahr lang Weltraummissionen geflogen, als es der berühmten, aus Ilsa Bierlein, Wassili Chebutykin und Dong Te-Hua bestehenden Forschergruppe (dem ›BCD-Team‹, wie die Medien es nannten) gelang, aus den wenigen Schriftproben, die uns zur Verfügung standen, eine plausible Deutung der tiberianischen Schrift zu erarbeiten. Nun bestätigte sich endlich, daß es sich bei dem ziehharmonikaförmig gefalteten, mit verschiedenen Symbolen bedruckten Stoffstück, das man unter dem Pilotensessel der Landefähre gefunden hatte, tatsächlich um die Bedienungsanleitung handelte.

Ich mußte unwillkürlich lachen. Das alles war mir so deutlich in Erinnerung, als sei es erst gestern gewesen – die vielen Raumschiffflüge, das Fortgeschrittenentraining und meine zahlreichen, aber nie besonders ernsthaften Liebschaften hatten mich vollauf in Atem gehalten –, dabei waren inzwischen mehrere Jahre vergangen, und leider war man über die ursprünglichen Erkenntnisse des BCD-Teams bisher nicht hinausgekommen. Viele Linguisten, Kryptologen und Xenomathematiker rechneten zwar irgendwann mit dem großen Durchbruch, aber im Moment stand man immer noch da, wo BCD aufgehört hatte: Dreißig Prozent der normalen Wörter der Bedienungsanleitung waren nach wie vor nicht entschlüsselt, und weitere zehn Prozent des Vokabulars kamen nur einmal vor. Die Aufschriften auf der Landefähre selbst hatte man größtenteils entziffert, aber dabei handelte es sich um so aufschlußreiche Bemerkungen wie: ›Unbedingt kontrollieren! Ist der/die/das (UNBEKANNTES WORT) ausgeschaltet?‹ ›Luke geschlossen?‹ ›Zum Öffnen nach links drehen und anheben‹ oder ›Schalter erst umlegen, wenn blaues Kontrolllämpchen aufleuchtet.‹

Im Jahre 2025, fast zwanzig Jahre nachdem die Menschheit zum ersten Mal die Botschaft von Alpha Centauri vernommen hatte, brachte die Mars-Eins-Mission – unter Zuhilfenahme gewisser Verfahren, die ein Mann namens Zubrin schon in den neunziger Jahren des zwanzigsten Jahrhunderts propagiert hatte – endlich die ersten Menschen auf den Mars und an den Rand des Korolew-Kraters. Die Landung fand, wie geplant, am 20. Juli statt, sechsundfünfzig Jahre, nachdem Neil und Buzz mit der *Eagle* im Meer der Ruhe aufgesetzt hatten. Ich selbst flog gerade eine wiederverwendbare Landefähre von der Station Südpol zum L1-Weltraumbahnhof *Armstrong* und hörte nur in den Nachrichten davon. Allerdings war diese erste Marslandung eine gewisse Enttäuschung, obwohl wir sehr stolz darauf waren, daß auch die dritte Welt nach der Erde zuerst von einem Amerikaner betreten wurde – bislang waren wir in dieser Hinsicht ungeschlagen.

Der Korolew-Krater ist annähernd kreisförmig, mißt etwa fünfzig Kilometer im Durchmesser – damit hat er die Größe eines Bezirks im amerikanischen Mittelwesten – und ist bis in dreihundert Meter Tiefe mit Eis gefüllt. An der Oberfläche war nichts zu sehen, und die Expedition fand auch nichts, als sie den Krater überquerte. Wieder hatten wir uns an die Anweisungen der Botschaft gehalten, doch zum ersten Mal waren wir nicht dafür belohnt worden.

Die Mars-Zwei-Expedition von '27 hatte unter anderem deshalb mehr Erfolg, weil die Forscher auf Phobos noch vor ihrem Eintreffen mehrere Robotsonden per Funk über die Marsoberfläche gesteuert und dabei zwei interessante Entdeckungen gemacht hatten. Die erste und wichtigste war, daß es auf vielen Eisfeldern des Mars, einschließlich des Felds im Korolew-Krater und des Felds direkt über dem Nordpol, eine sogenannte ›seismische Diskontinuität‹ gab, eine Veränderung in der Beschaffenheit und der Zusammensetzung des Eises in einer bestimmten Tiefe. Bei vorsichtigen Datierungsversuchen kam man etwa auf die Zeit, zu der die Tiberianer sich auf dem Mars befunden haben konnten. Offenbar war damals ein großer Teil des Marswassers sehr rasch aufgetaut und in kurzer Zeit wieder gefroren, um sich dann in den Kratern und an den Polen allmählich zu sammeln.

Als die Mars-Drei-Expedition von 2029 auf Korolew landete, hatte sie neben dem Auftrag, eine feste Marsstation zu errichten und zu bemannen, noch eine ganz besondere Mission. Mit Robotern und Raupenschleppern wurde auf dem zugefrorenen See ein Netz von seismischen Abhöranlagen installiert. Dann untersuchte man mit Schallgeneratoren die gesamte Oberfläche über der Verwerfung auf einer Tiefe von fünf bis achtzig Metern. Es war ein langwieriges Verfahren, und die Analyse war schwierig, aber man hatte Zeit – wir wollten ja auf dem Mars bleiben.

Als 2031 das Team von Mars Vier dazustieß, ging die Arbeit schneller voran, und endlich wurde die Mühe belohnt: Direkt auf der Verwerfung fand man eine Anomalie. Sie lag nur wenige Meter unter der Oberfläche des Korolew-Eises und hatte genau die gleiche Form wie die tiberianische Landefähre, die nach wie vor auf unserem Mond stand.

Nur wenige Monate zuvor, etwa zur gleichen Zeit, als meine Vorgesetzten alle möglichen Nettigkeiten in meine Beurteilungen schrieben und so dafür sorgten, daß die Missionsplaner auf mich aufmerksam wurden, war eine neue Meldung eingetroffen. Mit Hilfe von Mikrosonden, die mit größter Behutsamkeit in das Eis eingeführt werden konnten, hatte die Besatzung der Korolew-Station zweifelsfrei festgestellt, daß es sich bei der Anomalie um die zweite tiberianische Landefähre handelte – sie lag auf der Seite, unter einer massiven, vier Meter dicken Eisschicht, war aber, soweit man das beurteilen konnte, unversehrt. In unmittelbarer Nähe befanden sich etwa zwanzig Gräber. Die toten Tiberianer waren steif gefroren. Unsere Wissenschaftler würden zum ersten Mal Gelegenheit bekommen, einen tiberianischen Körper zu studieren, der nicht vakuumgetrocknet war. Außerdem hatte man acht Steingebäude von ziemlich primitiver Bauweise entdeckt und mit der Schlüssellochmethode das Innere erkundet: Auch sie enthielten gefrorene Leichen.

Möglicherweise war alles, was wir wissen wollten, seit wir vor dreißig Jahren die erste Botschaft empfangen hatten, an diesem Ort zu finden. Das einzige, was noch fehlte, war die *Enzyklopädie*. Wie damals auf dem Mond, so war sie auch hier in einiger Entfernung vom Stützpunkt niedergegangen. Nun hatte man sie entdeckt, und das Team vor Ort glaubte, die Verhältnisse am Marsnordpol gut genug zu kennen, um etwas aus dem Eis holen zu können, ohne es zu zerstören. Wir würden unser Habitat keine fünf Kilometer vom Fundort entfernt aufstellen, und dann würde ein zweiter Terence versuchen, ein Stück tiberianischer Technik zu bergen. Wo immer Dad jetzt auch sein mochte, er hatte hoffentlich nichts dagegen, wenn ich mehr Erfolg hatte als er.

Es war also soweit. Fast mein ganzes Leben lang hatte ich mich auf diese Aufgabe vorbereitet, heute hatte ich erfahren, daß ich tatsächlich fliegen würde, und nun konnte ich es kaum fassen. Ich saß da, trank meine Diätcola, die allmählich warm und schal wurde, und schlief schließlich voll angekleidet auf der Couch ein.

2

»Okay, Jason, wenn Sie dann soweit sind.« Captain Ganders schleppender Tonfall klang unverändert freundlich, nichts deutete darauf hin, daß mit dem nächsten Schritt eine Reise über mehrere zehn Millionen Meilen begann. Ich griff nach meinem Kühlaggregat und trat aus dem Warteraum auf die Metallrampe, die seitlich in den Rumpf des *Yankee Clipper* auf der Startplattform neben dem Montagemast führte. Es war ein weiter Weg – weiter als in der Stadt von einer Querstraße zur anderen – und er führte mir wieder einmal vor Augen, daß alles, was dazu dient, Menschen ins All zu bringen, riesige Dimensionen hat. Das Kühlaggregat summte ein wenig lauter, es hatte Mühe, gegen Floridas strahlenden Sonnenschein anzukommen.

Dies war für mehr als zwei Jahre das letzte Mal, fiel mir plötzlich ein, daß ich normale Erdenluft atmete. Schön, daß sie nach Meer roch, denn wo ich jetzt hinflog, konnte es noch lange dauern, bis ich wieder in die Nähe eines Meeres kam.

»Vergessen Sie nicht zu winken«, erinnerte mich Captain Gander, der hinter mir ging. »Wir wollen doch keinen Beauftragten für Öffentlichkeitsarbeit verärgern.«

Ich war ihm dankbar für den Hinweis. Heute, wo jeden Tag mehrere Flüge ins All gingen, bemühte sich kein Mensch mehr hier heraus, um einen Start mitzuerleben, schon gar nicht ein Fernsehreporter. Ich war in den letzten drei Jahren jeweils sechs bis sieben Mal mit dem *Yankee Clipper* gestartet, und die einzigen, die je gekommen waren, um mir nachzuwinken, waren Mom und Sig, und auch sie nur beim ersten Mal.

Doch dies war natürlich ein besonderer Anlaß. Wir schickten uns an, die *Enzyklopädie* zu bergen, und das war nicht weniger spannend als die Phobos-Eins-Expedition im Jahr 2018 oder die Mars-Eins-Expedition im Jahr 2025.

Ich schaute zu der kleinen Kamera über der Einstiegsluke hinauf, lächelte in die Linse, wie man es uns beigebracht hatte, und winkte. Dann drehte ich den Kopf zur Seite und nahm mir eine Sekunde Zeit für einen gründlichen Blick auf das grüne Laub und die eisengraue See. Erst als ich mir das Bild fest eingeprägt hatte, begab ich mich ins Innere des *Yankee Clipper* mit seiner kalten, matten, künstlichen Beleuchtung.

Ich ging als erster an Bord, denn das Flugdeck des *Yankee Clipper* war nicht auf Langstreckenflüge eingerichtet und deshalb so eng, daß man nicht aneinander vorbeikam. Der Einstieg befand sich auf der linken Seite, und nachdem der Pilot rechts vorne sitzt, mußte ich meinen Platz vor allen anderen einnehmen. Ich tastete mich den Korridor entlang, registrierte flüchtig, daß alle persönlichen Sachen, soweit ich sehen konnte, da waren, wo sie hingehörten, und drückte mich am Sessel des Captain vorbei zu meinem Sitz.

Der Helm zu meinem Druckanzug befand sich an Ort und Stelle und war vorschriftsgemäß gesichert, und die Armaturen zeigten, daß wir wie geplant noch vom Turm mit Strom versorgt wurden. Genau zum vorgesehenen Zeitpunkt gab ich dem Computer den Befehl, auf autonome Versorgung umzustellen. Als die Druckbelüftung ansprang, schloß ich meinen Anzug an und verstaute das Kühlaggregat ordentlich in Sitzfach *vier*, links unten, dem Behälter für Dinge, die nicht mitgenommen wurden. Dabei ertastete ich etwas, das mir komisch vorkam, und zog den Behälter heraus. Es war mein Andenkenkästchen. Ich schaltete mein Mikrofon aus, sagte ein paar Worte, die Mom bestimmt nicht gefallen hätten, bückte mich und nahm das Kästchen an mich.

»Stimmt etwas nicht?« fragte Captain Gander. Er nahm gerade neben mir Platz.

»Die Packer haben meine persönlichen Sachen in den Kasten gesteckt, der zur Erde zurückgeht«, sagte ich.

Der Captain stöhnte. »Das hat gerade noch gefehlt.« Er beugte sich nach hinten und rief Olga, die eben an Bord kam, zu: »He, kontrollieren Sie bitte, ob alles, was Sie mitnehmen wollen, auch in den richtigen Fächern liegt. Bei Jason hat's nicht geklappt.«

Ich drehte mich um und sah, wie sie das Gesicht verzog. »Packer«, zischte sie. »Wann werden wir endlich die Seekiste wiederentdecken?« Sie kletterte auf ihren Sitz und öffnete die Behälter. »Sieht so aus, als wäre bei mir alles in Ordnung.«

Ich kannte Olga noch nicht sehr gut, obwohl wir zwei Trainingseinsätze miteinander geflogen hatten. Da bemannte interplanetare Flüge Jahre dauern konnten, hatte ein schlauer Psychologe empfohlen, anstatt sich schon vor dem Start ausgiebig kennenzulernen, solle die Besatzung lieber erst unterwegs Beziehungen knüpfen und Freundschaften schließen. Dann hätten die Leute etwas zu tun und würden sich nicht so leicht langweilen. So waren wir zwar gemeinsam im Training, wurden aber eher darin bestärkt, unsere Freizeit außerhalb des Lagers zu verbringen. Auch spezielle Lehrgänge und Übungen fanden oft anderswo statt. So suchte man zu erreichen, daß wir uns gut verstanden, ohne uns allzu nahezukommen.

Trotzdem war mir nicht entgangen, daß Olga ein recht attraktives Mädchen und gleich mir noch ungebunden war. Allerdings war sie für die Dauer des Fluges der Erste Offizier und damit meine Vorgesetzte, und das konnte Schwierigkeiten geben.

Aber nicht zwangsläufig. Schließlich hatten wir Monate Zeit, uns zusammenzuraufen.

Ich wandte mich wieder der Checkliste zu. Alle Piloten waren sich einig, daß die modernen, flexiblen Bildschirmanzeigen es eigentlich überflüssig machten, jedes einzelne Instrument visuell zu kontrollieren, trotzdem wurde bei keinem Start darauf verzichtet. Alles war normal, und so ging ich zum nächsten Punkt des Laufplans weiter und schaltete meine Kopfhörer auf den Kanal des Kontrollzentrums um.

»Control, hier Mars Fünf, Jason Terence im *Yankee Clipper*. Bist du da, Dean?«

Eine Stimme übertönte das Knistern im Hörer. »Zur Stelle, Jason. Von hier aus sind die Werte normal.«

»Bei mir genauso«, sagte ich. »Bislang sieht alles aus wie in einem Trainingsfilm.«

»Hoffen wir, daß es so bleibt.« Dean war ein alter Freund von der *Air Force Academy*, der es geschafft hatte, ins Astronautencorps zu kommen. Dann war eine gesundheitliche Störung aufgetreten, und bis er wieder ganz in Ordnung war, konnte es Jahre dauern. Leute wie ihn hatte es in der Geschichte der Raumfahrt seit Deke Slayton immer wieder gegeben, und wir waren froh, sie zur Hand zu haben.

Das Ablesen der Anzeigen hatte etwa eine halbe Stunde gekostet. Früher hatte das angeblich sehr viel länger gedauert, aber damals waren die Schalter auch noch keine Lichtpunkte auf dem Bildschirm, die man mit dem Cursor anklickte, sondern kleine Wippen, die an altmodische Lichtschalter erinnerten. Ich mußte kurz an meinen Dad denken; nach 120 Jahren Luft- und siebzig Jahren Raumfahrt waren die Cockpits so standardisiert, daß er sich hier wie zu Hause gefühlt hätte. Was die einzelnen Elemente steuerten und wie, hatte sich in den letzten zwanzig Jahren freilich drastisch verändert.

Als ich vor wenigen Wochen zum Empfang des Präsidenten in Washington war, hatte ich nach Arlington fahren und Dads Grab besuchen wollen, aber es war, in erster Linie aus Zeitmangel, bei der Absicht geblieben. Außerdem waren mir, sobald sich herumgesprochen hatte, wer an der Mission teilnehmen würde und daß wir die *Enzyklopädie* ausgraben sollten, auf Schritt und Tritt Reporter gefolgt. Wenn ich zu Dads Grab gefahren wäre, hätten die Medien ein Volksfest daraus gemacht und mich unentwegt mit ihren Kameras und ihren Fragen bedrängt.

Wo er jetzt auch sein mochte, er würde mir verzeihen – keine Zeit zu haben und von der Presse gehetzt zu werden, das hatte er schließlich selbst oft genug erlebt.

Ich war die Checkliste zum zweiten Mal durchgegangen und hatte nichts Besseres zu tun, als mir noch einmal den Flugplan durchzulesen, als Captain Gander auf die Minute pünktlich sagte: »Okay, die Wissenschaftler können an Bord.« Walter Gander arbeitete streng nach Vorschrift, das hatte ich bei unseren gemeinsamen Flügen in den letzten Monaten zur Genüge erfahren.

»Control, Mars Fünf bereit für den Rest der Crew«, meldete ich. Sofort kam die Bestätigung, und wenige Augenblicke später ging die Luke auf, und die sieben Wissenschaftler und der Pilot für den Rückflug kamen an Bord.

Normalerweise war der *Yankee Clipper* mit elf Personen nicht ausgelastet – er kann neben dem Piloten und dem Kommandanten neunzehn Passagiere aufnehmen – aber wir hatten sehr viel mehr Fracht als bei einem durchschnittlichen Flug. Meistens wird das Gepäck mit einem luftgestarteten Robotfrachter vorausgeschickt, und der *Yankee Clipper* braucht nur die Menschen zu befördern. Aber wir würden sehr lange weg sein – ein Rückflug war frühestens bei der nächsten Opposition in sechsundzwanzig Monaten möglich. Diesen Termin hatte auch ich ins Auge gefaßt. Ich war ein leidenschaftlicher Flieger, und obwohl dieser Einsatz meiner Karriere zu förderlich war, um darauf zu verzichten, lag meine Zukunft letztlich doch hier, im Umfeld der Erde. Der Mars war Neuland, dort wurde höchstens alle zwanzig oder dreißig Tage einmal ein Raumschiffpilot gebraucht; ich gehörte auf die Strecken zwischen Erde und Mond. Wenn ich ein paar Wochen lang den wissenschaftlichen Assistenten gespielt hatte, würde ich der Rückkehr wahrscheinlich entgegenfiebern.

Schon das Minimum von dreiunddreißig Monaten erschien mir lang genug. Ich war froh, daß ich ein paar Familienfotos, etliche von meinen Lieblingsbüchern und ein Sortiment an Schnickschnack mitnehmen konnte, an dem mein Herz hing. Damit würde meine Kabine doch etwas anheimelnder wirken, nicht mehr ganz so wie ein Schrank oder eine Telefonzelle.

Die Wissenschaftler mußten voraussichtlich sechs bis zehn Jahre auf Korolew bleiben. Bisher war nicht abzuschätzen, wann wir es wagen konnten, die vielen tiberianischen Artefakte zur Erde zu bringen. Diesmal wollten wir nichts riskieren. Jedes Stück sollte, für den Fall, daß es verlorenging, an Ort und Stelle aufs gründlichste untersucht werden.

»Alles an Bord, Sir«, meldete Mark Bene, der Pilot für den Rückflug. Er sprach ziemlich laut, um sich verständlich zu machen. Ich freute mich, eine vertraute Stimme zu hören. Wir waren nicht direkt befreundet, hatten aber doch ein paar gemeinsame Jahre in der *First Aerospace* verbracht. Er schloß die Luke.

»Alle mal herhören«, sagte Gander. »Ich bitte um Ruhe, damit wir uns konzentrieren können.« Die Wissenschaftler wagten nur noch zu flüstern, während sie ihre Fächer kontrollierten – auch bei ihnen war einiges falsch eingeordnet worden, aber wenigstens fehlte nichts – und ein weiteres Mal die Anzeigen der Schiffssysteme überprüften –, eine letzte Sicherheitsmaßnahme für den Fall, daß den Offizieren etwas entgangen sein sollte.

Ich war mit meiner Checkliste fertig und nützte die Gelegenheit, mir das Team genauer anzusehen. Der Blickwinkel war etwas verwirrend, denn wir lagen alle auf dem Rücken in den Beschleunigungsliegen, man schaute also wie aus einem neunstöckigen Etagenbett nach unten.

Der erste, der mir ins Auge fiel – er war ein Mensch, der immer im Mittelpunkt stand –, war Narihara Nigawa, meistens nur Nari genannt. Er war ein stattlicher Mann, nur einen halben Zentimeter unter der Maximalgröße für die Mission, sportlich und flink. An der Waseda University hatte er in der Basketballmannschaft in der Abwehr und in der Baseballmannschaft am dritten Mal gespielt und trotzdem noch Zeit gefunden, fliegen zu lernen und seinen Doktor zu machen, bevor er fünfundzwanzig war. Von ihm stammte die Frage über die verschiedenen Stufen der tiberianischen Technik, die bisher niemand beantworten konnte. Angeblich hatte er zu Hause eine Verlobte, die aber niemand von uns je gesehen hatte. Ich war ein paarmal mit ihm auf ein Bier gegangen, und dabei hatte er sich wahrhaftig nicht so benommen, als sei er fürs Leben gebunden.

Im Moment war er so aufgeregt, daß er beim Ablesen der Instrumente ständig nickte und vor sich hinlachte. Er hatte mehr als ein Jahr seines Lebens auf dem Mond verbracht, an der Mars-Eins-Mission teilgenommen und auch Phobos einen kurzen Besuch abgestattet. Dabei hatte er offenbar neue Beweise für seine Theorie gefunden – die Metall-, Plastik- und Glasscherben von Phobos entstammten, soweit sie überhaupt zu identifizieren waren, zumeist seiner ›ersten

Generation‹ tiberianischer Technik. Er gehörte also nicht nur dem knapp ein Dutzend Köpfe zählenden ›Drei-Welten-Club‹ an, dessen Mitglieder den Mond, Phobos und den Mars besucht hatten, sondern war außerdem der bekannteste Archäologe mit Schwerpunkt Xenotechnik – der Mann, der aus den Funden auf dem Mond den Stand der tiberianischen Technik rekonstruiert hatte.

Nachdem er sich zusammen mit den anderen vergewissert hatte, daß alles in bester Ordnung war, schaute er über den Mittelgang und wandte sich an Paul Fleurant, einen Astro-F-Veteranen, das Computergenie der Besatzung. Der Mann wußte mehr über künstliche Intelligenzen und genetische Algorithmen als irgend jemand sonst – und ließ einen das auch keinen Augenblick vergessen. Paul war im Jahre 2022 auf dem Pendler *Collins* mit der dritten Expedition nach Phobos geflogen und 2027 mit der Besatzung von Mars Eins zurückgekommen, und obwohl er niemals einen Fuß auf den Mars gesetzt hatte, war ihm sein Platz in der Geschichte dieses Planeten schon jetzt sicher. Er hatte das Programm entwickelt, das es den Robotern auf der Marsoberfläche und den vernetzten Computern auf Phobos ermöglichte, die Diskontinuität zu finden und zu datieren. Als er sich nun zu Nari hinüberbeugte, schossen seine buschigen Augenbrauen in die Höhe, und er entgegnete etwas, das Nari veranlaßte, sich die Hand vor den Mund zu halten, um nicht laut herauszuplatzen.

Wahrscheinlich war es eine etwas gewagte Bemerkung gewesen, denn Kireiko, die vor den beiden saß, beugte sich errötend über ihren Bildschirm, um mit größter Aufmerksamkeit einen Prozeß zu kontrollieren, der längst reibungslos lief. Kireiko wirkte etwas schüchtern. Ich wußte nicht mehr über sie, als daß sie Molekularbiologin war und sich auf tiberianische Biochemie spezialisiert hatte, außerdem war sie verheiratet und Mutter zweier Kinder. Als sie für diesen Einsatz ›ihre Kleinen im Stich ließ‹, war ein Aufschrei der Empörung durch die Öffentlichkeit gegangen, doch obwohl sie monatelang mit Haßbriefen bombardiert wurden, hatten sich weder sie selbst noch ihr Mann in den Medien je dazu geäußert. Und eines war nicht zu übersehen: Sie war eine schöne Frau.

Was immer Kireiko an dem Scherz gestört hatte, ihre Nachbarin Tsen Chou-Zung, Ärztin und Spezialistin für tiberianische Anatomie, fand ihn offenbar ganz nach ihrem Geschmack, denn sie prustete laut los und entgegnete etwas, das Paul veranlaßte, sich lachend auf die Schenkel zu schlagen.

Captain Gander nahm seine Kopfhörer ab und sagte entschieden: »Ich wurde soeben – durch Dean vom Kontrollzentrum – darauf aufmerksam gemacht, daß die Medien jedes Wort mithören können, das hier gesprochen wird. Das gilt auch für gewisse Scherze, die nicht unbedingt für das Familienprogramm geeignet sind. Wenn Sie Ihre Äußerungen vielleicht darauf abstellen könnten …«

»Entschuldigung«, murmelte Paul, und alle wandten sich wieder ihren Bildschirmen zu.

Olga saß ganz hinten im Ingenieurssessel. Nun beugte sie sich vor und sagte etwas zu Mark Bene – wahrscheinlich noch ein Kommentar über den vorangegangenen Wortwechsel. Meine Vermutung bestätigte sich, als sie mich ansah und mir mit einem halben Lächeln zunickte. Paul war eins von mehreren Themen, über die wir uns einig waren, das hatten wir bereits festgestellt.

Ich ließ den Blick über die ganze Gruppe schweifen. Durchaus verständlich, dachte ich, wenn man vor einem Flug zum Mars ein wenig aufgeregt ist, besonders wenn man mit dem Fliegen selbst nichts zu tun hat. Paul und Nari taten wenigstens so, als würden sie sich auf ihre Bildschirme konzentrieren, während Tsen sich leise, aber offenbar sehr lebhaft mit Kireiko unterhielt.

Wassili, der untersetzte, bärtige, schweigsame Russe, wahrscheinlich der einzige Mensch auf Erden, der in Musik, Linguistik und Himmelsmechanik promoviert hatte, wirkte wie immer in sich gekehrt. Ich hatte ihn nur ganz selten laut sprechen hören, aber dafür mit Begeisterung die Instruktionen zur Analyse tiberianischer Texte und der dabei auftretenden Übersetzungsprobleme gelesen, die er für die Offiziere verfaßt hatte. Seine Intelligenz war beängstigend, das hatte ich mir längst eingestanden, ohne daß sich dadurch an meinen Gefühlen irgend etwas geändert hätte.

Sein Nachbar Dong Te-Hua, das älteste und äußerlich kleinste Besatzungsmitglied, verzichtete darauf, so zu tun, als würde er alles noch einmal kontrollieren, und saß ganz still mit gefalteten Händen da. Er und Wassili steckten oft zusammen, einerseits, weil Dong als Anthropologe mit Wassilis Forschungen noch am meisten anfangen konnte, aber vielleicht auch, weil sie beide nicht sehr gesprächig waren. Dennoch war Dong ein sympathischer Mensch. Als wir drei Offiziere uns monatelang verzweifelt bemühten, uns in die Pläne zur Freilegung der tiberianischen Landefähre unter ihrer vier Meter dicken Eisschicht einzuarbeiten, hatte er sich am häufigsten die Zeit genommen, uns das eine oder andere technische Problem zu erläutern oder einfach darüber zu plaudern, was man da oben zu finden hoffte.

Mir hatte das viel geholfen, denn es war kein Kinderspiel, den Projekten unserer Spezialisten zu folgen. Es war, wie Lori Kirsten gesagt hatte, als ich den Job übernahm: So viele hochkarätige Wissenschaftler wie bei diesem Team waren vermutlich seit dem Manhattan-Projekt nicht mehr auf einem Haufen versammelt gewesen. Seit dem Absturz, bei dem mein Vater und Xiao Be ums Leben gekommen waren, hatte sich die Menschheit vierundzwanzig Jahre lang auf diese Mission vorbereitet. Wir brauchten Spitzenkräfte in Fachgebieten, die es bis dahin noch gar nicht gab – und die Leute mußten zudem fähig sein, einen langen Weltraumflug zu verkraften *und* die Gefahren in der Wildnis der Mars-Arktis zu überleben. Bisher waren am Korolew nur zwei Forscher ums Leben gekommen, aber erst knapp zwanzig hatten sich überhaupt dorthin gewagt.

Wieder drang Deans Stimme aus meinem Kopfhörer. »Wie sieht's aus da oben, *Yankee Clipper*?«

»Alles bereit«, sagte ich. »Soviel ich weiß, warten wir nur noch auf euch.«

»Hmhm. Wir sind auf Privatleitung, Jason; willst du die Wahrheit wissen?«

»Warum nicht?«

Ich hörte aus Deans Stimme die Ironie, die ich so gut kannte; in seinen Augen bestätigte die Welt fast immer seine schlimmsten Befürchtungen. »Der russische Präsident ist noch auf der Toilette, und man will beim Start alle sechs Präsidenten fotografieren. Er ... äh ... wird jeden Augenblick erwartet.«

Ich lachte. »Zeit und Flugbahn nehmen auf niemanden Rücksicht. Wenn er nicht bald kommt, müssen wir auf seine Anwesenheit verzichten. Halt mich auf dem laufenden, Dean.«

Wir flogen in einen erdnahen Orbit, um dort Mars Fünf abzufangen. Je tiefer ein Satellit fliegt, desto weniger Zeit braucht er, um die Erde zu umrunden, und desto größer ist der Himmelswinkel, den er zu einer gegebenen Zeit ausschneidet. Das MarsHab flog in nur 300 Kilometern Höhe in weniger als einer Stunde von Horizont zu Horizont, und wir konnten nur in einem kleinen Teil des Himmels auf Orbitalgeschwindigkeit kommen, also mußten wir starten, wenn der Zeitpunkt da war.

»Vielleicht pinkelt er beim nächsten Mal ein bißchen schneller«, sagte Dean. »Ich leite den Countdown ein.« Ich hörte, wie es klickte, als er die Leitung auf ›offen‹ schaltete, so daß alle an Bord und auch die Medien uns hören konnten. »*Yankee Clipper*, hier Control. Startfreigabe in einer Minute«, fügte er hinzu.

»Roger, Control. Alles klar mit Mars Fünf«, antwortete Gander neben mir.

Ich warf einen letzten Blick auf die Schirme; alles in Ordnung, genau wie zuvor. Dann nützte ich meinen Fensterplatz, um mir die Erde noch einmal aus der Nähe anzusehen. Das blaue Meer in der Ferne sah so weich aus; wie viele zerschellte Raketen und Mannschaftskabinen wohl auf seinem Grund liegen mochten? Hier fanden schon seit Jahrzehnten Raumschiffstarts statt.

Wieder meldete sich Dean. »*Yankee Clipper*, Countdown minus dreißig. Sind Sie bereit?«

»Roger«, sagte Walter. »Alles klar, Dean.«

Der Countdown, das Rückwärtszählen, das jeder nach 1960 geborene Amerikaner auswendig kannte, endete mit: »Zündung eingeleitet... Zündung.« Wir hörten ein lautes Donnern; die großen Raketentriebwerke wurden auf volle Leistung hochgefahren. Ich beobachtete, wie der Computer sein Programm abspulte, und hatte dabei für den Fall, daß es irgendwelche Schwierigkeiten gab, ständig die Hände auf der manuellen Steuerung.

Dann hatten wir den erforderlichen Startschub erreicht, die Außenkamera zeigte, wie die Turmbrücke wegkippte. In der linken, oberen Bildschirmecke sah ich uns auf einer weißglühenden Feuersäule majestätisch gen Himmel steigen, und zugleich spürte ich, wie mich der Beschleunigungsdruck in die Liege preßte. Physikalisch gesehen war der *Yankee Clipper* ein Auftriebskörper mit Flügeln; die Flügel am Heck hatten Scharniere an den Stabilisierungsflossen und in der Mitte und ließen sich zusammenfalten wie eine Verandatür. Beim Start und beim Wiedereintritt lagen sie flach an, bei der Landung wurden sie wieder gespreizt. Der kurze Entenflügel in Bugnähe war ebenfalls eingeklappt und wurde bei Bedarf pfeilförmig ausgefahren. Die beiden Mikrodüsen sorgten für größere Wendigkeit beim Landen.

Der Rumpf hatte die Form einer langgezogenen, flachgedrückten Pyramide. Die Spitze bildete der Bug, der sehr viel breiter als dick war. Die vier großen Triebwerksdüsen am Rücken ragten kaum aus dem Rumpf heraus; aus dem Blickwinkel der externen Telekamera wirkten wir wie eine schmale Speerspitze auf einem dicken Feuerstrahl. Die Beschleunigung hielt sich auf 3,2 Ge, und wir flogen immer noch senkrecht nach oben.

Ich schaute durch das Head-up-Display auf der Frontscheibe – eine Kopie des Bildschirms – nach draußen. Nur die ältesten Piloten sahen heutzutage beim Start noch aus dem Fenster – der Bildschirm zeigte alles sehr viel deutlicher –, aber ich beobachtete gern, wie der Himmel seine Farbe wechselte. Das frühlingshafte Blaßblau Floridas vertiefte sich allmählich zu einem intensiven Azur, wie man es an sehr klaren Wintertagen sehr viel weiter im Norden erleben kann; wir hatten achtzehn Kilometer Höhe erreicht und waren dabei, die Tropopause zu durchstoßen. Unsere Geschwindigkeit stieg rasch an.

Manuell hätte ich die Flugbahn nie so genau einhalten können wie der Computer, das war ganz normal so, allerdings hatte ich schon oft genug die Steuerung übernehmen müssen. So lag ich da, den Bildschirm immer im Auge, spürte, wie mich der Andruck in die Liege preßte, hatte die Hände auf dem Schaltpult liegen (meine Arme waren schwer wie Blei) und schaute durch das Head-up-Display in den Himmel. Das Blau hinter den bunten Graphen und Bildern verdunkelte sich noch mehr.

Immer noch rasten wir mit mehr als 3 Ge senkrecht nach oben. In vierzig Kilometern Höhe war der Himmel vollends schwarz geworden. Ich überließ es dem Computer, das Schiff zu steuern, während wir im Bogen auf die primäre Orbitalbahn einschwenkten. Die externe Telekamera wurde ausgeschaltet; sie zeigte uns inzwischen nur noch als hellen Strich am Himmel, die Radarbilder lieferten brauchbarere Informationen. Ich beobachtete, wie die Zeiger stetig nach oben kletterten. Die drei Kurven, die unsere Bahn darstellten, blieben alle im grünen Bereich; wir waren genau auf Kurs.

Zum ersten Mal übernahm ich die Steuerung und drehte das Schiff, um unseren Passagieren, die ja die Erde jahrelang nicht wiedersehen würden, einen letzten Blick darauf zu ermöglichen. Die Beschleunigung war immer noch sehr hoch, aber so weit über dem Boden war von der Geschwindigkeit kaum etwas zu spüren. Auf der Frontscheibe und auf den vorderen Kameras kam jetzt unser Planet in Sicht. Er schien über uns zu hängen, denn solange ein Raumschiff beschleunigt, ist ›unten‹ immer in Richtung auf die Triebwerke. Der Anblick – die riesige Kugel, das unvergleichliche Blau, die weißen und braunen Flecken – packte mich wie jedesmal. Europa und Afrika breiteten sich quer über die ganze Frontscheibe aus. »Control, alles klar«, meldete ich. »Brennschluß in zwei Minuten vierzehn Sekunden.«

Wir donnerten weiter himmelwärts. Jetzt sah ich die Tag-und-Nacht-Grenze, sie zog sich durch Indien bis hinauf nach Sibirien. Der Computer setzte den Countdown fort, und wir warteten auf den Moment, in dem die Vibration plötzlich aufhören, der Druck nachlassen und wir einen Augenblick das Gefühl haben würden zu fallen, bevor das vertraute Gefühl der Schwerelosigkeit einsetzte. Allen Anzeigen nach waren wir genau da, wo wir sein sollten. »Control«, sagte ich, »hier *Yankee Clipper*. Wir haben die vorgeschriebene Umlaufbahn erreicht. Überprüfen sämtliche Systeme vor dem Rendezvous mit dem MarsHab.«

»Sieht gut aus, *Yankee Clipper*. Überprüfung durchführen und Bericht erstatten. Sonderbotschaft für den Piloten.«

Bevor ich lange überlegen konnte, was damit wohl gemeint war, ertönte bereits Lori Kirstens Stimme.

»Jason«, sagte sie, »hier spricht Tante Lori. Deine Mutter läßt dir ausrichten, du sollst da draußen gut auf dich aufpassen und regelmäßig schreiben.«

Von hinten war kaum unterdrücktes Kichern zu hören. Wahrscheinlich konnte ich Raumschiffe fliegen, bis ich siebzig war, und Tante Lori – die dann an die hundert wäre – würde immer noch ihre Scherze mit mir treiben. »Roger, Tante Lori. Viele Grüße an Mom und Sig.«

Alle reckten und streckten sich, um die Verkrampfungen nach der Beschleunigung wieder loszuwerden. »Ist sicher nicht ganz einfach«, sagte Captain Gander, »Lori als Chef und quasi Familienangehörige zu haben.«

»Ich möchte mit niemandem tauschen«, sagte ich, »aber sie macht es einem wirklich nicht immer leicht.«

Er nickte. »Als die Welt noch jung war, bin ich bei zwei Missionen unter ihr als Pilot geflogen. Ich glaube, damals habe ich gelernt, wie wichtig es ist, den Mund zu halten und den Piloten fliegen zu lassen.« Er legte mir die Hand auf den Arm. »Guter Flug; keine unnötigen Eingriffe, und trotzdem läuft alles richtig. Machen Sie so weiter.« Er öffnete seine Gurte, stieß sich ab und schwebte nach hinten zu den Wissenschaftlern. Mark Bene kam nach vorne und belegte den zweiten Sessel. Wir setzten die Kopfhörer auf, so daß wir, ohne von den anderen gestört zu werden, mit Olga sprechen konnten, die auf ihrem Platz geblieben war.

In den nächsten anderthalb Stunden lasen Olga, Mark und ich mit Unterstützung aller anderen sämtliche Werte, die der *Yankee Clipper* liefern konnte, zweifach ab. Es war wichtig, sich jetzt, solange wir noch im erdnahen Orbit waren, vor dem Rendezvous und dem Andockmanöver an das MarsHab, zu vergewissern, ob mit dem Schiff auch wirklich alles hundertprozentig in Ordnung war, denn wenn nicht, wäre dies der beste Zeitpunkt für einen Abbruch gewesen. Die Menschheit hatte sich mächtig angestrengt, um die sieben brillanten Köpfe für diese Expedition heranzubilden; wir wollten diese Bemühungen nicht damit zunichte machen, daß wir ein defektes Bauteil im Wert von drei Dollar übersahen.

Es gab keine defekten Bauteile. Alles war schlechterdings perfekt. Am Ende der Kontrolle drehte ich mich zu Olga um. Sie sah zu mir nach vorne und reckte grinsend den Daumen in die Höhe.

Dann strich sie sich das kurze, schwarze Haar aus dem Gesicht. »Sieht so aus«, sagte sie, »als könnte nichts schiefgehen.«

Gander sah mich an und zog fragend eine Augenbraue hoch. »Bei der gründlichsten Überprüfung aller Zeiten wurden keinerlei Mängel entdeckt, Sir«, meldete ich. Am liebsten hätte ich einen Jubelschrei losgelassen; zu oft hatte man uns eingehämmert, selbst bei der kleinsten Unstimmigkeit auf Nummer Sicher zu gehen, was immer das in diesem Moment auch heißen mochte. Zu viel stand auf dem Spiel, und was wir jetzt taten und noch tun würden, war wahrhaftig gefährlich genug. *Keine unnötigen Risiken*, lautete unser Motto.

Das war nicht leicht zu realisieren, aber wir waren auf dem Weg zum Mars – und wir *wollten* zum Mars, von ganzem Herzen und möglichst gleich, auch wenn wir dazu jede Schraube einzeln kontrollieren mußten. Und jetzt hatten wir die Prüfung mit Bravour bestanden.

Gander angelte sich seine Kopfhörer und setzte sie auf. »Houston, hier Mars Fünf auf dem *Yankee Clipper*. Sämtliche Werte sind absolut einwandfrei, wir befinden uns auf der vorgeschriebenen Umlaufbahn. Bitten um Freigabe zum Rendezvous-Manöver und zum Umsteigen.«

»Roger, Mars Fünf, Freigabe erteilt. Viel Glück.«

Ohne ein weiteres Wort schnallten wir uns an, streiften die Instrumente mit einem letzten Blick und bereiteten uns auf die Zündung vor. Die Rundung der Erde, eine riesige, blaue Fläche mit weißen Flecken, füllte die gesamte obere Hälfte meines Fensters (wenn man ›oben‹ da ansetzt, wo sich der Kopf befindet). Darunter funkelten die Sterne. Ich schickte der Erde einen stummen Abschiedsgruß. Bei dieser Brennphase gewannen wir zwar kaum an Höhe, aber wir hatten noch einen weiten Weg vor uns, und in mir drängte alles zum Aufbruch.

Der Countdown lief ab, wir zündeten das Triebwerk. Mit der Beschleunigung kehrte sofort das Gefühl der Schwere zurück. Es war, als stünde der *Yankee Clipper* wieder auf der Erde und streckte die Nase in den Himmel. Der Boden unter meinen Füßen vibrierte, aber da keine Luft vorhanden war, um den Schall zu übertragen, konnte ich den Donner des Starts nicht hören.

Ich behielt auf dem Weg in den höheren Orbit die Bahnkurve im Auge, damit wir auch immer schön in der Mitte blieben. Es ist ein schwieriges Manöver, das gegen alle Instinkte geht, und ich mußte es zum Glück nie ohne elektronische Unterstützung ausführen. Wieder lief alles normal, und wenige Minuten später schalteten wir, immer noch genau auf Kurs, die Zündung aus und schwebten dem Apogäum entgegen, wo das MarsHab auf uns wartete.

3

Eine Stunde später hatten wir das MarsHab eingeholt. Auf den ersten Blick sah es aus wie ein dicker Stummelzylinder mit einem langen, dünnen Zylinder an einem und einer großen, glänzenden Kuppel am anderen Ende. Erst aus der Nähe war zu erkennen, daß der dicke Zylinder im Zentrum eine *Big Can* war.

Seit das Marsprojekt so richtig angelaufen war, erklärten sich die Erfolge in der Raumfahrt zum großen Teil aus der Verbindung kühner Missionsziele mit äußerst konservativer Technik – wir ließen uns unentwegt auf Abenteuer ein, mit denen wir bis hart an die Grenzen unserer Fähigkeiten gingen, aber wir legten Wert darauf, nur bewährtestes Material zu verwenden. Das hieß wiederum, daß man grundsätzlich nicht mehr Erfindungen machte als unbedingt nötig. Das erste *Big-Can*-Habitat war nicht nur die Rettung für die ISS gewesen, sondern sogar eine Verbesserung; als der *Star Cluster* erweitert und später zusätzliche Raumstationen im erdnahen Orbit und auf L1 gebaut werden sollten, verwendeten wir auch dafür *Big Cans* in ausgereifterer Form. So gab es bei der Installation der Orbitalstationen *Glenn* und *Shepherd* und des L1-Weltraumbahnhofs *Armstrong* praktisch keine Probleme. Eine spätere Generation des gleichen Modells diente nun im Meer der Ruhe, auf dem Südpol und im Ziolkowski-Krater auf dem Mond, auf Phobos (wo sie momentan freilich leerstanden) und auf dem Mars am Korolew-Krater als Wohncontainer.

Eine noch etwas weiter entwickelte Variante bildete die Grundlage für die nach den Piloten der Apollo-11-Mission benannten Pendler *Aldrin* und *Collins*. Die beiden MERCs*, unsere wichtigsten Langstreckenraumschiffe, pendelten ständig zwischen Mars und Erde hin und her. Eine Orbitalstation oder ein L1-Bahnhof war eine *Big Can* mit zusätzlichen Dockingfenstern; ein MERC war eine *Big Can* mit Treibstofftank und Triebwerk; und ein MarsHab war, jedenfalls nach der Landung, eine *Big Can* mit Füßen.

In New Orleans lief alle acht Monate eine neue *Big Can* vom Band. In ähnlichem Rhythmus wurden in Südkalifornien *Pigeons*

---

* (Mars-Earth Return Cyclers)

produziert, in Seattle *Starboosters* (und später *Starlifters*) und in Phoenix *Yankee Clippers* – mit nur so vielen Veränderungen und Verbesserungen wie nötig, ohne Eile, ohne Verzögerungen.

Man konnte sich kaum noch vorstellen, daß man sich in den neunziger Jahren des zwanzigsten Jahrhunderts sehenden Auges darauf eingelassen hatte, ein Riesenprojekt wie die ISS im Orbit zusammenzubauen. Trotz der wertvollen Erfahrungen, die man dabei gesammelt und in unzählige spätere Unternehmungen eingebracht hatte, wäre man heutzutage wohl zu dem Ergebnis gekommen, daß es billiger und weniger gefährlich sei, das Ding am Boden zu bauen und in einem Stück ins All zu bringen. Unser MarsHab war wie alle anderen mit Hitzeschild, Trägerrakete und allem, was sonst noch dazugehörte, auf einer einzigen Fertigungsstraße gebaut und von einer Mars HLV-SL* in der Umlaufbahn abgesetzt worden.

Beim Anflug auf das MarsHab überkam mich jenes wohlbekannte Gefühl unbedingten Vertrauens, das man spürt, wenn man aus seinem Werkzeugkasten ein absolut zuverlässiges Werkzeug hervorkramt. Der Antrieb für diese Mission bestand aus einer einfachen Kombination von Raketentriebwerken und Tanks. Das Fahrgestell befand sich unterhalb der Düse, so daß das Ganze auf dem Marsboden aufrecht stehen konnte. Es war die simpelste Raumschiffkonstruktion, die man sich denken konnte.

Als wir nahe genug herangekommen waren, reduzierte ich mit Hilfe der Steuerdüsen unser Tempo im Verhältnis zum MarsHab, bis unsere linke Luftschleuse nur noch wenige Meter von einem seiner Dockingfenster entfernt war. Mit kleinen Schubstößen hielt ich unser Schiff auf gleicher Höhe und steuerte es immer näher heran. Als der Abstand nur noch knapp einen Meter betrug, war die Geschwindigkeit auf wenige Zentimeter pro Sekunde gefallen, und ich setzte die Elektromagneten zum Andocken unter Strom. Ein leichtes Schaukeln, ein kleiner Stoß, ein Zittern, das durch das ganze Schiff lief, dann rastete die Luftschleuse ein, die beiden Luken waren miteinander verbunden.

»Alles wunderbar dicht«, sagte Gander. »Okay. Wir gehen rüber.«

Wassili und Tsen drehten die beiden Scheiben, um die Luke zu entriegeln, und zogen am Öffnungshebel. Der metallische Geruch des MarsHab mischte sich mit unserer Luft. Tsen, Wassili, Kireiko,

---

* (Heavy Lift Vehicle-Starlifter, also einer *Starlifter* zur Beförderung schweren Geräts)

Dong und Gander bildeten eine Kette und reichten alle Habseligkeiten durch die offene Luftschleuse in das MarsHab, wo sie in den jeweiligen Spind oder Behälter gelegt wurden.

Dann gingen sie daran, ihre Kajüten einzurichten, während wir übrigen die Prozedur mit unseren Sachen wiederholten. Bald waren alle Fächer für persönliche Dinge leer, alle Fächer für die Rückkehr zur Erde enthielten, was hineingehörte und nichts sonst, und die Gruppe des Captains hatte sich vergewissert, daß die Lebenserhaltungssysteme des MarsHab innerhalb der Toleranzwerte funktionierten.

Mark und ich kontrollierten noch einmal die Behälter, vergewisserten uns, daß im *Clipper* nichts liegengeblieben war, und gingen schließlich zur Luftschleuse. Ich trat zum letzten Mal durch die Tür ins MarsHab, und reichte Mark die Hand. »Das Schiff gehört Ihnen«, sagte ich.

»Vielen Dank, Sir. Und viel Glück da draußen.«

»Danke. Ich wünsche Ihnen einen sicheren Flug.« Jeder schloß die Luke auf seiner Seite und verriegelte sie durch Drehen der Scheiben. Ich trat einen halben Schritt ins eigentliche Habitat zurück, schloß die innere Schleusentür und verriegelte auch sie. Die Lämpchen der Druckanzeige leuchteten grün; beide Türen waren dicht. Ich stellte die Luftschleuse auf Vakuum; eine kleine Pumpe saugte die Luft aus der winzigen Zelle und blies sie in den Besatzungsraum. Auch jetzt keine Spur von Druckabfall.

Über Kopfhörer meldete ich an Mark: »Alles in Ordnung, Druck hält. Keine Probleme. Sie können jederzeit ablegen.«

»Roger, Mars Fünf. Lege ab.«

Ein dumpfer Schlag gegen den Rumpf, dann löste sich der *Yankee Clipper*. Ohne die Kopfhörer abzunehmen, schwebte ich zum Pilotenstand, warf einen Blick auf den Bildschirm und sagte: »In Ordnung, Mark, alles klar. Denk an mich, wenn du dir unten ein Bier und eine Pizza bestellst.«

»Wird gemacht, Jason. In ein paar Jahren sehen wir uns wieder.

Ich schaltete die Außenkamera ein und beobachtete, wie seine Triebwerke aufflammten. Von uns aus gesehen schoß er blitzschnell davon und verschwand. Von der Erde aus gesehen hatte er sein Raketentriebwerk entgegen seiner eigenen Bewegungsrichtung gezündet und war so, anstatt mit gleicher Geschwindigkeit weiterzukreisen, in einen tieferen und schnelleren Orbit gelangt.

Nun raste er irgendwo da unten hinter dem Hitzeschild des *Yankee Clipper* auf die Erde zu. In der oberen Stratosphäre würde er seine Orbitalgeschwindigkeit von Mach 25 auf Mach 12 herunterbremsen und dann die Flügel ausklappen. Mit diesem Tempo konnte er, wenn er wollte, in der dünnen Luft um die halbe Welt gleiten, bevor er in die Troposphäre hinuntertauchte und zur Landung ansetzte. Das war ein weiterer Vorteil des *Yankee Clipper* gegenüber allen früheren Systemen: Man konnte an einer Stelle in die Atmosphäre eintreten und irgendwo anders landen. Natürlich mußte man innerhalb von wenigen Minuten nach Wahl des Wiedereintrittspunkts trotzdem noch ermitteln, wie man von da aus den Boden erreichte, aber wenn man das Globale Positionssystem befragte, sagten einem das die schnellen Computer auf der Erde meist in zehn Sekunden. Ich wurde fast ein wenig neidisch, wenn ich daran dachte, daß Mark in Kürze mit knapp zehntausend Meilen pro Stunde in dreißig Meilen Höhe auf Canaveral zugleiten würde und sich nur noch zu überlegen brauchte, wo er zu Abend essen wollte.

Wir sollten zur Eingewöhnung noch drei Stunden auf unserer Umlaufbahn bleiben und in dieser Zeit, solange ein Abbruch der Mission und ein Rückflug zur Erde noch relativ einfach war, nach potentiellen Gefahrenquellen Ausschau halten. Sobald erst die Trägerrakete gezündet war, würden wir unter allen Umständen zum Mars fliegen und – tot oder lebendig – auch dort ankommen. (Wobei die Landung im zweiten Fall nicht gerade ein Meisterstück wäre.)

Ich begab mich in den Pilotenstand und kontrollierte langsam und sorgfältig jede einzelne Schiffsfunktion; wenn ich merkte, daß meine Aufmerksamkeit nachließ, ging ich zurück bis zum letzten Punkt, bei dem ich mir sicher war, und machte von da aus weiter. Der Antrieb war in Ordnung, das bestätigte auch Olga. Die Astrogation war in Ordnung, das bestätigte Captain Gander. Alle Manövrier- und Steuerdüsen arbeiteten einwandfrei, zündeten auf Kommando und lieferten genau den gewünschten Schub. Ich schickte die Kamerakapsel, ein kleines, steuerbares Robotfahrzeug, nach draußen und untersuchte damit den Rumpf nach vereisten Stellen – ein sicheres Zeichen für ein Innenleck – und den Hitzeschild auf Sprünge. Ich fand nichts. Als die Kapsel zurückkam, vergewisserte ich mich, daß sie richtig gesichert wurde. Auch beim Landetriebwerk gab es keine Beanstandungen.

Jeder dieser Schritte setzte sich aus vielen kleineren Aktionen zusammen. Ich war froh, daß ich mir das ganze Verfahren in den letzten Monaten so gründlich eingeprägt hatte, denn es war von verwirrender Komplexität. Erst beim zwanzigsten Durchlauf war ich in den vorgegebenen drei Stunden fertig geworden, und erst nach mehr als hundert Wiederholungen blieb ich deutlich unter dem Limit. Diesmal stellte ich keinen neuen Rekord auf (die Schwerelosigkeit brachte mich ein wenig aus dem Konzept – ich hatte nur ein einziges Mal unter diesen Bedingungen trainiert), dennoch blieben mir am Ende noch gut zwanzig Minuten.

Olga war ebenfalls fertig, also setzten wir uns in den Kommandanten- bzw. den Pilotensessel, aßen rasch ein Sandwich und schauten aus dem Fenster, um zum letzten Mal mit bloßem Auge die Erde zu bewundern. Die Stille des Alls umgab uns – nur aus dem Gemeinschaftsraum am Ende des Korridors waren die leisen Stimmen der Wissenschaftler und des Captains zu hören – und vor uns ging strahlend hell der Mond über der riesigen, blauen Erde auf.

»Wie kann man sich ein solches Schauspiel entgehen lassen?« fragte ich und deutete nach hinten. Von den anderen dachte keiner daran, aus dem Fenster zu sehen, obwohl auch sie inzwischen mit der Arbeit fertig waren.

»Ist es nicht traurig, daß es irgendwann für jeden alltäglich werden könnte?« fragte Olga, ohne den Blick vom Fenster zu wenden.

Daran hatte ich noch nicht gedacht, aber ich stimmte ihr zu. »Das ist wohl der Preis des Erfolgs. Wir halten es für selbstverständlich, daß alles glattgeht. Aber wahrscheinlich gibt einem die Aussicht viel mehr, wenn man befürchten muß, sie zum letzten Mal zu sehen.«

»Mag sein. Aber ich glaube, man nimmt auch das Großartigste nicht mehr wahr, wenn man es oft genug erlebt hat.« Sie seufzte. »Sind Sie jemals im Ziolkowski-Observatorium auf der Rückseite des Mondes gewesen?«

»Ich bin eigentlich nie weiter als bis zum Meer der Ruhe gekommen. Ich dachte, Ihr Land unterhält dort nur eine ständige Besatzung aus sieben oder acht Mann. Daß sie auch regelmäßig ausländische Besucher empfangen, war mir nicht bekannt.«

»Schon richtig, aber Ihre *Pigeons* haben oft genug Versorgungsgüter abgesetzt, und die meisten Piloten haben sich die Zeit genommen, mit uns zu essen. Deshalb hätte es jeden amerikanischen Piloten einmal dorthin verschlagen können. Ich war ein paar Monate lang als Stationsingenieur eingesetzt. Ein ganz ungewöhnlicher Außenposten, man sieht nämlich die Erde nicht – sie wird ständig durch den Mond verdeckt. Deshalb ist Ziolkowski der nächstgelegene Stützpunkt der Menschheit, wo einen nur das an die Heimat erinnert, was man selbst mitgebracht hat. Ich habe stundenlang am Fenster gesessen und hinausgeschaut, und wenn ich nach draußen mußte, bin ich immer wieder stehengeblieben, um die Berge und den Himmel zu betrachten. Die Astronomen haben dagegen in ihrer Freizeit meistens Schach gespielt oder sich Videos von zu Hause angesehen.«

Ich nickte. »Das kenne ich. Aber ich bin sicher, wenn wir acht Monate lang außer der Sonne nichts gesehen haben, was größer wäre als ein Stern, werden wir ganz froh sein, wenn der Mars den Himmel ausfüllt.«

»Natürlich«, sagte sie. »Nur im Vergleich erkennt man, was schön ist.«

Wir sahen noch eine Weile zu, wie sich die Erde drehte, dann sagte ich: »Wie ich höre, haben Sie sich für einen längeren Aufenthalt auf dem Mars verpflichtet?«

Sie nickte. Ihr Gesicht war ernst geworden. »Erstens werde ich natürlich gebraucht – Allgemeiningenieure gibt es nicht viele, im Weltraum sind es noch weniger, und kaum einer ist so gut wie ich – meine Aufrichtigkeit stört Sie hoffentlich nicht?«

»Keineswegs.«

»Und zweitens schätze ich es, wenn ich meine Umgebung gründlich kennenlernen kann. Ich fand es herrlich, daß ich lange genug auf dem Mond sein durfte, um zu erleben, wie es dort wirklich ist. Und ... nun ja.« Sie seufzte. Ich sah sie mir genauer an. Wer ins All fliegen will, muß sich das Haar kurz schneiden lassen – mit langem Haar schleppt man eventuell Ungeziefer, Parasiten und Krankheitserreger an Bord – aber ihre Frisur ging bis an die Grenze dessen, was die Vorschriften erlaubten. Das Haar – pechschwarz, glänzend und dicht – fiel ihr tief in die Stirn, hing ihr im Nacken bis in den Kragen und bedeckte die Ohren. Auch ihre Augen waren sehr dunkel, sie hatte blasse Haut mit vielen Sommersprossen und ein kleines, zartes Kinn.

Ich hatte ganz vergessen, worüber wir gesprochen hatten, so sehr war ich damit beschäftigt, immer neue Reize an ihr zu entdecken, als sie endlich fortfuhr: »Die Sache ist die, auf der Erde wächst der Wohlstand, die Lebensbedingungen verbessern sich, aber es wird langweilig; der neue Reichtum nivelliert die Unterschiede zwischen den einzelnen Ländern. Ich trauere zwar den Hungersnöten und den Epidemien von früher nicht nach, ich habe auch nichts dagegen, daß heute mehr Menschen ein bequemes, materiell gesichertes Dasein führen können, aber ich vermisse die Vielfalt, die die Erde einst bot. Wenn man heutzutage wirklich etwas anderes sehen will, muß man ...« – sie zeigte auf den Mond, der jetzt in voller Größe im Fenster stand – »noch weiter gehen.«

Ich suchte verzweifelt nach einer intelligenten Antwort, doch inzwischen war Captain Gander unbemerkt hinter uns getreten und half mir aus der Verlegenheit: »Ganz meine Meinung. Können wir jetzt den Entscheidungsprozeß abschließen?«

»Klar«, antwortete ich, und Olga sagte im gleichen Moment: »Ja.«

Er lächelte. »Na schön, dann noch ein letztes Mal streng nach Vorschrift.« Er nahm seine Kopfhörer vom Sessel; Olga griff sich das zweite Paar, und ich setzte mir die meinen auf. »Nari, sind Sie da?« fragte Gander.

»Auf Posten.«

»Okay.« Es klickte leise, als er auf den Kanal zur Erde umschaltete. »Houston«, sagte er, »hier spricht Mars Fünf.«

Ein Knistern, dann antwortete eine Stimme: »Bitte sprechen, Mars Fünf.«

»Houston, hier Walter Gander. Wir sind bereit für TMI.«

TMI bedeutete *Trans Martian Injection*: das Zünden der Startrakete, um uns auf Marskurs zu bringen. Nachdem es bei den Russen aus Nachlässigkeit mehrfach zu schweren Zwischenfällen gekommen war – so hatte man, der schlimmste Fall, einen Kosmonauten auf Weltraumspaziergang draußen vergessen und die Raketen gezündet –, hatten alle raumfahrenden Nationen einen Katalog von Maßnahmen aufgestellt, der bei jeder größeren Zündung im All durchlaufen werden mußte. Auf diese Weise wollte man die Offiziere zu mehr Verantwortungsbewußtsein erziehen, wenn sie einem Raumschiff Startbereitschaft erteilten. TMI fiel eindeutig in die Kategorie größere Zündung.

»Mars Fünf, wir erbitten Bestätigung durch den Ersten und Zweiten Offizier und den Leiter der Wissenschaftlerdelegation.«

»Erster Offizier einverstanden«, sagte Olga.

»Zweiter Offizier einverstanden«, sagte auch ich.

»Leiter der Wissenschaftlerdelegation einverstanden«, schloß Nari sich an.

Nach einer kurzen Pause meldete sich Houston: »Verifizierung abgeschlossen. Mars Fünf, Sie haben grünes Licht für TMI. Die Einleitung der vorausberechneten Brennphasen liegt in Ihrer Hand.«

»Roger, Houston. Wir leiten die Zündung planmäßig ein. Ende.« Gander hängte seine Kopfhörer auf, sah auf seinen Schirm und sagte: »Okay, Leute, wir haben genau achtzehn Minuten und dreiundvierzig Sekunden Zeit. Jeder begibt sich in seine Kajüte und eliminiert oder tut, was sonst für sein Wohlbefinden nötig ist, dann legen sich alle außer den Offizieren in die Kojen. Wir haben noch einen weiten Weg vor uns. Olga, machen Sie meinen Sessel frei.«

»Ja, Sir«, sagte sie lächelnd und stand sofort auf. »Bin gleich wieder da.«

Ich schoß ebenfalls von meinem Stuhl hoch und entschwebte in meine Kajüte, die ich nur ganz kurz gesehen hatte, als ich meine Habseligkeiten in den Fächern verstaute. Jetzt schloß ich die Tür und sah mich um. Ich war schon oft im All gewesen, aber eine Privatkajüte hatte ich noch nie gehabt.

Der Vorschlag stammte von den NASA-Psychologen und hatte den Zweck, die seelische Belastung für die Raumschiffbesatzungen etwas zu verringern. Die Kajüten nahmen wahrscheinlich nicht mehr Platz ein als eine normale Koje und ein großer Spind, aber sie vermittelten einem das Gefühl, einen eigenen, ganz persönlichen Bereich zu haben, auch wenn man sie durch eine kleine Luke betreten mußte und die Hälfte des Fußbodens als Koje diente. Fünfzig Prozent der restlichen Fläche beanspruchte der Spind, in dem man seine Toilettenartikel, die Zweituniform und die persönlichen Dinge aufbewahrte, die man von der Erde mitgebracht hatte. Der Spind war genauso hoch wie die Koje und diente damit als Nachttisch. Wenn man wollte, konnte man auch ein Polster darauf legen und so das Bett im Schulterbereich ein wenig verbreitern. Der ganze Raum war nur gut einen Meter sechzig hoch und breit und zwei Meter lang, also kaum mehr als ein Sarg, aber er hatte einen eigenen Lichtschalter und eine eigene Tür und gehörte einem ganz allein.

Hier konnte man sich auch mit den Plastikbeuteln beschäftigen, in die man bei Schwerelosigkeit eliminierte. Belustigt stellte ich fest, daß ich zum ersten Mal, wenn ich mit mehreren Leuten auf einem Raumschiff war und auf die Toilette mußte, *keine* Zuschauer hatte. Alles in allem war das sehr angenehm. Nur hatte ein genialer Planer die Beutel leider durchsichtig gemacht hatte, und als wir kurz darauf alle gleichzeitig auf den Korridor traten, stellten wir unsere Produkte sozusagen zur Schau, bevor wir sie in den Recycler warfen. Aber darüber sah jeder vornehm hinweg.

Die Wissenschaftler kehrten in ihre Kajüten zurück und schlossen die Türen hinter sich. Wir würden sie erst wieder zu Gesicht bekommen, wenn der Captain Entwarnung gab. Im Moment waren die Kajüten so ausgerichtet, daß sich ›unten‹ in Richtung auf die Trägerrakete befand. So dienten die Kojen auch gleich als Beschleunigungsliegen.

Ich nahm meinen Platz im Pilotenstand ein und sagte: »Ich bin soweit, Sir.« Der Uhr nach hatten wir noch sechs Minuten Zeit.

Gander nickte. »Schön. Es geht los. Olga ist wieder auf Posten.

Bei ihr ist alles perfekt. Sie haben noch Zeit für eine letzte Instrumentenkontrolle.«

Zum hundertsten Mal an diesem Tag las ich alle Anzeigen ab, und wieder war alles in Ordnung. Ich legte die Hände auf die Steuerkonsole und entspannte mich; auch dieses Manöver würde der Computer großenteils selbständig durchführen, aber falls mein Eingreifen erforderlich wurde, mußte es sehr schnell gehen.

Die Rakete würde elf Minuten lang feuern, um uns mit einer Beschleunigung von etwas mehr als 1 Ge auf die richtige Flugbahn zu bringen. 1 Ge ist natürlich genau die Schwerkraft, die auf der Erde herrscht; die Wissenschaftler waren also nicht deshalb in ihre Kojen geschickt worden, um sie vor Kräften zu schützen, an die ihr Körper ohnehin gewöhnt war, sondern um sicherzustellen, daß sie nicht hinfallen konnten, wenn die Beschleunigung einsetzte, und daß sie nicht von Gegenständen getroffen wurden, die verrutschten und sich losrissen. Wir, der Captain und ich im Leitstand und Olga, die sich hinten in der Nähe des Triebwerks und der Farm aufhielt, mußten wohl oder übel selbst auf uns aufpassen.

Während des Countdowns beobachteten wir die Computerbildschirme. Dies war Präzisionsarbeit im Zehntelsekundentakt. Keiner von uns hätte so schnell und zuverlässig irgendwelche Schalter drücken können. Wir hatten nur die Aufgabe, falls irgend etwas außer Kontrolle geriet, das Triebwerk abzuschalten, um Schlimmeres zu verhüten. Dabei kontrollierte ich in erster Linie, ob wir auch die Flugbahn einhielten; Olga beobachtete die Trägerrakete, für den Fall, daß es durch die Hitze, die Belastung oder die Vibration zum Ausfall einzelner Teile käme; und Gander beaufsichtigte uns beide.

Gander zählte ungerührt herunter. Bei Null durchlief ein leises, tiefes Grollen das Schiff. Ich wurde in meinen Sessel gedrückt und fühlte mich für einen Moment wieder auf die Erde zurückversetzt, wo die gleiche Schwerkraft herrschte.

Auch diesmal lief alles vollkommen normal; unsere Flugbahn hielt sich an die Vorgaben, und Olga sagte später, wir seien nie auch nur in die Nähe kritischer Temperaturwerte gelangt. Die Sekunden krochen im Schneckentempo dahin, und mein größtes Problem war, absolut hellwach und konzentriert zu bleiben, obwohl ich nicht das geringste zu tun hatte. Endlich, genau im richtigen Moment, schaltete die Rakete ab.

Ich warf einen raschen Blick auf die Kamera. Die Erde sah bereits anders aus; wir hatten mit dem Manöver unsere Entfernung um ein Mehrfaches vergrößert und bewegten uns mit etwa zwölf Kilometern pro Sekunde weiter ins All hinaus. In knapp neun Sekunden würden wir den Mondorbit kreuzen – sehr viel früher als bei den ballistischen Flügen zum Mond, die immer noch wie 1969 etwa drei Tage dauerten –, aber den Mars würden wir trotzdem erst in etwa sieben Monaten erreichen.

»Olga, Jason«, sagte Captain Gander. »Ich hatte mir gedacht, wir bringen zunächst die Ausrichtung der Kajüten hinter uns, leiten die Drehung ein und gönnen uns erst dann eine längere Ruhepause. Das bedeutet allerdings meiner Schätzung nach noch einmal drei Stunden Arbeit, und wir haben bereits einen Neun-Stunden-Tag hinter uns. Was halten Sie davon?«

»Ich bin noch nicht allzu müde«, sagte ich. »Und es wäre schön, wenn wir vorher alles in Ordnung brächten. Dann könnte man die Pause unbeschwert genießen.«

»Ich denke genauso«, erklärte Olga.

»Die herrschende Klasse ist sich also einig«, stellte Gander grinsend fest. »Und die Wissenschaftler haben sicher nichts dagegen, denn ursprünglich stammt der Vorschlag von ihnen.«

Das Drehen der Kajüten, die erste Aufgabe in den nächsten drei Stunden, war Schwerarbeit. Gegenstände haben bei Schwerelosigkeit zwar kein Gewicht, aber das ändert nichts an ihrer Masse, und das bedeutet, daß auch die Trägheit erhalten bleibt. Man stößt mit Leichtigkeit eine Tonne vom Boden weg, aber wenn sie einmal in Bewegung ist, tut es höllisch weh, sie wieder aufzuhalten. Außerdem steht man bei Schwerelosigkeit nie so fest, wie man gern möchte; die Reibung ist abhängig von der Kraft, mit der zwei Oberflächen aneinandergedrückt werden, und wenn keine Schwerkraft vorhanden ist, die diese Kraft automatisch erzeugt, darf man nie vergessen, sich einen Halt zu suchen.

Es gab einige Leute an Bord, die Erfahrung mit körperlicher Arbeit bei Schwerelosigkeit hatten, aber ich gehörte nicht dazu. Ich hatte nur zweimal mit den anderen trainiert, das war alles. Olga und Nari bewegten sich unglaublich elegant, erledigten alle Tätigkeiten in kürzester Zeit und halfen prompt auch noch den anderen. Die Kajüten mußten um 180° gedreht werden, denn von jetzt an befand sich ›unten‹ in Richtung auf den Hitzeschild. An sich waren sie nicht viel größer als der Sarg eines sehr dicken, sehr großen Mannes, und auch nicht besonders schwer. So war es nur ihre Sperrigkeit, was die Arbeit so mühsam und langwierig machte. Wir mußten zunächst die äußeren Kajüten von den Halteschienen nehmen (und sie vorübergehend im Gemeinschaftsraum und im Labor abstellen); dann wurden die noch auf den Schienen befindlichen

Kästen gedreht, auf die Nachbarschienen geschoben und so verteilt, daß die Schienenenden frei blieben. Zuletzt wurden auch die äußeren Kajüten gedreht und wieder angebracht. Als wir unser Werk begutachteten, schauten wie durch ein Wunder alle kleinen Särge in die vorgeschriebene Richtung, aber wir waren ziemlich verschwitzt, und ich war sicher nicht der einzige, der sich blaue Flecken geholt hatte.

Die Umrüstung auf Horizontalflug war sehr viel einfacher, weil hier die ganze Arbeit von Maschinen übernommen wurde. Zuerst verbanden wir die Startstufe mit einem drei Kilometer langen Kabelstrang und koppelten sie ab. (Viel hatten wir vom Wissen der Tiberianer zwar noch nicht profitiert, aber seit wir einige von ihren Geweben und Fasern untersucht hatten, konnten wir Seile und Trossen, darunter auch kältebeständige, supraleitende Kabel herstellen, die leichter, fester und kompakter waren als irgend jemand es bisher für möglich gehalten hätte.) Die Triebwerksanlage, die uns für den größten Teil der Reise mit Strom versorgen würde, befand sich unter der Verkleidung am oberen Ende der Startrakete, was deren Masse ganz erheblich vergrößerte.

Mit Hilfe der kleinen Düsen brachten wir uns allmählich in Schwung, bis wir und die Rakete uns an den beiden Enden der Kabel im Kreis drehten wie zwei Schlittschuhfahrer, die sich an den Händen hielten. Das MarsHab bewegte sich dabei mit 25 Metern pro Sekunde, so daß wir alle achteinhalb Minuten eine Drehung vollführten. MarsHab, Landetriebwerk und Hitzeschild hatten etwa doppelt so viel Masse wie die großenteils leere Startstufe samt Raketentriebwerk, so daß sich das Massenzentrum der ganzen Konstruktion etwa einen Kilometer von uns entfernt am Kabel befand. Durch die Drehung bei dieser Geschwindigkeit erzeugten wir eine Zentrifugalkraft von 1/3 Ge, das entsprach in etwa der Schwerkraft auf der Marsoberfläche.

Wir hatten die Bewegung so gesteuert, daß das Kabel auf einer Ebene rotierte, die der Sonne zugewandt war. Nun schickten wir ein Signal an die Startstufe. Die Verkleidung um das Raketentriebwerk wurde abgesprengt. Mit Hilfe der Kameras konnten wir beobachten, wie automatisch Arme ausgefahren wurden und eine dünne, reflektierende Folie über einen großen Parabolreflektor spannten.

Der Reflektor war zusammengeklappt im oberen Teil der Startstufe verstaut gewesen. Seine Folie war dünner als Papier, und die langen, sehr starren Stützen waren aus dem gleichen tiberianischen Vakugel gefertigt, aus dem man auch die Wasserstofftanks der *Clip-*

per herstellte. Einmal ausgeklappt, spannten sie einen Parabolspiegel von fünfzig Metern im Durchmesser vor der Sonne auf, ein spinnwebfeines Gebilde, wie es nur im Weltraum Bestand haben kann. Nun entfalteten weitere Arme ein zweites Paraboloid von gut einem Meter Durchmesser. Es befand sich innerhalb des ersten, und die reflektierende Seite war dem großen Reflektor zugewandt.

Parabolreflektoren haben die nützliche Eigenschaft, parallel einfallendes Licht in ihrem Brennpunkt zu einem einzigen Punkt zu bündeln und umgekehrt alles Licht, das in den Brennpunkt fällt, als Parallelstrahl zurückzuwerfen. Auch eine Fernsehsatellitenschüssel ist ein Parabolreflektor, denn wenn ein Gegenstand weit genug entfernt ist, sind die Lichtstrahlen, die von ihm ausgehen, nahezu parallel. Das Fernsehsignal kommt in Form von Radiowellen von einem Hunderte von Kilometern entfernten Satelliten an. Auch diese Wellen sind fast parallel, deshalb werden sie von der Schüssel gebündelt und auf den relativ kleinen Fleck im Zentrum gelenkt, wo sich der Empfänger befindet.

Nach dem gleichen Prinzip hatte man ein sehr leistungsfähiges solardynamisches Antriebssystem konstruiert. Die beiden Parabolreflektoren waren so plaziert, daß sie einen identischen Brennpunkt hatten. Parallel einfallendes Sonnenlicht traf auf den ersten Reflektor, wurde in den Brennpunkt gelenkt, zum zweiten Reflektor geleitet, von ihm zurückgeworfen und dabei wieder in einen Parallelstrahl verwandelt. Doch wo der große Reflektor eine Fläche von 1963 Quadratmetern hatte, war der neue Strahl nur knapp einen Meter breit – und 2500 mal so stark. Im Weltall hat das Sonnenlicht in der Entfernung der Erdumlaufbahn eine Stärke von etwa 1300 Watt pro Quadratmeter; demnach enthielt dieser schmale Strahl etwas mehr als zweieinhalb Millionen Watt.

Der Strahl wurde nun mit einer Fresnelschen Linse gebündelt und in einen Kessel mit flüssigem Neon gelenkt. Das Neon wurde zum Kochen gebracht, expandierte zu weißglühendem Gas, passierte eine Reihe von Turbinen und wurde dann durch ein System von Heizschlangen an der sonnenabgewandten Seite der Startstufe geleitet. Wenn das Neon das Ende der Röhren erreichte, war es deutlich abgekühlt; nun wurde es komprimiert, gab noch mehr Wärme in einen zweiten Radiator ab und wurde, wenn die Temperatur weit genug gesunken war, abermals flüssig.

Der Wirkungsgrad einer Wärmekraftmaschine – wie etwa einer Turbine oder eines Verbrennungsmotors – hängt unter anderem davon ab, wie groß die Temperaturdifferenz ist, mit der sie arbeitet, und wieviel Energie beim mehrfachen, turbulenten Energietransport durch die Betriebsflüssigkeit verlorengeht – ›klebrige‹ oder visköse Flüssigkeiten absorbieren selbst schon sehr viel Energie, ›dünne‹ Flüssigkeiten dagegen nicht. Wir reduzierten die Wärme eines Zwei-Megawatt-Strahls auf Weltraumtemperatur, die nahe dem absoluten Nullpunkt lag, und verwendeten eine der dünnsten Flüssigkeiten, die man kannte. So war es nicht verwunderlich, daß wir fast die Hälfte des Ausgangswertes, also mehr als ein Megawatt, auffangen konnten. Die Energie, die nun durch die Kabel floß, reichte also nicht nur aus, um das in den Brennstoffzellen entstandene Wasser wieder in Wasserstoff und Sauerstoff zu zerlegen und damit die Zellen aufzuladen. Wir betrieben damit auch alle Maschinen und hatten immer noch genügend Reserven.

Doch damit nicht genug. Nachdem uns etwas Schwerkraft (sie reichte aus, um Wasser durch einen Abfluß fließen zu lassen) und genügend Energie zur Verfügung stand, konnten wir die Duschen und die Waschmaschinen auf dem Schiff in Betrieb nehmen, und die ›Farm‹, ebenfalls ein Stück Technik, das wir den Tiberianern abgeschaut hatten, konnte uns mit Frischgemüse versorgen.

Der Captain und ich meldeten uns freiwillig für die erste Wache; die anderen verzogen sich schleunigst in ihre Kojen. Nach all dem Trubel wurde es in wenigen Minuten still auf dem Schiff, nur das leise Summen der Maschinen war zu hören. Vor den Fenstern rasten die Sterne vorbei, doppelt so schnell wie der Sekundenzeiger einer Uhr, aber ich hatte nicht das Gefühl, daß wir uns bewegten, denn ich war ja ganz sicher, daß meine Füße nach ›unten‹ zeigten. Nachdem wir uns nicht mehr auf Dinge beschränken mußten, die sich bei Schwerelosigkeit anständig benahmen, machte ich Kaffee. Dann saßen wir lange Zeit im Cockpit und warfen hin und wieder einen Blick auf die Kamerabilder. Erde und Mond wurden stetig kleiner. In wenigen Tagen würden sie nur noch zwei helle Sterne sein, die ganz langsam aufeinander zukrochen.

Was mich in erster Linie beschäftigte, war jedoch nicht die Tatsache, daß ich mich auf einem interplanetaren Flug befand. Viel merkwürdiger kam es mir vor, daß die Erde, diese immer noch große, blaue Kugel, in der kleinen Welt des MarsHab fast störte. Ich ahnte bereits, daß dieses neue Leben für lange Zeit mein Alltag werden sollte.

Wir hatten uns die zweite Tasse Kaffee eingeschenkt, als Captain Gander sich zurücklehnte und sagte: »Nachdem wir beide nun allein sind, ist es vielleicht an der Zeit, gewisse Dinge zu besprechen.«

4

Ich holte tief Atem, dann sagte ich: »Ich höre, Sir.«

Gander sah mich von der Seite an. »Keine Panik, Jason, ich will Ihnen keine Standpauke halten, ich rate Ihnen auch nicht, immer schön mit dem Rücken an der Wand zu bleiben. Ich möchte nur, daß Sie ein paar Dinge im Hinterkopf behalten.« Er streckte sich und gähnte. »Mein Gott, fünfundzwanzig Jahre Weltraumflüge spürt man irgendwann doch in den Knochen. Also, erstens ...« – er senkte die Stimme zu einem vertraulichen Murmeln – »hat Lori Sie vermutlich in groben Zügen über die politischen Verhältnisse hier informiert. Es dürfte Ihnen nicht entgangen sein, daß wir beide nicht nur die einzigen Amerikaner an Bord, sondern auch die einzigen wissenschaftlichen Laien im Team sind.«

Ich nickte. »Aufgefallen ist es mir schon, aber man hat doch ein Riesentheater um die Nationalität der Offiziere gemacht.«

»Das war ganz in unserem Sinn«, sagte er. »Sie haben sicher auch bemerkt, daß sich unter den Wissenschaftlern nur ein Russe befindet – und er ist auf seinem Gebiet eine solche Koryphäe, daß man ihn einfach nicht zu Hause lassen konnte.«

Wieder nickte ich. »Jetzt sollte ich wohl eins und eins zusammenzählen, aber ich schaffe es leider nicht.«

Gander lächelte. »Wenn Sie es schon nicht schaffen, haben wir mit unserem kleinen Verwirrspiel vielleicht doch Erfolg gehabt. Unsere Diplomaten haben jedesmal demonstrativ die Stirn in Falten gelegt, wenn die Rede auf ausländische Besatzungsmitglieder kam, und die Russen haben mitgespielt. So ist der Eindruck entstanden, als hätten wir Olga nur höchst widerwillig als Ingenieur akzeptiert. In Wirklichkeit geht es aber nur um eines, und darum ging es schon die ganze Zeit: Wer kommt an die *Enzyklopädie* heran? Es ist tatsächlich ein Grund zur Besorgnis, wenn dem Team, das sie ausgraben und entziffern soll, kein Amerikaner angehört. Ganz gleich, was im Vertrag steht, damit liegt es in der Hand der Wissenschaftler, uns über ihre Arbeit mit rückhaltloser Offenheit zu unterrichten oder auch nicht. Das Problem sind natürlich in erster Linie die Chinesen. Unsere Beziehungen haben sich seit dem Kalten Frieden entscheidend verbessert, aber für wirklich vertrauenswürdig halte ich sie immer noch nicht. Und die NASDA und die ESA könnten ebenfalls eigene Pläne haben.«

»Und was machen wir jetzt?« fragte ich.

Gander grinste breit. »Wir werden ihnen allen eine kleine Überraschung bereiten. Wissen Sie noch, wie lange sie brauchen wollten, um sich bis zur *Enzyklopädie* vorzugraben?«

»Etwa zwei Monate, nicht wahr? Zuerst soll festgestellt werden, ob das Marseis irgendwelche Besonderheiten aufweist, deshalb will man zunächst zumindest ein Stück weit bis zur Siedlung vordringen. Das heißt, man wird das Eis in numerierten Blöcken herausschneiden, um die Lage der Mikroeinschlüsse studieren zu können. Ilsa spricht in diesem Zusammenhang von ›Archäologie mit Zahnbürste und Pinzette‹.«

»Genau. Und noch vor Ende dieser Phase wird ein zweites Wissenschaftlerteam eintreffen – Spitzenkräfte von ähnlichem Kaliber, wie wir sie an Bord haben, was einiges heißen will –: vier Amerikaner und vier Russen.«

Ich fuhr hoch. »Wie kommen die auf den Mars? Ich dachte, *dies* sei der einzige bemannte Start für diese Opposition?«

»Hoffentlich denken das auch alle anderen. Sie kommen mit der *Aldrin*.«

Ich starrte ihn mit offenem Mund an, dann hätte ich fast laut herausgelacht. »Natürlich. Damit hätten wir schon längst anfangen können.«

Gander nickte. »Eine neue Strategie, die seit Jahren im Gespräch ist. Jetzt hat man sie in die Tat umgesetzt. Nachdem es auf dem Mars nun endlich mehr Unterkünfte als Personal gibt, will man die Pendler nicht nur für den Rücktransport einsetzen, sondern auch für den Hinflug. Die *Collins* wird also das tun, was sie immer getan hat, sie wird eine Besatzung vom Mars zur Erde bringen, sie absetzen und sich von der Erdschwerkraft zum Mars zurückkatapultieren lassen. Aber von jetzt an werden wir sie als REcycler, als Rückkehrpendler, bezeichnen. Die *Aldrin* ist für mehrere Monate auf dem Mars geblieben und hat auf Flugbahnkoordinaten gewartet, die es ihr gestatten, sich beim Rückflug von der Erde einfangen zu lassen, anstatt sich dort einen Gravitationsschub zu holen. Von da an ist sie ein GOcycler, der Pendler für den Hinflug, sie wird die Erde bemannt verlassen, die Besatzung auf dem Mars absetzen, dort auftanken und leer zur Erde zurückfliegen, um die nächsten Passagiere aufzunehmen.

Für die NASA und die Russen war es schwierig, unseren chinesischen, japanischen und europäischen Freunden die Umstellung zu verheimlichen. Um möglichst wenig Verdacht zu erregen, wurde die *Aldrin* bis zum letzten Moment zurückgehalten, so als habe sich der bemannte Rückflug aus unbekannten Gründen stark verzögert. Jetzt gibt man bekannt, sie müsse dringend überholt werden – was zu der Verspätung paßt – und bringt sie mit einem aerodynamischen Bremsmanöver in einen stark elliptischen Orbit um die Erde. Dann fliegt ein sogenanntes ›Technikerteam‹ bestehend aus fünf Amerikanern und fünf Russen mit zwei *Pigeons* hinauf, um den Einbau neuer Treibstofftanks zu überwachen. Bis dahin wird immer noch der Schein gewahrt – doch anstatt auf die Erde zurückzukehren, zündet die russisch / amerikanische Crew das Triebwerk der *Aldrin* und fliegt mit ihr zum Mars. Sie wird fünf Wochen nach uns dort eintreffen – bis dahin hat unser Grabungsteam allenfalls die ersten Eisschichten abgetragen. Und dann kann uns und die Russen keiner mehr ausbooten.«

»Raffiniert«, sagte ich.

»Nun können wir aber nicht erwarten, daß die Chinesen, die Japaner und auch die ESA sich wie faire Verlierer verhalten. Wenn eine dieser Nationen von vornherein ehrlich mit uns teilen wollte, ist sie womöglich gekränkt; und andernfalls ist sie bestimmt nicht glücklich darüber, daß sie uns nicht über den Tisch ziehen kann. Ganz zu schweigen davon, daß die Leute hier auf dem Schiff eingeweiht sein müßten, wenn man wirklich vorhatte, falsches Spiel mit uns zu treiben. Es ist also nicht auszuschließen, daß es böses Blut gibt, zumindest ist mit verletzten Gefühlen zu rechnen. Ich wollte nur, daß Sie darauf vorbereitet sind und nicht überrascht werden. Auf Olga und Wassili ist natürlich Verlaß, wenigstens solange Sie von mir nichts Gegenteiliges hören. Sie wird ihn morgen oder übermorgen einweihen. Noch Fragen?«

»Ich glaube nicht.« Ich mußte unwillkürlich lächeln. »Auch wenn wir hier Ärger bekommen sollten, ich freue mich, daß man uns doch noch nicht so leicht für dumm verkaufen kann.«

»Die Haltung lobe ich mir.« Er beugte sich über seinen Bildschirm. »Wir müssen wie üblich gleich zu Anfang ein paar Kurskorrekturen vornehmen. Es ist nicht so einfach, ein rotierendes Objekt auf eine vorgegebene Umlaufbahn zu manövrieren.« Seine Finger flogen über die Tasten und programmierten für das Raumschiff wie für die Startstufe am anderen Ende eine Serie von kurzen Schüben, die uns dem rechten Weg etwas näher bringen sollten. Fasziniert von seiner Schnelligkeit, sah ich ihm über die Schulter. »Das sollte für den Anfang genügen«, sagte er.

Ich wollte gerade fragen, ob das Programm gleich auszuführen sei, als er alles einem genetischen Algorithmus übertrug, ein paar Parameter definierte und den Prozeß optimieren ließ.

Dann grinste er mich an. »Die meisten Leute bilden sich viel zu viel auf ihre Leistungen ein. Ein Mensch könnte zufällig eine ebenso gute Lösung finden wie ein genetischer Optimierer, aber es ist eher unwahrscheinlich. Ich kann damit leben, daß die Maschine mir in solchen Dingen überlegen ist.«

»Mit dieser Einstellung fliege ich, Captain.« Ich trat zurück und wartete auf den Output. Die genetische Prozeßoptimierung ist ein schnelles und rationelles Verfahren, mit dem man etwas erreicht, was vor hundert Jahren noch nicht möglich gewesen wäre. Angenommen, bei verschiedenen Lösungen eines Problems läßt sich relativ leicht entscheiden, welche Lösung die bessere ist, ohne daß man so ohne weiteres die beste Lösung finden kann. Falls man genügend Zeit hat, besteht nun die Möglichkeit, hundert Zufallslösungen zu generieren und davon die zehn besten zu behalten; von jeder dieser zehn werden neun Kopien angefertigt und per Zufallsgenerator abgewandelt, so daß man wieder auf die ursprünglichen Hundert kommt. Diesen Vorgang wiederholt man so lange, bis man eine befriedigende Antwort erhält oder bis die Antworten nicht mehr besser werden. Das Ganze ist ein Evolutionsprozeß: jede erfolgreiche Lösung gebiert eine weitere Generation, wobei auch einige ›Mutanten‹ entstehen. Erfolgreiche Mutanten ersetzen das Elternmaterial; früher oder später entsteht eine Lösung, die erfolgreich genug ist.

Der Haken dabei ist, daß man sehr viele Zufallslösungen untersuchen muß, und dazu braucht man einen großen und schnellen Computer. Doch das war heutzutage, wo jedes Raumschiff mehr Rechnerkapazität hatte als die ganze Erde im Jahr 2000, kaum noch ein Hindernis.

Fünfzehn Sekunden vertickten, dann war die Lösung da. Sie kam dem Programm, das Captain Gander aufgestellt hatte, erstaunlich nahe, und ich wies ihn darauf hin. »Stimmt«, sagte er. »Aber das ist nicht immer so. Nun geben Sie's ein und lassen Sie es ausführen.«

Wieder war es meine Aufgabe, den Computer zu beobachten und mich zu vergewissern, daß er nur Dinge tat, die auch vernünftig waren. Das einzige, was man Maschinen wirklich nicht einbauen kann, ist gesunder Menschenverstand und so etwas wie ein ›Riecher‹. So fortgeschritten sie auch sein mögen, man muß immer noch aufpassen, ob ihre Entscheidungen für den jeweiligen Zweck auch sinnvoll sind. Doch wieder ging alles gut, ich mußte kaum eingreifen, und bald waren wir nicht nur unserer Flugbahn näher, sondern bewegten uns auch in einem für unsere Reflektoranlage günstigeren Winkel zur Sonne.

Captain Gander hatte mich genau beobachtet. Ich dachte mir nicht viel dabei. Wenn *ich* eine so wichtige Mission mit so vielen unersetzlichen Menschen an Bord befehligt hätte und mit meinem Piloten zum ersten Mal geflogen wäre, hätte ich ihm auch auf die Finger gesehen.

Als die Sequenz abgeschlossen war, sagte er: »Sie wissen wahrscheinlich, daß ich Ihren Vater kannte.«

»Natürlich, Sir«, sagte ich. »Das Astronautencorps war damals noch ziemlich klein; da hat wohl jeder jeden gekannt.«

»Richtig.« Er sah sich das Korrekturprotokoll an. Ich hatte zweimal Gas weggenommen, als einer der kleinen Raketenmotoren an einer Trägerrakete heißzulaufen drohte, aber das war auch alles. Jetzt waren wir genau auf Kurs. »Ich wollte Ihnen nur sagen, daß er wohl nie genügend Geduld oder Disziplin aufgebracht hätte, um Ihren Job so gut zu erledigen, wie Sie es tun. Aber das haben Sie vermutlich schon öfter gehört.«

»Gelegentlich«, sagte ich. »Ich habe damit allerdings weniger Probleme als gewisse andere Leute.«

Sehr viel mehr wurde in dieser Schicht nicht gesprochen; ich konnte nur hoffen, nichts Falsches gesagt zu haben. Die Wahrheit war die: Ich verfügte über eine gute Koordination und eine gewisse, wenn auch nicht gerade aufsehenerregende mathematische und naturwissenschaftliche Begabung, und ich liebte Herausforderungen. Durchaus möglich, daß ich auch mit einem Klempner als Vater Astronaut geworden wäre. Trotzdem fragte alle Welt sich ständig, was ich wohl beweisen wolle, oder versicherte mir, daß ich wahrhaftig nichts zu beweisen brauche. Es war gut gemeint, aber ich empfand es als überflüssig.

Die ersten Wochen verstrichen, ohne daß es viel Neues gegeben hätte. Es hatte sich eingebürgert, daß sich jeder einige Studienprojekte mit an Bord nahm, einfach deshalb, weil es für zehn Mann Besatzung in der Zeit zwischen dem Verlassen der Erdumlaufbahn und dem aerodynamischen Bremsmanöver vor Eintritt in die Marsumlaufbahn kaum etwas zu tun gab. Ich arbeitete mich mit Wassili Chebutykins Hilfe in das Wenige ein, was bisher von der Sprache der Tiberianer bekannt war, und ließ mir von Nari und Dong die Grundbegriffe einer Ausgrabung erklären. Im Gegenzug drillte ich Kireiko und Tsen an den Flugsimulatoren.

Ansonsten las ich, hörte Musik oder schlief. Hin und wieder saß ich mit Olga am Cockpitfenster und sah zu, wie die Sterne vorbeirasten. Über das Team, das nach uns auf dem GOcycler *Aldrin* zum Mars fliegen sollte und unsere Beziehungen zum Rest der Besatzung sehr beeinträchtigen konnte, sprachen wir nie offen, sondern spielten allenfalls beiläufig darauf an. Manchmal aßen wir auch miteinander, oder wir erzählten uns, wie es war, wenn man – wie ich – in einer reichen, berühmten Familie aufwuchs, oder sich – wie sie – aus dem Arbeitermilieu hochkämpfen mußte, um Ingenieur zu werden. Wir entdeckten einige Gemeinsamkeiten, so liefen wir beide gern Ski und liebten Kriminalromane, aber es gab auch Bereiche, die dem anderen verschlossen blieben: Meine Begeisterung für amerikanische Countrysongs war ihr unbegreiflich, während ich mir nicht vorstellen konnte, was ihr an der Zwölftonmusik gefiel. Unser Verhältnis entwickelte sich ganz normal, sozusagen in mehreren Schüben, je besser man sich kennenlernte, desto mehr wuchs auch die Sicherheit, daß man dem anderen sympathisch war.

Einige von den Wissenschaftlern waren als Piloten ausgebildet, deshalb setzte Captain Gander einmal pro Woche Nari oder Wassili in den Kommandantensessel, ernannte Paul oder Ilsa zum Piloten, und ging mit Olga und mir in den Gemeinschaftsraum zum Essen. Dort unterhielten wir uns bei geschlossenen Türen über die allgemeine Lage.

Nach einer dieser Mahlzeiten, es war vier Tage bevor die Besatzung von Mars Fünf Alpha von der Erde starten sollte, um den MERC abzufangen, lehnte er sich zurück und sagte: »Bald ist es soweit. Am schönsten wäre es natürlich, wenn jeder hier an Bord »Hurra! Mehr Helfer!« schreien würde, aber das würde mich doch sehr überraschen. Ich wäre schon zufrieden, wenn mit ein paar bösen Worten alles überstanden wäre.«

Olga nickte. »Wassili glaubt, die Chinesen hätten bereits Verdacht geschöpft. Er sagt, Dong zieht sich mehr zurück als sonst und scheint über irgend etwas beunruhigt. Seit es private E-mails gibt, weiß niemand mehr, wieweit die Leute informiert sind.«

Der Captain zuckte die Achseln. »Das erfahren wir noch früh genug. Bei Phobos Eins war es genauso. Wir hatten fünf Mann Besatzung, einen von jeder Weltraumbehörde, und jeder hatte natürlich einen triftigen Grund, unbedingt als erster den Fuß auf den Marsmond setzen zu müssen.«

Olgas Lächeln wirkte gezwungen. »Der Russe von dieser Mission ist ein guter Freund von mir.«

Das sollte wohl eine Warnung sein, aber Gander ließ sich nicht beirren. »Dmitri war ein cleveres Bürschchen, nur deshalb bekam er den zweiten Platz in der Zwei-Mann-Landefähre. Ich glaube, wenn ich nicht höllisch aufgepaßt hätte, wäre plötzlich hinter mir die Tür aufgegangen, und die Meldung unserer glücklichen Landung wäre auf russisch erfolgt.«

»Dann war er also nicht ehrlich?« fragte Olga.

»Doch, verdammt, er hat nie ein Hehl daraus gemacht. Wir waren Gegner, aber er hatte meinen vollen Respekt. Es hätte seiner Karriere sicher sehr gutgetan, wenn er es geschafft hätte. Die meine wäre allerdings ruiniert gewesen, und das konnte ich nicht zulassen. Nein«, wieder senkte Gander die Stimme, »damals war es eigentlich mehr ein Spiel. Doch diesmal ist es leider bitterer Ernst. Ich hoffe von ganzem Herzen, daß die Planer sich geirrt haben und wir alle gute Freunde werden – genau wie auf Phobos nach einiger Zeit. Aber man muß mit dem Schlimmsten rechnen.«

Olga nahm einen Schluck Kakao und zuckte die Achseln. »Dimitri Tomasowitsch hat immer mit großer Achtung von Ihnen gesprochen, und ich glaube, auch für ihn war das Ganze mehr ein Spiel, deshalb kann ich gut verstehen, daß Sie Freunde geworden sind. Ich finde diese Art von Nationalstolz bei einer Mission ohnehin ziemlich albern – wir sitzen in einer kleinen Metallkiste, dem einzigen Ort auf Millionen von Kilometern, wo wir überleben können. Man sollte doch erwarten, daß wir genügend Verstand haben, uns nicht ausgerechnet hier die Köpfe einzuschlagen.«

»Das sollte man meinen«, stimmte Gander zu. »Aber es ist fraglich, ob es stimmt. Daß wir genügend Verstand haben, meine ich.«

»Wenn nicht, wird die Natur nicht zögern, ihren Irrtum zu korrigieren«, bemerkte Olga.

»Auch das ist richtig. Wie auch immer, ich wüßte nicht, was wir an Vorbereitungen noch treffen sollten, und wenn ich ehrlich bin, dann sehe ich auch nicht, was groß passieren könnte, solange wir auf diesem Schiff sind. Die anderen werden natürlich sauer auf uns sein, aber der Flug dauert immer noch zwanzig Wochen. Das müßte doch genügen, um die Gemüter zu beruhigen.« Er hielt kurz inne, dann sagte er leise: »Sie haben im Grunde ganz recht, Olga, und ich teile Ihren Standpunkt. Wer einmal auf Phobos war, der bekommt ein Gespür für das, was wirklich wichtig ist. Der Horizont ist dort so nahe, daß man einen Stein ins All oder, wenn man sich besonders anstrengt, bis zum Mars werfen könnte. Wenn man sich kräftig abstößt, schwebt man minutenlang über dem Boden, und mit drei langen Sätzen ist man an der schmalsten Stelle um den ganzen Trabanten herum ... wo man auch steht, immer hängt dieser rote Riesenplanet über einem und verdeckt fast die Hälfte des Himmels... irgendwann geht einem auf, was für ein winziges Rädchen im großen Weltenplan man doch ist. Und man fragt sich, ob man sich nicht allzu wichtig nimmt. Nun, es hat eine Weile gedauert, aber immerhin haben fünf Nationen gelernt, sich diesen Mond zu teilen.«

»Fünf *Menschen* haben gelernt, ihn sich zu teilen«, sagte Olga. »Das war das kleinere Problem. Im Augenblick ist die Erde von uns aus gesehen nur ein kleiner, heller Punkt, aber ihre Bewohner halten nicht viel mehr vom Teilen als zu Zeiten Alexanders des Großen.«

»Der diesen Titel ja auch nur bekommen hat, weil er nicht viel davon hielt, die Welt mit allen anderen zu teilen«, gab ich zu bedenken. »Ich glaube, wir können im Moment nicht einschätzen, wie die anderen reagieren werden. Wir wissen ja nicht, wie sehr sie von ihren Heimatländern unter Druck gesetzt werden, ob sie darunter leiden oder ob überhaupt Druck ausgeübt wird.«

Die beiden waren ein wenig verblüfft. Normalerweise äußerte ich mich in dieser kleinen Runde nur zu technischen Fragen, während Olga und Captain Gander sich gern in philosophische Debatten stürzten. »Wenn ich richtig verstanden habe«, sagte Olga, »war das eben ein Hinweis, daß wir Theorien aufstellen, ohne über Fakten zu verfügen.«

Gander nickte lachend. »Ja. Und er hat ganz recht. Schön, warten wir ab, wir erfahren noch früh genug, was passiert.«

Die Bombe platzte vier Tage später. Alle saßen im Gemeinschaftsraum, und die Tür zum Cockpit stand offen, so daß ich mithören konnte. Das Schiff lief auf Universalzeit, und wir hatten uns angewöhnt, uns kurz vor dem Abendessen gemeinsam die Übertragung der BBC-Sechs-Uhr-Nachrichten anzuhören. Wie zu erwarten, war der Bericht über die *Aldrin* der Knüller des Tages, und mit den ersten Worten des Sprechers wurde es totenstill.

Ich hörte mit halbem Ohr zu; es waren wirklich Wissenschaftler von Rang und Namen, und für meinen Geschmack gab die BBC viel zu lange Erklärungen zur Funktion eines Pendlers ab. Besonders störend fand ich, daß ständig von einem ›MERC-Cycler‹ die Rede war, obwohl das C in MERC ohnehin schon für Cycler stand, und es überraschte mich ein wenig, wie ausführlich auf die Prinzipien der Himmelsmechanik eingegangen wurde, aber wahrscheinlich wundern sich auch Ärzte immer wieder, wenn die Medien den Leuten sagen müssen, was die Leber tut, und Anwälte begreifen vermutlich nicht, warum der Begriff *habeas corpus* nicht längst jedem vertraut ist.

Seltsamerweise blieb es im Gemeinschaftsraum auch dann noch still, als der BBC-Ansager erklärte, daß man, um von der Erde zum Mars zu fliegen, auf eine Flugbahn gelangen müsse, die den Marsorbit zu einer Zeit schneidet, zu der der Mars auch da ist. Wenn man die Erde verläßt, bewegt man sich bereits mit ihrer Orbitalgeschwindigkeit; um den Mars zu erreichen, muß man die Bahn so verändern, daß man sich von der Sonne entfernt und das Aphel – den sonnenfernsten Punkt – genau in dem Moment erreicht, in dem ihn auch der Mars passiert.

Der Mars braucht fast doppelt so lang wie die Erde, um die Sonne zu umkreisen. Man stelle sich zwei Männer vor, die mit gleichbleibender Geschwindigkeit auf zwei parallelen Kreisbahnen laufen, wobei der Mann auf der Innenbahn der schnellere ist. Er wird also in regelmäßigen Abständen an dem Läufer auf der Außenbahn vorbeiziehen. Wenn die Erde am Mars vorbeizieht, spricht man von einer ›Opposition‹.

Wenn nun der Innenläufer dem äußeren einen Fußball zuspielen will, tut er das am besten, kurz bevor er ihn überholt; auf diese Weise summieren sich die Geschwindigkeit des Läufers und die Geschwindigkeit des Balles, und der Ball hat zum Außenläufer die kürzestmögliche Strecke zu überwinden.

Aus diesem Grund starten Erde-Mars-Missionen, ganz gleich, in welcher Richtung, einige Zeit vor der Opposition und landen einige Zeit danach. Oppositionen finden im Durchschnitt alle 780 Tage statt (das wechselt ein wenig, weil die Umlaufbahnen nicht vollkommen kreisförmig sind). Seit März 2010 hatten wir bei jeder Opposition Sonden auf den Mars (und seinen Mond Phobos) geschickt. Seit 2014 schickten wir Ausrüstungsgegenstände und Vorräte für die Stationen am Korolew-Krater und auf Phobos. Und zur Opposition im Juli 2018 waren natürlich Walter Gander und seine Mannschaft mit der MERC *Aldrin* im Mai 2018 gestartet und hatten Phobos im Dezember 2018 erreicht.

Die NASA war irgendwann auf die Idee gekommen, jedes *Big-Can*-Habitat, das auf Dauer im All bleiben sollte, nach einem der ersten Astronauten zu benennen. Als die Taufe der beiden künftigen Marspendler anstand, war *Armstrong* bereits an den Weltraumbahnhof auf L1 vergeben, also fiel die Wahl nicht mehr schwer: Die neuen Schiffe hießen *Aldrin* und *Collins*, nach den beiden anderen Astronauten von Apollo 11. Besonders sinnig war, daß gerade die *Aldrin* den ersten Flug unternehmen sollte; Aldrin selbst hatte nämlich Mitte der achtziger Jahre des 20. Jahrhunderts das Grundprinzip des Pendelflugs entwickelt und zehn Jahre später weiter verbessert.

Es war ein einfaches Konzept, das aber nicht leicht auszuführen war. Wenn die zeitliche Koordinierung stimmte, konnte ein Raumschiff, das auf der langen Flugbahn vom Mars zurückkam, den Erdorbit kurze Zeit vor der nächsten Opposition von hinten kreuzen. Da es sich bereits schneller als mit Fluchtgeschwindigkeit bewegte, konnte es nicht in eine Umlaufbahn um die Erde gezogen werden; die Erdschwerkraft verlängerte seine Bahn einfach zu einer großen Ellipse um die Sonne. Aber dabei bekam das Raumschiff etwas vom Schwung der Erde mit, ein Phänomen, das als ›Schwerkraftbeschleunigung‹ bekannt war und das man sich seit den *Voyager*-Missionen zu den äußeren Planeten in den siebziger und achtziger Jahren des 20. Jahrhunderts zunutze machte. Durch den Schub wurde das Schiff in eine neue Umlaufbahn um die Sonne geschleudert, auf der es, wenn der Zeitpunkt stimmte, ohne weiteren Treibstoffverbrauch – von kleinen Mengen für Korrekturmanöver abgesehen – geradewegs zum Mars zurückgelangte. Dort konnte es mit Hilfe seines Hitzeschilds ein ›aerodynamisches Einfangmanöver‹ durchführen, d. h., es durchflog die Marsatmosphäre, wurde abgebremst, und ging dann erst in eine Umlaufbahn um den Planeten.

Das System war als REcycler (Rückkehrpendler) bekannt. Theoretisch wäre auch ein ›Vollpendler‹ möglich gewesen, ein Schiff, das in einem Sechsundzwanzig-Monats-Zyklus unaufhörlich zwischen Erde und Mars hin und her flog. Beim REcycler wurde das Raumschiff im Marsorbit betankt und mit den Passagieren, die zur Erde zurückkehrten, aus der Umlaufbahn geschossen. Die Passagiere wurden mit den an Bord befindlichen *Pigeons* auf der Erde abgesetzt, das Schiff selbst wurde mit Schwerkraftbeschleunigung zurückgeschleudert, aerodynamisch eingefangen, und umkreiste schließlich mit leeren Tanks wieder den Mars. Das Verfahren ersparte dem Marsprogramm Unsummen, denn jede Crew startete mit einem MarsHab wie dem unseren und flog damit auf die Marsoberfläche. Dort wurde das Habitat der kleinen Siedlung am Korolew-Krater angegliedert. Nach Ende des jeweiligen Einsatzes blieb das MarsHab zur weiteren Verwendung zurück, während die Besatzung mit der *Aldrin* oder der *Collins* zur Erde flog. So wuchs die

Korolew-Station mit jeder Mission um ein Element. Die Mannschaften, die mit der *Aldrin* oder der *Collins* zurückflogen, nahmen nichts mit, was auf dem Mars noch zu gebrauchen war, aber der Pendler bekam jedesmal seinen Gravitationsschub.

Theoretisch hätte man auch jederzeit mit einem MERC zum Mars fliegen können; man brauchte ihn nur einzuholen, wenn er um die Erde raste. Das war jedoch nicht so einfach, wie es sich anhörte. Die Pendler flitzten nämlich blitzschnell vorbei; selbst eine *Pigeon* mit Zusatzbeschleuniger hatte Mühe, einen MERC zu erwischen, und wenn sie ihn verfehlte, war sie schon weit über Fluchtgeschwindigkeit und landete, mit Luft und Energie für allenfalls eine Woche versehen, in einem Orbit um die Sonne.

Wenn früh genug erkannt wurde, daß etwas nicht in Ordnung war, konnte die *Pigeon* das Manöver *vielleicht* noch rechtzeitig abbrechen, um auf einer sehr hohen Umlaufbahn zum L1 zurückzufliegen. Wenn sie allerdings die *Aldrin* erreichte, mußte diese voll funktionsfähig sein. Davon hatte man sich natürlich per Fernmessung überzeugt, und außerdem war eine andere Crew erst wenige Tage zuvor ausgestiegen. Doch während es nicht weiter schlimm war, wenn ein MERC mit einem Defekt zum Mars zurückflog, weil man nach seiner Ankunft von Phobos oder Korolew aus eine Reparatur vornehmen konnte, gab es für eine Mannschaft, die einmal an Bord war, kein Zurück mehr. Sie würde den Mars in fünf Monaten erreichen – lebend oder tot. Alles in allem war es ein sehr riskantes Manöver, und wir und die Russen setzten im Vertrauen darauf, daß es beim ersten Mal klappte, jeweils fünf unserer besten Köpfe aufs Spiel.

Eigentlich hätte ich damit rechnen müssen, daß es bei der Nachricht, einer russischen und einer amerikanischen Gruppe in aufgerüsteten *Pigeons* sei es gelungen, die *Aldrin* zu überholen und an ihr anzudocken, totenstill wurde. In solchen Augenblicken denken Raumfahrer wahrhaft international: Sobald bekannt wird, daß jemand ein großes Risiko eingegangen ist, interessiert es niemanden, woher er kommt, man will nur wissen, ob alles gutgegangen ist.

Ich konnte allerdings nicht damit rechnen, daß Nari einen Freudenschrei ausstieß und Paul laut »Bravo!« rief.

Den ersten Teil der Feier versäumte ich, schließlich war ich im Dienst und durfte die Bildschirme nicht allzu lang aus den Augen lassen, und als Olga mich ablöste, war die Party bereits in vollem Gange. Von uns vieren, die wir Bescheid wußten – ich, Captain Gander, Olga und Wassili –, hatte keiner bedacht, daß nationale

Grenzen für die Wissenschaft längst aufgehoben waren. Unsere Wissenschaftler hier im MarsHab kannten jedes einzelne Mitglied der Gruppe von Mars Fünf Alpha persönlich; es waren Freunde, Kollegen, man verband mit jedem Namen ein Gesicht und freute sich auf das Wiedersehen. Mehr noch, unsere Spezialisten hatten ihre Bedenken zwar nicht geäußert, aber sie wußten vielleicht am besten, daß für eine Aufgabe der Größenordnung, wie sie auf dem Mars zu lösen war, selbst sieben der brillantesten Köpfe der Erde kaum ausreichten. Nun hatte sich die Belegschaft mehr als verdoppelt, und damit waren auch die Erfolgschancen sehr gestiegen.

Mitten in dem Trubel legte mir Gander den Arm um die Schultern und sagte: »Schätze, wir haben uns alle geirrt. Ist das nicht eine Überraschung? Nur interessehalber, Jason ... sehen Sie eine Möglichkeit, einen Funkspruch an Mars Fünf Alpha zu schicken?«

»Sie kennen die Antwort. Wir brauchen die Position und den Kurs, um eine unserer Antennen auf das Schiff richten zu können. Das ließe sich in ein bis zwei Tagen feststellen. Dann müßte man sehen, ob jemand am Empfänger sitzt, der auf Signale aus unserer Richtung achtet, und außerdem ...«

»Ich hab sie!« rief Paul in diesem Moment ganz laut.

Alle fuhren herum – alle außer Dong und Ilsa, die ihm geholfen hatten. Die drei drängten sich um eins der Terminals. Ich sprang mit einem Satz hinüber – bei einem Zehntel Ge kein Problem – und sah überrascht das E-mail auf dem Bildschirm – es kam von Robert Prang, dem Mars-Sedimentologen auf der *Aldrin*. »Wie haben Sie ...«

Paul zuckte die Achseln. »Ich bin nur als erster auf die Idee gekommen, vor denen und vor euch allen hier. Aber es liegt doch auf der Hand. Wir schicken alle fünfzehn Minuten einen Funkspruch in gepacktem Datenformat an die Übertragungssatelliten in der Erdumlaufbahn. Meistens Fernmeßwerte von verschiedenen Geräten auf dem Schiff, außerdem ein paar Videoaufzeichnungen für Freunde und Verwandte und eine Menge Internetkorrespondenz. Wir stehen alle über E-mail mit unseren Kollegen in Verbindung; hauptsächlich deshalb muß das Marskonsortium unsere Adressen geheimhalten, sonst würden wir förmlich überschwemmt. Nun, ich dachte mir, auf der *Aldrin* hat man die Kommunikation wahrscheinlich ähnlich organisiert. Wenn also einer von uns die Adresse eines dortigen Kollegen hätte ... Und wie man sieht, hat es geklappt.«

Schon am nächsten Tag herrschte reger E-mail-Verkehr zwischen allen Wissenschaftlern. Da ich nie sehr schreibfreudig gewesen war, kümmerte ich mich nicht weiter darum.

Zwei Tage später verkündeten Dong und Tsen beim Essen ganz sachlich, sie hätten von der Regierung der Volksrepublik tatsächlich Anweisung gehabt, Chinas Interessen zu wahren, falls sie eine Chance sähen, sich Teile der *Enzyklopädie* allein zu sichern. »Das wichtigste war wohl immer, überhaupt an die Informationen zu kommen, selbst wenn wir sie mit allen anderen teilen mußten«, erklärte Tsen. »Aber wir fanden, daß jetzt …« Sie sah Dong von der Seite an.

Der schnitt eine Grimasse. »Wir waren nicht begeistert von dieser Anweisung. Aber das ginge allen Wissenschaftlern so. Jeder von uns möchte am liebsten sofort alles veröffentlichen. Und deshalb … nun ja, jetzt wissen wir, daß wir nichts mehr geheimhalten können, und brauchen uns auch keine Mühe mehr zu geben.«

Olga zog die Stirn in Falten. »Riskieren Sie damit nicht …«

Dong lächelte. »So kann man es sehen. Wir haben mit diesem Geständnis ein politisches Verbrechen begangen. Aber wie hoch schätzen Sie die Gefahr ein, dort, wo wir hingehen, von der chinesischen Geheimpolizei abgeholt zu werden? Wir wissen beide, daß es am Korolew-Krater jahrzehntelang Arbeit für uns gibt.«

»Dann bekommt der Mars mit Ihnen seine ersten Flüchtlinge?«

»Das ist bei neuen Welten früher oder später unvermeidlich«, sagte Tsen. »Einer der Gründe, warum sie so wichtig sind.«

5

Nun folgten mehrere erholsame Wochen, in denen nichts Weltbewegendes passierte – was mir aber ganz recht war. Nur in den Filmen wünschen sich die Astronauten immer einen aufregenden Flug. Wir waren froh, daß der Schiffsalltag so störungsfrei verlief.

Nachdem sich die Aufregung im Zusammenhang mit der geheimen *Aldrin*-Mission gelegt hatte, herrschte im MarsHab die reinste Idylle; hin und wieder gab es kleinere Reibereien, aber die Tatsache, daß jeder in seine Kajüte gehen und die Tür schließen konnte, baute die Spannungen rasch ab. Die E-mails vom Team der Korolew-Station, von der *Aldrin*-Besatzung und von der auf Erdkurs befindlichen *Collins*-Crew machten sich immer wieder lustig über diesen ›Luxus‹, und nicht lange danach kündigte die NASA an, ›bei nächster Gelegenheit‹ eine unbemannte Frachtkapsel mit Kajüten auf den Mars schicken zu wollen.

Paul und Nari fanden das offenbar sehr komisch. Als ich mich nach dem Grund erkundigte, bekam ich folgendes zu hören: »Wir waren auf den ersten Flügen dabei, und damals war ein MarsHab ein einziger großer Gemeinschaftsraum, in dem sich alles abspielte. Es gab verschiedene Ebenen für bestimmte Tätigkeiten und um die Arbeitsfläche zu vergrößern, aber mehr auch nicht. Sie würden nicht glauben, wie viele Situationen es gibt, in denen man gern ungestört sein möchte; jeder witzelte über die ›Astronautenruhr‹, denn die Toilette war der einzige Fleck, wo man für sich sein konnte – manchmal hockte ich eine volle Stunde da drin und las ein Buch.« Nari schüttelte bedauernd den Kopf. »Wenn man aus einem hochentwickelten Land kommt, ist man für die Raumfahrt im Grunde schon verdorben. Wir sind es nicht gewöhnt, zu zehnt in einem Raum zu schlafen, und erst recht nicht, ständig und bei allem, was wir tun, beobachtet zu werden. Erstaunlich ist nur, daß es so lange gedauert hat, bis jemand auf die Idee mit den Kajüten kam.«

»Wogegen es mich überhaupt nicht wundert«, fügte Paul hinzu, »daß alle Welt danach verlangt, seit *wir* sie haben. Verglichen mit den Verhältnissen, unter denen das derzeitige Marsteam lebt, sind diese Menschenkisten wahre Luxusappartements.«

Olga, die eben abgelöst worden war, kam herein und setzte sich neben mich. Ich hatte bisher keine Anstalten gemacht, zarte Bande zu knüpfen – vielleicht war ich mir nicht sicher, auf Gegenliebe zu stoßen, vielleicht hielt mich auch der Gedanke davon ab, daß sie vorhatte, auf dem Mars zu bleiben, während ich kurz vor der nächsten Opposition mit der vollbetankten und mit Proviant versehenen *Collins* wieder abreisen wollte. Jedenfalls wußte ich, daß, wenn überhaupt, nur eine ernsthafte Beziehung in Frage kam, und so etwas hatte ich seit mindestens zehn Jahren nicht mehr erlebt. Ich war aus der Übung.

Zunächst saßen wir alle vier nur da und ruhten uns aus, dann sagte Paul: »Nari, ich habe noch eine andere Erklärung. Nehmen wir an, die Landefähre wäre *irgendwann*, nachdem die Tiberianer gestorben waren oder ihre Kolonie verlassen hatten, noch einmal aufgetaucht. Dann wäre sie lediglich im See versunken und auf dem vereisten Grund umgekippt, und darüber hätten sich weitere Eisschichten gebildet.«

»Und die Gräber?«

»Die Leichen sind noch tiefer hinabgesunken ...«

»Als ein Magnesium-Titan-Rumpf mit mehreren großen und schweren Maschinen? Und vorher hatte man sie wahrscheinlich noch ordentlich aufgebahrt ...«

»Sie waren steif gefroren.«

»Nicht, wenn ...«

Olga sah mich an. Ich zuckte die Achseln. Sie fragte: »Ist der Streit privat, oder kann jeder mitmachen?«

»Es ist eigentlich kein Streit«, sagte Nari. »Ich versuche nur, diesem verrückten Franzosen den Kopf zurechtzusetzen und ihn mit Ockhams Skalpell bekannt zu machen. Wir haben einerseits eine tiberianische Landefähre, genau auf der Diskontinuität, die Dr. Fleurant brillanterweise entdeckt hat, richtig? Gleich unter dieser Diskontinuität – nur wenige Meter tiefer – liegen eine Menge steifgefrorener tiberianischer Leichen, und wenn unsere Ultraschall- und Röntgenuntersuchungen nicht völlig sinnlos waren, dann zeigen sie uns, daß sie alle mit verschränkten Armen auf dem Rücken liegen – in der gleichen Stellung wie auf dem Mondfriedhof. Ich behaupte daher, die Diskontinuität ist entstanden, als die Landefähre umkippte, das heißt, nach dem Tod der Tiberianer. Die Eisstruktur entspricht dem, was man an dieser Stelle erwarten würde, wenn ein kalter See zufriert, deshalb vermute ich, daß es eine plötzliche Überschwemmung gegeben hat. Der Lagerplatz, an dem bereits zweiundzwanzig Tiberianer gestorben und bestattet worden waren, wurde überflutet. Viele wurden in ihren Betten überrascht und ertranken in den Hütten. Auf dem ganzen Mars gibt es in allen Wassereisschichten nur eine solche Diskontinuität. Und ausgerechnet da finden wir die Tiberianer. Ich behaupte, sie waren irgendwie daran beteiligt.«

Paul breitete temperamentvoll die Arme aus und wedelte mit den Händen. Er war jetzt voll in Fahrt. »Die Argumentation enthält mindestens zwei schwere logische Brüche, und das bei einem Mann, der mich an Ockham erinnert. Nehmen wir an, sie hatten ihr Lager auf dem Eis des Korolew-Kraters aufgeschlagen, wurden von der Außenwelt abgeschnitten und starben. Tausend oder zweitausend Jahre vergehen, dann gibt es, vielleicht in Äquatornähe, einen Vulkanausbruch. Ungeheure Wassermassen ergießen sich über die Oberfläche. Es könnte ein Geysir gewesen sein, vielleicht ist auch einer der erloschenen Vulkane wieder aktiv geworden und hat in einer gewaltigen Eruption wie damals auf Krakatau verdampftes Grundwasser himmelwärts geschleudert. Zunächst verteilt sich das Wasser überall – ein erstklassiger Treibhauseffekt. Der Mars erwärmt sich ein wenig, und in dieser Zeit entstehen all die Erosionserscheinungen, die wir heute sehen. Bei dem niedrigen Druck gefriert das Wasser jedoch rasch wieder, ein Teil sublimiert, wird als Wasserdampf in die Arktis getragen und dort während der nördlichen Winter abgelagert. Das könnte ... hm ... viertausend Jahre gedauert haben. Währenddessen bekommt der See im Korolew-Krater in den Sommern sehr viel Sonnenschein – er liegt immerhin auf dreiundsiebzig Grad nördlicher Breite –, das Eis schmilzt also in regelmäßigen Abständen und gefriert wieder. So entsteht die massive Schicht, die Nari so verwirrt. Wenn wir 1200 v. Chr. schon Bescheid gewußt und unsere Teleskope und Spektroskope hiergehabt hätten, wäre die Frage schnell entschieden gewesen: Wir hätten nämlich zusehen können, wie die letzten Wasserreste verdampft und wieder festgefroren sind.«

Nari seufzte. »Wie ein Mann von solchen Fähigkeiten sich angewöhnen konnte, so viele Hinweise einfach zu ignorieren, werde ich nie begreifen. Paul, die Art von Inversion, die Sie ansetzen und bei der das Wasser von oben nach unten gefriert, findet sich auf dem ganzen Mars nicht. Das heißt, das Wasser kam sehr plötzlich und war bereits sehr kalt, wahrscheinlich nahe dem Gefrierpunkt, als es abgelagert wurde, so daß es, anders als normales flüssiges Wasser, von unten nach oben gefror. Wie sieht nun so etwas aus? Der Mars hat eine sehr dünne Atmosphäre, und sie besteht aus Kohlendioxid, einem sehr temperaturempfindlichen Gas. Daher kann es planetenweit zu jähen Veränderungen kommen; der Luftdruck wechselt ohnehin jeden Frühling und Herbst ganz drastisch, Wasser könnte daher rasend schnell verdampfen und schlagartig wieder abregnen. Wir haben also ein Raumschiffwrack und viele tote Tiberianer – die meisten liegen in ihren Häusern. Es hat den Anschein, als seien sie bei Nacht, vielleicht auch während einer Krankheit von einer Katastrophe überrascht worden. Wir haben eine plötzliche Überschwemmung auf einem Planeten, auf dem es zugegebenermaßen sehr leicht zu plötzlichen Überschwemmungen kommen kann. Unsere Tiberianer befinden sich auf dem Grund der Wassermassen. Und das passiert ausgerechnet in der kurzen Spanne, in der sie sich dort aufhalten, obwohl der Mars seit Ewigkeiten existiert. Wollen Sie da wirklich allen Ernstes behaupten, die Präsenz der Tiberianer und die große Überschwemmung hätten nichts miteinander zu tun?«

Fleurant zuckte die Achseln. »Und wenn es nun ein ›diskontinuitätserzeugendes Ereignis‹ gäbe, das nur sehr selten eintritt? Wenn nun das jüngste dieser Ereignisse auch das extremste gewesen wäre und alle älteren Diskontinuitäten ausgetilgt hätte? Vielleicht ist es ein Phänomen, das sozusagen über Nacht Tauwetter und neuen Frost verursacht. Nun, dann wurde das ganze Tiberianerlager eingefroren – zweitausend oder viertausend Jahre nachdem alle Bewohner irgendeiner Krankheit erlegen waren, was weiß ich, woran Außerirdische sterben. Anschließend versank das Lager …«

»Und alle Leichen lagen auf dem Rücken, während alle Gebäude aufrecht stehenblieben«, unterbrach Nari. »Ihre erste Idee war schon dumm genug, aber sie hatte wenigstens den Vorzug, oberflächlich einleuchtend zu sein. Während bei dieser Theorie gleich *drei* rätselhafte Dinge passieren – sämtliche Tiberianer sterben, das ganze Lager wird eingefroren, und die Diskontinuität entsteht –, alles zur gleichen Zeit. Unwahrscheinlicher geht es wohl nicht mehr? Wenn Sie andererseits annehmen, daß alle drei Dinge auf eine einzige Ursache zurückzuführen sind, dann ist das Problem mit einem Schlag gelöst. Wir brauchen nur noch die Ursache zu finden.«

»Aber …«

Sie hatten uns inzwischen völlig vergessen. Als Olga und ich uns erhoben, schauten sie nicht einmal auf. Wir gingen zu einem der Fenster, setzten uns und sahen den vorbeirasenden Sternen zu. Man sah hier sehr viel mehr als auf der Erde. In letzter Zeit hatten wir sehr oft und sehr lange so zusammengesessen.

* * *

Als wir noch zwei Wochen vom Ziel entfernt waren, hatte sich der Mars von einem kleinen Punkt zu einem deutlich erkennbaren orangefarbenen Fleck gemausert; von da an wuchs er von Tag zu Tag. Die Sonne war inzwischen zu einer kleinen, gleißend hellen Scheibe geschrumpft und erschien etwa ein Drittel so groß wie von der Erde aus.

Olga und ich hatten uns angewöhnt, mindestens einmal täglich zusammen zu essen, und inzwischen nützten wir diese Zeit auch häufig, um den Mars zu beobachten. Im Norden war soeben der Frühling angebrochen – Tagundnachtgleiche war am 9. April 2034 gewesen –, also konnten wir am Korolew-Krater wenigstens Sonne erwarten, und die Tage würden länger werden. Ein Marsjahr ist etwa so lang wie zwei Erdenjahre minus vierzig Tage, jede Jahreszeit dauert dort also ein halbes Erdenjahr. Damit hatten wir fast ein volles Jahr Frühling und Sommer vor uns, bevor wir mit den Härten des polaren Marswinters Bekanntschaft machen würden.

Wir bestaunten die Staubstürme, die um den Planeten fegten, und wir verfolgten, wie sich die nördliche Polarhaube, die Wolkenschicht über dem Nordpol, im Frühlingssonnenschein auflöste und die Südpolhaube entstand. »Von der Korolew-Station wird gemeldet, daß der Luftdruck bereits ein wenig sinkt«, sagte Olga. »Und die Temperatur steigt an den meisten Tagen über den Gefrierpunkt von Kohlendioxid.«

»Ich hätte doch die Sommersachen mitnehmen sollen«, sagte ich.

»Kindskopf.« Sie hatte sich ein paar Notizen gemacht und hob den Blick nicht von ihrem Notebook. »Die Sache ist die, Jason, ich will sehr lange auf dem Mars bleiben und werde einige Jahreszeiten erleben. Deshalb versuche ich, mich auf den Rhythmus des Marsjahres umzustellen. Ich möchte soweit kommen, daß ich mich, genau wie die Menschen auf der Erde, auf die jeweils nächste Jahreszeit freue. Und wenn fallender Luftdruck und steigende Temperaturen die Frühlingsboten des Marsnordpols sind, dann werde ich eben lernen, sie ebenso zu begrüßen wie zu Hause das erste Rotkehlchen.«

Ich nickte. Ich wollte nicht daran denken, daß ich nach unserer Ankunft nur noch etwas mehr als ein Jahr mit Olga zusammensein würde, um dann mit der *Collins* zur Erde zurückzufliegen. Noch war ich gefühlsmäßig nicht wirklich engagiert – glaubte ich jedenfalls –, andererseits …

Der Mars ist ein kleiner Planet, und interplanetare Flüge dauern zwar lange, vergehen aber schnell. Erst in den letzten zehn Stunden stand er größer als die Sonne in unseren Fenstern. Aber das wußten

Olga und ich nur vom Hörensagen, denn jetzt hatten wir keine Zeit mehr, um am Fenster zu sitzen. Wir waren viel zu beschäftigt.

Es ist im Grunde nicht weiter schwierig, ein MarsHab auf der Oberfläche abzusetzen, und wir müssen eigentlich nur präsent sein, um übernehmen zu können, falls – was äußerst unwahrscheinlich ist – der Computer versagt oder eine gravierende Programmstörung auftritt. Hin und wieder hat man die Gelegenheit, ein prozeßoptimiertes Manöver noch etwas zu verbessern, aber das ist selten. Meistens sieht man den Maschinen nur bei der Arbeit zu.

Trotzdem sind die Nerven zum Zerreißen gespannt. Wir näherten uns dem Mars mit weit über Fluchtgeschwindigkeit. Um das Schiff zu drehen und eine Bremsrakete zu zünden, hätten wir nicht nur ein voll betanktes Triebwerk von der Größe der leeren Startstufe mitbringen müssen, die jetzt am anderen Ende des Kabelstrangs hing – wir hätten natürlich auch eine sehr viel größere Startstufe gebraucht, um den erforderlichen Schub zu bekommen. Statt dessen würden wir uns aerodynamisch einfangen lassen – d. h., wir würden durch Interaktion mit der Marsatmosphäre unsere hohe interplanetare Geschwindigkeit soweit verringern, daß wir von der Marsschwerkraft in eine Umlaufbahn gezogen wurden.

Wobei der Begriff ›Interaktion‹ das Manöver nur sehr ungenügend beschreibt. Im wesentlichen versucht das Schiff wie ein künstlicher Meteor in einem ganz bestimmten Winkel die Atmosphäre zu durchstoßen. Der Winkel darf nicht zu flach sein, sonst prallt man ab wie ein Kieselstein, der über einen Teich geschnellt wird, und findet sich, ohne an Geschwindigkeit verloren zu haben, in einem langgezogenen Orbit um die Sonne wieder, wo dann langsam, aber sicher Luft und Wasser knapp werden. Ist er dagegen zu steil, dann stößt man mit zu hoher Geschwindigkeit in die tieferen Atmosphäreschichten vor und verbrennt, weil die Luft zu dicht ist, oder schlägt gar auf dem Boden auf. Zwischen diesen beiden Extremen liegen die Eintrittswinkel, bei denen ein großer Teil der Bewegungsenergie in der Atmosphäre in Wärme umgewandelt wird. Nachdem man die äußeren Schichten durchflogen hat, ist man so viel langsamer geworden, daß man in eine Umlaufbahn gelangt, anstatt in alle Ewigkeit weiterzufliegen.

Zum Glück kommt die Marsatmosphäre diesem Verfahren sehr entgegen. Erstens ist sie sehr dünn. Der Oberflächendruck beträgt auf der Erde etwa tausend Millibar; auf dem Mars nur etwa sechs. Zweitens hat der Mars dank seiner niedrigen Schwerkraft (etwa ein Drittel so hoch wie auf der Erde) und dem hohen Molekulargewicht der Atmosphäre (44 gegenüber 14,4 auf der Erde) barometrische Stufen von 10,8 Kilometern Höhe gegen 7,9 Kilometer auf der Erde. Gibt man diese Zahlen in die Mühle der logarithmischen Funktionen, so kommt folgendes heraus: Auf der Erde halbiert sich die Luftmenge alle 5500 Meter. In 5,5 Kilometern Höhe, etwa auf dem Popocatepetl, gibt es also halb so viel Luft wie am Meer; in 11,1 Kilometern, der Flughöhe der alten Linienmaschinen, ist es nur noch ein Viertel, und so weiter. Beim Mars sind es nicht 5500 Meter, sondern 7486 – die Marsatmosphäre ist zwar an sich sehr dünn, dünnt aber sehr viel langsamer aus als die der Erde. Für ein aerodynamisches Einfangmanöver braucht man Luft einer bestimmten Dichte, und große barometrische Höhenstufen garantieren eine Dichte, die sich mit zunehmender Höhe nicht allzu sehr verändert – und dünne Luft in großer Entfernung vom jeweiligen Planeten. Nur so bekommt man ein großes Fenster, das man ansteuern kann, und ist weit genug von den Felsen entfernt.

All das war mir während der Vorbereitungen natürlich nicht bewußt gegenwärtig. Als erstes mußte nun die Startstufe abgestoßen werden, die während der letzten Monate am anderen Ende des langen Kabelstrangs gehangen und für künstliche Schwerkraft gesorgt hatte.

»Alles klar«, sagte der Captain, »sieht gut aus, Jason. Der Computer kann sprengen.«

»Jawohl, Sir.« Ich tippte den Befehl ein, der Computer begann mit dem Countdown.

Wir hörten ein leises Klirren, und dann herrschte, zum ersten Mal, seit wir die Erdumlaufbahn verlassen hatten, wieder Schwerelosigkeit.

Jetzt hatten wir ein paar Stunden Zeit für kleinere Kurskorrekturen und Feinabstimmungen. Außerdem schickten wir die Robotkamera hinaus und ließen den Hitzeschild untersuchen, der jetzt auf den Mars gerichtet war. Alles stimmte, alles lief einwandfrei, fast wie bei einem Simulatordrill.

Stunde um Stunde verging, wir kamen immer näher, immer schneller schwoll der Mars vor unseren Fenstern an. Als er schließlich zweimal so groß war wie der Vollmond von der Erde aus gesehen, schnallten wir uns an und gaben dem Computer die letzten Befehle für das Einfangmanöver.

Der erste Durchgang ist immer der schlimmste, weil man dabei am meisten Energie verliert. Von einem Andruck von mehreren Ge auf unsere Liegen gepreßt, rasten wir in knapp zwölf Minuten um den halben Mars herum. Ich beobachtete die Instrumente, aber bei diesen Geschwindigkeiten und mit dem Mehrfachen meines irdischen Normalgewichts hätte ich kaum etwas tun können, selbst wenn ich einen Fehler entdeckt hätte. Dann schwenkte das Habitat wieder in den hohen Orbit ein, der glühende Hitzeschild verstrahlte seine Wärme ins All und kühlte langsam ab. Wir tranken einen Schluck Wasser, streckten uns, entspannten die Muskeln und warteten auf die nächste Runde.

Noch einmal mußten wir die Atmosphäre durchqueren, um genügend Energie zu verlieren und in eine ausreichend niedrige Umlaufbahn zu kommen; dann würden wir ein wenig kostbaren Treibstoff aus unserem Innentank opfern, um den Orbit kreisförmiger zu machen und die Marspole auf einer Höhe von etwa 220 Kilometern zu überfliegen. »Brauchen Sie eine Pause, Jason?«

»Ich warte lieber, bis wir unten sind, Sir, bisher habe ich noch keinen Schalter angefaßt. Im Grunde bin ich hier vollkommen überflüssig, aber verraten Sie das bitte nicht den Steuerzahlern.«

»Bei mir ist es nicht anders. Ich achte allenfalls noch darauf, daß unsere Wissenschaftler das Essen und das Schlafen nicht vergessen. Wann erreichen wir das nächste Landefenster für Korolew? Können wir noch auf die Toilette gehen und den anderen mitteilen, was wir vorhaben?«

»Der Computer hat eine frühe Möglichkeit errechnet«, sagte ich. »Unsere Umlaufbahn dauert eine Stunde und neunundvierzig Minuten, in neunzehn Minuten kommt ein Fenster, das gerade noch machbar wäre, in zwei Stunden und zehn Minuten bietet sich eine gute Gelegenheit und in vier Stunden eine weitere, die aber nicht ganz so gut ist. Danach müßten wir eine Weile warten, wenn wir beim Wiedereintritt nicht sehr viel steuern wollen.«

»Und das wollen wir ganz sicher nicht. Schön, wir nehmen die gute Möglichkeit. Ich rufe Korolew an und sage, sie sollen noch ein paar Gedecke auflegen.«

Der Sinkflug war der einzige Teil der Reise, den ich wahrscheinlich manuell hätte steuern können. Die Steuerknüppelastronauten aus den Anfangszeiten der Raumfahrt hätten das wahrscheinlich vorgezogen. Aber in den vergangenen siebzig Jahren hatte man Computer und Programme gewaltig verbessert, während ich im Grunde noch das gleiche Modell war wie Juri Gagarin. Und ich dachte nicht daran, mit meinen Flugkünsten das Leben von acht der besten Köpfe der Erde aufs Spiel zu setzen, solange es nicht sein mußte. So überließ ich die Landung wie alle anderen Manöver auf dieser Mission der Automatik. Ich saß nur da, hielt die Augen offen und hoffte, keinen Finger rühren zu müssen.

Wenn wir mit einer *Pigeon* die Erde angeflogen hätten, wären wir sehr viel steiler heruntergekommen. Dafür gab es mehrere Gründe: Dank der geringeren Marsschwerkraft waren auch die Orbitalgeschwindigkeiten sehr viel geringer, dank der größeren Höhenstufung konnten wir schon früher mit dem Abbremsen beginnen, und dank der dünneren Atmosphäre entstand weniger Reibungshitze. Wir konnten uns also für den Wiedereintritt mehr Zeit lassen, ohne das Risiko signifikant zu erhöhen. Ich würde unsere Bremsrakete genau in dem Moment zünden, wenn wir den Äquator überquerten, dann würden wir über den Nordpol hinwegfliegen um schließlich auf Korolew niederzugehen.

Während der Countdown lief, tauchte zu meiner Linken das Valles Marineris auf, eine riesige Schramme in der Marsoberfläche, etliche Kilometer tief und länger, als die Vereinigten Staaten breit sind. Als es hinter uns zurückblieb, zündete genau im richtigen Moment die Bremsrakete, und wir sanken über dem zerklüfteten Gebiet mit dem Namen Iani-Chaos im östlichen Teil der Margaritifer Terra in die Tiefe.

Als der Computer das Signal dazu gab, drehte ich das Schiff um 180°, so daß der Hitzeschild in die Bewegungsrichtung schaute. Wenige Minuten später drückte uns eine Riesenfaust in unsere Liegen – die Bremsverzögerung beim Wiedereintritt. Ganz kurz erkannte ich hinter dem weißglühenden Plasma, das vom Hitzeschild nach hinten strömte, noch die pockennarbige Fläche der Arabia Terra, dann waren wir im Blackout. Eine weißglühende Feuerwand nahm uns nicht nur die Sicht, sondern schirmte uns auch gegen Radiowellen ab. Jeder Kontakt mit der Außenwelt war unterbrochen. Wir sanken noch tiefer in unsere Liegen und versuchten, nicht daran zu denken, was alles schiefgehen konnte.

Geschwindigkeit und Höhe nahmen stetig ab, und nicht lange bevor wir den Pol überflogen, hörte die Luft, die an uns vorüberrauschte, zu glühen auf; plötzlich war die Sicht wieder klar, und ich konnte einen kurzen Blick auf die Polareiskappe werfen, bevor ich mich wieder auf den Computerbildschirm konzentrierte. Mit einem kurzen, harten Schlag wurde der Hitzeschild abgesprengt, dann bekamen wir einen kräftigen Stoß in den Rücken. Die Landerakete hatte gezündet. Obwohl wir nur noch dreißig Kilometer über der Oberfläche waren, flogen wir ziemlich schnell. Mit dieser kleinen Rakete reduzierte der Computer unsere Geschwindigkeit nun auf ein vertretbares Maß. Anschließend würden wir auf ihrem kleinen Feuerstrahl über die Oberfläche zu unserem Landeplatz hüpfen.

Die Graphiken zeigten, daß wir brav im Zentrum aller Kurven blieben; ich berührte die Bedienungselemente kein einziges Mal. Der Korolew-Krater ist nahezu kreisrund und mißt fünfzig Kilometer im Durchmesser. Ringsum wirkt das Gelände aufgequollen und rissig, was darauf schließen läßt, daß der Boden zum Zeitpunkt des Meteoreinschlags mit Wasser getränkt war. Der Ringwall endet in einer scharfen Kante, und in seinem Inneren befindet sich ein riesiger gefrorener See. Wir verharrten einen Augenblick, stellten das Schiff leicht schräg und rasten dann einen Kilometer über dem glatten Eis dahin. Minuten später kam die Station in Sicht, die nur wenige Kilometer von der Ausgrabungsstätte entfernt war.

Vor uns lagen, dicht aneinandergedrängt, fünf MarsHabs. Sie sahen alle genauso aus wie das unsere: ein großer Zylinder in einem Stahlrahmen, an dem die Beine angebracht waren. Jedes Habitat stand auf vier langen, dünnen Beinen – für irdische Verhältnisse, wo man mit einer dreimal größeren Schwerkraft zu kämpfen hatte, viel zu lang und dünn, aber tragfähig genug für den Mars. Und rings um jedes Habitat zogen sich sternförmig Sprünge über das Eis, denn als man sich über die Lage der Fundstätte völlig sicher war, hatte man noch einmal etwas Treibstoff in die Tanks gefüllt und die MarsHabs hierhergeflogen. Vorläufig war die erste menschliche Siedlung auf dem Mars noch sehr mobil.

Wir gingen langsam tiefer; durch die untere Kamera sah ich, wie das flaumige Trockeneis auf der Seefläche in wachsenden konzentrischen Kreisen strahlenförmig nach außen geschleudert wurde. Kräuselwellen entstanden nicht, dafür gab es nicht genügend Luft. Am äußersten Rand platzte das Eis und zerkochte um unseren Landeplatz herum zu einem weißen ›Rauchring‹. Noch etwas später schickte das blanke, schwarze Eis, das seit Jahrtausenden den Krater füllte, die ersten Dampfschwaden empor; und schließlich setzten wir mit einem leichten Ruck auf.

Alle standen auf und redeten wild durcheinander, aber Captain Gander hob die Hand und sagte: »Okay, alles in die Druckanzüge; wir müssen die Ständigen begrüßen, sie haben uns zum Essen eingeladen. Doch zuvor ...«

»Äh ... Captain.« Nari stand hinter ihm und grinste breit.

»Ja?«

»Zuvor gibt es noch etwas Wichtiges zu erledigen.« Er zog eine Pikkoloflasche Champagner aus der Tasche, schraubte den Deckel ab und goß dem völlig verdutzten Walter Gander den Inhalt über den Kopf. »Sie waren auf dem Mond, Sir, und auch auf Phobos ... Herzlich willkommen im Drei-Welten-Club.«

Der Captain rieb sich schweigend die Haare trocken, schien aber nicht allzu böse zu sein. Danach stiegen wir in die Anzüge, die wir übungshalber jede Woche einmal angezogen, aber noch nie im All getragen hatten, vergewisserten uns, daß alle Funktionen in Ordnung waren, und gingen dann, immer zwei Mann auf einmal, durch die Luftschleuse. Ich verließ das Schiff zusammen mit Olga. Wir kletterten über eine lange, dünne Leiter nach unten. Die letzten Meter überwanden wir mit einem Sprung, bei der niedrigen Schwerkraft kein Problem.

Kaum hatten meine Stiefel den Boden berührt, als mir auch schon die Füße weggerissen wurden. Blankes Eis und viel zu geringe Schwerkraft, um genügend Reibung zu erzeugen. Wenigstens war der Helm gepolstert, so daß mein Kopf geschützt war. Als ich mich halbwegs hochgerappelt hatte – man kam sich vor wie auf Rollschuhen mit allseits beweglichen Rädern –, sah ich, daß es Olga nicht besser ergangen war. Wir stützten uns gegenseitig und richteten uns auf. Mehrere unserer Mitreisenden kämpften genauso wie wir.

Knisternd drang eine Stimme aus dem Helmfunkgerät: »Wenn Sie erst vom Schiff weg sind, ist das Eis nicht mehr ganz so tückisch.« Wir drehten uns um. Ein Mann in einem Druckanzug kam auf uns zu. Er zog ein Gefährt hinter sich her, das aussah wie ein altmodischer Schlitten. »Wenn Sie alle hier Platz nehmen, ziehen wir Sie mit der Winde zum Speisesaal hinüber. Das ist Nahverkehr in marsianischem Stil.«

Für zehn Personen war es auf dem Schlitten ziemlich eng, besonders mit den plumpen Druckanzügen, aber es war immer noch besser, als haltlos in der Gegend herumzupurzeln. Ich schaute über das schwarze Eis. Im Westen war die Sonne soeben hinter dem gezackten, roten Rand des Korolew-Kraters verschwunden. Der Himmel war fast schwarz, nur am Horizont glühte er tiefrosa bis violett, und man sah bereits viele Sterne. Da wir das Sonnensystem nicht verlassen hatten, waren natürlich alle Fixsterne noch am gleichen Platz, jedenfalls war mit bloßem Auge keine Veränderung zu erkennen. Hoch über uns standen der Große und der Kleine Wagen, sie strahlten heller, als man sie auf der Erde jemals zu sehen bekommt.

Das Seil spannte sich, und der Schlitten glitt langsam über das Eis. Das Poltern war so leise, daß wir es in der dünnen Luft durch die Außenmikrophone unserer Anzüge kaum hörten. Die Nacht brach hier sehr schnell herein. Bis wir den Container erreichten, der als Speisesaal diente, war der Kraterrand kaum noch zu erkennen.

Ich stieg mit den anderen vom Schlitten und sah mich um. Über mir leuchtete ein wahrer Sternendschungel, die Kraterwände ragten schroff auf, und die riesige Eisfläche glänzte matt im Sternenschein. Ich fühlte mich leicht, nur ein Drittel so schwer wie auf der Erde. Erst ganz allmählich kam mir zu Bewußtsein, daß ich wirklich auf dem Mars war.

6

Fünf Menschen, die so begeistert waren, neue Gesichter zu sehen, hatte ich noch nie erlebt. Das Team war vor sechsundzwanzig Monaten mit zehn Personen hier eingetroffen, aber fünf davon waren vor mehr als acht Monaten mit dem REcycler *Collins* zur Erde zurückgeflogen. Es war fast peinlich; drei wollten uns einfach reden hören, ohne Ende, ganz gleich, worüber, und zwei waren nicht mehr zum Schweigen zu bringen.

Zu essen gab es die Standardkost aller MarsHabs – sie kam aus einer ›Farm‹, kleinen, Pflanzen und Proteingewebe erzeugenden Maschinen, eine von bislang zwei Techniken, die wir den Tiberianern abgekupfert hatten. In vieler Hinsicht waren sie nichts anderes als sehr viel fortgeschrittenere Versionen der ›Salatmaschinen‹, ›Joghurtbereiter‹ und ›Sushigeräte‹, mit denen die verschiedenen nationalen Raumfahrtbehörden seit den achtziger Jahren des 20. Jahrhunderts herumexperimentiert hatten, aber es gab auch radikale Unterschiede. Ich verstand nicht viel von Biologie, und so bekam ich nur mit, daß man auf einer Seite sterilisierte menschliche Abfallprodukte, Kohlendioxid und Wasser eingab und auf der anderen Brokkoli, Karotten, Tofu und andere Dinge herausholte. Ein erfreulicher Nebeneffekt war, daß die ›Farmen‹ die Hälfte des Sauerstoffbedarfs der MarsHabs deckten und etwa die Hälfte der Kohlendioxidproduktion verbrauchten (der Rest mußte chemisch wiederaufbereitet werden). Die Sache hatte freilich einen großen Nachteil: Die ›Farmen‹ konnten nur fünfzehn verschiedene Nahrungsmittel erzeugen, und so kannte man die Speisekarte innerhalb weniger Wochen in- und auswendig. Auch wenn sich die Menschheit in ihrer Geschichte lange Zeit über große Teile des Jahres sehr eintönig ernährt haben mochte, wer von uns in hochentwickelten Industriestaaten aufgewachsen war, stellte doch etwas höhere Ansprüche.

Das Essen schmeckte dennoch etwas anders, als wir es gewöhnt waren. Dr. Chalashajerian, der Bodenspezialist des Teams, hatte in seinem persönlichen Gepäck viele Gewürze mitgebracht, und deshalb gab es gelegentlich auch Currygerichte. Außerdem hatte er ein Laborverfahren entwickelt, mit dem sich aus den Sojabohnen aus der Farm Öl gewinnen ließ. Daraus hatte man Sojasauce und einen Brotaufstrich fabriziert, der nicht völlig ungenießbar war. Zu seinem Bedauern gab es in unserer Crew keinen leidenschaftlichen Hobbykoch, mit dem er sich hätte austauschen können. »Na schön«, sagte er, »ich gebe die Hoffnung nicht auf. Warten wir eben auf Mars Fünf Alpha.«

Er war dunkelhäutig, ein sportlicher Typ, sein Englisch hatte einen leichten indischen Akzent, der sehr sympathisch klang. Er lachte viel und war einer von den beiden, die redeten wie ein Wasserfall. Nach knapp neun Monaten auf einem Raumschiff kannten auch wir längst die Liebhabereien jedes einzelnen, und ich muß zugeben, daß ich es genoß, jemanden über ein anderes Thema sprechen zu hören, auch wenn es nur ein Monolog über Salatsaucenrezepte war.

Zwischen Captain Gander und Yvana Borges, die bis zu unserer Ankunft ›Bürgermeister‹ von Korolew gewesen war, spürte ich eine leichte Rivalität. Ob wir überhaupt eine Regierung brauchten, war fraglich, und bei fünf Personen war sie gewiß noch überflüssiger gewesen als bei fünfzehn, trotzdem mußte irgend jemand dasein, der ans Telefon ging, Fragen des Konsortiums beantwortete und unsere winzige Kolonie am Funkgerät vertrat. Das alles sollte jetzt Gander übernehmen – seiner Schätzung nach würde er damit höchstens zwei Stunden pro Tag beschäftigt sein –, damit Yvana sich wieder voll auf ihr eigentliches Ressort konzentrieren konnte, die speziellen Röntgengeräte, mit deren Hilfe man die tiberianische Siedlung lokalisiert und sich eine ungefähre Vorstellung davon verschafft hatte, was sich unter dem Eis befand. Sie war darüber offenbar nicht allzu glücklich und fand immer wieder neue Einzelheiten, auf die sie unbedingt hinweisen mußte.

Von den anderen hörten wir kaum ein Wort. Pete Johnson war Schwarzamerikaner, ein sehr dunkelhäutiger, für einen Raumfahrer ungewöhnlich großer Mann mit unvorschriftsmäßig langem Bart. Er lächelte viel, und ihm entging nichts. Eigentlich war er Biophysiker und Physiker, doch da er an die Tiberianer bisher noch nicht herankam, hatte er sich um so mehr mit dem Team beschäftigt und hielt den Rekord für wissenschaftliche Aufsätze, die nur veröffentlicht wurden, weil sie vom Mars stammten. Nach einer Weile begann er ein leises Gespräch mit Tsen, und die beiden schienen sich auf Anhieb zu verstehen. Ich als Pilot hatte sofort den Verdacht, sie überlegten sich neue Ausreden, um mir Flugverbot zu erteilen.

Akira Yamada, seines Zeichens Meteorologe, war der zweite stumme Beobachter. Sein Interesse galt vor allem Nari. Es gelang mir an diesem Abend noch nicht, mir eine Meinung über ihn zu bilden. Jim Flynn, ein rothaariger Texaner, sehr klein und eher schmächtig, sprach ebenfalls nicht viel; der Abend war schon weit fortgeschritten, als ich zu meiner Überraschung herausfand, daß er Pilot und

Ingenieur war. Er selbst hatte das mit keinem Wort erwähnt. »Ich dachte, das erste Team bestand nur aus Wissenschaftlern«, sagte ich.

»Jemand muß doch auf sie aufpassen«, meinte er. »Pete killt Bakterien, Doc C. züchtet Lebensmittel, und ich sorge dafür, daß alle Maschinen laufen. Außerdem steuere ich alles, was fährt, damit uns die Wissenschaftler nicht in eine Schlucht fallen, wenn sie wieder mal nicht auf den Weg schauen, sondern die Berge bewundern. Ein paarmal war ich auch auf Phobos, hauptsächlich, um Gasladungen hochzubringen und die Vorräte aufzufüllen. Da oben – *das* ist unglaublich. Vierzehn Ortsansässige. Fast eine kleine Stadt; ein Paar hat dort sogar geheiratet.«

»Was ist daran so unglaublich?« fragte Olga.

»Ach, das Heiraten vielleicht nicht, wenn man auf so was steht, aber die ganzen Leute. Die sind auf dem besten Wege, ein zweites South Pole City zu bauen; ich möchte wetten, in zehn Oppositionen gibt es dort ein Kino, einen Kramladen und wahrscheinlich auch ein Gefängnis und eine Bar. Das ist längst nicht mehr der Felsbrocken, auf dem Ihr Captain damals gelandet ist. Dagegen leben wir hier unten immer noch an der Grenze zur Wildnis – aber auch das wird sich vermutlich bald ändern.«

»Sie lieben also das Grenzland?«

»Oh ja, das kann man wohl sagen. Wenn's nach mir geht, begräbt man mich mal auf Triton oder Charon oder sonstwo. Wissen Sie, wie das ist, ein schöner, ruhiger Ort, wo man nach ein paar Wochen jeden kennt und einfach seine Arbeit tut? Das ist die Lebensweise, die mir zusagt.«

Später, als wir wieder in unserem eigenen MarsHab waren, sagte Olga: »Jim ist noch viel extremer als ich. Ich möchte nur neue Welten sehen und eine Weile dort bleiben. Aber er will offenbar gar nicht mehr auf die Erde zurück.«

Ich zuckte die Achseln. »Schon mal von Daniel Boone, Roald Amundsen, David Livingston oder Jim Bridger gehört? Für solche Menschen ist es in den letzten hundert Jahren ziemlich eng geworden, sie konnten nirgends mehr hin, wo sie wirklich allein gewesen wären oder nur Leute ihres Schlages um sich gehabt hätten. Das wird jetzt anders. Es gibt wohl zu wenige von der Sorte, sie können nicht viel bewegen, aber ich bin froh, daß sie wieder ein Ziel haben.«

»Es ist nicht mehr wie früher«, sagte Olga. »Damals sind sie meistens allein losgezogen. Heute kostet es Unsummen, einigen wenigen eine solche Reise zu ermöglichen. Trotzdem glaube ich, daß alle von den wenigen profitieren – und ich freue mich, daß es immer noch Menschen wie Jim gibt, echte Pioniere.«

Natürlich hatten die Ständigen auf den Tag genau gewußt, wann wir eintreffen würden, deshalb war alles bereit, und wir konnten sofort mit der Arbeit beginnen. Wir brauchten nicht einmal auszupacken – das MarsHab blieb unser Zuhause. So frühstückten wir am nächsten Morgen genauso wie im All, dann stiegen wir in unsere Anzüge und gingen hinaus. Die anderen erwarteten uns bereits mit drei offenen Raupenschleppern, wir stiegen ein und machten uns auf den Weg zur Ausgrabungsstätte.

Ich setzte mich neben Jim, denn ich sollte lernen, eins von den Dingern zu steuern. Sie liefen ausschließlich mit hausgemachtem Treibstoff: Methanol aus Wasser und Kohlendioxid, und Wasserstoffperoxid, das elektrosynthetisch aus Wasser hergestellt wurde. Die Emissionen waren reines Wasser und Kohlendioxid, der Mars bekam damit alles, was wir ihm genommen hatten, an anderer Stelle unverändert zurück.

Die Schlepper waren nicht schwer zu fahren – im Grunde waren es nur leichtere Versionen der Sno-Cats, mit denen man auf der Erde die Antarktis erschlossen hatte. Die einzige Schwierigkeit bestand darin, sie auch auf dem glatten Eis unter Kontrolle zu behalten, besonders wenn, wie jetzt, der Kohlensäureschnee der letzten Nacht noch große Teile der Oberfläche bedeckte. Der Schnee war im Begriff zu sublimieren, bildete ständig kleine Blasen unter den Kufen und verschlechterte damit die Bodenhaftung. Jim zeigte mir einige Tricks. »Immer mit der Ruhe«, mahnte er. »Nicht vergessen, auf diesem Planeten hat's niemand eilig.« Ich kam ziemlich schnell mit der Maschine zurecht – sie war nicht schwieriger zu fahren als die Automobile mit Handsteuerung, die ich als Teenager noch gekannt hatte.

Die Ausgrabungsstätte selbst bestand aus mehreren sehr großen ›Zelten‹: stoffbespannten Kuppeln, die als Lagerräume dienten und verschiedene Labors sowie ein paar winzige Schlafzellen enthielten. »Noch hat hier niemand übernachtet«, bemerkte Pete. »Aber wenn es jetzt mit den Grabungen richtig losgeht, wird man schon hin und wieder einen Grund dafür finden.«

»Ich wußte gar nicht, daß wir das selbst entscheiden können«, sagte Jim. »Ich würde sofort hier rausziehen, wenn es nur etwas zu essen gäbe.«

»Wohl schon genug vom hektischen Leben in der Stadt?« sagte Pete grinsend. »Warum richten wir nicht ein Ferienlager ein? Wo jeder Urlaub machen kann, der mal Tapetenwechsel braucht.«

Als wir näher kamen, sah ich viele Pflöcke aus dem Eis ragen und fragte, ob dies die Stätte sei. »Genau«, sagte Jim. »Tiberianische

Landefähre, Gräber, Hütten und das Ding, das wir für die *Enzyklopädie* halten. Liegt alles hier unten in vier bis sechs Metern Tiefe.«

Die drei kleinen Schlepper hielten vor den Kuppeln an, und alle stiegen aus. Inzwischen war die Sonne schon ziemlich weit über den Horizont gestiegen. Der rote Himmel spiegelte sich im Eis und übergoß das grelle Weiß mit einem zartrosa Schimmer. Nur im Süden warf der Kraterrand noch schwarze Schatten. Alle Umrisse wirkten überscharf gezeichnet, denn durch die scheinbar kleinere Sonne und die sehr viel dünnere Luft wurde das Licht weniger gestreut und ließ alle Schatten dunkler und alle Ränder härter erscheinen. Der Kohlensäureschnee glitzerte weiß; wo unsere Stiefel, die Raupenketten oder der Wind ihn weggefegt hatten, zeigten sich blauschwarze Streifen Wassereis. »He, wir kommen genau richtig«, sagte Chalashajerian. »Alles nach Norden schauen.«

Wir gehorchten. Zuerst wußte ich nicht, was er meinte, doch dann sah ich es – am Horizont war eine dünne Gaswolke entstanden, eine lange, schmale Linie, die jetzt rasend schnell gleich einer mächtigen, durchsichtigen Brandungswelle auf uns zugerast kam. Das weiße Trockeneis verschwand restlos, hinter der Linie blieb nur schwarzes Wassereis zurück.

»Eine der interessanteren Sehenswürdigkeiten im Marsfrühling, jedenfalls auf Korolew«, erklärte Chalashajerian. Der Eissaum hatte uns fast erreicht. »Achten Sie jetzt auf Ihre Füße – keine Angst, Sie fallen nicht, Sie sollen nur hinuntersehen.«

Ich senkte den Kopf. Sekunden später begann der weiße Kohlensäureschnee zu meinen Füßen zu brodeln und spritzte wie dünner, weißer Gischt an mir hoch. Als die Woge vorüber war, lag vor mir eine schwarze Fläche – nur wo mein Schatten hingefallen war, hatte sich ein weißer Fleck erhalten. Als ich zurücktrat, verpuffte auch der in einer kleinen Gaswolke und war verschwunden.

»Die CO_2-Sublimation ist ein sehr temperaturempfindlicher Prozeß«, erklärte Pete. »Die Wände des Korolew sind ziemlich hoch, deshalb liegt ein großer Teil des schwarzen Eises bis weit in den Vormittag hinein im Schatten. Die Oberfläche kann sich erst erwärmen, wenn sich der Schatten zurückzieht, und wo er zuerst verschwindet, kommt es auch zuerst zur Sublimation.«

Für mich war das der Höhepunkt dieses Vormittags gewesen. Ansonsten büßten wir hier gleichsam die Sünden ab, die die Generation meines Vaters in der *Tiberkolonie* am Mondsüdpol begangen hatte. Dort waren auf der Suche nach der *Enzyklopädie* so viele ungeduldige und unerfahrene Hände am Werk gewesen, daß die Stätte praktisch zerstört war. Die Archäologen bemühten sich schon seit Jahren zu trennen, was tiberianischen Ursprungs war und was auf die jüngsten Eingriffe der Menschen zurückging.

Nicht genug damit, daß man auf dem Mond den ersten Grundsatz aller Archäologen mißachtet hatte, wonach ein Fundort so lange nicht angetastet wurde, bis alles untersucht war, was einem auf dem Weg dorthin unterkam. Man hatte auch gegen ein zweites Gesetz verstoßen, dessen Bedeutung die Archäologie schon vor 1900 erkannt hatte. Seit Schliemann einem Mykener die Totenmaske abgenommen hatte – und das Gesicht vor seinen Augen zu Staub zerfiel, bevor es fotografiert oder abgezeichnet werden konnte –, war eines unumstritten: Ob man eine Grabung vorantrieb oder eine alte Schriftrolle entfaltete, für den Fall, daß etwas plötzlich auseinanderbrach oder sich auflöste, mußte immer ein Fachmann zugegen sein, der wußte, was er sah, und sich an wesentliche Punkte erinnern würde, die einem ungeschulten Auge womöglich entgangen wären.

Der sicherste Ort, um ein Objekt oder ein Dokument zu untersuchen, war übrigens oft der Fundort selbst; je weniger die Dinge transportiert wurden, desto geringer war das Risiko, dem man sie aussetzte. Die Zerstörung der *Enzyklopädie* auf dem Mond hatte das schmerzhaft deutlich gemacht. Dad war Astronom gewesen, Xiao Be Pilotin, und keiner von beiden hatte irgend etwas Interessantes beobachtet oder hätte späteren Forschern auch nur den kleinsten Hinweis geben können. Sie waren nichts anderes als Schatzgräber im Stil von Indiana Jones gewesen. Wenn sich die Nationen der Welt damals, im Jahre 2010, nur zwei Jahre geduldet hätten, dann hätte man mit einem Team aus Archäologen, Computerwissenschaftlern und Kryptologen, das für die Arbeit auf dem Mond ausgebildet und mit der geeigneten Ausrüstung versehen war, darangehen können, die *Enzyklopädie* an Ort und Stelle zu entziffern. Der Preis war ihnen zu hoch gewesen, nun hatten sie das Hundertfache an Geld und das Zehnfache an Zeit aufgewendet, um hierher zu fliegen. Und noch immer mußte sich die Menschheit gedulden. Erst, wenn wir (sehr viel später) bis zur *Enzyklopädie* selbst vorgedrungen waren (vorausgesetzt, sie lag wirklich einen halben Kilometer von der tiberianischen Siedlung entfernt unter dem Eis), würde sie endgültig erfahren, ob die kostbaren Informationen nun doch noch gerettet oder für immer verloren waren.

Weiter erschwert wurde das Vorhaben dadurch, daß man so wenig über die Mars-Arktis wußte. Doc C., Yvana und die übrigen Experten hatten erst einen endlosen Winter lang mit allen nur erdenklichen Messungen und Untersuchungen die Bedingungen ermitteln müssen, unter denen die Grabungen stattfinden würden, bevor es überhaupt einen Sinn hatte, den nächsten Schritt zu tun und die Experten für tiberianische Archäologie einzufliegen.

Doch nun konnten wir einigermaßen sicher sein, alles über Ausgrabungen in einem zugefrorenen Marssee zu wissen, was es zu wissen gab. Jetzt waren auch geschulte Augen zugegen, die alles registrieren konnten, was auch geschah. Monatelang hatten wir gewartet, doch nun war wirklich alles bereit, und so gingen wir an jenem Morgen voller Zuversicht ans Werk. Zuerst legten wir mit einem Lasertheodoliten ein Gitter aus Quadraten von einem halben Meter Seitenlänge über die gesamte Stätte. Dann schnitten wir mit einem Laser, der genau anzeigte, wie tief der Strahl ging, um jedes Quadrat Rillen von einem halben Meter Tiefe. In diese Rillen führten wir das ›Periskop‹ ein – einen Stab mit einem Spiegel im Inneren der Spitze, der das Licht des Laserschneiders horizontal ablenkte – und lösten so den Block vom Boden. Mit Friktionskrallen hoben wir ihn schließlich heraus und legten ihn in einen isolierten, sterilisierten Behälter, wo ihn der Rest des Teams untersuchen konnte.

Die Blöcke waren groß und unhandlich, ihre Masse betrug – wie überall – 125 Kilogramm, aber dank der geringen Schwerkraft wogen sie nur 41 Kilopond (gegenüber 125 Kilopond auf der Erde). Wir leisteten also körperliche Schwerarbeit, außerdem waren beim Herausheben der Blöcke viel Fingerspitzengefühl und bei der Etikettierung der Behälter peinliche Genauigkeit gefragt. Eine Stunde nachdem die Sonne ihren höchsten Punkt überschritten hatte und wir Mittagspause machten, hatten Olga und ich neunzehn Blöcke ausgeschnitten und in Kästen gelegt. Damit waren wir allen anderen voraus; Pete und Jim belegten mit siebzehn den zweiten Platz. Gander klopfte mir anerkennend auf die Schulter und erklärte, wir hätten die Ehre der Raumschiffbesatzung gerettet; er und Fleurant hatten nur acht Blöcke geschafft und lagen damit gleichauf mit Ilsa und Tsen.

Als wir im größten Schutzraum beim Essen saßen, stieß auch das Analyseteam zu uns. Damit wurde es zwar ziemlich eng, aber wir wollten doch alle wissen, was bisher entdeckt worden war.

Es dauerte sehr viel länger, einen Block herauszuschneiden, als die elementaren Untersuchungen durchzuführen, außerdem waren dafür Spezialkenntnisse erforderlich. Das zweite Team war also sehr viel kleiner als das unsere. Offenbar hatte man Kireiko, die im Grunde eher schüchtern war und wenig sprach, dazu vergattert, die Ergebnisse bekanntzugeben. Sie begann mit einem tiefen Seufzer. »Am ersten Tag hofft man immer auf die große Überraschung, das ist nun einmal so. Wir haben bisher alle Blöcke durch den Computertomographen und den Kernspintomographen geschickt. Im Durchschnitt enthält jeder Block zweihundert Körnchen eines organischen Materials – es könnten mikroskopisch kleine Teile toter Tiberianer sein, Marslebewesen oder auch nur verschiedene chondritische Stoffe. Da so viele der Körnchen annähernd gleich groß sind, liegt die Vermutung nahe, daß es sich um Sporen handelt, und wenn das stimmt, dann sind sie entweder tiberianischen oder marsianischen Ursprungs, das läßt sich vermutlich mit einer DNA-Untersuchung klären. Wenn sie sich als tiberianisch erweisen, schön; wenn sie weder irdisch noch tiberianisch sind, nun, dann haben wir soeben Leben auf dem Mars entdeckt. Aber wahrscheinlicher ist, daß wir einfach chondritischen Dreck gefunden haben.

Zweitens, und jetzt wird Nari gleich aus dem Häuschen geraten, finden sich in den Blöcken zahlreiche Mikrobläschen, und erste Sondierungen lassen darauf schließen, daß der Innendruck ein klein wenig höher sein könnte als der Außendruck.«

Dr. Narihara Nigawa, der wahrscheinlich berühmteste Wissenschaftler der Erde, hatte sich zum Essen in eine Ecke gesetzt. Jetzt fuhr er in die Höhe, als habe er einen elektrischen Schlag bekommen, stieß sich den Kopf an der niedrigen Decke und schüttete ein volles Glas Wasser über sich. Als er sich endlich wieder gefaßt hatte, sagte er sehr würdevoll: »Das war nun wirklich nicht fair, Kireiko. Wenn ich an meinem Sandwich erstickt wäre, hätte man Ihnen zu Hause die Hölle heiß gemacht. Um *wieviel* war der Druck in den Mikrobläschen höher? Und wie sieht die chemische Zusammensetzung aus?«

Ich hatte Kireiko noch nie so boshaft lächeln sehen; mir wurde plötzlich klar, daß ich einem weitverbreiteten Irrtum erlegen war und einfach unterstellt hatte, stille, schüchterne Menschen hätten keinen Humor. »Ich hätte mir denken können, daß Sie nach der Zusammensetzung fragen würden. Dabei wollte ich mir das noch aufsparen, es ist nämlich der Knalleffekt. Eine Steigerung nach der Sache mit dem Druck –«

»Bitte, spannen Sie mich nicht länger auf die Folter«, flehte Nari.

»Ich glaube, Sie sollten ihn erlösen«, schlug Gander grinsend vor. »Sonst garantiere ich für nichts.«

Kireikos Lächeln wurde noch breiter. »Schön, wenn Sie es unbedingt wissen wollen ... der Druck lag so um die fünfunddreißig Millibar, und die chemische Analyse ergab etwa anderthalb Prozent freien Sauerstoff.«

Das riß uns alle vom Stuhl. Der Außendruck auf dem Mars beträgt heute etwas mehr als fünf Millibar. Die Sauerstoffmenge beträgt

1300 ppm, 1/100 des Wertes, den Kireiko eben genannt hatte. Akira war am heftigsten zusammengezuckt. »Selbst auf die Gefahr hin, den Eindruck einer japanischen Verschwörung zu erwecken«, begann er, »muß ich gestehen, daß Dr. Nigawas Theorie mich immer mehr überzeugt. Jedenfalls aus meteorologischer Sicht.«

Fleurant nickte. »Das muß sogar ich zugeben.«

»Nicht jeder hier ist über Ihre Forschungen auf dem laufenden«, schaltete Olga sich ein. »Könnten Sie uns vielleicht erklären, worum es eigentlich geht?«

»Klar«, sagte Nari. »Ich glaube, daß die Tiberianer hierherkamen, um den Mars zu terraformen. Die Eiweißunverträglichkeit auf der Erde war ein unüberwindliches Problem, es war einfacher, zu emigrieren und, wenn irgend möglich, auf einem Planeten ohne eigenes Leben tiberianische Lebensformen anzusiedeln. Doch irgendwann kam der Prozeß zum Stillstand, entweder, weil die Tiberianer eines natürlichen Todes starben – oder alle auf einen Schlag Opfer einer Katastrophe wurden. Als die Eingriffe nicht fortgesetzt wurden, fiel der Mars wieder in seinen früheren Zustand zurück. Die weltweite Diskontinuität in allen Eisschichten und im Permafrostboden ist damit zu erklären, daß alles bis in diese Tiefe aufgetaut war und wieder zugefroren ist.«

»Ergänzend sei gesagt, daß ich dem nicht in allen Punkten widersprechen möchte«, fügte Fleurant hinzu. »Ich denke nur, es gibt eine einfachere Erklärung. Man könnte auch annehmen, daß irgendwann, nachdem die Tiberianer von Phobos auf den Mars gekommen und dann gestorben waren, ein großes Tauwetter einsetzte, dem eine starke Abkühlung folgte. Daß der Luftdruck zum Zeitpunkt des wiedereinsetzenden Frostes sehr viel höher war, ist ganz natürlich, der Innendruck der Bläschen widerspricht meiner Theorie also nicht. Anders ist es mit dem freien Sauerstoff. Der einzige Bestandteil der Atmosphäre, der sich bei Tauwetter quantitativ stark verändern dürfte, ist Wasserdampf. Freier Sauerstoff legt nahe, daß es den Tiberianern gelungen ist, irgendwelche Pflanzen im Freien zum Wachsen zu bringen und so einen kleinen Teil des Kohlendioxids umzuwandeln. Allmählich gelingt es Nari, sogar mich zu überzeugen.«

Kireiko und Tsen brauchten lange, um so viele kleine Kügelchen aus den Eisblöcken herauszupräparieren, daß eine eingehende Untersuchung möglich war. Wir betätigten uns weiter als Eisblockschneider. Mit der Zeit waren wir in Übung gekommen und hatten unsere Technik verbessert, nun schafften unsere fünf Zweiergruppen an die dreihundert Blöcke pro Tag. Leider maß die tiberianische Fundstätte etwa fünfzig Meter im Quadrat, und die obersten Artefakte befanden sich in etwa vier Meter Tiefe. So waren wir auch nach einem vollen Monat erst auf gut einen Meter an die Hüttendächer, die Seitenwand der Landefähre und die einen halben Kilometer entfernte *Enzyklopädie* herangekommen, die ja das eigentliche Ziel unserer Bemühungen war.

Eines Tages, wir saßen beim Essen in dem fast leeren Habitat, das allgemein als ›Speisesaal‹ bekannt war, weil es fünf Farmen und so etwas wie eine Küche enthielt, die Doc C. sich eingerichtet hatte, sagte Nari: »Ich möchte nicht den Eindruck erwecken, als wollte ich als Leiter der Wissenschaftlerdelegation irgendwelche Sonderrechte beanspruchen, aber ich würde gerne beim Kontrollzentrum anfragen, ob ich mir Jason, Olga und Yvana morgen ausborgen kann. Ich habe da eine Idee, der ich gern nachgehen würde. Ich brauche nur einen Tag Zeit, einen Schlepper und einen Teil des Forschungsgeräts.«

Gander zuckte die Achseln. Als Stationsleiter hatte er in solchen Dingen das letzte Wort, aber alle wissenschaftlichen Entscheidungen überließ er normalerweise Nari. »Von mir aus gerne. Und wenn Sie für mich gleich eine Genehmigung mitbesorgen, habe ich nichts dagegen. Ich halte es gut einen Tag lang ohne Eisblöcke aus. Ich habe ohnehin den Eindruck, wir könnten alle etwas Abwechslung vertragen. Zur Schicht mit den Hauptfunden stoßen wir ohnehin erst vor, nachdem die Mannschaft von Fünf Alpha eingetroffen ist, und seit den ersten Entdeckungen an der Oberfläche ist nicht mehr viel Interessantes dazugekommen. Vielleicht sollten wir anfangen, einen Ruhetag einzuführen, sagen wir, alle sieben Tage einmal, nachdem das für einige von uns schon Tradition ist? Hören Sie, Nari, wenn Sie sinnvolle Verwendung für zusätzliche Helfer haben, dann kann sich meinethalben auch das ganze Team an Ihrem Ausflug beteiligen.«

Nari lachte und rieb sich nachdenklich das Kinn. »Das ist nun wirklich ein großzügiges Angebot. Ja, ich könnte viele Helfer gebrauchen; es handelt sich nämlich um ein Vermessungsprojekt. Okay, ich beziehe alle in die Anfrage ein. Ich habe nämlich den Verdacht, daß es eine zweite tiberianische Siedlung gibt, keine zwanzig Kilometer vom Fundort der *Enzyklopädie* entfernt. Und wenn wir dort finden, was ich vermute, nun, dann werde ich meine Theorie mehr oder weniger für bewiesen erklären, obwohl noch eine Behauptung zu verifizieren wäre. Ich stelle es mir sehr reizvoll vor, wenn Sie alle um mich herumstehen, während ich auf die Röntgenaufnahmen zeige, die ich mir von Yvana anfertigen lassen will, und triumphierend ausrufe: ›Da seht ihr, mir war das von Anfang an klar.‹ Sollte sich allerdings herausstellen, daß ich mich geirrt habe, dann brauche ich nicht unbedingt Zeugen, wenn Paul Fleurant herumspringt und schreit: ›Ich hab's doch gleich gesagt.‹«

Ilsa lehnte sich zurück. »Schön, Nari, Sie haben es geschafft, uns alle neugierig zu machen, wie wär's, wenn Sie uns jetzt erklären, was es mit Ihrer Idee auf sich hat?«

»Bin ich so leicht zu durchschauen?«

Alles nickte.

»Nun gut … dazu muß ich aber zu meinen ersten Forschungen auf dem Mond zurückgehen. Für mich lautet die Frage immer: Was war wohl das *Motiv* dieser Fremden? Nehmen wir zunächst das Wesentlichste – Eiweißunverträglichkeit. Niemand bleibt freiwillig an einem Ort, der ihm nicht bekommt, und wartet, bis auch wirklich alle Krankheitsbilder aufgetreten sind. Aber genau das war der Fall: Zellschädigungen in allen Teilen des Körpers, brüchige Gelenke, Gehirnschäden, starke Atrophie bzw. Hypertrophie bestimmter Organe. Das hatten sie sich bestimmt nicht *gewünscht;* ich nehme an, insoweit sind uns die Außerirdischen doch sehr ähnlich. Also sind sie nicht aus freien Stücken so viele Jahre auf der Erde geblieben. Und irgendwann sind sie ja auch fortgegangen – entweder war etwas geschehen, das ihnen die Freiheit gab, oder die Situation war aus irgendeinem noch unbekannten Grund vollends unerträglich geworden. Wenn wir nun die Mischung verschiedener Techniken betrachten – auch das sieht mir nicht nach Planung aus. Wenn eine Kleinstadt zu Hause auf der Erde ganz plötzlich gezwungen wäre, mit dem weiterzumachen, was sich an einem Tag X innerhalb ihrer Grenzen befindet, käme wohl ein ähnliches Sammelsurium zusammen: ein paar hochmoderne Maschinen, ein paar eher primitive Werkzeuge und viele Dinge, die man irgendwie aus beidem zusammengestückelt hat. Das brachte mich schon damals auf die Idee, daß die Kolonie auf der Erde gescheitert war und die Bewohner aus irgendwelchen Gründen nicht nach Hause fliegen konnten – die Landefähren hätten auf keinen Fall die nötige Reichweite gehabt, deshalb nehme ich an, daß es sich bei den Trümmern, die man überall auf Phobos gefunden hat, um die Überreste des Mutterschiffs handelt. Man kann also auf der Erde nicht überleben, aber man kann das Sonnensystem nicht verlassen. Die Technik ist auf hohem Stand, aber man hat nur begrenzt die

Möglichkeit, defekte Geräte zu reparieren, und keine Mittel, um neue zu bauen. Und wenn man auf der Erde auf Dauer nicht leben kann, nun, anderswo hält man es noch weniger aus. Was also tut man? Man versucht, sich einen Lebensraum zu schaffen, der für einen selbst und für die Nachkommen geeigneter ist – so schwer das auch sein mag. Wenn man davon ausgeht, daß sie uns sehr ähnlich waren, nun, welche Welt läßt sich am leichtesten terraformen? Okay, damit ist geklärt, warum sie sich den Mars ausgesucht hatten. Aber wieso Korolew? Da bin ich nun wirklich auf Mutmaßungen angewiesen.

Ich denke, wir kommen letzten Endes auf drei Faktoren. Erstens suchten sie Wassereis an der Oberfläche, um das Wasser nicht aus dem Permafrostboden extrahieren zu müssen. Das läßt darauf schließen, daß ihre Maschinen nach jahrzehntelangen Bemühungen, im All zu überleben, nach und nach versagten. Sie brauchten also eine Welt, wo ihre Nachkommen auch auf einem technisch sehr viel primitiveren Niveau zurechtkommen konnten. Nun hat der Mars in den Äquatorialregionen so gut wie kein Wasser, und am Südpol nicht sehr viel mehr. Sie müssen also bis in die nördlichen Polarregionen gehen. Aber wenn sie große Teile des Eises abschmelzen wollen, holt sie der Teufel, wenn sie ihren Stützpunkt nicht genau an die richtige Stelle setzen. Und zweitens müssen sie mit den extremen Bedingungen in der Arktis fertig werden – fast ein Erdenjahr Tageslicht, gefolgt von fast einem Erdenjahr Nacht, um nur ein Problem zu nennen. Was tun sie also: Sie suchen sich die südlichste Stelle in der Arktis aus, die über eine größere Menge Wasser verfügt, vorzugsweise Wasser, das bei Erwärmung nicht allzu schnell davonrauscht. Und hier haben wir die optimale Kombination – Korolew liegt weit im Süden, und das Wasser ist im Krater eingeschlossen. Einen günstigeren Standort findet man auf dem ganzen Mars nicht.

»Bisher haben Sie nur bewiesen, daß die mindestens so schlau waren wie Sie«, neckte Fleurant.

»Und das sehr überzeugend«, fügte Tsen hinzu. »Sonst hätten Nari und die Tiberianer sich nicht im Korolew-Krater getroffen.«

Ohne sich beirren zu lassen, fuhr Nari fort: »Was wissen wir noch über sie? Sie hatten fast keine Fertigbauten – ich vermute, sie hatten nur die beiden Druckkabinen auf dem Mond mitgebracht, wahrscheinlich mit jeder Landefähre eine. Aber mit Wasser oder auch nur ein wenig Chondrit konnten sie eine Biosphäre herstellen, sie mußte nur hermetisch abgedichtet werden. Auf dem Mond nützten sie zu diesem Zweck die Lavaröhren, auf Phobos bohrten sie

Gänge, und alles wurde mit geschmolzenem Stein versiegelt und mit primitiven Türen versehen, die sie bestimmt in der Werkstatt ihres Raumschiffs fabriziert hatten.

Nehmen wir dagegen den Mars. Der Druck ist niedrig, die Strahlung mäßig, jedenfalls geringer als auf Phobos und auf dem Mond. Die Frage ist nur: Warum zieht jemand, der die Absicht hat, einen Planeten auf angenehme Temperaturen zu erwärmen, um darauf zu leben, ausgerechnet auf einen zugefrorenen See? Meine Antwort lautet, sie wollten nicht für immer auf dem Eis bleiben. Irgendwo ganz in der Nähe gab es einen besseren Standort. Deshalb habe ich mich mit der hiesigen Geologie beschäftigt, und was glauben Sie, was ich dabei herausgefunden habe?«

»Sie glauben zu wissen, wo sich die Tiberianer auf Dauer niederlassen wollten«, sagte Kireiko. »Und jetzt wollen Sie nachsehen, ob sie dort schon irgendwelche Bauten errichtet hatten.«

»Genau. Korolew ist geradezu ein klassisches Beispiel für einen Meteoreinschlag in Permafrostboden. Beim Aufprall wurde der Untergrund verflüssigt und in einer großen Welle nach außen gedrängt, dann hat die Welle an Schwung verloren und ist ›festgefroren‹. Als sich das Wasser im Boden neu verteilte, um anschließend wieder zu gefrieren, wurde der Boden im Umkreis des Kraters weich und verklumpte. Wo nicht mehr genügend Wasser übrigblieb, kam es zu Einstürzen oder Einbrüchen. Der Krater selbst füllte sich mit Wasser und später mit Eis. Bei solchen Formationen finden sich oft auch Hohlräume in der Kraterwand ...«

»Höhlen«, sagte Fleurant. »Sie glauben, es gibt Höhlen in der Kraterwand, in denen sich die Tiberianer verschanzen wollten.«

»Nicht nur das«, sagte Nari. »Akira und ich haben ein paar Berechnungen angestellt und sind zu sehr interessanten Ergebnissen gekommen. Vor etwa neuntausend Jahren – das Datum wurde nach den irdischen Holzresten und Wollfasern ermittelt, die man auf dem Mond gefunden hat – war die Ekliptikschiefe des Mars noch sehr viel geringer als heute. Und alle Klimamodelle sind sich mehr oder weniger darin einig, daß der Mars bei geringer Ekliptikschiefe eine eher dünne, klare Atmosphäre hat und die Pole als Kältefalle für Wasser dienen; bei stärkerer Neigung wird die Atmosphäre dichter und staubiger, und es gibt wahrscheinlich sogar etwas flüssiges Wasser. Vom Standpunkt einer Terraformung aus gesehen ...«

Tsen hob die Hand. »Könnte man einer simplen Ärztin und Biologin vielleicht erklären, was Ekliptikschiefe ist?«

»Neigung zur Sonne«, sagte Nari. »Geringe Ekliptikschiefe bedeutet, die Pole zeigen ziemlich genau nach oben und unten, und die Achse steht senkrecht zum Orbit. Starke Ekliptikschiefe bedeutet, die Achse steht sehr schräg. Da die Marsatmosphäre über den Polen gefriert und das Wetter hauptsächlich durch Temperaturunterschiede bedingt ist, sind sich bei geringer Ekliptikschiefe die Jahreszeiten ziemlich ähnlich, und alles, was zum Pol geht, bleibt auch dort. Folglich sinkt der Luftdruck, die Temperaturunterschiede stabilisieren sich, es gibt kaum Luftströmungen, die Staub aufwirbeln könnten, und so gut wie keine Luft, in der er hängenbleiben würde, wenn es doch dazu käme. Bei starker Ekliptikschiefe steht die Achse sehr schräg, wenn also ein Pol zur Sonne zeigt, bekommt er sehr viel Wärme ab. An diesem ›Sommerpol‹ verdunstet das Kohlendioxid, und er verliert seine Funktion als Kältefalle für Wasser. Zugleich wird es am Winterpol immer kälter, damit wird die Temperaturdifferenz größer, es gibt also mehr Wind in einer dichteren Atmosphäre, mehr Staub, der hilft, das Sonnenlicht zu absorbieren und das Eis zu verdunkeln, und so weiter. Und da Winter- und Sommerpole sich in halbjährlichem Abstand abwechseln, gerät die Luft schon bald sehr stark in Bewegung. Von der Kältefalle bleibt nicht mehr viel übrig, dafür gibt es gewaltige Staubstürme, etc., etc. Aber ich wollte eigentlich nur folgendes sagen: Wenn man den Mars terraformen – oder vielleicht besser tiberformen – will, sollte man möglichst bei starker Ekliptikschiefe hier eintreffen. Die armen Tiberianer hatten sich eine verhältnismäßig schlechte Zeit ausgesucht, denn das natürliche Gleichgewicht des Systems tendierte in Richtung Kälte, und als ihnen irgend etwas zustieß und sie ihre Bemühungen nicht fortsetzen konnten, gefror alles wieder zu.

Außerdem gibt es auf dem Mars eine sogenannte Polwärtswanderung des Wassers. Wasser wird von Eislagerstätten geradezu angezogen, und da in höheren Breiten die Chance geringer ist, daß es jemals taut, ist in arktischen und antarktischen Regionen über lange Zeit immer ein Zuwachs der Wassermenge zu verzeichnen. Falls es irgendwo auf dem Planeten Tauwasser gibt, wandert es noch schneller. Meiner Ansicht nach ist folgendes passiert: Die Tiberianer waren mit ihrer Terraformung ein Stück weit vorangekommen, als irgend etwas geschah, was sie am Weitermachen hinderte. Sobald sie das Klima nicht mehr in Richtung Wärme und Luftverdichtung beeinflußten, kehrte alles wieder in den Ausgangszustand zurück – und das Wasser, das sie freigesetzt hatten, wanderte nach Norden und füllte innerhalb von wenigen Jahren diesen Krater. Die Überreste ihrer Siedlung wurden überschwemmt und schließlich unter einer Eisschicht konserviert. Ich bin überzeugt davon, daß es sich bei den Tiberianern unter der Diskontinuität um jene handelt, die vor dem Scheitern der Kolonie starben und im Eis begraben wurden. Sie sind wohl nahezu vollständig erhalten. Die in den Hütten kamen dagegen plötzlich ums Leben und blieben liegen, bis irgendwann, vielleicht in der gleichen Nacht, vielleicht auch zehn oder hundert Jahre später, alles Wasser aus der Nordpolkappe abregnete und sie zudeckte.

Diese Überlegungen führten mich zu einem weiteren Schluß: Man sollte in Höhe der Diskontinuität nach Höhlen suchen. Und ich habe genau in der richtigen Höhe an der Kraterwand einige sehr merkwürdige Echos bekommen – zwanzig Kilometer vom Landeplatz entfernt. Da will ich nachsehen.«

Fleurant nickte. »Ganz Ihrer Meinung, Nari. Das war eine schöne Geschichte, und ich will nicht bestreiten, daß sie sogar wahr sein könnte. Außerdem wird uns ein Tagesausflug allen guttun.«

»Hoffentlich«, sagte Nari mit leisem Lächeln.

Drei Stunden später, zu Beginn der Schlafperiode, gab Gander bekannt: »Ich habe wie gewünscht auf der Erde um Genehmigung für eine Planänderung nachgesucht. Man hat Ihren Bericht gelesen und den Antrag erwartungsgemäß bewilligt. Nun will ich wirklich kein Spielverderber sein«, fuhr er fort, »aber ich muß darauf hinweisen, daß wir mit den Raupenschleppern nicht mehr als zehn Kilometer pro Stunde schaffen. Zehn Kilometer zur Ausgrabungsstätte und noch zwanzig Kilometer darüber hinaus, das macht drei Stunden. Wir haben im Augenblick etwa dreizehn Stunden Tageslicht, wenn wir also gleich im Morgengrauen aufbrechen, haben wir sieben Stunden vor Ort. Allerdings würden wir damit die ganze Station und alle Schlepper bei einem einzigen Ausflug aufs Spiel setzen. Sie haben die Genehmigung von der Erde, aber ich frage mich, ob ich nicht mein Veto einlegen müßte.«

Nari zog die Stirn in Falten. »Sie haben natürlich recht. Ursprünglich hatte ich auch nur mit vier Personen fahren wollen. Paul würde ich gerne noch mitnehmen, damit wäre ein Schlepper voll, und das sollte fürs erste genügen. Wenn es dort etwas zu finden gibt, können wir uns später ernsthaft damit beschäftigen. Und noch etwas: Ich finde, wir sollten nur bis zur Ausgrabung zurückfahren und nicht bis hierher – damit gewinnen wir eine volle Stunde.« Er stand auf und streckte sich. »Trotzdem müssen wir sehr früh aus den Federn, ich möchte den glücklichen Gewinnern also dringend empfehlen, sich bald aufs Ohr zu legen – ich werde das jedenfalls tun.«

7

Die Fahrt am nächsten Tag war sehr lang. Niemand kümmerte sich um Olga und mich. Paul, Yvana und Nari saßen hinten, diskutierten und stellten eifrig Berechnungen an, wo sie ihre Röntgen- und Ultraschallgeräte plazieren wollten.

Damit blieben für Olga und mich die vorderen Sitze, von wo man ohnehin die beste Aussicht hatte – und das angenehme Gefühl, ausnahmsweise keine Eisblöcke in der Gegend herumwuchten zu müssen.

Wir hatten es geschafft, uns noch vor Morgengrauen auf den Weg zu machen und konnten, da wir fast genau nach Westen fuhren, die nördliche Dämmerung in ihrer eindrucksvollsten Form genießen. Hinter uns ging die Sonne auf, ein rasantes Schauspiel in der dünnen Marsluft. Binnen weniger Minuten wurde der schwarze Himmel fahl und wechselte rasch über Blau und Rosa zum gewohnten Rot. Zugleich erloschen die Sterne, und plötzlich sahen wir, unglaublich scharf gezeichnet, die schwarzen Zacken des Kraterrandes im Sonnenlicht vor uns.

Das Frühstück – die gleichen geschmacklosen Eiweiß- und Stärkeprodukte wie immer – holten wir auf der Fahrt nach. Die Sonne stand noch tief, und die Schatten waren sehr lang, als wir die Ausgrabungsstätte passierten. Ich sah, daß die dritte Schicht schon ziemlich weit abgetragen war, und fuhr einen weiten Bogen, um nur ja nichts zu zerstören.

Eine Stunde später kam das sublimierende Kohlendioxid als weiße Woge auf uns zugerast und zog nach Süden weiter. »Das ist wirklich spektakulär«, sagte ich zu Olga. »Der Gischt spritzt bis zu fünf Metern hoch.«

»Sicher ein Ereignis, das mit der Zeit die Touristen anziehen wird«, gab sie zurück.

Vor uns stieg das Gelände nun schroff zum Himmel empor, der scharfkantige Kraterrand wölbte sich uns entgegen wie eine anbrandende Welle, die sich um so drohender auftürmte, je näher wir ihr kamen.

Einen halben Kilometer bevor das Eis an die Kraterwand grenzte, ließen wir den Schlepper stehen. Nari sagte, das genüge für die ersten Untersuchungen. Wir tranken ein paar Schlucke von dem gräßlichen Gebräu aus gefriergetrocknetem Pulver, das sich Kaffee nannte; dann stiegen wir aus und trugen unsere Geräte vorsichtig näher heran. Ich kam immer noch nicht damit zurecht, daß die Schwerkraft hier nur ein Drittel dessen betrug, was ich gewöhnt war, und neigte dazu, mir zuviel aufzupacken und dann vornüberzukippen. Heben konnte ich ja eine ganze Menge, aber die Trägheit war die gleiche wie auf der Erde, und meine Füße bekamen nur ein Drittel der normalen Bodenhaftung. Jede Last war also sehr viel leichter in Bewegung zu bringen, als wieder anzuhalten.

Als alle Geräte aufgestellt waren, wurde Olga und mir klar, wozu man uns eigentlich mitgenommen hatte. Schwere Lasten brauchten wir von da an zwar kaum mehr zu schleppen, aber dafür waren wir ständig unterwegs. Bei dieser Art von Untersuchung schickte man einen stark gebündelten Röntgenstrahl schräg ins Eis und registrierte, wie er zurückgeworfen wurde. Die Empfangsantenne war eine mit winzigen Sensoren besetzte Decke von 200 Metern Durchmesser. Wir brachten zunächst die Strahlenquelle und dann die Decke in Stellung. Dann schickten wir einen Strahl ins Eis, versetzten die Decke und feuerten die nächste Salve ab. Das wiederholten wir so lange, bis wir den Winkel gefunden hatten, bei dem ein Maximum an Energie zurückkam. Dann verlegten wir die Strahlenquelle und fingen wieder von vorne an. Währenddessen gaben die Wissenschaftler die Ergebnisse in den Computer ein. Wir sahen sie aufgeregt gestikulieren.

Die Mittagspause hatte sich verzögert, und so waren wir fast am Verhungern. Auf einer glatten Oberfläche herumzulaufen ist ziemlich anstrengend, denn man muß ständig alle Muskeln anspannen, um sich im Gleichgewicht zu halten. Die Wissenschaftler waren jedoch wie im Fieber, und so warfen wir uns einen Blick zu, zuckten die Achseln, schlangen rasch unsere Ration hinunter und gingen freiwillig wieder an die Arbeit. Wenn sie erst wußten, was eigentlich so aufregend war, würden sie es uns schon erzählen.

Die Sonne kroch dem Kraterrand entgegen, und unsere Schatten ragten schon weit nach Osten, als Nari einen Anruf von Gander erhielt, wir sollten zusammenzupacken und uns auf den Weg machen. Ich war darauf gefaßt, daß Nari widersprechen würde, und hatte mir schon zurechtgelegt, was ein kleines Würstchen wie ich einer hochgestellten Persönlichkeit wie ihm in diesem Fall vorhalten konnte, aber er gab wider Erwarten sofort klein bei. Zu seiner Ehre sei gesagt, daß er Yvana sogar half, die Antennendecke zusammenzufalten. Auch alle anderen legten Hand an, um die Geräte zum Schlepper zurückzubringen.

»Mit Stiefeln ist man auf diesem Untergrund ziemlich verloren«, sagte ich, als ich zum dritten Mal hingefallen war. »Mit Hockeyschlittschuhen oder vielleicht Langlaufskiern käme man sicher besser zurecht.«

Nari machte eine halbe Drehung und kam ins Rutschen – unter diesen Bedingungen der beste Weg zu einem Sturz. Er landete auf der Instrumentenkiste, und ich setzte meine Last ab und half ihm beim Aufstehen. »Haben Sie sich weh getan?«

»Nur die Würde ist angeknackst. Jason, das ist eine von diesen großartigen Ideen, auf die so selten jemand kommt. Der Vorschlag ist preisverdächtig, ich werde ihn unter Ihrem Namen einreichen.«

»Was für ein Vorschlag?«

»Skier oder Schlittschuhe. Das Vernünftigste, was man sich denken kann, solange wir auf einem zugefrorenen See arbeiten. Akira hat schon versucht, Eiskrallen für die Schuhsohlen anzufordern, auch die wären für manche Zwecke nicht schlecht – aber wenn man schnell vorankommen will, sind Kufen einfach optimal, und das heißt Skier oder Schlittschuhe. Die Idee ist *großartig*.«

Ich zuckte die Achseln. »Wie Sie meinen. Eigentlich hatte ich bloß rumgejammert.« Wir schafften die letzte Ladung in den Raupenschlepper, ich wendete und fuhr in Richtung Ausgrabungsstätte. Fünf Minuten später kam wieder ein Anruf von Walter Gander. Wenn wir jetzt noch nicht aufgebrochen seien, würde es uns schwerfallen, unser Ziel noch vor Einbruch der Dunkelheit zu erreichen.

Die Wissenschaftler setzten ihre aufgeregten Diskussionen auch auf dem Rückweg fort, und so war ich im Grunde mit Olga allein. »Was für ein Tag«, sagte ich. »Endlich einmal eine echte Abwechslung.«

»Ach, der heutige Tag hätte in jedem Fall eine Abwechslung gebracht«, sagte Olga. »Oder hast du das vergessen?«

»Was denn?«

Sie wurde ein wenig ungeduldig. »Wollten wir heute abend nicht in den Himmel schauen?«

»Äh … ja, richtig. Die *Aldrin* durchfliegt die Atmosphäre. Das ist ja – schon in einer knappen Stunde. Glaubst du, man sieht etwas, wenn die Sonne noch scheint?«

»Wenn ich richtig gerechnet habe, passiert es auf jeden Fall genau vor unserer Nase. Aber natürlich sehr hoch oben. Bis dahin steht die Sonne ziemlich tief, durchaus möglich, daß wir etwas sehen.«

»Was sollen wir sehen?« fragte Yvana vom Rücksitz her.

»Die *Aldrin*«, antwortete ich. »Das erste aerodynamische Bremsmanöver beginnt in einer Stunde direkt vor uns, und wir haben uns überlegt, ob man wohl etwas davon mitbekommt.«

»Natürlich sieht man sie auch bei Tageslicht«, sagte Yvana. »Wir haben Sie doch auch beobachtet. Warum haben Sie mich denn nicht gleich gefragt?«

Ohne eine Antwort abzuwarten, wandte sie sich wieder den beiden Männern zu, und die lautstarke Redeschlacht ging weiter. Ich konnte wieder einmal sehr gut verstehen, warum die meisten Teamangehörigen froh gewesen waren, als Captain Gander die Station übernahm.

Dreißig Minuten später – der Schatten vor uns war beträchtlich länger geworden – kam eine Stimme aus meinen Kopfhörern, die ich nicht gleich einordnen konnte, obwohl sie mir merkwürdig vertraut vorkam. »*Ausgrabung Zwei*, könnt ihr mich hören?«

»Laut und deutlich«, sagte ich. »Wer spricht da?«

»Scotty Johnston auf der *Aldrin*, Jason. Wir stehen kurz vor der ersten Aerobremsung. In etwa zehn Minuten zünden wir die Raketen.«

»Woher hast du gewußt, wo ich bin?«

»Habe zuvor mit Captain Gander gesprochen, und als ich erwähnte, daß ich mich freue, dich wiederzusehen, hat er mich durchgestellt. Verdammt, wie geht's dir denn so? In den Nachrichten bist du immer begeistert, hier zu sein, und hast dich der Mission mit Leib und Seele verschrieben.«

»Na ja, die haben schon lange keine neue Aufzeichnung mehr von mir gemacht. Der Planet ist nicht übel, Scotty. Aber Margaritas gibt's hier leider nicht.«

Scotty war ein alter Freund aus Colorado Springs. Wir waren eingespielte Doppelpartner im Tennis gewesen und hatten oft zusammen in Bars gesessen, wo viele Studentinnen verkehrten und man übersüße Drinks in den unmöglichsten Farben serviert bekam. Seine Familie gehörte zu den sogenannten Nafafs – ›*newly affluent Africans*‹, jenen Afroamerikanern, die beim großen Wirtschaftsboom von 2012 bis 2025 rechtzeitig eingestiegen und reich geworden waren. Im zwanzigsten Jahrhundert hatte es viele ›Wirtschaftswunder für Reiche‹ gegeben – Zeiten, in denen die Wirtschaft blühte, während die Arbeitsmarktlage unverändert schlecht blieb – aber im einundzwanzigsten Jahrhundert war das anders geworden. Dank eines riesigen Aufgebots an neuer Technik und an Großprojekten, die auch vollendet werden wollten, gab es nicht nur Arbeit in Hülle und Fülle, jedermann hatte auch die Möglichkeit, sich weiterzubilden und beruflich vorwärtszukommen. Die Wirtschaft schrie nach intelligenten, fähigen Leuten und tat alles, um sie zu fördern. Als ich noch in Colorado Springs lebte, war ›Nafaf‹ ein gängiger Ausdruck gewesen. Seit etwa fünf Jahren war er aus dem Sprachgebrauch verschwunden, weil das, was er bezeichnete, nichts Ungewöhnliches mehr war. Viele andere Begriffe – z. B. Ghetto, Barrio, Skid Row* oder Slum – ereilte derzeit das gleiche Schicksal, weil sie in der Realität keine Entsprechung mehr hatten.

»Hör mal«, sagte ich, »ich kann mich nicht erinnern, deinen Namen im Manifest von Fünf Alpha gesehen zu haben.«

»Ich bin in letzter Minute eingesprungen. Calvin Ho hat Mumps bekommen.«

»Ich hatte ja keine Ahnung, sonst hätte ich versucht, Verbindung aufzunehmen.«

Scotty lachte. »Du meinst, du hättest deine E-mail abgerufen. Deine Mutter läßt dir übrigens sagen, du hättest ihr nicht nur nicht geschrieben, sondern auch ihre letzten zehn Briefe nicht abgeholt; sie schickt sie immer mit automatischer Empfangsbestätigung, vermutlich hat sie ihre Erfahrungen mit deiner Schreibfaulheit. Ich hätte mich natürlich auch an Captain Gander wenden und ihn bitten können, dich an den Bildschirm zu prügeln, aber ich dachte, es macht mehr Spaß, wenn ich dich überrasche. Wie auch immer, ich mache jetzt Schluß. In sechs Minuten muß ich mein Bremstriebwerk zünden. Wenn ihr hier wirklich keine Margaritas habt, wird dieser Strandausflug eine herbe Enttäuschung für mich.«

»Bis bald, Scotty.«

Von jetzt an schauten wir, so oft wir konnten, nach rechts. Die Sonne schien auf die ferne Südwand des Kraters. »Das freut mich für dich«, sagte Olga. »Er fliegt sicher auch mit der *Collins* zurück, du hast dann also einen Freund an Bord. Und bis dahin hast du jemanden, mit dem du deine Freizeit verbringen kannst.« Das war keine verdeckte Anspielung mehr, sondern schon eher ein Wink mit dem Zaunpfahl, aber Diplomatie war nicht unbedingt Olgas Stärke. Gute Ingenieure müssen anderen so oft in die Parade fahren, bevor sie irgendwelche Dummheiten machen, daß sie mit der Zeit auch noch das letzte Quentchen Taktgefühl verlieren.

---

* ein billiges Vergnügungsviertel

»Ach, Scotty ist ganz in Ordnung«, sagte ich, »aber er kennt sich hier nicht aus. Wenn ich wirklich etwas erledigt haben will, halte ich mich lieber an dich. Er redet sowieso viel zu viel, und außerdem ist er nicht mehr als ein alter Schulkamerad.«

»Ach so. Trotzdem muß es schön sein, ein bekanntes Gesicht zu sehen.«

Dann schwiegen wir und schauten nur immer wieder nach Norden. Der Himmel war inzwischen dunkelrot geworden. Plötzlich schoß ein gleißend helles Licht über den Horizont. »Jetzt ist er bestimmt im Blackout«, sagte ich. »Mann, wenn ein so großes Schiff so schnell fliegt, zieht es einen ganz beachtlichen Schweif hinter sich her.«

»Habe ich doch gesagt«, sagte Yvana und lächelte voller Genugtuung.

Der große Feuerball raste in nur einer Minute von Horizont zu Horizont. Einige Zeit später – wir näherten uns der Ausgrabungsstätte, wo wir biwakieren wollten – kam Scottys Stimme wieder aus meinem Empfänger. »He, *Mobile Ausgrabung Zwei*. Du hast die Wette verloren – ich habe das Einfangmanöver geschafft. Noch ein Durchgang, dann sind wir im kreisförmigen Orbit. Wir sehen uns bald.«

»Schön, daß du da bist, Scotty.«

Seine Aufgabe war in mancher Hinsicht schwieriger als die meine. Die *Aldrin*, ein Pendler, war nicht für eine Landung vorgesehen. Sie sprengte auch ihre Startstufe nicht ab, sondern holte sie ein. Anstatt sich so lange von der Atmosphäre einfangen zu lassen, bis sie unten war, mußte sie sich mit einer Reihe von Aerobremsungen und Schubmanövern in eine Parkbahn um die Marspole bugsieren. Dann brachten wir in mehreren Etappen Treibstoff aus unserer automatischen Fabrikation in den Orbit und füllten die Tanks wieder auf.

Als wir an diesem Abend in Nummer Vier, der größten Schutzhütte der Ausgrabungsstätte, ein kaltes Abendessen einnahmen, sagte Olga: »Jason und ich würden brennend gern erfahren, was Sie heute gefunden haben.«

»Es dauert natürlich eine Weile, um sich ein Bild zu machen«, sagte Yvana, »und wir hätten noch sehr viel mehr Aufnahmen gebraucht, um die Einzelheiten zu verdeutlichen und genügend Material für die Computerauswertung zu haben, aber es sieht so aus, als … Nun ja, ich würde sagen, Dr. Nigawa ist rehabilitiert.«

Wir schauten unwillkürlich zu Paul Fleurant hinüber; er nickte. »Es ist eine große Höhle«, sagte er, »und den Röntgenechos nach zu schließen, war dort eine beachtliche Anlage im Entstehen. Man kann auch zwei Dutzend tiberianische Leichen in einem kleinen Friedhof erkennen und vermutlich eine zweite Farm, die vielleicht aus einem der Raumschiffe ausgebaut worden war. Insgesamt sieht es nach diesem frühen Technikstadium aus, das Nari so fasziniert. Wie gesagt, das Bild ist noch nicht scharf, aber auch nicht so verschwommen, daß man von einer Halluzination sprechen müßte. Was haben Sie nun als nächstes vor, Nari? Sie sagten doch, wenn das klappt, wollten Sie sich noch etwas ansehen.«

Nari trank grinsend seinen letzten Schluck Kaffee, dann verzog er das Gesicht. »Für mich ist das beste Argument für eine Terraformung dieses roten Lehmklumpens, daß man danach Kaffee und Tee anbauen könnte. Und Reis. Für eine Schüssel Reis könnte ich einen Mord begehen.«

»Nari!«

»Schon gut, ich will mal nicht so sein. Ich glaube, wir müssen uns am Südpol umsehen. Jeder Terraformungsplan ist bisher zum gleichen Schluß gekommen: Man geht dahin, wo sich das ganze Kohlendioxid befindet, und wenn man, am besten kurz bevor im Süden der Frühling einsetzt, das Eis schwärzt, kann man den Druck auf etwa dreißig Millibar hochtreiben. Dann schmilzt das Eis, das Wasser gerät in Bewegung und so weiter. Vor neuntausend Jahren waren die Bedingungen gar nicht so viel anders als heute, nur wären wir heute in einer sehr viel günstigeren Situation. Ich würde also sagen, was immer sie gemacht haben, müßte dort Spuren hinterlassen haben.«

»Haben Sie eine Stelle im Auge?«

»Nun ja, das Südpolgebiet ist ziemlich zerklüftet, aber wenn Sie sich Hutton, Rayleigh, Burroughs und Liais – vier Krater um den 240. bis 260. Längengrad – ansehen, werden Sie feststellen, daß sie alle recht gute Staubfänger sind und interessante kleinere Krater im Inneren aufweisen. Damals in den neunziger Jahren des 20. Jahrhunderts, als Leute wie Zubrin* erstmals auf die Idee kamen, bei Marsmissionen mehr mit Material zu arbeiten, das vor Ort verfügbar war, da machte ein Mann namens Mole den Vorschlag, den feinen Staub mit Hilfe von Atombomben zu großen Wolken aufzublasen. Wenn man die Bomben möglichst nahe am Pol und kurz vor dem südlichen Frühling zündet, müßte der Staub zumindest theoretisch wieder

---

* Robert Zubrin & Richard Wagner, *The Case for Mars,* New York: Simon & Schuster, 1996; dt. *Unternehmen Mars,* München: Heyne, 1997.

abregnen und das Eis schwärzen. Dadurch würde sich wiederum die Verdunstung beschleunigen, und ein weiterer Teil der Eiskappe würde in die Atmosphäre zurückgeführt. An diesem Punkt setzt nun die Rückkoppelung ein. Durch die Erwärmung wird Kohlendioxid freigesetzt, das verursacht weitere Erwärmung, und irgendwann hat man einen warmen, feuchten Mars. Nur gut, daß damals niemand versuchte, Moles Idee in die Tat umzusetzen, sonst lägen heute womöglich alle tiberianischen Funde auf dem Grund des Korolew-Sees im Schlamm. Jedenfalls ist es ein billiges und relativ unkompliziertes Terraformungsverfahren, genau das, was unsere tiberianischen Freunde im Grunde brauchten. Deshalb möchte ich mir diese Krater aus der Nähe ansehen – die kleinen könnten genau dort sein, wo vor neuntausend Jahren der Staub war – um festzustellen, ob noch Reste von Radioaktivität vorhanden sind.«

»Für diesen Ausflug bin ich jederzeit zu haben«, erklärte Paul lächelnd. »Ich wünsche Ihnen von Herzen, daß alle Ihre Hypothesen sich als richtig erweisen, Nari. Noch mehr würde ich mich natürlich freuen, wenn uns der Inhalt der *Enzyklopädie* eine weitere Bestätigung liefern könnte.«

Olga stand auf und streckte sich. »Ich danke Ihnen. Ich freue mich, daß Sie so viel gefunden haben, und am meisten freue ich mich für Sie, Nari, aber ich bin den ganzen Tag auf dem Eis herumgelaufen, und jetzt bin ich todmüde.«

»Ich habe mich gleich nach unserer Ankunft noch vor dem Essen um die Schlafgelegenheiten gekümmert«, sagte Paul. »Es gibt fünf Feldbetten. Nari und ich gehen durch diesen Tunnel hier in Schutzraum Eins. Yvana bekommt Schutzraum Zwei, der nur eine Pritsche hat, für sich allein, und Sie und Jason habe ich in Schutzraum Drei gelegt.«

Etwas verwirrt folgte ich ihr. Drei Männer, zwei Frauen und drei Schutzräume, würde man da nicht normalerweise ...?

Wir betraten den Schutzraum und schlossen die Tür hinter uns. Es gab nicht nur zwei Betten, man hatte sie auch noch nebeneinandergerückt. Ich sah Olga von der Seite an; sie war rot geworden, aber sie lächelte. »Paul hat wieder einmal demonstriert, warum Russen und Franzosen sich von jeher so gut verstehen«, sagte sie. »Wir können sie auseinanderschieben, wenn du ... äh ... doch lieber nicht willst, aber so schnell bekommen wir wohl keine Gelegenheit mehr, ganz für uns zu sein ...«

»Laß die Pritschen, wo sie sind«, sagte ich und nahm sie in die Arme. »Schön, daß wenigstens einer von uns die Gelegenheit beim Schopf ergriffen hat. Paul hat eine Menge bei mir gut.«

Am nächsten Morgen war ich in glänzender Stimmung. Trotzdem fiel mir auf, daß Yvana aus irgendeinem Grund wütend auf uns war, während Paul und Nari höchst zufriedene Gesichter machten. Der Rest der Mannschaft traf zur gewohnten Zeit ein. Heute wurde nur bis Mittag gearbeitet, dann wurden die beiden Landefähren von Fünf Alpha erwartet. Kurz vor Ende der Schicht tauchte Gander neben mir auf und sagte: »Äh … Jason.«

»Sir?«

»Schalten Sie doch bitte auf eine Privatfrequenz. Wir nehmen Kanal Siebzehn.«

Ich gehorchte.

Gleich darauf drang seine Stimme wieder aus dem Empfänger. »Mir ist da etwas von einer Verschwörung im Team *Mobile Ausgrabung Zwei* zu Ohren gekommen. Ich liebe es gar nicht, wenn meine Offiziere hinter meinem Rücken Heimlichkeiten haben. Also … falls Sie und Olga wieder einmal den Wunsch verspüren sollten, sich gemeinsam in einer Kajüte aufzuhalten, erteile ich Ihnen hiermit den dienstlichen Befehl, diesem Wunsch nachzugeben, ohne das vor jemandem verbergen zu wollen. Wer etwas dagegen hat, kann meinetwegen zu Fuß nach Hause gehen.«

»Jawohl, Sir.« Mir war ganz schwindlig vor Erleichterung. Zunächst hatte er mir wirklich einen gewaltigen Schrecken eingejagt.

»Zurück auf allgemeine Frequenz«, schloß Gander.

Ich schaltete um und hörte gerade noch, wie er sagte: »He, Paul, die Wette haben Sie verloren. Er ist nicht vor der Pointe in Ohnmacht gefallen.«

Dann schallte vielstimmiges Gelächter aus meinem Empfänger. Vielleicht war ich Paul doch nicht ganz so viel schuldig, wie ich gedacht hatte.

Am Nachmittag kamen die beiden Landefähren heruntergeschwebt und setzten neben den fünf Kapseln auf, die wir bereits betankt und startbereit gemacht hatten. Wir gingen hinaus, um die Neuankömmlinge zu begrüßen. Scottys Gehversuche auf dem Eis sorgten für nicht geringe Heiterkeit.

Beim Abendessen ging die Stimmung hoch, und Gander erklärte den nächsten Tag zum ersten offiziellen Ruhetag, weil ohnehin alle viel zu lange aufblieben und die Gespräche kein Ende fanden. Als Unterkunft für die Angehörigen von Fünf Alpha hatten wir das alte MarsHab der dritten Expedition hergerichtet. Sie versicherten uns ausdrücklich, es sei ein wunderschönes Quartier, aber das hieß im Grunde nur, daß sie genau gewußt hatten, was sie auf dem Mars erwartete, und uns nicht böse waren. Den ganzen Feiertag lang saßen wir alle nur herum, sahen uns Filmaufzeichnungen an und plauderten. Scotty hielt es für angebracht, mir zu erklären, er finde Olga ›süß, aber viel zu gut für dich, du verdammter Glückspilz‹. Ich gab ihm recht.

Die nächsten Wochen vergingen wie im Flug. Normalerweise war die Anlage zur Treibstofferzeugung, die Kohlendioxid und Wasser in Flüssigwasserstoff und Flüssigmethan umwandelte, zu etwa einem Zehntel ausgelastet. Doch jetzt galt es, die *Aldrin* – sie war als GOcycler für Mars Sechs in fast zwei Jahren eingeteilt – für den unbemannten Rückflug zu betanken. Das hieß, die Anlage mußte auf vollen Touren laufen, denn in den sechs Monaten vor dem geplanten Abflug mußte nicht nur der Treibstoff für die *Aldrin* selbst, sondern auch für die Tanker hergestellt werden, die ihn in den Orbit bringen sollten. Diese Tanker waren ziemlich schlaue Roboter, sie konnten ganz allein ein Rendezvousmanöver mit dem GOcycler fliegen und fanden auch wieder nach Korolew zurück, trotzdem mußte jemand darauf achten, daß sie keine Dummheiten machten, und diese Aufgabe fiel immer mir, Scotty oder Olga zu. Wenn wir keine Tanker steuerten, fuhren wir weiterhin mit zur Ausgrabungsstätte hinaus. Zusammen mit den Neuankömmlingen hatte man sich fleißig weiter in die Tiefe vorgearbeitet und war nun nicht mehr weit von den kostbaren Funden entfernt. Im Eis gab es immer noch nichts Ungewöhnliches zu entdecken, aber wir arbeiteten weiter streng nach Plan; falls die Blöcke dennoch wichtige Informationen enthielten, die wir oder vielleicht auch spätere Generationen irgendwann zutage fördern konnten, sollten sie auf jeden Fall bewahrt bleiben.

Zwei Monate später verkündete Kireiko, sie habe uns etwas mitzuteilen, und fügte hinzu: »Es ist einfacher, es Ihnen zu zeigen. Ich mußte nämlich etwas abseits der Grabung arbeiten.«

Sie hatte ein durchsichtiges Plastikzelt mit schwarzem Boden aufgeschlagen, und in dessen Mitte stand, zur Hälfte mit Wasser gefüllt, einer von den Plastikbehältern, wie wir sie auch in der Küche verwendeten.

»Ich hatte das Wasser vorher gründlich sterilisiert«, sagte sie.

Auf der Oberfläche schwamm dicker, grüner Schaum.

»Was, zum Teufel …?« fragte Captain Gander.

»Nachdem ich das Wasser sterilisiert hatte, gab ich zwei Liter Marserde hinein und ließ das Ganze einen Monat lang stehen«, sagte Kireiko. »Es passierte weiter nichts, außer daß sich Schlamm absetzte. Die Salze in der Erde und die Wärme im Zelt verhinderten, daß er gefror. Dann machte ich den entscheidenden Schritt: Ich fügte einige von den Sporen dazu, die wir in den Eisblöcken gefunden hatten. Das war vor fünf Tagen.«

»Und die Sporen sind auch bestimmt keine Marsianer?«

»Hängt davon ab, wie lange man hier leben muß, um eingebürgert zu werden. »Sie selbst sind sicher hier entstanden, aber die DNA ist tiberianisch. Und eines muß man beachten: Das Zeug frißt Kohlendioxid und setzt Sauerstoff und Stickstoff frei; außerdem scheidet es ein Enzym aus, das Eisenoxide aufspalten würde. Wenn das keine genetisch veränderte Alge zu Terraformungszwecken ist, dann weiß ich nicht, wie so etwas sonst aussehen könnte.«

Die Nachricht war Grund genug für eine weitere Feier. Im Internet tobte ein heftiger Streit zwischen den Befürwortern und den Gegnern von Naris Theorie, aber hier oben herrschte planetenweite Einigkeit: Wir ergriffen Naris Partei. Mitten in der Feier nahm mich Captain Gander beiseite. »Ich habe eine Nachricht für Sie, Jason, ich weiß nur nicht, ob sie gut ist oder schlecht. Erstens hat mich das Marskonsortium gebeten, noch bis zur übernächsten Opposition hierzubleiben und die Station zu leiten. Nach meiner Rückkehr soll ich die Koordination sämtlicher Flüge vom und zum Mars übernehmen. Die neue Transitstrategie mit GOcycler-Einsatz ist im Anlaufen und wird die Starthäufigkeit mehr als verdoppeln. Damit ergibt sich für Sie eine große Chance. Wie Sie wissen, war Johnston der einzige richtige Pilot auf der *Aldrin*; Kapitän und Ingenieur waren nur im Zweitberuf Astronauten und bleiben als Wissenschaftler hier. Und nun ... sieht es ganz danach aus, als würde der REcycler *Collins* nur mit Ihnen, Scotty und möglicherweise dem einen oder anderen aus unserer Gruppe zurückfliegen, der aus medizinischen oder persönlichen Gründen nach Hause muß. Das könnten Akira oder Doc C. sein, aber wahrscheinlich nicht mehr als zwei Personen. Das heißt, wenn Sie wollen, werden Sie Missionskommandant für eine interplanetare Mission. Das ist ein ziemlicher Sprung nach oben, wenn auch nur, weil wir im Moment zu wenig Offiziere haben, aber in Ihren Papieren würde es schon sehr gut aussehen. Die NASA hätte sicher auch nichts dagegen, einen neuen Captain Terence im Astronautencorps zu haben, und wie ich Lori Kirsten kenne, wäre sie begeistert. Natürlich ...« – er sah mir fest in die Augen – »liegt die Entscheidung ganz allein bei Ihnen. Sie verstehen? Wer weiß, vielleicht will Scotty auch so lange hierbleiben, oder er sagt, es macht ihm nichts aus, allein zurückzufliegen – soviel Zeit zum Lesen bekäme er so schnell nicht wieder. Sie *können* also auch ablehnen, ganz wie Sie wollen.«

»Wie lange habe ich Bedenkzeit?«

»Zehn Tage, würde ich sagen. Besprechen Sie's vielleicht mit Ihren Freunden. Und schlafen Sie darüber. Sie brauchen mir nicht sofort zu antworten.«

Die Party war noch lange nicht zu Ende, aber ich war nicht mehr so recht mit dem Herzen dabei. Captain Gander hatte mir soeben die Chance geboten, nach derzeitigen Verhältnissen in sehr jungen Jahren Raumschiffkommandant zu werden. Seit das Raumfahrtprogramm richtig in Schwung gekommen war und es so viele Missionen gab, waren die Anforderungen immer weiter gestiegen. Heutzutage dauerte es mindestens zehn Jahre, bis man ein Kommando bekam (abgesehen von den kleinen Versorgungsflügen in den Orbit, bei denen man als einziger an Bord und damit Pilot und Kommandant in einer Person war). Wenn Gander den Posten als Leiter der Marsstation übernahm, wurde in der *Seventh Interplanetary Squadron* mindestens eine Kommandantenstelle frei. Ich hatte zwar nicht allzu viele Dienstjahre, aber mehr Erfahrung als viele andere Kandidaten … und Mom und Tante Lori wären garantiert im siebten Himmel.

Dagegen stand, daß man die *Enzyklopädie* nach dem momentan gültigen Zeitplan erst kurz vor dem Abflug der *Collins* aus dem Eis holen wollte. Ich wäre also längst auf dem Heimweg, wenn man erstmals versuchte, sie einzuschalten. Und hier wurde ich wirklich gebraucht. Zu Hause auf der Erde schlug ich die Zeit zwischen den Flügen oft nur mit Schlafen tot oder sah mir einen Film nach dem anderen an; hier war jeder ständig im Einsatz. Zu Hause mußte man für jeden Handschlag eine abgeschlossene Ausbildung vorweisen; wenn hier etwas erledigt werden mußte und man als einziger verfügbar war, dann machte man es einfach, selbst wenn einem jeder Schritt über Funk erklärt werden mußte. Ich war allein mit einer Landefähre am Nordpol gewesen, um Akiras Wetterwarte wieder in Gang zu bringen, weil er selbst seine Untersuchung der Gasablagerungen nicht im Stich lassen konnte und sonst niemand dafür Zeit hatte. Als ich zurückkam, hätte ich mit verbundenen Augen aus einzelnen Teilen eine Wetterwarte bauen können. Seither war ich, obwohl ich Akira natürlich nicht ersetzen konnte, auf dem besten Weg, ein ganz passabler Areometeorologe zu werden; jemand mußte die Station auf die hiesigen Bedingungen einstellen, die Werte ablesen und sie mit den Ergebnissen der anderen Stationen vergleichen, und Akira war immer noch vollauf mit anderen Dingen beschäftigt.

Und dann war da noch Olga.

Komisch, leidenschaftliche Gefühle waren noch nie meine Sache gewesen, und auch Olga war ziemlich verschlossen, aber eine Beziehung wie diese hatte ich noch nie erlebt, ich war noch nie so lange und so eng mit einem Mädchen befreundet gewesen, bevor wir ein Liebespaar wurden, und – kurzum, sie würde mir entsetzlich fehlen.

Andererseits war das, was mich zu Hause erwartete, mehr oder weniger die Erfüllung meines alten Wunschtraums. In jener Nacht auf Tante Loris Terrasse hatte ich mir im Angesicht des aufgehenden Mondes geschworen, ich würde Astronaut werden, ich würde ins All fliegen, und ich würde niemals aufgeben.

Ich fand nicht viel Schlaf in dieser Nacht, vielleicht war das der Grund, warum sich meine Begeisterung in Grenzen hielt, als ich erfuhr, daß ich in dieser Woche überhaupt kein Eis zu schneiden brauchte. Zuerst sollte ich zur *Aldrin* hinauffliegen, alle nötigen Informationen abrufen und einen Plan erstellen, um den GOcycler für den unbemannten Rückflug zur Erde in wenigen Monaten auszurüsten. Danach war ich für die Landefähre eingeteilt und sollte mit Akira, Nari, Paul, Gander, Chalashajerian und Olga zum Südpol fliegen.

Das Marskontrollzentrum hatte endlich beschlossen, noch bevor wir uns vollends zum tiberianischen Fundort vorgearbeitet hatten, den letzten Schritt zu tun, um Naris Hypothese zu verifizieren. Deshalb sollten wir uns zum Rayleigh-Krater begeben – bei ihm waren die Anzeichen für eine Umformung am deutlichsten –, um Beweise für einen ›tiberianischen Eingriff‹ zu sammeln. Konkreter ausgedrückt suchten wir also nach Spuren dafür, ob die Tiberianer vor neuntausend Jahren eine Atombombe gezündet hatten, um die Terraformung in Gang zu setzen. Also erst ein Flug zu dem Schiff, das ich, wenn ich ja sagte, bei einem späteren Flug zum Mars vielleicht kommandieren würde, und dann ein Flug zum Südpol, um bei einer wichtigen Untersuchung behilflich zu sein – und das alles in einer Woche. Diese Aussichten brachten mich auch in der nächsten Nacht noch um den Schlaf.

8

Es war nicht mein erster Start vom Mars, aber ich war immer wieder überrascht, wie sanft das Raumschiff im Vergleich zum *Yankee Clipper* abhob, der sich mit wahrem Donnergetöse in die Lüfte schwang. Zwei Stunden vor Morgengrauen saß ich allein in der *Pigeon*. Der Countdown lief. Hier, wo es nie genügend Hände gab, hatten wir die Vorbereitungen sehr vereinfacht. Wenn Olga, Gander, Scotty oder ich irgendwohin flogen, vergewisserten wir uns am Abend zuvor, daß Treibstoff im Tank war, und ließen das Diagnoseprogramm laufen. Am nächsten Tag stiegen wir ein und ließen das Programm noch einmal laufen, der Computer berechnete den Kurs – und dann wurde gestartet. Nicht ganz so einfach wie den Wagen aus der Garage zu fahren, aber doch sehr viel weniger aufwendig, als wenn ein Magnetschwebebahnfahrer New York verlassen und ins Westchester County fahren will.

Der Countdown lief ab, und ich schoß mit eineinviertel Ge himmelwärts. Alles schien soweit in Ordnung zu sein, ich lehnte mich zurück und genoß die Aussicht. Die Terminatorlinie bewegte sich auf Korolew zu – einen scharfen, weißen Kreis unterhalb der Polareiskappe, ziemlich genau gegenüber dem riesigen Chasma Boreale. Ich fand es schön, daß mein Zuhause vom Weltraum aus so gut zu erkennen war.

Dank der größeren Höhenstufung braucht man auf dem Mars weniger schnell zu steigen, aber dafür geht es um so weiter hinauf. Es dauerte also eine Weile, bis ich abdrehen und den Orbit ansteuern konnte, auf dem ich die *Aldrin* treffen würde. Ich nützte die Zeit zum Nachdenken, aber es reichte nicht, um zu einer Entscheidung zu gelangen. Nach einer Weile schaute ich nur noch aus dem Fenster. Im Moment führte mich die Flugbahn vom Pol weg und auf den Elysium Mons zu, einen Riesenvulkan, gut anderthalb Mal so hoch wie der Everest zu Hause – aber natürlich immer noch ein Zwerg gegen den Olympus, bei weitem der höchste Berg im Sonnensystem, der eben über den Horizont spitzte. Ich stieg weiter, und irgendwann kam die *Aldrin* in Sicht, zuerst auf Radar (die neuen Head-Up Displays waren wirklich praktisch – der kleine Lichtkreis, den sie auf die Frontscheibe projizierten, schloß ein, wo man nachsehen mußte, um ein visuelles Bild zu bekommen) und etwas später auch optisch.

Auf den ersten Blick hatte der Pendler eine gewisse Ähnlichkeit mit dem Zubrin-Habitat, das uns auf den Mars gebracht hatte, der Mittelteil war natürlich eine *Big Can,* ein umgebauter Wasserstofftank wie alle anderen, mit denen wir ins All geflogen waren, doch bei näherem Hinsehen entdeckte man viele Unterschiede. Die Startstufe war kürzer und gedrungener und paßte damit zu dem breiteren, flacheren Hitzeschild, hinter dem sie sich verstecken mußte. An dem Rahmen um die Wohnkapsel im Zentrum gab es noch viele freie Halterungen, aber die Tanker waren nicht müßig gewesen. Neun Treibstoff- und Sauerstofftanks waren bereits angebracht. Wenn alles fertig war, würden es zwanzig sein.

Wir näherten uns dem Dockingfenster. Den Rest übernahm wie immer der Computer, und er machte seine Sache gut. Ein leises Klirren, dann war die *Pigeon* mit der *Aldrin* verbunden. Der Druck hielt auf beiden Seiten, also öffnete ich die Luken und betrat die *Aldrin,* Schwesterschiff des REcyclers *Collins,* auf dem ich den Kommandanten spielen sollte.

Hier gab es keine hübschen Kajüten wie im MarsHab, aber schließlich würden wir höchstens zu viert in dem großen Raum herumstolpern. Ich schwebte zum Cockpit. Das Cockpit von unserem MarsHab war längst herausgerissen worden, erinnerte ich mich, um Platz für unsere kleine Krankenstation zu schaffen. Hier herrschte eine geradezu mustergültige Ordnung. Scotty war schon immer ein Perfektionist gewesen …

Lange hing ich reglos in der Luft, dann konnte ich es doch nicht lassen: Ich zog mich in den Kommandantensessel und schnallte mich an. Das war der Platz, auf dem Walter Gander bei Phobos Eins gesessen hatte. Ich befand mich in einem der berühmtesten Raumschiffe der Menschheit – die Ehrenliste begann vor mehr als siebzig Jahren mit *Wostok 1,* dann folgten *Friendship 7, Columbia, Eagle, Aquarius, Challenger …* natürlich gehörte auch die Landefähre *Tiber-Bergung* dazu, das Schiff meines Vaters. Die *Aldrin* hatte bereits fünf Marsflüge hinter sich. Vier oder fünf würde sie vielleicht noch machen, bevor man sie ehrenvoll verabschiedete. Was dann mit ihr geschehen sollte, war noch fraglich. Zur Erde konnte man sie nicht zurückbringen, und so ging das Gerücht, sie würde womöglich als Raumstation für die wachsende Marskolonie im marsianischen Polarorbit bleiben, um dort mehr oder weniger das gleiche tun wie jetzt.

Ich sah mich um und stellte mir vor, ich sei als Kommandant auf diesem Schiff. Komisch, als Kind hätte ich mich am Ziel meiner Wünsche gesehen. Jetzt ging mir hauptsächlich durch den Kopf, daß bei einer interplanetaren Mission nur der Kommandant noch weniger zu tun hat als der Pilot. In der *Collins* würde ich auf dem gleichen Platz sitzen wie hier. Ich würde Scotty anweisen, Dinge zu tun, obwohl er selbst genau wußte, daß sie fällig waren, dann würde ich Houston melden, er habe die Anweisungen ausgeführt. Und dann würde ich das Cockpit verlassen und ... nun ja, ich hätte endlich Zeit zum Lesen und um Tiberianisch zu lernen ... aber was hätte es noch für einen Sinn, Tiberianisch zu lernen? Und die Lektüre, die ich mir vorgenommen hatte, wäre ebenfalls überflüssig. Ich hatte in letzter Zeit in alle Disziplinen unserer Wissenschaftler hineingeschnuppert, nun wollte ich mich mit manchen Gebieten systematisch beschäftigen, um bei unserem Projekt besser mitreden zu können, aber ... wozu denn noch?

Die Ausgehuniform eines Captain würde mir vermutlich nicht schlecht stehen, und damit ließ sich sicher auch jemand finden, der mit mir ausgehen wollte. Falls ich nicht jedes Wochenende zu Hause saß und an Olga schrieb.

Ich sah mich auf dem ganzen Schiff um, ging es vom Haupttriebwerk bis zum Hitzeschild ab. Wie ich es auch drehte und wendete, es war ein großartiges Schiff mit einer stolzen Geschichte. Aber was es mir zu bieten hatte, reizte mich nicht, und im Grunde meines Herzens wußte ich, daß ich mich die ganze Zeit fragen würde, was wohl am Korolew vorging.

Ich notierte mir, soweit ich sehen könne, sei das Schiff vollkommen in Ordnung – man war wirklich sehr schonend damit umgegangen –, und dann kontrollierte ich mehr als zwei Stunden lang alles nach, um die *Aldrin* auch wirklich guten Gewissens für den unbemannten Rückflug als GOcycler freigeben zu können. Scotty würde die *Collins* vor dem REcycler-Flug ebenso gründlich auf Herz und Nieren prüfen. Hoffentlich fanden sich noch ein paar Passagiere, damit er sich als Kommandant bezeichnen konnte, denn wenn er ganz allein flog, wäre er nur Pilot. Ich wünschte ihm von Herzen, daß er Kommandant wurde – es wäre ein so großer Sprung nach oben.

Noch lange danach wollte jeder Reporter, dem ich über Internet ein Interview gab, wissen, ob ich im Hinblick auf die Rayleigh-Mission nicht irgendwelche Vorahnungen gehabt hätte, und jedesmal sagte ich nein. Die nächste Frage lautete dann, warum alle Insassen angeschnallt gewesen seien, worauf ich antwortete, ich sei eben ein

Pilot, der sich an die Vorschriften halte, und Captain Gander sei ein Mensch, der sich an die Vorschriften halte, und deshalb kämen nichtangeschnallte Passagiere bei uns einfach nicht vor. In diesem Ton ging es meist noch eine Weile weiter. Alle Reporter glaubten, ich spiele nur mit ihnen, um ihnen das Leben schwerzumachen.

In Wahrheit war ich über viele Jahre darauf gedrillt worden, mich genauestens an das Handbuch zu halten. Und die NASA war so klug gewesen, bei allen ihren Maschinen eine Universalschnittstelle für die Schiffssteuerung vorzusehen. Der entsprechende Schalter oder Menüpunkt befand sich also überall an der gleichen Stelle. Die NASA und ich arbeiteten nach einem Prinzip, das auch Kampfsportlern, Militärausbildern, Sanitätern, Shortstops beim Baseball und Ballerinas bekannt ist: Wenn man einen Ablauf lange genug und oft genug eingeübt hat, wird man auch im kritischen Moment, wenn man keine Zeit zum Überlegen hat, das Richtige tun.

Als daher unsere Landefähre gegen Ende einer vollkommen normalen Sinkflugphase unversehens schräg nach oben geschleudert wurde, war alles angeschnallt, und alle Geräte waren gesichert. Ich brauchte nicht zu befürchten, daß Menschen oder Laborinstrumente durch meinen Arbeitsbereich schossen, und ich hatte auch gar keine Zeit für Befürchtungen dieser oder anderer Art. Statt dessen streckte ich ohne zu überlegen die Hand nach dem Knopf aus, der die automatische Steuerung außer Kraft setzte, und gab Befehl zur Rückkehr in den Orbit.

Als sich die Kapsel drehte und in den Himmel stieg, wurden wir mit vier Ge in die Sessel gerammt. Irgend etwas gab uns noch einen Tritt in den Hintern, die Hüter der tiberianischen Geheimnisse im Krater schienen uns mit aller Entschiedenheit verjagen zu wollen. Immerhin ging es weiter aufwärts. Bevor wir die volle Orbitalgeschwindigkeit erreichten, übergab ich die Steuerung wieder dem Computer und befahl ihm, Kurs auf Korolew zu nehmen.

»Was zum Teufel war das denn?« fragte Gander ruhig, aber mit soviel Autorität, daß die aufgeregt durcheinanderschwatzenden Stimmen der anderen verstummten.

»Ich habe eine Theorie, Sir«, sagte ich. »Wir sind über einer ziemlich dicken Schicht Kohlensäureschnee heruntergekommen. Am Korolew ist sie nicht der Rede wert, und auch am Nordpol ist die Decke noch ziemlich dünn, denn letztlich sammelt sich alles am Südpol, nicht wahr, Akira?«

»Richtig«, bestätigte der Meteorologe. »Dieser Pol hat Winter, wenn sich der Planet am Aphelion befindet, deshalb ist der Winter hier länger und kälter. Außerdem überragt der Südpol seine Umgebung im Durchschnitt um zwei Kilometer, während der Nordpol in einer tiefen Senke liegt. Im Augenblick ist da unten Spätherbst. Etwa ein Viertel der Marsatmosphäre ist auf dem Südpol ausgefroren. In diesem Krater lag der Schnee bis zu einem halben Meter tief, einzelne Verwehungen waren sogar noch dicker.«

»Und ich schwebte darüber und flog seitwärts, um eine Stelle zum Landen zu finden«, fuhr ich fort. »Ich war bereits so tief, daß der Feuerstrahl den Boden traf. Damit habe ich wahrscheinlich diesen Riesenbrocken Trockeneis aufgeheizt, und dann ging die Post ab. Tut mir leid, Captain, mit etwas mehr Überlegung hätte ich uns den Schrecken ersparen können.«

Er schüttelte den Kopf. »Man kann nicht auf alles gefaßt sein, das vielleicht schiefgehen könnte. Jetzt wissen wir wenigstens Bescheid. Wenn wir in ein bis zwei Tagen wiederkommen, müssen wir uns eine freie, trockene Stelle suchen und sie direkt ansteuern. Mal sehen, ob wir uns mit den Kameras der *Aldrin* einen genauen Überblick verschaffen können. Im übrigen haben Sie sich verdammt gut gehalten. Wenn Sie die Entscheidung dem Programm überlassen hätten, hätte es in dieser Höhe eine Notlandung versucht und damit höchstwahrscheinlich eine zweite Explosion ausgelöst. Und diesmal wären wir noch tiefer gewesen. Womöglich wären wir von einer Explosion zur nächsten getaumelt, um schließlich mit dem letzten Rest an Treibstoff eine holprige Landung hinzulegen oder uns zu überschlagen und doch noch abzustürzen.«

»So weit habe ich nicht gedacht, Sir. Ich wußte nur, daß mit dem Boden etwas nicht stimmte, während mit dem Schiff – und mit dem Weltraum – alles in Ordnung war.«

Er nickte. »So sollte es laufen. Jason, Sie haben doch so viel Freizeit. Könnten Sie unsere Standardprogramme zur Marsnavigation nicht um eine kleine Subroutine erweitern, die automatisch die Rückkehr in den Orbit einleitet, wenn die Landefähre von hinten von der Druckwelle einer Kohlendioxidexplosion getroffen wird? Wir können nicht erwarten, daß jeder Pilot so souverän reagiert wie Sie.«

Zum Glück verlief der nächste Flug, was Gefahren für Leib und Leben anging, vollkommen normal. Dafür bot er genügend andere und weitaus interessantere Erlebnisse. Wir hatten uns am Rand des Kraters, in dem Nari den Bombentrichter vermutete, eine große, kahle Felsfläche ausgesucht, die ich direkt anfliegen wollte, um ja nicht wieder etwas aufzuwirbeln. Trotzdem stand der Cursor während des Sinkflugs auf ›Abbruch‹, und meine Hand lag die ganze Zeit auf dem Knopf für die manuelle Übernahme.

Doch diesmal passierte nichts, was nicht passieren sollte. Wir setzten vorschriftsmäßig auf dem Felsen auf, und ich schaltete die Triebwerke ab. Sobald Nari vom Captain grünes Licht bekam, deckte er uns alle mit einem Dutzend ausnahmslos dringender Aufträge ein. Für ihn zu arbeiten war immer ziemlich abenteuerlich – man wußte nie, wo man eingesetzt wurde, aber es gab immer zu viel zu tun, es waren unweigerlich komplizierte Tätigkeiten, und sie mußten auf der Stelle erledigt werden.

Diesmal klangen die Anweisungen jedoch halbwegs vernünftig. In der Mars-Antarktis herrschte natürlich fast schon Winter, und der Rayleigh-Krater lag weiter im Süden als der Korolew-Krater im Norden; die Mitternachtssonne würde zwar erst in einigen Tagen langsam abziehen, doch hier hatte die lange Nacht bereits eingesetzt, und da es auch keinen nennenswerten Mond gab, war es im Innern des Kraters, der sich in einem zweiten, größeren Krater befand, einfach stockdunkel. So waren wir in der ersten Stunde allein damit beschäftigt, kleine Lampen aufzustellen, um uns wenigstens in der unmittelbaren Umgebung zurechtfinden zu können.

Insgesamt kletterten wir etwa zehn Stunden auf den schwarzen Hängen herum, scharrten Bodenproben zusammen, maßen die Strahlung und führten chemische Tests am Regolith durch. Nari wollte uns wie immer nicht sagen, wie es voranging, bevor er alle Daten beisammen und analysiert hatte, aber so, wie Doc C. und Paul sich benahmen, lief es wohl nicht schlecht. Auf dem Rückflug redeten sie unentwegt auf Nari und Akira ein, und die beiden antworteten freundlich, ohne sich jedoch irgendwie festzulegen.

Wir kamen gerade rechtzeitig zum Abendessen zurück. Nari verkündete, in etwa drei Stunden könnten wir Gewißheit haben, soweit das derzeit möglich sei, und so beschlossen Olga und ich, einen langen Spaziergang zu unternehmen. Natürlich war man auch dann nicht völlig unter sich, denn die Kommunikation lief ausschließlich über Funk und konnte von jedem mitgehört werden, außerdem mußte man einen Transponder bei sich tragen, damit die anderen jederzeit wußten, wo man war. Trotzdem war es immer noch besser, als sich zu zweit in eine der Kajüten zu zwängen und die Köpfe zusammenzustecken. Im übrigen waren alle, auch die Neuen, nette Leute und gute Freunde, und wir konnten uns darauf verlassen, daß sie uns nicht belauschen würden.

Lange Zeit marschierten wir einfach dahin. Mit der Zeit hatte man sich einen gleitenden Gang angewöhnt, der die Sturzgefahr verringerte. Händchenhalten im Raumanzug ist sicher kein romantisches Erlebnis, gibt einem aber doch das Gefühl von Vertrautheit.

»Das war vielleicht ein Ausflug«, sagte Olga schließlich. »Nur gut, daß wir den Winter über meistens in den MarsHabs bleiben und verschiedene Analysen durchführen sollen. Eine so absolute Finsternis habe ich im Freien noch nie erlebt, wie soll man da vernünftig arbeiten können? Du bist sicher froh, daß du dem Winter entkommst.«

Ich zuckte die Achseln, begriff, daß sie das nicht sehen konnte, und räusperte mich. Über wichtige Dinge zu sprechen war auf dem Mars nicht einfacher als auf der Erde. »Äh ... ich werde das NASA-Angebot wohl doch nicht annehmen. Scotty kann die *Collins* auch allein zurückfliegen, ich melde mich freiwillig für eine Versetzung auf den Mars. Das heißt, wenn du nichts dagegen hast ... ich meine, wenn du vorhaben solltest, mit mir Schluß zu machen, könnte das ziemlich peinlich werden, bei nur zwanzig Leuten und fünf Gebäuden ... das heißt natürlich nicht, daß ich den Eindruck hätte, du wolltest mit mir Schluß machen, ich meine nur ... verdammt Olga, wenn es dir recht ist, bleibe ich hier. Ich habe mich am Korolew gut eingelebt, ich fühle mich im Krater wie zu Hause, vielleicht wäre ich sogar auf jeden Fall geblieben. Aber wenn ich ganz ehrlich bin, dann möchte ich hierbleiben, um mit dir zusammenzusein.«

Auch Umarmungen im Raumanzug sind nicht besonders romantisch, aber in solchen Fällen gilt wohl der Wille fürs Werk.

Als wir zurückkamen, hatte Nari seine Untersuchungen abgeschlossen, und alles redete wild durcheinander. Der Krater im Innern des Rayleigh war fraglos durch eine Atombombe entstanden, und nach den vorhandenen Zerfallsprodukten ließ sich die Explosion ›in völligem Einklang mit der Theorie‹, wie Fleurant sich ausdrückte, auf etwa 7000 v. Chr. datieren. Im Lauf der Party fand ich irgendwann Gelegenheit, unter vier Augen mit Gander zu sprechen und ihm mitzuteilen, daß ich bleiben wollte und warum. Er schien darüber sehr erfreut.

Nachdem das geklärt war, konnte ich den Rest des marsianischen Polarsommers – er dauerte immerhin sechs Erdmonate – unbeschwert genießen. Wir mußten schwer arbeiten, aber es gab genügend Hände, die auch willig mit anpackten. Ich fand sogar die Zeit, mich ernsthaft weiterzubilden, und entwickelte mich von einer bloßen Hilfskraft mehr und mehr zu einem echten wissenschaftlichen Assistenten.

Etwa zwei Wochen bevor die *Enzyklopädie* gehoben werden sollte, stand ich mit Olga im großen MarsHab vor Walter Gander. Jetzt, wo sich alle Marsbewohner darin drängten, kam es mir gar nicht mehr so groß vor. Gander hatte wegen des Zeremoniells lange Diskussionen mit der Erde geführt, das heißt, aus allen Löchern waren Politiker, Bürokraten und andere Pedanten gekrochen, um wenigstens in Kleinigkeiten ihre Vorstellungen durchzusetzen. Irgendwann hatte Walter gedroht, seine Rede mit: »Trotz widersprüchlicher Anweisungen von mehr als zwanzig Regierungsausschüssen und Beratungsgremien haben wir uns heute hier versammelt ...« zu beginnen, aber dann doch darauf verzichtet.

Statt dessen plauderte er zwanglos darüber, wie lange wir gebraucht hätten, um hierherzukommen, wieviel es noch zu tun gebe, und wie er sich durchaus vorstellen könne, daß der Korolew-Krater dereinst eine der größten Städte des Mars beherbergen würde – »Nein, nicht nur des Mars, des gesamten Sonnensystems.« Dann kam er auf die *Enzyklopädie* und auf die gescheiterte Kolonie der Tiberianer zu sprechen, und schließlich sagte er: »Das Leben und die Intelligenz lassen sich nicht aufhalten. Sollten wir scheitern wie einst die Tiberianer – was nicht der Fall sein wird –, dann werden früher oder später andere nach uns kommen, und irgendwann wird unsere Galaxis – und vielleicht auch andere Galaxien – erfüllt sein von intelligentem Leben.

Was mich zu der Frage bringt, warum der heutige Tag von so entscheidender Bedeutung ist. Menschen sind gesellige Wesen, und nur ein Ort, an dem sich unser Gemeinschaftsleben entfalten kann, wird uns zur Heimat werden. Wir stehen im Begriff, einen der wichtigsten Schritte auf dem Weg dahin zu tun, deshalb hat sich die gesamte Bevölkerung des Mars hier versammelt. Olga und Jason wollen ein Gelübde ablegen, das nicht nur für ihr eigenes Leben wichtig ist. Die Tatsache, daß Menschen auf dem Mars den Bund der Ehe schließen, ist auch ein Ausdruck unseres festen Willens, auf diesem Planeten zu bleiben.«

Alle, auch Olga und ich, jubelten ihm zu, und dann ging es weiter wie bei jeder anderen Militärtrauung. Scotty, mein Trauzeuge, versprach, uns baldmöglichst Ringe von der Erde schicken zu lassen, aber schließlich wisse auch so die ganze Stadt, daß wir verheiratet seien. Zwei Angehörige der Fünf-Alpha-Mission hatten es geschafft, das gräßliche Orangensaftpulver, das die NASA auf jedem Flug mitschickte, zu vergären und eine Brühe zu produzieren, die sie SATU nannten – eine Abkürzung für ›stark, aber theoretisch unschädlich‹. Olga und ich tranken von dem Zeug nur so viel, wie unbedingt nötig, aber einigen von den Anwesenden schien es doch zu munden. Die Stimmung wurde zusehends ausgelassener.

Doc C. hatte aus Zwiebeln, die von den Farmen im Überfluß erzeugt wurden, Zucker gewonnen und zusammen mit emulgiertem Sojaöl, Mehl aus getrockneten Kartoffeln und Gott weiß was noch allem ein Gebilde zustande gebracht, das einer Torte ziemlich ähnlich sah. Die Aufschrift ›Alles Gute für Jason und Olga‹ in blauer, nach Angaben des Biolaborkatalogs ungiftiger Farbe gab dem Kunstwerk den letzten Schliff. (Hinterher hatten wir alle eine Woche lang blaue Zungen, aber krank wurde niemand, der Katalog hatte also tatsächlich die Wahrheit gesagt.) Der Teig schmeckte wie gesüßter vegetarischer Brotaufstrich. Olga und ich mußten jeweils ein ganzes Stück hinunterwürgen und uns dann möglichst aufrichtig bei Chalashajerian bedanken. Doc C. strahlte vor Stolz. Immerhin war SATU damit nicht mehr das Widerlichste, was jemals auf dem Mars zusammengebraut worden war.

Irgendwann im Lauf des Abends setzte ich mich zu Dong und sagte: »In drei Wochen haben wir die *Enzyklopädie*, dann können Sie endlich etwas anderes tun, als Eisblöcke zu schneiden. Die letzten Monate müssen für Sie doch ziemlich frustrierend gewesen sein.

Dong lächelte sparsam. »Ich will Ihnen ein Geheimnis verraten. Man hat gedacht, der Anthropologe sei in erster Linie dabei, um die Zivilisation der Tiberianer zu deuten, und natürlich werde ich mich darauf auch hauptsächlich konzentrieren. Aber ich halte diese Mission aus einem ganz anderen Grund für eine einmalige Chance. Ich durfte nämlich miterleben, wie eine neue Gesellschaft entsteht, wie sich die Zivilisation der Korolew-Krater-Kolonie entwickelt.«

»Hat sie besondere Merkmale?« fragte Olga, die neben mir saß.

»Von Kriminalität habe ich bisher noch kaum etwas bemerkt, und ein verrufenes Stadtviertel gibt es auch nicht«, sagte er. »Möglicherweise wäre die Umgebung ausnehmend gut für Kinder geeignet, aber diesbezügliche Absichten sollten Sie der Erde unbedingt zwei Jahre im voraus mitteilen, und Sie sollten auch so lange warten, bis wir entsprechende Unterkünfte haben. Davon abgesehen ...« – er kniff die Augen zusammen, ich merkte, daß er dem SATU ausgiebig zugesprochen hatte – »möchte ich Ihnen folgendes zu bedenken geben, Jason. Mit der Zeit werden sich hier noch viele Paare trauen lassen, aber alle werden sich an Ihrer und Olgas Hochzeit orientieren. Manches, was heute rein praktische Gründe hatte, wird zum festen Bestandteil jeder Mars-Trauung werden. In zwanzig Jahren haben wir eine Tradition, an der sich nichts mehr ändern läßt.«

Ich weiß nicht mehr, ob ich ihm damals glaubte. Jedenfalls waren Olga und ich in den letzten zwanzig Jahren zu jeder Hochzeit in der Geschichte des Mars eingeladen – und jedesmal wurde Doc C.'s gräßliche Torte serviert. Niemand heiratet hier, ohne eine blaue Zunge zu bekommen; keine Marshochzeit wäre ohne diese Tradition komplett. Wenigstens hat man das SATU durch ein trinkbares Karottenbier ersetzt.

Einen Monat später sahen wir zu, wie zwei verstärkte Kräne (zur gegenseitigen Sicherung) die *Enzyklopädie* aus ihrem eisigen Grab holten. Als alles Wasser abgeflossen war, richteten Nari und Wassili noch am gleichen Tag den nach den Angaben in der Botschaft erzeugten Laserlichtstrahl auf den viereckigen Stöpsel. Gleich darauf stieß Paul einen Triumphschrei aus. Die ersten Informationen strömten in den angeschlossenen Empfänger. Die Angaben zum Bau dieses Geräts stammten aus dem tiberianischen Funkspruch, den die Erde dreißig Jahre zuvor aufgefangen hatte.

Mit einer gleichbleibenden Geschwindigkeit von zehn Megabaud gab die *Enzyklopädie* viele Tage lang Daten ab, und wir sendeten sie weiter nach Phobos, zur Erde und zur *Tiberkolonie*. Zugleich wurde alles mit zwei voneinander getrennten Computern verschiedener Bauart aufgezeichnet und zusätzlich in einem optischen Speichersystem abgelegt. Wir hatten einen weiten Weg zurücklegen müssen, jetzt da wir am Ziel waren, wollten wir kein Risiko mehr eingehen.

Clio Trigorin

Das Licht weitertragen – der nächste große Sprung

2082

Seit einem Monat füllte Tiber nun schon die Fenster auf der einen Seite, während man auf der anderen Junos gewaltige Masse oder die Finsternis zwischen den Sternen beobachten konnte. Roboter krochen stellvertretend für die Besatzung über die Oberfläche des Mondes, um erste Eindrücke zu vermitteln. Man hatte auf Palaths alte, verwitterte Gebirge hinabgeschaut, die Blutigen Schluchten ausfindig gemacht und aus dem Orbit den letzten Kaiserpalast fotografiert. Bald darauf waren die Inseln Unter dem Wind und Shulaths lange, dünne, vulkanische ›Kontinentalschnur‹, die sich fast von Pol zu Pol erstreckte, in Sicht gekommen.

Tiberianer entdeckte man nicht, aber damit hatte auch niemand gerechnet. Wie die *Enzyklopädie* prophezeit hatte, verrieten die Ruinen deutlich genug, was geschehen war. Um ihre Welt zu retten, hatten die Tiberianer schnelle, kleine Raumschiffe mit NPE-Lasern ausgerüstet und sie hinausgeschickt zwischen die Felsen im sogenannten ›*Eindringling*‹, der als riesiger, verwischter Fleck am Himmel stand. Zehn Jahre lang hatte man pro Sekunde zwanzig Felsen mit glutheißem Strahl in Stücke geschossen und die Trümmer aus dem Schwarm hinauskatapultiert, damit nicht mehr ganz so viele gleichzeitig herabstürzen konnten. So waren etliche Milliarden Brocken entstanden, die nicht größer waren als ein Haus auf der Erde, und ein Vielfaches dieser Zahl an kleineren Teilen.

Der Zweck des Ganzen war nicht etwa gewesen, die Welt als Lebensraum zu erhalten, das war unmöglich, man wollte sie lediglich als Museum bewahren, und dazu durfte sie nicht vollkommen zerstört werden. Seither stürzten freilich alle 240 Jahre mehrere Monate lang unzählige Stein- und Eisentrümmer in die tiberianische Atmosphäre und wirbelten einen feinen, schwarzen Staub auf, der sich in den höheren Atmosphäreschichten sammelte und die Temperaturen gnadenlos in die Tiefe drückte. Keine Pflanze konnte diese Kälte überleben, es war tausendmal schlimmer als jeder nukleare Winter. Letztlich ging Tiber daran zugrunde. Dennoch hatte sich die Mühe gelohnt... die Tiberianer hatten sich in ihren Ruinen verewigt, und ihre Welt sah mehr oder weniger immer noch so aus wie damals, als sie fortgezogen waren.

Als das Glockenzeichen ertönte, gingen Clio und Sanetomo mit den anderen nach vorn. Sie sollten auf vier Landefähren verteilt werden und an vier verschiedene Orte fliegen, um dort längere Zeit zu bleiben und die wichtigsten Stätten zu erkunden. Falls es eine Gefahr gab, die den Robotern entgangen war und von der folglich auch die Menschen nichts wußten, würde sie hoffentlich nicht gleich den ganzen Planeten umfassen. Captain Olschewski würde in der ersten Landefähre sitzen und mit einem Vorsprung von wenigen Sekunden als erster Mensch seinen Fuß auf Tiber setzen.

Sie brauchten sich mit ihrer Arbeit nicht zu beeilen, denn inzwischen war eine Nachricht eingetroffen, auf die sie bereits gewartet hatten. Das neue Sternenschiff *Excelsior*, es war ebenso schnell wie die *Egalitäre Republik* vor mehreren tausend Jahren, hatte (laut einer Meldung, die dank der Funkverzögerung vier Jahre alt war) die ersten Tests bestanden. Anstatt fünf Jahre hier zu bleiben, um dann für den Heimflug weitere zwölf Jahre unterwegs zu sein, hatte die *Tenacity*-Besatzung nun sieben Jahre Zeit. Nach Ablauf dieser Frist würde die *Excelsior* eintreffen und jeden, der zurückkehren wollte, in weniger als fünf Jahren zur Erde bringen. Die *Tenacity* selbst sollte bleiben und nur noch als Shuttle innerhalb des Systems eingesetzt werden. Die Technik machte so rasende Fortschritte, daß sie bereits wieder veraltet war und man besser auf ein schnelleres Schiff wartete, als mit dem alten nach Hause zu fliegen.

Da sie jetzt so viel Zeit zur Verfügung hatten, ging es ihnen mit der Landung fast zu schnell. Allzu bald löste sich die Fähre von der *Tenacity* und stürzte in die tiberianische Atmosphäre; allzu bald rasten sie über Palaths weite Ebenen westwärts, dem Meer entgegen; und bevor sie den Anblick noch so recht verarbeiten konnten, hatte sich das Schiff bereits aufgerichtet und sank langsam auf die große Stadt Kaleps hinab.

Sie hatten ihre Atemgeräte angelegt; mit Versuchstieren war erst nach einem Jahr mit Sicherheit festzustellen, ob Tibers Luft Krankheitserreger enthielt, die irdischen Lebewesen gefährlich werden konnten. Das Leben auf Tiber war inzwischen auf Mikroorganismen beschränkt; der Planet gehörte den Bakterien und Viren.

Die Straßen der Stadt lagen unter einer dichten, an manchen Stellen bis zu einem halben Meter dicken Staubschicht. Sie bestand einerseits aus der trockenen Krume, die der Wind vom Boden aufgewirbelt hatte, andererseits aus wiederverfestigten Partikeln des *Eindringlings*, die – inzwischen mehr als dreißig Mal seit dem Tod der Stadt – aus der Atmosphäre herabgeschwebt waren. Viele Gebäude waren eingestürzt, waren vermutlich ein Opfer der vielen Haarrisse geworden, die in jedem Vierteljahrhundert, wenn Tiber unter der schwarzen Staubwolke abkühlte, neu entstanden.

Der erste Tag auf Tiber wurde mehr von symbolischen Gesten als von wissenschaftlicher Arbeit bestimmt. *Und das mit Recht*, dachte Clio, obwohl Sanetomo gemurrt hatte. *Wir leben schließlich alle von Symbolen.*

Es wurde ein langer Spaziergang; Kaleps erstreckte sich von einem Ende zum anderen über mehrere Kilometer. Es war eine bedeutende Großstadt gewesen, als Tiber das Todesurteil aus dem All ereilte. Der feine, schwarze Staub war überall, und Clio war froh um das Atemgerät. Über ihnen erstrahlte, von hellen Bändern und riesigen, schwarzen Hurrikanwirbeln durchzogen, die wahrscheinlich beim letzten Trümmerregen vor hundert Jahren entstanden waren, die riesige Juno (*nein*, verbesserte sie sich, *jetzt, wo ich hier bin, will ich sie* Sosahy *nennen*) und spendete zweitausendmal soviel Licht wie der Vollmond auf der Erde. Immer weiter schlenderten sie durch die schwarzen Schleier, staunten über die Schatten, die dank der großen Lichtquelle am Himmel seltsam verkürzt waren, über den Staub, der sich in Tibers dichter Luft so lange halten konnte, und über die Gebäude, die ausnahmslos von Intelligenz kündeten und doch nichts Menschliches an sich hatten.

Alpha Centauri B, ein strahlend heller Lichtpunkt, kam hinter Junos Unterseite hervor, als sie endlich den Park am Meer erreichten. Vor ihnen, auf halbem Wege zwischen Junos Rand und dem Horizont, hing reglos eine helle Wolke über dem Meer – Eis- und Staubpartikel aus dem Trümmerregen, die an Tibers L4-Punkt mit Juno gefangen waren. Sie streuten das Licht und ließen eine seltsame diffuse Helligkeit wie aus vielen Neonröhren entstehen, in der es so gut wie keine Schatten gab.

Der viele Staub bescherte Tiber auch jetzt, hundert Jahre nach dem letzten Trümmerregen, noch fast eiszeitliche Temperaturen. Da und dort trieben Eisschollen an der Küste, obwohl derzeit Sommer war, und hier unten am Wasser war es empfindlich kühl. Trotzdem gingen Clio und Sanetomo weiter, bis sie das heilige Denkmal mit den Statuen eines Shulathiers und eines Palathiers erreichten, von dem die Menschen erst wenige Jahrzehnte zuvor aus *Zahmekoses' Bericht* erfahren hatten. Da stand, eine stämmige, untersetzte Gestalt, Gurix, der große Organisator und Eroberer, und ihm gegenüber der große, schlanke Wahkopem. Beide hielten sie die Arme ausgestreckt. Das Metall hatte neuntausend Jahre und alle Fröste unbeschädigt überdauert, und der Ausdruck der fremdartigen Gesichter war noch genauso neutral, wie Zahmekoses ihn einst beschrieben hatte.

Ohne besonderen Grund näherte sich Clio dem Bildnis. Ihre Schritte knirschten auf dem Kies. Sie stieg auf den Sockel, umfaßte mit einer Hand das Bein der linken Statue und zog sich hinauf, bis sie zwischen den beiden stand, genau wie damals Zahmekoses und Mejox.

Und da entdeckte sie das Kästchen. Es war aus mattweißem Material und schimmerte wie feinstes Elfenbein. Auf dem Deckel hatte sich schwarzer Staub abgelagert, wie er inzwischen überall auf Tiber zu finden war, pulverförmige Rückstände des *Eindringlings* und der steril gewordenen Krume dieser Welt. Sie wußte, daß sie etwas höchst Ungehöriges tat, daß man sie später dafür schelten würde, genau wie man die Gruppe schalt, die vor fünfundsechzig Jahren auf der *Tiberkolonie* auf dem Mond gewütet hatte, aber sie zuckte nur die Achseln, hob das Kästchen auf und wischte den schwarzen Staub vom Deckel.

Nach jahrelanger Übung konnte sie die tiberianischen Schriftzeichen ebenso fließend lesen wie ihre eigene Handschrift. »Seid uns gegrüßt, verschollene Brüder und Schwestern. Wir, die Bewohner von Neue Hoffnung, kamen im 6891. Jahr nach dem Ersten Trümmerregen hierher, um festzustellen, daß die Kunde, die unsere Vorfahren uns übermittelten, der Wahrheit entspricht. Viel Zeit können wir den Überresten der Vergangenheit nicht widmen; wir kehren nach Neue Hoffnung zurück und wollen schon bald eigene Sternenschiffe zu zwanzig neuen Welten ausschicken. Es wäre uns eine große Freude, wenn verschollene Teile unseres Volkes zu uns stießen, um mit uns zu fliegen.« Dann folgten Anweisungen zur Aktivierung des Speichers im Innern des Kästchens, der die jahrtausendealte Geschichte dieses Volksteils enthielt.

»Clio, was hast du denn da?« Sanetomo kam zu ihr auf das Denkmal gestiegen. Sie zeigte ihren Fund erst ihm und dann allen anderen. Als ihm langsam dämmerte, was das bedeutete, sagte er staunend: »Dann ... müssen zumindest einige von ihnen sehr lange überlebt haben. Vielleicht sind sie immer noch da draußen. Und Neue Hoffnung ist ... äh ...«

»Du als Astronom müßtest das doch wissen«, empörte sich Clio. »Zeta Tucanae natürlich. »Etwa viermal so weit von hier entfernt wie unsere Heimat.«

Er nahm ihr das Kästchen ab und verwahrte es ehrfürchtig in einem Probenbehälter. Lesen konnte man die Botschaft auch später. Als er den Behälter verschloß, sagte er: »Dann ... sind wir also von so weit hergekommen, nur um festzustellen, daß dies erst der Anfang ist?«

Clio schaute zu Juno auf, die zwischen Zenith und Horizont mehr als die Hälfte des östlichen Himmels verdeckte. Oben kam von Westen her langsam die Dunkelheit über die Scheibe gekrochen; jeden Augenblick würde sich darunter, östlich von ihnen, der Himmel aufhellen, und Alpha Centauri A würde, ebenso groß und ebenso bernsteinfarben wie die Sonne der Erde, hinter der alten Stadt Kaleps am Himmel emporsteigen, jener Stadt, mit der sie sich jahrzehntelang beschäftigt hatte, und die sie nun zum ersten Mal mit eigenen Augen sah.

Clio wartete schweigend, bis die fremde Sonne hinter den exotischen Türmen erschien und sie ihre Wärme auf der Haut spürte. Endlich sagte sie: »Ja, wir sind so weit gekommen, nur um festzustellen, daß der Weg noch lange nicht zu Ende ist. Aber hättest du es denn anders gewollt?«

Die Dämmerung erfüllte alle ihre Wünsche und Hoffnungen: die staubige Luft erglühte in einem tiefen Rot, vor dem sich Kaleps' Türme scharf abzeichneten, und als das Licht den schwarzen Staub erfaßte, begannen die Umrisse in der Hitze zu verschwimmen. Und doch überlegte Clio bereits, wann sie wohl diesen Staub von ihren Füßen schütteln und sich abermals auf den Weg machen könnten. Irgendwo da draußen gab es eine Spezies, die es einzuholen, der es sich anzuschließen galt. Und auch damit wäre noch kaum ein Anfang gemacht.

»Du als Astronom müßtest das doch wissen«, empörte sich Clio. »Zeta Tucanae natürlich. »Etwa viermal so weit von hier entfernt wie unsere Heimat.«

Er nahm ihr das Kästchen ab und verwahrte es ehrfürchtig in einem Probenbehälter. Lesen konnte man die Botschaft auch später. Als er den Behälter verschloß, sagte er: »Dann … sind wir also von so weit hergekommen, nur um festzustellen, daß dies erst der Anfang ist?«

Clio schaute zu Juno auf, die zwischen Zenith und Horizont mehr als die Hälfte des östlichen Himmels verdeckte. Oben kam von Westen her langsam die Dunkelheit über die Scheibe gekrochen; jeden Augenblick würde sich darunter, östlich von ihnen, der Himmel aufhellen, und Alpha Centauri A würde, ebenso groß und ebenso bernsteinfarben wie die Sonne der Erde, hinter der alten Stadt Kaleps am Himmel emporsteigen, jener Stadt, mit der sie sich jahrzehntelang beschäftigt hatte, und die sie nun zum ersten Mal mit eigenen Augen sah.

Clio wartete schweigend, bis die fremde Sonne hinter den exotischen Türmen erschien und sie ihre Wärme auf der Haut spürte. Endlich sagte sie: »Ja, wir sind so weit gekommen, nur um festzustellen, daß der Weg noch lange nicht zu Ende ist. Aber hättest du es denn anders gewollt?«

Die Dämmerung erfüllte alle ihre Wünsche und Hoffnungen: die staubige Luft erglühte in einem tiefen Rot, vor dem sich Kaleps' Türme scharf abzeichneten, und als das Licht den schwarzen Staub erfaßte, begannen die Umrisse in der Hitze zu verschwimmen. Und doch überlegte Clio bereits, wann sie wohl diesen Staub von ihren Füßen schütteln und sich abermals auf den Weg machen könnten. Irgendwo da draußen gab es eine Spezies, die es einzuholen, der es sich anzuschließen galt. Und auch damit wäre noch kaum ein Anfang gemacht.